永久磁石同期モータのセンサレスベクトル制御

新中新二 著
Shinnaka Shinji

Sensorless Vector Control of
Permanent-Magnet Synchronous Motor

Ohmsha

浄土の父母，義父母，兄姉に捧ぐ

増補改訂のご挨拶

「永久磁石同期モータのベクトル制御技術」上・下巻（電波新聞社）の第1刷を世に送り出した2008年より数えて，早くも16年を迎える．同書は，出版当初より，「バイブル（モータドライブ工学）」との高評価を与えられ，多くの学生，技術者に親しまれてきた．また，地球温暖化緩和の有力手段として要請が強い「各種機器の電動化」のための時宜にかなった本格的，体系的，さらには実践的入門書として，電動化事業への新規参入技術者に愛読されてきた．

上述の要請に呼応するように，著者自身も同書を用い幾多の学生を教育し，産業界等へ送り出してきた．モータドライブ工学に無縁であった学生が急速に力をつける姿を目の当たりにし，自著ながら同書の威力に感じ入った．同時に，同書に対し，最新技術の取り込み，技術の体系化，解説の詳細化等の必要性を感じてきた．これらを踏まえ，「センサレスベクトル制御技術」を扱った同書下巻を増補改訂したのが本書である．改訂の要点は以下のとおりである．

センサレスベクトル制御の中核は，回転子位相推定にある．回転子位相推定法は，低～高速域駆動に有用な「駆動用電圧電流利用法」と零～中速域駆動に有用な「高周波電圧印加法」に二別される．

前者は，さらに回転子磁束推定法，速度起電力推定法，拡張速度起電力推定法に三別される．本書は，第Ⅱ部で，これらすべての推定方法を，全極形D因子フィルタによるフィルタリングとして体系化し，統一的な解析・解説を図った．

本書は，第Ⅲ部で，後者の高周波電圧印加法を，高周波電圧印加を担う変調と応答高周波電流から回転子位相推定を担う復調の観点から二別した上で，統一的な解析・解説を行った．変調に関しては，すべての既報高周波電圧を実質包含する一般化楕円形高周波電圧，一定楕円形高周波電圧を用意した．さらには，復調に向けて，これらの応答高周波電流の全速度域での解析解を与えた．また，広義の高周波電流相関法に属し，各種変調法に対応可能な汎用復調法として，鏡相推定法と汎用化高周波電流要素乗法を用意し，復調技術を体系化した．

上記に加え，第Ⅰ部「共通技術」では，最新技術を取り込み，内容の大幅充実を図った．また，全章にわたり，『永久磁石同期モータのベクトル制御技術』で好評を博したQ/A欄を増やし，回答を詳しくした．加えて，要所で補足説明を追加した．

最後になったが，増補改訂版の出版にご理解とご尽力を下さったオーム社の方々に，衷心より感謝申し上げる．

2024年4月1日　ミッドスカイタワーにて

新中新二

『永久磁石同期モータのベクトル制御技術』下巻のまえがき

我々人類は，有史以来未曾有の地球温暖化の中にいる．本年4月には，京都議定書が定める温室効果ガス削減義務もスタートする．昨年頃から，石油を始めとする資源の高騰と国際間争奪も，素人目にも認識できる程度に顕在化してきた．エネルギーの効率的活用は，「人類共通の願い」であり，「人類生存のための義務」となった．

ある調査によると，電気エネギーは，その約50～70%が機械エネルギーに変換され利用されているそうである（調査方法により数値が異なる）．電気・機械エネルギー変換を担っているのがモータであり，その中心はメンテナンスフリーで高速回転が可能な交流モータである．代表的な交流モータは，誘導モータと永久磁石同期モータ（permanent-magnet synchronous motor, PMSM）である．従前は，前者は大出力用途に，後者は中小出力用途に利用されてきた．最近は，数百[kW]のPMSMも製作されており，大出力用途にもPMSMが利用されるようになった．本傾向の主原因の1つは，PMSMの効率にある．PMSMでは，回転子に組み込まれた永久磁石より界磁を得ており，界磁生成にエネルギーを必要としない．この点が効率に寄与している．

しかし，PMSMの利用は，直ちに，「効率的な電気・機械エネルギー変換」を約束するものではない．真に効率的な変換を行うには，これに相応しい駆動制御技術が不可欠である．モータは，電気・機械エネルギー変換機であると同時に，トルク発生機でもある．PMSMを介して所要のトルクを得るには，相応の駆動制御技術が不可欠である．駆動制御技術の中核が，ベクトル制御技術である．

PMSMのベクトル制御技術を解説した書籍に関し，この分野の研究者・技術者であれば，直ちに数冊を列挙することができるであろう．しかし，その中で，駆動制御の原理から最先端までを体系的に説明した書籍が何冊あるであろうか．著者の知る限りにおいては，国内外を含め「ゼロ」である．往年の研究者・技術者ならば，国内外の学会論文誌，国際会議資料を通じ，先端技術を入手することはできる．しかし，本分野への新規参入者においては，ベクトル制御技術の原理・基礎の修得にさえ，不要・不合理な困苦と時間とをしばしば求められる．本書は，このような現状を打破し，PMSMの先端駆動制御技術を広く万民のものとし，ひいては「人類共通の願いと人類生存のための義務」に多少なりといえども貢献すべく，執筆されたものである．

本書は，以下の特長をもつ．

(a)　本書は，PMSM の駆動制御技術に関し，原理から最先端までを段階的かつ体系的に解説している．例えば，原理に関しては，単相電気回路から説明を起こし，先端技術に関しては，国内外の学会論文誌・国際会議資料においてトップレベルのあるいは未公開の技術を解説している．

(b)　本書は，本書のみで，体系化された PMSM 駆動制御技術を理解できるように構成されている．本狙いを達成すべく，各章の前段には，適時，予備的な知識・技術を整理している．また，理論式の展開・導出は，紙幅の許す限り丁寧に行っている．なお，「読者は大学電気系学部卒レベルの基礎学力を有する」ことを想定している．

(c)　本書は，平易な理解を目指し，多数の図面を用意している（上巻では 200 枚超，下巻では 300 枚超の図面を用意）．

(d)　本書は，技術の実践的修得を重視し，先端技術の解説に際しては，設計の実例と詳細な実験データを与えている．

(e)　本書は，新規参入者による独修を可能とすべく，適所に「Q/ A 欄」を設け，彼等が抱き易い疑問に回答を与えている．また，専門用語には，技術開発の国際化を考慮し，対応の英訳を与えている．

(f)　本書は，上記（a）～(e)項から賢察されるように，往年の専門家のための最新かつ実践的な「座右の書」としても役立つよう，配慮されている．各章ごとに基本文献を整理したのも，このためである．

本書は，上巻「原理から最先端まで，全 11 章」と下巻「センサレス駆動制御の真髄，全 17 章」とで，所期の目的を達成するように構成されている．上巻では，位置・速度センサ利用のベクトル制御とこれを有しないセンサレスベクトル制御とに共通する技術を，下巻では，センサレスベクトル制御に関連した技術を段階的・体系的に解説している．PMSM 駆動制御技術の新規修得を目指す読者には，上巻第 1 章から順次読破されることをお奨めする．上巻内容の理解なくして，下巻内容を修得することは，大変困難である．段階的・体系的な修得こそが，最も効率的な修得となる．修得の暁には，第 1 級モータ駆動制御技術者として，「世界に通用する力」を心底感ずるであろう．

上巻内容を理解している往年の技術者においては，直接，下巻から読み進めてもらって問題ない．また，必要な章のみを抽出・利用してもらってよい．このような使用に耐え得るように，本書は段階的・体系的でありながら，各章に高い独立性をもたせている．

全28章からなる本書を，年30週程度の大学院教育における教科書として利用する場合には，学生自身による復習を含め，平均1週3時間程度の教育時間が必要である．大学院生の学力で本書の理解が可能であることは，著者が指導する電気系大学院生の協力を得て，確認している．

本書の根幹は，著者自身による十数年の研究成果をベースとしている．各章が，順次，著者自身による悪戦・苦闘の研究開発史ともなっている．若き研究者・技術者のために，著者自身が，十数年前，上巻第2章解説のPMSM数学モデルの構築から研究を開始し，ごく最近になって，下巻第3部末章で解説した諸技術を完成させたことを付記しておく．

著者は，神仏に導かれるように，あるいは鬼神に突き動かされるように，「永久磁石同期モータの駆動制御技術の体系化」に十数年間わたり孤軍奮闘してきた．本書出版は長期構想の最終段階に当たるものであり，この実現にご理解とご尽力を下さった出版社に感謝の意を表したい．教科書の軽薄化が加速的に進む昨今，重厚な専門書の出版に対するご理解とご決断に，衷心より御礼を申し上げる．また，出版に際し，鮮明な写真，図面を提供くださった諸企業にも謝意をお伝えしたい．

2008年1月6日　神奈川大学・横浜キャンパスにて

新中新二

目　　次

第1部　共通技術

第3部　高周波電圧印加法による回転子位相推定

第4部　センサレス駆動制御の応用

第 1 部
共通技術

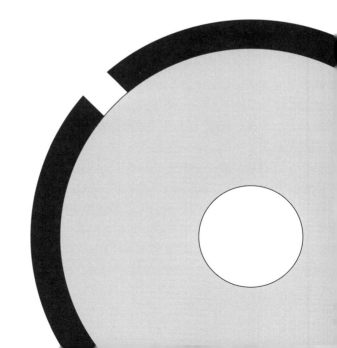

第1章 センサレス駆動制御のための共通技術

1.1 目的

永久磁石同期モータ（permanent-magnet synchronous motor, PMSM）をして適切にトルク発生させるには，**回転子**（rotor）永久磁石のN極位相（以下，特に断らない限り，N極位相を**回転子位相**（rotor phase）とする）に応じて**固定子**（stator）電流を印加する必要がある．このため，従来，回転子にエンコーダ（encoder），レゾルバ（resolver）等の**位置・速度センサ**（position sensor）を装着することが行われてきた．しかし，この種の位置・速度センサの回転子への装着は，モータ駆動系の信頼性低下，軸方向のモータ容積増大，センサ用ケーブルの引回し，各種コストの増大等の問題を誘発してきた．応用によっては，機構的あるいは環境的制約により，位置・速度センサの装着が困難なこともある．これらを解決すべく，位置・速度センサを用いることなく適切にトルク発生できるモータ駆動制御法として，**センサレスベクトル制御法**（sensorless vector control method）が近年盛んに研究開発されてきた．

センサレスベクトル制御法の成否は，概して，回転子の位相と速度の推定成否に支配される．**回転子位相推定法**（以下，**位相推定法**）は，推定に利用する信号の観点から，大きくは，モータのトルク発生に直接的に寄与する駆動用電圧・電流の基本波（fundamental driving frequency）成分を活用する**駆動用電圧電流利用法**（drive voltage-current utilization method）と，回転子位相探査信号として高周波電圧を強制印加する**高周波電圧印加法**（high-frequency voltage injection method）とに分類することができる．個々の位相推定法は，立脚した原理に応じて異なり，すでに多数の方法が報告されている．また，これと同時に，各種位相推定法に共通して利用可能な関連技術が体系化されてきている．

回転子の速度推定法は，技術開発史的には，位相推定法と連携した形であるいは同時に提案されることが少なくなかった．しかし，近年こちらの体系化も進み，多くの位相推定法に共通して利用できるような速度推定法が提案されている．

本章では，PMSMのセンサレスベクトル制御に使用される各種の位相推定法に共通して利用可能な位相推定関連技術，速度推定技術，および推定関連技術を体系的に説明する．次の1.2節では，**$\alpha\beta$ 固定座標系**上で得た**初期位相推定値**を利用して，**最終位相推定値**と**速度推定値**（speed estimate）を得る体系的方法を説明する．説明の方法は，著者提案の**積分フィードバック形速度推定法**（integral-feedback speed estimation method）である．

1.3節では，位相差のない状態で回転子位相に同期した**dq 同期座標系**とこれへの追従を目指した準同期座標系との**位相偏差**（phase error）を推定し，本位相偏差推定値から，$\alpha\beta$ 固定座標系の基軸（α 軸）から評価した回転子の位相と速度とを推定する方法を説明する．本方法は，従前の**PLL 法**（phase-locked loop method）を，著者が体系化・一般化した**一般化積分形 PLL 法**（generalized integral-form PLL method）である．

積分フィードバック形速度推定法，一般化積分形PLL法の実現には，安定**ローパスフィルタ**あるいはこれと1対1の関係にある**位相制御器**（phase controller）を設計しなければならない．1.4節では，安定ローパスフィルタ，位相制御器の体系的設計法を提示する．

1.5節では，定常的に誤差をもつ**位相推定値**（phase estimate）に対する，著者提案の補正法を説明する．位相補正を併用する位相推定法としては，$\alpha\beta$ 固定座標系上では積分フィードバック形速度推定法を，準同期座標系上では一般化積分形PLL法を考える．

1.6節では，PMSMの回転子位相推定のために著者が開発した周波数ハイブリッド法について説明する．PMSMのセンサレスベクトル制御においては，「低速域用（低周波領域用）の位相推定法と高速域用（高周波領域用）の位相推定法との2種の位相推定法を用い，おのおの位相推定値を生成し，低速域用の位相推定法で生成された位相推定値と高速域用の位相推定法で生成された位相推定値とを周波数的に加重平均して，PMSMのセンサレスベクトル制御のための位相推定値とする方法」が実際的である．位相推定工程におけるこのような合成的方法は**周波数ハイブリッド法**（frequency hybrid method）と呼ばれる．本節では，周波数ハイブリッド法の具体例を説明する．

1.7 節では，**逆 D 因子**（inverse D-matrix, inverse D-operator）の離散時間実現法を説明する．第 4〜6 章で明らかにするように，ほぼすべての回転子位相推定法の中核処理は，**D 因子フィルタ**（D-filter）[1.16] によるフィルタリング処理である．D 因子フィルタは逆 D 因子を用いて実現される．このため，位相推定法の実際的実現には，逆 D 因子の離散時間実現を理解しておく必要がある．本節では，逆 D 因子のための 2 種の体系的離散時間実現法を説明する．

1.8 節では，回転子位相推定に関連して高い頻度で利用される，**バンドストップフィルタ**，**バンドパスフィルタ**，**直流成分除去フィルタ**を説明する．説明の 3 フィルタは，実装の実際性を考慮した**ディジタルフィルタ**である．

静止状態にある回転子位相推定値の自動検出には，「ノイズ，高調波等の外乱を含む単相信号から，この基本波成分の位相を瞬時推定する技術」が必要とされることがある．1.9 節では，単相信号の基本波成分位相の瞬時推定法として，著者提案の**写像法**と同法を実用上の観点から具現化した**写像フィルタ**（mapping filter）とを説明する．

なお，本章は，著者による特許および原著論文 1.1)〜1.7)，1.17)〜1.22)を中心に再構成したものであることを断っておく．

1.2　積分フィードバック形速度推定法

1.2.1　位相速度推定器の基本構造

図 1.1 を考える．同図は，**$\alpha\beta$ 固定座標系**，**dq 同期座標系**，**$\gamma\delta$ 一般座標系**の 3 座標系と回転子位相との関係を表現している．同図においては，α 軸から見た回転子 N 極の位相と速度（以降では，簡単に**回転子位相**，**回転子速度**（rotor speed）と表現）を，おのおの，θ_α，ω_{2n} で表現している．また，任意の速度 ω_γ で回転する $\gamma\delta$ 一般座標系の γ 軸から見た回転子位相を θ_γ で表現している．$\gamma\delta$ 一般座標系の速度 ω_γ は，α 軸を基準に評価している．dq 同期座標系は，回転子 N 極に位相差なく同期した座標系であり，α 軸を基準に評価した d 軸の位相と速度は，おのおの，回転子位相と回転子速度と同一である．

図 1.2 を考える．同図は，PMSM のセンサレスベクトル制御で利用される駆動用電圧電流利用法，すなわち駆動用電圧・電流を利用した回転子位相速度推定法を，**位相速度推定器**（phase-speed estimator）として実現し，その基本構造を示したものである．本位相速度推定器は，$\alpha\beta$ 固定座標系上で構成されることを

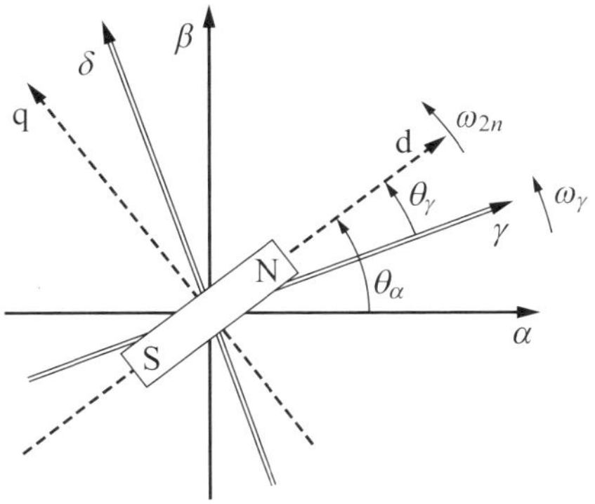

図 1.1 3 座標系と回転子位相の関係

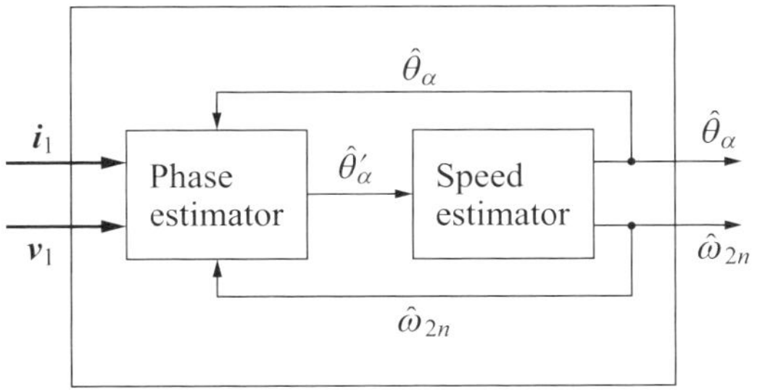

図 1.2 $\alpha\beta$ 固定座標系上での位相速度推定器の基本構造

前提としており，その入力信号は $\alpha\beta$ 固定座標系上で定義された駆動用の固定子電流 $\boldsymbol{i}_1$，固定子電圧 $\boldsymbol{v}_1$ であり，出力信号は回転子の位相推定値 $\hat{\theta}_\alpha$ と速度推定値 $\hat{\omega}_{2n}$ である．トルク制御を行う場合には，回転子速度推定値 $\hat{\omega}_{2n}$ は，通常は位相速度推定器から外部へ出力する必要はないが，位相速度推定器内部での回転子位相推定値生成に必要とされる．すなわち，位相速度推定器は，同図に示したように，フィードバック的に互いに結合された**位相推定器**（phase estimator）と**速度推定器**（speed estimator）とから構成されており，位相推定器には，速度推定値 $\hat{\omega}_{2n}$ が必要とされる．

1.2.2 積分フィードバック形速度推定法

駆動用電圧・電流を利用した位相推定器の構成法としては，最小次元（2 次元）磁束状態オブザーバ，同一次元（4 次元）磁束状態オブザーバ，最小次元速度起電力状態オブザーバ，同一次元速度起電力状態オブザーバ，速度起電力外乱オブザーバ，拡張速度起電力外乱オブザーバ等，種々の原理に基づく方法が提案されている（これら代表的方法は，後続の章で具体的に説明する）．

速度推定器のための速度推定法に関しても，原理的に異なるいくつかの方法が提案されている．この中で，高い有用性をもつ速度推定法が，著者によって文献1.1)～1.3)を通じ提案された**積分フィードバック形速度推定法**（integral-feedback speed estimation method）である．これは以下のように整理される．

【積分フィードバック形速度推定法】[1.1)～1.3)]

$$\widehat{\omega}_{2n} = sF_C(s)\hat{\theta}'_\alpha = C(s)\,\mathrm{mod}\,(\pm\pi, (\hat{\theta}'_\alpha - \hat{\theta}_\alpha)) \tag{1.1a}$$

$$\hat{\theta}_\alpha = \frac{1}{s}\widehat{\omega}_{2n} \tag{1.1b}$$

ここに，$F_C(s), C(s)$ は，おのおの次のように定義された，安定**ローパスフィルタ**，**位相制御器**（phase controller）であり

$$\begin{aligned} F_C(s) &= \frac{F_N(s)}{F_D(s)} \\ &= \frac{f_{n,m-1}s^{m-1} + f_{n,m-2}s^{m-2} + \cdots + f_{n,0}}{s^m + f_{d,m-1}s^{m-1} + \cdots + f_{d,0}} \qquad f_{d,0} = f_{n,0} > 0 \end{aligned} \tag{1.1c}$$

$$C(s) = \frac{sF_N(s)}{F_D(s) - F_N(s)} \tag{1.1d}$$

$\mathrm{mod}(\cdot,\cdot)$ は，変数に対する $-\pi \sim \pi$ の**モジュラ処理**を意味する．

■

(1.1)式における記号 s は**時間微分演算子**（time-differential operator）d/dt であるが，本書では，記号 s を時間微分演算子，または**ラプラス演算子**（Laplace operator）として使用する（本節末尾のQ/A1.1参照）．

積分フィードバック形速度推定法は，(1.1)式より明白なように，位相推定器より得た**初期位相推定値** $\hat{\theta}'_a$ を**近似微分**処理して速度推定値 $\widehat{\omega}_{2n}$ を得ている．また，初期位相推定値 $\hat{\theta}'_a$ をローパスフィルタリングして，**最終位相推定値** $\hat{\theta}_a$ を得ている．発想はすこぶる簡単である．

しかしながら，著者により提案されるまで，発想の具体化はなされなかった．具体化の困難さが，位相の発散である．モータが同一方向へ回転する場合，連続変化の位相は無限大へと発散する．発散する連続位相および同推定値は扱うことができない．発散位相は，実際的には，2π のモジュラを利用して，$-\pi \sim \pi$〔rad〕

（あるいは，0～2π〔rad〕）の間の不連続な，しかし有限な**のこぎり波**（sawtooth）形状の位相として扱うことになる．こうした不連続なのこぎり波形状の位相推定値（初期位相推定値 $\hat{\theta}'_\alpha$）を(1.1a)式第1式および(1.1b)式に従って直接的に動的処理しても，速度・位相の適切な推定値を得ることはできない．

積分フィードバック形速度推定法は，以下の特徴的構造を活用し，この問題を解決している．

(a)　速度推定値 $\hat{\omega}_{2n}$ と同時に最終位相推定値 $\hat{\theta}_\alpha$ をも生成する．このときの最終位相推定値は，速度推定値の**単純積分値**として生成する（以下，このときの積分器を**位相積分器**と呼称）．

(b)　最終位相推定値をフィードバックし初期位相推定値 $\hat{\theta}'_\alpha$ との偏差 $(\hat{\theta}'_\alpha - \hat{\theta}_\alpha)$ をとる．

(c)　**位相偏差**に対し**モジュラ処理**を施し，モジュラ処理後の位相偏差を常時 $-\pi$～π〔rad〕の間に保つ．モジュラ処理後の位相偏差に対して，動的処理を施す．

動的処理において特に重要な特徴が(c)である．特徴(a), (b)は，特徴(c)を得るためのものであり，また，本速度推定法の名の由来になっている．**図1.3**に(1.1a)式第2式と(1.1b)式に基づく積分フィードバック形速度推定法を示した．同図では，同速度推定法において不可欠な $-\pi$～π のモジュラ処理を，mod($\pm\pi$) で明示している．

初期位相推定値 $\hat{\theta}'_\alpha$ は，回転子位相情報を有する回転子磁束推定値 $\hat{\boldsymbol{\phi}}_m$ 等の**逆正接処理**を介して得ることが多い．すなわち，

$$\hat{\theta}'_\alpha = \tan^{-1}(\hat{\phi}_{m\alpha}, \hat{\phi}_{m\beta}) \tag{1.2a}$$

ただし，

$$\hat{\boldsymbol{\phi}}_m \equiv \begin{bmatrix} \hat{\phi}_{m\alpha} \\ \hat{\phi}_{m\beta} \end{bmatrix} \tag{1.2b}$$

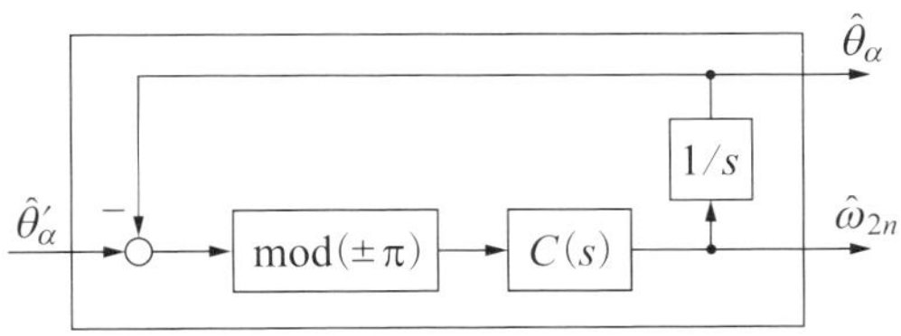

図1.3　積分フィードバック形速度推定法の実現例

なお，2変数を用いた逆正接処理は，位相を$-\pi\sim\pi$〔rad〕の範囲で決定することを意味する．

逆正接処理の手順を変更することにより，上記のモジュラ処理を，**ベクトル回転器** $\boldsymbol{R}(\theta_\alpha)$ を利用して遂行することも可能である．これは，以下のように整理される[1.1)~1.3)]．

$$\hat{\theta}'_\alpha - \hat{\theta}_\alpha = \tan^{-1}(\hat{\phi}_{m\gamma}, \hat{\phi}_{m\delta}) \tag{1.3a}$$

ただし，

$$\begin{bmatrix} \hat{\phi}_{m\gamma} \\ \hat{\phi}_{m\delta} \end{bmatrix} = \boldsymbol{R}^T(\hat{\theta}_\alpha)\hat{\boldsymbol{\phi}}_m \tag{1.3b}$$

$$\boldsymbol{R}(\theta_\alpha) \equiv \begin{bmatrix} \cos\theta_\alpha & -\sin\theta_\alpha \\ \sin\theta_\alpha & \cos\theta_\alpha \end{bmatrix} \tag{1.3c}$$

図1.4 に，(1.3)式を活用した積分フィードバック形速度推定法の実現を示した．

図1.2に明示しているように，初期位相推定値 $\hat{\theta}'_\alpha$ の生成には速度推定値 $\hat{\omega}_{2n}$ が必要とされ，一方，速度推定値 $\hat{\omega}_{2n}$ は初期位相推定値 $\hat{\theta}'_\alpha$ より生成している．この結果，これらの生成にはダイナミックスを有するフィードバックループが構成されることになる．ループ内の主要なダイナミックスであるフィルタ $F(s)$ の帯域幅が不要に高くなければ，安定なループ構成が可能であり，適切な速度推定値 $\hat{\omega}_{2n}$ と最終位相推定値 $\hat{\theta}_\alpha$ とを得ることができる．

以上より明らかなように，積分フィードバック形速度推定法は，以下の特長をもつ．

(a)　回転子の位相と速度は微積分の関係にあるが，最終位相推定値と速度推定値は本微積分の関係を維持している．

(b)　異なる原理の基づく多くの位相推定法に利用でき，汎用性が高い．

(c)　安定ローパスフィルタ $F_C(s)$ の設計に高い自由度がある（設計法は後掲の1.4節で説明）．

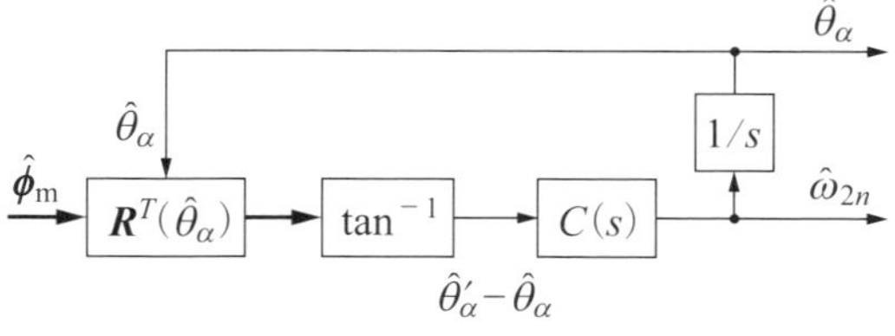

図1.4　積分フィードバック形速度推定法のベクトル回転器を用いた実現例

（d）　実現が簡単である．

1.2.3　応答の一例

積分フィードバック形速度推定法の性能の一例を示す．速度推定器の入力信号は，電気速度 $\hat{\omega}'_{2n} = 600$〔rad/s〕で $-\pi$～π の間でのこぎり波形状に変化する位相 $\hat{\theta}'_\alpha$ とした．**図 1.5**(a)に本波形の様子を示した．同図は，上から電気速度，位相をおのおの示している．

のこぎり波形状の位相信号に対して，安定ローパスフィルタ $F_C(s)$ を以下のように設計した（後掲の 1.4 節参照）．

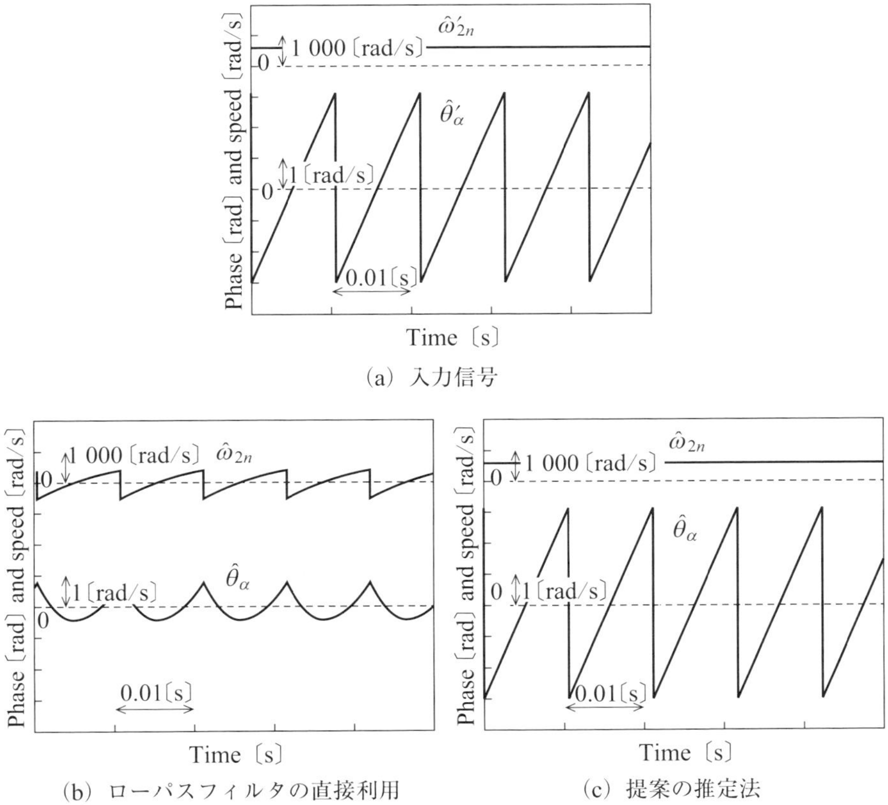

図 1.5　積分フィードバック形速度推定法の応答例

$$F_C(s) = \frac{F_N(s)}{F_D(s)} = \frac{150s+5625}{s^2+150s+5625} \tag{1.4}$$

(1.4)式は，フィルタ $F_C(s)$ の帯域幅は約150〔rad/s〕であることを意味している（後掲の1.4節参照）．

(1.4)式のフィルタを(1.1a)式第1式に直接適用して得た速度推定値，また(1.1b)式に適用して得た位相推定値を，図1.5(b)に示した．同図より明らかなように，フィルタ処理後の速度推定値 $\hat{\omega}_{2n}$，位相推定値 $\hat{\theta}_\alpha$ はともに，入力信号と大きくかけはなれている．

これに対して，(1.4)式のフィルタを(1.1a)式第2式に適用して得た速度推定値，また(1.1b)式に適用して得た位相推定値を，図1.5(c)に示した．フィルタ処理後の速度推定値 $\hat{\omega}_{2n}$，位相推定値 $\hat{\theta}_\alpha$ はともに，入力信号と高い一致性をみせている．速度，位相の両推定において，最終位相推定値をフィードバック利用した上でのモジュラ処理の有効性が確認される．

Q1.1　時間微分演算子として記号 s を使用していますが，ラプラス変換に出現するラプラス演算子 s と紛らわしくありませんか．

Ans.　微分演算子は時間信号に対して作用し，ラプラス演算子はラプラス変換信号に対して作用します．両演算子は明らかに異なりますが，初期値の影響を無視できる場合には類似性の高い性質を有しています．記号 s がいずれの演算子を意味しているかは，被作用信号より明白ですので，本書では類似性を考慮し，両者に同一の記号 s を使用します．なお，表現上の簡略化のため，$1/s$ を積分演算子として利用することもします．

1.3　一般化積分形PLL法

1.3.1　位相速度推定器の基本構造

図1.2の位相速度推定器は $\alpha\beta$ 固定座標系上で構成されていた．これに対して，**dq同期座標系**への収束を目的とした座標系上で位相速度推定器を構成することもある．なお，以降では，$\gamma\delta$ 一般座標系の中で，特にdq同期座標系への収束を目的とした座標系を **$\gamma\delta$ 準同期座標系**と呼称する．

図1.6 は，$\gamma\delta$ 準同期座標系上の駆動用電圧・電流を利用した位相速度推定器を概略的に示したものである．本位相速度推定器は，$\gamma\delta$ 準同期座標系上で構成

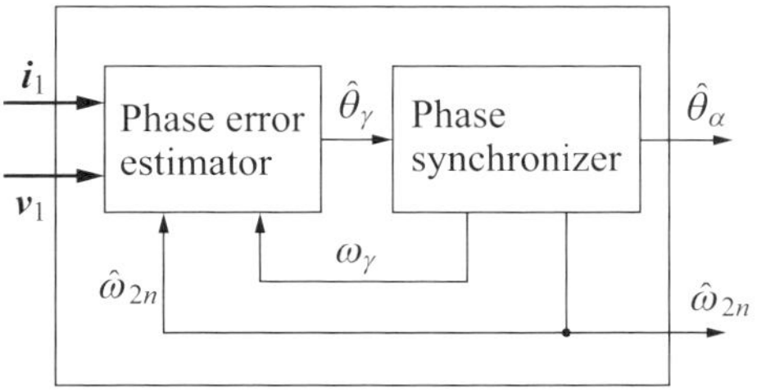

図 1.6 $\gamma\delta$ 準同期座標系上での位相速度推定器の基本構造

されることを前提としており，その入力信号は $\gamma\delta$ 準同期座標系上で定義された駆動用の固定子電流 $\boldsymbol{i}_1$，固定子電圧 $\boldsymbol{v}_1$ であり，出力信号は回転子の位相推定値 $\hat{\theta}_\alpha$ と速度推定値 $\hat{\omega}_{2n}$ である．両推定値は，ともに α 軸を基準に評価した値である．トルク制御を行う場合には，回転子速度推定値 $\hat{\omega}_{2n}$ は，通常は位相速度推定器から外部へ出力する必要はないが，位相速度推定器内部での位相偏差推定値 $\hat{\theta}_\gamma$ の生成に必要とされる．位相速度推定器は，同図に示したように，フィードバック的に互いに結合された**位相偏差推定器**（phase error estimator）と**位相同期器**（phase synchronizer）とから構成されており，位相偏差推定器には，速度推定値 $\hat{\omega}_{2n}$ と $\gamma\delta$ 準同期座標系の速度 ω_γ とが必要とされる．位相偏差推定器出力信号であり位相同期器入力信号である $\hat{\theta}_\gamma$ は，γ 軸から見た回転子位相 θ_γ（すなわち，d 軸とこれに収束を目指した γ 軸との位相偏差）の適切な推定値である（図 1.1 参照）．

1.3.2 一般化積分形 PLL 法

駆動用電圧・電流を利用した位相偏差推定器の構成法としては，最小次元（2 次元）磁束状態オブザーバ，同一次元（4 次元）磁束状態オブザーバ，最小次元速度起電力状態オブザーバ，同一次元速度起電力状態オブザーバ，速度起電力外乱オブザーバ，拡張速度起電力外乱オブザーバ等，種々の原理に基づく方法が提案されている（これら代表的方法は，後続の章で具体的に説明する）．

また，**位相同期器**の構成法に関しても，いくつかの異なる原理に基づく方法が提案されている．この中で，最も的確に核心を突いていると思われるのが **PLL 法**（phase-locked loop method）であり，これを体系化したものが，著者が文献 1.1)，1.4)を通じ提案した**一般化積分形 PLL 法**（generalized integral-form PLL method）である．一般化積分形 PLL 法の原理は，次のように説明される．

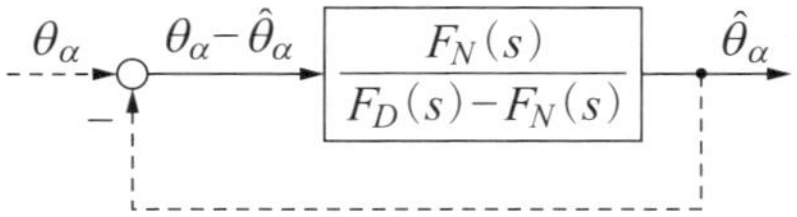

図 1.7　位相偏差を用いたローパスフィルタの実現例

真の回転子位相 θ_α を，(1.1c)式に示した安定ローパスフィルタ $F_C(s)$ でフィルタリング処理した値を $\hat{\theta}_\alpha$ とする．すなわち，

$$\begin{aligned}\hat{\theta}_\alpha &= F_C(s)\theta_\alpha \\ &= \frac{F_C(s)}{1-F_C(s)}(\theta_\alpha - \hat{\theta}_\alpha) \\ &= \frac{F_N(s)}{F_D(s)-F_N(s)}(\theta_\alpha - \hat{\theta}_\alpha)\end{aligned} \tag{1.5}$$

本ローパスフィルタを，(1.5)式の最終式に基づき実現することを考える．**図 1.7** にこれを示した．ただし，同図では，フィルタリング処理値 $\hat{\theta}_\alpha$ のフィードバックは破線で示している．

(1.5)式左辺の位相 $\hat{\theta}_\alpha$ を $\gamma\delta$ 準同期座標系の α 軸からみた位相に選定するならば（図 1.1 参照），(1.5)式は次のように書き改められる．

$$\hat{\theta}_\alpha = \frac{F_N(s)}{F_D(s)-F_N(s)}\theta_\gamma \approx \frac{F_N(s)}{F_D(s)-F_N(s)}\hat{\theta}_\gamma \tag{1.6a}$$

ただし，

$$\theta_\gamma = \theta_\alpha - \hat{\theta}_\alpha \tag{1.6b}$$

位相偏差の適切な推定値 $\hat{\theta}_\gamma$ を(1.6a)式第 2 式に利用し，位相 $\hat{\theta}_\alpha$ を生成するならば，$\hat{\theta}_\alpha$ は位相真値 θ_α の適切な推定値となる．すなわち，$\hat{\theta}_\alpha \to \theta_\alpha$，$\hat{\theta}_\gamma \approx \theta_\gamma \to 0$ が成立する．以上が PLL の原理である．本原理は，著者により次の一般化積分形 PLL 法として体系化されている[1.1), 1.4)]．

【一般化積分形 PLL 法】[1.1), 1.4)]

$$\omega_\gamma = C(s)\hat{\theta}_\gamma \tag{1.7a}$$

$$\hat{\theta}_\alpha = \frac{1}{s}\omega_\gamma \tag{1.7b}$$

$$\hat{\omega}_{2n}\begin{cases} = \omega_\gamma \\ \approx \omega_\gamma \end{cases} \tag{1.7c}$$

ただし，

$$F_C(s) = \frac{F_N(s)}{F_D(s)}$$

$$= \frac{f_{n,m-1}s^{m-1}+f_{n,m-2}s^{m-2}+\cdots+f_{n,0}}{s^m+f_{d,m-1}s^{m-1}+\cdots+f_{d,0}} \qquad f_{d,0}=f_{n,0}>0 \tag{1.7d}$$

$$C(s) = \frac{sF_N(s)}{F_D(s)-F_N(s)} \tag{1.7e}$$

■

(1.7c)式は，$\gamma\delta$ 準同期座標系の速度 ω_γ を，または座標系速度に準じた信号（座標系速度 ω_γ のフィルタ処理信号等）を，回転子の電気速度推定値 $\widehat{\omega}_{2n}$ とすることを意味する．(1.7e)式の $C(s)$ は，積分フィードバック形速度推定法と同様に**位相制御器**と呼ぶ．

一般化積分形 PLL 法では，PLL 原理を発展させ，単純積分処理を介して位相推定値を得るようにしている．これは，位相と速度の微積分関係を利用して，位相推定値 $\widehat{\theta}_\alpha$ と同時に，座標系速度 ω_γ と回転子速度推定値 $\widehat{\omega}_{2n}$ とを得るためのものである．位相推定値 $\widehat{\theta}_\alpha$ は $\gamma\delta$ 準同期座標系の位相であるので，その微分である積分器（以下，**位相積分器**）への入力信号は $\gamma\delta$ 準同期座標系の速度となる．$\gamma\delta$ 準同期座標系は dq 同期座標系への収束を目指しているので，本座標系速度 ω_γ あるいはこのフィルタ処理値は同時に回転子速度推定値 $\widehat{\omega}_{2n}$ として活用することができる．**図 1.8** に，一般化積分形 PLL 法に基づき構成された位相同期器の一例を示した．なお，一般化積分形 PLL 法における安定ローパスフィルタ $F_C(s)$，位相制御器 $C(s)$ の設計は，1.4 節で説明する．

(1.1c)式と(1.7d)式の安定ローパスフィルタ $F_C(s)$ の同一性，(1.1d)式と(1.7e)式の位相制御器 $C(s)$ の同一性から理解されるように，$\gamma\delta$ 準同期座標系上

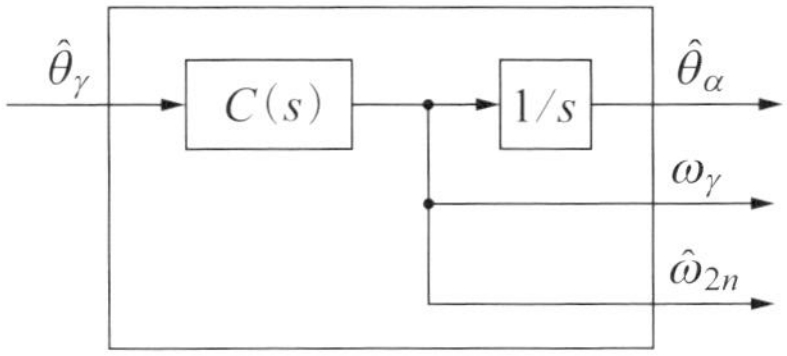

図 1.8　一般化積分形 PLL 法に基づく位相同期器の基本構造

で構成された一般化積分形 PLL 法と $\alpha\beta$ 固定座標系上で構成された積分フィードバック形速度推定法とは，**双対関係**にある．

Q1.2　**一般化積分形 PLL 法と積分フィードバック形速度推定法とは双対の関係にあるとのことですが，PLL 法にのみ「一般化」がついているのはなぜですか．**

Ans.　積分形 PLL 法に関しては，著者が文献 1.1)，1.2)を通じ一般化積分形 PLL 法を提案する以前に，初等的な方法がすでに提案されていました．先達の貢献に敬意を表し，冒頭に「一般化」をつけました．一方，積分フィードバック形速度推定法に関しては，この種の推定法の既報がなく，著者自身によるものが最初と判断され，「一般化」をつけるべきでないとの結論に至りました．

Q1.3　**積分フィードバック形速度推定法は，他の論文等で「固定座標系上の積分形 PLL 法」と呼ばれている推定法と同一ですか．**

Ans.　そのとおりです．発明者・提案者として付与した名称「積分フィードバック形速度推定法」を尊重していただきたいと思いますが，利用されつつもこれがなされていないのが国内の実状です．なお，海外では本名称が使用されています．

1.4　位相制御器の設計

(1.1c)式，(1.7d)式の安定ローパスフィルタ $F_C(s)$ を設計すれば，おのおの(1.1d)式，(1.7e)式に従い，位相制御器 $C(s)$ は自ずと定まる．本節の目的は，安定ローパスフィルタ $F_C(s)$ の設計を通じ，位相制御器 $C(s)$ の設計することにある．

本目的のため，本書は次の**位相制御器定理**を提案する．

《定理 1.1　位相制御器定理》

安定ローパスフィルタ $F_C(s)$ の分子多項式 $F_N(s)$ を，次式のように安定な分母多項式 $F_D(s)$ に基づき定める場合には，

$$F_N(s) = F_D(s) - s^m \qquad m \geq 2 \tag{1.8}$$

安定ローパスフィルタの帯域幅 ω_{Fc}〔rad/s〕に関し，次式が成立する．

$$\omega_{Fc} \approx f_{d,m-1} \tag{1.9}$$

また，(1.8)式に対応した次の位相制御器 $C(s)$ は，

$$C(s) = \frac{F_N(s)}{s^{m-1}} = \frac{F_D(s) - s^m}{s^{m-1}} \tag{1.10}$$

$(m-1)$ 次時間多項式に従い時変する位相真値 θ_α に収束する同推定値 $\hat{\theta}_\alpha$ を生成する．

〈証明〉

m 次安定ローパスフィルタは，(1.8)式の条件下では，次式となる．

$$F_C(s) = \frac{F_N(s)}{F_D(s)} = \frac{F_D(s) - s^m}{F_D(s)}$$

$$= \frac{f_{d,m-1}s^{m-1} + \cdots + f_{d,0}}{s^m + f_{d,m-1}s^{m-1} + \cdots + f_{d,0}} \tag{1.11a}$$

(1.11a)式は，帯域幅 ω_{Fc}〔rad/s〕の近傍および以遠の周波数領域では，以下のように近似される．

$$F_C(s) \approx \frac{f_{d,m-1}}{s + f_{d,m-1}} \tag{1.11b}$$

上式は，(1.9)式を意味する．

図 1.3，図 1.7 の関係を原理的に示した**図 1.9** を考える．同図における位相真値 θ_α から位相偏差 $\theta_\alpha - \hat{\theta}_\alpha$ までの伝達関数 $G_e(s)$ は，(1.8)式の条件下では，次式のように評価される．

$$G_e(s) = \frac{s^m}{F_D(s)} \tag{1.12}$$

一方，$(m-1)$ 次時間多項式に従い時変する位相真値 θ_α のラプラス変換は，次式で記述される．

$$\Theta_\alpha(s) = \sum_{i=1}^{m} \frac{p_i}{s^i} \tag{1.13}$$

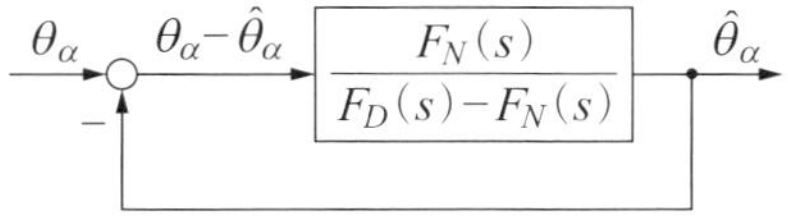

図 1.9　安定ローパスフィルタのフィードバック実現

(1.12)，(1.13)式を考慮の上，位相偏差に対し**最終値定理**（final-value theorem）を適用すると，次式を得る．

$$\lim_{t\to\infty}\theta_\alpha-\hat{\theta}_\alpha=\lim_{s\to 0}sG_e(s)\Theta_\alpha(s)$$
$$=\lim_{s\to 0}\frac{1}{F_D(s)}\sum_{i=1}^{m}p_i s^{m+1-i}=0 \tag{1.14}$$

(1.14)式は，定理を意味する．

■

PMSMの回転子が一定速で回転している状態を考える．このときの位相真値θ_αのラプラス変換は，$m=2$とした(1.13)式で記述される．位相制御器定理によれば，位相推定値の同真値への収束には，安定ローパスフィルタの次数は2次以上でなくてはならない．最小次数の$m=2$を採用する場合，安定ローパスフィルタ$F_C(s)$，位相制御器$C(s)$は，おのおの次式となる．

$$F_C(s)=\frac{F_N(s)}{F_D(s)}=\frac{f_{d,1}s+f_{d,0}}{s^2+f_{d,1}s+f_{d,0}} \tag{1.15a}$$

$$C(s)=\frac{F_N(s)}{s}=\frac{f_{d,1}s+f_{d,0}}{s}=f_{d,1}+\frac{f_{d,0}}{s} \tag{1.15b}$$

(1.15b)式の位相制御器はPI制御器にほかならない．

位相制御器定理に基づくならば，次の汎用性に富む位相制御器設計法を得る．

【位相制御器の設計法】

(a)　安定ローパスフィルタの帯域幅の決定

位相推定値$\hat{\theta}_\alpha$の同真値θ_αへの収束速度を考慮の上，安定ローパスフィルタ$F_C(s)$の帯域幅ω_{Fc}〔rad/s〕を決定する．必要とする収束速度は，回転子の速度変化，速度制御系の帯域幅等も考慮する必要がある．

(b)　安定フィルタの次数の決定

位相真値の変化度合い，位相推定値の同真値への収束速度を考慮の上，安定ローパスフィルタの次数mを決定する．

(c)　安定フィルタの分母多項式の決定

分母多項式$F_D(s)$の$(m-1)$次係数が帯域幅ω_{Fc}〔rad/s〕と等しくなるように，すなわち次式が成立するように，

$$f_{d,m-1}=\omega_{Fc} \tag{1.16}$$

さらには，分母多項式のすべての根が実根となるように，多項式の m 個の係数を決定する．

■

分母多項式に付与すべき m 個の実根の第 1 候補としては，m 重根を推奨する．

1.2.3 項で例示した(1.4)式の 2 次安定ローパスフィルタは，上記設計法に基づき得たものである．

1.5　位相推定値の補正法

1.5.1　積分フィードバック形速度推定法

積分フィードバック形速度推定法において，**初期位相推定値** $\hat{\theta}'_\alpha$ が定常的な**初期位相誤差** $\Delta\theta_e$ を有していたと仮定する．すなわち，

$$\hat{\theta}'_\alpha = \theta_\alpha + \Delta\theta_e \qquad \Delta\theta_e = \text{const} \tag{1.17}$$

本項では，初期位相誤差 $\Delta\theta_e$ が**最終位相推定値** $\hat{\theta}_\alpha$ に与える影響を補償する方法を構築する．

〔1〕初期位相推定値に対する補正

初期位相誤差 $\Delta\theta_e$ が最終位相推定値 $\hat{\theta}_\alpha$ に与える影響を補償するには，**位相補正値** $\Delta\theta_c$ を用いて，初期位相誤差を含む初期位相推定値を補正すればよい．本考えに基づく場合には，積分フィードバック形速度推定法は次のように修正される．

【初期位相推定値補正を伴う積分フィードバック形速度推定法】

$$\hat{\omega}_{2n} = C(s)\,\text{mod}(\pm\pi, (\hat{\theta}'_\alpha + \Delta\theta_c - \hat{\theta}_\alpha)) \tag{1.18a}$$

$$\hat{\theta}_\alpha = \frac{1}{s}\hat{\omega}_{2n} \tag{1.18b}$$

■

上の推定法による速度推定値，最終位相推定値は以下のようになる．

$$\begin{aligned}\hat{\omega}_{2n} &= sF_C(s)(\hat{\theta}'_\alpha + \Delta\theta_c) = sF_C(s)(\theta_\alpha + \Delta\theta_e + \Delta\theta_c)\\ &\approx sF_C(s)\theta_\alpha\end{aligned} \tag{1.19a}$$

$$\hat{\theta}_\alpha = F_C(s)(\hat{\theta}'_\alpha + \Delta\theta_c) \tag{1.19b}$$

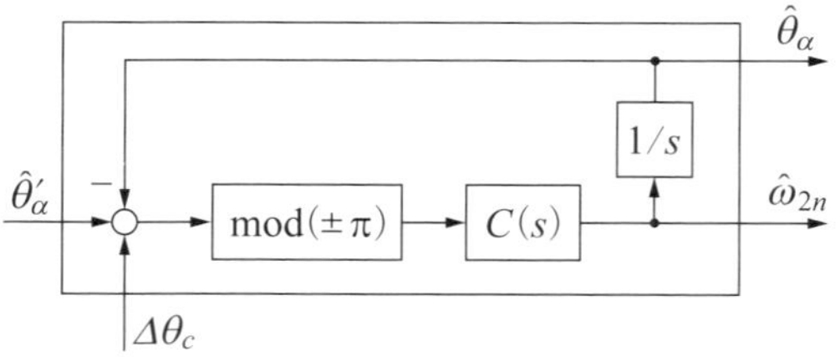

(a) 初期位相推定値補正を伴う場合

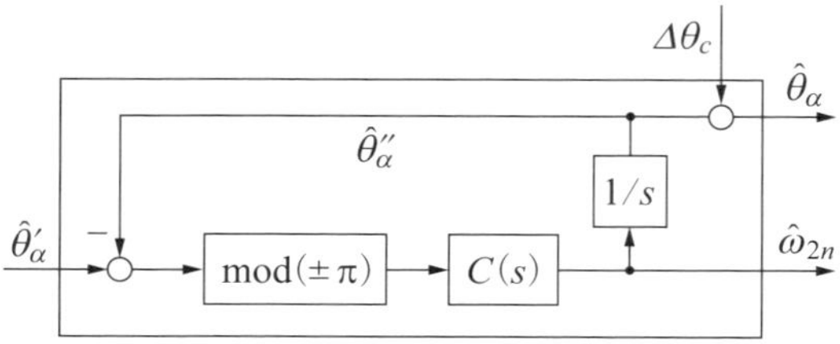

(b) 最終位相推定値補正を伴う場合

図 1.10　推定値補正を伴う積分フィードバック形速度推定法の基本構造

(1.19b)式より，初期位相推定値 $\widehat{\theta}'_\alpha$ に対する**位相補正値**を(1.20)式のように選定する場合には，適切な位相補正が達成されることがわかる．

$$\Delta\theta_c \approx -\Delta\theta_e \tag{1.20}$$

図 1.10(a)に，初期位相推定値補正を伴う積分フィードバック形速度推定法の基本構造を示した．

〔2〕最終位相推定値に対する補正

初期位相誤差 $\Delta\theta_e$ が最終位相推定値 $\widehat{\theta}_\alpha$ に与える影響を補償するには，位相補正値 $\Delta\theta_c$ を用いて，最終位相推定値に出現した誤差を直接的に補正すればよい．本考えに基づく場合には，積分フィードバック形速度推定法は次のように修正される．

【最終位相推定値補正を伴う積分フィードバック形速度推定法】

$$\widehat{\omega}_{2n} = C(s)\,\mathrm{mod}\,(\pm\pi, (\widehat{\theta}'_\alpha - \widehat{\theta}''_\alpha)) \tag{1.21a}$$

$$\widehat{\theta}''_\alpha = \frac{1}{s}\widehat{\omega}_{2n} \tag{1.21b}$$

$$\hat{\theta}_\alpha = \hat{\theta}''_\alpha + \varDelta\theta_c \tag{1.21c}$$

■

1

上の推定法による速度推定値，最終位相推定値は以下のようになる．

$$\begin{aligned}\hat{\omega}_{2n} &= sF_C(s)\hat{\theta}'_\alpha = sF_C(s)(\theta_\alpha + \varDelta\theta_e)\\ &\approx sF_C(s)\theta_\alpha\end{aligned} \tag{1.22a}$$

$$\hat{\theta}_\alpha = F_C(s)\ \hat{\theta}'_\alpha + \varDelta\theta_c = F_C(s)(\theta_\alpha + \varDelta\theta_e) + \varDelta\theta_c \tag{1.22b}$$

安定ローパスフィルタ $F_C(s)$ は $F_C(0) = 1$ の特性を有しているので（(1.1c)式参照），(1.22b)式より，初期位相推定値に対する位相補正値を(1.20)式のように選定する場合には，適切な位相補正が達成されることがわかる．最終位相推定値を直接的に補正する場合には，(1.21a)式が明示しているように，補正後の推定値 $\hat{\theta}_\alpha$ に代わって補正前の推定値 $\hat{\theta}''_\alpha$ がフィードバック利用されている点には，特に注意されたい．図 1.10(b)に，最終位相推定値補正を伴う積分フィードバック形速度推定法の基本構造を示した．同図より明白なように，速度推定値に対しては，何らの補正は行われていない．

1.5.2 一般化積分形 PLL 法

一般化積分形 PLL 法において，位相偏差推定値 $\hat{\theta}_\gamma$ が定常的な誤差 $\varDelta\theta_e$ を有していたと仮定する．すなわち，

$$\hat{\theta}_\gamma = \theta_\gamma + \varDelta\theta_e \qquad \varDelta\theta_e = \mathrm{const} \tag{1.23}$$

本項で考える問題は，初期位相誤差 $\varDelta\theta_e$ が位相推定値 $\hat{\theta}_\alpha$ に与える影響を補償する方法を構築することである．

誤差 $\varDelta\theta_e$ が位相推定値 $\hat{\theta}_\alpha$ に与える影響を補償するには，位相補正値 $\varDelta\theta_c$ を用いて位相偏差推定値を補正すればよい．本考えに基づく場合には，一般化積分形 PLL 法は次のように修正される．

【位相偏差推定値補正を伴う一般化積分形 PLL 法】

$$\omega_\gamma = C(s)(\hat{\theta}_\gamma + \varDelta\theta_c) \tag{1.24a}$$

$$\hat{\theta}_\alpha = \frac{1}{s}\omega_\gamma \tag{1.24b}$$

$$\hat{\omega}_{2n}\begin{cases} = \omega_\gamma \\ \approx \omega_\gamma \end{cases} \tag{1.24c}$$

■

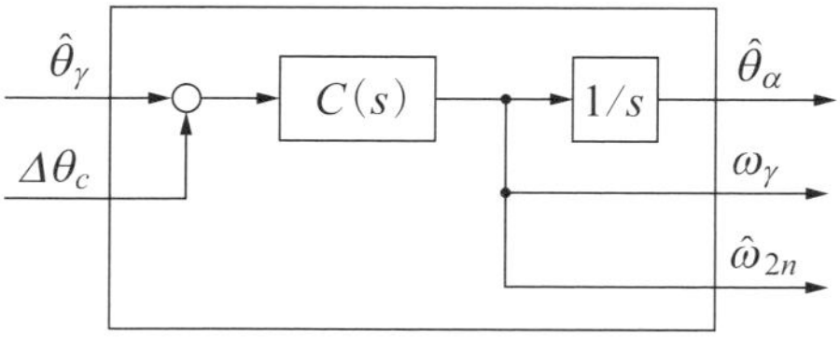

図 1.11　位相偏差推定値補正を伴う一般化積分形 PLL 法の基本構造

上の PLL 法による $\gamma\delta$ 準同期座標系の速度と位相は，以下のようになる．

$$\omega_\gamma = sF_C(s)(\theta_\alpha + \Delta\theta_e + \Delta\theta_c) \approx sF_C(s)\theta_\alpha \tag{1.25a}$$

$$\hat{\theta}_\alpha = F_C(s)(\theta_\alpha + \Delta\theta_e + \Delta\theta_c) \tag{1.25b}$$

(1.25b)式より，位相偏差推定値に対する**位相補正値**を(1.26)式のように選定する場合には，適切な位相補正が達成されることがわかる．

$$\Delta\theta_c \approx -\Delta\theta_e \tag{1.26}$$

図 1.11 に，位相偏差推定値補正を伴う一般化積分形 PLL 法の基本構造を示した．

一般化積分形 PLL 法に関する(1.24)式の補正法は，積分フィードバック形速度推定法に関する(1.18)式に対応している．双対性の観点から，積分フィードバック形速度推定法に関する(1.21)式に対応した補正法が，一般化積分形 PLL 法に関しても存在するように推測されがちである．しかし，この種の適切な補正法はないようである．

Q1.4　**一般化積分形 PLL 法に関する位相補正法として，(1.21)式に対応した次のものを用いてはいけないのでしょうか．**

$$\omega_\gamma = C(s)\hat{\theta}_\gamma$$

$$\hat{\theta}''_\alpha = \frac{1}{s}\omega_\gamma$$

$$\hat{\theta}_\alpha = \hat{\theta}''_\alpha + \Delta\theta_c$$

Ans.　提示の補正法による場合には，$\gamma\delta$ 準同期座標系の速度と位相は，以下のようになります．

$$\omega_\gamma = sF_C(s)(\theta_\alpha + \Delta\theta_e) + s(1 - F_C(s))\Delta\theta_c$$
$$\approx sF_C(s)\theta_\alpha$$

$$\hat{\theta}_\alpha = F_C(s)(\theta_\alpha + \Delta\theta_e) + (1 - F_C(s))\Delta\theta_c$$

位相補正値 $\Delta\theta_c = \mathrm{const}$ に作用している $(1-F_C(s))$ は，ハイパスフィルタの特性をもつことになりますので，期待に反し，位相補正値 $\Delta\theta_c = \mathrm{const}$ は $\hat{\theta}_\alpha$ に対し位相補正効果を発揮することはありません．

1.6 周波数ハイブリッド法

PMSM のセンサレスベクトル制御法に関するこれまでの成果を通じ，ゼロ速から定格速度を超える広い速度領域にわたり，単一の位相推定法で回転子位相を適切に推定することは大変困難であるとの認識が広く受け入れられている．また，この対策として，「低速域用（低周波領域用）の位相推定法と高速域用（高周波領域用）の位相推定法との 2 種の位相推定法を用い，おのおの位相推定値を生成し，低速域用の位相推定法で生成された位相推定値と高速域用の位相推定法で生成された位相推定値とを周波数的に加重平均して，PMSM のセンサレスベクトル制御に利用する位相推定値とする方法」が実際的であるとの認識が今日広く受け入れられている．位相推定工程における上記の推定値生成法は**周波数ハイブリッド法**（frequency hybrid method）と呼ばれ，1996 年の著者によるものを皮切りにすでに多くの特許発明がなされている[1.7)～1.14)]．

1.6.1 静的な周波数重みによる実現

上述の周波数ハイブリッド法に関する最も直接的かつ簡易な実現は，次式で表現された静的なものである．

$$\hat{\theta}_\alpha = w_1(\hat{\omega}_{2n})\hat{\theta}_{1\alpha} + w_2(\hat{\omega}_{2n})\hat{\theta}_{2\alpha} \tag{1.27a}$$

$$w_1(\hat{\omega}_{2n}) + w_2(\hat{\omega}_{2n}) = 1 \tag{1.27b}$$

ここに，$\hat{\theta}_{1\alpha}, \hat{\theta}_{2\alpha}$ は，おのおの，低速域用位相推定法，高速域用位相推定法で得られた位相推定値である．また，$w_1(\cdot), w_2(\cdot)$ は，周波数的加重平均のための重み（以下，**静的周波数重み**（static frequency weight））であり，周波数すなわちモータ速度の静的関数である．当然のことながら，これは，(1.27b)式に示した**周波数重みの基本特性**を備える必要がある．

センサレスベクトル制御においては，速度真値は不明であるので，速度真値に代わってこの良好な近似値を利用することになる．近似値としては，速度推定値，速度指令値（速度制御の場合のみ）が考えられる．(1.27)式では，周波数重みは速度推定値の関数とした例を示している．

(1.27)式における位相推定値 $\hat{\theta}_{1\alpha}, \hat{\theta}_{2\alpha}$ は，図 1.2 のような位相速度推定器の構成においては，初期位相推定値 $\hat{\theta}'_{\alpha}$，最終位相推定値 $\hat{\theta}_{\alpha}$ のいずれであってもよい．また，図 1.6 のような位相速度推定器の構成においては，γ 軸から見た位相推定値 $\hat{\theta}_{\gamma}$，α 軸から見た位相推定値 $\hat{\theta}_{\alpha}$ のいずれであってもよい．このように，(1.27)式の関係は，センサレスベクトル制御に利用する位相推定工程の中であれば，種々の段階で利用することができる．

(1.27)式に基づく周波数ハイブリッド法は，周波数重みの選定により種々のバリエーションが存在する．以下に，代表的バリエーションを紹介する．

〔1〕1-0 形周波数重み

1-0 形周波数重みは，周波数重み $w_1(\cdot), w_2(\cdot)$ に対し 1, 0 のいずれかを付与するものであり，**図 1.12**(a)のように図示することができる．また，これは次式のように記述される．

【1-0 形周波数重み】

・加速時

$$\left.\begin{array}{ll} w_1(\widehat{\omega}_{2n}) = 1,\ w_2(\widehat{\omega}_{2n}) = 0 & |\widehat{\omega}_{2n}| \le \omega_h \\ w_1(\widehat{\omega}_{2n}) = 0,\ w_2(\widehat{\omega}_{2n}) = 1 & |\widehat{\omega}_{2n}| > \omega_h \end{array}\right\} \tag{1.28a}$$

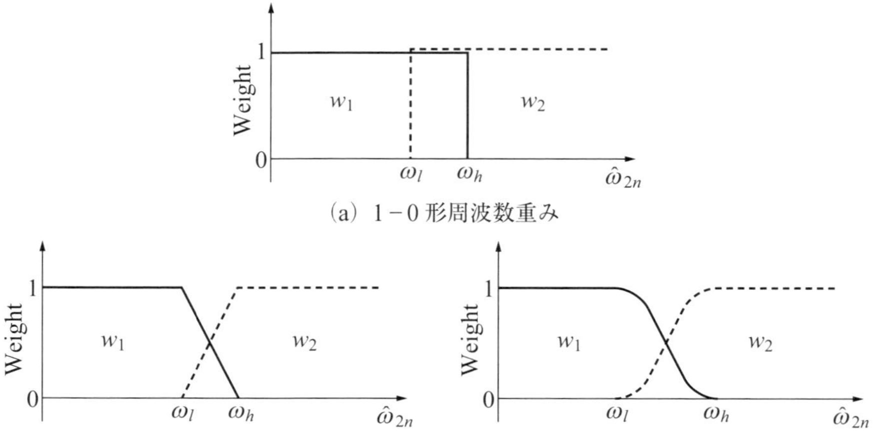

(a) 1－0 形周波数重み

(b) 直線形周波数重み

(c) S 字形周波数重み

図 1.12　静的周波数重みを用いた周波数ハイブリッド法の実現例

・**減速時**

$$\left.\begin{array}{ll} w_1(\widehat{\omega}_{2n}) = 1,\ w_2(\widehat{\omega}_{2n}) = 0 & |\widehat{\omega}_{2n}| \le \omega_l \\ w_1(\widehat{\omega}_{2n}) = 0,\ w_2(\widehat{\omega}_{2n}) = 1 & |\widehat{\omega}_{2n}| > \omega_l \end{array}\right\} \tag{1.28b}$$

ここに，ω_l, ω_h は，次の関係をもつ周波数重みの切換え点を意味する．

$$0 < \omega_l < \omega_h \tag{1.28c}$$

■

速度推定値が $\omega_l \le |\widehat{\omega}_{2n}| \le \omega_h$ の間に存在する場合には，加速時と減速時では切換え点が異なるため，周波数重みは同一とはならない．例えば，低速域用の推定値は，加速時には $|\widehat{\omega}_{2n}| \le \omega_h$ まで使用され，減速時には $|\widehat{\omega}_{2n}| \le \omega_l$ から使用されることになる．$\omega_l \le |\widehat{\omega}_{2n}| \le \omega_h$ の間は，周波数重みは(1.27b)式の関係を維持しながらも，ヒステリシス的に変化することになる．

ヒステリシス特性をもたせた主要な理由は，周波数重み切換え点近傍で起こり得る**持続振動**現象（**ハンティング**現象，hunting phenomenon）の回避である．例えば，$\omega_l = \omega_h$ と選定し，推定速度 $|\widehat{\omega}_{2n}|$ がこの前後 $\omega_l = \omega_h$ で行き来する場合には，2 個の位相推定値 $\widehat{\theta}_{1\alpha}, \widehat{\theta}_{2\alpha}$ の瞬時切換えが $\omega_l = \omega_h$ の前後で頻繁に起きる．2 個の位相推定値 $\widehat{\theta}_{1\alpha}, \widehat{\theta}_{2\alpha}$ が高い精度で一致していれば問題ないが，これに相違がある場合には，最終位相推定値 $\widehat{\theta}_{\alpha}$ が持続振動を起こし，ひいてはセンサレスベクトル制御系を持続振動に陥れることがある．上記のようなヒステリシス特性を設けておけば，このような持続振動現象を回避することができる．

スイッチにより位相推定値を瞬時選択するような方法は，また，スイッチにより位相推定法を瞬時に切換えるような方法は，1-0 形周波数重みの周波数ハイブリッド法を採用していると考えてよい．

〔2〕直線形周波数重み

持続振動現象の発生原因は，異なる値をもつ 2 個の位相推定値の不連続な瞬時切換えにある．これを根本的に回避するには，2 個の位相推定値 $\widehat{\theta}_{1\alpha}, \widehat{\theta}_{2\alpha}$ をスムーズに結合して，連続的な最終位相推定値 $\widehat{\theta}_{\alpha}$ を得るようにすればよい．**直線形周波数重み**（static frequency weight）は，周波数重み $w_1(\cdot), w_2(\cdot)$ を $\omega_l \le |\widehat{\omega}_{2n}| \le \omega_h$ の区間では直線的に変化させ，これ以外の区間では 1, 0 のいずれかを付与するものであり，図 1.12 (b) のように図示することができる．区間 $\omega_l \le |\widehat{\omega}_{2n}| \le \omega_h$ では，2 個の位相推定値 $\widehat{\theta}_{1\alpha}, \widehat{\theta}_{2\alpha}$ はスムーズに**周波数ハイブリッド結合**され，最終位相推定値 $\widehat{\theta}_{\alpha}$ は連続的に生成されることになる．

図1.12(b)の関係は，(1.28c)式を条件に，次式のように記述される．

【直線形周波数重み】

$$\left.\begin{array}{ll} w_1(\widehat{\omega}_{2n}) = 1 & |\widehat{\omega}_{2n}| \le \omega_l \\ w_1(\widehat{\omega}_{2n}) = \dfrac{1}{\omega_l - \omega_h}(|\widehat{\omega}_{2n}| - \omega_h) & \omega_l < |\widehat{\omega}_{2n}| \le \omega_h \\ w_1(\widehat{\omega}_{2n}) = 0 & |\widehat{\omega}_{2n}| > \omega_h \end{array}\right\} \tag{1.29a}$$

$$\left.\begin{array}{ll} w_2(\widehat{\omega}_{2n}) = 0 & |\widehat{\omega}_{2n}| \le \omega_l \\ w_2(\widehat{\omega}_{2n}) = \dfrac{1}{\omega_h - \omega_l}(|\widehat{\omega}_{2n}| - \omega_l) & \omega_l < |\widehat{\omega}_{2n}| \le \omega_h \\ w_2(\widehat{\omega}_{2n}) = 1 & |\widehat{\omega}_{2n}| > \omega_h \end{array}\right\} \tag{1.29b}$$

■

〔3〕S字形周波数重み

直線形周波数重みによる場合には，周波数ハイブリッド結合の開始終了点 ω_l, ω_h における周波数重みの微分値は，不連続である．周波数ハイブリッド結合の開始終了点 ω_l, ω_h における周波数重みの微分値の一致を図ったものが**S字形周波数重み**（**シグモイド形周波数重み**）であり，これは，図1.12(c)のように図示することができる．S字形周波数重みによれば，直線形周波数重みに比較し，さらにスムーズな周波数ハイブリッド結合が可能となる．

1.6.2　動的な周波数重みによる実現

前項における周波数重みは，すべて静的周波数重みの例であった．静的周波数重みを採用する場合には，周波数ハイブリッド法を直接的かつ簡易に実現できるというメリットがある．反面，実現には速度情報が不可欠であった．速度情報を必要としない形で周波数ハイブリッド法を実現するには，少々手の込んだ方法となるが，周波数重みとして(1.30a)式の**動的周波数重み**（dynamic frequency weight）を採用すればよい．

$$w_1(s) = F_w(s), \quad w_2(s) = 1 - F_w(s) \tag{1.30a}$$

ここに，$F_w(s)$ は $F_w(0) = 1$ の特性をもつローパスフィルタである．当然のことながら $1 - F_w(s)$ はハイパスフィルタとなっており，また，次の(1.30b)式に示した**周波数重みの基本特性**は維持されている．

$$w_1(s)+w_2(s) = F_w(s)+(1-F_w(s)) = 1 \tag{1.30b}$$

動的周波数重みを採用する場合には，スムーズな周波数ハイブリッド結合が自ずと達成されるというメリットもある．

動的周波数重みを利用する場合には，位相推定値の余弦正弦値に動的周波数重みを作用させ，周波数ハイブリッド結合を行うのが一般的である．すなわち，

【動的周波数重みを用いた周波数ハイブリッド】

$$\begin{aligned}\begin{bmatrix}\cos\hat{\theta}_\alpha \\ \sin\hat{\theta}_\alpha\end{bmatrix} &= w_1(s)\begin{bmatrix}\cos\hat{\theta}_{1\alpha} \\ \sin\hat{\theta}_{1\alpha}\end{bmatrix}+w_2(s)\begin{bmatrix}\cos\hat{\theta}_{2\alpha} \\ \sin\hat{\theta}_{2\alpha}\end{bmatrix} \\ &= F_w(s)\begin{bmatrix}\cos\hat{\theta}_{1\alpha} \\ \sin\hat{\theta}_{1\alpha}\end{bmatrix}+(1-F_w(s))\begin{bmatrix}\cos\hat{\theta}_{2\alpha} \\ \sin\hat{\theta}_{2\alpha}\end{bmatrix}\end{aligned} \tag{1.31}$$

■

(1.31)式は，一見，「周波数ハイブリッド結合は，2 個の 2 入力 2 出力（以下，2 入出力と略記）フィルタ $F_w(s)$，$(1-F_w(s))$ を必要とする」ような印象を与えるが，実際には，周波数ハイブリッド結合は単一のフィルタで実現される．参考までに，**図 1.13** に，次式に基づく二実現例を示した．

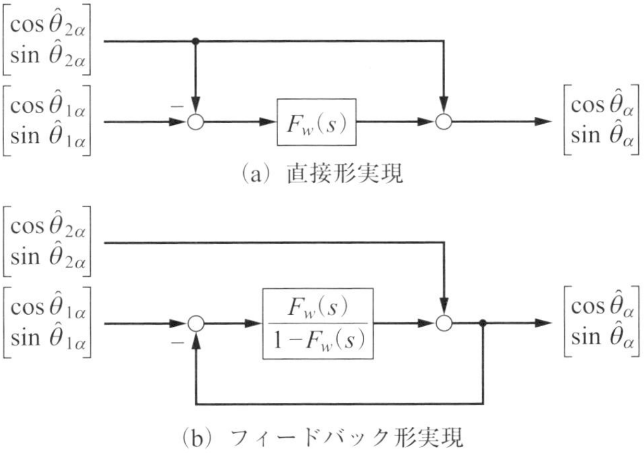

図 1.13 動的周波数重みを利用した周波数ハイブリッド法の実現例

【単一フィルタを用いた周波数ハイブリッドの実現】

$$\begin{bmatrix}\cos\hat{\theta}_\alpha\\ \sin\hat{\theta}_\alpha\end{bmatrix}=F_w(s)\left[\begin{bmatrix}\cos\hat{\theta}_{1\alpha}\\ \sin\hat{\theta}_{1\alpha}\end{bmatrix}-\begin{bmatrix}\cos\hat{\theta}_{2\alpha}\\ \sin\hat{\theta}_{2\alpha}\end{bmatrix}\right]+\begin{bmatrix}\cos\hat{\theta}_{2\alpha}\\ \sin\hat{\theta}_{2\alpha}\end{bmatrix} \tag{1.32a}$$

$$\begin{bmatrix}\cos\hat{\theta}_\alpha\\ \sin\hat{\theta}_\alpha\end{bmatrix}=\frac{F_w(s)}{1-F_w(s)}\left[\begin{bmatrix}\cos\hat{\theta}_{1\alpha}\\ \sin\hat{\theta}_{1\alpha}\end{bmatrix}-\begin{bmatrix}\cos\hat{\theta}_{\alpha}\\ \sin\hat{\theta}_{\alpha}\end{bmatrix}\right]+\begin{bmatrix}\cos\hat{\theta}_{2\alpha}\\ \sin\hat{\theta}_{2\alpha}\end{bmatrix} \tag{1.32b}$$

■

図 1.13(a)は，(1.32a)式に基づく**直接形実現**であり，図 1.13(b)は，(1.32b)式に基づく**フィードバック形実現**である．

動的周波数重み $w_1(s) = F_w(s)$ としては，n 次全極形ローパスフィルタの1つである**バタワースフィルタ**（Butterworth filter）を推奨する．同フィルタは，帯域幅を ω_c〔rad/s〕とするとき，次式で与えられる．

【n 次バタワースフィルタ】

$$F_w(s) = \frac{f_0}{F_b(s)} = \frac{f_0}{s^n + f_{n-1}s^{n-1} + \cdots + f_0} \tag{1.33a}$$

$$F_b(s) = \begin{cases} s+\omega_c & n=1 \\ s^2+\sqrt{2}\,\omega_c s+\omega_c^2 & n=2 \\ (s+\omega_c)(s^2+\omega_c s+\omega_c^2) & n=3 \\ (s^2+\sqrt{2+\sqrt{2}}\,\omega_c s+\omega_c^2)(s^2+\sqrt{2-\sqrt{2}}\,\omega_c s+\omega_c^2) & n=4 \\ (s+\omega_c)\left(s^2+\sqrt{\dfrac{3+\sqrt{5}}{2}}\,\omega_c s+\omega_c^2\right)\left(s^2+\sqrt{\dfrac{3-\sqrt{5}}{2}}\,\omega_c s+\omega_c^2\right) & n=5 \end{cases} \tag{1.33b}$$

■

ローパスフィルタ $F_w(s)$ を次の1次バタワースフィルタとしたうえで，

$$F_w(s) = \frac{f_0}{s+f_0} \tag{1.34}$$

(1.32b)式の実現すなわちフィードバック実現を採用すると，**図 1.14**(a)を得る．

駆動用電圧電流利用法においては（特に，回転子磁束推定を通じて位相推定を行う方法においては），位相推定値の余弦正弦値の微分値を簡単に得ることができる．この場合には，図 1.14(b)の**独立積分器を用いたフィードバック形実現**が効果的である．また，駆動用電圧電流利用法においては，図 1.14(a)，(b)の両者を併用した実現が効果的となることもある．また，他の実現バリエーションもあ

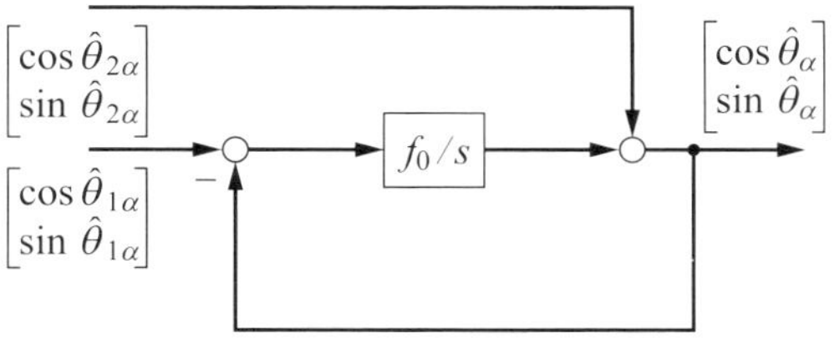

(a) フィードバック形実現

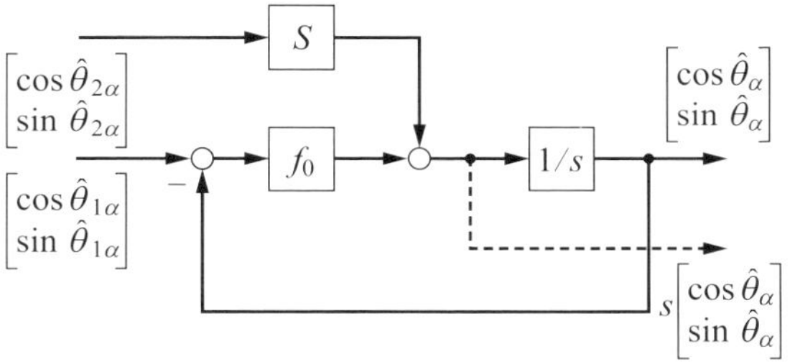

(b) 独立積分器を用いたフィードバック形実現

図 1.14　1 次動的周波数重みを利用した周波数ハイブリッド法の実現例

る[1.15].

動的周波数重みを利用した周波数ハイブリッド結合の中心点は，ローパスフィルタの帯域幅 ω_c と同一と考えてよい．バタワースフィルタにおいては，次数 n の向上により，図 1.12 の静的周波数重みの例で示した $\omega_h - \omega_l$ に相当する結合幅を狭くできる．

すでに明らかなように，動的周波数重みを採用する周波数ハイブリッド結合には，回転子速度情報は必要とされない．しかし，センサレスベクトル制御系の構成には，これが必要となる．図 1.14(b)のような実現を $\alpha\beta$ 固定座標系上で行う場合には，副産物として余弦正弦値の微分値を得ることができるので，速度推定値 $\widehat{\omega}_{2n}$ は，次式に従い簡単に求めることができる．

$$\widehat{\omega}_{2n} = [s\boldsymbol{u}(\hat{\theta}_\alpha)]^T \boldsymbol{J}\boldsymbol{u}(\hat{\theta}_\alpha) \tag{1.35a}$$

ただし，

$$\boldsymbol{u}(\hat{\theta}_\alpha) \equiv \begin{bmatrix}\cos\hat{\theta}_\alpha \\ \sin\hat{\theta}_\alpha\end{bmatrix} \tag{1.35b}$$

$$\boldsymbol{J} \equiv \begin{bmatrix}0 & -1 \\ 1 & 0\end{bmatrix} \tag{1.35c}$$

もちろん，最終的な推定値 $\boldsymbol{u}(\hat{\theta}_\alpha)$ に対して逆正接処理を行い，$\hat{\theta}_\alpha$ を求めた上で，$\hat{\theta}_\alpha$ に対して積分フィードバック形速度推定法等を適用し速度推定値を求めてもよい．

Q1.5 **周波数ハイブリッド法の実現法としては，速度情報を必要としますが直接的で簡単な静的周波数重みを使う方法と，少々手は込みますが動的周波数重みを使う方法とがあることはわかりました．周波数ハイブリッド法の実現としては，他にはないのですか．**

Ans. 本書では，周波数ハイブリッド法の基本を説明するために，代表的な例として上記数例を取り上げました．位相推定法に依存しますが，駆動速度領域を3分割し，3種の位相推定法による3つの位相推定値を周波数ハイブリッド結合した例もあります．これは，上記例示による2種の位相推定値による周波数ハイブリッド法の単純な繰返し利用です．

特許文献1.10)には，動的周波数重みを用いて得た余弦正弦値に対して逆正接処理を施し位相推定値 $\hat{\theta}_\alpha$ を求め，さらに，位相推定値と位相真値との誤差を推定的に求めて位相補正値 $\Delta\theta_c$ とし，$\hat{\theta}_\alpha$ に本補正値を加えて最終的な推定値 $\tilde{\theta}_\alpha$ とする方法も提案されています．本方法は次式のように表現することもできます．

$$\tilde{\theta}_\alpha = \hat{\theta}_\alpha + \Delta\theta_c = \hat{\theta}_\alpha + \frac{1}{s}\Delta\omega_c$$

周波数ハイブリッド法より得た位相推定値に対し，上記のような追加的な位相補正処理が必要か否かは，元来の低速域用，高速域用位相推定値 $\hat{\theta}_{1\alpha}, \hat{\theta}_{2\alpha}$ の推定精度いかんに依ります．適切な低速域用，高速域用位相推定値 $\hat{\theta}_{1\alpha}, \hat{\theta}_{2\alpha}$ が得られている場合には，もちろんこのような位相補正処理は必要ありません．

位相補正処理が必要な場合には，低速域用，高速域用位相推定値 $\hat{\theta}_{1\alpha}, \hat{\theta}_{2\alpha}$ に対してあらかじめ個別に補正を施し，適切な位相推定値を得た上でハイブリッド結合を行ったほうが良いでしょう．これは，低速域用位相推定法と高速域用位相推定法とでは位相推定原理が異なり，ひいては位相補正値 $\Delta\theta_c$ の算定原理が異なるためです．なお，特許文献1.10)では，位相補正値 $\Delta\theta_c$ の源信号 $\Delta\omega_c$ を周波数ハイブリッド結合的に算定しています．

1.7　逆D因子の離散時間実現

$\gamma\delta$ 一般座標系上の電圧，電流，磁束を用いてPMSMの**数学モデル**を記述する場合，最も汎用的かつコンパクトな記述を可能とするのが，**D因子**（D-matrix, D-operator）である[1.16]．これに遠因して，**駆動用電圧電流利用法**に属するほとんどすべての回転子位相推定法において，推定の中核処理は「**全極形D因子フィルタ**によるフィルタリング」に帰着する．第4〜6章で明らかにするように，回転子磁束の推定を目指した**一般化D因子回転子磁束推定法**，速度起電力推定を目指した**一般化D因子速度起電力推定法**，拡張速度起電力推定を目指した**一般化D因子拡張速度起電力推定法**は，例外なく，全極形D因子フィルタによるフィルタリングを通じ，回転子位相情報を含有する回転子磁束，速度起電力，拡張速度起電力の推定値を得ている．

D因子フィルタは，**逆D因子**（inverse D-matrix, inverse D-operator）を用いて実現される[1.16]．この結果，基本的に，一般化D因子推定法は逆D因子を用いて実現される．D因子，逆D因子が元来想定した信号は，連続時間信号である．D因子フィルタの実際性を考慮するならば，D因子フィルタは離散時間実現されねばならない．D因子フィルタの離散時間実現には，**逆D因子の離散時間実現**が必須である．本節では，拙著論文1.17),1.18)を参考に，本問題の解を提供する．

1.7.1　D因子と逆D因子

2×2D因子 $\boldsymbol{D}(s,\omega)$ は，次式のように定義されている[1.16]．

$$\boldsymbol{D}(s,\omega)\equiv s\boldsymbol{I}+\omega\boldsymbol{J} \tag{1.36}$$

ここに，$\boldsymbol{I}$ は 2×2 単位行列であり，$\boldsymbol{J}$ は次式で定義された 2×2 **交代行列**である．

$$\boldsymbol{J}\equiv\begin{bmatrix}0 & -1\\ 1 & 0\end{bmatrix} \tag{1.37}$$

また，s は**時間微分演算子** d/dt，ω は時変スカラ信号である．

逆D因子 $\boldsymbol{D}^{-1}(s,\omega)$ は，(1.36)式より次のように求められる[1.16]．

$$\boldsymbol{D}^{-1}(s,\omega)=\frac{[s\boldsymbol{I}-\omega\boldsymbol{J}]}{s^2+\omega^2}=\frac{\boldsymbol{D}(s,-\omega)}{s^2+\omega^2} \tag{1.38}$$

逆D因子 $\boldsymbol{D}^{-1}(s,\omega)$ の 2×1 入力，出力をおのおの $\boldsymbol{u}$，$\boldsymbol{y}$ とすると，逆D因子は次式のように実現される[1.16]．

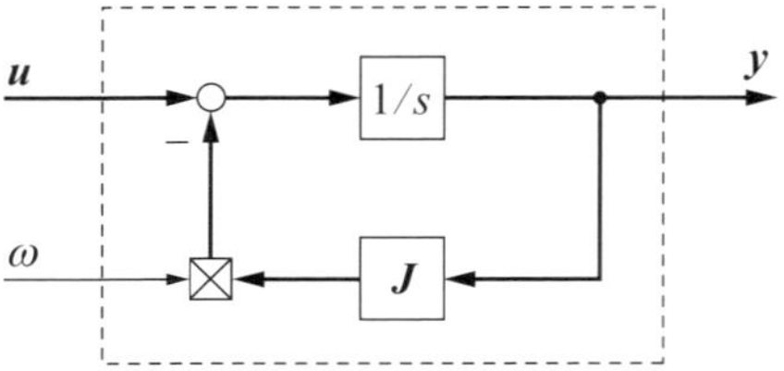

図 1.15　2×2 逆 D 因子の(1.39)式に基づく連続時間実現

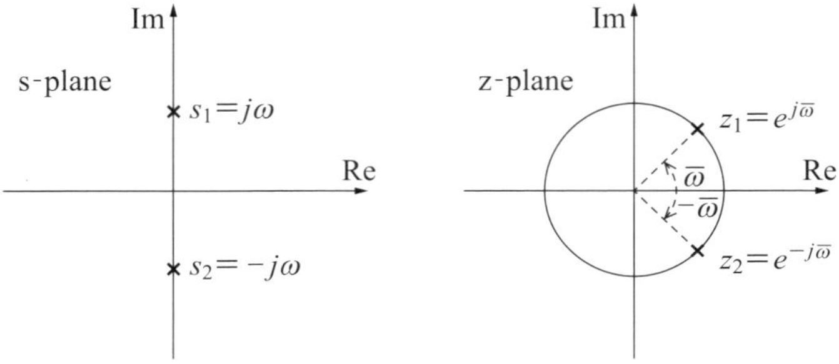

(a) 連続時間　　(b) 離散時間

図 1.16　逆 D 因子特性根の位置

$$s\boldsymbol{y} = -\omega \boldsymbol{J}\boldsymbol{y} + \boldsymbol{u} \tag{1.39}$$

図 1.15 に，(1.39)式に基づく実現を描画した．同実現は，動的要素として単一の積分器 $(1/s)\boldsymbol{I}$ のみを使用しており，最もコンパクトである．

(1.39)式，図 1.15 の連続時間逆 D 因子システムは，(1.38)式から理解されるように，ω が一定の場合，虚軸上に**特性根**「$s_i = \pm j\omega\,;\, i = 1, 2$」をもつ．**図 1.16**(a)に，連続時間逆 D 因子システムの特性根の位置を，**s-複素平面**上に概略的に示した．

1.7.2　直接的な離散時間化

連続時間システムの精度良い離散時間化には，一般に高次化が求められる（例えばルンゲクッタ法）．ここでは，次数向上を回避した逆 D 因子の離散時間実現を考える．次数維持の 1 次演算子変換法の一般解は，次の**新中変換法**として与えられる[1.16]．

【新中変換法】

$$s \rightarrow \frac{1}{T_s} \cdot \frac{1-z^{-1}}{(1-r)+rz^{-1}} \qquad 0 \leq r \leq 1 \tag{1.40}$$

■

ここに，T_s は，離散時間化のためのサンプリング周期である．新中変換法は，特別な場合として，**前進差分近似**（**オイラー変換法**），**後退差分近似**，**双 1 次変換**（**タスティン変換法**）を含む**一般化 1 次演算子変換法**である[1.16]．

(1.40)式を(1.39)式に適用すると，1 次近似の離散時間逆 D 因子システムを以下のように得る．

$$[(1-z^{-1})\boldsymbol{I}+((1-r)+rz^{-1})\bar{\omega}_k'\boldsymbol{J}]\boldsymbol{y}_k = T_s((1-r)+rz^{-1})\boldsymbol{u}_k \tag{1.41}$$

$$\begin{aligned}\boldsymbol{y}_k &= [\boldsymbol{I}+(1-r)\bar{\omega}_k'\boldsymbol{J}]^{-1}[[\boldsymbol{I}-r\bar{\omega}_{k-1}'\boldsymbol{J}]\boldsymbol{y}_{k-1}+T_s[(1-r)\boldsymbol{u}_k+r\boldsymbol{u}_{k-1}]] \\ &= \frac{1}{1+(1-r)^2\bar{\omega}_k'^2}\begin{bmatrix}[(1-(1-r)r\bar{\omega}_k'\bar{\omega}_{k-1}')\boldsymbol{I}-((1-r)\bar{\omega}_k'+r\bar{\omega}_{k-1}')\boldsymbol{J}]\boldsymbol{y}_{k-1} \\ +T_s[\boldsymbol{I}-(1-r)\bar{\omega}_k'\boldsymbol{J}][(1-r)\boldsymbol{u}_k+r\boldsymbol{u}_{k-1}]\end{bmatrix}\end{aligned} \tag{1.42}$$

上式においては，時変信号の脚符 k はサンプリング時刻 $t = kT_s$ を，$\bar{\omega}_k'$ は周波数補正した**正規化周波数**を，z^{-1} は 1 サンプリング周期の**遅れ演算子**（delay operator），**遅れ要素**（delay element）を意味する．

(1.41)式，(1.42)式に関し，次の**特性根不変定理 I** が成立する[1.17]．

《定理 1.2　特性根不変定理 I》[1.17]

スカラ信号が一定（$\omega_k = \omega = \mathrm{const}$, $\omega_k' = \omega' = \mathrm{const}$）の場合，(1.41)式，(1.42)式の離散時間逆 D 因子システムが，(1.39)式の連続時間逆 D 因子システムと同一特性根をもつ必要十分条件は，次式で与えられる．

$$\left.\begin{aligned} &r = 0.5 \\ &\bar{\omega}' = 2\,\mathrm{sgn}\,(\omega)\sqrt{\frac{1-\cos\bar{\omega}}{1+\cos\bar{\omega}}} \qquad \bar{\omega} \equiv \omega T_s \end{aligned}\right\} \tag{1.43}$$

〈証明〉

スカラ信号が一定（$\bar{\omega}_k' = \bar{\omega}' = \mathrm{const}$）の場合，(1.41)式左辺の行列式は，以下のように評価される．

$$\begin{aligned}&\det[(1-z^{-1})\boldsymbol{I}+((1-r)+rz^{-1})\omega'\boldsymbol{J}] \\ &= (1+\bar{\omega}'^2(1-r)^2)\left(1-2\frac{1-\bar{\omega}'^2(1-r)\,r}{1+\bar{\omega}'^2(1-r)^2}z^{-1}+\frac{1+\bar{\omega}'^2r^2}{1+\bar{\omega}'^2(1-r)^2}z^{-2}\right)\end{aligned} \tag{1.44}$$

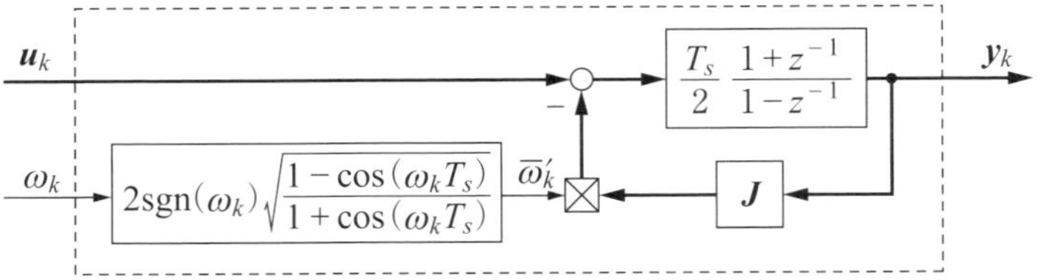

図 1.17　特性根不変定理 I に基づく 2×2 逆 D 因子の離散時間実現

一方，(1.39)式の連続時間逆 D 因子システムが有する特性根 s_i に対応する離散時間システムの特性根 z_i は，$z_i = \exp(T_s s_i)$ である．図 1.16(b)に，図 1.16(a)の特性根 s_i に対応した特性根 z_i を **z-複素平面**上に概略的に示した．特性根 z_i に関する本制約を，(1.41)式，(1.42)式の離散時間逆 D 因子システムへの適用を図る．本適用は，「(1.44)式の係数に次の 2 制約を付与する」ことで達成される．

$$\left.\begin{aligned}\frac{1+\bar{\omega}'^2 r^2}{1+\bar{\omega}'^2(1-r)^2} &= 1 \\ \frac{1-\bar{\omega}'^2(1-r)\,r}{1+\bar{\omega}'^2(1-r)^2} &= \cos\bar{\omega}\end{aligned}\right\} \tag{1.45}$$

(1.45)式は，$r, \bar{\omega}'$ に関する 2 連立の方程式を意味する．本方程式を $r, \bar{\omega}'$ について求解すると，(1.43)式を得る．

■

(1.41)式，(1.42)式に特性根不変定理 I を適用すると，図 1.15 の連続時間実現に対応した離散時間実現として，**図 1.17** を得る．両実現は，「サンプリングに起因した周波数特性変化」の影響を受けることなく，同一の特性根をもつ．

(1.42)式に特性根不変定理 I を適用すると，同式は以下のように整理される．

【離散時間逆 D 因子の実際的実現】

$$\begin{aligned}\boldsymbol{y}_k &= \frac{1}{1+0.25\bar{\omega}'^2_k}\begin{bmatrix}[(1-0.25\bar{\omega}'_k\bar{\omega}'_{k-1})\boldsymbol{I}-0.5(\bar{\omega}'_k+\bar{\omega}'_{k-1})\boldsymbol{J}]\boldsymbol{y}_{k-1} \\ +0.5T_s[\boldsymbol{I}-0.5\bar{\omega}'_k\boldsymbol{J}][\boldsymbol{u}_k+\boldsymbol{u}_{k-1}]\end{bmatrix} \\ &\approx \frac{1}{1+0.25\bar{\omega}'^2_{k-1}}[[(1-0.25\bar{\omega}'^2_{k-1})\boldsymbol{I}-\bar{\omega}'_{k-1}\boldsymbol{J}]\,\boldsymbol{y}_{k-1}+T_s[\boldsymbol{I}-0.5\bar{\omega}'_{k-1}\boldsymbol{J}]\boldsymbol{u}_{k-1}]\end{aligned} \tag{1.46a}$$

$$\bar{\omega}'_k = 2\,\mathrm{sgn}(\omega_k)\sqrt{\frac{1-\cos\bar{\omega}_k}{1+\cos\bar{\omega}_k}} \qquad \bar{\omega}_k \equiv \omega_k T_s \tag{1.46b}$$

■

離散時間逆 D 因子の実際的演算には，(1.46)式が利用される．なお，特性根不変定理 I の(1.43)式第 1 式「$r = 0.5$」は，**タスティン変換**の採用を意味する(図 1.17 参照)．また，同定理の(1.43)式第 2 式に基づく，(1.46b)式左辺の周波数補正した正規化周波数 $\overline{\omega}'_k$ は，周波数補正のない正規化周波数 $\overline{\omega}_k$ が十分に小さい場合には，$\overline{\omega}_k$ 自体に収束する．すなわち，次式が成立する．

$$\overline{\omega}'_k \approx 2\,\mathrm{sgn}(\overline{\omega}_k)\sqrt{\frac{\overline{\omega}_k^2/2}{2-\overline{\omega}_k^2/2}} \approx \overline{\omega}_k \tag{1.47}$$

1.7.3　ベクトル回転器を用いた離散時間化

次数向上を回避しかつ「**特性根不変特性**」を具備した逆 D 因子の離散時間化は，特性根不変定理 I に代わって，次の**特性根不変定理 II** に基づき行うこともできる．

《定理 1.3　特性根不変定理 II》

(a)　(1.39)式の連続時間逆 D 因子システムは，次のように離散時間実現される．

$$\boldsymbol{y}_k = \boldsymbol{R}^T(\overline{\omega}_k)[\boldsymbol{y}_{k-1} + rT_s\boldsymbol{u}_{k-1}] + (1-r)T_s\boldsymbol{u}_k \qquad 0 \le r \le 1 \tag{1.48}$$

(1.48)式における 2×2 行列 $\boldsymbol{R}(\cdot)$ は，次式で定義された**ベクトル回転器**である．

$$\boldsymbol{R}(\theta) \equiv \begin{bmatrix} \cos\theta & -\sin\theta \\ \sin\theta & \cos\theta \end{bmatrix} \tag{1.49}$$

また，$\overline{\omega}$，$\overline{\omega}_k$ は，おのおの(1.43)式，(1.46b)式で定義された周波数補正のない**正規化周波数**である．時変信号の脚符 k，z^{-1} の意味は，これまでと同様である．

(b)　ω が一定の場合，(1.48)式の離散時間実現は，任意の $0 \le r \le 1$ に対し，(1.38)式，(1.39)式の特性根に正確に一致した特性根「$z_i = \exp(T_s s_i)$；$i = 1, 2$」をもつ．

〈証明〉

(a)　(1.39)式，図 1.15 に直接基づいた離散時間実現に代わって，**図 1.18** に基づいた離散時間実現を考える．「図中の**ベクトル回転器同伴積分器**は，逆 D 因子と同一の応答を示す」ことが知られている[1.16]．

図 1.18 における内装の連続時間積分器は，(1.40)式の**新中変換法**を適用

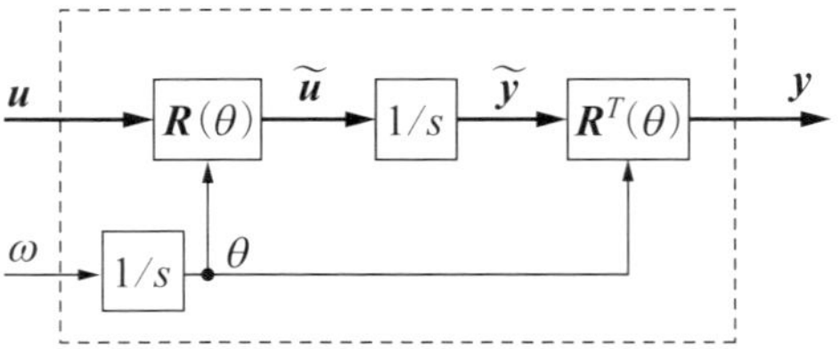

図 1.18　2×2 逆 D 因子のベクトル回転器同伴形連続時間実現

すると，以下のように離散時間化される．

$$\tilde{\boldsymbol{y}}_k = \tilde{\boldsymbol{y}}_{k-1} + T_s((1-r)\tilde{\boldsymbol{u}}_k + r\tilde{\boldsymbol{u}}_{k-1}) \qquad 0 \le r \le 1 \tag{1.50}$$

図 1.18 に従い，(1.50) 両辺に左側からベクトル回転器 $\boldsymbol{R}^T(\theta_k)$ を作用させると，(1.48) 式を意味する次式を得る．

$$\begin{aligned}\boldsymbol{y}_k &= \boldsymbol{R}^T(\theta_k)\tilde{\boldsymbol{y}}_k \\ &= \boldsymbol{R}^T(\theta_k)\tilde{\boldsymbol{y}}_{k-1} + T_s\boldsymbol{R}^T(\theta_k)((1-r)\tilde{\boldsymbol{u}}_k + r\tilde{\boldsymbol{u}}_{k-1}) \\ &= \boldsymbol{R}^T(\theta_{k-1}+\bar{\omega}_k)\tilde{\boldsymbol{y}}_{k-1} + T_s((1-r)\boldsymbol{R}^T(\theta_k)\tilde{\boldsymbol{u}}_k + r\boldsymbol{R}^T(\theta_{k-1}+\bar{\omega}_k)\tilde{\boldsymbol{u}}_{k-1}) \\ &= \boldsymbol{R}^T(\bar{\omega}_k)\boldsymbol{R}^T(\theta_{k-1})\tilde{\boldsymbol{y}}_{k-1} + T_s((1-r)\boldsymbol{R}^T(\theta_k)\tilde{\boldsymbol{u}}_k + r\boldsymbol{R}^T(\bar{\omega}_k)\boldsymbol{R}^T(\theta_{k-1})\tilde{\boldsymbol{u}}_{k-1}) \\ &= \boldsymbol{R}^T(\bar{\omega}_k)\boldsymbol{y}_{k-1} + T_s((1-r)\boldsymbol{u}_k + r\boldsymbol{R}^T(\bar{\omega}_k)\boldsymbol{u}_{k-1})\end{aligned} \tag{1.51}$$

(b)　(1.48) 式は，以下のように書き改められる．

$$\begin{aligned}[\boldsymbol{I} - \boldsymbol{R}^T(\bar{\omega}_k)z^{-1}]\boldsymbol{y}_k &= T_s[(1-r)\boldsymbol{I} + r\boldsymbol{R}^T(\bar{\omega}_k)z^{-1}]\boldsymbol{u}_k \\ &= T_s[\boldsymbol{I} - r[\boldsymbol{I} - \boldsymbol{R}^T(\bar{\omega}_k)z^{-1}]]\boldsymbol{u}_k\end{aligned} \tag{1.52}$$

スカラ信号 ω が一定の場合，(1.52) 式は，以下のように再整理される．

$$\begin{aligned}\boldsymbol{y}_k &= [T_s[\boldsymbol{I} - \boldsymbol{R}^T(\bar{\omega}_k)z^{-1}]^{-1} - rT_s]\boldsymbol{u}_k \\ &= \left[\frac{T_s[\boldsymbol{I} - \boldsymbol{R}(\bar{\omega}_k)z^{-1}]}{1 - 2\cos\bar{\omega}_k z^{-1} + z^{-2}} - rT_s\right]\boldsymbol{u}_k\end{aligned} \tag{1.53}$$

(1.53) 式の分母多項式は，定理 1.3 (b) を意味する．

■

フィードバック構造を示す (1.39) 式と (1.48) 式とが互いに対応し，特性多項式を備える (1.38) 式と (1.53) 式とが互いに対応している．(1.48) 式は，$\omega_k = 0$，$\bar{\omega}_k = 0$ とするとき，連続時間積分の離散時間化を意味する (1.50) 式に帰着する ((1.39) 式参照)．本事実は，「(1.48) 式は，(1.39) 式の最もコンパクトな離散時間実現の一つである」ことを裏付けている．**図 1.19** に，(1.48) 式で記述された離散時間実現を図示した．

なお，実験的には，(1.48) 式を簡略化した次式で良好な性能が得られている．

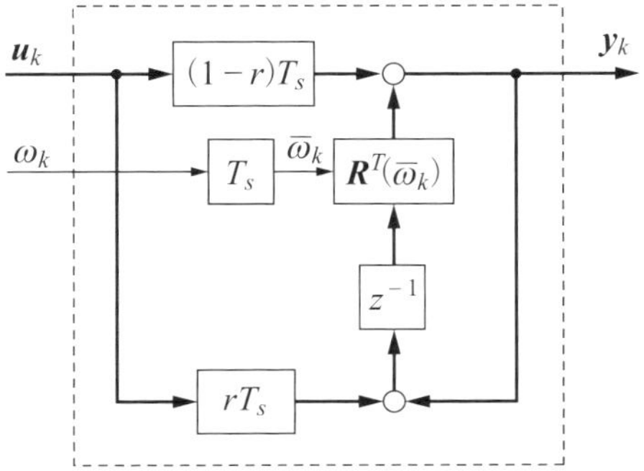

図 1.19 特性根不変定理IIに基づく 2×2 逆 D 因子の離散時間実現

$$
\begin{aligned}
\boldsymbol{y}_k &= \boldsymbol{R}^T(\overline{\omega}_k)[\boldsymbol{y}_{k-1}+T_s\boldsymbol{u}_{k-1}] \qquad r=1 \\
&\approx \boldsymbol{R}^T(\overline{\omega}_{k-1})[\boldsymbol{y}_{k-1}+T_s\boldsymbol{u}_{k-1}]
\end{aligned}
\tag{1.54}
$$

Q1.6 **時間微分演算子 s を用いた説明の中で，s-複素平面が突然でてきます．同様に，遅れ演算子 z^{-1} を用いた説明の中で，z-複素平面が突然でてきます．演算子と複素平面はどのような関係をもっていますか．**

Ans. 関連説明を少々簡略化し過ぎたように思います．s-複素平面とは，連続時間信号を**ラプラス変換**して得た複素数 s による平面です．z-複素平面とは，離散時間信号を **z 変換**して得た複素数 z による平面です．特性根の議論は，基本的には，これら複素平面上で行うことになります．微分演算子 s を用いた**微分方程式**とこのラプラス変換の式は，連続時間 D 因子システムにおいては，形式的に同一となります．同様に，遅れ演算子 z^{-1} を用いた**差分方程式**とこの z 変換の式は，離散時間 D 因子システムにおいては，形式的に同一となります．この形式的同一性を利用して，複素平面の議論を，微分演算子，遅れ演算子の表記のまま，簡略的に行いました．

1.8 ディジタルフィルタの設計

1.8.1 バンドストップフィルタ

回転子位相推定に関連して，「フィードバックループ内の信号から特定の周波数成分のみを正確に取り除いた上で，制御器へフィードバック入力する必要が発生する」場合がある．一般には，特定の周波数成分の減衰には**バンドストップフ**

ィルタが使用され，特定の周波数成分の完全除去には**ノッチフィルタ**が利用される．

フィードフォワード系での利用を想定したフィルタを，フィードバック系内で使用するときには，必ずしも所期のフィルタ性能が得られない．上記の場合には，フィードバック系内で使用を想定して開発されたフィルタを利用する必要がある．このためのディジタルノッチフィルタとしては，**新中ノッチフィルタ**がある．以下，本フィルタを紹介する．

z変換演算子（複素数）を z で表現し，除去対象の周波数を ω_h〔rad/s〕，制御周期を T_s〔s〕とし，除去対象の**正規化周波数** $\bar{\omega}_h$〔rad〕を次のように定める．

$$\bar{\omega}_h = \omega_h T_s \tag{1.55}$$

このとき，n 次新中ノッチフィルタ $F_{bs}(z^{-1})$ は，次式で与えられる[1.19]．

【n 次新中ノッチフィルタ】[1.19]

$$F_{bs}(z^{-1}) = \frac{b_d(1-2\cos\bar{\omega}_h z^{-1}+z^{-2})}{(1-a_d z^{-1})^n} \qquad n = 1, 2, 3, \cdots \tag{1.56a}$$

$$\begin{aligned} a_d &= \frac{(1+\cos\bar{\omega}_h)^{1/n}-(1-\cos\bar{\omega}_h)^{1/n}}{(1+\cos\bar{\omega}_h)^{1/n}+(1-\cos\bar{\omega}_h)^{1/n}} \\ &= \frac{1-\tan^{2/n}\dfrac{\bar{\omega}_h}{2}}{1+\tan^{2/n}\dfrac{\bar{\omega}_h}{2}} \end{aligned} \tag{1.56b}$$

$$b_d = \frac{(1-a_d)^n}{2(1-\cos\bar{\omega}_h)} \tag{1.56c}$$

■

新中ノッチフィルタは，分子多項式に関しては，**z-複素平面**の単位円上の $\exp(\pm j\omega_h T_s)$ に**零**（**零点**ともいう）をもたせて完全減衰 $F_{bs}(\exp(\pm j\bar{\omega}_h)) = 0$ を達成し，n 次分母多項式に関しては実軸上に n **重極**（**重根**）をもたせ，**極位置**は(1.56b)式の a_d で指定している．正規化周波数 $\bar{\omega}_h$ に関しては，基本的に $0 < \bar{\omega}_h < \pi$ であるので，(1.56b)式より $|a_d| < 1$ が達成され，フィルタの**安定性**は保証されている．分母多項式の次数の向上により，ノッチの先鋭化を向上させることができる．

具体例を示す．分母多項式の次数を $n = 1, 2$ と選定した場合の新中ノッチフィルタは，(1.56)式より以下のように与えられる．

【1 次新中ノッチフィルタ】

$$F_{bs}(z^{-1}) = \frac{1-2\cos\bar{\omega}_h z^{-1}+z^{-2}}{2(1-\cos\bar{\omega}_h z^{-1})} \tag{1.57}$$

■

【2 次新中ノッチフィルタ】

$$F_{bs}(z^{-1}) = \frac{b_d(1-2\cos\bar{\omega}_h z^{-1}+z^{-2})}{(1-a_d z^{-1})^2}$$

$$= \frac{(1+\sin\bar{\omega}_h)(1-2\cos\bar{\omega}_h z^{-1}+z^{-2})}{(1+\sin\bar{\omega}_h-\cos\bar{\omega}_h z^{-1})^2} \tag{1.58a}$$

$$a_d = \frac{\cos\bar{\omega}_h}{1+\sin\bar{\omega}_h} = \frac{1-\sin\bar{\omega}_h}{\cos\bar{\omega}_h} \tag{1.58b}$$

$$b_d = \frac{1}{1+\sin\bar{\omega}_h} \tag{1.58c}$$

■

1 次新中ノッチフィルタにおいては，実軸上の単一極 a_d の位置は共役零の実数部と完全同一である．すなわち，$a_d = \mathrm{Re}\{e^{\pm j\bar{\omega}_h}\} = \cos\bar{\omega}_h$ であり，正規化周波数 $\bar{\omega}_h$ の余弦値となる．

2 次新中ノッチフィルタにおいては，実軸上の二重極の位置は共役零の実数部より原点側に存在する．**図 1.20** に，**極零**の位置特性を示した．図 1.20(a)は，極零配置の概念図である．また，図 1.20(b)の実線は(1.58b)式に基づく正規化周波数 $\bar{\omega}_h$ に対する極位置 a_d を，破線は近似直線を，鎖線は正規化周波数の余弦値（換言するならば，1 次フィルタの極位置）を示している．二重極の位置は，共役零の実数部より原点側に位置している近似直線よりもさらに原点側に存在すること，すなわち，次の関係が成立していることがわかる．

$$|\tilde{a}| = \left|\frac{\cos\bar{\omega}_h}{1+\sin\bar{\omega}_h}\right| \le \left|1-\frac{2}{\pi}\bar{\omega}_h\right| \le |\cos\bar{\omega}_h| \le 1 \qquad 0 < \bar{\omega}_h < \pi \tag{1.59}$$

ノッチ特性の一例を示す．2 次新中ノッチフィルタにおいて除去対象成分の周波数を $\omega_h = 800\pi$〔rad/s〕，制御周期を $T_s = 0.000\,1$〔s〕と選定した場合の**周波数特性**を**図 1.21** に示した．**ディジタルフィルタ**の特性上，表示は**ナイキスト周波数**（Nyquist frequency）の範囲 $\omega = \pi/T_s = 10\,000\pi$〔rad/s〕にとどめている．

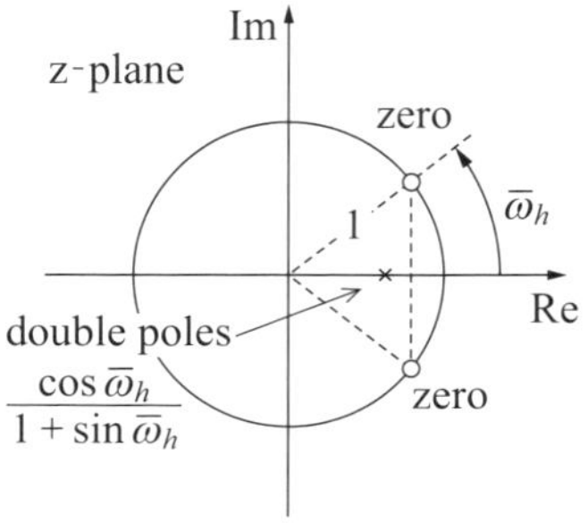

(a) 極零の配置

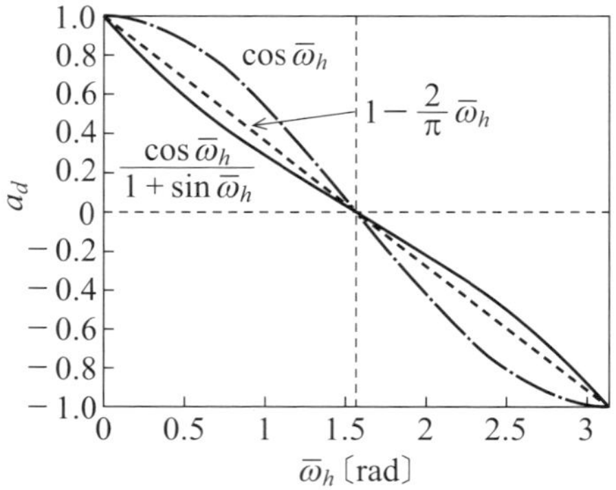

(b) 極位値の特性

図 1.20　新中ノッチフィルタの極零位置

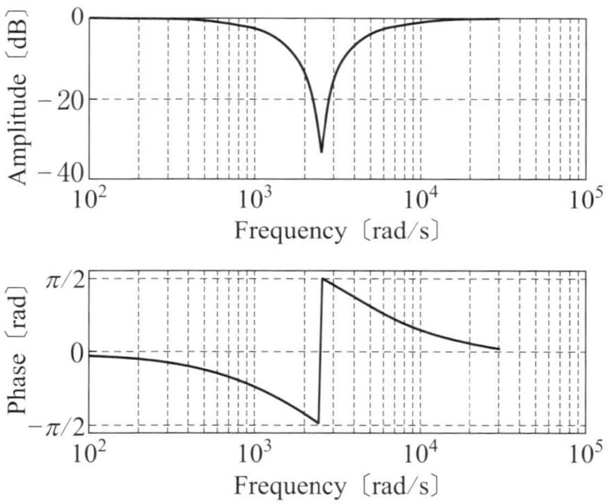

図 1.21　新中ノッチフィルタの周波数特性の例

図 1.21 より，$\omega_h = 800\pi$〔rad/s〕での完全減衰と，同周波数を中心とする対称性の良い減衰特性が確認される．

Q1.7　**新中ノッチフィルタは，ディジタルフィルタです．私の知識では，多くのディジタルフィルタはアナログフィルタを変換して，すなわち離散時間化して得ています．新中ノッチフィルタの元になったアナログフィルタはあるのですか．あれば，教示をお願いします．**

Ans. 新中ノッチフィルタは，研究当初より，ディジタルフィルタとして直接設計しました．連続時間アナログフィルタを演算子変換法等で離散時間化して得たものではありません．著者は，「新中ノッチフィルタに対応したアナログフィルタは存在しない」と考えています．

1.8.2 バンドパスフィルタ

〔1〕アナログバンドパスフィルタ

ディジタルバンドパスフィルタの設計法の検討に先だち，アナログバンドパスフィルタの設計法を整理しておく．

次の2次フィルタを考える．

$$F_{bp}(s) = \frac{2\zeta\omega_h s}{s^2+2\zeta\omega_h s+\omega_h^2} \qquad \zeta > 0,\ \omega_h > 0 \tag{1.60}$$

本フィルタの周波数応答は，次のように求められる．

$$\begin{aligned} F_{bp}(j\omega) &= \frac{j2\zeta\omega_h\omega}{(\omega_h^2-\omega^2)+j2\zeta\omega_h\omega} \\ &= \frac{j2\zeta\tilde{\omega}}{(1-\tilde{\omega}^2)+j2\zeta\tilde{\omega}} \end{aligned} \tag{1.61a}$$

ただし，

$$\tilde{\omega} \equiv \frac{\omega}{\omega_h} \tag{1.61b}$$

(1.61)式の周波数応答は，次のバンドパス特性を示している．

$$\left.\begin{aligned} F_{bp}(j\omega_h) &= 1 & \omega &= \omega_h \\ F_{bp}(j0) &= 0 & \omega &= 0 \\ F_{bp}(j\infty) &= 0 & \omega &= \infty \end{aligned}\right\} \tag{1.62}$$

バンドパス帯域幅（−3〔dB〕減衰幅）を評価すべく，次式を満足する周波数を求めることを考える．

$$|F_{bp}(j\omega)|^2 = \frac{1}{2} \tag{1.63}$$

(1.61)式を(1.63)式に代入し，$\tilde{\omega}$ について求解すると，次式を得る．

$$\tilde{\omega} = \sqrt{(1+2\zeta^2)\pm 2\zeta\sqrt{1+\zeta^2}} \tag{1.64a}$$

上式は，次のように近似することができる．

$$\tilde{\omega} \approx \sqrt{1\pm 2\zeta} \approx 1\pm\zeta \qquad \zeta \ll 0.5 \tag{1.64b}$$

(1.64)式より，-3〔dB〕の減衰を示す周波数 ω_1, ω_2 およびバンドパス帯域幅 $\Delta\omega$ は，以下のよう求められる．

$$\left.\begin{aligned} \omega_1 &= (1-\zeta)\omega_h \\ \omega_2 &= (1+\zeta)\omega_h \end{aligned} \quad \zeta \ll 0.5 \right\} \tag{1.65a}$$

$$\Delta\omega = \omega_2 - \omega_1 = 2\zeta\omega_h \qquad \zeta \ll 0.5 \tag{1.65b}$$

(1.65)式より，次の関係を得ることもできる．

$$Q \equiv \frac{\omega_h}{\Delta\omega} = \frac{1}{2\zeta} \qquad \zeta \ll 0.5,\ Q \gg 1 \tag{1.66}$$

(1.60)式の2次フィルタは，(1.65)式，(1.66)式を用いた**バンドパスフィルタ**として，以下のように表現することができる．

【アナログバンドパスフィルタ】

$$F_{bp}(s) = \frac{2\zeta\omega_h s}{s^2 + 2\zeta\omega_h s + \omega_h^2} = \frac{\Delta\omega s}{s^2 + \Delta\omega s + \omega_h^2} \qquad \zeta \ll 0.5 \tag{1.67a}$$

$$F_{bp}(s) = \frac{2\zeta\omega_h s}{s^2 + 2\zeta\omega_h s + \omega_h^2} = \frac{\dfrac{\omega_h}{Q} s}{s^2 + \dfrac{\omega_h}{Q} s + \omega_h^2} \qquad \zeta \ll 0.5 \tag{1.67b}$$

■

設計の一例を示す．中心周波数 $\omega_h = 2\pi \cdot 400$〔rad/s〕，帯域幅 $\Delta\omega = 300$〔rad/s〕をもつバンドパスフィルタの設計を考える．本設計値を(1.66)式に適用すると，次の値を得る

$$Q = \frac{\omega_h}{\Delta\omega} \approx 8.4 \gg 1 \qquad \zeta \approx 0.06 \ll 0.5 \tag{1.68}$$

すなわち，本設計値は，概略的ながら，近似条件 $Q \gg 1$，$\zeta \ll 0.5$ を満足している．したがって，指定の周波数特性をもつフィルタは(1.67)式で与えられる．(1.68)式を(1.67)式に用いた場合の周波数応答を**図1.22**に示す．同図上段は振幅応答を，下段は位相応答を示している．同図より，所期の周波数特性が得られていることが確認される．

ディジタルバンドパスフィルタは，(1.67)式のアナログバンドパスフィルタの離散時間化により得ることができる．離散時間化は，簡単には，次数維持の1次演算子変換法の一般解である(1.40)式の**新中変換法**を利用すればよい．(1.55)式に定義した正規化周波数 $\bar{\omega}_h$ が $\bar{\omega}_h \ll \pi/10$ であれば，任意の離散時間化設計パ

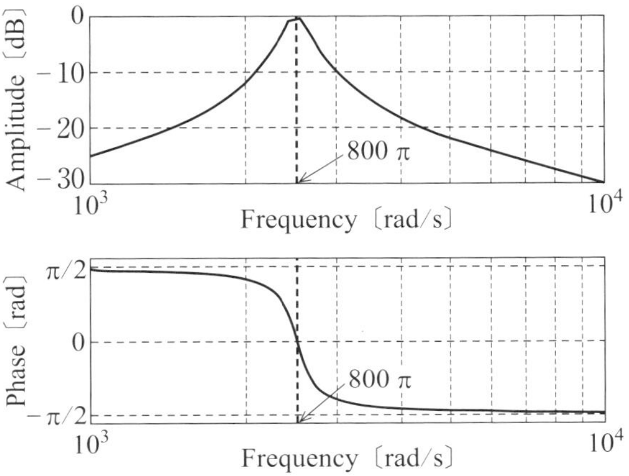

図 1.22 アナログバンドパスフィルタの周波数応答例

ラメータ r で所期の周波数応答を維持できる．しかし，正規化周波数 $\overline{\omega}_h$ が $\pi/10$ に近づくにつれ，離散時間化後の周波数応答誤差，特に中心周波数シフトが目立つようになる．これらを抑えるには，タスティン変換に対応した $r=0.5$ の採用がよい．

演算子変換法による離散時間化可能な上限は，正規化周波数換算で $\overline{\omega}_h=\pi/10$ 程度である．正規化周波数 $\overline{\omega}_h$ がこれを超える場合には，ディジタルバンドパスフィルタを直接設計することになる．

〔2〕ディジタルバンドパスフィルタ

「バンドパス特性の中心周波数を正確に $\overline{\omega}_h$ とするディジタルバンドパスフィルタを得る」には，同フィルタを離散時間領域で直接設計することになる．バンドパス帯域の中心周波数 $\overline{\omega}_h$ を直接かつ正確に指定できるディジタルバンドパスフィルタとしては，文献 1.20) 提示の次の 2 次**新中・関野バンドパスフィルタ**がある．

【新中・関野バンドパスフィルタ】

$$F_{bp}(z^{-1}) = \frac{(1-a)(1-az^{-2})}{1-2a\cos\overline{\omega}_h z^{-1}+a^2z^{-2}} \qquad (1.69)$$

■

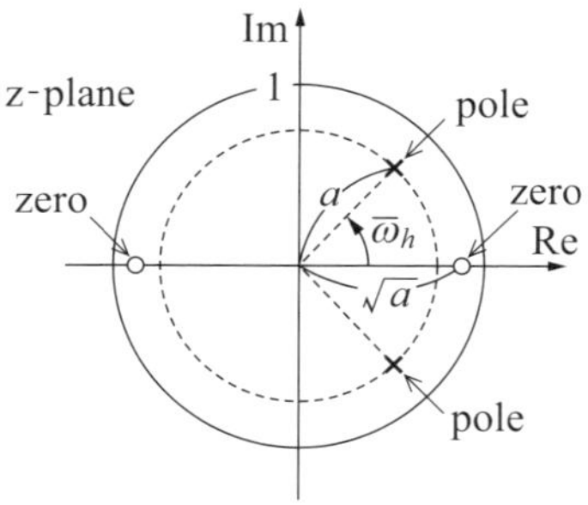

図 1.23　ディジタルバンドパスフィルタの極零配置

図 1.23 に，(1.69)式のディジタルバンドパスフィルタの極とゼロを z 平面上に描画した．同フィルタのバンドパス帯域の中心周波数 ω_h は，正規化周波数 $\bar{\omega}_h$ により正確に指定されている．**バンドパス帯域幅** $\Delta\omega_c$ は，**帯域幅パラメータ** a を介して指定することになる（図 1.23）．サンプリング周期 T_s の選定後には，帯域幅パラメータ a とバンドパス帯域幅 $\Delta\omega$ とは実質的に一意の関係をもつ．

(1.69)式のディジタルバンドパスフィルタは，次の周波数特性をもつ．

$$\left.\begin{aligned} F_{bp}(e^{-j\bar{\omega}_h}) &= 1 & \omega &= \omega_h \\ F_{bp}(1) &= \frac{(1-a)^2}{1-2a\cos\bar{\omega}_h+a^2} & \omega &= 0 \\ F_{bp}(-1) &= \frac{(1-a)^2}{1+2a\cos\bar{\omega}_h+a^2} & \omega &= \frac{\pi}{T_s} \end{aligned}\right\} \tag{1.70}$$

(1.70)式から理解されるように，本フィルタは，(1.67)式のアナログフィルタと同様に，正規化周波数 $\bar{\omega}_h$ で振幅 1，位相ゼロという正確なバンドパス特性を示す（(1.62)式参照）．一方，本フィルタは，(1.67)式のアナログフィルタと異なり，ゼロ周波数 $\omega = 0$，最大周波数 $\omega = \pi/T_s$ においても，完全減衰特性を示さない（(1.62)式参照）．

上記特性の一例を示す．例えば $T_s = 0.000\,1$ と選定する場合には，周波数 $\omega_h = 15\,708$〔rad/s〕で $\bar{\omega}_h = \pi/2$ となり，ゼロ周波数 $\omega = 0$，最大周波数 $\omega = \pi/T_s$ での両減衰量はともに等しく，(1.70)式の周波数特性は次式となる．

$$\left.\begin{aligned} F_{bp}(e^{-j\bar{\omega}_h}) &= 1 \\ F_{bp}(1) &= F_{bp}(-1) = \frac{(1-a)^2}{1+a^2} \end{aligned}\right\} \tag{1.71}$$

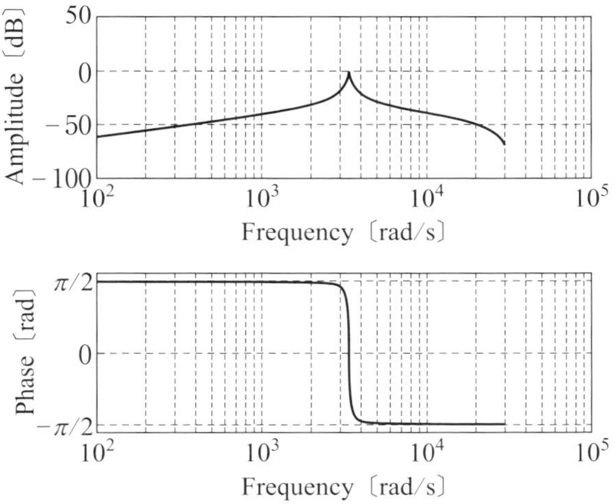

図 1.24　新中・関野バンドパスフィルタの周波数応答例

図 1.24 に，$T_s = 0.000\,1$，$\omega_h = 3\,408(\approx 540\ \text{Hz})$，$a = 0.995$ を条件に，ディジタルバンドパスフィルタの周波数特性の一例を，周波数範囲 100〜30 000〔rad/s〕で，示した．中心周波数でゼロ〔dB〕が，100〔rad/s〕近傍で約 −60〔dB〕の減衰が，30 000〔rad/s〕近傍で約 −70〔dB〕の減衰が得られており，所期のバンドパス特性が確認される．なお，本例では，帯域幅パラメータ $a = 0.995$ はおおむねバンドパス帯域幅 $\Delta\omega = 100$〔rad/s〕に該当する．

所期のバンドパス帯域幅 $\Delta\omega$ は，帯域幅パラメータ a を用いた数回の設計試行を通じ，得ることになる．帯域幅パラメータの 1 への漸近は，バンドパス帯域幅の縮小をもたらす．すなわち，「$(a \to 1) \leftrightarrow (\Delta\omega \to 0)$」の特性がある．設計試行の初回パラメータ a としては，$a = 0.995$ を用いればよい．

1.8.3　直流成分除去フィルタ

ディジタル直流成分除去フィルタ（dc elimination filter）の設計手順は，以下のように整理される．まずアナログ**直流成分除去フィルタ**を設計し，次にこれを演算子変換法等で離散時間化する．最後に，所定周波数でのゲイン調整を行い，所期のディジタル直流成分除去フィルタを得る．

直流成分除去の**カットオフ周波数**を ω_c〔rad/s〕とするアナログ直流成分除去フィルタの候補は，以下のとおりである．

【アナログ直流成分除去フィルタ】

$$F_{dc}(s) = \frac{s}{s+\omega_c} \tag{1.72}$$

$$F_{dc}(s) = \frac{s^2+3\omega_c s}{s^2+3\omega_c s+2.25\omega_c^2} = \frac{s(s+3\omega_c)}{s^2+3\omega_c s+2.25\omega_c^2} \tag{1.73}$$

$$F_{dc}(s) = \frac{s^2+\sqrt{2}\,\omega_c s}{s^2+\sqrt{2}\,\omega_c s+\omega_c^2} = \frac{s(s+\sqrt{2}\,\omega_c)}{s^2+\sqrt{2}\,\omega_c s+\omega_c^2} \tag{1.74}$$

■

(1.72)式～(1.74)式のフィルタの分子多項式は，共通して，微分演算子「s」を積の形でもつ．換言するならば，$s=0$ の**零**（**零点**）をもつ．これが直流成分除去フィルタの特徴である．次数の相違を除けば，(1.72)式，(1.73)式のフィルタは，**実極**のみをもつ．一方，(1.72)式，(1.74)式のフィルタは，(1.33b)式の**バタワース多項式** $F_b(s)$ で特徴づけられた**極**をもつ．

ディジタル直流成分除去フィルタは，アナログ直流成分除去フィルタの離散時間化により，得られる．離散時間化は，簡単には，演算子変換法を利用すればよい．演算子変換は，カットオフ周波数 ω_c を超える通過域の周波数応答を考慮するならば，**タスティン変換法**（**双1次変換**）を利用することになる．同法は，次数維持の1次演算子変換法の一般解である(1.40)式の**新中変換法**に，設計パラメータ $r=0.5$ を付与した場合に該当する．

Q1.8　**2次のアナログ直流成分除去フィルタの候補としては，(1.73)式，(1.74)式の2種があります．両フィルタの特性は，どのように違うのでしょうか．**

Ans.　両フィルタの大きな相違は，極すなわち**特性根**にあります．(1.73)式は2重実根をもっています．一方，(1.74)式は共役複素根をもっています．時間応答（特に過渡応答）での振動を抑えたい場合には，2重実根の(1.73)式が有利です．一方，周波数応答の一様性をあるいは定常応答を重視する場合には，共役複素根の(1.74)式が有利です．直流成分除去の目的と除去後の信号の利用目的とに応じて，(1.73)式，(1.74)式を使いわけることになります．

1.9 写像法による単相信号の瞬時位相推定

第 15 章で，静止状態にある PMSM の回転子位相推定法を説明する．静止状態にある回転子位相推定値の自動検出には，「ノイズ，高調波等の外乱を含む単相信号から，この基本波成分の位相を瞬時推定する」ことが求められる．単相信号の基本波成分位相の瞬時推定法として，著者開発の**写像法**（mapping method）と同法を実用上の観点から具現化した**写像フィルタ**（mapping filter）とを，文献 1.21)，1.22)を参考に，整理しておく．

1.9.1 写像法による瞬時位相の推定

〔1〕**問題の設定**

次式で表現される**単相信号** $v(t)$ を考える．

$$v(t) = V\sin(\omega_v t + \varphi_v) + e_v(t) \tag{1.75}$$

(1.75)式における周波数 ω_v の基本波成分の波高値 V，位相 φ_v は未知とする．ただし，周波数 ω_v は既知かつ一定とする．また，$e_v(t)$ は，周波数 ω_v の正弦信号として表現できないノイズ，高調波成分等とする．

ここで考える問題は，信号 $v(t)$ のサンプル値を用いて，次式に定義された同信号の瞬時位相 $\theta_v(t)$ をサンプリング周期ごとに**実時間推定**することである．

$$\theta_v(t) \equiv \omega_v t + \varphi_v \tag{1.76}$$

〔2〕**写像法**

ある $n\times 1$ ベクトル $\boldsymbol{v}$ が，2 個の既知 $n\times 1$ ベクトル $\boldsymbol{a}, \boldsymbol{b}$ とノイズ等の未知の $n\times 1$ ベクトル $\boldsymbol{e}_v$ の線形和として次式のように構成されているとする．

$$\begin{aligned}\boldsymbol{v} &= v_{ma}\boldsymbol{a} + v_{mb}\boldsymbol{b} + \boldsymbol{e}_v \\ &= \boldsymbol{M}\,\boldsymbol{v}_m + \boldsymbol{e}_v\end{aligned} \tag{1.77}$$

ここに，n は $n \geq 2$ なる整数であり，線形和の係数 v_{ma}, v_{mb} は未知とする．また，

$$\boldsymbol{v}_m \equiv \begin{bmatrix} v_{ma} \\ v_{mb} \end{bmatrix} \tag{1.78}$$

$$\boldsymbol{M} \equiv [\boldsymbol{a} \quad \boldsymbol{b}] \tag{1.79}$$

ベクトル $\boldsymbol{a}, \boldsymbol{b}$ に対し，次の性質を有する 2 個の $n\times 1$ **逆ベクトル**（reciprocal vector）$\tilde{\boldsymbol{a}}, \tilde{\boldsymbol{b}}$ を考える．

$$\left.\begin{aligned}\tilde{\boldsymbol{a}}^T\boldsymbol{a} = 1,\ \ \tilde{\boldsymbol{a}}^T\boldsymbol{b} = 0 \\ \tilde{\boldsymbol{b}}^T\boldsymbol{a} = 0,\ \ \tilde{\boldsymbol{b}}^T\boldsymbol{b} = 1\end{aligned}\right\} \tag{1.80}$$

ベクトル $\boldsymbol{v}$ を逆ベクトル $\tilde{\boldsymbol{a}}, \tilde{\boldsymbol{b}}$ 上に**写像**（mapping）すると，未知 $\boldsymbol{v}_m$ の推定値 $\hat{\boldsymbol{v}}_m$ を直ちに得ることができる．すなわち，以下の**写像法**（mapping method）が得られる．

【写像法】

$$\hat{\boldsymbol{v}}_m = \widetilde{\boldsymbol{M}}^T\boldsymbol{v} = \boldsymbol{v}_m + \widetilde{\boldsymbol{M}}^T\boldsymbol{e}_v \tag{1.81}$$

$$\widetilde{\boldsymbol{M}} \equiv [\tilde{\boldsymbol{a}} \quad \tilde{\boldsymbol{b}}] \tag{1.82}$$

■

以下では，写像法における2個の逆ベクトルで構成された(1.82)式の $n\times2$ 行列 $\widetilde{\boldsymbol{M}}$ を**写像行列**と呼び，$n\times1$ ベクトルに写像行列を作用させて得た(1.81)式左辺のような 2×1 ベクトルを**被写像ベクトル**と呼ぶ．

$n>2$ の場合には，写像行列は無数存在するが，次の**写像定理 I** によるものが有用である．

《定理 1.4　写像定理 I》

次式の写像行列

$$\widetilde{\boldsymbol{M}} = \boldsymbol{M}[\boldsymbol{M}^T\boldsymbol{M}]^{-1} \tag{1.83}$$

により決定した被写像ベクトル $\hat{\boldsymbol{v}}_m$ は，次の推定誤差を最小とする．

$$\begin{aligned} e &= \|\boldsymbol{v} - \boldsymbol{M}\hat{\boldsymbol{v}}_m\| \\ &= \|[\boldsymbol{I} - \boldsymbol{M}\widetilde{\boldsymbol{M}}^T]\,\boldsymbol{e}_v\| \end{aligned} \tag{1.84}$$

ここに，$\boldsymbol{I}$ は 2×2 単位行列である．

■

本定理の証明は，最小2乗法による近似問題と同一の考えで可能であるので，省略する．以降では，(1.83)式の写像行列 $\widetilde{\boldsymbol{M}}$ を(1.81)式に適用して被写像ベクトル $\hat{\boldsymbol{v}}_m$ を決定する方法を**写像法 I** と呼ぶ．

〔3〕写像法による瞬時位相の推定

2個の $n\times1$ ベクトル $\boldsymbol{a}, \boldsymbol{b}$ として，正弦信号，余弦信号から生成した次のものを考える．

$$\boldsymbol{a} \equiv \begin{bmatrix} \sin(0) \\ \sin(-\bar{\omega}_v) \\ \vdots \\ \sin((-n+1)\bar{\omega}_v) \end{bmatrix} \tag{1.85}$$

$$\boldsymbol{b} \equiv \begin{bmatrix} \cos(0) \\ \cos(-\bar{\omega}_v) \\ \vdots \\ \cos((-n+1)\bar{\omega}_v) \end{bmatrix} \tag{1.86}$$

ここに，$\bar{\omega}_v$ は，周波数 ω_v とサンプリング周期 T_s の積である．すなわち，

$$\bar{\omega}_v \equiv \omega_v T_s \tag{1.87}$$

$\bar{\omega}_v$ が一定であるので，2 個の $n \times 1$ ベクトル $\boldsymbol{a}, \boldsymbol{b}$ は一定である．一定ベクトル $\boldsymbol{a}, \boldsymbol{b}$ に関しては，次の**直交定理**が成立する．

《定理 1.5　直交定理》

正の整数 k に対して，次式が成立する場合には，

$$n\bar{\omega}_v = k\pi \tag{1.88}$$

ベクトル $\boldsymbol{a}, \boldsymbol{b}$ は直交する．この結果，(1.82)式，(1.83)式の写像行列を構成するこれらの逆ベクトルは，それぞれ次式で与えられる．

$$\left.\begin{aligned} \tilde{\boldsymbol{a}} &= \frac{\boldsymbol{a}}{\|\boldsymbol{a}\|^2} = \frac{2}{n}\boldsymbol{a} \\ \tilde{\boldsymbol{b}} &= \frac{\boldsymbol{b}}{\|\boldsymbol{b}\|^2} = \frac{2}{n}\boldsymbol{b} \end{aligned}\right\} \tag{1.89}$$

〈証明〉

ベクトル $\boldsymbol{a}, \boldsymbol{b}$ の内積をとり，(1.88)式を用いると，

$$\begin{aligned} \boldsymbol{a}^T\boldsymbol{b} &= \sum_{i=0}^{n-1} \sin(-i\bar{\omega}_v)\cos(-i\bar{\omega}_v) \\ &= \frac{1}{2}\sum_{i=0}^{n-1} \sin(-i2\bar{\omega}_v) \\ &= \frac{1}{2}\sum_{i=0}^{n-1} \sin\left(-i\frac{2k\pi}{n}\right) \end{aligned} \tag{1.90}$$

(1.90)式の第 3 式は，正弦信号を k 周期にわたり n 個に等分割した上での単純総和を意味する．したがって，(1.90)式はゼロとなり，ベクトル $\boldsymbol{a}, \boldsymbol{b}$ は直交す

る．

ベクトル $\boldsymbol{a}, \boldsymbol{b}$ に関しては，(1.85)式，(1.86)式より次の関係が常時成立する．

$$\|\boldsymbol{a}\|^2+\|\boldsymbol{b}\|^2=n$$

(1.88)式の条件では，ベクトル $\boldsymbol{a}, \boldsymbol{b}$ はともに正確に正弦信号の半周期の整数倍のサンプル値を要素にもつので，そのノルムは同一となる．ベクトル $\boldsymbol{a}, \boldsymbol{b}$ の直交性とノルムの同一性を(1.82)式，(1.83)式に用いると，(1.89)式が得られる．

■

直交定理に使用した(1.88)式の条件は，次式に示すように，基本波成分の周期 T_v とサンプリング周期 T_s の比を整数倍に選定すれば，容易に達成することができる．

$$\left.\begin{aligned} n &= \frac{k\pi}{\bar{\omega}_v} = \frac{kT_v}{2T_s} \\ T_v &= \frac{2\pi}{\omega_v} \end{aligned}\right\} \tag{1.91}$$

(1.75)式を周期 T_s でサンプリングし，次の $n\times 1$ 時変ベクトル $\boldsymbol{v}$ を生成する．

$$\boldsymbol{v} = \begin{bmatrix} v(t) \\ v(t-T_s) \\ \vdots \\ v(t-(n-1)T_s) \end{bmatrix} \tag{1.92}$$

(1.92)式の時変ベクトル $\boldsymbol{v}$ に関しては，次の**写像定理Ⅱ**と同系が成立する．

《定理 1.6　写像定理Ⅱ》

(1.92)式の時変ベクトル $\boldsymbol{v}$ に対し，(1.85)式，(1.86)式を(1.79)式，(1.83)式に用いて構成した写像行列 $\widetilde{\boldsymbol{M}}$ を作用させ得た被写像ベクトル $\hat{\boldsymbol{v}}_m$ は，次の 2×1 ベクトル $\boldsymbol{v}_m$ に対し，(1.84)式の誤差最小の意味で最良推定を与える．

$$\boldsymbol{v}_m = \begin{bmatrix} V\cos\theta_v(t) \\ V\sin\theta_v(t) \end{bmatrix} \tag{1.93}$$

〈証明〉

(1.92)式のベクトル $\boldsymbol{v}$ は，(1.75)式，(1.85)式，(1.86)式を用いると，(1.77)式と形式的に同一の次式に展開することができる．

$$\begin{aligned} \boldsymbol{v} &= [\boldsymbol{a}\quad \boldsymbol{b}]\,\boldsymbol{v}_m+\boldsymbol{e}_v \\ &= \boldsymbol{M}\,\boldsymbol{v}_m+\boldsymbol{e}_v \end{aligned} \tag{1.94}$$

ただし，

$$\boldsymbol{e}_v \equiv \begin{bmatrix} e_v(t) \\ e_v(t-T_s) \\ \vdots \\ e_v(t-(n-1)T_s) \end{bmatrix} \tag{1.95}$$

(1.85)式，(1.86)式を(1.79)式，(1.83)式に用いて構成した写像行列 $\widetilde{\boldsymbol{M}}$ を，(1.81)式の写像法Ⅰに従い(1.94)式の $\boldsymbol{v}$ に作用させると，(1.84)式の推定誤差最小の意味で最良推定を与える被写像ベクトル $\hat{\boldsymbol{v}}_m$ が次のように得られる．

$$\hat{\boldsymbol{v}}_m = \widetilde{\boldsymbol{M}}^T\boldsymbol{v} = \boldsymbol{v}_m + \boldsymbol{e}_{vm} \tag{1.96}$$

$$\boldsymbol{e}_{vm} \equiv \widetilde{\boldsymbol{M}}^T\boldsymbol{e}_v \tag{1.97}$$

■

以降では，写像定理Ⅱで規定された信号を用いた写像法Ⅰを特に**写像法Ⅱ**と呼ぶ．写像法Ⅱには，次の2系が成立する．

《系 1.6.1》

$e_v(t)$ が平均ゼロのノイズの場合は，写像法Ⅱにおける(1.97)式の推定誤差 $\boldsymbol{e}_{vm}$ の平均はゼロとなる．

〈証明〉

(1.97)式に対して，平均 $\langle\cdot\rangle$ をとると

$$\langle\boldsymbol{e}_{vm}\rangle = \langle\widetilde{\boldsymbol{M}}^T\boldsymbol{e}_v\rangle = \widetilde{\boldsymbol{M}}^T\langle\boldsymbol{e}_v\rangle = 0 \tag{1.98}$$

■

《系 1.6.2》

$e_v(t)$ が直流オフセットおよび高調波成分で構成される場合には，正の整数 k' に対して，次式が成立するように $n\Delta\theta_v$ を選定するとき，

$$n\Delta\theta_v = 2k'\pi \tag{1.99}$$

写像法Ⅱにおける(1.97)式の推定誤差 $\boldsymbol{e}_{vm}$ はゼロとなる．

〈証明〉

(a)　直流オフセットの場合

$e_v(t)$ を $e_v(t) = e_v = \text{const}$ とすると，推定誤差 $\boldsymbol{e}_{vm}$ は，次式のように整理される．

$$\boldsymbol{e}_{vm} = \widetilde{\boldsymbol{M}}^T\boldsymbol{e}_v$$

$$
\begin{aligned}
&= [\boldsymbol{M}^T\boldsymbol{M}]^{-1}[\boldsymbol{M}^T\boldsymbol{e}_v] \\
&= e_v[\boldsymbol{M}^T\boldsymbol{M}]^{-1}\begin{bmatrix} \sum_{i=0}^{n-1}\sin(-i\bar{\omega}_v) \\ \sum_{i=0}^{n-1}\cos(-i\bar{\omega}_v) \end{bmatrix}
\end{aligned} \tag{1.100}
$$

(1.100)式の推定誤差は，(1.99)式の条件を用いると，1周期にわたる正弦信号の等間隔サンプル値の単純総和を意味し，ゼロとなる．

(b)　*m* 次高調波の場合

簡単のため，$e_v(t)$ を次の m 次高調波（$m \geq 2$）とする．

$$
e_v(t) = \sin(m\omega_v t + \varphi_e) \qquad m \geq 2 \tag{1.101}
$$

このとき，推定誤差 $\boldsymbol{e}_{vm}$ は，次式のように整理される．

$$
\begin{aligned}
\boldsymbol{e}_{vm} &= \widetilde{\boldsymbol{M}}^T\boldsymbol{e}_v \\
&= [\boldsymbol{M}^T\boldsymbol{M}]^{-1}[\boldsymbol{M}^T\boldsymbol{e}_v] \\
&= [\boldsymbol{M}^T\boldsymbol{M}]^{-1}\begin{bmatrix} \sum_{i=0}^{n-1}\sin(-i\bar{\omega}_v)\sin(m\omega_v t - im\bar{\omega}_v + \varphi_e) \\ \sum_{i=0}^{n-1}\cos(-i\bar{\omega}_v)\sin(m\omega_v t - im\bar{\omega}_v + \varphi_e) \end{bmatrix} \\
&= \frac{[\boldsymbol{M}^T\boldsymbol{M}]^{-1}}{2}\begin{bmatrix} \sum_{i=0}^{n-1} \begin{matrix} -\cos(m\omega_v t - i(m+1)\bar{\omega}_v + \varphi_e) \\ +\cos(m\omega_v t - i(m-1)\bar{\omega}_v + \varphi_e) \end{matrix} \\ \sum_{i=0}^{n-1} \begin{matrix} \sin(m\omega_v t - i(m+1)\bar{\omega}_v + \varphi_e) \\ -\sin(m\omega_v t - i(m-1)\bar{\omega}_v + \varphi_e) \end{matrix} \end{bmatrix}
\end{aligned} \tag{1.102}
$$

(1.102)式に(1.99)式の条件を用いると，(1.102)式の推定誤差は $(m+1)k$，$(m-1)k$ 周期にわたる正弦信号の等間隔サンプル値の単純総和を意味し，ゼロとなる．

■

(1.99)式を満足するように選定された $n\bar{\omega}_v$ は，上の系 1.6.1，1.6.2 が示すように，特に良好な推定値である被写像ベクトルを生成する．この $n\bar{\omega}_v$ は必然的に(1.88)式を満足するので，写像行列 $\widetilde{\boldsymbol{M}}$ のための逆ベクトルは(1.89)式となる．

一定ベクトル $\boldsymbol{a}, \boldsymbol{b}$ の被写像ベクトル $\boldsymbol{a}_m, \boldsymbol{b}_m$ は，$\boldsymbol{a}, \boldsymbol{b}$ が直交しない場合にも，(1.80)式の基本性質より，常時直交する単位ベクトルとなる．すなわち，

$$
[\boldsymbol{a}_m \quad \boldsymbol{b}_m] = \widetilde{\boldsymbol{M}}^T[\boldsymbol{a} \quad \boldsymbol{b}] = \boldsymbol{I} \tag{1.103}
$$

図 1.25 に，被写像ベクトル $\boldsymbol{a}_m, \boldsymbol{b}_m, \tilde{\boldsymbol{v}}_m$ を描画した．2×1 被写像ベクトルの空間

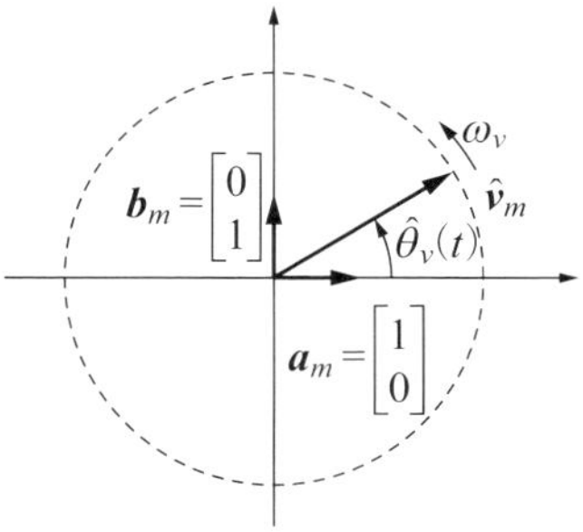

図 1.25 2 次元被写像ベクトルの関係

においては，$\boldsymbol{a}_m, \boldsymbol{b}_m$ を基軸上の単位ベクトルとする直交座標系において，被写像ベクトル $\hat{\boldsymbol{v}}_m$ は角速度 ω_v で回転する回転ベクトルとなる．基軸単位ベクトル $\boldsymbol{a}_m$ から評価した回転ベクトル $\hat{\boldsymbol{v}}_m$ の位相が $\hat{\theta}_v(t)$ となる．

信号 $v(t)$ の瞬時位相 $\theta_v(t)$ は，被写像ベクトル $\hat{\boldsymbol{v}}_m$ の 2 成分 $\hat{v}_{ma}, \hat{v}_{mb}$ より，以下のように推定される．

$$\hat{\theta}_v(t) = \tan^{-1}(\hat{v}_{ma}, \hat{v}_{mb}) \tag{1.104}$$

応用によっては，(1.104)式によらないで，余弦・正弦値である被写像ベクトル $\hat{\boldsymbol{v}}_m$ 2 成分をそのまま利用してもよい（1.9.3 項参照）．

Q1.9 提案の写像法と類似した方法はありますか．

Ans. あります．**DFT 法**と呼ばれている方法です[1.23]．DFT 法の基本は，(1.99)式の条件が $k' = 1$ で成立するように，サンプリング周期 T_s を選定し，$v(t)$ のサンプル値に対し次の DFT を行い，

$$\begin{aligned} V_f(k) &= \sum_{i=0}^{n-1} v(t+iT_s)\exp\left(-j\frac{2\pi}{n}ik\right) \\ &= \sum_{i=0}^{n-1} v(t+iT_s)\cos\left(\frac{2\pi}{n}ik\right) - j\sum_{i=0}^{n-1} v(t+iT_s)\sin\left(\frac{2\pi}{n}ik\right) \\ &= V_{fc}(k) - jV_{fs}(k) \qquad k = 0, 1, \cdots, n-1 \end{aligned}$$

第 1 周波数点の実数部 $V_{fc}(1)$ と虚数部 $V_{fs}(1)$ より，$v(t)$ の位相 $\theta_v(t)$ を推定するものです[1.23]．

(1.99)式が成立すれば，系 3.2 を含め，これまでのすべての定理，系も同時

に成立します．ひいては，写像行列 $\widetilde{\boldsymbol{M}}$ に関しては(1.89)式が成立します．これに，$k'=1$ の条件を付加すると，このときの被写像ベクトル $\hat{\boldsymbol{v}}_m$ の2成分は，$V_{fs}(1)$，$V_{fc}(1)$ と等価となります．

著者提案の写像法Ⅰ，Ⅱは，DFT 法を特別の場合として包含しています．換言するならば，写像法Ⅰ，Ⅱは，DFT 法を一般化したものとして捉えることもできます．

1.9.2　写像法Ⅱの遂行と写像フィルタ

〔1〕写像フィルタ伝達関数の構築

写像法Ⅱの遂行を考える．このため，(1.96)式，(1.97)式を(1.92)式とともに再び考える．(1.92)式を(1.96)式に用い，再評価すると，

$$
\begin{aligned}
\hat{\boldsymbol{v}}_m &= \widetilde{\boldsymbol{M}}^T\boldsymbol{v} = \begin{bmatrix} \tilde{\boldsymbol{a}}^T \\ \tilde{\boldsymbol{b}}^T \end{bmatrix}\boldsymbol{v} \\
&= \sum_{i=0}^{n-1}\begin{bmatrix} \tilde{a}_i \\ \tilde{b}_i \end{bmatrix} v(t-iT_s) \\
&= \sum_{i=0}^{n-1}\begin{bmatrix} \tilde{a}_i \\ \tilde{b}_i \end{bmatrix} z^{-i}v(t) \\
&= \widetilde{\boldsymbol{M}}(\boldsymbol{z}^{-1})v(t)
\end{aligned}
\tag{1.105}
$$

ただし，

$$
\left.
\begin{aligned}
\tilde{\boldsymbol{a}} &\equiv [\tilde{a}_0 \quad \tilde{a}_1 \quad \cdots \quad \tilde{a}_{n-1}]^T \\
\tilde{\boldsymbol{b}} &\equiv [\tilde{b}_0 \quad \tilde{b}_1 \quad \cdots \quad \tilde{b}_{n-1}]^T
\end{aligned}
\right\}
\tag{1.106}
$$

$$
\begin{aligned}
\widetilde{\boldsymbol{M}}(z^{-1}) &\equiv \begin{bmatrix} \widetilde{M}_a(z^{-1}) \\ \widetilde{M}_b(z^{-1}) \end{bmatrix} \\
&\equiv \begin{bmatrix} \displaystyle\sum_{i=0}^{n-1}\tilde{a}_i z^{-i} \\ \displaystyle\sum_{i=0}^{n-1}\tilde{b}_i z^{-i} \end{bmatrix}
\end{aligned}
\tag{1.107}
$$

(1.105)式〜(1.107)式は，被写像ベクトル $\hat{\boldsymbol{v}}_m$ は単相信号 $v(t)$ のサンプル値を1入力2出力の $(n-1)$ 次フィルタ $\widetilde{\boldsymbol{M}}(z^{-1})$ に単に通過させるだけで得られることを意味する．写像行列の要素をインパルス応答とする本フィルタを，以降では，**写像フィルタ**（mapping filter）と呼ぶ．(1.107)式の $\widetilde{\boldsymbol{M}}(z^{-1})$ が，写像フィルタの**伝達関数**となる．

写像フィルタの伝達関数は，(1.83)式を利用する通常の場合には，ベクトル $\boldsymbol{a}$, $\boldsymbol{b}$ の要素を直接的に利用した次の形に書き換えることもできる．

$$\widetilde{\boldsymbol{M}}(z^{-1}) \equiv \begin{bmatrix} \widetilde{M}_a(z^{-1}) \\ \widetilde{M}_b(z^{-1}) \end{bmatrix} = [\boldsymbol{M}^T\boldsymbol{M}]^{-1} \begin{bmatrix} \sum_{i=0}^{n-1} a_i z^{-i} \\ \sum_{i=0}^{n-1} b_i z^{-i} \end{bmatrix} \tag{1.108}$$

〔2〕**写像フィルタの非再帰実現**

A. 基本形実現

写像フィルタのインパルス応答の数は有限の n 個であり，本フィルタの実現は，**FIR フィルタ**（**有限応答フィルタ**）としての**非再帰実現**が最も直接的である．**図 1.26**(a)に，本考えに基づく写像フィルタの非再帰実現の一例を示した．

B. 周期形実現

写像フィルタのインパルス応答は，正弦的であり，周期性を有している．(1.88)式を満足する次の条件下では，逆ベクトルの直交性，ひいては周期性を明

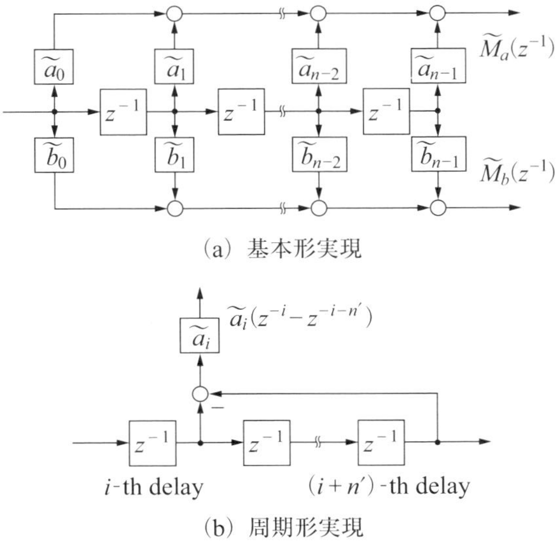

(a) 基本形実現

(b) 周期形実現

図 1.26 写像フィルタの非再帰実現例

瞭な形で得ることが可能である．

$$\left.\begin{aligned} n'\overline{\omega}_v &= \pi \\ n &= kn' \end{aligned}\right\} \tag{1.109}$$

ここに，n', k は，ともに正の整数である．

(1.107)式は，(1.109)式の条件下では，半周期ごとの**逆対称性**を利用することにより，以下のように展開することができる．

$$\widetilde{\boldsymbol{M}}(z^{-1}) \equiv \begin{bmatrix} \widetilde{M}_a(z^{-1}) \\ \widetilde{M}_b(z^{-1}) \end{bmatrix} = \begin{bmatrix} \sum_{i=0}^{n'-1} \tilde{a}_i \left(\sum_{j=0}^{k-1} (-1)^j z^{-(i+jn')} \right) \\ \sum_{i=0}^{n'-1} \tilde{b}_i \left(\sum_{j=0}^{k-1} (-1)^j z^{-(i+jn')} \right) \end{bmatrix} \tag{1.110}$$

図1.26(b)に，次の $k=2$ としたタップ $\tilde{a}_i$ 関連

$$\tilde{a}_i \left(\sum_{j=0}^{1} (-1)^j z^{-(i+jn')} \right)$$

の半周期ごとの逆対称性を利用した非再帰実現例を示した．

〔3〕写像フィルタの再帰実現

A. 有理関数形伝達関数の構築

写像フィルタの非再帰実現は，インパルス応答長 n が著しく大きい場合には，効率的でない．このような場合の効率性の改良を図る実現として，再帰実現を考えることができる．写像フィルタの再帰実現には，まず第1に，有理関数形の伝達関数を構築する必要がある．

(1.85)式，(1.86)式を(1.108)式に用い，写像フィルタの伝達関数を再評価すると，次の有理関数形伝達関数を新規構築することができる．

$$\begin{bmatrix} \widetilde{M}_a(z^{-1}) \\ \widetilde{M}_b(z^{-1}) \end{bmatrix} = [\boldsymbol{M}^T\boldsymbol{M}]^{-1} \begin{bmatrix} \widetilde{M}'_a(z^{-1}) \\ \widetilde{M}'_b(z^{-1}) \end{bmatrix} \tag{1.111a}$$

$$\begin{aligned} \widetilde{M}'_a(z^{-1}) &= \sum_{i=0}^{n-1} -\sin i\overline{\omega}_v z^{-i} \\ &= \frac{-\sin \overline{\omega}_v z^{-1} - z^{-n}(-\sin n\overline{\omega}_v + \sin(n-1)\overline{\omega}_v z^{-1})}{1 - 2\cos \overline{\omega}_v z^{-1} + z^{-2}} \end{aligned} \tag{1.111b}$$

$$\widetilde{M}'_b(z^{-1}) = \sum_{i=0}^{n-1} \cos i\overline{\omega}_v z^{-i}$$

$$= \frac{(1-\cos\bar{\omega}_v z^{-1})-z^{-n}(\cos n\bar{\omega}_v-\cos(n-1)\bar{\omega}_v z^{-1})}{1-2\cos\bar{\omega}_v z^{-1}+z^{-2}} \quad (1.111c)$$

B. ベクトルの直交化と直交実現

インパルス応答長 n が(1.88)式を満足するように選定され，**直交定理**が成立しているものとする．この場合には，次の関係が成立する．

$$\left.\begin{aligned} &\sin n\bar{\omega}_v = 0 \\ &\sin(n-1)\bar{\omega}_v = -(-1)^k \sin\bar{\omega}_v \end{aligned}\right\} \quad (1.112a)$$

$$\left.\begin{aligned} &\cos n\bar{\omega}_v = (-1)^k \\ &\cos(n-1)\bar{\omega}_v = (-1)^k \cos\bar{\omega}_v \end{aligned}\right\} \quad (1.112b)$$

(1.112)式と直交定理を(1.111)式に適用すると，簡潔な再帰実現に都合がよい**新中写像フィルタ**を新規に得ることができる．

$$\widetilde{M}_a(z^{-1}) = \frac{2}{n}\cdot\frac{-\sin\bar{\omega}_v z^{-1}(1-(-1)^k z^{-n})}{1-2\cos\bar{\omega}_v z^{-1}+z^{-2}} \quad (1.113a)$$

$$\widetilde{M}_b(z^{-1}) = \frac{2}{n}\cdot\frac{(1-\cos\bar{\omega}_v z^{-1})(1-(-1)^k z^{-n})}{1-2\cos\bar{\omega}_v z^{-1}+z^{-2}} \quad (1.113b)$$

(1.113)式が明示しているように，正弦・余弦信号のサンプル値を有理関数化した結果，写像フィルタの伝達関数は単位円上に極をもつことになる．ひいては，有理関数形伝達関数に従って，本フィルタを再帰実現する場合には，有限語長効果のため，この安定な動作は必ずしも保証されえない．再帰実現における安定性確保の実際的手段として，伝達関数の零点と極を単位円上からわずかに1より小さい半径 r の円上にシフトすることを考える[1.24]．すなわち，

$$\widetilde{M}_a(z^{-1}) = \frac{2}{n}\cdot\frac{-r\sin\bar{\omega}_v z^{-1}(1-(-1)^k r^n z^{-n})}{1-2r\cos\bar{\omega}_v z^{-1}+r^2 z^{-2}} \quad (1.114a)$$

$$\widetilde{M}_b(z^{-1}) = \frac{2}{n}\cdot\frac{(1-r\cos\bar{\omega}_v z^{-1})(1-(-1)^k r^n z^{-n})}{1-2r\cos\bar{\omega}_v z^{-1}+r^2 z^{-2}} \quad (1.114b)$$

r としては，離散値で達成可能な1より小さい最大値を選定することになる．

(1.114)式の伝達関数の再帰実現は，種々存在する．極が単位円のごく近傍に存在する点を考慮し，**直交構造**（normal form）で本伝達関数を実現することにする．直交構造は，以下のように，有限語長に起因する安定性と深い関係を有する諸特性に関し，優れた性質を有していることが知られている[1.24]．

(a) 係数量子化に対し，低感度である．

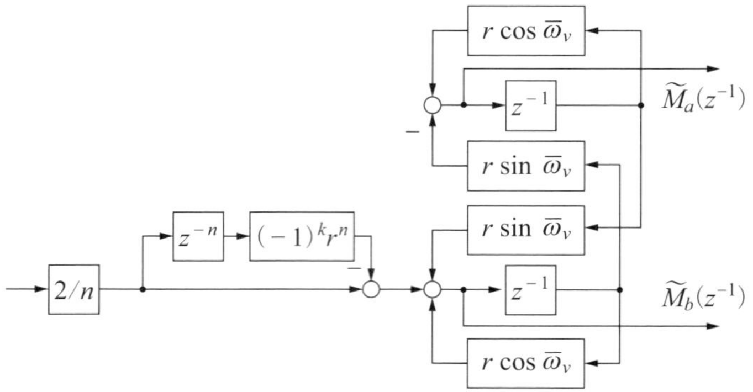

図 1.27　写像フィルタの再帰実現の一例

(b)　最小丸め雑音条件を満足し，低い丸め雑音特性を有する．

(c)　オーバフローリミットサイクルを発生しない．

図 1.27 に，(1.114)式の直交構造による実現例を示した．図より明白なように，2 個の写像フィルタは，直交構造においては同時に実現される．n 個のインパルス応答をもつフィルタ 2 個の実現に使用している係数器は，わずか 6 個に過ぎない．本再帰実現は，演算負荷の観点からも，有用な実現であることが明白である．

なお，写像フィルタの出力信号に関し，信号の振幅情報に興味がなく，位相情報のみに興味がある場合には（すなわち，(1.93)式右辺における余弦，正弦値のみに興味がある場合には)，フィルタの入力側に設置した係数器 $2/n$ は撤去して差し支えない．この場合には，5 個の係数器で n 個のインパルス応答をもつフィルタ 2 個が実現されることになる．

1.9.3　瞬時位相推定の数値実験

提案**写像法**の正当性と，写像法の実際的実行手段としての提案**写像フィルタ**の正当性・有用性を確認すべく，数値実験を行った．以下に，実験結果の一例を紹介する．まず，ベクトル $\boldsymbol{a}, \boldsymbol{b}$ は，(1.88)式，(1.92)式を考慮の上，以下の条件の下で決定した．

$$
\left.
\begin{aligned}
&\omega_v = 2\pi\cdot 50 = 100\pi\,[\mathrm{rad/s}] \\
&T_s = 0.000\,2\,[\mathrm{s}] \\
&k = 2, \qquad n = 100
\end{aligned}
\right\}
\tag{1.115}
$$

本条件は，正弦，余弦信号の 1 周期分を 100 分割して，ベクトル $\boldsymbol{a}, \boldsymbol{b}$ を生成することを意味する．このとき，**直交定理**よりベクトル $\boldsymbol{a}, \boldsymbol{b}$ は直交し，次の関係が成立する．

$$\|\boldsymbol{a}\|^2 = \|\boldsymbol{b}\|^2 = \frac{n}{2} = 50 \tag{1.116}$$

瞬時位相推定は写像フィルタで実行すべく，これを図 1.27 に示した直交構造で実現した．まず，本写像フィルタの正当性を確認すべく，インパルス応答を調べた．インパルス応答 $\boldsymbol{m}(i)$ は，(1.85)～(1.89) 式および (1.105)～(1.107) 式より，解析的には次式で与えられる．

$$\boldsymbol{m}(i) = \begin{bmatrix} \tilde{a}_i \\ \tilde{b}_i \end{bmatrix} = \frac{2}{n}\begin{bmatrix} -\sin(i\bar{\omega}_v) \\ \cos(i\bar{\omega}_v) \end{bmatrix} \tag{1.117}$$

図 1.28 に，簡単のため $r = 1$ とした場合のインパルス応答 $\boldsymbol{m}(i)$ を，0 次ホールド回路を通して連続時間量に変換した上で示した．「本応答は，(1.117) 式に示した解析応答そのものである」ことが明らかである．これより，1.9.2 項に与えた写像フィルタ構築の正当性，さらには直交構造の再帰実現の正当性が確認される．

次に，**写像定理 II** および同定理の系に示した最良推定の特性を検証すべく実験を行った．(1.75) 式で規定した位相未知の単相信号 $v(t)$ として，周波数 $\omega_v = 100\pi$〔rad/s〕(50〔Hz〕)，波高値 1 の正弦信号に，±0.5 の間で一様分布し

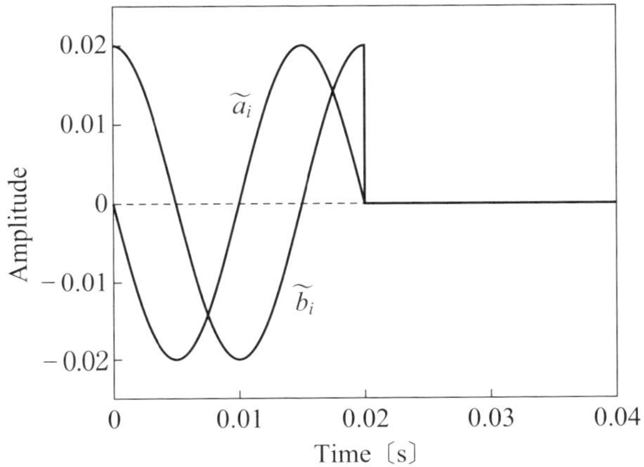

図 1.28　再帰実現写像フィルタのインパルス応答例

た白色ノイズを加算した信号を用意し，図 1.27 の写像フィルタに入力した．**図 1.29** は，この様子を示したものである．上段が，入力信号である位相未知の単相信号 $v(t)$ であり，下段がこの応答である 2×1 被写像ベクトル $\hat{\boldsymbol{v}}_m$ の 2 成分 $\hat{\boldsymbol{v}}_{ma}, \hat{\boldsymbol{v}}_{mb}$ である．図中の $\hat{\boldsymbol{v}}_{ma}, \hat{\boldsymbol{v}}_{mb}$ は，0 次ホールド回路を通して連続時間量として出力している．本図は，写像フィルタがノイズを除去し，さらには，単相矩形信号 $v(t)$ と同相の基本波成分 v_{mb} と $\pi/2$〔rad〕位相の進んだ基本波成分 v_{ma} とを抽出している様子を示している（(1.93)式参照）．

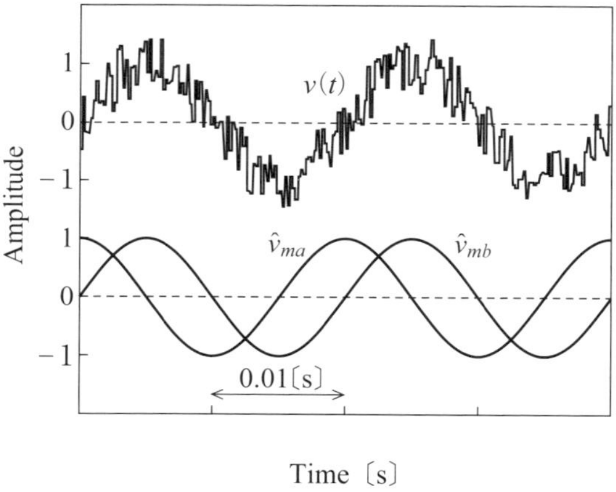

図 1.29　強いノイズをもつ正弦波入力に対する再帰実現写像フィルタによる応答例

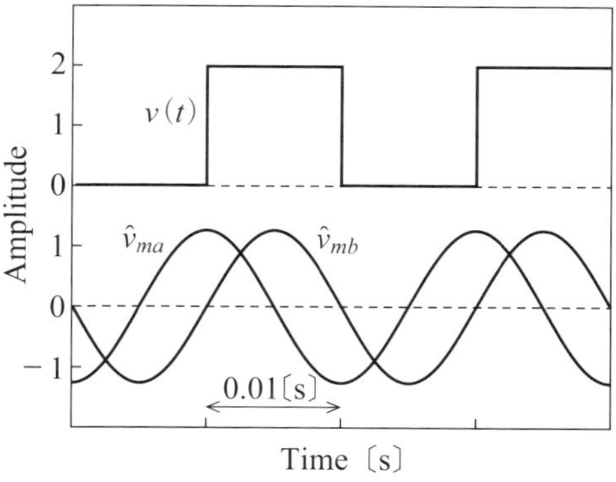

図 1.30　直流オフセットをもつ矩形入力に対する再帰実現写像フィルタによる応答例

次に，(1.75)式で規定した位相未知の単相信号 $v(t)$ として，次の周期 T_v

$$T_v = \frac{2\pi}{\omega_v} = \frac{2\pi}{100\pi} = 0.02〔\mathrm{s}〕 \tag{1.118}$$

と振幅 0〜1 の（すなわち直流オフセットをもつ）矩形信号を図 1.27 の写像フィルタに入力した．**図 1.30** は，この様子を示したものである．信号の意味は，図 1.29 と同様である．本単相矩形信号 $v(t)$ は，波高値 $4/\pi$ の基本波成分に加え，直流成分と奇数次高調波成分とを有している．図 1.30 は，写像フィルタが，直流成分，高調波成分を完全に除去し，さらには，単相矩形信号 $v(t)$ と同相の基本波成分 v_{mb} と $\pi/2$〔rad〕位相の進んだ基本波成分 v_{ma} とを抽出している様子を示している（(1.93)式参照）．

図 1.29，図 1.30 の 2 応答は，**写像定理Ⅱ**（定理 1.6），同定理の系 1.6.1，1.6.2 の解析の正当性を裏づけるものである．

第２部
駆動用電圧電流利用法による回転子位相推定

駆動用電圧電流利用法

PMSM の**回転子位相推定法**は，大きくは，PMSM 駆動用の電圧，電流情報を利用して回転子位相を推定する**駆動用電圧電流利用法**と，回転子位相検出のための高周波電圧（高周波電流）を強制印加し，これに対応した高周波電流（高周波電圧）から回転子位相を推定的に検出する**高周波信号印加法**に二分される．概して，前者は，5% 定格速度以上の速度領域における回転子位相推定に，後者は，ゼロ速度を含む 20% 定格速度以下の速度領域での回転子位相推定に利用される．

駆動用電圧電流利用法は，本質的に「**速度起電力利用法**」とも換言できる方法であり，S/N 的に十分な速度起電力が発生されていることを前提とする．同法の利用が比較的高い速度領域に限定されている理由は，速度起電力依存性にある．

直接的推定対象と推定原理

回転子位相の推定を目指す駆動用電圧電流利用法は，大きくは，直接的な推定対象の観点から，**回転子磁束**を推定する方法，**速度起電力**を推定する方法，**拡張速度起電力**を推定する方法に三分される．回転子磁束，速度起電力，拡張速度起電力のいずれも，回転子位相情報を含有しており，これらの推定値から回転子位相推定値を得ることができる．

駆動用電圧電流利用法は，伝統的には，「直接的な推定対象」と「推定原理とする既報推定法」との組合せにより，構築されている．推定原理とする既報推定法は，線形時不変系のための**最小次元状態オブザーバ**，**同一次元状態オブザーバ**，**外乱オブザーバ**，**カルマンフィルタ**等である．

上記の組合せにより，十数種の駆動用電圧電流利用法が構築される．これに加え，個々の駆動用電圧電流利用法には，種々のゲイン設計法が存在する．さらには，個々の駆動用電圧電流利用法には，$\alpha\beta$ 固定座標系上の実現，$\gamma\delta$ 準同期座標系の実現が存在し得る．「直接的な推定対象」，「推定原理とする既報推定法」，「ゲイン設計法」，「実現の座標系」等の組合せは，駆動用電圧電流利用法を断片個別化・複雑化する．

全極形 D 因子フィルタによる体系化

著者は，近年，「断片個別化・複雑化した駆動用電圧電流利用法は，$\gamma\delta$ 一般座標系上の**全極形 D 因子フィルタ**として**体系化**される」，ひいては「直接的な**推定対象選定**，全極形 D 因子フィルタの**次数決定**，全極形 D 因子フィルタへの**構造**

- $\gamma\delta$ 一般座標系上の n 次全極形 D 因子フィルタ
  - 一般化 D 因子磁束推定法
    - 一般化 D 因子回転子磁束推定法
      - 最小次元 D 因子磁束状態オブザーバ
      - 同一次元 D 因子磁束状態オブザーバ
      - 高次応速帯域 D 因子フィルタ
  - 一般化 D 因子逆起電力推定法
    - 一般化 D 因子速度起電力推定法
      - 最小次元 D 因子速度起電力状態オブザーバ
      - 同一次元 D 因子速度起電力状態オブザーバ
      - D 因子外乱オブザーバ
    - 一般化 D 因子拡張速度起電力推定法
      - D 因子外乱オブザーバ

図Ⅱ.1　駆動用電圧電流利用法の体系

付与により，個々の駆動用電圧電流利用法が構築される」ことを明らかにした．

全極形 D 因子フィルタの観点からは，回転子磁束推定法と速度起電力推定法の本質的相違は，わずかに行列ゲインの相違にあるに過ぎない．両推定法で，フィルタへの合成入力信号は同一である．全極形 D 因子フィルタの観点からは，速度起電力推定法と拡張速度起電力推定法は，相違はなく同一である．両法の相違は，わずかに，フィルタへの合成入力信号にあるに過ぎない．直接的な推定対象を同一に選定する場合の相違は，例えば，回転子磁束推定に最小次元状態オブザーバ，同一次元状態オブザーバを適用する場合の相違は，D 因子フィルタの観点からは，1 次と 2 次のフィルタ次数にあるに過ぎない．

駆動用電圧電流利用法に属する既報の回転子位相法の多くは，全極形 D 因子フィルタの観点から，**図Ⅱ.1** のように体系化される．

第 2 部の構成

第 2 部では，第 2 章から第 9 章にわたって，体系化された駆動用電圧電流利用法を丁寧に解説する．第 2 章では，技術開発史に沿って，$\gamma\delta$ 一般座標系上の**最小次元 D 因子磁束状態オブザーバによる回転子磁束推定**を説明する．線形時不変系のための状態オブザーバの原理を援用した構築手順，ゲイン設計法を示すとともに，速度誤差，パラメータ誤差，回転子磁束高調波成分が回転子磁束推定に与える影響を解析的に明らかにする．

第 3 章では，$\gamma\delta$ 一般座標系上の**同一次元 D 因子磁束状態オブザーバによる回転子磁束推定**（B 形および A 形）を説明する．同法の原理に基づく構築手順，ゲイン設計法を示す．最小次元から同一次元へ次元向上に伴い，ゲイン設計は著しく困難となる．

第 4 章では，$\gamma\delta$ 一般座標系上の**一般化 D 因子磁束推定法による回転子磁束推定**を説明する．まず，n 次の全極形 D 因子フィルタを中核とする一般化 D 因子磁束推定法を構築する．次に，同法は，次数を 1 次に選択した場合には，最小次元 D 因子磁束状態オブザーバに帰着することを示す．また，次数を 2 次に選択した上で，ゲイン内装的な構造を付与すると，同法は同一次元 D 因子磁束状態オブザーバに帰着することを示す．次数を 1 次から 2 次へ向上させることにより，多様な構造の付与が可能であり，ゲイン外装的な構造を付与すると，新たな簡単な回転子位相推定法が得られることも示す．

第 5 章では，$\gamma\delta$ 一般座標系上の n 次の全極形 D 因子フィルタを中核とする**一般化 D 因子逆起電力推定法による速度起電力推定**を説明する．本法は，既報の最小次元 D 因子速度起電力状態オブザーバ，同一次元 D 因子速度起電力状態オブザーバを，特別の場合として，包含している．一般化 D 因子磁束推定法と一般化 D 因子逆起電力推定法との相違は，2×2 行列ゲインにあるに過ぎず，両法は，原理的に同様の位相推定特性をもつことを明らかにする．

第 6 章では，**一般化 D 因子逆起電力推定法による拡張速度起電力推定**を説明する．第 5 章の速度起電力推定と本章の拡張速度起電力推定の相違は，わずかに，因子フィルタへの合成入力信号にあるに過ぎない．入力信号の合成にモータパラメータを使用するため，パラメータ誤差に起因する推定特性に関しては，両法に相違が見られる．

第 7 章では，全極形 D 因子フィルタを用いた回転子位相推定法の総まとめとして，**効率駆動のための軌跡指向形ベクトル制御法**を説明する．全極形 D 因子フィルタを用いた回転子位相推定法の共通特色の 1 つは，D 因子フィルタへの入力信号を，固定子電圧，固定子電流，モータパラメータを用いて合成する点にある．入力信号合成に利用するモータパラメータの誤差は，回転子位相の推定値に誤差を引き起こす．本誤差特性に基づき，入力信号合成用のモータパラメータに意図的に誤差を与えると，回転子位相推定値を，効率駆動をもたらす軌跡上あるいはその近傍に収束させることができる．これが軌跡指向形ベクトル制御法であり，名称の由来である．本章では，軌跡指向形ベクトル制御法に関連して，新たに，**$\gamma\delta$ 電流座標系**を定義し利用する．

第 8 章では，軌跡指向形ベクトル制御法の対極をなすセンサレス効率駆動法として，**効率駆動のための力率位相形ベクトル制御法**を説明する．軌跡指向形ベクトル制御法は，**パラメトリックなセンサレス効率駆動法**である．一方，力率位相形ベクトル制御法は，**ノンパラメトリックなセンサレス効率駆動法**である．力率位相形ベクトル制御法は，固定子の電圧と電流間の位相差制御を通じ，効率駆動を達成する．これに関連して，**$\gamma\delta$ 電流座標系**に加え，新たに，**$\gamma\delta$ 電圧座標系**を定義し利用する．

第 9 章では，第 2 部の結びとして，**簡易起動のための電流比形ベクトル制御法**を説明する．駆動用電圧電流利用法の活用には，静止状態にある PMSM を起動し，所定の速度まで安定駆動する必要がある．電流比形ベクトル制御法は，この役割を担った簡易ベクトル制御法である．本制御法は，**ミール方策**に従い，**$\gamma\delta$ 電圧座標系**上の γ 軸電流と δ 軸電流の比を制御する点に特色がある．制御法の名称は，本特色に由来している．

第 2 章
最小次元 D 因子磁束状態オブザーバによる回転子磁束推定

2.1　目的

周波数ハイブリッド法による位相推定を考える場合，低速域（低周波領域）と高速域（高周波領域）との各域において，それぞれ優れた位相推定法が必要である．また，高速域用の位相推定法といえども，応用あるいは低速域用位相推定法の性能によっては，定格速度の数十分の一に至る低速まで安定な位相推定が求められる．

これまでの報告によれば，高速域の位相推定法は，電気磁気的特性のみを利用する方法と負荷側の機械的特性をも利用する方法に二別される．しかし，機械的特性を利用する方法は，負荷側への依存性が高く対応・汎用性を欠き，実用には供されていないようである．より実際的な前者の方法は，**駆動用電圧電流利用法**（drive voltage-current utilization method），すなわち PMSM のトルク発生に直接的に寄与する駆動用電圧・電流の基本波（fundamental driving frequency）成分を活用して，回転子位相情報を有する電気磁気的物理量を推定し，同推定値から回転子位相を算定し，これを回転子位相推定値とするものである．

駆動用電圧電流利用法は，直接的な推定対象の観点から，**回転子磁束**（rotor flux）を推定する方法，回転子磁束の微分値である**速度起電力**（back electromotive force，**誘起電圧**）を推定する方法，速度起電力を推定しやすいように加工した**拡張速度起電力**（extended back electromotive force，**拡張誘起電圧**）を推定する方法の 3 種に大別することができる．また，本方法は，推定原理の観点から，**状態オブザーバ**（state observer）に立脚する方法，**外乱オブザーバ**（disturbance observer）に立脚する方法，速度に応じて特性を変化する**応速フィルタ**に立脚する方法，これらを併用する方法に大別することもできる．さらには，本方法は，駆動用電圧・電流が定義された座標系の観点から，**$\alpha\beta$ 固定座標系**上で推定する方法，**$\gamma\delta$ 準同期座標系**（**dq 同期座標系**への収束を目指した座標系）上で推定する方法に二別することもできる．

駆動用電圧電流利用法の性能は，直接的な推定対象である電気磁気的物理量の推定性能に支配される．電気磁気的物理量の推定性能は，定常と過渡，**力行**と**回生**，低速と高速などの諸点から評価されねばならないが，これら性能は，一般に，推定対象，推定原理によって大きく異なる．実用性の観点からは，絶対的な推定性能に加えて，推定方法における設計パラメータの設定難易，推定法遂行に要する計算負荷の軽重，推定法の固定小数点演算による実現の可否なども，重要である．

本章では，直接的な推定対象を回転子磁束とし，推定原理を状態オブザーバにおく**最小次元 D 因子磁束状態オブザーバ**（minimum order D-flux-state observer）を説明する．最小次元 D 因子磁束状態オブザーバは，絶対的性能において最上位グループに位置づけられ，上記の実用上重要事項を考慮するならば，高い有用性を有している．

本章は以下のように構成されている．2.2 節では，最小次元 D 因子磁束状態オブザーバ構築の礎となった**状態オブザーバ**（1 入力 1 出力線形時不変系を対象）の基本的知識を整理する．2.3 節では，最小次元 D 因子磁束状態オブザーバの原理，詳細構造を説明する．元来の最小次元 D 因子磁束状態オブザーバは **$\gamma\delta$ 一般座標系**上で構築されており，これより直ちに $\alpha\beta$ 固定座標系上，あるいは $\gamma\delta$ 準同期座標系上の具体的な最小次元 D 因子磁束状態オブザーバを得ることができる．また，理想的条件下における最小次元 D 因子磁束状態オブザーバの基本的な推定性能を解析的に明らかにし，実験的にこれを検証・確認する．実験は，$\alpha\beta$ 固定座標系上および $\gamma\delta$ 準同期座標系上の両面から行う．2.4 節では，**理想的条件**を付した 2.3 節の解析を進め，これを取り除いた**実際的条件**下の解析を行う．実際的条件下の第 1 解析として，速度真値に対して誤差を有する速度推定値を用いた場合の推定性能を明らかにする．解析結果に従い，位相・速度推定値の一時的な乖離に対する再収束性能を明らかにする．2.5 節では，実際的条件下の第 2 解析として，PMSM 固定子パラメータ真値に代わって，誤差を有する公称値を利用した場合の推定性能を解明する．2.6 節では，実際的条件下の第 3 解析として，着磁の純正弦条件を取り除いた場合の推定性能，すなわち回転子磁束に含まれる高調波成分が位相推定値に与える影響を解析する．なお，本章は，最小次元D因子磁束状態オブザーバに関する著者の一連の研究成果である原著論文および特許2.1)～2.7)を再構成したものである点を断っておく．

2.2　状態オブザーバの基礎

2.2.1　可観測性

状態方程式（state equation）と**出力方程式**（output equation）とで**状態空間表現**（state space description）される次の1入力1出力（以下，1入出力と略記）線形時不変系を考える．

【1入出力線形時不変系の状態空間表現】

・**状態方程式**

$$s\,\boldsymbol{x}(t) = \boldsymbol{A}\boldsymbol{x}(t) + \boldsymbol{b}u(t) \tag{2.1a}$$

・**出力方程式**

$$y(t) = \boldsymbol{c}^T\boldsymbol{x}(t) \tag{2.1b}$$

■

ここに，$\boldsymbol{x}(t), u(t), y(t)$ は，$n\times1$ **状態変数**，1×1 入力（信号），1×1 出力（信号）であり，また $\boldsymbol{A}, \boldsymbol{b}, \boldsymbol{c}$ はおのおの $n\times n$，$n\times1$，$n\times1$ の**係数行列**あるいは**係数ベクトル**である．これら**システム係数**は一定とする．

状態変数 $\boldsymbol{x}(t)$ は，外部より直接知ることができる場合もあれば，そうでない場合もある．状態変数を外部より直接知ることができない場合には，入出力信号 $u(t)$，$y(t)$ を用いて，これを推定することになる．この種の推定は，**状態観測**（state observation）と呼ばれる．状態観測は，すべてのシステムに関して可能であるとは限らない．観測可能性に関しては，次の定義が有用である．

【可観測性】

(2.1)式の線形システムに関し，システム係数 $\boldsymbol{A}, \boldsymbol{b}, \boldsymbol{c}$ は既知とする．$t_0 < t_1$ である任意の時刻 t_0, t_1 に関し，区間 $[t_0, t_1]$ の入力信号 $\boldsymbol{u}(t)$ と出力信号 $\boldsymbol{y}(t)$ とを用いて状態変数 $\boldsymbol{x}(t_0)$ を決定できる場合には，(2.1)式の線形システムは**可観測**（state observable，**完全可観測**，completely state observable）という．

■

2.2.2 状態オブザーバ

(2.1a)式の状態方程式の解は，次式で与えられる．

$$\boldsymbol{x}(t) = e^{\boldsymbol{A}(t-t_0)}\boldsymbol{x}(t_0) + \int_{t_0}^{t} e^{\boldsymbol{A}(t-\tau)}\boldsymbol{b}u(\tau)\,d\tau \tag{2.2}$$

(2.2)式の右辺第 1 項は初期値 $\boldsymbol{x}(t_0)$ が状態変数 $\boldsymbol{x}(t)$ に与える影響を，右辺第 2 項は入力信号 $u(t)$ が状態変数 $\boldsymbol{x}(t)$ に与える影響を，おのおの示している．係数行列 $\boldsymbol{A}$ が安定であるならば（すなわち，すべての**固有値**の実数部が負であるならば），右辺第 1 項の影響は指数的に減衰する（固有値に関しては姉妹本・文献 2.20）の 9. 2 節参照）．したがって，時刻 t_0 より十分に時間が経過した時点では，次式により状態変数を推定することができる．

$$\hat{\boldsymbol{x}}(t) = \int_{t_0}^{t} e^{\boldsymbol{A}(t-\tau)}\boldsymbol{b}u(\tau)\,d\tau \tag{2.3a}$$

または，次のシステムの応答として状態変数 $\boldsymbol{x}(t)$ を推定することができる．

【簡易オブザーバ】

$$s\,\hat{\boldsymbol{x}}(t) = \boldsymbol{A}\hat{\boldsymbol{x}}(t) + \boldsymbol{b}u(t) \qquad \hat{\boldsymbol{x}}(t_0) = 0 \tag{2.3b}$$

■

ここに，$\hat{\boldsymbol{x}}(t)$ は状態変数の推定値を意味する．**図 2.1** に，(2.3b)式に基づく状態観測の様子を示した．同図の上段は(2.1)式で記述される実系（actual plant）を，

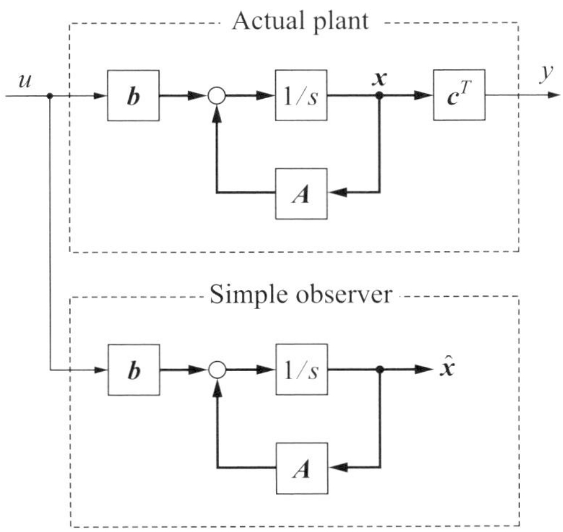

図 2.1 簡易オブザーバの構造

下段は(2.3b)式で記述される**簡易オブザーバ**（simple observer）を示している．

係数行列 $\boldsymbol{A}$ が不安定の場合には，(2.3b)式は活用できない．また，係数行列 $\boldsymbol{A}$ が安定の場合にも，状態変数推定値 $\hat{\boldsymbol{x}}(t)$ の同真値 $\boldsymbol{x}(t)$ への**収束レイト**は係数行列 $\boldsymbol{A}$ の固有値に支配されるため，必ずしも満足のいく収束レイトを得ることができない．本問題を解決するために，(2.3b)式を次式のように変更する．

【同一次元状態オブザーバ】

$$s\,\hat{\boldsymbol{x}}(t) = \boldsymbol{A}\hat{\boldsymbol{x}}(t) + \boldsymbol{b}u(t) + \boldsymbol{g}\,(y(t) - \hat{y}(t)) \tag{2.4a}$$

$$\hat{y}(t) = \boldsymbol{c}^T\hat{\boldsymbol{x}}(t) \tag{2.4b}$$

■

(2.4a)式における $\boldsymbol{g}$ は，$n\times 1$ **オブザーバゲイン**（observer gain）である．(2.4)式は**同一次元状態オブザーバ**（full order state observer）と呼ばれ，**図 2.2** のように図示することができる．同図の上段は(2.1)式で記述される実系（actual plant）を，下段は(2.4)式で記述される状態オブザーバ（state observer）を示している．

図 2.1 と図 2.2 との比較より明白なように，同一次元状態オブザーバは，実系の出力信号 $y(t)$ と状態オブザーバによる推定出力信号 $\hat{y}(t)$ との**出力偏差**

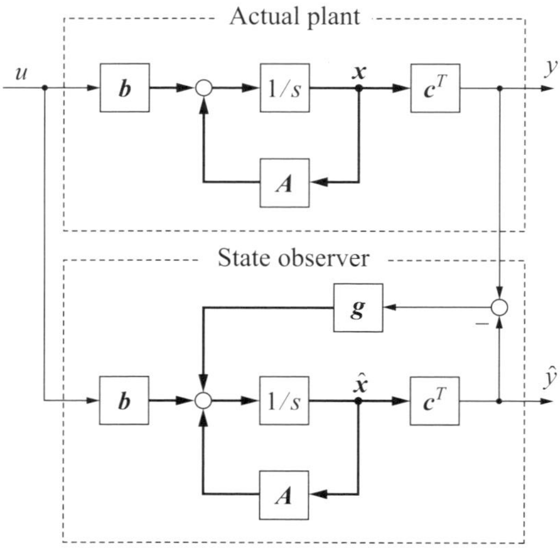

図 2.2　同一次元状態オブザーバの構造

$(y(t)-\hat{y}(t))$ を，オブザーバゲイン $\boldsymbol{g}$ を乗じ**状態変数推定値生成積分器**へフィードバックする構造を採用している．

本状態オブザーバにより，状態変数が適切に推定されるか否かが問題である．これは，(2.4)式から(2.1)式を減ずることにより得られる次の**誤差方程式**により検討することができる．

【誤差方程式】

$$
\begin{aligned}
s\,[\hat{\boldsymbol{x}}(t)-\boldsymbol{x}(t)] &= \boldsymbol{A}\,[\hat{\boldsymbol{x}}(t)-\boldsymbol{x}(t)]+\boldsymbol{g}\,(y(t)-\hat{y}(t)) \\
&= \boldsymbol{A}\,[\hat{\boldsymbol{x}}(t)-\boldsymbol{x}(t)]-\boldsymbol{g}\boldsymbol{c}^T[\hat{\boldsymbol{x}}(t)-\boldsymbol{x}(t)] \\
&= [\boldsymbol{A}-\boldsymbol{g}\boldsymbol{c}^T]\,[\hat{\boldsymbol{x}}(t)-\boldsymbol{x}(t)] \qquad (2.5)
\end{aligned}
$$

■

(2.5)式は，「$[\boldsymbol{A}-\boldsymbol{g}\boldsymbol{c}^T]$ が**安定行列**となるようにオブザーバゲインを設計することができれば，$[\hat{\boldsymbol{x}}(t)-\boldsymbol{x}(t)]\to 0$ すなわち $\hat{\boldsymbol{x}}(t)\to\boldsymbol{x}(t)$ を達成することができる」ことを意味している．また，$[\boldsymbol{A}-\boldsymbol{g}\boldsymbol{c}^T]$ の固有値の適切な設計を通じ，状態変数推定値の同真値への収束レイトも指定することが可能であることを意味している．なお，「実系が可観測であれば，設計者により指定された任意の固有値を $[\boldsymbol{A}-\boldsymbol{g}\boldsymbol{c}^T]$ に付与するためのオブザーバゲイン $\boldsymbol{g}$ が常に存在する」ことがわかっている．

(2.4)式の同一次元状態オブザーバは，状態変数 $\boldsymbol{x}(t)$ を構成する n 個の要素すべてを推定するものである．実系の中には $n\times 1$ 状態変数 $\boldsymbol{x}(t)$ を構成するいくつかの要素は外部より知ることが可能（アクセス可能）で，残りの要素が不可能というものもある．このような系に対しては，アクセス不可能な状態変数要素のみを推定すればよい．アクセス不可能な要素のみを推定するようにした状態オブザーバは，**最小次元状態オブザーバ**（minimum order state observer）と呼ばれる．状態変数を構成するすべての要素がアクセス不可能な場合には，同一次元状態オブザーバがとりもなおさず最小次元状態オブザーバとなる．

2.3　最小次元 D 因子磁束状態オブザーバの構築と基本性能

2.3.1　目的

本節では，最小次元 D 因子磁束状態オブザーバの原理，詳細構造，さらには基本性能を説明する．説明を通じ明らかにするが，最小次元 D 因子磁束状態オブザーバは，優れた構造的特長と優れた推定性能とを有している．駆動用電圧電流利用法における絶対的性能に関しては，最小次元D因子磁束状態オブザーバは最上位グループに位置づけられる．オブザーバゲインの設計しやすさ，計算負荷の軽量さ，固定小数点演算による実現性等の実用上重要事項を考慮するならば，最小次元D因子磁束状態オブザーバは高い有用性を有している．

本節は，以下のように構成されている．次の2.3.2項では，最小次元D因子磁束状態オブザーバ構築の拠り所たるPMSMの$\gamma\delta$一般座標系上の**数学モデル**（**回路方程式**，**第1基本式**）を与える．2.3.3項では，上記特長をもつ最小次元D因子磁束状態オブザーバを，$\gamma\delta$一般座標系上で構築する．構築に際しては，原理から最終構築までの過程を丁寧に解説する．2.3.4項では，まず，$\alpha\beta$固定座標系上で構成された**回転子位相速度推定器**を有する**センサレスベクトル制御系**の基本構造を説明する．次に，同位相速度推定器を最小次元D因子磁束状態オブザーバと**積分フィードバック形速度推定法**とを用いて構成する場合の，実際的な詳細構造を説明する．2.3.5項では，2.3.4項におけるセンサレスベクトル制御系の基本性能を実験的に明らかにする．基本性能の検証は，トルク制御と速度制御で行う．トルク制御では，トルク指令値に対するトルク応答値の**線形性**を，**力行**と**回生**の両モードで明らかにする．速度制御では，速度制御性能を，力行・回生，一定速・加減速，**インパクト負荷**への耐性，**ゼロ速通過**への耐性といった諸点から明らかにする．実験に関連して，設計パラメータの具体的設定例も示す．2.3.6項では，まず，dq同期座標系への収束を目指した$\gamma\delta$準同期座標系上で構成された回転子位相速度推定器を有するセンサレスベクトル制御系の基本構造を説明する．次に，同位相速度推定器を最小次元D因子磁束状態オブザーバと**一般化積分形PLL法**とを用いて構成する場合の，実際的な詳細構造を説明する．2.3.7項では，2.3.6項におけるセンサレスベクトル制御系の基本性能を実験的に明らかにする．基本性能の検証は，$\alpha\beta$固定座標系上の位相速度推定器を有するセンサレスベクトル制御系の場合と同一の内容で行う．本検証を通じ，$\alpha\beta$固定座標系上の位相速度推定器を有するセンサレスベクトル制御系と$\gamma\delta$準同期座標系上の位相速度推定器を有するセンサレスベクトル制御系とは，実効的に**等価性能**を有することも明らかにする．

2.3.2　一般座標系上の数学モデル

図1.1に示したように，任意の速度ω_γで回転する$\gamma\delta$一般座標系を考える．

主軸（γ 軸）から**副軸**（δ 軸）への回転を正方向とする．また，PMSM の回転子 N 極が γ 軸に対し，ある瞬時に位相 θ_γ をなしているものとする．以下に扱う PMSM の物理量を表現した 2×1 ベクトル信号は，特に断らない限り，すべて本座標系上で定義されているものとする．

PMSM の数学モデルの導入に際し，以下の前提を設ける．

（a）　u，v，w 相の各巻線の電気磁気的特性は同一である．
（b）　電流，磁束の**高調波成分**は無視できる．
（c）　**正弦着磁**が施されている．
（d）　**磁気回路**の**飽和特性**などの非線形特性は無視できる．
（e）　磁気回路での損失である**鉄損**は無視できる．

上記前提の下では，PMSM の**数学モデル**（**回路方程式，第 1 基本式**）は，**D 因子** $\boldsymbol{D}(s, \omega_\gamma)$ と 2×2 **鏡行列** $\boldsymbol{Q}(\theta_\gamma)$ を用いた次の (2.6)～(2.13) 式として構築される（姉妹本・文献 2.20）の 2.5 節参照）．

【$\gamma\delta$ 一般座標系上の回路方程式（第 1 基本式）】

$$\begin{aligned}\boldsymbol{v}_1 &= R_1\boldsymbol{i}_1 + \boldsymbol{D}(s, \omega_\gamma)\boldsymbol{\phi}_1 \\ &= R_1\boldsymbol{i}_1 + \boldsymbol{D}(s, \omega_\gamma)\boldsymbol{\phi}_i + \boldsymbol{D}(s, \omega_\gamma)\boldsymbol{\phi}_m \\ &= R_1\boldsymbol{i}_1 + \boldsymbol{D}(s, \omega_\gamma)\boldsymbol{\phi}_i + \omega_{2n}\boldsymbol{J}\boldsymbol{\phi}_m \end{aligned} \tag{2.6}$$

$$\boldsymbol{\phi}_1 = \boldsymbol{\phi}_i + \boldsymbol{\phi}_m \tag{2.7}$$

$$\boldsymbol{\phi}_i = [L_i\boldsymbol{I} + L_m\boldsymbol{Q}(\theta_\gamma)]\,\boldsymbol{i}_1 \tag{2.8}$$

$$\boldsymbol{\phi}_m = \Phi\,\boldsymbol{u}(\theta_\gamma) \qquad \Phi = \text{const} \tag{2.9}$$

$$\boldsymbol{D}(s, \omega_\gamma) \equiv s\boldsymbol{I} + \omega_\gamma\boldsymbol{J} \tag{2.10}$$

$$\boldsymbol{Q}(\theta_\gamma) \equiv \begin{bmatrix} \cos 2\theta_\gamma & \sin 2\theta_\gamma \\ \sin 2\theta_\gamma & -\cos 2\theta_\gamma \end{bmatrix} \tag{2.11}$$

$$\boldsymbol{u}(\theta_\gamma) \equiv \begin{bmatrix} \cos\theta_\gamma \\ \sin\theta_\gamma \end{bmatrix} \tag{2.12}$$

$$s\theta_\gamma = \omega_{2n} - \omega_\gamma \tag{2.13}$$

■

ここに，2×1 ベクトル $\boldsymbol{v}_1$，$\boldsymbol{i}_1$，$\boldsymbol{\phi}_1$ は，それぞれ固定子の電圧，電流，磁束（鎖交磁束）を意味している．2×1 ベクトル $\boldsymbol{\phi}_i$，$\boldsymbol{\phi}_m$ は**固定子磁束**（**固定子鎖交磁束**）$\boldsymbol{\phi}_1$ を構成する成分を示しており，$\boldsymbol{\phi}_i$ は**固定子電流** $\boldsymbol{i}_1$ によって誘導発生した**固定子反作用磁束**（**電機子反作用磁束**）であり，また $\boldsymbol{\phi}_m$ は回転子永久磁石に起因す

る**回転子磁束**である．$\boldsymbol{I}$ は 2×2 **単位行列**であり，$\boldsymbol{J}$ は(1.35c)式で定義された 2×2 **交代行列**である．ω_{2n} は回転子の**電気速度**であり，R_1 は固定子の**巻線抵抗**である．L_i，L_m は固定子の**同相インダクタンス**，**鏡相インダクタンス**であり，**dq 軸インダクタンス**とは次の関係を有する．

$$\begin{bmatrix} L_d \\ L_q \end{bmatrix} = \begin{bmatrix} 1 & 1 \\ 1 & -1 \end{bmatrix} \begin{bmatrix} L_i \\ L_m \end{bmatrix} \tag{2.14}$$

(2.6)～(2.13)式の数学モデルは，$L_m = 0$ とする場合には**非突極 PMSM** のモデルとなり，$L_m < 0$ とする場合には**突極 PMSM**（salient pole PMSM, SP-PMSM）のモデルとなる．

2.3.3　一般座標系上の最小次元 D 因子磁束状態オブザーバ

本項では，回転子磁束 $\boldsymbol{\phi}_m$ を除く他はすべて既知であるとして，回転子磁束 $\boldsymbol{\phi}_m$ を推定するための最小次元状態オブザーバの構築を図る．回転子磁束推定の最終目的は，回転子磁束推定値が有する回転子位相情報を(2.9)式の関係に従い抽出し，回転子位相推定値を得ることにある．

〔1〕回転子磁束の状態方程式と出力方程式

PMSM の数学モデル(2.6)～(2.13)式より，回転子磁束 $\boldsymbol{\phi}_m$ を状態変数とする状態方程式および出力方程式として，最小次元（2 次元）の次を構築することができる．

【回転子磁束の状態空間表現】

・状態方程式

$$\boldsymbol{D}(s, \omega_\gamma)\boldsymbol{\phi}_m = [\omega_{2n}\boldsymbol{J}]\boldsymbol{\phi}_m \tag{2.15a}$$

・出力方程式

$$[\boldsymbol{v}_1 - R_1\boldsymbol{i}_1 - \boldsymbol{D}(s, \omega_\gamma)\boldsymbol{\phi}_i] = [\omega_{2n}\boldsymbol{J}]\boldsymbol{\phi}_m \tag{2.15b}$$

■

(2.15a)式の状態方程式は(2.6)式の第 2，3 式右辺の第 3 項より，また，(2.15b)式の出力方程式は(2.6)式より，おのおの得ている．(2.15a)式の状態方程式は**自律系**（入力信号がゼロの系，autonomous system）として記述されており，しかもこのときの状態変数は回転子磁束 $\boldsymbol{\phi}_m$ そのものであり，回転子磁束を扱う状態方程式としての次元は当然最小の 2 次元である．(2.15b)式の出力方程

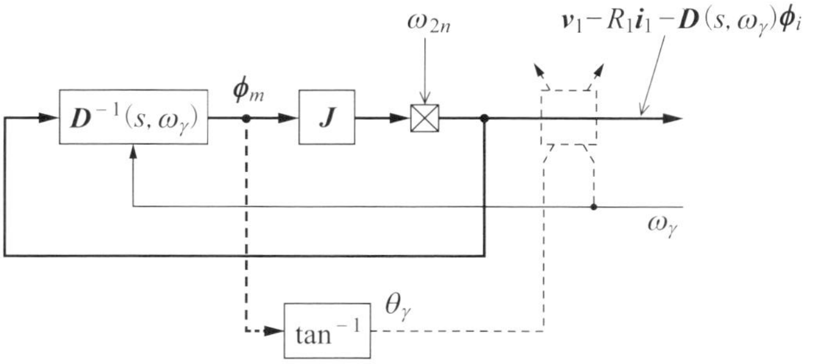

図 2.3　$\gamma\delta$ 一般座標系上の回転子磁束の動特性と出力特性

式においては，同式左辺すべてを一体的に，状態変数たる回転子磁束 $\boldsymbol{\phi}_m$ の出力として捉えている．また，同式右辺の 2×2 行列 $[\omega_{2n}\boldsymbol{J}]$ を，回転子磁束に対する出力用の係数行列として捉えている．PMSM に関し，このような状態方程式および出力方程式による状態空間表現方法は，著者によって文献 2.1)～2.2)を通じ提案されたものである．**図 2.3** に，(2.15)式の関係を，状態方程式を中心に描画した．なお，2 次元状態方程式である(2.15)式の構築の基礎となった(2.6)式の回路方程式の次数は 4 次である．

〔2〕一般座標系上の最小次元 D 因子磁束状態オブザーバ

回転子磁束 $\boldsymbol{\phi}_m$ の推定値を $\hat{\boldsymbol{\phi}}_m$ とする．(2.15)式に基づき，合理的な推定値 $\hat{\boldsymbol{\phi}}_m$ を得るための状態オブザーバの構築を考える．状態方程式(2.15a)式，出力方程式(2.15b)式を構成する 2×2 係数行列 $[\omega_{2n}\boldsymbol{J}]$ は，回転子速度を含んでおり明らかに時変である．速度が発生トルクに依存し，発生トルクが回転子磁束に依存することを考えると，これら係数行列は回転子磁束に依存しており，厳密には両式は非線形特性を内包している（図 2.1～図 2.3 参照）．

線形時不変の状態方程式，出力方程式に対しては，2.2 節で紹介したように，非自律性を前提に同一次元状態オブザーバの構築手法がすでに確立されている．ここでは，線形時不変性，非自律性等の制約を無視して，形式的に本手法を(2.15)式に適用する．これにより，次の著者提案の**最小次元 D 因子磁束状態オブザーバ（原形）**（minimum order D-flux-State observer）を構築することができる．

【$\gamma\delta$ 一般座標系上の最小次元D因子磁束状態オブザーバ：原形】

$$\boldsymbol{D}(s,\omega_\gamma)\hat{\boldsymbol{\phi}}_m = \omega_{2n}\boldsymbol{J}\hat{\boldsymbol{\phi}}_m + \boldsymbol{G}\left[\boldsymbol{v}_1 - R_1\boldsymbol{i}_1 - \boldsymbol{D}(s,\omega_\gamma)\boldsymbol{\phi}_i - \omega_{2n}\boldsymbol{J}\hat{\boldsymbol{\phi}}_m\right] \tag{2.16a}$$

または，

$$\left[\boldsymbol{D}(s,\omega_\gamma) + \omega_{2n}[\boldsymbol{G}-\boldsymbol{I}]\boldsymbol{J}\right]\hat{\boldsymbol{\phi}}_m = \boldsymbol{G}\left[\boldsymbol{v}_1 - R_1\boldsymbol{i}_1 - \boldsymbol{D}(s,\omega_\gamma)\boldsymbol{\phi}_i\right] \tag{2.16b}$$

■

上式における $\boldsymbol{G}$ は，設計者に設計が委ねられた2×2行列の**オブザーバゲイン**である．

(2.16)式の最小次元D因子磁束状態オブザーバにおいては，モータパラメータが最も簡単な直接的な形で出現している点に注意されたい．最小次元D因子磁束状態オブザーバは，モータパラメータの使用において，最も簡明なものとなっている．

線形時不変系を対象とする場合でさえ，状態オブザーバにより安定に状態推定ができるか否かは，オブザーバゲインの支配的影響を受ける．非線形時変系たるPMSMを対象とする提案の最小次元D因子磁束状態オブザーバにおいては，なおさらである．安定推定の検討には，**磁束推定誤差** $\hat{\boldsymbol{\phi}}_m - \boldsymbol{\phi}_m$ に関する**誤差方程式**の検討が不可欠である．これに関しては，次の**最小次元D因子磁束状態オブザーバ定理**が成立する．

《定理2.1　最小次元D因子磁束状態オブザーバ定理》

(a)　回転子磁束 $\boldsymbol{\phi}_m$ を除く他はすべて既知であると仮定する．(2.16)式の状態オブザーバに(2.17)式のオブザーバゲイン $\boldsymbol{G}$ を用いて，回転子磁束を推定する場合には，回転子磁束推定値はゼロ速度を除き，同真値へ収束する．

$$\boldsymbol{G} = g_1\boldsymbol{I} - \frac{\omega_c}{\omega_{2n}}\boldsymbol{J} \qquad 0 \le g_1 \le 1,\ \omega_c > 0,\ \omega_{2n} \ne 0 \tag{2.17}$$

(b)　回転子磁束推定値の同真値への**収束レイト**は，ω_c となる．

〈証明〉

(a)　(2.16a)式から(2.15a)式を減じ，(2.15b)式を考慮すると，次の誤差方程式を得る．

$$\boldsymbol{D}(s,\omega_\gamma)[\hat{\boldsymbol{\phi}}_m - \boldsymbol{\phi}_m] = \omega_{2n}[\boldsymbol{I}-\boldsymbol{G}]\boldsymbol{J}[\hat{\boldsymbol{\phi}}_m - \boldsymbol{\phi}_m] \tag{2.18}$$

上の誤差方程式に対して(2.17)式のオブザーバゲインを適用すると，これは次のように整理される．

$$\boldsymbol{D}(s,\omega_\gamma)\,[\hat{\boldsymbol{\phi}}_m-\boldsymbol{\phi}_m]=-[\omega_c\boldsymbol{I}-(1-g_1)\omega_{2n}\boldsymbol{J}][\hat{\boldsymbol{\phi}}_m-\boldsymbol{\phi}_m]\qquad \omega_c>0 \tag{2.19a}$$

または

$$s\,[\hat{\boldsymbol{\phi}}_m-\boldsymbol{\phi}_m]=-[\omega_c\boldsymbol{I}+(\omega_\gamma-(1-g_1)\omega_{2n})\boldsymbol{J}][\hat{\boldsymbol{\phi}}_m-\boldsymbol{\phi}_m]\qquad \omega_c>0 \tag{2.19b}$$

(2.19b)式の特性を支配する右辺第1項の2×2行列は，次の共役の**固有値**λ_1，λ_2を有する（固有値に関しては姉妹本・文献2.20）の9.2節参照）．

$$\begin{bmatrix}\lambda_1\\ \lambda_2\end{bmatrix}=\begin{bmatrix}-\omega_c-j(\omega_\gamma-(1-g_1)\omega_{2n})\\ -\omega_c+j(\omega_\gamma-(1-g_1)\omega_{2n})\end{bmatrix}\qquad \omega_c>0 \tag{2.20}$$

ゼロ速度を除けば，(2.17)式で定義されたオブザーバゲイン$\boldsymbol{G}$は有界であり設定可能である．この場合，(2.19b)式の特性を支配する2個の固有値は，(2.20)式が示しているように，**実部負性**が維持される．これらは，$[\hat{\boldsymbol{\phi}}_m-\boldsymbol{\phi}_m]\to\boldsymbol{0}$を意味する．換言するならば，(2.17)式のオブザーバゲイン$\boldsymbol{G}$を用いた最小次元D因子磁束状態オブザーバ(2.16)式は，ゼロ速度を除く**4象限**全領域で，任意の初期値に対し$\hat{\boldsymbol{\phi}}_m\to\boldsymbol{\phi}_m$すなわち位相推定値の同真値への収束を保証する．

(b)　固有値を利用することにより，(2.19)式の誤差方程式は，次の等価な誤差方程式へ変換される．

$$s\Delta\boldsymbol{\phi}'_m=\mathrm{diag}(\lambda_1,\lambda_2)\Delta\boldsymbol{\phi}'_m \tag{2.21a}$$

ただし，

$$\Delta\boldsymbol{\phi}'_m=\frac{1}{\sqrt{2}}\begin{bmatrix}1 & j\\ 1 & -j\end{bmatrix}[\hat{\boldsymbol{\phi}}_m-\boldsymbol{\phi}_m] \tag{2.21b}$$

等価誤差方式における固有値および等価誤差$\Delta\boldsymbol{\phi}'_m$がともに複素数である点に留意し，(2.20)式，(2.21a)式を考慮すると，次の関係を得る．

$$s\,\|\Delta\boldsymbol{\phi}'_m\|=-\omega_c\,\|\Delta\boldsymbol{\phi}'_m\| \tag{2.22}$$

(2.21b)式は**ユニタリ変換**そのものであり，ユニタリ変換の性質より，次の関係も成立している（ユニタリ変換に関しては姉妹本・文献20）の9. 2節参照）．

$$\|\hat{\boldsymbol{\phi}}_m-\boldsymbol{\phi}_m\|=\|\Delta\boldsymbol{\phi}'_m\| \tag{2.23}$$

(2.22)式，(2.23)式は，定理の(b)項を意味する．

■

(2.17)式のオブザーバゲイン$\boldsymbol{G}$を(2.16b)式に適用すると，次の最小次元D因子磁束状態オブザーバ（**基本外装I形実現**）を得る．

【$\gamma\delta$ 一般座標系上の最小次元 D 因子磁束状態オブザーバ：基本外装 I 形】

$$\hat{\boldsymbol{\phi}}_m = [\boldsymbol{D}(s,\omega_\gamma) + [\omega_c \boldsymbol{I} - (1-g_1)\omega_{2n}\boldsymbol{J}]]^{-1}\boldsymbol{G}[\boldsymbol{v}_1 - R_1\boldsymbol{i}_1 - \boldsymbol{D}(s,\omega_\gamma)\boldsymbol{\phi}_i] \tag{2.24a}$$

$$\boldsymbol{G} = g_1\boldsymbol{I} - \frac{\omega_c}{\omega_{2n}}\boldsymbol{J} \qquad 0 \le g_1 \le 1,\ \omega_c > 0,\ \omega_{2n} \ne 0 \tag{2.24b}$$

■

図 2.4 に，(2.24)式に基づき構成された最小次元 D 因子磁束状態オブザーバの概略構造を示した．図 2.4(a)は(2.24a)式に基づく全体の概略構造を，図 2.4(b)は 2×2 **逆 D 因子** $\boldsymbol{D}^{-1}(s,\omega_\gamma)$ の実現例を示している．

〔3〕オブザーバゲインの方式

(2.24)式の最小次元 D 因子磁束状態オブザーバにおけるオブザーバゲイン $\boldsymbol{G}$ の設定を考える．オブザーバゲインの設定は，(2.24b)式より明白なように，取りも直さず設計パラメータ ω_c の設定を意味する．また，この逆もいえる．設計パラメータ ω_c，オブザーバゲイン $\boldsymbol{G}$ の特徴的な設定として，以下に示すように，一定と可変の 2 種類を考えることができる．

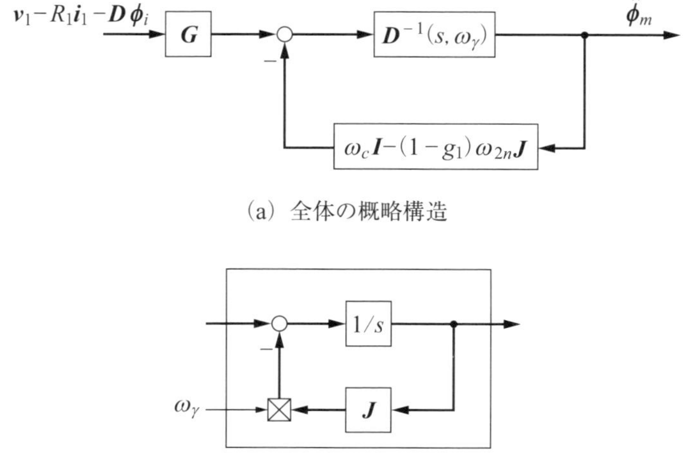

(a) 全体の概略構造

(b) 逆 D 因子の実現例

図 2.4　$\gamma\delta$ 一般座標系上の最小次元 D 因子磁束状態オブザーバの概略構造（基本外装 I 形実現）

（a）　固定パラメータ方式（応速ゲイン方式）

設計パラメータ ω_c の最も直接的な設定は，これを一定に保持することである．一定設定の場合には，(2.24b)式が示すように，対応のオブザーバゲイン $\boldsymbol{G}$ は回転子速度に応じ変化することになる（以下，**応速**）．すなわち，設計パラメータ ω_c の一定設定に対応したオブザーバゲインは**応速ゲイン**となる．

（b）　応速パラメータ方式（固定ゲイン方式）

オブザーバゲイン $\boldsymbol{G}$ が応速的となる ω_c 一定設定に対し，ω_c を応速的に設定する場合には，対応のオブザーバゲイン $\boldsymbol{G}$ を一定にすることができる．これには，設計パラメータ ω_c を次のように設定すればよい．

$$\omega_c = |\omega_{2n}|\, g_2 \qquad g_2 = \mathrm{const} > 0 \tag{2.25a}$$

(2.25a)式は，速度に比例して設計パラメータ ω_c を可変することを意味する．このときの比例係数が g_2 である．(2.25a)式に対応したオブザーバゲイン $\boldsymbol{G}$ は，(2.24b)式より，次の**固定ゲイン**となる[2.2]．

$$\boldsymbol{G} = g_1\boldsymbol{I} - \mathrm{sgn}(\omega_{2n})\, g_2\boldsymbol{J} \qquad 0 \leq g_1 \leq 1\,,\ g_2 > 0 \tag{2.25b}$$

ここに，$\mathrm{sgn}(\cdot)$ は次の性質をもつ**符号関数**（**シグナム関数**）である．

$$\mathrm{sgn}(x) = \begin{cases} 1\,;\ x > 0 \\ 0\,;\ x = 0 \\ -1\,;\ x < 0 \end{cases} \tag{2.25c}$$

〔4〕一般座標系上の最小次元D因子磁束状態オブザーバ

オブザーバゲイン $\boldsymbol{G}$ としては，上記のように応速ゲイン方式と固定ゲイン方式がある．この中で，より高い実用性を有しているのが，固定ゲイン方式である．固定ゲイン方式に関しては，次の**固定ゲイン定理**が成立する．

《定理 2.2　固定ゲイン定理》

オブザーバゲイン $\boldsymbol{G}$ として(2.25)式の固定ゲイン方式を採用する場合には，ゼロ速度を除く速度領域において次の**交換則**が成立する．

$$\boldsymbol{G}\boldsymbol{D}(s, \omega_\gamma) = \boldsymbol{D}(s, \omega_\gamma)\boldsymbol{G} \tag{2.26}$$

ひいては，最小次元D因子磁束状態オブザーバ（**基本外装I形実現**）を規定する(2.24a)式は，(2.27)式または(2.28)式のように書き改めることができる．

$$\hat{\boldsymbol{\phi}}_m = [\boldsymbol{D}(s, \omega_\gamma) + [\omega_c\boldsymbol{I} - (1 - g_1)\,\omega_{2n}\boldsymbol{J}]]^{-1}[\boldsymbol{G}\,[\boldsymbol{v}_1 - R_1\boldsymbol{i}_1] - \boldsymbol{D}(s, \omega_\gamma)\,\boldsymbol{G}\boldsymbol{\phi}_i] \tag{2.27}$$

$$\hat{\boldsymbol{\phi}}_m = \boldsymbol{G}[\boldsymbol{D}(s,\omega_\gamma)+[\omega_c\boldsymbol{I}-(1-g_1)\omega_{2n}\boldsymbol{J}]]^{-1}[\boldsymbol{v}_1-R_1\boldsymbol{i}_1-\boldsymbol{D}(s,\omega_\gamma)\boldsymbol{\phi}_i] \tag{2.28}$$

〈証明〉

簡単のため，PMSMは正回転中とする．正回転時に固定ゲイン方式を採用する場合には，次式が成立する．

$$\begin{aligned}\boldsymbol{G}\boldsymbol{D}(s,\omega_\gamma) &= [g_1\boldsymbol{I}-\mathrm{sgn}(\omega_{2n})\,g_2\boldsymbol{J}]\,[s\boldsymbol{I}+\omega_\gamma\boldsymbol{J}] \\ &= [s\boldsymbol{I}+\omega_\gamma\boldsymbol{J}]\,[g_1\boldsymbol{I}-\mathrm{sgn}(\omega_{2n})\,g_2\boldsymbol{J}] \\ &= \boldsymbol{D}(s,\omega_\gamma)\boldsymbol{G}\end{aligned} \tag{2.29}$$

負回転時にも，同様な関係を得ることができる．これらは，(2.26)式を意味する．

(2.24a)式に(2.26)式の関係を適用すると，直ちに(2.27)式を得る．

(2.24a)式より，直ちに次の関係を得る．

$$\begin{aligned}&[\boldsymbol{D}(s,\omega_\gamma)+[\omega_c\boldsymbol{I}-(1-g_1)\omega_{2n}\boldsymbol{J}]]\boldsymbol{G}\boldsymbol{G}^{-1}\hat{\boldsymbol{\phi}}_m \\ &\quad= [\boldsymbol{D}(s,\omega_\gamma)+[\omega_c\boldsymbol{I}-(1-g_1)\omega_{2n}\boldsymbol{J}]]\hat{\boldsymbol{\phi}}_m \\ &\quad= \boldsymbol{G}[\boldsymbol{v}_1-R_1\boldsymbol{i}_1-\boldsymbol{D}(s,\omega_\gamma)\boldsymbol{\phi}_i]\end{aligned} \tag{2.30a}$$

(2.30a)式は，(2.26)式の関係を利用して，次式へ変換することができる．

$$\boldsymbol{G}[\boldsymbol{D}(s,\omega_\gamma)+[\omega_c\boldsymbol{I}-(1-g_1)\omega_{2n}\boldsymbol{J}]]\boldsymbol{G}^{-1}\hat{\boldsymbol{\phi}}_m = \boldsymbol{G}[\boldsymbol{v}_1-R_1\boldsymbol{i}_1-\boldsymbol{D}(s,\omega_\gamma)\boldsymbol{\phi}_i] \tag{2.30b}$$

(2.30b)式を $\hat{\boldsymbol{\phi}}_m$ について整理すると，

$$\hat{\boldsymbol{\phi}}_m = \boldsymbol{G}[\boldsymbol{D}(s,\omega_\gamma)+[\omega_c\boldsymbol{I}-(1-g_1)\omega_{2n}\boldsymbol{J}]]^{-1}\boldsymbol{G}^{-1}\boldsymbol{G}[\boldsymbol{v}_1-R_1\boldsymbol{i}_1-\boldsymbol{D}(s,\omega_\gamma)\boldsymbol{\phi}_i] \tag{2.30c}$$

(2.30c)式は，(2.28)式を意味する．

■

(2.27)式より，次の最小次元D因子磁束状態オブザーバ（**外装I形実現**）を得ることができる．

【$\gamma\delta$ 一般座標系上の最小次元D因子磁束状態オブザーバ：外装I形】

$$\left.\begin{aligned}\boldsymbol{D}(s,\omega_\gamma)\tilde{\boldsymbol{\phi}}_1 &= \boldsymbol{G}[\boldsymbol{v}_1-R_1\boldsymbol{i}_1]-[g_2\,|\omega_{2n}|\,\boldsymbol{I}-(1-g_1)\omega_{2n}\boldsymbol{J}]\hat{\boldsymbol{\phi}}_m \\ \hat{\boldsymbol{\phi}}_m &= \tilde{\boldsymbol{\phi}}_1-\boldsymbol{G}\boldsymbol{\phi}_i\end{aligned}\right\} \tag{2.31a}$$

$$\boldsymbol{G} = g_1\boldsymbol{I}-\mathrm{sgn}(\omega_{2n})\,g_2\boldsymbol{J} \qquad 0\le g_1\le 1,\ g_2>0 \tag{2.31b}$$

■

上式における $\tilde{\boldsymbol{\phi}}_1$ は**中間信号**である．**図2.5**に，(2.31)式に基づき構成された最小次元D因子磁束状態オブザーバ（外装I形実現）を示した．図2.5より，

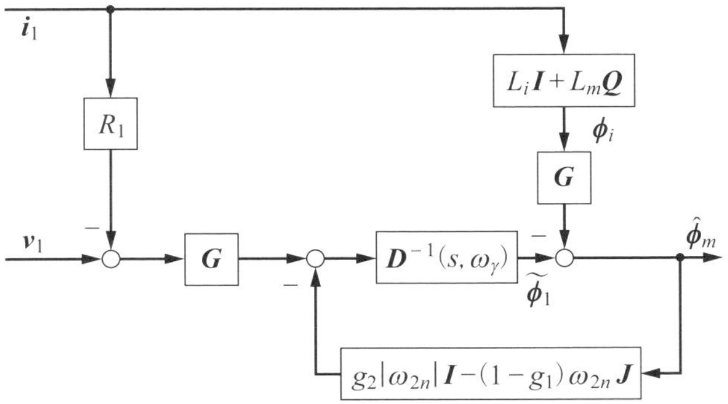

図 2.5 $\gamma\delta$ 一般座標系上の最小次元D因子磁束状態オブザーバの実現例（外装I形実現）

中間信号 $\tilde{\boldsymbol{\phi}}_1$ の意味が明白であろう．

(2.28)式に基づく最小次元D因子磁束状態オブザーバ（**基本外装Ⅱ形実現**）の概略構造を**図 2.6** に示した．(2.28)式より，次の最小次元D因子磁束状態オブザーバ（**外装Ⅱ形実現**）を得ることもできる．

【$\gamma\delta$ 一般座標系上の最小次元D因子磁束状態オブザーバ：外装Ⅱ形】

$$
\left.
\begin{aligned}
&\boldsymbol{D}(s, \omega_\gamma)\tilde{\boldsymbol{\phi}}_1' = \boldsymbol{v}_1 - R_1\boldsymbol{i}_1 - [g_2|\omega_{2n}|\boldsymbol{I} - (1 - g_1)\omega_{2n}\boldsymbol{J}]\hat{\boldsymbol{\phi}}_m' \\
&\hat{\boldsymbol{\phi}}_m' = \tilde{\boldsymbol{\phi}}_1' - \boldsymbol{\phi}_i \\
&\hat{\boldsymbol{\phi}}_m = \boldsymbol{G}\hat{\boldsymbol{\phi}}_m'
\end{aligned}
\right\} \tag{2.32a}
$$

$$
\boldsymbol{G} = g_1\boldsymbol{I} - \mathrm{sgn}(\omega_{2n})g_2\boldsymbol{J} \qquad 0 \le g_1 \le 1,\ g_2 > 0 \tag{2.32b}
$$

■

図 2.7 に，(2.32)式に基づき構成された最小次元D因子磁束状態オブザーバを

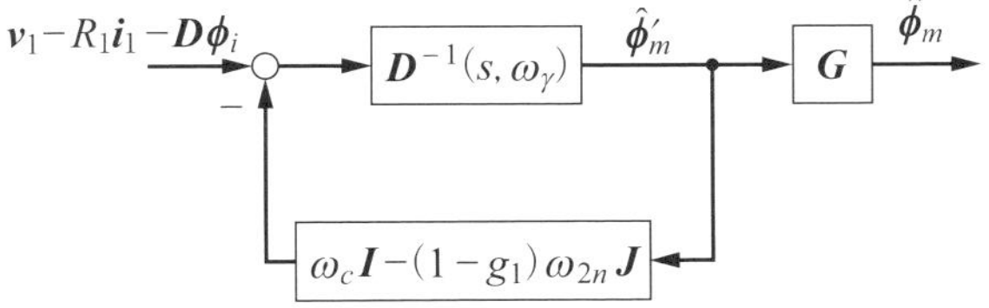

図 2.6 $\gamma\delta$ 一般座標系上の最小次元D因子磁束状態オブザーバの概略構造（基本外装Ⅱ形実現）

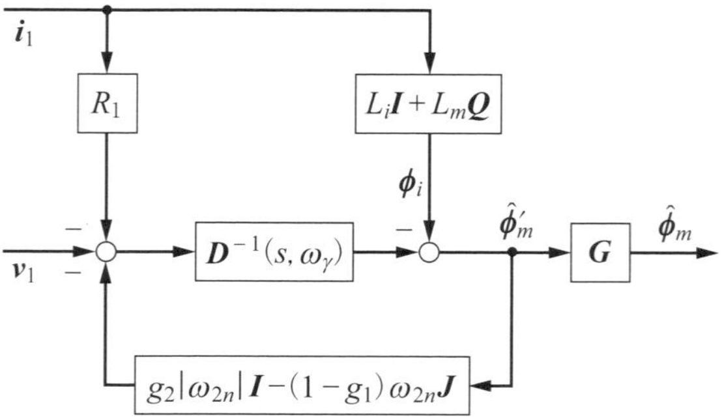

図 2.7　$\gamma\delta$ 一般座標系上の最小次元D因子磁束状態オブザーバの実現例（外装II形実現）

示した．

図2.5と図2.6との比較より明白なように，最小次元D因子磁束状態オブザーバの外装I形実現と外装II形実現との違いは，オブザーバゲイン $\boldsymbol{G}$ の位置にある．前者では，オブザーバゲインが入力信号に作用しており，入力信号は2個の異なった端子で入力されているので，オブザーバゲインは2度作用させることになる．一方，後者では，オブザーバゲインは最終的な単一出力信号に作用しているため，オブザーバゲインは1度作用させるだけでよい．

最小次元D因子磁束状態オブザーバは，以上の説明より明らかなように，以下の優れた構造的特長をもつ．

(a)　最小次元D因子磁束状態オブザーバは，構築過程より明白なように，モータ数学モデル(2.6)～(2.13)式に対して追加的近似を一切要求しない．原理的に完全非近似の状態オブザーバである．

(b)　最小次元D因子磁束状態オブザーバの次元は，最小の2次元である．

(c)　安定収束を保証するオブザーバゲインの設計は，極めて簡単である．完全非近似性により，簡単な単一オブザーバゲインにより，加減速を含めた広い動作領域で，オブザーバの安定性を確保できる（オブザーバゲインの具体的設計例は後述）．

(d)　最小次元D因子磁束状態オブザーバは，モータパラメータを最も簡単な直接形で使用しており，モータパラメータの利用において最も簡明である．

(e)　最小次元D因子磁束状態オブザーバは，次数において，モータパラメータの利用形態において，最も簡明な構造をもつ状態オブザーバである．

(f)　最小次元D因子磁束状態オブザーバは，非突極，突極のいずれのモータにも適用可能である．

(g)　最小次元D因子磁束状態オブザーバは，**$\alpha\beta$ 固定座標系**，**dq 同期座標系**，**$\gamma\delta$ 準同期座標系**，**$\gamma\delta$ 電流座標系**，**$\gamma\delta$ 電圧座標系**などの座標系を特別な場合として包含する**$\gamma\delta$ 一般座標系**上で構築されており，座標系において最も高い一般性を有する．

2

Q2.1　**上記特長の（e）項に関し，質問があります．「最も簡明な構造をもつ」とのご意見ですが，この根拠はどこにあるのでしょうか．**

Ans.　(2.24)式に示しました最小次元D因子磁束状態オブザーバ（基本外装I形実現）を考えます．仮に，設計パラメータを $g_1 = 1$，$\omega_c = 0$ と設定したとします．この場合には，(2.24b)式からオブザーバゲイン $\boldsymbol{G}$ は単位行列 $\boldsymbol{I}$ となります．ひいては，(2.24a)式は次式に帰着されます．

$$\hat{\boldsymbol{\phi}}_m = \boldsymbol{D}^{-1}(s, \omega_\gamma)[\boldsymbol{v}_1 - R_1 \boldsymbol{i}_1] - \boldsymbol{\phi}_i$$

上式は，**電圧モデル**（voltage model）とも呼ばれ，(2.6)式に他なりません．換言するならば，最小次元D因子磁束状態オブザーバは電圧モデルにオブザーバゲインを付与したものといえます．本事実より，「最も簡明な構造をもつ」が理解されると思います．なお，特長(e)は，他に同程度の簡明な構造が存在することを否定するものではありません．

Q2.2　**駆動用電圧電流利用法に属する回転子位相推定法である最小次元D因子磁束状態オブザーバでは，ゼロ速度では位相推定はできないことはわかりました．駆動用電圧電流利用法に属する他の回転子位相推定法では，ゼロ速度でも位相推定は可能でしょうか．**

Ans.　(2.6)〜(2.13)式の数学モデルより理解されますように，回転子が静止したゼロ速度状態では，回転子の影響はモータ駆動用の電圧，電流に一切出現しません．このため，駆動用の電圧，電流を利用した回転子位相の推定においては，いかなる方法によろうとも，継続的なゼロ速度状態下では，これを成し得ません．最小次元D因子磁束状態オブザーバもこの例外ではありません．駆動用電圧電流利用法による推定においては，ゼロ速度領域は**特異領域**といえます．

Q2.3 **$\gamma\delta$ 一般座標系上で最小次元D因子磁束状態オブザーバを構築していますが，$\alpha\beta$ 固定座標系上，dq 同期座標系上では構築できないのでしょうか．$\alpha\beta$ 固定座標系上あるいは dq 同期座標系上で構築するようにすれば，より簡単に結論を得ることができるように思われます．**

Ans. $\alpha\beta$ 固定座標系上においても，提案の方法と同様な手順を踏むことにより，提案のオブザーバを得ることができます．具体的には，$\gamma\delta$ 一般座標系の速度を $\omega_\gamma=0$ と設定すればよいです．ここで注意しなければならないのが，固定子反作用磁束 $\boldsymbol{\phi}_i$ の生成です．回転子磁束 $\boldsymbol{\phi}_m$ の推定目的は，これが有する回転子位相 θ_α を(2.9)式の関係に従い抽出することにあります．一方，回転子磁束の推定には固定子反作用磁束の生成が必要であり，固定子反作用磁束の生成には回転子位相が必要です．すなわち，

$$\boldsymbol{\phi}_i=[L_i\boldsymbol{I}+L_m\boldsymbol{Q}(\theta_\alpha)]\boldsymbol{i}_1$$

回転子位相推定を難しくしている原因の1つに，このような**循環的問題**の存在があります．この循環的問題は，dq 同期座標系上では消滅します．すなわち，dq 同期座標系上では，固定子反作用磁束は次式となり，この生成に位相情報は必要とされません．

$$\boldsymbol{\phi}_i=\begin{bmatrix}L_d & 0\\ 0 & L_q\end{bmatrix}\boldsymbol{i}_1$$

ところが，dq 同期座標系上で，回転子磁束推定のための状態オブザーバを構築すべく，回転子磁束の微分をとりますと，次式のように回転子磁束微分値はゼロとなります．

$$\boldsymbol{\phi}_m=\begin{bmatrix}\varPhi\\ 0\end{bmatrix}\qquad s\boldsymbol{\phi}_m=\boldsymbol{0}$$

すなわち，状態オブザーバ構築の基礎となる状態方程式そのものが存在しません．

dq 同期座標系への収束を目指した $\gamma\delta$ 準同期座標系上でも利用できる最小次元D因子磁束状態オブザーバの実際的な構築には，$\gamma\delta$ 一般座標系上でこれを構築する必要があるのです．2.3.4 項以降で最小次元D因子磁束状態オブザーバの実際的な構成を説明しますが，これには，**$\gamma\delta$ 一般座標系**上の動的数学モデル，**積分フィードバック形速度推定法**，**一般化積分形 PLL 法**などの関連技術の確立が不可欠でした．なお，上記の循環的問題は，積分フィードバック形速度推定法により解決することができます．

Q2.4 **Q/A2.1 に対する回答に関連して，追加の質問があります．状態オブザーバ的手法以外の他手法で，最小次元 D 因子磁束状態オブザーバを導出・構築できないのでしょうか．**

Ans. 実は，あります．状態オブザーバ的手法による最小次元 D 因子磁束状態オブザーバの構築は，特許文献 2.1)が裏付けていますように，2002 年です．書籍として最小次元 D 因子磁束状態オブザーバを紹介した本書前身は，2008 年に上梓しました．その後も，著者は，D 因子を用いた磁束推定法の研究開発を続け，最終的に**一般化 D 因子磁束推定法**を確立しました．同法の詳細は，2013 年に上梓しました文献 2.21)において詳説しています．最小次元 D 因子磁束状態オブザーバは，一般化 D 因子磁束推定法に含まれる最も簡単な回転子磁束推定法として，これより直ちに得られます．なお，第 4 章で，一般化 D 因子磁束推定法の概要を説明します．

最小次元 D 因子磁束状態オブザーバは，PMSM のみならず，**誘導モータ**（IM）においても開発されています．拙著文献 2.22）は，IM のための「**電圧モデル**，**電流モデル**の単純な加重平均による最小次元 D 因子磁束状態オブザーバの構築法」を提案しています．本構築法を PMSM に形式的に適用すれば，PMSM の最小次元 D 因子磁束状態オブザーバを得ることができます．以下のとおりです．

IM の電圧モデルに相当する(2.6)式第 2 式の両辺に**重み** $\boldsymbol{G}$ を乗じると次式を得ます．

$$\boldsymbol{G}\boldsymbol{D}(s,\omega_\gamma)\boldsymbol{\phi}_m = \boldsymbol{G}[\boldsymbol{v}_1 - R_1\boldsymbol{i}_1 - \boldsymbol{D}(s,\omega_\gamma)\boldsymbol{\phi}_i]$$

一方，IM の電流モデルに相当する(2.15a)式の両辺に重み $[\boldsymbol{I}-\boldsymbol{G}]$ を乗じると次式を得ます．

$$[\boldsymbol{I}-\boldsymbol{G}]\boldsymbol{D}(s,\omega_\gamma)\boldsymbol{\phi}_m = \omega_{2n}[\boldsymbol{I}-\boldsymbol{G}]\boldsymbol{J}\boldsymbol{\phi}_m$$

上の 2 式を両辺ごとに単純加算すると次式を得ます．

$$\boldsymbol{D}(s,\omega_\gamma)\boldsymbol{\phi}_m = \omega_{2n}[\boldsymbol{I}-\boldsymbol{G}]\boldsymbol{J}\boldsymbol{\phi}_m + \boldsymbol{G}[\boldsymbol{v}_1 - R_1\boldsymbol{i}_1 - \boldsymbol{D}(s,\omega_\gamma)\boldsymbol{\phi}_i]$$

上式は，推定値を意味する記号「＾」の有無を除けば，(2.16)式に提示した最小次元 D 因子磁束状態オブザーバ（原形）と同一です．

2.3.4 固定座標系上の位相推定に基づくベクトル制御系

最小次元 D 因子磁束状態オブザーバを利用した**センサレスベクトル制御法**（sensorless vector control method）を考える．最小次元 D 因子磁束状態オブザー

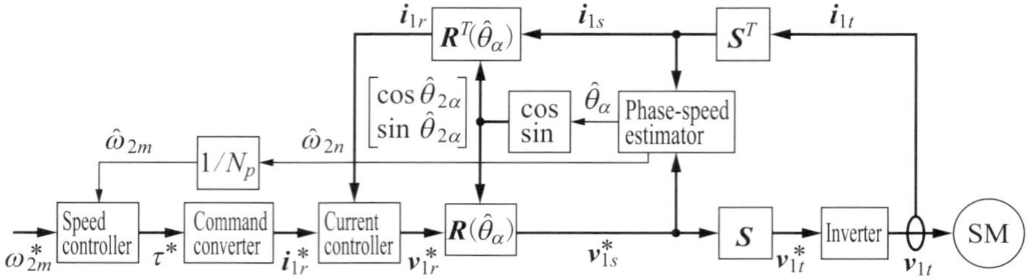

図 2.8　$\alpha\beta$ 固定座標系上の位相速度推定器を利用したセンサレスベクトル制御系の一構成例

バは回転子磁束 $\boldsymbol{\phi}_m$（すなわち，回転子磁束の強度と位相）を推定するが，PMSM の回転子磁束の強度 Φ は一定であり，推定に値する情報は，時々刻々変化する磁束位相のみである．**ベクトル制御系**（vector control system）の構成には，$\alpha\beta$ 固定座標系から見た回転子位相 θ_α が必要である（図 1.1 参照）．本項では，$\alpha\beta$ 固定座標系上で構成した最小次元 D 因子磁束状態オブザーバを利用して回転子磁束を推定し，これが含む回転子位相情報を抽出して回転子位相推定値とし，さらにはこれより回転子速度推定値を得てベクトル制御系を構成するセンサレスベクトル制御法を説明する．

図 2.8 に，$\alpha\beta$ 固定座標系上で位相推定を行う**センサレスベクトル制御系**の代表的構成例を示した．本センサレスベクトル制御系と位置・速度センサを利用した通常のベクトル制御系の違いは，$\alpha\beta$ 固定座標系上の電圧と電流の情報から回転子の位相と速度を推定する**位相速度推定器**（phase-speed estimator）の有無にあり，他は同一である．なお，同図では，電圧，電流に対してこれらが定義された座標系を示すべく脚符 t（uvw 座標系），s（$\alpha\beta$ 固定座標系），r（$\gamma\delta$ 準同期座標系）を付している．

dq 同期座標系は，座標系位相を回転子位相 θ_α とする座標系であり，回転子位相（N 極位相）と d 軸位相とは位相差なく同期している．$\gamma\delta$ 準同期座標系は座標系位相を回転子位相推定値 $\hat{\theta}_\alpha$ とする座標系であり，回転子位相への位相差のない同期を目指しているが，γ 軸位相は回転子位相と若干の位相差を伴う．$\gamma\delta$ 準同期座標系は，$\alpha\beta$ 固定座標系，dq 同期座標系と同様に $\gamma\delta$ 一般座標系に包含される 1 座標系である．

位相速度推定器には，$\alpha\beta$ 固定座標系上で定義された固定子電流の検出値 $\boldsymbol{i}_1$ と固定子電圧の指令値 $\boldsymbol{v}_1^*$ が入力され，ベクトル回転器に使用される回転子位相推

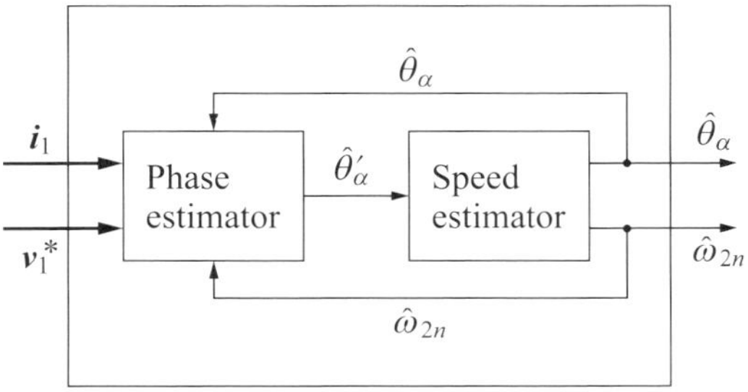

図 2.9 $\alpha\beta$ 固定座標系上の位相速度推定器の構造

定値（すなわち，$\gamma\delta$ 準同期座標系の位相）$\hat{\theta}_\alpha$ と回転子の**電気速度**推定値 $\hat{\omega}_{2n}$ とを出力している．回転子の電気速度推定値 $\hat{\omega}_{2n}$ は，**極対数** N_p で除されて**機械速度**推定値 $\hat{\omega}_{2m}$ に変換された後，速度制御器へ送られている．

位相速度推定器の構成例を**図 2.9** に示した．これは**位相推定器**（phase estimator）と**速度推定器**（speed estimator）から構成されている．位相推定器は，$\alpha\beta$ 固定座標系上で評価した回転子位相の初期推定値 $\hat{\theta}'_\alpha$ を出力すべく，入力信号として，同座標系上で定義された固定子電流と固定子電圧の信号に加えて，回転子の最終位相推定値 $\hat{\theta}_\alpha$ と電気速度推定値 $\hat{\omega}_{2n}$ とを得ている．図 2.9 の位相速度推定器の構造は，図 1.2 のそれと基本的には同一である．両者における唯一の違いは，図 2.9 の位相速度推定器においては，電圧情報として，実現の簡易性の観点から電圧指令値を利用している点にある．推定性能の観点からは，電圧情報としては電圧検出値を利用したほうが好ましいが，電力変換器（inverter）による**デッドタイム**（dead time）の適切な補償を行っている場合には，電圧指令値を利用しても満足できる実用性能を得ることができる．なお，デッドタイムの補償に関しては，姉妹本・文献 2.20）第 11 章を参照されたい．

図 2.10 に，位相推定器の内部構造例を示した．位相推定器は，まず回転子磁束を推定し，これよりその位相情報を抽出・出力するようにしている．本位相推定器は，回転子の位相と電気速度に関し，真値に代わって推定値を利用している点を除けば，(2.31)式の $\gamma\delta$ 一般座標系上の最小次元D因子磁束状態オブザーバ（**外装I形実現**）に忠実に従って実現されている．すなわち，$\gamma\delta$ 一般座標系上の最小次元D因子磁束状態オブザーバ（外装I形実現）に，**$\alpha\beta$ 固定座標系条件**（$\omega_\gamma = 0$, $\theta_\gamma = \theta_\alpha$）を付与し，さらに，回転子の位相と電気速度に関し，真値に代わって推定値を利用している．これは，次式のように記述される．

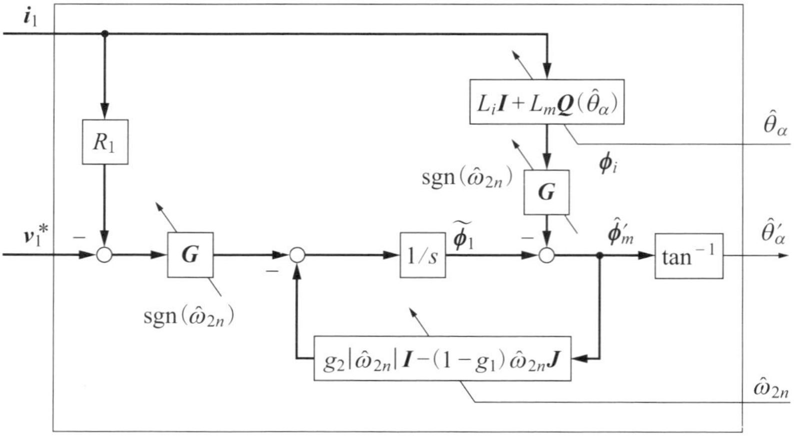

図 2.10　$\alpha\beta$ 固定座標系上の位相推定器の実現例（外装Ⅰ形実現）

【$\alpha\beta$ 固定座標系上の最小次元D因子磁束状態オブザーバ：外装Ⅰ形】

$$
\left.\begin{aligned}
&s\widetilde{\boldsymbol{\phi}}_1 = \boldsymbol{G}[\boldsymbol{v}_1 - R_1\boldsymbol{i}_1] - [g_2|\widehat{\omega}_{2n}|\boldsymbol{I} - (1-g_1)\widehat{\omega}_{2n}\boldsymbol{J}]\widehat{\boldsymbol{\phi}}_m \\
&\boldsymbol{\phi}_i = [L_i\boldsymbol{I} + L_m\boldsymbol{Q}(\widehat{\theta}_\alpha)]\boldsymbol{i}_1 \\
&\widehat{\boldsymbol{\phi}}_m = \widetilde{\boldsymbol{\phi}}_1 - \boldsymbol{G}\boldsymbol{\phi}_i
\end{aligned}\right\} \tag{2.33a}
$$

$$
\boldsymbol{G} = g_1\boldsymbol{I} - \mathrm{sgn}(\omega_{2n})\, g_2\boldsymbol{J} \qquad 0 \le g_1 \le 1,\ g_2 > 0 \tag{2.33b}
$$

■

固定子反作用磁束 $\boldsymbol{\phi}_i$ の生成には，回転子位相が必要である．回転子位相の真値は不明であるので，これに代わって，初期位相推定値 $\hat{\theta}'_\alpha$ のローパスフィルタ処理値である最終位相推定値 $\hat{\theta}_\alpha$ を利用している．非突極 PMSM の場合には，固定子反作用磁束 $\boldsymbol{\phi}_i$ は位相推定値の要なく以下のように生成できる．

$$
\boldsymbol{\phi}_i = L_i\boldsymbol{i}_i \tag{2.33c}
$$

図 2.4，図 2.5 に基づく図 2.10 は，オブザーバゲイン $\boldsymbol{G}$ を入力端に配置した外装Ⅰ形実現である．これに代わって，図 2.9 の位相推定器には，図 2.6，図 2.7 に基づき，オブザーバゲイン $\boldsymbol{G}$ を出力端に配置した外装Ⅱ形実現を採用してもよい．

(2.33b)式のオブザーバゲイン $\boldsymbol{G}$ を用いた本D因子磁束状態オブザーバにおいては，フィードバックループの固有値の実数部は $-|\widehat{\omega}_{2n}|g_2$ であり，状態オブザーバは回転子速度推定値 $\widehat{\omega}_{2n}$ のいかんにかかわらず安定に動作する．この点には，特に注意されたい（図 2.10，(2.20)式，(2.25)式参照）．

2×1ベクトル信号である回転子磁束の推定値 $\hat{\boldsymbol{\phi}}_m$ が得られたならば，回転子位相の初期推定値 $\hat{\theta}'_\alpha$ は，これを次式に用い決定すればよい．

$$\left.\begin{aligned}\hat{\boldsymbol{\phi}}_m &= \begin{bmatrix}\hat{\phi}_{m\alpha}\\ \hat{\phi}_{m\beta}\end{bmatrix}\\ \hat{\theta}'_\alpha &= \tan^{-1}(\hat{\phi}_{m\alpha}, \hat{\phi}_{m\beta})\end{aligned}\right\} \tag{2.34}$$

初期位相推定値 $\hat{\theta}'_\alpha$ は，速度推定器へ向け出力される．

速度推定器は積分フィードバック形速度推定法に基づき構成されており，この具体的構成は，図1.3のとおりである．速度推定器は，回転子の初期推定値を用いて，最終位相推定値 $\hat{\theta}_\alpha$，電気速度推定値 $\hat{\omega}_{2n}$ を生成し，外部へ出力している．また，これらは位相推定器にフィードバック利用されている．位相推定器では，最終位相推定値 $\hat{\theta}_\alpha$ を用いて固定子反作用磁束を生成するようにし，回転子位相推定における**循環的問題**を解決している．なお，速度推定器は，(1.3)式に基づき図1.4のように構成することも可能である．

2.3.5 実験結果

〔1〕実験システムの構成

$\alpha\beta$ 固定座標系上の位相速度推定器を利用したセンサレスベクトル制御法の実験を行った．実験システムの様子を**図2.11**に示す．供試PMSMは，㈱安川電機製400〔W〕IPMSM（SST4-20P4AEA-L）である．特性概要を**表2.1**に示す．本PMSMには，実効4 096〔p/r〕のエンコーダが装着されているが，これは回転

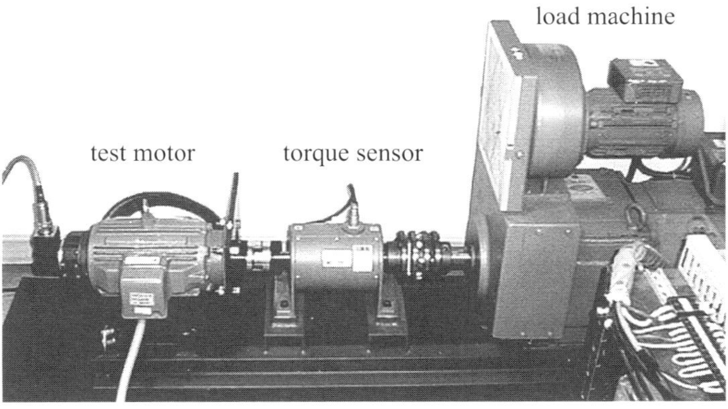

図2.11 実験システム

表 2.1　供試 PMSM（SST4-20P4AEA-L）の特性

R_1	2.259〔Ω〕	rated torque	2.2〔Nm〕
L_i	0.026 62〔H〕	rated speed	183〔rad/s〕
L_m	−0.005 88〔H〕	rated current	1.7〔A, rms〕
Φ	0.24〔V s/rad〕	reted voltage	163〔V, rms〕
N_p	3	moment of inertia	0.001 6〔kgm^2〕
rated power	400〔W〕	effective resolution of encoder	4×1 024〔p/r〕

子の位相・速度を計測するためのものであり，制御には利用されていない．負荷装置は，東洋電機製造㈱製の 3.7〔kW〕直流モータ（DK2114V-A02A-D01）であり，その慣性モーメントは $J_m = 0.085$〔kgm^2〕，定格速度は 183〔rad/s〕である．トルクセンサ系は㈱共和電業製（TP-5KMCB，DPM-713B）である．

負荷装置は，供試 PMSM に比し，約 53 倍の慣性モーメントを有している点には，注意されたい．供試 PMSM は，軸出力に比し鋳物製の体躯が異常に大きく，これが機械的・物理的制約になり，本負荷装置を止むなく採用した．軸出力の観点からは，供試 PMSM 自身の慣性モーメントも大きいが（同等出力サーボモータの約 10 倍），それでも慣性モーメント的にはアンバランスな組合せとなった．また，供試 PMSM 用の**電力変換器**（**インバータ**）は容量的に適切なものが用意できなかったので，止むなく約 10 倍の容量をもつ 4.2〔kVA〕のものを利用した．提案のセンサレスベクトル制御系は，センサとしては 2 個の AC 電流センサ，1 個の DC 電圧センサのみを使用し，実現されている．

〔2〕設計パラメータの概要

位相速度推定器の第 1 構成要素である位相推定器は，(2.33) 式の外装 I 形で実現されており，このときのオブザーバゲイン $\boldsymbol{G}$ は，簡単な $g_1 = 1$，$g_2 = 1$ を採用した．

位相速度推定器の第 2 構成要素である速度推定器に関しては，(1.1) 式に基づき構成した（図 1.3 参照）．速度推定値と最終位相推定値を得るためのローパスフィルタ $F_C(s)$，位相制御器 $C(s)$ は，1.4 節で提案した設計法に従い設計した．

具体的には，$F_C(s)$，$C(s)$ は，おのおの次の2次，1次とし，

$$F_C(s)=\frac{F_N(s)}{F_D(s)}=\frac{f_{d,1}s+f_{d,0}}{s^2+f_{d,1}s+f_{d,0}} \tag{2.35a}$$

$$C(s)=\frac{f_{d,1}s+f_{d,0}}{s} \tag{2.35b}$$

これらの係数は，フィルタ $F_C(s)$ が約150〔rad/s〕の帯域幅をもち，かつフィルタ分母多項式 $F_D(s)$ が安定2重零点をもつように設計した．具体的には，$f_{d,1}=150$，$f_{d,0}=5\,625$ を得た．

電流制御系は，制御周期125〔μs〕を考慮の上，帯域幅2 000〔rad/s〕が得られるよう設計した（姉妹本・文献2.20）の第4章参照）．トルク指令値 τ^* の $\gamma\delta$ 準同期座標系上の電流指令値 $\boldsymbol{i}_1^*$ への変換は，回転子位相推定値の検証が行いやすいように，次式によった．

$$\boldsymbol{i}_1^*=\begin{bmatrix}0\\ \dfrac{1}{N_p\Phi}\tau^*\end{bmatrix} \tag{2.36}$$

速度制御系は，供試PMSMの約53倍にも及ぶ負荷装置慣性モーメントを考慮し，帯域幅2〔rad/s〕が得られるよう設計した（姉妹本・文献2.20）の第7章参照）．

〔3〕トルク制御

図2.8のセンサレスベクトル制御系において，速度制御器を撤去し，制御系にトルク指令値を直接印加できるようにシステム変更後，トルク制御の線形応答試験を実施した．

まず，負荷装置により供試PMSMの速度を一定に制御し，この上で供試PMSMにトルク指令値を与え，トルク応答値を観察した．**図2.12**，**図2.13**は，定格速度183〔rad/s〕を考慮し，第1**象限**（**力行**モード），第4象限（**回生**モード）における，種々の速度におけるトルク指令値とトルク応答値の関係を示したものである．両図は，上から，速度3, 9, 18, 36, 180〔rad/s〕の場合の特性を示している．両図が示すように，一定速度では，良好な線形特性が達成されている．

一方で，トルク応答値は，力行の場合には速度増加に応じ低下し，回生の場合には速度増加に応じ増加している．これは，供試PMSMの突極性と離散時間制御に伴う演算時間遅れによるものである．(2.36)式に明示しているように，回転

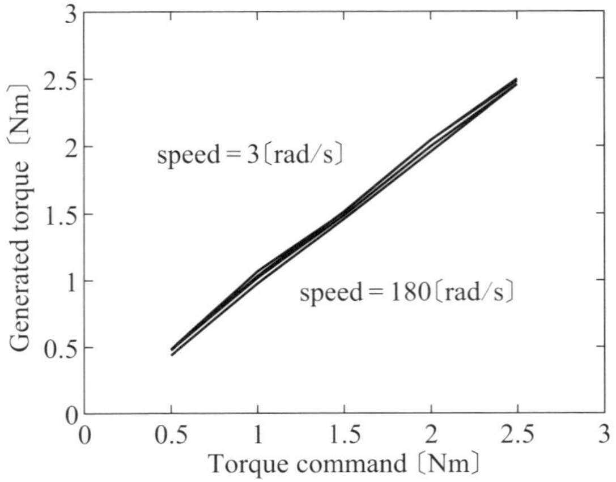

図 2.12　力行状態でのトルク応答の線形性

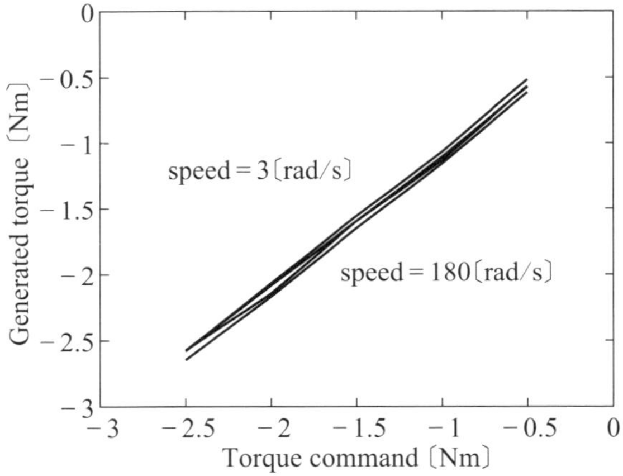

図 2.13　回生状態でのトルク応答の線形性

子磁束と固定子電流の位相差の設定値は $\pi/2$〔rad〕であるが，実際の位相差は回転子速度に応じて，力行の場合は設定値より小さくなり，回生の場合は大きくなる．この特性は，制御周期間の回転子変位に起因しており，位置・速度センサの有無のいかんにかかわらず発生する．本補正は 1.5.1 項で説明した積分フィードバック形速度推定法のための**位相補正法**により可能であるが（図 1.10 参照），本試験では**位相補正**は行っていない．

〔4〕 **速度制御**

図2.8のシステム構成において，速度制御性能を，力行・回生，一定速・加減速，インパクト負荷への耐性，ゼロ速通過への耐性の諸点から検証した．以下，波形データを用い検証結果を示す．なお，印加負荷は，100% 定格2.2〔Nm〕とした．また，固定子電流の制限は，定格負荷のインパクト印加に耐え得るよう150%定格に設定した．

（a） 定常力行特性

1） 速度180〔rad/s〕での特性

図2.14 は，定格速度近傍180〔rad/s〕における定格力行負荷時の定常特性を示したものである．同図は，上から回転子位相，同推定値，u相電流，回転子速度を示している．時間軸は，5〔ms/div〕である．回転子の位相および速度は，供試PMSM付属のエンコーダから直接検出したものである．図より明白なように，位相推定値は検出値との差を視認できない程，これと良好な一致をなしている．この結果，電流，速度とも良好な応答を示している．

2） 速度9〔rad/s〕での特性

図2.15 は，定格速度の1/20に相当する9〔rad/s〕における定格力行負荷時の定常特性を示したものである．波形の意味は図2.14の場合と同一である．ただし，時間軸は，0.1〔s/div〕である．位相推定値は，同真値の近傍でわずかに変動しているが，適切に位相真値に追従している様子が確認される．この結果，電流，速度とも良好な応答を示している．

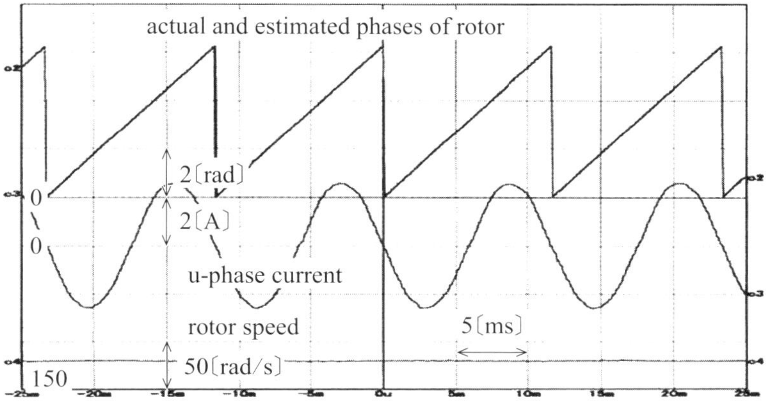

図2.14　力行定格負荷下での定格速度指令値180〔rad/s〕に対する応答

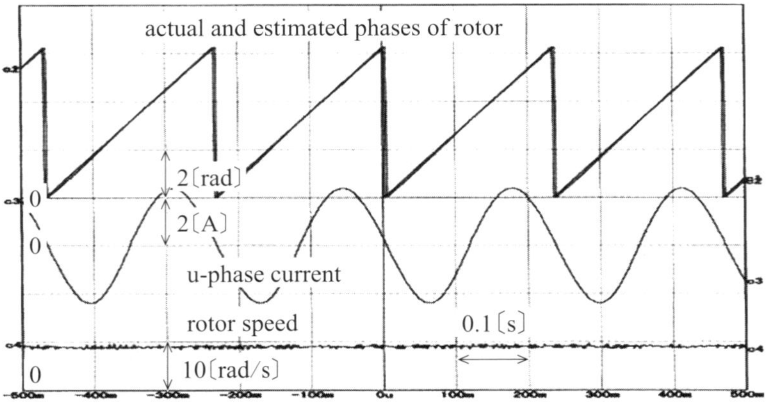

図 2.15　力行定格負荷下での速度指令値 9〔rad/s〕に対する応答

3)　速度 3〔rad/s〕での特性

図 2.16 は，定格速度の 1/60 に相当する 3〔rad/s〕における定格力行負荷時の定常特性を示したものである．波形の意味は図 2.14 の場合と同一である．ただし，時間軸は，0.2〔s/div〕である．位相の推定値は，直線的な同真値に対し，緩慢ながら追従している様子が確認される．位相推定値変動の結果，わずかな電流応答の歪み，速度応答の変動が見られる．位相推定値の真値に対する誤差の**補正レイト**（**収束レイト**）は，(2.22)式が示すように，設計的には $|\widehat{\omega}_{2n}|\,g_2 = 9$ であり，位相追従の緩慢さはこれに起因している．

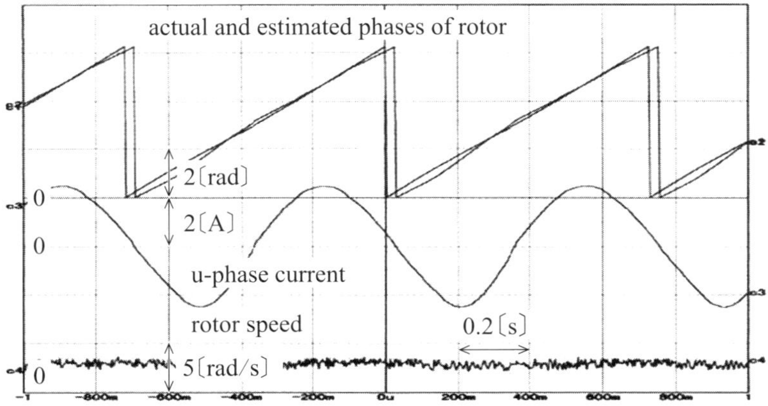

図 2.16　力行定格負荷下での速度指令値 3〔rad/s〕に対する応答

(b)　定常回生特性

定格回生負荷での定常特性は，力行負荷の場合と同様であり，特筆すべき差異は観察されなかった．参考までに，力行負荷時応答の図 2.15 に対応した，速度指令値 9〔rad/s〕での応答を，**図 2.17** に示す．電流位相の逆転を除けば，図 2.15 と同等な応答であることが容易に観察される．

(c)　負荷の瞬時印加・除去特性

図 2.18 は，供試 PMSM を定格速度の 1/20 に相当する 9〔rad/s〕に速度制御しておき，ある瞬時に定格負荷をインパクト印加した場合の応答を調べたもので

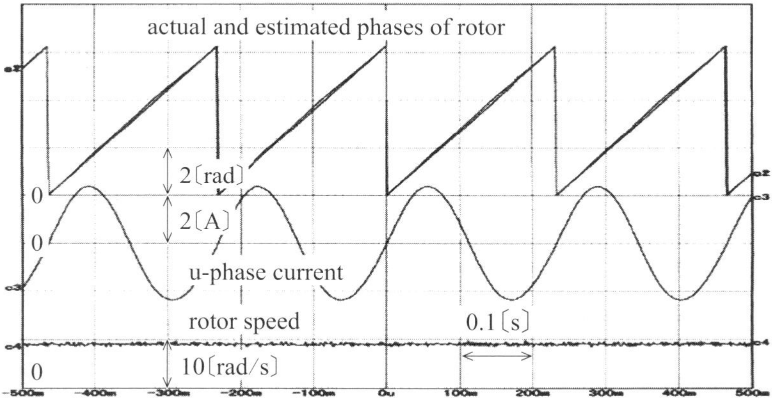

図 2.17　回生定格負荷下での速度指令値 9〔rad/s〕に対する応答

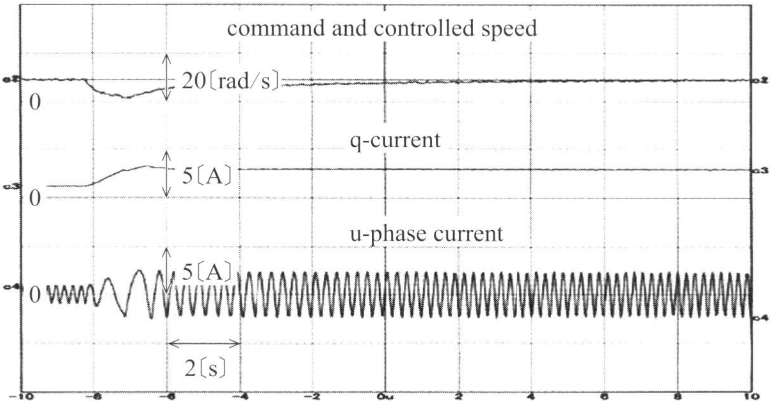

図 2.18　速度制御 9〔rad/s〕における定格負荷瞬時印加に対する応答

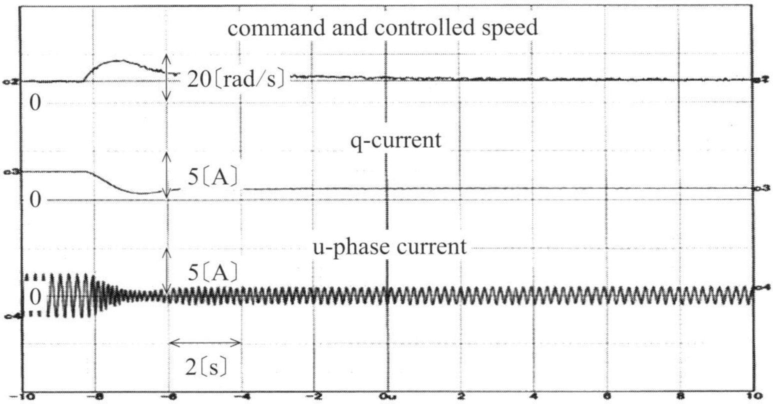

図 2.19　速度制御 9〔rad/s〕における定格負荷瞬時除去に対する応答

ある．同図は，上から速度指令値，同応答値，q 軸電流（δ 軸電流），u 相電流を示している．時間軸は，2〔s/div〕である．インパクト印加時直後に 2〔rad/s〕以下まで速度低下しているが，約 8〔s〕後には回復し，脱調することなく，速度制御を遂行している様子が確認される．長い回復時間は，(a) 53 倍に及ぶ負荷装置の大慣性モーメントを考慮し速度制御系帯域幅を 2〔rad/s〕と低く設計している，(b) 大きな摩擦トルクが働いている，の 2 点に起因している．図 2.11 に示したように，0.4〔kW〕供試 PMSM には，約 10 倍の軸出力をもつ負荷装置が接続されており，これが有する摩擦トルクは，本供試 PMSM にとっては大きなものとなっている．

図 2.19 は，図 2.18 と同一速度において事前に印加していた定格負荷を，瞬時に除去した場合の応答を調べたものである．図中の波形の意味は，図 2.18 と同一である．印加の場合と同様な良好な応答が確認される．無負荷時の電流は，摩擦トルクに抗するものである．インパクト印加と除去では，多少の波形の違いが見られるが，これは，負荷装置に遠因する大慣性モーメント，低い速度制御系帯域幅，大摩擦トルクの不均一等に起因している．

定格速度の 1/20〜1 の範囲では，他の速度においても，同様な特性を確認している．

(d)　定格負荷時でのゼロ速通過特性

(2.22)式，(2.25a)式が示しているように，位相推定値の真値への収束レイトは回転子速度とともに低下し，特異点であるゼロ速度では追従機能は停止する．

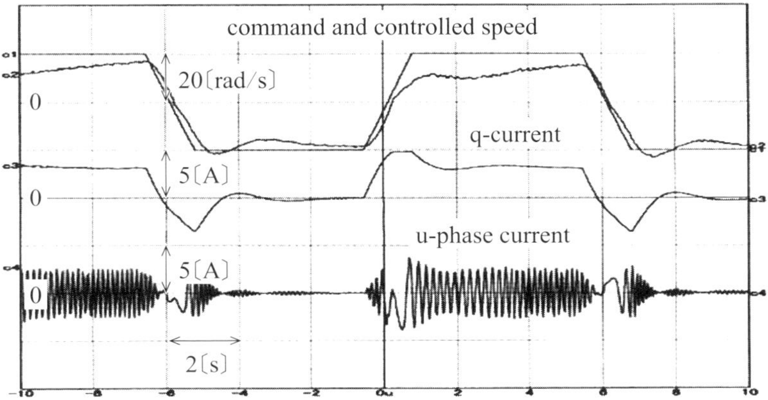

図 2.20　定格負荷時のゼロ速通過特性

このため，ゼロ速度領域突入前の位相推定値が真値近傍にあり，かつゼロ速度領域の滞留が短時間であれば，ゼロ速度でも位相推定値の連続的な真値近傍維持が期待される．本特性は，回転子磁束を推定する最小次元D因子磁束状態オブザーバの優れた特長の1つである．本特性を確認するための実験を行った．

速度指令値として，加速度 ±30〔rad/s^2〕，振幅 ±20〔rad/s〕，周期 12〔s〕の台形信号を用意した．また，正回転 20〔rad/s〕で供試 PMSM に定格力行負荷が印加されるように，負荷装置による負荷トルクを調整した．

図 2.20 はこの応答例である．同図は，上から，速度指令値，速度応答値，q 軸電流（δ 軸電流），u 相電流を示している．同図より，妥当な速度制御が維持されていることが確認される．

なお，同図では，逆回転 −20〔rad/s〕で，q 軸電流（δ 軸電流）がほぼゼロとなっているが，これは摩擦トルクと負荷トルクがほぼ均衡していることによる（両トルクは，ともに約 1.1〔Nm〕と推定される）．正回転時の定常速度への漸近が急に緩慢になるが，この原因は供試 PMSM には不釣合いに大きい摩擦トルクにある．速度制御系帯域幅 2〔rad/s〕に対応した本来の時間応答は，逆回転時に観察される．

(e)　無負荷でのゼロ速通過加減速特性

供試 PMSM を，負荷装置から外し，無負荷での高加速度・ゼロ速通過を伴う加減速特性を調べた．

供試 PMSM にはこの慣性モーメント 0.001 6〔kgm^2〕と同等な慣性モーメント

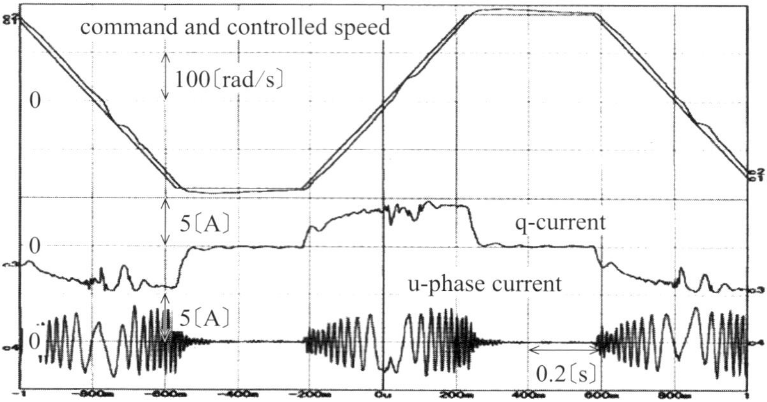

図 2.21　加速度 ±800〔rad/s^2〕かつゼロクロスをもつ速度指令値に対する無負荷応答

を付加するのが合理的であるが，適切な慣性モーメントを用意できなかったので，代わって慣性モーメント 0.000 55〔kgm^2〕のカップリングを付加した．この結果，本状態での供試 PMSM の実効的な**パワーレイト**は，約 2 250 となる（表 2.1 参照，パワーレイトに関しては姉妹本・文献 2.20）の第 1 章参照）．パワーレイトと定格トルクの比を参考に，速度指令値として，加速度 ±800〔rad/s^2〕，振幅 ±180〔rad/s〕，周期 1.6〔s〕の台形信号を用意した．また，速度制御系帯域幅は慣性モーメントを考慮し 50〔rad/s〕に再設計した．

図 2.21 は，この応答例である．上から速度指令値，同応答値，q 軸電流（δ 軸電流），u 相電流である．ゼロ速通過後に速度応答値の乱れがあるが，全般的には良好なゼロ速通過特性および追従特性が確認される．本特性も，最小次元 D 因子磁束状態オブザーバの優れた特長の 1 つである．なお，本乱れは，ゼロ速度領域で一時停止した位相推定誤差補正の再開に伴う，過渡現象と考えられる．本過渡応答では，正回転と逆回転で微妙な違いが見られるが，本相違は，ゼロ速度領域での位相推定誤差の相違，供試 PMSM にとって不釣合いに大きい電力変換器（インバータ）特性等の影響と推測される．

Q2.5　**急加減速指令値に対する場合にも，積分フィードバック形速度推定法のためのローパスフィルタ，位相制御器は，(2.35)式のものでよいのでしょうか．(2.35)式のもので，位相遅れなく，速度推定値と最終位相推定値を得ることができるのでしょうか．**

Ans. 加速度 ± 800〔rad/s^2〕程度の速度指令値に対しては，提示の設計例で多くの場合問題ないと思います．急加減速指令値に対し，より追従性の高い速度推定値と最終位相推定値を得る必要がある場合には，次の 2 点を順次行ってください．

（a） (2.35)式の 2 次フィルタの帯域幅を向上させる．

（b） 2 次フィルタを次の 3 次フィルタへ変更する（1.4 節参照）．

$$F_C(s) = \frac{F_N(s)}{F_D(s)} = \frac{f_{d,2}s^2 + f_{d,1}s + f_{d,0}}{s^3 + f_{d,2}s^2 + f_{d,1}s + f_{d,0}}$$

いずれも，推定値の追従性向上に効果があります．両者の併用も可能です．

2.3.6 準同期座標系上の位相推定に基づくベクトル制御系

ベクトル制御系の構成には，$\alpha\beta$ 固定座標系から見た回転子位相 θ_α が必要である（図 1.1 参照）．この推定は，dq 同期座標系への収束を目指す **$\gamma\delta$ 準同期座標系**上で行うことも可能である．本項では，$\gamma\delta$ 準同期座標系上で構成された最小次元 D 因子磁束状態オブザーバを利用したセンサレスベクトル制御法を説明する．

図 2.22 に，$\gamma\delta$ 準同期座標系上で位相推定を行う**センサレスベクトル制御系**の一構成例を示す．本センサレスベクトル制御系と $\alpha\beta$ 固定座標系上で位相推定を行うセンサレスベクトル制御系との違いは，回転子の位相・速度を推定する**位相速度推定器**（phase-speed estimator）の位置にある．すなわち，本制御系では，位相速度推定器は $\gamma\delta$ 準同期座標系上で構成されており，$\gamma\delta$ 準同期座標系上で定義された固定子電流の検出値 $\boldsymbol{i}_1$ と固定子電圧の指令値 $\boldsymbol{v}_1^*$ が入力され，ベクトル回転器に最終的に使用される $\alpha\beta$ 固定座標系上の回転子位相推定値（すなわち，$\gamma\delta$ 準同期座標系の位相）$\hat{\theta}_\alpha$ と回転子の電気速度推定値 $\hat{\omega}_{2n}$ とを出力している．

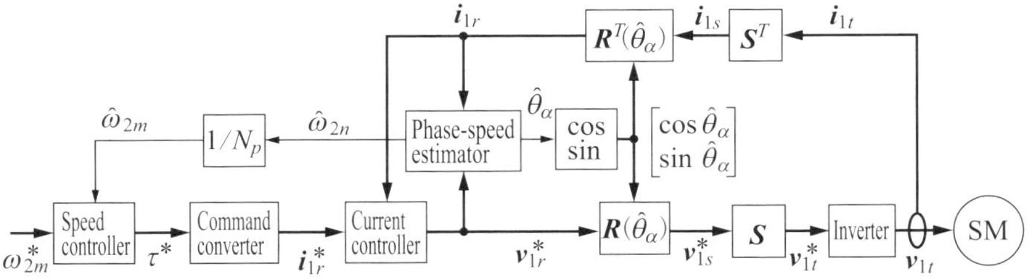

図 2.22 $\gamma\delta$ 準同期座標系上の位相速度推定器を利用したセンサレスベクトル制御系の一構成例

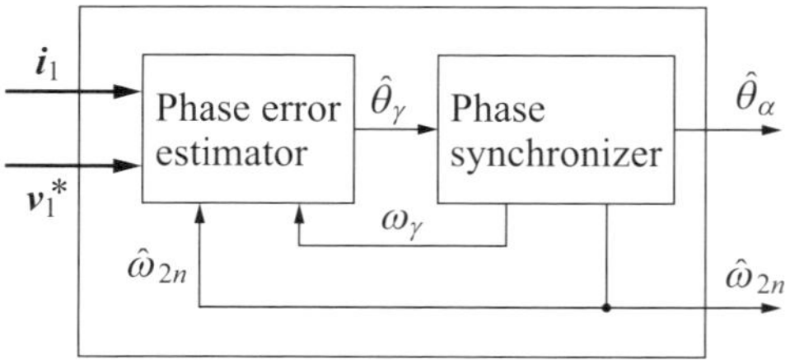

図 2.23　$\gamma\delta$ 準同期座標系上の位相速度推定器の構造

他は，$\alpha\beta$ 固定座標系上で位相・速度推定を行うセンサレスベクトル制御系と違いはない．

位相速度推定器の構成例を**図 2.23** に示した．これは**位相偏差推定器**（phase error estimator）と**位相同期器**（phase synchronizer）から構成されている．位相偏差推定器は，$\gamma\delta$ 準同期座標系上で評価した**回転子位相推定値** $\hat{\theta}_\gamma$（すなわち，dq 同期座標系と $\gamma\delta$ 準同期座標系との**位相偏差推定値**）を出力すべく，入力信号として，同座標系上で定義された固定子電流と固定子電圧の信号に加えて，同座標系の速度 ω_γ と回転子の電気速度推定値 $\widehat{\omega}_{2n}$ とを得ている．図 2.23 の位相速度推定器の構造は，図 1.6 のそれと基本的には同一である．両者における唯一の違いは，図 2.23 の位相速度推定器においては，電圧情報として，実現の簡易性の観点から電圧指令値を利用している点にある．

図 2.24(a)に，位相偏差推定器の内部構造を示した．本位相偏差推定器は，まず回転子磁束を推定し，これよりその位相情報を抽出・出力するようにしている．回転子電気速度などの信号に関し，真値に代わって推定値を利用している点を除けば，(2.31)式の最小次元D因子磁束状態オブザーバ（外装 I 形実現）に忠実に従って実現されている．これは，次式のように記述される．

【$\gamma\delta$ 準同期座標系上の最小次元 D 因子磁束状態オブザーバ：外装 I-D 形】

$$\left.\begin{aligned} &\boldsymbol{D}(s,\omega_\gamma)\widetilde{\boldsymbol{\phi}}_1 = \boldsymbol{G}[\boldsymbol{v}_1 - R_1\boldsymbol{i}_1] - [g_2|\widehat{\omega}_{2n}|\boldsymbol{I} - (1-g_1)\widehat{\omega}_{2n}\boldsymbol{J}]\widehat{\boldsymbol{\phi}}_m \\ &\boldsymbol{\phi}_i = \begin{bmatrix} L_d & 0 \\ 0 & L_q \end{bmatrix}\boldsymbol{i}_1 \\ &\widehat{\boldsymbol{\phi}}_m = \widetilde{\boldsymbol{\phi}}_1 - \boldsymbol{G}\boldsymbol{\phi}_i \end{aligned}\right\} \tag{2.37a}$$

$$\boldsymbol{G} = g_1\boldsymbol{I} - \mathrm{sgn}(\widehat{\omega}_{2n})g_2\boldsymbol{J} \qquad 0 \le g_1 \le 1,\ \ g_2 > 0 \tag{2.37b}$$

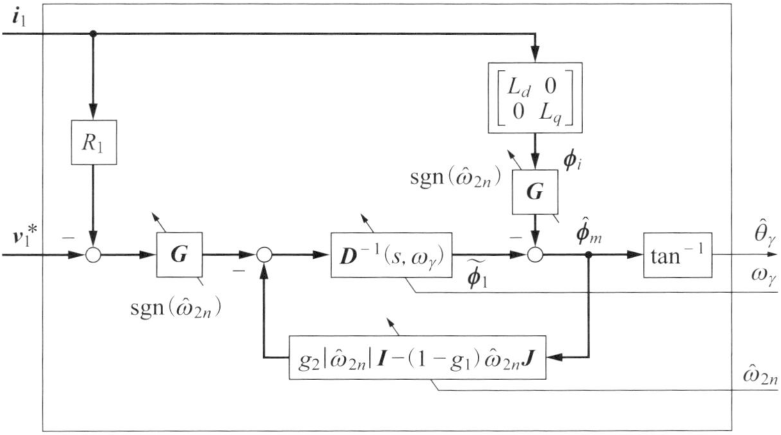

（a） 外装 I-D 形実現

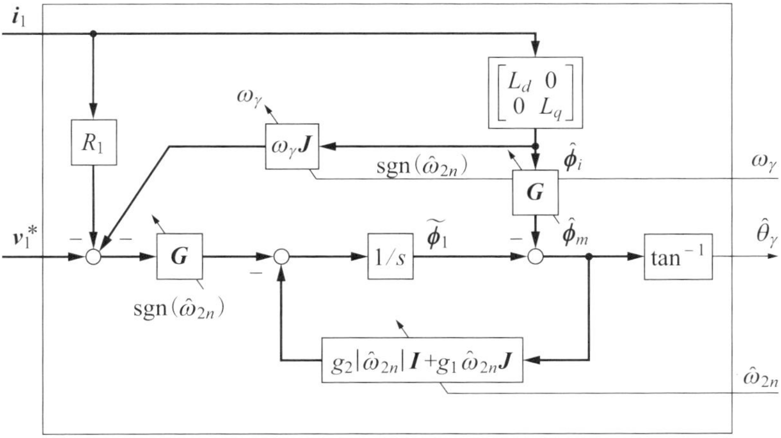

（b） 外装 I-S 形実現

図 2.24　$\gamma\delta$ 準同期座標系上の位相偏差推定器の実現例（外装 I 形実現）

■

固定子反作用磁束 $\boldsymbol{\phi}_i$ の生成には，回転子位相が必要である．回転子位相の真値は不明であるので，これに代わって，$\gamma\delta$ 準同期座標系から見た回転子位相推定値 $\hat{\theta}_\gamma$ の**平均値**を利用して生成している．具体的には，$\gamma\delta$ 準同期座標系が dq 同期座標系へ収束した状態では $\hat{\theta}_\gamma \approx 0$ である点を考慮し，この平均値ゼロを利用し生成している．非突極 PMSM の場合には，固定子反作用磁束 $\boldsymbol{\phi}_i$ は位相推定値の要なく以下のように生成できる．

$$\boldsymbol{\phi}_i = L_i \boldsymbol{i}_1 \tag{2.37c}$$

図2.24(a)は，図2.4，図2.5に直接的に従い，逆D因子を用いて位相偏差推定器を実現している．これに代わって，図2.24(b)のように，逆D因子を分解し，積分器を陽に出現した構造で実現することも可能である．なお，本実現の詳細は，拙著文献2.21)を参照されたい．

図2.4，図2.5に基づく図2.24は，オブザーバゲイン $\boldsymbol{G}$ を入力端に配置した**外装I形実現**である．これに代わって，図2.6，図2.7に基づき，オブザーバゲイン $\boldsymbol{G}$ を出力端に配置した**外装II形実現**を採用してもよい．

(2.37b)式のオブザーバゲイン $\boldsymbol{G}$ を用いた本D因子磁束状態オブザーバにおいては，フィードバックループの固有値の実数部は $-|\hat{\omega}_{2n}|g_2$ であり，状態オブザーバは回転子速度推定値 $\hat{\omega}_{2n}$ のいかんにかかわらず安定に動作する．

磁束推定値 $\hat{\boldsymbol{\phi}}_m$ が得られたならば，回転子位相の推定値 $\hat{\theta}_\gamma$ は，これを次式に用い決定している．

$$\left.\begin{aligned}
\hat{\boldsymbol{\phi}}_m &= \begin{bmatrix} \hat{\phi}_{m\gamma} \\ \hat{\phi}_{m\delta} \end{bmatrix} \\
\hat{\theta}_\gamma &= \tan^{-1}(\hat{\phi}_{m\gamma}, \hat{\phi}_{m\delta}) \\
&\approx \tan^{-1}\frac{\hat{\phi}_{m\delta}}{\hat{\phi}_{m\gamma}} \approx \mathrm{lmt}\left(\frac{\hat{\phi}_{m\delta}}{\Phi}\right)
\end{aligned}\right\} \tag{2.38}$$

(2.38)式における $\mathrm{lmt}(\cdot)$ は，変数に上下限を設定するための**リミッタ関数**を意味する．$\gamma\delta$ 準同期座標系上で評価された回転子位相推定値 $\hat{\theta}_\gamma$（すなわち，位相偏差推定値）は，**位相同期器**へ出力されている．

位相同期器は**一般化積分形PLL法**に基づき構成されており，この具体的構成は，図1.8のとおりである．位相同期器は，α 軸から評価した回転子位相の推定値 $\hat{\theta}_\alpha$（すなわち，$\gamma\delta$ 準同期座標系の位相），同微分値 ω_γ，回転子の電気速度推定値 $\hat{\omega}_{2n}$ を生成している．座標系速度 ω_γ と電気速度推定値 $\hat{\omega}_{2n}$ は最小次元D因子磁束状態オブザーバにフィードバック利用されている．また，位相推定値 $\hat{\theta}_\alpha$ と電気速度推定値 $\hat{\omega}_{2n}$ は外部へ出力されている．

Q2.6　**図2.24では，$\gamma\delta$ 準同期座標系上の位相偏差推定器の外装I形実現として，外装I-D形実現，外装I-S形実現が例示されています．両者相違の要点はどこにありますか．**

Ans.　位相偏差推定器の実際的実現では，これを離散時間化する必要があります．学生教育を通じ，「逆D因子と積分器の離散時間化は，学生にとっては後者が容易」との体験的知見を得ました．本知見に基づき，改訂の本書では，D形に加え，S形を紹介することにしました．

2.3.7　実験結果

〔1〕実験システムの構成

$\gamma\delta$ 準同期座標系上の最小次元D因子磁束状態オブザーバを利用したセンサレスベクトル制御法の実験を行った．実験システムは，$\alpha\beta$ 固定座標系上で位相・速度推定を行うセンサレスベクトル制御法のものと同一である（図2.11，表2.1参照）．

〔2〕設計パラメータの概要

位相速度推定器の第1構成要素である位相偏差推定器に関しては，(2.37)式，図2.24(a)の外装I-D形実現を使用するものとし，このときのオブザーバゲイン $\boldsymbol{G}$ は，簡単な $g_1 = 1$，$g_2 = 1$ を採用した．位相速度推定器の第2構成要素である位相同期器に関しては，(1.7)式に基づき構成した（図1.8参照）．このときの位相制御器 $C(s)$ およびこれに対応したローパスフィルタは，$\alpha\beta$ 固定座標系上で構成した積分フィードバック形速度推定法のものと同一とした（(2.35)式参照）．$\alpha\beta$ 固定座標系上で構成した位相速度推定器の場合と同一とした（(2.36)式参照）．

以上のように，$\alpha\beta$ 固定座標系上の位相推定に基づく実験と同一の実験システムを用い，同一の設計パラメータを設定し，この上で同一内容の実験を遂行した．以下に，実験結果を示す．

〔3〕トルク制御

図2.22のセンサレスベクトル制御系において，速度制御器を撤去し，制御系にトルク指令値を直接印加できるようにシステム変更後，トルク制御の線形応答試験を実施した．

まず，負荷装置により供試PMSMの速度を一定に制御し，この上で供試PMSMにトルク指令値を与え，トルク応答値を観察した．**図2.25**，**図2.26**は，定格速度183〔rad/s〕を考慮し，第1象限（力行モード），第4象限（回生モード）に

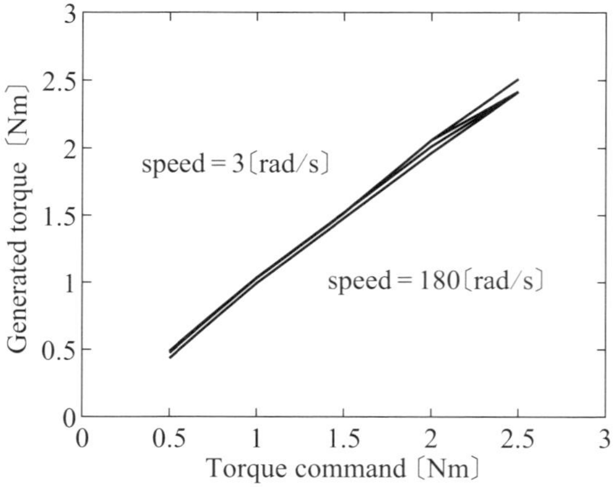

図 2.25　力行状態でのトルク応答の線形性

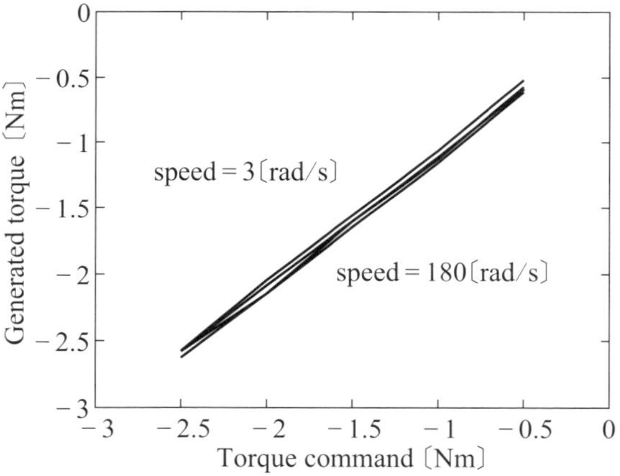

図 2.26　回生状態でのトルク応答の線形性

おける，種々の速度におけるトルク指令値とトルク応答値の関係を示したものである．両図は，上から，速度 3, 9, 18, 36, 180〔rad/s〕の場合の特性を示している．本応答は，$\alpha\beta$ 固定座標系上の推定による図 2.12，図 2.13 に対応したものであるが，図 2.25，図 2.26 と図 2.12，図 2.13 の間に有意の差は発見できなかった．

〔4〕速度制御

図 2.22 の構成において，$\alpha\beta$ 固定座標系上の位相推定に基づく実験と同一内容

（力行・回生，一定速・加減速，インパクト負荷への耐性，ゼロ速通過への耐性）で，速度制御性能を検証した．

（a） 定常力行特性

1） 速度 180〔rad/s〕での特性

図 2.27 は，定格速度近傍 180〔rad/s〕における定格力行負荷時の定常特性を示したものである（図 2.14 に対応）．同図は，上から回転子位相，同推定値，位相偏差（位相真値と同推定値の差），u 相電流，回転子速度を示している．時間軸は，5〔ms/div〕である．

2） 速度 9〔rad/s〕での特性

図 2.28 は，定格速度の 1/20 に相当する 9〔rad/s〕における定格力行負荷時の定常特性を示したものである（図 2.15 に対応）．波形の意味は図 2.27 の場合と同一である．ただし，時間軸は，0.1〔s/div〕である．

3） 速度 3〔rad/s〕での特性

図 2.29 は，定格速度の 1/60 に相当する 3〔rad/s〕における定格力行負荷時の定常特性を示したものである（図 2.16 に対応）．波形の意味は図 2.27 の場合と同一である．ただし，時間軸は，0.2〔s/div〕である．

（b） 定常回生特性

定格回生負荷での定常特性は，力行負荷の場合と同様であり，特筆すべき差異は観察されなかった．参考までに，図 2.28 の力行負荷時の応答に対応した，速度指令値 9〔rad/s〕での応答を，**図 2.30** に示す（図 2.17 に対応）．

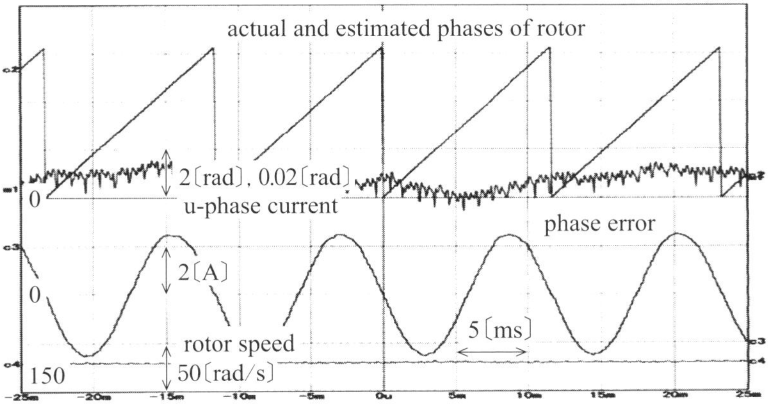

図 2.27 力行定格負荷下での定格速度指令値 180〔rad/s〕に対する応答

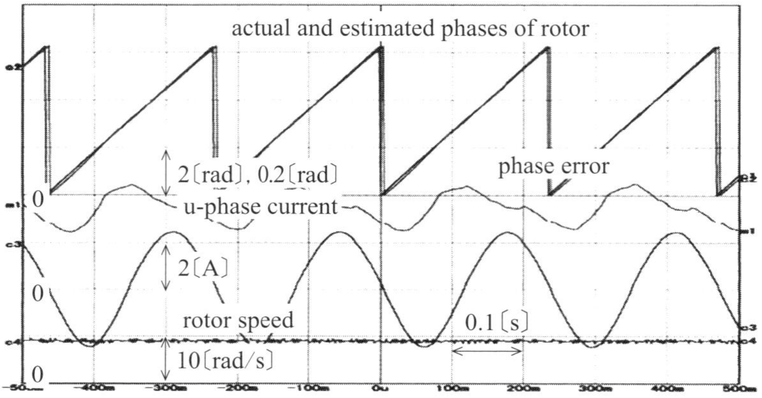

図 2.28　力行定格負荷下での速度指令値 9〔rad/s〕に対する応答

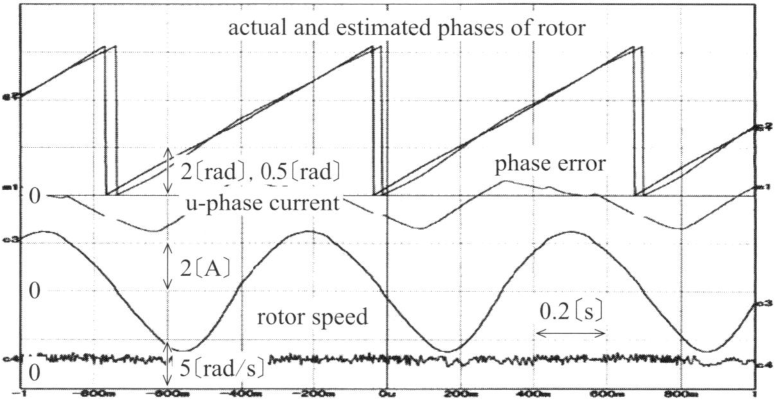

図 2.29　力行定格負荷下での速度指令値 3〔rad/s〕に対する応答

(c)　負荷の瞬時印加・除去特性

図 2.31 は，供試 PMSM を定格速度の 1/20 に相当する 9〔rad/s〕に速度制御しておき，ある瞬時に定格負荷をインパクト印加した場合の応答を調べたものである（図 2.18 に対応）．同図は，上から速度指令値，同応答値，q 軸電流（δ 軸電流），u 相電流を示している．時間軸は，2〔s/div〕である．

図 2.32 は，図 2.31 と同一速度において事前に印加していた定格負荷を，瞬時に除去した場合の応答を調べたものである（図 2.19 に対応）．図中の波形の意味は，図 2.31 と同一である．

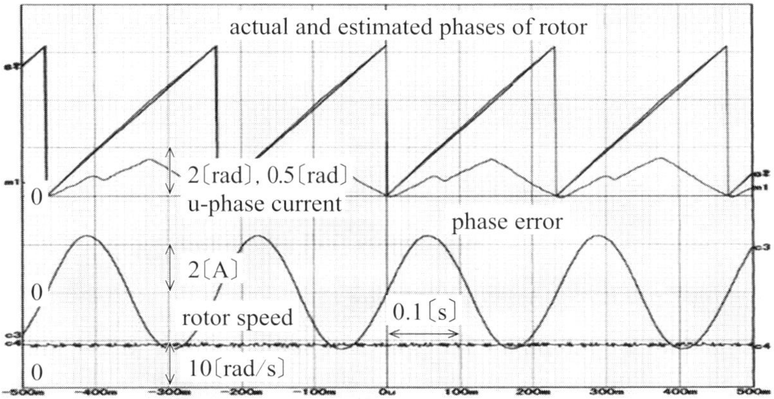

図 2.30　回生定格負荷下での速度指令値 9〔rad/s〕に対する応答

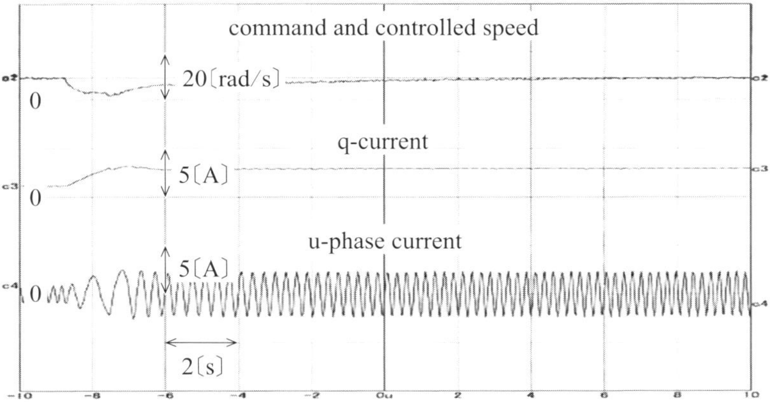

図 2.31　速度制御 9〔rad/s〕における定格負荷瞬時印加に対する応答

(d)　定格負荷時でのゼロ速通過特性

速度指令値として，加速度 ±30〔rad/s^2〕，振幅 ±20〔rad/s〕，周期 12〔s〕の台形信号を用意した．また，正回転 20〔rad/s〕で供試 PMSM に定格力行負荷が印加されるように，負荷装置による負荷トルクを調整した．**図 2.33** はこの応答例である（図 2.20 に対応）．同図は，上から，速度指令値，速度応答値，q 軸電流（δ 軸電流），u 相電流を示している．

(e)　無負荷でのゼロ速通過加減速特性

供試 PMSM を，負荷装置から外し，無負荷での高加速度・ゼロ速通過を伴う

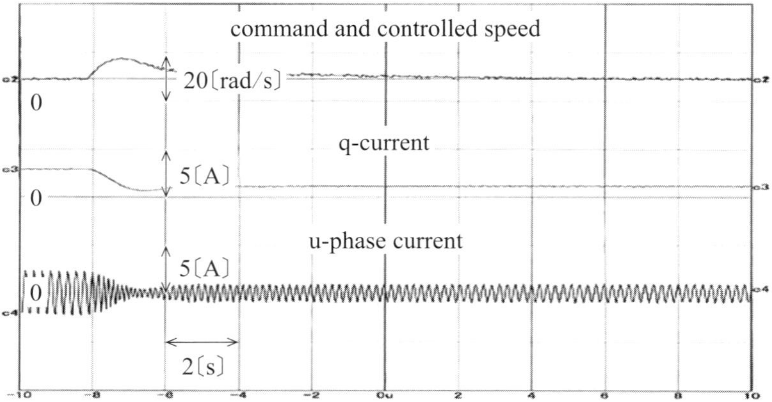

図 2.32　速度制御9〔rad/s〕における定格負荷瞬時除去に対する応答

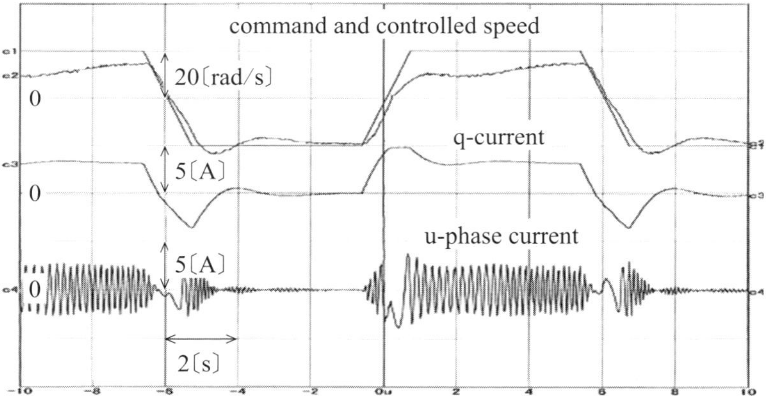

図 2.33　定格負荷時のゼロ速通過特性

加減速特性を調べた．ただし，供試PMSMには慣性モーメント0.000 55〔kgm^2〕のカップリングを付加し，速度制御系帯域幅は慣性モーメントを考慮し50〔rad/s〕に再設計した．また，速度指令値として，加速度±800〔rad/s^2〕，振幅±180〔rad/s〕，周期1.6〔s〕の台形信号を用意した．**図 2.34** はこの応答例である（図2.21に対応）．上から速度指令値，同応答値，q軸電流（δ軸電流），u相電流である．

以上，力行・回生，一定速・加減速，インパクト負荷への耐性，ゼロ速通過への耐性の諸点から速度制御性能を検証した．実験結果によれば，位相速度推定器

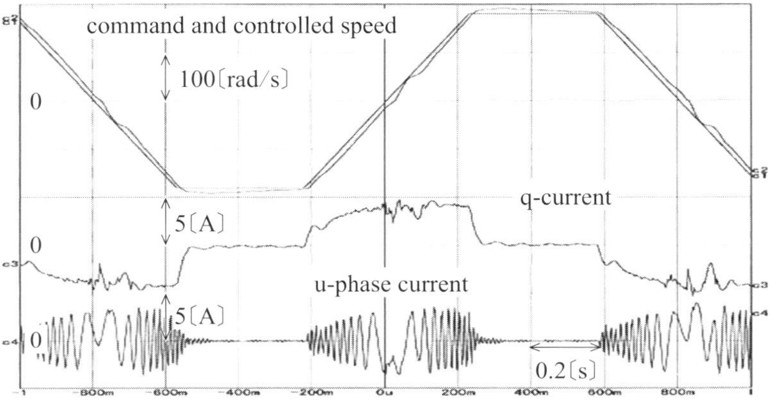

図 2.34　加速度±800〔rad/s²〕かつゼロクロスをもつ速度指令値に対する無負荷応答

を $\gamma\delta$ 準同期座標系上で構成した場合の速度応答と $\alpha\beta$ 固定座標系上で構成した場合の速度応答とでは，有意の差は発見できなかった．すでに検証したように，トルク制御の場合にも，有意の差は発見できていない．これら実験結果からは，「$\alpha\beta$ 固定座標系上または $\gamma\delta$ 準同期座標系上で構成された両位相速度推定器は，応答性能的には等価である」と結論づけられる．

Q2.7　**「$\alpha\beta$ 固定座標系上または $\gamma\delta$ 準同期座標系上で構成された両位相速度推定器は，応答性能的には等価である」との結論を実験的に示されていますが，解析的にこの等価性を証明することはできないのでしょうか．**

Ans.　解析的証明は可能です．拙著文献 2.21）では，種々の磁束推定法を体系化・一般化した**一般化磁束推定法**を提案しています（この要点は，第 4 章で説明）．拙著文献 2.21）の 5.3 節は，一般化磁束推定法を用いて，当該**等価性**を体系的かつ解析的に証明しています．一読を推奨します．

2.4　速度誤差に対する位相推定特性

2.4.1　目的

PMSM のセンサレスベクトル制御法の中核は，回転子の位相と速度の推定にある．原理の異なる推定法は，一般に，異なった推定特性をもつ．推定特性はいくつかの視点から評価されねばならないが，その 1 つに，位相・速度推定値の

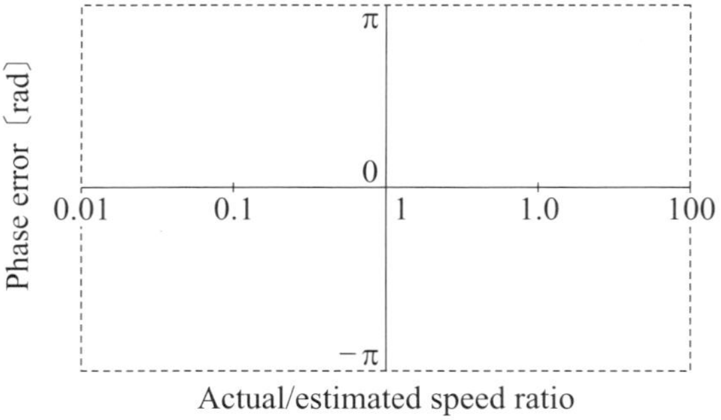

図 2.35　理想的な一時的誤差許容範囲

同真値に対する**一時的誤差許容範囲**がある．本許容範囲が十分に大きければ，外乱等により一時的に推定誤差が真値と大きく乖離した場合にも，再び推定値を真値へ収束させることができる．反対にこれが小さければ，一時的な乖離はたちまち脱調あるいは暴走に発展する．同類の問題は，急加減速駆動時，回転状態での推定開始時にも起こり得る．**図 2.35** は，回転状態の PMSM を対象に，一時的な乖離から真値へ再収束可能な一時的誤差許容範囲を概略的に示したものである．横軸は速度真値と同推定値の相対比（**相対速度比**）を対数スケールで表現している．また，縦軸は位相真値と同推定値との差（すなわち，**位相誤差**）をリニアスケールで表現している．一時的誤差許容範囲が図 2.35 の全範囲に及ぶ位相推定法は，実際のセンサレス駆動領域が限定されていることを考慮すると，十二分な推定特性を有しているといえる．

ところが，現実には，回転状態の PMSM を対象に，推定開始時の位相・速度の真値と同推定値の乖離（図 2.35 においては，相対速度比＝1，位相誤差＝0 を中心とした距離）が問題視され，この対策として，センサレスベクトル制御法に利用する推定法と異なった別の推定法（以下，この種の位相・速度の初期推定法を**前段推定法**と呼ぶ）で，センサレス推定開始直前の位相・速度を推定する提案がなされている[2.8)〜2.10), 2.12), 2.18)]．例えば，鳥羽等は，回転時の永久磁石同期発電機（回生状態の PMSM と等価）を対象に前段推定法を提示し，その有用性をセンサレス駆動用の外乱オブザーバ形拡張速度起電力推定法（国内では，近年，速度起電力は誘起電圧とも呼ばれる）との併用により示している[2.8), 2.9), 2.19)]．竹下等は，瞬時停電後の再給電時の PMSM を対象に前段推定法を提示し，その有用性をセンサレス駆動用のある速度起電力推定法との併用により示している[2.10), 2.11)]．

また，中野等は，楊等提案の適応形同一次元磁束状態オブザーバ[2.13]と藍原，Jang 等提案の直線形高周波電圧印加法[2.14)~2.16]とを著者提案の周波数ハイブリッド法により結合した上で[2.17]，ハイブリッド車用センサレス駆動装置に適用し，アイドリング状態等からの**再起動**に，前段推定法を使用している[2.12]．さらには，安井等は，藍原等の外乱オブザーバ形拡張速度起電力推定法[2.19]を電車のセンサレス駆動に応用し，惰行状態からの再起動用として，**計器用変圧器**（potential transformer, voltage transformer）を用いた前段推定法を提案している[2.18]．

本節では，**最小次元 D 因子磁束状態オブザーバ**に関し，一定速度推定値を利用した場合の位相推定の特性を，特に大きな**速度誤差**（速度真値と同推定値との差）を有する場合を対象に，解析・検証する（本節では，この種の推定を**開ループ推定**と呼称）．本解析・検証を通じ，開ループ推定においては，最小次元 D 因子磁束状態オブザーバのオブザーバゲインを $g_1 = 1$，$g_2 = 1$ に選定する場合には，一定速度推定値の誤差いかんにかかわらず，回転子磁束推定値の位相は，定常的には，位相真値に対して $\pm\pi/4$〔rad〕以内に収まることを明らかにする．回転子の位相と速度との推定を相互に繰返す元来の位相推定（本節では，この種の推定を**閉ループ推定**と呼称）においては，所期のセンサレス駆動領域において，位相・速度推定値の一時的な乖離に対する**全誤差範囲**（図 2.35 参照）を実質的にカバーする推定特性が得られる可能性を示し，実験的にこれを検証する．

2.4.2　開ループ推定における定常推定特性の解析

(2.16)式に示した $\gamma\delta$ 一般座標系上の最小次元 D 因子磁束状態オブザーバ（原形）は，推定すべき回転子磁束以外のすべての信号は既知であるとの前提の下で，構築した．さらには，**最小次元 D 因子磁束状態オブザーバ定理**（定理 2.1）を通じ解析した最小次元 D 因子磁束状態オブザーバの推定特性は，本前提下のものであった．実際には，回転子速度は未知であり，最小次元 D 因子磁束状態オブザーバは 2.3.4～2.3.7 項で説明したように回転子速度推定値を利用して構成される．本項では，「回転子速度は既知」との条件を除去し，回転子速度推定値を利用した場合の位相推定特性を検討する．

(2.24)式に示した $\gamma\delta$ 一般座標系上の最小次元 D 因子磁束状態オブザーバ（**基本外装 I 形実現**）は，回転子速度情報に関して回転子速度真値 ω_{2n} に代わって同推定値 $\widehat{\omega}_{2n}$ を利用し，さらには，オブザーバゲイン $\boldsymbol{G}$ に関して**固定ゲイン方式**を利用する場合には，次のように記述される．

【$\gamma\delta$ 一般座標系上の最小次元D因子磁束状態オブザーバ：基本外装I形】

$$\hat{\boldsymbol{\phi}}_m = [\boldsymbol{D}(s,\omega_\gamma) + [\omega_c \boldsymbol{I} - (1-g_1)\hat{\omega}_{2n}\boldsymbol{J}]]^{-1}\boldsymbol{G}[\boldsymbol{v}_1 - R_1\boldsymbol{i}_1 - \boldsymbol{D}(s,\omega_\gamma)\boldsymbol{\phi}_i] \tag{2.39a}$$

$$\omega_c = |\hat{\omega}_{2n}|g_2, \quad \boldsymbol{G} = g_1\boldsymbol{I} - \mathrm{sgn}(\hat{\omega}_{2n})g_2\boldsymbol{J} \qquad 0 \le g_1 \le 1,\ g_2 > 0 \tag{2.39b}$$

■

上の最小次元D因子磁束状態オブザーバに関しては，次の**速度誤差定理**が成立する．

《定理 2.3　速度誤差定理》

回転子磁束真値 $\boldsymbol{\phi}_i$ および回転子速度真値 ω_{2n} はともに未知とする．ただし，回転子速度の極性および他の信号は既知とする．本条件の下で，速度推定値 $\hat{\omega}_{2n}$ を用いた最小次元D因子磁束状態オブザーバにより，**開ループ状態**（すなわち，回転子磁束推定値を速度推定値の更新に反映しない状態，速度推定値が一定の状態）で，回転子磁束を推定する場合には，次の性質が成立する．

(a)　回転子磁束真値 $\boldsymbol{\phi}_m$ に対する同推定値 $\hat{\boldsymbol{\phi}}_m$ の誤差として**回転子磁束推定誤差** $\Delta\boldsymbol{\phi}_m$ を(2.40)式のように定義する．

$$\Delta\boldsymbol{\phi}_m = \hat{\boldsymbol{\phi}}_m - \boldsymbol{\phi}_m \tag{2.40}$$

速度真値と同推定値がともに一定の場合には，回転子磁束強度 Φ で正規化された**正規化回転子磁束推定誤差** $\Delta\boldsymbol{\phi}_{mr}/\Phi$ は，特に $g_1 = 1$ と選定するとき，次の収束特性をもつ．

$$\frac{\Delta\boldsymbol{\phi}_{mr}}{\Phi} \to \begin{bmatrix} -1 \\ 0 \end{bmatrix} \qquad \text{as} \quad \frac{\omega_{2n}}{\hat{\omega}_{2n}} \to 0 \tag{2.41a}$$

$$\frac{\Delta\boldsymbol{\phi}_{mr}}{\Phi} \to \begin{bmatrix} 0 \\ -\mathrm{sgn}(\hat{\omega}_{2n})g_2 \end{bmatrix} \qquad \text{as} \quad \frac{\omega_{2n}}{\hat{\omega}_{2n}} \to \infty \tag{2.41b}$$

ここに，$\Delta\boldsymbol{\phi}_{mr}$ は推定誤差 $\Delta\boldsymbol{\phi}_m$ をdq同期座標系において評価した値であることを，すなわち，脚符 r はdq同期座標系上で評価した値であることを意味している（図1.1参照）．

(b)　dq同期座標系において評価した場合，正規化回転子磁束推定誤差 $\Delta\boldsymbol{\phi}_{mr}/\Phi$ は，特に $g_1 = 1$ と選定するとき，定常的には，中心 $(-1/2, -\mathrm{sgn}(\hat{\omega}_{2n})g_2/2)$，半径 $\sqrt{1+g_2^2}/2$ とする**半円軌跡**上に存在する．

〈証明〉

(a)　(2.39b)式より，オブザーバゲインに関し次の関係を得る．

$$\left.\begin{aligned}[\boldsymbol{I}-\boldsymbol{G}]\boldsymbol{J} &= -[\mathrm{sgn}(\widehat{\omega}_{2n})g_2\boldsymbol{I}-(1-g_1)\boldsymbol{J}]\\ \widehat{\omega}_{2n}[\boldsymbol{I}-\boldsymbol{G}]\boldsymbol{J} &= -[\omega_c\boldsymbol{I}-(1-g_1)\widehat{\omega}_{2n}\boldsymbol{J}]\end{aligned}\right\} \tag{2.42}$$

(2.39)式の $\gamma\delta$ 一般座標系上の最小次元 D 因子磁束状態オブザーバによる回転子磁束推定値に関する**誤差方程式**として，(2.15)式と(2.42)式第 2 式を考慮すると，次を得る．

$$\begin{aligned}\boldsymbol{D}(s,\omega_\gamma)\Delta\boldsymbol{\phi}_m &= \boldsymbol{G}[\boldsymbol{v}_1-R_1\boldsymbol{i}_1-\boldsymbol{D}(s,\omega_\gamma)\boldsymbol{\phi}_i]+\widehat{\omega}_{2n}[\boldsymbol{I}-\boldsymbol{G}]\boldsymbol{J}\widehat{\boldsymbol{\phi}}_m-\omega_{2n}\boldsymbol{J}\boldsymbol{\phi}_m\\ &= \omega_{2n}\boldsymbol{G}\,\boldsymbol{J}\boldsymbol{\phi}_m+\widehat{\omega}_{2n}[\boldsymbol{I}-\boldsymbol{G}]\boldsymbol{J}\widehat{\boldsymbol{\phi}}_m-\omega_{2n}\boldsymbol{J}\boldsymbol{\phi}_m\\ &= \widehat{\omega}_{2n}[\boldsymbol{I}-\boldsymbol{G}]\boldsymbol{J}\Delta\boldsymbol{\phi}_m+(\widehat{\omega}_{2n}-\omega_{2n})[\boldsymbol{I}-\boldsymbol{G}]\boldsymbol{J}\boldsymbol{\phi}_m\end{aligned} \tag{2.43}$$

(2.43)式は，(2.42)式を考慮すると，以下のように整理される．

$$\begin{aligned}\boldsymbol{D}(s,\omega_\gamma)\Delta\boldsymbol{\phi}_m &= -[|\widehat{\omega}_{2n}|g_2\boldsymbol{I}-(1-g_1)\widehat{\omega}_{2n}\boldsymbol{J}]\Delta\boldsymbol{\phi}_m\\ &\quad+(\omega_{2n}-\widehat{\omega}_{2n})[\mathrm{sgn}(\widehat{\omega}_{2n})g_2\boldsymbol{I}-(1-g_1)\boldsymbol{J}]\boldsymbol{\phi}_m\end{aligned} \tag{2.44a}$$

または

$$\begin{aligned}s\Delta\boldsymbol{\phi}_m &= [-|\widehat{\omega}_{2n}|g_2\boldsymbol{I}+((1-g_1)\widehat{\omega}_{2n}-\omega_\gamma)\boldsymbol{J}]\Delta\boldsymbol{\phi}_m\\ &\quad+(\omega_{2n}-\widehat{\omega}_{2n})[\mathrm{sgn}(\widehat{\omega}_{2n})g_2\boldsymbol{I}-(1-g_1)\boldsymbol{J}]\boldsymbol{\phi}_m\end{aligned} \tag{2.44b}$$

このとき，(2.44b)式右辺第 1 項の**固有値** λ_1，λ_2 は次のように求められる((2.20)式参照)．

$$\begin{bmatrix}\lambda_1\\ \lambda_2\end{bmatrix}=\begin{bmatrix}-|\widehat{\omega}_{2n}|g_2-j(\omega_\gamma-(1-g_1)\widehat{\omega}_{2n})\\ -|\widehat{\omega}_{2n}|g_2+j(\omega_\gamma-(1-g_1)\widehat{\omega}_{2n})\end{bmatrix}\quad |\widehat{\omega}_{2n}|>0\quad g_2=\mathrm{const}>0 \tag{2.45}$$

(2.44b)式，(2.45)式は，「有界な回転子磁束 $\boldsymbol{\phi}_m$ に対しては，推定誤差 $\Delta\boldsymbol{\phi}_m$ は有界，ひいては推定値 $\widehat{\boldsymbol{\phi}}_m$ は有界である」こと，「定常的な $\boldsymbol{\phi}_m$ に対しては，$\Delta\boldsymbol{\phi}_m$，$\widehat{\boldsymbol{\phi}}_m$ はともに定常的となる」ことを意味する．

回転子磁束推定誤差の定常値を評価すべく，$\gamma\delta$ 一般座標系上の(2.44b)式に **dq 同期座標系条件**（$\omega_\gamma=\omega_{2n}$，$\theta_\gamma=0$）と**定常条件**（$s\Delta\boldsymbol{\phi}_{m\,r}=\boldsymbol{0}$）を適用すると，次式を得る．

$$\begin{aligned}&[|\widehat{\omega}_{2n}|g_2\boldsymbol{I}+(\omega_{2n}-(1-g_1)\widehat{\omega}_{2n})\boldsymbol{J}]\Delta\boldsymbol{\phi}_{m\,r}\\ &\quad=(\omega_{2n}-\widehat{\omega}_{2n})[\mathrm{sgn}(\widehat{\omega}_{2n})g_2\boldsymbol{I}-(1-g_1)\boldsymbol{J}]\begin{bmatrix}\Phi\\ 0\end{bmatrix}\end{aligned} \tag{2.46}$$

(2.46)式を正規化回転子磁束推定誤差 $\Delta\boldsymbol{\phi}_{m\,r}/\Phi$ について求解すると，次式を得る．

$$\frac{\Delta\boldsymbol{\phi}_{m\,r}}{\Phi}=[|\widehat{\omega}_{2n}|g_2\boldsymbol{I}+(\omega_{2n}-(1-g_1)\widehat{\omega}_{2n})\boldsymbol{J}]^{-1}$$

$$(\omega_{2n}-\widehat{\omega}_{2n})[\mathrm{sgn}(\widehat{\omega}_{2n})g_2\boldsymbol{I}-(1-g_1)\boldsymbol{J}]\begin{bmatrix}1\\0\end{bmatrix} \tag{2.47a}$$

上式は，$g_1=1$ と選定する場合は，次の**相対速度比形式**に整理される．

$$\begin{aligned}\frac{\Delta\boldsymbol{\phi}_{mr}}{\Phi}&=\frac{(\omega_{2n}-\widehat{\omega}_{2n})\,\mathrm{sgn}(\widehat{\omega}_{2n})g_2}{|\widehat{\omega}_{2n}|^2g_2^2+\omega_{2n}^2}\begin{bmatrix}|\widehat{\omega}_{2n}|g_2\\-\omega_{2n}\end{bmatrix}\\&=\frac{\left(\dfrac{\omega_{2n}}{\widehat{\omega}_{2n}}-1\right)}{1+\left(\dfrac{\omega_{2n}}{\widehat{\omega}_{2n}g_2}\right)^2}\begin{bmatrix}1\\-\dfrac{\omega_{2n}}{|\widehat{\omega}_{2n}|g_2}\end{bmatrix}\end{aligned} \tag{2.47b}$$

(2.47b)式より，直ちに，(2.41)式の関係が得られる．

(b)　$\Delta\boldsymbol{\phi}_{mr}$ の d，q 軸要素をおのおの $\Delta\phi_{md}$，$\Delta\phi_{mq}$ とすると，(2.47b)式より，次の関係が成立する．

$$\frac{\omega_{2n}}{\widehat{\omega}_{2n}}=-\mathrm{sgn}(\widehat{\omega}_{2n})g_2\frac{\Delta\phi_{mq}}{\Delta\phi_{md}} \tag{2.48}$$

(2.48)式を(2.47)式第1行または第2行に用いると，**円軌跡**を示す次の**軌跡式**を得る．

$$\left(\frac{\Delta\phi_{md}}{\Phi}+\frac{1}{2}\right)^2+\left(\frac{\Delta\phi_{mq}}{\Phi}+\frac{\mathrm{sgn}(\widehat{\omega}_{2n})g_2}{2}\right)^2=\frac{1+g_2^2}{4} \tag{2.49}$$

一方，(2.41)式の収束特性より，両端の推定誤差のノルムを評価すると，軌跡式指定の**円軌跡直径**に対応する次式を得る．

$$\left\|\begin{bmatrix}0\\-\mathrm{sgn}(\widehat{\omega}_{2n})g_2\end{bmatrix}-\begin{bmatrix}-1\\0\end{bmatrix}\right\|=\sqrt{1+g_2^2} \tag{2.50}$$

(2.49)式，(2.50)式は，定理の後段を意味する．

■

(2.44b)式，(2.45)式から理解されるように，速度真値と速度推定値の間に誤差が存在する場合にも回転子磁束推定誤差 $\Delta\boldsymbol{\phi}_m$ の収束は指数的に行われ，**収束レイト**は $|\widehat{\omega}_{2n}|g_2$ となる（最小次元D因子磁束状態オブザーバ定理（定理2.1），(2.25a)式参照）．

速度誤差定理（定理2.3）に従い，正規化回転子磁束推定誤差 $\Delta\boldsymbol{\phi}_{mr}/\Phi$ が描く半円軌跡を，正回転 $\mathrm{sgn}(\widehat{\omega}_{2n})=1$ かつ $g_1=1$，$g_2=0.2\sim1.0$ の場合について，**図2.36** に示した．同図では，dq同期座標系で次の正規化した値を描画している．

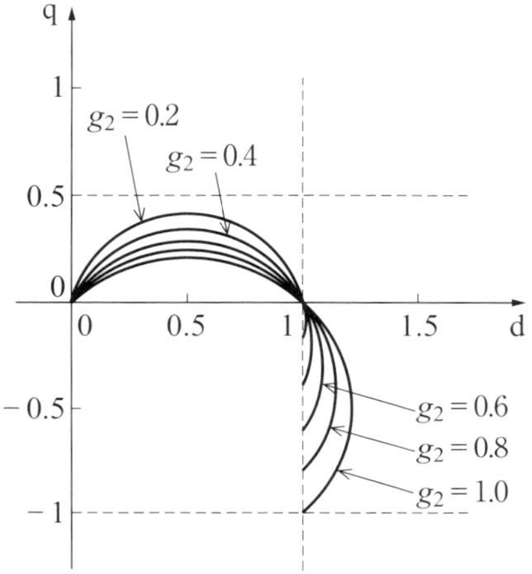

図 2.36 回転子磁束真値[1, 0]に対する同推定値の軌跡（$g_1 = 1$）

$$\frac{\hat{\boldsymbol{\phi}}_{mr}}{\Phi} = \begin{bmatrix} 1 \\ 0 \end{bmatrix} + \frac{\Delta\boldsymbol{\phi}_{mr}}{\Phi} \tag{2.51}$$

したがって，原点を[1, 0]へシフトすれば，同図の軌跡は正規化回転子磁束推定誤差 $\Delta\boldsymbol{\phi}_{mr}/\Phi$ の軌跡となる．図 2.36 より，速度誤差定理（定理 2.3）の詳細を視認することができる．

回転子磁束推定誤差 $\Delta\boldsymbol{\phi}_{mr}$ の相対速度比 $\omega_{2n}/\hat{\omega}_{2n}$ に対する挙動を詳しく把握すべく，(2.47)式を利用し，オブザーバゲイン g_2 をパラメータとして相対速度比 $\omega_{2n}/\hat{\omega}_{2n}$ に対する正規化回転子磁束推定誤差 $\Delta\boldsymbol{\phi}_{mr}/\Phi$ を調べた．**図 2.37** は，正回転 $\mathrm{sgn}(\hat{\omega}_{2n}) = 1$ かつ $g_1 = 1$，$g_2 = 0.2$〜1.0 の場合の結果であり，図 2.37(a) は正規化回転子磁束推定誤差のノルム特性を，図 2.37(b) は位相特性を示している．図 2.37 では，横軸（相対速度比軸）には対数スケールを採用している．図 2.37 より，(2.41)式の漸近特性が確認される．なお，図 2.37 では，相対速度比 $\omega_{2n}/\hat{\omega}_{2n}=1$ で，位相特性が$\pm\pi$〔rad〕の跳躍を示しているが，これは正規化回転子磁束推定誤差の極性が反転したことによる（(2.47)式参照）．

図 2.37 に対応する，正規化回転子磁束推定値 $\hat{\boldsymbol{\phi}}_{mr}/\Phi$ のノルム特性と位相特性も，(2.51)式の関係を利用し，調べた．**図 2.38** はこの結果であり，図 2.38(a) は正規化したノルム特性を，図 2.38(b) は位相特性を示している．最小次元 D 因子磁束状態オブザーバの役割は，回転子磁束の推定を介して，回転子位相を推

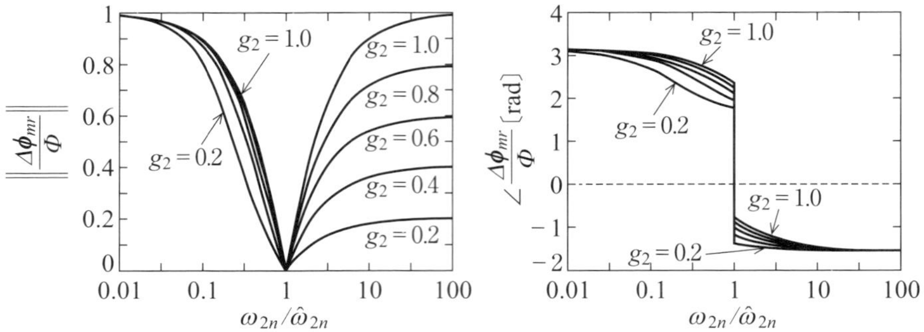

(a) 正規化ノルム特性　(b) 位相特性

図 2.37　回転子磁束推定誤差の特性（$g_1 = 1$）

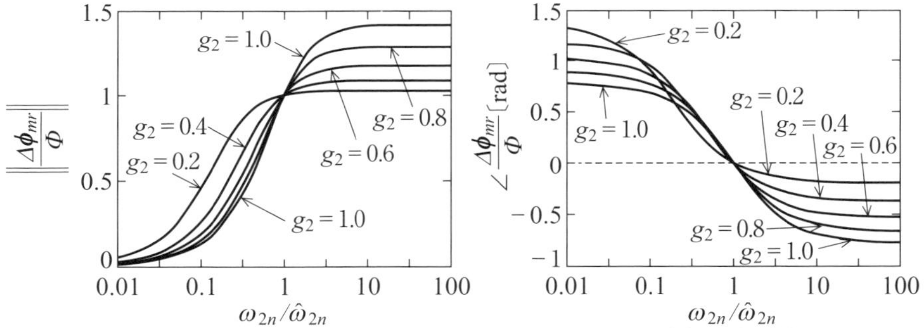

(a) 正規化ノルム特性　(b) 位相特性

図 2.38　回転子磁束推定値の特性（$g_1 = 1$）

定することにある．図 2.38(b)の位相特性は，オブザーバゲイン $g_1 = 1$，$g_2 = 1.0$ を採用する場合には，位相推定誤差は，定常的には，$\pm\pi/4$〔rad〕に収まることを示している．本事実は，速度誤差定理（定理 2.3）からも確認される．すなわち，同定理によれば，$g_1 = 1$，$g_2 = 1.0$ の場合には，正規化回転子磁束推定値 $\hat{\boldsymbol{\phi}}_{mr}/\Phi$ は，中心（$1/2, -\mathrm{sgn}(\hat{\omega}_{2n})/2$），半径 $1/\sqrt{2}$ の半円軌跡上に存在することになる．これらは，速度推定値の同真値に対する乖離いかんにかかわらず，速度推定値を利用した最小次元D因子磁束状態オブザーバによって得られた回転子磁束位相推定値は，定常的には，位相真値に対して $\pm\ \pi/4$〔rad〕以内に収まることを意味する．本位相特性は，最小次元D因子磁束状態オブザーバによる位相推定は，これに使用する速度推定値の誤差に対してロバストであることを意味する．以上の特性は，最小次元 D 因子磁束状態オブザーバによる，開ループ推定状態での定常特性である．この点には注意されたい．

Q2.8 **速度誤差定理（定理 2.3）では，「回転子速度の極性は既知」との前提を設けています．この前提は実際的なのですか．**

Ans. 最小次元 D 因子磁束状態オブザーバが使用される所期の速度領域は，ゼロ速度を除く低～高速域です．本速度領域では，速度の極性すなわち回転方向は容易に特定できます．

Q2.9 **速度誤差定理（定理 2.3）の証明においては，(2.42)式，(2.44b)式によって支配される推定誤差の定常特性を，dq 同期座標系上で解析しています．他の座標系上での解析も可能でしょうか．**

Ans. 推定誤差の定常特性の解析は，他の座標系上でも行うことが可能です．例えば，$\alpha\beta$ 固定座標系上では，以下のように行うことができます．

(2.44b)式に $\alpha\beta$ 固定座標系の条件「$\omega_\gamma = 0$」を適用し，簡単のため $g_1 = 1$ とすると，これは，次式のように書き改めることができます．

$$\Delta\boldsymbol{\phi}_m = F_e(s)\boldsymbol{\phi}_m \tag{Q/A2.9-1}$$

ただし，

$$F_e(s) = \frac{|\widehat{\omega}_{2n}|\,g_2}{s+|\widehat{\omega}_{2n}|\,g_2}\left(\frac{\omega_{2n}}{\widehat{\omega}_{2n}}-1\right) \tag{Q/A2.9-2}$$

この速度応答 $F_e(j\omega_{2n})$ の実数部と虚数部とは，(2.47)式の第 1 行と第 2 行とにおのおの同一となり，これより，(2.47)式以降と同様な議論を展開できます．なお，図 2.37 は，$F_e(j\omega_{2n})$ の**ボード線図**と理解することも可能です．

回転子磁束の純正弦性を仮定すると，回転子磁束真値に対する同推定値の定常的な関係は，次式となります．

$$\widehat{\boldsymbol{\phi}}_m = \Delta\boldsymbol{\phi}_m+\boldsymbol{\phi}_m = F_t(s)\boldsymbol{\phi}_m \tag{Q/A2.9-3}$$

ただし，

$$F_t(s) = 1+F_e(s) = \frac{s+\omega_{2n}\,\mathrm{sgn}(\widehat{\omega}_{2n})g_2}{s+|\widehat{\omega}_{2n}|\,g_2} \tag{Q/A2.9-4}$$

この速度応答 $F_t(j\omega_{2n})$ は，以下のように評価されます．

$$F_t(j\omega_{2n}) = \frac{\omega_{2n}(1-j\,\mathrm{sgn}(\widehat{\omega}_{2n})g_2)}{\omega_{2n}-j\,|\widehat{\omega}_{2n}|\,g_2} \tag{Q/A2.9-5}$$

図2.38は，$F_t(j\omega_{2n})$のボード線図にもなっています．

なお，上の諸式の関係は定常状態での関係である点には，注意してください．

2.4.3　開ループ推定における定常推定特性の定量的検証

本項では，2.4.2項の解析結果に対し，条件を整えた数値実験を通じ，定量的検証を行う．最小次元D因子磁束状態オブザーバは，$\alpha\beta$固定座標系上でも，$\gamma\delta$準同期座標系上でも構成可能である．ここでは，解析に使用した条件を設定しやすい$\alpha\beta$固定座標系上で，これを構成する．$\alpha\beta$固定座標系上での最小次元D因子磁束状態オブザーバ（**外装I形実現**）は，以下のように与えられる（(2.33)式参照）．

$$\left.\begin{aligned} s\widetilde{\boldsymbol{\phi}}_1 &= \boldsymbol{G}[\boldsymbol{v}_1-R_1\boldsymbol{i}_1]-[g_2\,|\widehat{\omega}_{2n}|\,\boldsymbol{I}-(1-g_1)\widehat{\omega}_{2n}\boldsymbol{J}]\widehat{\boldsymbol{\phi}}_m \\ \widehat{\boldsymbol{\phi}}_m &= \widetilde{\boldsymbol{\phi}}_1-\boldsymbol{G}\boldsymbol{\phi}_i \\ \boldsymbol{G} &= g_1\boldsymbol{I}-\mathrm{sgn}(\widehat{\omega}_{2n})g_2\boldsymbol{J} \qquad 0 \le g_1 \le 1,\ g_2 > 0 \end{aligned}\right\} \tag{2.52}$$

上式における**固定子反作用磁束**（**電機子反作用磁束**）$\boldsymbol{\phi}_i$としては，前項の解析では，以下の(2.53a)式に示す回転子位相真値θ_αを用いたものを利用した．しかし，実際の最小次元D因子磁束状態オブザーバにおいては，回転子磁束推定値より得た回転子位相推定値$\widehat{\theta}_\alpha$を用いた(2.53b)式のものを利用している（(2.33)式参照）．

$$\boldsymbol{\phi}_i = [L_i\boldsymbol{I}+L_m\boldsymbol{Q}(\theta_\alpha)]\boldsymbol{i}_1 \tag{2.53a}$$

$$\boldsymbol{\phi}_i = [L_i\boldsymbol{I}+L_m\boldsymbol{Q}(\widehat{\theta}_\alpha)]\boldsymbol{i}_1 \tag{2.53b}$$

図2.39に，**開ループ推定**検証のためのシステムを示す．供試PMSMの速度は負荷装置により制御され，PMSM自体は電流制御（トルク制御と等価）を行うようにしている．これにより，PMSMに対して，電流と速度とを独立に指定できるようになる．PMSMは二相モデルで実現し（姉妹本・文献2.20）の第3章参照），このための電力変換器（インバータ）は理想的な二相電力変換器とした．なお，同図では，固定子の電圧，電流には，座標系との関係を示すべく，脚符s（$\alpha\beta$固定座標系），r（dq同期座標系）を付けている．

開ループ推定検証のための本システムにおいては，最小次元D因子磁束状態オブザーバ（D-state observer）は位相推定のみに利用され，位相推定値は制御には一切利用されていない．本来の最小次元D因子磁束状態オブザーバには，

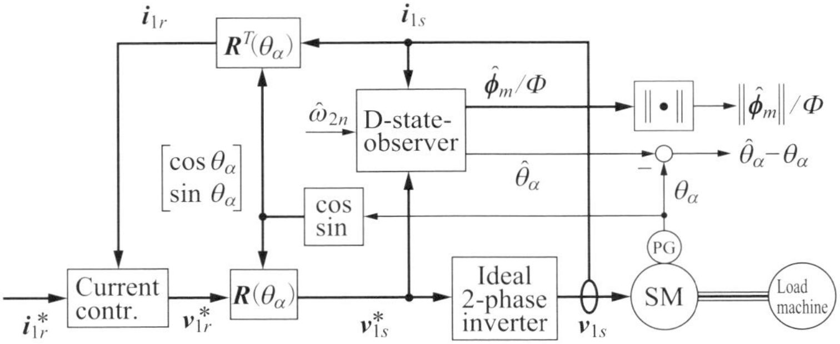

図 2.39　速度誤差定理検証のためのシステム

回転子速度情報としては，回転子磁束推定値を処理して得た時変の回転子速度推定値が利用されるが，本システムでは，回転子磁束推定値とは独立に，外部より強制的に一定の速度推定値を与えている．また，本システムにおいては，回転子磁束推定値 $\hat{\boldsymbol{\phi}}_m$ を得たならば，これを処理し，回転子磁束真値のノルムと位相を参照して，**正規化回転子磁束推定値**のノルム（正規化ノルム）と**位相誤差**を出力するようにしている．本正規化ノルムと位相誤差は，図 2.38 の正規化回転子磁束の**ノルム特性**と**位相特性**に，また，Q/A2.9 で示した(Q/A2.9-5)式 $F_t(j\omega_{2n})$ の**振幅特性**と位相特性に対応している．

検証に使用する供試 PMSM の特性は表 2.1 のものとする．本 PMSM に対する電流制御系は，帯域幅 2 000〔rad/s〕が得られるよう設計した．電流指令値は簡単のため次の(2.54)式とした．すなわち，d 軸電流指令値はゼロとし，q 軸電流指令値は端数のない 0.5〔A〕（約 17％定格に相当）とした．

$$\boldsymbol{i}_1^* = \begin{bmatrix} 0 \\ 0.5 \end{bmatrix} \tag{2.54}$$

最小次元 D 因子磁束状態オブザーバのオブザーバゲインは，$g_1 = 1$，$g_2 = 1$ とした．

〔1〕 検証 1（低相対速度比での定常応答）

本検証には，固定子反作用磁束としては，前項の解析と同一条件である(2.53a)式を利用した．

まず，負荷装置により供試 PMSM の機械速度を一定 10〔rad/s〕（電気速度 30〔rad/s〕）に制御し，この上で供試 PMSM に(2.54)式の電流指令値を与え，正

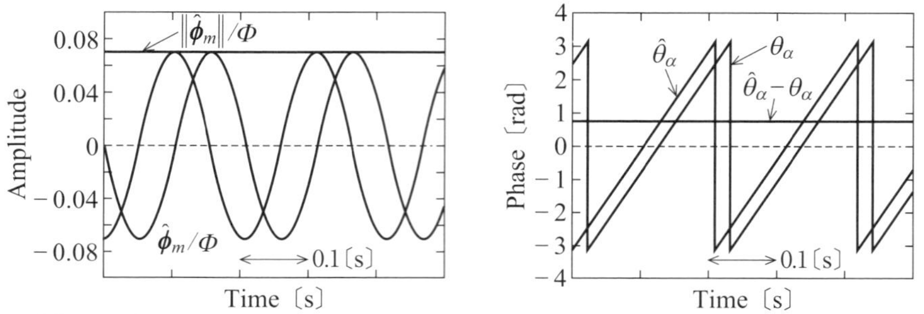

(a) 正規化回転子磁束推定とノルム　　(b) 回転子位相真値，同推定値，位相誤差

図 2.40　相対速度比 $\omega_{2n}/\widehat{\omega}_{2n}=1/20$ での定常応答例

常なトルク制御状態を創出した．この状態で，一定電気速度推定値として $\widehat{\omega}_{2n}=600$〔rad/s〕（定格速度超）を強制的に保持させた．この場合の相対速度比は $\omega_{2n}/\widehat{\omega}_{2n}=1/20$ である．時間が十分経過した後の定常応答を**図 2.40** に示す．図(a)は正規化回転子磁束推定値 $\widehat{\boldsymbol{\phi}}_m/\Phi$ と同ノルムを，図(b)は回転子位相真値 θ_α，同推定値 $\widehat{\theta}_\alpha$，位相誤差 $\widehat{\theta}_\alpha-\theta_\alpha$ を示している．時間軸は 0.1〔s/div〕である．

(2.47)式，(2.51)式による解析解，あるいは Q/A2.9 で示した(Q/A2.9-5)式 $F_t(j\omega_{2n})$ による解析解は，相対速度比 $\omega_{2n}/\widehat{\omega}_{2n}=1/20$ の場合の正規化ノルムと位相誤差として，次式を与える（図 2.38 参照）．

$$\left.\begin{aligned}&\frac{\|\widehat{\boldsymbol{\phi}}_m\|}{\Phi}\approx 0.0706\\&\widehat{\theta}_\alpha-\theta_\alpha\approx 0.735<\frac{\pi}{4}\end{aligned}\right\}\tag{2.55}$$

図 2.40 の数値実験結果は上記解析解と高い整合性を示していることが確認される．

〔2〕検証 2（高相対速度比での定常応答）

検証 1 と同一条件で，同様な実験をした．ただし，相対速度比 $\omega_{2n}/\widehat{\omega}_{2n}=100$ が得られるように，機械速度を 150〔rad/s〕（電気速度 450〔rad/s〕），強制的な一定電気速度推定値を 4.5〔rad/s〕とした．時間が十分経過した後の定常応答を**図 2.41** に示す．波形の意味は，図 2.40 と同様である．ただし，時間軸は 0.01〔s/div〕である．

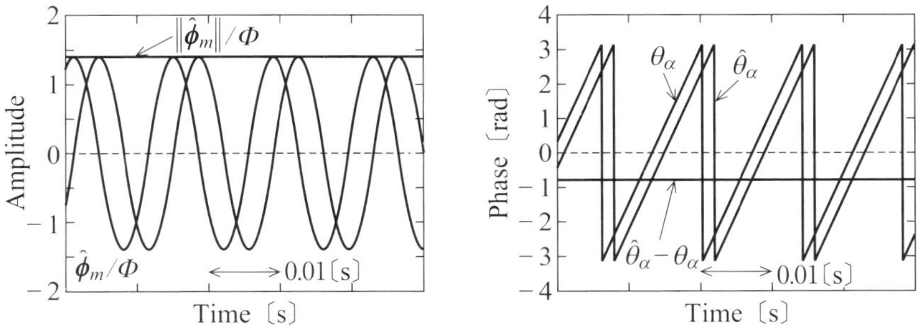

(a) 正規化回転子磁束推定とノルム　　(b) 回転子位相真値，同推定値，位相誤差

図 2.41　相対速度比 $\omega_{2n}/\bar{\omega}_{2n}=100$ での定常応答例

(2.47)式，(2.51)式による解析解，あるいは Q/A2.9 で示した(Q/A2.9-5)式 $F_t(j\omega_{2n})$ による解析解は，相対速度比 $\omega_{2n}/\bar{\omega}_{2n}=100$ の場合の正規化ノルムと位相誤差として，次式を与える（図 2.38 参照）.

$$\left.\begin{aligned}&\frac{\|\hat{\boldsymbol{\phi}}_m\|}{\Phi}\approx 1.4141\\&\hat{\theta}_\alpha-\theta_\alpha\approx -0.7852>-\frac{\pi}{4}\end{aligned}\right\}\tag{2.56}$$

図 2.41 の数値実験結果は，上記解析解と高い整合性を示していることが確認される．図 2.38 より概観されるように，本相対速度比における正規化ノルムと位相誤差は，相対速度比が無限大の場合とおおむね同様な値となる.

〔3〕検証 3（反作用磁束推定値利用時の応答）

上記の検証 1, 2 では，**固定子反作用磁束** $\boldsymbol{\phi}_i$ としては，前項の解析と同一条件下である(2.53a)式に示した真値を利用した．センサレス駆動時の最小次元 D 因子磁束状態オブザーバでは，固定子反作用磁束としては，(2.53b)式に示した回転子位相推定値を用いた同推定値を利用している．(2.53b)式の固定子反作用磁束推定値を用いた回転子磁束推定値の応答を確認した.

実験条件は，固定子反作用磁束を除き，検証 2 と同一である．(2.53b)式に示した固定子反作用磁束は，回転子磁束推定値から得た回転子位相推定値を帯域幅 150〔rad/s〕の 2 次ローパスフィルタ（積分フィードバック形速度推定法と等価の機能もつフィルタ，(2.35)式参照）で処理した値を閉ループ的に再利用して，

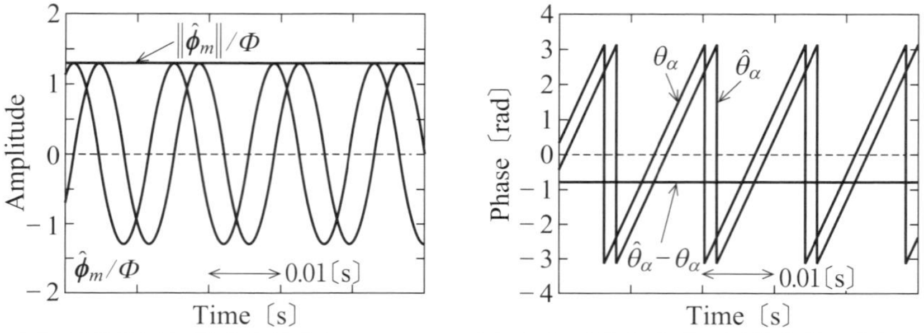

（a）正規化回転子磁束推定とノルム　（b）回転子位相真値，同推定値，位相誤差

図 2.42　固定子反作用磁束推定値を用いた場合の相対速度比 $\omega_{2n}/\widehat{\omega}_{2n}=100$ での定常応答例

生成した．実験結果を**図 2.42** に示す．波形の意味は，図 2.41 と同一である．

図 2.41 の固定子反作用磁束真値を用いた応答と比較した場合，正規化回転子磁束推定値のノルムに関しては真値 1 に近づいているが，位相誤差に関しては有意の差がないことが確認される．本結果は，固定子反作用磁束真値を用いた前項の解析結果は，固定子反作用磁束推定値を利用した場合にも，おおむね適用できることを意味するものである．

2.4.4　閉ループ推定における過渡推定特性と実験

〔1〕閉ループ推定による可能性

前項で解析・検証したように，一定速度推定値を利用するとき，回転子磁束推定値の同真値に対する定常的な位相誤差は，速度推定値が同真値と等しい場合にはゼロであり，速度真値と異なる場合でも，限定された実際のセンサレス駆動領域を考慮するならば，実際的には高々 $\pm\pi/4$〔rad〕である．回転子磁束推定値の速度は，回転子位相推定誤差のいかんにかかわらず，回転子磁束真値の速度と平均的には同一である．したがって，「速度推定値の誤差に起因して，回転子磁束推定値が一時的に同真値と乖離する場合にも，定常的には高々 $\pm\pi/4$〔rad〕の位相誤差を有する回転子磁束推定値を利用して，回転子速度を推定し，本速度推定値を回転子磁束推定に再利用するようにすれば，回転子磁束推定値を同真値へ最終的には再収束させることが可能である」と期待される．

回転子位相推定値から速度推定値を得，速度推定値を利用して再び回転位相推定値を得るようなフィードバックループを構成する**閉ループ推定**のための速度推定には，$\alpha\beta$ 固定座標系上の最小次元 D 因子磁束状態オブザーバの構成には**積分フィードバック形速度推定法**を，$\gamma\delta$ 準同期座標系上の最小次元 D 因子磁束状態オブザーバの構成には**一般化積分形 PLL 法**を利用すればよい（2.3 節参照）.

閉ループ推定は非線形な推定となるため，線形近似が可能な限定的な領域を除き，この理論的解析は大変困難である．速度真値と速度推定値の乖離が大きい場合の過渡応答は特に非線形性が強く，この解析は困難を極める．実際的選択として，回転子の位相推定値と速度推定値のこれら真値に対する乖離状態からの真値への再収束に関する期待性能を実験的に確認する．

〔2〕**実験システムの構成**

本目的のための実験システムの概要を**図 2.43** に示す．本実験システムでは，**負荷装置**（load machine）で速度制御を行い，PMSM をセンサレスでトルク制御を行う構成としている．元来のトルク制御系においては，外部よりトルク指令値を与えて，トルク指令値から内部の**指令変換器**（command converter）を介して電流指令値を生成する（図 2.8 参照）．これに対して，図 2.43 の実験システムでは，実験目的を考慮の上，直接的に電流指令値を外部より与える構成にしている．

PMSM のセンサレスベクトル制御の中核は，**位相速度推定器**（phase-speed estimator）にある．位相速度推定器は，$\alpha\beta$ 固定座標系上でも，$\gamma\delta$ 準同期座標系上でも構成可能であり，2.3 節で確認したように両者による応答の実質的な相違はない．図 2.43 は，$\gamma\delta$ 準同期座標系上で構成した例を示している．位相速度推定器の構成は，図 2.23 と同一である．すなわち，位相速度推定器を構成する**位相偏差推定器**（図 2.24 参照）と**位相同期器**（図 1.8 参照）は，図 2.23 に使用し

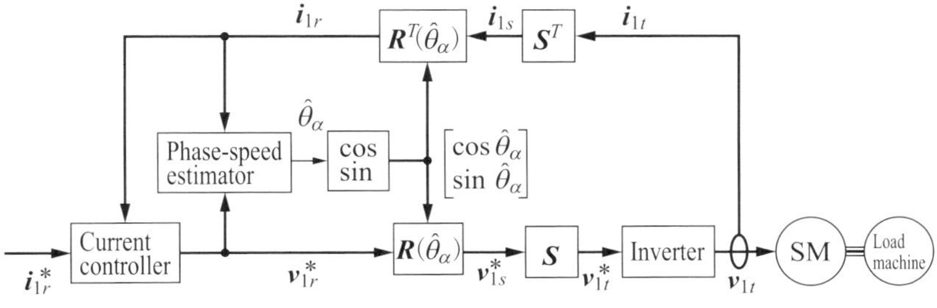

図 2.43　検証のための実験システムの構成

たものと同一とした．

〔3〕 システムパラメータ

供試PMSMの仕様概要は表2.1のとおりである（2.3節参照）．本PMSMには，実効4 096〔p/r〕のエンコーダが装着されているが，これは回転子の位相・速度を計測するためのものであり，制御には利用されていない．負荷装置に連結された供試PMSMの外観は，図2.11のとおりである（2.3節参照）．

電流制御系は，制御周期125〔μs〕を考慮の上，帯域幅2 000〔rad/s〕が得られるよう設計した．$\gamma\delta$ 準同期座標系上の電流指令値は，S/N的には有利ではないが，簡単のため，約17％定格に相当する(2.54)式とした．

最小次元D因子磁束状態オブザーバのオブザーバゲインは，$g_1 = 1$，$g_2 = 1$ とした．また，位相制御器 $C(s)$ の形式は(2.35b)式と同一とし，また，この係数も同一とした．すなわち，$f_{d,1} = 150$，$f_{d,0} = 5\,625$ と設計した．

〔4〕 実験結果

（a） 低速回転下同時大乖離の過渡応答例

まず，負荷装置により供試PMSMの機械速度を一定10〔rad/s〕に制御し，この上で供試PMSMに(2.54)式の電流指令値を与え，正常なトルク制御状態を創出した．本状態では，回転子の位相・速度はともに正しく推定され，実質的に $\omega_\gamma = \widehat{\omega}_{2n} = 30$〔rad/s〕が成立している．この状態で，位相・速度の両推定値を両真値に対して同時かつ瞬時に大きく乖離させた．具体的には，ある瞬時に，位相同期器内の**位相制御器** $C(s)$ と**位相積分器**（位相制御器直後の積分器）とに対し，低速回転下の電気速度推定値には実質的な最大上限値 $\omega_\gamma = \widehat{\omega}_{2n} = 600$〔rad/s〕（定格速度超，相対速度比 $\omega_{2n}/\widehat{\omega}_{2n} = 1/20$）を，また位相推定値には同真値に比し最大誤差 $\pm\pi$〔rad〕を強制的に保持させた．このときの過渡応答の様子を**図2.44**に示す．同図は，上から，速度推定値と同真値，位相推定値と同真値を表示している．時間軸は0.2〔s/div〕である．位相推定値と速度推定値の強制同時乖離約0.02〔s〕後には再収束が開始され，本開始約0.2〔s〕後には再収束が完了し，再び位相・速度とも正しく推定されている様子が確認される．

（b） 高速回転下同時大乖離の過渡応答例

機械速度150〔rad/s〕の高速回転で，位相・速度の両推定値を両真値に対して同時かつ瞬時に大きく乖離させる実験を実施した．具体的には，位相・速度が正

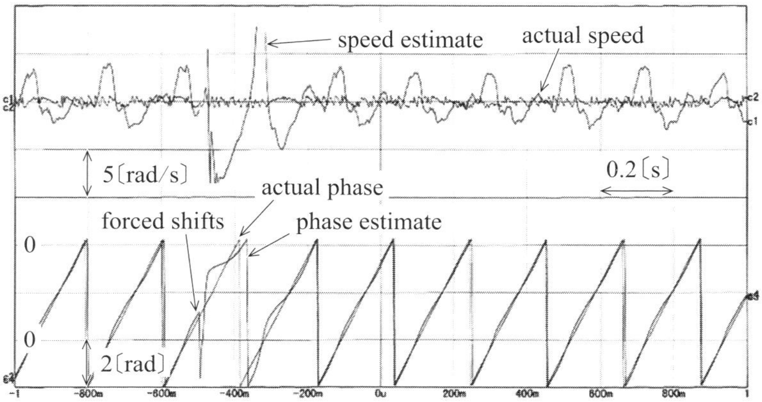

図 2.44 位相速度推定値の強制同時大乖離に対する収束特性
（位相推定値シフト $\pm\pi$〔rad〕，速度推定値シフト 30 → 600〔rad/s〕）

しく推定され，実質的に $\omega_\gamma = \widehat{\omega}_{2n} = 450$〔rad/s〕が成立している状態で，ある瞬時に，位相同期器内の**位相制御器**と**位相積分器**に対し，高速回転下の電気速度推定値には相対速度比 $\omega_{2n}/\widehat{\omega}_{2n}$ =100 に相当する微小値 $\omega_\gamma = \widehat{\omega}_{2n} = 4.5$〔rad/s〕を，また位相推定値には同真値に比し最大誤差 $\pm\pi$〔rad〕を強制的に保持させた．このときの過渡応答の様子を**図 2.45** に示す．同図の意味は，図 2.44 と同様である．ただし，時間軸は 0.02〔s/div〕である．位相推定値と速度推定値の両真値に

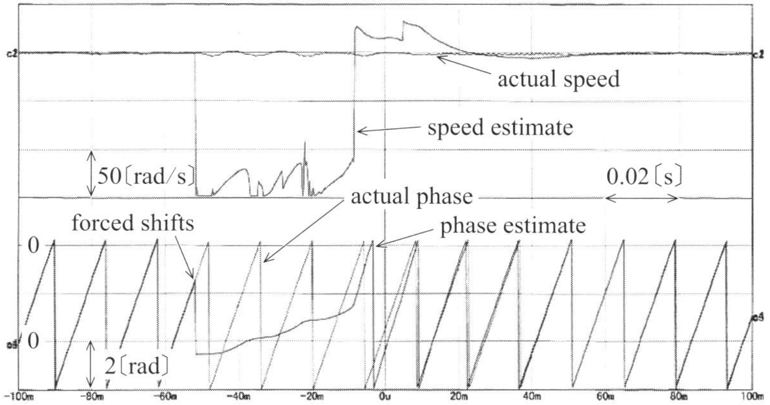

図 2.45 位相速度推定値の強制同時大乖離に対する収束特性
（位相推定値シフト $\pm\pi$〔rad〕，速度推定値シフト 450 → 4.5〔rad/s〕）

対する大きな同時乖離にもかかわらず，強制乖離約 0.04〔s〕後には本格的な再収束が開始され，本開始約 0.03〔s〕後には再収束が完了し，再び位相・速度とも正しく推定されている様子が確認される．

図 2.44，図 2.45 の実験結果は，低電流レベルの S/N 的に不利な状態にもかかわらず，位相・速度推定値の一時的な乖離に対し，実質的に全誤差範囲をカバーする所期の閉ループ推定特性を示すものである．

Q2.10　**最小次元 D 因子磁束状態オブザーバの推定特性によりますと，最小次元 D 因子磁束状態オブザーバを用いたセンサレスベクトル制御系における回転状態からの再起動には，特別な前段推定法は必要ないと考えてよいでしょうか．**

Ans.　そのとおりです．一般的な電気的特性をもつ PMSM が広帯域幅をもつ電流制御を通じて駆動されている場合には，最小次元 D 因子磁束状態オブザーバが適用可能な所期駆動域における駆動開始には，前段推定法は不要です．PMSM の所期駆動域における回転状態からのセンサレス駆動の開始は，まず電流指令値を小さく選定するなどして安定な電流制御を開始・確立し，次に回転子の位相・速度の推定を開始するようにすれば，本節で示した解析および実験の結果を適用することができます．

2.5　パラメータ誤差に対する位相推定特性

2.5.1　目的

2.3 節では，最小次元 D 因子磁束状態オブザーバによれば，回転子磁束を正しく推定でき，同推定値を用い回転子位相を正しく推定できることを示した．しかし，これらの結論は，**固定子パラメータ**すなわち抵抗，インダクタンスの真値が既知であることを前提としたものであった．最小次元 D 因子磁束状態オブザーバによる回転子位相の適切な推定には，基本的に固定子パラメータ真値が必要である．真値と異なった値を利用した場合，正しい位相推定値を得ることはできない．

本節では，固定子パラメータ真値に代わって，誤差をもつ**公称値**（nominal value）を利用して回転子磁束を推定し，これにより位相推定を行った場合には，いかなる**位相推定誤差**が発生するのか，一般性のある形で，解析する．すなわち，以降に示すパラメータ誤差に関する解析手法および結果は，**最小次元 D 因子磁束状態オブザーバ**のみならず，回転子磁束を推定する他の推定法（第 3 章で提案の**同一次元 D 因子磁束状態オブザーバ**，第 4 章で提案の**一般化 D 因子磁束推定法**による回転子磁束推定）にもそのまま適用できる**一般性**に富むものである．

本節は，以下のように構成されている．次の 2.5.2 項では，誤差をもつ公称値を用いた**統一回転子磁束推定モデル**を構築する．本磁束推定モデルは高い一般性をもち，最小次元 D 因子磁束状態オブザーバを含め多くの回転子磁束推定法を包含している．2.5.3 項では，回転子位相を単に推定する場合（すなわち，位相推定値をベクトル回転器に反映しない，ひいてはベクトル制御に反映しない場合）の**位相推定誤差**を解析する．本節では，この種の推定を**開ループ推定**と呼称する．2.5.4 項では，回転子推定値をベクトル回転器に反映し，ひいてはベクトル制御に反映する場合の位相推定誤差を解析する．本節では，この種の推定を**閉ループ推定**と呼称する．2.5.5 項では，2.5.3 項と 2.5.4 項とで提示した主要な解析結果を，最小次元 D 因子磁束状態オブザーバ（**外装 I 形実現**）を用いて定量的に検証し，その妥当性を確認する．

2.5.2 パラメータ誤差を考慮した統一回転子磁束推定モデル

PMSM の固定子パラメータ（すなわち固定子の巻線抵抗，イタンダクタンス）の真値に対して，ある誤差をもつこれらの公称値を，おのおの $\widehat{R}_1$，$\widehat{L}_i$，$\widehat{L}_m$，$\widehat{L}_d$, $\widehat{L}_q$ と表現する．パラメータ公称値の同真値に対する**パラメータ誤差**を，(2.57)式のように定義する．

$$\left.\begin{aligned} \Delta R_1 &= \widehat{R}_1 - R_1,\ \ \Delta L_i = \widehat{L}_i - L_i,\ \ \Delta L_m = \widehat{L}_m - L_m \\ \Delta L_d &= \widehat{L}_d - L_d,\ \ \Delta L_q = \widehat{L}_q - L_q,\ \ \Delta L_{qd} = \widehat{L}_q - L_d \end{aligned}\right\} \tag{2.57}$$

また，インダクタンス公称値に関しては，(2.14)式と同一の関係が成立するものとする．この場合，(2.57)式で定義された**インダクタンス誤差**に関しても，(2.14)式と同一の関係が成立する．すなわち，

$$\begin{bmatrix} \Delta\widehat{L}_d \\ \Delta\widehat{L}_q \end{bmatrix} = \begin{bmatrix} 1 & 1 \\ 1 & -1 \end{bmatrix} \begin{bmatrix} \Delta\widehat{L}_i \\ \Delta\widehat{L}_m \end{bmatrix} \tag{2.58}$$

(2.6)～(2.13)式の $\gamma\delta$ 一般座標系上の**回路方程式**（**第 1 基本式**）を考える．本回路方程式で記述された PMSM に関し，誤差をもつ**固定子パラメータ**公称値を用いて回転子磁束を推定した場合に本誤差が回転子磁束推定値ひいては回転子位相推定値に与える影響を検討する．このため，固定子パラメータ以外は回転子速

度を含めすべて既知であるとして，パラメータ公称値等を利用した次の**統一回転子磁束推定モデル**を考える．

【$\gamma\delta$ 一般座標系上の統一回転子磁束推定モデル】

$$\boldsymbol{v}_1 = \hat{R}_1\boldsymbol{i}_1 + \boldsymbol{D}(s, \omega_\gamma)\hat{\boldsymbol{\phi}}_1 \tag{2.59}$$

$$\hat{\boldsymbol{\phi}}_1 = \hat{\boldsymbol{\phi}}_i + \hat{\boldsymbol{\phi}}_m \tag{2.60}$$

ただし，**固定子反作用磁束モデル** $\hat{\boldsymbol{\phi}}_i$ は，次の(2.61a)式，(2.61b)式のいずれかとする．

$$\hat{\boldsymbol{\phi}}_i = [\hat{L}_i\boldsymbol{I} + \hat{L}_m\boldsymbol{Q}(\theta_\gamma)]\boldsymbol{i}_1 \tag{2.61a}$$

$$\hat{\boldsymbol{\phi}}_i = [\hat{L}_i\boldsymbol{I} + \hat{L}_m\boldsymbol{Q}(\hat{\theta}_\gamma)]\boldsymbol{i}_1 \tag{2.61b}$$

■

(2.59)～(2.61)式における信号上の記号 ^ は，関連信号の推定値を意味する．固定子反作用磁束モデルである(2.61a)式と(2.61b)式の相違は，これに使用した回転子位相情報の相違にある．すなわち，前者は**位相真値** θ_γ を，後者は**位相推定値** $\hat{\theta}_\gamma$ を利用している．本項では，前者を用いた推定モデルを**開ループ推定モデル**と呼び，後者を用いた推定モデルを**閉ループ推定モデル**と呼ぶ．

(2.59)～(2.61)式による統一回転子磁束推定モデルは，パラメータ等が同真値と等しい場合には，(2.6)～(2.8)式と同一となる．換言するならば，(2.6)～(2.8)式に立脚した各種**モデルマッチング形回転子磁束推定法**（最小次元D因子磁束状態オブザーバもこれに含まれる）において，誤差を有するパラメータ公称値等を利用する場合には，結果的に，これら推定法は(2.59)～(2.61)式の推定モデルに立脚した推定法となっている．

2.5.3　開ループ推定における定常推定特性の解析

(2.59)～(2.61a)式の開ループ推定モデルに立脚した回転子磁束推定法に関しては，次の**パラメータ誤差定理I**が成立する．

《定理2.4　パラメータ誤差定理I》

(a)　PMSMの信号を回転子磁束の開ループ推定モデルに用いてマッチングがとれるように回転子磁束推定値 $\hat{\boldsymbol{\phi}}_m$ を決定するモデルマッチング形回転子磁束推定法を考える．同推定法は，パラメータ真値を利用した場合，定常的には回転子磁束真値を推定し得るものとする．

同推定法にパラメータ誤差を有する公称値を利用して決定した磁束推定値は，**回転子磁束推定誤差** $\Delta\boldsymbol{\phi}_m$

$$\Delta\boldsymbol{\phi}_m = \hat{\boldsymbol{\phi}}_m - \boldsymbol{\phi}_m \neq \mathbf{0} \tag{2.62}$$

をもつ．dq 同期座標系上において評価した回転子磁束推定誤差を $\Delta\boldsymbol{\phi}_{mr}$ とすると，定常的な $\Delta\boldsymbol{\phi}_{mr}$ は次式で与えられる．

$$\Delta\boldsymbol{\phi}_{mr} = \frac{\Delta R_1}{\omega_{2n}}\begin{bmatrix} -i_q \\ i_d \end{bmatrix} - \begin{bmatrix} \Delta L_d\, i_d \\ \Delta L_q\, i_q \end{bmatrix} \qquad \omega_{2n} \neq 0 \tag{2.63}$$

ここに，i_d, i_q は，固定子電流の d 軸，q 軸要素を意味する．

(b) 回転子磁束推定値に基づく回転子位相推定値の同真値に対する**定常的位相誤差** $\Delta\theta_d$ は，次式となる．

$$\Delta\theta_d = \hat{\theta}_\gamma - \theta_\gamma = \tan^{-1}\frac{\Delta R_1 i_d - \omega_{2n}\Delta L_q i_q}{\omega_{2n}\Phi - \Delta R_1 i_q - \omega_{2n}\Delta L_d i_d} \qquad \omega_{2n} \neq 0 \tag{2.64}$$

特に，高速駆動等の**巻線抵抗誤差**が無視できる場合には，定常的位相誤差 $\Delta\theta_d$ は次式となる．

$$\Delta\theta_d = \tan^{-1}\frac{-\Delta L_q i_q}{\Phi - \Delta L_d i_d} \tag{2.65}$$

〈証明〉

(a) (2.59)式から(2.6)式第 1 式を減ずると，次式を得る．

$$\mathbf{0} = \Delta R_1 \boldsymbol{i}_1 + \boldsymbol{D}(s, \omega_\gamma)[\hat{\boldsymbol{\phi}}_i - \boldsymbol{\phi}_i + \Delta\boldsymbol{\phi}_m] \tag{2.66}$$

上式を，開ループ推定モデルの(2.61a)式に注意して，回転子磁束推定誤差 $\Delta\boldsymbol{\phi}_m$ について整理すると，

$$\boldsymbol{D}(s, \omega_\gamma)\Delta\boldsymbol{\phi}_m = -\Delta R_1 \boldsymbol{i}_1 - \boldsymbol{D}(s, \omega_\gamma)[\Delta L_i \boldsymbol{I} + \Delta L_m \boldsymbol{Q}(\theta_\gamma)]\boldsymbol{i}_1 \tag{2.67}$$

回転子磁束推定誤差の dq 同期座標系上での定常値を評価すべく，(2.67)式に **dq 同期座標系条件**（$\omega_\gamma = \omega_{2n} \neq 0$，$\theta_\gamma = 0$）と**定常状態条件**（$s\Delta\boldsymbol{\phi}_{mr} = 0$，$s\boldsymbol{i}_1 = 0$）とを適用し，(2.58)式の関係を利用すると，次式を得る．

$$\Delta\boldsymbol{\phi}_{mr} = \frac{1}{\omega_{2n}}\Delta R_1 \boldsymbol{J}\boldsymbol{i}_1 - \begin{bmatrix} \Delta L_d\, i_d \\ \Delta L_q\, i_q \end{bmatrix} \qquad \omega_{2n} \neq 0 \tag{2.68}$$

(2.68)式は，(2.63)式を意味する．

(b) dq 同期座標系上で評価した回転子磁束推定値 $\hat{\boldsymbol{\phi}}_{mr}$ は，(2.62)式を考慮すると，次式となる．

$$\hat{\boldsymbol{\phi}}_{mr} = \begin{bmatrix} \Phi \\ 0 \end{bmatrix} + \Delta\boldsymbol{\phi}_{mr} \tag{2.69}$$

2

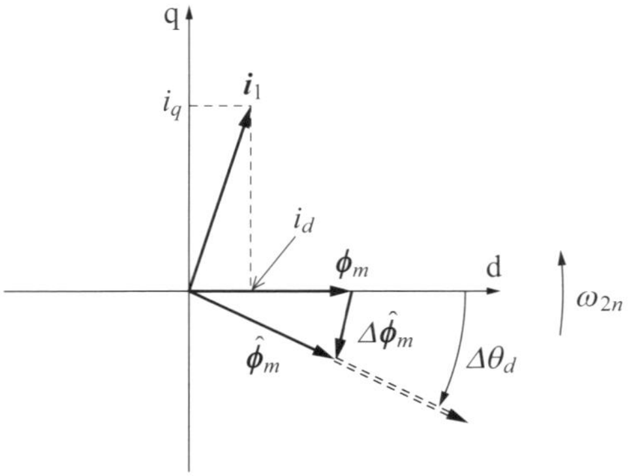

図 2.46　回転子磁束，同推定値，固定子電流の相互関係の一例

(2.63)式，(2.69)式は，(2.64)式を意味する．(2.64)式に近似条件を付与すると，直ちに(2.65)式が得られる．

■

上記のパラメータ誤差定理Ⅰ（定理 2.4）より，当該の回転子磁束推定法は，以下の定常的な**収束特性**をもつことが明らかである．

(a)　**固定子パラメータ誤差**に起因する回転子磁束推定誤差は，固定子電流に比例する．

(b)　**インダクタンス誤差**に起因する回転子磁束推定誤差は，速度に無関係である．

(c)　**巻線抵抗誤差**に起因する回転子磁束推定誤差は，速度に反比例する．

(d)　インダクタンス誤差に起因する回転子位相推定誤差は，**回転子磁束強度** Φ の逆数におおむね比例する．

パラメータ誤差定理Ⅰ（定理 2.4）に使用した諸信号の定常的関係の一例を，**図 2.46** に示した．

2.5.4　閉ループ推定における定常推定特性の解析

パラメータ誤差定理Ⅰ（定理 2.4）に述べられた閉ループ推定特性を有するモデルマッチング形回転子磁束推定法をセンサレスベクトル制御に利用し，同推定法により得た回転子位相推定値をベクトル制御のためのベクトル回転器の位相に利用する場合を，すなわち閉ループ推定の場合を考える．閉ループ推定に関しては，以下に示す**パラメータ誤差定理Ⅱ**，**パラメータ誤差定理Ⅲ**が成立する．

《定理 2.5　パラメータ誤差定理Ⅱ》

パラメータ誤差定理Ⅰに述べられた推定特性を有する回転子位相推定法をセンサレスベクトル制御に利用し，同推定法により得た回転子位相推定値をベクトル制御のためのベクトル回転器の位相に利用して得た座標系を $\boldsymbol{\gamma\delta}$ **準同期座標系**とする．$\gamma\delta$ 準同期座標系上で評価した固定子電流を i_γ, i_δ とするとき，本電流 i_γ, i_δ は，定常状態では，dq 同期座標系上で評価した固定子電流 i_d, i_q と次の関係を有する．

$$\frac{\Delta R_1 i_d - \omega_{2n}(\Delta L_q i_q + 2\hat{L}_m(\sin\Delta\theta_d) i_\gamma)}{\omega_{2n}\Phi - \Delta R_1 i_q - \omega_{2n}(\Delta L_d i_d + 2\hat{L}_m(\sin\Delta\theta_d) i_\delta)} = \frac{i_\gamma i_q - i_\delta i_d}{i_\gamma i_d + i_\delta i_q} \qquad \omega_{2n} \neq 0 \tag{2.70}$$

〈証明〉

dq 同期座標系に対する $\gamma\delta$ 準同期座標系の位相は，回転子位相の真値に対する同推定値の定常的位相誤差 $\Delta\theta_d$ でもある．したがって，同一の固定子電流を 2 種の異なる座標系上で評価した場合は，次の関係が成立する（**図 2.47** 参照）．

$$\begin{bmatrix} i_d \\ i_q \end{bmatrix} = \boldsymbol{R}(\Delta\theta_d)\begin{bmatrix} i_\gamma \\ i_\delta \end{bmatrix} \tag{2.71}$$

ただし，

$$\boldsymbol{R}(\Delta\theta_d) = \begin{bmatrix} \cos\Delta\theta_d & -\sin\Delta\theta_d \\ \sin\Delta\theta_d & \cos\Delta\theta_d \end{bmatrix} \tag{2.72}$$

上式より，次の関係が得られる（図 2.47 参照）．

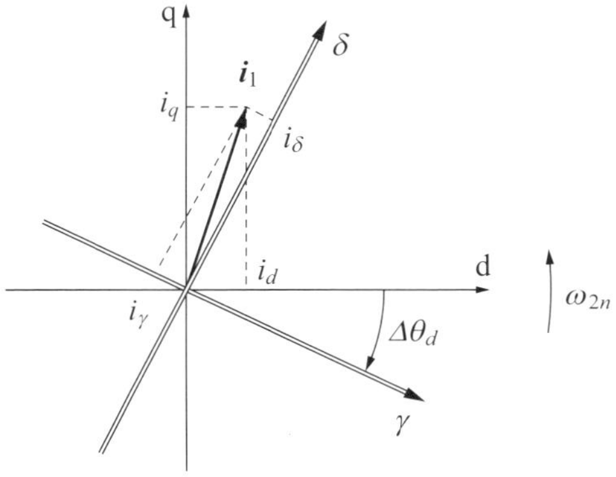

図 2.47　同期 dq 座標系と $\gamma\delta$ 準同期座標系の関係

$$\tan \Delta\theta_d = \frac{i_\gamma i_q - i_\delta i_d}{i_\gamma i_d + i_\delta i_q} \tag{2.73}$$

また，(2.59)式から(2.6)式第1式を減ずると，次式を得る．

$$\mathbf{0} = \Delta R_1 \boldsymbol{i}_1 + \boldsymbol{D}(s, \omega_\gamma)[\hat{\boldsymbol{\phi}}_i - \boldsymbol{\phi}_i + \Delta\boldsymbol{\phi}_m] \tag{2.74}$$

上式を，閉ループ推定モデルの(2.61b)式に注意して，回転子磁束推定誤差$\Delta\boldsymbol{\phi}_m$について整理すると，

$$\begin{aligned}\boldsymbol{D}(s, \omega_\gamma)\Delta\boldsymbol{\phi}_m = & -\Delta R_1 \boldsymbol{i}_1 - \boldsymbol{D}(s, \omega_\gamma)[\Delta L_i \boldsymbol{I} + \Delta L_m \boldsymbol{Q}(\theta_\gamma)]\boldsymbol{i}_1 \\ & - \boldsymbol{D}(s, \omega_\gamma)\hat{L}_m[\boldsymbol{Q}(\hat{\theta}_\gamma) - \boldsymbol{Q}(\theta_\gamma)]\boldsymbol{i}_1\end{aligned} \tag{2.75}$$

回転子磁束推定誤差をdq同期座標系上で評価すべく，(2.75)式に**dq同期座標系条件**（$\omega_\gamma = \omega_{2n} \neq 0$，$\theta_\gamma = 0$）を適用し，(2.58)式と次の関係を考慮すると，

$$\Delta\theta_d = \hat{\theta}_\gamma - \theta_\gamma \tag{2.76}$$

(2.75)式より，次式を得る．

$$\begin{aligned}\boldsymbol{D}(s, \omega_{2n})\Delta\boldsymbol{\phi}_{m\,r} = & -\Delta R_1 \boldsymbol{i}_1 - \boldsymbol{D}(s, \omega_{2n})\begin{bmatrix}\Delta L_d & 0 \\ 0 & \Delta L_q\end{bmatrix}\boldsymbol{i}_1 \\ & - \boldsymbol{D}(s, \omega_{2n})2\hat{L}_m \sin\Delta\theta_d \begin{bmatrix}-\sin\Delta\theta_d & \cos\Delta\theta_d \\ \cos\Delta\theta_d & \sin\Delta\theta_d\end{bmatrix}\boldsymbol{i}_1\end{aligned} \tag{2.77}$$

(2.77)式に(2.71)式の関係を利用すると，

$$\begin{aligned}\boldsymbol{D}(s, \omega_{2n})\Delta\boldsymbol{\phi}_{m\,r} = & -\Delta R_1 \boldsymbol{i}_1 - \boldsymbol{D}(s, \omega_{2n})\begin{bmatrix}\Delta L_d i_d \\ \Delta L_q i_q\end{bmatrix} \\ & - \boldsymbol{D}(s, \omega_{2n})2\hat{L}_m \sin\Delta\theta_d \begin{bmatrix} i_\delta \\ i_\gamma\end{bmatrix}\end{aligned} \tag{2.78}$$

ここで，dq同期座標系上における**定常状態条件**($s\Delta\boldsymbol{\phi}_{m\,r} = \mathbf{0}$，$s\boldsymbol{i}_1 = \mathbf{0}$)を適用すると，次式を得る．

$$\Delta\boldsymbol{\phi}_{m\,r} = \frac{1}{\omega_{2n}}\Delta R_1 \boldsymbol{J}\boldsymbol{i}_1 - \begin{bmatrix}\Delta L_d i_d + 2\hat{L}_m(\sin\Delta\theta_d) i_\delta \\ \Delta L_q i_q + 2\hat{L}_m(\sin\Delta\theta_d) i_\gamma\end{bmatrix} \qquad \omega_{2n} \neq 0 \tag{2.79}$$

dq同期座標系上で評価した回転子磁束推定値$\hat{\boldsymbol{\phi}}_{m\,r}$は，次式となるので，

$$\hat{\boldsymbol{\phi}}_{m\,r} = \begin{bmatrix}\Phi \\ 0\end{bmatrix} + \Delta\boldsymbol{\phi}_{m\,r} \tag{2.80}$$

(2.80)式に(2.79)式を適用すると，回転子磁束推定値の位相は，以下のように定まる．

$$\tan \Delta\theta_d = \frac{\Delta R_1 i_d - \omega_{2n}(\Delta L_q i_q + 2\hat{L}_m(\sin \Delta\theta_d)\, i_\gamma)}{\omega_{2n}\Phi - \Delta R_1 i_q - \omega_{2n}(\Delta L_d i_d + 2\hat{L}_m(\sin \Delta\theta_d) i_\delta)} \qquad \omega_{2n} \neq 0 \tag{2.81}$$

(2.73)式，(2.81)式は(2.70)式を意味する．

■

2

《定理 2.6　パラメータ誤差定理Ⅲ》

(a)　パラメータ誤差定理Ⅰに述べられた推定特性を有する回転子位相推定法をセンサレスベクトル制御に利用し，同推定法により得た回転子位相推定値をベクトル制御のためのベクトル回転器の位相に利用して得た座標系を $\gamma\delta$ 準同期座標系とする．また，$\gamma\delta$ 準同期座標系で評価した固定子電流を i_γ, i_δ とする．このとき，高速駆動等の巻線抵抗誤差が無視でき，かつ $i_\gamma = 0$ の電流制御が行われている場合には，固定子電流 i_d, i_q は，定常状態では，原点を通過する次の軌跡上に存在する．

・パラメータ誤差電流軌跡

$$\Phi\, i_d - \Delta L_{qd} i_d^2 - \Delta L_q i_q^2 = 0 \tag{2.82}$$

$$i_d = \begin{cases} \dfrac{\Phi - \sqrt{(\Phi^2 - 4\Delta L_{qd}\Delta L_q i_q^2)}}{2\Delta L_{qd}} & \Delta L_{qd} \neq 0 \\[2ex] \dfrac{\Delta L_q}{\Phi}\, i_q^2 & \Delta L_{qd} = 0 \end{cases} \tag{2.83}$$

原点を通過する**パラメータ誤差電流軌跡**は，**インダクタンス誤差**に応じて**楕円軌跡**，**放物線軌跡**，**双曲線軌跡**，または**直線軌跡**に変化する．

(b)　上記 (a) 項の条件下では，定常状態の固定子電流 i_d, i_q は次の値を取り，

$$\left.\begin{aligned} i_d &= \frac{\sqrt{\Phi^2 + 8L_m \Delta L_q i_\delta^2} - \Phi}{4L_m} \\ i_q &= \mathrm{sgn}(i_\delta)\sqrt{i_\delta^2 - i_d^2} \end{aligned}\right\} \tag{2.84}$$

定常的位相誤差は次式となる．

$$\begin{aligned} \Delta\theta_d &= \sin^{-1}\frac{-i_d}{i_\delta} \\ &= \sin^{-1}\left(\frac{\Phi - \sqrt{\Phi^2 + 8L_m \Delta L_q i_\delta^2}}{4L_m i_\delta}\right) \end{aligned} \tag{2.85}$$

また，次式が成立する場合には，

$$\Phi \gg 2\sqrt{2\,|L_m \Delta L_q|}\,|i_\delta| \tag{2.86}$$

定常状態の固定子電流 i_d, i_q はおおむね次の値を取り，

$$i_d \approx \frac{\Delta L_q i_\delta^2}{\Phi}, \qquad i_q \approx i_\delta\left(1-\frac{\Delta L_q^2 i_\delta^2}{2\Phi^2}\right) \tag{2.87}$$

定常的位相誤差はおおむね次の値を取る．

$$\begin{aligned}\Delta\theta_d &= \sin^{-1}\frac{-i_d}{i_\delta}\\ &\approx \frac{-\Delta L_q i_\delta}{\Phi}\end{aligned} \tag{2.88}$$

〈証明〉

(a)　(2.70)式に対して，高速駆動等の巻線抵抗誤差が無視できる条件 $\Delta R_1 = 0$，および $i_\gamma = 0$ の条件を用いると，次式を得る．

$$\begin{aligned}\frac{-\Delta L_q i_q}{\Phi-(\Delta L_d i_d + 2\hat{L}_m(\sin\Delta\theta_d)\, i_\delta)} &= \frac{-\Delta L_q i_q}{\Phi-(\Delta L_d - 2\hat{L}_m)\, i_d}\\ &= \frac{-i_d}{i_q} \qquad \omega_{2n} \neq 0\end{aligned} \tag{2.89}$$

上式は，(2.57)式を考慮すると，(2.82)式のパラメータ誤差電流軌跡として整理することができる．

(2.82)式を i_d について求解し，物理的意味のある解を採用すると，原点を通過する軌跡を意味する(2.83)式が得られる．

また，(2.83)式の第1式は，以下のように書き改めることもできる．

$$\frac{\left(i_d - \dfrac{\Phi}{2\Delta L_{qd}}\right)^2}{\dfrac{\Phi^2}{4\Delta L_{qd}^2}} + \frac{i_q^2}{\dfrac{\Phi^2}{4\Delta L_{qd}\Delta L_q}} = 1 \qquad \Delta L_{qd}\Delta L_q \neq 0 \tag{2.90}$$

上式は，$\Delta L_{qd}\Delta L_q > 0$ の場合には**楕円軌跡**を，$\Delta L_{qd}\Delta L_q < 0$ の場合には**双曲線軌跡**を意味する．(2.83)式第2式は，**放物線軌跡**（$\Delta L_q \neq 0$），**直線軌跡**（$\Delta L_q = 0$）を示している．

(b)　$i_\gamma = 0$ の条件の下では，次の関係が成立する（図2.47参照）．

$$i_d^2 + i_q^2 = i_\delta^2 \tag{2.91}$$

(2.82)式と(2.91)式を連立して求解し，(2.14)式の関係を用いると，(2.84)式を得る．

$\gamma\delta$ 準同期座標系上の $i_\gamma = 0$ とした本場合は，固定子電流は δ 要素のみである．これより直ちに，定常的位相誤差に関し，(2.85)式第 1 式の関係が成立する．(2.85)式第 1 式に(2.84)式第 1 式を適用すると，(2.85)式第 2 式が得られる．

(2.84)式に対して，(2.86)式の条件を適用して近似を施すと直ちに(2.87)式を得る．(2.84)式，(2.85)式と同様な関係により，(2.87)式より(2.88)式が得られる．

■

2

本書では，$i_\gamma = 0$ とする座標系を，すなわち固定子電流位相を δ 軸位相とする座標系を **$\gamma\delta$ 電流座標系**と呼称する．パラメータ誤差定理Ⅲ（定理 2.6）は，「高速駆動等により巻線抵抗誤差が無視できる場合の $\gamma\delta$ 電流座標系上の固定子電流の様子を記述した」ものである．特に，(a)項は，「dq 同期座標系上で評価した固定子電流 i_d, i_q は，**インダクタンス誤差**に応じて，原点を通過する楕円，双曲線，放物線，または直線のいずれか特定の軌跡上に存在する」ことを主張するものである．

図 2.48 は，(2.82)式に基づき，q 軸インダクタンス誤差 ΔL_q に対する原点通

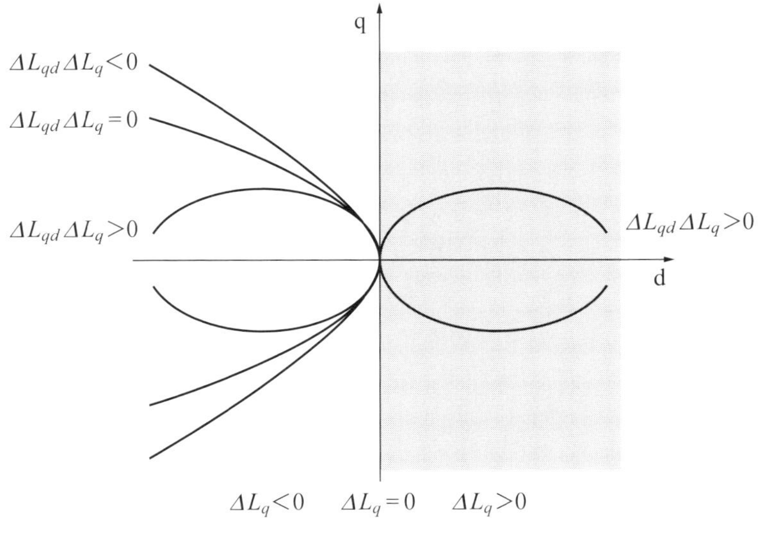

図 2.48 巻線抵抗誤差が無視できかつ $i_\gamma = 0$ の場合での，q 軸インダクタンス誤差に対する固定子電流軌跡の概要

過軌跡の様子を，概略的に示したものである．すなわち，dq 同期座標系上で評価した固定子電流 i_d, i_q は，$\Delta L_q > 0$ の場合には $i_d > 0$ に対応した第 1，第 4 象限に存在し，$\Delta L_q = 0$ の場合には $i_d = 0$ に対応した q 軸上に存在し，$\Delta L_q < 0$ の場合には，$i_d < 0$ に対応した第 2，第 3 象限に存在する．(2.82)式，(2.90)式から理解されるように，$\Delta L_q \neq 0$ の場合の軌跡は，2 種インダクタンス誤差の積 $\Delta L_{qd} \Delta L_q$ の極性すなわち負，零，正に依存して，**双曲線軌跡**，**放物線軌跡**，**楕円軌跡**と変化する．ただし，$\Delta L_q > 0$ の場合には，$L_d \leq L_q$ なる特性より，$\Delta L_{qd} \Delta L_q > 0$ しか起こりえず，電流 i_d, i_q は楕円軌跡のみをとることになる．この特性には，特に注意されたい（本項末尾の Q/A2.11 参照）．

(2.85)式第 2 式が示しているように，定常的位相誤差は，**q 軸インダクタンス誤差**のみに支配され，q 軸インダクタンス誤差に応じて単調に増加する．特に，$\Delta L_q < 0$ の場合には，定常的位相誤差は，双曲線軌跡（$L_d < \hat{L}_q < L_q$），放物線軌跡（$\hat{L}_q = L_d$），楕円軌跡（$0 \leq \hat{L}_q < L_d$）と軌跡形状を変化させながら，単調増加する．また，(2.85)式第 2 式および図 2.48 が明白に示しているように，$\Delta L_q = 0$ の場合には定常的位相誤差は発生しない．定常的位相誤差の詳細は，パラメータ誤差定理Ⅲ（定理 2.6）の(b)項が示すとおりである．

パラメータ誤差定理Ⅲ（定理 2.6）の(b)項は，「(a)項の条件が成立し，特に(2.86)式の関係が成立する場合には，定常的位相誤差に関し次の 4 点が成立する」ことを示している．

(a)　q 軸インダクタンス誤差に概ね比例して d 軸電流が発生する．

(b)　d 軸電流の発生にもかかわらず，q 軸インダクタンスのみが位相誤差の支配パラメータである．

(c)　位相誤差は，q 軸インダクタンス誤差，固定子電流，回転子磁束強度の逆数の 3 値におおむね比例する．

(d)　位相誤差は，$\Delta L_{qd} = 0$（すなわち，$\hat{L}_q = L_d$）の場合には，同 3 値で正規化が可能であり，個々の PMSM のパラメータに依存しない統一的評価が可能である．

上記(d)項言及の正規化は，$\Delta L_{qd} = 0$ の場合には(2.85)式が次式のように書き改められることにより，容易に確認される．

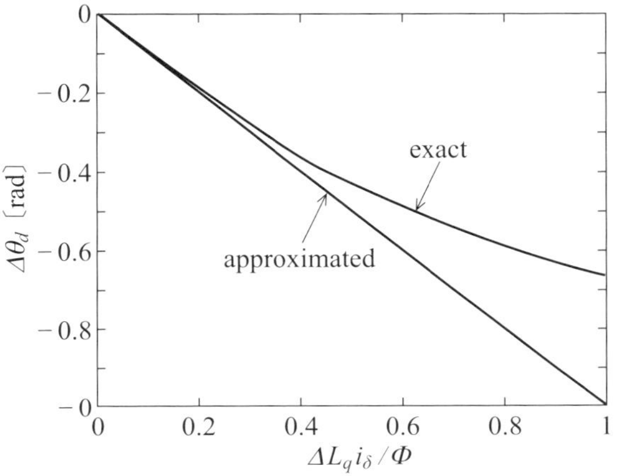

図 2.49　定常的位相誤差に関する精密解と近似解の一例

$$\Delta\theta_d = \sin^{-1}\frac{-i_d}{i_\delta} = \sin^{-1}\left(\frac{1-\sqrt{1+4\left(\dfrac{\Delta L_q i_\delta}{\Phi}\right)^2}}{2\left(\dfrac{\Delta L_q i_\delta}{\Phi}\right)}\right) \tag{2.92}$$

(2.88)式による近似の範囲を把握すべく，$\Delta L_{qd} = 0$ を条件に，(2.92)式の精密解と(2.88)式の近似解の比較を行った．**図 2.49** に結果を示す．同図では，横軸は正の正規化信号 $\Delta L_q i_\delta/\Phi \geq 0$ であり，縦軸が定常的位相誤差 $\Delta\theta_d$ である．なお，負の正規化信号 $\Delta L_q i_\delta/\Phi \leq 0$ に対する定常的位相誤差 $\Delta\theta_d$ は，「(2.92)式，(2.88)式は奇関数である」ことにより，原点に対し点対称の形状を示す．

図 2.49 より，以下が明白である．

(a)　近似解は，正規化信号 0.3，位相誤差 −0.3〔rad〕近傍まで，精密解の良好な近似となっている．

(b)　近似解は，精密解に比較し，常に大きな位相誤差を示しており，位相誤差の最悪の上限は，近似解を通じ把握可能である．

なお，非突極 PMSM に関しては，原理的に $L_d = L_q$，$\Delta L_{qd}\Delta L_q = \Delta L_q^2 > 0$ であるので，dq 同期座標系上における固定子電流 i_d, i_q の軌跡は，楕円軌跡のみとなる．また，原理的に $L_m = 0$ であり，(2.86)式が常に成立するので，(2.87)式の近似式は精密式として成立する．

Q2.11 **図2.48に関連した解析によりますと,「センサレスベクトル制御において, $\Delta L_q > 0$ の状態が発生した場合には, 急速な発生トルクの低下が起こり得る」と理解してよいのでしょうか.**

Ans. そのとおりです. 解析によりますと, $\Delta L_q > 0$ の場合には, 電流 i_d, i_q は, 定常的位相誤差が最も大きい楕円軌跡のみをとります. 楕円軌跡による場合, 他のいずれの軌跡よりも, 発生トルクの低下は著しいです. 速度制御においては, 発生トルクが減少しますと, 制御系はこれを補うべく, より大きな固定子電流を流そうとします. 図2.49に定常的位相誤差の一例を示していますが, 同一のパラメータ誤差 $\Delta L_q > 0$ に対しても, 固定子電流の増大とともに定常的位相誤差は大きくなります. 実際の多くのPMSMにおいては, **磁気飽和**（magnetic saturation, **磁束の飽和**）現象により, 真のインダクタンスが電流増加とともに減少しますので, パラメータ誤差 $\Delta L_q > 0$ はさらに大きくなり, 定常的位相誤差もさらに増大します. センサレスベクトル制御系の位相推定においてインダクタンスの真値を知り得ない場合には, 小さ目な値の選択が実際的です.

Q2.12 **2.5.2～2.5.4項にわたり提示された定常的位相誤差の解析は, 回転子磁束推定を前提としたものでした. 回転子磁束推定に代わって, 回転子磁束の時間微分である速度起電力の推定を前提とする場合にも, 定常的位相誤差に関し同様な解析が可能でしょうか.**

Ans. 可能です. 解析の手順は, 提案の解析手順と同様です. 速度起電力推定, 拡張速度起電力推定の場合にも, (2.82)式の**パラメータ誤差電流軌跡**が得られます. なお, 速度起電力推定, 拡張速度起電力推定を介した回転子位相推定法に関しては, おのおの第5章, 第6章で説明します. この際, パラメータ誤差電流軌跡に関しても言及します.

Q2.13 **(2.82)式のパラメータ誤差電流軌跡が, 簡易に効率駆動を達成するセンサレスベクトル制御法に発展するのですね.**

Ans. そのとおりです. 当該のベクトル制御法は, **軌跡指向形ベクトル制御法**と呼ばれます. 軌跡指向形ベクトル制御法は, $\gamma\delta$ 電流座標系上で, 回転子位相に代わって, 効率駆動をもたらす固定子電流の位相を直接推定する体系的センサレスベクトル制御法です. この詳細は, 第7章で説明します.

2.5.5 推定特性の定量的検証

〔1〕準同期座標系上の最小次元D因子磁束状態オブザーバ

本項では，パラメータ誤差定理Ⅰ～Ⅲで示された解析解に対し，数値実験により定量的検証を行う．本節が解析対象とした**モデルマッチング形回転子位相推定法**としては，種々のものが存在する．ここでは，その1つとして，最小次元D因子磁束状態オブザーバを利用し，解析解の検証を行う．

最小次元D因子磁束状態オブザーバにおいては，PMSMの固定子パラメータ等の真値を利用して決定した回転子磁束の推定値 $\hat{\boldsymbol{\phi}}_m$ は，ゼロ速度を除き，同真値 $\boldsymbol{\phi}_m$ に収束するという特性を有する（最小次元D因子磁束状態オブザーバ定理（定理2.1）参照）．したがって，パラメータ誤差定理Ⅰ～Ⅲは最小次元D因子磁束状態オブザーバに適用可能である．

最小次元D因子磁束状態オブザーバは，$\alpha\beta$ 固定座標系上でも，$\gamma\delta$ 準同期座標系上でも構成可能である．ここでは，$\gamma\delta$ 準同期座標系上で最小次元D因子磁束状態オブザーバ（外装Ⅰ形実現）を構成する．ただし，固定子の巻線抵抗，インダクタンスの値としては，真値と異なるものを利用する．また，この際のオブザーバゲインとしては，代表的な設計値である $g_1=1$，$g_2=1$ を使用する．

〔2〕パラメータ誤差定理Ⅰの検証

開ループ推定を扱ったパラメータ誤差定理Ⅰ（定理2.4）の妥当性の検証を行う．**図2.50**に，開ループ推定検証のためのシステムを示す．供試PMSMの速度は負荷装置により制御され，PMSM自体は電流制御（トルク制御モードと等価）を行うようにしている．これにより，PMSMに対して，速度と電流を独立に指示できるようになる．PMSMは二相モデルで実現し（姉妹本・文献2.20）の第3章参照），このための電力変換器（インバータ）は理想的な二相電力変換器とした．電流制御系は，帯域幅2 000〔rad/s〕が得られるよう設計した（姉妹本・文献2.20）の第4章参照）．供試PMSMの特性は，インダクタンスを除き表2.1と同一である．インダクタンスに限っては，パラメータ誤差定理Ⅰの検証がしやすいように変更した．すなわち，インダクタンス真値は突極比 $r_s=-L_m/L_i=0.5$ をもつ以下の値とした．

$$\begin{bmatrix} L_i \\ L_m \end{bmatrix} = \begin{bmatrix} 0.041\,48 \\ -0.020\,74 \end{bmatrix}, \qquad \begin{bmatrix} L_d \\ L_q \end{bmatrix} = \begin{bmatrix} 0.020\,74 \\ 0.062\,22 \end{bmatrix} \tag{2.93}$$

開ループ推定検証のための本システムにおいては，最小次元D因子磁束状態

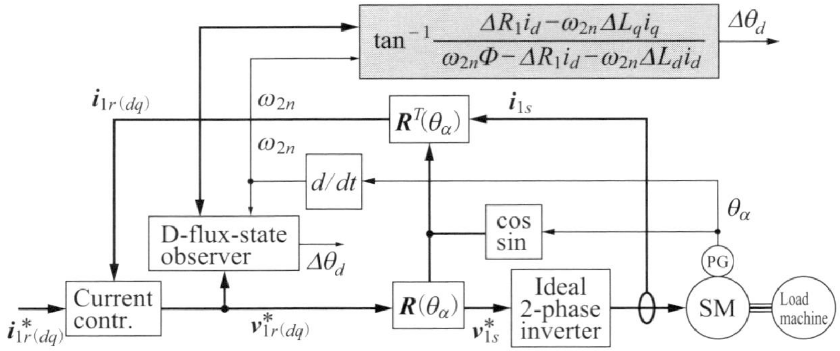

図 2.50　パラメータ誤差定理 I の検証システム

オブザーバ（minimum order D-flux-state observer）は，位相推定のみに利用され，位相推定値は制御には利用されていない．本来の最小次元 D 因子磁束状態オブザーバには，回転子速度情報としては速度推定値が利用されるが，速度推定値に起因する位相推定誤差の影響を排除してパラメータ誤差定理 I の検証に資すべく，速度推定値は同真値と等しいとしている．すなわち，次式の条件で，最小次元 D 因子磁束状態オブザーバを使用している．

$$\omega_\gamma = \hat{\omega}_{2n} = \omega_{2n} \tag{2.94}$$

図 2.50 の検証システムによる場合，最小次元 D 因子磁束状態オブザーバによる定常的位相誤差 $\Delta\theta_d$ は，回転子磁束推定値より直ちに決定される．すなわち，

$$\Delta\theta_d = \hat{\theta}_\gamma \tag{2.95}$$

パラメータ誤差定理 I（定理 2.4）の解析解(2.64)式には，検証に都合が良いように，最小次元 D 因子磁束状態オブザーバと同一の信号を入力し，解析解による位相推定誤差 $\Delta\theta_d$ を生成している（図 2.50 上段の陰影ブロック）．なお，図 2.50 では，これまでの解析における表現と整合性がとれるように，最小次元 D 因子磁束状態オブザーバによる定常的位相誤差，解析解による位相推定誤差は，ともに $\Delta\theta_d$ で表現している．

(a)　検証 1

数値実験の条件は，以下のとおりである．

$$\left.\begin{aligned} &\Delta R_1 = 0,\ \ \Delta L_d = 0,\ \ \Delta L_q = -0.5L_q \\ &i_d = 0,\ \ i_q = 3,\ \ \omega_{2n} = N_p \cdot 180 \end{aligned}\right\} \tag{2.96}$$

図 2.51(a)に定常的位相誤差 $\Delta\theta_d$ の定常応答を示す．同図は，上から，最小次元

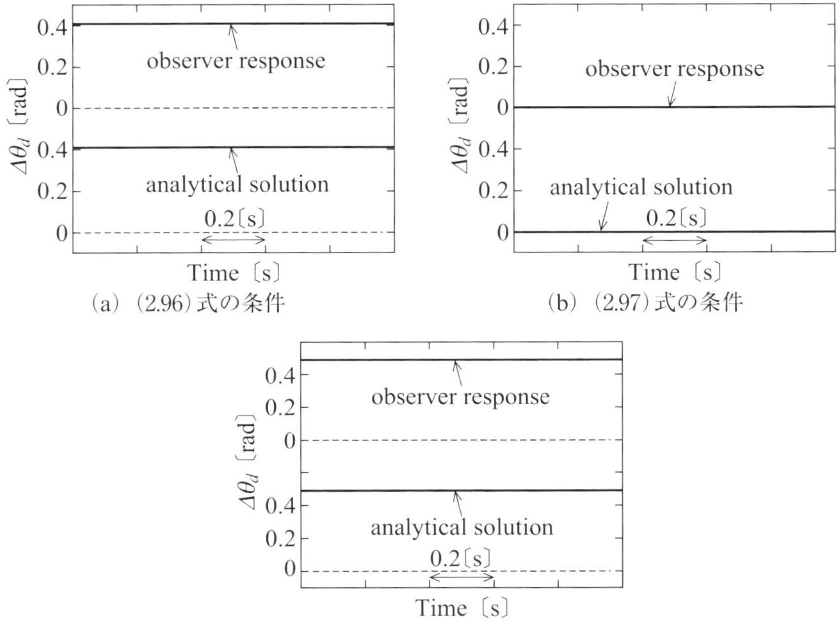

(c) (2.98)式の条件

図 2.51 パラメータ誤差定理 I 検証のための最小次元 D 因子磁束状態オブザーバによる応答と解析解との比較例

D 因子磁束状態オブザーバによる応答，解析解である．

(b) 検証 2

数値実験の条件は，以下のとおりである．

$$\left.\begin{array}{l} \varDelta R_1 = 0, \ \varDelta L_d = 0.2L_d, \ \varDelta L_q = 0 \\ i_d = 0, \ i_q = 3, \ \omega_{2n} = N_p \cdot 180 \end{array}\right\} \tag{2.97}$$

図 2.51(b)に定常的位相誤差 $\varDelta\theta_d$ の応答を示す．波形の意味は，図 2.51(a)と同様である．

(c) 検証 3

数値実験の条件は，以下のとおりである．

$$\left.\begin{array}{l} \varDelta R_1 = 0.5R_1, \ \varDelta L_d = 0, \ \varDelta L_q = 0 \\ i_d = 2, \ i_q = 2, \ \omega_{2n} = N_p \cdot 10 \end{array}\right\} \tag{2.98}$$

図 2.51(c)に定常的位相誤差 $\varDelta\theta_d$ の応答を示す．波形の意味は，図 2.51(a)と同様である．

図2.51においては，解析解による定常的位相誤差がオブザーバによる定常的位相誤差と高い一致を見せていることが確認される．同様の高い一致性は，他の条件での検証でも確認している．これら一致性より，解析解(2.64)式の妥当性，ひいては解析解(2.65)式の妥当性が確認される．

〔3〕パラメータ誤差定理Ⅲの検証

パラメータ誤差定理Ⅱ（定理2.5）に特別の条件を付して得られたパラメータ誤差定理Ⅲ（定理2.6）の妥当性の検証を行う．**図2.52**に**閉ループ推定**検証のためのシステムを示す．本検証システムは，PMSMのセンサレスベクトル制御系そのものである．すなわち，図2.22，図2.23に対応したベクトルシミュレータとなっている．この中核は，**位相速度推定器**（phase-speed estimator）にあり，**$\gamma\delta$ 準同期座標系**上で定義された固定子の電流 $\boldsymbol{i}_1$ と電圧指令値 $\boldsymbol{v}_1^*$ とを入力として受け，ベクトル回転器に最終的に使用される回転子位相推定値（すなわち，$\gamma\delta$ 準同期座標系の位相）$\hat{\theta}_\alpha$ を出力している．位相速度推定器の内部構成は，図2.23と同一である．位相速度推定器を構成する**位相同期器**，さらには位相同期器を構成する**位相制御器**は，2.3.6項のものと同一とした．すなわち，位相制御器 $C(s)$ の形式は(2.35b)式と同一とし，また，この係数も同一の $f_{d,1}=150$，$f_{d,0}=5\,625$ とした．

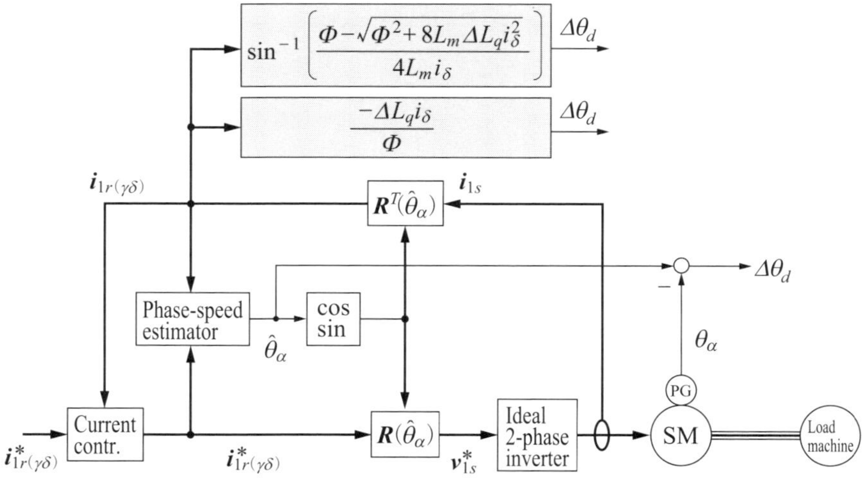

図2.52　パラメータ誤差定理Ⅲの検証システム

位相速度推定器による定常的位相誤差 $\Delta\theta_d$ は，次式に従い決定した．

$$\Delta\theta_d = \hat{\theta}_\alpha - \theta_\alpha \tag{2.99}$$

解析解としての定常的位相誤差 $\Delta\theta_d$ には，精密解である(2.85)式と近似解である(2.88)式との2者を用意した．これら2者には，この検証に都合が良いように，位相速度推定器と同一の信号を入力して，定常的位相誤差 $\Delta\theta_d$ を得た（図2.52上段の陰影ブロック）．

(a)　検証1

数値実験の条件は，以下のとおりである．

$$\left.\begin{array}{l} \Delta R_1 = 0,\ \Delta L_d = 0,\ \Delta L_q = -0.5L_q \\ i_\gamma = 0,\ i_\delta = 3,\ \omega_{2n} = N_p \cdot 180 \end{array}\right\} \tag{2.100}$$

図 2.53(a)に定常的位相誤差 $\Delta\theta_d$ の応答を示す．同図は，上から，センサレスベクトル制御系による定常的位相誤差，精密解による定常的位相誤差，近似解による定常的位相誤差である．

(b)　検証2

数値実験の条件は，以下のとおりである．

$$\left.\begin{array}{l} \Delta R_1 = 0,\ \Delta L_d = 0.2L_d,\ \Delta L_q = -0.2L_q \\ i_\gamma = 0,\ i_\delta = 3,\ \omega_{2n} = N_p \cdot 180 \end{array}\right\} \tag{2.101}$$

図2.53(b)に定常的位相誤差 $\Delta\theta_d$ の応答を示す．波形の意味は，図2.53(a)と同一である．

図2.53において，精密解による定常的位相誤差はセンサレスベクトル制御系による定常的位相誤差と高い一致を見せていることが確認される．また，近似解

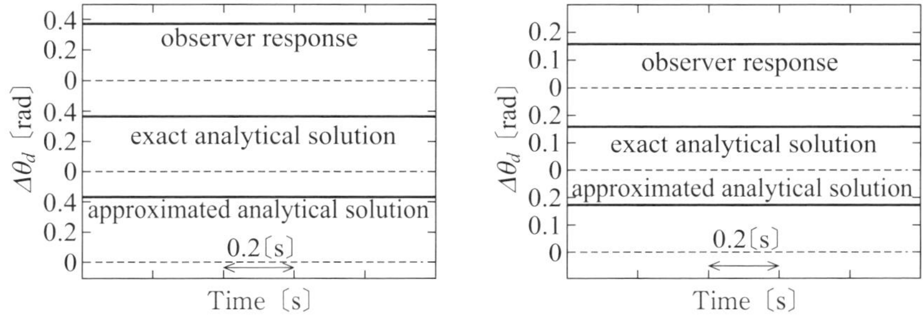

(a)（2.100）式の条件　(b)（2.101）式の条件

図 2.53　パラメータ誤差定理Ⅲ検証のための位相速度推定器による応答と解析解との比較例

による定常的位相誤差は，位相誤差真値が ±0.3〔rad〕範囲では良好な近似を与えることも確認される（図2.49参照）．同様の一致性は，他の条件での検証でも確認している．これら一致性より，パラメータ誤差定理Ⅲ（定理2.6）の解析解の妥当性が確認される．

Q2.14 **センサレスベクトル制御系において，位相速度の推定機能を担う位相速度推定器にモータパラメータ真値を利用する必要性はよくわかりました．PMSMによっては，駆動条件によってインダクタンスが変化することがあると思います．インダクタンスが一定値で扱えないような場合には，どのように位相速度推定器を構成すればよいのでしょうか．**

Ans. 意見のように，PMSMによっては，駆動条件によってインダクタンスが大きく変化するものがあります．インダクタンス変化の主原因の1つは，**磁気飽和**（**磁束の飽和**）によるものです．磁気飽和が発生しますと，固定子電流増加に比例して固定子反作用磁束は増加しません．磁気飽和は，数学モデル上では，電流増加に応じたインダクタンス低減として映ります．図Q/A2.14は，ある車載用PMSM（低電圧大電流仕様のPMSM）のq軸インダクタンスを，PMSMを駆動した状態で，**適応同定**したものです（適応同定に関しては，姉妹本・文献2.20）の第10章参照）．同図の実線が同定値です．また，破線は次の1次**有理関数**による近似特性です．

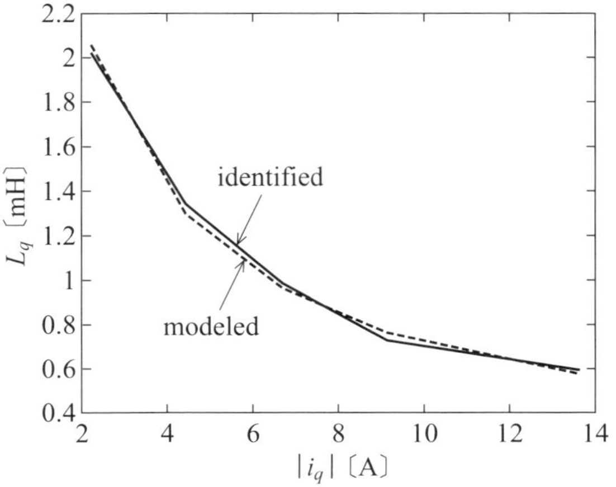

図Q/A2.14　q軸インダクタンスの飽和特性の例

$$L_q = \frac{b_1 |i_q| + b_0}{|i_q| + a_0} 10^{-3} = \frac{0.1510 |i_q| + 6.5246}{|i_q| + 1.1117} 10^{-3}$$

同図は，「q 軸インダクタンスは，q 軸電流定格値 13〔A〕に対応した値を基準にするならば，定格電流の範囲において 300％超の変化を起こす」ことを示しています．

本 PMSM では，一定真値のインダクタンスは存在しません．このような PMSM に対し位相速度推定器を構成する場合には，q 軸電流（厳密には，$\gamma\delta$ 準同期座標系上の δ 軸電流）を近似特性に用いて，q 軸電流に対応した q 軸インダクタンスを算定し，本算定値を利用して位相速度推定器内の q 軸インダクタンスパラメータを変更することになります．著者は，本 PMSM に対して，上記の方法で，最小次元 D 因子磁束状態オブザーバを用いた位相速度推定器を構成し，所期の位相推定に成功しています．なお，磁気飽和の問題は，第 14 章で改めて説明します．

Q2.15　**少し話題がそれます．上の説明では，磁気飽和に起因する q 軸インダクタンスの特性を 1 次有理関数で近似しています．インダクタンスの飽和特性は，提示のような有理関数近似（rational function approximation）ではなく，単なる多項式で近似するのが一般的ではないでしょうか．**

Ans.　意見のように，一般には，以下のような**多項式近似**（polynomial approximation）が多用されています．

$$L_q = \sum_{k=0}^{n} b_k |i_q|^k$$

近似する電流範囲に応じて多項式の次数 n を向上させれば，良好な近似を行うことができます．図 Q/A2.14 のような特性を 0〜150％定格電流の範囲で多項式近似する場合には，多項式の次数を相当上げる必要があります．一方，有理関数近似する場合には，低次（実際的には 1 次，高々 2 次）で対応可能です．1 次近似の場合には，$|i_q| = 0$ のインダクタンスは b_0/a_0 で，$|i_q| = \infty$ のインダクタンスは b_1 で近似されます．激しい飽和特性をもつインダクタンスを広い電流範囲において**低次近似**する場合には，有理関数近似が有利と考えています．上記見解は著者の個人的なものである点には，注意してください．

2.6　回転子磁束高調波成分に対する位相推定特性

2.6.1　目的

2.3節では，理想的条件下における最小次元D因子磁束状態オブザーバの基本的な位相推定性能と特性を明らかにした．理想的条件下の解析に対し，2.4節では，これを取り除いた実際的条件下の第1解析として，速度誤差（速度真値と同推定値との差）に対する位相推定特性を明らかにした．また，2.5節では，実際的条件下の第2解析として，パラメータ誤差（パラメータ真値と同公称値との差）に対する位相推定特性を解明した．本節では，実際的条件下の第3解析として，回転子磁束の純正弦条件を取り除いた場合の位相推定特性を解析する．すなわち，回転子磁束に含まれる高調波成分が位相推定値に与える影響を解析する．

本節は，以下のように構成されている．次の2.6.2項では，最小次元D因子磁束状態オブザーバは，**振幅位相補償器付き1次D因子フィルタ**として捉えられることを示し，定常状態を条件に，その伝達関数を与える．2.6.3項では，本伝達関数を用いて，回転子磁束の高調波成分が回転子磁束推定値に出現する様子を解析する．解析結果として「最小次元D因子磁束状態オブザーバにおいては，回転子磁束推定値に含まれる高調波成分の位相推定値に与える影響は，回転子磁束に元来含まれる高調波成分による影響より増大する可能性がある」ことを示す．2.6.4項では，影響増大の度合いを，数値実験により定量的に検証する．

2.6.2　振幅位相補償器付きD因子フィルタ

(2.24)式を考える．(2.24)式に(2.6)式，(2.7)式を用いると，次の関係を得る．

【$\gamma\delta$一般座標系上の振幅位相補償器付き1次D因子フィルタ】

$$\hat{\boldsymbol{\phi}}_m = \boldsymbol{F}_1'(\boldsymbol{D}(s,\omega_\gamma))\boldsymbol{\phi}_m \tag{2.102a}$$

$$\boldsymbol{F}_1'(\boldsymbol{D}(s,\omega_\gamma)) = [\boldsymbol{D}(s,\omega_\gamma)+[\omega_c\boldsymbol{I}-(1-g_1)\omega_{2n}\boldsymbol{J}]]^{-1}\boldsymbol{G}\,\boldsymbol{D}(s,\omega_\gamma) \tag{2.102b}$$

$$\boldsymbol{G} = g_1\boldsymbol{I}-\frac{\omega_c}{\omega_{2n}}\boldsymbol{J} \qquad 0 \le g_1 \le 1,\ \omega_c > 0,\ \omega_{2n} \ne 0 \tag{2.102c}$$

■

オブザーバゲイン$\boldsymbol{G}$として，**固定ゲイン方式**を用いる場合には，(2.102b)式の$\boldsymbol{F}_1'(\cdot)$は次の$\boldsymbol{F}_2'(\cdot)$と等価である（**固定ゲイン定理**（定理2.2）参照）．

$$\boldsymbol{F}_2'(\boldsymbol{D}(s,\omega_\gamma)) = \boldsymbol{G}[\boldsymbol{D}(s,\omega_\gamma)+[\omega_c\boldsymbol{I}-(1-g_1)\omega_{2n}\boldsymbol{J}]]^{-1}\boldsymbol{D}(s,\omega_\gamma) \tag{2.102d}$$

(2.102)式より明白なように，最小次元D因子磁束状態オブザーバは，**振幅位相補償器**付き1次**D因子フィルタ**として捉えることができる．このとき，**オブザーバゲインG**が，D因子フィルタの振幅位相補償器として働いている（D因子フィルタおよび振幅位相補償器に関しては，姉妹本・文献2.20）の第9章を参照）．

(2.102)式の振幅位相補償器付きD因子フィルタは，係数を一定とする場合（$\omega_c = \mathrm{const}$, $\omega_{2n} = \mathrm{const}$）には，**正相成分**に対しては次の伝達関数をもち，

$$F'(s+j\omega_\gamma) = \frac{\left(g_1 - j\dfrac{\omega_c}{\omega_{2n}}\right)(s+j\omega_\gamma)}{(s+j\omega_\gamma)+(\omega_c - j(1-g_1)\omega_{2n})} \tag{2.103a}$$

その周波数特性$F'(j(\omega+\omega_\gamma))$は次式となる．

$$F'(j(\omega+\omega_\gamma)) = \frac{\left(g_1 - j\dfrac{\omega_c}{\omega_{2n}}\right)j(\omega+\omega_\gamma)}{\omega_c + j(\omega+\omega_\gamma-(1-g_1)\omega_{2n})} \tag{2.103b}$$

(2.103b)式の周波数特性$F'(j(\omega+\omega_\gamma))$は次の性質を示している．

$$F'(j(\omega+\omega_\gamma) = \begin{cases} 0 & \omega+\omega_\gamma = 0 \\ 1 & \omega+\omega_\gamma = \omega_{2n} \\ g_1 - j\dfrac{\omega_c}{\omega_{2n}} & \omega+\omega_\gamma = \infty \end{cases} \tag{2.103c}$$

(2.103a)～(2.103c)式は，(2.102)式の振幅位相補償器付きD因子フィルタが以下の特性をもつことを示している．

(a) 当該D因子フィルタは，低周波域振幅をゼロとするハイパスフィルタの一種として捉えられる．

(b) 周波数$\omega = \omega_{2n} - \omega_\gamma$の正相成分を含む信号を，当該D因子フィルタに入力してフィルタリング処理する場合には，定常的には，同正相成分を振幅変動も位相変位もなく抽出できる．

(c) 当該フィルタの回転子速度をはるかに超える超高周波域の振幅は，一般には，次式となる．

$$|F'(j\infty)| \approx \sqrt{g_1^2 + \left(\frac{\omega_c}{\omega_{2n}}\right)^2} \tag{2.103d}$$

特に，固定ゲインの場合には，超高周波域振幅は次式となり，

$$|F'(j\infty)| \approx \sqrt{g_1^2 + g_2^2} \tag{2.103e}$$

超高周波域振幅を抑えるゲイン候補としては，以下が考えられる．

$$\begin{bmatrix} g_1 \\ g_2 \end{bmatrix} = \begin{bmatrix} 0.5 \\ 0.866 \end{bmatrix}, \qquad \begin{bmatrix} g_1 \\ g_2 \end{bmatrix} = \begin{bmatrix} 0 \\ 1 \end{bmatrix} \tag{2.103f}$$

Q2.16　最小次元 D 因子磁束状態オブザーバが振幅位相補償器付き 1 次 D 因子フィルタとして捉えることができるとは，大変驚きました．D 因子フィルタの観点から，最小次元 D 因子磁束状態オブザーバをさらに深く理解することが可能でしょうか．

Ans.　D 因子フィルタを含む D 因子システムの諸性質に関しては，一応の解析が完了しています．詳しくは，姉妹本・文献 2.20）の第 9 章を参照してください．これら諸性質を踏まえた上で，最小次元 D 因子磁束状態オブザーバを振幅位相補償器付き 1 次 D 因子フィルタとして再検討する場合には，新たな知見が得られます．また，これまでの解析結果を D 因子システムの視点より再検証することもできます．

例えば，(2.103a) 式，(2.103b) 式に対し，座標系速度 ω_γ に $\alpha\beta$ 固定座標系の条件を，設計パラメータ $\omega_c > 0$ に速度推定値を用いた固定ゲイン方式の条件を，さらには外装 II 形実現を考慮し，次の諸条件を付与します．

$$\omega_\gamma = 0, \quad \omega_c = |\widehat{\omega}_{2n}| g_2, \quad \frac{\omega_c}{\widehat{\omega}_{2n}} = \mathrm{sgn}(\widehat{\omega}_{2n}) g_2$$

この場合には，(2.103a) 式，(2.103b) 式は，おのおの次式に帰着されます．

$$F'(s) \approx \frac{(g_1 - j\,\mathrm{sgn}(\widehat{\omega}_{2n}) g_2) s}{s + |\widehat{\omega}_{2n}| g_2 - j(1 - g_1)\omega_{2n}}$$

$$F'(j\omega_{2n}) \approx \frac{\omega_{2n}(g_1 - j\,\mathrm{sgn}(\widehat{\omega}_{2n}) g_2)}{\omega_{2n} g_1 - j|\widehat{\omega}_{2n}| g_2}$$

上の $F'(j\omega_{2n})$ は，$g_1 = 1$ と選定するとき，Q/A2.9 における (Q/A2.9-5) 式 $F_t(j\omega_{2n})$ に他なりません．換言するならば，(Q/A2.9-5) 式 $F_t(j\omega_{2n})$ の正当性を別証するものといえます．

2.6.3　回転子磁束高調波成分による推定値への影響

本項では，回転子磁束が高調波成分を有する PMSM に，最小次元 D 因子磁束状態オブザーバを適用した場合に，回転子磁束推定値にいかなる誤差が出現するのか，ひいては，位相推定値にいかなる誤差が発生するのか，解析する．高調波成分を有する回転子磁束 $\boldsymbol{\phi}_m$ を次のようにモデル化する．

$$\boldsymbol{\phi}_m = \boldsymbol{\phi}_{m,1} + \delta\,\boldsymbol{\phi}_{m,1} \tag{2.104a}$$

$$\boldsymbol{\phi}_{m,1} = \Phi\,\boldsymbol{u}(\theta_\gamma) \tag{2.104b}$$

(2.104a)式においては，右辺第 1 項が基本波成分を，右辺第 2 項が高調波成分を意味している．理想的な回転子磁束においては，第 2 項は存在しない（(2.9)式参照）．以降の解析においては，数学モデルの(2.6)式における回転子磁束は，(2.9)式に代わって，(2.104)式によって表現されるものとする．また，解析の焦点を絞るべく，解析対象の回転子磁束以外の信号はすべて既知とする．

振幅位相補償器付き 1 次 D 因子フィルタとして表現された最小次元 D 因子磁束状態オブザーバ(2.102)式に(2.104)式を用いると次式を得る．

$$\hat{\boldsymbol{\phi}}_m = \boldsymbol{F}'_1(\boldsymbol{D}(s,\omega_\gamma))\boldsymbol{\phi}_{m,1} + \boldsymbol{F}'_1(\boldsymbol{D}(s,\omega_\gamma))\delta\boldsymbol{\phi}_{m,1} \tag{2.105}$$

(2.105)式の両辺から基本波成分 $\boldsymbol{\phi}_{m,1}$ を減ずると，回転子磁束推定誤差 $\Delta\boldsymbol{\phi}_{m,1}$ に関する次の関係式を得る．

$$\begin{aligned}\Delta\boldsymbol{\phi}_{m,1} &= \hat{\boldsymbol{\phi}}_m - \boldsymbol{\phi}_{m,1}\\ &= [\boldsymbol{F}'_1(\boldsymbol{D}(s,\omega_\gamma)) - \boldsymbol{I}]\,\boldsymbol{\phi}_{m,1} + \boldsymbol{F}'_1(\boldsymbol{D}(s,\omega_\gamma))\delta\boldsymbol{\phi}_{m,1}\end{aligned} \tag{2.106a}$$

(2.106a)式第 2 式の右辺第 1 項は基本波成分による推定誤差を，第 2 項は高調波成分による推定誤差を意味している．推定開始以降の所要時間経過後には，基本波成分による推定誤差は消滅するので（最小次元 D 因子磁束状態オブザーバ定理（定理 2.1）参照），次の関係が成立する．

$$\Delta\boldsymbol{\phi}_{m,1} = \boldsymbol{F}'_1(\boldsymbol{D}(s,\omega_\gamma))\delta\boldsymbol{\phi}_{m,1} \tag{2.106b}$$

(2.106b)式右辺の回転子磁束高調波成分 $\delta\boldsymbol{\phi}_{m,1}$ における主成分は，多くの PMSM において $(6n\pm1)$ 次の低次成分である．本事実を考慮すると，$\delta\boldsymbol{\phi}_{m,1}$ は，次式のように近似表現される．

$$\delta\boldsymbol{\phi}_{m,1} \approx \Phi\left[\frac{w_5}{5}\boldsymbol{u}_{n5}(\theta_\gamma) + \frac{w_7}{7}\boldsymbol{u}_{p7}(\theta_\gamma) + \frac{w_{11}}{11}\boldsymbol{u}_{n11}(\theta_\gamma) + \frac{w_{13}}{13}\boldsymbol{u}_{p13}(\theta_\gamma)\right] \tag{2.107a}$$

$$\boldsymbol{u}_{pk}(\theta_\gamma) \equiv \begin{bmatrix}\cos((k-1)\theta_\alpha + \theta_\gamma)\\ \sin((k-1)\theta_\alpha + \theta_\gamma)\end{bmatrix} \tag{2.107b}$$

$$\begin{aligned}\boldsymbol{u}_{nk}(\theta_\gamma) &\equiv \begin{bmatrix}\cos((k+1)\theta_\alpha - \theta_\gamma)\\ -\sin((k+1)\theta_\alpha - \theta_\gamma)\end{bmatrix}\\ &= \begin{bmatrix}\cos(-(k+1)\theta_\alpha + \theta_\gamma)\\ \sin(-(k+1)\theta_\alpha + \theta_\gamma)\end{bmatrix}\end{aligned} \tag{2.107c}$$

(2.107b)式，(2.107c)式で定義した単位ベクトル $\boldsymbol{u}_{pk}(\theta_\gamma)$，$\boldsymbol{u}_{nk}(\theta_\gamma)$ は，おのおの k 次の正相成分，逆相成分を意味する．具体的には，$(6n-1)$ 次に該当する 5 次，11 次成分が逆相となり，$(6n+1)$ 次に該当する 7 次，13 次成分が正相となる．なお，(2.107)式の導出等に関しては，「非正弦速度起電力を有する PMSM の数学モデルとベクトルシミュレータ」を提案した拙著文献 2.21）を参照されたい．

ここで，PMSM が一定速で回転している定常状態を仮定する．定常状態における振幅位相補償器付き D 因子フィルタ $\boldsymbol{F}_1'(\cdot)$ の周波数特性は，(2.103b)式より明白なように，(2.103c)式の特徴を備えた 1 次ハイパスフィルタの特性となる．回転子が一定電気速度 ω_{2n} で回転している定常状態下で，速度 ω_γ の $\gamma\delta$ 一般座標系上で評価した回転子磁束の k 次正相高調波成分の周波数は，$\omega = k\omega_{2n} - \omega_\gamma$ となる．ただし，$k = 6n+1$ である．これを(2.103b)式に適用すると，正相高調波成分の周波数特性として次式を得る．

$$
\begin{aligned}
F'(jk\omega_{2n}) &= \frac{g_1 - j\dfrac{\omega_c}{\omega_{2n}}}{1 - \dfrac{1-g_1}{k} - j\dfrac{\omega_c}{k\omega_{2n}}} \\
&= \frac{g_1 - j\,\mathrm{sgn}(\omega_{2n})g_2}{1 - \dfrac{1-g_1}{k} - j\dfrac{\mathrm{sgn}(\omega_{2n})g_2}{k}}
\end{aligned}
\tag{2.108}
$$

(2.108)式より，「回転子磁束の各高調波成分は，個別的には，周波数に応じた振幅変化を受け回転子磁束推定値に出現する」ことがわかる．すなわち，

$$
|F'(jk\omega_{2n})| = \sqrt{\frac{g_1^2 + g_2^2}{\left(1 - \dfrac{1-g_1}{k}\right)^2 + \left(\dfrac{g_2}{k}\right)^2}}
\tag{2.109}
$$

各正相高調波成分は，振幅変化と同時に，位相遅れ φ_k も受ける．すなわち，

$$
\varphi_k \equiv \arg(F'(jk\omega_{2n})) = -\tan^{-1}\frac{g_2}{g_1} + \tan^{-1}\frac{\dfrac{g_2}{k}}{1 - \dfrac{1-g_1}{k}} \qquad k = 7, 13, \cdots
\tag{2.110}
$$

このときの位相遅れは，(2.108)式より明白なように，各高調波成分で異なり，次数に応じて順次大きくなる．

以上は，振幅位相補償器付き D 因子フィルタによる正相高調波成分への影響

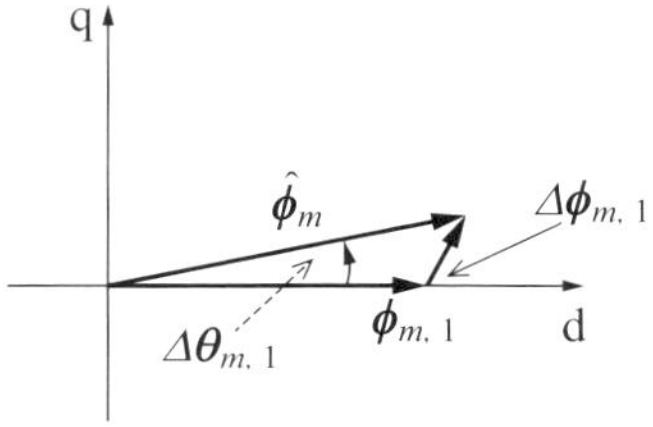

図 2.54　回転子磁束基本波成分真値と回転子磁束推定値の関係例

2

である．逆相高調波成分も同様な振幅増大と位相変位（具体的には位相進み）の影響を受ける．

数値実験によれば，振幅位相補償器付き D 因子フィルタによる高調波成分全体への影響は，**合成ベクトル的相殺**をもたらすようであり，この結果，合成ベクトルとしての高調波成分全体では，心配に反し，大きな振幅増大はないようである．すなわち，おおむね次の近似が成立するようである（後掲の図 2.55 参照）．

$$\max\|\Delta\boldsymbol{\phi}_{m,1}\| = \max\|\boldsymbol{F}_1'(\boldsymbol{D}(s,\omega_\gamma))\delta\boldsymbol{\phi}_{m,1}\| \approx \max\|\delta\boldsymbol{\phi}_{m,1}\| \tag{2.111}$$

図 2.54 に回転子磁束の高調波成分が回転子磁束推定値に及ぼす様子を，概略的に示した．同図における瞬時の位相変位 $\Delta\theta_{m,1}$ は，次式で与えられる．

$$\Delta\theta_{m,1} = \tan^{-1}\frac{[\Delta\boldsymbol{\phi}_{m,1}+\boldsymbol{\phi}_{m,1}]^T\boldsymbol{J}\boldsymbol{\phi}_{m,1}}{[\Delta\boldsymbol{\phi}_{m,1}+\boldsymbol{\phi}_{m,1}]^T\boldsymbol{\phi}_{m,1}} = \tan^{-1}\frac{\Delta\boldsymbol{\phi}_{m,1}^T\boldsymbol{J}\boldsymbol{\phi}_{m,1}}{\Delta\boldsymbol{\phi}_{m,1}^T\boldsymbol{\phi}_{m,1}+\Phi^2} \tag{2.112}$$

$\Delta\boldsymbol{\phi}_{m,1}$ は基本波成分 $\boldsymbol{\phi}_{m,1}$ に対し高周波的に変化するため，位相変位 $\Delta\theta_{m,1}$ も高周波的に変化することになる（後掲の図 2.56 参照）．

なお，高調波成分を含む回転子磁束 $\boldsymbol{\phi}_m$ は，同基本波成分 $\boldsymbol{\phi}_{m,1}$ に対して，元来次の位相変位 $\delta\theta_{m,1}$ をもっている．

$$\delta\theta_{m,1} = \tan^{-1}\frac{[\delta\boldsymbol{\phi}_{m,1}+\boldsymbol{\phi}_{m,1}]^T\boldsymbol{J}\boldsymbol{\phi}_{m,1}}{[\delta\boldsymbol{\phi}_{m,1}+\boldsymbol{\phi}_{m,1}]^T\boldsymbol{\phi}_{m,1}} = \tan^{-1}\frac{\delta\boldsymbol{\phi}_{m,1}^T\boldsymbol{J}\boldsymbol{\phi}_{m,1}}{\delta\boldsymbol{\phi}_{m,1}^T\boldsymbol{\phi}_{m,1}+\Phi^2} \tag{2.113}$$

(2.111)式が示しているように，回転子磁束推定値 $\widehat{\boldsymbol{\phi}}_m$ に含まれる高調波成分 $\Delta\boldsymbol{\phi}_{m,1}$ は，振幅最大値の意味において，この源泉である高調波成分 $\delta\boldsymbol{\phi}_{m,1}$ と概略的には同等である．本認識に，高周波的に変化する位相変位を記述した(2.112)式を考慮するならば，高調波成分 $\Delta\boldsymbol{\phi}_{m,1}$ による位相変位 $\Delta\theta_{m,1}$ の最大絶対値は，源泉である高調波成分 $\delta\boldsymbol{\phi}_{m,1}$ による位相変位 $\delta\theta_{m,1}$ の最大絶対値とも，概略的はに同等であると推測される（後掲の図 2.56 参照）．すなわち，おおむね次の近似が成立すると推測される．

$$\max|\Delta\theta_{m,1}| \approx \max|\delta\theta_{m,1}| \tag{2.114}$$

以上の解析と結果は，(2.102b)式により記述される最小次元D因子磁束状態オブザーバ（外装Ⅰ形実現）を用いた場合のものであるが，(2.102d)式により記述される最小次元D因子磁束状態オブザーバ（外装Ⅱ形実現）の場合も同一の解析と結果が成立する．すなわち，最小次元D因子磁束状態オブザーバの構造に依存しない．また，解析を通じて固定子の巻線抵抗，インダクタンスが一切使用されていないことより明白なように，モータパラメータ真値が既知とする前提の下では，解析結果はこれらモータパラメータに依存しない．

2.6.4　推定特性の定量的検証

上記の解析結果を定量的に確認すべく，数値実験を実施した．数値実験の1結果を**図2.55**に示す．同図は，PMSMは一定電気速度300〔rad/s〕で回転しているものとし，オブザーバゲインとしては，基本値 $g_1=1$, $g_2=1$ を用いた固定ゲイン方式を採用した．すなわち，

$$\left.\begin{aligned} \omega_c &= |\omega_{2n}|\,g_2 = 300 \\ \boldsymbol{G} &= g_1\boldsymbol{I} - \mathrm{sgn}(\omega_{2n})\,g_2\boldsymbol{J} = \boldsymbol{I}-\boldsymbol{J} \end{aligned}\right\} \tag{2.115}$$

図2.55には，参考比較のため，基本波成分のみの速度起電力，高調波成分を含む速度起電力，これらに対応した回転子磁束（おのおの一相分）も示している．同図の波形は，上から，基本波成分のみの速度起電力，高調波成分を含む速度起電力，基本波成分のみの回転子磁束の真値，高調波成分を含む回転子磁束の真値，

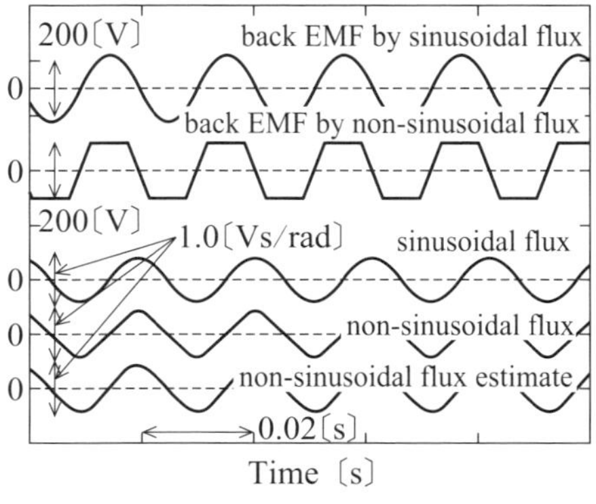

図2.55　基本波成分のみの速度起電力，高調波成分を含む速度起電力，これらに対応した回転子磁束の一相分の一例

高調波成分を含む回転子磁束の推定値を意味している．回転子磁束と速度起電力とは，互いに微積分の関係にあり，同図の回転子磁束真値は対応の速度起電力の積分処理を通じ得ている．また，同図の回転子磁束推定値は，「解析対象の回転子磁束以外はすべて既知」との前提条件の下で，回転子磁束真値を(2.102a)式に用い得ている．

図 2.55 が明示しているように，対称的な台形波形状の速度起電力に対応した回転子磁束は，三角波と正弦波の中間的でかつ対称性の良い形状を示している．これに対して，回転子磁束推定値は，磁束に含まれる各高調波成分に依存して振幅変動と位相変位が異なるため，回転子磁束推定値における対称性は失われている．同図より，概略的ながら，(2.111)式の特性が確認される．

図 2.56 は，回転子磁束推定値における振幅変動の様子と位相変位の様子を示したものである．同図は，上から，次式に定義した振幅変動，

$$\frac{\|\hat{\boldsymbol{\phi}}_m\|-\|\boldsymbol{\phi}_m\|}{\|\boldsymbol{\phi}_m\|}=\frac{\|\hat{\boldsymbol{\phi}}_m\|}{\|\boldsymbol{\phi}_m\|}-1 \tag{2.116}$$

回転子磁束基本波成分 $\boldsymbol{\phi}_{m,1}$ に対する回転子磁束 $\boldsymbol{\phi}_m$ の位相変位 $\delta\theta_{m,1}$（(2.113)式参照），および回転子磁束基本波成分 $\boldsymbol{\phi}_{m,1}$ に対する回転子磁束推定値 $\hat{\boldsymbol{\phi}}_m$ の位相変位 $\Delta\theta_{m,1}$（(2.112)式参照)を，おのおの示している．同図より明らかなように，(2.116)式に定義した振幅は高周波的に変動するが，おおむね，平均的にはゼロ，かつプラスマイナス同等である．同様に，位相変位も高周波的に変化し，細部形状は，回転子磁束真値による場合と回転子磁束推定値による場合とでは異なっているが，変位の最大絶対値に関しては，両者間で特筆すべき違いはなく，(2.114)

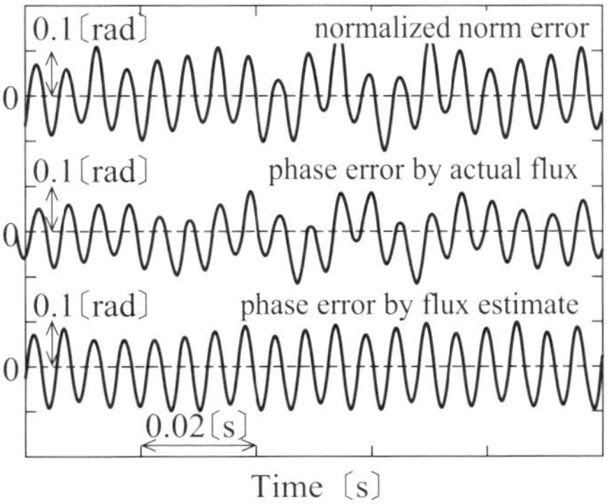

図 2.56 回転子磁束推定値における正規化振幅変動と位相変位の一例

2

式の特性が確認される．なお，本例においては，位相変位はともに最大絶対値で約 0.1〔rad〕＝ 6〔degree〕である．

以上のように，最小次元 D 因子磁束状態オブザーバにおいては，回転子磁束推定値 $\hat{\boldsymbol{\phi}}_m$ に含まれる高調波成分 $\Delta\boldsymbol{\phi}_{m,1}$ が位相推定値に与える影響は，この源泉である高調波成分 $\delta\boldsymbol{\phi}_{m,1}$ による影響と概略的には同等であると考えてよいようである．

Q2.17 **解析結果，数値実験結果によりますと，「最小次元 D 因子磁束状態オブザーバによる回転子磁束推定においては，基本的に，回転子磁束に含まれる高調波成分は無視できる」と考えてよいのでしょうか．**

Ans. 解析結果，数値実験結果は，「磁束の高調波成分が位相推定値に与える影響は，心配されたほど推定を介して増大しない」ことをいっているに過ぎません（(2.114)式参照）．したがって，回転子磁束高調波成分が比較的少ない PMSM に関しては，推測意見が適用できると思います．回転子位相推定値の決定原理は，回転子磁束が基本波成分のみで構成されていることを前提としており，回転子磁束推定値に含まれる高調波成分は回転子位相推定上の外乱として作用します．したがって，特に強い回転子磁束高調波成分 $\delta\boldsymbol{\phi}_{m,1}$ を有する PMSM を対象にした回転子磁束推定においては，回転子磁束推定値 $\hat{\boldsymbol{\phi}}_m$ に含まれる高調波成分 $\Delta\boldsymbol{\phi}_{m,1}$ をフィルタリング等により除去し，この上で位相推定値を決定する必要があります．この場合のフィルタとしては，回転子電気速度において位相遅れ・位相進みのないフィルタ(例えば，振幅位相補償器付き D 因子フィルタ)を使用する必要があります．高調波成分の存在を考慮にいれた回転子磁束推定法は，第 4 章で再提示します**一般化 D 因子磁束推定法**から得ることができます．

2.6.5　推定特性の実例

文献 2.23)を参考に，高調波成分を含む回転子磁束の推定を介し，回転子位相を推定した実例を紹介する．**表 2.2** は，供試 PMSM の主要特性である．供試 PMSM は，電気スクータ用途を想定して開発された，低電圧大電流を特色とする突極 PMSM である．同表における Φ は，基本波成分の磁束強度を意味している（(2.104)式，(2.107)式参照）．

回転子磁束の時間微分値が速度起電力となることを踏まえ，供試モータの線間

表 2.2　供試 PMSM の特性

R_1	0.021〔Ω〕	Φ	0.032〔V s/rad〕
L_d	0.000 20〔H〕	N_p	2
L_q	0.000 41〔H〕	rated current	50〔A, rms〕

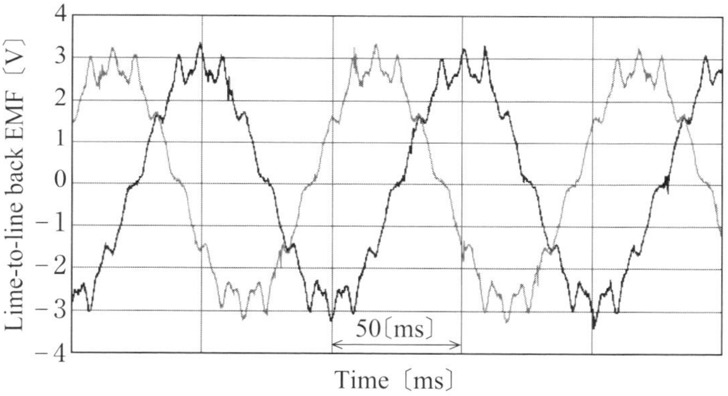

図 2.57　線間速度起電力の検出値（二相分）

速度起電力を検出した．検出波形を**図 2.57** に示した．本波形は，速度 62.8〔rad/s〕のものであるが，強い高調波成分を含んでいることを示している．

センサレスベクトル制御系の**位相速度推定器**は，図 2.22 と同様，$\gamma\delta$ 準同期座標系上で構成した．位相速度推定器の構造は，図 2.23 と同一である．位相速度推定器の前段要素である**位相偏差推定器**は，オブザーバゲインを出力端に配置した**外装Ⅱ-D 形実現**（図 2.7，図 2.24）に従い構成した．位相速度推定器の後段要素である**位相同期器**は，**一般化積分形 PLL 法**に従い構成した．なお，位相速度推定器には，1.5 節で提示した**位相推定値の補正法**は実装していない．

図 2.58 に，オブザーバゲイン $g_1 = 1$，$g_2 = 1$ を用いた回転子位相推定の結果を示した．同図の波形は，上から，$\gamma\delta$ 準同期座標系上の δ 軸電流 i_δ，γ 軸電流 i_γ，位相真値 θ_α，同推定値 $\hat{\theta}_\alpha$，位相偏差の極性反転値 $-\theta_\gamma = \hat{\theta}_\alpha - \theta_\alpha$ である（図 1.1 参照）．位相推定値の補正法を適用しない本例での極性反転位相偏差の平均値は約 −0.1〔rad〕であり，その変動幅は peak-to-peak 値で約 0.01〔rad〕であった．

回転子磁束高調波成分の存在（図 2.57 参照），固定子電流リプルの存在（図 2.58 参照）にもかかわらず，良好な回転子位相推定値が得られている．参考ま

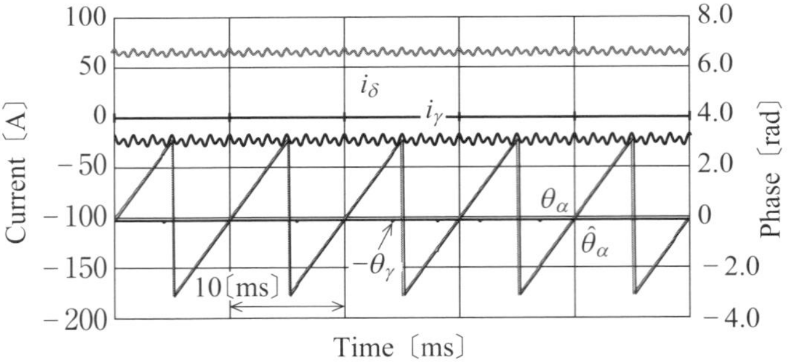

図 2.58　回転子位相の推定結果

図 2.59　センサレスベクトル制御駆動装置搭載の試験用電気スクータ

でに，「位相偏差変動幅の微小化には，最小次元D因子磁束状態オブザーバの機能・性能のみならず，ローパスフィルタ特性をもつ一般化積分形PLL法も寄与している（図1.7参照）」点を補足しておく．

参考までに，表2.2，図2.57，図2.58の特性を備えたセンサレスベクトル制御駆動系を搭載した電気スクータ（試験機）を**図2.59**に示した．

第3章 同一次元D因子磁束状態オブザーバによる回転子磁束推定

3.1 目的

PMSMのセンサレスベクトル制御のための，**駆動用電圧電流利用法**（駆動用の電圧・電流を利用した回転子位相推定法）として，同一次元（4次元）状態オブザーバを用いて回転子磁束を推定し，**回転子磁束推定値**からこれに含まれる回転子位相情報を抽出する方法が提案されている[3.1)〜3.9)]．

回転子磁束推定のための**同一次元状態オブザーバ**は，**非突極PMSM**を対象に，楊等によって提案されたものが最初のようである[3.6)]．楊の状態オブザーバ構成法は，PMSMの非突極性を条件に，**固定子電流**（状態オブザーバ論的には，固定子反作用磁束と等価）と**回転子磁束**を推定すべき状態変数として，**$\alpha\beta$固定座標系**上でこれを構成するものであった．一般に，状態オブザーバの推定性能は，これに使用される**オブザーバゲイン**により支配的な影響を受ける．楊等は，オブザーバとともにオブザーバゲインの設計法も同時に提案している．楊の**ゲイン設計法**は，固定子電流推定用ゲイン（2×2行列）と回転子磁束推定用ゲインの両ゲイン（2×2行列）に関し，ともに，その逆対角要素を速度向上に応じ増大させるものである[3.6)]．しかしながら，本ゲイン設計法による場合には，状態オブザーバは速度向上に応じ定格速度近傍で不安定化する[3.6)〜3.9)]．

上記不安定化問題を解決すべく，山本等は$\alpha\beta$固定座標系上の新たなゲイン設計法を提示している[3.7)]．山本のゲイン設計法は，楊のゲイン設計法とは正反対に，回転子磁束推定用ゲイン（2×2行列）の全要素を速度向上に応じ減少させるものである．山本のゲイン設計法は，定格近傍での安定性は維持できるが下限駆動域が制約され，安定収束を期待できる駆動領域は定格速度の1/10〜1程度のようである[3.7)]．

上記の楊・山本の**直接ゲイン設計法**に対して，金原は，**リカッチ方程式**（Riccati matrix equation）の求解を介した$\alpha\beta$固定座標系上の**間接ゲイン設計法**を示している[3.8),3.9)]．金原のゲイン設計法は，**カルマンフィルタ**のゲイン設計法を流用したものであり，これによれば，「全駆動領域におけるリカッチ方程式の求解」という問題はあるが，理想的条件下ではゼロ速度を除く全駆動領域でオブザーバの安定収束を保証するゲイン設計が可能である．本設計法による2個のオブザーバゲイン（2×2行列）は，基本的には，その全要素は，非ゼロであり，かつ速度に応じて非線形的に変化することになる．

金原は，ゲイン設計法と同時に，**突極 PMSM**（salient pole PMSM, **SP-PMSM**）をも対象にし得る同一次元状態オブザーバの構成法も提案している[3.8),3.9)]．本状態オブザーバは，**$\gamma\delta$ 準同期座標系**上で構成するもので，準同期状態では回転子磁束推定値のδ要素がゼロとなることを利用して，実質的に3次元の状態オブザーバとなっている．なお，金原は，推定すべき状態変数としては，**固定子反作用磁束**と**回転子磁束**を採用している．

楊，金原に提案され，山本により利用された同一次元状態オブザーバは，厳密な表現をするならば，**同一次元適応状態オブザーバ**である．本適応状態オブザーバは，回転子速度を回転子位相と独立した未知一定パラメータとして捉え，**適応同定アルゴリズム**を用いてこれを同定し，速度同定値を状態変数推定に利用するものである．回転子速度の**適応同定**は，**Popov の超安定論**（Popov hyper-stability theory）に立脚した**モデル規範形適応システム**（model reference adaptive system）の手法に基づき構成されている．

著者は，回転子速度を回転子位相と独立した未知一定パラメータとして扱う上記**適応的アプローチ**に代って，**非適応的アプローチ**による同一次元状態オブザーバ（以下，**同一次元 D 因子磁束状態オブザーバ**と呼称，詳細定義は(3.3)式および(3.42)式で付与）の構成法を提示した[3.1)~3.5)]．著者のアプローチは，回転子の位相と速度における一体不可分の微積分関係を積極的に利用するもので，これによれば，適応システムに不可欠な超安定論，**リアプノフ安定論**といった複雑な非線形安定論に基づくシステム設計を必要としない．著者の構成法によれば，同一次元状態オブザーバは，$\alpha\beta$固定座標系，$\gamma\delta$準同期座標系のいずれの座標系上でも構成可能である．さらには，PMSMの非突極・突極のいかんを問わず構成可能である．著者は，「回転子の位相と速度における微積分関係は，$\alpha\beta$固定座標系上の構成では**積分フィードバック形速度推定法**を通じ，$\gamma\delta$準同期座標系上の構成では**一般化積分形PLL法**を通じ活用できる」とし，その有用性を示してきた[3.1)～3.5)]．著者の既報の同一次元D因子磁束状態オブザーバは，推定すべき状態変数としては，金原と同様，固定子反作用磁束と回転子磁束を採用している．

本章では，最も体系化されていると思われる同一次元D因子磁束状態オブザーバを取り上げ，回転子磁束推定のための同一次元状態オブザーバの構成法を説明する．また，オブザーバゲインの直接設計法として，**オブザーバの誤差方程式**の**固有値**（時不変オブザーバの**極**と等価）に着目した新規な方法を説明する[3.1)～3.5)]．著者提案の直接ゲイン設計法はPMSMの非突極・突極のいかんを問わず利用可能で，これによれば，理想的条件下では，ゼロ速度を除く全駆動領域でオブザーバの**安定収束**を保証するゲインの直接設計が可能である．本章は，以下のように構成されている．

次の3.2節では，SP-PMSMを対象に，原理から，**同一次元D因子磁束状態オブザーバ（B形）**の$\gamma\delta$**一般座標系**上での構成法を説明する．$\gamma\delta$一般座標系は，特別の場合として$\alpha\beta$固定座標系，$\gamma\delta$準同期座標系を包含しており，提案の構成法は一般性に富むものとなっている．この上で，新たな直接ゲイン設計法（**固定ゲイン方式**，**応速帯域ゲイン方式**）を説明する．3.3節では，まず，$\alpha\beta$固定座標系上で構成した同一次元D因子磁束状態オブザーバ（B形）を用いたセンサレスベクトル制御系を説明する．次に，**システムパラメータ**の具体的な設計例を示す．さらには，数値実験による位相・速度の推定特性を交えつつ，オブザーバゲインの直接設計例を具体的に示す．3.4節では，$\gamma\delta$準同期座標系上で構成した同一次元D因子磁束状態オブザーバ（B形）を用いたセンサレスベクトル制御系を説明する．3.5節では，推定すべき状態変数として，**固定子磁束**（**固定子鎖交磁束**）と**回転子磁束**を採用した**同一次元D因子磁束状態オブザーバ（A形）**について説明する．3.6節では，同一次元D因子磁束状態オブザーバの特性解析に関し補足を行う．なお，本章の内容は，著者の原著論文と特許3.1)～3.5)を中心に新規内容を交え再構成したものであることを断っておく．

3.2　一般座標系上の同一次元D因子磁束状態オブザーバ(B形)

3.2.1　オブザーバの構築

$\gamma\delta$一般座標系上の**回路方程式**（**第1基本式**）を記述した(2.6)～(2.13)式を考える．本回路方程式は，**固定子反作用磁束**ϕ_iと**回転子磁束**ϕ_mとを状態変数とする次の**状態空間表現**に書き改められる．

【$\gamma\delta$ 一般座標系上の回路方程式の状態空間表現（B形）】

・状態方程式

$$\boldsymbol{D}(s,\omega_\gamma)\boldsymbol{\phi}_i = -\frac{R_1}{L_i^2-L_m^2}[L_i\boldsymbol{I}-L_m\boldsymbol{Q}(\theta_\gamma)]\boldsymbol{\phi}_i-\omega_{2n}\boldsymbol{J}\boldsymbol{\phi}_m+\boldsymbol{v}_1 \tag{3.1a}$$

$$\boldsymbol{D}(s,\omega_\gamma)\boldsymbol{\phi}_m = \omega_{2n}\boldsymbol{J}\,\boldsymbol{\phi}_m \tag{3.1b}$$

・出力方程式

$$\boldsymbol{i}_1 = \frac{1}{L_i^2-L_m^2}[L_i\boldsymbol{I}-L_m\boldsymbol{Q}(\theta_\gamma)]\boldsymbol{\phi}_i \tag{3.1c}$$

■

上記状態空間表現における出力方程式は，固定子反作用磁束と固定子電流との関係を記述した(2.8)式を，固定子電流に関して整理することにより得られる．また，状態方程式を構成する(3.1a)式は，(2.6)式を固定子反作用磁束について整理した次の関係に，

$$\boldsymbol{D}(s,\omega_\gamma)\boldsymbol{\phi}_i = -R_1\boldsymbol{i}_1-\omega_{2n}\boldsymbol{J}\boldsymbol{\phi}_m+\boldsymbol{v}_1 \tag{3.2}$$

(3.1c)式の関係を用いると得られる．状態方程式を構成する(3.1b)式は，(2.15a)式に他ならない．

(3.1)式の状態空間表現に対し，固定子反作用磁束 $\boldsymbol{\phi}_i$ と回転子磁束 $\boldsymbol{\phi}_m$ とを除く他のすべての信号は既知であると仮定し，さらには位相・速度の時変性，信号間の非線形的関係を無視して，2.2 節で示した同一次元状態オブザーバの構成法を適用すると，回路方程式と同一次数の同一次元（4 次元）状態オブザーバを次のように得る．

【$\gamma\delta$ 一般座標系上の同一次元D因子磁束状態オブザーバ（B形）】

$$\boldsymbol{D}(s,\omega_\gamma)\widehat{\boldsymbol{\phi}}_i = -\frac{R_1}{L_i^2-L_m^2}[L_i\boldsymbol{I}-L_m\boldsymbol{Q}(\theta_\gamma)]\widehat{\boldsymbol{\phi}}_i-\omega_{2n}\boldsymbol{J}\widehat{\boldsymbol{\phi}}_m+\boldsymbol{v}_1+\boldsymbol{G}_{iB}[\boldsymbol{i}_1-\hat{\boldsymbol{i}}_1] \tag{3.3a}$$

$$\boldsymbol{D}(s,\omega_\gamma)\widehat{\boldsymbol{\phi}}_m = \omega_{2n}\boldsymbol{J}\widehat{\boldsymbol{\phi}}_m+\boldsymbol{G}_m[\boldsymbol{i}_1-\hat{\boldsymbol{i}}_1] \tag{3.3b}$$

$$\hat{\boldsymbol{i}}_1 = \frac{1}{L_i^2-L_m^2}[L_i\boldsymbol{I}-L_m\boldsymbol{Q}(\theta_\gamma)]\widehat{\boldsymbol{\phi}}_i \tag{3.3c}$$

■

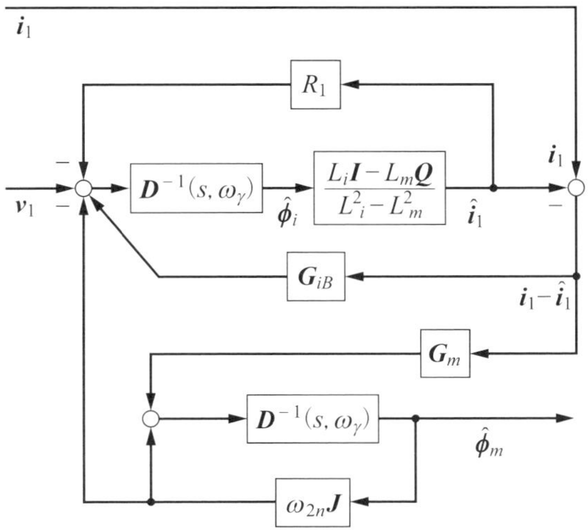

図 3.1　$\gamma\delta$ 一般座標系上での同一次元D因子磁束状態オブザーバ（B形）の実現例

(3.3)式の状態オブザーバにおける2個の2×2行列 $\boldsymbol{G}_{iB}, \boldsymbol{G}_m$ は，設計者に設計が委ねられた**オブザーバゲイン**である．本書では，本状態オブザーバを，D因子に着目し，**同一次元D因子磁束状態オブザーバ（B形）**と呼称している．

(3.3)式の同一次元D因子磁束状態オブザーバ（B形）の特色は，推定すべき状態変数として，**回転子磁束**に加えて**固定子反作用磁束**を選定している点にある．固定子反作用磁束を主要内部状態として捉えるPMSMの表現方法としては，物理的意味を有する構造の**B形ベクトルブロック線図**がある（姉妹本・文献3.12)，第3章，図3.4参照）．B形ベクトルブロック線図を参考にするならば，(3.3)式に示した $\gamma\delta$ 一般座標系上の同一次元D因子磁束状態オブザーバ（B形）は，**図3.1**のように実現することができる．

最小次元D因子磁束状態オブザーバ（図2.5，図2.7参照）の構造は単純であった．この単純構造により，オブザーバゲインあるいは**振幅位相補償器**の設計は，基本的に速度いかんにかかわらず一定値に設定でき，かつ，その設計はすこぶる簡単であった．これに対して，同一次元D因子磁束状態オブザーバ（B形）は，図3.1のような物理的な意味をもたせた構造を採用しても，複雑である．本オブザーバが適切に動作するか否かは，オブザーバゲイン $\boldsymbol{G}_{iB}, \boldsymbol{G}_m$ の設計いかんにかかっている．しかしながら，同一次元状態オブザーバの技術開発史が示すところでは，この適切な設計は，複雑な構造に起因して簡単ではなかったようである[3.6)〜3.9)]．

Q3.1　図3.1に示された同一次元D因子磁束状態オブザーバ（B形）の実現例では，2個の逆D因子が使用されています．回転子位相推定値を出力する逆D因子への入力信号は，速度起電力（誘起電圧）推定値と捉えてよいでしょうか．

Ans.　そのとおりです．下段の逆D因子への入力信号は，回転子磁束推定値のノルムが一定の下では，次式となります．

$$\boldsymbol{D}(s, \omega_\gamma)\hat{\boldsymbol{\phi}}_m = \omega_{2n}\boldsymbol{J}\hat{\boldsymbol{\phi}}_m \qquad \|\hat{\boldsymbol{\phi}}_m\| = \text{const}$$

上式右辺は**速度起電力推定値**に他なりません．本例のように，最終的な回転子位相推定値の生成を，逆D因子を介して行うようなオブザーバの構成（広くは推定器の構成）においては，回転子磁束推定値と速度起電力推定値を同時に得ることが可能です．

3.2.2　オブザーバゲインの設計

本項では，(3.3)式の$\gamma\delta$ **一般座標系**上の同一次元D因子磁束状態オブザーバ（B形）のための**オブザーバゲイン** $\boldsymbol{G}_{iB}$, $\boldsymbol{G}_m$ の設計について考える．

〔1〕構造から推測されるゲインの役割

まず，図3.1に示した同一次元D因子磁束状態オブザーバ（B形）の構造を手がかりに，本オブザーバにおけるオブザーバゲイン（2×2行列）$\boldsymbol{G}_{iB}$, $\boldsymbol{G}_m$ の物理的意味を，**非突極PMSM**を例に，推測的ながら検討しておく．

非突極PMSMの電気系の元来のモードは，次式で与えられる．

$$L_i s + R_1 = 0 \tag{3.4a}$$

図3.1を参照にするならば，例えば$\boldsymbol{G}_m = 0$，$\boldsymbol{G}_{iB} = g_i\boldsymbol{I}$と選定する場合には，オブザーバゲイン$\boldsymbol{G}_{iB}$は本モードを以下のように変更すると，解釈することができる．

$$L_i s + R_1 + g_i = 0 \tag{3.4b}$$

換言するならば，$\boldsymbol{G}_m = 0$の場合には，オブザーバゲイン$\boldsymbol{G}_{iB}$は電気系の元来の時定数L_i/R_1を$L_i/(R_1+g_i)$に変更することを意味する．本解釈では，オブザーバゲイン$\boldsymbol{G}_{iB}$は，電気系の時定数の縮小化が主たる役割のように推測される．ひいては，$\boldsymbol{G}_{iB}$は対角要素を構成すればよいように推測される．

オブザーバゲイン$\boldsymbol{G}_m$が$\boldsymbol{G}_m = 0$の場合には，図3.1より，次の自律モードが発生することがわかる．

$$s\hat{\boldsymbol{\phi}}_m = \omega_{2n}\boldsymbol{J}\hat{\boldsymbol{\phi}}_m \tag{3.5}$$

本自律モードでは，仮に速度真値が既知の場合にも，持続発振によって生成された回転子磁束は，正しい振幅と位相をもつことができない．これを保証する役割を担っているのが $\boldsymbol{G}_m \neq \boldsymbol{0}$ と解釈することができる．「電圧・電流と整合した位相で発振を持続するには，オブザーバゲイン $\boldsymbol{G}_m$ は，対角，非対角のいずれの要素も同程度に重要である」ように推測される．

2

〔2〕直接ゲイン設計のための基本定理

オブザーバゲイン設計のための最も基本的かつ本質的アプローチは，オブザーバに関する**誤差方程式**を導出し，本方程式上の**固有値**が所期の値を取るように，オブザーバゲインを設計するものである（2.2節参照）．本アプローチに従う場合には，固有値実数部の指定を通じ，推定値の**安定収束**と同時に，**収束レイト**（**収束速度**）をも指定できるようになる．収束レイトは，基本的に，**安定固有値**の最大実数部（実数部絶対値の最小値）により支配される．本項では，本アプローチに基づく**直接ゲイン設計法**を以下に提示する．

磁束推定誤差を次のように定義する．

$$\Delta\boldsymbol{\phi}_i \equiv \hat{\boldsymbol{\phi}}_i - \boldsymbol{\phi}_i, \qquad \Delta\boldsymbol{\phi}_m \equiv \hat{\boldsymbol{\phi}}_m - \boldsymbol{\phi}_m \tag{3.6}$$

(3.3)式から(3.1)式を減じ，(3.6)式を用いると，次の**誤差方程式**を得る．

【$\gamma\delta$ 一般座標系上の同一次元D因子磁束状態オブザーバ（B形）の誤差方程式】

$$\boldsymbol{D}(s,\omega_\gamma)\Delta\boldsymbol{\phi}_i = -[R_1\boldsymbol{I}+\boldsymbol{G}_{iB}]\frac{[L_i\boldsymbol{I}-L_m\boldsymbol{Q}(\theta_\gamma)]}{L_i^2-L_m^2}\Delta\boldsymbol{\phi}_i - \omega_{2n}\boldsymbol{J}\Delta\boldsymbol{\phi}_m \tag{3.7a}$$

$$\boldsymbol{D}(s,\omega_\gamma)\Delta\boldsymbol{\phi}_m = -\boldsymbol{G}_m\frac{[L_i\boldsymbol{I}-L_m\boldsymbol{Q}(\theta_\gamma)]}{L_i^2-L_m^2}\Delta\boldsymbol{\phi}_i + \omega_{2n}\boldsymbol{J}\Delta\boldsymbol{\phi}_m \tag{3.7b}$$

■

前〔1〕項で検討したオブザーバゲイン $\boldsymbol{G}_{iB}, \boldsymbol{G}_m$ の役割を考慮して上の誤差方程式を利用するならば，非突極PMSMのための同一次元D因子磁束状態オブザーバ（B形）のための直接ゲイン設計法として，次の**ゲイン定理Ⅰ**を新規に得ることができる．

《定理3.1　ゲイン定理Ⅰ》

(3.3)式の同一次元D因子磁束状態オブザーバ（B形）において，固定子反作用磁束，回転子磁束以外のすべての信号は既知とする．また，PMSMは非突極とする．本条件下で，2×2行列のオブザーバゲイン $\boldsymbol{G}_{iB}, \boldsymbol{G}_m$ を，符号関数 $\mathrm{sgn}(\cdot)$ を用いた(3.8a)式の形式で選定するものとする．

$$\boldsymbol{G}_{iB} = g_i \boldsymbol{I}, \quad \boldsymbol{G}_m = g_{m1}\boldsymbol{I} + g_{m2}\,\mathrm{sgn}(\omega_{2n})\boldsymbol{J} \tag{3.8a}$$

(3.8a)式の要素パラメータを(3.8b)式の**収束条件**に従い選定する場合には，固定子反作用磁束推定値と回転子磁束推定値は，$\omega_{2n} \neq 0$ の場合に限り，安定的に同真値に収束する．

$$\left.\begin{array}{l} g_i + R_1 > 0, \;\; g_{m1} \leq 0, \;\; g_{m2} \geq 0 \\ g_i + g_{m1} + R_1 > 0, \;\; |g_{m1}| + |g_{m2}| \neq 0 \end{array}\right\} \tag{3.8b}$$

〈証明〉

(3.7)式に関し，PMSMの非突極性を考慮して鏡相インダクタンス L_m をゼロに設定し，オブザーバゲイン $\boldsymbol{G}_{iB}, \boldsymbol{G}_m$ に(3.8a)式の**構造的条件**を付与する．この上で，(3.7)式に **$\alpha\beta$ 固定座標系条件**（$\omega_\gamma = 0$，$\theta_\gamma = \theta_\alpha$）を付与すると，これは次式に帰着される．

$$s\begin{bmatrix} \Delta\boldsymbol{\phi}_i \\ \Delta\boldsymbol{\phi}_m \end{bmatrix} = \boldsymbol{A}_s \begin{bmatrix} \Delta\boldsymbol{\phi}_i \\ \Delta\boldsymbol{\phi}_m \end{bmatrix} = \begin{bmatrix} -a & 0 & 0 & \omega_{2n} \\ 0 & -a & -\omega_{2n} & 0 \\ -b & c & 0 & -\omega_{2n} \\ -c & -b & \omega_{2n} & 0 \end{bmatrix} \begin{bmatrix} \Delta\boldsymbol{\phi}_i \\ \Delta\boldsymbol{\phi}_m \end{bmatrix} \tag{3.9a}$$

ただし，

$$a = \frac{g_i + R_1}{L_i}, \;\; b = \frac{g_{m1}}{L_i}, \;\; c = \frac{g_{m2}}{L_i}\,\mathrm{sgn}(\omega_{2n}) \tag{3.9b}$$

(3.9)式の誤差方程式の特性を支配する4×4行列 $\boldsymbol{A}_s$ の固有値 λ は，次の4次方程式の根として与えられる．

$$\det[\lambda\boldsymbol{I} - \boldsymbol{A}_s] = \lambda^4 + h_3\lambda^3 + h_2\lambda^2 + h_1\lambda + h_0 = 0 \tag{3.10a}$$

ただし，

$$\left.\begin{array}{l} h_3 = 2a, \;\; h_2 = a^2 + 2c\omega_{2n} + \omega_{2n}^2 \\ h_1 = 2ac\omega_{2n} + 2(a+b)\omega_{2n}^2, \;\; h_0 = ((a+b)^2 + c^2)\omega_{2n}^2 \end{array}\right\} \tag{3.10b}$$

行列 $\boldsymbol{A}_s$ の全固有値 λ の実数部が負となる**必要十分条件**は，$\omega_{2n} \neq 0$ の場合には，**フルビッツの安定判別法**を(3.10)式の多項式に適用することにより，求めることができる．本安定判別法によれば，まず，多項式の係数 h_i に関し次の条件が必要とされる．

$$h_i > 0 \qquad i = 0, 1, 2, 3 \tag{3.11}$$

次に，(3.10b)式の係数 h_i を用いた 4×4 **フルビッツ行列** $\boldsymbol{H}_4$ を考える．これは，次式で与えられる．

$$\boldsymbol{H}_4 = \begin{bmatrix} h_3 & h_1 & 0 & 0 \\ 1 & h_2 & h_0 & 0 \\ 0 & h_3 & h_1 & 0 \\ 0 & 1 & h_2 & h_0 \end{bmatrix} \tag{3.12}$$

安定判別法によれば，すべての主座行列 $\boldsymbol{H}_i$ の行列式は正でなくてはならない．これは，以下のように評価される．

$$\det \boldsymbol{H}_1 = h_3 = 2a > 0 \tag{3.13a}$$

$$\det \boldsymbol{H}_2 = h_3h_2 - h_1 = 2a^3 - 2b\omega_{2n}^2 + 2ac\omega_{2n} > 0 \tag{3.13b}$$

$$\begin{aligned}\det \boldsymbol{H}_3 &= h_3h_2h_1 - h_3^2h_0 - h_1^2 \\ &= 4(a^2+\omega_{2n}^2)(-b(a+b)\omega_{2n}^2 + a^2c\omega_{2n}) > 0\end{aligned} \tag{3.13c}$$

$$\det \boldsymbol{H}_4 = h_0 \det \boldsymbol{H}_3 > 0 \tag{3.13d}$$

$\omega_{2n} \neq 0$ の場合には，次の(3.14)式の下で，(3.11)式，(3.13)式で規定されたすべての条件を満足させることができる．

$$a > 0,\ b \leq 0,\ c \cdot \mathrm{sgn}(\omega_{2n}) \geq 0,\ a+b > 0,\ |b|+|c| \neq 0 \tag{3.14}$$

(3.9b)式を(3.14)式に用いることにより，次式を得る．

$$\left.\begin{aligned} &g_i + R_1 > 0,\ g_{m1} \leq 0,\ g_{m2} \geq 0 \\ &g_i + g_{m1} + R_1 > 0,\ |g_{m1}|+|g_{m2}| \neq 0 \end{aligned}\right\} \tag{3.15}$$

(3.15)式は，(3.8b)式の収束条件に他ならない．

■

上の**ゲイン定理 I**（定理 3.1）によれば，オブザーバゲイン $\boldsymbol{G}_{iB}, \boldsymbol{G}_m$ の対角要素は独立的に選定することはできない．厳密には(3.15)式が示しているように $g_i+g_{m1}+R_1>0$ の関係を，概略的には $g_i+g_{m1} \geq 0$ の関係を維持しなければならない．ゲイン定理 I（定理 3.1）に，制約 $|g_{m1}|+|g_{m2}| \neq 0$ として明示されているように，$\boldsymbol{G}_m = \boldsymbol{0}$ を意味する $g_{m1}=0$，$g_{m2}=0$ は選択できない．これらには特に注意されたい．

上のゲイン定理 I（定理 3.1）が対象とした PMSM は非突極である．突極特性の有無を問わず，すべての PMSM に適用可能なオブザーバゲインの直接設計法として，次の**ゲイン定理 II** を新規に得ることができる．

《定理 3.2　ゲイン定理 II》

(3.3)式の同一次元D因子磁束状態オブザーバ（B形）において，固定子反作用磁束，回転子磁束以外のすべての信号は既知とする．本条件下で，2×2 行列のオブザーバゲイン $\boldsymbol{G}_{iB}, \boldsymbol{G}_m$ を次の(3.16a)式の形式で選定するものとする．

$$\boldsymbol{G}_{iB} = \begin{bmatrix} g_{i11} & 0 \\ 0 & g_{i22} \end{bmatrix}, \quad \boldsymbol{G}_m = \begin{bmatrix} g_{m11} & -g_{m12}\mathrm{sgn}(\omega_{2n}) \\ g_{m21}\,\mathrm{sgn}(\omega_{2n}) & g_{m22} \end{bmatrix} \tag{3.16a}$$

(3.16a)式の要素パラメータを(3.16b)式の**収束条件**に従い選定する場合には，固定子反作用磁束推定値と回転子磁束推定値は，$\omega_{2n} \neq 0$ の場合に限り，安定的に同真値に収束する．

$$\left.\begin{array}{l} g_{i11}+R_1 > 0, \quad g_{i22}+R_1 > 0, \quad L_q g_{m11}+L_d g_{m22} \leq 0 \\ L_q g_{m21}+L_d g_{m12} \geq 0, \quad g_{m11}g_{m22}+g_{m12}g_{m21} \neq 0 \\ g_{i11}+g_{m11}+R_1 > 0, \quad g_{i22}+g_{m22}+R_1 > 0 \end{array}\right\} \tag{3.16b}$$

〈証明〉

(3.7)式の誤差方程式におけるオブザーバゲイン $\boldsymbol{G}_{iB}, \boldsymbol{G}_m$ に関し，(3.16a)式の**構造的条件**を付与する．この上で，(3.7)式に，**dq 同期座標系条件**（$\omega_\gamma = \omega_{2n}$, $\theta_\gamma = 0$）を付与すると，これは次式に帰着される．

$$s\begin{bmatrix} \Delta\boldsymbol{\phi}_i \\ \Delta\boldsymbol{\phi}_m \end{bmatrix} = \boldsymbol{A}_r \begin{bmatrix} \Delta\boldsymbol{\phi}_i \\ \Delta\boldsymbol{\phi}_m \end{bmatrix} = \begin{bmatrix} -a_d & \omega_{2n} & 0 & \omega_{2n} \\ -\omega_{2n} & -a_q & -\omega_{2n} & 0 \\ -b_d & c_q & 0 & 0 \\ -c_d & -b_q & 0 & 0 \end{bmatrix} \begin{bmatrix} \Delta\boldsymbol{\phi}_i \\ \Delta\boldsymbol{\phi}_m \end{bmatrix} \tag{3.17a}$$

ただし，

$$\left.\begin{array}{l} a_d = \dfrac{R_1+g_{i11}}{L_d}, \ a_q = \dfrac{R_1+g_{i22}}{L_q}, \ b_d = \dfrac{g_{m11}}{L_d}, \ b_q = \dfrac{g_{m22}}{L_q} \\ c_d = \dfrac{g_{m21}}{L_d}\mathrm{sgn}(\omega_{2n}), \ c_q = \dfrac{g_{m12}}{L_q}\mathrm{sgn}(\omega_{2n}) \end{array}\right\} \tag{3.17b}$$

(3.17)式の誤差方程式の特性を支配する 4×4 行列 $\boldsymbol{A}_r$ の固有値 λ は，次の 4 次方程式の根として与えられる．

$$\det[\lambda \boldsymbol{I} - \boldsymbol{A}_r] = \lambda^4 + h_3\lambda^3 + h_2\lambda^2 + h_1\lambda + h_0 = 0 \tag{3.18a}$$

ただし，

$$\left.\begin{array}{l} h_3 = a_d + a_q, \ h_2 = a_d a_q + (c_d + c_q)\omega_{2n} + \omega_{2n}^2 \\ h_1 = (a_d c_q + a_q c_d)\omega_{2n} - (b_d + b_q)\omega_{2n}^2, \ h_0 = (b_d b_q + c_d c_q)\,\omega_{2n}^2 \end{array}\right\} \tag{3.18b}$$

行列 $\boldsymbol{A}_r$ の全固有値 λ の実数部が負となる**必要十分条件**は，$\omega_{2n} \neq 0$ の場合には，

フルビッツの安定判別法を(3.18)式の多項式に適用することにより，求めることができる．本安定判別法によれば，まず，多項式の係数 h_i に関し次の条件が必要とされる．

$$h_i > 0 \qquad i = 0, 1, 2, 3 \tag{3.19}$$

次に，(3.18b)式の係数 h_i を用いた4×4 フルビッツ行列 $\boldsymbol{H}_4$（(3.12)式と同一形式）を考える．安定判別法によれば，すべての主座行列 $\boldsymbol{H}_i$ の行列式は正でなくてはならない．これは，以下のように評価される．

$$\det \boldsymbol{H}_1 = h_3 = a_d + a_q > 0 \tag{3.20a}$$

$$\begin{aligned}\det \boldsymbol{H}_2 = h_3 h_2 - h_1 &= a_d a_q (a_d + a_q) + (a_d c_d + a_q c_q)\omega_{2n} \\ &\quad + (a_d + a_q + b_d + b_q)\omega_{2n}^2 > 0\end{aligned} \tag{3.20b}$$

$$\begin{aligned}\det \boldsymbol{H}_3 &= h_3 h_2 h_1 - h_3^2 h_0 - h_1^2 \\ &= a_d a_q (a_d + a_q)(a_d c_q + a_q c_d)\omega_{2n} \\ &\quad + (-(a_d + a_q)(a_d a_q (b_d + b_q) + b_d b_q (a_d + a_q)) + a_d a_q (c_d - c_q)^2)\omega_{2n}^2 \\ &\quad + ((a_d + a_q)(a_d c_q + a_q c_d) - (a_d - a_q)(c_d - c_q)(b_d + b_q))\omega_{2n}^3 \\ &\quad - (b_d + b_q)(a_d + a_q + b_d + b_q)\omega_{2n}^4 > 0\end{aligned} \tag{3.20c}$$

$$\det \boldsymbol{H}_4 = h_0 \det \boldsymbol{H}_3 > 0 \tag{3.20d}$$

$\omega_{2n} \neq 0$ の場合には，(3.19)式で規定された条件は次の(3.21a)式の下で満足させることができる．

$$a_d > 0, \quad a_q > 0, \quad b_d + b_q \leq 0, \quad (c_d + c_q)\operatorname{sgn}(\omega_{2n}) \geq 0, \quad b_d b_q + c_d c_q > 0 \tag{3.21a}$$

一方，(3.20)式で規定された条件は，(3.21a)式の成立を条件に，次の(3.21b)式の下で満足させることができる．

$$a_d + a_q + b_d + b_q > 0 \tag{3.21b}$$

なお，(3.20c)式右辺の ω_{2n}^3 項は，(3.21a)式，(3.21b)式を条件に，次の(3.22a)式の場合にも(3.22b)式のように整理することができ，ひいては正となることを証明できる．

$$(a_d - a_q)(c_d - c_q) < 0 \qquad c_d c_q \neq 0 \tag{3.22a}$$

$$\begin{aligned}&((a_d + a_q)(a_d c_q + a_q c_d) - (a_d - a_q)(c_d - c_q)(b_d + b_q))\omega_{2n}^3 \\ &> (a_d + a_q)((a_d c_q + a_q c_d) - (a_d - a_q)(c_d - c_q))\omega_{2n}^3 \\ &= (a_d + a_q)(a_d c_d + a_q c_q)\omega_{2n}^3 > 0\end{aligned} \tag{3.22b}$$

(3.17b)式を，(3.21)式の2式に用いることにより，次式を得る．

2

$$\left.\begin{array}{l} g_{i11}+R_1>0,\ \ g_{i22}+R_1>0,\ \ L_q g_{m11}+L_d g_{m22}\le 0 \\ L_q g_{m21}+L_d g_{m12}\ge 0,\ \ g_{m11}g_{m22}+g_{m12}g_{m21}\ne 0 \\ g_{i11}+g_{m11}+R_1>0,\ \ g_{i22}+g_{m22}+R_1>0 \end{array}\right\} \tag{3.23}$$

(3.23)式は，(3.16b)式の収束条件に他ならない．

■

ゲイン定理II（定理3.2）によれば，非突極・突極を問わず，例えば以下のような特異な**非対称選定**に対しても，安定収束が保証されることがわかる．

$$g_{m12}>0,\quad g_{m21}=0 \tag{3.24a}$$

$$g_{m12}=0,\quad g_{m21}>0 \tag{3.24b}$$

また，ゲイン定理II（定理3.2）の(3.16b)式の収束条件に次の**対称条件**を付す場合には，これはゲイン定理I（定理3.1）の(3.8b)式の収束条件に帰着されることもわかる．

$$g_{i11}=g_{i22}=g_i,\quad g_{m11}=g_{m22}=g_{m1},\quad g_{m21}=g_{m12}=g_{m2} \tag{3.25}$$

本事実は，結果的には，「**ゲイン定理I**（定理3.1）は非突極・突極を問わず適用可能である」ことを意味する．

〔3〕直接ゲイン設計法

非突極・突極を問わず適用可能な直接ゲイン設計法として，提案のゲイン定理I, IIに基づく方法を，以下に示す．

(a)　固定ゲイン方式

オブザーバにおける4固有値の実数部の平均値を$\bar{\lambda}$とすると，(3.10a)式，(3.18a)式より，次の関係が成立する．

$$h_3=-4\bar{\lambda} \tag{3.26}$$

オブザーバの**収束レイト**は，一般には4固有値の最大実数部（実数部絶対値の最小値）で支配されるが，ここでは簡略化のため，固有値の平均値$\bar{\lambda}$でオブザーバの収束レイトを概略的に制御することを考える．(3.8)式を満足するオブザーバゲイン$\boldsymbol{G}_{iB}$の**スカラゲイン**g_iとして，次のものを考える．

$$g_i=\alpha_i R_1 \qquad \alpha_i=\text{const}\ge 3 \tag{3.27}$$

(3.26)式，(3.27)式に(3.9b)式，(3.10b)式を考慮すると，次の関係を得る．

$$h_3=2(1+\alpha_i)\frac{R_1}{L_i}=-4\bar{\lambda} \qquad \alpha_i\ge 3 \tag{3.28}$$

(3.28)式は，PMSM電気系単独での元来の平均固有値$(-R_1/L_i)$を，ゲインg_i

により，平均的に $(1+\alpha_i)/2$ 倍したことを意味する．概略的ながら，(3.28)式の関係に基づき，オブザーバの収束レイトを制御することができる．

ゲイン定理 I, II と(3.27)式に基づく最も簡単かつ実用的でかつ非突極・突極を問わず適用可能な直接ゲイン設計法として次を得る．

【固定ゲイン設計法】

$$\boldsymbol{G}_i = g_i \boldsymbol{I}, \quad \boldsymbol{G}_m = g_{m1}\boldsymbol{I} + g_{m2}\,\mathrm{sgn}(\omega_{2n})\boldsymbol{J} \tag{3.29a}$$

$$\left.\begin{aligned} g_i &= 2\max\{R_1,\ |\omega_{2n}|L_i\} \approx \alpha_i R_1 \\ g_{m1} &= -\alpha_{g1} g_i, \quad g_{m2} = \alpha_{g2}\, g_i \end{aligned}\right\} \tag{3.29b}$$

行列要素を定める設計パラメータ α_i, α_g の一応の設計目安は次のとおりである．

$$3 \le \alpha_i \le 30, \quad 0.5 \le \alpha_{g1} \le 1, \quad 0.2 \le \alpha_{g2} \le 5 \tag{3.29c}$$

■

固定ゲイン設計法における設計パラメータ $\alpha_i, \alpha_{g1}, \alpha_{g2}$ は，すべて一定である．駆動速度に合致した収束レイトを得るには，一定値 α_i は最大駆動速度を考慮して定める必要がある．(3.29c)式の α_i 上限は，一応の目安である．α_{g1}, α_{g2} の基本値はおのおの $\alpha_{g1} = 0.5$，$\alpha_{g2} = 1$ である．(3.29c)式に示しているように，パラメータ α_{g2} は過度に小さくすべきでない．安定性のみの観点からは，パラメータ α_{g2} はゼロも取り得る．パラメータ α_{g2} が過度に小さい場合には，オブザーバは低速モードをもち，収束レイトは著しく低くなることが，実験的に確認されている．

(b)　応速帯域ゲイン方式

上記の固定ゲイン方式では，PMSM の速度いかんにかかわらず固有値の平均値が一定に維持されるため，速度向上に応じて，速度を基準にした**相対的収束レイト**は低下する．換言するならば，速度低下に応じて相対的収束レイトが過大になる．最小次元 D 因子磁束状態オブザーバのように，相対的収束レイトを速度いかんにかかわらず一様に保つには，オブザーバゲインを速度の絶対値に対し線形的に変更するようにすればよい．本考えをゲイン定理 I, II に適用するならば，次のゲイン方式を得ることができる．

【応速帯域ゲイン設計法】

$$\boldsymbol{G}_i = g_i \boldsymbol{I}, \quad \boldsymbol{G}_m = g_{m1}\boldsymbol{I} + g_{m2}\,\mathrm{sgn}(\omega_{2n})\boldsymbol{J} \tag{3.30a}$$

$$g_i = \alpha_i |\omega'_{2n}|, \quad g_{m1} = -\alpha_{g1} g_i, \quad g_{m2} = \alpha_{g2} g_i \tag{3.30b}$$

$$|\omega_{2n}'| = \begin{cases} |\omega_{2n}| & |\omega_{2n}| \geq \omega_{\min} \\ \omega_{\min} & 0 < |\omega_{2n}| < \omega_{\min} \end{cases} \tag{3.30c}$$

$$L_i \leq \alpha_i \leq 10L_i, \quad 0.5 \leq \alpha_{g1} \leq 1, \quad 0.2 \leq \alpha_{g2} \leq 5 \tag{3.30d}$$

■

応速帯域ゲイン設計法における $\omega_{\min}$ は，ゲイン定理Ⅰ，Ⅱが要請する $|g_{m1}|+|g_{m2}| \neq 0$ を保証するために導入したものであり，応速帯域ゲイン方式が応速的に動作する下限速度を示している．

高速回転を条件に $|\omega_{2n}'| = |\omega_{2n}|$ として，さらには非突極を条件に(3.30b)式を $\alpha\beta$ 固定座標系上で評価された(3.9b)式，(3.10b)式に用いると，高速回転時の係数 h_i を以下のよう評価することができる．

$$\left.\begin{aligned} h_3 &= 2\frac{R_1+\alpha_i|\omega_{2n}|}{L_i} \approx h_3'|\omega_{2n}| \\ h_2 &= \left(\frac{R_1+\alpha_i|\omega_{2n}|}{L_i}\right)^2+\omega_{2n}^2+2\frac{\alpha_{g2}\alpha_i}{L_i}\omega_{2n}^2 \approx h_2'\omega_{2n}^2 \\ h_1 &= 2\frac{(1-\alpha_{g1})\alpha_i|\omega_{2n}|+R_1}{L_i}\omega_{2n}^2+2\frac{R_1+\alpha_i|\omega_{2n}|}{L_i}\frac{\alpha_{g2}\alpha_i}{L_i}\omega_{2n}^2 \approx h_1'|\omega_{2n}|^3 \\ h_0 &= \left(\left(\frac{(1-\alpha_{g1})\alpha_i|\omega_{2n}|+R_1}{L_i}\right)^2+\left(\frac{\alpha_{g2}\alpha_i}{L_i}\omega_{2n}\right)^2\right)\omega_{2n}^2 \approx h_0'\omega_{2n}^4 \end{aligned}\right\} \tag{3.31a}$$

$$h_3' = \frac{2\alpha_i}{L_i}, \quad h_2' = \frac{\alpha_i^2}{L_i^2}, \quad h_1' = \frac{2\alpha_{g2}\alpha_i^2}{L_i^2}, \quad h_0' = \left(\frac{\alpha_{g2}\alpha_i}{L_i}\right)^2 \tag{3.31b}$$

(3.31)式が明示しているように，すべての係数 h_i は $h_i'|\omega_{2n}|^{4-i}$ の形式をしている．本事実は，(3.10a)式を満足する固有値は，高速回転時には，速度の絶対値に対し線形的に移動することを意味する．より具体的には，一定係数 h_i' をもつ次の(3.32)式の根を λ_i' とすると，(3.10a)式を満足する固有値 λ_i は $\lambda_i = \lambda_i'|\omega_{2n}|$ となる．

$$\lambda^4+h_3'\lambda^3+h_2'\lambda^2+h_1'\lambda+h_0' = 0 \tag{3.32}$$

したがって，(3.32)式が適切な根をもつように，あらかじめ一定係数 h_i' を定めておけばよい．ただし，4個の一定係数 h_i' は2個の一定パラメータ α_i, $\beta_m \equiv \alpha_{g2}\alpha_i$ を通じて決定することになるため，一定係数 h_i' を任意に定められるわけではない．一定パラメータ $\alpha_i, \beta_m \equiv \alpha_{g2}\alpha_i$ の選定に関しては，次の興味深い**ゲイン定理Ⅲ**が成立する．

《定理 3.3　ゲイン定理Ⅲ》

(a)　一定パラメータ $\alpha_i, \beta_m \equiv \alpha_{g2}\alpha_i$ を，負値 $\bar{\lambda}' < 0$ を用いて次式に従い決定するものとする．

$$\alpha_i = -2L_i\bar{\lambda}', \quad \beta_m = L_i\bar{\lambda}'^2 \qquad \bar{\lambda}' < 0 \tag{3.33}$$

この場合には，(3.32)式の方程式は4重実根 $\bar{\lambda}' < 0$ をもつ．

(b)　(3.33)式に従って定められた一定パラメータ $\alpha_i, \beta_m \equiv \alpha_{g2}\alpha_i$ を，(3.30)式の応速帯域ゲインに用い，かつ係数差 $h_i'|\omega_{2n}|-h_i$ が大きな固有値遷移をもたらさない場合には，同一次元D因子磁束状態オブザーバ（B形）は，速度向上に応じ，おおむね $|\bar{\lambda}'\omega_{2n}|$ の収束レイトによる収束特性を示すようになる．

〈証明〉

(a)　係数 h_i' に関する(3.31b)式に(3.33)式を用いると，係数 h_i' は次式のように評価される．

$$h_3' = 4(-\bar{\lambda}'), \quad h_2' = 6(-\bar{\lambda}')^2, \quad h_1' = 4(-\bar{\lambda}')^3, \quad h_0' = (-\bar{\lambda}')^4 \tag{3.34}$$

(3.32)式に(3.34)式を用いると，これは次式のように整理される．

$$\lambda^4 + h_3'\lambda^3 + h_2'\lambda^2 + h_1'\lambda + h_0' = (\lambda - \bar{\lambda}')^4 = 0 \tag{3.35}$$

上式は，定理の前段を意味する．

(b)　一般に，速度向上に応じ，(3.10a)式を満足する4個の固有値 λ_i は $\lambda_i = \lambda_i'|\omega_{2n}|$ となる．(3.33)式に従って定められた一定パラメータ $\alpha_i, \beta_m \equiv \alpha_{g2}\alpha_i$ を用いる場合には，λ_i' は同一値 $\bar{\lambda}'$ となる．したがって，速度向上に応じ，(3.10a)式を満足する4個の固有値 λ_i も，係数差 $h_i'|\omega_{2n}|-h_i$ が大きな固有値遷移をもたらさない場合には，同一値 $\lambda_i = \bar{\lambda}'|\omega_{2n}|$ を取るようになる．

一方，状態オブザーバの収束レイトは，最遅モード（低速モード）の固有値の実数部絶対値におおむね等しくなる．同一固有値の場合には，本絶対値は，$|\bar{\lambda}'\omega_{2n}|$ となる．

■

固定ゲイン方式，応速帯域ゲイン方式は，ともに，簡略化の観点から，オブザーバゲインの形式はゲイン定理Ⅰ（定理 3.1）の形式を採用している．オブザーバゲインの本形式は，ゲイン定理Ⅱ（定理 3.2）で立証したように，SP-PMSM にも適用可能である．すなわち，直接ゲイン設計法に基づく固定ゲイン方式，応速帯域ゲイン方式は，ともに，SP-PMSM に適用可能である．

Q3.2 **ゲイン定理Ⅰ, Ⅱ（定理 3.1, 3.2）では，ともに，オブザーバゲイン G_{iB} としては対角要素しか考慮しておりません．一方，オブザーバゲイン G_m に関しては，当初より逆対角要素を考慮しています．なぜ，オブザーバゲイン G_{iB} に関しては，逆対角要素を無視したのですか．**

Ans. 3.2.2 項内の〔1〕項に示しました事前検討の結果，すなわち，同一次元D因子磁束状態オブザーバ（B形）の構造を踏まえたオブザーバゲインの役割検討の結果，必ずしも G_{iB} は G_m ほど複雑にする必要はないとの推測的結論を得ました．ゲイン設計法は実用性を考慮するならば簡単である必要があり，この観点から，オブザーバゲイン G_{iB} に関しては逆対角要素をゼロに選定することにしました．なお，ゲイン定理Ⅰ, Ⅱの証明では，行列式の展開整理後の結論のみを提示しましたが，本展開整理には，大変な根気を要しました．「オブザーバゲイン G_{iB} の逆対角要素をゼロに選定することにより展開整理が比較的容易になり，ひいてはゲイン定理Ⅰ, Ⅱ（定理 3.1, 3.2）に示した解析的結論を得ることができた」と考えています．

なお，上記の推測的結論の正当性は，第4章での理論的解析を通じ，解明されています．本解析の詳細は，4.4.2 項で説明します．

Q3.3 **ゲイン定理Ⅰ, Ⅱ（定理 3.1, 3.2）によるオブザーバゲイン設計法は，他の設計法とどのような関係があるのでしょうか．**

Ans. ゲイン定理Ⅰ, Ⅱ（定理 3.1, 3.2）が示した結論は，基本的に，選定すべきオブザーバゲインは応速性，一定性を問いません．換言するならば，速度いかんにかかわらず一定のオブザーバゲインを採用してよいことを意味しています（(3.26)式参照）．これに対して，従前の設計法は，例外なく，オブザーバゲインを応速的に変化させるもので，これによる場合には，原理的に，速度いかんにかかわらず一定のオブザーバゲインを得ることができません．この原因の1つは，ゲイン定理Ⅰ, Ⅱが示した安定限界の把握ができていなかったことによるものと思われます．

従前のゲイン設計法は，$\alpha\beta$ 固定座標系上で構築されています．これに対して，本書提案のゲイン設計法は，ゲイン定理Ⅰ, Ⅱが示しますように，$\alpha\beta$ 固定座標系上に加え dq 同期座標系上で構築されたものです．提案設計法は，dq 同期座標系上の，ひいては $\gamma\delta$ 準同期座標系上のゲイン設計の可能性を示した最初のものです．

以下に，従前設計法の要点を整理して示します．これにより，提案設計法との違いが明確になると思います．

(a)　楊の直接ゲイン設計法[3.6)]

楊等が提案したゲイン設計法は，非突極 PMSM を対象とした直接ゲイン設計法で，以下のように整理されます[3.6)]．

$$
\begin{aligned}
&\boldsymbol{G}_{iB} = g_{i1}\boldsymbol{I} + g_{i2}\boldsymbol{J}, \quad \boldsymbol{G}_m = g_{m1}\boldsymbol{I} + g_{m2}\boldsymbol{J} \\
&g_{i1} = (k-1)R_1, \quad g_{i2} = -(k-1)\omega_{2n}L_i \\
&g_{m1} = -kR_1, \quad g_{m2} = k\omega_{2n}L_i \qquad k > 1
\end{aligned}
$$

これは，オブザーバの固有値を，PMSM 電気系の固有値の k 倍に設定することを狙って提案されたものです．**楊ゲイン** $\boldsymbol{G}_{iB}, \boldsymbol{G}_m$ は，ともに，その対角要素は一定ですが，逆対角要素は速度に応じて増大するように設計されています．残念ながら，楊ゲインを用いたオブザーバは定格速度近傍で不安定化します[3.6)~3.9)]．

(b)　山本の直接ゲイン設計法[3.7)]

山本等が提案したゲイン設計法は，楊のゲイン設計法と同様に，非突極 PMSM を対象とした $\alpha\beta$ 固定座標系上の直接ゲイン設計法で，特許文献 3.7)によれば，以下のように整理されます[3.7)]．

$$
\begin{aligned}
&\boldsymbol{G}_{iB} = g_i\boldsymbol{I}, \quad \boldsymbol{G}_m = g_{m1}\boldsymbol{I} + g_{m2}\boldsymbol{J} \\
&g_i \geq \left(\omega_{\max} - \frac{R_1}{L_i}\right)L_i, \quad g_{m1} = \frac{\omega_h L_i}{\omega_{2n}}, \quad g_{m2} = \frac{\omega_h L_i}{|\omega_{2n}|}
\end{aligned}
$$

ここに，$\omega_{\max}, \omega_h$ は，それぞれ，最大駆動電気速度，オブザーバの等価的帯域幅（設計パラメータ）です．

山本ゲインは，$\boldsymbol{G}_{iB}$ の逆対角要素がゼロであり，ゲイン定理 I, II（定理 3.1, 3.2）が適用できます．ゲイン定理 I, II（定理 3.1, 3.2）によれば，山本ゲインにおける $\boldsymbol{G}_m$ の設計は明らかに極性を誤っています．正しくは，上式の g_{m1}, g_{m2} に代って，次の g'_{m1}, g'_{m2} が使用されなければなりません．

$$
g'_{m1} = \operatorname{sgn}(-\omega_{2n})g_{m1} = -\frac{\omega_h L_i}{|\omega_{2n}|}, \quad g'_{m2} = \operatorname{sgn}(\omega_{2n})g_{m2} = \frac{\omega_h L_i}{\omega_{2n}}
$$

山本のゲイン設計法の特徴は，ゲイン $\boldsymbol{G}_{iB}$ を常時一定とし，$\boldsymbol{G}_m$（対角，逆対角の両要素とも）を，速度に応じて変化させるものです．ただし，このときの変化は，楊のゲイン設計法，本書提案の応速帯域ゲイン方式とは，正反対です．すなわち，山本のゲイン設計法は，速度向上に応じてゲイン $\boldsymbol{G}_m$ を小さくするもので

す．直接ゲイン設計法のためのゲイン定理Ⅰ, Ⅱ（定理 3.1，3.2）によれば，速度向上に応じ $\boldsymbol{G}_m \rightarrow 0$ とするゲインは，オブザーバを速度向上に応じ不安定化に向かわせます．$\boldsymbol{G}_m$ の設計パラメータである ω_h の一応の設計目安は $\omega_h/\omega_{\max} = 0.3\sim0.5$ のようで[3.7)]，定格速度近傍では $\boldsymbol{G}_m \approx 0$ となり不安定化が心配されます．一方，$|\omega_{2n}|$ が小さい低速域では，ゲイン定理が要請する次の安定化条件を侵します（(3.15)式参照）．

$$g_i + g'_{m1} + R_1 > 0$$

このため，本ゲインを利用できる駆動速度領域は相当程度限定されます．

(c)　金原の間接ゲイン設計法[3.8), 3.9)]

白色雑音（white noise）下の状態変数を推定する方法として**カルマンフィルタ**（Kalman filter）があります．推定誤差を確率的な意味において最小化するゲイン設計法も知られています[3.10)]．白色雑音の存在を無視した場合には，カルマンフィルタは同一次元状態オブザーバに帰着されます．金原の $\alpha\beta$ **固定座標系**上の間接ゲイン設計法は，カルマンフィルタのゲイン設計法を，白色ノイズを無視し，非突極 PMSM を対象とした同一次元状態オブザーバのゲイン設計に流用したものです．これは，以下のように与えられます[3.8), 3.9)]．

$$\boldsymbol{G} = \begin{bmatrix} \boldsymbol{G}_{iB} \\ \boldsymbol{G}_m \end{bmatrix} = \frac{1}{\varepsilon} \boldsymbol{P}\boldsymbol{C}_o^T$$

ここに，ε は設計者に設計が委ねられた設計パラメータ（正の微小値）であり，4×4 行列 $\boldsymbol{P}$ は次の**リカッチ方程式**（Riccati matrix equation）の解である正定行列です．

$$\boldsymbol{P}\boldsymbol{A}_o^T + \boldsymbol{A}_o\boldsymbol{P} - \frac{1}{\varepsilon}\boldsymbol{P}\boldsymbol{C}_o^T\boldsymbol{C}_o\boldsymbol{P} + \boldsymbol{E}\boldsymbol{E}^T = \boldsymbol{0}, \quad \boldsymbol{E} = \begin{bmatrix} -\boldsymbol{I} \\ \boldsymbol{I} \end{bmatrix}$$

また，行列 $\boldsymbol{A}_o, \boldsymbol{C}_o$ は，非突極 PMSM を $\alpha\beta$ 固定座標系上で表現した場合の値で，次式のように与えられます（(3.9a)式参照）．

$$\boldsymbol{A}_o = \begin{bmatrix} \boldsymbol{A}_{o11} & \boldsymbol{A}_{o12} \\ \boldsymbol{0} & \boldsymbol{A}_{o22} \end{bmatrix} = \begin{bmatrix} -\dfrac{R_1}{L_i}\boldsymbol{I} & -\omega_{2n}\boldsymbol{J} \\ \boldsymbol{0} & \omega_{2n}\boldsymbol{J} \end{bmatrix}, \quad \boldsymbol{C}_o = [\boldsymbol{C}_{o1} \quad \boldsymbol{0}] = \begin{bmatrix} \dfrac{1}{L_i}\boldsymbol{I} & \boldsymbol{0} \end{bmatrix}$$

以上のように，金原の $\alpha\beta$ 固定座標系上のゲイン設計法は，所期の速度領域にわたり上記リカッチ方程式を $\boldsymbol{P}$ に関して求解し，この上でオブザーバゲインを算定する**間接ゲイン設計法**です．特許文献 3.8)には，設計パラメータ ε の設定を通じ，オブザーバの最速モード（高速モード）が制御できることが示されています．しかし残念ながら，一般には，オブザーバの収束レイトは最速モードではなく最遅モード（低速モード）により支配されます．この点には，注意してください．

金原は，上記の方法を鏡相インダクタンスが無視できない SP-PMSM に利用する場合には，$\alpha\beta$ 固定座標系上で評価された行列 $\boldsymbol{A}_o$ の左上部の 2×2 対角行列 $\boldsymbol{A}_{o11}$ と，行列 $\boldsymbol{C}_o$ の左部の 2×2 対角行列 $\boldsymbol{C}_{o1}$ をそれぞれ以下のように修正することを奨めています[3.8), 3.9)]．

$$\boldsymbol{A}_{o11} = \mathrm{diag}\left(-\frac{R_1}{L_d}, -\frac{R_1}{L_q}\right), \quad \boldsymbol{C}_{o1} = \mathrm{diag}\left(\frac{1}{L_d}, \frac{1}{L_q}\right)$$

上の修正は，(3.1)式における固定子反作用磁束に関連した位相依存の行列を $\alpha\beta$ 固定座標系上で評価し，さらに，回転子位相が常時ゼロ（$\theta_\alpha = 0$）との条件を付すことにより得られます．すなわち，

$$\left.\frac{L_i\boldsymbol{I} - L_m\boldsymbol{Q}(\theta_\alpha)}{L_i^2 - L_m^2}\right|_{\theta_\alpha=0} = \mathrm{diag}\left(\frac{1}{L_d}, \frac{1}{L_q}\right)$$

回転子位相 θ_α は，$\alpha\beta$ 固定座標系上においては $-\pi \sim +\pi$ における任意の値をとりますので，常時 $\theta_\alpha = 0$ であるとする条件の付与妥当性は曖昧です．

一般には，**金原ゲイン** $\boldsymbol{G}_{iB}, \boldsymbol{G}_m$ は，その全要素が非ゼロの値をもち，かつこれらは速度に応じて非線形に変化することになります．このため，特許文献 3.8) ではゲインの各要素をゲインテーブルと呼ばれるテーブルに保存することを提案しています．なお，試行的に決めることになる設計パラメータ ε などに依存すると思いますが，$\boldsymbol{G}_{iB}, \boldsymbol{G}_m$ の逆対角要素は対角要素に比較してオーダー的には 1 桁小さい値を取ることが多いようです[3.9)]．

金原の間接ゲイン設計法によれば，オブザーバはゼロ速度を除く全駆動領域で安定化可能です．ただし，本方法による場合，オブザーバがいかなる固有値を取るか不明です．この点は，固有値の指定に主眼をおいた本書提案の直接ゲイン設計法と，対照的です．

Q3.4　同一次元 D 因子磁束状態オブザーバにおいて，オブザーバゲイン $\boldsymbol{G}_{iB}, \boldsymbol{G}_m$ と誤差方程式における 4×4 行列の固有値 λ との関係を解析的に得ることは，不可能なのでしょうか．

Ans.　あるクラスの固有値に限っては，固有値とオブザーバゲインの関係は，解明されています．第 4 章における(4.22)式と(4.24)式が，固有

値すなわち特性根を決定づける特性方程式とオブザーバゲインの関係を明瞭に示しています．

しかし，オブザーバゲイン $\boldsymbol{G}_{iB}, \boldsymbol{G}_m$ に特別な条件を付すことのない一般的条件の下での関係は，著者の知る限りでは，得られていません．SP-PMSM を対象とした(3.17)式の誤差方程式に関し，オブザーバゲイン $\boldsymbol{G}_{iB}, \boldsymbol{G}_m$ に次式の条件を付す場合には，オブザーバゲインと固有値の関係を解析的に得ることができます．

$$a \equiv a_d = a_q,\ \ b \equiv b_d = b_q,\quad c \equiv c_d = c_q \qquad \text{(Q/A3.4-1)}$$

上式が成立するようにオブザーバゲイン $\boldsymbol{G}_{iB}, \boldsymbol{G}_m$ が選定されていると仮定します．本仮定の下では，SP-PMSM のための dq 同期座標系上における(3.18)式の特性方程式は次式となります．

$$\det[\lambda \boldsymbol{I} - \boldsymbol{A}_r] = \lambda^4 + h_3\lambda^3 + h_2\lambda^2 + h_1\lambda + h_0 = 0 \qquad \text{(Q/A3.4-2)}$$

ただし，

$$\left.\begin{aligned} &h_3 = 2a,\ \ h_2 = a^2 + 2c\omega_{2n} + \omega_{2n}^2 \\ &h_1 = 2ac\omega_{2n} - 2b\omega_{2n}^2,\ \ h_0 = (b^2 + c^2)\omega_{2n}^2 \end{aligned}\right\} \qquad \text{(Q/A3.4-3)}$$

上の 4 次特性方程式は，複素係数をもつ 2 次多項式の積として因数分解することができます．すなわち，

$$\begin{aligned} \det[\lambda \boldsymbol{I} - \boldsymbol{A}_r] &= (\lambda^2 + (a + j\omega_{2n})\lambda + \omega_{2n}(c - jb)) \\ &\quad \cdot (\lambda^2 + (a - j\omega_{2n})\lambda + \omega_{2n}(c + jb)) = 0 \end{aligned} \qquad \text{(Q/A3.4-4)}$$

(Q/A3.4-4)式の 2 次多項式の根すなわち固有値は，直ちに求めることができます．ただし，本多項式の係数は複素数ですので，根の求解には複素数の平方根算定が要求されます．

複素数の平方根算定には，α, β, x, y を実数とするとき，次の関係が成立します．

$$\sqrt{\alpha + j\beta} = x + j\,y \qquad \text{(Q/A3.4-5)}$$

ただし，

(a)　$\alpha \geq 0$ の場合（符号同順）

$$\left.\begin{aligned} x &= \pm\frac{1}{\sqrt{2}}\sqrt{\alpha + \sqrt{\alpha^2 + \beta^2}} \\ y &= \pm\frac{1}{\sqrt{2}}\cdot\frac{\beta}{\sqrt{\alpha + \sqrt{\alpha^2 + \beta^2}}} \end{aligned}\right\} \qquad \text{(Q/A3.4-6)}$$

(b)　$\alpha \leq 0$ の場合（符号同順）

$$\left.\begin{aligned} x &= \pm\frac{1}{\sqrt{2}}\cdot\frac{\beta}{\sqrt{-\alpha+\sqrt{\alpha^2+\beta^2}}} \\ y &= \pm\frac{1}{\sqrt{2}}\sqrt{-\alpha+\sqrt{\alpha^2+\beta^2}} \end{aligned}\right\} \qquad \text{(Q/A3.4-7)}$$

非突極PMSMを対象とし，(3.8a)式のオブザーバゲインを条件とした $\alpha\beta$ 固定座標系上における(3.10)式の特性方程式は，複素係数をもつ2次多項式の積として次のように因数分解することができます．

$$\begin{aligned} \det[\lambda\boldsymbol{I}-\boldsymbol{A}_s] &= \lambda^4+h_3\lambda^3+h_2\lambda^2+h_1\lambda+h_0 \\ &= (\lambda^2+(a-j\omega_{2n})\lambda+\omega_{2n}(c-j(a+b))) \\ &\quad \cdot(\lambda^2+(a+j\omega_{2n})\lambda+\omega_{2n}(c+j(a+b)))=0 \end{aligned} \qquad \text{(Q/A3.4-8)}$$

(Q/A3.4-8)式の根すなわち固有値は，(Q/A3.4-4)式と同様に，(Q/A3.4-5)～(Q/A3.4-7)式に与えた複素数の平方根算定に留意し，求めることができます．

なお，dq同期座標系上の特性方程式である(Q/A3.4-4)式と $\alpha\beta$ 固定座標系上の特性方程式である(Q/A3.4-8)式との間には，次の関係が成立しています．

$$\left.\begin{aligned} &(\lambda+j\omega_{2n})^2+(a-j\omega_{2n})(\lambda+j\omega_{2n})+\omega_{2n}(c-j(a+b)) \\ &\qquad = \lambda^2+(a+j\omega_{2n})\lambda+\omega_{2n}(c-jb) \\ &(\lambda-j\omega_{2n})^2+(a+j\omega_{2n})(\lambda-j\omega_{2n})+\omega_{2n}(c+j(a+b)) \\ &\qquad = \lambda^2+(a-j\omega_{2n})\lambda+\omega_{2n}(c+jb) \end{aligned}\right\} \qquad \text{(Q/A3.4-9)}$$

上式は，a, b, c が2つの特性方程式において同一の場合には，2特性方程式の根の実数部は同一であることを意味しています．

3.3　固定座標系上の同一次元D因子磁束状態オブザーバ（B形）に基づくベクトル制御系

3.3.1　制御系の構成

〔1〕位相速度推定器

同一次元D因子磁束状態オブザーバ（B形）を利用したセンサレスベクトル制御法を考える．$\alpha\beta$ 固定座標系上で構成した同一次元D因子磁束状態オブザーバ（B形）を用い位相推定を行う**センサレスベクトル制御系**の概略的構成は，図2.8で与えられる．すなわち，本制御系の概略的構成は，最小次元D因子磁束状態オブザーバに基づくセンサレスベクトル制御系のそれと同一である．

センサレスベクトル制御系固有の機能は，**位相速度推定器**（phase-speed estimator）にある．同一次元D因子磁束状態オブザーバ（B形）に立脚した位相速度推定器の概略構造は，図2.9で与えられる．すなわち，同一次元D因子磁束状態オブザーバ（B形）に立脚したセンサレスベクトル制御系と最小次元D因子磁束状態オブザーバに基づくセンサレスベクトル制御系とは，位相速度推定器の概略構造においても同一である．本位相速度推定器は，**位相推定器**（phase estimator）と**速度推定器**（speed estimator）とから構成されている．

〔2〕速度推定器

速度推定器に関しては，最小次元D因子磁束状態オブザーバに使用したものと同一とする．すなわち，同一次元D因子磁束状態オブザーバ（B形）を利用したセンサレスベクトル制御系の速度推定器は，**積分フィードバック形速度推定法**に基づき構成されており，この具体的構成は図1.3のとおりである．

〔3〕位相推定器

位相推定器は，固定子電流実測値と固定子電圧指令値に加えて，**最終位相推定値** $\hat{\theta}_\alpha$ と速度推定値 $\hat{\omega}_{2n}$ を入力信号として得て，$\alpha\beta$ 固定座標系上の**初期位相推定値** $\hat{\theta}'_\alpha$ を生成し出力している．本位相推定器は，一部の信号に関し真値に代って推定値を利用している点を除けば，(3.3)式の $\gamma\delta$ 一般座標系上の同一次元D因子磁束状態オブザーバ（B形）に忠実に従って実現されている．具体的には，(3.3)式の $\gamma\delta$ 一般座標系上の同一次元D因子磁束状態オブザーバ（B形）に **$\alpha\beta$ 固定座標系条件**（$\omega_\gamma=0,\ \theta_\gamma=\theta_\alpha$）を付与し，さらに，位相真値 θ_α に代って最終位相推定値 $\hat{\theta}_\alpha$ を利用して固定子電流推定値 $\hat{\boldsymbol{i}}_1$ を生成し，速度真値 ω_{2n} に代って同推定値 $\hat{\omega}_{2n}$ を利用して回転子磁束推定値 $\hat{\boldsymbol{\phi}}_m$ を生成するように構成している．非突極PMSMの場合には，固定子電流推定値 $\hat{\boldsymbol{i}}_1$ の生成には位相推定値は必要とされないので，最終位相推定値 $\hat{\theta}_\alpha$ のフィードバックは必要ない．2×1ベクトル信号である回転子磁束推定値 $\hat{\boldsymbol{\phi}}_m$ が得られたならば，この各要素による逆正接演算を通じ，初期位相推定値 $\hat{\theta}'_\alpha$ を決定し，出力している．

図3.2に $\alpha\beta$ 固定座標系上で構成した位相推定器（同一次元D因子磁束状態オブザーバ（B形））の詳細構造を示した．なお，同図では，オブザーバゲイン $\boldsymbol{G}_{iB}$, $\boldsymbol{G}_m$ に関しては，固定ゲイン方式を採用するものとしている．もちろん，応速帯

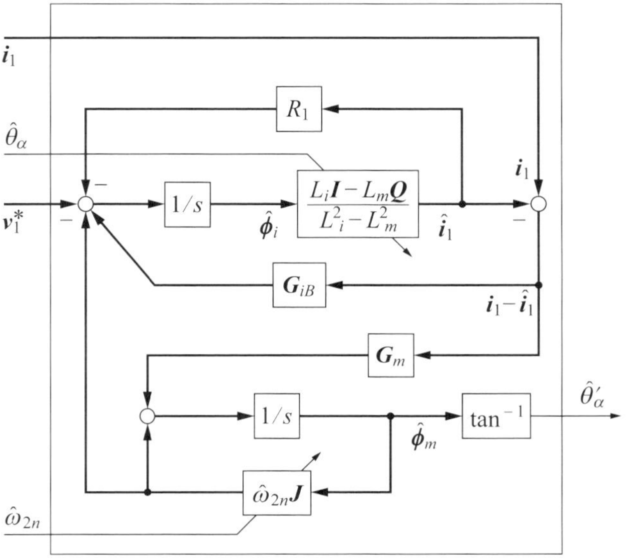

図 3.2　$\alpha\beta$ 固定座標系上での同一次元 D 因子磁束状態オブザーバ（B 形）の実現例

域ゲイン方式を利用してもよい．この場合には，速度推定値 $\widehat{\omega}_{2n}$ の絶対値に対し線形的に，オブザーバゲイン $\boldsymbol{G}_{iB}, \boldsymbol{G}_m$ を変更することになる．

3.3.2　数値実験

〔1〕実験システムと設計パラメータの概要

提案の同一次元 D 因子磁束状態オブザーバ（B 形）の有用性（特にオブザーバゲイン設計法の妥当性）を検証確認すべく，位相推定値の引き込み過渡特性に着目した数値実験を行った．本数値実験のためのシステムを，**図 3.3** に示す．供試 PMSM には負荷装置を連結し，負荷装置により供試 PMSM の速度が制御できるようになっている．供試 PMSM に対しては，$\alpha\beta$ 固定座標系上での位相速度推定器を用いてセンサレスベクトル制御系を構成している．図 3.3 では，固定子の電圧，電流に関しては，座標系を明示すべく，脚符 r（$\gamma\delta$ 準同期座標系），s（$\alpha\beta$ 固定同期座標系）を付与している．本構成は，図 2.8 の実機構成に対応している．位相速度推定器の詳細は，前の 3.3.1 項で説明したとおりである．また，センサレスベクトル制御系には，トルク制御モードと等価な電流制御モードで駆動するものとして，電流指令値を直接与えるようにしている．

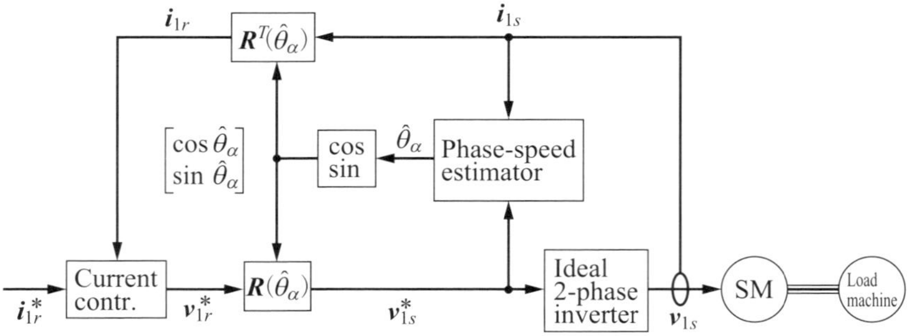

図 3.3　数値実験のためのシステム構成

供試PMSMの特性は，2.3.5項における最小次元D因子磁束状態オブザーバを用いたセンサレスベクトル制御法に使用したものと同一とした（表2.1参照）．また，位相速度推定器を構成する位相推定器（同一次元D因子磁束状態オブザーバ（B形））を除くすべての機器の構成，この設計パラメータの設定は，最小次元D因子磁束状態オブザーバのものと同一とした．すなわち，ベクトル制御系を構成する電流制御系，位相速度推定器を構成する速度推定器の設計（(2.35)式参照）は，最小次元D因子磁束状態オブザーバのものと同一とした．

最小次元D因子磁束状態オブザーバを用いたセンサレスベクトル制御系との唯一の違いは，位相速度推定器を構成する位相推定器すなわち同一次元D因子磁束状態オブザーバ（B形）にある．同一次元D因子磁束状態オブザーバ（B形）に与えられた設計自由度，すなわち設計パラメータは，オブザーバゲイン$\boldsymbol{G}_{iB}, \boldsymbol{G}_m$である．以下に，提案の直接ゲイン設計法に従い設計したオブザーバゲイン$\boldsymbol{G}_{iB}, \boldsymbol{G}_m$の代表例に対する応答を示す．

〔2〕固定ゲイン方式（対称ゲインの場合）

（a）　初期起動時の応答例

(3.29)式の固定ゲイン方式の妥当性を確認すべく，(3.29c)式の設計パラメータを以下のように設定した．

$$\alpha_i = 5, \quad \alpha_{g1} = 1, \quad \alpha_{g2} = 1 \tag{3.36a}$$

本パラメータを(3.29a)式，(3.29b)式に用い，次のオブザーバゲインを得た．

$$\boldsymbol{G}_{iB} = \alpha_i R_1 \boldsymbol{I} \approx 10\boldsymbol{I}, \quad \boldsymbol{G}_m = -10\boldsymbol{I} + 10\,\mathrm{sgn}(\widehat{\omega}_{2n})\boldsymbol{J} \tag{3.36b}$$

上式に示したように，回転方向の極性は速度推定値を利用し判定している．

負荷装置により，供試PMSMを駆動開始直後に一気に定格速度180〔rad/s〕の回転状態にした．供試PMSMの回転と同時に，供試PMSM用のセンサレスベクトル制御系をオン状態とし，センサレス駆動制御を開始した．このときの電流指令値は以下のようにおおむね定格値とした．

$$\boldsymbol{i}_1^* = \begin{bmatrix} i_\gamma^* \\ i_\delta^* \end{bmatrix} = \begin{bmatrix} 0 \\ 3 \end{bmatrix} \tag{3.37}$$

駆動開始時の回転子位相真値に対する位相推定値の誤差を最大の±π〔rad〕とし，速度推定値はゼロとした．したがって，推定開始直後の位相誤差は±π〔rad〕，速度誤差は−180〔rad/s〕である．

理想的な電力変換器（インバータ）を利用している数値実験においては，定常的に安定な位相・速度推定が可能な駆動領域内であれば，初期位相誤差・初期速度誤差が小さいほど，位相・速度推定値の真値への初期引込みが容易である．この点を考慮し，定格速度内で最も初期引込みが困難と思われる最大速度誤差である−180〔rad/s〕を選定した．**図3.4**に結果を示す．

図3.4(a)は，上から，位相真値θ_α，同推定値$\hat{\theta}_\alpha$，位相真値を基準とした位相推定値の誤差$\hat{\theta}_\alpha-\theta_\alpha$である．図3.4(b)は，上から，機械速度真値$\omega_{2m}$を基準とした機械速度推定値$\hat{\omega}_{2m}$の誤差$\hat{\omega}_{2m}-\omega_{2m}$，$\alpha\beta$固定座標系上で見た固定子電流である．位相真値から理解されるように，供試PMSMは駆動直後から負荷装置により所期の速度に維持されている．また，駆動直後の大きな位相誤差，速度誤差にもかかわらず，駆動開始約0.1〔s〕後には，位相推定値，速度推定値は，それ

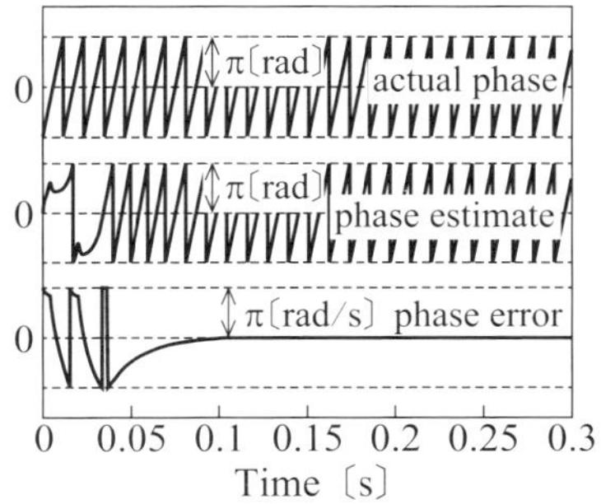

(a)

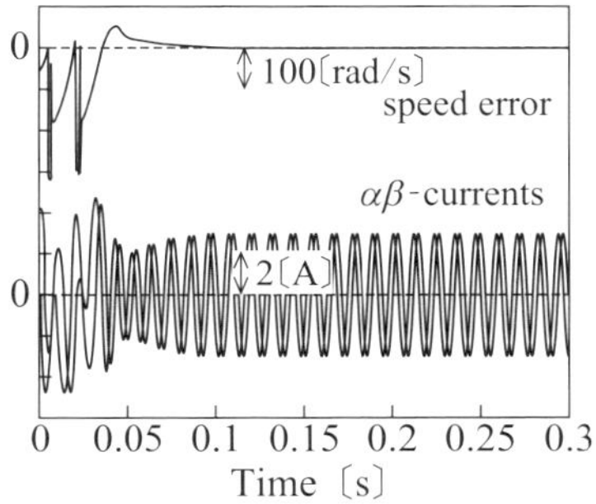

(b)

図3.4　対称な固定ゲインによる定格速度駆動時の初期起動推定性能（PMSM内の電流状態はゼロリセット）

ぞれ同真値に収束し，この結果，固定子電流が適切に制御されている様子が確認される．同様な応答は，負回転時にも確認している．

速度推定器は，すでに説明したように積分フィードバック形速度推定法に基づき構成している．本方法は，位相推定値をある種の近似微分処理して速度推定値を得るものである．本処理の特性上，位相推定未完の過渡期間での速度推定値は，位相推定値以上に変動することがある．図3.4(b)における駆動直後の振動的速度誤差は，これを示している．

図3.4の実験においては，位相・速度の推定開始直前まで，供試PMSMと同一次元D因子磁束状態オブザーバとは，ともに，電流は印加されていない．すなわち，両者の内部状態はともにゼロリセットされている．この点には，注意されたい．

(b)　再起動時の応答例

図3.4の初期起動時の応答例は，駆動状態からのセンサレス制御再起動の可能性を期待させるものである．本期待を確認するための実験を行った．負荷装置で供試PMSMを定格速度近傍180〔rad/s〕に維持し，このとき，供試PMSMの制御系は電流制御のみ遂行させておく．一方，位相速度推定器の機能は停止し，さらには位相速度推定器の内部状態はゼロリセットしておく．したがって，本状態では，位相速度推定器の出力信号である位相推定値は，$\hat{\theta}_\alpha = 0$となっている．本状態では，電流に関しては，供試PMSMの内部状態と位相速度推定器の内部状態とでは，全く異なったものとなっている．本状態で，ある瞬時に，位相速度推定器の機能をオン状態にし，位相・速度の推定を開始し，元来のセンサレスベクトル制御モードに突入させた．このときの応答を**図3.5**に示す．

図3.5(a),(b)の波形の意味は，図3.4(a),(b)と同一である．図3.5では，再起動開始時点を破線で明示している．再起動開始約0.15〔s〕には，回転子の位相・速度は正しく推定され，この結果，固定子電流が適切に制御されている様子が確認される．

〔3〕固定ゲイン方式（非対称ゲインの場合）

ゲイン定理II（定理3.2）によれば，(3.24)式に例示したように，オブザーバゲインを特異な非対称形状に選定した場合にも，安定収束が保証される．本収束特性を確認するための実験を行った．オブザーバゲインを以下の著しい非対称の形に選定した．

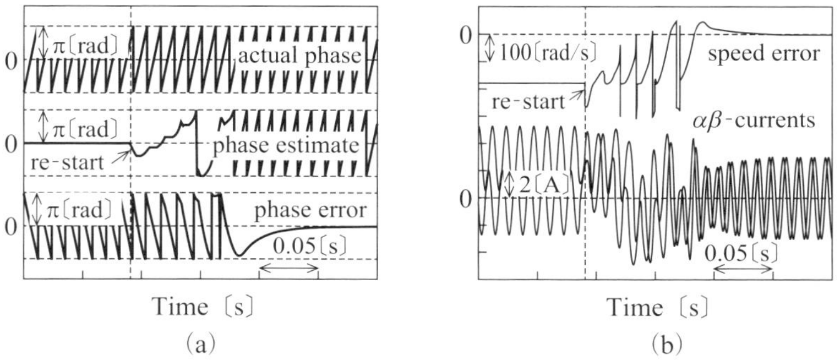

図 3.5　対称な固定ゲインによる定格速度駆動時の再起動推定性能（PMSM 内の電流状態は任意）

$$\boldsymbol{G}_i = 10\boldsymbol{I}, \quad \boldsymbol{G}_m = \begin{bmatrix} -10 & -10\,\mathrm{sgn}(\widehat{\omega}_{2n}) \\ 0 & -10 \end{bmatrix} \tag{3.38a}$$

ゲイン設計を除き，図 3.4 の場合と同一条件で実験を行った．すなわち，推定開始前に，供試 PMSM と同一次元 D 因子磁束状態オブザーバの内部状態はともにゼロリセットし，初期位相誤差は $\pm\pi$〔rad〕，初期速度誤差は -180〔rad/s〕とした．実験結果を**図 3.6**(a)，(b)に示す．図 3.6(a)，(b)の波形の意味は，図 3.4(a)，(b)と同一である．図 3.6 は，図 3.4 と有意の差のない，良好な推定性能を示している．次の著しい非対称のオブザーバゲインでも，有意の差は確認されな

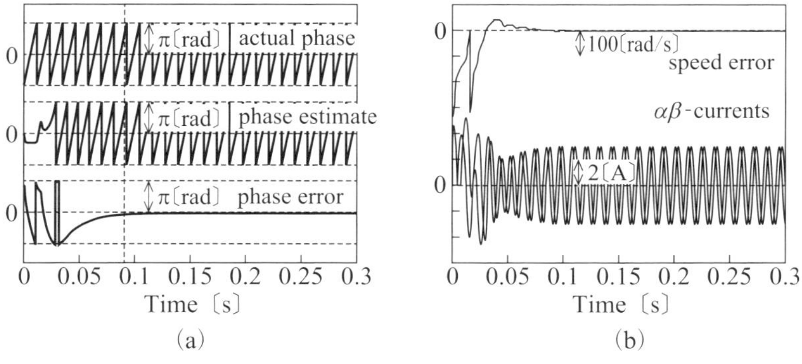

図 3.6　非対称な固定ゲインによる定格速度駆動時の初期起動推定性能（PMSM 内の電流状態はゼロリセット）

2

かった．

$$\boldsymbol{G}_i = 10\boldsymbol{I}, \quad \boldsymbol{G}_m = \begin{bmatrix} -10 & 0 \\ 10\,\mathrm{sgn}(\widehat{\omega}_{2n}) & -10 \end{bmatrix} \tag{3.38b}$$

また，(3.38a)式，(3.38b)式のゲインでは，負回転の場合にも同様な推定性能であった．ただし，本オブザーバゲインによる場合に，図3.5に対応した駆動状態での再起動は，図3.5と同一条件下では，不可能であった．

〔4〕応用帯域ゲイン方式

(3.30)式に提示した応速帯域ゲイン方式の妥当性を検証するための実験を行った．応速帯域ゲイン方式の設計パラメータは，ゲイン定理Ⅲ（定理3.3）に従い定めた．具体的には，まず，$\bar{\lambda}' = -0.8$ として，これを(3.33)式に用い α_i, β_m を次のように定めた．

$$\alpha_i = 0.043, \qquad \beta_m = 0.017 \tag{3.39a}$$

次に，$\alpha_{g1} = 1$ と選定し，上式を(3.30d)式の形式である次式に変換した．

$$\alpha_i = 1.62L_i = 0.043, \quad \alpha_{g1} = 1, \quad \alpha_{g2} = \frac{\beta_m}{\alpha_i} = 0.395 \tag{3.39b}$$

なお，(3.30c)式における $\omega_{\min}$ は，$\omega_{\min} = 10$ とした．これらパラメータを用いた応速帯域オブザーバゲイン $\boldsymbol{G}_{iB}, \boldsymbol{G}_m$ を用いて，図3.4の実験と同一の実験を行った．ただし，推定開始前に，供試PMSMと同一次元D因子磁束状態オブザーバの内部状態はともにゼロリセットし，初期位相誤差は $\pi/4$〔rad〕，初期速度誤差は-180〔rad/s〕とした．実験結果を**図3.7**(a)，(b)に示す．

図3.7(a)，(b)の波形の意味は，図3.4(a)，(b)と同一である．推定開始0.08〔s〕後には，位相・速度の推定が完了し，この結果，固定子電流は良好にセンサレス制御されている様子が確認される．なお，推定開始時の位相誤差を$-\pi/4$〔rad〕，速度誤差を-180〔rad/s〕とする場合にも，さらには類似条件下での負回転の場合にも，同様なセンサレス制御が確認された．ただし，推定開始時の位相誤差を$\pm\pi/2$〔rad〕近傍，速度誤差を± 180〔rad/s〕に設定する場合には，センサレス駆動に成否が出現するようになった．推定開始時の初期位相誤差を$\pm\pi/$〔rad〕，初期速度誤差を± 180〔rad/s〕とする場合には，センサレス駆動を立ち上げることはできなかった．

以上のように，固定ゲイン方式，応速ゲイン方式はともに，適切なゲインをもたらす．実験によれば，センサレス起動時の推定値引込み特性を重視する応用で

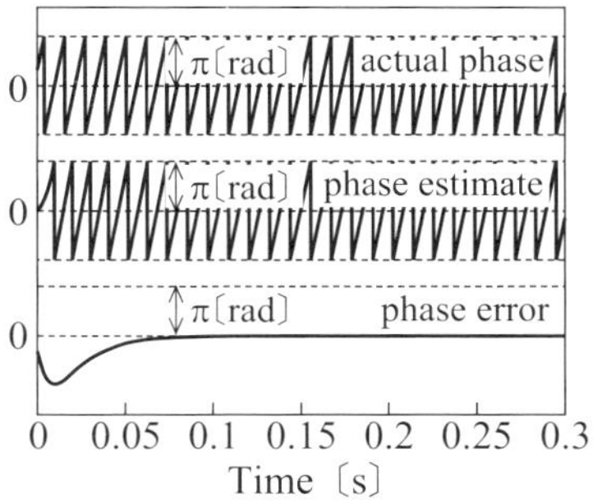

（a）

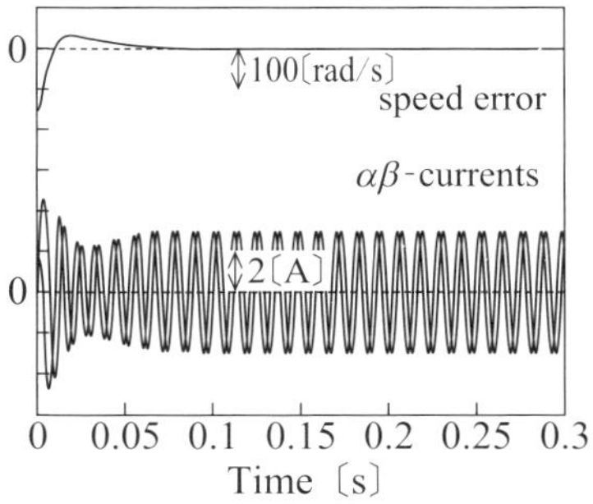

（b）

図 3.7 応速帯域ゲインによる定格速度駆動時の初期起動推定性能（PMSM 内の電流状態はゼロリセット）

は，対称性のよい固定ゲイン方式が最良のようである．なお，本実験結果は，オブザーバゲインの設計妥当性のみならず，同一次元D因子磁束状態オブザーバ（B形）の構築妥当性をも裏付けるものである．

〔5〕従前方式

定格速度近傍で安定なオブザーバゲインを得ることができる従前法の中で，直接ゲイン設計のためのゲイン定理Ⅰ，Ⅱ（定理 3.1，3.2）の適用が可能な山本のゲイン設計法との比較を行った．山本のゲイン設計法では，定格速度を基準に 1～1/10 程度の速度領域で安定な動作が期待されている[3.7]．山本のゲイン設計法に従い，以下のようにゲインを設計した．

$$\left.\begin{aligned} &\omega_{\max} = 180N_p = 540,\quad g_i = \left(\omega_{\max} - \frac{R_1}{L_i}\right)L_i = 12.1 \\ &\omega_h = 0.4\,\omega_{\max} = 216,\quad \omega_h L_i = 5.75 \end{aligned}\right\} \tag{3.40a}$$

修正ゲイン g'_{m1}, g'_{m2} の決定には，速度推定値の絶対値による除算が必要であるが，微小値による除算を回避すべく，(3.30c)式と同一の制約を付した．このときの $\omega_{\min}$ は，$\omega_{\min} = 10$ とした．これにより，速度推定値いかんにかかわらず，次の関係が保証されるようにした．

$$g_i + g'_{m1} > -R_1,\quad \omega_{\max} - \frac{\omega_h}{|\widehat{\omega}'_{2n}|} > 0 \tag{3.40b}$$

以上の条件（g_{m1}, g_{m2} に代って g'_{m1}, g'_{m2} を使うことも含む）で，図 3.4 の実験

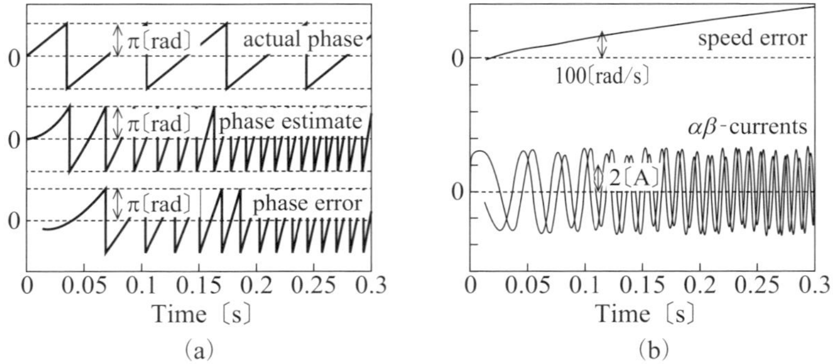

図 3.8　山本ゲインによる 30〔rad/s〕駆動時の初期起動推定性能
（PMSM 内の電流状態はゼロリセット）

と同一の実験を行った．ところが，推定開始時の初期位相誤差はゼロ〔rad〕，初期速度誤差は－180〔rad/s〕とした場合には，適切に位相・速度を推定することができなかった．

理想的な電力変換器を利用した数値実験においては，定常的に安定な位相速度推定が可能な駆動領域内であれば，初期位相誤差・初期速度誤差が小さくできる駆動速度の低下は，位相・速度推定値の初期引込みに有効である．この点を考慮し，順次駆動速度を下げた．

図 3.8 は，本方法の適切動作が期待されている駆動領域内の 1/6 定格速度 30〔rad/s〕での応答である[3.7]．なお，推定開始前に，供試 PMSM と同一次元 D 因子磁束状態オブザーバの内部状態はともにゼロリセットし，推定開始時の初期位相誤差はゼロ〔rad〕，初期速度誤差は－30〔rad/s〕とした．同図の波形の意味は，図 3.4 と同一である．残念ながら，「（速度推定値の増大）⇔（ゲイン $\boldsymbol{G}_m$ の減少）」というフィードバック現象が起こり，位相速度推定系は急速に不安定化した．山本ゲインでは，期待される安定動作領域においても，センサレス起動開始時には，位相推定値のみならず速度推定値に関しても，良好な初期値を設定する必要があるようである．なお，初期値設定の具体例に関しては，文献 3.11）を参照されたい．

3.4　準同期座標系上の同一次元 D 因子磁束状態オブザーバ（B 形）に基づくベクトル制御系

3.4.1　制御系の構成

〔1〕位相速度推定器

$\gamma\delta$ 準同期座標系上で構成した同一次元 D 因子磁束状態オブザーバ（B 形）を用い位相推定を行うセンサレスベクトル制御法を考える．同法を実現したベクトル制御系の概略的構成は，図 2.22 で与えられる．すなわち，本制御系の概略的構成は，最小次元 D 因子磁束状態オブザーバを用いたセンサレスベクトル制御系のそれと同一である．

センサレスベクトル制御系固有の機能は，**位相速度推定器**（phase-speed estimator）にある．同一次元 D 因子磁束状態オブザーバ（B 形）に立脚した位相速度推定器の概略構造は，図 2.23 で与えられる．すなわち，同一次元 D 因子磁束状態オブザーバ（B 形）に立脚したセンサレスベクトル制御系と最小次元 D 因子磁束状態オブザーバに基づくセンサレスベクトル制御系とは，位相速度推定器の概略構造においても同一である．本推定器は，**位相偏差推定器**（phase error estimator），**位相同期器**（phase synchronizer）から構成されている．

〔2〕位相同期器

位相同期器に関しては，最小次元 D 因子磁束状態オブザーバに使用したものと同一のものが使用される．すなわち，位相同期器は**一般化積分形 PLL 法**に基づき構成されており，この具体的構成は，図 1.8 のとおりである．

〔3〕位相偏差推定器

位相偏差推定器は，固定子電流実測値と固定子電圧指令値に加えて，$\gamma\delta$ 準同期座標系の速度 ω_γ と速度推定値 $\hat{\omega}_{2n}$ を入力信号として得て，$\gamma\delta$ 準同期座標系上で評価した回転子位相推定値 $\hat{\theta}_\gamma$ を生成し出力している．

本位相偏差推定器は，一部の信号に関し真値に代って推定値を利用している点を除けば，(3.3)式の $\gamma\delta$ 一般座標系上の同一次元 D 因子磁束状態オブザーバ（B 形）に忠実に従って実現されている．若干の変更は固定子電流推定値 $\hat{\boldsymbol{i}}_1$ と回転子磁束推定値の生成にある．固定子電流推定値は，$\gamma\delta$ 準同期座標系が dq 同期座標系へ収束した状態では $\hat{\theta}_\gamma \approx 0$ である点を考慮し，この平均値ゼロを利用し次

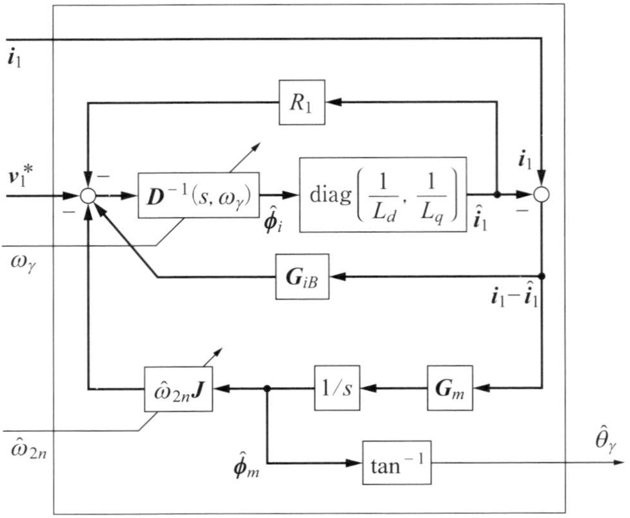

図 3.9　$\gamma\delta$ 準同期座標系上での同一次元 D 因子磁束状態オブザーバ（B 形）の実現例

のように生成している．

$$\hat{i}_1 = \mathrm{diag}\left(\frac{1}{L_d}, \frac{1}{L_q}\right)\hat{\phi}_i \tag{3.41a}$$

また，回転子磁束推定値は，$\omega_\gamma = \widehat{\omega}_{2n}$ として次のように簡略化生成している（図 1.8 参照）．

$$s\hat{\phi}_m = G_m[i_1 - \hat{i}_1] \tag{3.41b}$$

2×1 ベクトル信号である回転子磁束推定値 $\hat{\phi}_m$ が得られたならば，この各要素による逆正接演算を通じ，回転子位相推定値 $\hat{\theta}_\gamma$ を生成し，位相同期器へ向け出力している．**図 3.9** に $\gamma\delta$ 準同期座標系上で構成した位相偏差推定器（同一次元 D 因子磁束状態オブザーバ（B 形））の詳細構造を示した．なお，同図では，オブザーバゲイン G_{iB}, G_m に関しては，固定ゲイン方式を採用するものとしている．もちろん，応速帯域ゲイン方式を利用してもよい．この場合には，速度推定値 $\widehat{\omega}_{2n}$ の絶対値に対し線形的に，オブザーバゲイン G_{iB}, G_m を変更することになる．

3.4.2　制御系の設計

センサレスベクトル制御系の設計パラメータの設定は，原則的には，2.3.7 項における最小次元 D 因子磁束状態オブザーバのものと同様でよい．すなわち，電流制御系，速度制御系の設計，位相速度推定器を構成する位相同期器の設計は，最小次元D因子磁束状態オブザーバのものと同様でよい．また，位相速度推定器を構成する位相偏差推定器（同一次元D因子磁束状態オブザーバ（B形））のゲイン設計は，$\alpha\beta$ 固定座標系のものと同様でよい（3.3.2項参照）．

$\gamma\delta$ 準同期座標系上の位相速度推定器を，$\alpha\beta$ 固定座標系上での位相速度推定器と同一の設計パラメータを利用して設計する場合には，両者は等価な応答を示す．

3.5 同一次元D因子磁束状態オブザーバ（A形）

以上，**固定子反作用磁束**と**回転子磁束**とを推定すべき**状態変数**に選定した同一次元D因子磁束状態オブザーバ（B形），およびこれを用いたセンサレスベクトル制御系について説明した．楊の同一次元状態オブザーバは，非突極PMSMを対象に，固定子電流と回転子磁束とを推定すべき状態変数に選定したものであった．本状態変数は，固定子反作用磁束と回転子磁束とから成る状態変数と等価である．金原の同一次元状態オブザーバは，同一次元D因子磁束状態オブザーバ（B形）と同様，固定子反作用磁束と回転子磁束とを推定すべき状態変数に選定していた．

これら技術開発実績からは，PMSMのための同一次元状態オブザーバの状態変数選択は，固定子反作用磁束と回転子磁束の組合せしかないような認識を与えがちである．しかし，本認識は正しくない．本節では，**固定子磁束**（**固定子鎖交磁束**）と**回転子磁束**とを推定すべき状態変数とした**同一次元D因子磁束状態オブザーバ（A形）**について説明する．

3.5.1 一般座標系上の同一次元D因子磁束状態オブザーバ（A形）

$\gamma\delta$ 一般座標系上の回路方程式（第1基本式）を記述した(2.6)～(2.13)式を考える．本回路方程式は，固定子磁束（固定子鎖交磁束）$\boldsymbol{\phi}_1$ と回転子磁束 $\boldsymbol{\phi}_m$ とを状態変数とする次の状態空間表現に書き改められる．

【$\gamma\delta$ 一般座標系上の回路方程式の状態空間表現（A形）】

・状態方程式

$$\boldsymbol{D}(s,\omega_\gamma)\boldsymbol{\phi}_1 = -\frac{R_1}{L_i^2-L_m^2}[L_i\boldsymbol{I}-L_m\boldsymbol{Q}(\theta_\gamma)][\boldsymbol{\phi}_1-\boldsymbol{\phi}_m]+\boldsymbol{v}_1 \tag{3.42a}$$

$$\boldsymbol{D}(s,\omega_\gamma)\boldsymbol{\phi}_m = \omega_{2n}\boldsymbol{J}\boldsymbol{\phi}_m \tag{3.42b}$$

・出力方程式

$$\boldsymbol{i}_1 = \frac{1}{L_i^2 - L_m^2}[L_i\boldsymbol{I} - L_m\boldsymbol{Q}(\theta_\gamma)][\boldsymbol{\phi}_1 - \boldsymbol{\phi}_m] \tag{3.42c}$$

■

(3.42)式の状態空間表現に対し，固定子磁束 $\boldsymbol{\phi}_1$ と回転子磁束 $\boldsymbol{\phi}_m$ とを除く他のすべての信号は既知であると仮定し，さらには信号の時変性，非線形性を無視して，2.2節で示した同一次元状態オブザーバの構成法を適用すると，回路方程式と同一次数の同一次元（4次元）状態オブザーバを次のように得る[3.4)]．

【$\gamma\delta$ 一般座標系上の同一次元D因子磁束状態オブザーバ（A形）】[3.4)]

$$\boldsymbol{D}(s,\omega_\gamma)\hat{\boldsymbol{\phi}}_1 = -\frac{R_1}{L_i^2 - L_m^2}[L_i\boldsymbol{I} - L_m\boldsymbol{Q}(\theta_\gamma)][\hat{\boldsymbol{\phi}}_1 - \hat{\boldsymbol{\phi}}_m] + \boldsymbol{v}_1 + \boldsymbol{G}_{iA}[\boldsymbol{i}_1 - \hat{\boldsymbol{i}}_1] \tag{3.43a}$$

$$\boldsymbol{D}(s,\omega_\gamma)\hat{\boldsymbol{\phi}}_m = \omega_{2n}\boldsymbol{J}\hat{\boldsymbol{\phi}}_m + \boldsymbol{G}_m[\boldsymbol{i}_1 - \hat{\boldsymbol{i}}_1] \tag{3.43b}$$

$$\hat{\boldsymbol{i}}_1 = \frac{1}{L_i^2 - L_m^2}[L_i\boldsymbol{I} - L_m\boldsymbol{Q}(\theta_\gamma)][\hat{\boldsymbol{\phi}}_1 - \hat{\boldsymbol{\phi}}_m] \tag{3.43c}$$

■

上式における2個の2×2行列 $\boldsymbol{G}_{iA}, \boldsymbol{G}_m$ は，設計者に設計が委ねられた**オブザーバゲイン**である．本書では，(3.43)式のオブザーバを，**同一次元D因子磁束状態オブザーバ（A形）**と呼称している．

(3.43)式の同一次元D因子磁束状態オブザーバ（A形）の特色は，推定すべき状態変数として，回転子磁束に加えて固定子磁束を選定している点にある．固定子磁束を主要内部状態として捉えるPMSMの表現方法としては，物理的意味を有する構造のA形ベクトルブロック線図がある（姉妹本・文献3.12)，第3章，図3.3参照）．A形ベクトルブロック線図を参考にするならば，(3.43)式の同一次元D因子磁束状態オブザーバ（A形）は，**図3.10**のように実現することができる．

3.5.2　固定座標系上の同一次元D因子磁束状態オブザーバ（A形）

センサレスベクトル制御系に利用可能な，$\alpha\beta$ 固定座標系上の同一次元D因子磁束状態オブザーバ（A形）は，(3.43)式から直ちに構築される．具体的には，

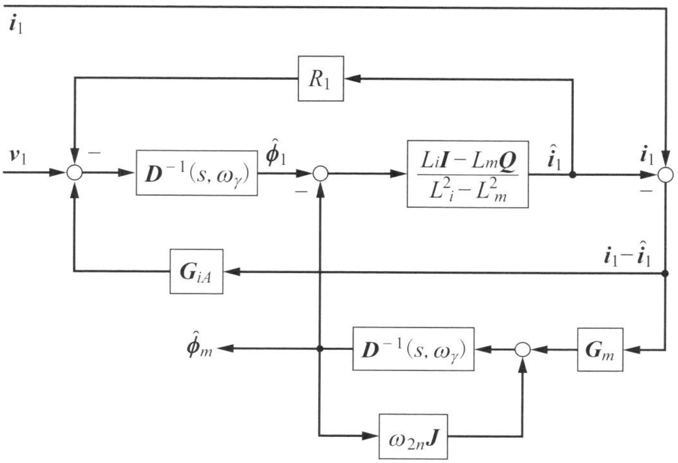

図 3.10　$\gamma\delta$ 一般座標系上での同一次元 D 因子磁束状態オブザーバ（A 形）の実現例

(3.43)式の $\gamma\delta$ 一般座標系上の同一次元 D 因子磁束状態オブザーバ（A 形）に **$\alpha\beta$ 固定座標系条件**（$\omega_\gamma=0$，$\theta_\gamma=\theta_\alpha$）を付与し，さらに，位相真値 θ_α に代って最終位相推定値 $\hat{\theta}_\alpha$ を利用して固定子電流推定値 $\hat{\boldsymbol{i}}_1$ を生成し，速度真値 ω_{2n} に代って同推定値 $\hat{\omega}_{2n}$ を利用して回転子磁束推定値 $\hat{\boldsymbol{\phi}}_m$ を生成するように，構成すればよい．非突極 PMSM の場合には，固定子電流推定値 $\hat{\boldsymbol{i}}_1$ の生成には位相推定値は必要とされないので，最終位相推定値 $\hat{\theta}_\alpha$ のフィードバックは必要ない．2×1 ベクトル信号である回転子磁束推定値 $\hat{\boldsymbol{\phi}}_m$ が得られたならば，この各要素による逆正接演算を通じ，初期位相推定値 $\hat{\theta}'_\alpha$ を決定し，出力すればよい．

図 3.11 に $\alpha\beta$ 固定座標系上で構成した同一次元 D 因子磁束状態オブザーバ（A 形）（位相推定器）の詳細構造を示した．

3.5.3　準同期座標系上の同一次元 D 因子磁束状態オブザーバ（A 形）

センサレスベクトル制御系に利用可能な，$\gamma\delta$ 準同期座標系上の同一次元 D 因子磁束状態オブザーバ（A 形）は，(3.43)式から直ちに構築される．すなわち，これは，一部の信号に関し真値に代って推定値を利用すれば，(3.43)式の $\gamma\delta$ 一般座標系上の同一次元 D 因子磁束状態オブザーバ（A 形）に従って直ちに実現することができる．若干の変更は固定子電流推定値 $\hat{\boldsymbol{i}}_1$ と回転子磁束推定値の生成にある．本変更は，$\gamma\delta$ 準同期座標系上の同一次元 D 因子磁束状態オブザーバ

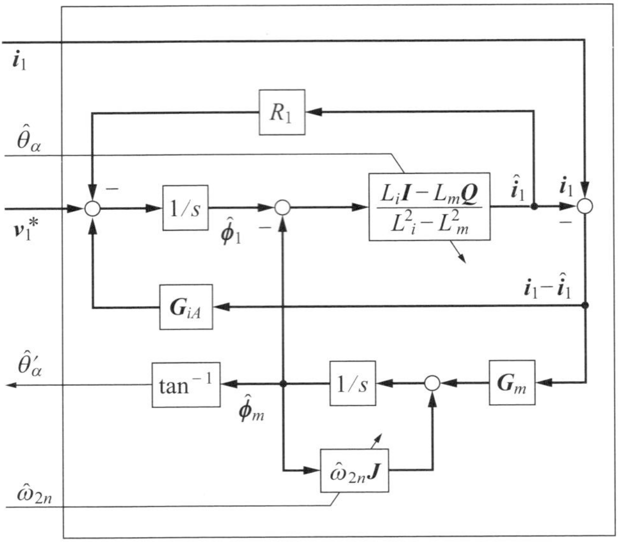

図 3.11　$\alpha\beta$ 固定座標系上での同一次元D因子磁束状態オブザーバ（A形）の実現例

（B形）を構成する際に採用した変更（(3.41)式参照）と同一である．2×1ベクトル信号である回転子磁束推定値 $\hat{\boldsymbol{\phi}}_m$ が得られたならば，この各要素による逆正接演算を通じ，γ 軸から見た回転子位相推定値 $\hat{\theta}_\gamma$ を生成すればよい．

図 3.12 に $\gamma\delta$ 準同期座標系上で構成した同一次元D因子磁束状態オブザーバ（A形）（位相偏差推定器）の詳細構造を示した．

3.5.4　オブザーバゲインの設計と形式による性能同異

センサレスベクトル制御系に同一次元D因子磁束状態オブザーバ（A形）を利用するには，位相推定器あるいは位相偏差推定器の構成に際して，同一次元D因子磁束状態オブザーバ（B形）を同（A形）に形式的に置換するだけでよい．

同一次元D因子磁束状態オブザーバ（A形）の実行に際しては，オブザーバゲイン $\boldsymbol{G}_{iA}, \boldsymbol{G}_m$ を具体的に決定しなければならない．これまでの実験結果によれば，本ゲインとしては，同（B形）のオブザーバゲイン $\boldsymbol{G}_{iB}, \boldsymbol{G}_m$ をそのまま利用してよいようである．すなわち，固定ゲイン方式，応速帯域ゲイン方式とも，無修正でB形のものを流用できるようである．

第4章で，本推測の妥当性を明らかにする．B形のオブザーバゲインの解析

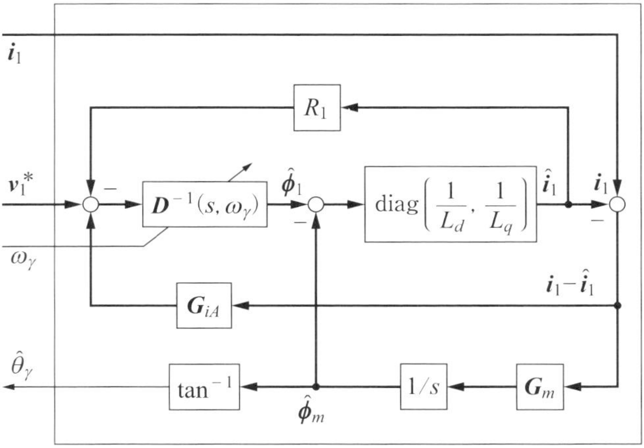

図 3.12 $\gamma\delta$ 準同期座標系上での同一次元 D 因子磁束状態オブザーバ（A 形）の実現例

解を示した(4.22)式と A 形のオブザーバゲインの解析解を示した(4.23)式との比較より，「オブザーバゲイン $\boldsymbol{G}_m$ は，両形で同一である」ことが確認される．また，同式より，「オブザーバゲイン決定のための設計パラメータによっては，$\boldsymbol{G}_{iB}$ と $\boldsymbol{G}_{iA}$ は，近い値を示す」ことも確認される．

なお，位相推定器あるいは位相偏差推定器に，同一次元 D 因子磁束状態オブザーバ（A 形）あるいは同（B 形）を実現して，性能比較を行ってみたところ，同一のオブザーバゲインを利用した場合には，特筆すべき性能差は確認されていない．同一次元 D 因子磁束状態オブザーバ B 形と A 形の両性能は，実効的に同等と考えてよいようである．

3.6 同一次元 D 因子磁束状態オブザーバの特性解析に関する補足

〔1〕パラメータ誤差に対する位相推定特性

これまでの同一次元 D 因子磁束状態オブザーバの安定収束の議論は，モータパラメータ真値が既知との仮定の下でなされた．実際のセンサレス駆動においては，パラメータ真値に代って，誤差をもつ公称値を利用することなる．同一次元 D 因子磁束状態オブザーバにおいて，公称値を利用した場合に発生する推定誤差に関しては，2.5 節の「**パラメータ誤差に対する位相推定特性**」の結果を無修正で活用することができる．

〔2〕速度誤差に対する位相推定特性

同一次元D因子磁束状態オブザーバにおける固有値の算定，推定回転子磁束の安定収束に関する議論は，「速度真値が既知」との前提の下でなされたものである．実際のセンサレス駆動制御では，速度真値に代って速度推定値を利用することになる．速度真値に代って，誤差をもつ速度推定値を利用した場合に，位相推定値にいかなる誤差が出現するのか，検討しておく必要がある．本検討は，第4章において，統一的に行う．

〔3〕回転子磁束高調波成分に対する位相推定特性

同一次元D因子磁束状態オブザーバにおける固有値の算定，推定回転子磁束の安定収束の議論は，「推定すべき磁束，電流はもちろん，PMSMの諸信号は高調波成分を一切有しない」との仮定の下でなされたものである．これらが存在する場合に，位相・速度の推定値にいかなる誤差が出現するのか，検討しておく必要がある．本検討は，第4章において，統一的に行う．

〔4〕指定した固有値をもたらすオブザーバゲインの設計

3.2節で，オブザーバの固有値に着目したオブザーバゲイン設計法として，固定ゲイン方式と応速帯域ゲイン方式の2方式を提示した．固定ゲイン方式は，オブザーバの固有値の平均値を概略的に指定するようにオブザーバゲインを設計するものであった．一方，応速帯域ゲイン方式は，速度推定値の絶対値に対して線形的に，オブザーバの固有値を移動させるものであった．また，速度が十分に高い場合には，4個の固有値を狭い領域に集めることが可能であった．

しかしながら，これらゲイン方式は，任意の速度において，4個の固有値を任意に指定するものにはなっていない（Q/A3.4参照）．第4章において，あるクラスの固有値とオブザーバゲインの関係を，一般性のある形で明らかにする．対象クラスを限定しているが，選定すべき固有値に関し，実用的に十分な自由度が付与されている（Q/A3.4参照）．

第 4 章 一般化 D 因子磁束推定法による回転子磁束推定

4.1 目的

駆動用電圧電流利用法（駆動用電圧・電流を用いた**回転子位相推定法**）に属し，かつ推定対象物理量を回転子磁束に選定した**回転子磁束推定法**として，**最小次元 D 因子磁束状態オブザーバ**，**同一次元 D 因子磁束状態オブザーバ**を提案・紹介した．これらを通じ，回転子磁束推定法の特性・性能の評価に際し，以下の諸点が明らかになった．

(a) 回転子磁束推定器に必要な**ゲイン設計**あるいは**パラメータ設計**は，平易かそれとも難解か．

(b) 適切にゲイン設計あるいはパラメータ設計された場合には，低速から高速に及ぶ広い**速度範囲**で動作可能か．**四象限駆動**（正逆回転，正逆トルクの組合せによる 4 種駆動）は可能か．

(c) 回転子磁束推定値を，応速的に（すなわち速度に応じ），同真値へ収束させる**応速収束機能**を備えているか否か．

(d) 速度真値と速度推定値が異なる場合の**引き込み特性**は，用途に応じられる範囲に収まっているか否か．速度駆動範囲内での**脱調**に対し，**自動再引き込み機能**を有するか否か．

(e) 回転子磁束高調波成分に代表される**高調波・高周波信号への抑制機能**を有するか否か．有する場合には，その性能は用途に応じられるものか．

(f) 回転子磁束推定法の実現は，平易か難解か．

最小次元 D 因子磁束状態オブザーバ，同一次元 D 因子磁束状態オブザーバは，上記(a)～(f)項のいくつかの要求は満たすことができる．しかし，全要求を満たすことはできない．

用途に応じた機能・性能を備えた回転子磁束推定法を的確に見出す最良の方法は，回転子磁束推定法の全体像を把握することであろう．本章では，本認識に立ち，駆動用電圧電流利用法に属し，かつ推定対象物理量を回転子磁束に選定した回転子磁束推定法を，実質的に100%包含している一般化回転子磁束推定法を紹介する．一般化回転子磁束推定法は，n 次**全極形D因子フィルタ**を中核とする回転子磁束推定法であり，1, 2次処理の特別な場合として，最小次元D因子磁束状態オブザーバ，同一次元D因子磁束状態オブザーバを包含している．

本章は，次のように構成されている．4.2節では，全極形D因子フィルタの定義，**基本的な実現**，**安定特性**と**周波数選択特性**を解説する．4.3節では，固定子（鎖交）磁束，固定子反作用磁束（電機子反作用磁束），回転子磁束を推定対象とし得る**一般化D因子磁束推定法**を紹介する．続いて，推定対象を回転子磁束に限定した**一般化D因子回転子磁束推定法**を，原理，実用形態，主要パラメータの選定の観点から説明する．4.4節では，「紹介の一般化D因子回転子磁束推定法が，その特別な場合として，最小次元D因子磁束状態オブザーバ，同一次元D因子磁束状態オブザーバを包含している」様子を示す．4.5節では，2次全極形D因子フィルタを最も簡明と思われる**外装形実現**で構成した**位相速度推定器**を提示する．4.6節では，外装形実現の2次D因子回転子磁束推定法に基づくその応答を与える．本節で示す応答例は，2次D因子回転子磁束推定法が備える以下の特徴・機能を裏付けている．

(a)　本法は，高次ローパスフィルタリング機能により，回転子磁束推定時点で，磁束の高調波成分をも除去可能な高調波・高周波信号への抑制機能を有する．

(b)　ローパスフィルタの通過帯域幅は回転子速度に応じて自動変更され，応速収束機能が実現されている．

(c)　回転子位相推定においては，定常的に位相誤差のない位相推定が重要であるが，本法においては，定常的な位相誤差ゼロを達成できる．

(d)　本法は，原理的に簡単である．

(e)　本法を回転子位相推定法に活用したセンサレスベクトル制御系は，定格負荷下のゼロ速状態から，センサレス起動が可能であり，従来，「必須との共通認識」となっていた**周波数ハイブリッド法**による起動・駆動を必ずしも要しない．

(f)　同制御系は，定格負荷下の1/60定格速度の極低速域で，安定にセンサレス駆動を遂行できる．

(g)　同制御系は，ゼロ速から大慣性負荷を駆動することができる．

最後の 4.7 節では，2 次 D 因子回転子磁束推定法の推定特性を，推定値の収束レイト，速度誤差に対する位相推定特性，高調波・高周波信号への抑制特性の観点から，解説する．

なお，本章における一般化 D 因子回転子磁束推定法の解説は，拙著 4.1)の内容を要約したものである．また，本章に紹介する実験結果は，著者の特許・原著論文 4.3)，4.4)を再構成したものである．これらを断っておく．

4.2　磁束推定のための全極形 D 因子フィルタ

本節では，拙著文献 4.1)を参考に，**磁束推定のための全極形 D 因子フィルタ**の要点を紹介する．

4.2.1　磁束推定のための全極形 D 因子フィルタの定義

次の実数係数（以下，**実係数**）a_i をもつ n 次**フルビッツ多項式**（**安定多項式**）$A(s)$ を考える．

$$A(s) = s^n + a_{n-1}s^{n-1} + \cdots + a_0 \qquad a_i > 0 \tag{4.1}$$

速度 ω_γ で回転する $\boldsymbol{\gamma\delta}$ **一般座標系**上の二相信号をフィルタリングするための 2 入力 2 出力フィルタとして，フルビッツ多項式 $A(s)$ の実係数 a_i と他の実係数 g_1 とを用いた次の磁束推定のための**全極形 D 因子フィルタ** $\boldsymbol{F}(\boldsymbol{D})$ を考える（基本的な D 因子フィルタの性質に関しては姉妹本・文献 4.2）の第 9 章を参照）．なお，以降では，簡単のため，特に断らない限り，同式における速度 $\omega_{2n}, \omega_\gamma$ は一定とする．

【磁束推定のための全極形 D 因子フィルタ】

$$\boldsymbol{F}(\boldsymbol{D}(s, \omega_\gamma - (1-g_1)\omega_{2n})) = \boldsymbol{A}^{-1}(\boldsymbol{D}(s, \omega_\gamma - (1-g_1)\omega_{2n}))\boldsymbol{G}_{fx} \tag{4.2a}$$

$$= \boldsymbol{G}_{fx}\boldsymbol{A}^{-1}(\boldsymbol{D}(s, \omega_\gamma - (1-g_1)\omega_{2n})) \tag{4.2b}$$

$$\begin{aligned}&\boldsymbol{A}(\boldsymbol{D}(s, \omega_\gamma - (1-g_1)\omega_{2n}))\\&\quad = \boldsymbol{D}^n(s, \omega_\gamma - (1-g_1)\omega_{2n}) + a_{n-1}\boldsymbol{D}^{n-1}(s, \omega_\gamma - (1-g_1)\omega_{2n}) + \cdots\\&\qquad + a_1\boldsymbol{D}(s, \omega_\gamma - (1-g_1)\omega_{2n}) + a_0\boldsymbol{I}\end{aligned} \tag{4.2c}$$

$$\boldsymbol{G}_{fx} = g_{fxr}\boldsymbol{I} + g_{fxi}\boldsymbol{J} \tag{4.2d}$$

ただし,

$$g_{fxr} = g_1(a_1 - a_3(g_1\omega_{2n})^2 + a_5(g_1\omega_{2n})^4 - a_7(g_1\omega_{2n})^6 + \cdots) \tag{4.3a}$$

$$\begin{aligned} g_{fxi} &= \frac{-a_0}{\omega_{2n}} + a_2 g_1^2 \omega_{2n} - a_4 g_1^4 \omega_{2n}{}^3 + a_6 g_1^6 \omega_{2n}^5 - \cdots \\ &= -\mathrm{sgn}(\omega_{2n})\left(\frac{a_0}{|\omega_{2n}|} - a_2 g_1^2 |\omega_{2n}| + a_4 g_1^4 |\omega_{2n}|^3 - a_6 g_1^6 |\omega_{2n}|^5 + \cdots\right) \end{aligned} \tag{4.3b}$$

$$0 \le g_1 \le 1 \tag{4.3c}$$

■

本章における以降の説明では，簡単のため，「磁束推定のための全極形D因子フィルタ」を「**全極形D因子フィルタ**」と略称する．ここで紹介する全極形D因子フィルタ$\boldsymbol{F}(\boldsymbol{D})$は，$\gamma\delta$一般座標系上の二相信号を処理することを前提としている．このときの二相信号は，電気速度ω_{2n}で回転中のPMSMの駆動用電圧・電流である．すなわち，処理対象の二相信号は，**$\boldsymbol{\gamma\delta}$一般座標系の速度**$\omega_\gamma$とPMSMの**電気速度**$\omega_{2n}$の影響を受けている．(4.2)式，(4.3)式の全極形D因子フィルタは速度ω_γ，ω_{2n}を内包しているが，この遠因は処理対象の二相信号がこれら速度の影響を受けている点にある．

Q4.1　**(4.2)式の磁束推定のための全極形D因子フィルタに用いられた2×2行列$\boldsymbol{G_{fx}}$は，姉妹本・文献4.2)に解説されているD因子フィルタの振幅位相補償器と理解してよいでしょうか．**

Ans.　そのとおりです．磁束推定のための全極形D因子フィルタにおける2×2行列$\boldsymbol{G_{fx}}$は，**振幅位相補償器**そのものです．本章では，これを**行列ゲイン**と呼称しています．

4.2.2　全極形D因子フィルタの基本実現

(4.2a)式，(4.2b)式の全極形D因子フィルタ$\boldsymbol{F}(\boldsymbol{D})$は，簡単には，**図4.1**のように実現される．図4.1(a)は(4.2a)式の**基本的な実現**（**外装I形実現**）であり，2×2**行列ゲイン**$\boldsymbol{G_{fx}}$を**D因子多項式**$\boldsymbol{A}(\boldsymbol{D})$の逆行列$\boldsymbol{A}^{-1}(\boldsymbol{D})$の入力端側に配置している．一方，図4.1(b)は(4.2b)式の基本的な実現（**外装II形実現**）であり，2×2行列ゲイン$\boldsymbol{G_{fx}}$をD因子多項式の逆行列の出力端側に配置している．

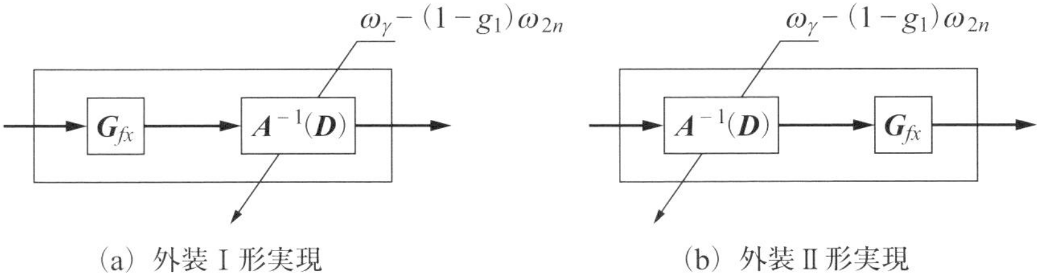

図 4.1　全極形 D 因子フィルタの基本実現

行列ゲイン $\boldsymbol{G}_{fx}$ が一定の場合には，両実現は，初期値の影響を排除するならば，過渡時を含め同一の応答を示す．しかし，行列ゲイン $\boldsymbol{G}_{fx}$ が回転子の電気速度 ω_{2n} に応じて変化する場合には，両者の過渡応答は相違する．速度 ω_{2n} が一定の定常状態では，(4.3)式が示すようにいずれの行列ゲインも一定となり，両実現は同一の応答を示す．

D 因子多項式 $\boldsymbol{A}(\boldsymbol{D})$ の逆行列 $\boldsymbol{A}^{-1}(\boldsymbol{D})$ の実現に関しては，姉妹本・文献 4.2) に整理・紹介されているように，種々の方法が存在する．逆行列 $\boldsymbol{A}^{-1}(\boldsymbol{D})$ の実現法の要点は，以下のように整理される．

まず，フルビッツ多項式 $A(s)$ の逆多項式 $A^{-1}(s)$ を，積分器 $1/s$ とスカラ信号線からなる 1 入力 1 出力システムとして実現する．このときの実現は任意の構造を採用してよい．次に，形式的に，積分器 $1/s$ を逆 D 因子 $\boldsymbol{A}^{-1}(\boldsymbol{D})$ で置換し，スカラ信号線を $\gamma\delta$ 一般座標系上の 2×1 ベクトル信号線に置換する．置換後の 2 入力 2 出力システムは，D 因子多項式の逆行列 $A^{-1}(s)$ の実現となる．

図 4.2 に，$n=3$ における **D 因子多項式の逆行列** $\boldsymbol{A}^{-1}(\boldsymbol{D})$ の代表的実現例を示した．同図(a)は**モジュールベクトル直接 I 形**，同図(b)は**モジュールベクトル直接 II 形**と呼ばれる[4.2)]．図 4.2 における逆 D 因子 $\boldsymbol{D}^{-1}(s, \omega_0)$ は，図 2.4(b)のように実現されている．なお，図 4.2 における**スカラ信号** ω_0 は，(4.2c)式の表現では $\omega_0 \equiv (\omega_\gamma - (1-g_1)\omega_{2n})$ を意味する．

4.2.3　全極形 D 因子フィルタの安定特性と周波数特性

(4.2)式に定義した全極形 D 因子フィルタ $\boldsymbol{F}(\boldsymbol{D})$ は，次の **D 因子フィルタ特性定理**に示す性質をもつ（定理の証明は拙著文献 4.1)を参照）．

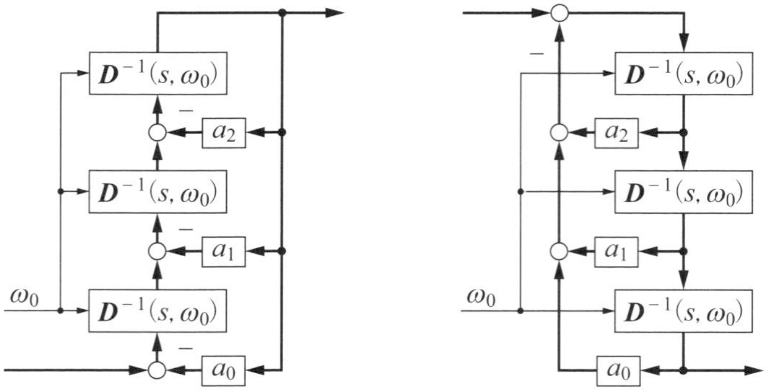

(a) モジュールベクトル直接 I 形　　(b) モジュールベクトル直接 II 形

図 4.2　$A^{-1}(D)$ の代表的実現例

《定理 4.1　D 因子フィルタ特性定理》

(a)　全極形 D 因子フィルタ $F(D)$ は，二相入力信号の**正相成分**と**逆相成分**に対し，おのおの次の**伝達関数** $F_p(s,\cdot)$，$F_n(s,\cdot)$ で表現される伝達特性を示す．

$$F_p(s,\omega_\gamma-(1-g_1)\omega_{2n}) = \frac{g_{fxr}+j\,g_{fxi}}{A(s+j(\omega_\gamma-(1-g_1)\omega_{2n}))} \tag{4.4a}$$

$$F_n(s,\omega_\gamma-(1-g_1)\omega_{2n}) = \frac{g_{fxr}-jg_{fxi}}{A(s-j(\omega_\gamma-(1-g_1)\omega_{2n}))} \tag{4.4b}$$

ここに，j は虚数単位を意味する．

(b)　全極形 D 因子フィルタ $F(D)$ は，行列ゲイン G_{fx} 一定の下では，正相成分に対する**周波数特性**として，次を示す．

$$F_p(j\omega,\omega_\gamma-(1-g_1)\omega_{2n}) = \frac{g_{fxr}+jg_{fxi}}{A(j(\omega+\omega_\gamma-(1-g_1)\omega_{2n}))} \tag{4.5a}$$

特に，$\omega=\omega_{2n}-\omega_\gamma$（すなわち $\omega+\omega_\gamma=\omega_{2n}$）では，次式の周波数特性を示す．

$$F_p(j(\omega_{2n}-\omega_\gamma),\quad \omega_\gamma-(1-g_1)\omega_{2n}) = \frac{-j}{\omega_{2n}} = \frac{1}{j\omega_{2n}} \tag{4.5b}$$

(c)　全極形 D 因子フィルタは，フルビッツ多項式 $A(s)$ で指定した**安定特性**をもつ．

■

D 因子フィルタ特性定理より，(4.2)式の全極形 D 因子フィルタは，以下の特長を有することが，明らかである．

（i） (4.4)式が示すように，すなわち正相成分と逆相成分に対する互いに異なる伝達関数が示すように，全極形 D 因子フィルタは，二相入力信号を構成する正相成分と逆相成分とを分離抽出する機能を有する．

（ii） フィルタの通過帯域の**中心周波数**は，実係数 g_1 のみによって決定される．フルビッツ多項式 $A(s)$ の実係数 a_i は，通過帯域の中心周波数には一切影響を与えない．

（iii） フィルタの減衰帯域における**減衰特性**は，フィルタ次数 n のみによって決定され，$-20n$〔dB/dec〕で与えられる．

（iv） フィルタの**帯域幅**，**速応性**，**安定性**は，フルビッツ多項式 $A(s)$ の実係数 a_i のみによって決定され，実係数 g_1 は一切影響を与えない．

上記の 4 性質は，全極形 D 因子フィルタ $\boldsymbol{F}(\boldsymbol{D})$ においては，通過帯域の中心周波数と，減衰特性と，帯域幅・速応性・安定性とを，おのおの独立に指定できるという**独立指定性**を示すものである．本独立指定性は，全極形 D 因子フィルタの優れた特長であり，これによりフィルタの係数設計は著しく簡単となる．

図 4.3 に，$\omega_\gamma = 0$ を条件に(4.5a)式の正相成分伝達関数 $F_p(s, -(1-g_1)\omega_{2n})$ による周波数特性（振幅特性のみ）を，実係数 $g_1 = 0, 0.5, 1$ の 3 種の場合について，概略的に示した．同図は，実係数 g_1 による通過帯域の中心周波数 $\omega = (1-g_1)\omega_{2n}$ の遷移と振幅減衰との様子を示している．正相成分伝達関数 $F_p(s, -(1-g_1)\omega_{2n})$ は，複素係数を有するので，ゼロ周波数 $\omega = 0$ に対する**振幅対称性**は有しない．しかし，その特性根は，実係数のフルビッツ多項式 $A(s)$

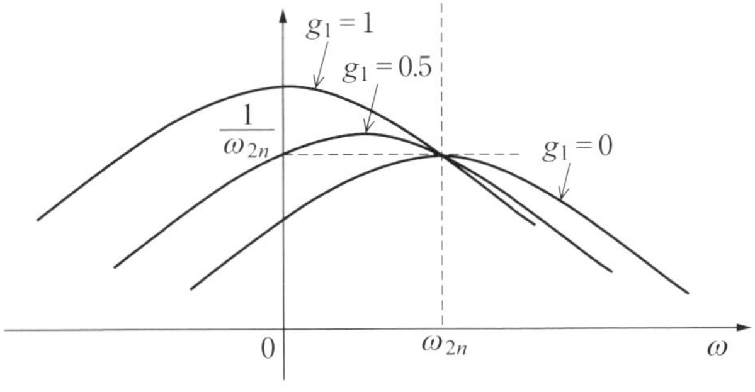

図 4.3　正相成分に対する全極形 D 因子フィルタの周波数特性の例

の特性根と一対一の対応をもつため，通過帯域の中心周波数 $\omega = (1-g_1)\omega_{2n}$ に対しては振幅対称性を有する．なお，以降では，周波数特性の中心周波数シフトの働きを担う実係数 g_1 を**周波数シフト係数**と呼称する．

Q4.2　**上記の周波数シフト係数 g_1 は，最小次元D因子磁束状態オブザーバのオブザーバゲインを示した(2.17)式の実係数 g_1 と同一ですか．**

Ans.　そのとおりです．詳しくは，後掲の4.4節の(4.17)式，(4.18)式を参照してください．

最小次元D因子磁束状態オブザーバの**オブザーバゲイン**の設計に関しては，実は，初期論文等の早い段階の公開では，実係数 g_1 を導入していました．しかし，実係数 g_1 は安定性に全く寄与しておらず，本書の改訂前書では，これを基準値1に固定していました．本書で，再び，実係数 g_1 を復活させました．

4.3　一般化D因子磁束推定法と一般化D因子回転子磁束推定法

本節では，拙著文献4.1)を参考に，**一般化D因子磁束推定法**と**一般化D因子回転子磁束推定法**の要点を紹介する．

4.3.1　一般化D因子磁束推定法の原理

一般化D因子磁束推定法では，(4.2)式の全極形D因子フィルタ $\boldsymbol{F}(\boldsymbol{D})$ にD因子 $\boldsymbol{D}(s, \omega_\gamma)$ を直列接続した特性をもつフィルタで，推定すべき磁束 $\boldsymbol{\phi}$ を処理した信号を同磁束の推定値 $\hat{\boldsymbol{\phi}}$ とする．すなわち，

【$\gamma\delta$ 一般座標系上の一般化D因子磁束推定法の原理】

$$
\begin{aligned}
\hat{\boldsymbol{\phi}} &= [\boldsymbol{F}(\boldsymbol{D}(s, \omega_\gamma-(1-g_1)\omega_{2n}))\boldsymbol{D}(s, \omega_\gamma)]\boldsymbol{\phi} \\
&= \boldsymbol{F}(\boldsymbol{D}(s, \omega_\gamma-(1-g_1)\omega_{2n}))[\boldsymbol{D}(s, \omega_\gamma)\boldsymbol{\phi}]
\end{aligned} \tag{4.6}
$$

■

(4.6)式右辺に用いた推定対象磁束 $\boldsymbol{\phi}$ 自体は未知である．しかしながら，推定対象磁束にD因子を乗じた信号 $\boldsymbol{D}(s, \omega_\gamma)\boldsymbol{\phi}$（すなわち，逆起電力相当の信号）は，利用可能であるとしている．

4.3.2　一般化 D 因子回転子磁束推定法の原理

PMSM における推定対象磁束としては，**固定子磁束**（**固定子鎖交磁束**）$\boldsymbol{\phi}_1$，**固定子反作用磁束**（**電機子反作用磁束**）$\boldsymbol{\phi}_i$，**回転子磁束** $\boldsymbol{\phi}_m$ の 3 種が考えられる．推定対象磁束を回転子磁束 $\boldsymbol{\phi}_m$ に選定する場合には，$\boldsymbol{D}(s, \omega_\gamma)\boldsymbol{\phi}_m$ は，(2.6)式に従えば，固定子の電圧・電流を用いて以下のように生成することができる．

$$\boldsymbol{D}(s, \omega_\gamma)\boldsymbol{\phi}_m = \boldsymbol{v}_1 - R_1\boldsymbol{i}_1 - \boldsymbol{D}(s, \omega_\gamma)\boldsymbol{\phi}_i \tag{4.7}$$

(4.7)式を(4.6)式に用い，さらに(2.8)式を用いると，拙著文献 4.1)提案の**一般化 D 因子回転子磁束推定法**の原理式を次のように得る．

【γδ 一般座標系上の一般化 D 因子回転子磁束推定法の原理】

$$\begin{aligned}\hat{\boldsymbol{\phi}}_m &= \boldsymbol{F}(\boldsymbol{D}(s, \omega_\gamma - (1-g_1)\omega_{2n}))[\boldsymbol{D}(s, \omega_\gamma)\boldsymbol{\phi}_m] \\ &= \boldsymbol{F}(\boldsymbol{D}(s, \omega_\gamma - (1-g_1)\omega_{2n}))[\boldsymbol{v}_1 - R_1\boldsymbol{i}_1 - \boldsymbol{D}(s, \omega_\gamma)\boldsymbol{\phi}_i] \\ &= \boldsymbol{F}(\boldsymbol{D}(s, \omega_\gamma - (1-g_1)\omega_{2n}))[\boldsymbol{v}_1 - R_1\boldsymbol{i}_1 - \boldsymbol{D}(s, \omega_\gamma)[L_i\boldsymbol{I} + L_m\boldsymbol{Q}(\theta_\gamma)]\boldsymbol{i}_1]\end{aligned} \tag{4.8}$$

■

(4.8)式の原理式に使用した，周波数シフト係数 g_1 を備えた全極形 D 因子フィルタ $\boldsymbol{F}(\boldsymbol{D})$ は，(4.2)式に定義したとおりである．

(4.8)式に与えた回転子磁束推定の原理式を，外装 I 形実現，外装 II 形実現として実現し，**図 4.4** に概略的に示した．基本的な実現の共通の特徴は，逆行列

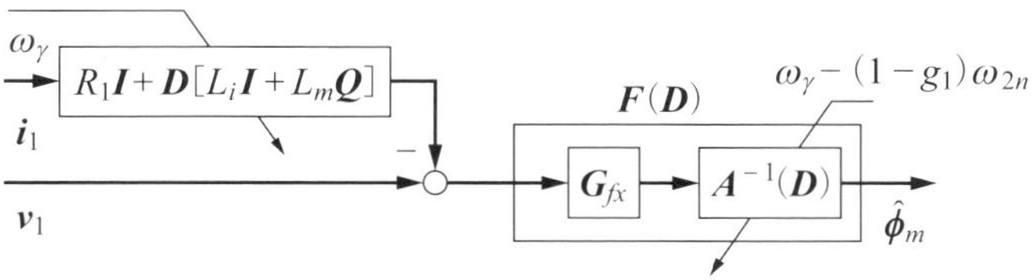

(a)　外装 I 形実現

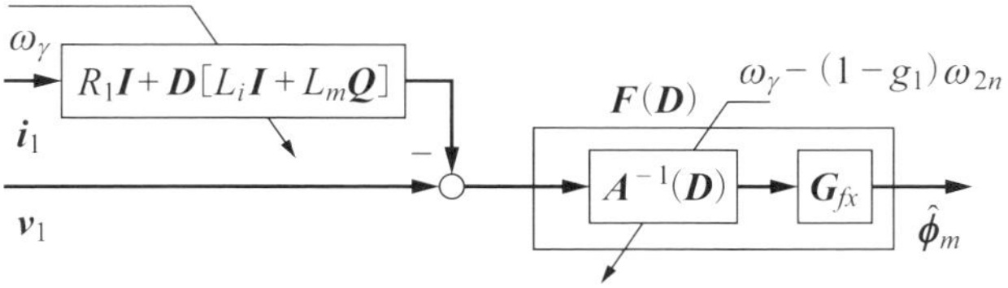

(b)　外装 II 形実現

図 4.4　γδ 一般座標系上における一般化 D 因子回転子磁束推定法の基本的な実現

$\boldsymbol{A}^{-1}(\boldsymbol{D})$ と 2×2 **行列ゲイン** $\boldsymbol{G}_{fx}$ を分離している点にある．また，両実現の違いは，2×2 行列ゲイン $\boldsymbol{G}_{fx}$ の存在場所にある．すなわち，外装Ｉ形実現では行列ゲイン $\boldsymbol{G}_{fx}$ が入力端側に存在し，外装Ⅱ形実現では行列ゲイン $\boldsymbol{G}_{fx}$ が出力端側に存在している．

全極形D因子フィルタ $\boldsymbol{F}(\boldsymbol{D})$ の実現としては，理論的には種々のものが存在し得る．拙著文献 4.1）には，この詳しい解説がなされている．各種実現の中には，図 4.4 に示した行列ゲイン $\boldsymbol{G}_{fx}$ と $\boldsymbol{A}^{-1}(\boldsymbol{D})$ とを分離させる実現のみならず，行列ゲイン $\boldsymbol{G}_{fx}$ を $\boldsymbol{A}^{-1}(\boldsymbol{D})$ の内部に取り込んだ実現も存在する（後掲の図 4.5，図 4.6 参照）．

4.3.3　一般化D因子回転子磁束推定法の実際

実際の状況下では，回転子の位相 θ_γ と速度 ω_{2n} は未知である．(4.8) 式におけるこれら位相，速度を同推定値 $\hat{\theta}_\gamma$，$\hat{\omega}_{2n}$ で置換し，さらには位相 θ_γ を用いた固定子反作用磁束 $\boldsymbol{\phi}_i$ を，位相推定値 $\hat{\theta}_\gamma$ を用いた $\hat{\boldsymbol{\phi}}_i$ で置換すると，拙著文献 4.1）提案の $\gamma\delta$ 一般座標系上のD因子フィルタ $\boldsymbol{F}(\boldsymbol{D})$ を用いた一般化D因子回転子磁束推定法を以下のように得る．

【$\gamma\delta$ 一般座標系上の一般化D因子回転子磁束推定法】

$$\begin{aligned}\hat{\boldsymbol{\phi}}_m &= \boldsymbol{F}(\boldsymbol{D}(s, \omega_\gamma - (1-g_1)\hat{\omega}_{2n}))[\boldsymbol{v}_1 - R_1\boldsymbol{i}_1 - \boldsymbol{D}(s, \omega_\gamma)\hat{\boldsymbol{\phi}}_i] \\ &= \boldsymbol{F}(\boldsymbol{D}(s, \omega_\gamma - (1-g_1)\hat{\omega}_{2n}))[\boldsymbol{v}_1 - R_1\boldsymbol{i}_1 - \boldsymbol{D}(s, \omega_\gamma)[L_i\boldsymbol{I} + L_m\boldsymbol{Q}(\hat{\theta}_\gamma)]\boldsymbol{i}_1]\end{aligned} \tag{4.9}$$

■

$\alpha\beta$ 固定座標系上での回転子磁束推定法を得るには，(4.9) 式に **$\alpha\beta$ 固定座標系条件**（$\hat{\theta}_\gamma = \hat{\theta}_\alpha$，$\omega_\gamma = 0$）を付与すればよい．また，$\gamma\delta$ 準同期座標系上での回転子磁束推定法を得るには，(4.9) 式に **$\gamma\delta$ 準同期定座標系条件**（$\hat{\theta}_\gamma = 0$，$\omega_\gamma = \hat{\omega}_{2n}$）を付与すればよい．これらは，おのおの以下のように与えられる．

【$\alpha\beta$ 固定座標系上の一般化D因子回転子磁束推定法】

$$\begin{aligned}\hat{\boldsymbol{\phi}}_m &= \boldsymbol{F}(\boldsymbol{D}(s, -(1-g_1)\hat{\omega}_{2n}))[\boldsymbol{v}_1 - R_1\boldsymbol{i}_1 - s\hat{\boldsymbol{\phi}}_i] \\ &= \boldsymbol{F}(\boldsymbol{D}(s, -(1-g_1)\hat{\omega}_{2n}))[\boldsymbol{v}_1 - R_1\boldsymbol{i}_1 - s[L_i\boldsymbol{I} + L_m\boldsymbol{Q}(\hat{\theta}_\alpha)]\boldsymbol{i}_1]\end{aligned} \tag{4.10}$$

■

【$\gamma\delta$ 準同期座標系上の一般化 D 因子回転子磁束推定法】

$$
\begin{aligned}
\hat{\boldsymbol{\phi}}_m &= \boldsymbol{F}(\boldsymbol{D}(s, g_1\hat{\omega}_{2n}))[\boldsymbol{v}_1 - R_1\boldsymbol{i}_1 - \boldsymbol{D}(s, \omega_\gamma)\hat{\boldsymbol{\phi}}_i] \\
&= \boldsymbol{F}(\boldsymbol{D}(s, g_1\hat{\omega}_{2n}))\left[\boldsymbol{v}_1 - R_1\boldsymbol{i}_1 - \boldsymbol{D}(s, \omega_\gamma)\begin{bmatrix} L_d & 0 \\ 0 & L_q \end{bmatrix}\boldsymbol{i}_1\right]
\end{aligned}
\tag{4.11}
$$

■

4.3.4　簡略化のための周波数シフト係数の設定

〔1〕行列ゲインの簡略化

全極形 D 因子フィルタ $\boldsymbol{F}(\boldsymbol{D})$ の行列ゲイン $\boldsymbol{G}_{fx}$ は，(4.3)式に明示しているように，一般には，周波数シフト係数 g_1 と n 次フルビッツ多項式 $A(s)$ の n 個の実係数 a_i とに依存して種々変化する．しかし，**周波数シフト係数** g_1 を $g_1=0$ と選定する場合には，次数 n のいかんにかかわらず，行列ゲイン $\boldsymbol{G}_{fx}$ は次の簡単なものとなる．

$$
\boldsymbol{G}_{fx} = g_{fxi}\boldsymbol{J} = \left(\frac{-a_0}{\omega_{2n}}\right)\boldsymbol{J} \qquad g_1 = 0 \tag{4.12}
$$

特に，n 次フルビッツ多項式 $A(s)$ のゼロ次係数 a_0 を，次式のように $|\omega_{2n}|$ 因子を独立的にもたせる場合には，

$$
a_0 = g_2'|\omega_{2n}^i| \qquad g_2' > 0,\ i = 1, 2, \cdots, n \tag{4.13a}
$$

行列ゲイン $\boldsymbol{G}_{fx}$ の決定に，速度 ω_{2n} による除算を排除することができる．すなわち，

$$
\boldsymbol{G}_{fx} = -\frac{a_0}{\omega_{2n}}\boldsymbol{J} = -\mathrm{sgn}(\omega_{2n})g_2'|\omega_{2n}^{i-1}|\boldsymbol{J} \qquad g_1 = 0,\ g_2' > 0,\ i = 1, 2, \cdots, n \tag{4.13b}
$$

(4.13b)式は，「$i=1$ を設定する場合には，行列ゲイン $\boldsymbol{G}_{fx}$ は固定ゲインとなる」ことを意味する．

〔2〕フィルタの非干渉化

・$\alpha\beta$ 固定座標系上のフィルタリング

(4.2)式の全極形 D 因子フィルタ $\boldsymbol{F}(\boldsymbol{D})$ を，$\omega_\gamma=0$ が成立する $\alpha\beta$ 固定座標系上で実現するとき，特に**周波数シフト係数** g_1 を $g_1=1$ と選定する場合には，同フィルタは次式のように 2 連の 1 入力 1 出力フィルタ $1/A(s)$ に行列ゲイン $\boldsymbol{G}_{fx}$ を乗じた簡単なものとなる．

$$\boldsymbol{F}(\boldsymbol{D}(s, \omega_\gamma - (1-g_1)\omega_{2n})) = \boldsymbol{F}(\boldsymbol{D}(s, 0)) = \boldsymbol{F}(s\boldsymbol{I}) = \begin{cases} \dfrac{1}{A(s)}\boldsymbol{G}_{fx} & \omega_\gamma = 0 \\ \boldsymbol{G}_{fx}\dfrac{1}{A(s)} & g_1 = 1 \end{cases} \tag{4.14}$$

・$\gamma\delta$ 準同期座標系上のフィルタリング

(4.2)式の全極形D因子フィルタ $\boldsymbol{F}(\boldsymbol{D})$ を，収束完了時に実質的に $\omega_\gamma = \omega_{2n}$ が成立する $\gamma\delta$ 準同期座標系上で構成するとき，特に**周波数シフト係数** g_1 を $g_1 = 0$ と選定する場合には，同フィルタは次のように2連の1入力1出力フィルタ $1/A(s)$ に行列ゲイン $\boldsymbol{G}_{fx}$ を乗じた簡単なものとなる．

$$\boldsymbol{F}(\boldsymbol{D}(s, \omega_\gamma - (1-g_1)\omega_{2n})) = \boldsymbol{F}(\boldsymbol{D}(s, 0)) = \boldsymbol{F}(s\boldsymbol{I})$$
$$= \begin{cases} \dfrac{1}{A(s)}\boldsymbol{G}_{fx} = -\left(\dfrac{a_0}{A(s)}\right)\dfrac{1}{\omega_{2n}}\boldsymbol{J} & \omega_\gamma = \omega_{2n} \\ \boldsymbol{G}_{fx}\dfrac{1}{A(s)} = -\dfrac{1}{\omega_{2n}}\left(\dfrac{a_0}{A(s)}\right)\boldsymbol{J} & g_1 = 0 \end{cases} \tag{4.15}$$

(4.14)式，(4.15)式の両フィルタは，「ベクトル信号の第1要素と第2要素との相互干渉は，原則的には，行列ゲインによる処理を除けば発生しない」という共通の特徴をもつ．しかしながら，両フィルタにおいては，フルビッツ多項式 $A(s)$ が同一の場合にも，行列ゲイン $\boldsymbol{G}_{fx}$ は異なる．

(4.15)式の全極形D因子フィルタ $\boldsymbol{F}(\boldsymbol{D})$ に用いた $(a_0/A(s))$ は，n 次**全極形ローパスフィルタ**を意味する．

4.4　D因子磁束状態オブザーバに対する包含性

本節では，拙著文献4.1)を参考に，一般化D因子回転子磁束推定法が，最小次元D因子磁束状態オブザーバ，同一次元D因子オブザーバを包含していることを示す．

4.4.1　最小次元D因子磁束状態オブザーバに対する包含性

1次全極形D因子フィルタによる回転子磁束推定を考える．(4.1)式の実係数をもつ n 次フルビッツ多項式 $A(s)$ は，次数を $n=1$ と選定する場合には，次式となる．

$$A(s) = s + a_0 \qquad a_0 > 0 \tag{4.16}$$

本1次多項式がフルビッツ多項式となるための必要十分条件は，実係数が正，すなわち $a_0 > 0$ である．

次数条件 $n = 1$ を(4.2)式，(4.3)式，(4.9)式に適用すると，ただちに，$\gamma\delta$ 一般座標系上の1次全極形D因子フィルタ $\boldsymbol{F}(\boldsymbol{D})$ を用いた回転子磁束推定法（**外装I形実現，外装II形実現**）を次式のように得る．

【$\gamma\delta$ 一般座標系上の1次回転子磁束推定法（外装I形実現）】

$$\begin{aligned}\hat{\boldsymbol{\phi}}_m &= \boldsymbol{F}(\boldsymbol{D}(s, \omega_\gamma - (1-g_1)\hat{\omega}_{2n}))[\boldsymbol{v}_1 - R_1\boldsymbol{i}_1 - \boldsymbol{D}(s, \omega_\gamma)\hat{\boldsymbol{\phi}}_i] \\ &= [\boldsymbol{D}(s, \omega_\gamma - (1-g_1)\hat{\omega}_{2n}) + \alpha_0\boldsymbol{I}]^{-1}\boldsymbol{G}_{fx}[\boldsymbol{v}_1 - R_1\boldsymbol{i}_1 - \boldsymbol{D}(s, \omega_\gamma)\hat{\boldsymbol{\phi}}_i]\end{aligned} \tag{4.17a}$$

$$\hat{\boldsymbol{\phi}}_i = [L_i\boldsymbol{I} + L_m\boldsymbol{Q}(\hat{\theta}_\gamma)]\boldsymbol{i}_1 \tag{4.17b}$$

$$\boldsymbol{G}_{fx} = g_{fxr}\boldsymbol{I} + g_{fxi}\boldsymbol{J} = g_1\boldsymbol{I} - \frac{a_0}{\hat{\omega}_{2n}}\boldsymbol{J} \tag{4.17c}$$

■

【$\gamma\delta$ 一般座標系上の1次回転子磁束推定法（外装II形実現）】

$$\begin{aligned}\hat{\boldsymbol{\phi}}_m &= \boldsymbol{F}(\boldsymbol{D}(s, \omega_\gamma - (1-g_1)\hat{\omega}_{2n}))[\boldsymbol{v}_1 - R_1\boldsymbol{i}_1 - \boldsymbol{D}(s, \omega_\gamma)\hat{\boldsymbol{\phi}}_i] \\ &= \boldsymbol{G}_{fx}[\boldsymbol{D}(s, \omega_\gamma - (1-g_1)\hat{\omega}_{2n}) + \alpha_0\boldsymbol{I}][\boldsymbol{v}_1 - R_1\boldsymbol{i}_1 - \boldsymbol{D}(s, \omega_\gamma)\hat{\boldsymbol{\phi}}_i]\end{aligned} \tag{4.18a}$$

$$\hat{\boldsymbol{\phi}}_i = [L_i\boldsymbol{I} + L_m\boldsymbol{Q}(\hat{\theta}_\gamma)]\boldsymbol{i}_1 \tag{4.18b}$$

$$\boldsymbol{G}_{fx} = g_{fxr}\boldsymbol{I} + g_{fxi}\boldsymbol{J} = g_1\boldsymbol{I} - \frac{a_0}{\hat{\omega}_{2n}}\boldsymbol{J} \tag{4.18c}$$

■

(4.17)式，(4.18)式の推定法は，おのおの，**最小次元D因子磁束状態オブザーバ**の外装I形実現，外装II形実現に他ならない（(2.27)式，(2.28)式，図2.4，図2.6参照）．本事実は，「最小次元D因子磁束状態オブザーバは，一般化D因子回転子磁束推定法における1フィルタリングに他ならない」，「一般化D因子回転子磁束推定法は，特別な場合として最小次元D因子磁束状態オブザーバを包含している」ことを意味している．

最小次元D因子磁束状態オブザーバの実際的な実現は，図2.5，図2.7，図2.10，図2.24を用い，すでに例示している．

4.4.2　同一次元D因子磁束状態オブザーバに対する包含性

2次全極形D因子フィルタによる回転子磁束推定を考える．(4.1)式の実係数をもつフルビッツ多項式 $A(s)$ は，次数 n を $n=2$ とする場合には，次式となる．

$$A(s) = s^2 + a_1 s + a_0 \qquad a_i > 0 \tag{4.19}$$

2次多項式がフルビッツ多項式となるための必要十分条件は，すべての実係数が正，すなわち $a_i > 0$ である．

(4.19)式の多項式に対応した2次D因子多項式 $\boldsymbol{A}(\boldsymbol{D})$ は次式となる．

$$\begin{aligned}&\boldsymbol{A}(\boldsymbol{D}(s, \omega_\gamma - (1-g_1)\widehat{\omega}_{2n})) \\ &\quad = [\boldsymbol{D}^2(s, \omega_\gamma - (1-g_1)\widehat{\omega}_{2n}) + a_1\boldsymbol{D}(s, \omega_\gamma - (1-g_1)\widehat{\omega}_{2n}) + a_0\boldsymbol{I}]\end{aligned} \tag{4.20}$$

次数条件 $n=2$ を(4.2)式，(4.3)式，(4.9)式に適用すると，ただちに，$\gamma\delta$ 一般座標系上の2次全極形D因子フィルタ $\boldsymbol{F}(\boldsymbol{D})$ を用いた回転子磁束推定法を次式のように得る．

【$\gamma\delta$ 一般座標系上の2次回転子磁束推定法】

$$\widehat{\boldsymbol{\phi}}_m = \boldsymbol{F}(\boldsymbol{D}(s, \omega_\gamma - (1-g_1)\widehat{\omega}_{2n}))[\boldsymbol{v}_1 - R_1\boldsymbol{i}_1 - \boldsymbol{D}(s, \omega_\gamma)\widehat{\boldsymbol{\phi}}_i] \tag{4.21a}$$

$$\widehat{\boldsymbol{\phi}}_i = [L_i\boldsymbol{I} + L_m\boldsymbol{Q}(\widehat{\theta}_\gamma)]\boldsymbol{i}_1 \tag{4.21b}$$

$$\begin{aligned}\boldsymbol{G}_{fx} &= g_1 a_1 \boldsymbol{I} + \left(-\frac{a_0}{\widehat{\omega}_{2n}} + g_1^2\,\widehat{\omega}_{2n}\right)\boldsymbol{J} \\ &= g_1(a_1\boldsymbol{I} + g_1\widehat{\omega}_{2n}\boldsymbol{J}) - \frac{a_0}{\widehat{\omega}_{2n}}\boldsymbol{J}\end{aligned} \tag{4.21c}$$

■

(4.21c)式によれば，安定多項式の0次係数 a_0 を一定に保つ場合には，行列ゲイン $\boldsymbol{G}_{fx}$ の決定に，速度推定値 $\widehat{\omega}_{2n}$ による除算が必要とされる．除算問題は，安定多項式の係数を応速的に変化させることにより，回避できる．この一例は，$\omega_c \equiv \sqrt{a_0}$ とするならば，次式で与えられる．

【行列ゲインの代表的設計例】

$$\left.\begin{aligned}&\boldsymbol{G}_{fx} = g_1 g_2 \zeta\,|\widehat{\omega}_{2n}|\,\boldsymbol{I} + (g_1^2 - g_2^2)\widehat{\omega}_{2n}\boldsymbol{J} \\ &a_0 = \omega_c^2 = (g_2\widehat{\omega}_{2n})^2 \qquad g_2 > 0 \\ &a_1 = \zeta\,\omega_c = \zeta\,g_2\,|\widehat{\omega}_{2n}| \qquad \zeta > 0\end{aligned}\right\} \tag{4.21d}$$

■

(4.21d)式では，0次係数 a_0 の応速化に応じ，1次係数 a_1 も応速化している．

(4.21a)式の2次全極形D因子フィルタ $\boldsymbol{F}(\boldsymbol{D})$ は，2入力2出力の関係を示しているに過ぎず，フィルタの実現（すなわち構造）は規定していない．2次全極

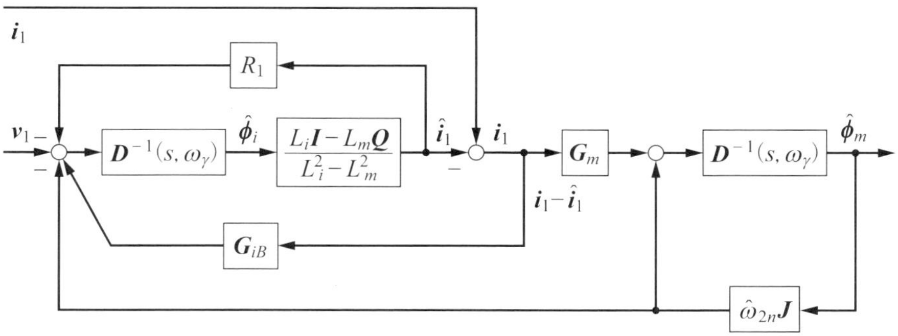

図 4.5 2次一般化回転子磁束推定法の $\gamma\delta$ 一般座標系上での状態オブザーバB形実現

形D因子フィルタの実現は，1次全極形D因子フィルタに比較し，格段に多様である．多様な実現の中には，行列ゲインを全極形D因子フィルタの内部に取り込むものもある．

2次全極形D因子フィルタ $\boldsymbol{F}(\boldsymbol{D})$ の第1実現例として，**図 4.5** に状態オブザーバ（B形）を示した．同図における2×2行列ゲインは，以下のように導出されている．

【B形ゲイン設計法】

$$
\begin{aligned}
\boldsymbol{G}_{iB} &= [a_1\boldsymbol{I}+(2g_1-1)\widehat{\omega}_{2n}\boldsymbol{J}][L_i\boldsymbol{I}+L_m\boldsymbol{Q}(\hat{\theta}_\gamma)]-R_1\boldsymbol{I} \\
&\approx L_i[a_1\boldsymbol{I}+(2g_1-1)\widehat{\omega}_{2n}\boldsymbol{J}]-R_1\boldsymbol{I}
\end{aligned}
\tag{4.22a}
$$

$$
\begin{aligned}
\boldsymbol{G}_m &= -\boldsymbol{G}_{fx}[L_i\boldsymbol{I}+L_m\boldsymbol{Q}(\hat{\theta}_\gamma)] \\
&= -\left[g_1a_1\boldsymbol{I}+\left(-\frac{a_0}{\widehat{\omega}_{2n}}+g_1^2\widehat{\omega}_{2n}\right)\boldsymbol{J}\right][L_i\boldsymbol{I}+L_m\boldsymbol{Q}(\hat{\theta}_\gamma)] \\
&\approx L_i\left[-g_1a_1\boldsymbol{I}+\left(\frac{a_0}{\widehat{\omega}_{2n}}-g_1^2\widehat{\omega}_{2n}\right)\boldsymbol{J}\right]
\end{aligned}
\tag{4.22b}
$$

■

図4.5は，図3.1の**同一次元D因子磁束状態オブザーバ（B形）**に他ならない．ひいては，「(4.22)式は，(4.19)式の2次多項式 $A(s)$ と同一の安定性をもつ同一次元D因子磁束状態オブザーバ（B形）のためのゲイン設計法を提示したものでもある」といえる．なお，(4.21)式から，図4.5の実現およびこれに用いた(4.22)式のゲイン設計法の導出に関しては，提案原著4.1)を参照されたい．

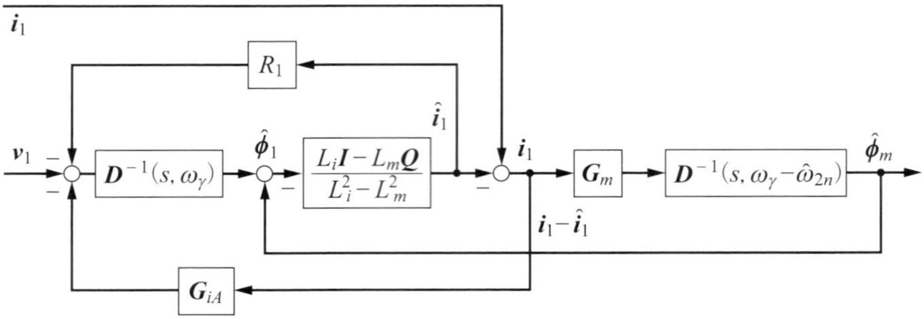

図 4.6　2 次一般化回転子磁束推定法の $\gamma\delta$ 一般座標系上での状態オブザーバ A 形実現

(4.22) 式のゲイン設計法において，周波数シフト係数を $g_1 = 0.5$ と選定すると，次のゲイン設計法を得る．

【簡易 B 形ゲイン設計法】

$$\left.\begin{aligned}\boldsymbol{G}_{iB} &= (L_i a_1 - R_1)\boldsymbol{I} \approx L_i a_1 \boldsymbol{I} \\ \boldsymbol{G}_m &= L_i\left[-0.5a_1\boldsymbol{I} + \left(\frac{a_0}{\widehat{\omega}_{2n}} - 0.25\widehat{\omega}_{2n}\right)\boldsymbol{J}\right]\end{aligned}\right\} \tag{4.23}$$

■

(4.23) 式は，(3.29) 式の**固定ゲイン設計法**，(3.30) 式の**応速帯域ゲイン設計法**と良好な整合性を示している．

2 次全極形 D 因子フィルタ $\boldsymbol{F}(\boldsymbol{D})$ の第 2 実現例として，**図 4.6** に状態オブザーバ（A 形）を示した．同図における 2×2 行列ゲインは，以下のように定義されている．(4.24b) 式は，(4.22b) 式と同一である．

【A 形ゲイン設計法】

$$\begin{aligned}\boldsymbol{G}_{iA} &= \left[(1-g_1)a_1\boldsymbol{I} - \left(-\frac{a_0}{\widehat{\omega}_{2n}} + (1-g_1)^2\widehat{\omega}_{2n}\right)\boldsymbol{J}\right][L_i\boldsymbol{I} + L_m\boldsymbol{Q}(\widehat{\theta}_\gamma)] - R_1\boldsymbol{I} \\ &\approx L_i\left[(1-g_1)a_1\boldsymbol{I} + \left(\frac{a_0}{\widehat{\omega}_{2n}} - (1-g_1)^2\widehat{\omega}_{2n}\right)\boldsymbol{J}\right] - R_1\boldsymbol{I}\end{aligned} \tag{4.24a}$$

$$\begin{aligned}\boldsymbol{G}_m &= -\boldsymbol{G}_{fx}[L_i\boldsymbol{I} + L_m\boldsymbol{Q}(\widehat{\theta}_\gamma)] \\ &= -\left[g_1 a_1\boldsymbol{I} + \left(-\frac{a_0}{\widehat{\omega}_{2n}} + g_1^2\,\widehat{\omega}_{2n}\right)\boldsymbol{J}\right][L_i\boldsymbol{I} + L_m\boldsymbol{Q}(\widehat{\theta}_\gamma)]\end{aligned}$$

$$\approx L_i\left[-g_1 a_1 \boldsymbol{I}+\left(\frac{a_0}{\widehat{\omega}_{2n}}-g_1^2\,\widehat{\omega}_{2n}\right)\boldsymbol{J}\right] \tag{4.24b}$$

■

図4.6は，図3.10の**同一次元D因子磁束状態オブザーバ（A形）**に他ならない．ひいては，「(4.24)式は，(4.19)式の2次多項式$A(s)$と同一の安定性をもつ同一次元D因子磁束状態オブザーバ（A形）のためのゲイン設計法を提示したものでもある」といえる．なお，(4.21)式から，図4.6の実現およびこれに用いた(4.24)式のゲイン設計法の導出に関しては，提案原著4.1)を参照されたい．

(4.24)式のゲイン設計法において，周波数シフト係数を$g_1=0$と選定すると，次のゲイン設計法を得る．

【簡易A形ゲイン設計法】

$$\left.\begin{aligned}\boldsymbol{G}_{iA}&=L_i\left[a_1\boldsymbol{I}+\left(\frac{a_0}{\widehat{\omega}_{2n}}-\widehat{\omega}_{2n}\right)\boldsymbol{J}\right]-R_1\boldsymbol{I}\\&\approx L_i\left[a_1\boldsymbol{I}+\left(\frac{a_0}{\widehat{\omega}_{2n}}-\widehat{\omega}_{2n}\right)\boldsymbol{J}\right]\\\boldsymbol{G}_m&=L_i\left[-a_1\boldsymbol{I}+\left(\frac{a_0}{\widehat{\omega}_{2n}}-\widehat{\omega}_{2n}\right)\boldsymbol{J}\right]\end{aligned}\right\} \tag{4.25}$$

■

以上より，「同一次元D因子磁束状態オブザーバは，一般化D因子回転子磁束推定法における2フィルタリングのための1実現に他ならない」，「一般化D因子回転子磁束推定法は，特別な場合として同一次元D因子磁束状態オブザーバを包含している」ことが理解される．

Q4.3　行列ゲイン$\boldsymbol{G}_{fx}$の選定を示した(4.21d)式に関し質問があります．同式における実係数g_2は，最小次元D因子磁束状態オブザーバのゲイン設計に際し導入された実係数g_2と同じものでしょうか．

Ans.　そのとおりです．いずれの実係数g_2に対しても，同一の意味をもたせています．具体的には，(2.25a)式，(4.21d)式に明示していますように，実係数g_2には，ω_cの応速性を意味する次の関係をもたせています．

$$g_2=\frac{\omega_c}{|\omega_{2n}|} \qquad g_2=\text{const}>0$$

4.5　外装形実現の2次D因子回転子磁束推定法を用いた位相速度推定器

4.5.1　外装形実現

2次D因子フィルタ $\boldsymbol{F}(\boldsymbol{D})$ を用いた一般化回転子磁束推定法の実現は，D因子フィルタを用いたそれと比較し，格段に多様である．その一例が，図4.5，図4.6に示した状態オブザーバ形実現であった．一般に，一般化回転子磁束推定法の最も直接的な実現は，**外装I形実現**と**外装II形実現**である．2次D因子フィルタを用いる場合も本事実が適用される．

(4.21a)式の2次D因子フィルタ $\boldsymbol{F}(\boldsymbol{D})$ を構成する逆行列 $\boldsymbol{A}^{-1}(\boldsymbol{D})$ と行列ゲイン $\boldsymbol{G}_{fx}$ とに関して(4.2a)式を適用すると，(4.21)式は，以下の外装I形，外装II形として実現することができる．

【$\gamma\delta$ 一般座標系上の2次回転子磁束推定法（外装I形実現）】

$$\left.\begin{aligned}&\boldsymbol{D}(s,\omega_\gamma)\tilde{\boldsymbol{\phi}}_1=\boldsymbol{G}[\boldsymbol{v}_1-R_1\boldsymbol{i}_1]+(1-g_1)\widehat{\omega}_{2n}\boldsymbol{J}\tilde{\boldsymbol{\phi}}_2-a_0\widehat{\boldsymbol{\phi}}_m\\&\tilde{\boldsymbol{\phi}}_2=\tilde{\boldsymbol{\phi}}_1-\boldsymbol{G}\widehat{\boldsymbol{\phi}}_i\\&\boldsymbol{D}(s,\omega_\gamma-(1-g_1)\widehat{\omega}_{2n})\widehat{\boldsymbol{\phi}}_m=\tilde{\boldsymbol{\phi}}_2-a_1\widehat{\boldsymbol{\phi}}_m\end{aligned}\right\}\tag{4.26a}$$

$$\widehat{\boldsymbol{\phi}}_i=[L_i\boldsymbol{I}+L_m\boldsymbol{Q}(\widehat{\theta}_\gamma)]\boldsymbol{i}_1\tag{4.26b}$$

$$\begin{aligned}\boldsymbol{G}_{fx}&=g_1a_1\boldsymbol{I}+\left(-\frac{a_0}{\widehat{\omega}_{2n}}+g_1^2\,\widehat{\omega}_{2n}\right)\boldsymbol{J}\\&=g_1(a_1\boldsymbol{I}+g_1\widehat{\omega}_{2n}\boldsymbol{J})-\frac{a_0}{\widehat{\omega}_{2n}}\boldsymbol{J}\end{aligned}\tag{4.26c}$$

■

【$\gamma\delta$ 一般座標系上の2次回転子磁束推定法（外装II形実現）】

$$\left.\begin{aligned}&\boldsymbol{D}(s,\omega_\gamma)\tilde{\boldsymbol{\phi}}_1'=[\boldsymbol{v}_1-R_1\boldsymbol{i}_1]+(1-g_1)\widehat{\omega}_{2n}\boldsymbol{J}\tilde{\boldsymbol{\phi}}_2'-a_0\widehat{\boldsymbol{\phi}}_m'\\&\tilde{\boldsymbol{\phi}}_2'=\tilde{\boldsymbol{\phi}}_1'-\widehat{\boldsymbol{\phi}}_i\\&\boldsymbol{D}(s,\omega_\gamma-(1-g_1)\widehat{\omega}_{2n})\widehat{\boldsymbol{\phi}}_m'=\tilde{\boldsymbol{\phi}}_2'-a_1\widehat{\boldsymbol{\phi}}_m'\end{aligned}\right\}\tag{4.27a}$$

$$\widehat{\boldsymbol{\phi}}_i=[L_i\boldsymbol{I}+L_m\boldsymbol{Q}(\widehat{\theta}_\gamma)]\boldsymbol{i}_1\tag{4.27b}$$

$$\begin{aligned}\boldsymbol{G}_{fx}&=g_1a_1\boldsymbol{I}+\left(-\frac{a_0}{\widehat{\omega}_{2n}}+g_1^2\,\widehat{\omega}_{2n}\right)\boldsymbol{J}\\&=g_1(a_1\boldsymbol{I}+g_1\widehat{\omega}_{2n}\boldsymbol{J})-\frac{a_0}{\widehat{\omega}_{2n}}\boldsymbol{J}\end{aligned}\tag{4.27c}$$

■

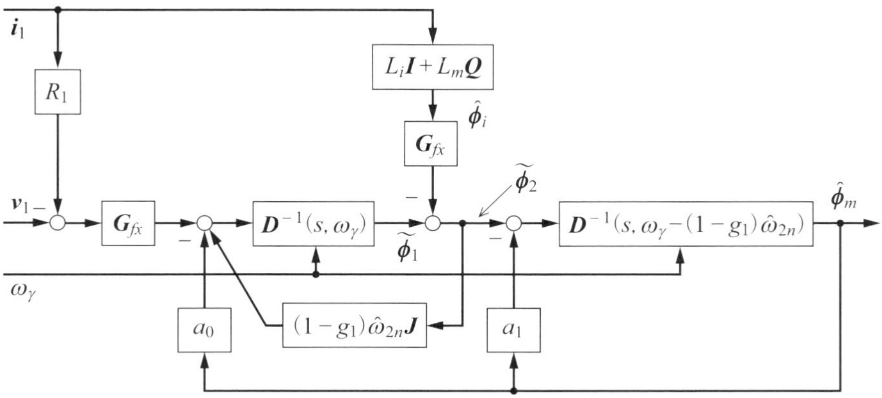

図 4.7　2 次回転子磁束推定法の $\gamma\delta$ 一般座標系上での外装 I 形実現

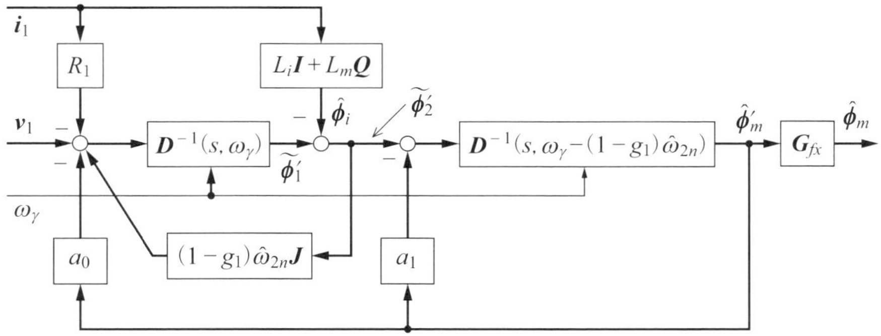

図 4.8　2 次回転子磁束推定法の $\gamma\delta$ 一般座標系上での外装 II 形実現

(4.26)式の外装 I 形実現，(4.27)式の外装 II 形実現を，おのおの**図 4.7**，**図 4.8** に示した．外装 I 形実現と外装 II 形実現の相違は，行列ゲイン $\boldsymbol{G}_{fx}$ の配置にある．両外装実現は，図 4.4 の基本的な実現に，図 4.2(a)のモジュールベクトル直接 I 形の実現を適用したものとなっている．

Q4.4　**図 4.7 に示された 2 次回転子磁束推定法の外装 I 形実現では，2 個の逆 D 因子が使用されています．外装 I 形実現の 2 段目の逆 D 因子への入力信号は，速度起電力推定値と捉えてよいでしょうか．**

Ans.　そのとおりです．2 段目の逆 D 因子 $\boldsymbol{D}^{-1}(s,\omega_\gamma-(1-g_1)\widehat{\omega}_{2n})$ は，1 段目の逆 D 因子構成のように，$\boldsymbol{D}^{-1}(s,\omega_\gamma)$ と $(1-g_1)\widehat{\omega}_{2n}\boldsymbol{J}$ のフィー

ドバック結合として構成されます．このときの $\boldsymbol{D}^{-1}(s, \omega_\gamma)$ の入力信号は，次式が示しますように，速度起電力推定値です．

$$\boldsymbol{D}(s, \omega_\gamma)\widehat{\boldsymbol{\phi}}_m = \omega_{2n}\boldsymbol{J}\widehat{\boldsymbol{\phi}}_m$$

上の例のように，逆D因子を介して，最終的な回転子位相推定値の生成を行うようなフィルタの構成（広くは推定器の構成）においては，回転子磁束推定値と速度起電力推定値とを同時に得ることが可能です．

4.5.2　固定座標系上での位相速度推定器の構成

外装Ⅱ形実現の2次D因子回転子磁束推定法に基づき，$\alpha\beta$ 固定座標系上での位相速度推定器の実際的構成を説明する．2次D因子回転子磁束推定法に用いる**行列ゲイン** $\boldsymbol{G}_{fx}$ は，(4.21d)式に従って定めるものとする．この際，D因子に用いる**周波数シフト係数**は $g_1 = 1$ とし，(4.21d)式を次式のように簡略化するものとする．

$$\left.\begin{aligned} &\boldsymbol{G}_{fx} = \zeta g_2|\widehat{\omega}_{2n}|\boldsymbol{I} + (1-g_2^2)\widehat{\omega}_{2n}\boldsymbol{J} && g_1 = 1 \\ &a_0 \equiv \omega_c^2 = (g_2\widehat{\omega}_{2n})^2 && g_2 > 0 \\ &a_1 \equiv \zeta\omega_c = \zeta g_2|\widehat{\omega}_{2n}| && \zeta > 0 \end{aligned}\right\} \tag{4.28}$$

周波数シフト係数（$g_1 = 1$）と $\alpha\beta$ 固定座標系（$\omega_\gamma = 0$）の本条件下では，全極形D因子フィルタに用いたD因子は，以下のように単なる微分演算子と同一となる．

$$\boldsymbol{D}(s, \omega_\gamma - (1-g_1)\widehat{\omega}_{2n}) = s\boldsymbol{I} \tag{4.29}$$

〔1〕位相速度推定器

$\alpha\beta$ 固定座標系上で構成した2次D因子回転子磁束推定法を用い位相推定を行うセンサレスベクトル制御系の概略的構成は，図2.8で与えられる．すなわち，本制御系の概略的構成は，最小次元D因子磁束状態オブザーバを用いたセンサレスベクトル制御系のそれと同一である．両ベクトル制御系の違いは，**位相速度推定器**（phase-speed estimator）の細部構造にあり，他は同一である．

位相速度推定器の目的は，固定子の電圧・電流を利用して，$\alpha\beta$ 固定座標系上で評価した回転子位相推定値 $\widehat{\theta}_\alpha$ と回転子速度推定値 $\widehat{\omega}_{2n}$ とを生成することである（図1.1参照）．図2.8の構成例は，固定子電流信号としては検出値を，固定子電圧信号としては電圧指令値を利用する例である．**図4.9**は，図2.8における位相速度推定器の内部構造を示したものである．位相速度推定器は，**位相推定器**

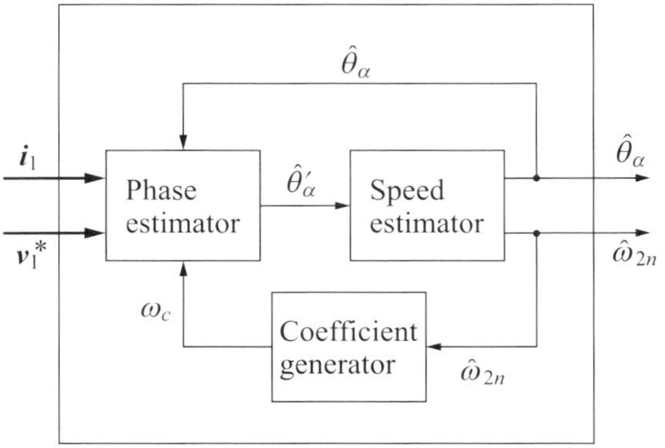

図 4.9 位相速度推定器の基本構造

(phase estimator) と**速度推定器** (speed estimator), **係数生成器** (coefficient generator) から構成されている. 図 1.2, 図 2.9 の標準的構成との違いは, 係数生成器が追加されている点にある.

〔2〕 速度推定器

速度推定器は**積分フィードバック形速度推定法**に基づき構成されており, この具体的構成は, 図 1.3 のとおりである. 換言するならば, D 因子磁束状態オブザーバに利用されたものと同一である. 速度推定器は, 回転子の**初期位相推定値** $\hat{\theta}'_\alpha$ を用いて, **最終位相推定値** $\hat{\theta}_\alpha$, **速度推定値** $\widehat{\omega}_{2n}$ を生成し, 外部へ出力している. また, これらは位相推定器にフィードバックされ利用されている.

〔3〕 係数生成器

係数生成器は, 速度推定値を入力信号として得て, **フィルタ係数** $\omega_c \equiv \sqrt{a_0}$ を生成し出力している. フィルタ係数は, 基本的には, $\omega_c = |g_2\omega_{2n}|$ なる関係を達成する必要がある. 本書では, 回転子速度推定値 $\widehat{\omega}_{2n}$ に対して, **脈動除去処理**, **絶対値処理**, **下限リミッタ処理**の 3 処理を施して得た最終処理信号をフィルタ係数 ω_c とし, 実質的に本関係を達成するようにしている.

脈動除去処理は, 速度推定値 $\widehat{\omega}_{2n}$ に含まれ得る不要な脈動を除去するためのものであり, 簡単には, 次の一定係数 ω_{cl} をもつ**ローパスフィルタ**による処理でよい.

$$\widehat{\omega}'_{2n} = F_l(s)\,\widehat{\omega}_{2n} \tag{4.30a}$$

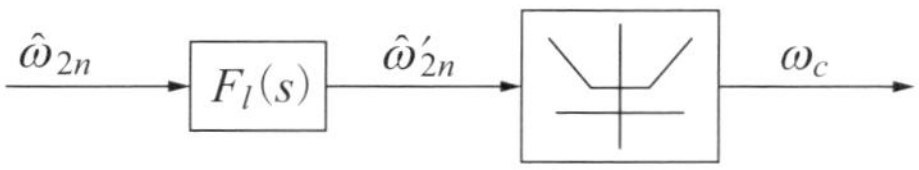

図 4.10　係数生成器の構成例

$$F_l(s) = \frac{\omega_{cl}}{s+\omega_{cl}} \tag{4.30b}$$

あるいは，次の機能をもつ**マルチレイトサンプルホールダ**処理でもよい．

$$\widehat{\omega}'_{2n}(t) = \widehat{\omega}_{2n}(t_0) \qquad t_0 \leq t < t_0 + T_h \tag{4.31}$$

絶対値処理は，フィルタ係数 ω_c が正であることを保証するためのものである．下限リミッタ処理は，0 次フィルタ係数 ω_c の下限値をある正の微小値に設定し，計算誤差が存在する場合にも，2 次 D 因子回転子磁束推定法の不安定化を防止するためのものである．

速度推定値 $\widehat{\omega}_{2n}$ からのフィルタ係数 ω_c の生成例として，(4.30a)式のローパスフィルタを用いた例を**図 4.10** に示した．同図では，絶対値処理と下限リミッタ処理とを，1 つのブロックで表現している．

〔4〕位相推定器

位相推定器は，固定子電流検出値と固定子電圧指令値に加えて，回転子の最終位相推定値 $\widehat{\theta}_\alpha$ とフィルタ係数 ω_c を入力信号として得て，$\alpha\beta$ 固定座標系上の初期位相推定値 $\widehat{\theta}'_\alpha$ を生成し出力している．**図 4.11** に $\alpha\beta$ 固定座標系上で構成した位相推定器（2 次 D 因子回転子磁束推定法）の詳細構造を示した．

本位相推定器は，一部の信号に関し真値に代わって推定値を利用している点を除けば，(4.21)式および図 4.8 の $\gamma\delta$ 一般座標系上の 2 次 D 因子回転子磁束推定法に忠実に従って実現されている．具体的には，当該の 2 次 D 因子回転子磁束推定法に，周波数シフト係数 $g_1 = 1$ と固定座標系の条件（$\omega_\gamma = 0$，$\theta_\gamma = \theta_\alpha$）とを付与し，さらに，位相真値 θ_α に代わって最終位相推定値 $\widehat{\theta}_\alpha$ を利用して固定子反作用磁束 $\boldsymbol{\phi}_i$ を生成するようにし，構成している．すなわち，固定子反作用磁束 $\boldsymbol{\phi}_i$ は，次の(4.31a)式に従い生成している．

$$\boldsymbol{\phi}_i = [L_i\boldsymbol{I} + L_m\boldsymbol{Q}(\widehat{\theta}_\alpha)]\boldsymbol{i}_1 \tag{4.32a}$$

非突極 PMSM の場合には，固定子反作用磁束 $\boldsymbol{\phi}_i$ は位相推定値の要なく以下のように生成できる．

$$\boldsymbol{\phi}_i = L_i\boldsymbol{i}_1 \tag{4.32b}$$

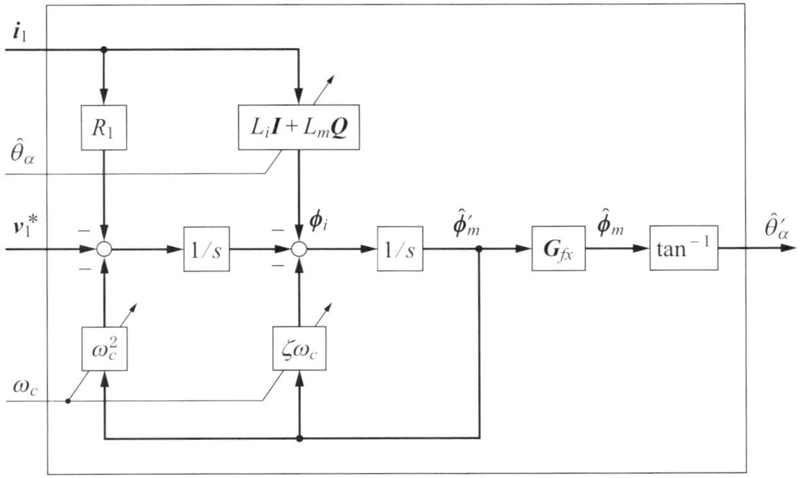

図 4.11　$\alpha\beta$ 固定座標系上での2次D因子回転子磁束推定法（$g_1=1$，外装II形実現）の構成

2×1 ベクトル信号である回転子磁束推定値 $\widehat{\boldsymbol{\phi}}_m$ が得られたならば，この各要素による逆正接演算を通じ，回転子の初期位相推定値 $\widehat{\theta}'_\alpha$ を決定し，出力している．

4.5.3　準同期座標系上での位相速度推定器の構成

外装II形実現の2次D因子回転子磁束推定法に基づき，$\gamma\delta$ 準同期座標系上での位相速度推定器の実際的構成を説明する．2次D因子回転子磁束推定法に用いる**行列ゲイン** $\boldsymbol{G}_{fx}$ は，(4.21d)式に従って定めるものとする．ただし，**周波数シフト係数**としては，$g_1=1$ とした(4.28)式と異なり，$g_1=0$ とした例を示す．

D因子に用いる周波数シフト係数を $g_1=0$ とする場合には，(4.21d)式は，以下のように簡略化される（(4.28)式，後掲の(4.36)式参照）．

$$\left.\begin{aligned}&\boldsymbol{G}_{fx}=-g_2^2\widehat{\omega}_{2n}\boldsymbol{J} && g_1=0\\&a_0=\omega_c^2=(g_2\widehat{\omega}_{2n})^2 && g_2>0\\&a_1=\zeta\omega_c=\zeta\, g_2\,|\widehat{\omega}_{2n}| && \zeta>0\end{aligned}\right\}\tag{4.33}$$

周波数シフト係数（$g_1=0$）と $\gamma\delta$ 準同期座標系（$\omega_\gamma=\widehat{\omega}_{2n}$）の条件下では，全極形D因子フィルタに用いたD因子は，(4.29)式同様，単なる微分演算子と同一となる．すなわち，

$$\boldsymbol{D}(s, \omega_\gamma-(1-g_1)\widehat{\omega}_{2n}) = s\boldsymbol{I} \tag{4.34}$$

(4.34)式の簡略化D因子は，結果的には，(4.29)式の簡略化D因子と同一である．しかし，これに対応した行列ゲイン $\boldsymbol{G}_{fx}$ は，(4.33)式と(4.28)式の比較より明白なように，同一ではない．

〔1〕位相速度推定器

$\gamma\delta$ 準同期座標系上で構成した2次D因子回転子磁束推定法を用い位相推定を行うセンサレスベクトル制御法を考える．同法を実現したベクトル制御系の概略的構成は，図2.22で与えられる．すなわち，本制御系の概略的構成は，最小次元D因子状態オブザーバを用いたセンサレスベクトル制御系のそれと同一である．両センサレスベクトル制御系の違いは，固定子の電圧・電流を利用して，$\alpha\beta$ 固定座標系上で評価した回転子位相推定値 $\hat{\theta}_\alpha$ と回転子速度推定値 $\widehat{\omega}_{2n}$ とを生成する役割を担う**位相速度推定器**（phase-speed estimator）の細部構造にあり，他は同一である．**図4.12**は，図2.22における位相速度推定器の内部構造を示したものである．位相速度推定器は，**位相偏差推定器**（phase error estimator），**位相同期器**（phase synchronizer），**係数生成器**（coefficient generator）から構成されている．

〔2〕位相同期器と係数生成器

位相同期器は，$\gamma\delta$ 準同期座標系上で評価した回転子位相推定値を入力信号として得て，α 軸から評価した回転子位相の推定値，$\gamma\delta$ 準同期座標系の速度 ω_γ，回転子の電気速度推定値 $\widehat{\omega}_{2n}$ を生成・出力している．位相同期器に関しては，最

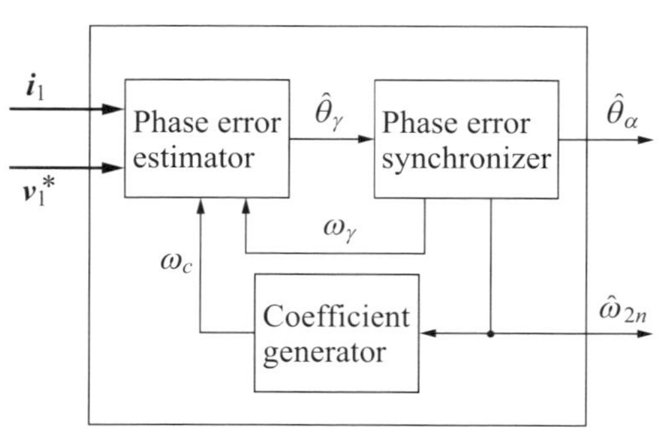

図4.12　位相速度推定器の基本構造

小次元 D 因子状態オブザーバの使用したものと同一のものが使用される．すなわち，位相同期器は**一般化積分形 PLL 法**に基づき構成されており，この具体的構成は，図 1.8 のとおりである．係数生成器は，図 4.10 のものと同一である．

〔3〕位相偏差推定器

位相偏差推定器は，固定子電流検出値と固定子電圧指令値に加えて，$\gamma\delta$ 準同期座標系の速度 ω_γ とフィルタ係数 ω_c を入力信号として得て，$\gamma\delta$ 準同期座標系上で評価した回転子位相推定値 $\hat{\theta}_\gamma$ を生成し出力している．本位相偏差推定器は，(4.21)式および図 4.8 の $\gamma\delta$ 一般座標系上の 2 次 D 因子回転子磁束推定法に忠実に従って実現されている．若干の変更は固定子反作用磁束 $\boldsymbol{\phi}_i$ の生成であり，$\gamma\delta$ 準同期座標系が dq 同期座標系へ収束した状態では $\hat{\theta}_\gamma \approx 0$ である点を考慮し，この**平均値ゼロ**を利用し生成している．すなわち，

$$\boldsymbol{\phi}_i = \begin{bmatrix} L_d & 0 \\ 0 & L_q \end{bmatrix} \boldsymbol{i}_1 \tag{4.35}$$

2×1 ベクトル信号である回転子磁束推定値 $\hat{\boldsymbol{\phi}}_m$ が得られたならば，この各要素による逆正接演算を通じ，回転子位相推定値 $\hat{\theta}_\gamma$ を生成し，位相同期器へ向け出力している．**図 4.13** に，(4.33)式，(4.34)式の条件下で，$\gamma\delta$ 準同期座標系上

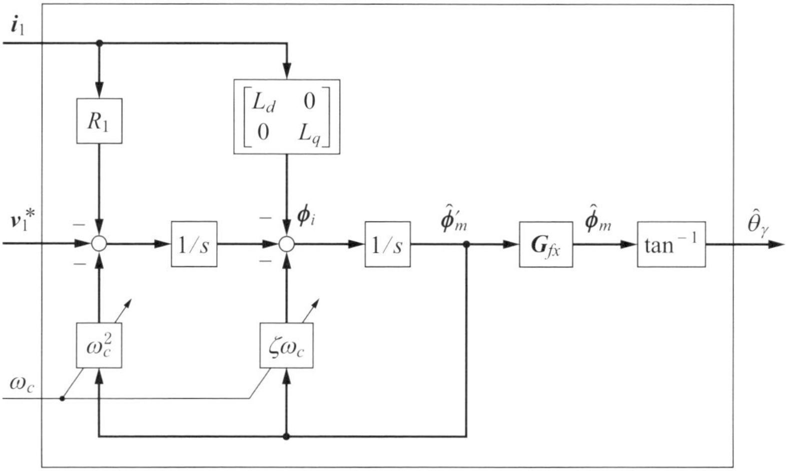

図 4.13　$\gamma\delta$ 準同期座標系上での 2 次 D 因子回転子磁束推定法（$g_1 = 0$，外装Ⅱ形実現）の構成

で構成した位相偏差推定器（2次D因子回転子磁束推定法）の詳細構造（外装Ⅱ形実現）を示した．本構造は，形式的には，固定子反作用磁束の生成を除けば，図4.11の$\alpha\beta$固定座標系上のそれと同様である．2×1ベクトル信号である回転子磁束推定値$\hat{\boldsymbol{\phi}}_m$が得られたならば，この各要素による逆正接演算を通じ，回転子の位相推定値$\hat{\theta}_\gamma$を決定し，出力している．

4.6　外装形実現の2次D因子回転子磁束推定法に基づくベクトル制御系と同応答

提案の2次D因子回転子磁束推定法の有用性とこれを用いたセンサレスベクトル制御法の性能を確認検証すべく，2次D因子回転子磁束推定法を**$\alpha\beta$固定座標系**上で実現し，実験を行った．本節では，実験結果を紹介する．

4.6.1　実験システムと設計パラメータの概要

〔1〕実験システムの構成

実験システムは，2.3.5項における最小次元D因子磁束状態オブザーバを用いたセンサレスベクトル制御法のものと同一とした（図2.11参照）．供試PMSMも同一とした（表2.1参照）．

〔2〕設計パラメータの概要

設計パラメータの設定も，原則的には，2.3.5項における最小次元D因子磁束状態オブザーバのものと同一とした．すなわち，センサレスベクトル制御系を構成する電流制御系，速度制御系の設計，位相速度推定器を構成する速度推定器の設計（(2.35)式参照）は，最小次元D因子磁束状態オブザーバのものと同一とした．トルク指令値から電流指令値の生成法も，最小次元D因子磁束状態オブザーバのものと同一とした（(2.36)式参照）．

唯一の違いは，位相速度推定器を構成する係数生成器と位相推定器にある．係数生成器のローパスフィルタ$F_l(s)$の帯域幅は速度制御系帯域幅と同一とし，また，下限設定用の正の微小値は「6」とした（図4.10参照）．位相推定器の内部構成は図4.11のとおりである．

(4.19)式の2次多項式$A(s)$の係数a_0, a_1は，(4.21d)式，(4.28)式に従い定めた．D因子フィルタのための周波数シフト係数は，$g_1 = 1$とした．0次係数

$a_0 = \omega_c^2$ を指定する設計パラメータは $g_2 = 1$ とし，1次係数 $a_1 = \zeta\omega_c$ を指定する設計パラメータ ζ は $A(s)$ の特性根を重根とする $\zeta = 2$ とした（後述の4.7.1項を参照）．この場合，行列ゲイン $\boldsymbol{G}_{fx}$ は，次式のように単位行列に比例することになる．

$$\left.\begin{array}{ll} \boldsymbol{G}_{fx} = 2\,|\,\widehat{\omega}_{2n}|\,\boldsymbol{I} & g_1 = 1 \\ a_0 \equiv \omega_c^2 = \widehat{\omega}_{2n}^2 & g_2 = 1 \\ a_1 \equiv \zeta\omega_c = 2\,|\,\widehat{\omega}_{2n}| & \zeta = 2 \end{array}\right\} \tag{4.36}$$

2

4.6.2 定常特性

図2.8に示したセンサレスベクトル制御系の構成において，100％定格の力行・回生負荷を与えた場合の定常的な性能を検証した．以下，波形データを用い検証結果を示す．

〔1〕速度180〔rad/s〕での特性

図4.14 は，定格速度近傍180〔rad/s〕における定格負荷時の定常特性を示したものである．図4.14(a)，(b)は，おのおの力行負荷，回生負荷に対する定常応答を示している．波形の意味は，上から，回転子位相，同推定値，回転子磁束推定値の α 要素，u相電流である．また，時間軸は5〔ms/div〕である．回転子位相真値は，供試モータ付属のエンコーダから直接検出している．

位相推定値の直接的な源泉である回転子磁束推定値は，良好な正弦形状を示している．この結果，位相推定値は検出値との差を視認できないほど，これと良好な一致を成している．さらには，電流応答も良好な応答を示している．なお，オシロスコープの4チャネル表示の制限上，速度応答値は示していないが，速度指令値に追従した速度制御を確認している．

〔2〕速度9〔rad/s〕での特性

図4.15 は，定格速度の1/20に相当する9〔rad/s〕における定格負荷時の定常特性を示したものである．波形の意味は図4.14の場合と同一である．ただし，時間軸は0.1〔s/div〕である．位相推定値は，同真値の近傍でわずかに変動しているが，適切に位相推定されている様子が確認される．

位相推定値のわずかな変動は，この源泉である回転子磁束推定値における直流成分の出現に起因している．本直流成分の出現は，推定に利用した固定子電圧指

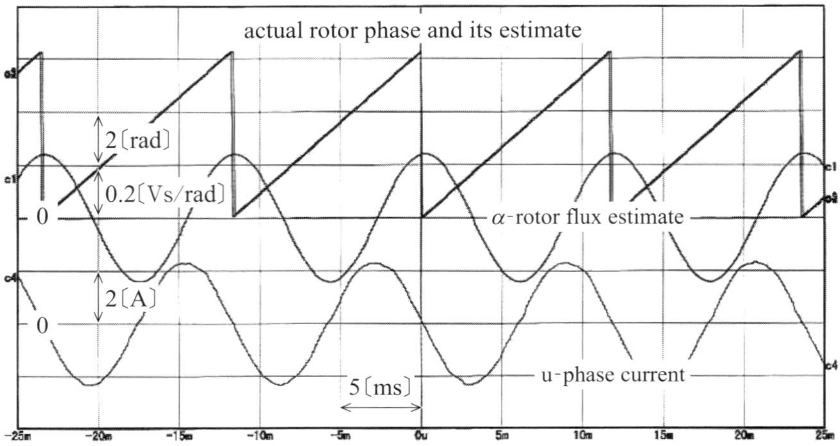

(a) 力行定格負荷

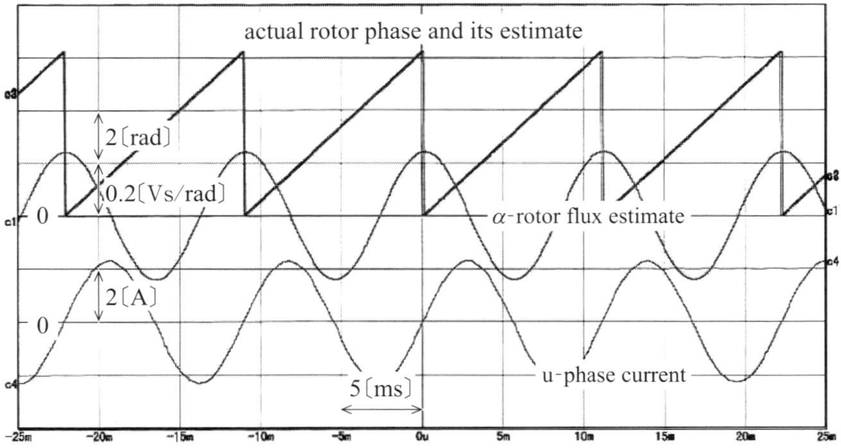

(b) 回生定格負荷

図 4.14　定格速度指令値 180〔rad/s〕に対する定格負荷下での定常応答

令値の同真値に対する相違（電力変換器の特性が支配的[4,5]）などに遠因しているようで，駆動速度の低下に応じて，特定の極性（本システムでは，α 要素はプラス，β 要素はマイナス）を維持しつつ，増大することを確認している．位相推定値の変動は，ベクトル回転器を介して固定子電流，固定子電圧指令値に影響を与え（図 2.8 参照），ひいては再び回転子磁束推定値の基本波成分の振幅に影響

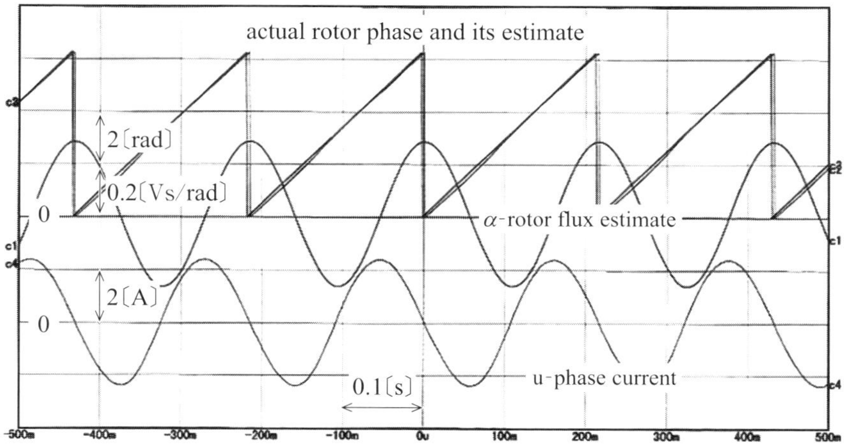

(a) 力行定格負荷

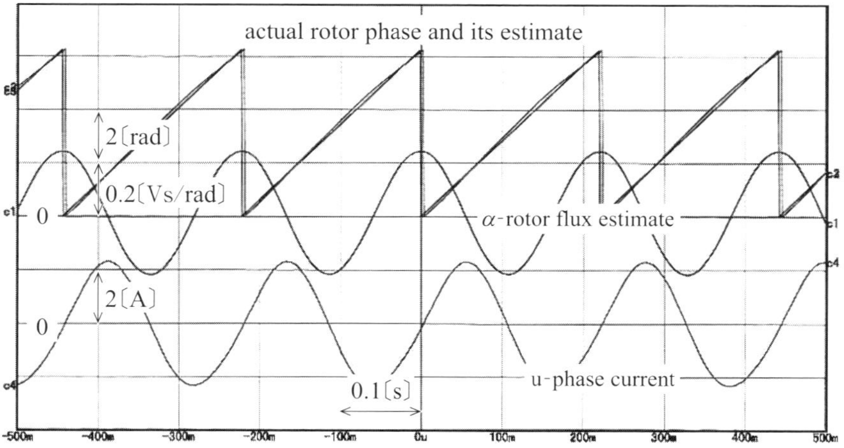

(b) 回生定格負荷

図 4.15　速度指令値 9〔rad/s〕に対する定格負荷下での定常応答

を与えることになる．本システムでは，力行時には同基本波成分の α 要素は大きくなり，β 要素は小さくなる傾向を，回生時にはこの逆の傾向を示した．図 4.15 においては，微少ながら，回転子磁束推定値における直流成分の存在（±ピーク値の違いに注意）と基本波成分の振幅変動とを視認することができる．

直流成分の極性と大きさは，システム全体の精度に依存して異なり，本実験システムにおいては，定格速度比 1/20 程度では，図 4.15 のとおりであり，位相推定値の変動は微少である．これに応じ，電流応答も正弦形状を維持している．もちろん，指令値どおりの速度制御も達成されている．

〔3〕 速度 3〔rad/s〕での特性

図 4.16 は，定格速度の 1/60 に相当する約 3〔rad/s〕における定格負荷時の定常特性を示したものである．波形の意味は図 4.14 の場合と同一である．ただし，時間軸は 0.2〔s/div〕である．位相真値の直線性が確認されるが，これは，供試機が一定速度で回転していることを意味している．速度指令値に追従した一定速度応答は，別途確認している．位相推定値は，直線的な同真値に対し，変動しながらも位相追従している．

本図と図 4.15 と比較するならば，本図では，位相推定値の変動も，電流応答の歪みも大きくなっている．位相推定値の変動と電流の歪みとは強い相関があり，この根本原因は，上記の回転子磁束推定値における直流成分の出現にある．定格速度比 1/60 の本駆動では，直流成分がより大きくなり（± ピーク値の違いに注意），結果的に位相推定値の変動を大きくしている．

図 4.16 における最も注意すべき応答特性は，位相推定値の源泉である回転子磁束推定値が，直流成分を有しながらも，実質的に正弦形状を維持している点にある．本推定特性は，2 次フィルタリングによる回転子磁束推定値における高調波成分の除去（後掲の 4.7.3 項を参照）と応速帯域特性との協調により成し得たものである．**駆動用電圧電流利用法**においては，定格負荷下の定格速度比 1/60 という極低速域で，このような滑らかな位相推定値を得ることは，概して困難である（図 2.16，図 2.29 参照）．直線的な位相真値の応答から確認される極低速域での安定駆動は，本推定特性によっている．また，以下に述べるセンサレスベクトル制御系のゼロ速からの起動も，本推定特性に依っている．

4.6.3　起動過渡特性

図 4.16 の極低速性能から期待される「停止状態からの起動性能」を確認した．本実験システムは，供試モータの 53 倍に相当する慣性モーメントをもつ負荷装置に起因して，供試モータの定格トルクの約 50% に相当する静止摩擦（受動負荷）を有していることがわかっている（図 2.20，図 2.33 参照）．負荷装置の通電を停止の上，摩擦を有する単なる慣性モーメントとしてこれを使用し，停止状

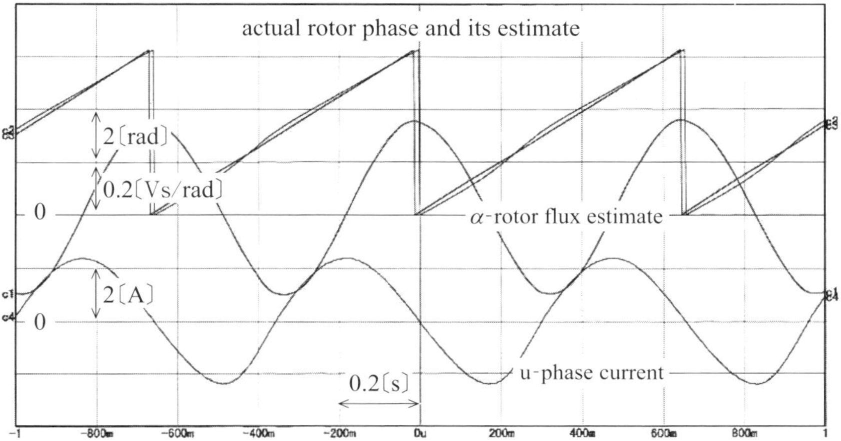

(a) 力行定格負荷

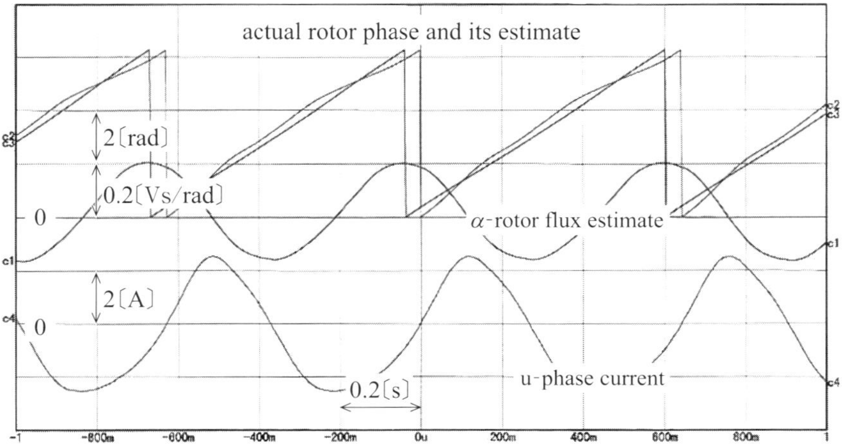

(b) 回生定格負荷

図 4.16 速度指令値3〔rad/s〕に対する定格負荷下での定常応答

態にある供試モータの駆動制御系に対し，ステップ状の速度指令値として約3〔rad/s〕を与えた.

図 4.17 は，この過渡応答である．同図の波形は，上から，回転子速度，同推定値，回転子磁束推定値の α 要素，u 相電流を，意味している．時間軸は1〔s/div〕である．回転子速度は，エンコーダから得た検出値である．速度検出値

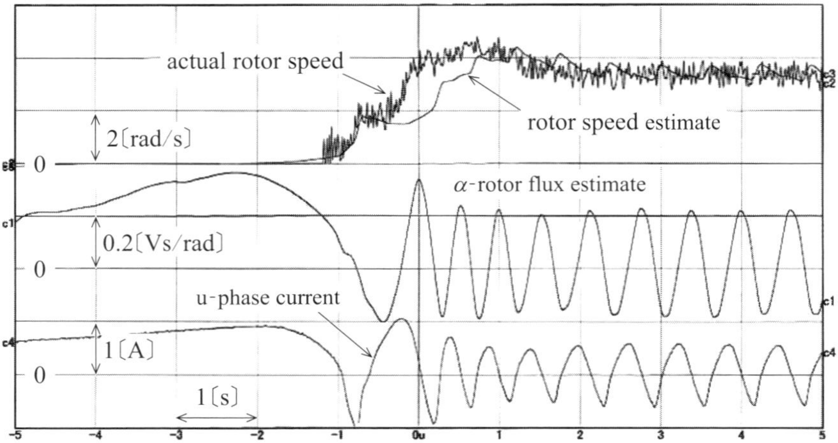

図 4.17　約 50% 摩擦負荷下での速度指令値 3〔rad/s〕に対する起動時の過渡応答

には，定常回転状態に入った後も，パルス状の脈動が多数見受けられるが，これは極低速駆動において，粗い分解能のエンコーダからのパルス信号が離散的に検出システムに入力しているためである．定常回転状態に入った後の供試モータは，図 4.16(a)の回転子位相応答から理解されるように，約 3〔rad/s〕の一定速度指令値に従ってスムーズに回転している．図 4.16 より，すでに与えられた速度指令値に応じて，固定子電流の振幅が PI 速度制御器の効果により摩擦負荷に抗し得る約 50％定格に達した時点で，起動が開始されている様子が確認される（図 2.8 参照）．この際，以下の 2 点に特に注意されたい．

(a)　速度制御中といえども，供試モータの停止状態においては，u 相電流，回転子磁束推定値はともに極低周波な信号成分のみを有している．

(b)　停止時からの起動は最小レベルの電流で達成され，過大な固定子電流が印加されていない．

4.6.4　能動負荷の瞬時印加・除去特性

センサレスベクトル制御系の重要な性能の 1 つが，**インパクト負荷**に対する**耐性性能**である．本性能を確認するための実験を行った．

〔1〕 速度 9〔rad/s〕での特性

図 4.18(a)は，供試モータを定格速度の 1/20 に相当する 9〔rad/s〕に速度制御

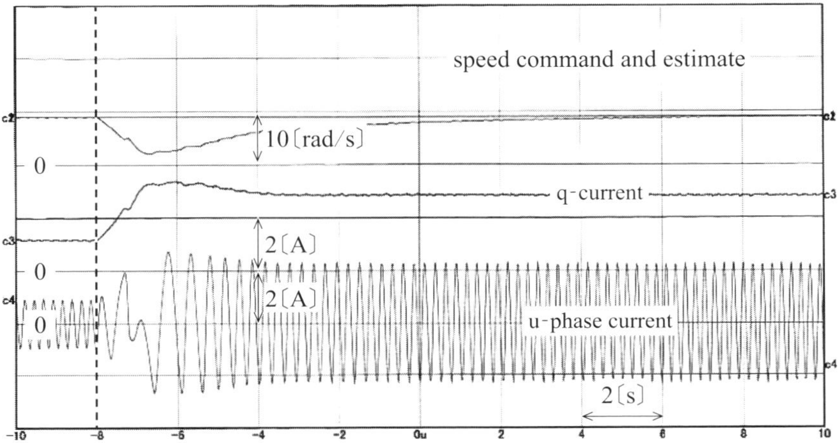

(a) 定格負荷の瞬時印加応答

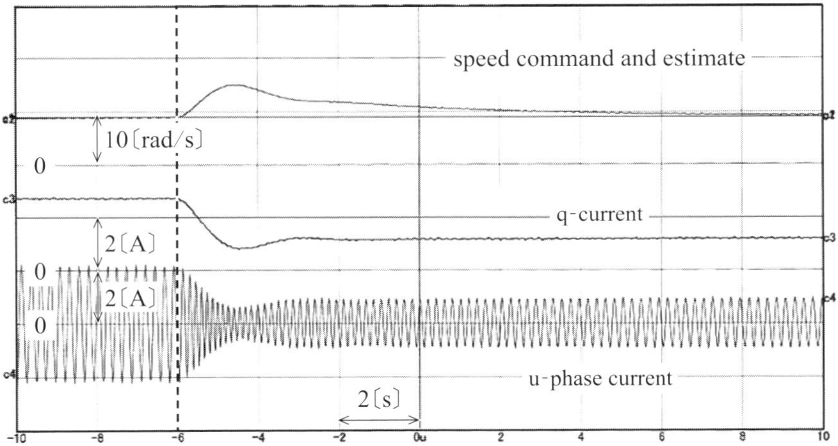

(b) 定格負荷の瞬時除去応答

図 4.18 速度制御 9〔rad/s〕における定格負荷の瞬時印加・除去に対する過渡応答

しておき，ある瞬時に定格負荷を印加した場合の過渡応答を調べたものである．図 4.18 では，上から速度指令値，速度推定値，q 軸電流，u 相電流を示している．時間軸は 2〔s/div〕である．定格負荷の瞬時印加時（図中に破線で明示）直後に，速度は 9〔rad/s〕から約 2〔rad/s〕へ低下しているが，約 6〔s〕後には回復し，脱調することなく，速度制御を遂行している様子が確認される．長い回復時間は，次の 2 点に起因している．

(a)　53 倍に及ぶ負荷装置の大慣性モーメントを考慮し速度帯域幅を 2〔rad/s〕と低く設計している．

(b)　大きな摩擦トルクが働いている，速度応答は，基本的に正常な線形応答を示している．

図 4.18(b)は，同図(a)と同一速度において事前に印加していた定格負荷を，瞬時に除去した場合の過渡応答を調べたものである．瞬時除去の時点は，図中に破線で明示している．図中の波形の意味は，図 4.18(a)と同一である．印加の場合と同様な良好な線形応答が確認される．無負荷時の電流は，動摩擦トルクに抗するものである．

〔2〕 速度 3〔rad/s〕での特性

図 4.18(a)から，約 6〔rad/s〕以下の低速駆動時に定格負荷を瞬時印加すれば，供試モータは停止あるいは逆回転をすることが予見される．本予見と図 4.17 から期待される**能動定格負荷下の再起動**の可能性とを確認するための実験を行った．

図 4.19(a)は，供試モータを定格速度の 1/60 に相当する約 3〔rad/s〕に速度制御しておき，ある瞬時に定格負荷を印加した場合の過渡応答を調べたものである．図中の波形の意味は，図 4.18(a)と同一である．定格負荷の瞬時印加後に停止，逆回転を示すが，固定子電流が定格値の約 90% を超えた時点から再起動が試行され，能動定格負荷印加約 10〔s〕後に，これに抗した再起動に成功している．なお，同図には，定格負荷印加と再起動の時点を破線で明示した．

同様な実験を繰返し行った結果，定格負荷印加からの再起動は常に可能であったが，再起動までの時間は一様ではなかった．図 4.19(b)は，再起動に比較的長時間を要した過渡応答の一例である．同図では，速度指令値に代わって，エンコーダで得た速度検出値を表示している．他の波形の意味は，図 4.19(a)と同一である．逆トルクをもつ能動定格負荷による一時的な停止と逆回転が，速度検出値より明瞭に確認される．本例でも，q 軸電流がおおむね定格値に到達した時点で，能動定格負荷に抗した再起動に成功している．本例では，定格負荷の瞬時印加・約 14〔s〕後に再起動している．同図には，定格負荷印加と再起動の時点を破線で明示した．

図 4.19(a)，(b)から確認されるように，逆トルクをもつ定格負荷下での再起動

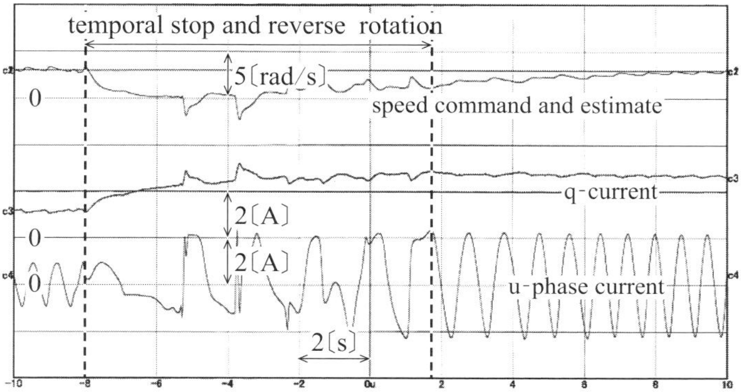

(a) 定格負荷の瞬時印加応答

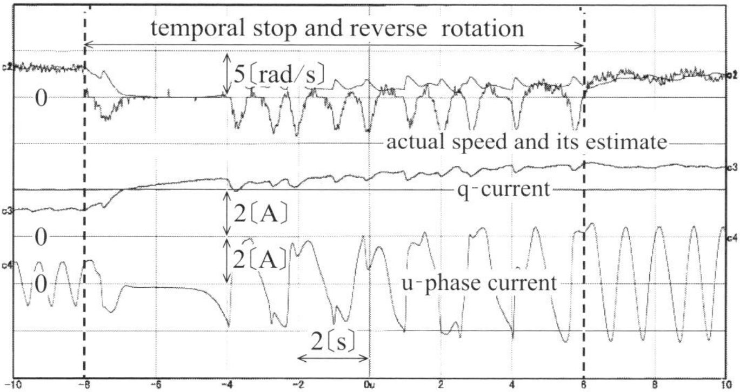

(b) 定格負荷の瞬時印加応答

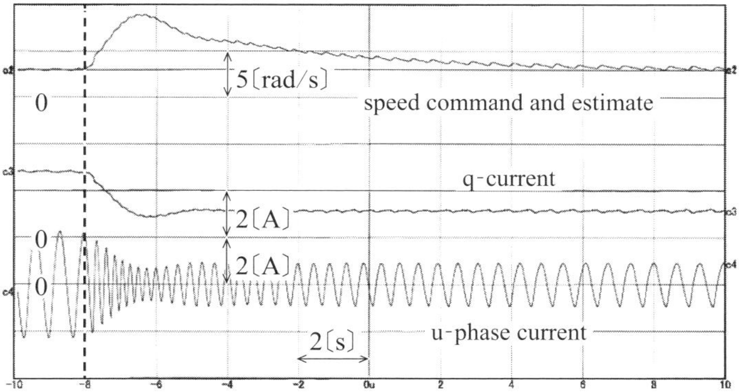

(c) 定格負荷の瞬時除去応答

図 4.19 速度制御 3〔rad/s〕における定格負荷の瞬時印加・除去に対する過渡応答

は，最小レベルの電流で達成され，過大な固定子電流が印加されていない．この点には，特に注意されたい．

図4.19(c)は，同図(a), (b)と同一速度約3〔rad/s〕において事前に印加していた定格負荷を，瞬時に除去した場合の過渡応答を調べたものである．図中の波形の意味は，図4.19(a)と同一である．速度指令値9〔rad/s〕の速度制御時の応答である図4.18(b)と高い類似性をもつ，良好な線形応答が確認される．なお，図4.19(c)の速度軸は図4.18(b)と異なり5〔rad/s〕である．

4.6.5　低速域での直流成分の影響

速度9〔rad/s〕近傍以下の低速域で確認された回転子磁束推定値の直流成分を除去した場合の，推定値の改善を確認すべく，実験を行った．本実験のために，次の2入力2出力の1次**直流除去フィルタ**（dc elimination filter）を用意し，

$$\boldsymbol{F}_{dc}(s\boldsymbol{I}) = [s\boldsymbol{I}+\omega_{dc}\boldsymbol{I}]^{-1}[s\boldsymbol{I}] = \frac{s}{s+\omega_{dc}}\boldsymbol{I} \tag{4.37}$$

2次全極形D因子フィルタ $\boldsymbol{F}(\boldsymbol{D})$ による処理に先立って，固定子電圧，固定子電流から直流成分を除去した．

追加的な1次直流除去フィルタは，回転子磁束推定値に含まれ得る直流成分を除去するためのものである．本フィルタは，フィルタ係数 ω_{dc} の近傍の速度 ω_{2n} では，$\varphi = \tan^{-1}\omega_{dc}/\omega_{2n}$〔rad〕の大きな位相変位をもたらすので（換言するならば，本周波数近傍では位相推定性能を明らかに劣化させるので），駆動時の基本波成分の周波数を考慮の上，これは十分に小さく選定する必要がある．

位相変位の問題を積極的に解決する必要がある場合には，直流成分除去後の信号に対して，次の**振幅位相補償器**で，追加処理を行うことになる（姉妹本文献4.2)を参照）．

$$\begin{aligned}\boldsymbol{C} &= \boldsymbol{I}-\boldsymbol{J}\frac{\omega_c}{\widehat{\omega}_{2n}} = \frac{1}{\widehat{\omega}_{2n}}\begin{bmatrix}\widehat{\omega}_{2n} & \omega_c \\ -\omega_c & \widehat{\omega}_{2n}\end{bmatrix} \\ &\approx \frac{1}{\sqrt{\widehat{\omega}_{2n}^2+\omega_c^2}}\begin{bmatrix}\widehat{\omega}_{2n} & \omega_c \\ -\omega_c & \widehat{\omega}_{2n}\end{bmatrix}\end{aligned} \tag{4.38}$$

図4.20は，上記の点を考慮し，フィルタ係数 ω_{dc} を，速度指令値9〔rad/s〕（電気速度指令値27〔rad/s〕に相当）に対して，**直流除去周波数** ω_{dc} を1〔dec〕以下（すなわち，周波数比で1/10以下）の $\omega_{dc}=2$ と設計した場合の定常応答の例である（振幅位相補償器は付加せず）．これ以外の実験条件は，図4.15(a)の場

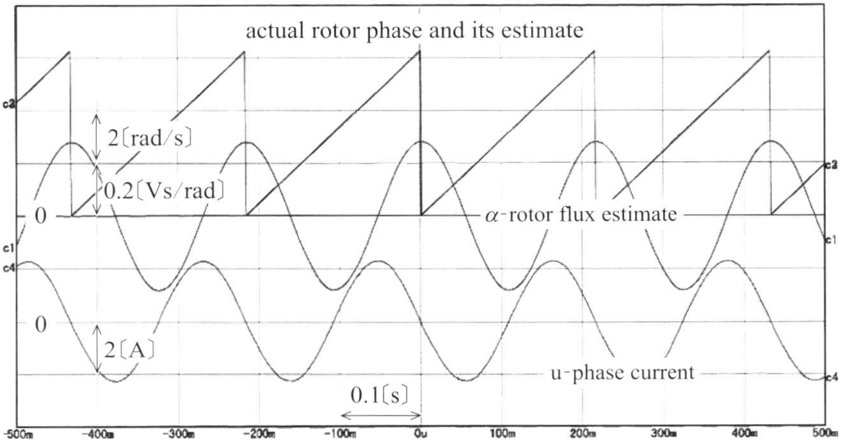

図 4.20　1 次直流除去フィルタを前置した場合の，速度指令値 9〔rad/s〕に対する定格力行負荷下での定常応答

合と同一である．回転子磁束推定値の α 要素は，直流成分を有せず，ゼロレベルを中心にバランスの良い応答を示していることが確認される（図 4.20 と図 4.15(a)の比較において，回転子磁束推定値の±ピーク値の違いに注意）．これに応じ，位相推定値の脈動は消滅し，高速駆動時と同様な良好な位相推定が達成されていることが確認される．これらは，期待どおりの応答である．

4.7　2 次 D 因子回転子磁束推定法の推定特性

本節では，2.4～2.6 節で解説した最小次元 D 因子磁束状態オブザーバを対象にした推定特性を参考に，2 次 D 因子回転子磁束推定法の推定特性を，収束レイト，速度誤差に対する位相推定特性，回転子磁束高調波成分に対する位相推定特性の観点から，検討を行う．

なお，パラメータ誤差に対する位相推定特性に関しては，2.5 節の成果が一般化 D 因子回転子磁束推定法に無修正で適用される．最小次元 D 因子磁束状態オブザーバ，同一次元 D 因子磁束状態オブザーバを包含する一般化 D 因子回転子磁束法は，これら同様，2.5 節の**パラメータ誤差定理** I，II，III の前提条件を満足する**モデルマッチング形回転子磁束推定法**であり，本定理が無修正で適用される．以上の理由により，本節では，本推定特性の説明は行わない．

4.7.1　推定値の収束レイト

2次D因子回転子磁束推定法によれば，固定子電圧，固定子電流等に誤差がない理想的状態では，正しく回転子磁束が推定される．本推定特性は，2次D因子回転子磁束推定法に限ったことではなく，一般化D因子回転子磁束推定法に広く適用される．

回転子磁束推定値が同真値への**収束レイト**は，(4.2)式の全極形D因子フィルタを構成する**D因子多項式** $\boldsymbol{A(D)}$ に支配される．より具体的には，D因子多項式の**根の実数部**により支配される．D因子多項式の根の実数部は，(4.1)式の安定多項式 $A(s)$ の特性根の実数部と同一である．すなわち，D因子多項式と安定多項式の間には，**特性根実数部の同一性**が成立している（詳細は，姉妹本文献4.2)を参照）．

一般に，特性根は次の性質をもつ．

(a)　根の絶対値が同じ場合，複素根は実根に比較し，実数部がゼロに近い．

(b)　複数の異なる実根がある場合には，実数部がゼロから遠ざかる根があれば，ゼロへ近づく根が存在する．

(c)　ゼロに近い実数部をもつ根が，収束レイトを支配する．

2次D因子回転子磁束推定法を用いて，本特性を具体的に説明する．(4.19)式の2次安定多項式 $A(s)$ を次のように再表現する．

$$A(s) = s^2 + a_1 s + a_0 = s^2 + \zeta\omega_c s + \omega_c^2 \tag{4.39}$$

ω_c が一定の場合には，2次安定多項式 $A(s)$ の特性根 s_i は次式となる．

$$s_i = \frac{-\omega_c}{2}\left(\zeta \pm \sqrt{\zeta^2 - 4}\right) \qquad i = 1, 2 \tag{4.40}$$

上式より，以下が自明である．$\zeta < 2$ の場合は，共役複素根となり，収束レイトは $\omega_c\zeta/2$ となる．$\zeta > 2$ の場合は，異なる2実根となり，支配的収束レイトは $\omega_c(\zeta - \sqrt{\zeta^2 - 4})/2$ となる．$\zeta = 2$ の場合は，重根となり，収束レイトは最大の $\omega_c\zeta/2 = \omega_c$ が得られる．なお，4.6節の実験例では，この観点から設計パラメータとして $\zeta = 2$ を採用した．

4.7.2　速度誤差に対する位相推定特性

2次D因子回転子磁束推定法に関し，速度真値と同推定値の誤差である速度誤差が，位相推定に与える特性を検討する．

推定すべき回転子磁束と回転子速度を除く他はすべて既知とする．本仮定の下で，速度真値に代わって同推定値を利用する場合には，(4.8)式は次式となる．

$$\begin{aligned}\hat{\boldsymbol{\phi}}_m &= \boldsymbol{F}\left(\boldsymbol{D}(s, \omega_\gamma-(1-g_1)\hat{\omega}_{2n})\right)[\boldsymbol{D}(s, \omega_\gamma)\boldsymbol{\phi}_m] \\ &= \boldsymbol{F}'\left(\boldsymbol{D}(s, \omega_\gamma)\right)\boldsymbol{\phi}_m \end{aligned} \tag{4.41a}$$

ただし，

$$\boldsymbol{F}'\left(\boldsymbol{D}(s, \omega_\gamma)\right) = \boldsymbol{F}\left(\boldsymbol{D}(s, \omega_\gamma-(1-g_1)\hat{\omega}_{2n})\right)\boldsymbol{D}(s, \omega_\gamma) \tag{4.41b}$$

(4.45b)式の D 因子フィルタは，速度推定値が一定の下では，正相信号に対しては次の伝達関数をもつ（(4.4)式参照）．

$$F_p'(s, \omega_\gamma) = \frac{(g_{fxr}+jg_{fxi})(s+j\omega_\gamma)}{A(s+j(\omega_\gamma-(1-g_1)\hat{\omega}_{2n}))} \tag{4.42a}$$

上式に「2 次条件」と周波数シフト係数に $g_1 = 1$ を付与すると，(4.28)式より，次式を得る．

$$\begin{aligned}F_p'(s, \omega_\gamma) &= F_p'(s+j\omega_\gamma, 0) \\ &= \frac{(\zeta g_2|\hat{\omega}_{2n}|+j(1-g_2^2)\hat{\omega}_{2n})(s+j\omega_\gamma)}{(s+j\omega_\gamma)^2+\zeta g_2|\hat{\omega}_{2n}|(s+j\omega_\gamma)+g_2^2\hat{\omega}_{2n}^2} \qquad \zeta > 0 \end{aligned} \tag{4.42b}$$

上式に $\alpha\beta$ 固定座標系の条件 $\omega_\gamma = 0$ の条件を付与すると，元来の 1 入出力フィルタと類似した次式を得る．

$$F_p'(s, 0) = \frac{(\zeta g_2|\hat{\omega}_{2n}|+j(1-g_2^2)\hat{\omega}_{2n})s}{s^2+\zeta g_2|\hat{\omega}_{2n}|s+g_2^2\hat{\omega}_{2n}^2} \qquad \zeta > 0 \tag{4.42c}$$

ここで，(4.42c)式に対して周波数特性 $F_p'(j\omega_{2n}, 0)$ を求めると，これは次のように整理される．

$$F_p'(j\omega_{2n}, 0) = \frac{\left(1-\dfrac{1}{g_2^2}\right)\dfrac{\omega_{2n}}{\hat{\omega}_{2n}}+j\zeta\dfrac{\omega_{2n}}{g_2|\hat{\omega}_{2n}|}}{1-\left(\dfrac{\omega_{2n}}{g_2|\hat{\omega}_{2n}|}\right)^2+j\zeta\dfrac{\omega_{2n}}{g_2|\hat{\omega}_{2n}|}} \tag{4.43}$$

図 4.21 に，$g_2 = 1$ かつ正回転を条件に，種々の ζ に関して，(4.43)式の $F_p'(j\omega_{2n}, 0)$ の特性を図示した．同図では，横軸には対数スケールを，縦軸にはリニアスケールを採用している．図 4.21(a), (b)はおのおの振幅特性，位相特性である．本振幅特性は回転子磁束振幅に関し真値に対する推定値の相対値を意味し，また，本位相特性は回転子磁束真値から見た同推定値の位相誤差を意味する．各図の縦軸には，dq 同期座標系上で回転子位相推定値 $\hat{\boldsymbol{\phi}}_m$ を評価した場合を想定し，これを明示した（図 2.38 参照）．

2 次 D 因子回転子磁束推定法の役割は回転子磁束の推定を介して回転子位相

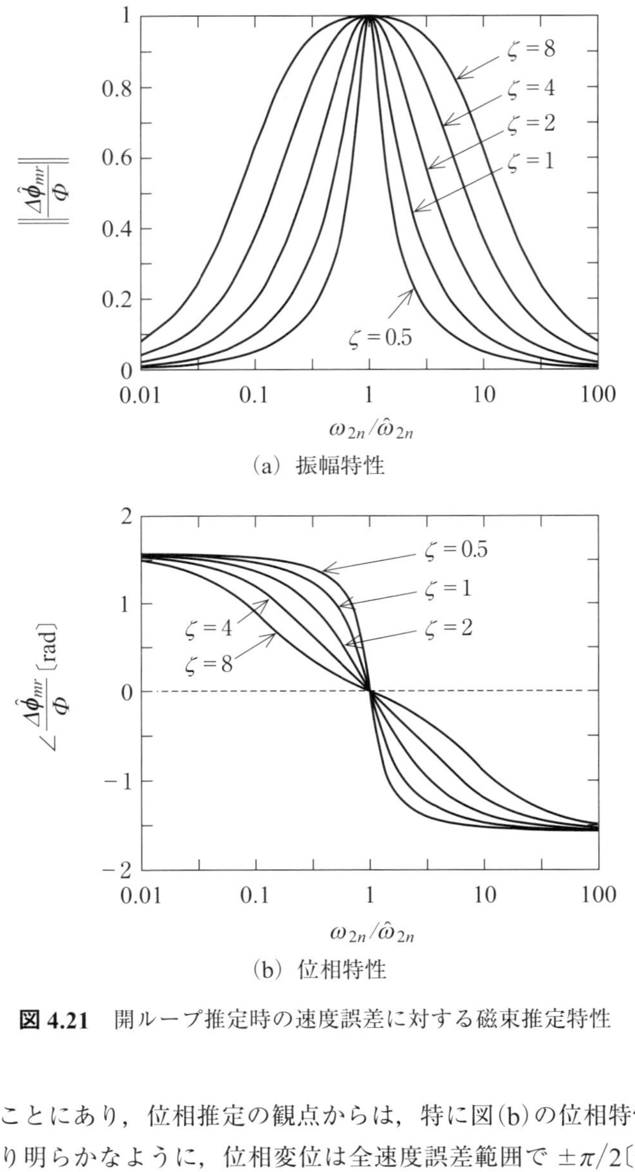

図 4.21　開ループ推定時の速度誤差に対する磁束推定特性

を推定することにあり，位相推定の観点からは，特に図(b)の位相特性が重要である．図より明らかなように，位相変位は全速度誤差範囲で $\pm\pi/2$〔rad〕に収まっている．しかしながら，小さな設計パラメータ ζ の場合には，速度変動に対して急激な位相変位が発生している．

図 4.21 に図示した特性は「速度推定値は一定」とした開ループ推定時の定常

特性である点には，注意されたい．位相推定と速度推定をフィードバック的に繰返し行う実際の閉ループ推定においては，本特性は参考にするならば，設計パラメータζは$\zeta \geq 2$の設定が実際的といえる．

「最小次元D因子磁束状態オブザーバと比較した場合，2次D因子回転子磁束推定法は，速度誤差に対する位相推定特性を低下させている」といえる．同一次元D因子磁束状態オブザーバは，2次D因子回転子磁束推定法の一実現すなわちオブザーバ形実現に過ぎず，同様な主張が成立する．この点には，特に注意を要する．

4.7.3　高調波・高周波信号に対する抑制特性

2次D因子回転子磁束推定法に関し，基本波成分周波数を超える周波数域に存在する高調波・高周波信号が，位相推定値に与える影響について検討する．

推定すべき回転子磁束以外は，すべて既知とする．本仮定の下では，(4.8)式は次式となる．

$$\begin{aligned}\hat{\boldsymbol{\phi}}_m &= \boldsymbol{F}(\boldsymbol{D}(s, \omega_\gamma - (1-g_1)\omega_{2n}))[\boldsymbol{D}(s, \omega_\gamma)\boldsymbol{\phi}_m] \\ &= \boldsymbol{F}'(\boldsymbol{D}(s, \omega_\gamma))\boldsymbol{\phi}_m \end{aligned} \tag{4.44a}$$

ただし，

$$\boldsymbol{F}'(\boldsymbol{D}(s, \omega_\gamma)) = \boldsymbol{F}(\boldsymbol{D}(s, \omega_\gamma - (1-g_1)\omega_{2n}))\boldsymbol{D}(s, \omega_\gamma) \tag{4.44b}$$

(4.44b)式のD因子フィルタは，速度推定値が一定の下では，正相信号に対しては次の伝達関数をもつ（(4.4)式参照）．

$$F'_p(s, \omega_\gamma) = \frac{(g_{fxr} + jg_{fxi})(s + j\omega_\gamma)}{A(s + j(\omega_\gamma - (1-g_1)\omega_{2n}))} \tag{4.45}$$

この周波数応答は，(4.5)式を参考にすると，次式となる．

$$F'_p(j\omega, \omega_\gamma) = \frac{(g_{fxr} + jg_{fxi})j(\omega + \omega_\gamma)}{A(j(\omega + \omega_\gamma - (1-g_1)\omega_{2n}))} \tag{4.46a}$$

簡単のため，周波数シフト係数に$g_1 = 1$を付与すると，次式を得る．

$$F'_p(j\omega, \omega_\gamma) = \frac{(g_{fxr} + jg_{fxi})j(\omega + \omega_\gamma)}{A(j(\omega + \omega_\gamma))} \qquad g_1 = 1 \tag{4.46b}$$

(4.46b)式は，「$A(s)$がn次多項式であることを考慮すると，$\omega > \omega_{2n} - \omega_\gamma$を超える周波数域では，$-20(n-1)$〔dB/dec〕の抑制特性が発生する」，「$\omega > \omega_{2n} - \omega_\gamma$を超える周波数の信号に対しては$-20(n-1)$〔dB/dec〕の減衰をもたらす」ことを意味する．抑制される高調波・高周波信号は，回転子磁束高調波成分のみならず，固定子電流，固定子電圧に含まれるノイズをも含む．

参考までに周波数応答例を示す．簡単のため，次の条件を設ける（(4.21d)式参照）．

$$\left.\begin{array}{l} n=2,\ g_1=1,\ g_2=1,\ \omega_c=\omega_{2n} \\ g_{fxr}=\zeta\omega_c,\ g_{fxi}=0,\ \omega_\gamma=0 \end{array}\right\} \tag{4.47}$$

上記条件下では，正相成分伝達関数に関しては，次式が成立する

$$\begin{aligned} F_p(s,0) &= \frac{g_{fxr}}{A(s)} \\ &= \frac{g_{fxr}}{s^2+a_1 s+a_0} = \frac{\zeta\omega_c}{s^2+\zeta\omega_c s+\omega_c^2} \end{aligned} \tag{4.48a}$$

$$\begin{aligned} F'_p(s,0) &= \frac{g_{fxr}\,s}{A(s)} \\ &= \frac{g_{fxr}\,s}{s^2+a_1 s+a_0} = \frac{\zeta\omega_c s}{s^2+\zeta\omega_c s+\omega_c^2} \end{aligned} \tag{4.48b}$$

$\omega_c=\omega_{2n}=100\pi$，$\zeta=2$ として，(4.48a)式，(4.48b)式の周波数応答をおのおの**図 4.22**，**図 4.23** に示した．図 4.23 より，「$\omega>\omega_{2n}-\omega_\gamma=\omega_{2n}$ を超える周波数域では，$-20(n-1)=-20$〔dB/dec〕の抑制特性が発生する」事実が確認される．

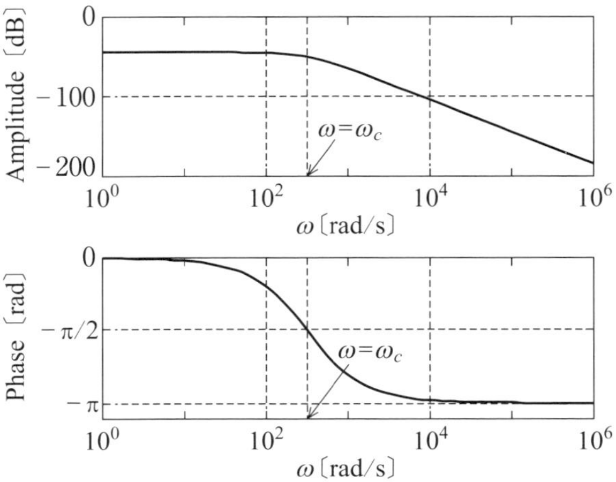

図 4.22　$F(s)$ の周波数応答例

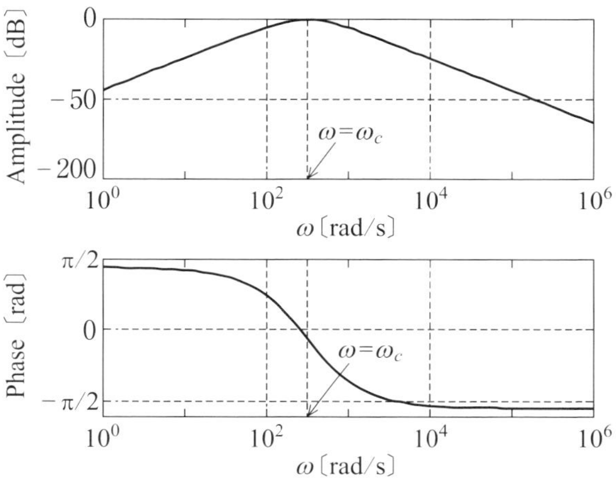

図 4.23　$F'(s)$ の周波数応答例

第 5 章
一般化D因子逆起電力推定法による速度起電力推定

5.1　目的

回転子位相情報は，回転子磁束のみならず，この微分である**速度起電力**（velocity electromotive force, speed electromotive force）にも含まれている．この点に着目し，**状態オブザーバ**で速度起電力を推定し，この推定値を処理して回転子位相推定値を得る位相推定法がいくつか提案されている[5.1),5.2),5.6),5.7)]．

この考えを最初に示したのは，花本等のようである．花本は，1998年に，非突極PMSMを対象に，固定子電流と速度起電力を状態変数とする状態オブザーバを用いた速度起電力推定法を提案している[5.6)]．花本の方法は，**回転子速度一定**の仮定の下に，固定子電流，速度起電力をおのおの2次元，6次元の状態変数として，$\alpha\beta$ 固定座標系上で**拡大次元状態オブザーバ**（8次元）を構成するものである．

これに対して，平野等は，2000年に，SP-PMSMをも対象にし得る形で，固定子電流と速度起電力を状態変数とする状態オブザーバを用いた速度起電力推定法を提案している[5.7)]．平野の方法は，回転子速度一定の仮定の下に，$\gamma\delta$ 準同期座標系上で，固定子電流，速度起電力をともに2次元状態変数とする**同一次元状態オブザーバ**（4次元）を構成するものである．

著者は，2002年に，速度起電力のみを状態変数とする2次元の**最小次元D因子速度起電力状態オブザーバ**を用いた位相推定法を提案している[5.1),5.2)]．著者提案法は，PMSMの突極，非突極を問わず適用可能であり，$\alpha\beta$ 固定座標系，$\gamma\delta$ 準同期座標系のいずれの座標系上でも構成可能であり，さらには，回転子速度一定の仮定を必要としない．文献5.2)では，「回転子速度一定」仮定の成否は加速度と速度の相対比によって支配され，相対比が低く抑えられる高速回転時においては，速度変化の状態でも，状態推定の観点からは実質的に「回転子速度一定」の条件が成立することが，解析的に示されている．

速度起電力推定の第2の方法としては，**外乱オブザーバ**（disturbance observer）による方法がある．外乱オブザーバを用いて速度起電力を推定し，速度起電力推定値から位相推定値を得る方法の最初の提案は，1998年に，陳等によって行われている[5.8]．陳の方法は，非突極PMSMを対象に，$\alpha\beta$固定座標系上で，回転ベクトルである速度起電力を非回転の一定外乱と見なして，1次外乱オブザーバを構成するものである[5.8]．本外乱オブザーバでは，外乱（すなわち速度起電力相等値）処理用の**外乱フィルタ**としては，伝統に従い（姉妹本・文献5.10）第7章参照)，2個の並列配置された1次時不変ローパスフィルタが採用された．ところが，時不変ローパスフィルタは周波数向上に応じ位相遅れが大きくなるという特性をもつため，本外乱オブザーバによる場合には，位相推定値の同真値に対する誤差は，速度向上とともに増大することになった．回転子位相の位相遅れのない推定を最終目的とする位相推定法においては，位相推定値の位相遅れは，致命的欠陥である．

外乱フィルタによる位相遅れは，外乱フィルタとして位相遅れのないフィルタを採用することによって克服できる．著者は，2005年に，外乱フィルタとして**D因子フィルタ**を採用することにより，位相遅れのない状態で速度起電力を推定できることを提示した[5.3),5.4]．D因子フィルタは，正相成分と逆相成分の分離が可能で，抽出対象の正相基本波成分に対しては，PMSMの速度いかんを問わず**位相遅れ・位相進み**を生じない（姉妹本・文献5.10)第9章参照)．また，高調波成分を抑圧し正相基本波成分のみを抽出する高次フィルタリングも可能である．さらには，著者提案の位相推定法（以下，**一般化D因子速度起電力推定法**と呼称，定義は(5.11)式で付与）は，突極，非突極いずれのPMSMにも適用可能である．

本章では，速度起電力推定法としては現時点で最も体系化が進んでいると思われる一般化D因子速度起電力推定法に関し，その要点を説明する．

本章は以下のように構成されている．次の5.2節では，速度起電力推定を含む**逆起電力**推定に広く適用可能な，**周波数シフト係数**を備えたn次**全極形D因子フィルタ**を新規に定義・提案する．5.3節では，拙著文献5.9)を援用しつつ，$\gamma\delta$ **一般座標系**上で，**一般化D因子逆起電力推定法**，**一般化D因子速度起電力推定法**を再構築する．5.4節では，1次D因子速度起電力推定法を例に，一般化D

因子速度起電力推定法の実現方法を，$\gamma\delta$ 一般座標系上，$\alpha\beta$ 固定座標系上，および $\gamma\delta$ 準同期座標系上で，個別に説明する．$\alpha\beta$ 固定座標系上および $\gamma\delta$ 準同期座標系上での実現に際し，一般化D因子速度起電力推定法を用いたセンサレスベクトル制御系についても説明する．また，5.5節では，一般化D因子速度起電力推定法の諸特性を，**推定値の収束レイト**，**速度誤差に対する位相推定特性**，**パラメータ誤差に対する位相推定特性**，**高調波・高周波信号に対する抑制特性**の観点から解説する．なお，本章の内容は，著者の原著論文，特許，書籍5.1)～5.5)，5.9)を再構成したものであることを断っておく．

5.2　逆起電力推定のための全極形D因子フィルタ

本節では，拙著文献5.9)を参考に，**逆起電力推定のための全極形D因子フィルタ**の要点を紹介する．

5.2.1　逆起電力推定のための全極形D因子フィルタの定義

次の実数係数（以下，**実係数**）a_i をもつ n 次**フルビッツ多項式**（**安定多項式**）$A(s)$ を考える．

$$A(s) = s^n + a_{n-1}s^{n-1} + \cdots + a_0 \qquad a_i > 0 \tag{5.1}$$

速度 ω_γ で回転する$\boldsymbol{\gamma\delta}$ **一般座標系**上の二相信号をフィルタリングするための2入力2出力フィルタとして，フルビッツ多項式 $A(s)$ の実係数 a_i と他の実数の**周波数シフト係数** g_1 とを用いた次の**逆起電力**（back electromotive force）を推定するための全極形D因子フィルタ $\boldsymbol{F}(\boldsymbol{D})$ を考える（基本的なD因子フィルタの性質に関しては姉妹本・文献5.10)の第9章を参照）．なお，以降では，簡単のため，特に断らない限り，同式における速度 $\omega_{2n}, \omega_\gamma$ は一定とする．

【逆起電力推定のための全極形D因子フィルタ】

$$\boldsymbol{F}(\boldsymbol{D}(s, \omega_\gamma - (1-g_1)\omega_{2n})) = \boldsymbol{A}^{-1}(\boldsymbol{D}(s, \omega_\gamma - (1-g_1)\omega_{2n}))\boldsymbol{G}_{bk} \tag{5.2a}$$

$$= \boldsymbol{G}_{bk}\boldsymbol{A}^{-1}(\boldsymbol{D}(s, \omega_\gamma - (1-g_1)\omega_{2n})) \tag{5.2b}$$

$$\begin{aligned} &\boldsymbol{A}(\boldsymbol{D}(s, \omega_\gamma - (1-g_1)\omega_{2n})) \\ &\quad = \boldsymbol{D}^n(s, \omega_\gamma - (1-g_1)\omega_{2n}) + a_{n-1}\boldsymbol{D}^{n-1}(s, \omega_\gamma - (1-g_1)\omega_{2n}) + \cdots \\ &\qquad + a_1\boldsymbol{D}(s, \omega_\gamma - (1-g_1)\omega_{2n}) + a_0\boldsymbol{I} \end{aligned} \tag{5.2c}$$

$$\boldsymbol{G}_{bk} = g_{bkr}\boldsymbol{I} + g_{bki}\boldsymbol{J} \tag{5.2d}$$

ただし，

$$g_{bkr}=a_0-a_2(g_1\omega_{2n})^2+a_4(g_1\omega_{2n})^4-a_6(g_1\omega_{2n})^6+\cdots \tag{5.3a}$$

$$g_{bki}=a_1(g_1\omega_{2n})-a_3(g_1\omega_{2n})^3+a_5(g_1\omega_{2n})^5-a_7(g_1\omega_{2n})^7+\cdots \tag{5.3b}$$

$$0\le g_1\le 1 \tag{5.3c}$$

■

2

ここで紹介する，逆起電力推定のための全極形 D 因子フィルタ $\boldsymbol{F}(\boldsymbol{D})$ は，$\gamma\delta$ 一般座標系上の二相信号を処理することを前提としている．このときの二相信号は，電気速度 ω_{2n} で回転中の PMSM の駆動用電圧・電流である．すなわち，処理対象の二相信号は，**$\gamma\delta$ 一般座標系の速度** ω_γ と PMSM の**電気速度** ω_{2n} の影響を受けている．(5.2) 式，(5.3) 式の**全極形 D 因子フィルタ**は速度 ω_γ，ω_{2n} を内包しているが，この遠因は処理対象の二相信号がこれら速度の影響を受けている点にある．

(5.2) 式の逆起電力推定のための全極形 D 因子フィルタと (4.2) 式の磁束推定のための全極形 D 因子フィルタは，高い**双対性**（duality）を示している．両者の相違は，**行列ゲイン**にあるに過ぎない．両行列ゲインは，次の関係を有している．

$$\boldsymbol{G}_{bk}=\omega_{2n}\boldsymbol{J}\boldsymbol{G}_{fx} \tag{5.4a}$$

$$\left.\begin{aligned} g_{bkr}&=-\omega_{2n}g_{fxi}\\ g_{bki}&=\omega_{2n}g_{fxr}\end{aligned}\right\} \tag{5.4b}$$

なお，本章における以降の説明では，簡単のため，「逆起電力推定のための全極形 D 因子フィルタ」を「**全極形 D 因子フィルタ**」と略称する．

Q5.1 **(5.2) 式の逆起電力推定のための全極形 D 因子フィルタに用いられた 2×2 行列 $\boldsymbol{G}_{bk}$ は，姉妹本・文献 5.10) に解説されている D 因子フィルタの振幅位相補償器と理解してよいでしょうか．**

Ans. そのとおりです．逆起電力推定のための全極形 D 因子フィルタにおける 2×2 行列 $\boldsymbol{G}_{bk}$ は，**振幅位相補償器**そのものです．本章では，これを行列ゲインと呼称しています．

Q5.2 **逆起電力推定のための D 因子フィルタとして，本書の改訂前書では，有理形 D 因子フィルタを使用していました．この改訂版に当たる本書では，有理形が全極形へ変更されています．さらには，周波数シフト係数が新規導入されています．この理由は何ですか．**

Ans.　一般性に富むD因子フィルタの形式は，有理形です．姉妹本・文献5.10)においては，この観点より，有理形を用いて，D因子フィルタの特性解析を行っています．本書の改訂前書では，この成果を受けて**有理形D因子フィルタ**を採用していました．

D因子多項式の次数向上に応じて，**相対次数**(分母D因子多項式と分子D因子多項式の次数差)を向上させるには，全極形が最も簡単です．全極形では，分母D因子多項式の次数が，そのまま相対次数となります．D因子フィルタを用いた磁束推定では，推定特性・性能が相対次数により大きく左右されることが確認されました．これに加え，磁束推定のためのD因子フィルタとの双対性も考慮し，本書では，全極形を採用しました．これに関連して，新たに，(5.3c)式に定義した実数の**周波数シフト係数** g_1 を導入しました．なお，逆起電力推定のための周波数シフト係数付きの全極形D因子フィルタの最初の提案は，拙著文献5.9)です．

5.2.2　全極形D因子フィルタの基本実現

(5.2a)式，(5.2b)式の全極形D因子フィルタ $\boldsymbol{F}(\boldsymbol{D})$ の**基本実現**，すなわち**基本外装Ⅰ形実現**，**基本外装Ⅱ形実現**は，図4.1に示した磁束推定のためのそれらと同一である．

また，D因子多項式 $\boldsymbol{A}(\boldsymbol{D})$ の逆行列 $\boldsymbol{A}^{-1}(\boldsymbol{D})$ の実現法は，磁束推定のためのそれらと同一である．本実現法は，姉妹本・文献5.10)を引用しつつ，4.2.2項で，一応の説明をすでに行った．その際，代表的実現例は，図4.2に示した**モジュールベクトル直接Ⅰ形**，**モジュールベクトル直接Ⅱ形**であることも述べた．

以上のように，全極形D因子フィルタの実現に関しては，これ以上の説明は省略する．

5.2.3　全極形D因子フィルタの安定特性と周波数特性

(5.2)式に定義した全極形D因子フィルタ $\boldsymbol{F}(\boldsymbol{D})$ は，次の**D因子フィルタ特性定理**に示す性質をもつ（本定理の証明は，定理4.1と同様であるので省略する）．

《定理5.1　D因子フィルタ特性定理》

(a)　全極形D因子フィルタ $\boldsymbol{F}(\boldsymbol{D})$ は，二相入力信号の**正相成分**と**逆相成分**に対し，おのおの次の**伝達関数** $F_p(s,\cdot), F_n(s,\cdot)$ で表現される伝達特性を示す．

$$F_p(s,\omega_\gamma-(1-g_1)\omega_{2n}) = \frac{g_{bkr}+j\,g_{bki}}{A(s+j(\omega_\gamma-(1-g_1)\omega_{2n}))} \tag{5.5a}$$

$$F_n(s,\omega_\gamma-(1-g_1)\omega_{2n}) = \frac{g_{bkr}-jg_{bki}}{A(s-j(\omega_\gamma-(1-g_1)\omega_{2n}))} \tag{5.5b}$$

ここに，j は虚数単位を意味する．

(b)　全極形D因子フィルタ $\boldsymbol{F}(\boldsymbol{D})$ は，行列ゲイン $\boldsymbol{G}_{bk}$ 一定の下では，正相成分に対する**周波数特性**として，次を示す．

$$F_p(j\omega,\omega_\gamma-(1-g_1)\omega_{2n}) = \frac{g_{bkr}+jg_{bki}}{A(j(\omega+\omega_\gamma-(1-g_1)\omega_{2n}))} \tag{5.6a}$$

特に，$\omega=\omega_{2n}-\omega_\gamma$（すなわち $\omega+\omega_\gamma=\omega_{2n}$）では，次式の周波数特性を示す．

$$F_p(j(\omega_{2n}-\omega_\gamma),\quad \omega_\gamma-(1-g_1)\omega_{2n}) = 1 \tag{5.6b}$$

(c)　全極形D因子フィルタは，フルビッツ多項式 $A(s)$ で指定した安定特性をもつ．

■

D因子フィルタ特性定理（定理5.1）が意味する全極形D因子フィルタの特徴は，4.2.3項の**D因子フィルタ特性定理**（定理4.1）が意味する全極形D因子フィルタの特徴と同一である．全極形D因子フィルタの特徴は，4.2.3項ですでに説明しているので，これ以上の説明は省略する．

図5.1に，$\omega_\gamma=0$ を条件に(5.5a)式の正相成分伝達関数 $F_p(s,-(1-g_1)\omega_{2n})$ による周波数特性（振幅特性のみ）を，周波数シフト係数 $g_1=0, 0.5, 1$ の3種の場合について，概略的に示した．同図は，周波数シフト係数 g_1 による通過帯

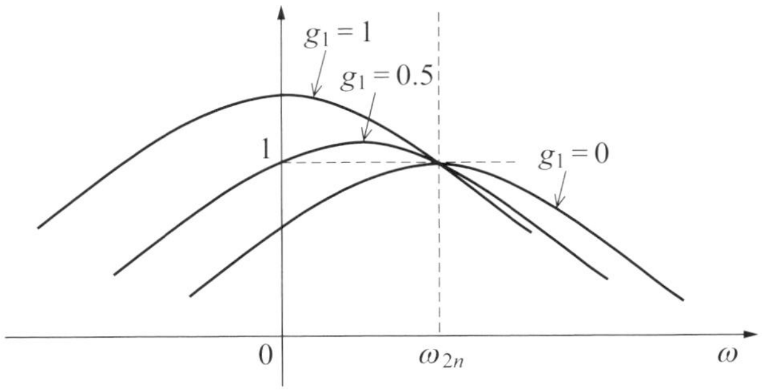

図5.1　正相成分に対する全極形D因子フィルタの周波数特性の例

域の中心周波数 $\omega = (1-g_1)\omega_{2n}$ の遷移と振幅減衰との様子を示している．「周波数シフト係数 g_1 に影響を受けることなく，(5.6b)式の特性が維持されている」点を確認されたい．

5.3　一般化D因子逆起電力推定法と一般化D因子速度起電力推定法

本節では，拙著文献5.9)を参考に，**一般化D因子逆起電力推定法**と**一般化D因子速度起電力推定法**を再提案する．

提示に先だち，逆起電力，速度起電力の定義を行う．本書では，次式に従い，$\gamma\delta$ 一般座標系上の磁束 $\boldsymbol{\phi}$ に対応した**逆起電力** $\boldsymbol{e}$（back electromotive force, back EMF）を定義している．

$$\boldsymbol{e} \equiv \boldsymbol{D}(s, \omega_\gamma)\boldsymbol{\phi} \tag{5.7a}$$

上の定義に従うならば，固定子（鎖交）磁束 $\boldsymbol{\phi}_1$，固定子反作用磁束 $\boldsymbol{\phi}_i$，回転子磁束 $\boldsymbol{\phi}_m$ に対応した逆起電力は，おのおの，次式となる．

$$\left.\begin{aligned} \boldsymbol{e}_1 &\equiv \boldsymbol{D}(s, \omega_\gamma)\boldsymbol{\phi}_1 \\ \boldsymbol{e}_i &\equiv \boldsymbol{D}(s, \omega_\gamma)\boldsymbol{\phi}_i \\ \boldsymbol{e}_m &\equiv \boldsymbol{D}(s, \omega_\gamma)\boldsymbol{\phi}_m = \omega_{2n}\boldsymbol{J}\boldsymbol{\phi}_m \end{aligned}\right\} \tag{5.7b}$$

回転子磁束 $\boldsymbol{\phi}_m$ に対応した逆起電力 $\boldsymbol{e}_m$ は，常に，回転子の電気速度 ω_{2n} に比例する．本書では，この特性を考慮し，同逆起電力 $\boldsymbol{e}_m$ を特に**速度起電力**（velocity electromotive force, speed electromotive force）と呼称する．

速度起電力 $\boldsymbol{e}_m$ と固定子反作用磁束に対応した逆起電力 $\boldsymbol{e}_i$ の一部とを合成して，**拡張速度起電力** $\boldsymbol{e}_{im}$（extended velocity EMF）を定義することもある．この詳細は，第6章で解説する．

Q5.3　**(5.7)式で定義された「速度起電力」は，いわゆる「誘起電圧」のことでしょうか．**

Ans.　そのとおりです．専門用語的には，「逆起電力」，「速度起電力」と呼称すべき物理量が，国内のモータドライブ技術者の間で，2000年頃から，「誘起電圧」と別称されるようになりました．やがて，正当呼称がすたれ，別称が主流になりました．本書では，これを正すべく，正しい学術用語を採用しました．

5.3.1　一般化 D 因子逆起電力推定法の原理

一般化 D 因子逆起電力推定法では，(5.2)式の全極形 D 因子フィルタ $\boldsymbol{F}(\boldsymbol{D})$ で，推定すべき逆起電力 $\boldsymbol{e}$ の相当信号 $\boldsymbol{e}'$ を直接フィルタし，フィルタ処理した信号を同逆起電力の推定値 $\hat{\boldsymbol{e}}$ とする．すなわち，

【$\gamma\delta$ 一般座標系上の一般化 D 因子逆起電力推定法の原理】

$$\hat{\boldsymbol{e}} = \boldsymbol{F}(\boldsymbol{D}(s, \omega_\gamma - (1 - g_1)\omega_{2n}))\boldsymbol{e}' \tag{5.8}$$

■

(5.8)式では，「逆起電力 $\boldsymbol{e}$ 自体は未知であるが，同相当信号 $\boldsymbol{e}'$ は利用可能である」としている．

5.3.2　一般化 D 因子速度起電力推定法の原理

PMSM における推定対象逆起電力としては，(5.7b)式に定義した $\boldsymbol{e}_1, \boldsymbol{e}_i, \boldsymbol{e}_m$ と $\boldsymbol{e}_{im}$ の 4 種が考えられる．推定対象逆起電力を速度起電力 $\boldsymbol{e}_m$ に選定する場合には，速度起電力 $\boldsymbol{e}_m$ は，(2.6)式に従い，固定子の電圧・電流を用いて以下のように生成することができる．

$$\begin{aligned}\boldsymbol{e}_m &\equiv \boldsymbol{D}(s, \omega_\gamma)\boldsymbol{\phi}_m = \omega_{2n}\boldsymbol{J}\boldsymbol{\phi}_m \\ &= \boldsymbol{v}_1 - R_1\boldsymbol{i}_1 - \boldsymbol{D}(s, \omega_\gamma)\boldsymbol{\phi}_i \end{aligned} \tag{5.9}$$

(5.9)式の最終式を速度起電力相当信号 $\boldsymbol{e}_m'$ として捉えるならば，再提案の**一般化 D 因子速度起電力推定法**の原理式を次のように得る．

【$\gamma\delta$ 一般座標系上の一般化 D 因子速度起電力推定法の原理】

$$\begin{aligned}\hat{\boldsymbol{e}}_m &= \boldsymbol{F}(\boldsymbol{D}(s, \omega_\gamma - (1 - g_1)\omega_{2n}))[\boldsymbol{v}_1 - R_1\boldsymbol{i}_1 - \boldsymbol{D}(s, \omega_\gamma)\boldsymbol{\phi}_i] \\ &= \boldsymbol{F}(\boldsymbol{D}(s, \omega_\gamma - (1 - g_1)\omega_{2n}))[\boldsymbol{v}_1 - R_1\boldsymbol{i}_1 - \boldsymbol{D}(s, \omega_\gamma)[L_i\boldsymbol{I} + L_m\boldsymbol{Q}(\theta_\gamma)]\boldsymbol{i}_1] \end{aligned} \tag{5.10}$$

■

(5.10)式の原理式に使用した，周波数シフト係数 g_1 を備えた全極形 D 因子フィルタ $\boldsymbol{F}(\boldsymbol{D})$ は，(5.2)式に定義したとおりである．

(5.10)式に与えた速度起電力推定の原理式を，**基本外装 I 形実現**，**基本外装 II 形実現**として**図 5.2** に概略的に示した．基本実現の共通の特徴は，逆行列 $\boldsymbol{A}^{-1}(\boldsymbol{D})$ と 2×2 **行列ゲイン** $\boldsymbol{G}_{bk}$ を分離している点にある．また，両実現の違いは，2×2 行列ゲイン $\boldsymbol{G}_{bk}$ の存在場所にある．すなわち，基本外装 I 形実現では

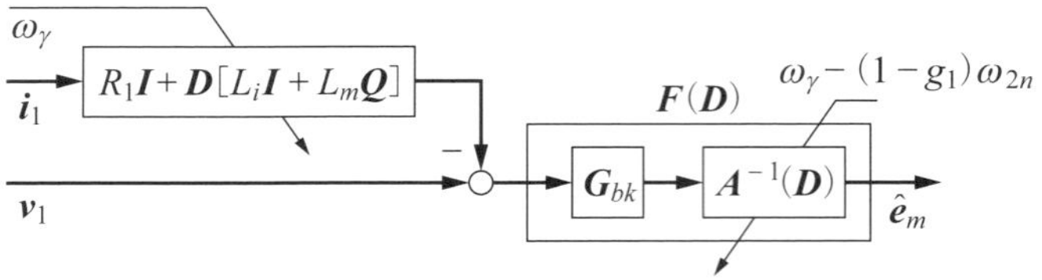

(a) 基本外装Ⅰ形実現

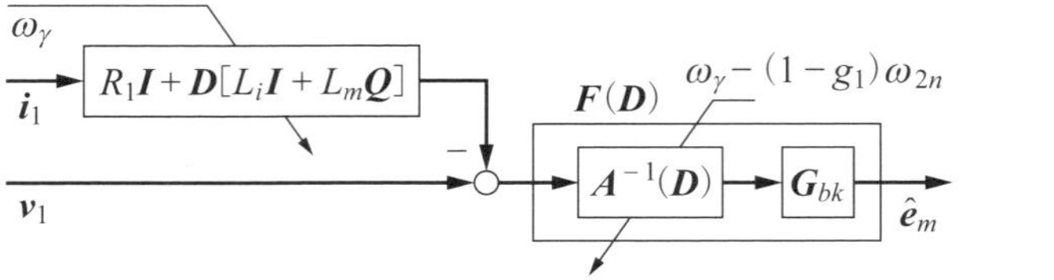

(b) 基本外装Ⅱ形実現

図 5.2　$\gamma\delta$ 一般座標系上における一般化D因子速度起電力推定法の基本実現

行列ゲイン $\boldsymbol{G}_{bk}$ が入力端側に存在し，基本外装Ⅱ形実現では行列ゲイン $\boldsymbol{G}_{bk}$ が出力端側に存在している．

全極形D因子フィルタ $\boldsymbol{F}(\boldsymbol{D})$ の実現としては，理論的には種々のものが存在し得る．各種実現の中には，図5.2に示した行列ゲイン $\boldsymbol{G}_{bk}$ と $\boldsymbol{A}^{-1}(\boldsymbol{D})$ とを分離させる実現のみならず，行列ゲイン $\boldsymbol{G}_{bk}$ を $\boldsymbol{A}^{-1}(\boldsymbol{D})$ の内部に取り込んだ**内装実現**も存在する．

5.3.3　一般化D因子速度起電力推定の実際

実際の状況下では，回転子の位相 θ_γ と速度 ω_{2n} は未知である．(5.10)式におけるこれら位相，速度を同推定値 $\hat{\theta}_\gamma$，$\hat{\omega}_{2n}$ で置換し，さらには位相 θ_γ を用いた固定子反作用磁束 $\boldsymbol{\phi}_i$ を，位相推定値 $\hat{\theta}_\gamma$ を用いた $\hat{\boldsymbol{\phi}}_i$ で置換すると，再提案の $\gamma\delta$ 一般座標系上の全極形D因子フィルタ $\boldsymbol{F}(\boldsymbol{D})$ を用いた一般化D因子速度起電力推定法を以下のように得る．

【$\gamma\delta$ 一般座標系上の一般化D因子速度起電力推定法】

$$\begin{aligned}\hat{\boldsymbol{e}}_m &= \boldsymbol{F}(\boldsymbol{D}(s,\omega_\gamma-(1-g_1)\hat{\omega}_{2n}))\,[\boldsymbol{v}_1-R_1\boldsymbol{i}_1-\boldsymbol{D}(s,\omega_\gamma)\hat{\boldsymbol{\phi}}_i]\\ &= \boldsymbol{F}(\boldsymbol{D}(s,\omega_\gamma-(1-g_1)\hat{\omega}_{2n}))\,[\boldsymbol{v}_1-R_1\boldsymbol{i}_1-\boldsymbol{D}(s,\omega_\gamma)[L_i\boldsymbol{I}+L_m\boldsymbol{Q}(\hat{\theta}_\gamma)]\,\boldsymbol{i}_1]\end{aligned} \tag{5.11}$$

■

なお，(5.11)式において，周波数シフト係数g_1を$g_1=0$に限定する場合，これは，改訂前書が提案した速度起電力推定法（全極形）に帰着する．

$\alpha\beta$固定座標系上での速度起電力推定法を得るには，(5.11)式に**$\alpha\beta$固定座標系条件**（$\hat{\theta}_\gamma=\hat{\theta}_\alpha$，$\omega_\gamma=0$）を付与すればよい．また，$\gamma\delta$準同期座標系上での速度起電力推定法を得るには，(5.11)式に**$\gamma\delta$準同期定座標系条件**($\hat{\theta}_\gamma=0$，$\omega_\gamma=\widehat{\omega}_{2n}$)を付与すればよい．これらは，おのおの以下のように与えられる．

【$\alpha\beta$固定座標系上の一般化D因子速度起電力推定法】

$$\begin{aligned}\hat{\boldsymbol{e}}_m &= \boldsymbol{F}(\boldsymbol{D}(s,-(1-g_1)\widehat{\omega}_{2n}))\,[\boldsymbol{v}_1-R_1\boldsymbol{i}_1-s\hat{\boldsymbol{\phi}}_i]\\ &= \boldsymbol{F}(\boldsymbol{D}(s,-(1-g_1)\widehat{\omega}_{2n}))\,[\boldsymbol{v}_1-R_1\boldsymbol{i}_1-s[L_i\boldsymbol{I}+L_m\boldsymbol{Q}(\hat{\theta}_\alpha)]\,\boldsymbol{i}_1]\end{aligned} \tag{5.12}$$

■

【$\gamma\delta$準同期座標系上の一般化D因子速度起電力推定法】

$$\begin{aligned}\hat{\boldsymbol{e}}_m &= \boldsymbol{F}(\boldsymbol{D}(s,g_1\widehat{\omega}_{2n}))\,[\boldsymbol{v}_1-R_1\boldsymbol{i}_1-\boldsymbol{D}(s,\omega_\gamma)\hat{\boldsymbol{\phi}}_i]\\ &= \boldsymbol{F}(\boldsymbol{D}(s,g_1\widehat{\omega}_{2n}))\left[\boldsymbol{v}_1-R_1\boldsymbol{i}_1-\boldsymbol{D}(s,\omega_\gamma)\begin{bmatrix}L_d & 0\\ 0 & L_q\end{bmatrix}\boldsymbol{i}_1\right]\end{aligned} \tag{5.13}$$

■

Q5.4 図5.2に示された一般化D因子速度起電力推定法の基本実現は，本書の改訂前書の図5.2に提示された構造と高い類似性を示しています．後者は，「D因子外乱オブザーバ」と呼称されています．名称変更の理由を教えてください．

Ans. (5.6b)式の特性をもつフィルタの直接的処理により外乱を推定する場合には，当該フィルタは広義の「外乱オブザーバ」と捉えてよいと，著者は考えています．改訂前書の執筆時点では，実質的にすべての既報の速度起電力推定法，さらには第6章で解説する拡張速度起電力推定法は，D因子フィルタによるフィルタリングによる推定法として統一的に再構築できることを発見していました．この理解に基づき，**D因子外乱オブザーバ**との呼称を用いました．

改訂前書の上梓から数年後には，各種回転子磁束推定法が，D因子フィルタによるフィルタリングによる推定法として統一的に再構築できることを発見しました．さらには，各種回転子磁束推定法，各種速度起電力推定法，各種拡張速度起電力推定が，周波数シフト係数を備えたD因子フィルタによるフィルタリングによる推定法として，一段と高いレベルで統一できることを発見しました．

しかし，各種回転子磁束推定法は，(5.6b)式の特性を備えていません．このため，D因子外乱オブザーバに代わって，一般化D因子○○推定法との名称を用意した次第です．なお，用語「一般化」は，「従前の各種推定法を包含している」との事実に基づき，使用しました．

5.3.4　簡略化のための周波数シフト係数の設定

〔1〕行列ゲインの簡略化

全極形D因子フィルタ $\boldsymbol{F}(\boldsymbol{D})$ の行列ゲイン $\boldsymbol{G}_{bk}$ は，(5.3)式に明示しているように，一般には，周波数シフト係数 g_1 と n 次フルビッツ多項式 $A(s)$ の n 個の実係数 a_i とに依存して種々変化する．しかし，**周波数シフト係数** g_1 を $g_1=0$ と選定する場合には，次数 n のいかんにかかわらず，行列ゲイン $\boldsymbol{G}_{bk}$ は次の簡単なものとなる．

$$\boldsymbol{G}_{bk}=g_{bkr}\boldsymbol{I}=a_0\boldsymbol{I} \qquad g_1=0 \tag{5.14}$$

上式は，「n 次フルビッツ多項式 $A(s)$ のゼロ次係数 a_0 を一定に保つ場合には，行列ゲイン $\boldsymbol{G}_{bk}$ は固定ゲインとなる」ことを意味している．代わって，「次式にように，ゼロ次係数 a_0 に $|\omega_{2n}|$ 因子をもたせる場合には，行列ゲイン $\boldsymbol{G}_{bk}$ は応速ゲインとなる」ことを意味している．

$$a_0=g_2'|\omega_{2n}^i| \qquad g_2'>0 \tag{5.15}$$

〔2〕フィルタの非干渉化

・αβ 固定座標系上のフィルタリング

(5.2)式の全極形D因子フィルタ $\boldsymbol{F}(\boldsymbol{D})$ を，$\omega_\gamma=0$ が成立する $\alpha\beta$ 固定座標系上で実現するとき，特に**周波数シフト係数** g_1 を $g_1=1$ と選定する場合には，同フィルタは次式のように2連の1入力1出力フィルタ $1/A(s)$ に行列ゲインを乗じた簡単なものとなる．

$$\boldsymbol{F}(\boldsymbol{D}(s,\omega_\gamma-(1-g_1)\omega_{2n}))=\boldsymbol{F}(\boldsymbol{D}(s,0))=\boldsymbol{F}(s\boldsymbol{I})$$
$$=\begin{cases}\dfrac{1}{A(s)}\boldsymbol{G}_{bk} & \omega_\gamma=0\\ \boldsymbol{G}_{bk}\dfrac{1}{A(s)} & g_1=1\end{cases} \tag{5.16}$$

・$\gamma\delta$ 準同期座標系上のフィルタリング

(5.2)式の全極形D因子フィルタ $\boldsymbol{F}(\boldsymbol{D})$ を，収束完了時に実質的に $\omega_\gamma = \omega_{2n}$ が成立する $\gamma\delta$ 準同期座標系上で構成するとき，特に**周波数シフト係数** g_1 を $g_1 = 0$ と選定する場合には，同フィルタは次のように2連の1入力1出力フィルタ $1/A(s)$ に行列ゲインを乗じた簡単なものとなる．

$$
\begin{aligned}
&\boldsymbol{F}(\boldsymbol{D}(s, \omega_\gamma - (1-g_1)\omega_{2n})) = \boldsymbol{F}(\boldsymbol{D}(s,0)) = \boldsymbol{F}(s\boldsymbol{I}) \\
&\quad = \frac{1}{A(s)}\boldsymbol{G}_{bk} = \boldsymbol{G}_{bk}\frac{1}{A(s)} = \frac{a_0}{A(s)}\boldsymbol{I} \qquad \begin{matrix} \omega_\gamma = \omega_{2n} \\ g_1 = 0 \end{matrix}
\end{aligned} \tag{5.17}
$$

(5.16)式，(5.17)式の両フィルタは，「ベクトル信号の第1要素と第2要素との相互干渉は，原則的には，行列ゲインによる処理を除けば発生しない」という共通の特徴をもつ．しかしながら，両フィルタにおいては，フルビッツ多項式 $A(s)$ が同一の場合にも，行列ゲイン $\boldsymbol{G}_{bk}$ は異なる．

(5.17)式の全極形D因子フィルタ $\boldsymbol{F}(\boldsymbol{D})$ は，簡単には，「2個の n 次**全極形ローパスフィルタ** $(a_0/A(s))$ の並列配置である」と捉えることができる．

5.3.5 回転子位相算定を考慮した行列ゲインの改良

速度起電力推定値 $\hat{\boldsymbol{e}}_m$ がすでに得られたと仮定する．ここでは，同推定値を用い，回転子位相推定値の算定を考える．

回転子位相の算定原理は，(5.7b)式の第3式に基づいている．同式における回転子速度，回転子位相の真値を推定値に置換すると次式を得る．

$$
\hat{\boldsymbol{e}}_m \equiv \begin{bmatrix} \hat{e}_{m\gamma} \\ \hat{e}_{m\delta} \end{bmatrix} = \hat{\omega}_{2n}\hat{\Phi}\begin{bmatrix} -\sin\hat{\theta}_\gamma \\ \cos\hat{\theta}_\gamma \end{bmatrix} \tag{5.18}
$$

速度起電力推定値 $\hat{\boldsymbol{e}}_m$（あるいは拡張速度起電力推定値）からの回転子位相推定値の決定は，伝統的に，速度起電力推定値 $\hat{\boldsymbol{e}}_m$ を $\gamma\delta$ 準同期座標系上で得ることを前提に，次式が利用されている．

$$
\hat{\theta}_\gamma = \tan^{-1}\left(\frac{-\hat{e}_{m\gamma}}{\hat{e}_{m\delta}}\right) \tag{5.19}
$$

上式に従う場合，速度起電力推定値の γ，δ 要素に共通して含まれる回転子速度推定値 $\hat{\omega}_{2n}$，磁束強度 $\hat{\Phi}$ の影響を相殺でき，位相情報のみを取りだせる．ひいては，一見，「伝統的算定法は合理的」との印象を与える．

「速度起電力推定値から得た回転子位相推定値の同真値に対する誤差が，常時，$-\pi/2 \sim \pi/2$〔rad〕の間に存在することが保証される」場合に限り，(5.19)式の伝統的方法は合理性を有する．しかし，これが保証されない場合，伝統的方法は利用できない．誤差が上記範囲を超えた場合，伝統的算定法を用いたセンサレスベクトル制御系は，しばしば，回転子の S 極位相を N 極位相と誤認し，**暴走**する．

回転子位相推定の $\pm\pi$〔rad〕誤認を防止すべく，本書は，次式に示す，速度起電力を**回転子速度極性** $\mathrm{sgn}(\omega_{2n})$ で極性処理した**極性処理速度起電力** $\tilde{\boldsymbol{e}}_m$ に基づき，回転子位相を算定することを提案する．

$$\tilde{\boldsymbol{e}}_m = \begin{bmatrix} \tilde{e}_{m\gamma} \\ \tilde{e}_{m\delta} \end{bmatrix} \equiv \mathrm{sgn}(\omega_{2n})\boldsymbol{e}_m = |\omega_{2n}|\Phi\begin{bmatrix} -\sin\theta_\gamma \\ \cos\theta_\gamma \end{bmatrix} \tag{5.20}$$

具体的には，次式に従い，**極性処理速度起電力推定値** $\hat{\tilde{\boldsymbol{e}}}_m$ を用い回転子位相推定値を算定することを提案する．

$$\hat{\theta}_\gamma = \tan^{-1}(\hat{\tilde{e}}_{m\delta}, -\hat{\tilde{e}}_{m\gamma}) \tag{5.21}$$

(5.21)式の提案法においては，回転子位相の真値と同推定値との許容誤差範囲は，$-\pi\sim\pi$〔rad〕である．同法は，$\gamma\delta$ 一般座標系上で利用可能である．当然のことながら，$\gamma\delta$ 準同期座標系上はもとより，(5.19)式が適用できない $\alpha\beta$ 固定座標系上でも利用できる．

極性処理速度起電力推定値の生成法としては，少なくとも次の 3 法が存在する．

・第 1 法

一般化 D 因子速度起電力推定法の入力信号である固定子電圧，固定子電流等に，事前に，回転子速度極性 $\mathrm{sgn}(\hat{\omega}_{2n})$ を乗じておく．極性処理済みの入力信号を一般化 D 因子速度起電力推定法で処理して，極性処理速度起電力推定値 $\hat{\tilde{\boldsymbol{e}}}_m$ を得る．

・第 2 法

まず，一般化 D 因子速度起電力推定法の出力である速度起電力推定値 $\hat{\boldsymbol{e}}_m$ を得，次に，これに回転子速度極性 $\mathrm{sgn}(\hat{\omega}_{2n})$ を乗じ，極性処理速度起電力推定値 $\hat{\tilde{\boldsymbol{e}}}_m$ を得る．

・第 3 法

一般化 D 因子速度起電力推定法の駆動前に，行列ゲイン $\boldsymbol{G}_{bk}$ に回転子速度極

性 $\mathrm{sgn}(\widehat{\omega}_{2n})$ を乗じ，**極性処理済み行列ゲイン** $\widetilde{\boldsymbol{G}}_{bk}$ を用意する．極性処理済み行列ゲイン $\widetilde{\boldsymbol{G}}_{bk}$ を利用して一般化D因子速度起電力推定法を駆動し，極性処理速度起電力推定値 $\widetilde{\widehat{\boldsymbol{e}}}_m$ を得る．

第3法を利用する場合，極性処理済み行列ゲイン $\widetilde{\boldsymbol{G}}_{bk}$ は以下のように算定される．

$$\begin{aligned}\widetilde{\boldsymbol{G}}_{bk} &= \tilde{g}_{bkr}\boldsymbol{I}+\tilde{g}_{bki}\boldsymbol{J}\\ &= \mathrm{sgn}(\widehat{\omega}_{2n})\boldsymbol{G}_{bk}\\ &= \mathrm{sgn}(\widehat{\omega}_{2n})[g_{bkr}\boldsymbol{I}+g_{bki}\boldsymbol{J}]\end{aligned} \tag{5.22}$$

ただし，

$$\begin{aligned}\tilde{g}_{bkr} &= \mathrm{sgn}(\widehat{\omega}_{2n})g_{bkr}\\ &= \mathrm{sgn}(\widehat{\omega}_{2n})(a_0-a_2(g_1\widehat{\omega}_{2n})^2+a_4(g_1\widehat{\omega}_{2n})^4-a_6(g_1\widehat{\omega}_{2n})^6+\cdots)\end{aligned} \tag{5.23a}$$

$$\begin{aligned}\tilde{g}_{bki} &= \mathrm{sgn}(\widehat{\omega}_{2n})g_{bki}\\ &= a_1(g_1|\omega_{2n}|)-a_3(g_1|\omega_{2n}|)^3+a_5(g_1|\omega_{2n}|)^5-a_7(g_1|\omega_{2n}|)^7+\cdots\end{aligned} \tag{5.23b}$$

Q5.5　**回転子磁束推定に基づくセンサレス駆動システムでは，暴走問題は発生しないのでしょうか．**

Ans.　回転子磁束推定値は，回転子位相の余弦正弦値の比例値です．換言するならば，回転子磁束推定では，$-\pi\sim\pi$〔rad〕の範囲にある回転子位相の余弦正弦値を直接的に推定しています．この特性により，**暴走問題**は発生していません．さらには，最小次元D因子磁束状態オブザーバでは，図2.44，図2.45の例のように，位相誤差 $\pm\pi$〔rad〕からの**再引込み**，**再起動**が可能となります．

5.4　1次D因子速度起電力推定法の実現とこれに基づくベクトル制御系

5.4.1　一般座標系上での実現

(5.2)式に定義した全極形D因子フィルタの次数を1次に限定し，速度真値 ω_{2n} を同推定値 $\widehat{\omega}_{2n}$ に置換する場合には，これは，以下のように整理される．

・$\gamma\delta$ 一般座標系上の1次全極形D因子フィルタ

$$\boldsymbol{F}(\boldsymbol{D}(s, \omega_\gamma-(1-g_1)\widehat{\omega}_{2n})) = \boldsymbol{A}^{-1}(\boldsymbol{D}(s, \omega_\gamma-(1-g_1)\widehat{\omega}_{2n}))\boldsymbol{G}_{bk} \tag{5.24a}$$

$$= \boldsymbol{G}_{bk}\boldsymbol{A}^{-1}(\boldsymbol{D}(s, \omega_\gamma-(1-g_1)\widehat{\omega}_{2n})) \tag{5.24b}$$

$$\boldsymbol{A}(\boldsymbol{D}(s, \omega_\gamma-(1-g_1)\widehat{\omega}_{2n})) = \boldsymbol{D}(s, \omega_\gamma-(1-g_1)\widehat{\omega}_{2n})+a_0\boldsymbol{I} \tag{5.24c}$$

$$\boldsymbol{G}_{bk} = a_0\boldsymbol{I}+g_1\widehat{\omega}_{2n}\boldsymbol{J} \tag{5.24d}$$

$$0 \le g_1 \le 1 \tag{5.24e}$$

■

(5.11)式の全極形D因子フィルタ $\boldsymbol{F}(\boldsymbol{D})$ に(5.24)式を適用すれば，所期の1次D因子速度起電力推定法を得る．これは，**図5.3**のように実現される．図5.3(a)は，行列ゲインを入力端側に配した外装I形実現であり，図5.3(b)は，行列

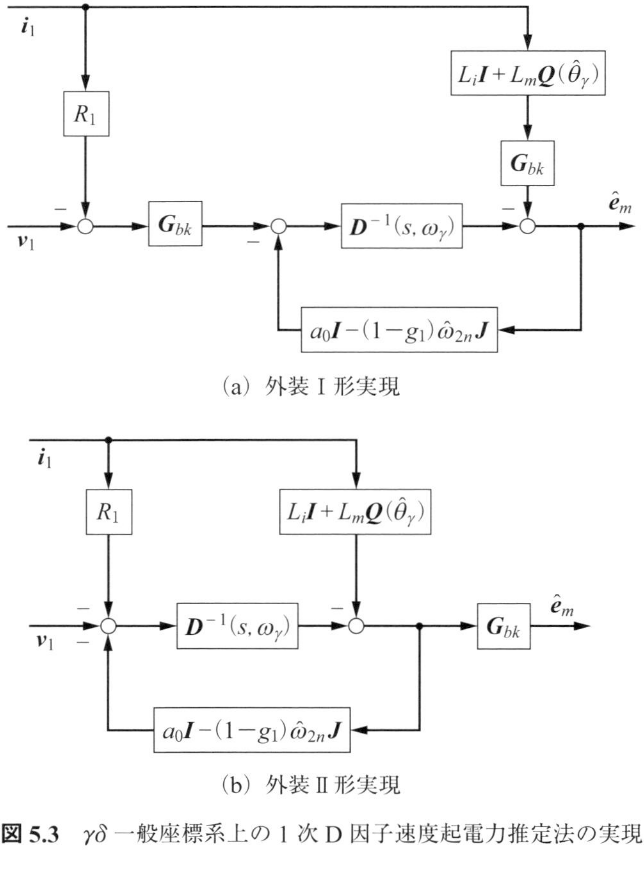

(a) 外装I形実現

(b) 外装II形実現

図5.3　$\gamma\delta$ 一般座標系上の1次D因子速度起電力推定法の実現

ゲインを出力端側に配した外装 II 形実現である．

周波数シフト係数を $g_1 = 1$ と設定する場合には，行列ゲイン $\boldsymbol{G}_{bk}$ は単位行列 $\boldsymbol{I}$ に比例する．速度起電力推定値から回転子位相推定値を得る観点からは，この場合の行列ゲイン $\boldsymbol{G}_{bk}$ は単位行列に置換される．この場合，図 5.3(a)，(b)は同一となる．なお，フィードバックループ $[a_0\boldsymbol{I}-(1-g_1)\omega_{2n}\boldsymbol{J}]$ における係数 a_0 は取り除くことはできないので，注意されたい．

図 5.3(a)，(b)の 1 次 D 因子速度起電力推定法の構造は，おのおの，図 2.5，図 2.7 の最小次元 D 因子磁束状態オブザーバ（1 次 D 因子回転子磁束推定法）の構造と，高い類似性を有している．フィードバックループ $[a_0\boldsymbol{I}-(1-g_1)\omega_{2n}\boldsymbol{J}]$ を構成する多項式の 0 次係数 a_0，周波数シフト係数 g_1 を同一に選定する場合には，両推定法は類似性の高い応答を示す．しかしながら，例えば 0 次係数 a_0 を「応速と一定」のように，これら係数を非同一に選定する場合には，両者の性能は大きく異なってくる．この点には，注意されたい．

5.4.2　固定座標系上での実現とベクトル制御系

〔1〕位相速度推定器

一般化 D 因子速度起電力推定法を利用したセンサレスベクトル制御法を考える．$\alpha\beta$ 固定座標系上で構成した一般化 D 因子速度起電力推定法を用い位相推定を行うセンサレスベクトル制御系の概略的構成は，図 2.8 で与えられる．すなわち，本制御系の概略的構成は，**最小次元 D 因子磁束状態オブザーバ**に基づくセンサレスベクトル制御系のそれと同一である．

センサレスベクトル制御系固有の機能は，**位相速度推定器**（phase-speed estimator）にある．一般化 D 因子速度起電力推定法に立脚した位相速度推定器の概略構造は，図 2.9 で与えられる．すなわち，一般化 D 因子速度起電力推定法に立脚したセンサレスベクトル制御系と最小次元 D 因子磁束状態オブザーバに基づくセンサレスベクトル制御系とは，位相速度推定器の概略構造においても同一である．位相速度推定器は，**位相推定器**（phase estimator）と**速度推定器**（speed estimator）とから構成される．

〔2〕位相推定器

位相推定器は，固定子電流検出値と固定子電圧指令値に加えて，**最終位相推定値** $\hat{\theta}_\alpha$ と**速度推定値** $\hat{\omega}_{2n}$ を入力信号として得て，$\alpha\beta$ 固定座標系上の**初期位相推定**

値 $\hat{\theta}'_\alpha$ を生成し出力している．本位相推定器は，一部の信号に関し真値に代って推定値を利用している点を除けば，基本的に，(5.12)式の $\alpha\beta$ 固定座標系上の一般化D因子速度起電力推定法に従って実現されている．非突極PMSMの場合には，固定子反作用磁束 $\boldsymbol{\phi}_i$ の生成には位相推定値は必要とされないので，最終位相推定値 $\hat{\theta}_\alpha$ のフィードバックは必要ない．2×1ベクトル信号である速度起電力推定値 $\hat{\boldsymbol{e}}_m$ が得られたならば，回転子速度極性 $\mathrm{sgn}(\hat{\omega}_{2n})$ による極性処理を施し，この上で，初期位相推定値 $\hat{\theta}'_\alpha$ を決定し，出力している．

(5.24)式に基づき $\alpha\beta$ 固定座標系上で構成した位相推定器（1次D因子速度起電力推定法）の詳細構造（**外装Ⅰ形実現**，**外装Ⅱ形実現**）を，**図5.4**(a)，(b)に示した．同図は，簡単のため，行列ゲイン $\boldsymbol{G}_{bk}$ に回転子速度極性 $\mathrm{sgn}(\hat{\omega}_{2n})$ を乗

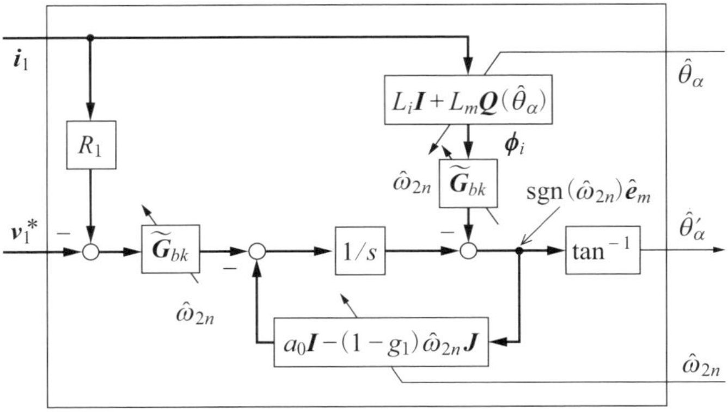

(a) 外装Ⅰ形実現

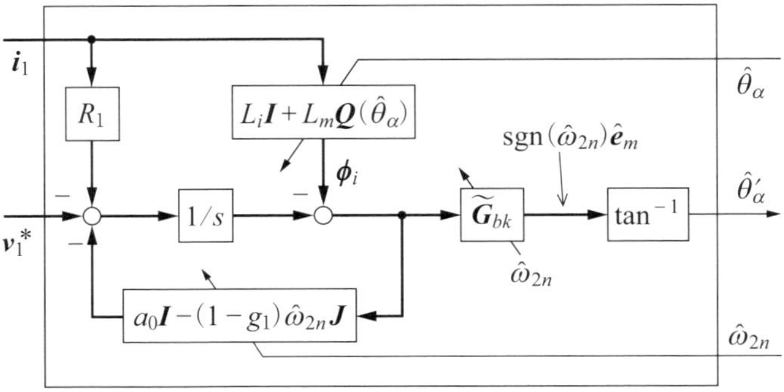

(b) 外装Ⅱ形実現

図5.4　$\alpha\beta$ 固定座標系上の1次D因子逆起電力推定法の実現例

じて作成した極性処理済み行列ゲイン $\widetilde{\boldsymbol{G}}_{bk}$ を用いた構造，換言するならば，行列ゲイン $\boldsymbol{G}_{bk}$ を極性処理済み行列ゲイン $\widetilde{\boldsymbol{G}}_{bk}$ で置換した構造としている．

図5.4(a)の外装Ⅰ形実現は，「一般化D因子速度起電力推定法の入力信号である固定子電圧，固定子電流等に，事前に，回転子速度極性 $\mathrm{sgn}(\widehat{\omega}_{2n})$ を乗ずる第1法」と，信号処理手順的に同一である．一方，図5.4(b)の外装Ⅱ形実現は，「まず，一般化D因子速度起電力推定法の出力である速度起電力推定値 $\widehat{\boldsymbol{e}}_m$ を得，次に，これに回転子速度極性 $\mathrm{sgn}(\widehat{\omega}_{2n})$ を乗じ，極性処理速度起電力推定値 $\widehat{\widehat{\boldsymbol{e}}}_m$ を得る第1法」と，信号処理手順的に同一である．

2

〔3〕速度推定器

速度推定器に関しては，最小次元D因子磁束状態オブザーバに使用したものと同一のものが使用される．すなわち，一般化D因子速度起電力推定法を利用したセンサレスベクトル制御系の速度推定器は，**積分フィードバック形速度推定法**に基づき構成されており，この具体的構成は，図1.3のとおりである．図1.3の積分フィードバック形速度推定法は，「初期位相推定値 $\widehat{\theta}'_\alpha$ は，$-\pi \sim \pi$〔rad〕の範囲で合理的な値を示す」ことを前提としている．この点には注意されたい（(5.21)式参照）．

5.4.3　準同期座標系上での実現とベクトル制御系

〔1〕位相速度推定器

$\gamma\delta$ 準同期座標系上で構成した一般化D因子速度起電力推定法を用い位相推定を行うセンサレスベクトル制御法を考える．同法を実現したセンサレスベクトル制御系の概略的構成は，図2.22で与えられる．すなわち，本制御系の概略的構成は，**最小次元D因子磁束状態オブザーバ**を用いたセンサレスベクトル制御系のそれと同一である．

センサレスベクトル制御系固有の機能は，**位相速度推定器**（phase-speed estimator）にある．一般化D因子速度起電力推定法に立脚した位相速度推定器の概略構造は，図2.23で与えられる．すなわち，一般化D因子速度起電力推定法に立脚したセンサレスベクトル制御系と最小次元D因子磁束状態オブザーバに基づくセンサレスベクトル制御系とは，位相速度推定器の概略構造においても同一である．位相速度推定器は，**位相偏差推定器**（phase error estimator），**位相同期器**（phase synchronizer）から構成されている．

〔2〕位相同期器

位相同期器に関しては，最小次元D因子磁束状態オブザーバの使用したものと同一のものが使用される．すなわち，位相同期器は**一般化積分形 PLL 法**に基づき構成されており，この具体的構成は，図1.8のとおりである．

〔3〕位相偏差推定器

位相偏差推定器は，固定子電流検出値と固定子電圧指令値に加えて，$\gamma\delta$ 準同期座標系の速度 ω_γ，回転子速度推定値 $\widehat{\omega}_{2n}$ を入力信号として得て，$\gamma\delta$ 準同期座標系上で評価した回転子位相推定値 $\widehat{\theta}_\gamma$ を生成し出力している．

位相偏差推定器は，基本的に，(5.13)式の $\gamma\delta$ 準同期座標系上の一般化D因子速度起電力推定法に従って実現されている．2×1 ベクトル信号である速度起電力推定値 $\widehat{\boldsymbol{e}}_m$ が得られたならば，回転子速度極性 $\mathrm{sgn}(\widehat{\omega}_{2n})$ による極性処理を施し，この上で，回転子位相推定値 $\widehat{\theta}_\gamma$ を決定し，出力している．

図5.5(a), (b)に $\gamma\delta$ 準同期座標系上で構成した位相推定器（1次D因子速度起電力推定法）の詳細構造（**外装Ⅰ-S形実現**，**外装Ⅱ-S形実現**）を示した．1次D因子速度起電力推定法の実現に関しては，D形よりもS形がコンパクトな実現を与えるため，図5.5では，S形のみを例示した．なお，同図は，簡単のため，行列ゲイン $\boldsymbol{G}_{bk}$ に回転子速度極性 $\mathrm{sgn}(\widehat{\omega}_{2n})$ を乗じて作成した極性処理済み行列ゲイン $\widetilde{\boldsymbol{G}}_{bk}$ を用いた構造，換言するならば，行列ゲイン $\boldsymbol{G}_{bk}$ を極性処理済み行列ゲイン $\widetilde{\boldsymbol{G}}_{bk}$ で置換した構造としている．

図5.5より，「**ループゲイン**$[a_0\boldsymbol{I}+g_1\widehat{\omega}_{2n}\boldsymbol{J}]$と**行列ゲイン** $\boldsymbol{G}_{bk}$ との同一性」，すなわち，次式が確認される．

$$\boldsymbol{G}_{bk} = a_0\boldsymbol{I}+g_1\widehat{\omega}_{2n}\boldsymbol{J} \tag{5.25}$$

これは，(5.24c)式と(5.24d)式の関係に由来しており，**周波数シフト係数** g_1 のいかんにかかわらず，成立する．

本事実は，「速度起電力推定に応速特性付与する場合には，行列ゲインは応速ゲインとなり，一方，行列ゲインを固定ゲインとする場合には推定機能は応速性を失う」ことを意味している．本特徴は，固定ゲインで応速推定特性を達成した最小次元D因子磁束状態オブザーバとの大きな違いである．

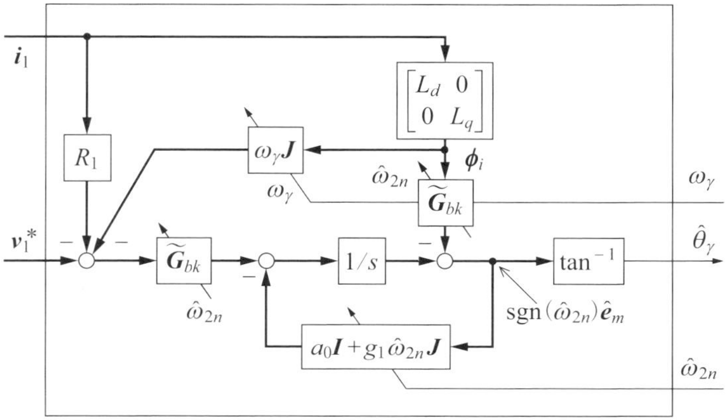

(a) 外装 I-S 形実現

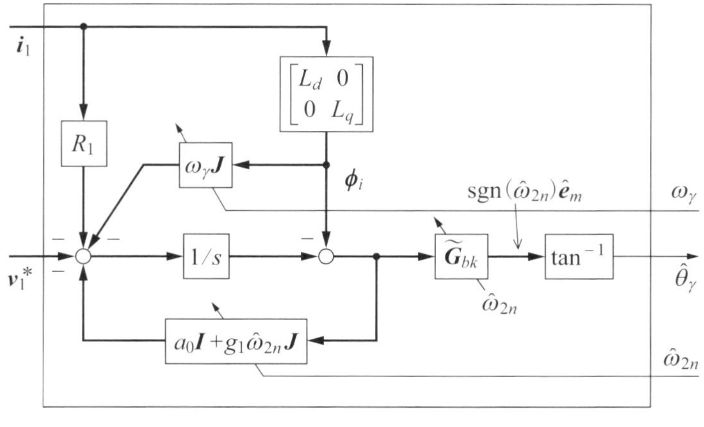

(b) 外装 II-S 形実現

図 5.5　$\gamma\delta$ 準同期座標系上の1次D因子逆起電力推定法の実現例

Q5.6 一般化D因子速度起電力推定法におけるD因子フィルタはどのように設計するのですか.

Ans. D因子フィルタに応速性をもたせるか否かによって，本フィルタの設計はかなり異なります.

まず，応速性をもたせる場合です. 1次フィルタリングでは，最小次元D因子磁束状態オブザーバの結果を採用すればよいでしょう. すなわち，1次フィルタリングの場合のフィルタ係数の選定は，次式のとおりです．

$$a_0 = g_2 |\widehat{\omega}_{2n}| \qquad g_2 > 0$$

g_2 の基本値は，$g_2 = 1$ です．2次フィルタリングでは，4.5節，4.6節を参照してください．

次に，フィルタ係数を一定に保つ場合です．5.2節の(5.5a)式に示しましたように，n 次D因子フィルタ $\boldsymbol{F}(\boldsymbol{D}(s, \omega_0))$ のフィルタ係数は，この正相成分の伝達関数 $F_p(s, \omega_0)$ と同一です．$\boldsymbol{F}(\boldsymbol{D}(s, \omega_0))$ の設計すなわちフィルタ係数設計は，$F_p(s, \omega_0)$ の係数設計を通じて行うことになります．$F_p(s, 0)$ を帯域幅 ω_c のローパスフィルタとすれば，$F_p(s, \omega_0)$，$\boldsymbol{F}(\boldsymbol{D}(s, \omega_0))$ は通過帯域幅 $2\omega_c$ のバンドパスフィルタとなります．過渡帯域の特性は，両者の間で同一です．

速応性（速い応答性）の観点からは，$F_p(s, 0)$ の帯域幅は広くとることが好ましいです．しかし，$F_p(s, 0)$ の通過帯域幅を広げ過ぎたり，過渡帯域での減衰を緩和し過ぎると，不要な高調波・ノイズも取り込むことになります．このため，最低限の通過帯域幅を確保した上で，狭い過渡帯域幅（すなわち，急峻な減衰特性）を得るようにします．このような特性は，ローパスフィルタ $F_p(s, 0)$ の次数を向上させることで実現できます．

モータ・電力変換器を含む駆動システムに依存しますが，通過帯域幅の初回試行目安は100〜200〔rad/s〕程度で，次数は高々3次程度です（著者の経験則）．よくできた駆動システムであれば，$F_p(s, 0)$ として，広めの通過帯域幅をもつ1次フィルタが採用可能です．

Q5.7 **「速度起電力推定は，同一次元速度起電力状態オブザーバに基づいても，可能」と推測しています．一般化D因子速度起電力推定法は，このような推定法も包含しているのでしょうか．**

Ans. そのとおりです．一般化D因子速度起電力推定法は，**最小次元D因子速度起電力状態オブザーバ**，平野の**同一次元速度起電力状態オブザーバ**，各種**外乱オブザーバ**を包含しています．一般化D因子速度起電力推定法は，「速度起電力推定のための伝達関数」を記述したものと捉えることができます．本法に，次数，周波数シフト係数等の設計パラメータを付与し，さらに実現すべき座標系とその形式を指定すると，具体的な速度起電力推定法を得ることができます．

5.5　一般化D因子速度起電力推定法の推定特性

一般化D因子回転子磁束推定法(最小次元D因子磁束状態オブザーバ，同一次元磁束状態オブザーバを含む)に関しては，**推定値の収束レイト**，**速度誤差に対する位相推定特性**，**パラメータ誤差に対する位相推定特性**，**高調波・高周波信号に対する抑制特性**を，解析してきた．本項では，一般化D因子速度起電力推定法に対し，上記の成果を参考に，同様な解析を行う．

5.5.1　推定値の収束レイト

一般化D因子回転子磁束推定法に利用された全極形D因子フィルタ $\boldsymbol{F}(\boldsymbol{D})$ と一般化D因子速度起電力推定法に利用された全極形D因子フィルタD因子との相違は，わずかに行列ゲイン $\boldsymbol{G}_{fx}, \boldsymbol{G}_{bk}$ にあるに過ぎない((5.4)式，(5.22)式参照)．全極形D因子フィルタの特性を支配するD因子多項式 $\boldsymbol{A}(\boldsymbol{D})$ は，両推定法において，同一である．

本事実は，以下を意味する．

(a)　D因子多項式 $\boldsymbol{A}(\boldsymbol{D})$ を構成する多項式係数 a_i，周波数シフト係数 g_1 を同一に設計する場合には，両推定法は，同一の収束レイトを示す．

(b)　特性の同一性は，多項式係数 a_i に応速性を付与する場合も同様である．

(c)　ひいては，2.3節，4.7.1項における収束レイトの解析結果は，無修正で，一般化D因子速度起電力推定法に適用される．

5.5.2　速度誤差に対する位相推定特性

一般化D因子回転子磁束推定法と一般化D因子速度起電力推定法における，D因子多項式 $\boldsymbol{A}(\boldsymbol{D})$ の同一性より，速度誤差に対する位相推定特性に関し，以下が主張される．

(a)　D因子多項式 $\boldsymbol{A}(\boldsymbol{D})$ を構成する多項式係数 a_i，周波数シフト係数 g_1 を同一に設計する場合には，両推定法は，同一の「速度誤差に対する位相推定特性」を示す．

(b)　ひいては，2.4節，4.7.2項における解析結果は，無修正で，一般化D因子速度起電力推定法に適用される．

5.5.3　パラメータ誤差に対する位相推定特性

一般化D因子速度起電力推定法の入力信号と一般化D因子回転子磁束推定法の入力信号は，同一である．また，両推定法の動特性を定めるD因子多項式 $\boldsymbol{A}(\boldsymbol{D})$ も，両推定法で同一である．両推定法の相違は，わずかに静的な行列ゲインにあるに過ぎない．一般化D因子回転子磁束推定法は，**モデルマッチング形回転子磁束推定法**に属し，モデルマッチング形回転子磁束推定法のための**パラメータ誤差定理Ⅰ～Ⅲ**（定理2.4～2.6）が適用される．

一般化D因子速度起電力推定法は，磁束推定法ではない．しかし，一般化D因子回転子磁束推定法と一般化D因子速度起電力推定法との上記同一性は，「一般化D因子回転子磁束推定法に適用されたパラメータ誤差定理Ⅰ～Ⅲ（定理2.4～2.6）は，一般化D因子速度起電力推定法にも無条件で適用される」ことを意味する．

なお，本書の改訂前書においても，上記と同一の結論が別途証明されている．興味のある読者は，改訂前書を参照されたい．

5.5.4　高調波・高周波信号に対する抑制特性

一般化D因子回転子磁束推定法と一般化D因子速度起電力推定法における，D因子多項式 $\boldsymbol{A}(\boldsymbol{D})$ の同一性より，高調波・高周波信号に対する抑制特性に関し，以下が主張される．

(a)　n 次D因子多項式 $\boldsymbol{A}(\boldsymbol{D})$ による全極形D因子フィルタ $\boldsymbol{F}(\boldsymbol{D})$ による処理は，基本的に，n 次ローパスフィルタによる処理を意味する．

(b)　D因子多項式 $\boldsymbol{A}(\boldsymbol{D})$ を構成する多項式係数 a_i，周波数シフト係数 g_1 を同一に設計する場合には，両推定法は，類似の「高調波・高周波信号に対する抑制特性」を示す．

(c)　ひいては，2.6節，4.7.3項の解析結果は，一般化D因子速度起電力推定法に援用される．

第 6 章 一般化 D 因子逆起電力推定法による拡張速度起電力推定

6.1 目的

駆動用電圧電流利用法（drive voltage-current utilization method）すなわち駆動用電圧・電流を利用した回転子位相推定法として，**拡張速度起電力**（extended velocity electromotive force）を推定し，同推定値からこれに含まれる回転子位相情報を抽出する方法が提案されている[6.1),6.3),6.8)～6.19)]．国内のモータドライブ技術者の間で，近年，速度起電力，拡張速度起電力は，おのおの誘起電圧，拡張誘起電圧と別称されている．本書では，元来の正しい用語を使用する．

非突極 PMSM 用の速度起電力推定法を突極 PMSM にも適用できるように，突極 PMSM の**固定子反作用磁束**由来の逆起電力を二分割し，分割した一部の逆起電力と速度起電力とで合成した逆起電力が，拡張速度起電力である（拡張速度起電力の定義は，6.2 節で説明）．拡張速度起電力は，**外乱オブザーバ**あるいはこれに準じた方法で抽出するのが，従来，一般的であった．このときの外乱オブザーバ等は，$\alpha\beta$ 固定座標系上，$\gamma\delta$ 準同期座標系上のいずれでも構成可能である．

$\alpha\beta$ 固定座標系上の外乱オブザーバによる拡張速度起電力推定のセンサレスベクトル制御への利用可能性を示したのは，1999 年の陳等の報告が最初のようである[6.8)～6.10)]．外乱オブザーバの構成では，位相遅れのない（zero phase-lag）位相推定が特に重要となるが，Kim 等は，この点に力点をおいた拡張速度起電力推定法を 2003 年に報告している[6.11)]．また，2005 年には，著者は，陳の拡張速度起電力推定用外乱オブザーバを特別の場合として包含する一般性に富む **D 因子外乱オブザーバ**を提案している[6.1),6.3)]．

$\gamma\delta$ 準同期座標系上の拡張速度起電力推定法に関しては，1997 年に藍原等によりその基本形が提案されている[6.12),6.13)]．藍原等による先駆的貢献に続き，2001

年に市川等，森本等によっても本推定法の研究が開始され，藍原の基本形に1次フィルタによる改良を加えた外乱オブザーバが，翌2002年に提案されている[6.14)～6.19)].

本書の改訂前書では，上記の先達貢献を踏まえ，$\alpha\beta$固定座標系と$\gamma\delta$準同期座標系の両座標系上の外乱オブザーバを統一的に扱えるD因子外乱オブザーバを用いて，拡張速度起電力の推定法，さらには拡張速度起電力推定値を利用した位相推定法とセンサレスベクトル制御法を提案した.

本書は，D因子外乱オブザーバをさらに体系化した**一般化D因子拡張速度起電力推定法**とこれを用いたセンサレスベクトル制御法とを提案する．一般化D因子拡張速度起電力推定法は，一般化D因子逆起電力推定法，一般化D因子回転子磁束推定法と同一思想かつ同一レベルで体系化されている．3つの一般化D因子推定法によれば，PMSMのための位相推定法の全体を一元的に俯瞰できる.

本章は，以下のように構成されている．次の6.2節では，拡張速度起電力の定義とこの推定の基本となる$\gamma\delta$一般座標系上での**回路方程式**(**第1基本式**)「**WCSモデル**」を与える．6.3節で，拡張速度起電力推定のためのn次一般化D因子拡張速度起電力推定法を構成する．6.4節では，一般化D因子拡張速度起電力推定法の次数を1次に限定して，具体的に，同推定法の実現法を説明する．まず，$\gamma\delta$一般座標系上での実現法を示し，次に，これを$\alpha\beta$固定座標系上，$\gamma\delta$準同期座標系上へ展開し，両座標系上での実現法を与える．本節では，一般化D因子拡張速度起電力推定法に複数の条件を付加することにより，陳の外乱オブザーバ，市川の外乱オブザーバ，森本の外乱オブザーバが直ちに導出されることも示す．6.5節では，一般化D因子拡張速度起電力推定法における位相推定特性を説明する．位相推定特性の解析は，基本的には，「推定値の収束レイト」，「速度誤差に対する位相推定特性」，「高調波・高周波信号に対する抑制特性」，および「パラメータ誤差に対する位相推定特性」の観点から行う必要がある．他の一般化D因子推定法との関係性より，3前特性は要点のみを説明し，一般化D因子拡張速度起電力推定法に特化した解析が必要な「パラメータ誤差に対する位相推定特性」に紙幅を割く.

なお，本章の内容は，著者の特許，原著論文6.1)～6.4)を中心に，さらには一般化D因子推定法の最新知見を交え，再構成したものである点を断っておく.

6.2 WCS モデルと拡張速度起電力

(2.11)式，(2.12)式で定義した**鏡行列** $\boldsymbol{Q}(\theta_\gamma)$ と**単位ベクトル** $\boldsymbol{u}(\theta_\gamma)$ に関する性質を整理しておく．鏡行列と単位ベクトルに関しては，任意の 2×1 ベクトル $\boldsymbol{v}$ に関し，以下の関係が成立する（姉妹本・文献6.21)の 2.2 節参照）．

$$[\boldsymbol{I}+\boldsymbol{Q}(\theta_\gamma)]\boldsymbol{v} = 2(\boldsymbol{v}^T\boldsymbol{u}(\theta_\gamma))\boldsymbol{u}(\theta_\gamma) \tag{6.1}$$

$$[\boldsymbol{I}-\boldsymbol{Q}(\theta_\gamma)]\boldsymbol{v} = 2(\boldsymbol{v}^T\boldsymbol{J}\boldsymbol{u}(\theta_\gamma))\boldsymbol{J}\boldsymbol{u}(\theta_\gamma) \tag{6.2}$$

$$\boldsymbol{v} = (\boldsymbol{v}^T\boldsymbol{u}(\theta_\gamma))\boldsymbol{u}(\theta_\gamma) + (\boldsymbol{v}^T\boldsymbol{J}\boldsymbol{u}(\theta_\gamma))\boldsymbol{J}\boldsymbol{u}(\theta_\gamma) \tag{6.3}$$

固定子反作用磁束に関しては，次の**反作用磁束定理Ｉ**，**反作用磁束定理Ⅱ**が成立する[6.2),6.4)]．

《定理 6.1　反作用磁束定理Ｉ》[6.2)]

(2.8)式に定義された $\gamma\delta$ 一般座標系上の**固定子反作用磁束** $\boldsymbol{\phi}_i$ は，回転子位相 $\boldsymbol{u}(\theta_\gamma)$ を陽に抽出した次の形で表現することができる．

$$\boldsymbol{\phi}_i = L_q\boldsymbol{i}_1 + 2L_m i_d\boldsymbol{u}(\theta_\gamma) \tag{6.4}$$

$$\boldsymbol{\phi}_i = L_d\boldsymbol{i}_1 - 2L_m i_q\boldsymbol{J}\,\boldsymbol{u}(\theta_\gamma) \tag{6.5}$$

ただし，

$$i_d = \boldsymbol{i}_1^T\boldsymbol{u}(\theta_\gamma), \quad i_q = \boldsymbol{i}_1^T\boldsymbol{J}\boldsymbol{u}(\theta_\gamma) \tag{6.6}$$

〈証明〉

(2.8)式に(6.1)式を用い，(2.14)式を考慮すると，次式を得る．

$$\begin{aligned}\boldsymbol{\phi}_i &= [L_i\boldsymbol{I}+L_m\boldsymbol{Q}(\theta_\gamma)]\,\boldsymbol{i}_1 = (L_i-L_m)\boldsymbol{i}_1 + L_m[\boldsymbol{I}+\boldsymbol{Q}(\theta_\gamma)]\boldsymbol{i}_1 \\ &= L_q\boldsymbol{i}_1 + 2L_m i_d\boldsymbol{u}(\theta_\gamma)\end{aligned} \tag{6.7}$$

(2.8)式に(6.2)を用い，(2.14)式を考慮すると，次式を得る．

$$\begin{aligned}\boldsymbol{\phi}_i &= [L_i\boldsymbol{I}+L_m\boldsymbol{Q}(\theta_\gamma)]\,\boldsymbol{i}_1 = (L_i+L_m)\boldsymbol{i}_1 - L_m[\boldsymbol{I}-\boldsymbol{Q}(\theta_\gamma)]\boldsymbol{i}_1 \\ &= L_d\boldsymbol{i}_1 - 2L_m i_q\boldsymbol{J}\boldsymbol{u}(\theta_\gamma)\end{aligned} \tag{6.8}$$

■

《定理 6.2　反作用磁束定理Ⅱ》[6.2),6.4)]

$\gamma\delta$ 一般座標系上の D 因子を作用させた固定子反作用磁束（すなわち，逆起電力 $\boldsymbol{e}_i$）は，以下のように再表現することができる．

$$\begin{aligned}\boldsymbol{e}_i &\equiv \boldsymbol{D}(s,\omega_\gamma)\boldsymbol{\phi}_i \\ &= [\boldsymbol{D}(s,\omega_\gamma)L_q + 2\omega_{2n}L_m\boldsymbol{J}]\,\boldsymbol{i}_1 + 2L_m((si_d)+\omega_{2n}i_q)\boldsymbol{u}(\theta_\gamma)\end{aligned} \tag{6.9}$$

または

$$\begin{aligned} \boldsymbol{e}_i &\equiv \boldsymbol{D}(s,\omega_\gamma)\boldsymbol{\phi}_i \\ &= [\boldsymbol{D}(s,\omega_\gamma)L_d - 2\omega_{2n}L_m\boldsymbol{J}]\boldsymbol{i}_1 + 2L_m(\omega_{2n}i_d - (si_q))\boldsymbol{J}\boldsymbol{u}(\theta_\gamma) \end{aligned} \tag{6.10}$$

〈証明〉

(a)　(6.3)式より，次の関係が$\gamma\delta$一般座標系上で成立することに注意する．

$$\boldsymbol{J}\boldsymbol{i}_1 = -i_q\boldsymbol{u}(\theta_\gamma) + i_d\boldsymbol{J}\boldsymbol{u}(\theta_\gamma) \tag{6.11}$$

(6.4)式より，直ちに次の関係を得る．

$$\boldsymbol{D}(s,\omega_\gamma)\boldsymbol{\phi}_i = \boldsymbol{D}(s,\omega_\gamma)[L_q\boldsymbol{i}_i] + \boldsymbol{D}(s,\omega_\gamma)[2L_m i_d\boldsymbol{u}(\theta_\gamma)] \tag{6.12}$$

上式右辺第2項は以下のように展開整理される．

$$\boldsymbol{D}(s,\omega_\gamma)[2L_m i_d\boldsymbol{u}(\theta_\gamma)] = 2L_m[(si_d)\boldsymbol{I} + \omega_{2n}i_d\boldsymbol{J}]\boldsymbol{u}(\theta_\gamma) \tag{6.13a}$$

上式に(6.11)式の関係を用いると，次式を得る．

$$\boldsymbol{D}(s,\omega_\gamma)[2L_m i_d\boldsymbol{u}(\theta_\gamma)] = 2\omega_{2n}L_m\boldsymbol{J}\,\boldsymbol{i}_1 + 2L_m((si_d) + \omega_{2n}i_q)\boldsymbol{u}(\theta_\gamma) \tag{6.13b}$$

(6.12)式と(6.13b)式は(6.9)式を意味する．

(b)　(6.5)式より，直ちに次の関係を得る．

$$\boldsymbol{D}(s,\omega_\gamma)\boldsymbol{\phi}_i = \boldsymbol{D}(s,\omega_\gamma)[L_d\boldsymbol{i}_1] - \boldsymbol{D}(s,\omega_\gamma)[2L_m i_q\boldsymbol{J}\,\boldsymbol{u}(\theta_\gamma)] \tag{6.14}$$

上式右辺第2項は以下のように展開整理される．

$$\boldsymbol{D}(s,\omega_\gamma)[2L_m i_q\boldsymbol{J}\,\boldsymbol{u}(\theta_\gamma)] = -2L_m[\omega_{2n}i_q\boldsymbol{I} - (si_q)\boldsymbol{J}]\boldsymbol{u}(\theta_\gamma) \tag{6.15a}$$

上式に(6.11)式の関係を用いると，次式を得る．

$$\boldsymbol{D}(s,\omega_\gamma)[2L_m i_q\boldsymbol{J}\,\boldsymbol{u}(\theta_\gamma)] = 2\omega_{2n}L_m\boldsymbol{J}\,\boldsymbol{i}_1 - 2L_m(\omega_{2n}i_d - (si_q))\boldsymbol{J}\boldsymbol{u}(\theta_\gamma) \tag{6.15b}$$

(6.14)式と(6.15b)式は(6.10)式を意味する．

■

PMSMの**回路方程式**(**第1基本式**)は，(6.10)式を(2.6)式あるいは(5.9)式に用いると，以下のように書き改めることができる．

【$\gamma\delta$一般座標系上の回路方程式としてのWCSモデル】

$$\boldsymbol{v}_1 = [R_1\boldsymbol{I} - 2\omega_{2n}L_m\boldsymbol{J} + \boldsymbol{D}(s,\omega_\gamma)L_d]\boldsymbol{i}_1 + \boldsymbol{e}_{im} \tag{6.16a}$$

$$\begin{aligned} \boldsymbol{e}_{im} &\equiv 2L_m(\omega_{2n}i_d - (si_q))\boldsymbol{J}\boldsymbol{u}(\theta_\gamma) + \boldsymbol{e}_m \\ &= (2L_m(\omega_{2n}i_d - (si_q)) + \omega_{2n}\Phi)\boldsymbol{J}\boldsymbol{u}(\theta_\gamma) \end{aligned} \tag{6.16b}$$

■

(6.16)式の回路方程式（第1基本式）に関しては，1987年に渡辺等によりPMSMのセンサレスベクトル制御に関連してその原形が提唱され[6.5)~6.7)]，1999年に陳等により渡辺等の原形に対して修正がなされて完成し[6.8)~6.10)]，2004年に著者により簡明な再構築法が提示されている[6.2),6.4)]．上記の $\gamma\delta$ 一般座標系上の回路方程式は，文献 6.2)，6.4)を介し提案した著者構築法に従って，再構築したものである．以降では，(6.16)式の回路方程式（第 1 基本式）を **WCS モデル**（WCS model, Watanabe-Chen-Shinnaka model）と呼称する．WCS モデルにおける $\boldsymbol{e}_{im}$ は，元来の**速度起電力** $\boldsymbol{e}_{m}$ と基本的に同一位相をもつベクトルであり，回転子位相情報 $\boldsymbol{u}(\theta_\gamma)$ を有している．これは，**拡張速度起電力**（extended velocity EMF）と呼ばれる．

6.3 一般化 D 因子拡張速度起電力推定法

6.3.1 一般化 D 因子逆起電力推定法の拡張速度起電力推定への利用

$\gamma\delta$ 一般座標系上の**一般化 D 因子逆起電力推定法**は，(5.8)式に提示したとおり，推定すべき逆起電力の相当値を，全極形 D 因子フィルタでフィルタ処理することにより，逆起電力推定値を得るものであった．特に，推定すべき逆起電力を速度起電力に選定する場合には，(5.10)式，(5.11)式に提案した **$\gamma\delta$ 一般座標系上の一般化 D 因子速度起電力推定法**が得られた．

一般化速度起電力推定法において，特に，推定すべき速度起電力を拡張速度起電力に選定する場合には，$\gamma\delta$ 一般座標系上の**一般化 D 因子拡張速度起電力推定法**が得られる．この際，全極形 D 因子フィルタで処理すべき拡張速度起電力相当値は，(6.16a)式に由来する次式右辺に基づき合成することになる．

$$\boldsymbol{e}_{im} = \boldsymbol{v}_1 - [R_1 \boldsymbol{I} - 2\omega_{2n} L_m \boldsymbol{J} + \boldsymbol{D}(s, \omega_\gamma) L_d] \boldsymbol{i}_1 \tag{6.17}$$

推定すべき拡張速度起電力を除く他のすべての信号は既知であると仮定するならば，(5.8)式および(6.17)式より，拡張速度起電力推定のための一般化 D 因子拡張速度起電力推定法の原理式を次のように得ることができる．

【$\gamma\delta$ 一般座標系上の一般化 D 因子拡張速度起電力推定法の原理】

$$\hat{\boldsymbol{e}}_{im} = \boldsymbol{F}(\boldsymbol{D}(s, \omega_\gamma - (1-g_1)\omega_{2n}))[\boldsymbol{v}_1 - [R_1 \boldsymbol{I} - 2\omega_{2n} L_m \boldsymbol{J} + \boldsymbol{D}(s, \omega_\gamma) L_d]\, \boldsymbol{i}_1] \tag{6.18}$$

■

(6.18)式の $\hat{\boldsymbol{e}}_{im}$ は，拡張速度起電力推定値を意味する．(6.18)式より明らかなように，拡張速度起電力推定においては，SP-PMSM を対象とする場合においても，回転子位相 θ_γ の情報を必要としない．この点が，速度起電力に代わって

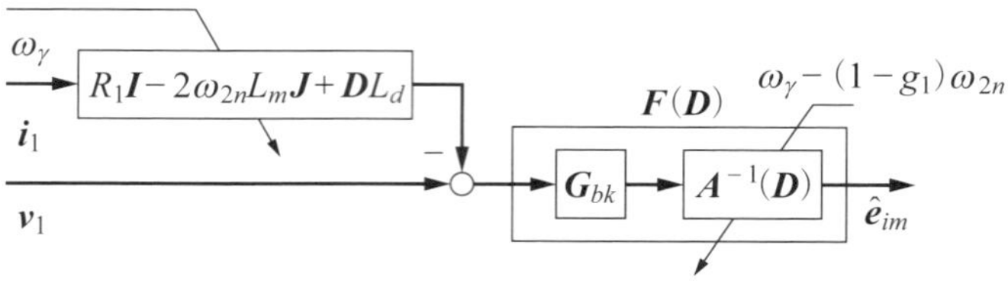

(a) 基本外装Ⅰ形実現

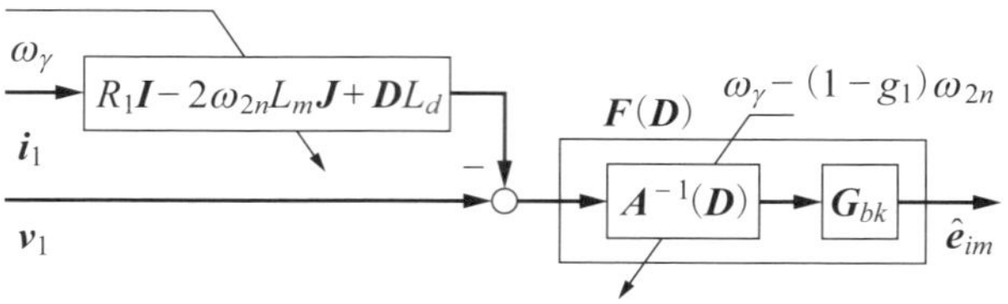

(b) 基本外装Ⅱ形実現

図 6.1　$\gamma\delta$ 一般座標系上における一般化D因子拡張速度起電力推定法の基本実現

拡張速度起電力を推定対象とする最大の動機である（(5.10)式参照）.

(6.18)式に与えた拡張速度起電力推定の原理式を，基本外装Ⅰ形実現，基本外装Ⅱ形実現として**図 6.1** に概略的に示した．基本外装Ⅰ形実現，基本外装Ⅱ形実現等の実現に関しては，一般化D因子回転子磁束推定法，一般化D因子速度起電力推定法の実現に関連して説明しているので，これ以上の説明は省略する.

6.3.2　一般化D因子拡張速度起電力推定法の実際

実際の状況下では，回転子速度 ω_{2n} は未知である．(6.18)式における速度新値を同推定値 $\widehat{\omega}_{2n}$ で置換すると，再提案の $\gamma\delta$ 一般座標系上の全極形D因子フィルタ $\boldsymbol{F}(\boldsymbol{D})$ を用いた一般化D因子拡張速度起電力推定法を以下のように得る.

【$\gamma\delta$ 一般座標系上の一般化D因子拡張速度起電力推定法】

$$\hat{\boldsymbol{e}}_{im}=\boldsymbol{F}(\boldsymbol{D}(s,\omega_\gamma-(1-g_1)\widehat{\omega}_{2n}))[\boldsymbol{v}_1-[R_1\boldsymbol{I}-2\widehat{\omega}_{2n}L_m\boldsymbol{J}+\boldsymbol{D}(s,\omega_\gamma)L_d]\boldsymbol{i}_1] \tag{6.19}$$

■

なお，(6.19)式において，周波数シフト係数 g_1 を $g_1=0$ に限定する場合，これは，本書の改訂前書が提案した拡張速度起電力推定法（全極形）に帰着する.

$\alpha\beta$ 固定座標系上での拡張速度起電力推定法を得るには，(6.19)式に**$\alpha\beta$ 固定座標系条件**$(\omega_\gamma = 0)$を付与すればよい．また，$\gamma\delta$ 準同期座標系上での拡張速度起電力推定法を得るには，(6.19)式に**$\gamma\delta$ 準同期定座標系条件**$(\omega_\gamma = \widehat{\omega}_{2n})$を付与すればよい．これらは，おのおの以下のように与えられる．

【$\alpha\beta$ 固定座標系上の一般化 D 因子拡張速度起電力推定法】

$$\widehat{\boldsymbol{e}}_{im} = \boldsymbol{F}(\boldsymbol{D}(s, -(1-g_1)\widehat{\omega}_{2n}))\,[\boldsymbol{v}_1 - [R_1\boldsymbol{I} - 2\widehat{\omega}_{2n}L_m\boldsymbol{J} + sL_d]\,\boldsymbol{i}_1] \tag{6.20}$$

■

【$\gamma\delta$ 準同期座標系上の一般化 D 因子拡張速度起電力推定法】

$$\widehat{\boldsymbol{e}}_{im} = \boldsymbol{F}(\boldsymbol{D}(s, g_1\widehat{\omega}_{2n}))[\boldsymbol{v}_1 - [R_1\boldsymbol{I} + \omega_\gamma L_q\boldsymbol{J} + sL_d]\boldsymbol{i}_1] \tag{6.21}$$

■

6.4　1 次 D 因子拡張速度起電力推定法の実現とこれに基づくベクトル制御系

6.4.1　一般座標系上での実現

(5.2)式に定義した全極形 D 因子フィルタの次数を 1 次に限定し，速度真値 ω_{2n} を同推定値 $\widehat{\omega}_{2n}$ に置換する場合には，これは，(5.24)式として記述された．

(6.19)式の全極形 D 因子フィルタ $\boldsymbol{F}(\boldsymbol{D})$ に(5.24)式を適用すれば，所期の 1 次 D 因子拡張速度起電力推定法を得る．これは，**図 6.2** のように実現される．図 6.2(a)は，**行列ゲイン $\boldsymbol{G}_{bk}$** を入力端側に配した外装 I 形実現であり，図 6.2(b)は，行列ゲイン $\boldsymbol{G}_{bk}$ を出力端側に配した外装 II 形実現である．

図 5.3 と図 6.2 との比較より明白なように，速度起電力推定法と拡張速度起電力推定法との違いは，固定子電流に関連した処理にあるに過ぎない．固定子電圧の処理に関しては，両推定法の間に違いはない．また，全極形 D 因子フィルタも両推定法の間に違いはない．

全極形 D 因子フィルタの同一性より，周波数シフト係数 g_1 と行列ゲイン $\boldsymbol{G}_{bk}$ の関係は，5.3.4 項，5.4.1 項での説明が無修正で適用される．フィードバックループ $[a_0\boldsymbol{I} - (1-g_1)\omega_{2n}\boldsymbol{J}]$ を構成する多項式の 0 次係数 a_0，周波数シフト係数 g_1 を，両推定法で同一に選定する場合には，両推定法は類似性の高い応答特性を示す．

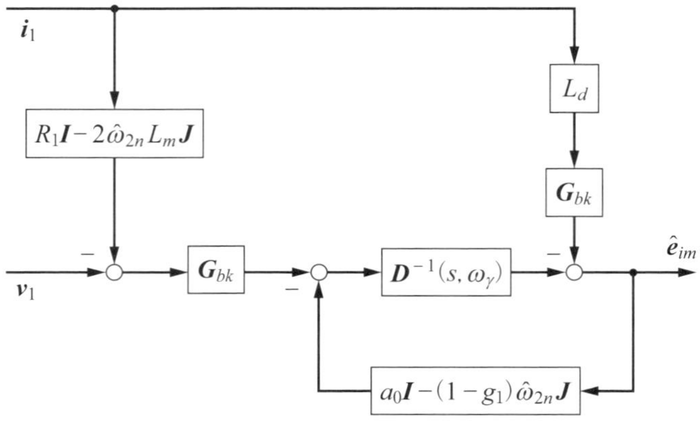

(a) 基本外装 I 形実現

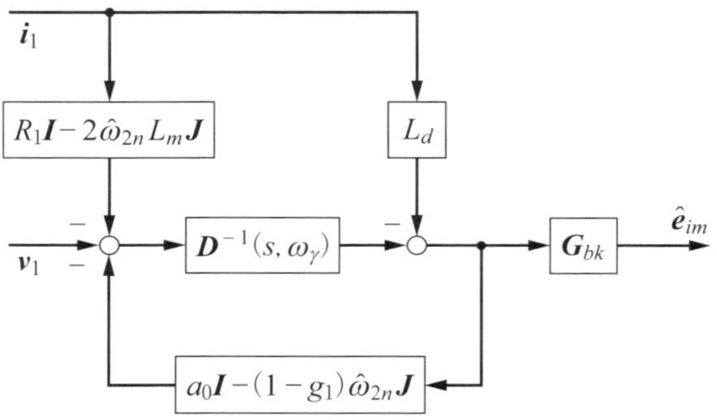

(b) 基本外装 II 形実現

図 6.2　$\gamma\delta$ 一般座標系上の 1 次 D 因子拡張速度起電力推定法の実現

6.4.2　固定座標系上での実現とベクトル制御系

〔1〕位相速度推定器

一般化 D 因子拡張速度起電力推定法を利用したセンサレスベクトル制御法を考える．$\alpha\beta$ 固定座標系上で構成した一般化 D 因子拡張速度起電力推定法を用い位相推定を行うセンサレスベクトル制御系の概略的構成は，図 2.8 で与えられる．すなわち，本制御系の概略的構成は，**最小次元 D 因子磁束状態オブザーバ**に基づくセンサレスベクトル制御系のそれと同一である．

センサレスベクトル制御系固有の機能は，**位相速度推定器**（phase-speed

estimator）にある．一般化 D 因子拡張速度起電力推定法に立脚した位相速度推定器の概略構造は，図 2.9 で与えられる．すなわち，一般化 D 因子拡張速度起電力推定法に立脚したセンサレスベクトル制御系と最小次元 D 因子磁束状態オブザーバに基づくセンサレスベクトル制御系とは，位相速度推定器の概略構造においても同一である．位相速度推定器は，**位相推定器**（phase estimator）と**速度推定器**（speed estimator）とから構成される．

〔2〕位相推定器

位相推定器は，固定子電流検出値と固定子電圧指令値に加えて，**速度推定値** $\widehat{\omega}_{2n}$ を入力信号として得て，$\alpha\beta$ 固定座標系上の拡張速度起電力推定値 $\hat{\boldsymbol{e}}_{im}$ を出力している．速度起電力推定を行う第 5 章の方法との大きな相違は，最終位相推定値 $\widehat{\theta}_\alpha$ のフィードバック利用を必要としない点にある．このため，この入力を受けていない．また，出力信号は，初期位相推定値に代わって，拡張速度起電力推定値 $\hat{\boldsymbol{e}}_{im}$ そのものとしている．

(6.20)式に基づき $\alpha\beta$ 固定座標系上で構成した位相推定器（1 次 D 因子拡張速度起電力推定法）の詳細構造（**外装 I 形実現**，**外装 II 形実現**）を，**図 6.3**(a), (b)に示した．図 6.3 は，$\gamma\delta$ 一般座標系の実現を示した図 6.2 に，**$\alpha\beta$ 固定座標系条件**（$\omega_\gamma = 0$）を付与したものとなっている．

〔3〕速度推定器

速度起電力推定値を用いた位相推定値の決定に際し，(5.19)式に示した従前方法は，次の 2 つの問題を抱えていた．

(a)　(5.19)式右辺の遂行には，除算を必要とする．このため，分母に使用される信号は，実効的に非ゼロでなくてはならない．しかし，$\alpha\beta$ 固定座標系上で評価された速度起電力は，本要件を満足することはできない．換言するならば，$\alpha\beta$ 固定座標系上では，(5.19)式の直接利用はできない．

(b)　速度起電力推定値から得た回転子位相推定値の同真値に対する誤差が，常時，$-\pi/2 \sim \pi/2$〔rad〕の間に存在することが保証されない場合には，センサレスベクトル制御系は**暴走問題**を内包することになる．

まず，(b)項に関して検討する．拡張速度起電力の(6.16b)式に与えられている，2×1 拡張速度起電力推定値の第 1 要素と第 2 要素に共通して存在する振幅成分を知ることができれば，5.3.5 節で提案した**極性処理**と同様な処理を行うこ

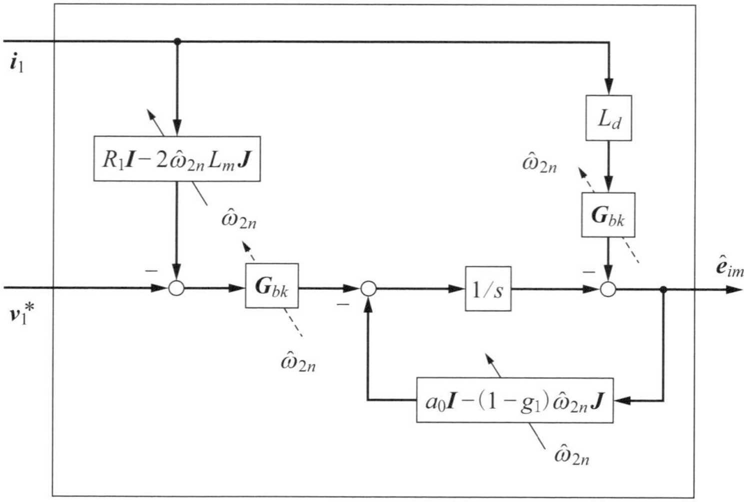

(a) 外装I形実現

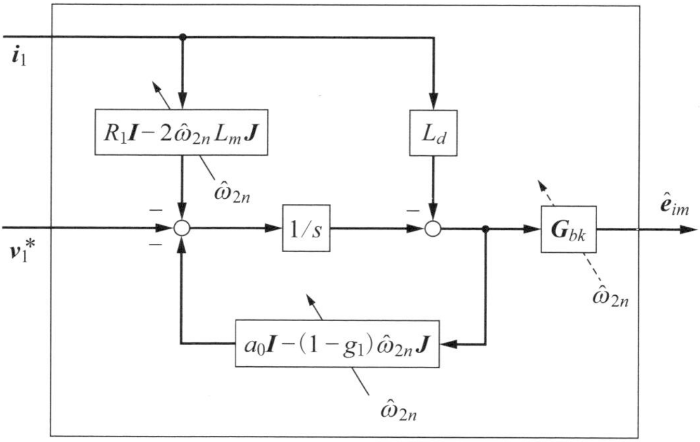

(b) 外装II形実現

図 6.3　$\alpha\beta$ 固定座標系上の1次D因子拡張速度起電力推定法の実現例

とにより，暴走問題を回避できる．しかし，2×1 拡張速度起電力推定値の両要素に共通して存在する振幅成分は，(6.16b)式が示すように，単純ではない．このため，拡張速度起電力推定に対しては，極性処理の実施を見送る．

次に，(a)項に関して検討する．図1.3に提案した**積分フィードバック形速度**

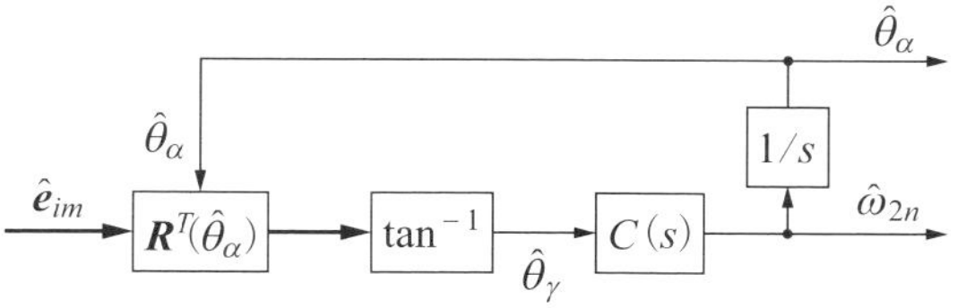

図 6.4　積分フィードバック形速度推定法のベクトル回転器を用いた実現

推定法は，「初期位相推定値 $\hat{\theta}'_\alpha$ は，$-\pi \sim \pi$〔rad〕の範囲で合理的な値を示す」ことを前提としている．このため，$-\pi/2 \sim \pi/2$〔rad〕の範囲でのみ合理的な値を示す」ことを前提とした(5.19)式には，図 1.3 の積分フィードバック形速度推定法は，直接的には利用できない．また，ゼロあるいはゼロ近傍値を取り得る $\alpha\beta$ 固定座標系上の信号を，(5.19)式に直接的に適用する場合，いわゆる**ゼロ割り現象**を引き起こす[6.10]．このため，本書は，「図 1.3 に代わって，図 1.4 の**ベクトル回転器を用いた実現**の利用」を提案する．**図 6.4** に，拡張速度起電力推定値を入力として，最終位相推定値と速度推定値を出力する速度推定器を示した．

$\alpha\beta$ 固定座標系上の拡張速度起電力推定値 $\hat{\boldsymbol{e}}_{im}$ に対する，図 6.4 に示した処理は，次式のように記述される．

$$\begin{bmatrix} \hat{e}_{im\gamma} \\ \hat{e}_{im\delta} \end{bmatrix} = \boldsymbol{R}^T(\hat{\theta}_\alpha)\hat{\boldsymbol{e}}_{im} \tag{6.22a}$$

$$\hat{\theta}_\gamma = \tan^{-1}\left(\frac{-\hat{e}_{im\gamma}}{\hat{e}_{im\delta}}\right) \tag{6.22b}$$

(6.22b)式の位相推定値 $\hat{\theta}_\gamma$ が位相制御器 $C(s)$ に利用される．(6.22)式の位相決定法は，いわゆる**暴走問題**を解決するものでない．この点には，注意されたい．

Q6.1　**$\alpha\beta$ 固定座標系上の拡張速度起電力推定のための外乱オブザーバを最初に提案したのは陳とのことですが，陳の外乱オブザーバと本書の一般化 D 因子拡張速度起電力推定法とはどのような関係にあるのですか．**

Ans.　陳は，文献 6.8)～6.10)を通じ，逐次改良を加えた外乱オブザーバを提案しています．これらに用いられた外乱フィルタは，例外なく，1 次フィルタリング用のものです．文献 6.10)によれば，陳により提案された最新の外乱オブザーバにおいては，正相成分に対する伝達関数は，次の 1 次式で与えられます．

$$F_{cp}(s)=\frac{j\omega_{2n}+(\alpha-j\beta)}{s+(\alpha-j\beta)} \tag{Q/A6.1-1}$$

このときのα,βは，d軸インダクタンスL_d，回転子速度ω_{2n}，および設計パラメータである2×2オブザーバゲイン$\boldsymbol{G}_c$によって定まる係数です[6.10)]．なお，陳は，「最良のβは，次式である」と結論づけています[6.10)]．

$$\beta=\omega_{2n} \tag{Q/A6.1-2}$$

一方，拡張速度起電力推定に利用された全極形D因子フィルタ$\boldsymbol{F}(\boldsymbol{D})$の正相成分の伝達関数は，(5.5a)式で与えられます．(5.5a)式に，次の2条件を付与することを考えます．

(a)　全極形D因子フィルタの次数nを$n=1$とする．

(b)　全極形D因子フィルタは，$\alpha\beta$固定座標系上で実現する．

この場合，(5.5a)式より，直ちに次の伝達関数を得ます．

$$\begin{aligned}F_p(s,-(1-g_1)\omega_{2n})&=\frac{g_{bkr}+j\,g_{bki}}{A(s+j(-(1-g_1)\omega_{2n}))}\\&=\frac{a_0+jg_1\omega_{2n}}{s+a_0-j(1-g_1)\omega_{2n}}\end{aligned} \tag{Q/A6.1-3}$$

(Q/A6.1-1)式と(Q/A6.1-3)式とを等置し，(Q/A6.1-2)式を考慮すると，直ちに，次の関係が導出されます．

$$\left.\begin{aligned}&a_0=\alpha\\&g_1=1-\frac{\beta}{\omega_{2n}}=0\qquad\beta=\omega_{2n}\end{aligned}\right\} \tag{Q/A6.1-4}$$

文献6.10)を通じ，陳により提案された最新の外乱オブザーバは，煩雑かつ難解です．しかし，上記解析より，「一般化D因子拡張速度起電力推定法は，以下の条件下の特別な一場合として，陳の外乱オブザーバを包含している」ことが明白です．

(a)　全極形D因子フィルタの次数nを$n=1$とする．

(b)　周波数シフト係数g_1を(Q/A6.1-4)式に従い定める．または，$g_1=0$を採用する．

(c)　拡張速度起電力推定器は，$\alpha\beta$固定座標系上で実現する．

なお，本書が提案した図6.3の外装I形実現，外装II形実現は，文献6.10)提案の実現に比較し，格段に簡明です．さらには，1次全極形D因子フィルタの2つの設計パラメータa_0,g_1の推定上の意味は明瞭で，直接設計が可能です．

Q6.2 **「$\alpha\beta$固定座標系上の推定において，速度起電力に代わって拡張速度起電力を推定対象とする最大の動機は推定時に回転子位相情報を必要としない点にある」とのことです．しかし，速度起電力推定法に併用する速度推定法として，積分フィードバック形速度推定法を活用すれば，位相情報は入手できますので（例えば，図5.4(a),(b)），推定時に回転子位相情報の要不要は，大きな動機にはならないと思います．**

Ans. 意見のとおりです．速度起電力推定法に併用する速度推定法として，積分フィードバック形速度推定法を活用すれば，位相情報は副産物として入手できますので，速度起電力に代わって拡張速度起電力を推定対象とする動機は薄れます．実は，陳は，速度推定法として，著者提案の積分フィードバック形速度推定法に代わって，名古屋大学グループが提案した適応形速度推定法を利用しています[6.8)~6.10)]．本推定法は，可変速度を一定のパラメータと見なして適応同定するもので，回転子位相情報を得ることができません．すなわち，「適応形速度推定法の利用を条件とする場合には，推定対象を拡張速度起電力とする選択は十分に意味のある動機となった」といえます．

6.4.3 準同期座標系上での実現とベクトル制御系

〔1〕位相速度推定器

$\gamma\delta$準同期座標系上で構成した一般化D因子拡張速度起電力推定法を用い位相推定を行うセンサレスベクトル制御法を考える．同法を実現したセンサレスベクトル制御系の概略的構成は，図2.22で与えられる．すなわち，本制御系の概略的構成は，**最小次元D因子磁束状態オブザーバ**を用いたセンサレスベクトル制御系のそれと同一である．

センサレスベクトル制御系固有の機能は，**位相速度推定器**（phase-speed estimator）にある．一般化D因子拡張速度起電力推定法に立脚した位相速度推定器の概略構造は，図2.23で与えられる．すなわち，一般化D因子拡張速度起電力推定法に立脚したセンサレスベクトル制御系と最小次元D因子磁束状態オブザーバに基づくセンサレスベクトル制御系とは，位相速度推定器の概略構造においても同一である．位相速度推定器は，**位相偏差推定器**（phase error estimator），**位相同期器**（phase synchronizer）から構成されている．

〔2〕位相偏差推定器

位相偏差推定器は，固定子電流検出値と固定子電圧指令値に加えて，$\gamma\delta$ 準同期座標系の速度 ω_γ，速度推定値 $\widehat{\omega}_{2n}$ を入力信号として得て，$\gamma\delta$ 準同期座標系上で評価した回転子位相推定値 $\hat{\theta}_\gamma$ を生成し出力している．

位相偏差推定器は，基本的に，(6.21)式の $\gamma\delta$ 準同期座標系上の一般化 D 因子拡張速度起電力推定法に従って実現されている．2×1 ベクトル信号である拡張

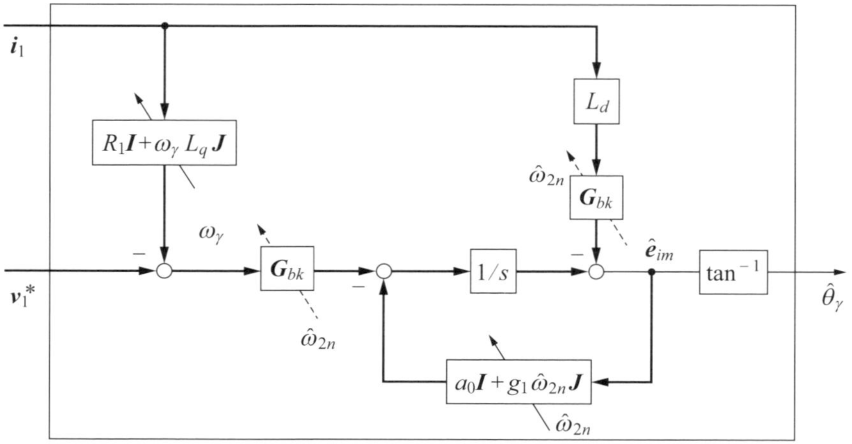

(a) 外装 I-S 形実現

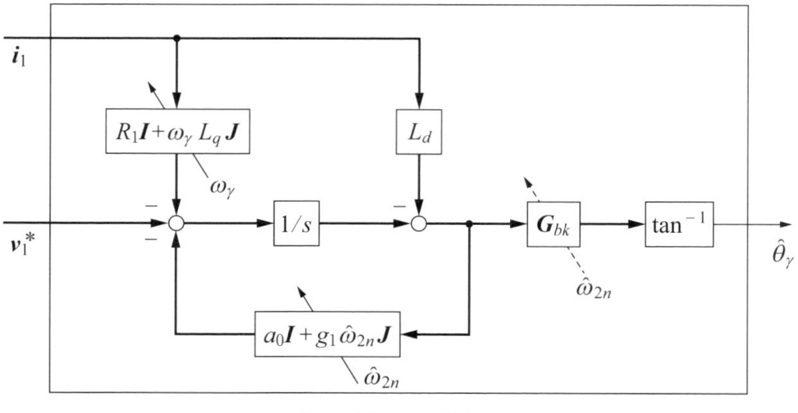

(b) 外装 II-S 形実現

図 6.5　$\gamma\delta$ 準同期座標系上の 1 次 D 因子拡張速度起電力推定法の実現例

速度起電力推定値 $\hat{e}_{im}$ が得られたならば，これに逆正接処理を施し，回転子位相推定値 $\hat{\theta}_{\gamma}$ を決定し，出力している．このときの逆正接処理は，(6.22b)式と同一である．すなわち，「$\pm\pi/2$〔rad〕を超える推定誤差あるいは推定値跳躍はない」ものとして，回転子位相推定値を決定している．換言するならば，単純な逆正接処理による本位相決定法は，**暴走問題**を解決するものでない．

図 6.5(a)，(b)に $\gamma\delta$ 準同期座標系上で構成した位相推定器（1 次 D 因子拡張速度起電力推定法）の詳細構造（**外装Ⅰ-S 形実現**，**外装Ⅱ-S 形実現**）を示した．1 次 D 因子拡張速度起電力推定法の実現に関しては，D 形よりも S 形がコンパクトな実現を与えるため，図 6.5 では，S 形のみを例示した．

同図より，「**ループゲイン**$[a_0\boldsymbol{I}+g_1\hat{\omega}_{2n}\boldsymbol{J}]$と**行列ゲイン** $\boldsymbol{G}_{bk}$ との同一性」，すなわち，(5.25)式が確認される．本特性は，「一般化 D 因子拡張速度起電力推定法は，一般化 D 因子速度起電力推定法と同一の全極形 D 因子フィルタ $\boldsymbol{F}(\boldsymbol{D})$（(5.2)式，(5.3)式参照）を利用している」ことに起因している．

〔3〕位相同期器

位相同期器に関しては，最小次元 D 因子磁束状態オブザーバの使用したものと同一のものが使用される．すなわち，位相同期器は**一般化積分形 PLL 法**に基づき構成されており，この具体的構成は，図 1.8 のとおりである．

Q6.3 **「$\gamma\delta$ 準同期座標系上の一般化 D 因子速度起電力推定法（(5.13)式）と $\gamma\delta$ 準同期座標系上の一般化 D 因子拡張速度起電力推定法（(6.21)式）と比較した場合，両法の間には，演算負荷的にも構成的にも，実質的差異はない」ように認識されます．フィルタ次数 n を $n=1$ とした図 5.5 と図 6.7 からは，この点は一層明瞭に認識されます．本認識は正しいでしょうか．**

Ans. 認識は正しいです．$\gamma\delta$ 準同期座標系上で推定法を構成する場合には，推定対象を，速度起電力に代わって，拡張速度起電力とする積極的理由はありません．$\alpha\beta$ 固定座標系上で推定法を構成する場合には，推定時での回転子位相情報の要不要の問題がありました．しかし，$\gamma\delta$ 準同期座標系上では，この種の問題は存在しません．

速度起電力推定，拡張速度起電力推定における**暴走問題**に対し，この対応を平易に行えるのは，速度起電力推定です．実用上解決が必須の暴走問題の観点からは，一般化 D 因子速度起電力推定法がより実用的といえます．

Q6.4 **藍原，市川，森本の $\gamma\delta$ 準同期座標系上の外乱オブザーバと本書の $\gamma\delta$ 準同期座標系上の一般化D因子拡張速度起電力推定法とは，どのような関係にあるのでしょうか．**

Ans. 藍原による文献6.12)，6.13)は，$\gamma\delta$ 準同期座標系上での拡張速度起電力の推定を示した（恐らく）最初のものです[6.12),6.13)]．しかし，本文献には，外乱オブザーバ固有の外乱フィルタの記述が一切ありません．すなわち，信号の直接微分を避けるための外乱フィルタが存在しないのです．関連著者による最近の文献にも外乱フィルタの記述がなく，信号の直接微分を遂行していると推測されます[6.20)]．この点において，藍原の方法を外乱オブザーバと捉えるか否か意見が分かれています．

市川と森本の文献では，「外乱オブザーバ」が明記されており，伝統的な外乱オブザーバ手法に則り（姉妹本・文献6.21）第7章参照），1次ローパスフィルタが外乱フィルタとして利用されています[6.14)～6.19)]．市川・森本両者の外乱オブザーバにおいては，外乱オブザーバ上の意味のある相違はありません．「完全同一」の表現を使用できる程度に酷似しています（図6.7(a) 参照）．多少の違いは，外乱オブザーバに付随した位相同期器（phase synchronizer）の構成にあります．市川は非積分形のPLL法を用いて位相同期器を構成しています．一方，森本は積分形PLL法を利用しています（1.3節参照）．両者は，同時期に初回の報告をし，かつ同時期に最終論文を提示しています[6.14)～6.19)]．

市川と森本の外乱オブザーバは，入力信号の直接微分の回避に注意するならば，図6.7(a)に準じたものとなります[6.16)]．具体的には，一般化D因子拡張速度起電力推定法に，以下の4条件を付加すると，市川と森本の外乱オブザーバを得ることができます．

(a)　全極形D因子フィルタの次数 n を $n=1$ とする．

(b)　周波数シフト係数 g_1 を $g_1=0$ とする．

(c)　拡張速度起電力推定器は，$\gamma\delta$ 準同期座標系上で実現する．

(d)　実現形式としては，外装 I-S 形実現を採用する．

換言するならば，「一般化D因子拡張速度起電力推定法は，上記4条件下の特別な一場合として，市川と森本の外乱オブザーバを包含している」といえます．

Q6.5 **推定対象（速度起電力，拡張速度起電力）によって，外乱オブザーバによる位相推定性能は異なるのでしょうか．**

Ans. 本件に関する詳細な比較実験は行っていません．一般化D因子速度起電力推定法と一般化D因子拡張速度起電力推定法の観点より，質問に回答します．両推定法は，同一の全極形D因子フィルタを用いています．この観点からは，「両推定法の間には，全極形D因子フィルタの実現条件，実現形式が同一であれば，位相推定の基本性能には，大きな相違はない」と考えています．

ただし，過渡応答は，信号合成の関係上，相違がでる可能性は否定できません．速度起電力を推定対象とした外乱オブザーバでは，次式の成立を条件としました．

$$\frac{(s\omega_{2n})}{\omega_{2n}} \approx 0$$

一方，拡張速度起電力を推定対象とした外乱オブザーバにおいては，上式より強い次式の成立を条件としています．

$$2L_m(\omega_{2n}i_d - (si_q)) + \omega_{2n}\Phi = \mathrm{const}$$

市川の文献6.16)には，上式の成立を条件とした，しかし本書とは異なる外乱オブザーバの導出法が提示されています．過渡時には，これら条件の成否による性能差がでる可能性があります．

なお，拡張速度起電力推定においては，空転時，瞬停時での**再起動**が困難であることが指摘され，また，この対策として再起動前の**前段推定法**が提案されています（2.4節参照）[6.20]．また，拡張速度起電力推定は，**再起動問題**に加え，**暴走問題**も抱えています．

6.5　一般化D因子拡張速度起電力推定法の推定特性

6.5.1　総合的推定特性の要点とパラメータ誤差に対する位相推定特性解析の必要性

位相推定特性の解析は，基本的には，推定値の収束レイト，速度誤差に対する位相推定特性，高調波・高周波信号に対する抑制特性，およびパラメータ誤差に対する位相推定特性の観点から，行うことになる．一般化D因子拡張速度起電力推定法の場合，前3推定特性は，同推定法に使用される全極形D因子フィルタに依存する．

一般化D因子拡張速度起電力推定法で使用する全極形D因子フィルタは，**一般化D因子速度起電力推定法**で使用する全極形D因子フィルタと完全同一である．また，**一般化D因子回転子磁束推定法**で使用する全極形D因子フィルタとは，静的な行列ゲインを除き，同一である．

本事実は，「一般化D因子拡張速度起電力推定法の前3推定特性は，一般化D因子速度起電力推定法，一般化D因子回転子磁束推定法の3推定特性と，基本的に同一である」ことを意味する．一般化D因子回転子磁束推定法，一般化D因子速度起電力推定法に関するこれら3推定特性は，2.4節，2.6節，4.7節，5.5節ですでに説明した．これを踏まえ，一般化D因子拡張速度起電力推定法に関するこれら3推定特性の説明は，省略する．

推定法におけるパラメータ誤差に対する位相推定特性は，一般に，推定法が処理する入力信号に依存する．一般化D因子回転子磁束推定法，一般化D因子速度起電力推定法の処理すべき入力信号は，ともに，速度起電力相当値であった．すなわち，両推定法が処理対象とした入力信号は同一であった．本同一性に起因して，一般化D因子速度起電力推定法におけるパラメータ誤差に対する位相推定特性に関しては，一般化D因子回転子磁束推定法のそれを無修正で使用できた．

ところが，一般化D因子拡張速度起電力推定法が処理すべき入力信号は，拡張速度起電力相当値であり，速度起電力相当値ではない．本事実は，「一般化D因子拡張速度起電力推定法におけるパラメータ誤差に対する位相推定特性に関しては，新たに解析しなおす必要がある」ことを意味する．以下に，著者が文献6.4)を介して提案した当該解析に関し，その要点を紹介する．

6.5.2　パラメータ誤差を考慮した統一拡張速度起電力推定モデル

PMSMの固定子パラメータ真値 R_1, L_i, L_m, L_d, L_q に対して，ある誤差をもつこれらの公称値を，おのおの $\widehat{R}_1, \widehat{L}_i, \widehat{L}_m, \widehat{L}_d, \widehat{L}_q$ と表現する．パラメータ公称値の同真値に対する誤差を，(2.57)式のように定義する．また，インダクタンス公称値に関しては，(2.14)式と同一の関係が成立するものとする．この場合，(2.57)式で定義されたインダクタンス誤差に関しても，(2.14)式と同一の関係である(2.58)式が成立する．

(6.17)式で記述されたPMSMの拡張速度起電力を推定するための推定モデル

として，固定子パラメータ以外は回転子速度を含めすべて既知であるとして，パラメータ公称値等を利用した次のものを考える．

【$\gamma\delta$ 一般座標系上の PMSM 拡張速度起電力推定モデル】[6.4)]

$$\boldsymbol{v}_1 = [\hat{R}_1\boldsymbol{I} - 2\hat{L}_m\omega_{2n}\boldsymbol{J} + \boldsymbol{D}(s, \omega_\gamma)\hat{L}_d]\boldsymbol{i}_1 + \hat{\boldsymbol{e}}_{im} \tag{6.23}$$

■

(6.23)式の推定モデルは，すべてのパラメータ公称値が同真値と等しい場合には，(6.16)式と同一となる．換言するならば，(6.16)式に立脚した各種**モデルマッチング形拡張速度起電力推定法**においてパラメータ誤差を有する公称値を利用する場合には，結果的に，これら推定法は，(6.23)式の推定モデルに立脚した推定法といえる．

6.5.3　パラメータ誤差存在下の開ループ推定における定常推定特性の解析

(6.23)式の推定モデルに立脚した拡張速度起電力推定法に関しては，次の**パラメータ誤差定理 I** が成立する．

《定理 6.3　パラメータ誤差定理 I》[6.4)]

(a)　PMSM の信号を拡張速度起電力推定モデルに用いてマッチングがとれるように拡張速度起電力推定値 $\hat{\boldsymbol{e}}_{im}$ を決定するモデルマッチング形拡張速度起電力推定法を考える．同推定法は，パラメータ真値を利用した場合，定常的には拡張速度起電力真値を推定し得るものとする．

同推定法にパラメータ誤差を有する公称値を利用して決定した拡張速度起電力推定値は，推定誤差 $\Delta\boldsymbol{e}_{im}$

$$\Delta\boldsymbol{e}_{im} = \hat{\boldsymbol{e}}_{im} - \boldsymbol{e}_{im} \neq \boldsymbol{0} \tag{6.24}$$

をもつ．dq 同期座標系上において評価した拡張速度起電力推定誤差を $\Delta\boldsymbol{e}_{imr}$ とすると，定常的な $\Delta\boldsymbol{e}_{imr}$ は次式で与えられる．

$$\Delta\boldsymbol{e}_{imr} = \begin{bmatrix} -\Delta R_1 i_d + \omega_{2n}\Delta L_q\, i_q \\ -\Delta R_1 i_q - \omega_{2n}\Delta L_q\, i_d \end{bmatrix} \qquad \omega_{2n} \neq 0 \tag{6.25}$$

(b)　拡張速度起電力推定値に基づく回転子位相推定値の同真値に対する定常的位相誤差 $\Delta\theta_d$ は，次式となる．

$$\Delta\theta_d = \hat{\theta}_\gamma - \theta_\gamma = \tan^{-1}\frac{\Delta R_1 i_d - \omega_{2n}\Delta L_q i_q}{\omega_{2n}\Phi - \Delta R_1 i_q - \omega_{2n}\Delta L_{qd} i_d} \qquad \omega_{2n} \neq 0 \tag{6.26}$$

特に，高速駆動等により巻線抵抗誤差が無視できる場合には，定常的位相誤差 $\varDelta\theta_d$ は次式となる．

$$\varDelta\theta_d = \tan^{-1}\frac{-\varDelta L_q i_q}{\varPhi-\varDelta L_{qd} i_d} \tag{6.27}$$

〈証明〉

(a)　(6.23)式から(6.16a)式を減じ，拡張速度起電力推定誤差について整理すると，次式を得る．

$$\varDelta \boldsymbol{e}_{im} = -[\varDelta R_1 \boldsymbol{I} - 2\varDelta L_m \omega_{2n} \boldsymbol{J} + \boldsymbol{D}(s,\omega_\gamma)\varDelta L_d]\,\boldsymbol{i}_1 \tag{6.28}$$

拡張速度起電力推定誤差の dq 同期座標系上での定常値を評価すべく，(6.28)式に **dq 同期座標系条件**「$\omega_\gamma = \omega_{2n} \neq 0,\ \theta_\gamma = 0$」と**定常状態条件**「$s\boldsymbol{i}_1 = 0$」とを適用し，(2.58)式の関係を利用すると，(6.25)式を得る．

(b)　dq 同期座標系上で評価した定常的な拡張速度起電力推定値は，(6.24)式に (6.16b)式，(6.25)式を考慮すると，次式となる．

$$\begin{aligned}\hat{\boldsymbol{e}}_{im} &= (2L_m\omega_{2n}i_d+\omega_{2n}\varPhi)\begin{bmatrix}0\\1\end{bmatrix}+\varDelta\boldsymbol{e}_{imr}\\ &= \begin{bmatrix}-\varDelta R_1 i_d+\omega_{2n}\varDelta L_q i_q\\ \omega_{2n}\varPhi-\varDelta R_1 i_q-\omega_{2n}\varDelta L_{qd} i_d\end{bmatrix}\end{aligned} \tag{6.29}$$

(6.29)式は，再び(6.16b)式を考慮すると，(6.26)式を意味する．(6.26)式に近似条件を付与すると，直ちに(6.27)式が得られる．

■

上記の**パラメータ誤差定理Ⅰ**（定理 6.3）より，当該の拡張速度起電力推定法は，以下の定常的な収束特性をもつことが明らかである．

(a)　固定子パラメータ誤差に起因する拡張速度起電力推定誤差は，固定子電流に比例する．

(b)　インダクタンスに関しては，q 軸インダクタンス公称値のみが速度に比例して，拡張速度起電力推定誤差に影響を与える．

(c)　抵抗誤差に起因する拡張速度起電力推定誤差は，速度に無関係である．

(d)　インダクタンス誤差に起因する回転子位相推定誤差は，回転子磁束強度 $\varPhi$ の逆数におおむね比例する．

パラメータ誤差定理Ⅰ（定理 6.3）に使用した諸信号の定常的関係の一例を，**図 6.6** に示した．

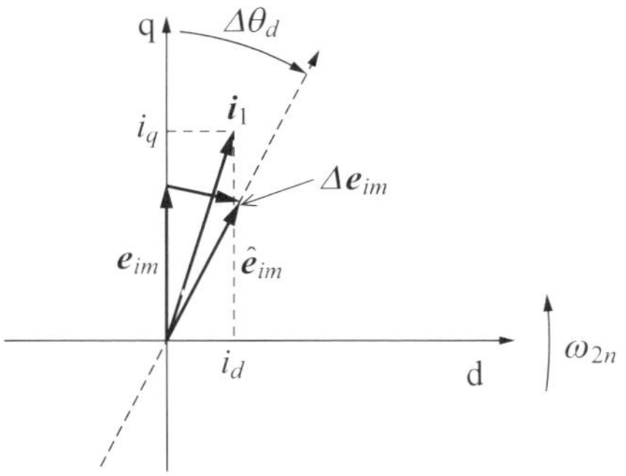

図 6.6　拡張速度起電力，同推定値，固定子電流の相互関係の一例

6.5.4　パラメータ誤差存在下の閉ループ推定における定常推定特性の解析

パラメータ誤差定理Ⅰに述べられた推定特性を有する拡張速度起電力推定法をセンサレスベクトル制御系に利用し，同推定法により得た回転子位相推定値をベクトル制御のためのベクトル回転器の位相に利用する場合には，次の**パラメータ誤差定理Ⅱ**，**パラメータ誤差定理Ⅲ**が成立する．

《定理 6.4　パラメータ誤差定理Ⅱ》[6.4)]

パラメータ誤差定理Ⅰに述べられた推定特性を有する拡張速度起電力推定法をセンサレスベクトル制御系に利用し，同推定法により得た回転子位相推定値をベクトル制御のためのベクトル回転器の位相に利用して得た座標系を $\gamma\delta$ 準同期座標系とする．$\gamma\delta$ 準同期座標系で評価した固定子電流を i_γ, i_δ とするとき，定常状態での固定子電流 i_d, i_q は，次式で記述される軌跡上に存在する．

$$\frac{\Delta R_1 i_d - \omega_{2n}\Delta L_q i_q}{\omega_{2n}\Phi - \Delta R_1 i_q - \omega_{2n}\Delta L_{qd} i_d} = \frac{i_\gamma i_q - i_\delta i_d}{i_\gamma i_d + i_\delta i_q} \qquad \omega_{2n} \neq 0 \tag{6.30}$$

また，固定子電流の比 i_γ/i_δ が一定の場合には，固定子電流 i_d, i_q は，**固定子電流比** i_γ/i_δ と回転子速度 ω_{2n} のみで支配される特定の軌跡上に存在する．

〈証明〉

dq 同期座標系に対する $\gamma\delta$ 準同期座標系の位相は，回転子位相の真値に対する同推定値の位相誤差 $\Delta\theta_d$ でもある．したがって，同一の固定子電流を 2 種の異なる座標系上で評価した場合は，次の関係が成立する（**図 6.7** 参照）．

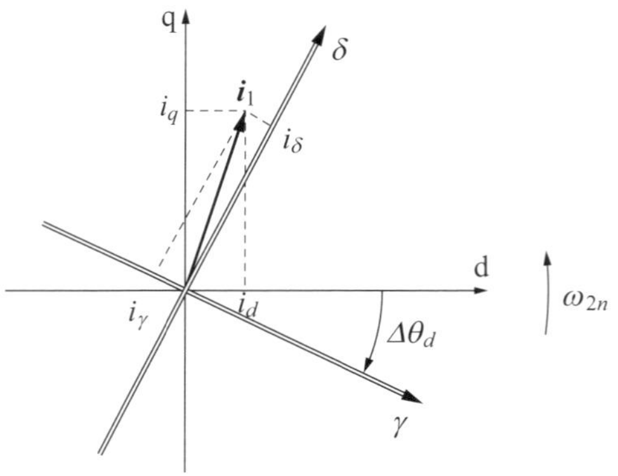

図 6.7　dq 同期座標系と $\gamma\delta$ 準同期座標系の関係

$$\begin{bmatrix} i_d \\ i_q \end{bmatrix} = \boldsymbol{R}(\Delta\theta_d)\begin{bmatrix} i_\gamma \\ i_\delta \end{bmatrix} \tag{6.31a}$$

$$\boldsymbol{R}(\Delta\theta_d) \equiv \begin{bmatrix} \cos\Delta\theta_d & -\sin\Delta\theta_d \\ \sin\Delta\theta_d & \cos\Delta\theta_d \end{bmatrix} \tag{6.31b}$$

上式より，次の関係が得られる（図 6.7 参照）.

$$\tan\Delta\theta_d = \frac{i_\gamma i_q - i_\delta i_d}{i_\gamma i_d + i_\delta i_q} = \frac{\left(\dfrac{i_\gamma}{i_\delta}\right) i_q - i_d}{\left(\dfrac{i_\gamma}{i_\delta}\right) i_d + i_q} \tag{6.32}$$

(6.26)式，(6.32)式は，(6.30)式を意味する.

固定子電流比 i_γ/i_δ が一定の場合には，固定子電流 i_d, i_q は，固定子電流比 i_γ/i_δ と速度のみで支配される特定の軌跡上に存在することは，(6.32)式第2式より明らかである.

■

《定理 6.5　パラメータ誤差定理Ⅲ》[6.4)]

(a)　パラメータ誤差定理Ⅰに述べられた推定特性を有する拡張速度起電力推定法をセンサレスベクトル制御系に利用し，同推定法により得た回転子位相推定値をベクトル制御のためのベクトル回転器の位相に利用して得た座標系を $\gamma\delta$ 準同期座標系とする．また，$\gamma\delta$ 準同期座標系で評価した固定子電流を i_γ, i_δ とする．このとき，高速駆動等により巻線抵抗誤差が無視でき，かつ

$i_\gamma = 0$ の電流制御が行われている場合には，固定子電流 i_d, i_q は，定常状態では，原点を通過する次の軌跡上に存在する．

・パラメータ誤差電流軌跡

$$\Phi\, i_d - \Delta L_{qd} i_d^2 - \Delta L_q i_q^2 = 0 \tag{6.33}$$

$$i_d = \begin{cases} \dfrac{\Phi - \sqrt{(\Phi^2 - 4\Delta L_{qd}\Delta L_q i_q^2)}}{2\Delta L_{qd}} & \Delta L_{qd} \neq 0 \\[2ex] \dfrac{\Delta L_q}{\Phi}\, i_q^2 & \Delta L_{qd} = 0 \end{cases} \tag{6.34}$$

原点を通過する**パラメータ誤差電流軌跡**は，**インダクタンス誤差**に応じて**楕円軌跡**，**放物線軌跡**，**双曲線軌跡**，または**直線軌跡**に変化する．

(b) 上記(a)項の条件下では，定常状態の固定子電流 i_d, i_q は次の値を取り，

$$\left.\begin{aligned} i_d &= \frac{\sqrt{\Phi^2 + 8L_m \Delta L_q i_\delta^2} - \Phi}{4L_m} \\ i_q &= \operatorname{sgn}(i_\delta)\sqrt{i_\delta^2 - i_d^2} \end{aligned}\right\} \tag{6.35}$$

定常的な位相誤差は次式となる．

$$\begin{aligned} \Delta\theta_d &= \sin^{-1}\frac{-i_d}{i_\delta} \\ &= \sin^{-1}\left(\frac{\Phi - \sqrt{\Phi^2 + 8L_m \Delta L_q i_\delta^2}}{4L_m i_\delta}\right) \end{aligned} \tag{6.36}$$

また，次式が成立する場合には，

$$\Phi \gg 2\sqrt{2\,|L_m \Delta L_q|}\,|i_\delta| \tag{6.37}$$

定常状態の固定子電流 i_d, i_q はおおむね次の値を取り，

$$i_d \approx \frac{\Delta L_q i_\delta^2}{\Phi}, \quad i_q \approx i_\delta\left(1 - \frac{\Delta L_q^2 i_\delta^2}{2\Phi^2}\right) \tag{6.38}$$

定常的な位相誤差はおおむね次の値を取る．

$$\begin{aligned} \Delta\theta_d &= \sin^{-1}\frac{-i_d}{i_\delta} \\ &\approx \frac{-\Delta L_q i_\delta}{\Phi} \end{aligned} \tag{6.39}$$

〈証明〉

(a) (6.30)式に対して，高速駆動等により巻線抵抗誤差が無視できる条件 $\Delta R_1 = 0$，および $i_\gamma = 0$ の条件を用いると，

$$\frac{-\Delta L_q i_q}{\Phi - \Delta L_{qd} i_d} = \frac{-i_d}{i_q} \qquad \omega_{2n} \neq 0 \tag{6.40}$$

上式は，(6.33)式のパラメータ誤差電流軌跡として整理することができる．また，(6.33)式を i_d について求解し，物理的意味のある解を採用すると，原点を通過する軌跡を意味する(6.34)式が得られる．

(6.34)式の第1式は，以下のように書き改めることもできる．

$$\frac{\left(i_d - \dfrac{\Phi}{2\Delta L_{qd}}\right)^2}{\dfrac{\Phi^2}{4\Delta L_{qd}^2}} + \frac{i_q^2}{\dfrac{\Phi^2}{4\Delta L_{qd}\Delta L_q}} = 1 \qquad \Delta L_{qd}\Delta L_q \neq 0 \tag{6.41}$$

上式は，$\Delta L_{qd}\Delta L_q > 0$ の場合には**楕円軌跡**を，$\Delta L_{qd}\Delta L_q < 0$ の場合には**双曲線軌跡**を意味する．(6.34)式の第2式は，**放物線軌跡**($\Delta L_q \neq 0$)，**直線軌跡**($\Delta L_q = 0$)を示している．

(b)　$i_\gamma = 0$ の条件の下では，次の関係が成立する（図6.7参照）．

$$i_d^2 + i_q^2 = i_\delta^2 \tag{6.42}$$

(6.33)式と(6.42)式とを連立して求解し，(2.14)式の関係を用いると，(6.35)式を得る．

$\gamma\delta$ 準同期座標系上の $i_\gamma = 0$ とした本場合は，固定子電流は δ 要素のみである．これより直ちに，位相誤差に関し，(6.36)式第1式の関係が成立する．(6.36)式第1式に(6.35)式第1式を適用すると，(6.36)式第2式が得られる．

(6.35)式に対して，(6.37)式の条件を適用して近似を施すと直ちに(6.38)式を得る．(6.35)式，(6.36)式と同様な関係により，(6.38)式より(6.39)式が得られる．

■

拡張速度起電力推定におけるパラメータ誤差定理Ⅲ（定理6.5）は，結果的に，回転子磁束推定におけるパラメータ誤差定理Ⅲ（定理2.6）と同一となっている．本定理の意味する内容の説明は，回転子磁束推定におけるパラメータ誤差定理Ⅲ（定理2.6）に関連してすでに与えているので，ここではこれを省略する．

パラメータ誤差定理Ⅰ～Ⅲ（定理6.3～6.5）は，一般化D因子拡張速度起電力推定法のみならず，拡張速度起電力推定を目的とするすべての**モデルマッチング形拡張速度起電力推定法**に適用可能である．この点には，特に注意されたい．

拡張速度起電力推定におけるパラメータ誤差定理Ⅰ～Ⅲ（定理6.3～6.5）が与

えた解析結果の定量的検証と確認は，回転子磁束推定における**パラメータ誤差定理Ⅰ～Ⅲ**（定理 2.4～2.6）の場合と同様な数値実験（2.5.5 項参照）を通じ，実施されている．このため，本書では，この紹介は割愛する．興味のある読者は，著者文献 6.4)を参照されたい．同文献には，モデルマッチング形拡張速度起電力推定法として一般化 D 因子拡張速度起電力推定法を使用した検証結果が示されている．

第7章 効率駆動のための軌跡指向形ベクトル制御法

7.1 目的

突極 PMSM（**SP-PMSM**）の効率駆動には，姉妹本・文献 7.6)・第5章「高効率・広範囲駆動のための電流指令法」で詳しく説明したように，固定子電流を適切に制御する必要がある．SP-PMSM においては，発生トルクと固定子電流との関係は非線形であり，同一トルクを発生する固定子電流は無数存在する．効率駆動には，無数存在する固定子電流の中で，損失を最小化するものを選択する必要がある．

ベクトル制御系の中核をなす電流制御系が適切に構成され，固定子電流が電流指令値どおりに制御されている状況下では，効率的な固定子電流をもたらす同指令値の生成が，効率駆動の要となる．効率的な電流指令値の生成機能を担っているのが，ベクトル制御系における**指令変換器**（command converter）である．指令変換器には，**トルク指令値**より，特定の**最適電流軌跡**上の d 軸，q 軸**電流指令値**を実時間生成するアルゴリズムが実装されている．

センサ利用ベクトル制御系と**センサレスベクトル制御系**との本質的な違いは，回転子の位相・速度情報の入手を，**位置・速度センサ**，**位相速度推定器**のいずれに依存するかにある．効率駆動に関しては，両ベクトル制御系は，原則的に，ともに指令変換器に依存する．$\alpha\beta$ 固定座標系上，$\gamma\delta$ 準同期座標系上の位相速度推定器を利用したセンサレスベクトル制御系の代表的構成例は，すでに図 2.8，図 2.22 に示した．両構成例においては，ともに，固定子電流指令値は，トルク指令値を入力信号とする指令変換器の出力信号として生成されている．

2.5 節，4.7 節，5.5 節，6.5 節ですでに示したように，センサレスベクトル制御系の中核をなす位相速度推定器の位相推定構成要素（位相推定器または位相偏差推定器）を，**一般化 D 因子回転子磁束推定法**，**一般化 D 因子速度起電力推定法**，**一般化 D 因子拡張速度起電力推定法**に基づき構成し，位相推定構成要素が必要とする固定子パラメータに，パラメータ真値と異なる公称値等を利用した場合には，回転子位相推定値は同真値と異なる．さらには，このときの**パラメータ誤差**と**位相誤差**との間には特定の関係が存在することを，**パラメータ誤差定理**を通じ明らかにした．

本関係を利用すれば，指令変換器の要なく，固定子電流を最適電流軌跡近傍に維持することができる．すなわち，意図的に，真値と異なる固定子パラメータを位相推定構成要素に使用することで位相推定値を変位させ，変位させた位相推定値をベクトル回転器に用いて電流制御用の座標系を構成するならば，固定子電流を最適電流軌跡近傍に維持し効率駆動を達成することができる．

以降では，**$\gamma\delta$ 一般座標系**の中で，δ 軸位相を固定子電流位相とする座標系を**$\gamma\delta$ 電流座標系**と呼称する．**図 7.1** に，$\gamma\delta$ 電流座標系と他の座標系の関係を例示した．図 7.1(a)は $\gamma\delta$ 一般座標系と $\alpha\beta$ 固定座標系，dq 同期座標系の関係を（図 1.1 参照），図 7.1(b)は $\gamma\delta$ 電流座標系と dq 同期座標系の関係を，おのおの示している．図 7.1(a)では，α 軸から評価した γ 軸の位相を $\theta_{\alpha\gamma}$ と定義している．また，「意図的に真値と異なる固定子パラメータを用い，効率駆動をもたらす特定の軌跡上に，$\gamma\delta$ 電流座標系上の固定子電流を配置する」ようにしたセンサレスベクトル制御法を，**軌跡指向形ベクトル制御法**と呼称する．

本章では，回転子位相推定に一般化 D 因子回転子磁束推定法，一般化 D 因子

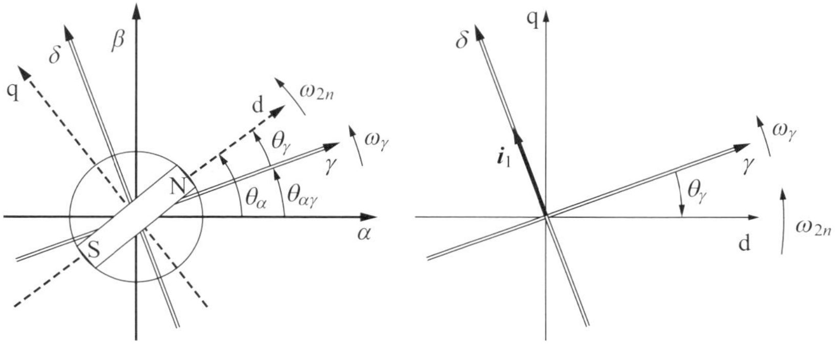

（a）3 座標系と回転子位相　　（b）$\gamma\delta$ 電流座標系

図 7.1　$\gamma\delta$ 電流座標系と他座標系の関係

速度起電力推定法，一般化D因子拡張速度起電力推定法等を用いることを想定した軌跡指向形ベクトル制御法の詳細を説明する．なお，本章の内容は，著者の原著論文および特許 7.1)～7.4)を再構成したものであることを断っておく．

7.2　軌跡定理と軌跡指向形ベクトル制御法

7.2.1　軌跡定理

一般化D因子回転子磁束推定法における，固定子パラメータ誤差に対する位相推定特性（すなわち，固定子パラメータ真値と異なる値を利用した場合の位相推定値への影響）に関しては，2.5 節で提案したパラメータ誤差定理Ⅰ～Ⅲ（定理 2.4～2.6）が適用される．

一般化D因子速度起電力推定法における，固定子パラメータ誤差に対する位相推定特性に関しては，一般化D因子回転子磁束推定法のためのパラメータ誤差定理Ⅰ～Ⅲ（定理 2.4～2.6）が，無修正で適用される．本事実は，5.5 節で解説したとおりである．

一般化D因子拡張速度起電力推定法における，固定子パラメータ誤差に対する位相推定特性に関しては，6.5 節で提案したパラメータ誤差定理Ⅰ～Ⅲ（定理 6.3～6.5）が適用される．

一般化D因子回転子磁束推定法，一般化D因子速度起電力推定法に適用される**パラメータ誤差定理Ⅲ**（定理 2.6）と，一般化D因子拡張速度起電力推定法に適用されるパラメータ誤差定理Ⅲ（定理 6.5）とは，同一ではない．しかし，両者は，解析の最終結果に関しては，同一の内容を示した．

2つのパラメータ誤差定理Ⅲの共通部分を中心とした要点は，以下のように整理される[7.2),7.3)]．

《定理 7.1　パラメータ誤差定理Ⅲ》[7.2),7.3)]

一般化D因子回転子磁束推定法，一般化D因子速度起電力推定法，または一般化D因子拡張速度起電力推定法をセンサレスベクトル制御系に利用し，同推定法により得た回転子位相推定値をベクトル制御のためのベクトル回転器の位相に利用して得た座標系を $\gamma\delta$ 準同期座標系とする．また，$\gamma\delta$ 準同期座標系で評価した固定子電流を i_γ, i_δ とする．このとき，高速駆動等により固定子抵抗（巻線抵抗）誤差が無視でき，かつ $i_\gamma = 0$ の電流制御が行われている場合には，固定

子電流 i_d, i_q は，定常状態では，原点を通過する次の軌跡上に存在する．

・パラメータ誤差電流軌跡

$$\Phi\, i_d - \Delta L_{qd} i_d^2 - \Delta L_q i_q^2 = 0 \tag{7.1}$$

$$i_d = \begin{cases} \dfrac{\Phi - \sqrt{(\Phi^2 - 4\Delta L_{qd}\Delta L_q i_q^2)}}{2\Delta L_{qd}} & \Delta L_{qd} \neq 0 \\ \dfrac{\Delta L_q}{\Phi}\, i_q^2 & \Delta L_{qd} = 0 \end{cases} \tag{7.2}$$

ただし，一般化 D 因子推定法に利用された q 軸インダクタンスを $\hat{L}_q$ とするとき，$\Delta L_q, \Delta L_{qd}$ は，次式で定義された**インダクタンス誤差**である．

$$\Delta L_q \equiv \hat{L}_q - L_q, \qquad \Delta L_{qd} \equiv \hat{L}_q - L_d \tag{7.3}$$

原点を通過する**パラメータ誤差電流軌跡**は，インダクタンス誤差に応じて**楕円軌跡**，**放物線軌跡**，**双曲線軌跡**，または**直線軌跡**に変化する．

■

本章では，一般化 D 因子回転子磁束推定法，一般化 D 因子速度起電力推定法，一般化 D 因子拡張速度起電力推定法の総称として，「**モデルマッチング形回転子位相推定法**」なる用語を使用する．**図 7.2** に，モデルマッチング形回転子位相推定法におけるパラメータ誤差電流軌跡の数例を概略的に示した．

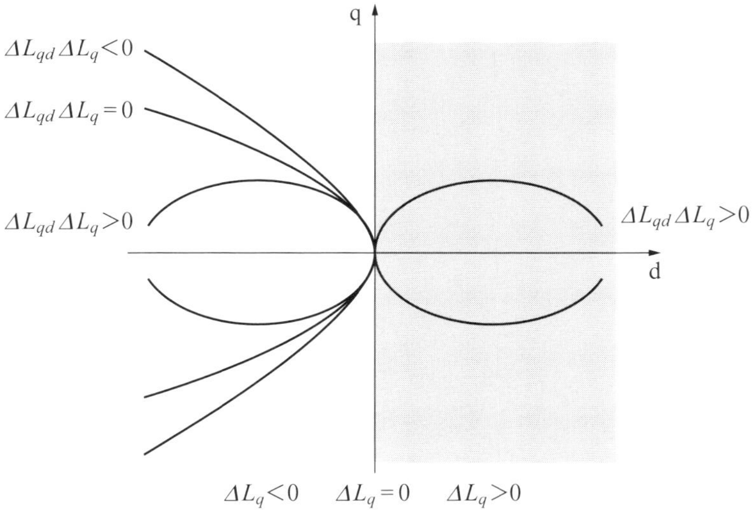

図 7.2　モデルマッチング形回転子位相推定法におけるパラメータ誤差電流軌跡の例

モデルマッチング形回転子位相推定法に適用可能なパラメータ誤差定理Ⅲ（定理7.1）の活用により，軌跡指向形ベクトル制御法の理論的根拠を与える以下の**軌跡定理Ⅰ**，**軌跡定理Ⅱ**，**インダクタンス定理**を得る．

《定理7.2　軌跡定理Ⅰ》

$i_\gamma=0$ とする $\gamma\delta$ 電流座標系上で固定子電流制御が遂行され，このときの $\gamma\delta$ 電流座標系の位相決定を担うモデルマッチング形回転子位相推定法には，固定子パラメータ $\hat{R}_1, \hat{L}_q$ として，次のものが用いられているとする．

$$\hat{R}_1=R_1, \qquad \hat{L}_q=L_d \tag{7.4}$$

このとき，固定子電流は，定常的には次式で記述される**放物線軌跡**上に存在する．

$$\Phi\, i_d-2L_m i_q^2=\Phi\, i_d+(L_q-L_d)i_q^2=0 \tag{7.5}$$

〈証明〉

本定理の条件下では，**パラメータ誤差定理Ⅲ**が成立する．したがって，固定子電流は(7.1)式あるいはこれと等価な(7.2)式によって記述された軌跡上に存在することになる．このときのインダクタンス誤差は，(7.4)式より，次式となる．

$$\Delta L_{qd}=L_d-L_d=0, \qquad \Delta L_q=L_d-L_q=2L_m \tag{7.6}$$

(7.6)式を(7.1)式に適用すると，(7.5)式を得る．

■

《定理7.3　軌跡定理Ⅱ》

$i_\gamma=0$ とする $\gamma\delta$ 電流座標系上で固定子電流制御が遂行され，このときの $\gamma\delta$ 電流座標系の位相決定を担うモデルマッチング形回転子位相推定法には，固定子パラメータ $\hat{R}_1, \hat{L}_q$ として，次のものが用いられているとする．

$$\hat{R}_1=R_1, \qquad \hat{L}_q=0 \tag{7.7}$$

このとき，固定子電流は，定常的には次式で記述される**力率1軌跡**上に存在する．

$$\Phi\, i_d+L_d i_d^2+L_q i_q^2=0 \tag{7.8}$$

〈証明〉

本定理の条件下では，**パラメータ誤差定理Ⅲ**が成立する．したがって，固定子電流は(7.1)式あるいはこれと等価な(7.2)式によって記述された軌跡上に存在することになる．このときのインダクタンス誤差は，(7.7)式より，次式となる．

$$\Delta L_{qd}=-L_d, \quad \Delta L_q=-L_q \tag{7.9}$$

(7.9)式を(7.1)式に適用すると，(7.8)式を得る．

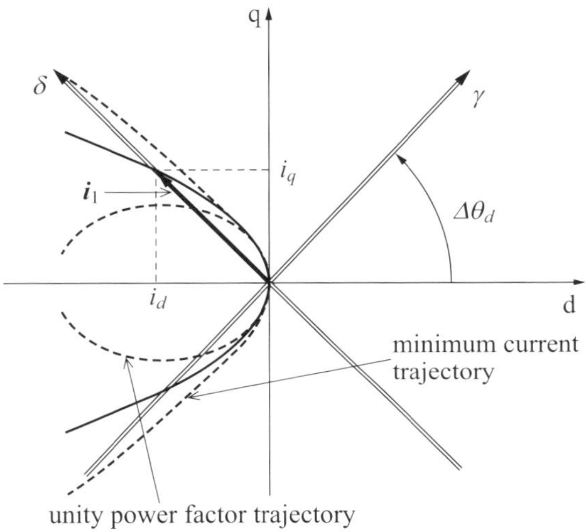

図 7.3 軌跡定理 I に基づいた場合の最適電流軌跡，固定子電流，座標系の関係

■

図 7.3 に，**軌跡定理 I**（定理 7.2）に従った場合の固定子電流の定常的様子を，概略的に示した．同図では，参考までに，力率 1 軌跡（楕円軌跡），および次式で記述される**最小電流軌跡**（双曲線軌跡）も破線で概略的に示している（姉妹本・文献 7.6）第 5 章，(5.41)式参照）．

$$\Phi i_d + 2L_m(i_d^2 - i_q^2) = 0 \qquad (7.10)$$

固定子電流は，(7.5)式で規定された放物線軌跡上に存在し，固定子電流ベクトルの方向が $\gamma\delta$ 電流座標系の δ 軸方向でもある．したがって，この場合の $\gamma\delta$ 電流座標系では，放物線軌跡上に存在する固定子電流の大きさに応じて，dq 軸に対する $\gamma\delta$ 軸の**位相偏差**（**位相誤差**）$\Delta\theta_d$ が変化することになる．

真値 L_q に対し誤差をもつ $\hat{L}_q$ と位相偏差 $\Delta\theta_d$ と固定子電流 i_δ との三者間には，一般に，次の**インダクタンス定理**が成立している．

【定理 7.4 インダクタンス定理】

$i_\gamma = 0$ とする $\gamma\delta$ 電流座標系上で固定子電流制御が遂行され，このときの $\gamma\delta$ 電流座標系の位相決定を担う位相速度推定器の位相推定構成要素に使用された固定子抵抗には，実質的誤差はないものとする．一方，位相推定構成要素に使用されたインダクタンス $\hat{L}_q$ に関しては，真値 L_q に対し $\hat{L}_q \le L_q$ を満たす誤差を有するものとする．このとき，インダクタンス $\hat{L}_q$ と位相偏差（位相誤差）$\Delta\theta_d$ と固定子電流 i_δ との三者間に，次の関係が成立する．

$$\hat{L}_q = L_q + |\sin\Delta\theta_d| \left(2L_m |\sin\Delta\theta_d| - \frac{\Phi}{|i_\delta|} \right) \qquad i_\delta \ne 0 \tag{7.11}$$

〈証明〉

$\hat{L}_q \le L_q$ が成立している場合には，図 7.3 より，次の関係を得る．

$$i_d = -i_\delta \sin\Delta\theta_d \le 0 \qquad |\Delta\theta_d| \le \frac{\pi}{2} \tag{7.12}$$

(2.85)式，(6.36)式が示しているように，定常状態では，真値 L_q に対し誤差をもつ $\hat{L}_q$ と位相偏差（位相誤差）$\Delta\theta_d$ とに関し，次の関係が成立している．

$$\Delta\theta_d = \sin^{-1}\frac{-i_d}{i_\delta} = \sin^{-1}\left(\frac{\Phi - \sqrt{\Phi^2 + 8L_m(\hat{L}_q - L_q)i_\delta^2}}{4L_m i_\delta} \right) \tag{7.13}$$

(7.12)式を活用しつつ，(7.13)式をインダクタンス $\hat{L}_q$ に関し整理すると，次式を得る．

$$\begin{aligned}
\hat{L}_q &= L_q + \frac{(4L_m i_\delta \sin\Delta\theta_d - \Phi)^2 - \Phi^2}{8L_m i_\delta^2} \\
&= L_q + \frac{i_d(2L_m i_d + \Phi)}{i_\delta^2} \\
&= L_q + \sin\Delta\theta_d \left(2L_m \sin\Delta\theta_d - \frac{\Phi}{i_\delta} \right) \\
&= L_q + \sin|\Delta\theta_d| \left(2L_m \sin|\Delta\theta_d| - \frac{\Phi}{|i_\delta|} \right) \\
&= L_q + |\sin\Delta\theta_d| \left(2L_m |\sin\Delta\theta_d| - \frac{\Phi}{|i_\delta|} \right)
\end{aligned} \tag{7.14}$$

■

固定子電流が，(7.10)式で規定された最小電流軌跡上に存在する場合には，最小電流（最小銅損）によるトルク発生が達成される（姉妹本・文献 7.6）第 5 章参照）．一方，固定子電流が，(7.8)式で規定された力率 1 軌跡上に存在する場合には，PMSM への入力電力に対して力率 1 が達成される（姉妹本・文献 7.6）第 5 章参照）．力率の向上は，電力変換器の容量，損失をも考慮する場合，駆動システムの総合損失低減に効果がある．

PMSMの固定子鉄損をも考慮する場合には，総合損失を最小化する最適電流軌跡は，(7.10)式と(7.8)式の間に存在することがわかっている（姉妹本・文献7.6）6.5節参照）．これを満たす1つの軌跡が，(7.5)式の放物線軌跡である．

以上のように，$i_\gamma = 0$とする$\gamma\delta$電流座標系上で固定子電流制御が遂行され，$\gamma\delta$電流座標系の位相決定にモデルマッチング形回転子位相推定法が利用される場合，軌跡定理Ⅰ（定理7.2）が，総合損失低減の問題に対し，1つの有力な解を与える．

なお，一般的には，固定子抵抗は，真値あるいはこの良好な近似値を使用することが好ましいが，軌跡定理Ⅰ,Ⅱ（定理7.2，7.3）の礎であるパラメータ誤差定理Ⅲより理解されるように，本要件が必要なのは低速域駆動のみである．固定子抵抗の影響が少ない高速域駆動時には，本要件は無視して問題ない．

2

7.2.2 軌跡指向形ベクトル制御法

軌跡定理Ⅰ,Ⅱによれば，有用な**軌跡指向形ベクトル制御法**を直ちに得ることができる．本ベクトル制御法は，以下のように整理される．

【軌跡指向形ベクトル制御法Ⅰ】

(a) $i_\gamma = 0$とする**$\gamma\delta$電流座標系**上で，固定子電流制御を遂行する．

(b) 回転子の位相・速度の推定機能を担う位相速度推定器の位相推定構成要素（位相推定器または位相偏差推定器）におけるq軸インダクタンス用パラメータ$\hat{L}_q$は，(7.4)式または(7.7)式に従って，定める．

■

$i_\gamma = 0$とする$\gamma\delta$電流座標系上で固定子電流制御が遂行されている場合には，軌跡定理Ⅰ,Ⅱ，インダクタンス定理が示しているように，d軸インダクタンスL_dは，その値いかんにかかわらず，固定子電流の軌跡には影響を与えない．この点に注意し，軌跡定理Ⅰ,Ⅱ，インダクタンス定理を活用するならば，次の驚くべき単純で有用性の高い結論を得る．

【軌跡指向形ベクトル制御法Ⅱ】

突極特性をもつ**SP-PMSM**に対して，あたかも本モータを次の(7.15)式に示した固定子インダクタンス$\hat{L}_i$をもつ**非突極PMSM**として扱い，

$$0 \le \hat{L}_i \le L_i \tag{7.15}$$

$i_\gamma = 0$ とする **$\gamma\delta$ 電流座標系**上で固定子電流の制御を行い，かつ，位相速度推定器の位相推定構成要素（位相推定器または位相偏差推定器）を(7.15)式に従い構成するならば，効率駆動が遂行される．

ただし，電流制御器の設計には，同相インダクタンス L_i の真値あるいはこれに準じた値を使用するものとする．

■

上の**軌跡指向形ベクトル制御法Ⅱ**は，$i_\gamma = 0$ とする $\gamma\delta$ 電流座標系上で固定子電流制御を遂行するとともに，回転子の位相・速度の推定機能を担う位相速度推定器の位相推定構成要素（位相推定器または位相偏差推定器）における d 軸，q 軸インダクタンス用パラメータ $\hat{L}_d, \hat{L}_q$（以下，**推定器用インダクタンス**）として，(7.15)式に規定した $\hat{L}_i$ を使用すること（すなわち $\hat{L}_d \rightarrow \hat{L}_i$，$\hat{L}_q \rightarrow \hat{L}_i$）を要請するものである．

非突極 PMSM においては，d 軸と q 軸のインダクタンスは同一，すなわち実質的に $L_q = L_d = L_i$ が成立している．固定子インダクタンスの本特性上，d 軸電流を常時ゼロとする固定子電流の制御が最小銅損を与え，通常の駆動においては $i_d = 0$ が維持される．当然のことながら，非突極 PMSM を対象とする位相速度推定器の位相推定構成要素（位相推定器または位相偏差推定器）には，同一のインダクタンス $L_q = L_d = L_i$ が使用される．

上の軌跡指向形ベクトル制御法Ⅱは，「突極性をもつ SP-PMSM に対しても，形式的に，単一固定子インダクタンス $\hat{L}_i$ をもつ非突極 PMSM として本モータを扱いセンサレスベクトル制御系を構成すればよい」ことを意味している．

回転子磁束を推定すべく，最小次元 D 因子磁束状態オブザーバ，同一次元 D 因子状態オブザーバ等を含む**一般化 D 因子回転子磁束推定法**を $\alpha\beta$ 固定座標系上で構成する場合には，**最終位相推定値**が必要とされた（図 2.9，図 3.2，図 3.11，図 4.9 参照）．また，速度起電力を推定すべく，**一般化 D 因子速度起電力推定法**を $\alpha\beta$ 固定座標系上で構成する場合にも，最終位相推定値が必要とされた（図 5.4 参照）．本要求に応えるべく，これら一般化 D 因子推定法に同伴される速度推定法として，回転子の速度推定値に加えて最終位相推定値を生成できる**積分フィードバック形速度推定法**が提案され使用されてきた．しかし，上記の軌跡指向形ベクトル制御法Ⅱに従う限りにおいては，これら一般化 D 因子推定法においては，最終位相推定値は必要とされない．この結果，軌跡指向形ベクトル制御法Ⅱに従う場合には，これら一般化 D 因子推定法に同伴される速度推定法としては，必ずしも，積分フィードバック形速度推定法を使用する必要がない．

一般化D因子速度起電力推定法を，軌跡指向形ベクトル制御法Ⅱに従って構成することを考える．軌跡指向形ベクトル制御法Ⅱに従うことを前提とする場合には，$\gamma\delta$ 一般座標系上の一般化D因子速度起電力推定法は，(5.11)式において $L_d \to \hat{L}_i$，$L_q \to \hat{L}_i$ の置換を行うと，直ちに以下のように得られる．

$$\hat{\boldsymbol{e}}_m = \boldsymbol{F}(\boldsymbol{D}(s, \omega_\gamma - (1-g_1)\hat{\omega}_{2n}))[\boldsymbol{v}_1 - R_1\boldsymbol{i}_1 - \boldsymbol{D}(s, \omega_\gamma)\hat{L}_i\boldsymbol{i}_1] \tag{7.16}$$

これに対して，拡張速度起電力推定ための**一般化D因子拡張速度起電力推定法**を，軌跡指向形ベクトル制御法Ⅱに従って構成することを考える．軌跡指向形ベクトル制御法Ⅱに従うことを前提とする場合には，この $\gamma\delta$ 一般座標系上の一般化D因子拡張速度起電力推定法は，(6.19)式において $L_d \to \hat{L}_i$，$L_q \to \hat{L}_i$ の置換を行うと，直ちに以下のように得られる．

$$\hat{\boldsymbol{e}}_{im} = \boldsymbol{F}(\boldsymbol{D}(s, \omega_\gamma - (1-g_1)\hat{\omega}_{2n}))[\boldsymbol{v}_1 - [R_1\boldsymbol{I} + \boldsymbol{D}(s, \omega_\gamma)\hat{L}_i]\,\boldsymbol{i}_1] \tag{7.17}$$

(7.16)式と(7.17)式とは，完全同一である．すなわち，軌跡指向形ベクトル制御法Ⅱに従うことを条件とする場合には，速度起電力推定のための一般化D因子速度起電力推定法と拡張速度起電力推定のための一般化D因子拡張速度起電力推定法とは，同一となる．

以上の説明よりすでに明らかなように，軌跡指向形ベクトル制御法は，その原理を，位相速度推定器に使用すべき推定器用インダクタンスとして真値と異なる値を意図して使用することを奨める**軌跡定理**においており，本法は**パラメトリックアプローチ**（parametric approach）による**効率駆動制御法**といえる．

なお，単一の推定器用インダクタンス $\hat{L}_i$ で，種々の固定子電流を想定した最小電流軌跡を得ることはできない．任意の固定子電流を最小電流軌跡上に配置するには，推定器用インダクタンス $\hat{L}_i$ を固定子電流に応じ可変する必要がある．これに関しては，次の**最小電流定理**が成立する[7.4), 7.5)]．

【定理 7.4　最小電流定理】[7.4), 7.5)]

(a)　軌跡指向形ベクトル制御法Ⅱにおいて，$\gamma\delta$ 軌跡座標系の δ 軸を最小電流軌跡上への収束させるための推定器用インダクタンス $\hat{L}_i$ は，次式で与えられる．

$$\hat{L}_i = \frac{L_q i_d^2 + L_d i_q^2}{i_d^2 + i_q^2}$$

$$
= \frac{L_q i_d^2 + L_d i_q^2}{i_\delta^2}
$$

$$
= L_d \cos^2 \varDelta\theta_d + L_q \sin^2 \varDelta\theta_d \tag{7.18}
$$

(b)　最小電流軌跡のための推定器インダクタンス $\hat{L}_i$ の最小・最大値は，次式で与えられる．

$$
L_d \le \hat{L}_i \le L_i \tag{7.19}
$$

また，推定器インダクタンス $\hat{L}_i$ は次の漸近特性を示す．

$$
\left.\begin{aligned}
\hat{L}_i &\to L_d \qquad \text{as } |i_\delta| \to 0 \\
\hat{L}_i &\to L_i \qquad \text{as } |i_\delta| \to \infty
\end{aligned}\right\} \tag{7.20}
$$

〈証明〉

(a)　最小電流軌跡は，(7.10)式の双曲線で与えられる．軌跡指向形ベクトル制御の原理を与えたパラメータ誤差電流軌跡である(7.1)式左辺と(7.10)式左辺とを等置すると，次式を得る．

$$
\varPhi\, i_d - (\hat{L}_i - L_d) i_d^2 - (\hat{L}_i - L_q) i_q^2 = \varPhi\, i_d + 2L_m (i_d^2 - i_q^2) \tag{7.21}
$$

上式を推定器用インダクタンス $\hat{L}_i$ に関し整理すると，(7.18)式の第1式を得る．図7.3より，直ちに第2式，第3式を得る．

(b)　d軸インダクタンスと鏡相インダクタンス L_m を用いて，(7.18)式におけるq軸インダクタンスを再表現し，$L_m \le 0$ を考慮すると，次式を得る．

$$
\hat{L}_i = \frac{(L_d - 2L_m) i_d^2 + L_d i_q^2}{i_d^2 + i_q^2} = \frac{L_d (i_d^2 + i_q^2) - 2L_m\, i_d^2}{i_d^2 + i_q^2}
$$

$$
= L_d - \frac{2L_m\, i_d^2}{i_\delta^2} \ge L_d \tag{7.22}
$$

同相インダクタンス L_i と鏡相インダクタンス L_m を用いて，(7.18)式のd軸，q軸インダクタンスを再表現し，最小電流軌跡を規定した(7.10)式を再度利用の上，$i_d \le 0$ を考慮すると，次式を得る．

$$
\hat{L}_i = \frac{(L_i - L_m) i_d^2 + (L_i + L_m) i_q^2}{i_d^2 + i_q^2}
$$

$$
= L_i - L_m \frac{i_d^2 - i_q^2}{i_d^2 + i_q^2} = L_i + \frac{\varPhi\, i_d}{2\, i_\delta^2} \le L_i \tag{7.23}
$$

(7.22)式，(7.23)式は，(7.19)式を意味する．

(7.22)式は，d軸電流2乗値がゼロに漸近するに従い，推定器用インダクタンスがd軸インダクタンスに漸近することを示している．また，(7.23)式は，d 軸電流が負方向に増大するに従い，推定器用インダクタンスが同相インダクタンスに漸近することを示している．最小電流軌跡上の d 軸電流と γ 軸電流絶対値とが単調増加の関係にあることを考慮すると，これらは(7.20)式を意味する．

■

最小電流定理は，「固定子電流が特別大きい場合を除き，$\hat{L}_i = L_d$ とする軌跡定理 I に基づく軌跡指向形ベクトル制御が，最小銅損に近い効率駆動をもたらす」ことを裏付けるものでもある．最小電流定理に基づくさらなる解析に関しては，拙著文献 7.5) 第 9 章を参照されたい．

Q7.1 **Q/A 6.2 では，「$\alpha\beta$ 固定座標系上の推定において，速度起電力に代って拡張速度起電力を推定対象とする最大の動機は推定時に回転子位相情報を必要としない」，「本動機は，積分フィードバック形速度推定法の出現によって，実質消滅した」との意見交換をしました．「効率駆動を目的に，軌跡指向形ベクトル制御法 II に従うことを前提とする場合には，あえて拡張速度起電力の概念を導入する必要はない」と理解してよいですか．**

Ans. そのとおりです．

Q7.2 **軌跡指向形ベクトル制御法 II では，推定器用インダクタンス $\hat{L}_i$ の決定が重要との印象を受けました．(7.15)式では，推定器用インダクタンス $\hat{L}_i$ の下限をゼロで抑えています．「推定器インダクタンス $\hat{L}_i$ の下限をゼロ」としたことに，特別な意味があるのでしょうか．**

Ans. 本章で紹介した軌跡指向形ベクトル制御は，実効的な電圧制限のない状態での駆動を想定しています．本想定に基づき，「推定器用インダクタンス $\hat{L}_i$ の下限をゼロ」の条件を付しました．実効的電圧制限がある場合には，推定器用インダクタンス $\hat{L}_i$ に負値を与えます．負値の推定器用インダクタンス $\hat{L}_i$ を用いることにより，実効的電圧制限がある場合にも，定格速度を超える高速回転が可能となります．この詳細は，拙著文献 7.5) 第 9 章を参照してください．

7.3　軌跡指向形ベクトル制御系の構成

軌跡指向形ベクトル制御法に基づき構成されたセンサレスベクトル制御系の代表例を**図 7.4** に示す．図 7.4(a)は $\alpha\beta$ 固定座標系上の位相速度推定器を利用した例，(b)は $\gamma\delta$ 電流座標系上の位相速度推定器を利用した例である．同図においては，電流制御における γ 軸電流指令値は常時ゼロにセットされている点，すなわち $i_\gamma^* = 0$ としている点に注意されたい．これにより，$i_\gamma = 0$ の電流制御を実現している．δ 軸電流指令値は，単純に，速度制御器（speed controller）の出力信号を無修正で直接利用している．すなわち，本センサレスベクトル制御系においては，指令変換器はもはや存在しない．位相速度推定器の位相推定構成要素（位相推定器または位相偏差推定器）には，モデルマッチング形回転子位相推定法の 1 つが組み込まれているが，ここに利用されたインダクタンスパラメータは，軌跡定理Ⅰ,Ⅱ，インダクタンス定理を根拠とする軌跡指向形ベクトル制御法ⅠまたはⅡに従ったものである点には，注意されたい．

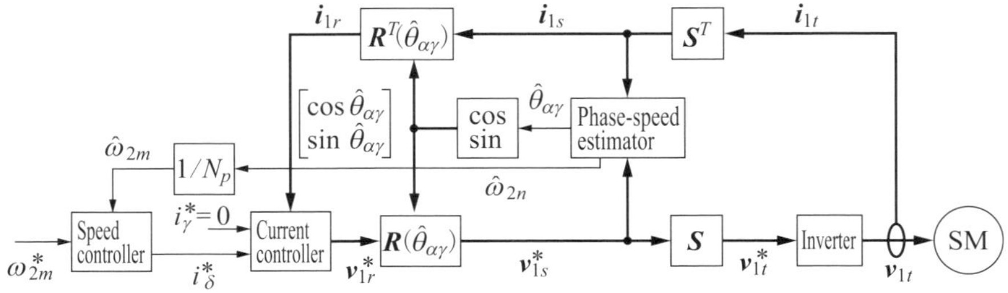

(a) $\alpha\beta$個体座標系上の位相速度推定器を利用した例

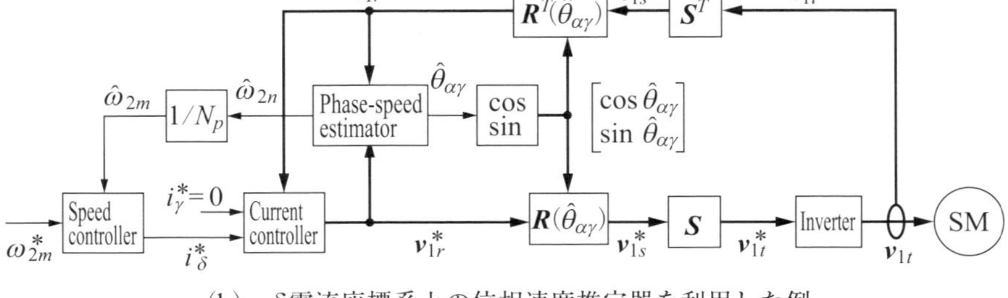

(b) $\gamma\delta$電流座標系上の位相速度推定器を利用した例

図 7.4　軌跡指向形ベクトル制御系の代表的構成例

位相速度推定器が出力した位相は，α 軸から見た d 軸位相（回転子位相）θ_α の推定値 $\hat{\theta}_\alpha$ ではなく，特定軌跡上にある固定子電流位相（δ 軸位相）に対応した γ 軸位相 $\theta_{\alpha\gamma}$ の推定値 $\hat{\theta}_{\alpha\gamma}$，すなわち $\gamma\delta$ 電流座標系の位相である（図 7.1 参照）．このときの γ 軸位相 $\theta_{\alpha\gamma}$ は，α 軸から評価した値である．

なお，本構成例は標準的な電流制御器を用いて電流制御系を構成した例であるが，**D 因子制御器**を用いて電流制御系を構成する場合にも（姉妹本・文献 7.6）4.4 節参照），軌跡指向形ベクトル制御法は適用できる．標準的な電流制御器，D 因子制御器のための制御器係数は，同相インダクタンス L_i の真値あるいはこれに準じた値を使用して設計すればよい．なお，図 7.4 に例示した速度制御系の速度制御器出力は，トルク指令値ではなく，δ 軸電流指令値である．一方，姉妹本・文献 7.6)の(7.6)式，(7.15)式が示した制御器係数設計法は，「速度制御器出力はトルク指令値」を想定している．このため，本設計法に従い制御器係数を設計する場合には，設計値を極対数と磁束強度の積 $N_p\Phi$ で除して使用する必要がある．

従来，SP-PMSM の効率駆動には，d 軸位相（回転子位相）を推定の上，トルク指令値から最適電流軌跡上の d 軸，q 軸電流指令値を実時間で算定するための専用高速アルゴリズムを実装した指令変換器が必要であった．しかし，軌跡定理 I，II，インダクタンス定理に基づく軌跡指向形ベクトル制御法によれば，指令変換器の要なく，効率駆動を達成することができる．SP-PMSM を，あたかも固定子インダクタンス $\hat{L}_i$ をもつ非突極 PMSM として扱うだけでよい．しかも，軌跡指向形ベクトル制御法は，すべてのモデルマッチング形回転子位相推定法に適用可能という高い普遍性を有している．

2

第 8 章
効率駆動のための力率位相形ベクトル制御法

8.1 目的

PMSM を駆動制御対象とした**軌跡指向形ベクトル制御法**は，指令変換器を用いることなく直接的に効率駆動を達成するセンサレスベクトル制御法であった．軌跡指向形ベクトル制御法の原理は**軌跡定理**にあり，軌跡定理は位相速度推定器に使用すべきモータパラメータとして，真値と異なる値を意図して使用することを奨めるものである．このように，軌跡指向形ベクトル制御法は，**パラメトリックアプローチ**による**効率駆動制御法**であった．

これに対して，**ノンパラメトリックアプローチ**（nonparametric approach）により，指令変換器を用いることなく直接的に効率駆動を達成するセンサレス駆動制御法がある．本駆動制御法は，**力率の制御**あるいは**力率位相制御**（固定子の電圧と電流の位相差の制御）を介し，効率駆動を目指すものである[8.1)～8.12)]．

本駆動制御法に属する初期のものは，固定子電流のフィードバック制御を有しない，いわゆる **V/F 一定制御法**を改良したものである（8.4 節末尾の Q/A8.7 参照）．中村等は，1995 年に，V/F 一定制御法における印加電圧の振幅を，**力率 1** が常時達成できるように，**電力変換器**（**インバータ**）の dc **母線電圧**（**バス電圧**，**リンク電圧**）を利用して PI 制御する方法を提案している[8.5)]．V/F 一定制御法においては，電流のフィードバック制御機能，周波数のフィードバック制御機能（回転子位相推定機能）がなく，駆動速度は軽負荷の場合でも**低周波振動**を起こす．本振動は，負荷が変動する場合にも出現する．本課題に対し，中村等は，電力変換器の dc 母線電圧を微分処理して生成した補正量を，元来の V/F 一定制御法における周波数に加算して，最終的な周波数を決定することを提案している[8.5)]．

力率 1 の常時達成を目標とする中村の**改良 V/F 一定制御法**に対して，中谷等は，2000～2001 年に，力率位相を能動的に制御する改良 V/F 一定制御法を提案している[8.6)～8.9)]．中谷の方法は，V/F 一定制御法における印加電圧の振幅を，固定子電流情報を利用して，印加電力が指定の力率位相をもつように PI 制御するものである．力率位相は PMSM の駆動状態を無視して独立的に指定することはできないが，残念ながら，中谷等は，駆動状態を考慮した**力率位相指令値**の生成法を提示していない．加えて，中谷の方法は，中村の方法が有した低周波振動抑制機能を有せず，本課題は未解決のまま残置されたようである．

上記の 2 種の改良 V/F 一定制御法に対して，センサレスベクトル制御法を改良した方法が，山中・大西等により 2005 年に提案されている．山中の方法は，力率 1（すなわち，**ゼロ力率位相**）の常時達成を目的に，ベクトル回転器を介してフィードバック制御される固定子電流の位相を直接推定するものである[8.10)～8.13)]．山中の方法は，大西によって提案された電力変換器のセンサレス制御法の原理[8.14)]を，非突極 PMSM を対象にしたセンサレスベクトル制御に適用したものであり，まず，固定子電圧の位相を δ 軸位相とする **$\gamma\delta$ 電圧座標系**（後掲の図 8.1 参照）の速度を，γ 軸電圧を用いて適応的に調整した時変ゲインを δ 軸電圧に乗じて決定し，次に，決定速度を単純積分して同座標系の γ 軸位相とするという特徴的なシステム構成をとっている[8.10)]．山中等による位相推定法は，**力率 1 制御**（**ゼロ力率位相制御**）のみに有効であるが，**モデルマッチング形回転子位相推定法**に比較し，簡単な上に，正確なモータパラメータを必要とせず**パラメータ変動**に対して低感度（ロバスト）であるという特長を備えている．

ゼロ力率位相制御のみが可能であった山中の方法に対して，著者は，2007 年に，固定子電流のフィードバック制御と位相推定との両機能を備え，かつ能動的な力率位相制御が可能なセンサレスベクトル制御法（以下，**力率位相形ベクトル制御法**と呼称）を提案している[8.1),8.2)]．提案の力率位相形ベクトル制御法は，固定子電流の位相を δ 軸位相とする **$\gamma\delta$ 電流座標系**（後掲の図 8.1 参照）上で力率位相を能動的に制御するものであり，以下のような特徴を有している．

(a) 提案法は，突極，非突極のいずれの PMSM にも適用できる．

(b) 提案法は，周波数調整を通じ，力率位相を能動的かつ直接的に制御する．

(c) 提案法は，力率 1 制御のみならず，銅損，鉄損を含めた総合損失を準最小化するような電流制御を遂行できる．

(d) 提案法においては，位相推定に使用するゲインはすべて一定である．不安定化の要因になる適応調整ゲインあるいは時変ゲインは，一切使用しない．

(e)　提案法は，正確なモータパラメータを必要としない．また，パラメータ変動に対して低感度（ロバスト）であり，高い汎用性を有する．

(f)　提案法は，簡単である．

上記提案法に加え，著者は，2009年には，提案法の簡略化と**$\gamma\delta$ 電圧座標系**上で実現した力率位相形ベクトル制御法を新たに提案している[8.3),8.4)]．

本章では，以下の手順で，力率位相形ベクトル制御法の要点を説明する．次の8.2節では，力率位相形ベクトル制御法の構築基礎となるモータ基本特性の解析を行う．8.3節では，8.2節の解析に基づき，力率位相形ベクトル制御法を構築する．構築は，力率位相制御のための $\gamma\delta$ 電流座標系の位相・速度の決定，回転子速度の推定，力率位相制御を介した固定子電流の準最適制御の3点に焦点を当てて進める．あわせて，同節では，力率位相形ベクトル制御法に基づくセンサレスベクトル制御系の構成を示す．8.4節では，定常応答，過渡応答に関する実機実験を通じ，$\gamma\delta$ 電流座標系上で構成された力率位相形ベクトル制御法の有用性を検証・確認する．

8.5節では，8.2～8.4節で提示した $\gamma\delta$ 電流座標系上で構成された力率位相形ベクトル制御法の簡略化を提示する．簡略化の目的は，低速駆動での性能改善である．簡略化の効果は，8.4節との同様な実験を通じ，明らかにする．

8.2～8.5節の解説は，$\gamma\delta$ 電流座標系上で構成された力率位相形ベクトル制御法に関するものであった．これに代わって，8.6節では，$\gamma\delta$ 電圧座標系上で構成された力率位相形ベクトル制御法を提案し，原理から制御系の設計・構築までを説明する．つづく，8.7節では，$\gamma\delta$ 電圧座標系上で構成された力率位相形ベクトル制御法の有用性を，実験を通じ，明らかにする．実験は，$\gamma\delta$ 電流座標系上で構成された力率位相形ベクトル制御法との比較検討を考慮し，同法の実験と同様な要領で実施する．

なお，本章の内容は，著者の原著論文および特許8.1)～8.4)を再構成したものであることを断っておく．

8.2　座標系とモータ基本特性

8.2.1　電流座標系と電圧座標系

図8.1に**$\gamma\delta$ 電流座標系**と**$\gamma\delta$ 電圧座標系**を例示した．同図(a)の $\gamma\delta$ 電流座標

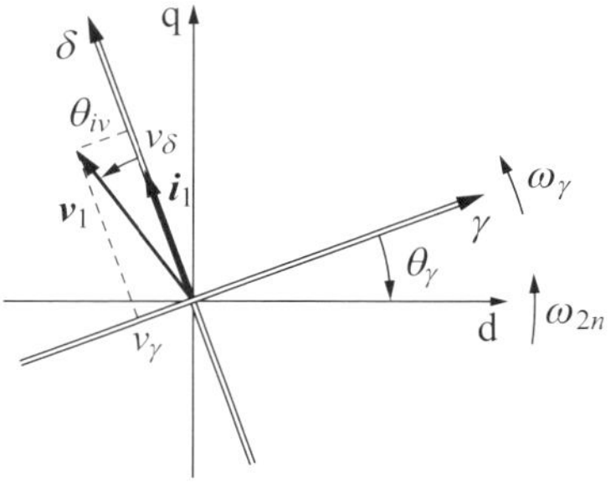

（a）$\gamma\delta$ 電流座標系

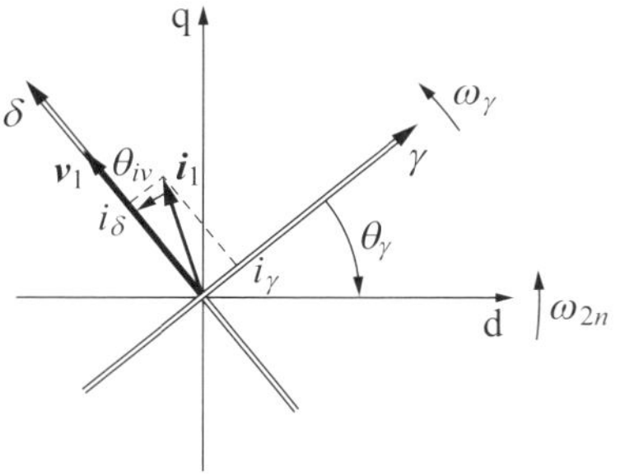

（b）$\gamma\delta$ 電圧座標系

図 8.1　固定子の電流，電圧と $\gamma\delta$ 電流座標系，$\gamma\delta$ 電圧座標系との関係

系では，δ 軸位相は，固定子電流位相と同一である．換言するならば，固定子電流は δ 軸上に存在する．一方，同図(b)の $\gamma\delta$ 電圧座標系では，δ 軸位相は，固定子電圧位相と同一である．換言するならば，固定子電圧は δ 軸上に存在する．両図では，固定子電流からみた固定子電圧の位相を**力率位相** θ_{iv} としている．

$\gamma\delta$ 電流座標系，$\gamma\delta$ 電圧座標系は，ともに **$\gamma\delta$ 一般座標系**の特別な一場合である．したがって，$\gamma\delta$ 一般座標系上で成立した数学モデルは，何らの変更なく，$\gamma\delta$ 電流座標系上，$\gamma\delta$ 電圧座標系上で成立する．

8.2.2　電流座標系上でのモータ基本特性

〔1〕基本特性 I

$\gamma\delta$ 電流座標系上で固定子電流を制御することを考える．すなわち，固定子電流が図 8.1(a)の δ 軸上に常時存在するように，これを制御することを考える．固定子電流の δ 軸上の存在は，取りも直さず，固定子電流の γ 軸要素がゼロであることを意味する．したがって，この場合の電気回路的関係は，(2.6)～(2.13)式に示した $\gamma\delta$ 一般座標系上の**回路方程式**（**第 1 基本式**）より，直ちに以下のように得られる．

【$\gamma\delta$ 電流座標系上の回路方程式（第 1 基本式）】

$$\begin{bmatrix} v_\gamma \\ v_\delta \end{bmatrix} = \begin{bmatrix} 0 \\ R_1 i_\delta \end{bmatrix} + \boldsymbol{D}(s, \omega_\gamma) \begin{bmatrix} L_m \sin 2\theta_\gamma \\ L_i - L_m \cos 2\theta_\gamma \end{bmatrix} i_\delta + \omega_{2n} \Phi \begin{bmatrix} -\sin \theta_\gamma \\ \cos \theta_\gamma \end{bmatrix} \tag{8.1}$$

■

ここに，電圧・電流に付した脚符 γ, δ は，$\gamma\delta$ 電流座標系上での各軸要素を意味する．また，θ_γ は，$\gamma\delta$ 一般座標系での定義と同一であり，γ 軸から見た回転子位相（d 軸位相）を意味する（図 1.1，図 7.1 参照）．

定常状態では，(2.13)式より次の関係が成立し，

$$\theta_\gamma = \text{const}, \quad \omega_{2n} = \omega_\gamma \tag{8.2}$$

これを(8.1)式に用いると，$\gamma\delta$ 電流座標系上での解析のための基本式となる次式を得る．

【$\gamma\delta$ 電流座標系上の基本式】

$$\begin{bmatrix} v_\gamma \\ v_\delta \end{bmatrix} = \begin{bmatrix} -\omega_\gamma (L_i - L_m \cos 2\theta_\gamma) i_\delta - \omega_\gamma \Phi \sin \theta_\gamma \\ (R_1 + \omega_\gamma L_m \sin 2\theta_\gamma) i_\delta + \omega_\gamma \Phi \cos \theta_\gamma \end{bmatrix} \tag{8.3}$$

■

(8.1)式が成立する場合には，α 軸から評価した固定子電流の位相（δ 軸位相）と $\gamma\delta$ 電流座標系の位相（γ 軸位相）との間には，$\pm\pi/2$〔rad〕一定の位相差があるに過ぎない（図 8.1 参照）．位相決定の観点からは，両位相は等価である．以降では，α 軸から評価した $\gamma\delta$ 電流座標系位相（γ 軸位相）$\hat{\theta}_{\alpha\gamma}$ の決定に焦点をあて議論を進める（図 7.1 参照）．

〔2〕基本特性 II

次式が成立する駆動状態を考える．

$$|(R_1 + \omega_\gamma L_m \sin 2\theta_\gamma) i_\delta| \ll |\omega_\gamma| \Phi \cos \theta_\gamma \tag{8.4}$$

(8.4)式の関係は，通常のパラメータをもつ PMSM に対する合理的な駆動において，特に抵抗の影響が無視できる駆動領域では，一般に成立する．(8.4)式を(8.3)式に用いると，δ 軸電圧と座標系速度の比例関係を意味する次式を得る．

$$v_\delta \propto \omega_\gamma \Phi \tag{8.5}$$

〔3〕基本特性 III

力率位相を θ_{iv} とすると（図 8.1 参照），これは，定常状態では，(8.3)式より以下のように求められる．

$$\tan \theta_{iv} = \frac{-v_\gamma}{v_\delta} = \frac{\omega_\gamma ((L_i - L_m \cos 2\theta_\gamma) i_\delta + \Phi \sin \theta_\gamma)}{R_1 i_\delta + \omega_\gamma (L_m \sin 2\theta_\gamma \cdot i_\delta + \Phi \cos \theta_\gamma)} \tag{8.6}$$

(8.6)式は，力率位相 θ_{iv} は，回転子位相 θ_γ，固定子電流 i_δ，回転子速度 $\omega_{2n} =$

ω_γ と関数関係にあることを示している（図 8.1 参照）．同時に，(8.6)式はこれらと独立には力率位相は制御できないことを意味している．

(8.4)式の条件が適用できる場合には，(8.6)式の関係は，次のように簡略化される．

$$\tan\theta_{iv} \approx \frac{L_i - L_m\cos 2\theta_\gamma}{\Phi\cos\theta_\gamma}\, i_\delta + \tan\theta_\gamma \tag{8.7}$$

(8.7)式は，力率位相は，回転子位相と固定子電流に関し，**単調増加関係**にあることを示している．同時に，速度への依存性が消滅することを示している．

一方で，(8.4)式の条件が適用できない低速域では，(8.6)式から次の関係が導出される．

$$\tan\theta_{iv} \approx \frac{(L_i - L_m\cos 2\theta_\gamma)\, i_\delta + \Phi\sin\theta_\gamma}{R_1 i_\delta}\,\omega_\gamma \tag{8.8}$$

上式は，低速域では，力率位相は回転子速度に比例することを示している．

図 8.2 は，力行駆動を条件に，**表 2.1** のモータパラメータ（定格電気速度 $3\times183 = 549$〔rad/s〕）を(8.6)式に使用して，代表的な回転子速度 $\omega_{2n} = \omega_\gamma$

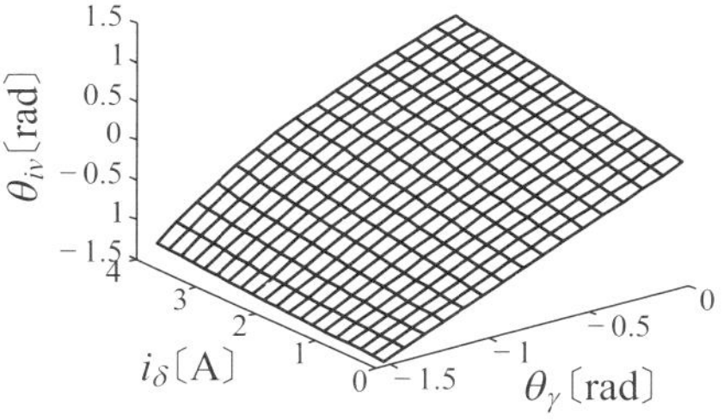

(a) $\omega_{2n} = 600$〔rad/s〕

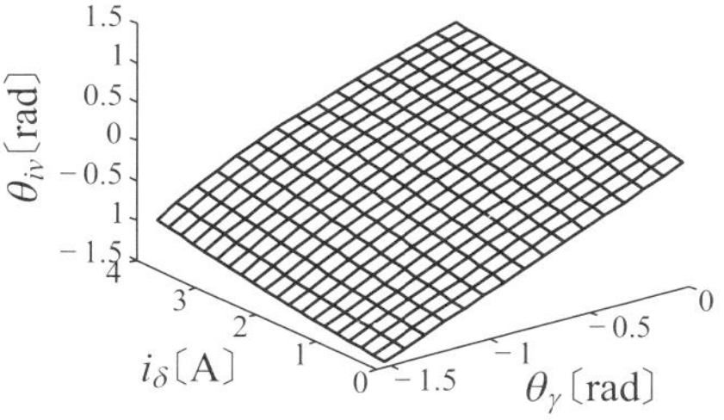

(b) $\omega_{2n} = 150$〔rad/s〕

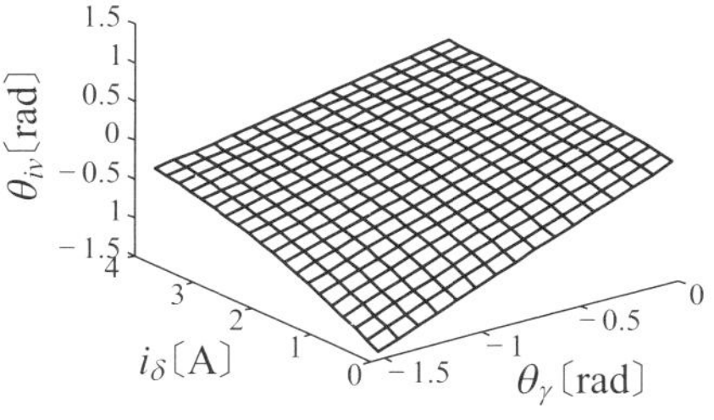

(c) $\omega_{2n} = 30$〔rad/s〕

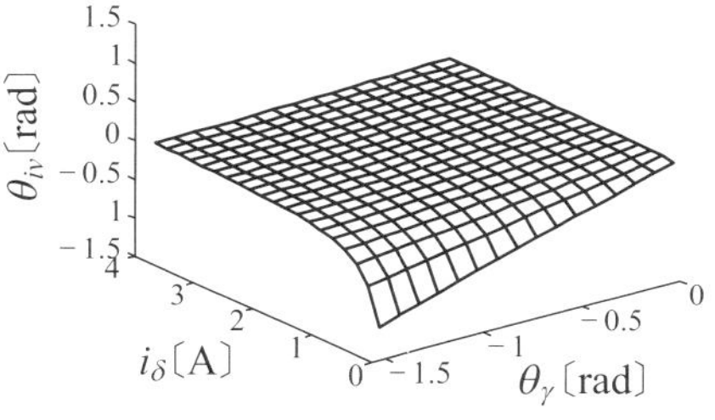

(d) $\omega_{2n} = 3$〔rad/s〕

図 8.2　力率位相特性の例

(3, 30, 150, 600〔rad/s〕) について，回転子位相 θ_γ，固定子電流 i_δ に対する力率位相 θ_{iv} を求めたものである．図 8.2 より，(8.4)式の条件が適用される速度領域はもちろん，これが適用されない低速域を含む全速度領域にわたって，力率位相 θ_{iv} は，回転子位相 θ_γ と固定子電流 i_δ との両者に対して，**単調増加関係**にあることが確認される．

なお，(8.4)式の条件が適用される速度領域での関係を示した図 8.2(a), (b)に関しては，両図に大きな違いがない．この点には注意されたい．(8.7)式で解明したように，本領域では，単調増加関係における速度への依存性は実質消滅する．

8.3　電流座標系上の力率位相形ベクトル制御法

8.3.1　電流座標系の位相決定

$\gamma\delta$ 電流座標系上の力率位相形ベクトル制御法の成否は，これに使用する $\gamma\delta$ 電流座標系の位相決定に支配的な影響を受ける．$\gamma\delta$ 電流座標系の位相決定方策として，8.2.2 項で解析した**基本特性** I ～ III に基づき，以下を取る．

(a)　座標系速度 ω_γ を決定し，次に本速度を単純積分し，座標系位相 $\hat{\theta}_{\alpha\gamma}$ を決定する（図 7.1 参照）．

(b)　座標系の速度・位相は，**力率位相指令値**と同応答値により，制御できるようにする．

本方策に基づく **$\gamma\delta$ 電流座標系の I 形位相決定法**は，以下のように構築することができる．

【$\gamma\delta$ 電流座標系の I 形位相決定法】

$$\hat{\theta}_{\alpha\gamma} = \frac{1}{s}\omega_\gamma \tag{8.9a}$$

$$\omega_\gamma = \omega_1 + \Delta\omega \tag{8.9b}$$

$$\omega_1 = K_1 v_\delta \approx K_1 v_\delta^* \qquad 0 < K_1 < \frac{1}{\Phi},\ K_1 = \text{const} \tag{8.9c}$$

$$\begin{aligned}\Delta\omega &= C(s)(\theta_{iv} - \theta_{iv}^*) = C(s)\left(\tan^{-1}\frac{-v_\gamma}{v_\delta} - \theta_{iv}^*\right) \\ &\approx C(s)\left(\tan^{-1}\frac{-v_\gamma^*}{v_\delta^*} - \theta_{iv}^*\right)\end{aligned} \tag{8.9d}$$

■

方策(a)に従い，まず $\gamma\delta$ 電流座標系の速度 ω_γ を決定し，これを単純積分して，同座標系の位相 $\hat{\theta}_{\alpha\gamma}$ としている．座標系の速度 ω_γ は，(8.9b)式に明示しているように，**基本周波数** ω_1 と**補正周波数** $\Delta\omega$ との単純和として合成している．

基本周波数 ω_1 の生成原理は，8.2.2 項の**基本特性Ⅱ**の解析結果である(8.5)式に基づいている．すなわち，(8.9c)式に示したように，基本周波数 ω_1 は δ 軸電圧に比例する形で生成している．(8.9c)式における K_1 は定数の設計パラメータであり，設計の一応の指針は，同式右端に示している．

基本周波数に加算される**補正周波数** $\Delta\omega$ は，8.2.2 項における**基本特性Ⅲ**の解析結果「力率位相 θ_{iv} と回転子位相 θ_γ との単調増加関係」を，**一般化積分形 PLL 法**（1.3 節参照）に適用し，生成している．(8.9d)式における $C(s)$ は，一般化積分形 PLL 法における**位相制御器**である（(1.7)式参照）．

α 軸から見た $\gamma\delta$ 電流座標系の速度，位相の決定には，一般化積分形 PLL 法の原理的視点からは，回転子位相真値 θ_γ とこの指令値との位相偏差を位相制御器 $C(s)$ への入力信号としなければならない．実際には，これに代わって，(8.9d)式第 1 式に明示しているように，力率位相 θ_{iv} と同指令値 θ_{iv}^* との**力率位相偏差**（$\theta_{iv}-\theta_{iv}^*$）を位相制御器への入力信号としている．本代替は，8.2.2 項における基本特性Ⅲで解明した力率位相と回転子位相の単調増加関係に基づくものである．同時に，本代替により，方策(b)を実現している．

(8.9d)式第 2 式が明示しているように，力率位相は固定子電圧から検出している（下記 Q/A 8.3 参照）．特に，同第 3 式では，固定子電圧応答値に代わって同指令値 v_γ^*, v_δ^* を用い，近似検出している．電圧指令値どおりの電圧が発生される場合には，第 3 式で，問題なく力率位相を検出することができる．

位相制御器 $C(s)$ は，一般化積分形 PLL 法を構成する(1.7e)式に定義されている．(1.10)式等に従い位相制御器が適切に設計されている場合には，力率位相偏差はゼロに収束する．すなわち，力率位相の同指令値への収束 $\theta_{iv} \to \theta_{iv}^*$ が達成される．

Q8.1 **$\gamma\delta$ 電流座標系の決定位相を記号 $\wedge$ 付きの $\hat{\theta}_{\alpha\gamma}$ で表現していますが，記号 $\wedge$ のない $\theta_{\alpha\gamma}$ は何を意味するのですか．**

Ans. 質問の $\theta_{\alpha\gamma}$ は，**力率位相指令値** θ_{iv}^* に対応した座標系の位相に相当します（図 7.1 参照）．(8.9)式のⅠ形位相決定法によれば，力率位相偏差（$\theta_{iv}-\theta_{iv}^*$）がゼロの状態では，位相 $\hat{\theta}_{\alpha\gamma}$ は $\theta_{\alpha\gamma}$ と同一になります．力率位相

偏差 $(\theta_{iv}-\theta_{iv}^*)$ がゼロでない収束過渡状態での位相 $\hat{\theta}_{\alpha\gamma}$ は位相 $\theta_{\alpha\gamma}$ の過渡的推定値と捉えることができ，この観点より記号∧を冠した変数を使用しました．

Q8.2　力率位相 θ_{iv} は，力行，回生の両モードを考慮するならば，$-\pi$～$+\pi$ の範囲で変化すると思います．(8.9d)式では，固定子電圧の $\gamma\delta$ 軸要素による逆正接演算を通じて力率位相を算定していますが，このときの逆正接演算は，$-\pi$～$+\pi$ の範囲で算定することになるのでしょうか．

Ans.　力率位相は，力行時には $|\theta_{iv}| < \pi/2$，回生時には $|\theta_{iv}| > \pi/2$ となりますが，本章で説明する力率位相形ベクトル制御法では，回生時には，本来の力率位相に $\pm\pi$ を加算した値を力率位相とする検出ルールを採用しています．本検出ルールの下では，力行回生のいかんを問わず，検出した力率位相は，$|\theta_{iv}| < \pi/2$ となります．(8.9d)式では，$-\pi/2$～$+\pi/2$ の値を算定する逆正接演算を通じて力率位相 θ_{iv} を検出し，検出力率位相 $|\theta_{iv}| < \pi/2$ を自動達成しています．力率位相指令値の生成にも同様のルールを用いるようにすれば，(8.9d)式の力率位相偏差 $(\theta_{iv}-\theta_{iv}^*)$ においては，$\pm\pi$ 加算問題は消滅します（後掲の図8.9参照）．

Q8.3　(8.9)式の座標系のI形位相決定法は，力率1（すなわち，ゼロ力率位相）の常時維持を前提にした山中の方法と，どのように違うのですか．

Ans.　(8.9)式に提案した座標系のI形位相決定法では，(8.9d)式において力率位相指令値 θ_{iv}^* が陽に示されていることから理解されますように，力率1に対応したゼロ力率位相のみならず，他の力率位相制御も可能です．逆説的ですが，力率位相指令値を $\theta_{iv}^*=0$ と設定する場合には，**力率1制御**が遂行されます．

簡単のため，力率1制御を条件に，著者提案法と山中の方法を比較してみます．山中の方法は，(8.9c)式と類似の関係を利用して，すなわち δ 軸電圧に比例して，**$\gamma\delta$ 電圧座標系**の速度 ω_γ を直接決定しています．このときの比例ゲインは，γ 軸電圧（**極性反転**なし）を入力信号とするPI制御器の出力から適応的に定めており，**時変ゲイン**となっています[8.10]．これに対して，提案法では，(8.9c)式に明示していますように，基本周波数 ω_1 の生成における比例ゲインは常時一定の**固定ゲイン**です．

山中の方法は，$\gamma\delta$ 電圧座標系の速度 ω_γ の決定における γ 軸電圧の利用は，「極性反転なし」を条件に行います[8.10]．$\boldsymbol{\gamma\delta}$ **電流座標系**上で構成された提案法は，**補正周波数** $\Delta\omega$ 生成における力率位相算定に際し γ 軸電圧を利用しますが，本利用では，山中の方法と異なり「極性反転」が必須です．

8.3.2 回転子速度の推定

$\gamma\delta$ 電流座標系上で構成された力率位相形ベクトル制御法における回転子の電気速度推定値 $\widehat{\omega}_{2n}$ は，$\gamma\delta$ 電流座標系の速度 ω_γ をローパスフィルタリングして生成している．すなわち，

$$\widehat{\omega}_{2n} = F_l(s)\omega_\gamma \tag{8.10a}$$

ここに，$F_l(s)$ はローパスフィルタであり，通常は，次の 1 次フィルタでよい．

$$F_l(s) = \frac{\omega_c}{s+\omega_c} \tag{8.10b}$$

機械速度推定値 $\widehat{\omega}_{2m}$ は，電気速度推定値を極対数 N_p で除して得ている．すなわち，

$$\widehat{\omega}_{2m} = \frac{1}{N_p}\widehat{\omega}_{2n} \tag{8.11}$$

8.3.3 力率位相指令値の生成

〔1〕力率位相指令値の生成ルール

$\gamma\delta$ 電流座標系位相 $\widehat{\theta}_{\alpha\gamma}$，回転子速度推定値 $\widehat{\omega}_{2n}, \widehat{\omega}_{2m}$ の決定は，(8.9)～(8.11)式に従って遂行される．本遂行には，位相制御器 $C(s)$ への入力信号である力率位相偏差 $(\theta_{iv}-\theta_{iv}^*)$ が必要であり（(8.9d)式参照），力率位相偏差の生成には力率位相指令値 θ_{iv}^* が必要である．本項では，効率駆動の視点から構築した力率位相指令値の生成法を説明する．

力率位相は，8.2.2 項の**基本特性Ⅲ**で解析したように，固定子電流と単調増加関係にある．一方，回転子速度に関しては，(8.4)式の条件が適用できる中高速域では，力率位相はこの影響を受けない．しかし，低速時では(8.8)式に示したように，力率位相は速度と比例関係をもつ．本事実は，「力率位相指令値はこれらの値を無視して独立に与えることはできない」ことを意味している．

8.2.2 項の基本特性Ⅲで利用した(8.6)式を再度考える．(8.6)式は，$\gamma\delta$ 電流座標系が dq 同期座標系と同一となる $\theta_\gamma = 0$ の下では，$\omega_{2n} = \omega_\gamma$ を考慮すると，

次式となる．

$$\tan\theta_{iv}=\frac{L_q}{\Phi}\cdot\frac{\omega_{2n}}{\dfrac{R_1}{\Phi}i_\delta+\omega_{2n}}i_\delta \tag{8.12}$$

上式に，(8.7)式，(8.8)式および図 8.2 を用いて確認した単調増加関係を考慮するならば，力率位相指令値の生成ルールとして，次の(8.13)式を構築することができる．

$$\theta_{iv}^*=\tan^{-1}\left(K_2\frac{\widehat{\omega}_{2n}}{\dfrac{R_1}{\Phi}i_\delta+\widehat{\omega}_{2n}}i_\delta\right)\qquad -\frac{L_d}{\Phi}\le K_2\le\frac{L_q}{\Phi} \tag{8.13}$$

ただし，K_2 は設計者に設定が委ねられた設計パラメータであり，記号∧は関連信号の推定値を意味する．

ここで，特に次式が成立する駆動領域を考える．

$$\left|\frac{R_1}{\Phi}i_\delta+\omega_{2n}\right|\gg 0 \tag{8.14}$$

(8.14)式と次の(8.15)式の関係とを

$$\tan^{-1}x\approx x\qquad |x|\le 0.5 \tag{8.15}$$

(8.13)式に適用すると，簡略化した力率位相指令値の生成ルールを次のように得る．

【力率位相指令器】

$$\begin{aligned}\theta_{iv}^*&=\tan^{-1}\left(K_2\frac{|\widehat{\omega}_{2n}|}{K_3+|\widehat{\omega}_{2n}|}i_\delta\right)\\&\approx \mathrm{lmt}\left(K_2\frac{|\widehat{\omega}_{2n}|}{K_3+|\widehat{\omega}_{2n}|}i_\delta\right)\\&\approx \mathrm{lmt}\left(K_2\frac{N_p|\omega_{2m}^*|}{K_3+N_p|\omega_{2m}^*|}i_\delta\right)\end{aligned} \tag{8.16}$$

■

ここに，ω_{2m}^* は機械速度指令値を，K_3 は設計パラメータを，$\mathrm{lmt}(\cdot)$ は**リミッタ関数**を意味する．なお，トルク制御には(8.16)式右辺第 2 式を，速度制御には同第 3 式を使用するようにすればよい．以降では，(8.16)式を**力率位相指令器**と呼称する．

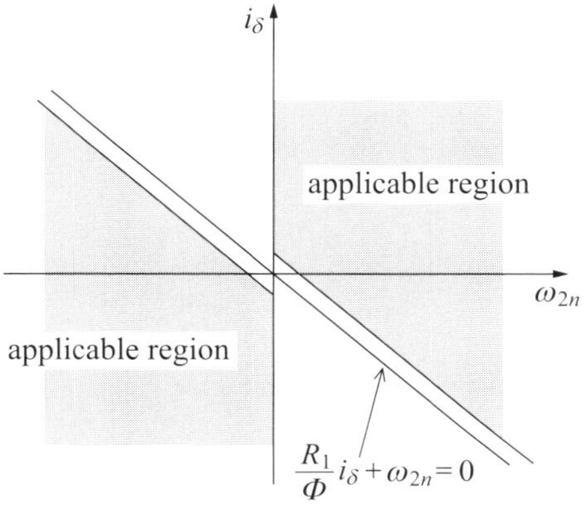

図 8.3 簡易形力率位相生成ルールの適用領域

(8.16)式の設計パラメータおよびリミッタ関数の設計指針は，以下のとおりである（本項末尾の Q/A 8.4 参照）．

$$-\frac{L_d}{\Phi} \le K_2 \le \frac{L_q}{\Phi}, \quad 0 < K_3 \le \frac{R_1}{\Phi}\bar{i}_\delta, \quad -0.5 \le \theta_{iv}^* \le 0.5 \tag{8.17}$$

ここに，$\bar{i}_\delta$ は，固定子電流定格値である．なお，(8.17)式第 3 式に与えたリミッタ関数の上下限 ± 0.5〔rad〕は，力率位相として大きめな値である点には注意されたい．

図 8.3 に，簡略化生成ルールが適用可能な領域，すなわち(8.14)式が成立する駆動領域を，概略的に示した．図より明白なように，簡略化生成ルールは，4 象限駆動領域の内で，1，3 象限の力行領域，2，4 象限の回生中高速域に適用可能である．簡略化生成ルール利用のための条件(8.14)式は，厳密には用途次第であるが，多くの用途において大きな追加制約とはならない．

(8.16)式，(8.17)式に示した力率位相指令値は，力行回生のいかんを問わず，$|\theta_{iv}^*| < \pi/2$ となっている点，および，本特性は力率位相検出方法と整合性を維持している点には，注意されたい．本整合性により，(8.9d)式の力率位相偏差 $(\theta_{iv}-\theta_{iv}^*)$ は，回生時においても正しく検出されることになる（8.3.1 項末尾の Q/A 8.2，後掲の図 8.9 参照）．

〔2〕設計パラメータ K_2 と準最適電流制御

(8.16)式で使用され，(8.17)式に設計指針が与えられている設計パラメータ

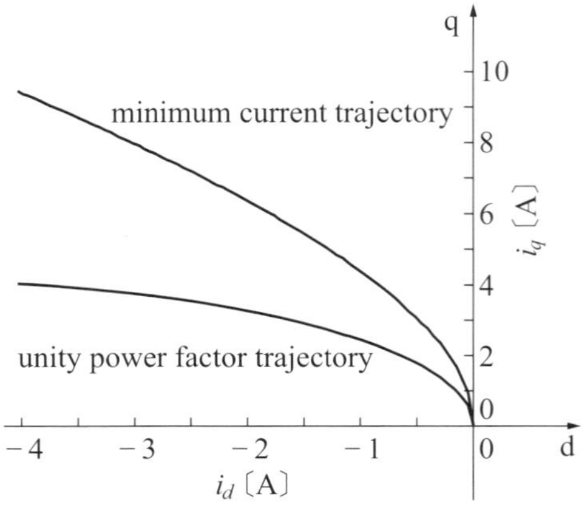

図 8.4　最適電流軌跡の例

K_2 は，効率駆動上特に重要である．例えば，$K_2 = 0$ を指定する場合には，力率位相指令値は常時ゼロとなる．(8.9)式において位相制御器が適切に設計されている場合には $\theta_{iv} \to \theta_{iv}^*$ が成立するので，本指定は，力率1制御の遂行を意味する．力率1制御においては，dq 同期座標系上で評価した固定子電流は，次式で記述される軌跡上に存在する（姉妹本・文献 8.15）5.3 節参照）．

$$\Phi\, i_d + L_d i_d^2 + L_q i_q^2 = 0 \tag{8.18}$$

図 8.4 に，(8.18)式の力率1軌跡を表 2.1 のモータパラメータを用いて，正回転・力行を条件に示した．なお，同図には，参考までに，次の(8.19)式の最小電流軌跡も描画している（姉妹本・文献 8.15）5.3 節参照）．

$$\Phi\, i_d + 2L_m(i_d^2 - i_q^2) = 0 \tag{8.19}$$

$K_2 = 0$ を指定し，力率1制御を目指した場合には，固定子電流が存在する δ 軸は力率1軌跡上に存在することになり，$\gamma\delta$ 電流座標系と dq 同期座標系との間の位相 θ_γ（図 1.1，図 7.1，図 8.1 を参照）は，固定子電流の増加につれ，次第に大きな値（正回転時は負値，逆回転時は正値）を取ることになる（図 8.2，図 8.4 参照）．

これに代わって，設計パラメータ K_2 を，$K_2 = 0$ の対照的値である正の最大値 $K_2 = L_q/\Phi$ に指定する場合には，(8.12)式と(8.16)式との比較より明白なように，$\theta_{iv} \to \theta_{iv}^*$ の性質により，$\gamma\delta$ 電流座標系は dq 同期座標系に漸近する．特に，抵抗の影響が無視できる中高速域では，$\gamma\delta$ 電流座標系は dq 同期座標系そのものとなる．本状況下では，δ 軸電流（すなわち固定子電流）は実質的に q 軸電流と

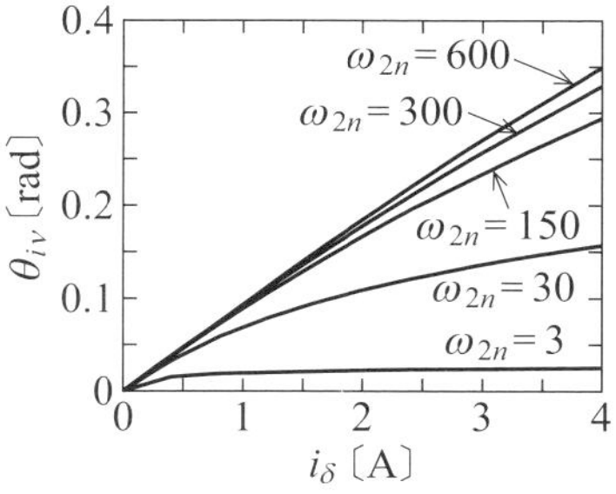

（a）力率位相

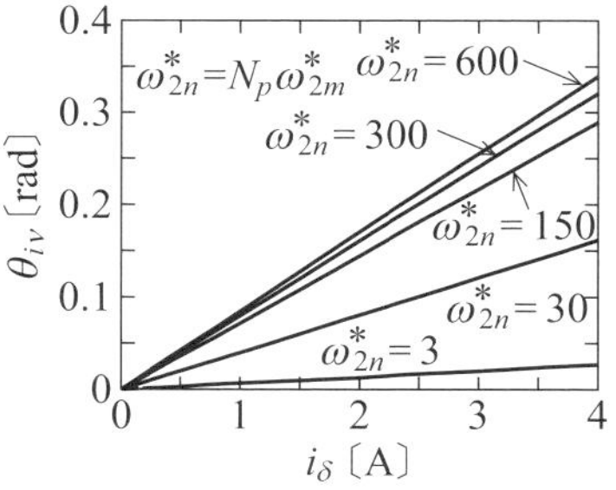

（b）力率位相指令値

図 8.5　最小電流軌跡上での力率位相と力率位相指令値の例

なる．

最小電流（最小銅損）を達成する電流軌跡は q 軸と力率 1 軌跡との間に存在することが（図 8.4 参照），また，銅損と鉄損を含めた総合損失を最小化する電流軌跡は最小電流軌跡と力率 1 軌跡の間に存在することがわかっている（姉妹本・文献 8.15）第 5 章，第 6 章参照）．$\theta_{iv} \to \theta_{iv}^*$ の性質を考慮するならば，設計パラメータ K_2 にゼロと最大値との間の値を付与して力率位相指令値を生成することにより，概略的ながら δ 軸電流（すなわち固定子電流）をこれら最適電流軌跡の近傍に配置することが可能である．換言するならば，(8.16)式に基づき生成した力率位相指令値を，8.3.1 項，8.3.2 項に述べた $\gamma\delta$ 電流座標系位相の決定，回転子速度推定値の生成に活用することにより，準最適な電流制御を行うことが可能である．

上記事実に関する具体的一例を示す．**図 8.5**(a)は，力行状態で δ 軸電流を正確に最小電流軌跡上に配し，最小電流（最小銅損）状態を達成した場合の δ 軸電流に対する力率位相の一例を，**表 2.1** のモータパラメータを利用して，$\omega_{2n}=3, 30, 150, 300, 600$〔rad/s〕の場合について，描画したものである（本項末尾の Q/A 8.5 参照）．これに対し，図 8.5(b)は，(8.17)式の設計指針に従い，設計パラメータを下の(8.20)式とした場合の(8.16)式右辺第 3 式に基づく力率位相指令値を，同じく表 2.1 のモータパラメータを利用して，$\omega_{2n}^* = N_p\omega_{2m}^* = 3, 30, 150, 300, 600$〔rad/s〕の場合について，描画したものである．

$$K_2 = 0.5\frac{L_q}{\Phi} \approx 0.09, \quad K_3 = \frac{R_1}{\Phi}\tilde{i}_\delta \approx 34 \tag{8.20}$$

図 8.5(a), (b)の比較より，本例の力率位相指令値は，最小電流軌跡に対応し

た力率位相より，若干小さめな値（力率 1 寄りの値）を示していることがわかる．$\theta_{iv} \to \theta_{iv}^*$ の性質を考慮するならば，本例からも，(8.20) 式の設計パラメータを (8.16) 式に適用して力率位相指令値を生成することにより，最小電流制御に準じた最適な電流制御を遂行できることが確認される．

Q8.4　**(8.16) 式の力率位相指令器における設計パラメータ K_2 に関し，(8.17) 式では，負値も採用可能であるとしています．(8.12) 式，(8.13) 式の構築原理からは，本設計パラメータ K_2 は正でなくてはならないと思います．いかなる場合に，負値の設計パラメータ K_2 を採用するのですか．**

Ans.　すでに説明しましたように，設計パラメータ K_2 をゼロに設定する場合は，力率 1 に対応します．ゼロを超えた負値の設計パラメータ K_2 は，力率 1 を超えた弱め磁束制御に対応します．このため，定格速度以内の通常の駆動制御においては，負値の K_2 を使用することはありません．

設計パラメータ K_2 が負値を取り得ることは，次のように確認できます．(8.6) 式は，$\theta_\gamma = -\pi/2$ の条件下では，$\omega_{2n} = \omega_\gamma$ を考慮すると，次式となります．

$$\tan\theta_{iv} = -\frac{\omega_{2n}(\Phi - L_d i_\delta)}{R_1 i_\delta} = -\frac{L_d}{\Phi} \cdot \frac{\omega_{2n}\left(\left|\dfrac{\Phi}{L_d i_\delta}\right| - \mathrm{sgn}(i_\delta)\right)}{\left|\dfrac{R_1 i_\delta}{\Phi}\right|} i_\delta$$

上式は，本条件下では，力率位相と δ 軸電流との間の極性関係は，(8.12) 式の場合と逆転することを，ひいては，負値の K_2 を取り得ることを意味します．

Q8.5　**図 8.5 (a) における力行時の最小電流軌跡上の力率位相は，どのようにして求めたのですか．**

Ans.　図 8.5 (a) に示した力行時の最小電流軌跡上の力率位相は，以下に示しますように，解析的に求めました．力行状態で，最小電流軌跡上に存在する δ 軸電流は，dq 同期座標系上で評価した場合，次式となります（姉妹本・文献 8.15）5.4 節，(5.91) 式参照）．

$$i_d = \frac{-1}{2}\left(\frac{\Phi}{4L_m} + \sqrt{\frac{\Phi^2}{16L_m^2} + 2i_\delta^2}\right)$$

$$i_q = \mathrm{sgn}(i_\delta)\sqrt{i_\delta^2 - i_d^2}$$

上の dq 軸電流を，$\theta_\gamma=0$，$\omega_{2n}=\omega_\gamma$，定常状態を条件に，(2.6)～(2.13)式に適用して dq 軸電圧を求め，dq 軸電流と dq 軸電圧から力率位相を算定しました．

8.3.4　力率位相形ベクトル制御系の構成

8.3.1 項で説明した $\gamma\delta$ 電流座標系のＩ形位相決定法と 8.3.2 項で説明した回転子速度の推定法とを**位相速度推定器**（phase-speed estimator）の**電流Ｉ形実現**として構築し，これを**図 8.6** に示した．同図においては，$\gamma\delta$ 軸電圧指令値 v_γ^*, v_δ^*，δ 軸電流 i_δ，機械速度指令値 ω_{2m}^* を入力信号として得，α 軸から見た $\gamma\delta$ 電流座標系位相 $\hat{\theta}_{\alpha\gamma}$ と回転子の電気速度推定値 $\hat{\omega}_{2n}$ とを出力している．座標系位相 $\hat{\theta}_{\alpha\gamma}$ の決定系は，8.3 節の(8.9)式に従い構成している．また，回転子電気速度推定値は，(8.10)式に従い生成している．また，座標系位相の決定，回転子電気速度推定値の生成に必要な力率位相指令値は(8.16)式右辺の第 3 式に従い生成している．すなわち，図 8.6 における**力率位相指令器**（**PFPC**：power factor phase commander）は，リミッタ関数と機械速度指令値 ω_{2m}^* を利用した(8.16)式右辺の第 3 式を実現している．

図 8.6 および関連説明より明白なように，$\gamma\delta$ 電流座標系位相の決定と回転子速度推定値の生成を担う位相速度推定器には，モータパラメータは一切使用されていない．すなわち，位相速度推定器は，モータパラメータに関しては**ノンパラメトリック**（nonparametric）な状態で実現されている．本事実は，提案の位相速度推定器はモータパラメータの変動に対して低感度すなわちロバストであることを意味している（8.4 節末尾の Q/A 8.7 参照）．なお，位相速度推定器に関連した設計パラメータ K_1, K_2, K_3 の設定に際して，(8.9c)式，(8.17)式にモータパラメータを用いた指針を与えたが，これら指針はパラメータ設定の一応の目安を

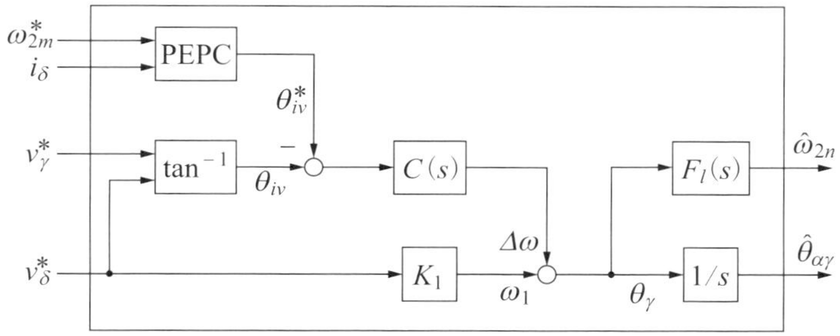

図 8.6　位相速度推定器の電流Ｉ形実現

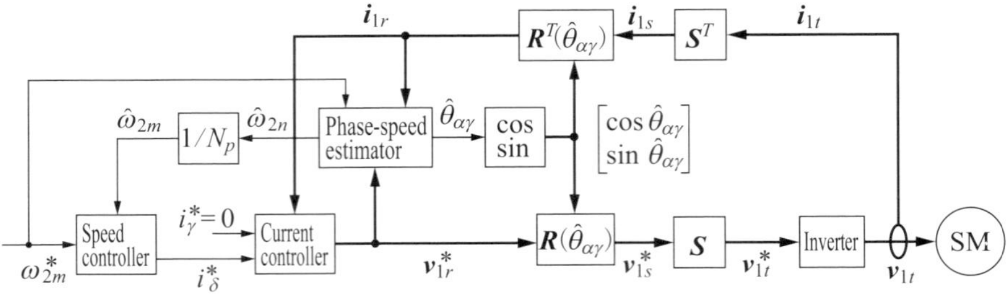

図 8.7　力率位相形ベクトル制御系の構成例

与えるものであり，指針のためのモータパラメータとしては粗い値でよい．

(8.9c)式，(8.17)式の設計パラメータ K_1, K_2, K_3 の設計指針は，突極，非突極のいずれのPMSMにも有効であり，これら設計パラメータを用いた位相速度推定器は，突極，非突極のいずれのPMSMにも適用可能である．設計指針に従って設定された設計パラメータは，8.3節で説明したように，基本的には一定である．

上記位相速度推定器を利用した力率位相形ベクトル制御系の一構成例を**図 8.7**に示した．同図では，図の輻輳を避けるために，ベクトル信号は太い信号線で明示している．また，電圧ベクトル，電流ベクトルには，脚符 t（uvw座標系），s（$\alpha\beta$ 固定座標系），r（$\gamma\delta$ 電流座標系）を付し，対応の座標系を明示している．同図における**位相速度推定器**（phase-speed estimator）には，図8.6が実装されている．回転子電気速度推定値 $\hat{\omega}_{2n}$ は，極対数 N_p で除されて機械速度推定値 $\hat{\omega}_{2m}$ に変換後，速度制御器へ入力されている（(8.11)式参照）．同図に明示しているように，γ 軸電流をゼロに制御すべく（すなわち，固定子電流が δ 軸上に常時存在するよう制御すべく），γ 軸電流指令値は常時ゼロに設定されている．

図8.7の力率位相形ベクトル制御系の概観的構成は，図7.4(b)の軌跡指向形ベクトル制御系のそれと同様である．本同様性から理解されるように，力率位相形ベクトル制御系の速度制御器の設計は，軌跡指向形ベクトル制御系の速度制御器の設計と同様であり，同様な注意が喚起される．すなわち，速度制御系の速度制御器出力は，トルク指令値ではなく，δ 軸電流指令値である．一方，姉妹本・文献8.15)の(7.6)式，(7.15)式が示した制御器係数設計法は，「速度制御器出力はトルク指令値」を想定している．このため，本設計法に従い制御器係数を設計する場合には，設計値を極対数と磁束強度の積 $N_p\Phi$ で除して使用する必要がある．

図8.6に示された位相速度推定器の電流I形実現，図8.7に示した準最適な電

流制御を直接遂行する電流制御系構造より明らかなように，力率位相形ベクトル制御法は簡単である．

8.4　電流座標系上の力率位相制御による実験結果

8.4.1　実験システムの構成と設計パラメータの概要

$\gamma\delta$ 電流座標系上の力率位相形ベクトル制御法の特性，性能を確認すべく実験を行った．供試 PMSM，負荷装置，供試 PMSM と負荷装置の間に設置したトルクセンサからなる実験システムの概要は，**図 2.11** と同一である．供試 PMSM の特性は，**表 2.1** のとおりである．本 PMSM を駆動制御対象とする力率位相形ベクトル制御系は，2 個の AC 電流センサ（ゼロ周波数から動作可能なもの），1 個の DC 電圧センサのみを使用した最少センサ構成で実現した．

実験に用いた位相速度推定器の主要設計パラメータは，(8.9c)式，(8.17)式で示した設計指針に従い，以下のように定めた．

$$\left.\begin{aligned} K_1 &= \frac{0.9}{\Phi} \approx 4 \\ K_2 &= 0.5\,\frac{L_q}{\Phi} \approx 0.09 \\ K_3 &= \frac{R_1}{\Phi}\,\bar{i}_\delta \approx 34 \end{aligned}\right\} \tag{8.21}$$

力率位相指令値 θ_{iv}^* の生成に際し使用するリミッタ関数の上下限も，(8.17)式で示した設計指針に従い，±0.4〔rad〕とした．また，位相制御器 $C(s)$ は，1 次とし，位相制御器 $C(s)$ に対応した安定なローパスフィルタ $F_C(s)$ が 150〔rad/s〕の帯域幅をもつように，位相制御器係数を次式のように設計した（(8.9)式，(1.7)式，**位相制御器定理**を参照）．

$$C(s) = \frac{f_{d1}s + f_{d0}}{s} = \frac{150s + 5\,625}{s} \tag{8.22}$$

回転子速度推定用のローパスフィルタ $F_l(s)$ は 1 次とし，その帯域幅 ω_c は速度制御帯域幅を十分に上回る 20〔rad/s〕とした（(8.10)式参照）．

電流制御系は，制御周期 125〔μs〕を考慮の上，帯域幅 2 000〔rad/s〕が得られるように設計し，速度制御系は，供試 PMSM の約 53 倍にも及ぶ負荷装置の巨大な慣性モーメントを考慮し，線形速度応答が確保されるおおむね上限である帯域幅 2〔rad/s〕が得られるように設計した．図 8.7 に示した力率位相形ベクトル制御系において，3/2 相変換器 $\boldsymbol{S}^T$ から 2/3 相変換器 $\boldsymbol{S}$ に至るすべての機器は，単一の DSP で実現した．

8.4.2　定常応答の実験結果

力率位相形ベクトル制御法における力率位相制御は，基本的に，力行かつ定常状態を条件に構築したものである．構築に際して解析した基本的な特性，性能を確認すべく，定常状態を条件に，実験を行った．

〔1〕力行駆動

図 8.7 の構成において，図 8.3 の第 1 象限での実験を行った．印加すべき力行負荷は定格とした．実験結果の一例を**図 8.8** に示す．図 8.8(a), (b), (c)には，定格速度を考慮し，機械速度 180, 18, 9〔rad/s〕での応答を示した．図 8.8(a)は，上から，α 軸から評価した $\gamma\delta$ 電流座標系位相（γ 軸位相）$\hat{\theta}_{\alpha\gamma}$，$\alpha$ 軸から評価した回転子位相（d 軸位相）θ_α，力率位相指令値 θ_{iv}^*，γ 軸から評価した回転子位相の極性反転値 $-\theta_\gamma = \hat{\theta}_{\alpha\gamma} - \theta_\alpha$，u 相電流を示している（図 1.1，図 7.1，図 8.1 参照）．γ 軸から評価した回転子位相 θ_γ は γ 軸と d 軸の位相差であるが，図 8.8 では，安定性の高い d 軸を基準にとり（すなわち極性反転して），これを表示している．

図 8.8(a)より，力率位相指令値は，次の設計どおりの値を示していることがわかる．

$$\theta_{iv}^* \approx K_2 \tilde{i}_\delta \approx 0.27 \tag{8.23}$$

力率位相 θ_{iv} は同指令値に従い制御され，力率位相偏差ゼロ $\theta_{iv} - \theta_{iv}^* \approx 0$ が達成されていることは，確認している（オシロスコープ表示制約の関係で割愛）．このときの γ 軸から評価した回転子位相 $\theta_\gamma \approx -0.2$〔rad〕は，(8.6)式の関係を満足する期待どおりの値を示している．u 相電流の形状も良好である．図 8.8(a)の合理的な応答は，所期のシステム動作を裏付けるものである．

定格速度からの減速に対しても，図 8.8(b)に示したように，所期の応答が確認された．ただし，図 8.8(c)に示したように，定格速度の 1/20 に相当する 9〔rad/s〕前後から，u 相電流波形の乱れ，これに誘起されたと思われる $\gamma\delta$ 電流座標系位相の乱れが視認できる程度にでてきた．なお，u 相電流波形の乱れは，v 相 w 相電流のゼロクロス時点で発生していることから理解されるように，電力

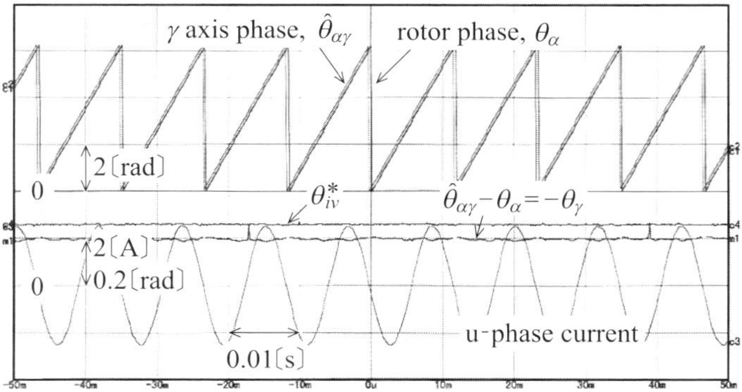

（a）速度 180〔rad/s〕

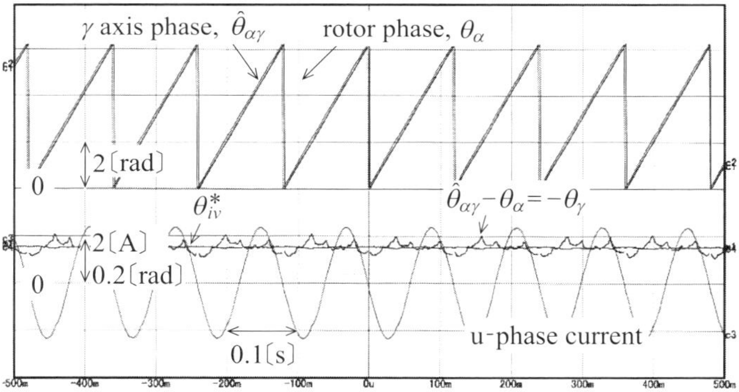

（b）速度 18〔rad/s〕

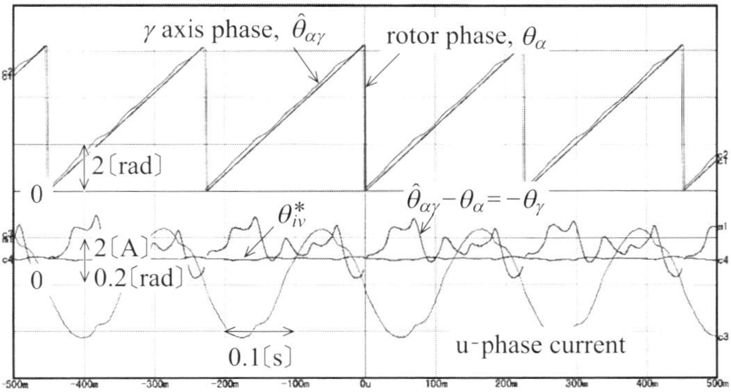

（c）速度 9〔rad/s〕

図 8.8 電流 I 形実現による，力行定格負荷下での駆動応答例

変換器のデッドタイム（dead time）の影響によるものと考えられる．

〔2〕回生駆動

図8.3を用いて説明したように，(8.16)式の簡略化した力率位相指令器は，回生状態においても，ある速度以上では適用可能である．本適用可能性を確認するために，図8.7の構成において，図8.3の第4象限での実験を行った．印加すべき回生負荷は定格とした．

実験結果の一例を**図8.9**に示す．図8.9(a), (b)は，機械速度180, 18〔rad/s〕での応答である．波形の意味は，図8.8と同一である．ただし，図8.8の力行時の応答とは異なり，γ軸はd軸に対して位相遅れとなっている点には，注意された

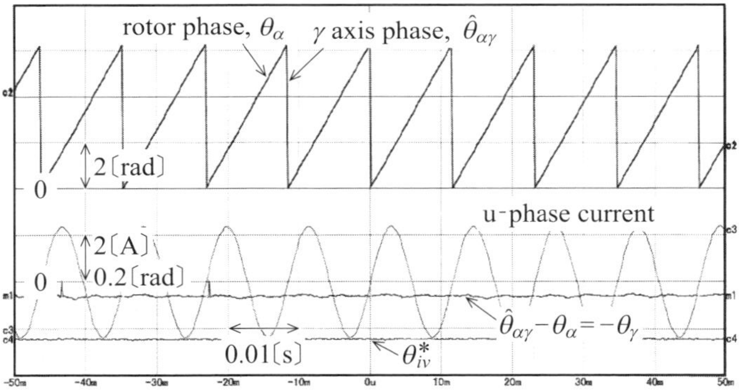

(a) 速度180〔rad/s〕

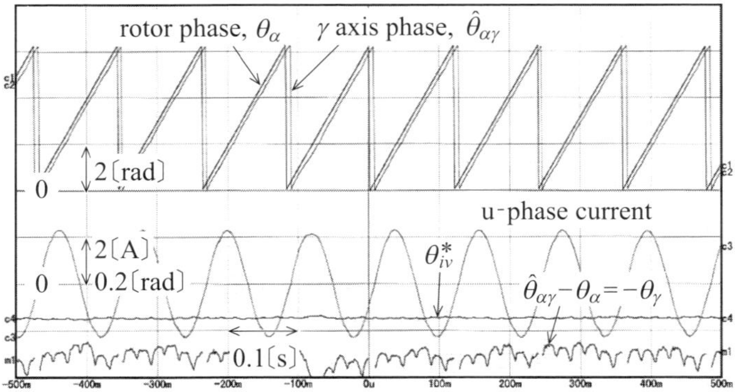

(b) 速度18〔rad/s〕

図8.9　電流I形実現による，回生定格負荷下での駆動応答例

い．回生状態では，(8.16)式の簡略化した力率位相指令器は，力率位相指令値生成ルールの基本式である(8.13)式の良好な近似とはならないが，駆動は可能であることが確認される．定格速度からの減速に対しても，図 8.9(b)に示したように，同様に駆動可能であった．ただし，定格速度 1/20 近傍が，回生定格負荷での駆動限界であった．なお，負荷を低減する場合には，さらに低い低速域でも駆動可能であった．これらの実験的特性は，図 8.3 に示した理論的特性に合致するものである．

以上のように，図 8.8，図 8.9 に示した実験的応答特性は，解析から期待される応答特性に合致するものであり，ひいては，8.2，8.3 節で示した解析結果の妥当性，$\gamma\delta$ 電流座標系上の力率位相形ベクトル制御法の妥当性を裏付けるものである．

Q8.6　**第 2 章の最小次元 D 因子磁束状態オブザーバ，第 4 章の 2 次 D 因子回転子磁束推定法を用いたセンサレスベクトル制御法に比較し，力率位相形ベクトル制御法は，低速性能が著しく低いように思います．この原因はどこにあるのでしょうか．**

Ans.　原因はいくつか考えられますが，主原因の 1 つと思われるのが，力率位相の検出です．低速域では，電力変換器に付随したデッドタイム，ノイズ等の影響で，固定子電圧の S/N が著しく低下します．力率位相は，固定子電圧指令値を利用して検出しており，電圧 S/N の低下が力率位相検出の S/N 低下に直結しています．電圧指令値をローパスフィルタリングした上で力率位相を検出するようにすれば，さらに低速での駆動が可能であることは，実験的に確認しています．このときのローパスフィルタとしては，速度に応じて帯域幅を変化させる応速帯域形のものが良いです．力率位相形ベクトル制御法の特長の 1 つは，簡易性にあります．次の 8.5 節で，簡易性を維持しつつ，当該問題の解決を図った力率位相形ベクトル制御法を解説します．

8.4.3　過渡応答の実験結果

力率位相形ベクトル制御法の実用性評価の観点から，負荷変動に対する過渡性能，可変速指令値に対する過渡性能を確認した．

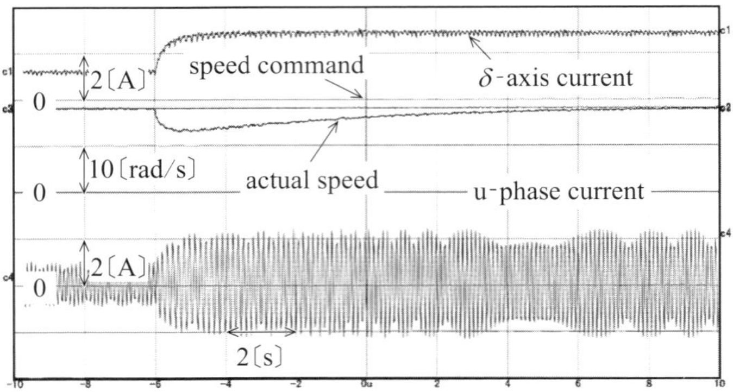

(a) 定格負荷の瞬時印加

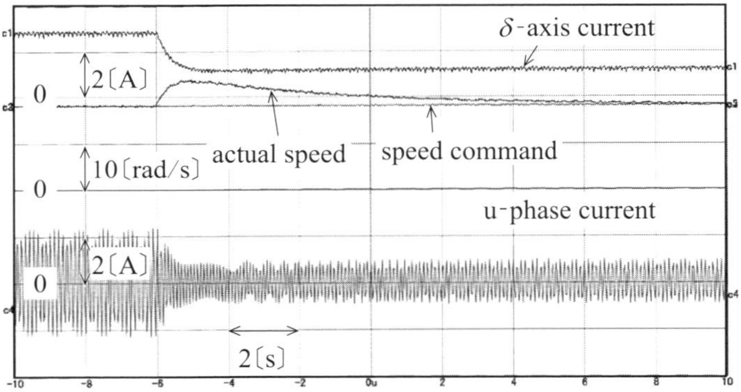

(b) 定格負荷の瞬時除去

図 8.10　電流 I 形実現による，速度 18〔rad/s〕駆動における定格負荷の瞬時印加・除去に対する過渡応答例

〔1〕 負荷の瞬時印加・除去特性

センサレス駆動性能の評価において重要な過渡性能の 1 つが，速度制御時における負荷の瞬時印加・除去に対する耐性性能である．

図 8.10(a)は，力行，回生とも安定な定常応答が確認された 1/10 定格速度である 18〔rad/s〕に速度制御しておき，ある瞬時に定格負荷を印加した場合の応答を調べたものである．同図は，上から，δ 軸電流，速度指令値，同応答値（エンコーダによる検出値），u 相電流を示している．時間軸は，2〔s/div〕である．負荷の瞬時印加直後に約 14〔rad/s〕までの速度低下が起きているが，制御系は脱調することなく回復し，速度制御を遂行している様子が確認される．長い回復時間

は，53 倍に及ぶ負荷装置の大慣性モーメントを考慮し速度帯域幅を 2〔rad/s〕と低く設計していることに起因している．0.4〔kW〕供試 PMSM には，約 10 倍の軸出力をもつ負荷装置が接続されている．なお，定常状態近傍で u 相電流が一見脈動しているように見えるが，事実はそうではない．これは，描画のためのサンプリングが u 相電流周波数に比較して粗いため発生した描画エイリアシング（aliasing）現象である．

図 8.10(b)は，図 8.10(a)と同一速度において事前に印加していた定格負荷を，瞬時に除去した場合の応答を調べたものである．図中の波形の意味は，図 8.10(a)と同一である．印加の場合と同様な良好な応答が確認される．無負荷時の電流は，大慣性負荷に起因した摩擦トルクに抗するものである．定格速度の

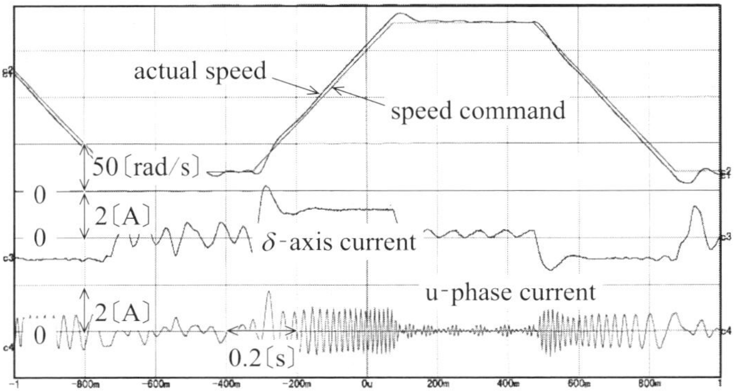

(a) 速度応答値表示

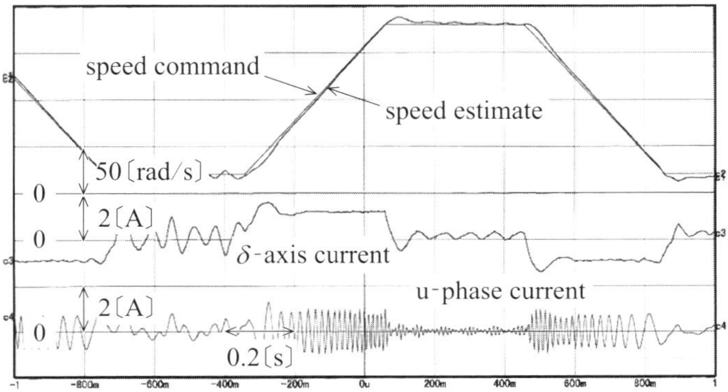

(b) 速度推定値表示

図 8.11　電流 I 形実現による，加減速指令に対する追従特性例

1/10～1の範囲では，他の速度においても，負荷の瞬時印加除去に対して同様な特性を確認している．

〔2〕無負荷での加減速追従特性

供試PMSMを，負荷装置から外し，無負荷での加減速・速度指令値に対する追従特性を調べた．供試PMSMにはPMSM自体の慣性モーメント0.001 6〔kgm^2〕と同等な慣性モーメントを付加するのが合理的であるが，適切な慣性モーメントが用意できなかったので，代わって慣性モーメント0.000 55〔kgm^2〕のカップリングを付加した．この結果，本状態での供試PMSMの実効的な定格**パワーレイト**は，約2 250となる（表2.1参照）．パワーレイトと定格トルクの比を参考に，加減速時の加速度を理論限界（位相と速度の情報が理想的な状態で瞬時入手できた場合）の50％弱に相当する±400〔rad/s^2〕とし，安定駆動速度領域を考慮して加減速度の上下限を20～180〔rad/s〕とする，周期1.6〔s〕の台形信号を用意した（図2.21，図2.34参照）．速度帯域幅は慣性モーメントを考慮して50〔rad/s〕に再設計し，本速度帯域幅が確保できるように，回転子速度推定用のローパスフィルタ$F_l(s)$の帯域幅も50〔rad/s〕に再設計した．

図8.11(a)は，この応答例である．上から，速度指令値，同応答値（エンコーダによる検出値），δ軸電流，u相電流である．時間軸は0.2〔s/div〕である．速度応答値には，定常状態に突入する直前にオーバーシュート，アンダーシュートが見られるが，加減速時の追従特性は良好である．アンダーシュート直後の波形の乱れは，低速域での駆動限界に接近していることによるものと思われる（図8.8，図8.9参照）．

加減速時の速度応答値が，途中から，同指令値に対して位相進み状態を呈しており，一見奇異な印象を受けるが，これは速度推定値を用いた速度制御によるものであり，正常である．これを確認するために，図8.11(b)に，速度応答値（検出値）に代わって速度推定値を表示した．他の波形は，図8.11(a)と同一である．加減速の速度指令値に対して，速度推定値が追従するように制御が遂行されていることが，すなわち正常な制御動作が確認される．「加減速駆動時の速度真値に対する速度推定値の位相遅れが，速度指令値に対する速度真値の位相進みを生じた」といえる．

Q8.7 **$\gamma\delta$ 電流座標系上の力率位相形ベクトル制御法は，モータパラメータの変動に対して，低感度（ロバスト）であるということは，異なったモータパラメータをもつ種々の PMSM に適用できる汎用性を有していると理解してよいでしょうか．**

Ans. そのとおりです．異なったモータパラメータをもつ種々の PMSM に適用できる汎用性をもつセンサレス駆動制御法として，印加電圧の振幅と周波数の比を一定に保つ **V/F 一定制御法**があります．しかし，V/F 一定制御法は，固定子電流のフィードバック制御機能も位相推定機能もなく，**過電流**や**低周波振動**を起こしやすいといった難点を有していました．$\gamma\delta$ 電流座標系上の力率位相形ベクトル制御法は，V/F 一定制御法のこれらの難点を一気に解決し，さらには効率駆動を追求した，簡易で汎用性の高いセンサレスベクトル制御法といえます．なお，力率位相形ベクトル制御法は，V/F 一定制御法と同様に，**ノンパラメトリックアプローチ**の採用を通じ，高い汎用性を獲得しています．

8.5　電流座標系の位相決定法の簡略化と実験結果

8.5.1　電流座標系の位相決定法の簡略化

(8.9)式に示した $\gamma\delta$ 電流座標系の **I 形位相決定法**は，力率位相 θ_{iv} の検出に δ 軸電圧による除算を必要とする．δ 軸電圧が減少する低速域では，S/N 上この除算が問題となることが，8.4 節の実験を通じ確認された（Q/A8.6 参照）．本問題は，**力率位相偏差**の近似生成等を通じ，解決することができる．以下に，これを示す．

(8.9d)式における**補正周波数** $\Delta\omega$ の生成に用いた逆正接処理を，処理対象の位相が約 ± 0.5〔rad〕以内である点を考慮し，近似的に除去すると次式を得る．

$$
\begin{aligned}
\Delta\omega &\approx C(s)\left(\tan^{-1}\frac{-v_\gamma^*}{v_\delta^*}-\theta_{iv}^*\right)\\
&\approx C(s)\left(\frac{-v_\gamma^*}{v_\delta^*}-\theta_{iv}^*\right)\\
&= C(s)\frac{1}{|v_\delta^*|}\left(-\mathrm{sgn}(v_\delta^*)\,v_\gamma^*-|v_\delta^*|\,\theta_{iv}^*\right)
\end{aligned}
\tag{8.24}
$$

力率位相偏差を位相制御器 $C(s)$ へ入力し生成された補正周波数 $\Delta\omega$ は，位相積

分器 $1/s$ で積分され，$\gamma\delta$ 電流座標系の位相 $\hat{\theta}_{\alpha\gamma}$ に反映される（図 8.6 参照）．一方，位相制御器の入力信号である力率位相偏差は，本位相 $\hat{\theta}_{\alpha\gamma}$ によって決定された $\gamma\delta$ 電流座標系上で生成された信号である．これは，位相 $\hat{\theta}_{\alpha\gamma}$ の生成には，**PLL**（phase-locked loop）が構成されていることを意味する．事実，位相制御器 $C(s)$ は**一般化積分形 PLL 法**に基づき設計されている．(8.24)式の補正周波数生成における $1/|v_\delta^*|$ は，元来，時変信号であるが，PLL の観点からは，必ずしも時変である必要はない．換言するならば，PLL による安定収束が得られるならば，これは一定値でもよい．本認識と(8.24)式を(8.9)式に適用すると，**$\gamma\delta$ 電流座標系のⅡ形位相決定法**を次のように得る．

【$\gamma\delta$ 電流座標系のⅡ形位相決定法】

$$\hat{\theta}_{\alpha\gamma} = \frac{1}{s}\omega_\gamma \tag{8.25a}$$

$$\omega_\gamma = \omega_1 + \Delta\omega \tag{8.25b}$$

$$\omega_1 = K_1 v_\delta \approx K_1 v_\delta^* \qquad 0 < K_1 < \frac{1}{\Phi}, \quad K_1 = \text{const} \tag{8.25c}$$

$$\Delta\omega = C(s)K_4(-\text{sgn}\,(v_\delta^*)v_\gamma^* - |v_\delta^*|\,\theta_{iv}^*) \qquad \frac{2}{\hat{v}_\delta} \le K_4 \le \frac{10}{\hat{v}_\delta}, \quad K_4 = \text{const} \tag{8.25d}$$

■

(8.25d)式における一定パラメータ K_4 は，設計者に設定が委ねられた設計パラメータであり，この一応の設計目安は(8.25d)式の右端記載のとおりである．同式における $\hat{v}_\delta$ は，固定子電圧定格値である．

(8.25d)式における位相制御器 $C(s)$ は，(8.9d)式と同一である．(8.25d)式の最終式においては，$(-K_4\,\text{sgn}(v_\delta^*)v_\gamma^*)$ が力率位相の近似検出値に，また $(K_4\,|v_\delta^*|\,\theta_{iv}^*)$ が力率位相近似検出値に対応した力率位相指令値となっている．

(8.25d)式の原式である(8.24)式における近似に関しては，$|v_\gamma^*| > 0$ の条件の下では，厳密には次の(8.26)式の不等関係が成立する．

$$\tan^{-1}\left|\frac{v_\gamma^*}{v_\delta^*}\right| < \left|\frac{v_\gamma^*}{v_\delta^*}\right| \qquad |v_\gamma^*| > 0 \tag{8.26}$$

上式は，(8.25d)式に基づく力率位相近似検出値は，同真値より大きくなることを意味する．これは，補正周波数 $\Delta\omega$ の生成のための力率位相偏差 $(\theta_{iv} - \theta_{iv}^*)$ の観点からは，力率位相指令値を相対的に小さくしたことと等価な効果をもたらす

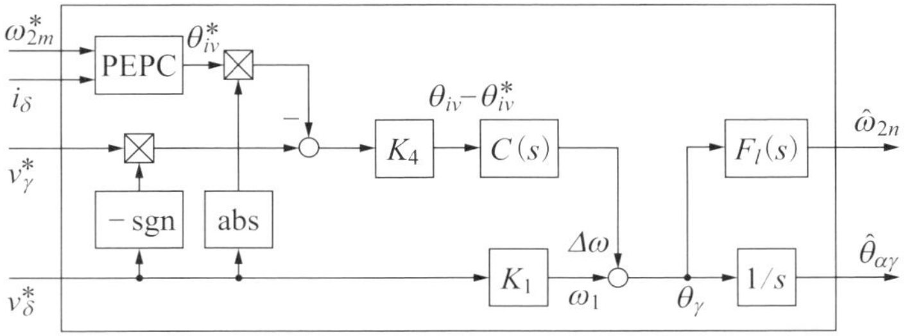

図 8.12　位相速度推定器の電流Ⅱ形実現

((8.9d)式参照). θ_{iv}^* の生成に使用するパラメータ K_2, K_3 の選定に際しては，この点を考慮する必要がある.

Ⅱ形位相決定法を利用した**位相速度推定器**の**電流Ⅱ形実現**を**図 8.12** に示した．同図では，電流Ⅰ形実現との同異を明示すべく，位相制御器 $C(s)$ と一定パラメータ K_4 とは別々に表現した．実際的には，両者は一体的に実現することになる．図 8.12 に用いた速度推定の方法は，図 8.6 の電流Ⅰ形実現のものと同一である．なお，電流Ⅱ形実現における**力率位相指令器**（PFPC）は，電流Ⅰ形実現におけるそれと同一である．ひいては，両者が対象とする駆動領域は同一である.

8.5.2　設計パラメータの設定

電流Ⅱ形実現された位相速度推定器の妥当性を検証・確認すべく実験を行った．妥当性の検証・確認は，8.4 節で説明した電流Ⅰ形実現された位相速度推定器による応答を基準に，これとの比較を通じ実施した.

比較の厳密性を確保すべく，実験システムは，電流Ⅰ形実現のそれと同一とした．種々の設計パラメータも，同様の理由で，電流Ⅰ形実現のそれと原則同一とした.

位相速度推定器の主要な設計パラメータ K_1, K_2, K_3 は(8.21)式のとおりである．電流Ⅱ形実現に追加的に必要な設計パラメータ K_4 は，(8.25d)式に基づき次式のように新たに選定した.

$$K_4 = \frac{5}{\hat{v}_\delta} = \frac{5}{165} \approx 0.03 \tag{8.27}$$

力率位相指令値 θ_{iv}^* の生成に際し使用するリミッタの上下限，位相制御器 $C(s)$，回転子速度推定用ローパスフィルタ $F_l(s)$ も，電流Ⅰ形実現の場合と同一とした.

電流制御器のゲイン，速度制御器のゲインも，電流Ⅰ形実現の場合と同一とした．以上のように，電流Ⅱ形実現に必要な設計パラメータ K_4 を除き，種々の設計パラメータは電流Ⅰ形実現の場合と同一である．

8.5.3　定常応答の実験結果

〔1〕力行駆動

図8.3の第1象限での定常駆動実験を行った．印加すべき力行負荷は定格である．実験結果の一例を**図8.13**に示した．図8.13(a), (b), (c), (d)には，おのおのの機械速度180, 18, 9, 5〔rad/s〕での応答を与えた．波形の意味は，図8.8と同一である．

図8.8の電流Ⅰ形実現と比較した場合，機械速度18, 9〔rad/s〕の低速においては，$\gamma\delta$ 電流座標系の安定性が向上していることが，回転子位相 $-\theta_\gamma$ から確認される．この安定性向上は，電流Ⅰ形実現で必要とされた δ 軸電圧による除算の回避によっている．すなわち，低速域では，δ 軸電圧のS/Nが低下するが，低S/Nの δ 軸電圧による除算回避により，$\gamma\delta$ 電流座標系の安定性向上が達成されている．

電流Ⅰ形実現では，力行定格負荷の下では，定格速度の約3%に相当する5〔rad/s〕の低速駆動は不可能であった．しかしながら，電流Ⅱ形実現では，安定化向上の結果，図8.13(d)に示しているように，この駆動が可能となった．図8.13(b)～(d)に例示された低速域における安定性向上は，期待にそうものである．

電流Ⅰ形実現と電流Ⅱ形実現とが，同一の設計パラメータ K_2, K_3 を用いていることから理解されるように，力率位相指令器による力率位相指令値 θ_{iv}^* は両実現で同一である．しかしながら，回転子位相 $-\theta_\gamma$ に関して，電流Ⅱ形実現による場合は，電流Ⅰ形実現による場合に比較し，より大きな値を示している．実験によれば，回転子位相 $-\theta_\gamma$ の乖離は速度増加に応じて大きくなる傾向を示す．すなわち，速度増加に応じて，等価的に力率位相指令値 θ_{iv}^* を小さく選定し，回転子位相 $-\theta_\gamma$ がより大きくなるような現象が発生している．本現象の発生は，両実現の相違に起因している．すなわち，電流Ⅱ形実現における力率位相の近似検出によるものであり，(8.26)式を用いた解析の妥当性が理解される．

電流Ⅱ形実現における本現象に対する簡単な対策は，力率位相指令器の設計パラメータ K_2 をあらかじめ大きめに選定することであろう．なお，銅損に鉄損を含めたモータ内全損失を最小化する電流軌跡は，速度向上とともに**力率1軌跡**

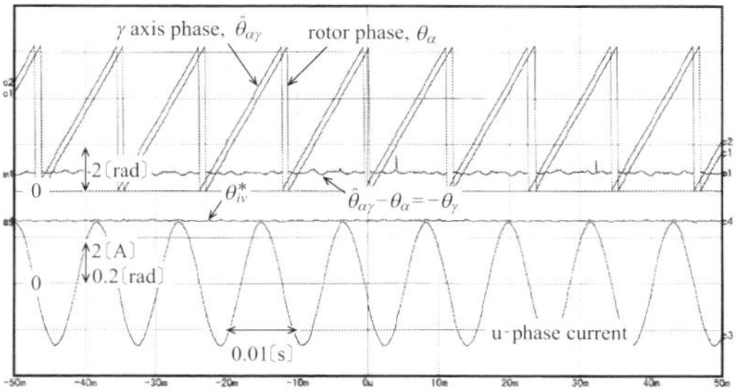

（a） 速度 180〔rad/s〕

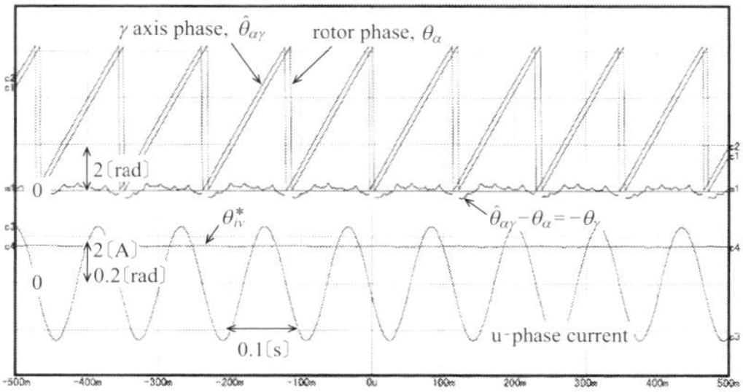

（b） 速度 18〔rad/s〕

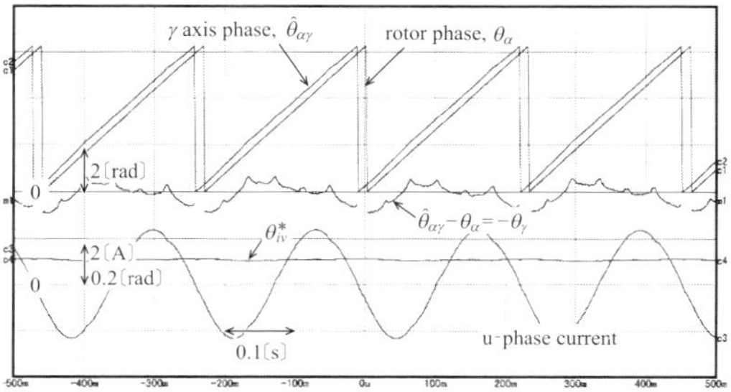

（c） 速度 9〔rad/s〕

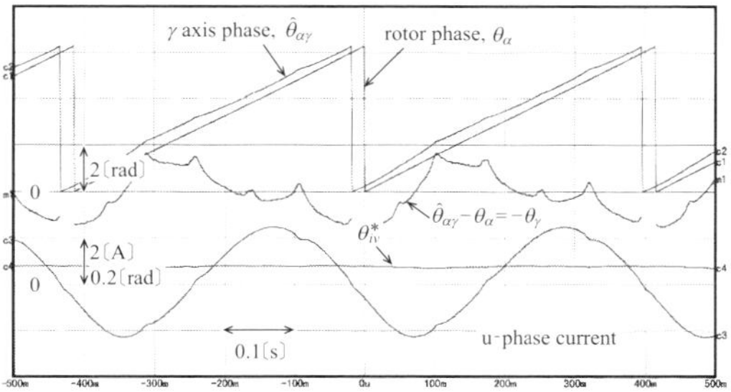

（d） 速度 5〔rad/s〕

図 8.13　電流 II 形実現による，力行駆動時の応答例

寄りとなることが知られており（(7.8)式，図7.3参照），本現象は鉄損の強いモータにおいては必ずしも忌避すべきものではない．

〔2〕**回生駆動**

(8.16)式の力率位相指令器は，図8.3を用いて説明したように，一部の回生領域では適用可能である．図8.3の第4象限領域での実験を，電流Ｉ形実現の場合と同一条件で行った．

実験結果例を**図8.14**に示す．図8.14(a),(b)は，回生定格負荷かつ機械速度180, 18〔rad/s〕での応答である．波形の意味は，図8.13と同一である．回生負荷に対する速度領域は，元来，S/Nが良好な高速域に限定されているため，δ軸電圧による除算回避の効果は，特に見られない．

図8.14(c)は，電流Ｉ形実現では達成できなかった1/20定格速度に相当する機械速度9〔rad/s〕での応答である．ただし，回生負荷は90%定格である．

8.5.4　過渡応答の実験結果

〔1〕**負荷の瞬時印加・除去特性**

センサレス駆動における重要な過渡性能の1つが，速度制御時における負荷の瞬時印加・除去に対する耐性である．電流Ｉ形実現による場合には，この種の実験は，負荷印加時の速度低下を考慮するならば，1/10定格速度である機械速度18〔rad/s〕が一応の限界であった（図8.10参照）．電流Ⅱ形実現による場合には，低速域での安定性向上により，1/20定格速度である9〔rad/s〕での実験が可能となった．以下，実験結果を示す．

図8.15(a)は，機械速度9〔rad/s〕に速度制御しておき，ある瞬時に定格負荷を印加した場合の応答を調べたものである．波形の意味は，図8.10と同一である．インパクト印加時直後に約5〔rad/s〕まで速度低下しているが，脱調することなく回復し，速度制御を遂行している様子が確認される．

図8.15(b)は，図8.15(a)と同一速度において事前に印加していた定格負荷を，瞬時に除去した場合の応答を調べたものである．印加の場合と同様な良好な応答が確認される．

定格速度の1/20～1範囲では，他の速度においても，負荷の瞬時印加除去に対して同様な特性を確認している．

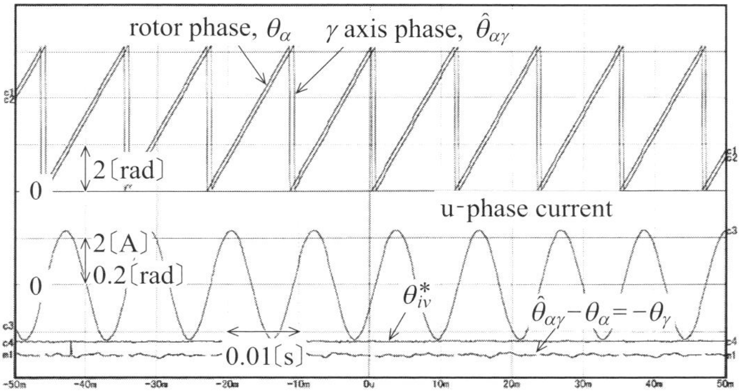

(a)速度 180〔rad/s〕

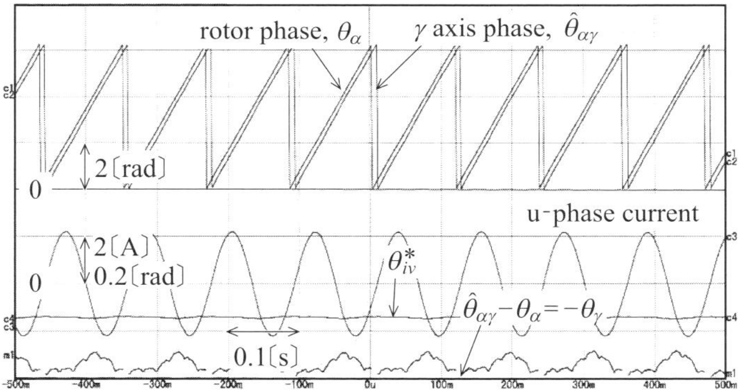

(b)速度 18〔rad/s〕

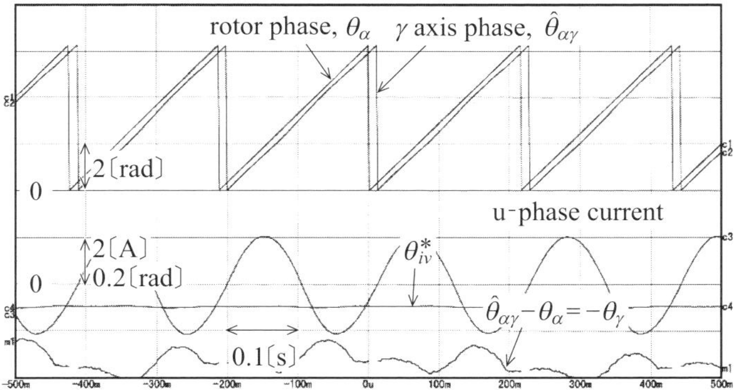

(c)速度 9〔rad/s〕

図 8.14　電流 II 形実現による，回生駆動時の応答例

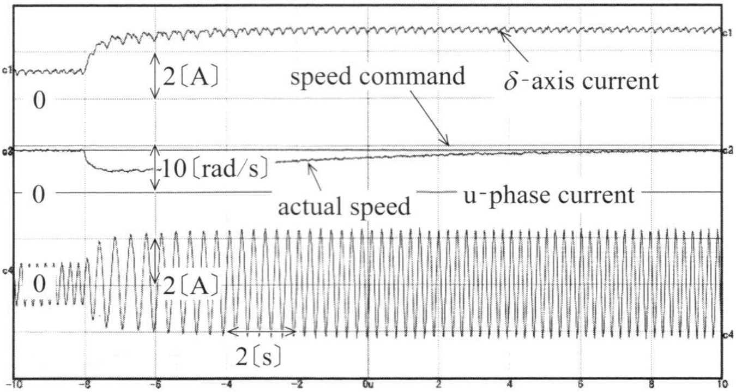

(a)定格負荷の瞬時印加

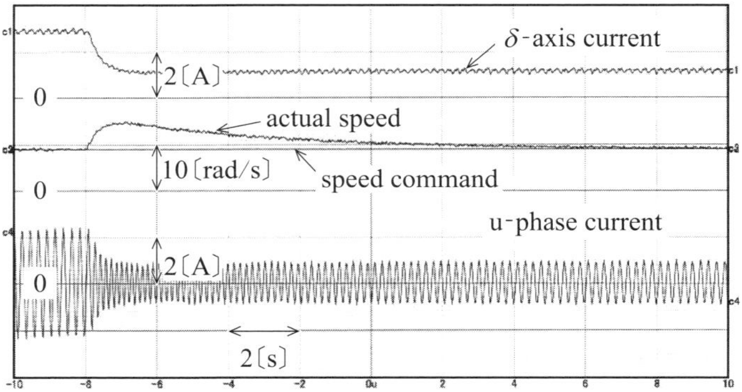

(b)定格負荷の瞬時除去

図 8.15　電流 II 形実現による，速度 9〔rad/s〕駆動における負荷の瞬時印加・除去に対する過渡応答

〔2〕無負荷での加減速追従特性

電流 II 形実現における加減速追従特性を確認すべく，図 8.11 と同一条件で，同一の実験を実施した．

図 8.16 に実験結果を示した．波形の意味は図 8.11 と同一である．図 8.16 (a)，(b)がおのおの図 8.11(a)，(b)に対応している．図 8.11 との比較では，全般的には，大きな相違はない．一定速度の応答では，高速時，低速時とも，速度リップル，電流リプルがわずかながら低減している様子が観察される．

以上，電流 II 形実現を用いた力率位相形ベクトル制御法の性能を，実験的に検証・確認した．実験結果によれば，力率位相の検出誤差発生の問題があるものの，

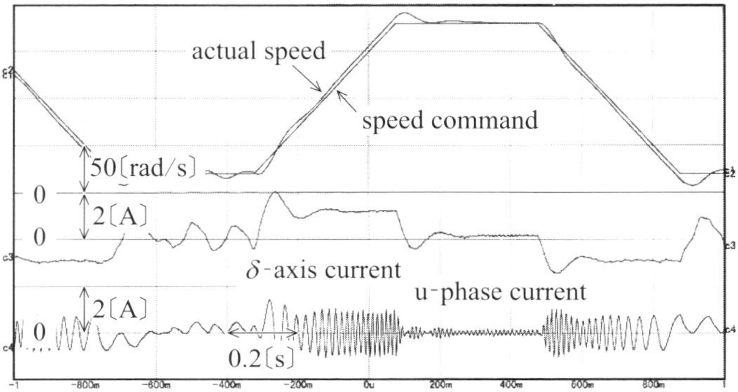

(a) 速度応答値表示

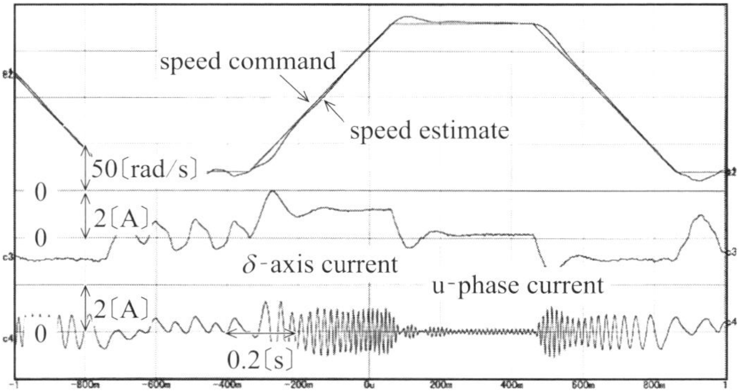

(b) 速度推定値表示

図 8.16 電流Ⅱ形実現による，加減速度指令に対する追従特性例

低速域での駆動の安定性向上が得られた．これら応答特性は解析どおりであり，解析の妥当性も検証・確認された．なお，検出誤差発生の問題は，すでに説明したように，力率位相指令値を誤差相当分大きめに与えることで対処できる．

8.6 電圧座標系上の力率位相形ベクトル制御法

8.6.1 電圧座標系の位相決定法

$\gamma\delta$ 一般座標系の δ 軸位相を固定子電圧位相とする $\gamma\delta$ 電圧座標系の構築を考える．このため，再び図 8.1(a)を考える．図 8.1(a)では，位相 θ_{iv} を，固定子電流と固定子電圧との位相差すなわち力率位相として説明した．図 8.1(a)の位相

θ_{iv} は δ 軸位相と固定子電圧位相との位相差でもある．固定子電圧位相と δ 軸位相と一致させるには，図 8.1(a)において位相 θ_{iv} を形式的にゼロにすればよい．換言するならば，$\gamma\delta$ 電圧座標系を得るための γ 軸位相の推定的な決定は，(8.9)式において，形式的に位相指令値 θ_{iv}^* をゼロに指定すればよい．これより，**$\gamma\delta$ 電圧座標系の I 形位相決定法**を次のように得る．

【$\gamma\delta$ 電圧座標系の I 形位相決定法】

$$\hat{\theta}_{\alpha\gamma} = \frac{1}{s}\omega_\gamma \tag{8.28a}$$

$$\omega_\gamma = \omega_1 + \Delta\omega \tag{8.28b}$$

$$\omega_1 = K_1 v_\delta \approx K_1 v_\delta^* \qquad 0 < K_1 < \frac{1}{\Phi}, \quad K_1 = \text{const} \tag{8.28c}$$

$$\begin{aligned}\Delta\omega &= C(s)\cdot\tan^{-1}\frac{-v_\gamma}{v_\delta} \\ &\approx C(s)\cdot\tan^{-1}\frac{-v_\gamma^*}{v_\delta^*}\end{aligned} \tag{8.28d}$$

■

(8.28d)式に明記しているように，**補正周波数** $\Delta\omega$ の生成において γ 軸電圧は**極性反転**の上利用されている．この点には注意されたい．座標系の速度・位相生成におけるこの極性反転利用は，ゲインの適応的チューニングを前提とする山中の方法との特徴的相違の 1 つになっている[8.10)～8.13)]．(8.28)式を用いて実現した**位相速度推定器**を，**図 8.17** に示した．以降，本実現を**電圧 I 形実現**と呼称する．電圧 I 実現の位相速度推定器は，速度推定に関しては，(8.10)式の速度推定法を無修正で利用している．

位相速度推定器の電圧 I 形実現に伴う設計パラメータ K_1 の選定指針は，この

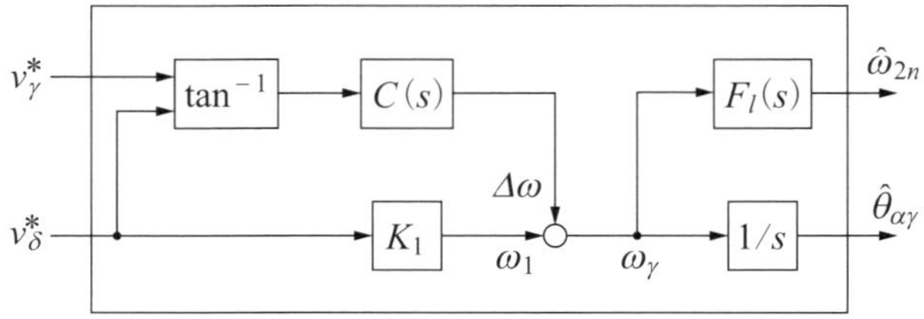

図 8.17　位相速度推定器の電圧 I 形実現

構築過程より明白なように，**電流 I 形実現**の場合と同様である．すなわち，(8.28c)式が適用される．**位相制御器** $C(s)$ の設計も電流 I 形実現と同様である．

8.6.2 γ 軸電流指令値の生成法

電圧 I 形実現の位相速度推定器により，$\gamma\delta$ 電圧座標系の位相（α 軸から評価した γ 軸位相）$\hat{\theta}_{\alpha\gamma}$ が得られる．図 8.1(b)に $\gamma\delta$ 電圧座標系上における固定子電圧と固定子電流との一関係例を示した．「固定子電圧が δ 軸上に存在する」ことを確認されたい．

$\gamma\delta$ 電圧座標系は δ 軸位相と電圧位相とを一致させた座標系に過ぎず，$\gamma\delta$ 電圧座標系は効率駆動を何ら保証するものではない．高効率駆動を得るには，力率位相 θ_{iv} を制御する必要がある．図 8.1(b)より理解されるように，$\gamma\delta$ 電圧座標系上では，γ 軸電流 i_γ と δ 軸電流 i_δ の間には次の関係が成立している．

$$i_\gamma = \tan\theta_{iv}\cdot i_\delta \tag{8.29a}$$

電流制御を介し(8.29a)式の関係を達成すべく，力率位相指令値 θ_{iv}^* を利用し，γ 軸電流指令値を以下のように生成する．

$$i_\gamma^* = \tan\theta_{iv}^*\cdot i_\delta \tag{8.29b}$$

(8.29b)式における力率位相指令値 θ_{iv}^* は，高効率駆動をもたらすものでなくてはならない．高効率駆動の力率位相指令値は，回転子速度，固定子電流と独立に与えることはできない（図 8.5 参照）．力率位相指令値の簡単な生成器としては，上述の依存性を考慮の上，準最小損失軌跡近傍に固定子電流の配置を行う(8.16)式の力率位相指令器がある．ここでは，この再利用を図る．

$\gamma\delta$ 電流座標系と $\gamma\delta$ 電圧座標系との若干の位相差を無視して，(8.16)式を(8.29b)式に用いると，次の **γ 軸電流指令器**を新たに得る．

【γ 軸電流指令器】

$$\begin{aligned}
i_\gamma^* &= \left(K_2\frac{|\hat{\omega}_{2n}|}{K_3+|\hat{\omega}_{2n}|}\,i_\delta\right)i_\delta \\
&\approx \mathrm{lmt}\left(K_2\frac{|\hat{\omega}_{2n}|}{K_3+|\hat{\omega}_{2n}|}\,i_\delta\right)\cdot i_\delta \\
&\approx \mathrm{lmt}\left(K_2\frac{N_p\,|\omega_{2m}^*|}{K_3+N_p\,|\omega_{2m}^*|}\,i_\delta\right)\cdot i_\delta
\end{aligned}$$

$$\approx \mathrm{lmt}\left(K_2 \frac{N_p\,|\,\omega_{2m}^*\,|}{K_3+N_p\,|\,\omega_{2m}^*\,|}\, i_\delta\right)\cdot i_\delta^* \qquad \begin{array}{l} K_2 = \mathrm{const} \\ K_3 = \mathrm{const} \end{array} \tag{8.30}$$

■

(8.30)式は，所期の駆動速度域の範囲であれば，任意の速度で利用できる．(8.30)式における設計パラメータ K_2, K_3 の選定指針は，電流 I 形実現の場合と同様であり，(8.17)式が適用される．ただし，可適用性は，必ずしも電流 I 形実現と同一パラメータの使用を推奨するものではない．パラメータの具体値の相違は，$\gamma\delta$ 電流座標系と $\gamma\delta$ 電圧座標系との位相差に起因している．

8.6.3　力率位相形ベクトル制御系の構成

図 8.18 に，$\gamma\delta$ 電圧座標系上で実現した力率位相形ベクトル制御法を利用したセンサレスベクトル制御系（速度制御目的の例）を概略的に示した．同図の位相速度推定器には，図 8.17 が組み込まれている．また，γ 軸電流指令値は，**PFPC**（**力率位相指令器**）ブロックの出力信号を利用し，(8.30)式に従い生成されている．同 PFPC ブロックは，特に(8.30)式の最終式に従い，実現している．

図 8.7 と図 8.18 のベクトル制御系は，「力率位相形ベクトル制御法に基づき実現されている」という点で，共通である．しかし，両ベクトル制御系においては，PFPC ブロックの配置位置が異なる．前者では，γ 軸電流指令値をゼロに保持することを条件に，PFPC ブロックは位相速度推定器に内蔵されていた．これに対し，後者では，位相速度推定器には力率位相指令値生成機能を一切保持させないことを条件に，PFPC ブロックを γ 軸電流指令値の生成部に配している．

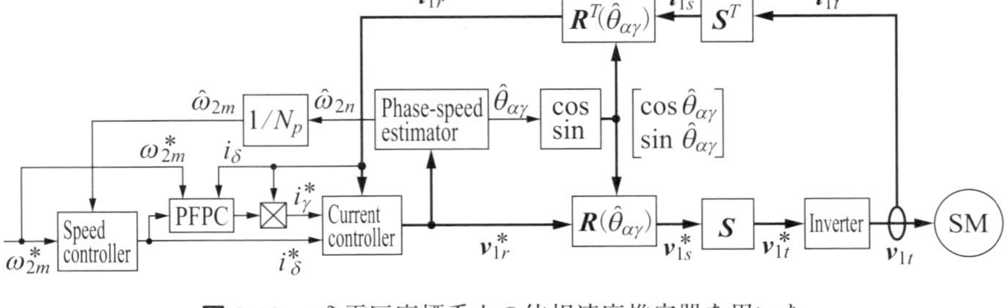

図 8.18　$\gamma\delta$ 電圧座標系上の位相速度推定器を用いた力率位相形ベクトル制御系の構成例

8.6.4 電圧座標系の位相決定法の簡略化

$\gamma\delta$電圧座標系のγ軸位相$\hat{\theta}_{\alpha\gamma}$の生成を目的とした(8.28)式のI形位相決定法では，**補正周波数**$\Delta\omega$の生成にδ軸電圧による除算を必要とする．この種の除算は，低速域で問題となるとなることがある．本問題は，以下に従えば，回避できる．

補正周波数生成を担う(8.28d)式において，逆正接処理を近似的に除去すると，次式を得る．

$$
\begin{aligned}
\Delta\omega &\approx C(s)\cdot\tan^{-1}\frac{-v_\gamma^*}{v_\delta^*} \\
&\approx C(s)\cdot\frac{-v_\gamma^*}{v_\delta^*} \\
&= C(s)\cdot\frac{1}{|v_\delta^*|}(-\mathrm{sgn}(v_\delta^*)v_\gamma^*)
\end{aligned}
\tag{8.31}
$$

(8.31)式の補正周波数生成における$1/|v_\delta^*|$は，**PLL**の観点からは，必ずしも時変である必要はない．換言するならば，PLLによる安定収束が得られるならば，これは一定値でもよい．本認識を(8.31)式に適用すると，次の**$\gamma\delta$電圧座標系のII形位相決定法**を得る．

【$\gamma\delta$電圧座標系のII形位相決定法】

$$\hat{\theta}_{\alpha\gamma} = \frac{1}{s}\omega_\gamma \tag{8.32a}$$

$$\omega_\gamma = \omega_1 + \Delta\omega \tag{8.32b}$$

$$\omega_1 = K_1 v_\delta \approx K_1 v_\delta^* \qquad 0 < K_1 < \frac{1}{\Phi},\ K_1 = \mathrm{const} \tag{8.32c}$$

$$\Delta\omega = C(s)\cdot K_4(-\mathrm{sgn}(v_\delta^*)v_\gamma^*) \qquad \frac{2}{\hat{v}_\delta} \le K_4 \le \frac{10}{\hat{v}_\delta},\quad K_4 = \mathrm{const} \tag{8.32d}$$

■

(8.32d)式における位相制御器$C(s)$は，(8.28d)式と同一である．(8.32d)式の原式である(8.31)式の近似に関しては，$|v_\gamma^*| = 0$の条件下での次の等式関係を利用している．

$$\tan^{-1}\left|\frac{v_\gamma^*}{v_\delta^*}\right| = \left|\frac{v_\gamma^*}{v_\delta^*}\right| = K_4(-\mathrm{sgn}(v_\delta^*)v_\gamma^*) = 0 \qquad |v_\gamma^*| = 0 \tag{8.33}$$

上式は，「補正周波数$\Delta\omega$が安定的に生成される状況下では，(8.32d)式による補正周波数は，(8.28d)式による補正周波数と同一となる」ことを意味する．換言

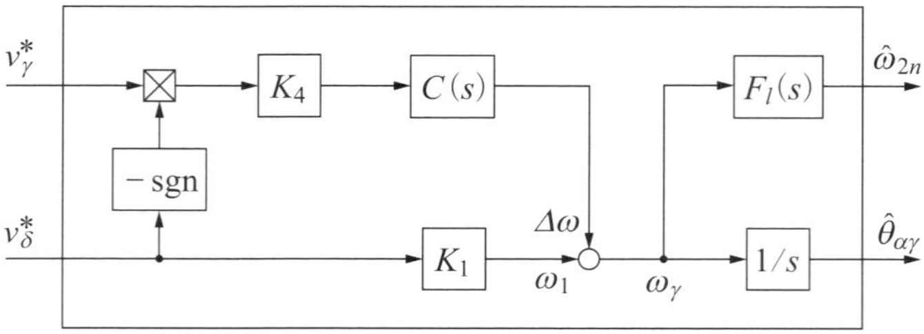

図 8.19　位相速度推定器の電圧 II 形実現

するならば，簡略化した II 形位相決定法を利用して補正周波数 $\Delta\omega$ が安定的に生成されるならば，I 形位相決定法を利用した場合と同一の電圧座標系が構築されることを意味する．

II 形位相決定法を利用した位相速度推定器を，**電圧 II 形実現**として，**図 8.19** に示した．同図では，電圧 I 形実現との同異を明示すべく，位相制御器 $C(s)$ と一定パラメータ K_4 とは別々に表現しているが，両者は一体的に実現してよい．なお，電圧 II 形実現の位相速度制御器における速度推定法は，電流 I 形，電流 II 形，電圧 I 形実現で採用された方法と同一である（(8.10)式参照）．

8.7　電圧座標系上の力率位相制御による実験結果

8.7.1　実験の概要

(8.33)式を用いて説明したように，位相速度推定器を電圧 I 形実現した場合と電圧 II 形実現した場合とでは，十分な S/N が得られる速度領域では，生成された $\gamma\delta$ 電圧座標系の違いはない．本特性は，実験的にも検証・確認されている．この点を考慮し，本節では，簡略性と低速域での安定化向上が期待される電圧 II 形実現の位相速度推定器を用いた実験結果のみを示す．すなわち，図 8.19 の位相速度推定器を図 8.18 に用いた力率位相形ベクトル制御系による実験結果のみを示す．

本ベクトル制御系の構成に必要な設計パラメータに関しては，比較容易性の観点から，電流 II 形実現の位相速度推定器を用いたベクトル制御系と同一のものを使用した（8.5.2 項参照）．また，実験内容も同一の定常応答（力行駆動，回生駆動），過渡応答（定格負荷の瞬時印加・除去，無負荷加減速追従）とし（図 8.13～図 8.16 参照），これらの実験条件も同一とした．以下に，実験結果を示す．

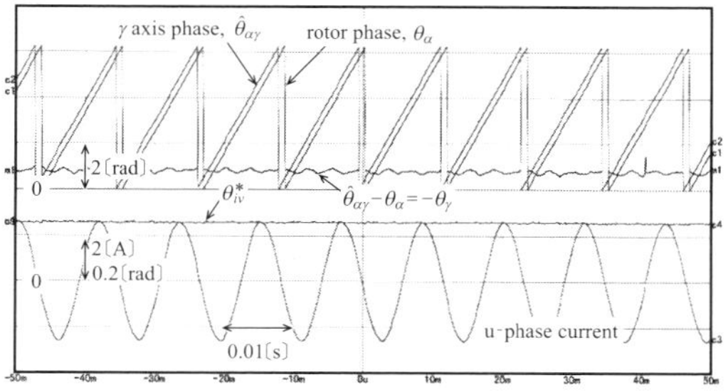

（a） 速度 180〔rad/s〕

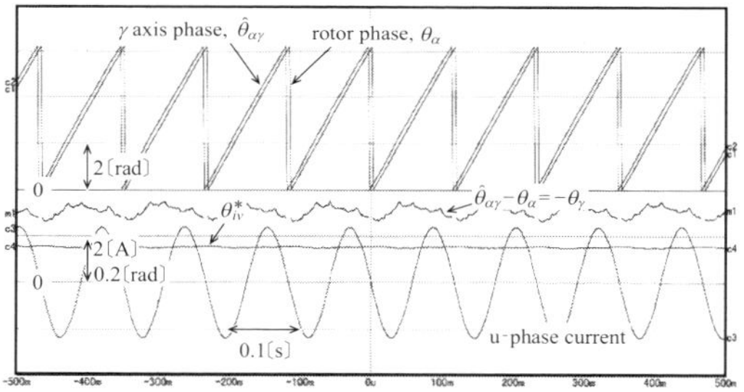

（b） 速度 18〔rad/s〕

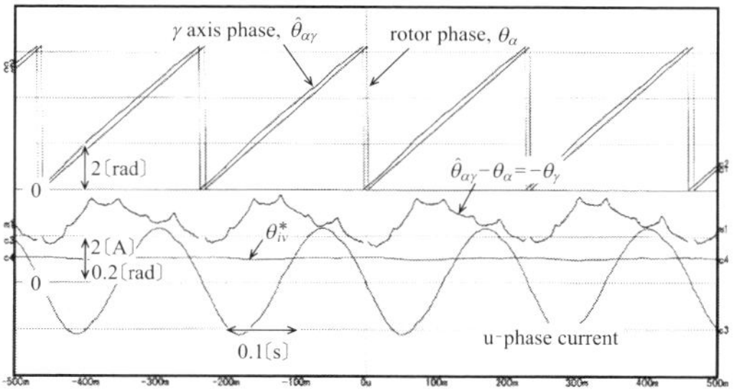

（c） 速度 9〔rad/s〕

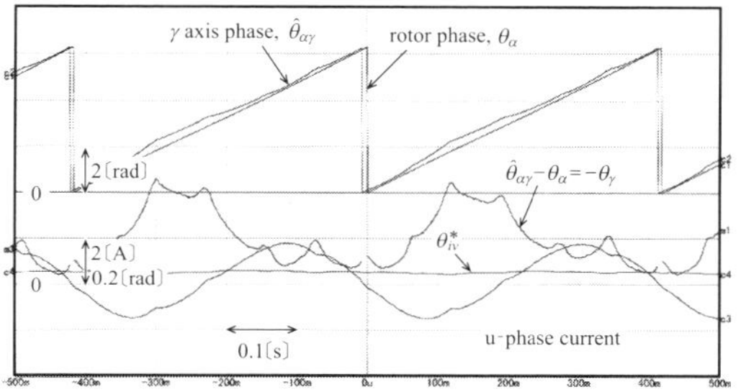

（d） 速度 5〔rad/s〕

図 8.20 電圧 II 形実現による力行定格負荷下の駆動応答例

8.7.2　定常応答の実験結果

〔1〕力行駆動

図 8.3 の第 1 象限での定常力行駆動の実験を行った．実験結果例を**図 8.20** に示す．図 8.20(a), (b), (c), (d)には，定格速度を考慮し，機械速度 180, 18, 9, 5〔rad/s〕での応答を与えた．ただし，力行負荷は定格を基本としたが，機械速度 5〔rad/s〕の応答に限り，定格負荷での駆動はできなかったので，70% 定格負荷とした．

波形の意味は，図 8.8，図 8.13 と基本的に同一である．ただし，図中の記号 θ_{iv}^* は PFPC の出力信号を意味する．(8.29b)式，(8.30)式に示しているように，電圧 II 形実現における PFPC の出力信号は力率位相指令値の正接値である．本図では，次の関係を利用して，記号 θ_{iv}^* を用いて PFPC の出力信号を表現している．

$$\tan\theta_{iv}^* \approx \theta_{iv}^* \qquad |\theta_{iv}^*| \le 0.5 \tag{8.34}$$

「記号 θ_{iv}^* が PFPC の出力信号を意味する」という点においては，電流 II 形実現と電圧 II 形実現との表現ルールは同一である．

〔2〕回生駆動

第 4 象限領域での実験を，電流 II 形実現の場合と同一条件で行った．実験結果例を**図 8.21** に示す．図 8.21(a), (b), (c)は，回生定格負荷かつ機械速度 180, 18, 9〔rad/s〕での応答である．波形の意味は，図 8.9，図 8.14 と同一である．回生負荷は，機械速度 180, 18〔rad/s〕の場合は定格としたが，9〔rad/s〕では定格では駆動不能であったので，80% 定格とした．

なお，図 8.21(b), (c)においては，回転子位相 $-\theta_\gamma$ のスケールを 0.5〔rad/div〕に変更しているので，注意されたい．

8.7.3　過渡応答の実験結果

〔1〕定格負荷の瞬時印加・除去

電流 II 形実現の場合と同様な定格負荷の瞬時印加・除去の実験を行った．以下，実験結果を示す．

図 8.22(a)は，機械速度 9〔rad/s〕に速度制御しておき，ある瞬時に定格負荷を印加した場合の応答を調べたものである．波形に意味は，図 8.10，図 8.15 と同一である．図 8.22(b)は，(a)と同一速度において事前に印加していた定格負荷

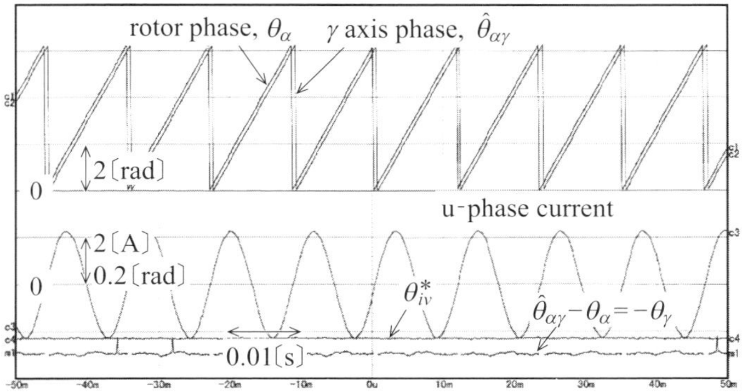

(a) 速度 180〔rad/s〕

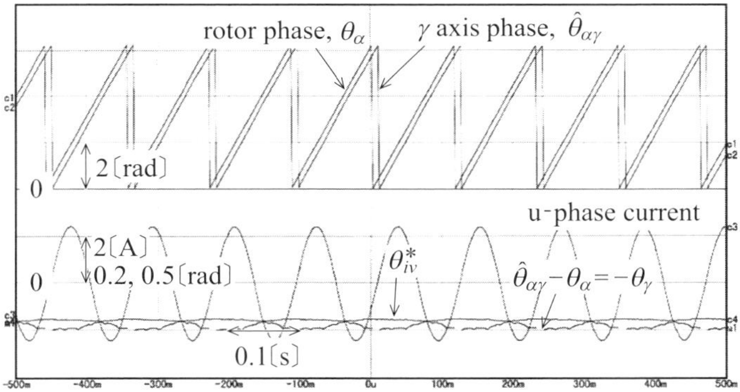

(b) 速度 18〔rad/s〕

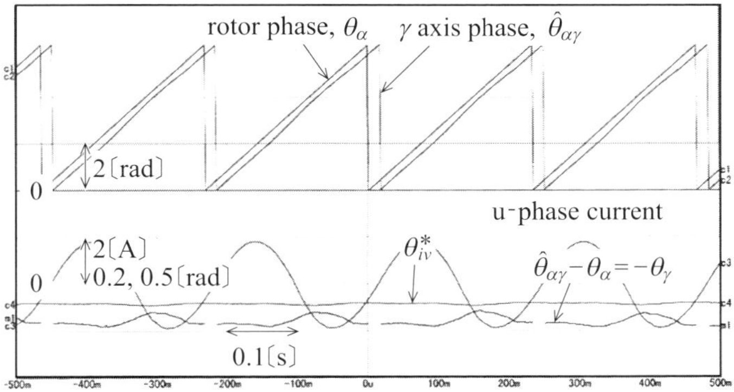

(c) 速度 9〔rad/s〕

図 8.21　電圧 II 形実現による回生駆動時の応答例

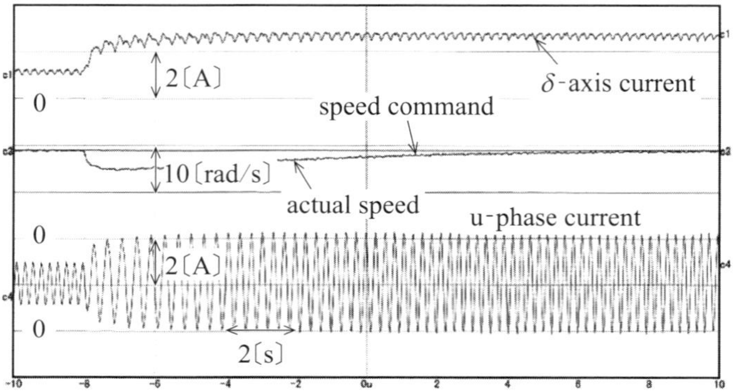

(a) 定格負荷の瞬時印加

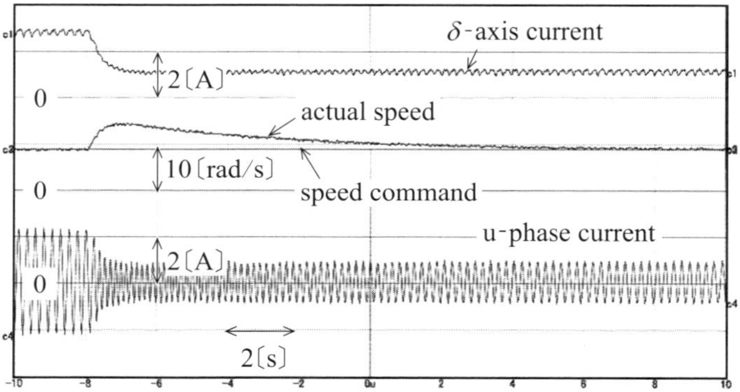

(b) 定格負荷の瞬時除去

図 8.22　電圧 II 形実現による速度 9〔rad/s〕駆動における負荷の瞬時印加・除去に対する過渡応答例

を，瞬時に除去した場合の応答を調べたものである．波形に意味は，図 8.22(a)と同一である．

〔2〕 無負荷での加減速追従

供試モータを，負荷装置から外し，無負荷での加減速・速度指令値に対する追従特性を調べた．実験条件，設計パラメータの選定等は，電流 II 形実現の場合と同一である．実験結果を**図 8.23** に示した．図 8.23(a)，(b)における波形の意味は，図 8.11，図 8.16 と同一である．

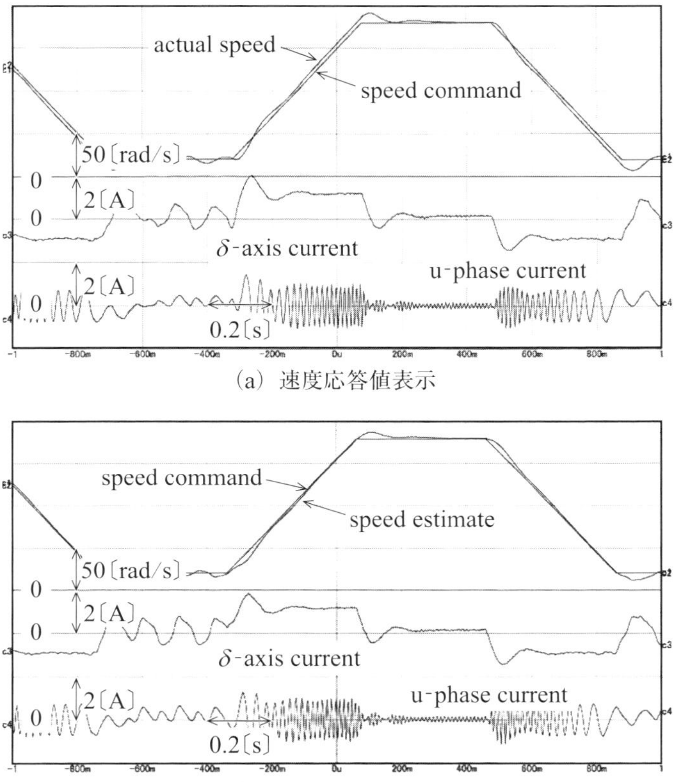

(a) 速度応答値表示

(b) 速度推定値表示

図 8.23 電圧Ⅱ形実現による加減速度指令に対する追従特性例

以上，電圧Ⅱ形実現を用いた力率位相形ベクトル制御法の性能を，実験的に検証・確認した．提示の実験結果によれば，電圧Ⅱ形実現による場合には，電流Ⅱ形実現による場合に比較し，力行・回生ともに，駆動可能な最低速度が少々高くなっている．この主たる原因は，本実験の電圧Ⅱ形実現には，電流Ⅱ形実現と同一の設計パラメータを用いている点にある．電圧Ⅱ形実現による場合には，電流Ⅱ形実現による場合に比較し，PFPC の設計パラメータ K_2 を少々小さめに選定することにより，同等の性能が得られることが確認されている．

定常応答における回転子位相 $-\theta_\gamma$ の安定性に関し，電圧Ⅱ形実現による場合には，電流Ⅱ形実現による場合に比較し，力行・回生ともに，安定性が少々低下している．この主原因は，電圧Ⅱ形実現による場合，脈動成分をもつ δ 軸電流

を用いて γ 軸電流指令値を生成している点に起因している（(8.30)式，図 8.15, 8.22 参照）．この改善は，多少の速応性の低下を招くことになるが，γ 軸電流指令値生成にフィルタリング処理を追加することにより可能である．

定格負荷の瞬時印加・除去，加減速追従の性能に関しては，両実現に実質的な相違は見受けられない．電圧Ⅱ形実現は，総合的には電流Ⅱ形実現と同等の性能を発揮していると理解される．

力率位相形ベクトル制御法は，計算負荷，パラメータ感度等を無視した絶対的な駆動性能という観点からは，高級なセンサレスベクトル制御法には及ばないが，ファン，ポンプ，コンプレッサ，家電製品などに代表される中高速域での力行駆動を中心とした応用には，適用可能な性能を有している．簡易性に代表される本法の特長を考慮するならば，むしろ，これら応用に好適なセンサレスベクトル制御法である．

Q8.8　**力率位相形ベクトル制御法は，計算負荷の軽さ，パラメータ感度の低さに魅力を感じます．低いパラメータ感度は，PMSM への幅広い適用可能性を示唆しているようにも感じます．多くの実験結果からは，「力率位相形ベクトル制御法は，中速以上の速度領域を主たる駆動領域とする応用に有用」との印象を受けます．提示実験での最高速度は定格速度となっていますが，力率位相形ベクトル制御法は定格速度より高い速度領域にも適用できるのでしょうか．**

Ans.　力率位相形ベクトル制御法は，定格速度を超える高速領域の駆動にも，原理的には，適用可能です（Q/A 8.4 参照）．しかし，適用に際しては，インバータの dc 母線電圧に起因する電圧制限への考慮が必要です．定格速度を超える高速駆動のための力率位相形ベクトル制御法は，拙著文献 8.16）第 5 章に詳しく解説されています．こちらを参照してください．

第 9 章 簡易起動のための電流比形ベクトル制御法

9.1 目的

センサレスベクトル制御系の性能は，回転子位相の推定性能に支配的な影響を受ける．この観点より，第2章〜第8章にわたり，代表的な**駆動用電圧電流利用法**（駆動用電圧・電流を用いた**回転子位相推定法**（位相推定法と略記））を説明した．駆動用電圧電流利用法における低速域の性能，加減速性能は，推定原理により，大きく異なる．現時点では，4.5〜4.7節で紹介した位相推定法を除き，駆動用電圧電流利用法の多くは，ゼロ速度を含む微速域あるいは低速域では，無力である．一方で，これまで説明したすべての位相推定法は，定格速度を基準に，1/10〜1程度の速度範囲では，所期の性能を得ることができる．

所期の性能を発揮し得る速度範囲に限界がある場合には，実際的観点より，**周波数ハイブリッド法**を活用することになる（1.6節参照）．すなわち，PMSMのセンサレスベクトル制御においては，「低速域用（低周波領域用）の位相推定法と高速域用（高周波領域用）の位相推定法との2種の位相推定法を用い，おのおの位相推定値を生成し，低速域用の位相推定法で生成された位相推定値と高速域用の位相推定法で生成された位相推定値とを周波数的に加重平均して，PMSMのセンサレスベクトル制御に利用する位相推定値とする周波数ハイブリッド法」の利用が実際的である．

広い速度領域で高い位相推定精度を維持するには，一般には，高速域用，低速域用ともに優れた2位相推定法による周波数ハイブリッド化が好ましい．しかし，低速域では高トルク発生を必要としない，起動時の一時的逆回転が許容される等の特性をもった応用（ファン，ポンプ，ドライ真空ポンプ，空調機用圧縮器，各種家電用品等）も種々あり，この種のための低速域用位相推定法としては，適切な起動ができかつ低速域の上限（すなわち高速域の下限）まで動作できれば，高精度の位相推定値は必要としない．反対に，「専用のハードウェアを必要としない」，「演算負荷が小さい」といった簡易性が重要視される．

本章では，高速域用センサレスベクトル制御法との周波数ハイブリッド結合を前提に，低速域での負荷が比較的軽くかつ高速域駆動を中心とする応用のための，簡便な位相推定機能を備えたセンサレスベクトル制御法を説明する．以下では，本ベクトル制御法を**電流比形ベクトル制御法**（current-ratio type vector control method）と呼称し，電流比形ベクトル制御法に基づき構成されたセンサレスベクトル制御系を**スタータ**（stator）と呼称する．なお，本章では，定格速度を基準に，0～1/5 程度の速度領域を**低速域**（low speed range）と呼ぶ．0～1/20 程度に該当する「低速域の中でも特に低速部分」は，**微速域**（very low speed range）と呼ぶ．

本章は以下のように構成されている．次の 9.2 節では，以降の議論のベースとなる PMSM の dq 同期座標系上の**数学モデル**を与える．9.3 節では，**ミール方策**（MIR strategy，Monotonously-Increasing-Region strategy）を説明する．ミール方策は，電流比形ベクトル制御法の基本原理を与えるものである．9.4 節では，スタータにおいて，位相速度推定機能を司る**ミール制御器**（MIR controller）を，推定特性と設計パラメータの設計指針とを交え説明する．あわせて，スタータの動作概要を説明する．9.5 節では，供試 PMSM に対し 1～50 倍の負荷慣性モーメントを用いた実験を通じ，電流比形ベクトル制御法の有用性を確認する．

なお，本章の内容は，著者の原著論文と特許 9.1)～9.4)を再構成したものであることを断っておく．

9.2　数学モデル

回転子の N 極位相を d 軸位相とする **dq 同期座標系**上での PMSM の**数学モデル**は以下のように与えられる（姉妹本・文献 9.5)・第 2 章，5.3 節参照）．

【dq 同期座標系上の数学モデル】

・回路方程式（第 1 基本式）

$$\begin{bmatrix} v_d \\ v_q \end{bmatrix} = \begin{bmatrix} R_1 + sL_d & -\omega_{2n}L_q \\ \omega_{2n}L_d & R_1 + sL_q \end{bmatrix} \begin{bmatrix} i_d \\ i_q \end{bmatrix} + \begin{bmatrix} 0 \\ \omega_{2n}\Phi \end{bmatrix} \tag{9.1}$$

・**トルク発生式（第 2 基本式）**

$$\tau = N_p(2L_m i_d + \Phi) i_q \tag{9.2}$$

・**エネルギー伝達式（第 3 基本式）**

$$\boldsymbol{i}_1^T \boldsymbol{v}_1 = R_1 \|\boldsymbol{i}_1\|^2 + \frac{s}{2}(L_d i_d^2 + L_q i_q^2) + \omega_{2m}\tau \tag{9.3}$$

■

上の数学モデルにおいては，固定子の電圧 $\boldsymbol{v}_1$，電流 $\boldsymbol{i}_1$ の d 軸，q 軸要素には，おのおの脚符 d, q を付して示している．また，**電気速度** ω_{2n} と**機械速度** ω_{2m} の間には，次の関係が成立している．

$$\omega_{2m} = \frac{\omega_{2n}}{N_p} \tag{9.4}$$

9.3 ミール方策

図 9.1(a)を考える．同図に示したように，回転子位相に対する固定子電流の位相を**電流位相**として θ_{di} で表現する．(9.2)式のトルク発生式は，電流位相 θ_{di} を用い，次式のように書き改めることができる．

$$\tau = N_p(\Phi \sin\theta_{di} + L_m \|\boldsymbol{i}_1\| \sin 2\theta_{di})\|\boldsymbol{i}_1\| \tag{9.5}$$

(9.5)式より明らかなように，下の(9.6)式の**電流条件**が成立する駆動では，「固定子電流のノルムは一定」と仮定するならば，少なくとも電流位相が $\pm\pi/2$

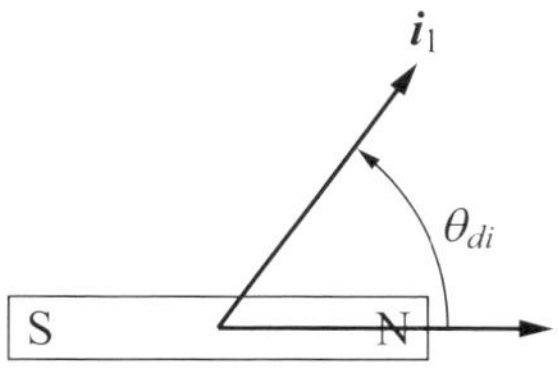

(a) 回転子 N 極を基準にした電流位相

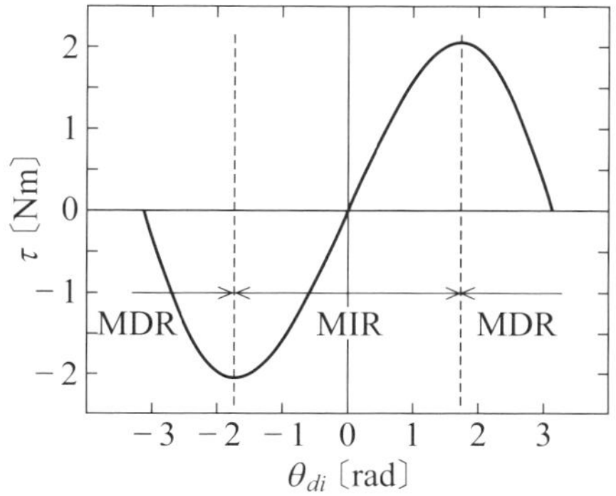

(b) 電流位相に対するトルク発生特性

図 9.1 トルク発生特性の一例

〔rad〕の範囲における発生トルクと電流位相とは，単調増加の関係を維持する．

$$\|\boldsymbol{i}_1\| < \frac{\Phi}{-2L_m} = \frac{\Phi}{(L_q - L_d)} \tag{9.6}$$

多くの PMSM は，定格電流値で十分の余裕をもって，(9.6)式の電流条件を満足している（表 2.1 参照）．

「固定子電流のノルムは一定」と仮定すると，電流位相と発生トルクの関係は，(9.5)式，(9.6)式より，概略的には図 9.1(b)のように例示することができる．全領域は，発生トルクが電流位相に応じて単調に増加する領域（monotonously increasing region, MIR）と，反対に，単調に減少する領域（monotonously decreasing region, MDR）とに 2 分される．**ミール**すなわち**単調増加領域**は，電流位相において少なくとも $\pm\pi/2$〔rad〕範囲をカバーしている．固定子電流が本領域に存在する状態は**ミール状態**（MIR state）と呼ばれる．また，ミール状態を企図した固定子電流制御方策は，著者によって提案・解析され，**ミール方策**（MIR strategy）と総称される[9.1),9.3)]．

図 9.1 より明らかなように，ミール方策は，d 軸電流をプラスに制御するものである．したがって，ミール方策は，銅損の最小化，電圧制限下の高速駆動化などの高効率あるいは高速駆動の観点からは，非合理な制御方策といえる（姉妹本・文献 9.5）第 5 章参照）．ミール方策の狙いは，PMSM 自体の特性を利用して，ゼロ速度を含む低速域でのベクトル制御系の安定性向上を図ることにある．本方策によれば，精度良い位相推定値を得ることが困難な低速域でのセンサレスベクトル制御時でさえも，負荷変動に対しベクトル制御系の安定性を維持することができる[9.1),9.3)]．安定性は，すべての制御性能の中で最重要であり，第一に確保されなければならない性能である．

9.4　スタータ

9.4.1　スタータの構成とミール特性

〔1〕スタータの基本構造

電流比形ベクトル制御法を具体化したスタータの基本構造を**図 9.2** に示す．同図より明白なように，スタータを構造的に特徴づけるものは，**電流比制御器**（current-ratio controller）と**位相速度決定器**（phase-speed determiner）とからなる**ミール制御器**（MIR controller）であり，他の機器は，標準的なベクトル制

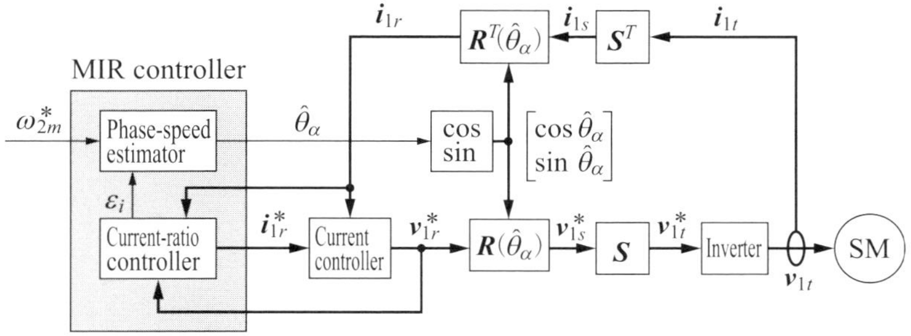

図 9.2 スタータの基本構造

御系のものと同一である．本スタータは，**相変換器**，**ベクトル回転器**を利用したフィードバック電流制御機能，**位置・速度センサ**を利用することなくベクトル回転器のための位相 $\hat{\theta}_\alpha$ を決定する機能など，センサレスベクトル制御系に期待される基本機能を備えている．また，速度制御に望まれる，負荷に応じて電流レベルを自動制御する機能も有している．

本スタータの機能的特徴は，低速域において，ミール方策に立脚した簡便なミール制御器により，位相決定機能（$\hat{\theta}_\alpha$ 決定機能）と電流レベル制御機能（電流指令値 $\boldsymbol{i}_1^*$ 決定機能）を実現し，速度指令値に応じた安定な速度制御状態を確立する点にある．

〔2〕ミール特性

ミール制御器により創出されたミール状態は，以下のような動作特性を示す．仮に，一定の固定子電流指令値により電流制御が行われ，変動負荷の下でミール状態が維持されている状況を考える．**図 9.3**(a)は，回転子位相（N 極位相）を d 軸位相として，本状況を概略的に示したものである．2×1 ベクトルとしての固定子電流 $\boldsymbol{i}_1$ は，PMSM への負荷が小さい場合には d 軸寄りとなり，負荷が大きくなるに従い q 軸寄りとなる．すなわち，「PMSM への負荷に応じて電流位相 θ_{di} が自動調整される」という**ミール特性**を示す．

図 9.3(b)は，(a)と対照的な状態でのミール特性を概略的に示したものである．すなわち，仮に PMSM への負荷は一定とし，ノルムについて電流指令値を変更した場合のミール特性を概略的に示したものである．一定負荷の下でのミール状態では，固定子電流のノルムが大きくなれば電流位相 θ_{di} は d 軸寄りとなり，反

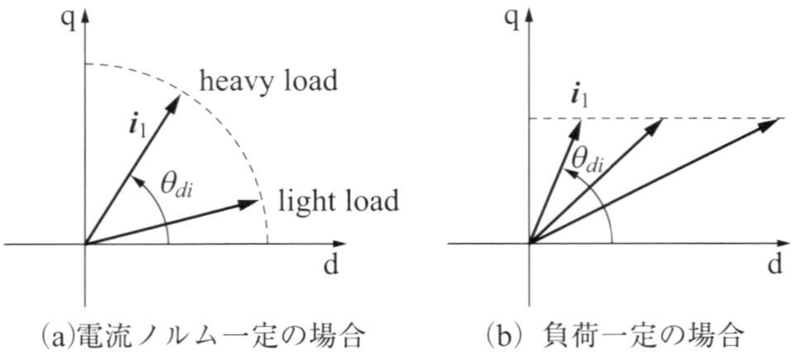

図 9.3　ミール特性の例

対に電流ノルムが小さくなれば電流位相は q 軸寄りとなる．すなわち，「固定子電流のノルムに応じて電流位相 θ_{di} が自動調整される」というミール特性を示す．

図 9.3 における共通のミール特性は，「電流制御下のミール状態では，図 9.1(b)に示したようなトルク発生特性に従い，負荷あるいは電流ノルムの変化に応じて，負荷と発生トルクがバランスするように，電流位相が自動調整される」点にある．すなわち，簡単には，ミール特性は**電流位相自動調整特性**と換言できる．

9.4.2　電流比制御器の構成

〔1〕基本構造

図 9.2 のスタータにおいては，負荷に抗し得る程度に電流指令値のノルムを維持できれば，ミール状態をひいては一応安定なベクトル制御状態を維持することが可能である．電流ノルムを大きく取っておけば，負荷変動に対するロバスト性が増し，ミール状態を維持しやすくなる．反面，必要以上の大きな電流ノルムは，大慣性負荷に対してさえも低周波振動を助長することがある．図 9.2 の電流比制御器は，以上の点を考慮して用意されたものであり，その目的は負荷に応じた適切なレベルの電流指令値を自動決定し，所期のミール状態を確立することにある．

固定子電流を構成する d 軸，q 軸電流を，その絶対比である **dq 電流比**（current ratio）が K_{1d} になるように，制御することを考える．すなわち，

$$\left| \frac{i_q}{i_d} \right| = K_{1d} > 0 \tag{9.7}$$

設計者に設定が委ねられた dq 電流比 K_{1d} は，負荷変動に対するロバスト性等を考慮するならば，$0.5 \leq K_{1d} \leq 1.5$（$\pi/6 \leq \theta_{di} \leq \pi/3$〔rad〕相当）程度が適当である．

(9.7)式の制御は，位置・速度センサが利用でき d 軸位相を知ることができる場合には，容易に行うことができる．ここでは，位置・速度センサを使用することなく，**$\gamma\delta$ 電圧座標系**上の **γ 軸電流**と **δ 軸電流**に着目して，(9.7)式の dq 電流比を直接かつ簡単な方法で推定することを考える．

(9.1)式より，同期駆動時の定常状態では，次の関係が成立する．

$$\begin{bmatrix} v_d \\ v_q \end{bmatrix} = \begin{bmatrix} R_1 i_d - \omega_{2n} L_q i_q \\ R_1 i_q + \omega_{2n}(L_d i_d + \Phi) \end{bmatrix} \tag{9.8}$$

したがって，絶対速度 $|\omega_{2n}|$ がある程度大きく，電流位相を $\pi/6 \le \theta_{di} \le \pi/3$ 程度に保つような駆動では，おおむね次式が成立する．

$$\left| \frac{v_d}{v_q} \right| \ll 1 \tag{9.9a}$$

特に次の(9.9b)式第 1 式の関係をもたらす固定子電流 $\boldsymbol{i}_1$ と回転子速度 ω_{2n} に対しては，(9.9b)式第 2 式が示すように，固定子電圧位相は q 軸位相と実質的に等しくなる．

$$\left.\begin{aligned} & R_1 i_d - \omega_{2n} L_q i_q \approx 0 \\ & \begin{bmatrix} v_d \\ v_q \end{bmatrix} \approx \begin{bmatrix} 0 \\ R_1 i_q + \omega_{2n}(L_d i_d + \Phi) \end{bmatrix} \end{aligned}\right\} \tag{9.9b}$$

(9.9)式は，「2×1 ベクトルとしての固定子電圧はおおむね q 軸方向へ向く」，ひいては，「ミール状態の固定子電流を想定した $\gamma\delta$ 電圧座標系と dq 同期座標系はおおむね等しい」ことを意味する．

図 9.4 に，両座標系の相対関係の一例を概略的に示した．同図における i_γ, i_δ は，おのおの $\gamma\delta$ 電圧座標系上の γ 軸電流，δ 軸電流である．$\gamma\delta$ 電圧座標系上の γ 軸電流，δ 軸電流は，おのおの**無効電流**，**有効電流**と呼ばれることもある．

(9.9)式および図 9.4 より，(9.7)式の dq 電流比に関し，次の推定式が得られる．

$$\begin{aligned} \left| \frac{i_q}{i_d} \right| &\approx \left| \frac{i_\delta}{i_\gamma} \right| \\ &= \left| \frac{\boldsymbol{v}_1^T \boldsymbol{i}_1}{\boldsymbol{v}_1^T \boldsymbol{J} \boldsymbol{i}_1} \right| \end{aligned} \tag{9.10}$$

(9.10)式第 2 式の右辺における $\boldsymbol{J}$ は，(1.35c)式で定義された 2×2 交代行列である．同第 2 式の分子 $\boldsymbol{v}_1^T \boldsymbol{i}_1$，分母 $\boldsymbol{v}_1^T \boldsymbol{J} \boldsymbol{i}_1$ は，おのおの**有効電力**（effective power）と**無効電力**（reactive power）を意味している[9.5]．ひいては，(9.10)式は，

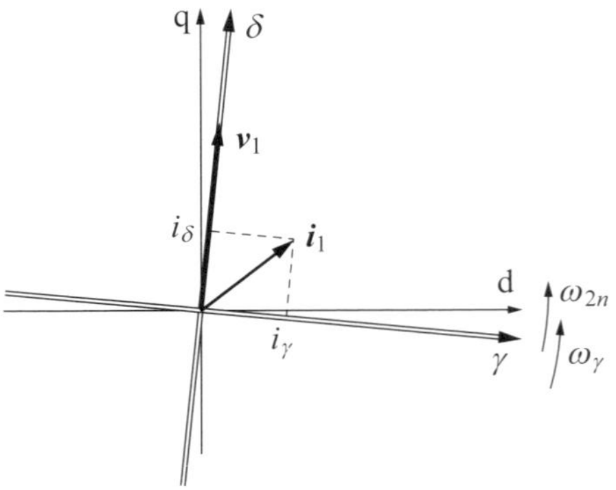

図 9.4　ミール状態の固定子電流を想定した $\gamma\delta$ 電圧座標系と dq 同期座標系の一相対関係例

「ミール状態にある d 軸電流と q 軸電流との dq 電流比は，有効電力と無効電力との**電力比**として推定できる」ことを意味する．

電流比制御器では，(9.7)式の状態を近似的に確立すべく，(9.10)式の推定式を利用して，電流指令値を次のように決定する．

【電流比制御器】

$$\boldsymbol{i}_1^* = \begin{bmatrix} \cos\theta_c \\ \sin\theta_c \end{bmatrix} \|\boldsymbol{i}_1^*\| \tag{9.11a}$$

$$\begin{aligned} \|\boldsymbol{i}_1^*\| &= \frac{K_2}{s} F_l(s) \left(\left| \frac{i_q}{i_d} \right| - K_{1d} \right) \\ &\approx \frac{K_2}{s} F_l(s) \left(\left| \frac{\boldsymbol{v}_1^T \boldsymbol{i}_1}{\boldsymbol{v}_1^T \boldsymbol{J} \boldsymbol{i}_1} \right| - K_{1v} \right) \\ &\approx \frac{K_2}{s} F_l(s) \varepsilon_i \end{aligned} \tag{9.11b}$$

$$\varepsilon_i \equiv \left| \frac{\boldsymbol{v}_1^{*T} \boldsymbol{i}_1}{\boldsymbol{v}_1^{*T} \boldsymbol{J} \boldsymbol{i}_1} \right| - K_{1v} \tag{9.11c}$$

■

上式の K_{1v} は，δ 軸，γ 軸電流の **$\gamma\delta$ 電流比**の収束値を定める設計パラメータ（以下，**$\gamma\delta$ 電流比設計値**）である．$F_l(s)$ は，固定子電流等に含まれる高調波成分等を除去するための**ローパスフィルタ**である．$1/s$ は**リミッタ付き積分器**であ

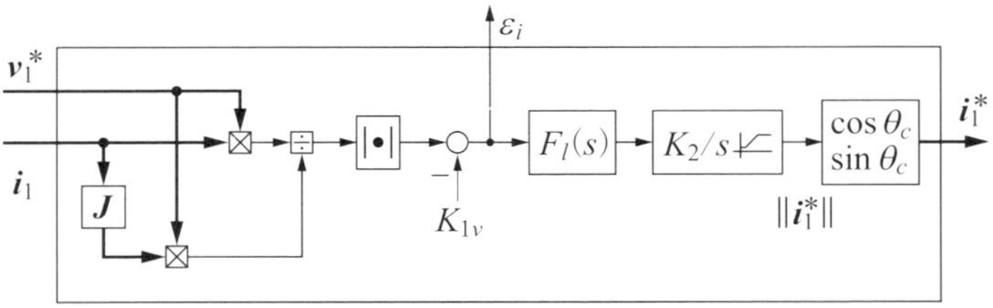

図 9.5　電流比制御器の構造

る．フィードバック電流制御系が適切に設計構成されている場合には，本リミッタ（以下，**積分リミッタ**）に電流指令値の上下限を設定することにより，良好な電流制限を行うことができる．K_2 は，電流指令値ノルムの収束速度を調整するための**積分ゲイン**である．θ_c は，$\gamma\delta$ 電圧座標系の γ 軸から見た固定子電流指令値の位相である（後掲の図 9.7 参照）．なお，以降では，ε_i を**電流比偏差**と呼ぶ．

(9.11)式の電流比制御器によれば，微速域を超える低速域では，設計者が与えた $\gamma\delta$ 電流比設計値 K_{1v} に対して電流比偏差がゼロになるように，γ 軸，δ 軸電流が制御される（後掲の図 9.12，図 9.15 参照）．

ゼロ速度を含む微速域では，電流比は K_{1v} に収束しないので注意されたい．微速域では，一般に印加電力はほとんど有効電力であるので，本領域では $\gamma\delta$ 電流比設計値 K_{1v} の合理的設定にもかかわらず，積分作用により電流指令値ノルムは増加の一途をたどり，電流指令値ノルムは積分リミッタに設定された上限値を取ることになる（9.4.5 項の特徴(f)を参照）．したがって，起動時に数秒程度，ゼロ速度指令値を指示する場合には，図 9.3(b)に明示した特性により，電流位相 θ_{di} は小さくなり，2×1 ベクトルとしての固定子電流はおおむね d 軸方向を向くことになる[9.1),9.3)]．

図 9.5 に，(9.11)式の電流比制御器をブロック線図として描画した．図 9.2 における電流比制御器には，図 9.5 が組み込まれている．

Q9.1　**電流比制御器は，(9.11)式以外には，構成方法はないのでしょうか．**

Ans.　電流制御器の構成方法としては，他にもいくつかのバリエーションがあります．例えば，電流指令値のノルムは，絶対 δ 軸電流と絶対 γ 軸電流の偏差を利用する形，あるいは絶対有効電力と絶対無効電力の偏差を利

用する形で，生成してもよいです．すなわち，

$$\|\boldsymbol{i}_1^*\| \approx \frac{K_2'}{s}F_l(s)\left(\frac{|\boldsymbol{v}_1^{*T}\boldsymbol{i}_1|-K_{1v}|\boldsymbol{v}_1^{*T}\boldsymbol{J}\boldsymbol{i}_1|}{\|\boldsymbol{v}_1^*\|}\right)$$

$$\approx \frac{K_2''}{s}F_l(s)\left(|\boldsymbol{v}_1^{*T}\boldsymbol{i}_1|-K_{1v}|\boldsymbol{v}_1^{*T}\boldsymbol{J}\boldsymbol{i}_1|\right)$$

図 9.2 では，電流比制御器に，$\gamma\delta$ 電圧座標系上の固定子電流と固定子電圧指令値を入力する例を示しています．(9.11c)式から理解されますように，これら入力信号は，有効電力と無効電力（あるいは，δ 軸電流と γ 軸電流）を算出するために使用されており，ひいては，$\alpha\beta$ 固定座標系上あるいは uvw 座標系上の対応信号に差し換えてもよいです．なお，電圧指令値は，電力変換器（インバータ）の**デッドタイム**（dead time）に対し適切な**補正**が行われていることを条件に，電圧検出値の推定値として利用しています．このため，電圧指令値と電圧検出値との位相が著しく異なる場合には，検出値を採用する必要があります．

〔2〕設計の指針

(9.11)式の電流比制御器に関し，利用上重要と思われる $\gamma\delta$ 電流比設計値の設計指針を与えておく．

$\delta\gamma$ 電流比の収束値を定める $\gamma\delta$ 電流比設計値 K_{1v} は，dq 電流比 K_{1d} の期待値でもある．したがって，$0.5 \leq K_{1v} \leq 1.5$ が一応の設計の目安となる．

図 1.12 の**静的周波数重み**を用いた**周波数ハイブリッド法**を想定し，ハイブリッド結合が行われる低速域の絶対電気速度を $\omega_h > 0$ とするとき，興味深い $\gamma\delta$ 電流比設計値 K_{1v} は次のものである．

$$K_{1v} = \frac{R_1}{\omega_h L_q} > 0 \tag{9.12}$$

(9.12)式の $\gamma\delta$ 電流比設計値 K_{1v} によれば，速度 $\omega_{2n} = \pm\omega_h$ において，次の関係が成立する（(9.9b)式参照）．

$$v_d = 0, \quad K_{1v} = K_{1d} \tag{9.13}$$

ひいては，(9.10)式の近似式は等式として成立する．なお，(9.12)式におけるモータパラメータは，電圧情報として電圧指令値を利用する場合には，電流比制御器から見た値を採用する必要がある．例えば，抵抗は電力変換器等による損失を等価的に含んだ値を採用する必要がある．本抵抗値は，モータ単体の巻線抵抗以

上の値となる．

固定子電流，固定子電圧指令値に含まれる高調波成分等を除去し，電流指令値の不要な振動を除去するための $F_l(s)$ は，簡単には，所要の帯域幅 ω_c をもつ次の1次ローパスフィルタでよい．

$$F_l(s) = \frac{\omega_c}{s+\omega_c} \tag{9.14a}$$

フィルタ帯域幅 ω_c 設定の一応の目安は，次のとおりである．

$$0.1 \le \omega_c \le 1.0 \tag{9.14b}$$

電流指令値ノルムの収束速度を調整するための積分ゲイン K_2 は，積分器の入力信号を一定値1とすると積分器出力は $1/K_2$〔s〕後に1に到達することを参考に，設定する．積分ゲイン K_2 設定の一応の目安は，次のとおりである．

$$0.5 \le K_2 \le 100 \tag{9.15}$$

積分器に付随した積分リミッタの上限値 $I_{max} > 0$ は，起動時に必要とされる最大電流値または定格値を設定すればよい．積分リミッタの下限値 $I_{min} > 0$ は，所期の最高速度での定常駆動に必要と推測される電流値を設定する．なお，積分リミッタの上下限値は，(9.1)～(9.3)式に合致した二相モデル上の電流値を利用する必要がある．

$\gamma\delta$ 電圧座標系の γ 軸からみた固定子電流位相を意味する指令値位相 θ_c は，通常は一定値に設定される（9.4.4項，図9.7参照）．

$\gamma\delta$ 電流比設計値 K_{1v} の合理的設計指針は，上述のとおりであるが，指針以外の値が設定できないわけではない．仮に $K_{1v}=0$ を設定すると，(9.11c)式より電流比偏差は常時正 $\varepsilon_i > 0$ となる．この結果，(9.11b)式により，電流指令値のノルムは増加の一途をたどり，積分リミッタで設定した上限値（一定値）を取ることになる．こうしたノルム一定の電流指令値では，(9.10)式の関係を期待することはできない．しかし，ミール状態は図9.3(b)のような形で維持される．

9.4.3 位相速度決定器の構成

図9.2に示したミール制御器の構成要素である位相速度決定器は，ベクトル回転器 $\boldsymbol{R}(\cdot)$ に利用する位相（**$\boldsymbol{\gamma\delta}$ 電圧座標系位相**，γ 軸位相）$\hat{\theta}_\alpha$ を推定的に決定する役割を担っている（9.4.4項参照）．本器は，以下に示すように，推定的に決定された $\gamma\delta$ 電圧座標系速度 ω_γ の単純積分を通じ位相決定を行っている．

【位相速度決定器】

$$\hat{\theta}_\alpha = \frac{1}{s}\,\omega_\gamma \tag{9.16a}$$

$$\omega_\gamma = N_p\omega_{2m}^* + \varDelta\omega = \omega_{2n}^* + \varDelta\omega \tag{9.16b}$$

$$\begin{aligned}\varDelta\omega &= -K_3\,\mathrm{sgndb}(\omega_{2n}^*)\left(\left|\frac{\boldsymbol{v}_1^T\boldsymbol{i}_1}{\boldsymbol{v}_1^T\boldsymbol{J}\boldsymbol{i}_1}\right| - K_{1v}\right)\\ &\approx -K_3\,\mathrm{sgndb}(\omega_{2n}^*)\varepsilon_i \qquad K_3 > 0\end{aligned} \tag{9.16c}$$

$$\mathrm{sgndb}(x) = \begin{cases} 1 & x > b_d \\ 0 & |x| \le b_d \\ -1 & x < -b_d \end{cases} \tag{9.16d}$$

■

上の sgndb(·)は，**デッドバンド** $b_d > 0$ をもつ**符号関数**（**シグナム関数**とも呼ばれる）を意味する．

$\gamma\delta$ 電圧座標系速度 ω_γ の推定的決定における $\varDelta\omega$ は，ベクトル制御系の安定性向上のための**補償量**である．実験を通じ，微速域を超えた低速域では，$\varDelta\omega = 0$ の下では，電流比偏差の増加後に速度上昇が起き，反対に電流比偏差の減少後に速度降下が起きるという低周波振動（乱調）現象が，しばしば観察された（後掲の図 9.10，図 9.11 参照）．電圧電流情報から推定的に生成された補償量 $\varDelta\omega$ は，本振動現象を考慮して導入したものであり，振動抑制に有効である．なお，本振動現象の実際および補償量 $\varDelta\omega$ の効果は，9.5.2 項で実験データを用い具体的に説明する．

補償量 $\varDelta\omega$ の生成に使用する符号関数のデッドバンド $b_d > 0$ は，微速域の上限に設定するようにすればよい．また，**補償ゲイン** $K_3 > 0$ は，補償量 $\varDelta\omega$ が $\varDelta\omega = 0$ の場合の速度変動量とおおむね等しくなるように設定すればよい（9.5.2 項参照）．

補償量 $\varDelta\omega$ は，基本的には(9.16c)式に従って生成される．電流比偏差は理想的には $\varepsilon_i \to 0$ となるが，現実には電流比偏差に直流成分が含まれることもある．この場合には，電流比偏差の直流成分を除去して補償量を生成すればよい．すなわち，(9.16c)式を以下のように修正すればよい．

$$\varDelta\omega \approx -K_3\,\mathrm{sgndb}(\omega_{2n}^*)(F_{dc}(s)\varepsilon_i) \qquad K_3 > 0 \tag{9.17}$$

ここに，$F_{dc}(s)$ は**直流成分除去フィルタ**（dc elimination filter）である．直流成分除去フィルタの設計に関しては，1.8.3 項を参照されたい．

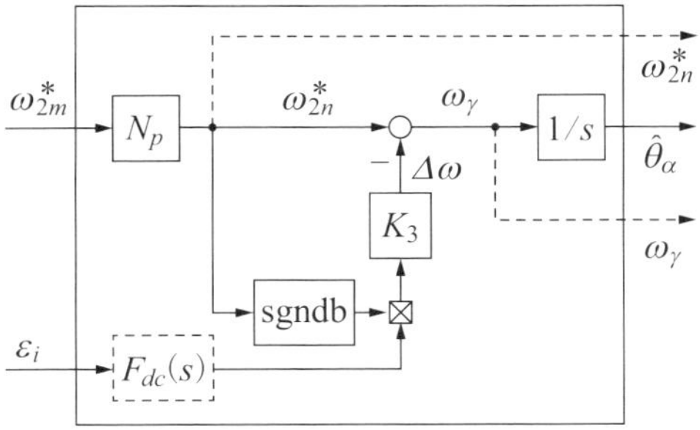

図 9.6 位相速度決定器の構造

図 9.6 に，(9.16)式の位相速度決定器をブロック図として描画した．なお，同図には，(9.17)式をも考慮し，直流成分除去フィルタ $F_{dc}(s)$ は破線ブロックで示している．また，速度推定値としての **$\gamma\delta$ 電圧座標系速度** ω_γ，速度指令値 ω_{2n}^* を参考までに破線で出力している（9.4.4 項参照）．図 9.2 における位相速度決定器には，図 9.6 が組み込まれている．

Q9.2 **(9.16)式に見られますように，本章では，変数 $\widehat{\theta}_\alpha$ を用いて，$\gamma\delta$ 電圧座標系の位相すなわち γ 軸の位相を表現しています．一方，第 8 章では，変数 $\widehat{\theta}_{\alpha\gamma}$ を用いて，これを表現しています．変数表現を変更した狙いはどこにあるのですか．**

Ans. 鋭い質問ですね．質問に対する詳しい説明は，次の 9.4.4 項で図 9.8 を用いて行います．ここでは，要点のみを簡単に説明します．本章の $\gamma\delta$ 電圧座標系の最終目標は，これを dq 同期座標系あるいはこの近傍へ収束させることです．本目標の観点からは，本章の $\gamma\delta$ 電圧座標系は，$\gamma\delta$ 準同期座標系の一種と認識することもできます．本認識に基づき，$\gamma\delta$ 準同期座標系と同一の位相記号 $\widehat{\theta}_\alpha$ を使用しました．

9.4.4 回転子の位相と速度の推定

静的周波数重みを用いた周波数ハイブリッド法（図 1.12 参照）の活用には，回転子速度が必要とされる．このときの速度としては，当然のことながら，速度推定値を利用することになる．電流比形ベクトル制御法においては，定常状態の回転子速度 ω_{2n}，$\gamma\delta$ 電圧座標系速度 ω_γ，速度指令値 ω_{2n}^* に関し，次の関係が平均的に成立する．

$$\omega_{2n} = \omega_\gamma = \omega_{2n}^* \tag{9.18}$$

上式に基づき速度推定値を決定することができる．すなわち，本位相速度決定器においては，$\gamma\delta$ 電圧座標系速度 ω_γ あるいは速度指令値 ω_{2n}^* が実質的な回転子速度推定値となる（図 9.6 参照）．

回転子位相は，すなわち $\alpha\beta$ 固定座標系の α 軸から見た回転子位相（d 軸位相）θ_α は，回転子速度 ω_{2n} と微積分の関係にある．同様に，$\gamma\delta$ 電圧座標系位相 $\hat{\theta}_\alpha$ は，$\gamma\delta$ 電圧座標系速度 ω_γ と微積分の関係にある．微分関係である速度関係において(9.18)式が成立しても，積分関係である位相関係においては，$\gamma\delta$ 電圧座標系位相 $\hat{\theta}_\alpha$ は直ちに回転子位相 θ_α の推定値とはならない．

図 9.7 に，電流制御下の定常的ミール状態での位相関係を例示した．同図では，電流制御が遂行されている $\gamma\delta$ 電圧座標系を，$\gamma\delta$ 軸をもつ座標系として表現している．$\gamma\delta$ 電圧座標系の位相（γ 軸位相）は $\hat{\theta}_\alpha$ である．同図より明らかなように，積分の関係である位相関係においては，一般に次式が成立する．

$$\theta_\alpha = \hat{\theta}_\alpha + (\theta_c - \theta_{di}) \tag{9.19}$$

すなわち，θ_α と $\hat{\theta}_\alpha$ は，**位相偏差**（$\theta_c - \theta_{di}$）をもつ．

位相偏差の除去には，電流指令値における指令値位相 θ_c（(9.11)式参照）を，電流位相 θ_{di} を考慮の上，設定すればよい．ミール状態では，d 軸電流が正である点を考慮すると，(9.7)式より次の関係が成立する．

$$\begin{aligned} \theta_{di} &= \mathrm{sgn}(i_q)\tan^{-1} K_{1d} \\ &\approx \mathrm{sgn}(\omega_{2n}^* \boldsymbol{v}_1^{*T} \boldsymbol{i}_1)\tan^{-1} K_{1d} \end{aligned} \tag{9.20}$$

電流位相 θ_{di} は dq 電流比 K_{1d} より特定できるが，K_{1d} は未知である．このため，微速域を超えた低速域での dq 電流比 K_{1d} の推定値としての $\gamma\delta$ 電流比設計値 K_{1v} を利用し，電流指令値決定における余弦正弦値を以下のように設定する

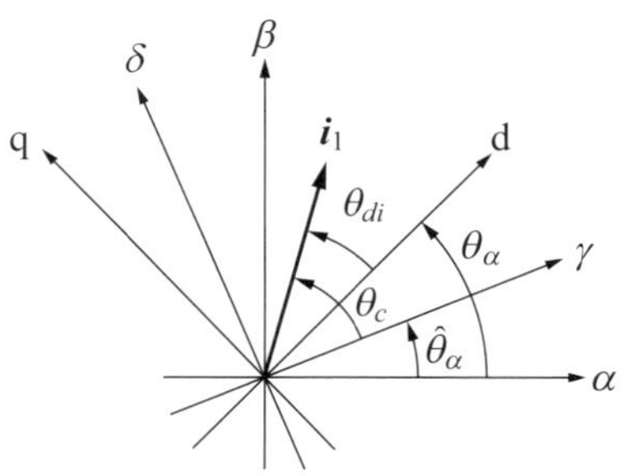

図 9.7　各種位相の相対関係

((9.11)式参照).

$$\begin{bmatrix}\cos\theta_c\\ \sin\theta_c\end{bmatrix}=\frac{1}{\sqrt{1+K_{1v}^2}}\begin{bmatrix}1\\ K_{1v}\end{bmatrix} \tag{9.21a}$$

この場合，次の位相関係が成立する．

$$\theta_\alpha \approx \begin{cases}\hat{\theta}_\alpha & \omega_{2n}^* \boldsymbol{v}_1^{*T}\boldsymbol{i}_1 \geq 0\\ \hat{\theta}_\alpha + 2\tan^{-1}K_{1v} & \omega_{2n}^* \boldsymbol{v}_1^{*T}\boldsymbol{i}_1 < 0\end{cases} \tag{9.21b}$$

また，余弦正弦値を以下のように設定する場合には，

$$\begin{bmatrix}\cos\theta_c\\ \sin\theta_c\end{bmatrix}=\frac{1}{\sqrt{1+K_{1v}^2}}\begin{bmatrix}1\\ -K_{1v}\end{bmatrix} \tag{9.22a}$$

次の位相関係が成立する．

$$\theta_\alpha \approx \begin{cases}\hat{\theta}_\alpha - 2\tan^{-1}K_{1v} & \omega_{2n}^* \boldsymbol{v}_1^{*T}\boldsymbol{i}_1 \geq 0\\ \hat{\theta}_\alpha & \omega_{2n}^* \boldsymbol{v}_1^{*T}\boldsymbol{i}_1 < 0\end{cases} \tag{9.22b}$$

(9.21)式，(9.22)式に従えば，微速域を超えた低速域では，$\gamma\delta$ 電圧座標系位相 $\hat{\theta}_\alpha$ は回転子位相 θ_α の推定値となる．すなわち，電流比形ベクトル制御法における $\gamma\delta$ 電圧座標系は，一般のセンサレスベクトル制御法における $\gamma\delta$ 準同期座標系と同様に，dq 同期座標系の近傍へ収束する．高速域用位相推定法を備えたベクトル制御系との周波数ハイブリッド法による結合を前提としたスタータとしては，低速域の比較的高い速度で適切な位相推定が行えれば，少なくとも，図 1.12 の静的周波数重みを用いた周波数ハイブリッド法は遂行できる．

(9.21)式において q 軸電流が正の場合を例に取り，駆動の初期から定常状態までの電流レベル制御と位相制御の過程を**図 9.8** に概略的に示した．同図では，dq 軸は dq 同期座標系を，$\gamma_{\rm in}\,\delta_{\rm in}$ 軸は駆動初期の $\gamma\delta$ 電圧座標系を，また $\gamma_{\rm st}\,\delta_{\rm st}$ 軸は

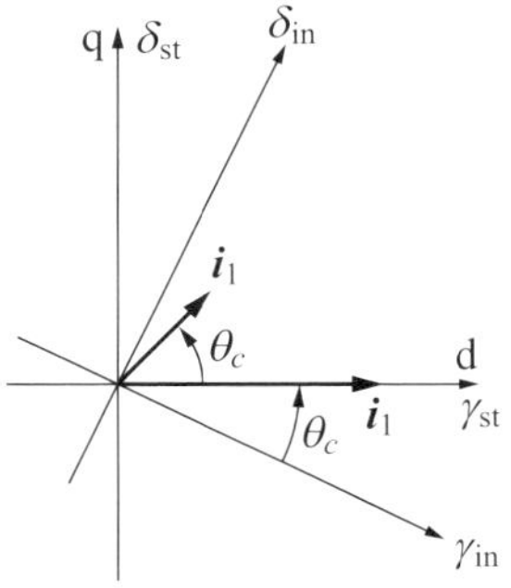

図 9.8　$\gamma\delta$ 電圧座標系と固定子電流の遷移例

定常状態での $\gamma\delta$ 電圧座標系をおのおの示している．数秒間ゼロ速度状態を維持した駆動初期では，電流レベルは電流比制御器の積分リミッタに設定した上限値をとり，その位相はおおむね d 軸位相となる．上限電流値で起動後，定常状態に至ると，$\gamma\delta$ 電圧座標系はおおむね dq 同期座標系と一致し，電流レベルは負荷に合致したより小さい最適値へ収束する．ただし，積分リミッタに設定した下限値が最適値より高い場合には，電流レベルは設定下限値で抑えられる．この間，$\gamma\delta$ 電圧座標系上での固定子電流の位相は，電流指令値の位相 θ_c で常時制御され，通常は一定に維持される（後掲の図 9.14，9.16 参照）．

Q9.3　**図 9.5，図 9.6 に示されたミール制御器（電流比制御器，位相速度決定器）には，モータパラメータが一切使用されていません．本事実より，ミール制御器はモータパラメータの変動に対してロバスト（不感）であると，理解してよいでしょうか．**

Ans.　そのとおりです．

9.4.5　制御法の特徴

以上の説明より明らかなように，著者提案の電流比形ベクトル制御法は，以下の有用な特徴をもつ．

(a)　本法は，フィードバック電流制御を用いたミール方策に立脚し，また独自の低周波振動（乱調）抑制機能を有する．

(b)　本法は，フィードバック電流制御により，駆動初期より過電流防止を実現できる．

(c)　本法は，突極，非突極のいずれの PMSM にも利用できる．

(d)　本法は，精度の高いモータパラメータを必要としない．

(e)　本法は簡単であり，所要の演算負荷は小さい．フィードバック電流制御を行う高速域用センサレス駆動法との周波数ハイブリッド結合を行う場合には，ハードウェアを含め追加的演算負荷は一切生じない．

(f)　本法は，ゼロ速度を含む微速域では，指定した最大電流で駆動を行い，ある速度以上から摩擦等の負荷に応じた電流レベルの自動低減を行う．一般に，摩擦トルクは，**図 9.9** に例示したように，ゼロ速度および微速で大きく，速度上昇に応じて一時減少したのちに増加するという特性を有する．本法の

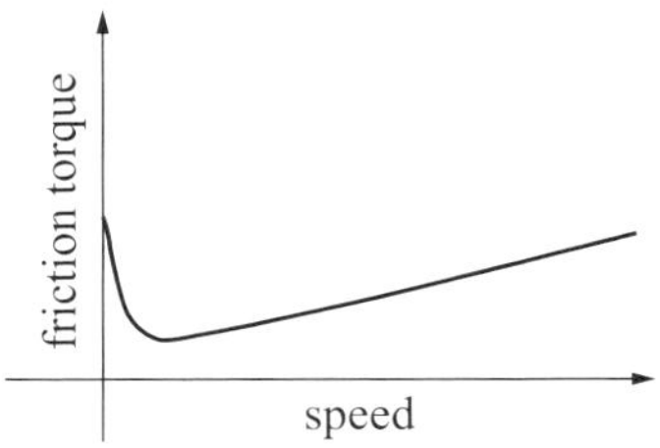

図 9.9 摩擦負荷特性の一例

電流ノルム特性は，本摩擦特性に適合した好特性である．

(g) 初期駆動時の負荷が定格の約 50～70%以下であれば，定格電流値内で起動できる．この条件下であれば，約 50 倍の慣性モーメントをもつ負荷でも駆動できる（9.5.2 項参考）．

(h) 本法は，微速域を超えた低速域では指定した $\delta\gamma$ 電流比に応じた最適な電流レベルを自動決定する．

(i) 本法は，微速域を超えた低速域では，回転子の位相と速度を適切に推定することができる．本特性により，本法は，周波数ハイブリッド法における低速域用位相推定法として利用できる．

9.5 実験結果

9.5.1 実験システムの構成と設計パラメータの設定

〔1〕実験システムの構成

9.4 節で説明した電流比形ベクトル制御法の動作特性を確認すべく実験を行った．実験システムの概観は，図 2.11 のとおりである．すなわち，本実験のためのシステムは，これまでの実験システムと同一である．また，供試 PMSM もこれまでのものと同一である（表 2.1 参照）．このため，これらの説明は省略する．

〔2〕設計パラメータの設定

制御目的は，図 1.12 の静的周波数重みを用いた周波数ハイブリッド法が適用できるように，供試 PMSM を上記の負荷状態でゼロ速度から起動し，定格速度の約 20%である 40〔rad/s〕で安定駆動を維持することとする．このための設計パラメータを，前述の設計指針に従い，以下のように定めた．

$\gamma\delta$ 電流比設計値	$K_{1v} = 1.0$
フィルタ帯域幅	$\omega_c = 0.5$
積分ゲイン	$K_2 = 1.0$
積分リミッタの上下限	$I_{max} = 3.0$ (rating),　$I_{min} = 0.5$
指令値位相	$\theta_c = \tan^{-1} K_{1v} = \pi/4$
デッドバンド	$b_d = 30$(electrical)

上記のように，積分リミッタの上限値は二相モデル上の定格値である3.2〔A〕相当としている．なお，制御周期は1/8 000 = 0.000 125〔s〕，フィードバック電流制御系の設計帯域幅は2 000〔rad/s〕とした．

9.5.2　中摩擦・大慣性負荷での応答

〔1〕電流比偏差と速度偏差

最初に，$\gamma\delta$ 電圧座標系の速度および位相の決定に関し，(9.16)式に示した電流比偏差を利用した補償量 $\Delta\omega$ を撤去した状態で，すなわち補償ゲイン $K_3 = 0$ とした状態で，電流比偏差と速度偏差の応答特性を例示する．

図9.10 は，正回転時（平均+40〔rad/s〕）の応答例である．信号の意味は，上からu相電流，電流ノルム $\|\boldsymbol{i}_1\|$，速度偏差 $\omega_{2m}-\omega_{2m}^*$，電流比偏差 ε_i である．時間軸は0.2〔s/div〕である．電流比偏差の増減に応じた速度偏差の上昇下降（すなわち，速度の低周波振動）が，また電流比偏差と速度偏差の振動周期は同一であることが観察される．

図9.11 は，同一条件での逆回転時（平均−40〔rad/s〕）の応答である．信号の

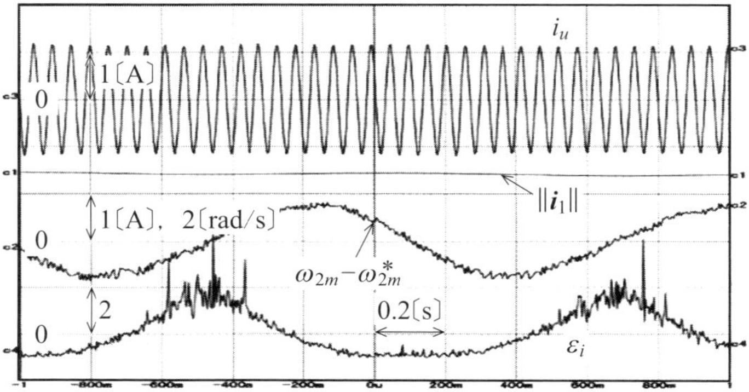

図9.10　補償のない場合の正回転応答例

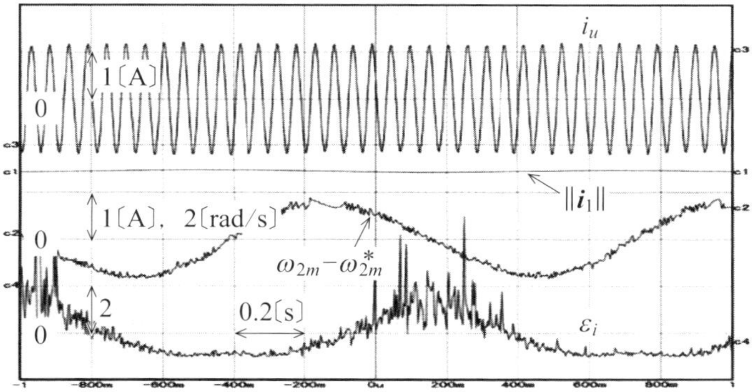

図 9.11 補償のない場合の逆回転応答例

意味は，図 9.10 と同一である．この場合も，電流比偏差の増減に応じた速度偏差の上昇・下降（負方向），および同一の振動周期が観察される．両図より，**速度偏差と電流比偏差の相関**が明瞭に観察される．

〔2〕定常応答

電流比偏差と速度偏差との強い相関は，「電流比偏差を用いて速度偏差の振動を抑圧できる」ことを示唆している．(9.16)式の位相速度決定器における「電流比偏差を利用した補償量 $\Delta\omega$ の導入」は，この示唆に従ったものである．この確認のための実験を行った．

図 9.10，図 9.11 の例では，電流比偏差と速度偏差との振動振幅はほぼ等しい．この点を考慮して，(9.16)式の補償ゲインを $K_3 = 1.0$ と設定した場合の正回転時（平均+40〔rad/s〕）の応答を**図 9.12** に示す．信号の意味は，図 9.10 と同一である．速度偏差，電流比偏差の両者の振動は適切に抑制され，さらにはおおむねゼロに制御されていることが確認される．また，電流レベルは，電流ノルムで $\|\boldsymbol{i}_1\| = 0.87$〔A〕へ低減していることも確認される．電流比偏差がゼロに制御されていることより理解されるように，本電流レベルは設定した $\gamma\delta$ 電流比設計値 $K_{1v} = 1.0$ を確立する最小最適値である．本図より，9.4.3 項で説明した位相速度決定器の有効性・有用性が確認される．

図 9.13 に，図 9.12 に対応した $\gamma\delta$ 電圧座標系位相の様子を速度偏差とともに示した．同図は，上から，$\gamma\delta$ 電圧座標系位相 $\hat{\theta}_\alpha$ と回転子位相 θ_α，電流ノルム，速度偏差，および位相偏差である．時間軸は 0.02〔s/div〕である．図より明白な

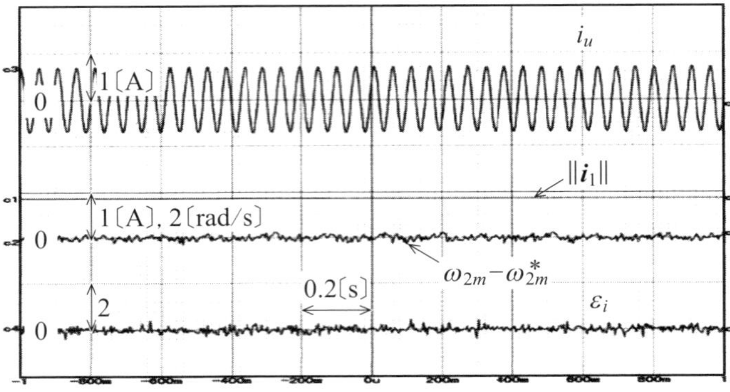

図 9.12　補償した場合の正回転定常応答例

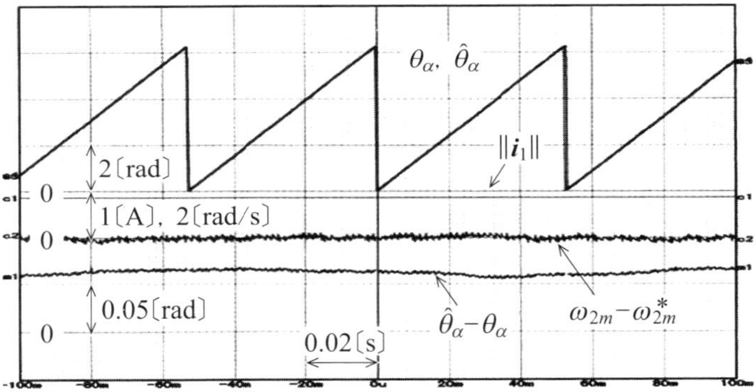

図 9.13　補償した場合の正回転定常応答例

ように，位相偏差は約 0.06〔rad〕である．これより，低速域における $\gamma\delta$ 電圧座標系位相 $\hat{\theta}_\alpha$ は，周波数ハイブリッド法適用のための回転子位相推定値としては，十分の精度をもち得ることが確認される．本図より，9.4.4 項で説明した位相・速度推定の有効性が確認される．

〔3〕　電流レベルの制御

位相偏差の低減には，電流レベルの制御が不可欠である．**図 9.14** は，電流比制御器による電流レベル制御の過渡応答を示したものである．同図は，上から，$\gamma\delta$ 電圧座標系位相 $\hat{\theta}_\alpha$ と回転子位相 θ_α，位相偏差 $\hat{\theta}_\alpha-\theta_\alpha$，電流ノルム，u 相電流である．時間軸は 0.2〔s/div〕である．電流レベルの低減に応じた位相偏差の

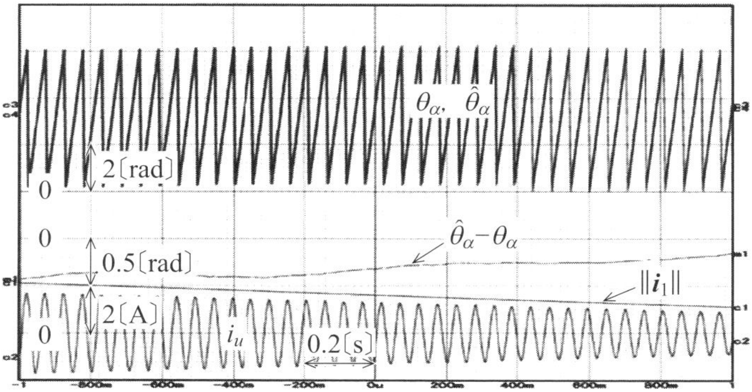

図 9.14　補償した場合の正回転過渡応答例

低減が確認される．本図より，9.4.2 項で説明した電流比制御器の有用性，および図 9.8 に概略的に示した動作特性の正当性が確認される．なお，電流レベル低減後の定常応答が図 9.12，図 9.13 となる．

9.5.3　小摩擦・小慣性負荷での応答

〔1〕定常応答

「簡易なセンサレス駆動制御法で小摩擦・小慣性の負荷を駆動する場合には軸振動が発生しやすい」といった意見がある．小摩擦・小慣性に対する電流比形ベクトル制御法の応答特性を確認すべく，供試 PMSM より負荷を取り除き，供試 PMSM 単体で 9.5.2 項と同一の実験を行った．供試 PMSM 単体は，現実的に想定される範囲で最小の粘性摩擦係数/慣性モーメント比の場合に相当する．この際，積分リミッタの上下限値は，小摩擦・小慣性の特性を考慮し，以下のように設定し直した．

リミッタ上下限　$I_{\max} = 1.5$,　$I_{\min} = 0.15$

すなわち，上限は定格電流の約 50%とし，下限は上限の 1/10 とした．他の設計パラメータは，9.5.2 項と同一である．

正回転時（平均+40〔rad/s〕）の定常応答を**図 9.15**，**図 9.16** に示す．図 9.15，図 9.16 は，おのおの図 9.12，図 9.13 に対応した応答を示しており，信号の意味は，これらと同一である．ただし，電流レベルの低減を考慮の上，電流の表示軸を 0.2〔A/div〕に変更している．電流センサは，フルレンジ 25〔A〕のものを利用しており，電流ノルム 0.18〔A〕をもつ固定子電流の制御は限界的ながら達成さ

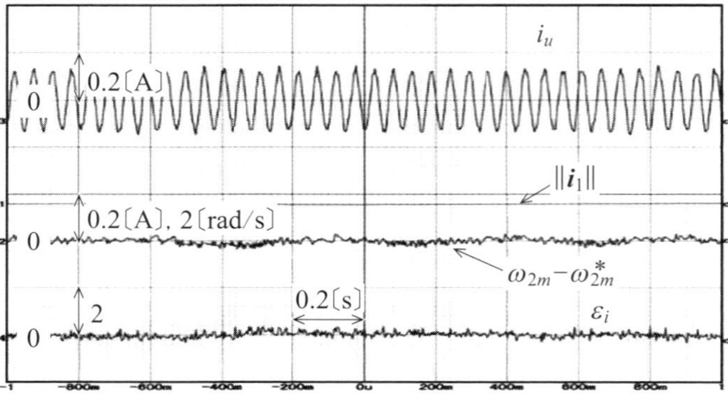

図 9.15　小摩擦・小慣性負荷下の正回転定常応答例

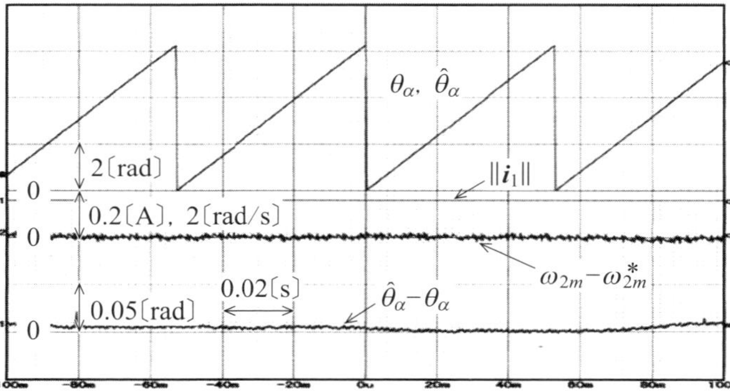

図 9.16　小摩擦・小慣性負荷下の正回転定常応答例

れている．本図より，小摩擦・小慣性の場合でも中摩擦・大慣性の場合と同様に良好な定常応答が達成され，ひいては，9.4.3 項で説明した位相速度決定器の有効性が確認される．

〔2〕電流レベルの制御

図 9.17 は，電流比制御器による電流レベル制御の過渡応答である．これは，中摩擦・大慣性の図 9.14 に対応するものであり，信号の意味は図 9.14 と同一である．電流レベル等の若干の違いを除けば，小摩擦・小慣性の場合でも中摩擦・大慣性の場合と同様に電流レベル制御が良好に行われていることが確認される．本図からも，9.4.2 項で説明した電流比制御器の有用性，および図 9.8 に概略的

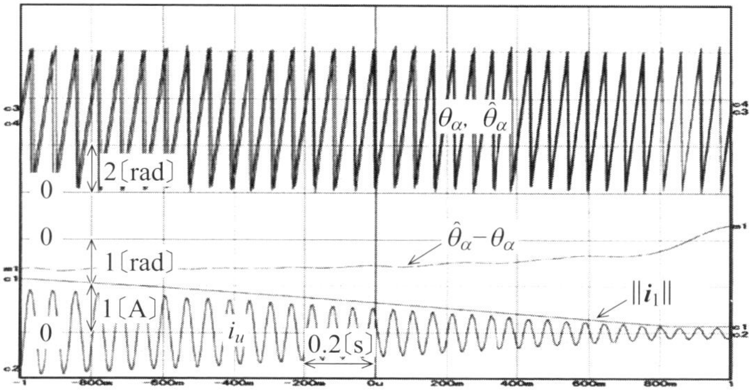

図 9.17　小摩擦・小慣性負荷下の正回転過渡応答例

に示した動作特性の正当性が確認される．なお，本過渡応答後の定常応答は図 9.15，図 9.16 となる．

以上のように，実験結果は「提案の電流比形ベクトル制御法は 9.4 節で説明した動作特性を有している」ことを示している．

Q9.4　**中摩擦・大慣性負荷を扱った図 9.13 と小摩擦・小慣性負荷を扱った図 9.16 を比較する場合，$\gamma\delta$ 電圧座標系位相 $\hat{\theta}_\alpha$ と回転子位相 θ_α との位相偏差 $\hat{\theta}_\alpha-\theta_\alpha$ に関しては，後者が優れていると思います．この原因はどこにあるでしょうか．**

Ans.　位相偏差 $\hat{\theta}_\alpha-\theta_\alpha$ を小さくするには，$\gamma\delta$ 電圧座標系位相 $\hat{\theta}_\alpha$ を回転子位相 θ_α に漸近させる必要があります．一般的には，固定子電流の低減に応じ，位相偏差の縮小をもたらす(9.9b)式を達成しやすくなります．「図 9.16，図 9.13 における定常時の位相偏差に関しては，定常状態での固定子電流の大小が，位相偏差の大小に影響を与えた」と考えられます．

Q9.5　**本スタータによれば，50%定格負荷下では，定格電流の範囲で起動可能であることは，図 9.14 等でわかりました．では，100%定格負荷の下での起動は可能でしょうか．**

Ans.　100%定格負荷下での定格電流による起動は，本スタータはできません．突極比 $L_q/L_d \approx 3$ の 300〔W〕PMSM に対し，以下のような実験結果を得ています．停止時負荷は約 70%定格，積分ゲインは $K_2 = 60.0$,

他の設計パラメータは前述実験と同一という条件の下で，実験を行った結果，停止からの起動が可能であり，かつ少なくとも 20%定格速度まで駆動可能でした．また，約 150%定格電流を用いた場合には，停止時負荷 100%定格で，同様の性能が得られました．なお，多くの電力変換器，モータは，1 分間以内の短時間であれば，150%定格電流を許容します．起動は高々数秒で完了することを考慮の上，150%定格電流を使用することを許すならば，100%定格負荷下での起動が可能です．

第3部
高周波電圧印加法による回転子位相推定

高周波電圧印加法と駆動用電圧電流利用法

ゼロ速度近傍の低速域（速域は速度領域と同義）では，トルク発生に寄与する駆動用電圧のレベルおよびS/N比が極めて低くなるため，一般に，**駆動用電圧電流利用法**（駆動用電圧・電流を用いた回転子位相推定法）による適切な位相推定は著しく困難になる．これに加え，駆動用電圧電流利用法は，本速度領域では，固定子抵抗に対するパラメータ感度が高くなるという特性を有している．こうした原因により，一般的には，動用電圧電流利用法では，低速域での適切な回転子位相推定に基づく高トルク発生は，大変困難とされている．

本課題の現実的な解決方法として，電流制御の観点からは外乱になる高周波信号をPMSM駆動電力に重畳印加する方法（一般に，**高周波信号印加法**；high-frequency signal injection method と呼ばれている）が種々報告されている[10.1)〜10.19)]．高周波信号印加法は，高周波電流に対するPMSMの突極性を利用するものであり，「ゼロ速度から回転子位相推定が可能，固定子抵抗の変動に不感」という特長を有している．

高周波信号印加法は，印加信号の観点から，大きく，明瞭，容易に分類することができる．印加高周波信号としては，高周波電圧と高周波電流とがある．前者の**高周波電圧印加法**（high-frequency voltage injection method）は，PMSMに高周波電圧を印加し，その応答である高周波電流を検出処理して，回転子位相を推定するものである．これに対して，後者の**高周波電流印加法**（high-frequency current injection method）は，PMSMに高周波電流を印加し，対応の高周波電圧を検出処理して，回転子位相を推定するものである．**電力変換器**（インバータ）は電圧形と電流形との2形式がある．高周波電圧印加法は**電圧形電力変換器**に，高周波電流印加法は**電流形電力変換器**に適用しやすいという特性がある．本特性のためか，本書の改訂前書上梓の2000年代では，高周波電圧印加法のみが実用レベルに到達していたようである．なお，高周波信号の印加，応答信号検出・位相推定値生成は，おのおの**変調**（modulation），**復調**（demodulation）と呼ばれる．

高周波電圧印加法と搬送高周波電圧印加法

高周波電圧印加法においては，印加すべき高周波電圧の周波数は，一般には，次の2条件を同時に満たすよう選定されている．

(a)　高周波電圧の周波数は，PMSMの電気速度よりも十分に高い．

（b） 高周波電圧の周波数は，**PWM 搬送波**（pulse width modulation carrier）の周波数よりも十分に低い．

条件(a)が満たされる場合には，PMSM の回転に起因した諸影響を実質的に無視することが可能である．また，条件(b)が満たされる場合には，連続時間的解析あるいは微分方程式的解析を，PWM 原理に基づく電力変換器による離散時間的な電圧印加の環境下においても，適用することが可能である．上記 2 条件を考慮の上，一般に，高周波電圧印加法は，PWM 搬送波周波数の約 1/20～1/10 に当たる周波数をもつ高周波電圧が利用されている．

条件(a)は，印加すべき高周波電圧として，PMSM の回転を考慮に入れた「**一般化楕円形高周波電圧**」を採用することで撤去が可能である（第 10～12 章参照）．

条件(b)は，上述のように，連続時間的解析あるいは微分方程式的解析を離散時間的環境で適用するための条件である．この適用の妥当性を高めるべく，一般に，復調には，PWM 周波数に比較し十分に狭い帯域幅（bandwidth）を備えたフィルタが利用される．狭帯域幅フィルタの利用は，**周波数選択性向上**の代償として，回転子位相推定の**速応性低下**をもたらす．位相推定の速応性低下は，センサレスベクトル制御系の加減速追従性能を制限することになる．

上記の課題に有効な対策が，PWM 搬送波と同程度の周波数をもつ高周波電圧を印加し，その応答である高周波電流を処理して回転子位相を推定する**搬送高周波電圧印加法**（carrier-frequency voltage injection method）である．搬送高周波電圧印加法に利用される高周波電圧の周波数は，PWM 搬送波周波数と同程度（1/10～1 倍）である．搬送高周波電圧印加法では，PMSM の回転，PWM 原理に基づく電力変換器の影響を考慮して，高周波電圧による変調，高周波電流の解析と復調を行う必要がある．

搬送高周波電圧印加法に関しては，拙著文献 10.20）第 6 章で詳しく解説している．これを踏まえ，本書では，高周波電圧印加法のみを説明する．

高周波電圧印加法の変調法に基づく分類

高周波電圧印加法は，**変調法**（modulation method），**復調法**（demodulation method）の観点から分類される．変調法に基づく分類の基本は，印加高周波電圧の時間軸に対する形状である．代表的形状は，**正弦形状**と**矩形状**である．印加すべき電圧形状の選定は，印加高周波電圧の応答である高周波電流の復調法と深く関わりあっている．位相情報を含む高周波電流の復調の良し悪しが，回転子位相推定の成否の要となる．

正弦形高周波電圧に対する高周波電流は同じく正弦形状となり，ひいては高周波電流に対するフィルタリングを中心とした復調処理により，回転子位相情報を有する成分を分離・抽出できる．しかも多くの場合，これらの復調処理は，通常の駆動制御系上でソフトウェアのみで（すなわち，専用ハードウェアを用いることなく）遂行できる．これに対して，矩形状の電圧に対応した高周波電流の復調処理には，専用ハードウェアが必要とされることがある．このためか，本書の改訂前書上梓の 2000 年代では，正弦形状の高周波電圧を印加する方法の実用化が進んだようである．

正弦形高周波電圧を印加する**正弦形高周波電圧印加法**は，高周波電圧が描く空間軌跡と応答高周波電流の速度に対する独立性との観点から細分化される．応答高周波電流の**速度独立性**の観点から，正弦形高周波電圧印加法は，**一般化楕円形高周波電圧印加法**と**一定楕円形高周波電圧印加法**に二分される．前者による高周波電流は速度独立性を有し速度の影響を受けないが，後者による高周波電流は速度独立性を有せず速度の影響を受ける．

一般化楕円形高周波電圧印加法の 2 代表が**応速真円形高周波電圧印加法**，**楕円形高周波電圧印加法**である．電圧発生が比較的容易な一定楕円形高周波電圧印加法の 2 代表が，**一定真円形高周波電圧印加法**，**直線形高周波電圧印加法**である．

第 3 部では，第 10 章で応速真円形高周波電圧印加法，一定真円形高周波電圧印加法を，第 11 章で楕円形高周波電圧印加法を，第 12 章で一般化楕円形高周波電圧印加法を，第 13 章で直線形高周波電圧印加法を，最後に，第 14 章で一定楕円形高周波電圧印加法を説明する．

高周波電圧印加法の復調法に基づく分類

高周波電圧印加法における変調は，回転子速度と印加高周波電圧との周波数差の維持の観点から，**$\gamma\delta$ 準同期座標系**上での実施が有利であり，復調は，変調との整合性上，同じく $\gamma\delta$ 準同期座標系上での実施が実際的である．回転子位相情報は，高周波電圧印加に起因した高周波電流の振幅に出現する．

復調法は，高周波電流の振幅を抽出し，抽出した振幅を用いて回転子位相と正相関を有する**正相関信号**（correlation signal）を合成する方法（**高周波電流振幅**

表Ⅲ.1　復調法の体系的分類

	高周波電流振幅法	高周波電流相関法
正相逆相成分分離法	1-1 法	2-1 法
軸要素成分分離法	1-2 法	2-2 法

表Ⅲ.2　第 3 部各章の説明内容

復調法 変調法	2-1 法としての 鏡相推定法	2-2 法としての 高周波電流要素乗法
一般化楕円形高周波電圧印加法 応速真円形高周波電圧 楕円形高周波電圧	10 章，11 章，12 章	11 章，14 章
一定楕円形高周波電圧印加法 一定真円形高周波電圧 直線形高周波電圧	10 章，13 章	14 章

法；high-frequency current amplitude method と略記）と，高周波電流の振幅を抽出することなく，高周波電流から正相関信号を直接的に合成する方法（**高周波電流相関法**；high-frequency current correlation method と略記）とに分類することができる．

また，復調法は，正相関信号の合成に利用する高周波電流として，高周波電流の**正相逆相成分**を分離抽出し利用する方法（**正相逆相成分分離法**；positive-negative phase component separation method と略記）と，高周波電流の**軸要素成分**（$\gamma\delta$ 準同期座標系上の γ 軸電流と δ 軸電流）を利用する方法（**軸要素成分分離法**；axis component separation method と略記）とに分類することもできる．

したがって，復調法は 4 種の組合せが存在する．**表Ⅲ.1** に，上述の分類と組合せを示した．同表第 1 列の高周波電流振幅法に関しては，拙著文献 10.21）第 10〜12 章ですでに詳しく解説している．特に，同文献の第 11 章では正相逆相成分分離法（1-1 法）を，第 12 章では軸要素成分分離法（1-2 法）を解説している．本事実を踏まえ，第 3 部では，同表第 2 列の高周波電流相関法に焦点を絞り説明する．高周波電流相関法においても，正相逆相成分分離法（2-1 法）と軸要素成分分離法（2-2 法）とが存在する．

以上よりすでに明らかなように，第 3 部の目的は，**正弦形高周波電圧印加法**

による変調と**高周波電流相関法による復調**とからなる回転子位相推定法の解説にある．第 3 部各章での説明内容を，変調法と復調法の観点から，**表Ⅲ.2** に整理した．同表に明示しているように，解説予定の 2-1 法に属する復調法は，すべての正弦形高周波電圧印加法に適用可能な**鏡相推定法**である．一方，解説予定の 2-2 法に属する復調法は，すべての正弦形高周波電圧印加法に適用可能な**汎用化高周波電流要素乗法**である．

第 10 章 真円形高周波電圧印加法

10.1 目的

真円形高周波電圧印加法としては，技術開発史的には，印加高周波電圧の振幅を速度いかんにかかわらず一定に保つ**一定真円形高周波電圧印加法**が，まず提案された．一定真円形高周波電圧印加法のための**復調法**として，Wang 等は，2000 年に，**ベクトルヘテロダイン法**（vector heterodyning method）を提案している[10.11]．本復調法は，高周波電流の**逆相成分**を分離・抽出し，分離・抽出したベクトル信号の第 1 要素，第 2 要素に対して，印加高周波電圧と同相の 2×1 ベクトル信号の第 1 要素，第 2 要素をおのおの乗じ，2 個の要素積を減じて，回転子位相情報を抽出するものである[10.11]．本復調法は，表Ⅲ.1 の 1-1 法に属する一種である．Wang の方法は，ハイブリッド車，電気自動車への応用が試みられた[10.12),10.13]．

本復調法すなわちベクトルヘテロダイン法は，中沢によっても利用され，突極性の強い PMSM を対象にハイブリッド車，電車への応用が進められた[10.14)〜10.16]．また，同様に，近藤らによっても電車への応用が試みられた[10.17]．なお，これらにおいては，印加高周波電圧と同相の 2×1 ベクトル信号を，分離・抽出した高周波電流に直接乗じているようである．

一定真円形高周波電圧印加法のための復調法として，著者は，2000 年に，**鏡相推定法**（mirror-phase estimation method）を提案した[10.1)〜10.10]．鏡相推定法は，「高周波電流が描く楕円軌跡の長軸位相が回転子位相と同一であり，本位相は，高周波電流**正相成分**（**同相電流**）と同**逆相成分**（**鏡相電流**）の各位相の中間をとる」という**鏡相特性**（mirror-phase characteristics）に基づくものである．鏡相推定法は，表Ⅲ.1 の 2-1 法に属し，次のような性能を達成できる[10.7)〜10.10]．

(a) 鏡相推定法によれば，ゼロ速度で，250％定格の高トルクを発生する場合にも，適切な位相推定が可能である．高トルク発生には，当然のことながら，これに見合った駆動用の固定子電流を印加する必要がある．しかし，大振幅固定子電流の印加に応じ，磁気飽和が発生し，PMSM の突極位相の検出が困難になる．このため，高周波電圧印加法においては，150％定格を超えるトルク発生は大変困難とされてきた．しかし，鏡相推定法は，この限界を難なく超えることができる．

(b)　鏡相推定法はゼロ速度から少なくとも定格速度まで適用でき，適切に位相を推定できる．高周波電圧印加法は，元来，ゼロ速度を含む低速域での適切なトルク発生を目指してきた．しかし，ハイブリッド車，電気自動車などの応用では，ゼロ速度から中速域（機械速度で 100〜150〔rad/s〕程度）まで，安定な位相推定が求められている．鏡相推定法は，定格速度を含む広い速度領域で安定な位相推定を達成した最初の位相推定法である．

(c)　鏡相推定法は，真円形のみならず，楕円形，一般化楕円形，直線形のいずれの高周波電圧印加法にも無修正で適用できる高い汎用性を有する．しかも，適用できる速度領域に制限はない．復調法は，一般に，高周波電圧印加法と密接な関係がある．このためか，鏡相推定法と並ぶ汎用性を有する復調法は，本書の改訂前書上梓の 2000 年代では，報告されていない．

(d)　鏡相推定法は，通常の駆動制御系上でソフトウェアのみで（すなわち，専用ハードウェアを用いることなく）実現できる．

上記のような特長を有する鏡相推定法は，**センサレス・トランスミッションレス電気自動車**（sensorless and transmissionless EV, **ST-EV**）に活用されている（詳細は，第 16 章参照）．

これまでの一定真円形高周波電圧印加法に代わって，著者は，2006 年に，**応速真円形高周波電圧印加法**を提案している[10.5),10.10)]．一定真円形高周波電圧印加法による場合には，回転子位相情報を有する高周波電流は応速的に（速度に応じ）振幅を変化させる．安定な位相推定の観点からは，高周波電流の特性は速度いかんにかかわらず不変（以下，本特性を「**速度独立性**（speed independence）」と呼称）に維持させることが望ましい．応速真円形高周波電圧印加法は，速度独立性の観点から開発されたものであり，本変調法によれば，高周波電流はすべての速度でゼロ速度と同一の形状を維持する．応速真円形高周波電圧印加法のための復調法としては，一定真円形高周波電圧印加法に使用されたものが無修正で利用できる．

本章では，変調法としての真円形高周波電圧印加法と復調法としての鏡相推定法とを用いたセンサレスベクトル制御について説明する．本章は以下のように構成されている．次の 10.2 節では，まず，鏡行列が有する鏡相特性を，3 つの鏡相定理にまとめ，説明する．次に，空間的に**楕円軌跡**を描く 2×1 ベクトルの長軸位相の推定原理を，3 つの**楕円鏡相定理**にまとめ，説明する．楕円鏡相定理は，汎用性に富む復調法である鏡相推定法の原理を与える．

復調の目的は，応答高周波電流が含有する回転子位相情報を抽出し，回転子位相推定値を得ることにある．本目的を達成し得る復調法の合理的な構築には，任意速度における**応答高周波電流の解析解**が必須である．10.3 節では，高周波電圧の印加により発生した高周波電流の挙動を解析する．まず，高周波電流の一般解を与え，次に，応速真円形高周波電圧印加法に対応した**電流解**，一定真円形高周波電圧印加法に対応した電流解を与える．また，これら電流解の解析を通じ，復調すなわち回転子位相推定に鏡相推定法が適用されることを明らかにする．

10.4 節では，変調法としての真円形高周波電圧印加法と復調法としての鏡相推定法とを用いたセンサレスベクトル制御系の構造を，位相推定系を中心に説明する．10.5 節では，変調法・一定真円形高周波電圧印加法と復調法・鏡相推定法とを用いたセンサレスベクトル制御系の基本性能に関する実験結果を示す．本実験では，定格速度比で約 1/1 800～1/1 の速度領域における速度制御性能を，力行・回生の定格負荷の下で，例示する．また，ゼロ速度を含む微速域における 250％定格トルク発生の様子も示す．

なお，本章の内容は著者の原著論文と特許 10.1)～10.10)を再構成したものであることを断っておく．

Q10.1 **高周波信号印加法の説明に関連して，キャリア，ヘテロダインなど，通信工学で使われる用語が出現していますが，通信工学用語のモータ駆動制御分野における使用は一般的なのですか．**

Ans. 高周波電圧印加法では，「駆動用電圧に高周波電圧を重畳印加して，固定子電流に位相情報を含む高周波成分をもたせることを，**変調**と呼び，高周波電流から回転子位相情報を抽出することを，**復調**と呼ぶ」ことがあります．また，このとき印加高周波電圧を，**搬送波**（**carrier**）と呼ぶ研究者もいます．**ヘテロダイン法**は，被変調信号と搬送波との 2 信号の乗算（mixing）を通じて，周波数差の変調信号を検出する方法です．高周波電圧印加法における電圧印加から位相推定に至る処理が，通信工学における変調から復調に至る処理に類似していることに着目し，一部の研究者の間で上記通信工学用語が使用されてきました．著者は，「近年，この用語がほぼ定着してきた」との印象をもっており，改訂版の本書では本用語を用いることにしました．

10.2　鏡相推定法

10.2.1　鏡相特性

高周波電圧印加法において重要な役割を担う**鏡行列**（mirror matrix）$\boldsymbol{Q}(\theta_\gamma)$，**ベクトル回転器**（vector rotator）$\boldsymbol{R}(\theta_\gamma)$，**単位ベクトル**（unit vector）$\boldsymbol{u}(\theta_\gamma)$ を下に再記しておく．

$$\boldsymbol{Q}(\theta_\gamma) \equiv \begin{bmatrix} \cos 2\theta_\gamma & \sin 2\theta_\gamma \\ \sin 2\theta_\gamma & -\cos 2\theta_\gamma \end{bmatrix} \tag{10.1}$$

$$\boldsymbol{R}(\theta_\gamma) \equiv \begin{bmatrix} \cos\theta_\gamma & -\sin\theta_\gamma \\ \sin\theta_\gamma & \cos\theta_\gamma \end{bmatrix} \tag{10.2}$$

$$\boldsymbol{u}(\theta_\gamma) \equiv \begin{bmatrix} \cos\theta_\gamma \\ \sin\theta_\gamma \end{bmatrix} \tag{10.3}$$

鏡行列 $\boldsymbol{Q}(\theta_\gamma)$ は，次の**鏡相定理 I** が示す**鏡相特性**（mirror-phase characteristics）をもつ．

《定理 10.1　鏡相定理 I》

任意の 2×1 ベクトル $\boldsymbol{x}$ に対する鏡行列 $\boldsymbol{Q}(\theta_\gamma)$ の作用は，$\boldsymbol{x}$ を鏡行列の位相 θ_γ に対し大きさが同一で異極性の位相差をもつベクトルに変換することである．すなわち，変換前後の 2 ベクトルは，あたかも位相 θ_γ におかれた鏡に対し互いに鏡面反射をしたような位相関係をとる．

〈証明〉

***γδ* 一般座標系** 上におけるベクトル $\boldsymbol{x}$ の位相を θ_x とする．$\boldsymbol{x}$ は，単位ベクトルとベクトル回転器を用いて，次のように表現することができる．

$$\boldsymbol{x} = \|\boldsymbol{x}\|\,\boldsymbol{u}(\theta_x) = \|\boldsymbol{x}\|\,\boldsymbol{R}(\theta_x - \theta_\gamma)\boldsymbol{u}(\theta_\gamma) \tag{10.4}$$

上記表現のベクトル $\boldsymbol{x}$ に鏡行列を作用させ，鏡行列の性質を考慮すると（姉妹本・文献 10.22）・2.2.5 項参照），次式を得る．

$$\begin{aligned}\boldsymbol{Q}(\theta_\gamma)\boldsymbol{x} &= \|\boldsymbol{x}\|\,\boldsymbol{Q}(\theta_\gamma)\boldsymbol{R}(\theta_x - \theta_\gamma)\boldsymbol{u}(\theta_\gamma) \\ &= \|\boldsymbol{x}\|\,\boldsymbol{R}(-(\theta_x - \theta_\gamma))\boldsymbol{Q}(\theta_\gamma)\boldsymbol{u}(\theta_\gamma) = \|\boldsymbol{x}\|\,\boldsymbol{R}(-(\theta_x - \theta_\gamma))\boldsymbol{u}(\theta_\gamma)\end{aligned} \tag{10.5}$$

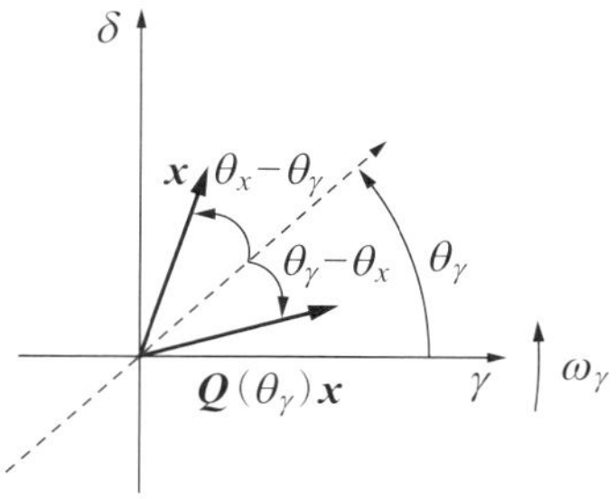

図 10.1 鏡相特性の一例

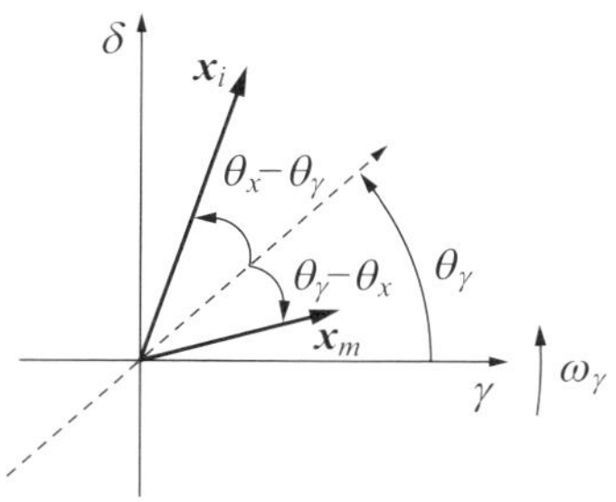

図 10.2 鏡相特性の一例

(10.4)式，(10.5)式は，定理を意味する．

■

図 10.1 に**鏡相定理Ⅰ**（定理 10.1）が意味する鏡相特性を図示した．鏡相定理Ⅰより，次の**鏡相定理Ⅱ**を直ちに得ることができる．

《定理 10.2　鏡相定理Ⅱ》

$\gamma\delta$ 一般座標系上のベクトル $\boldsymbol{x}_i$，$\boldsymbol{x}_m$ が次の関係を満足するときには，

$$\boldsymbol{x}_m = a\,\boldsymbol{Q}(\theta_\gamma)\boldsymbol{x}_i \qquad a > 0 \tag{10.6a}$$

$$\boldsymbol{x}_i = \frac{1}{a}\,\boldsymbol{Q}(\theta_\gamma)\boldsymbol{x}_m \qquad a > 0 \tag{10.6b}$$

位相 θ_γ を基準とした $\boldsymbol{x}_i$ と $\boldsymbol{x}_m$ の両ベクトルの位相偏差は，大きさが同一で異極性である．すなわち，ベクトル $\boldsymbol{x}_i, \boldsymbol{x}_m$ は，位相 θ_γ に対し，互いに**鏡相関係**（mirror-phase relationship）にある．

■

鏡行列の直交性すなわち次の性質を考慮するならば（姉妹本・文献 10.22）2.2.5 項参照），(10.6)式の 2 式は等価である．

$$\boldsymbol{Q}^{-1}(\theta_\gamma) = \boldsymbol{Q}^{T}(\theta_\gamma) = \boldsymbol{Q}(\theta_\gamma) \tag{10.7}$$

鏡相定理Ⅱ（定理 10.2）は，$a = 1$ の場合には，鏡相定理Ⅰ（定理 10.1）と同一である．換言するならば，鏡相定理Ⅱは，鏡相定理Ⅰの位相のみに着目した定理である．

ベクトル $\boldsymbol{x}_i, \boldsymbol{x}_m$ は，おのおの，**同相信号**（in-phase signal），**鏡相信号**（mirror-phase signal）と呼ばれる．同相信号，鏡相信号の位相に関しては，鏡相定理Ⅱより次の系が直ちに得られる．

《系 10.2》

$\gamma\delta$ 一般座標系上において，鏡行列の位相，同相信号の位相，鏡相信号の位相をおのおの $\theta_\gamma, \theta_i, \theta_m$ とする．このとき，3 位相 $\theta_\gamma, \theta_i, \theta_m$ が次の条件を満足するならば，

$$|\theta_i - \theta_\gamma| < \frac{\pi}{2}, \quad |\theta_m - \theta_\gamma| < \frac{\pi}{2} \tag{10.8a}$$

次式が成立する．

$$\theta_\gamma = \frac{\theta_i + \theta_m}{2} \tag{10.8b}$$

■

図 10.2 に，鏡相定理 II および同系が意味する鏡相特性を示した．これらより，回転子位相推定上有用な次の**鏡相定理 III** を得る．

《定理 10.3　鏡相定理 III》

鏡行列 $\boldsymbol{Q}(\theta_\gamma)$ の位相を θ_γ とし，(10.6) 式の関係にある同相信号 $\boldsymbol{x}_i$，鏡相信号 $\boldsymbol{x}_m$ の位相をおのおの θ_i, θ_m とする．3 位相 $\theta_\gamma, \theta_i, \theta_m$ が (10.8a) 式を満足するとき，鏡行列 $\boldsymbol{Q}(\theta_\gamma)$ の位相 θ_γ は，次の 3 方法のいずれかに従い求めることができる．

(a)　2 倍位相による方法

$$\begin{bmatrix} C_{2p} \\ S_{2p} \end{bmatrix} = [\boldsymbol{x}_i \quad \boldsymbol{J}\boldsymbol{x}_i]\boldsymbol{x}_m = [\boldsymbol{x}_m \quad \boldsymbol{J}\boldsymbol{x}_m]\boldsymbol{x}_i \tag{10.9a}$$

$$\theta_\gamma = \frac{1}{2}\tan^{-1}(C_{2p}, S_{2p}) \tag{10.9b}$$

(b)　同一ノルムベクトルの加算による方法

$$\begin{bmatrix} C_{1p} \\ S_{1p} \end{bmatrix} = \frac{\boldsymbol{x}_i}{\|\boldsymbol{x}_i\|} + \frac{\boldsymbol{x}_m}{\|\boldsymbol{x}_m\|} \tag{10.10a}$$

$$\theta_\gamma = \tan^{-1}(C_{1p}, S_{1p}) = \tan^{-1}\left(\frac{S_{1p}}{C_{1p}}\right) \tag{10.10b}$$

(c)　同一ノルムベクトルの減算による方法

$$\begin{bmatrix} C_{1p} \\ S_{1p} \end{bmatrix} = -\boldsymbol{J}\left[\frac{\boldsymbol{x}_i}{\|\boldsymbol{x}_i\|} - \frac{\boldsymbol{x}_m}{\|\boldsymbol{x}_m\|}\right] \tag{10.11a}$$

$$\theta_\gamma = \tan^{-1}(C_{1p}, S_{1p}) = \tan^{-1}\left(\frac{S_{1p}}{C_{1p}}\right) \tag{10.11b}$$

〈証明〉

(a)　(10.8)式より，次の関係を得る．

$$\boldsymbol{u}(2\theta_\gamma) = \begin{bmatrix} \cos 2\theta_\gamma \\ \sin 2\theta_\gamma \end{bmatrix} = \begin{bmatrix} \cos(\theta_i+\theta_m) \\ \sin(\theta_i+\theta_m) \end{bmatrix}$$
$$= \boldsymbol{R}(\theta_i)\boldsymbol{u}(\theta_m) = \boldsymbol{R}(\theta_m)\boldsymbol{u}(\theta_i) \tag{10.12a}$$

(10.12a)式の右辺を同相信号，鏡相信号を用いて表現すると，次式を得る．

$$\boldsymbol{u}(2\theta_\gamma) = \frac{[\boldsymbol{x}_i \quad \boldsymbol{J}\boldsymbol{x}_i]\boldsymbol{x}_m}{\|\boldsymbol{x}_i\|\|\boldsymbol{x}_m\|} = \frac{[\boldsymbol{x}_m \quad \boldsymbol{J}\boldsymbol{x}_m]\boldsymbol{x}_i}{\|\boldsymbol{x}_i\|\|\boldsymbol{x}_m\|} \tag{10.12b}$$

(10.12b)式より，直ちに(10.9)式を得る．

(b)　(10.10a)式は，(10.6a)式を利用すると，次式のように展開される．

$$\begin{bmatrix} C_{1p} \\ S_{1p} \end{bmatrix} = \frac{\boldsymbol{x}_i}{\|\boldsymbol{x}_i\|} + \frac{\boldsymbol{x}_m}{\|\boldsymbol{x}_m\|} = \frac{1}{\|\boldsymbol{x}_i\|}[\boldsymbol{I}+\boldsymbol{Q}(\theta_\gamma)]\boldsymbol{x}_i \tag{10.13a}$$

上式は，(6.1)式に示した鏡行列の性質を利用すると（姉妹本・文献 10.22）2.2.5 項参照），次のように整理することができる．

$$\begin{bmatrix} C_{1p} \\ S_{1p} \end{bmatrix} = \frac{2(\boldsymbol{x}_i^T\boldsymbol{u}(\theta_\gamma))}{\|\boldsymbol{x}_i\|}\boldsymbol{u}(\theta_\gamma) \tag{10.13b}$$

(10.13b)式より，直ちに(10.10)式を得る．

(c)　(10.11a)式は，(10.6a)式を利用すると，次式のように展開される．

$$\begin{bmatrix} C_{1p} \\ S_{1p} \end{bmatrix} = -\boldsymbol{J}\left[\frac{\boldsymbol{x}_i}{\|\boldsymbol{x}_i\|} - \frac{\boldsymbol{x}_m}{\|\boldsymbol{x}_m\|}\right] = \frac{-\boldsymbol{J}}{\|\boldsymbol{x}_i\|}[\boldsymbol{I}-\boldsymbol{Q}(\theta_\gamma)]\boldsymbol{x}_i \tag{10.14a}$$

上式は，(6.2)式に示した鏡行列の性質を利用すると（姉妹本・文献 10.22）2.2.5 項参照），次のように整理することができる．

$$\begin{bmatrix} C_{1p} \\ S_{1p} \end{bmatrix} = \frac{2(\boldsymbol{x}_i^T\boldsymbol{J}\boldsymbol{u}(\theta_\gamma))}{\|\boldsymbol{x}_i\|}\boldsymbol{u}(\theta_\gamma) \tag{10.14b}$$

(10.14b)式より，直ちに(10.11)式を得る．

■

図 10.3 に，同一ノルムベクトルの加算および減算による位相決定の原理を図示した．

10.2.2　楕円長軸位相の推定

一定高周波数 ω_h をもつ 2×1 単位正相信号 $\boldsymbol{u}_p(\omega_h t)$，単位逆相信号 $\boldsymbol{u}_n(\omega_h t)$ を，おのおの以下のように定義する．

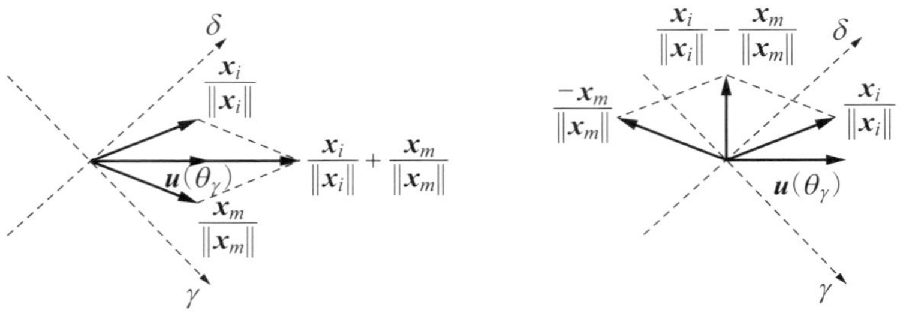

図 10.3　同一ノルムベクトルによる位相決定

$$\boldsymbol{u}_p(\omega_h t) \equiv \begin{bmatrix} \sin \omega_h t \\ -\cos \omega_h t \end{bmatrix} \qquad \omega_h = \text{const} \tag{10.15a}$$

$$\boldsymbol{u}_n(\omega_h t) \equiv \begin{bmatrix} \sin \omega_h t \\ \cos \omega_h t \end{bmatrix} \qquad \omega_h = \text{const} \tag{10.15b}$$

なお，以下の議論では，一般性を失うことなく，一定高周波数 ω_h は正とする．本前提は，正逆相の反転に起因する記述上の混乱を避けるためのものであり，これにより議論の一般性が失われることはない．本前提の下，正相信号，逆相信号を脚符 p, n を用いて表現する．

二相信号の正・逆相性と鏡行列に関しては，次の**楕円鏡相定理Ⅰ**，**楕円鏡相定理Ⅱ**が成立する．

《定理 10.4　楕円鏡相定理Ⅰ》

鏡行列 $\boldsymbol{Q}(\theta_\gamma)$ が正相，逆相信号に作用する場合には，これらは，おのおの逆相，正相信号へ変換される．

〈証明〉

正相信号に鏡行列を作用させると，次式を得る．

$$\boldsymbol{Q}(\theta_\gamma)\boldsymbol{u}_p(\omega_h t) = \boldsymbol{Q}(\theta_\gamma)\boldsymbol{Q}(0)\boldsymbol{u}_n(\omega_h t) = \boldsymbol{R}(2\theta_\gamma)\boldsymbol{u}_n(\omega_h t) \tag{10.16a}$$

一方，逆相信号に鏡行列を採用させると，次式を得る．

$$\boldsymbol{Q}(\theta_\gamma)\boldsymbol{u}_n(\omega_h t) = \boldsymbol{Q}(\theta_\gamma)\boldsymbol{Q}(0)\boldsymbol{u}_p(\omega_h t) = \boldsymbol{R}(2\theta_\gamma)\boldsymbol{u}_p(\omega_h t) \tag{10.16b}$$

(10.16)式は，定理を意味する．

■

《定理 10.5　楕円鏡相定理 II》

(a)　$\gamma\delta$ 一般座標系上で，一定高周波数 ω_h，一定振幅で回転する正相信号 $\boldsymbol{x}_p$ と逆相信号 $\boldsymbol{x}_n$ を考える．また，両信号は位相 $\theta_{\gamma e}$ で鏡相関係にあるものとし，両信号の加算合成による信号を $\boldsymbol{x}$ とする．すなわち，

$$\boldsymbol{x} = \boldsymbol{x}_p + \boldsymbol{x}_n \tag{10.17a}$$

$$\boldsymbol{x}_n = a\,\boldsymbol{Q}(\theta_{\gamma e})\boldsymbol{x}_p \qquad a = \text{const} > 0 \tag{10.17b}$$

このとき，2×1 合成ベクトル $\boldsymbol{x}$ は，位相 $\theta_{\gamma e}$ で長軸をもつ楕円軌跡上を回転する．

(b)　$\gamma\delta$ 一般座標系上で，一定高周波数 ω_h で空間的に回転する 2×1 ベクトル $\boldsymbol{x}$ が，位相 $\theta_{\gamma e}$ で一定長軸をもつ楕円軌跡を描くときには，ベクトル $\boldsymbol{x}$ は，(10.17)式のように，位相 $\theta_{\gamma e}$ で鏡相関係にある正相成分 $\boldsymbol{x}_p$ と逆相成分 $\boldsymbol{x}_n$ の和として表現される．

〈証明〉

(a)　一定高周波数 ω_h，一定振幅で回転する正相信号 $\boldsymbol{x}'_p$ と逆相信号 $\boldsymbol{x}'_n$ を考える．このとき，両信号はゼロ位相で（すなわち γ 軸に対して）鏡相関係にあるものとし，両信号の加算合成による信号を $\boldsymbol{x}'$ とする．すなわち，

$$\boldsymbol{x}' = \boldsymbol{x}'_p + \boldsymbol{x}'_n \tag{10.18a}$$

$$\boldsymbol{x}'_n = a\,\boldsymbol{Q}(0)\boldsymbol{x}_p \qquad a = \text{const} > 0 \tag{10.18b}$$

m を整数とするとき，2 個の回転ベクトル $\boldsymbol{x}'_p, \boldsymbol{x}'_n$ は，これら位相 $\omega_h t$ が $m\pi$〔rad〕となるたびに同方向を向き，$(m+1/2)\pi$〔rad〕ごとに逆方向を向く（(10.15)式参照）．すなわち，加算合成ベクトル $\boldsymbol{x}'$ は，γ 軸上に長軸をもつ楕円軌跡を描く．

(10.18)式に左側からベクトル回転器 $\boldsymbol{R}(\theta_{\gamma e})$ を作用させ，(10.19)式の関係に注意すると，(10.17)式を得る．

$$\left.\begin{aligned} \boldsymbol{x} &= \boldsymbol{R}(\theta_{\gamma e})\boldsymbol{x}' \\ \boldsymbol{x}_p &= \boldsymbol{R}(\theta_{\gamma e})\boldsymbol{x}'_p \\ \boldsymbol{x}_n &= \boldsymbol{R}(\theta_{\gamma e})\boldsymbol{x}'_n \end{aligned}\right\} \tag{10.19a}$$

$$\boldsymbol{Q}(\theta_{\gamma e}) = \boldsymbol{R}(\theta_{\gamma e})\boldsymbol{Q}(0)\boldsymbol{R}(-\theta_{\gamma e}) \tag{10.19b}$$

γ 軸上に長軸をもつ合成ベクトル $\boldsymbol{x}'$ の楕円軌跡を考慮すると，(10.19a)式は「合成ベクトル $\boldsymbol{x}$ は，位相 $\theta_{\gamma e}$ で長軸をもつ楕円軌跡上を回転する」ことを意味する．

(b)　一定高周波数 ω_h で空間的に回転する 2×1 ベクトル $\boldsymbol{x}$ は，正相成分と逆

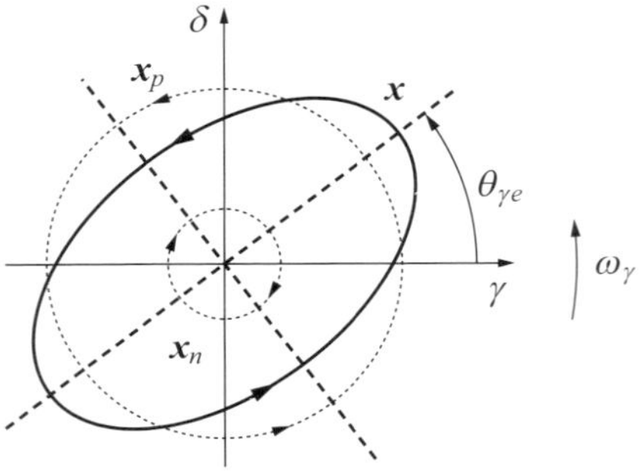

図 10.4　楕円軌跡を描く $\boldsymbol{x}$ の正相成分 $\boldsymbol{x}_p$ と逆相成分 $\boldsymbol{x}_n$

相成分に一意に分解される．本一意性に(a)項の結論を考慮すると，直ちに(b) 項を得る．

■

図 10.4 に，楕円軌跡を描く $\boldsymbol{x}$，真円軌跡を描く正相成分 $\boldsymbol{x}_p$，同じく真円軌跡を描く逆相成分 $\boldsymbol{x}_n$ の様子を，概略的に示した．鏡相定理Ⅲ（定理 10.3）を楕円鏡相定理Ⅱ（定理 10.5）に適用すると，高周波電圧印加法における位相推定上重要な役割を演ずる次の**楕円鏡相定理Ⅲ**を直ちに得ることができる．

《定理 10.6　楕円鏡相定理Ⅲ》

$\gamma\delta$ 一般座標系上で，一定高周波数 ω_h で空間的に回転する 2×1 ベクトル $\boldsymbol{x}$ が，位相 $\theta_{\gamma e}$ で一定長軸をもつ楕円軌跡を描くものとする．また，本ベクトルの正相，逆相成分をおのおの $\boldsymbol{x}_p$，$\boldsymbol{x}_n$ とする．本長軸の位相は，次の 3 方法のいずれかに従い求めることができる．

（a）　2 倍位相による方法

$$\begin{bmatrix} C_{2p} \\ S_{2p} \end{bmatrix} = [\boldsymbol{x}_p \quad \boldsymbol{J}\boldsymbol{x}_p]\boldsymbol{x}_n = [\boldsymbol{x}_n \quad \boldsymbol{J}\boldsymbol{x}_n]\boldsymbol{x}_p \tag{10.20a}$$

$$\theta_{\gamma e} = \frac{1}{2}\tan^{-1}(C_{2p}, S_{2p}) \tag{10.20b}$$

（b）　同一ノルムベクトルの加算による方法

$$\begin{bmatrix} C_{1p} \\ S_{1p} \end{bmatrix} = \frac{\boldsymbol{x}_p}{\|\boldsymbol{x}_p\|} + \frac{\boldsymbol{x}_n}{\|\boldsymbol{x}_n\|} \tag{10.21a}$$

$$\theta_{\gamma e} = \tan^{-1}\left(\frac{S_{1p}}{C_{1p}}\right) \tag{10.21b}$$

(c) 同一ノルムベクトルの減算による方法

$$\begin{bmatrix} C_{1p} \\ S_{1p} \end{bmatrix} = -\boldsymbol{J}\left[\frac{\boldsymbol{x}_p}{\|\boldsymbol{x}_p\|} - \frac{\boldsymbol{x}_n}{\|\boldsymbol{x}_n\|}\right] \tag{10.22a}$$

$$\theta_{\gamma e} = \tan^{-1}\left(\frac{S_{1p}}{C_{1p}}\right) \tag{10.22b}$$

■

楕円軌跡を描く高周波信号 $\boldsymbol{x}$ の長軸位相 $\theta_{\gamma e}$ を求めるには，$\boldsymbol{x}$ より正相成分 $\boldsymbol{x}_p$，逆相成分 $\boldsymbol{x}_n$ を分離・抽出し，2 成分を楕円鏡相定理Ⅲ（定理 10.6）に適用するようにすればよい．本書では，このような**楕円長軸位相の推定法**を，「**鏡相推定法**（mirror-phase estimation method）」と呼称する．**図 10.5**(a)に鏡相推定法を**楕円鏡相推定器**（ellipse mirror-phase estimator）として実現し，このブロック図を示した．楕円鏡相推定器は，**相成分抽出フィルタ**（extracting filter）と**鏡相検出器**（mirror-phase detector）から構成されている．

相成分抽出フィルタの目的は，高周波信号 $\boldsymbol{x}$ から，正相成分 $\boldsymbol{x}_p$ と逆相成分 $\boldsymbol{x}_n$ の分離・抽出である．これは，2 個の **D 因子フィルタ**を用いて構成される．図 10.5(b)に，構成の一例を示した．同図の $\boldsymbol{F}(\boldsymbol{D})$ が D 因子フィルタを意味している．なお，D 因子フィルタの詳細は，姉妹本・文献 10.22）第 9 章を参照されたい．

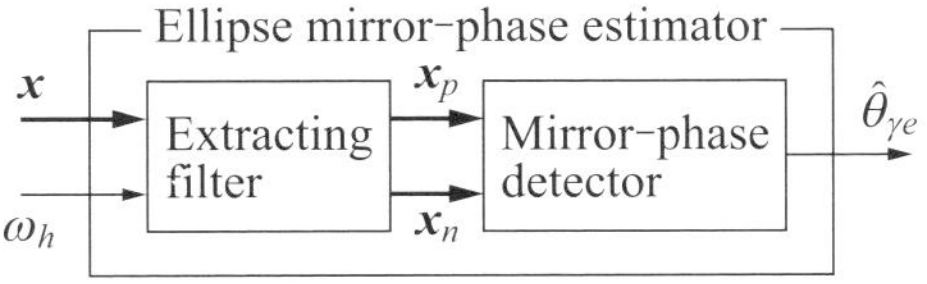

(a) 全体構造

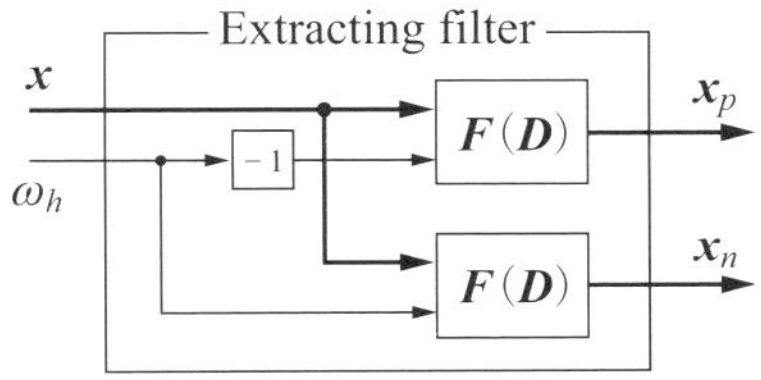

(b) 相成分抽出フィルタ

図 10.5 楕円鏡相推定器の概略構造

鏡相検出器の役割は，正相成分 $\boldsymbol{x}_p$ と逆相成分 $\boldsymbol{x}_n$ とを用いて，高周波信号 $\boldsymbol{x}$ が描く楕円軌跡の長軸位相を推定的に検出することであり，本器は，楕円鏡相定理Ⅲ（定理10.6）に基づき構成されている．同図(a)では，長軸位相の推定値を $\hat{\theta}_{\gamma e}$ と表現している．

10.3　真円形高周波電圧に対する高周波電流の挙動解析

10.3.1　高周波電流の一般解

高周波電圧印加法は，印加高周波電圧の応答である高周波電流を処理し，これに含まれる回転子位相情報を抽出するものである．本事実より明白なように，高周波電流の挙動解析は，高周波電流処理法，位相抽出法の構築において基盤的重要性を有する．本項では，本認識の下に，高周波電圧印加により発生する応答高周波電流の解析解を，各種高周波電圧印加法に対応できる一般性のある形で，導出する．

モータ駆動用電圧に高周波電圧を重畳することを考える．この場合には，次のように，固定子の電圧，電流，磁束は，大きくは2成分の合成ベクトルとして表現することができる．

$$\left.\begin{aligned} \boldsymbol{v}_1 &= \boldsymbol{v}_{1f}+\boldsymbol{v}_{1h} \\ \boldsymbol{i}_1 &= \boldsymbol{i}_{1f}+\boldsymbol{i}_{1h} \\ \boldsymbol{\phi}_1 &= \boldsymbol{\phi}_{1f}+\boldsymbol{\phi}_{1h} \end{aligned}\right\} \tag{10.23}$$

ここに，脚符 f, h は，おのおの駆動周波数（fundamental driving frequency），高周波（high frequency）の成分であることを示す．なお，位相推定用に重畳した高周波電圧の周波数は，次の関係が成立する十分に高いものとする．

$$\| R_1 \boldsymbol{i}_{1h} \| \ll \| \boldsymbol{D}(s, \omega_\gamma)\boldsymbol{\phi}_{1h} \| \tag{10.24}$$

(10.23)式を(2.6)～(2.13)式の $\gamma\delta$ 一般座標系上の回路方程式に用い，(10.24)式を考慮すると，固定子の高周波成分である $\boldsymbol{v}_{1h}, \boldsymbol{i}_{1h}, \boldsymbol{\phi}_{1h}$ に関し次の関係を得る．

$$\boldsymbol{v}_{1h} = \boldsymbol{D}(s, \omega_\gamma)\boldsymbol{\phi}_{1h} \tag{10.25}$$

$$\boldsymbol{\phi}_{1h} = [L_i \boldsymbol{I} + L_m \boldsymbol{Q}(\theta_\gamma)]\boldsymbol{i}_{1h} \tag{10.26}$$

高周波電圧 $\boldsymbol{v}_{1h}$ の印加に起因する高周波磁束 $\boldsymbol{\phi}_{1h}$，高周波電流 $\boldsymbol{i}_{1h}$ は，(10.25)式，(10.26)式の逆行列をとることにより，直ちに求めることができる．すなわち，

【応答高周波電流の解析解】

$$\boldsymbol{\phi}_{1h}=\boldsymbol{D}^{-1}(s,\omega_\gamma)\boldsymbol{v}_{1h}=\frac{\boldsymbol{D}(s,-\omega_\gamma)}{s^2+\omega_\gamma^2}\boldsymbol{v}_{1h} \tag{10.27}$$

$$\boldsymbol{i}_{1h}=[L_i\boldsymbol{I}+L_m\boldsymbol{Q}(\theta_\gamma)]^{-1}\boldsymbol{\phi}_{1h}=\frac{1}{L_dL_q}[L_i\boldsymbol{I}-L_m\boldsymbol{Q}(\theta_\gamma)]\boldsymbol{\phi}_{1h} \tag{10.28}$$

■

(10.27)式，(10.28)式は，高周波電圧 $\boldsymbol{v}_{1h}$ の形状いかんにかかわらず適用可能な解である点には，注意されたい．(10.28)式が明示しているように，高周波電流 $\boldsymbol{i}_{1h}$ は，その各成分の振幅に回転子位相 θ_γ の情報を有している．本位相は，鏡行列 $\boldsymbol{Q}(\theta_\gamma)$ の位相そのものである．換言するならば，これらは，鏡行列位相の推定を通じて，回転子位相を推定できることを意味している．鏡行列 $\boldsymbol{Q}(\theta_\gamma)$ は，鏡相インダクタンス L_m と常に一体的に出現する．本事実は，鏡相インダクタンスがゼロとなる非突極 PMSM には，高周波電圧印加法は適用できないことを意味している（Q/A 10.2 参照）．

以下の議論では，一般性を失うことなく，PMSM はゼロ速度を含め正方向へ回転するもの，すなわち $\omega_{2n}\geq 0$ とする，これに応じて $\gamma\delta$ 一般座標系の速度も $\omega_\gamma\geq 0$ とする．高周波電圧の一定周波数 ω_h も正とする（後掲の(10.29)，(10.39)式参照）．本前提は，印加高周波電圧に起因する高周波磁束，高周波電流の正相，逆相成分を区別するためのものである．回転方向あるいは周波数の極性が反転すると，正逆相反転が起きることがある．本前提は，正逆相反転に起因する記述上の混乱を避けるためのものであり，これにより議論の一般性が失われることはない．

Q10.2　**高周波電圧印加法は，原理的に，PMSM の突極性を利用していることは理解しました．では，高周波電圧印加法は非突極特性の表面磁石形 PMSM には適用できないと，理解してよいのでしょうか．**

Ans.　高周波電圧印加法の適用可否は，高周波電流に対し，PMSM が突極性を示すか否かによります．駆動用電流に対して非突極性を示す PMSM であっても，高周波電流に対して突極性を示せば，高周波電圧印加法は適用可能です．文献 10.18)は，「駆動用電流に対して非突極性を示す表面磁石形 PMSM も，高周波電流に関しては，突極性を示す」ことを報告しています．

なお，同文献は，変調には**直線形高周波電圧印加法**（第13章参照）を利用し，復調には**スカラヘテロダイン法**を利用しています．スカラヘテロダイン法は，表Ⅲ.1の1-2法に属します．すなわち，**高周波電流振幅法**かつ**軸要素成分分離法**に属します．代わって，本章では，変調には**真円形高周波電圧法**を利用し，復調には表Ⅲ.1の2-1法（**高周波電流相関法**かつ**正相逆相成分分離法**）に属する新しい**鏡相推定法**を提案・利用します．

10.3.2　応速真円形高周波電圧と高周波電流

$\gamma\delta$ 一般座標系上で印加すべき高周波電圧として，座標系速度 ω_γ に応じて（すなわち，応速的に）真円軌跡の半径を変化させる次の**応速真円形高周波電圧**を考える．

【応速真円形高周波電圧】

$$\boldsymbol{v}_{1h} = V_h\left(1+\frac{\omega_\gamma}{\omega_h}\right)\begin{bmatrix}\cos\omega_h t\\ \sin\omega_h t\end{bmatrix} \qquad \begin{matrix}V_h = \text{const}\\ \omega_h = \text{const}\end{matrix} \tag{10.29}$$

■

(10.29)式の応速真円形高周波電圧の印加に対しては，**速度独立性**（座標系速度に依存しない性質）を維持した高周波電流が発生する．具体的には，次の定理が成立する．

《定理10.7　応速真円電圧定理》

(10.29)式の真円高周波電圧を印加した場合には，次の高周波磁束，高周波電流が発生する．

$$\boldsymbol{\phi}_{1h} = \frac{V_h}{\omega_h}\boldsymbol{u}_p(\omega_h t) \tag{10.30}$$

$$\boldsymbol{i}_{1h} = \boldsymbol{i}_{hp}+\boldsymbol{i}_{hn} \tag{10.31a}$$

ここに，$\boldsymbol{i}_{hp}, \boldsymbol{i}_{hn}$ は，次に示す高周波電流の正相，逆相成分である．

$$\begin{aligned}\boldsymbol{i}_{hp} &= \frac{L_i}{L_d L_q}\boldsymbol{\phi}_{1h}\\ &= \frac{L_i V_h}{\omega_h L_d L_q}\boldsymbol{u}_p(\omega_h t)\end{aligned} \tag{10.31b}$$

$$\boldsymbol{i}_{hn} = \frac{-L_m}{L_d L_q}\boldsymbol{Q}(\theta_\gamma)\boldsymbol{\phi}_{1h} = \frac{-L_m V_h}{\omega_h L_d L_q}\boldsymbol{Q}(\theta_\gamma)\boldsymbol{u}_p(\omega_h t)$$
$$= \frac{-L_m V_h}{\omega_h L_d L_q}\boldsymbol{R}(2\theta_\gamma)\boldsymbol{u}_n(\omega_h t) \tag{10.31c}$$

このとき，**正相逆相成分比**に関し，次の関係が成立する．

$$\frac{\|\boldsymbol{i}_{hn}\|}{\|\boldsymbol{i}_{hp}\|} = r_s \tag{10.32}$$

ここに，r_s は次式で定義された**突極比**(ratio of saliency)である．

$$r_s \equiv \frac{-L_m}{L_i} \geq 0 \qquad L_m \leq 0 \tag{10.33}$$

〈証明〉

(10.29)式を(10.27)式に用い，(10.15)式を考慮すると，(10.30)式を得る．また，(10.30)式を(10.28)式に用い，(10.15)式，(10.16)式を考慮すると，(10.31)式を得る．(10.31b)式，(10.31c)式の正相性，逆相性は，ベクトル回転器 $\boldsymbol{R}(\cdot)$ の性質を考慮するならば，明白である．

ベクトル回転器 $\boldsymbol{R}(\cdot)$ が直交行列であること，2 種の単位ベクトル $\boldsymbol{i}_{hp}, \boldsymbol{i}_{hn}$ のノルムがともに 1 であることを考慮すると，(10.31)式より，直ちに(10.32)式を得る．

■

(10.31)式に示した高周波電流には，座標系速度 ω_γ が出現していない点，すなわち高周波電流が**速度独立性**を保持している点には特に注意されたい．速度独立性により，速度いかんにかかわらず高周波電流の振幅が一定に維持され，高速域においても低速域と同様な回転子位相推定が可能となる．

高周波電流の正相成分 $\boldsymbol{i}_{hp}$，逆相成分 $\boldsymbol{i}_{hn}$ は，高周波磁束 $\boldsymbol{\phi}_{1h}$ に対して，おのおのの同相，鏡相となっている．本性質より，正相成分 $\boldsymbol{i}_{hp}$，逆相成分 $\boldsymbol{i}_{hn}$ は，おのおのの**同相電流**（in-phase current），**鏡相電流**（mirror-phase current）とも呼ばれる．

図 10.6(a)に，本性質を図示した．同図では，同相関係にある $\boldsymbol{i}_{hp}, \boldsymbol{\phi}_{1h}$ の位相を θ_i で，回転子位相を θ_γ で表現している．これら位相はともに，γ 軸から評価した値である．

(10.31)式を楕円鏡相定理Ⅱ（定理 10.5）に適用するならば，高周波電流 $\boldsymbol{i}_{1h}$ は，回転子位相 θ_γ を長軸位相とする楕円軌跡を描くことがわかる．このときの楕円の長軸，短軸は，次式で与えられる．

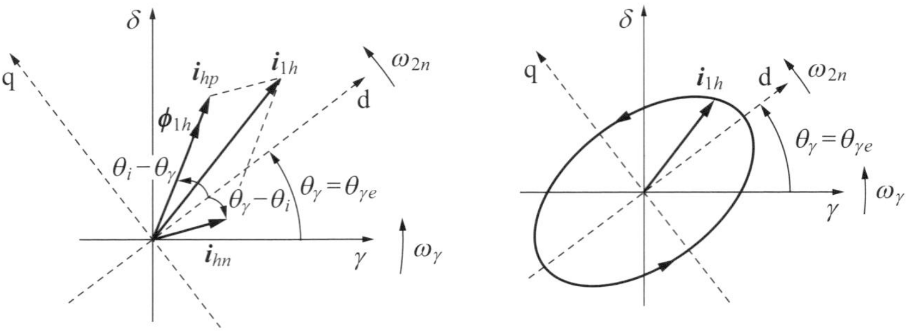

(a) 鏡相特性　　(b) 回転子位相と楕円長軸位相との関係

図 10.6　高周波電流の挙動

$$\left.\begin{aligned} \max\|\boldsymbol{i}_{1h}\| &= \frac{V_h}{\omega_h L_d} \\ \min\|\boldsymbol{i}_{1h}\| &= \frac{V_h}{\omega_h L_q} \end{aligned}\right\} \tag{10.34}$$

正相，逆相成分の振幅に関し，次の関係も成立している．

$$\begin{bmatrix} \|\boldsymbol{i}_{hp}\| \\ \|\boldsymbol{i}_{hn}\| \end{bmatrix} = \frac{1}{2}\begin{bmatrix} 1 & 1 \\ 1 & -1 \end{bmatrix}\begin{bmatrix} \max\|\boldsymbol{i}_{1h}\| \\ \min\|\boldsymbol{i}_{1h}\| \end{bmatrix} \tag{10.35}$$

また，短軸と長軸の比（以下，**短長軸比**）は，dq 軸の**インダクタンス比**となる．すなわち，

$$\frac{\min\|\boldsymbol{i}_{1h}\|}{\max\|\boldsymbol{i}_{1h}\|} = \frac{L_d}{L_q} = \frac{1-r_s}{1+r_s} < 1 \tag{10.36}$$

(10.34)～(10.36)式を踏まえて，高周波電流の楕円軌跡を図 10.6(b)に描画した．同図に明示しているように，回転子位相 θ_γ と楕円長軸の位相 $\theta_{\gamma e}$ とは同一である（楕円鏡相定理 I および II 参照）．すなわち，次の重要な性質が成立している．

$$\begin{aligned} p_c &= \theta_{\gamma e} \\ &= K_\theta \theta_\gamma \qquad K_\theta = 1,\ |\theta_\gamma| < \frac{\pi}{2} \end{aligned} \tag{10.37}$$

以降では，楕円長軸位相のように，位相偏差あるいは位相偏差相当値に当たる諸信号を，p_c **正相関信号**（positive correlation signal）と総称する．また，正相関信号 p_c と位相偏差 θ_γ の比 p_c/θ_γ を，**信号係数**（signal coefficient）K_θ と呼称する．本例では，信号係数 K_θ は「1」である．

(10.37)式の関係は突極比 r_s と無関係である点には，特に注意されたい．

(10.31)～(10.37)式の特性が，応速真円形高周波電圧印加法における回転子位相推定のための基本特性となる．

(10.31)式は，応速真円形高周波電圧に対する応答高周波電流を**正相逆相表現**したものである．同高周波電流の**軸要素表現**も可能である．これは，次式で与えられる．

【応速真円形高周波電圧に対する応答高周波電流（軸要素表現）】

$$\boldsymbol{i}_{1h} = \frac{V_h}{\omega_h L_d L_q}\begin{bmatrix} L_i - L_m\cos 2\theta_\gamma & L_m \sin 2\theta_\gamma \\ -L_m \sin 2\theta_\gamma & -(L_i + L_m \cos 2\theta_\gamma) \end{bmatrix}\begin{bmatrix} \sin\omega_h t \\ \cos\omega_h t \end{bmatrix} = \begin{bmatrix} c_\gamma & s_\gamma \\ s_\delta & c_\delta \end{bmatrix}\boldsymbol{u}_n(\omega_h t) \tag{10.38a}$$

$$\left.\begin{aligned} c_\gamma &= \frac{V_h}{\omega_h L_d L_q}(L_i - L_m\cos 2\theta_\gamma) \\ s_\gamma &= \frac{V_h}{\omega_h L_d L_q} L_m \sin 2\theta_\gamma \\ s_\delta &= \frac{V_h}{\omega_h L_d L_q}(-L_m \sin 2\theta_\gamma) \\ c_\delta &= \frac{V_h}{\omega_h L_d L_q}(-(L_i + L_m\cos 2\theta_\gamma)) \end{aligned}\right\} \tag{10.38b}$$

■

正相逆相表現の(10.31)式は，高調波電流の逆相成分のみが回転子位相情報を有することを示している．また，正相逆相表現の(10.31)式，軸要素表現の(10.38)式は，ともに，「回転子位相情報は，**高周波電流振幅**にのみ含まれている」ことを明瞭に示している．

10.3.3　一定真円形高周波電圧と高周波電流

$\gamma\delta$ 一般座標系上で印加すべき高周波電圧として，座標系速度 ω_γ いかんにかかわらず，真円軌跡の半径を一定に保つ次の電圧を考える．

【一定真円形高周波電圧】

$$\boldsymbol{v}_{1h} = V_h \begin{bmatrix} \cos\omega_h t \\ \sin\omega_h t \end{bmatrix} \qquad \begin{aligned} V_h &= \text{const} \\ \omega_h &= \text{const} \end{aligned} \tag{10.39}$$

■

(10.39)式の一定真円形高周波電圧の印加に対しては，次の**一定真円電圧定理**が成立する．

《定理 10.8　一定真円電圧定理》

(10.39)式の一定真円高周波電圧を印加した場合には，次の高周波磁束，高周波電流が発生する．

$$\boldsymbol{\phi}_{1h} = \frac{V_h}{\omega_h + \omega_\gamma} \boldsymbol{u}_p(\omega_h t) \tag{10.40}$$

$$\boldsymbol{i}_{1h} = \boldsymbol{i}_{hp} + \boldsymbol{i}_{hn} \tag{10.41a}$$

ただし，

$$\begin{aligned} \boldsymbol{i}_{hp} &= \frac{L_i}{L_d L_q} \boldsymbol{\phi}_{1h} \\ &= \frac{L_i V_h}{(\omega_h + \omega_\gamma) L_d L_q} \boldsymbol{u}_p(\omega_h t) \end{aligned} \tag{10.41b}$$

$$\begin{aligned} \boldsymbol{i}_{hn} &= \frac{-L_m}{L_d L_q} \boldsymbol{Q}(\theta_\gamma) \boldsymbol{\phi}_{1h} = \frac{-L_m V_h}{(\omega_h + \omega_\gamma) L_d L_q} \boldsymbol{Q}(\theta_\gamma) \boldsymbol{u}_p(\omega_h t) \\ &= \frac{-L_m V_h}{(\omega_h + \omega_\gamma) L_d L_q} \boldsymbol{R}(2\theta_\gamma) \boldsymbol{u}_n(\omega_h t) \end{aligned} \tag{10.41c}$$

このとき，**正相逆相成分比**に関し，(10.32)式が成立する．

■

本定理の証明は，応速真円電圧定理（定理 10.7）と同様であるので，省略する．一定真円形高周波電圧印加法においては，(10.41)式が明示しているように，高周波電流の振幅は，座標系速度 ω_γ に応じて変化する．詳しくは次節で説明するが，回転子位相 θ_γ の推定値は，高周波電流を処理して得ることになる．この点を考えれば，座標系速度 ω_γ に依存した高周波電流の変化は，位相推定上からは好ましいことではない．

しかしながら，幸いにも，一定真円形高周波電圧印加法においても，応速真円形高周波電圧印加法と同様に，位相推定性能上の重要特性である(10.32)式および(10.35)～(10.37)式は，座標系速度 ω_γ に依存することなく，成立している．換言するならば，図 10.6 に示した関係は，高周波電流 $\boldsymbol{i}_{1h}$，$\boldsymbol{i}_{hp}$，$\boldsymbol{i}_{hn}$ の振幅が座標系速度に依存して変化することを付加するならば，一定真円形高周波電圧印加法においても成立する．主要特性の速度独立性により，高周波電流 $\boldsymbol{i}_{1h}, \boldsymbol{i}_{hp}, \boldsymbol{i}_{hn}$ の振幅が急速に変化するような加減速駆動を除けば，一定真円形高周波電圧印加法においても，応速真円形高周波電圧印加法同様，広い速度領域において安定な位相推定が可能である．

(10.41)式は，一定真円形高周波電圧に対する応答高周波電流を**正相逆相表現**したものである．同高周波電流の**軸要素表現**も可能である．これは，次式で与えられる．

【一定真円形高周波電圧に対する応答高周波電流（軸要素表現）】

$$\boldsymbol{i}_{1h} = \frac{V_h}{(\omega_h+\omega_\gamma)L_dL_q}\begin{bmatrix} L_i-L_m\cos 2\theta_\gamma & L_m\sin 2\theta_\gamma \\ -L_m\sin 2\theta_\gamma & -(L_i+L_m\cos 2\theta_\gamma)\end{bmatrix}\begin{bmatrix}\sin\omega_h t \\ \cos\omega_h t\end{bmatrix}$$

$$= \begin{bmatrix} c_\gamma & s_\gamma \\ s_\delta & c_\delta \end{bmatrix}\boldsymbol{u}_n(\omega_h t) \tag{10.42a}$$

$$\left.\begin{aligned} c_\gamma &= \frac{V_h}{(\omega_h+\omega_\gamma)L_dL_q}(L_i-L_m\cos 2\theta_\gamma) \\ s_\gamma &= \frac{V_h}{(\omega_h+\omega_\gamma)L_dL_q}L_m\sin 2\theta_\gamma \\ s_\delta &= \frac{V_h}{(\omega_h+\omega_\gamma)L_dL_q}(-L_m\sin 2\theta_\gamma) \\ c_\delta &= \frac{V_h}{(\omega_h+\omega_\gamma)L_dL_q}(-(L_i+L_m\cos 2\theta_\gamma)) \end{aligned}\right\} \tag{10.42b}$$

■

正相逆相表現の(10.41)式は，高調波電流の逆相成分のみが回転子位相情報を有することを示している．また，正相逆相表現の(10.41)式，軸要素表現の(10.42)式は，ともに，「回転子位相情報は，**高周波電流振幅**にのみ含まれている」ことを明瞭に示している．

Q10.3 **「高周波電圧を $\alpha\beta$ 固定座標系上で印加する場合には，(10.29)式の応速真円形と(10.39)式の一定真円形とは同一」と理解してよいのですね．**

Ans. (10.29)式における ω_γ は，高周波電圧が印加される座標系の速度です．$\alpha\beta$ 固定座標系の座標系速度は $\omega_\gamma=0$ ですので，理解のとおりといえます．なお，$\gamma\delta$ 準同期座標系上で印加する場合にも，対象速度領域を，ゼロ速度を含む微速域に限定するならば，応速真円形と一定真円形との実質的な違いはありません．

Q10.4 **高周波電圧印加の座標系は，実際的には，$\alpha\beta$ 固定座標系，$\gamma\delta$ 準同期座標系のいずれかと思われますが，いずれの座標系が適切なのですか．**

Ans. 高周波電圧印加の座標系は，質問のように，$\alpha\beta$ 固定座標系，$\gamma\delta$ 準同期座標系のいずれかとなります．座標系選択に関する主要考慮事項は，回転子位相情報を有する高周波電流の検出容易さです．検出が容易な場合には，これらをすべてソフトウェアで遂行することが可能ですが，困難な場合には，専用ハードウェア（場合によっては高級・複雑なもの）が必要とされます．

高周波電流検出の観点からは，一定高周波数と駆動用電流の（可変）基本周波数との周波数差を大きくすることが大切です．この観点からは，「一定高周波数を可能な限り向上させることが肝要であり，さらには，$\gamma\delta$ 準同期座標系上での高周波電圧印加と高周波電流の検出が好ましい」といえます．$\gamma\delta$ 準同期座標系上では，駆動用信号の基本周波数はおおむねゼロですので，本座標系上で印加・検出するようにすれば，高周波数がそのまま周波数差となります．一方，$\alpha\beta$ 固定座標系上で一定周波数の高周波電圧を印加する場合には，PMSM の速度向上に応じて，周波数差が小さくなり，ひいては高周波電流の適切な検出が困難になります．もっとも，一定高周波数が，駆動用電流の周波数に比較し十二分に高ければ問題ありません．

しかし，高周波電圧の印加と高周波電流の検出とを，通常の駆動制御系上でソフトウェアのみで遂行する場合には，利用可能な一定高周波数は，以下の理由により上限があります．

(a)　**制御周期**の影響

(b)　電力変換器の**デッドタイム**(dead time)の影響

例えば，(a)項に関しては，著者の経験則ですが，制御周期を T_s とするならば，次の制約があります．

$$\omega_h \leq \frac{\pi}{10\,T_s}$$

制御周期を $T_s = 0.000\,1$〔s〕とする場合には，ω_h の一応の上限は 3 000〔rad/s〕

$=500$〔Hz〕となります．印加高周波電圧の振幅 V_h にも依存しますが，電力変換器のデッドタイムが大きい場合には，この上限をさらに下げることもあります．

10.4　センサレスベクトル制御系の構成

〔1〕全系の構成

変調のための印加高周波電圧として**真円形高周波電圧**を採用し，高周波電流を処理して回転子位相推定値を得る復調法として**鏡相推定法**を採用した，センサレスベクトル制御系の具体的な構成を例示する．**図 10.7** はこの一例である．本センサレスベクトル制御系と位置・速度センサを利用した通常のベクトル制御系との基本的な違いは，**バンドストップフィルタ** $F_{bs}(s)$，および dq 同期座標系への収束を目指した $\gamma\delta$ 準同期座標系上の電流情報から回転子の位相と電気速度とを推定する**位相速度推定器**（phase-speed estimator）の有無にあり，他は同一である．

固定子電流には，トルク発生に寄与する駆動用成分に加え，回転子位相推定のための高周波成分が含まれている．バンドストップフィルタ $F_{bs}(s)$ は，高周波成分の電流制御器への混入を防止するためのものであり，その中心周波数は一定高周波数 ω_h に設定されている．一定高周波数 ω_h が電流制御帯域幅の外部に存在する場合は，本バンドストップフィルタは，撤去できる．この点を考慮し，図 10.7 では，本フィルタのブロックを破線で示している．

位相速度推定器の出力信号の 1 つである電気速度推定値 $\widehat{\omega}_{2n}$ は，極対数 N_p で除されて機械速度推定値 $\widehat{\omega}_{2m}$ へ変換後，速度制御器にも送られている．機械速度推定値は速度制御を遂行するためのものであり，当然のことながら，トルク制

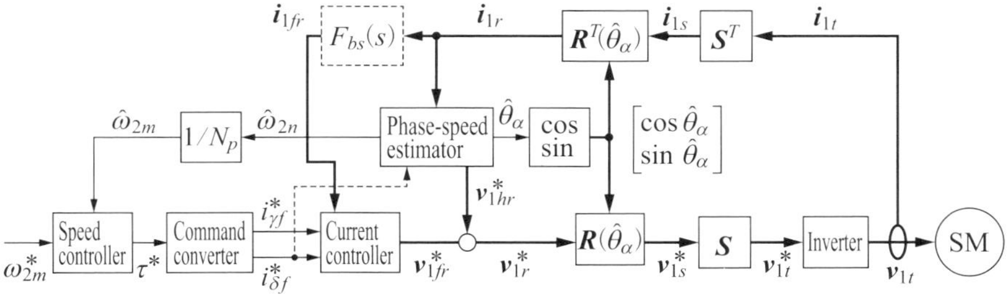

図 10.7　センサレスベクトル制御系の一構成例

御には，本機械速度推定値は必要ない．

図 10.7 のベクトル制御系において，センサレス駆動上最重要な機器は，位相速度推定器である．

〔2〕バンドストップフィルタ

破線ブロックで示したバンドストップフィルタが必要な場合には，フィードバック系内での使用を想定して開発された**新中ノッチフィルタ**を利用すればよい．新中ノッチフィルタに関しては，1.8.1 項を参照されたい．

〔3〕位相速度推定器の構成

位相速度推定器は，回転子の位相・速度の推定値，高周波電圧指令値の生成機能を担っている．すなわち，$\gamma\delta$ **準同期座標系**上の固定子電流検出値 $\boldsymbol{i}_1$ を入力信号として受け，ベクトル回転器のための回転子位相推定値（$\alpha\beta$ **固定座標系**の α 軸からみた $\gamma\delta$ 準同期座標系の位相）$\hat{\theta}_\alpha$，回転子の電気速度推定値 $\hat{\omega}_{2n}$，および真円形高周波電圧指令値 $\boldsymbol{v}_{1h}^*$ の 3 信号を出力している．本器の構成の一例を**図 10.8**(a)に示した．位相速度推定器を構成する主要機器は，**相関信号生成器**（correlation signal generator），**位相同期器**（phase synchronizer），**ローパスフィルタ**（low-pass filter），および**高周波電圧指令器**（high-frequency voltage commander, **HFVC**）である．他に，補助機器として，**直流成分除去フィルタ**（dc elimination filter）/**バンドパスフィルタ**（band-pass filter），**位相補正**のための補正値 $\Delta\theta_c$ を生成する**位相補正器**（phase compensator）を使用している．

〔4〕相関信号生成器（楕円鏡相推定器）

図 10.8(a)における**相関信号生成器**は，図 10.5 の**楕円鏡相推定器**そのものである．図 10.8(a)では，より広い概念に立脚した名称「相関信号生成器」を用いた．以降は，本器を相関信号生成器（楕円鏡相推定器）と表現する．

相関信号生成器（楕円鏡相推定器）は**鏡相推定法**に基づき構成されており，その具体的構造は図 10.5(a)と同一である．図 10.5(a)の楕円鏡相推定器は，楕円軌跡を描く入力信号 $\boldsymbol{x}$ を処理して，この正相成分 $\boldsymbol{x}_p$，逆相成分 $\boldsymbol{x}_n$ を得て，**楕円長軸位相**の推定値 $\hat{\theta}_{\gamma e}$ を出力している．一方，図 10.8(a)の相関信号生成器（楕円鏡相推定器）は，高周波成分を含む固定子電流 $\boldsymbol{i}_1$ そのものを入力信号として得て，これを**相成分抽出フィルタ**（extracting filter）で処理して高周波電流の正

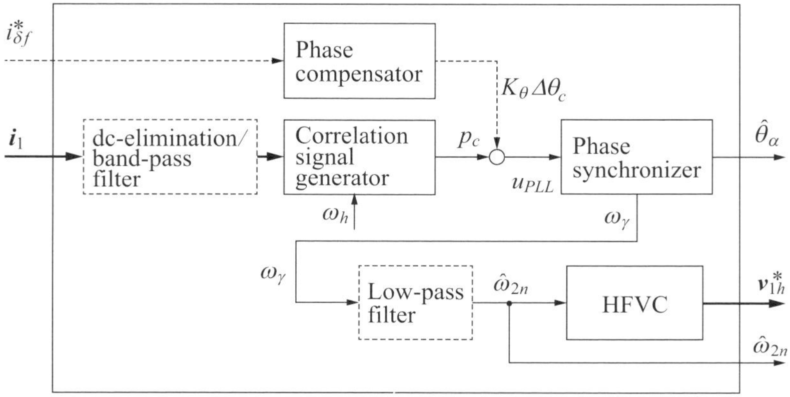

（a）入力端フィルタを利用した構造

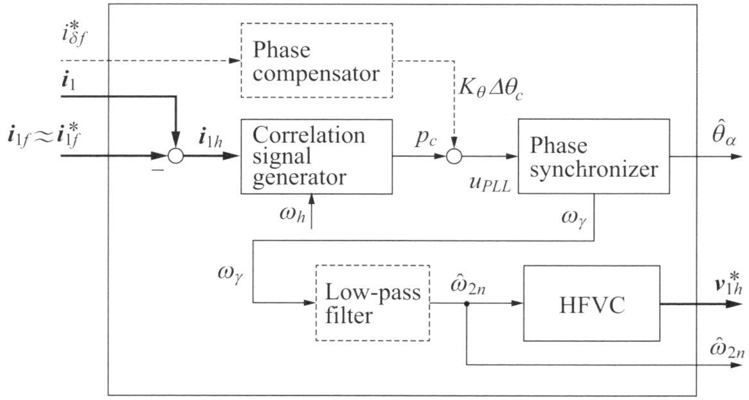

（b）入力端フィルタを排した構造

図 10.8　位相速度推定器の基本構造

相成分（同相電流）$\boldsymbol{i}_{hp}$ と逆相成分（鏡相電流）$\boldsymbol{i}_{hn}$ を**直接抽出**している．すなわち，高周波電流 $\boldsymbol{i}_{1h}$ は抽出していない．「図 10.8(a)の相関信号生成器（楕円鏡相推定器）は高周波電流 $\boldsymbol{i}_{1h}$ 自体の抽出過程を有しない」点には，特に注意されたい．抽出された正相成分 $\boldsymbol{i}_{hp}$ と逆相成分 $\boldsymbol{i}_{hn}$ は**鏡相検出器**（mirror-phase detector）へ送られる（図 10.5 参照）．鏡相検出器は，これらを処理して高周波電流 $\boldsymbol{i}_{1h}$ の楕円長軸位相の推定値 $\hat{\theta}_{\gamma e}$ を生成出力している．図 10.8(a)では，長軸位相推定値 p_c を，より広い概念に立脚した名称「**正相関信号**」で再呼称している．当然のことながら，$p_c \equiv \hat{\theta}_{\gamma e}$ である．

長軸位相推定値 $\hat{\theta}_{\gamma e}$ は，(10.38)式が明示しているように，同時に回転子位相推定値 $\hat{\theta}_\gamma$ でもある．

高周波電流 $\boldsymbol{i}_{1h}$ を抽出しない相関信号生成器（楕円鏡相推定器）は，当然のことながら，回転子位相情報を直接的に含有する**高周波電流振幅**((10.31)，(10.38)，(10.41)，(10.42)式参照)も抽出しない．本特徴こそが，高周波電流相関法（表Ⅲ.1の第2列）を代表する鏡相推定法の特筆すべき特長である．

〔5〕位相同期器

位相同期器の役割は，入力信号 u_{PLL} を用いて $\gamma\delta$ 準同期座標系の位相 $\hat{\theta}_\alpha$ と速度 ω_γ を決定し出力することである．位相同期器は，**一般化積分形 PLL 法**に基づき構成されており，その具体的構造は図1.8のとおりである．

高周波電圧印加法における位相同期器は，**駆動用電圧電流利用法**に用いた位相同期器と同一である．

〔6〕ローパスフィルタ

ローパスフィルタの目的は，$\gamma\delta$ 準同期座標系の速度に含まれ得る高調波成分を除去し，回転子の電気速度推定値 $\widehat{\omega}_{2n}$ を生成することである．フィルタ次数は，通常は1次でよい．位相同期器によって構成されるPLLの帯域幅が不用意に大きくなければ，一般に，本フィルタは省略可能である．この場合には，$\widehat{\omega}_{2n} = \omega_\gamma$ となる．この点を考慮し，図10.8(a)では，本ローパスフィルタは破線ブロックで表示している．

〔7〕高周波電圧指令器

高周波電圧指令器（**HFVC**）は，ローパスフィルタから電気速度推定値 $\widehat{\omega}_{2n}$ を受け取り，(10.29)式に基づき，応速高周波電圧指令値 $\boldsymbol{v}_{1h}^*$ を以下のように生成している．

$$\boldsymbol{v}_{1h}^* = V_h\left(1 + \frac{\widehat{\omega}_{2n}}{\omega_h}\right)\begin{bmatrix}\cos\omega_h t \\ \sin\omega_h t\end{bmatrix} \qquad \begin{matrix} V_h = \mathrm{const} \\ \omega_h = \mathrm{const}\end{matrix} \tag{10.43}$$

すなわち，実際的には，高調波成分を含む可能性のある $\gamma\delta$ 準同期座標系の速度 ω_γ に代わって，これを排除した電気速度推定値 $\widehat{\omega}_{2n}$ を利用して，応速高周波電圧指令値を生成している．

(10.29)式に代わって(10.39)式に基づき，一定高周波電圧指令値 $\boldsymbol{v}_{1h}^*$ を生成する場合には，このような速度情報は必要ない．すなわち，次式に従い，高周波電圧指令値を生成することになる．

$$\boldsymbol{v}_{1h}^* = V_h \begin{bmatrix} \cos\omega_h t \\ \sin\omega_h t \end{bmatrix} \qquad \begin{array}{l} V_h = \mathrm{const} \\ \omega_h = \mathrm{const} \end{array} \tag{10.44}$$

〔8〕**直流成分除去フィルタ/バンドパスフィルタ**

直流成分除去フィルタ/バンドパスフィルタの役割は，固定子電流 $\boldsymbol{i}_1$ に含まれる直流成分（駆動用成分）を除去することにある．本直流成分は，2 連の D 因子フィルタで構成されている相成分抽出フィルタでも除去可能である．D 因子フィルタの次数が低い場合には，十分な直流成分の除去ができないこともある．このような場合には，補助的に直流成分除去フィルタまたはバンドパスフィルタを前置し，直流成分の除去を行うことになる．なお，ここでのバンドパスフィルタの第一義的目的は，その低速域特性を利用した直流成分除去にある．第二義的目的が高周波電流の抽出である．

図 10.8(a)では，必要性の度合いを考慮し，本器を破線ブロックで示している．

〔9〕**位相補正器**

文献(10.19)に指摘されているように，高周波電圧を印加する場合には，磁気飽和，dq 軸間干渉等の影響により，突極位相が回転子位相に対して変位することがある．このときの変位量は，印加高周波電圧の形状，回転子の形状，固定子電流等に依存し，一様ではない．

図 10.8(a)に明示しているように，位相同期器への入力信号 u_{PLL} は，基本的には，相関信号生成器（楕円鏡相推定器）の出力である正相関信号（楕円長軸位相推定値）$p_c \equiv \hat{\theta}_{\gamma e}$ である．このときの正相関信号は上記の位相変位を示す（(10.37)式参照）．すなわち，次式のような位相誤差 $\Delta\theta_e$ をもつ．

$$\begin{aligned} p_c &= \hat{\theta}_{\gamma e} \\ &= K_\theta \hat{\theta}_\gamma = K_\theta(\theta_\gamma + \Delta\theta_e) \qquad K_\theta = 1 \end{aligned} \tag{10.45}$$

なお，以降では，(10.45)式における K_θ を**正相関ゲイン**と呼称する．

この補正には，(1.24)，(1.26)式に従い，**正相関信号**(楕円長軸位相推定値) p_c に**位相補正値** $K_\theta \Delta\theta_c$ を加算し，入力信号 u_{PLL} を合成すればよい（1.5 節参照）．すなわち，

$$
\left.\begin{aligned}
u_{PLL} &= p_c + K_\theta \Delta\theta_c \\
&= K_\theta(\hat{\theta}_\gamma + \Delta\theta_c) = K_\theta(\theta_\gamma + \Delta\theta_e + \Delta\theta_c) \\
&\approx K_\theta \theta_\gamma \\
\Delta\theta_c &\approx -\Delta\theta_e
\end{aligned}\right\} \tag{10.46a}
$$

著者の経験によれば，次式に従い位相補正値 $\Delta\theta_c$ を合成する場合には，良好な**位相補正**効果を得られる．

$$
\Delta\theta_c \approx -K_c i_{\delta f} \approx -K_c i^*_{\delta f} \qquad K_c \geq 0 \tag{10.46b}
$$

ここに，$i_{\delta f}$, $i^*_{\delta f}$ は，おのおの，固定子電流の基本波成分（fundamental component）を構成する δ 軸要素（q 軸要素），同指令値である．**位相補正パラメータ** K_c は，可変，一定のいずれでもよい．

図 10.8(a)の位相補正器は，(10.46)式に示した補正値 $K_\theta \Delta\theta_c$ を生成する役割を担っている．同図では，位相補正器の必要性の度合いを考慮し，同ブロックは破線で示した．

図 10.7 のセンサレスベクトル制御系において，**バンドストップフィルタ** $F_{bs}(s)$ の設置を前提とする場合には，図 10.8(a)の位相速度推定器は，図 10.8(b)のように変更することができる．すなわち，相関信号生成器（楕円鏡相推定器）に前置した直流成分除去フィルタ/バンドパスフィルタを完全撤去できる．この場合，相関信号生成器（楕円鏡相推定器）への入力は，固定子電流 $\boldsymbol{i}_{1r}$ と駆動用電流の基本波成分 $\boldsymbol{i}_{1f}$ との差信号 $[\boldsymbol{i}_1 - \boldsymbol{i}_{1f}]$ となる．換言するならば，高周波電流とノイズ等からなる成分となる．差信号は，高周波電流のみならず，ノイズ等を含有している点には，注意を要する．駆動用電流の基本波成分 $\boldsymbol{i}_{1f}$ は，同指令値 $\boldsymbol{i}^*_{1f}$ で置換することも可能である．

10.5　実験結果

10.5.1　実験システムの構成と設計パラメータの概要

〔1〕実験システムの構成

変調法として真円形高周波電圧印加法を，復調法として代表的な高周波電流相関法である鏡相推定法を利用したセンサレスベクトル制御系の動作特性を確認すべく実験を行った．実験システムの概観は，図 2.11 のとおりである．すなわち，本実験のためのシステムは，これまでの実験システムと同一である．また，電力変換器は，センサとしては2個のAC電流センサ，1個のDC電圧センサのみを使用した構成となっている．供試PMSMもこれまでのものと同一である（表2.1参照）．このため，これらの説明は省略する．

〔2〕設計パラメータの概要

位相速度推定器の構成要素を中心に，設計パラメータの具体的値を以下に示す．

(a)　**高周波電圧指令器**には，一定振幅の(10.44)式のものを利用した（応速振幅ではなく一定振幅を利用したのは，技術開発史上の理由による）．この設計パラメータは以下のように定めた．

$$\omega_h = 2\pi\cdot 400〔\mathrm{rad/s}〕,\quad V_{1h} = 23〔\mathrm{V}〕 \tag{10.47}$$

(b)　**相関信号生成器**（**楕円鏡相推定器**）の第1構成要素である**相成分抽出フィルタ**の設計は，D因子フィルタの設計に他ならない．まず，1入出力2次ローパスフィルタ $F(s)$ を次式のように設計した．

$$\left.\begin{aligned} F(s) &= \frac{a_0}{s^2+a_1 s+a_0} \\ a_1 &= 2\cdot 150 = 300,\ a_0 = 150^2 = 22\,500 \end{aligned}\right\} \tag{10.48}$$

本ローパスフィルタの帯域幅はおおむね $0.65\cdot 150 \approx 100$〔rad/s〕であり（姉妹本・文献10.22）7.2.3項参照），減衰特性は-40〔dB/dec〕である．本フィルタの係数を用いてD因子フィルタを構成した．したがって，D因子フィルタによる通過帯域幅は約200〔rad/s〕となり，減衰特性は-40〔dB/dec〕が維持される（姉妹本・文献10.22）9.3節参照）．相関信号生成器（楕円鏡相推定器）の第2構成要素である**鏡相検出器**は，(10.20)式に基づき構成した．

(c)　**一般化積分形PLL法**に基づき構成された**位相同期器**の構造は，図1.8のとおりである．本構造における**位相制御器** $C(s)$ は下の(10.49)式の1次とし，位相制御器 $C(s)$ に対応した安定なローパスフィルタ $F_C(s)$ が150〔rad/s〕の帯域幅をもつように，本係数を設計した（(1.7)式，**位相制御器定理**（定理1.1）参照）．すなわち，

$$\left.\begin{aligned} C(s) &= \frac{f_{d1}s+f_{d0}}{s} \\ f_{d1} &= 2\cdot 75 = 150,\ f_{d0} = 75^2 = 5\,625 \end{aligned}\right\} \tag{10.49}$$

(d)　位相同期器と高周波電圧指令器との間にある**ローパスフィルタ**は，一定

真円形高周波電圧指令器を採用した関係上不要となったので，撤去した．

(e)　**直流成分除去フィルタ/バンドパスフィルタ**としては，1.8.3 項(1.73)式のアナログ直流成分除去フィルタを離散時間化して使用した．この際，**制御周期** 125〔μs〕に対し，周波数 $\omega_h = 2\pi \cdot 400$〔rad/s〕における離散化後のフィルタ伝達特性が実質的に「1」であることを確認した．

(f)　供試 PMSM に対する事前実験結果を参考に，微小ながらも位相補正を行うものとし，次の**位相補正パラメータ**を使用した．

$$K_c = 0.062 \tag{10.50}$$

本値は，実験的に定めた．

(g)　**電流制御系**は，制御周期 125〔μs〕を考慮の上，**帯域幅** 2 000〔rad/s〕が得られるよう設計した．これに応じ，**バンドストップフィルタ**は必須ではなくなったが，(1.58)式の 2 次**新中ノッチフィルタ**を一応用意した．

(h)　トルク指令値 τ^* の電流指令値 $\boldsymbol{i}_{1f}^*$ への変換を担う**指令変換器**（command converter）は，回転子突極（N 極）の位相推定値の検証が行いやすいように，次式に従い構成した．

$$\boldsymbol{i}_{1f}^* = \begin{bmatrix} 0 \\ \dfrac{1}{N_p \Phi} \tau^* \end{bmatrix} \tag{10.51}$$

(i)　**速度制御系**は，供試 PMSM の約 53 倍にも及ぶ負荷装置の巨大な慣性モーメントを考慮し，**帯域幅** 2〔rad/s〕が得られるよう設計した．

図 10.7 に示したセンサレスベクトル制御系において，3/2 **相変換器** $\boldsymbol{S}^T$ から 2/3 相変換器 $\boldsymbol{S}$ に至るすべての機能は，単一の DSP（TMS320C32-50 MHz）を用いソフトウェア的に実現した．

10.5.2　速度制御

図 10.7 の構成において，センサレスベクトル制御の重要な性能である，微速域での速度制御性能を検証した．以下，特色的な動作点を中心に，波形データを用い検証結果を示す．

〔1〕 超微速度駆動時の定常応答

(a) 力行定格負荷

力行定格負荷の下で，定格速度比で約 1/1 800 に相当する約 0.1〔rad/s〕の超微速度指令値を与えた場合の応答を**図 10.9** に示す．図 10.9(a)は，上から，u 相電流，回転子機械速度（エンコーダ検出値），回転子位相の真値と同推定値を示している．時間軸は 2〔s/div〕である．u 相電流からは，駆動用電流に重畳された高周波電流が明瞭に確認される．エンコーダにより検出した速度がスパイク状の突出を示しているが，これは超微速度駆動におけるエンコーダパルスの離散的入力に起因している．回転子位相がほぼ直線的に変位していることより明白なように，回転子はおおむね一定速度すなわち約 0.1〔rad/s〕で回転を持続している．

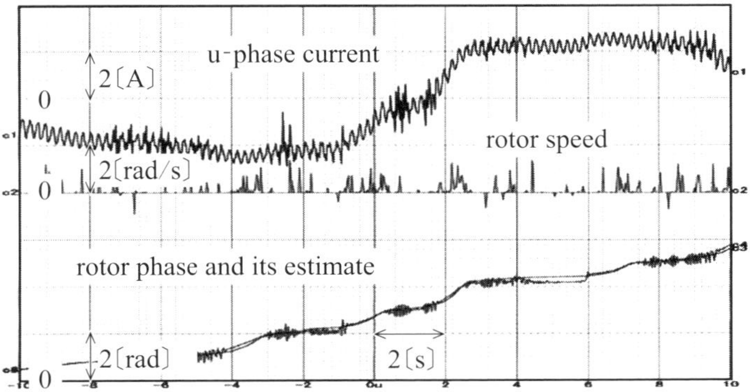

(a) 回転子位相の推定値等

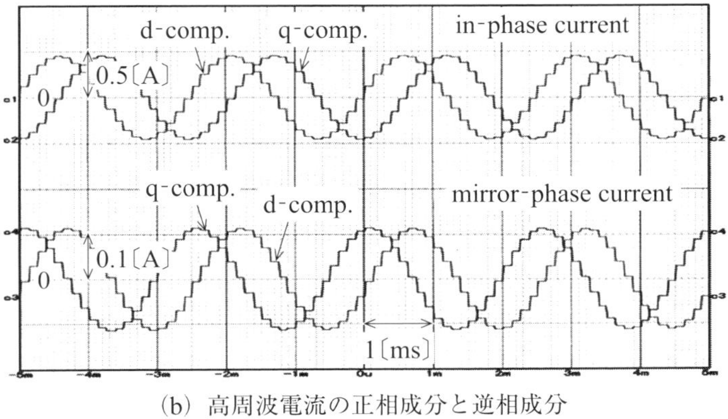

(b) 高周波電流の正相成分と逆相成分

図 10.9 力行定格負荷下における超微速度駆動（0.1〔rad/s〕）の応答例

図10.9(b)は，図(a)と同一条件下で（すなわち，位相同期器による位相ロック完了後の），相成分抽出フィルタにより分離・抽出された高周波電流正相成分（**同相電流**）と高周波電流逆相成分（**鏡相電流**）の様子である．上段が同相電流を，下段が鏡相電流を示している．時間軸は1〔ms/div〕である．両高周波電流においては，d軸（同期状態のγ軸）要素が同相状態にある反面，q軸（同期状態のδ軸）要素が逆相状態にあり，鏡相関係が明瞭に確認される．

同相電流，鏡相電流に見られる階段形状は，制御周期125〔μs〕に対応している．u相電流に含まれる高周波成分は，図10.9(a)が示しているように一様ではないが，分離・抽出された同相電流と鏡相電流は，限界的な制御周期にもかかわらず，理想的ともいえる正弦形状を維持している．本正弦形状が，回転子位相推定値の高い推定精度に寄与している．

図10.9(b)の応答より，(a)楕円鏡相定理の正当性，(b)2連のD因子フィルタにより構成された相成分抽出フィルタの波形整形能力，なども確認される．

(b)　回生定格負荷

回生定格負荷を用いて，同様な実験を行った．実験条件は，定格負荷の力行・回生の違いを除けば，図10.9の実験条件と同一である．実験結果を**図10.10**に示す．図(a),(b)の波形の意味は，図10.9と同一である．

固定子電流の駆動用基本波成分の位相に関して，回転子位相に対する相対的関係が，力行・回生に応じて，反転している点を確認されたい．一方，同相電流と鏡相電流の関係は，力行・回生にかかわらず，同一である．

〔2〕微速度駆動時の定常応答

(a)　力行定格負荷

力行定格負荷の下で，定格速度比で約1/350に相当する約0.5〔rad/s〕の微速度指令値を与えた場合の応答を**図10.11**に示す．図中の波形の意味は，図10.9，図10.12と同様である．ただし，時間軸は1〔s/div〕である．図10.9と同様，回転子位相が適切に推定されていることが確認される．適切な位相推定に加え，高周波電流が重畳したu相電流と回転子位相の関係より，印加定格負荷に対して速度制御が維持されていることがわかる．

図10.11(a)より観察されるように，位相推定値は1周期につき6回の割合で比較的大きな推定誤差を生じている．2回の発生箇所はu相電流のゼロクロスと

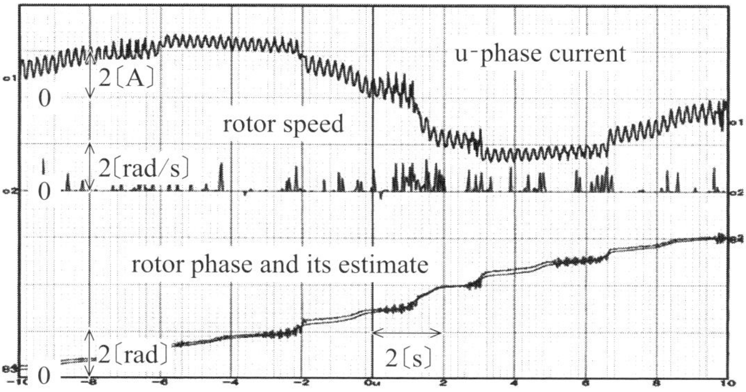

(a) 回転子位相の推定値等

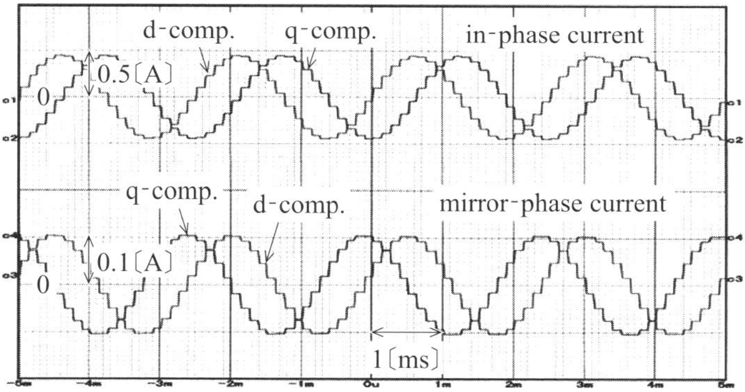

(b) 高周波電流の正相成分と逆相成分

図 10.10　回生定格負荷下における超微速度駆動（0.1〔rad/s〕）の応答例

一致しており，6 回の発生箇所は u，v，w 相電流のゼロクロスに一致している．これら比較的大きな推定誤差は，電力変換器の**デッドタイム**に起因している．なお，本実験システムにおいては，**デッドタイム補償**は行っていない．

(b)　回生定格負荷

回生定格負荷を用いて，同様な実験を行った．実験条件は，定格負荷の力行・回生の違いを除けば，図 10.11 の実験条件と同一である．実験結果を**図 10.12** に示す．図 10.12(a)，(b)の波形の意味は，図 10.9～図 10.11 と同一である．

鏡相推定法においては，理論上は，力行と回生との間では位相推定上の相違はない．図 10.11 と図 10.12 との比較より，本事実が確認される．

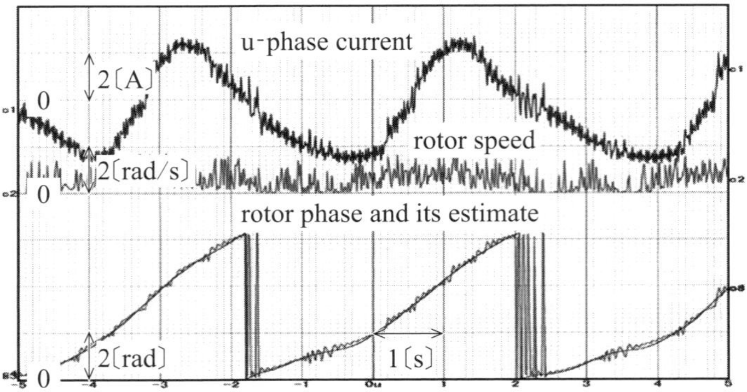

(a) 回転子位相の推定値等

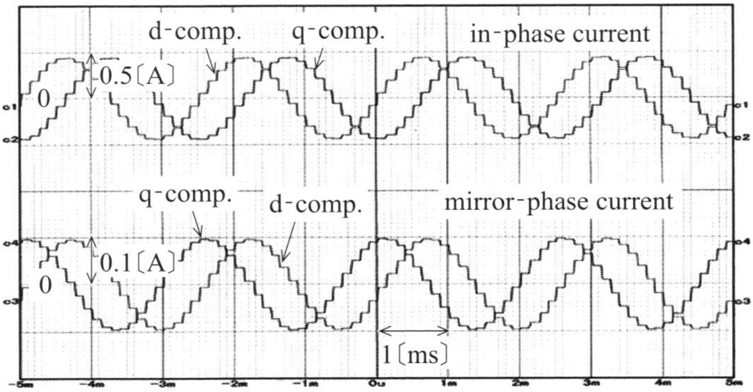

(b) 高周波電流の正相成分と逆相成分

図 10.11　力行定格負荷下における微速度駆動（0.5〔rad/s〕）の応答例

〔3〕定格速度駆動時の定常応答

(a)　力行定格負荷

10.3.3 項では，「一定真円形高周波電圧印加法においても，広い速度領域において安定な位相推定が可能である」ことを明らかにした．本解析結果を確認するための実験を行った．

力行定格負荷の下で，定格速度指令値 180〔rad/s〕を与えた場合の応答を**図 10.13** に示す．図中の波形の意味は，図 10.9～図 10.14 と同様である．ただし，時間軸は 5〔ms/div〕である．図 10.13(a)の応答においては，u 相電流が著しい波形歪みを起こしているように見えるが，事実はそうではない．固定子電流は，図 10.9～図 10.14 の場合と同様に，駆動用基本波成分に一定高周波数の成分が

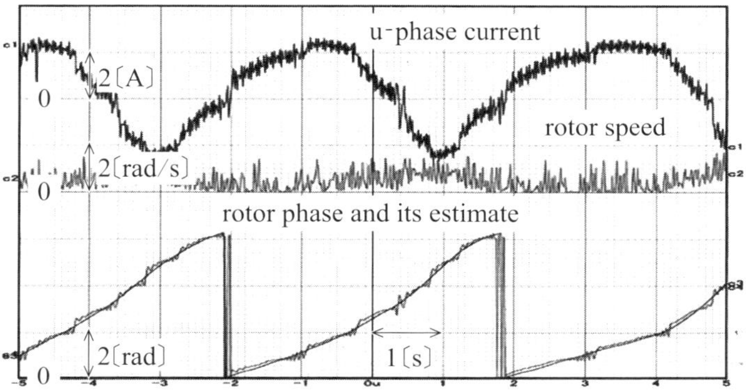

（a）回転子位相の推定値等

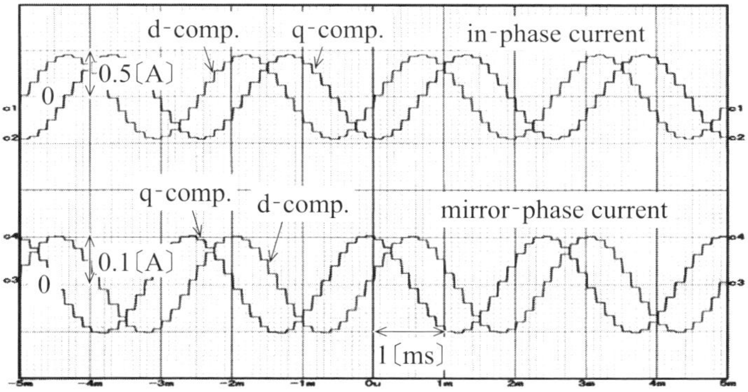

（b）高周波電流の正相成分と逆相成分

図 10.12　回生定格負荷下における微速度駆動（0.5〔rad/s〕）の応答例

重畳したものとなっている．ただし，本例では，次式に示すように，駆動用基本周波数が一定高周波数に接近しているために，固定子電流波形は波形歪みを起こしているように見えるに過ぎない．

$$\frac{\widehat{\omega}_{2n}}{\omega_h} = \frac{3\cdot 180}{2\pi\cdot 400} \approx 0.21 \tag{10.52}$$

図より明らかなように，定格速度にもかかわらず，回転子位相の推定値は，同真値との差が視認困難なほど，高い一致性を示している．電力変換器のデッドタイムの影響は速度向上に応じて小さくなる．図 10.13(a)の位相推定値においては，これを裏付けるように，スムーズな位相推定が達成されている．適切な位相推定に加え，高周波電流が重畳した u 相電流と回転子位相の関係より，印加定

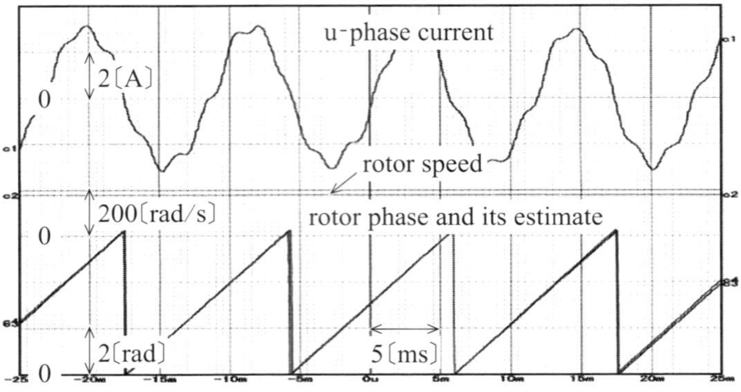

（a） 回転子位相の推定値等

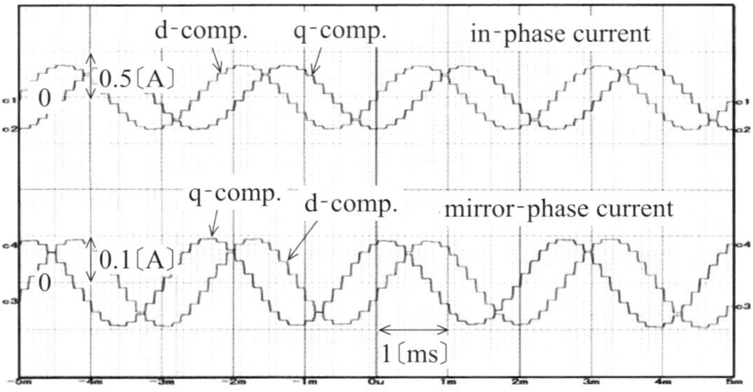

（b） 高周波電流の正相成分と逆相成分

図 10.13　力行定格負荷下における定格速度駆動（180〔rad/s〕）の応答例

格負荷に対して速度制御が維持されていることがわかる．

図 10.13（b）に示した同相電流，鏡相電流の応答も良好である．ただし，これらの振幅は，微速度駆動の場合に比較し，縮小している．本事実は，（10.41）式に示した解析結果と整合している．

（b）　回生定格負荷

回生定格負荷を用いて，同様な実験を行った．実験条件は，定格負荷の力行・回生の違いを除けば，図 10.13 の実験条件と同一である．実験結果を**図 10.14** に示す．図 10.14（a），（b）の波形の意味は，図 10.9～図 10.15 と同一である．力行の場合と同様な良好な応答が確認される．

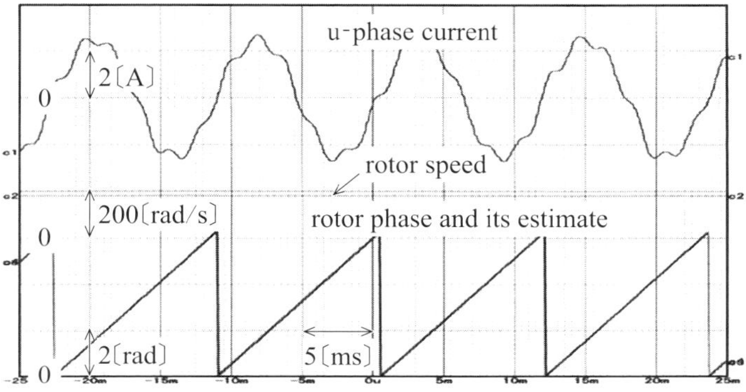

(a) 回転子位相の推定値等

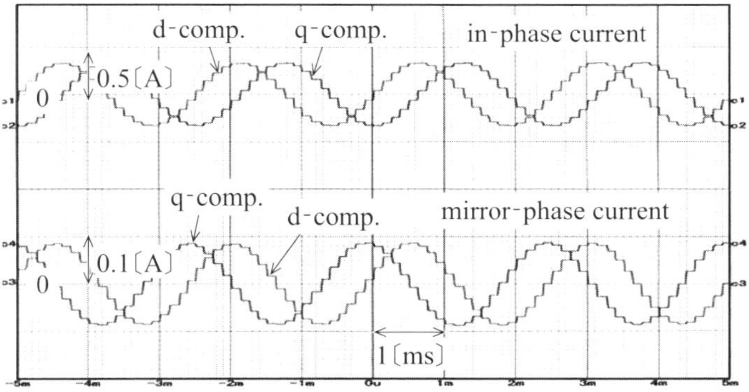

(b) 高周波電流の正相成分と逆相成分

図 10.14 回生定格負荷下における定格速度駆動（180〔rad/s〕）の応答例

〔4〕 ゼロ速度での負荷の瞬時印加・除去特性

ゼロ速度で安定に制御がなされているか否かの最良の検証方法の 1 つは，定格負荷の瞬時印加および除去に対する安定制御の可否である．**図 10.15**(a)は，この観点から，ゼロ速度指令値の速度制御状態で定格負荷を瞬時に印加し，負荷外乱抑圧に関する過渡応答を調べたものである．図中の信号は，上部から，速度指令値，同応答値，u 相電流を示している．時間軸は，2〔s/div〕である．図より，瞬時負荷に対しても安定したゼロ速度制御を維持し，かつこの影響を排除していることが理解される．

図 10.15(b)は，ゼロ速度制御の上，あらかじめ印加された定格負荷を瞬時除去したときの応答である．波形の意味は図(a)と同様である．安定な速度制御が

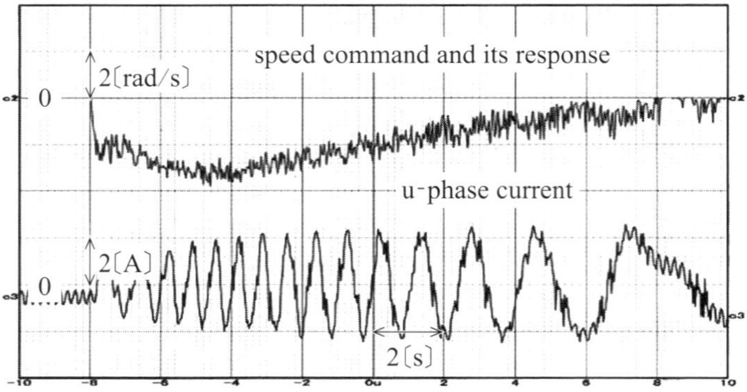

(a) 定格負荷の瞬時印加

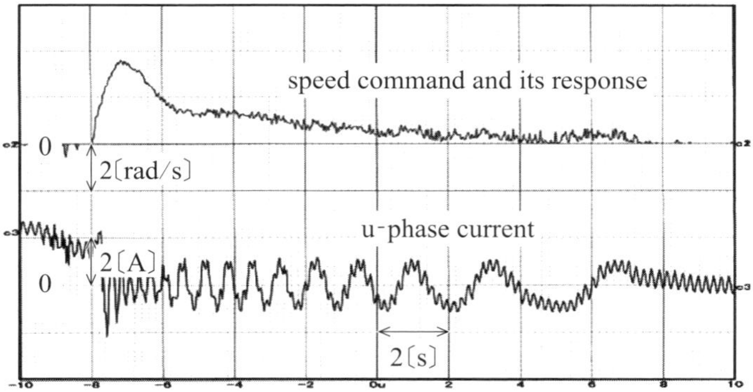

(b) 定格負荷の瞬時除去

図 10.15　ゼロ速度での定格負荷の瞬時印加除去特性
(負荷慣性モーメント比：1/53)

確認される．なお，ゼロ速度への回復が遅いが，これは供試 PMSM の約 53 倍にも及ぶ負荷装置慣性モーメントを考慮し，速度制御帯域幅を 2〔rad/s〕に設計したことに起因している．

10.5.3　トルク制御

センサレスベクトル制御で最も困難とされているのは，**ゼロ速度での高トルク発生**である．高周波電圧印加法による位相推定は，突極特性を利用しており，高トルクに見合った大きな駆動用電流を印加する場合には，これにより磁気飽和，軸間干渉が発生し，突極特性が低減あるいは乱れることになる．これまでの報告

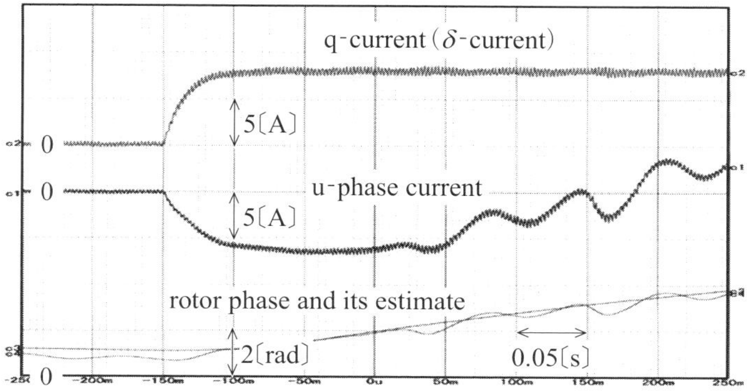

図 10.16　ゼロ速度近傍での 250％定格トルク発生の応答例

によれば，ゼロ速度を含む低速域では 150％定格以上のトルク発生は困難とされてきた．この点を踏まえ，この領域でのトルク発生試験を行った．

図 10.7 の制御系において，速度制御器を撤去し，制御系にトルク指令値を直接付与できるようにシステム変更後，トルク制御の試験を実施した．**図 10.16** は，負荷装置により供試 PMSM の速度をゼロ速度状態に保ち，供試 PMSM に **250％定格トルク**発生のトルク指令値を与えた場合の応答である．図中の信号は，上から，q 軸電流（δ 軸電流），u 相電流，回転子位相真値，同推定値を示している．電流軸は 5〔A/div〕に変更しているので注意されたい．時間軸は 0.05〔s/div〕である．約 10 倍の軸出力をもつ負荷装置の速度制御帯域幅が低いために，トルク指令印加直後に若干の回転子位相変動が見られるが，良好な回転子位相推定がなされ，ひいては所期のトルク発生が行われていることが確認される．

第 11 章
楕円形高周波電圧印加法

11.1 目的

高周波電圧印加法は，高周波電圧印加（変調）に対する高周波電流を処理して，これに含まれる回転子位相情報を抽出し，回転子位相推定値を得る（復調）ものである．高周波電流からの回転子位相情報の安定抽出には，高周波電流の**速度独立性**を確保する必要が，すなわち高周波電流の特性を速度いかんにかかわらず一様に保つ必要がある．高周波電流の速度独立性が確保された場合には，高速域においても，ゼロ速度を含む低速域と同様に，安定な位相推定が可能となる．

真円形高周波電圧印加法においては，高周波電流は空間的に**楕円軌跡**を描き，楕円長軸の位相が回転子位相と同一となった．本特性に限っては，応速振幅，一定振幅のいずれの高周波電圧に関しても，速度独立であった．また，楕円長軸位相を推定する**鏡相推定法**により，回転子位相推定が達成された．

高周波電流から回転子位相情報を簡易抽出するには，基本的には，高周波電流が描く空間的軌跡自体を単純化しなければならない．単純軌跡としては，**直線軌跡**が考えられる．本章では，このような高周波電流を発生する高周波電圧印加法について説明する．高周波電流に速度独立な直線軌跡を描かせるには，印加高周波電圧は応速振幅な楕円形状とする必要があり，以降では，本電圧印加法を**楕円形高周波電圧印加法**と呼称する．

本章は以下のように構成されている．次の 11.2 節では，まず，直線軌跡をもつ速度独立な高周波電流を発生するための印加高周波電圧（すなわち，**楕円形高周波電圧**）を系統的に導出する．次に，本高周波電流の挙動を，回転子位相推定の観点から，解析する．復調の目的は，応答高周波電流が含有する回転子位相情報を抽出し，回転子位相推定値を得ることにある．本目的を達成し得る復調法の合理的な構築には，任意速度における応答高周波電流の解析解が必須である．

11.3 節では，11.2 節での解析結果に基づき，楕円形高周波電圧印加法のための**復調法**すなわち正相関信号の生成法として，鏡相推定法（表Ⅲ.1 の **2-1 法**）が利用できることを明らかにする．さらには，簡単な正相関信号生成法として，高周波電流の 2 要素の商信号を利用した**高周波電流要素除法**（表Ⅲ.1 の **2-2 法**），高周波電流の 2 要素の積信号を利用した**高周波電流要素乗法**（表Ⅲ.1 の **2-2 法**）が構築されることを示す．

11.4 節では，高周波電流要素乗法のための**高周波積分形 PLL 法**を提案し，本 PLL 法が $\alpha\beta$ 固定座標系の α 軸から見た適切な位相推定値を安定的に生成するための，**高周波位相制御器**の設計法を説明する．

11.5 節では，変調に楕円形高周波電圧印加法を用い，復調に高周波電流要素乗法を用いた位相速度推定器を主機器とするセンサレスベクトル制御系を説明する．本位相速度推定器では，1.8.2 項で説明したバンドパスフィルタが使用される．

11.6 節では，11.5 節で説明したセンサレスベクトル制御系の性能を実験的に検証し，同制御系は以下の特徴・性能を有することを明らかにする．

(a) 位相速度推定器は簡単であり，この実現に要する演算負荷は軽い．

(b) 位相速度推定器による位相推定値は，電力変換器のデッドタイム（dead time）の影響を受けにくい．本位相速度推定器によれば，ゼロ速度領域における小慣性モーメント，軽負荷駆動時にも，適切な位相推定が可能である．

(c) 位相速度推定器は，ゼロ速度領域において，250% 定格という高トルク発生の場合にも利用可能である．

(d) 位相速度推定器は，力行あるいは回生の定格負荷の下で，ゼロ速度から定格速度まで利用可能である．

(e) 本位相速度推定器は，ゼロ速度領域において，定格負荷の瞬時変動がある場合にも利用可能である．

なお，本章の内容は，著者の原著論文と特許 11.1)～11.5) を再構成したものであることを断っておく．

11.2 変調のための楕円形高周波電圧印加法

本節では，**速度独立**な**直線軌跡**をもつ高周波電流を発生するための**楕円形高周波電圧**を導出し，楕円形高周波電圧の応答としての高周波電流の特性解析を行う．楕円形高周波電圧の導出は，**変調**のための楕円形高周波電圧指令値の生成に必須であり，高周波電流の特性解析は，**復調**のための**正相関信号**の生成法構築に必須である．

説明に先立って，用語の定義を行う．高周波電圧を印加する座標系上で評価した場合，正方向へ回転する二相高周波信号を**正相**，逆方向へ回転する二相高周波信号を**逆相**と呼称する．本呼称は，伝統的呼称である．これに対応して，印加座標系上で空間回転速度ゼロの二相高周波信号を，本書では，特に「**中相**（neutral phase）」と呼称する．本信号に対して，“pulsating”，“alternating”といった呼称を使う研究者もいるが，本呼称は「空間回転速度ゼロ」を表現できていない．また，本正弦信号に対する正式用語は，国内外学会，国際会議でも定まっていない．本書では，空間的回転の視点から，正相と逆相との中間にある空間回転速度ゼロの信号に対し，簡明な説明を期し，「中相」の呼称を使用する．

11.2.1　楕円形高周波電圧印加法の構築

高周波電圧 $\boldsymbol{v}_{1h}$，高周波磁束 $\boldsymbol{\phi}_{1h}$ の基本式である(10.25)～(10.28)式を考える．本式によれば，固定子高周波成分 $\boldsymbol{v}_{1h}$，$\boldsymbol{i}_{1h}$，$\boldsymbol{\phi}_{1h}$ に関し，次の**中相高周波磁束定理**が成立する．

《定理 11.1　中相高周波磁束定理》

(a)　高周波電圧 $\boldsymbol{v}_{1h}$ が，高周波スカラ信号 x に対して次の(11.1)式の関係をもつとき，高周波磁束 $\boldsymbol{\phi}_{1h}$ は**中相信号**となる．

$$\boldsymbol{v}_{1h} = \begin{bmatrix} sK_\gamma - \omega_\gamma K_\delta \\ \omega_\gamma K_\gamma + sK_\delta \end{bmatrix} x \tag{11.1a}$$

$$K_\gamma^2 + K_\delta^2 = 1 \tag{11.1b}$$

(b)　(11.1)式の高周波電圧 $\boldsymbol{v}_{1h}$ に対する高周波電流 $\boldsymbol{i}_{1h}$ は，次の(11.2)式となる．

$$\boldsymbol{i}_{1h} = \frac{1}{L_d L_q} \begin{bmatrix} (L_i - L_m \cos 2\theta_\gamma) K_\gamma + (-L_m \sin 2\theta_\gamma) K_\delta \\ (-L_m \sin 2\theta_\gamma) K_\gamma + (L_i + L_m \cos 2\theta_\gamma) K_\delta \end{bmatrix} x \tag{11.2}$$

〈証明〉

(a)　高周波磁束 $\boldsymbol{\phi}_{1h}$ の γ 軸，δ 軸の各2要素を $\boldsymbol{\phi}_{\gamma h}$, $\boldsymbol{\phi}_{\delta h}$ と表現する．高周波磁束 $\boldsymbol{\phi}_{1h}$ が中相信号であるためには，高周波スカラ信号 x に対して，次の(11.3)式の関係が成立しなければならない．

$$\boldsymbol{\phi}_{1h} = \begin{bmatrix} \phi_{\gamma h} \\ \phi_{\delta h} \end{bmatrix} = \begin{bmatrix} K_\gamma \\ K_\delta \end{bmatrix} x \tag{11.3}$$

(11.3)式を(10.25)式に用いると，(11.1a)式が得られる．

(b)　(11.3)式を(10.28)式に用いると，次の関係が得られる．

$$\boldsymbol{i}_{1h} = \frac{1}{L_i^2 - L_m^2}[L_i\boldsymbol{I} - L_m\boldsymbol{Q}(\theta_\gamma)]\begin{bmatrix} K_\gamma \\ K_\delta \end{bmatrix} x \tag{11.4}$$

上式は，(11.2)式を意味する．

■

中相高周波磁束定理（定理 11.1）の(11.2)式が明白に示しているように，中相高周波磁束に対応した高周波電流は同じく中相となる．ただし，中相高周波電流の位相は，対応の中相高周波磁束の位相と必ずしも同一ではない．両者間には回転子位相に応じた位相差が発生する．換言するならば，高周波電流は回転子位相情報を有し，ひいては，高周波電流の適切な処理を通じ，回転子位相推定に必須の**正相関信号**を生成できる．回転子位相推定のセンサレスベクトル制御への利用を考える場合，中相高周波磁束が採るべき位相の有力候補の1つは γ 軸方向である．これに関しては，次の **γ 形中相高周波磁束定理**が成立する．

《定理 11.2　γ 形中相高周波磁束定理》

(a)　印加された高周波電圧 $\boldsymbol{v}_{1h}$ の γ 軸，δ 軸の各2要素を $v_{\gamma h}, v_{\delta h}$ と表現する．このとき，高周波電圧に関し，次の(11.5)式の関係が成立する場合には，

$$\boldsymbol{v}_{1h} = \begin{bmatrix} v_{\gamma h} \\ v_{\delta h} \end{bmatrix} \tag{11.5a}$$

$$v_{\delta h} = \omega_\gamma \left(\frac{v_{\gamma h}}{s} \right) \tag{11.5b}$$

印加高周波電圧により発生した高周波磁束 $\boldsymbol{\phi}_{1h}$ は，次の(11.6)式が示す γ 軸上の中相信号となる．

$$\boldsymbol{\phi}_{1h} = \begin{bmatrix} \dfrac{v_{\gamma h}}{s} \\ 0 \end{bmatrix} \tag{11.6}$$

(b)　(11.5)式の印加高周波電圧 $\boldsymbol{v}_{1h}$ に対する応答高周波電流 $\boldsymbol{i}_{1h}$ は，次の(11.7)式となる．

$$\boldsymbol{i}_{1h} = \frac{1}{L_d L_q}\begin{bmatrix} L_i - L_m \cos 2\theta_\gamma \\ -L_m \sin 2\theta_\gamma \end{bmatrix}\left(\frac{v_{\gamma h}}{s} \right) \tag{11.7}$$

〈証明〉

(a)　(11.3)式より明白なように，高周波磁束 $\boldsymbol{\phi}_{1h}$ を γ 軸上の中相信号とするには，次の条件が必要である．

$$K_\gamma = 1, \quad K_\delta = 0 \tag{11.8}$$

(11.8)式を(11.1)式に適用すると，次式を得る．

$$\boldsymbol{v}_{1h} = \begin{bmatrix} v_{\gamma h} \\ v_{\delta h} \end{bmatrix} = \begin{bmatrix} s \\ \omega_\gamma \end{bmatrix} x \tag{11.9}$$

(11.9)式第 1 行より，このときの高周波スカラ信号 x は次の関係を満足しなければならない．

$$x = \frac{v_{\gamma h}}{s} \tag{11.10}$$

(11.10)式を(11.9)式第 2 行に用いると，(11.5b)式が得られる．

(b)　(11.8)式，(11.10)式を，(11.2)式に適用すると，直ちに(11.7)式が得られる．

■

γ 軸上に中相高周波磁束 $\boldsymbol{\phi}_{1h}$ を発生させるための高周波電圧は，(11.5)式の条件を満足すればよい．(11.5)式は，「高周波電圧の γ 軸要素と δ 軸要素とは独立には選定できない」ことを示している．実際的に取り得る γ 軸要素の形状としては，正弦形状と矩形状が考えられる．これに対応した δ 軸要素の形状は，おのおの，正弦形状と三角形状となる．**電圧形電力変換器**を想定する場合，いずれの形状の電圧も発生は容易であるが，印加高周波電圧の応答たる高周波電流の処理の平易さを考慮し，ここでは，正弦形状の高周波電圧を採用する．正弦形状の高周波電圧に関しては，次の**楕円電圧定理**が成立する．

《定理 11.3　楕円電圧定理》

$\gamma\delta$ 一般座標系上で印加すべき高周波電圧として，座標系速度 ω_γ に応じて δ 軸振幅のみを変化させる楕円軌跡をもつ次の**楕円形高周波電圧**を考える．

【楕円形高周波電圧】

$$\boldsymbol{v}_{1h} = V_h \begin{bmatrix} \cos\omega_h t \\ \dfrac{\omega_\gamma}{\omega_h} \sin\omega_h t \end{bmatrix} \qquad \begin{matrix} V_h = \text{const} \\ \omega_h = \text{const} \end{matrix} \tag{11.11}$$

■

(11.11)式の高周波電圧印加に対しては，次の高周波磁束，高周波電流が発生する．

$$\boldsymbol{\phi}_{1h} = \frac{V_h}{\omega_h}\begin{bmatrix} \sin \omega_h t \\ 0 \end{bmatrix} \tag{11.12}$$

$$\boldsymbol{i}_{1h} = \frac{V_h}{\omega_h L_d L_q}\begin{bmatrix} L_i - L_m \cos 2\theta_\gamma \\ -L_m \sin 2\theta_\gamma \end{bmatrix} \sin \omega_h t \tag{11.13}$$

〈証明〉

(11.11)式第 1 要素の関係を γ 形中相高周波磁束定理（定理 11.2）に適用すると，直ちに(11.11)～(11.13)式が得られる．なお，(11.11)式を(10.27)式，(10.28)式に適用しても，(11.12)式，(11.13)式を得ることができる．

■

(11.13)式に示した高周波電流には，回転子位相 θ_γ が出現している点に注意されたい．一方，座標系速度 ω_γ が出現していない点，すなわち**速度独立性**が達成されている点には注意されたい．(11.13)式の高周波電流によれば，回転子位相の内包性と速度独立性とにより，高速域においてさえも低速域と同様に回転子位相を推定できるようになる．

(11.13)式の高周波電流の発生を目指して，(11.11)式の楕円形高周波電圧を印加する高周波電圧印加法を，本書では，**楕円形高周波電圧印加法**と呼称する．

11.2.2 高周波電流の挙動解析

(11.13)式の高周波電流 $\boldsymbol{i}_{1h}$ は，中相成分のみから構成されている．したがって，本高周波電流は**直線軌跡**を描く（後掲の図 11.2 参照）．(11.13)式の高周波電流の 2 要素をおのおの $i_{\gamma h}, i_{\delta h}$ と表現するならば，同式より，**直線軌跡位相** $\theta_{\gamma e}$ (γ 軸から評価した位相)は，回転子位相 θ_γ との関係を示す次式として記述される．

【直線軌跡位相と回転子位相の相関特性】

$$\begin{aligned}\theta_{\gamma e} &= \tan^{-1}\left(\frac{i_{\delta h}}{i_{\gamma h}}\right) \\ &= \tan^{-1}\left(\frac{r_s \sin 2\theta_\gamma}{1 + r_s \cos 2\theta_\gamma}\right) \qquad r_s \equiv \frac{-L_m}{L_i} \geq 0\end{aligned} \tag{11.14a}$$

$$|\theta_{\gamma e}| < |\theta_\gamma| \qquad \theta_\gamma \neq 0 \tag{11.14b}$$

特に，回転子位相 θ_γ が十分に小さい場合には，(11.14)式は，次の線形関係に近似される．

$$\theta_{\gamma e} \approx K_\theta \theta_\gamma \tag{11.15a}$$

このときの**正相関ゲイン** K_θ は以下となる．

$$K_\theta \equiv \frac{2r_s}{1+r_s} = \frac{L_q - L_d}{L_q} \tag{11.15b}$$

■

図 11.1 に，(11.14a)式に従い，突極比 $r_s = 0.1 \sim 0.5$ の場合について，回転子位相 θ_γ と直線軌跡位相 $\theta_{\gamma e}$ との関係を例示した．なお，参考までに，同図には(10.37)式の関係 $\theta_{\gamma e} = \theta_\gamma$ も破線で示している．図 11.1 より明白なように，高周波電流直線軌跡位相 $\theta_{\gamma e}$ は，**突極比**に依存するが，回転子位相 θ_γ のある範囲では，回転子位相と良好な**正相関**を有する．例えば，突極比 $r_s = 0.2$，$L_q/L_d = 1.5$ の場合には，$|\theta_\gamma| \leq \pi/4$ の範囲で良好な線形性が確認される．正相関の領域の存在，さらにはこの大小が，回転子位相推定に必須の**正相関信号**の生成に，重要な役割を演じることになる．なお，以降では，正相関が維持される領域を，簡単に，**正相関領域**と呼称する．

(11.12)式の中相高周波磁束，(11.13)式の中相高周波電流に関しては，次の**中相分離定理**が成立する．

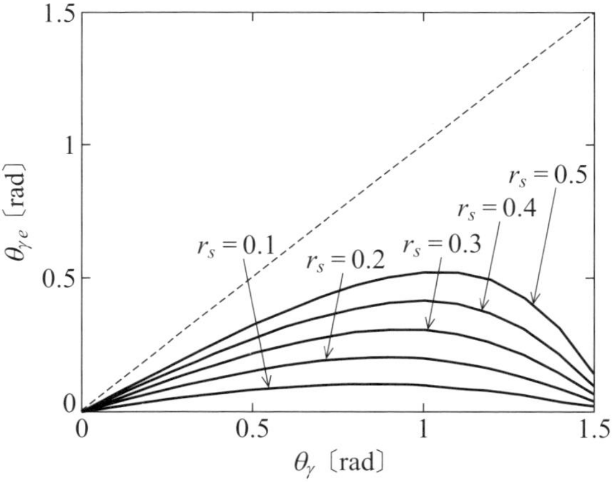

図 11.1　回転子位相と中相高周波電流位相との相関特性

《定理 11.4 中相分離定理》

(a) (11.12)式の中相高周波磁束は，次の正相，逆相成分から構成される．

$$\boldsymbol{\phi}_{1h} = \frac{V_h}{2\omega_h}[\boldsymbol{u}_p(\omega_h t) + \boldsymbol{u}_n(\omega_h t)] \tag{11.16}$$

(b) また，(11.13)式の中相高周波電流は，次の正相，逆相成分から構成される．

$$\boldsymbol{i}_{1h} = \boldsymbol{i}_{hp} + \boldsymbol{i}_{hn} \tag{11.17}$$

ただし，

$$\boldsymbol{i}_{hp} = \frac{V_h}{2\omega_h L_d L_q}[L_i \boldsymbol{I} - L_m \boldsymbol{R}(2\theta_\gamma)]\boldsymbol{u}_p(\omega_h t) \tag{11.18a}$$

$$\boldsymbol{i}_{hn} = \frac{V_h}{2\omega_h L_d L_q}[L_i \boldsymbol{I} - L_m \boldsymbol{R}(2\theta_\gamma)]\boldsymbol{u}_n(\omega_h t) \tag{11.18b}$$

このとき，正相逆相成分比に関し，次の関係が成立する．

$$\frac{\|\boldsymbol{i}_{hn}\|}{\|\boldsymbol{i}_{hp}\|} = 1 \tag{11.19}$$

〈証明〉

(a) (11.12)式の右辺は，次式のように分離展開することができる．

$$\boldsymbol{\phi}_{1h} = \frac{V_h}{2\omega_h}\left[\begin{bmatrix} \sin\omega_h t \\ -\cos\omega_h t \end{bmatrix} + \begin{bmatrix} \sin\omega_h t \\ \cos\omega_h t \end{bmatrix}\right] \tag{11.20}$$

(11.20)式に(10.15)式を用いると(11.16)式を得る．

(b) (11.16)式を(10.28)式に用い，さらに(10.16)式の関係を適用すると，直ちに(11.17)式，(11.18)式を得る．(11.18)式においては，その右辺の2×2行列の各行および各列が互いに直交したベクトル回転器と同様の構造をしている．したがって，本2×2行列を正相，逆相の単位ベクトルに作用させても，作用前後で信号の正相性，逆相性は不変である．よって，$\boldsymbol{i}_{hp}, \boldsymbol{i}_{hn}$ はおのおの正相成分，逆相成分となる．

上記の(11.18)式右辺の2×2行列に関しては，任意の2×1ベクトル $\boldsymbol{x}$ に対し，次の関係が成立する．

$$\|[L_i \boldsymbol{I} - L_m \boldsymbol{R}(2\theta_\gamma)]\boldsymbol{x}\| = \|[L_i \boldsymbol{I} - L_m \boldsymbol{R}(2\theta_\gamma)]\| \, \|\boldsymbol{x}\| \tag{11.21}$$

(11.21)式の関係を(11.18)式に適用すると，直ちに(11.19)式を得る．

■

上記の中相分離定理（定理 11.4）は，直線軌跡をもつ中相高周波電流は，真

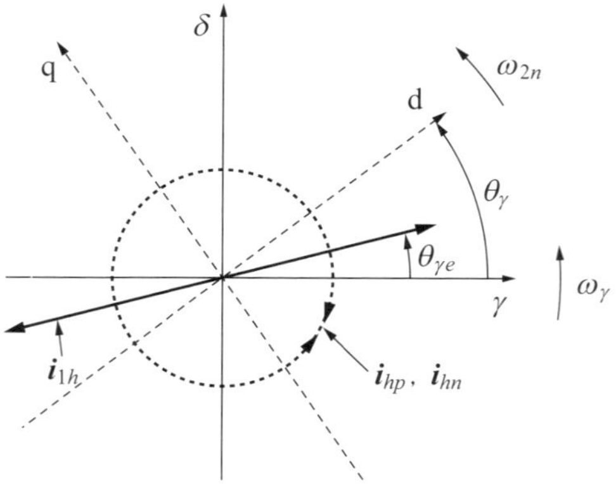

図 11.2　印加楕円形高周波電圧に対する応答高周波電流の挙動

円軌跡を描く正相，逆相成分の合成と考えることができることを意味している．楕円鏡相定理Ⅱ（定理 10.5）を参考にするならば，(11.13)式の直線軌跡をもつ高周波電流は，次の長軸，短軸をもつ楕円軌跡と捉えることができる．

$$\max\|\boldsymbol{i}_{1h}\| = \frac{V_h}{\omega_h L_d} \tag{11.22a}$$

$$\min\|\boldsymbol{i}_{1h}\| = 0 \tag{11.22b}$$

短軸はゼロであるので，短長軸比は，当然ゼロである．すなわち，

$$\frac{\min\|\boldsymbol{i}_{1h}\|}{\max\|\boldsymbol{i}_{1h}\|} = 0 \tag{11.23}$$

(11.22)式，(11.23)式に示した楕円軌跡に関する特性は，突極比 r_s と無関係である点には注意されたい（(10.34)～(10.36)式参照）．

以上の解析結果に従い，(11.13)式の高周波電流 $\boldsymbol{i}_{1h}$ の様子を**図 11.2** に概略的に示した．同図では，参考までに，(11.17)～(11.19)式に従い，高周波電流を構成する正相，逆相成分 $\boldsymbol{i}_{hp}, \boldsymbol{i}_{hn}$ を破線で示している．

Q11.1　**(11.11)式の楕円形高周波電圧 v_{1h} が印加された場合の応答高周波電流 i_{1h} に関する確認です．(11.8)式が応答高周波電流の正相逆相表現，(11.13)式が応答高周波電流の軸要素表現と理解してよいのですね．**

Ans.　そのとおりです．

11.3 復調のための正相関信号生成法

11.3.1 鏡相推定法による復調

直線軌跡は，(11.22)式，(11.23)式の特性をもつ楕円軌跡の特別の場合と解釈するならば，直線軌跡の位相は，楕円軌跡の長軸位相として捉えることができる．本解釈に従えば，「**楕円長軸位相**を推定する**鏡相推定法**（表Ⅲ.1 の **2-1 法**）により，直線軌跡の位相を推定し，回転子位相推定値を得ることができる」ことが理解される．

具体的説明のため，図 10.7 および図 10.8 を再び考える．鏡相推定法に立脚した図 10.8 の**位相速度推定器**によれば，まず，**相関信号生成器**（**楕円鏡相推定器**）により楕円長軸位相 $\theta_{\gamma e}$ が推定され，同推定値 $\hat{\theta}_{\gamma e}$ が位相同期器へ向け出力される．**位相同期器**は，本楕円長軸位相推定値 $\hat{\theta}_{\gamma e}$ を受け取ると，これがゼロ（すなわち，$\hat{\theta}_{\gamma e} \to 0$）となるように $\boldsymbol{\alpha\beta}$ **固定座標系**の α 軸から評価した $\boldsymbol{\gamma\delta}$ **準同期座標系**の位相（すなわち，ベクトル回転器の位相）$\hat{\theta}_{\alpha}$ を調整する．

さてここで，図 11.1 に示した回転子位相と楕円長軸位相における**正相関領域**を考える．正相関領域では，$\theta_{\gamma e} \to 0$ は $\theta_{\gamma} \to 0$ を意味し，ひいては適切な楕円長軸位相推定値 $\hat{\theta}_{\gamma e}$ に関し $\hat{\theta}_{\gamma e} \to 0$ の達成は $\hat{\theta}_{\gamma} \to 0$ を意味する．$\hat{\theta}_{\gamma} \to 0$ は，γ 軸が d 軸に収束したことを意味し，このときの $\gamma\delta$ 準同期座標系位相 $\hat{\theta}_{\alpha}$ は，回転子位相推定値となる．

上に説明した特性は，「(10.45)式と同様に，直線軌跡位相推定値 $\hat{\theta}_{\gamma e}$ を正相関信号 p_c として扱えばよい」ことを意味している．(11.14)式，(11.15)式，図 11.1 もこの妥当性を裏付けている．

本正相関信号は，(11.15)を活用するならば，次のように記述される．

【鏡相推定法による正相関信号の生成】

$$
\begin{aligned}
p_c &\equiv \hat{\theta}_{\gamma e} \\
&\approx K_{\theta} \hat{\theta}_{\gamma}
\end{aligned}
\qquad (11.24)
$$

上式における正相関ゲイン K_{θ} は，(11.15b)式の定義のとおりである．

楕円形高周波電圧印加法のための位相推定法として鏡相推定法を利用する場合には，センサレスベクトル制御系の構造としては，図 10.7 が無修正で利用できる．また，これに用いる位相速度推定器としては，図 10.8 がほとんどそのまま利用できる．位相速度推定器に関する若干の変更は，以下のとおりである．

(a)　応速高周波電圧指令値 $\boldsymbol{v}_{1h}^{*}$ を生成する**高周波電圧指令器**(**HFVC**)は，当然のことながら，真円形高周波電圧指令用の(10.43)式に代わって，楕円形高周波電圧指令用の次式に従い構成することとなる（(11.11)式参照）.

$$\boldsymbol{v}_{1h}^{*} = V_h \begin{bmatrix} \cos \omega_h t \\ \dfrac{\widehat{\omega}_{2n}}{\omega_h} \sin \omega_h t \end{bmatrix} \qquad \begin{aligned} V_h &= \text{const} \\ \omega_h &= \text{const} \end{aligned} \tag{11.25}$$

(b)　位相同期器の構成要素である**位相制御器** $C(s)$ の構成・設計は，真円形高周波電圧印加法の場合（さらには，駆動用電圧・電流を用いた位相推定の場合）と同様である．ただし，位相制御器 $C(s)$ の分子多項式の全係数は，(11.15b)式で定義した正相関ゲイン K_θ で除して利用する必要がある．このときの正相関ゲイン K_θ は，高い精度は必要としない．

(c)　(10.45)式，(10.46)式に従って**位相補正**を行う場合には，このための正相関ゲイン K_θ は，(11.15b)式で定義した値を利用する必要がある．

楕円形高周波電圧印加法のための位相推定法として鏡相推定法を利用する場合に，駆動に際して注意すべきは，「回転位相 θ_γ が正相関領域に存在する」ことの確認である．正相関が維持できない領域で位相推定を開始する場合には，所期の位相推定値を得ることができない．また，「正相関領域は一様ではなく，突極比に依存して変化する」ことへの注意も必要である（図 11.1 参照）.

11.3.2　高周波電流要素除法による復調

前項では，「楕円長軸位相を推定する**鏡相推定法**（表Ⅲ.1 の **2-1 法**）により，直線軌跡位相を推定し，直線軌跡位相推定値 $\widehat{\theta}_{\gamma e}$ を正相関信号 p_c として利用すれば，回転子位相を推定できる」ことを示した．この上で，直線軌跡位相推定値を用いた回転子位相推定値生成における変更点，注意点を説明した．

鏡相推定法は，高い汎用性を誇る楕円長軸位相推定法である．軌跡位相の推定対象を直線軌跡に限定する場合には，より簡単な方法で軌跡位相を推定することが可能である．

このような 1 つが，(11.14)式に基づく**高周波電流要素除法**である．提案の高周波電流要素除法は表Ⅲ.1 の **2-2 法**に属し，これによれば，(11.24)式の正相関信号 p_c に必要な直線軌跡位相推定値は，以下のように求められる．

【高周波電流要素除法による正相関信号の生成】

$$
\begin{aligned}
p_c &\equiv \hat{\theta}_{\gamma e} \\
&= \tan^{-1}\left(\frac{i_{\delta h}}{i_{\gamma h}}\right) \\
&\approx \tan^{-1}\left(\frac{i_{\gamma h}\, i_{\delta h}}{i_{\gamma h}^2+\delta}\right) \qquad \delta > 0 \\
&\approx \mathrm{lmt}\left(\frac{i_{\gamma h}\, i_{\delta h}}{i_{\gamma h}^2+\delta}\right) \qquad \delta > 0
\end{aligned}
\tag{11.26}
$$

上式における δ は微小正値であり，$\mathrm{lmt}(\cdot)$ は**リミッタ関数**である．

■

高周波電流要素除法（2-2 法）と鏡相推定法（2-1 法）とは，「直線軌跡位相推定値を正相関信号として扱う」という点においては，同一である．しかしながら，高周波電流要素除法においては，直線軌跡位相推定値の生成工程は格段に簡略化され，また演算負荷は格段に低減されている．

(11.13)式が示しているように，高周波電流 $i_{\gamma h}, i_{\delta h}$ は，高周波数 ω_h をもつ正弦信号である．換言するならば，高周波電流 $i_{\gamma h}, i_{\delta h}$ は，高周波数 ω_h でゼロクロスする信号である．このような信号を用いて，(11.26)式第 2 式に示した除算の遂行は，「**ゼロ割り**」現象を誘発し，実行不可能である．しかし，(11.26)式第 3，第 4 式に提案した近似演算は，実行可能である．

微小正値 δ の導入目的は，「ゼロ割り」の防止にある．また，リミッタ関数 $\mathrm{lmt}(\cdot)$ の導入の目的は演算負荷の低減にある．リミッタ関数の正負上限は，図 11.1 を参考に，突極比 r_s に応じ定めればよい．

直線軌跡位相推定値を正相関信号とした位相速度推定器の構成，さらには，同器を用いたセンサレスベクトル制御系の構成に関しては，高周波電流要素除法（2-2 法）を利用する場合，鏡相推定法（2-1 法）を利用する場合の両者で，相違はない．

11.3.3　高周波電流要素乗法による復調

(11.22)式，(11.23)式等に示した直線軌跡固有の特性を活用するならば，高周波電流の**要素商**を用いた高周波電流要素除法に代わって，高周波電流要素による除算を必要としない簡単な位相推定も可能である．次にこれを説明する．

〔1〕高周波電流要素積信号の特性

(11.13)式の高周波電流の 2 要素をおのおの $i_{\gamma h}, i_{\delta h}$ と表現する．次の関係に注意すると，

$$2\sin^2\omega_h t = 1 - \cos 2\omega_h t \tag{11.27}$$

本 2 要素の積 $i_{\gamma h} i_{\delta h}$ は，次式のように表現することができる．

$$\begin{aligned} i_{\gamma h} i_{\delta h} &= c_{i1}(2\sin^2\omega_h t) \\ &= c_{i1}(1-\cos 2\omega_h t) \\ &= c_{i1} + c_{i2} \end{aligned} \tag{11.28}$$

ただし，

$$c_{i1} = \frac{-V_h^2 L_m}{2\omega_h^2 L_d^2 L_q^2}(L_i - L_m\cos 2\theta_\gamma)\sin 2\theta_\gamma \tag{11.29a}$$

$$c_{i2} = -c_{i1}\cos 2\omega_h t \tag{11.29b}$$

(11.28)式，(11.29)式は，「高周波電流 2 要素の積 $i_{\gamma h} i_{\delta h}$ は，回転子位相情報を内包する直流成分 c_{i1} と，これを一切有しない $2\omega_h$ 高周波成分 c_{i2} との線形和で構成される」ことを意味している．(11.28)式の要素積において，位相情報をもった直流成分 c_{i1} と位相情報を一切もたない高周波成分 c_{i2} とは，周波数 $2\omega_h$ の乖離を有しており，直流成分に対する高周波成分の排除は可能である．本書では，以降，要素積 $i_{\gamma h} i_{\delta h}$ を**高周波電流要素積信号**（high-frequency current element product signal）または簡単に**要素積信号**（element product signal）と呼称する．

(11.29a)式に示した直流成分は，突極比 r_s を用いて以下にように書き改めることができる．

$$c_{i1} = \frac{-V_h^2 L_m L_i}{2\omega_h^2 L_d^2 L_q^2} c'_{i1} \tag{11.30a}$$

$$c'_{i1} = (1 + r_s\cos 2\theta_\gamma)\sin 2\theta_\gamma \qquad r_s \equiv \frac{-L_m}{L_i} \tag{11.30b}$$

突極比 $r_s = 0.1 \sim 0.5$ に対する(11.30b)式の関係を**図 11.3** に図示した．同図より理解されるように，回転子位相がおおむね $|\theta_\gamma| \le 0.5$〔rad〕を満足する範囲に存在する場合には，直流成分 c_{i1} と回転子位相 θ_γ は**正相関**を有する．特に，回転子位相 θ_γ が十分に小さい場合には，両者は以下のように線形関係をもつ．

$$c_{i1} \approx K_\theta \theta_\gamma \tag{11.31a}$$

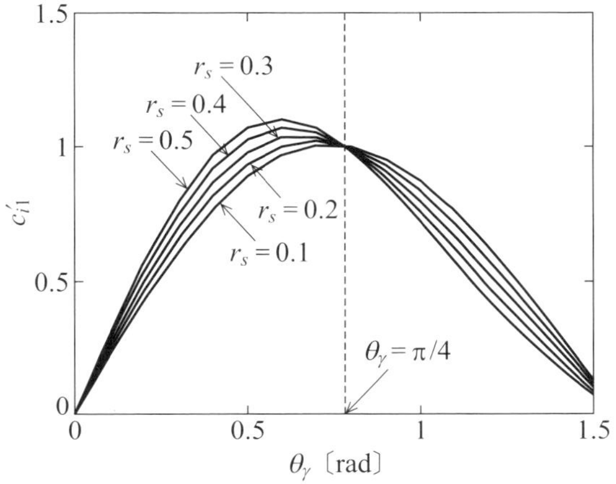

図 11.3　回転子位相と c'_{i1} との相関特性

$$K_\theta \equiv \frac{-V_h^2 L_m}{\omega_h^2 L_d^2 L_q} = \text{const} > 0 \tag{11.31b}$$

〔2〕正相関信号の生成

(11.30)式，(11.31)式の関係を利用して，回転子位相が正相関領域にあることを条件に，$\gamma\delta$ 準同期座標系上での $c_{i1} \to 0$ を通じて $\theta_\gamma \to 0$ を達成するように同座標系の位相 $\hat{\theta}_\alpha$ を調整すれば，本位相 $\hat{\theta}_\alpha$ は回転子位相推定値となる．本書では，要素積信号を用いたこのような位相推定法を，**高周波電流要素乗法**と呼称する．高周波電流要素乗法は表Ⅲ.1 の **2-2 法**に属し，これは，以下のように，要素積信号そのものを正相関信号とする．

【高周波電流要素乗法による正相関信号の生成】

$$p_c = i_{\gamma h} i_{\delta h} \tag{11.32}$$

■

「要素積信号そのものを正相関信号とする(11.32)式は，最も簡単な正相関信号生成法である」といえよう．高周波電流要素乗法の利用に際しては，要素積信号の直流成分 c_{i1} がもつ**正相関領域**（図 11.3 参照）が，図 11.1 に示した直線軌跡がもつ正相関領域に比較し，狭くなっている点に，注意を要する．**鏡相推定法**（**2-1 法**），**高周波電流要素除法**（**2-2 法**）による場合には，高周波電流が元来有する正相関領域を，最大限活用することができる．しかし，他の位相推定法では，必ずしも正相関領域を最大限活用できるわけではない．高周波電流要素乗法もこの例外ではない．「要素積信号がもつ正相関領域は，突極比の向上につれ狭くなる」という好ましくない性質を有している点にも，注意を要する．狭い正相関領域は，「外乱等により，回転子位相推定値が正相関領域外にでる可能性が高くなる」ことを意味する．回転子位相が正相関領域外へでた場合には，何らかの方法で，これを正相関領域まで引き込む必要がある．さもなければ，$\gamma\delta$ 準同期座標系上での $c_{i1} \rightarrow 0$ を通じて回転子位相推定値を同真値へ収束させることはできない．

11.4　高周波電流要素乗法のための高周波積分形 PLL 法

11.4.1　高周波積分形 PLL 法

回転子位相が図 11.3 の正相関領域に存在することを条件に，$\gamma\delta$ 準同期座標系上での $i_{\gamma h} i_{\delta h} \rightarrow 0$，ひいては $c_{i1} \rightarrow 0$ を通じて，回転子位相推定値を同真値へ収束させることを考える．このための基本的手法は，著者によって提案された**高周波積分形 PLL 法**である．同法は，形式的は(1.7)式の一般化積分形 PLL 法と同様であり，入力信号 u_{PLL} に対して以下のように構成される（**図 11.4** 参照）．

【高周波積分形 PLL 法】

$$\omega_\gamma = C(s)\, u_{PLL}$$

$$= C(s)\, i_{\gamma h} i_{\delta h} \tag{11.33a}$$

$$\hat{\theta}_\alpha = \frac{1}{s}\omega_\gamma \tag{11.33b}$$

■

一般化積分形 PLL 法は，入力信号 u_{PLL} として，理想的には，$\gamma\delta$ 準同期座標系の γ 軸から見た回転子位相 θ_γ の良好な推定値 $\hat{\theta}_\gamma$ を想定して構築されている．入力信号 u_{PLL} としては，位相推定値 $\hat{\theta}_\gamma$ に代わって，回転子位相と正相関をもつ

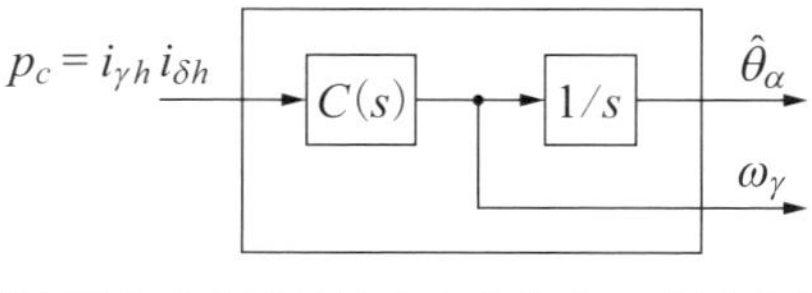

図 11.4　高周波電流要素積信号を入力とする高周波積分形 PLL 法

正相関信号 p_c（例えば，高周波電流の楕円長軸位相 $\theta_{\gamma e}$，またはこの良好な推定値 $\hat{\theta}_{\gamma e}$）を利用してもよいことは，11.3 節ですでに説明した．楕円長軸位相に限らず，回転子位相と正相関をもつ信号であれば，他の信号も正相関信号 p_c として使用することができる．要素積信号 $i_{\gamma h} i_{\delta h}$ の直流成分 c_{i1} もこの 1 つである．

ここでは，総合的簡単性等を考慮し，要素積信号 $i_{\gamma h} i_{\delta h}$ の直流成分 c_{i1} に代わって，要素積信号 $i_{\gamma h} i_{\delta h}$ そのものを正相関信号 p_c として捉え（(11.32)式参照），これを**位相制御器**への入力信号とすることを考える（11.4.2 項末尾の Q/A 11.2, 11.3 参照）．以降では，未処理の要素積信号 $i_{\gamma h} i_{\delta h}$ そのものを正相関信号 p_c として受け入れる位相制御器 $C(s)$ を，**高周波位相制御器**と呼ぶ．**高周波積分形 PLL 法**は，高周波位相制御器を用いた積分形 PLL 法と捉えることもできる．

高周波位相制御器 $C(s)$ の設計には，入力信号たる $p_c = i_{\gamma h} i_{\delta h}$ に含まれる $2\omega_h$ 高周波成分による PLL システムへの影響に対して，特別の注意が必要である．さもなければ，PLL システムの**位相ロック**機能はもとより，安定な動作さえ達成することができなくなる．この観点より，高周波位相制御器の設計について，設計指針とこれに基づく設計法とを説明する．

11.4.2 高周波位相制御器の設計法

本項では，PLL システム安定性および位相ロック機能の確立と，さらには，入力信号 $p_c = i_{\gamma h} i_{\delta h}$ に含まれる高周波成分の PLL システムのフィードバックループ機能を利用した自動排除とを可能とする高周波位相制御器の設計を考える．

高周波位相制御器をもつ PLL システムは，(11.28)式，(11.29)式，(11.32)式，(11.33)式により，**図 11.5**(a)の**モデル A** としてモデル化できる．特に，(11.31a)式が成立する場合，同システムは同図(b)の**モデル B** としてモデル化できる．図 11.5 より明白なように，本 PLL システムは，(11.31a)式が成立する場合さえも，高周波信号 $\cos 2\omega_h t$ に起因する強い非線形性を有する．このため，PLL システムに所期の位相ロック性能を発揮させるには，高周波位相制御器は，本非線形性を考慮して設計されなければならない．

高周波位相制御器の設計指針として，図 11.5(b)のモデル B を参考に，次のものを採用する．

【高周波位相制御器の設計指針】

(1.7d)式，(1.7e)式において，フィルタ $F_C(s)$ の分母・分子多項式 $F_D(s)$,

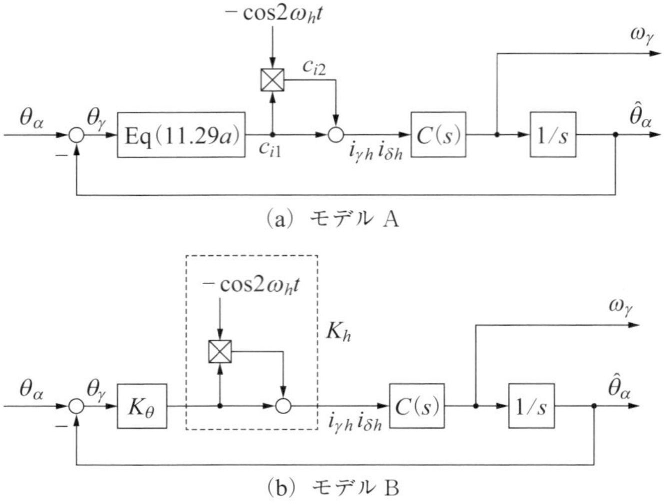

図 11.5　位相同期器を用いた PLL システムのモデル

$F_N(s)$ を用いて定義した（m-1）次高周波位相制御器 $C(s)$ を，(11.34)式のように再表現する．

$$C(s) = \frac{C_N(s)}{C_D(s)} \tag{11.34}$$

このとき，高周波位相制御器 $C(s)$ に下の（a），（b）項の条件を満足させる．

（a）　次の m 次 $F_D(s)$ が，任意の $0 < K_h \leq 2$ に対して，**フルビッツ多項式**（Hurwitz polynomial，**安定多項式**）となる．

$$F_D(s) = sC_D(s) + K_h K_\theta C_N(s) \qquad 0 < K_h \leq 2 \tag{11.35}$$

（b）　$C_D(s)$ が単独の形式で s 因子をもつ．

■

指針(a)は，$2\omega_h$ 高周波成分 c_{i2} の混入を，PLL システム内の変動等価係数 $0 < K_h \leq 2$ として等価的に扱い（図 11.5(b)参照），高周波成分の存在にもかかわらず，PLL システムを安定に動作させる高周波位相制御器の設計を可能せしめるものである．指針(b)は，一定速駆動中における座標系速度 ω_γ に高周波成分の出現を原理的に防止する高周波位相制御器の設計を可能せしめるものである（1.4 節参照）．

上の設計指針に基づく高周波位相制御器の具体的な設計法としては，次の**高周**

波位相制御器定理が成立する．

【定理 11.5　高周波位相制御器定理】

(a)　$C_D(s)$ が単独形式で s 因子をもつ高周波位相制御器として，これを(11.36)式のように設計する場合には，$F_D(s)$ は，任意の $0 < K_h \leq 2$ に対して，フルビッツ多項式となる．

$$C(s) = \frac{c_{n1}s + c_{n0}}{s} \tag{11.36a}$$

$$c_{n0} > 0, \quad c_{n1} > 0 \tag{11.36b}$$

(b)　$C_D(s)$ が単独形式で s 因子をもつ高周波位相制御器として，これを(11.37)式のように設計する場合には，$F_D(s)$ は，任意の $0 < K_h \leq 2$ に対して，フルビッツ多項式となる．

$$C(s) = \frac{c_{n1}s + c_{n0}}{s(s + c_{d1})} \tag{11.37a}$$

$$c_{n0} > 0, \ c_{n1} > 0, \ c_{d1} > \frac{c_{n0}}{c_{n1}} > 0 \tag{11.37b}$$

〈証明〉

(a)　次の 2 次多項式 $H(s)$ を考える．

$$H(s) = s^2 + h_1 s + h_0 \tag{11.38}$$

多項式 $H(s)$ がフルビッツ多項式となるための必要十分条件は，すべての係数 h_i が正であることである．

$C_D(s)$ が単独形式で s 因子をもつには，(11.36a)式より，$c_{n0} \neq 0$ の条件が必要である．この場合，(11.36a)式に対する $F_D(s)$ は，(11.35)式より，次式となる．

$$F_D(s) = s^2 + K_h K_\theta (c_{n1}s + c_{n0}) \tag{11.39}$$

したがって，$F_D(s)$ が $0 < K_h \leq 2$ の値に関係せずフルビッツ多項式となる条件は(11.36b)式となる．

(b)　次の 3 次多項式 $H(s)$ を考える．

$$H(s) = s^3 + h_2 s^2 + h_1 s + h_0 \tag{11.40a}$$

3 次多項式 $H(s)$ がフルビッツ多項式となるための必要十分条件は，すべての係数 h_i が正であり，かつ次式を満足することである．

$$h_0 < h_1 h_2 \tag{11.40b}$$

$C_D(s)$ が単独形式で s 因子をもつには，(11.37a)式より，$c_{n0} \neq 0$ の条件が必要である．この場合，(11.37a)式に対する $F_D(s)$ は，(11.35)式より，次式となる．

$$F_D(s) = s^3 + c_{d1}s^2 + K_h K_\theta (c_{n1}s + c_{n0}) \tag{11.41}$$

したがって，$F_D(s)$ が $0 < K_h \leq 2$ の値に関係せずフルビッツ多項式となる条件は，(11.37b)式となる．

■

高周波成分 c_{i2} の混入は，等価係数において $K_h = 0$ の瞬時発生を含む．$K_h = 0$ の瞬時発生は，図 11.5 より明らかなように，高周波位相制御器への入力信号ゼロを意味する．提示の設計指針に従った高周波位相制御器定理（定理 11.5）に基づく高周波位相制御器は積分要素をもつので，入力信号ゼロの瞬時発生に対しては，高周波位相制御器の内部信号と出力信号は瞬時ゼロ発生の直前値を維持する．すなわち，高周波位相制御器は，入力信号ゼロの瞬時発生に対して，最も好ましい応答を示し不安定化することはない．

高周波位相制御器定理（定理 11.5）の(11.36)式，(11.37)式に提示した高周波位相制御器と同設計法は，高周波成分 c_{i2} の混入を等価的に表現した等価係数 K_h の条件が出現しておらず，高周波成分混入のない位相制御器と同設計法（1.4 節参照）と，形式的には同一である．しかし，高周波位相制御器定理（定理 11.5）は，その証明が明示しているように，従来考慮されなかった PLL システムへ混入した高周波成分の影響と PLL システム自体によるこの自動排除とを考慮した上で，新たに構築されたものである．この相違と新規性には注意されたい（Q/A 11.2，11.3 参照）．なお，高周波成分混入を想定していない従前のすべての位相制御器が，高周波位相制御器として利用できるわけではない．所期の機能・性能をもつ高周波位相制御器は，高周波位相制御器定理（定理 11.5）に示したものを含め，極めて限定される．

Q11.2　**図 11.4 では，高周波位相制御器 $C(s)$ への入力信号として，高周波成分 c_{i2} を含む要素積信号 $p_c = i_{\gamma h} i_{\delta h}$ そのものを利用しています．このために，高周波位相制御器定理（定理 11.5）が必要になったと思います．あらかじめ要素積信号 $i_{\gamma h} i_{\delta h}$ をローパスフィルタ処理して直流成分 c_{i1} を抽出し，本直流成分のみを $C(s)$ への入力信号とすれば，高周波位相制御器定理（定理 11.5）は不要で，高周波成分への考慮が必要ないこれまでの位相制御器が利用できるのではないでしょうか．**

Ans. 意見のような処理を遂行する場合には，ローパスフィルタ自体も，PLL システムのフィードバックループに取り込まれることになります．このため，PLL システムの安定動作の確保には，本ローパスフィルタの動特性を考慮の上，高周波位相制御器を設計する必要があります．すなわち，ローパスフィルタの導入は，期待に反し，かえって安定動作を保証する高周波位相制御器の設計を複雑化します．フィードバックループの安定性の観点からは，高周波成分 c_{i2} を除去するためのローパスフィルタは，高周波位相制御器の一部として捉える必要があるのです（図 11.5(a)参照）．

Q11.3 **(11.37a)式の高周波位相制御器は見慣れない構造をしています．本構造は，どのように解釈すればよいのでしょうか．**

Ans. (11.37a)式の高周波位相制御器は，位相補償器付き I 制御器，または 1 次ローパスフィルタ付き PI 制御器として，解釈することもできます．すなわち，

$$C(s) = \left(\frac{c_{n1}}{s}\right)\cdot\left(\frac{s + c_{n0}/c_{n1}}{s + c_{d1}}\right) = \left(\frac{c_{n1}}{c_{d1}} + \frac{c_{n0}}{c_{d1}}\frac{1}{s}\right)\cdot\left(\frac{c_{d1}}{s + c_{d1}}\right)$$

これらの係数は，(11.37b)式に与えたように，独立に設計することはできません．

11.4.3 設計と応答の例

高周波位相制御器定理（定理 11.5）に基づく高周波位相制御器 $C(s)$ の具体的な設計例と，これを用いた PLL システムの応答例を示す．

〔1〕例 1

(a) 設計例

供試 PMSM の特性は表 2.1 のとおりとする．このときの(11.11)式，(11.25)式の楕円形高周波電圧のパラメータは以下のとおりとする．

$$V_h = 23, \quad \omega_h = 2\pi\cdot 400 \tag{11.42}$$

これより，(11.31b)式の K_θ として次を得る．

$$K_\theta = \frac{-V_h^2 L_m}{\omega_h^2 L_d^2 L_q} = 0.035\,225\,1 > 0 \tag{11.43}$$

高周波位相制御器としては，(11.36)式の 1 次のものを考える．(11.36)式に対

応した(11.39)式の $F_D(s)$ は $K_h=1$ で，$s=-75$ に2重根をもつフルビッツ多項式とすると，このための高周波位相制御器係数は以下のように設計される．

$$c_{n0}=159\,687>0,\quad c_{n1}=4\,258.33>0 \tag{11.44}$$

上の高周波位相制御器に対応したローパスフィルタ $F_C(s)$ は，$K_h=1$ の下では次式となり，PLL システムは約150〔rad/s〕の帯域幅をもつことになる((1.7)式参照)．

$$F_C(s)=\frac{150s+5\,625}{s^2+150s+5\,625} \tag{11.45}$$

(b)　応答例

(11.44)式の2係数を伴う(11.36)式の高周波位相制御器を利用して，図11.5のPLL システム**モデルA**および**モデルB**を構成し，**位相ロック**性能を確認した．このときSP-PMSMは電気速度 ω_{2n}=30〔rad/s〕で一定速回転中とし，また，PLL システムは，回転子位相 $\theta_\alpha=\pi/4$〔rad〕のときに位相推定値の初期値を $\hat{\theta}_\alpha=0$〔rad〕とし，位相ロック動作を開始させた．両モデルによる実験結果を**図11.6**に示す．

図11.6(a)は，位相ロックの様子を示したものである．同図は，上から，回転子の位相真値，モデルAによる位相推定値，モデルBによる位相推定値をおのおの示している．図11.6(b)は，これに対応した速度を示したものである．すなわち，上から，回転子電気速度，モデルAによる座標系速度 ω_γ，モデルBによる座標系速度 ω_γ である．図(c)は，図(a)，(b)に対応した要素積信号 $i_{\gamma h}i_{\delta h}$ である．すなわち，上から，モデルAによる要素積信号，モデルBによる要素積信号である．

図11.6より，高周波位相制御器定理（定理11.5）に基づき設計された高周波位相制御器 $C(s)$ を利用したPLL システムに関し，以下の4特性が確認される．

(a)　PLL システムは，いずれのモデルにおいても，安定に動作している．

(b)　PLL システムは，いずれのモデルにおいても，約0.1〔s〕で位相ロックを完了している．

(c)　PLL システムは，いずれのモデルにおいても，位相ロック状態では位相偏差のゼロ化 $\theta_\gamma=0$，および要素積信号の完全抑圧を達成している((11.28)式，(11.29)式参照)．また，このとき，座標系速度 ω_γ から高周波成分が消滅し，座標系速度 ω_γ は電気速度 ω_{2n} に対して速度偏差ゼロを達成している．

(d)　モデルBは，モデルAの良好な近似となっている．

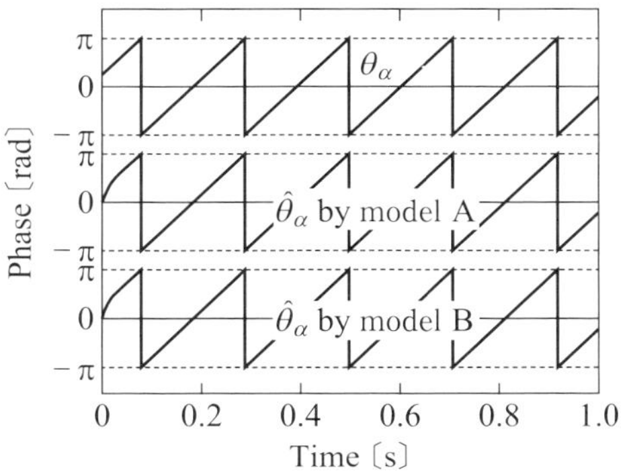

（a）位相推定の様子

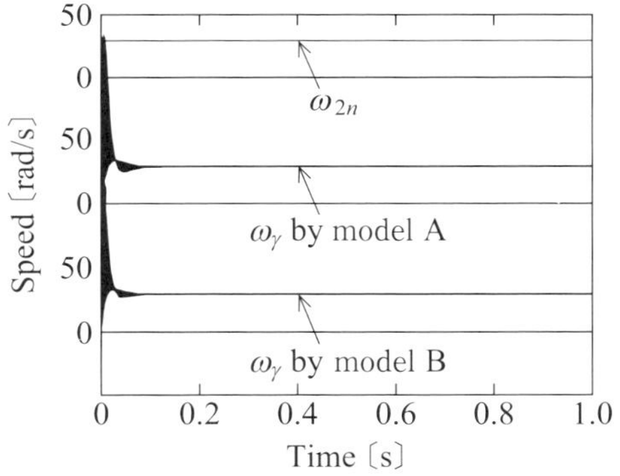

（b）速度推定の様子

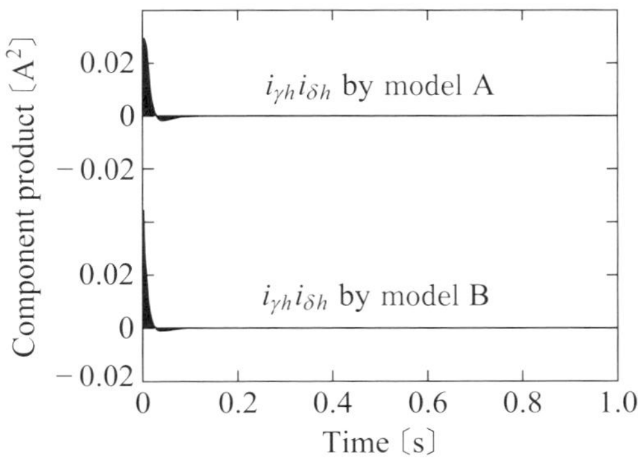

（c）要素積信号の様子

図 11.6　1 次高周波位相制御器を用いた PLL システムのモデル応答例

〔2〕**例 2**

(a)　設計例

高周波位相制御器としては，(11.37)式の 2 次のものを考える．(11.37)式に対応した(11.41)式の $F_D(s)$ は $K_h = 1$ で，$s = -75$ に 3 重根をもつフルビッツ多項式とすると，このための高周波位相制御器係数は以下のように設計される．

$$\left.\begin{aligned} &c_{n0} = 1.197\,65 \cdot 10^7 > 0, \quad c_{n1} = 4.790\,62 \cdot 10^5 > 0 \\ &c_{d1} = 2.25 \cdot 10^2 > 0 \end{aligned}\right\} \tag{11.46}$$

(b)　応答例

(11.46)式の 3 係数を伴う(11.37)式の高周波位相制御器を利用して，図 11.5 の PLL システム**モデル A** および**モデル B** を構成し，**位相ロック**性能を確認した．実験条件は，例 1 と同一である．両モデルによる実験結果を**図 11.7** に示す．波形の意味は，図 11.6 と同一である．図 11.6 と比較した場合の図 11.7 の特徴的応答は，座標系速度 ω_γ は，推定開始直後から高周波成分を実質有していない点にある．他の応答特徴は，図 11.6 に関する(a)～(d)項と同様である．

図 11.6，図 11.7 の応答は，要素積信号を入力信号とする高周波位相制御器を用いた高周波積分形 PLL 法の妥当性，さらには，高周波位相制御器の設計指針および高周波位相制御器定理（定理 11.5）に示した同設計法の妥当性を裏づけるものでもある．

11.5　センサレスベクトル制御系の構成

〔1〕**全系の構成**

変調のための印加高周波電圧として**楕円形高周波電圧**を採用し，復調のための**正相関信号生成法**として**高周波電流要素乗法**を採用した，センサレスベクトル制御系の全般的構成は，第 10 章で提示した図 10.7 と同一である．

第 10 章と本章とのセンサレスベクトル制御系の相違は，回転子の位相・速度の推定を担う位相速度推定器の細部構成にある．このため，位相速度推定器についてのみ説明する．

〔2〕**位相速度推定器の構成**

位相速度推定器は，$\gamma\delta$ 準同期座標系上で定義された固定子電流の検出値 $\boldsymbol{i}_1$ を入力信号として受け，ベクトル回転器に使用される $\alpha\beta$ 固定座標系上の回転子位

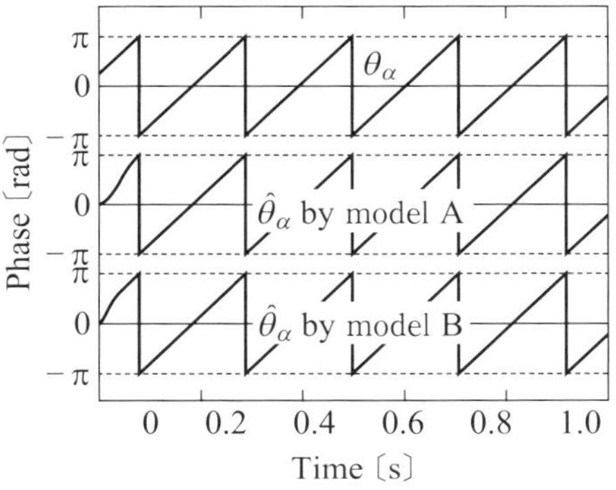

（a）位相推定の様子

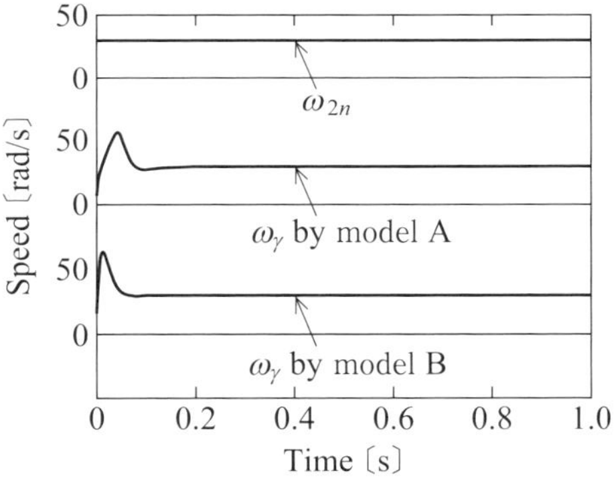

（b）速度推定の様子

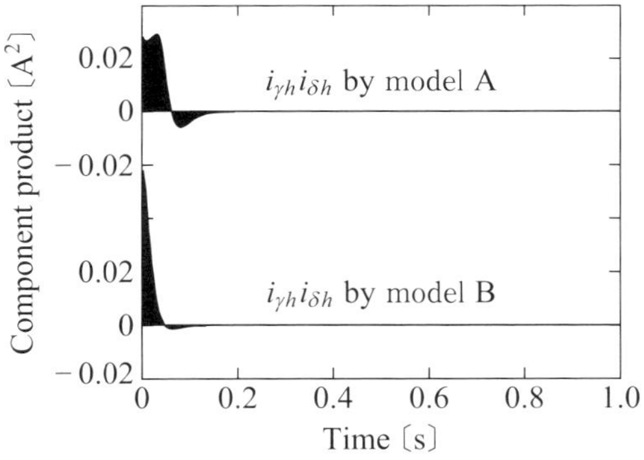

（c）要素積信号の様子

図 11.7　2 次高周波位相制御器を用いた PLL システムのモデル応答例

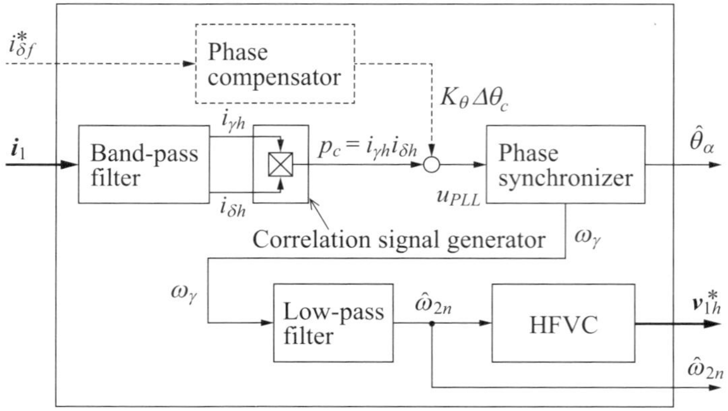

図 11.8　位相速度推定器の構成例

相推定値（すなわち，$\gamma\delta$ 準同期座標系の位相）$\hat{\theta}_\alpha$，回転子電気速度の推定値 $\hat{\omega}_{2n}$，および楕円形高周波電圧指令値 $\boldsymbol{v}_{1h}^{*}$ の 3 信号を出力している．本器の構成の一例を**図 11.8** に示した．これは**バンドパスフィルタ**（band-pass filter），**位相同期器**（phase synchronizer），**ローパスフィルタ**（low-pass filter），および**高周波電圧指令器**（high-frequency voltage commander, **HFVC**）から構成されている．他に，補助機器として，**位相補正値** $\Delta\theta_c$ を生成する**位相補正パラメータ** K_c を使用している．なお，図中の記号 ⊠ は乗算器を意味する．

〔3〕バンドパスフィルタ

位相速度推定器は固定子電流を受け取ると，中心周波数 ω_h の**バンドパスフィルタ**で固定子電流の $\gamma\delta$ 軸 2 要素をフィルタリング処理し，2 個の高周波電流要素 $i_{\gamma h}, i_{\delta h}$ を抽出する．このときのバンドパスフィルタとしては，1.8.2 項で説明した(1.67)式のものを離散時間化して使用した．フィルタの出力信号 $i_{\gamma h}, i_{\delta h}$ は，(11.32)式に従って正相関信号 $p_c = i_{\gamma h} i_{\delta h}$ を得るべく乗算され，位相同期器へ送られる．なお，図 10.8 との対比を考慮し，図 11.8 では，正相関信号生成のための**乗算器**を**相関信号生成器**（correlation signal generator）と表記している．

〔4〕位相同期器

位相同期器は，**高周波位相制御器**を用いた**高周波積分形 PLL 法**に従い実現されており，その内部構成は図 11.4 のとおりである．位相同期器による位相ロック完了後には，$\gamma\delta$ 準同期座標系の速度 ω_γ が平均的には回転子電気速度の推定値 $\widehat{\omega}_{2n}$ となる．設計指針(a)，(b)にそった高周波位相制御器定理（定理 11.5）の高周波位相制御器によれば，要素積信号がもち得る高周波成分の座標系速度 ω_γ への出現を相当程度に抑圧することができる（実際的には，種々の誤差のため，高周波成分の出現は完全にはゼロにはならないことが多い）．

〔5〕ローパスフィルタ

電気速度推定に利用した**ローパスフィルタ**は，残留高周波成分を除去するためのものである．フィルタ次数は 1 次でよい．また，フィルタ帯域幅は，一定高周波数 ω_h より十分に低く，かつ速度制御帯域幅より大きくなるように設計すればよい．本フィルタの帯域幅に関しては，大きな設計自由度があり，この厳密な指定は必要ない．高周波位相制御器の設計いかんによるが，一般に，速度低下に応じて座標系速度 ω_γ に残留する高周波成分は少なくなる傾向があるので，駆動がゼロ速度近傍に限定される場合には，本ローパスフィルタは必ずしも必要ない．

〔6〕高周波電圧指令器

高周波電圧指令器（**HFVC**）は，ローパスフィルタから電気速度推定値 $\widehat{\omega}_{2n}$ を受け取り，(11.11)式に基づき，(11.25)式の楕円形高周波電圧指令値 $\boldsymbol{v}_{1h}^*$ を生成している．

〔7〕位相補正パラメータ

位相同期器への入力信号 u_{PLL} は，基本的には，要素積信号 $i_{\gamma h}i_{\delta h}$ である．突極位相の変位がある場合には，変位に対する補正を行うべく，位相同期器への入力信号に以下のように**位相補正値** $K_\theta \Delta\theta_c$ をもたせている（1.5 節，(10.46)式参照）．

$$
\begin{aligned}
u_{PLL} &= p_c + K_\theta \Delta\theta_c \\
&= i_{\gamma h} i_{\delta h} + K_\theta \Delta\theta_c
\end{aligned}
\tag{11.47a}
$$

$$
\Delta\theta_c \approx -K_c i_{\delta f} \approx -K_c i_{\delta f}^* \qquad K_c \geq 0 \tag{11.47b}
$$

上式の K_θ としては，(11.31b)式に定義された値を使用する必要がある．また，**位相補正パラメータ** K_c は，必要に応じ実験的に定めることになる．図 11.8 においては，上記位相補正は，その補助的役割を考慮し，破線で示している．

以上の説明より明らかなように，位相速度推定器の実行に要する主要な演算は，

2個の2次バンドパスフィルタ，1個の1次ローパスフィルタ，および2次または3次の位相同期器によるものであり，総合演算負荷は大変軽い（図11.8参照）．軽演算負荷は，復調のため高周波電流要素乗法の特筆すべき特長の1つである．

11.6　実験結果

11.6.1　実験システムの構成と設計パラメータの概要

〔1〕実験システムの構成

変調法として楕円形高周波電圧印加法を用い，復調のための正相関生成法として高周波電流要素乗法を用いたセンサレスベクトル制御系の動作特性を確認すべく実験を行った．実験システムの概観は，図2.11のとおりである．すなわち，本実験のためのシステムは，第10章を含めこれまでの実験システムと同一である．また，電力変換器は，センサとしては2個のAC電流センサ，1個のDC電圧センサのみを使用した構成としている．供試PMSMも，第10章を含めこれまでのものと同一である（表2.1参照）．

〔2〕設計パラメータの概要

位相速度推定器の構成要素を中心に，設計パラメータの具体的値を以下に示す（図11.8参照）．

(a)　**高周波電圧指令器**の設計パラメータは，11.4.3項の(11.42)式と同一とした．

(b)　**バンドパスフィルタ**としては，(1.67)式のアナログバンドパスフィルタを離散時間化して利用した．本フィルタのパラメータは，中心周波数$\omega_h = 2\pi \cdot 400$〔rad/s〕，バンドパス帯域幅$\Delta\omega_c = 300$〔rad/s〕が得られるように設計した．この周波数応答は，図1.22のとおりである．

(c)　**位相同期器**を構成する**高周波位相制御器**$C(s)$としては(11.36)式の1次のものを考え（図11.4参照），この設計パラメータは11.4.3項の(11.44)式と同一とした．また，(11.47)式に示した位相補正を行うものとし，位相補正パラメータK_cは(10.50)式と同一の値を利用した．なお，正相関ゲインK_θは，(11.43)式の値を使用した．

(d)　電流制御系は，制御周期125〔μs〕と一定高周波数$\omega_h = 2\pi \cdot 400$を考慮の上，低めの帯域幅1 800〔rad/s〕が得られるよう設計した．これに応じ**バン**

ドストップフィルタ $F_{bs}(\cdot)$ は必要なくなったが，(1.58)式の 2 次**新中ノッチフィルタ**を一応用意した．トルク指令値 τ^* の電流指令値 $\boldsymbol{i}_{1f}^*$ への変換は，回転子位相推定値の検証が行いやすいように，(10.521)式によった．速度制御系は，供試 PMSM の約 53 倍にも及ぶ負荷装置の巨大な慣性モーメントを考慮し，線形速度応答が確保されるおおむね上限である帯域幅 2〔rad/s〕が得られるように設計した．すなわち，電流制御系，速度制御系の構成は，第 10 章の実験と同一に設計した．

本センサレスベクトル制御系においては，3/2 相変換器 $\boldsymbol{S}^T$ から 2/3 相変換器 $\boldsymbol{S}$ に至るすべての機能は，単一の DSP（TMS320C32-50 MHz）を用いソフトウェア的に実現した．

3

11.6.2 速度制御

〔1〕微速度駆動時の定常応答

(a) 力行定格負荷

図 10.7 の構成において，センサレスベクトル制御の重要な性能である，微速域での速度制御性能を検証した．以下，波形データを用い検証結果を示す．

力行定格負荷の下で，定格速度比で約 1/350 に相当する約 0.5〔rad/s〕の微速度指令値を与えた場合の応答を**図 11.9** に示す．図 11.9(a)の波形は，上から，u 相電流，回転子機械速度（エンコーダ検出値），回転子位相の真値と推定値を意味している．時間軸は 1〔s/div〕である．u 相電流からは，駆動用電流に重畳された高周波電流が明瞭に確認される．エンコーダにより検出した速度がスパイク状の突出を示しているが，これは微速度駆動におけるエンコーダパルスの離散時間的入力に起因している．回転子位相がほぼ直線的に変位していることより明白なように，回転子はおおむね一定速度すなわち約 0.5〔rad/s〕で回転を持続している．回転子位相の真値と推定値との差 $\hat{\theta}_\alpha - \theta_\alpha$ は，視認が困難なほど小さく，平均約 0.01〔rad〕であった．驚くべきことに，位相推定値は，電力変換器のデッドタイムの影響を強く受ける三相電流のゼロクロス点においても，一切の乱れを生じていない（デッドタイムの補正は未実施）．これは，真円形高周波電圧印加法と異なる，特筆すべき特長である（図 10.11，図 10.12 参照）．

図 11.9(b)は，図(a)と同一条件下での（すなわち，PLL による位相ロック完了後の）各種制御信号の様子である．波形の意味は，上から，q 軸電流（δ 軸電流），d 軸電流（γ 軸電流），回転子電気速度推定値 $\hat{\omega}_{2n}$，要素積信号 $i_{\gamma h} i_{\delta h}$ である．

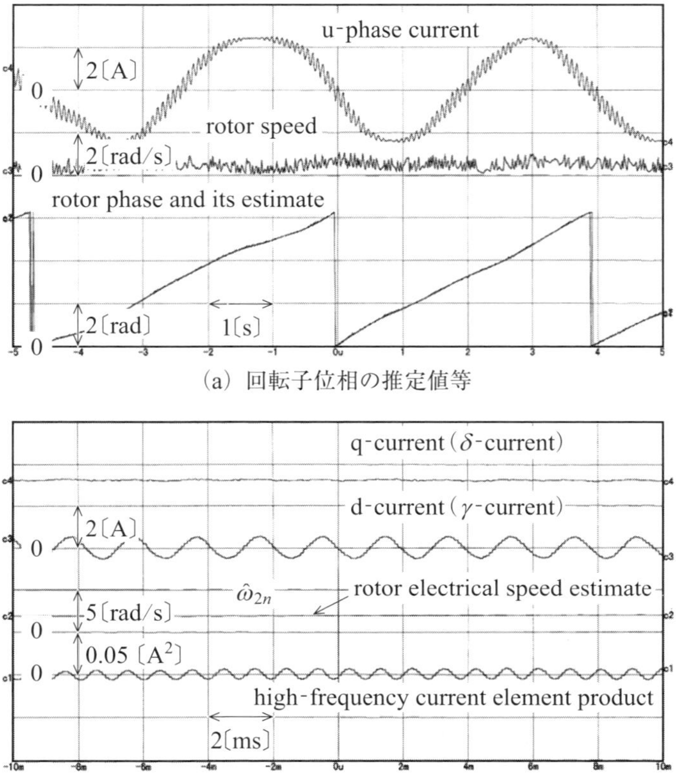

(a) 回転子位相の推定値等

(b) dq 軸電流，要素積信号等

図 11.9　約 0.5〔rad/s〕速度指令値に対する力行定格負荷下での応答

ただし，時間軸は 2〔ms/div〕である．高周波電流成分は，q 軸電流（δ 軸電流）には重畳せず，d 軸電流（γ 軸電流）にのみ重畳している点には，注意されたい．要素積信号は微少ながら残存している．要素積信号の残存は，(11.47)式の位相補正による影響である．

(b)　回生定格負荷

回生定格負荷の下で，定格速度比で約 1/350 に相当する約 0.5〔rad/s〕の微速度指令値を与えた場合の応答を**図 11.10** に示す．図 11.10 の波形の意味は，図 11.9 と同一である．u 相電流位相と回転子位相との位相逆転を除けば，力行の

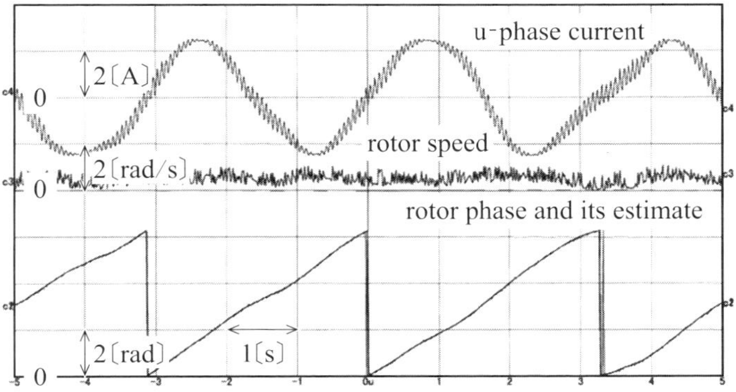

(a) 回転子位相の推定値等

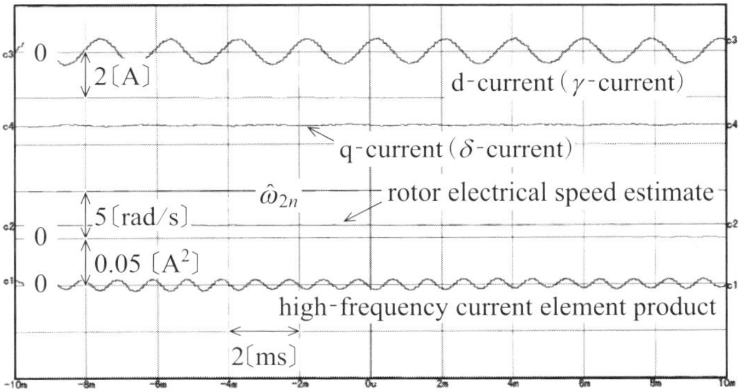

(b) dq 軸電波，要素積信号等

図 11.10 約 0.5〔rad/s〕速度指令値に対する回生定格負荷下での応答

場合と同様に，良好な制御が行われていることがわかる．なお，この場合も，回転子位相の真値と推定値との差 $\hat{\theta}_\alpha - \theta_\alpha$ は視認が困難なほど小さく，平均約 -0.015〔rad〕であった．

なお，図 11.9，図 11.10 においては，位相の揺らぎ，およびこれに対応した約 0.05〔rad/s〕の速度の揺らぎが視認されるが，これは負荷装置のコギングトルク（cogging torque）の影響と思われる．負荷装置には微少なコギングトルクも，軸出力約 1/10 の供試 PMSM には，大きな外乱トルク変動となる．

3

〔2〕定格速度駆動時の定常応答

（a）力行定格負荷

楕円形高周波電圧印加法における高周波電圧は，(11.25)式の電圧指令値が示すように，楕円長軸は回転子速度に関係なく一定であり，楕円短軸のみが回転子速度に比例して変化する．回転子速度に比例した楕円短軸の変化こそが，楕円形高周波電圧印加法の特徴である．高周波電圧における短軸変化の効果を確認すべく，定格速度 180〔rad/s〕での応答を確認した．本定格速度では，楕円形高周波電圧の**短長軸比**は，(10.52)式に示した大きな値・約 1/5 を取る．

力行定格負荷の下で，定格速度指令値を与えた場合の応答を**図 11.11** に示す．

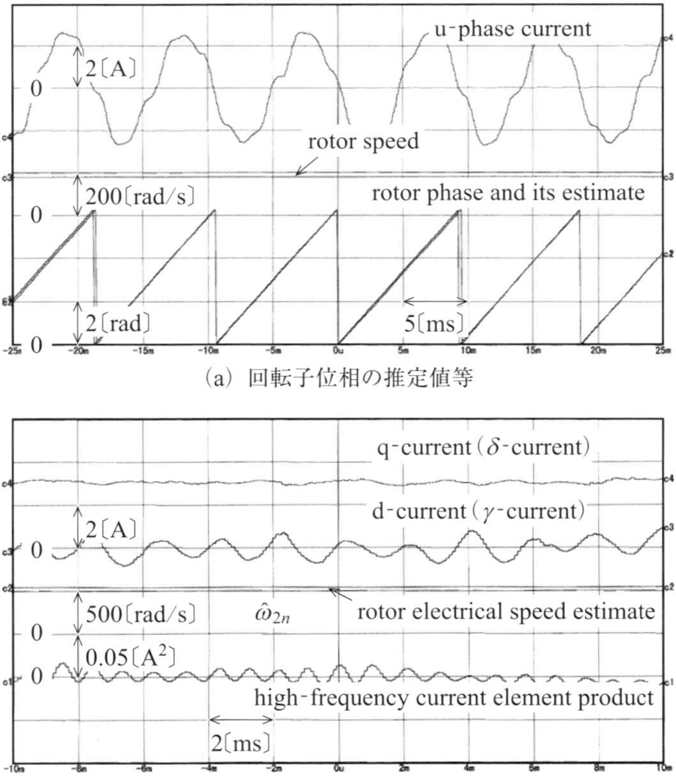

（a）回転子位相の推定値等

（b）dq 軸電流，要素積信号等

図 11.11　定格速度指令値に対する力行定格負荷下での応答

図中の波形の意味は，図 11.9 と同様である．ただし，図 11.11(a)においては，時間軸は 5〔ms/div〕である．本応答においては，回転子電気速度が高周波電圧の周波数の約 1/5 に達しているため，u 相電流に重畳している高周波電流の様子は必ずしも明瞭ではない（(10.52)式参照）．図 11.11(b)では，q 軸電流（δ 軸電流），d 軸電流（γ 軸電流），要素積信号 $i_{\gamma h}i_{\delta h}$ に若干の脈動が観察されるが，全体的には回転子位相が適切に推定され，良好な制御が維持されていることがわかる．

(b) 回生定格負荷

回生定格負荷の下で，定格速度指令値を与えた場合の応答を**図 11.12** に示す．

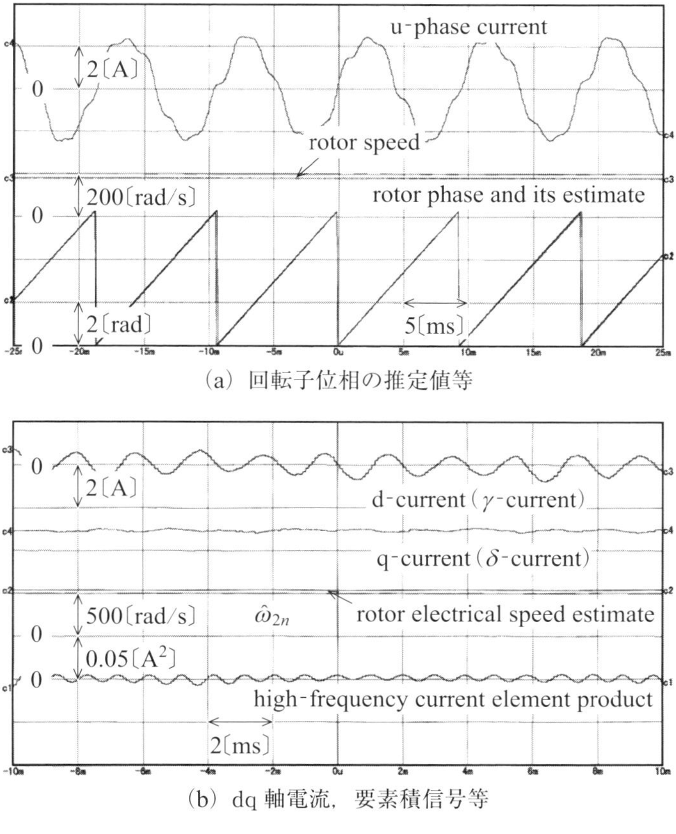

(a) 回転子位相の推定値等

(b) dq 軸電流，要素積信号等

図 11.12 定格速度指令値に対する回生定格負荷下での応答

図中の波形の意味は，図 11.11 と同一である．u 相電流位相と回転子位相との逆転を除けば，力行の場合と同様に，良好な制御が行われていることがわかる．

図 11.11，図 11.12 より，楕円形高周波電圧印加法における回転子速度に応じた楕円短軸の変化の有効性が確認される．

〔3〕 ゼロ速度での負荷の瞬時印加・除去特性

ゼロ速度で安定に制御がなされているか否かの最良の確認方法の 1 つは，定格負荷の瞬時印加および除去に対する安定制御の可否の確認である．**図 11.13**(a)は，この観点から，ゼロ速度指令の速度制御状態で定格負荷を瞬時に印加し，負荷外乱抑圧に関する過渡応答を調べたものである．図中の信号は，上部から，q 軸電流（δ 軸電流），速度指令値，同応答値，u 相電流を示している．時間軸は，2〔s/div〕である．図より，瞬時負荷に対しても安定したゼロ速度制御を維持し，かつこの影響を排除していることが確認される．

図 11.13(b)は，ゼロ速度制御の上，あらかじめ印加された定格負荷を瞬時除去したときの応答である．波形の意味は図(a)と同様である．安定な速度制御が確認される．定常状態に至っても，約 1〔A〕の q 軸電流（δ 軸電流）が残っているが，これは，速度制御器として PI 制御器を利用し，さらには静止摩擦が存在することに起因しており，正常な応答である．

なお，図 11.13 の両図において，ゼロ速度への回復が遅いが，これは供試 PMSM の約 53 倍にも及ぶ負荷装置慣性モーメントを考慮し，速度制御系の帯域幅を 2〔rad/s〕に設計したことに起因している．定格負荷の瞬時印加と瞬時除去における応答の非対称性は，微速度駆動における摩擦の非線形特性によるものであり，応答は正常である．

〔4〕 微速域での軽負荷時の定常応答

高周波電圧印加法に基づくセンサレスベクトル制御の技術的挑戦の 1 つは，小慣性モーメント，軽負荷状態での微速域における適切な位相推定であるといわれている[11.6]．小慣性モーメント，軽負荷状態での微速域における駆動においては，駆動用電流は微小であり，高周波電流が固定子電流の主成分を占める．この結果，固定子電流は一定高周波数 ω_h と同じ頻度でゼロクロスを引き起し，ひいては電力変換器のデッドタイムの影響が位相推定値に激しく出現するといわれて

3

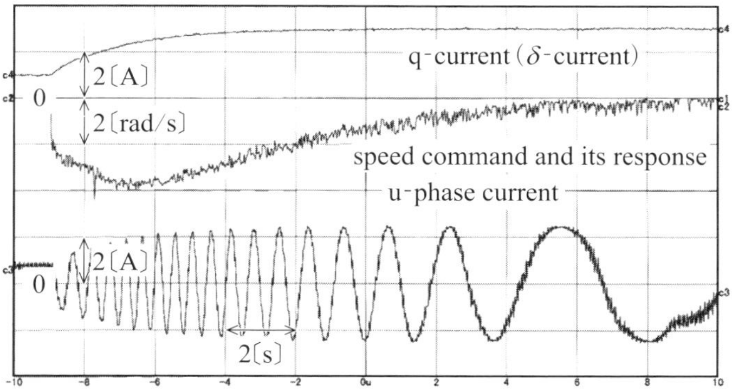

(a) 定格負荷の瞬時印加

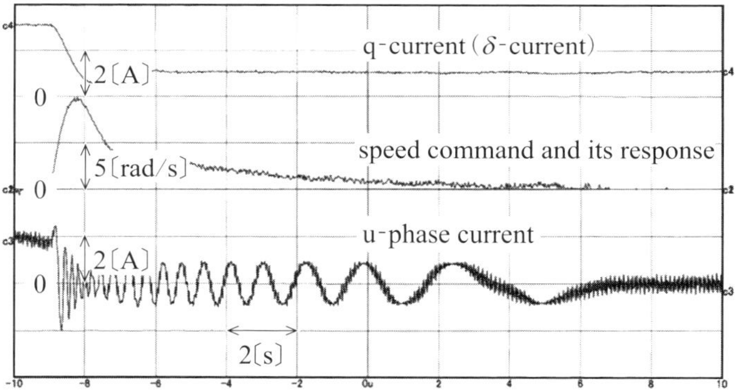

(b) 定格負荷の瞬時除去

図 11.13 ゼロ速度での定格負荷の瞬時印加除去特性
(負荷慣性モーメント比：1/53)

いる．しかも，非理想的なモータ特性に起因するわずかなコギングトルクは，小慣性モーメントの回転子位相を容易かつ瞬時に変位させる．

上記のような状態における回転子位相推定性能を検証すべく，供試 PMSM を負荷装置から切り離し，供試モータに 0.000 55〔kg·m^2〕の慣性モーメントをもつカップリングを装着した．本慣性モーメントは，供試 PMSM 単体の慣性モーメントの約 30%に当たる（表 2.1 参照）．慣性モーメントの変更に応じ，速度制御系の帯域幅を 50〔rad/s〕に設計し直した．他の設計パラメータは，図 11.9～図 11.13 の実験と同一である．速度指令値として，図 11.9 と同一の定格速度比で

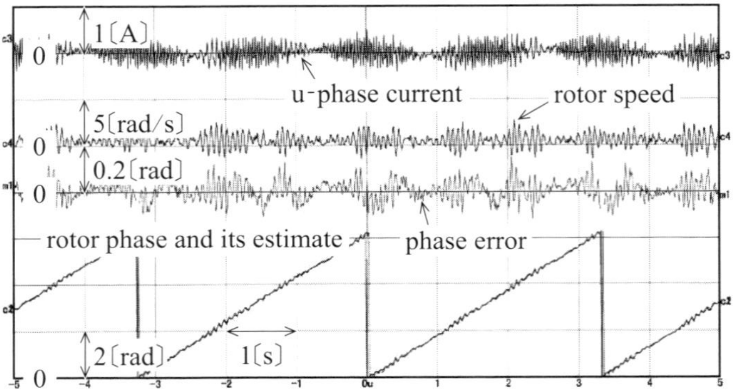

図 11.14　小慣性モーメント・無負荷での約 0.5〔rad/s〕指令値に対する応答

約 1/350 に相当する約 0.5〔rad/s〕の微速度指令値を与えた．

図 11.14 は，この実験結果である．同図は，上から，u 相電流，回転子機械速度検出値，位相推定誤差 $\hat{\theta}_\alpha-\theta_\alpha$，回転子位相真値，同推定値を示している．時間軸は，1〔s/div〕である．u 相電流の軸は，前掲の図 11.9～図 11.13 と異なり，1〔A/div〕に変更しているので注意されたい．図より，固定子電流は激しくゼロクロスを起こし，これに応じて回転子位相も同頻度で激しく変位しているが，回転子位相は迅速かつ適切に推定されていることがわかる．この結果，上記のような過酷な条件下にもかかわらず，位相誤差の瞬時最大値は 0.15〔rad〕程度に収まっている．回転子位相推定値は，位相真値の激しい変動にもかかわらず，これによく追従している．本位相推定性能は，高周波電流要素乗法の優れた特長の 1 つである．

11.6.3　トルク制御

センサレスベクトル制御で最も困難とされているのは，ゼロ速度での高トルク発生である．高周波電圧印加法による位相推定は，突極特性を利用しており，高トルクに見合った大きな駆動用電流を印加する場合には，これにより磁気飽和，軸間干渉が発生し，突極特性が低減あるいは乱れることになる．これまでの報告によれば，ゼロ速度を含む低速域での 150% 定格以上のトルク発生は，250% 定格トルク発生に成功した第 10 章の例が存在するものの，大変困難とされてきた．この実情を踏まえ，ゼロ速度を含む低速域での高トルク発生実験を行った．

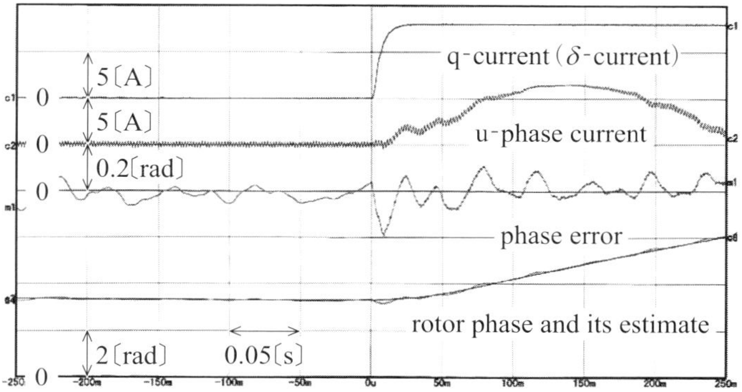

図 11.15 ゼロ速度近傍での定格 250%トルク発生の応答例

図 10.7 のセンサレスベクトル制御系において，速度制御器を撤去し，ベクトル制御系にトルク指令を直接印加できるようにシステム変更後，トルク制御の実験を実施した．**図 11.15** は，負荷装置により供試 PMSM の速度をゼロ速度状態に保ち，センサレスベクトル制御系に 250%定格トルク発生の指令値を与えた場合の応答である．図中の信号は，上から，q 軸電流（δ 軸電流），u 相電流，位相推定誤差 $\hat{\theta}_\alpha - \theta_\alpha$，回転子位相真値，同推定値を示している．時間軸は 0.05〔s/div〕である．電流軸は，前掲の図 11.9〜図 11.14 と異なり，5〔A/div〕に変更されているので，注意されたい．約 10 倍の軸出力をもつ負荷装置の速度制御系帯域幅が低いために，トルク指令印加直後に若干の位相変位が見られるが，良好な位相推定と q 軸電流（δ 軸電流）より，所期のトルク発生が行われていることがわかる．

第12章
一般化楕円形高周波電圧印加法

12.1 目的

応速振幅をもつ**応速真円形高周波電圧印加法**と**楕円形高周波電圧印加法**の共通の特長は，高周波電流に座標系速度 ω_γ が出現しない点，すなわち高周波電流が**速度独立性**を有する点にある．本特性により，高速域においてさえも，低速域と同様な回転子位相推定が可能となった．

一方，両者は次の2点において相違を有する．

(a)　回転子位相 θ_γ と高周波電流楕円の長軸位相 $\theta_{\gamma e}$ との**正相関特性**

(b)　正相成分と逆相成分の振幅比（**正相逆相成分比**）

応速真円形高周波電圧印加法は，回転子位相と長軸位相に関しては，(10.37)式が示しているように，全範囲にわたり最良の同一関係を有する．しかし，正相逆相成分比は，(10.32)式が示しているように，突極比と同一となる．これに対して，楕円形高周波電圧印加法は，回転子位相と長軸位相との正相関に関しては，(11.14)式および図11.1より明白なように，突極比により支配・限定される．しかし，正相逆相成分比は，(11.19)式が示しているように，最良の1を取る．

この2点は，回転子位相推定に大きな影響を与える重要な要因である．回転子位相推定値が，衝撃的な外乱等により，同真値に対して一時的に大きく乖離しても，回転子位相と高周波電流楕円長軸位相との**正相関領域**が広く，乖離回転子位相が正相関領域に存在すれば，再び位相推定値を同真値に収束させることができる．しかし，正相関領域が狭く，一時的乖離の回転子位相が正相関領域外にでたならば，一時的な乖離は推定不能状態に直結する可能性が高い．

位相推定の性能は，当然のことながら，正相逆相成分のノイズに対するS/Nの影響を受ける．S/Nの観点からは，相対的信号レベルが小さい逆相成分の信号レベルが，推定性能を支配することになり，実際的には，逆相成分の信号レベルの向上を図ることが重要である．高周波電圧印加法が最低限の駆動領域として期待されている，ゼロ速度を含む低速域は，S/N の観点からはノイズと等価な影響を及ぼす**電力変換器**（インバータ）の**デッドタイム**（dead time）の影響が最も大きく出現する領域でもある．

上述のように，応速真円形高周波電圧印加法と楕円形高周波電圧印加法は，正相関特性，正相逆相成分比において両極端な優劣を見せている．回転子位相推定の実際的な遂行の観点からは，PMSM の突極比，電力変換器のデッドタイムなどの駆動システム特性に応じ，両者の中間的な特性を選定できる高周波電圧印加法があれば好都合である．本観点から著者により開発された高周波電圧印加法が，**一般化楕円形高周波電圧印加法**である[12.1)～12.3)]．本章では，変調法としての一般化楕円形高周波電圧印加法とこのため復調法（すなわち位相推定法）を説明する．

本章は以下のように構成されている．次の 12.2 節では，まず，一般化楕円形高周波電圧を与え，この応答である高周波電流が速度独立性を維持した形で回転子位相情報を有することを示す．次に，本高周波電流の挙動解析を行う．復調の目的は，応答高周波電流が含有する回転子位相情報を抽出し，回転子位相推定値を得ることにある．本目的を達成し得る復調法の合理的な構築には，任意速度における応答高周波電流の解析解が必須である．解析解を通じ，応答高周波電流は，設計可能な正相逆相成分比をもつ正相成分と逆相成分から構成されること，さらには，高周波電流が描く楕円軌跡の長軸位相と回転子位相は，設計可能な正相関特性を有することを明らかにする．

続いて，数値実験を通じ，これら解析結果を検証・確認する．12.3 節では，一般化楕円形高周波電圧印加法のための復調法（位相推定法）としては，汎用性に富む位相推定法が必要であることを示し，鏡相推定法が本要件を満たすことを明らかにする．加えて，変調法として一般化楕円形高周波電圧印加法を，復調法として鏡相推定法を用いたセンサレスベクトル制御系の構成を，位相速度推定器を中心に説明する．なお，本章の内容は，著者の原著論文と特許 12.1)～12.3) を再構成したものであることを断っておく．

12.2　変調のための一般化楕円形高周波電圧印加法

12.2.1　高周波電圧印加法の構築

$\gamma\delta$ 一般座標系上で印加すべき高周波電圧として，座標系速度 ω_γ に応じて楕円軌跡の長短両軸を同時に変化させる次の**一般化楕円形高周波電圧**を考える．

【一般化楕円形高周波電圧】

$$\boldsymbol{v}_{1h} = V_h \begin{bmatrix} \left(1+K\dfrac{\omega_\gamma}{\omega_h}\right)\cos\omega_h t \\ \left(K+\dfrac{\omega_\gamma}{\omega_h}\right)\sin\omega_h t \end{bmatrix} \qquad \begin{array}{l} V_h = \text{const} \\ \omega_h = \text{const} \end{array} \tag{12.1a}$$

$$0 \le K \le 1 \qquad K = \text{const} \tag{12.1b}$$

■

(12.1)式の K は，**楕円係数**（ellipse coefficient）と呼ばれる設計パラメータである．設計者に選定が委ねられた楕円係数の選定範囲は，(12.1b)式のとおりである（本項末尾の Q/A12.1 参照）．

一般化楕円形高周波電圧に関しては，高周波電流が速度独立な形で回転子位相情報を有することを示す次の**一般化楕円電圧定理**が成立する．

【定理 12.1　一般化楕円電圧定理】

(12.1)式の応速楕円形高周波電圧を PMSM に印加した場合には，次の**高周波磁束**，**高周波電流**が発生する．

$$\boldsymbol{\phi}_{1h} = \frac{V_h}{\omega_h}\begin{bmatrix} \sin\omega_h t \\ -K\cos\omega_h t \end{bmatrix} \tag{12.2}$$

$$\boldsymbol{i}_{1h} = \boldsymbol{i}_{hp} + \boldsymbol{i}_{hn} \tag{12.3}$$

ここに，$\boldsymbol{i}_{hp}, \boldsymbol{i}_{hn}$ は，次式に示す高周波電流正相成分，逆相成分である．

$$\begin{aligned} \boldsymbol{i}_{hp} &= \frac{V_h}{2\omega_h L_d L_q}[(1+K)L_i\boldsymbol{I} - (1-K)L_m\boldsymbol{R}(2\theta_\gamma)]\boldsymbol{u}_p(\omega_h t) \\ &= [g_{pi}\boldsymbol{I} + g_{pm}\boldsymbol{R}(2\theta_\gamma)]\boldsymbol{u}_p(\omega_h t) \\ &= [c_p\boldsymbol{I} + s_p\boldsymbol{J}]\boldsymbol{u}_p(\omega_h t) \end{aligned} \tag{12.4a}$$

$$\begin{aligned} \boldsymbol{i}_{hn} &= \frac{V_h}{2\omega_h L_d L_q}[(1-K)L_i\boldsymbol{I} - (1+K)L_m\boldsymbol{R}(2\theta_\gamma)]\boldsymbol{u}_n(\omega_h t) \\ &= [g_{ni}\boldsymbol{I} + g_{nm}\boldsymbol{R}(2\theta_\gamma)]\boldsymbol{u}_n(\omega_h t) \\ &= [c_n\boldsymbol{I} + s_n\boldsymbol{J}]\boldsymbol{u}_n(\omega_h t) \end{aligned} \tag{12.4b}$$

ただし，

$$\left.\begin{aligned} g_{pi} &= \frac{V_h}{2\omega_h L_d L_q}(1+K)L_i \\ g_{pm} &= \frac{V_h}{2\omega_h L_d L_q}(-(1-K)L_m) \\ g_{ni} &= \frac{V_h}{2\omega_h L_d L_q}(1-K)L_i \\ g_{nm} &= \frac{V_h}{2\omega_h L_d L_q}(-(1+K)L_m) \end{aligned}\right\} \tag{12.5}$$

$$\begin{bmatrix} c_p \\ s_p \end{bmatrix} = \begin{bmatrix} g_{pi}+g_{pm}\cos 2\theta_\gamma \\ g_{pm}\sin 2\theta_\gamma \end{bmatrix} \tag{12.6a}$$

$$\begin{bmatrix} c_n \\ s_n \end{bmatrix} = \begin{bmatrix} g_{ni}+g_{nm}\cos 2\theta_\gamma \\ g_{nm}\sin 2\theta_\gamma \end{bmatrix} \tag{12.6b}$$

このとき，**正相逆相成分比**に関し，次の関係が成立する．

$$\frac{\|\boldsymbol{i}_{hn}\|}{\|\boldsymbol{i}_{hp}\|} = \frac{\|(1-K)L_i\boldsymbol{I}-(1+K)L_m\boldsymbol{R}(2\theta_\gamma)\|}{\|(1+K)L_i\boldsymbol{I}-(1-K)L_m\boldsymbol{R}(2\theta_\gamma)\|} \tag{12.7}$$

ただし，

$$\begin{aligned} &\|(1+K)L_i\boldsymbol{I}-(1-K)L_m\boldsymbol{R}(2\theta_\gamma)\|^2 \\ &\quad = (L_i^2+L_m^2-2L_iL_m\cos 2\theta_\gamma)+2K(L_i^2-L_m^2) \\ &\qquad +K^2(L_i^2+L_m^2+2L_iL_m\cos 2\theta_\gamma) \end{aligned} \tag{12.8a}$$

$$\begin{aligned} &\|(1-K)L_i\boldsymbol{I}-(1+K)L_m\boldsymbol{R}(2\theta_\gamma)\|^2 \\ &\quad = (L_i^2+L_m^2-2L_iL_m\cos 2\theta_\gamma)-2K(L_i^2-L_m^2) \\ &\qquad +K^2(L_i^2+L_m^2+2L_iL_m\cos 2\theta_\gamma) \end{aligned} \tag{12.8b}$$

〈証明〉

(12.1)式の一般化楕円形高周波電圧は，次式のように分離展開できる．

$$\boldsymbol{v}_{1h} = KV_h\left(1+\frac{\omega_\gamma}{\omega_h}\right)\begin{bmatrix} \cos\omega_h t \\ \sin\omega_h t \end{bmatrix} + (1-K)V_h\begin{bmatrix} \cos\omega_h t \\ \dfrac{\omega_\gamma}{\omega_h}\sin\omega_h t \end{bmatrix} \tag{12.9}$$

(12.9)式は，(10.29)式の**応速真円形高周波電圧**，(11.11)式の**楕円形高周波電圧**に，おのおの重み K，$(1-K)$ をつけて加法合成したものと同一である．(12.9)式の一般化楕円形高周波電圧に対応した高周波磁束，高周波電流は，(10.29)式の応速真円形高周波電圧，(11.11)式の楕円形高周波電圧に対応した高周波磁束，高周波電流（**応速真円電圧定理**（定理 10.7），**楕円電圧定理**（定理 11.3）参照）に同一の重み K，$(1-K)$ をつけ加法合成したものと同一となる．本認識および応速真円電圧定理と楕円電圧定理とにより，直ちに，(12.2)～(12.4)式が得られる．

(12.4)式においては，その右辺の 2×2 行列は，各行および各列が互いに直交するベクトル回転器と同様の構造をしている．したがって，本 2×2 行列を**単位正相信号** $\boldsymbol{u}_p(\omega_h t)$，**単位逆相信号** $\boldsymbol{u}_n(\omega_h t)$ に作用させても，作用前後で信号の正相性，逆相性は不変である．よって，$\boldsymbol{i}_{hp}, \boldsymbol{i}_{hn}$ はおのおの高周波電流の正相成分，逆相成分となる．

(12.4)式右辺の 2×2 行列の上記**直交性**より，同行列の列ベクトルノルムあるいは行ベクトルノルムが，同行列のノルムと同一となる．また，同行列が作用する 2 個の単位信号 $\boldsymbol{u}_p(\omega_h t), \boldsymbol{u}_n(\omega_h t)$ は，ともにノルム 1 の 2×1 単位ベクトルである．本事実を(12.4)式に適用しノルム評価を行うと，(12.7)式，(12.8)式を得る．

■

(12.4)式は，一般化楕円形高周波電圧に対する応答高周波電流を**正相逆相表現**したものである．同高周波電流の**軸要素表現**も可能である．これは，次式で与えられる．

【一般化楕円形高周波電圧に対する応答高周波電流（軸要素表現）】

$$
\begin{aligned}
\boldsymbol{i}_{1h} &= \frac{V_h}{\omega_h L_d L_q}\begin{bmatrix} L_i - L_m\cos 2\theta_\gamma & KL_m \sin 2\theta_\gamma \\ -L_m \sin 2\theta_\gamma & -K(L_i + L_m\cos 2\theta_\gamma) \end{bmatrix}\begin{bmatrix} \sin\omega_h t \\ \cos\omega_h t \end{bmatrix} \\
&= \begin{bmatrix} c_\gamma & s_\gamma \\ s_\delta & c_\delta \end{bmatrix}\boldsymbol{u}_n(\omega_h t)
\end{aligned}
\tag{12.10}
$$

$$
\left.
\begin{aligned}
c_\gamma &= \frac{V_h}{\omega_h L_d L_q}(L_i - L_m\cos 2\theta_\gamma) \\
s_\gamma &= \frac{V_h}{\omega_h L_d L_q} KL_m\sin 2\theta_\gamma \\
s_\delta &= \frac{V_h}{\omega_h L_d L_q}(-L_m\sin 2\theta_\gamma) \\
c_\delta &= \frac{V_h}{\omega_h L_d L_q}(-K(L_i + L_m\cos 2\theta_\gamma))
\end{aligned}
\right\}
\tag{12.11}
$$

■

(12.1)式の一般化楕円形高周波電圧を印加する**変調法**を，本書では，**一般化楕円形高周波電圧印加法**と呼称する．

Q12.1

(12.1b)式では，設計パラメータである楕円係数 K に対して非負の条件を付していますが，楕円係数を負値に選定してはいけないのでしょうか．

Ans.

楕円係数 K に負値を選定しても問題ありません．(12.1a)式から理解されるように，正の一定高周波数 $\omega_h > 0$ に対し負の楕円係数 $K < 0$ を採用するということは，負の一定高周波数 $(-\omega_h < 0)$ に対し正の楕円係数 $(-K > 0)$ を採用することと等価です．この等価性は，以下のように証明されます．

$$
\begin{aligned}
\boldsymbol{v}_{1h} &= V_h \begin{bmatrix} \left(1 + K\dfrac{\omega_\gamma}{\omega_h}\right)\cos\omega_h t \\ \left(K + \dfrac{\omega_\gamma}{\omega_h}\right)\sin\omega_h t \end{bmatrix} \\
&= V_h \begin{bmatrix} \left(1 + (-K)\dfrac{\omega_\gamma}{(-\omega_h)}\right)\cos(-\omega_h t) \\ \left((-K) + \dfrac{\omega_\gamma}{(-\omega_h)}\right)\sin(-\omega_h t) \end{bmatrix}
\end{aligned}
$$

上記の等価性より，(12.1b)式のように楕円係数 K に対して非負の条件を付すことにより，一般性を失うことはありません．

Q12.2

一般化楕円形高周波電圧の印加による応答高周波電流は，正相逆相表現においては 4 振幅 c_p, s_p, c_n, s_n が，軸要素表現においては 4 振幅 $c_\gamma, s_\gamma, c_\delta, s_\delta$ が回転子位相情報を含んでいます．2 種の 4 振幅の間に，特別な関係がありますか．

Ans.

よい質問ですね．以下の関係が成立しています．

$$
\begin{bmatrix} c_\gamma & s_\gamma \\ s_\delta & c_\delta \end{bmatrix} = \begin{bmatrix} c_p + c_n & s_p - s_n \\ s_p + s_n & -c_p + c_n \end{bmatrix}
$$

または，

$$
\begin{bmatrix} c_\gamma \\ c_\delta \end{bmatrix} = \begin{bmatrix} 1 & 1 \\ -1 & 1 \end{bmatrix} \begin{bmatrix} c_p \\ c_n \end{bmatrix}
$$

$$
\begin{bmatrix} s_\gamma \\ s_\delta \end{bmatrix} = \begin{bmatrix} 1 & -1 \\ 1 & 1 \end{bmatrix} \begin{bmatrix} s_p \\ s_n \end{bmatrix}
$$

3

12.2.2　高周波電流の挙動解析

一般化楕円形高周波電圧印加法によって発生した高周波電流に関しては，(12.4)式が明示しているように，本電流が**速度独立性**を維持して回転子位相情報を有する点に，まず注意されたい．

次に，高周波電流の正相逆相成分比であるが，これは，(12.7)式，(12.8)式より明らかなように，厳密には回転子位相 θ_γ の関数となる．しかし，(12.8)式の 2 式の比較より明白なように，相対比である成分比を支配するのは同式右辺第 2 項であり，本項は回転子位相と無関係である．この点を考慮するならば，$\theta_\gamma=0$ における代表的な成分比の把握が有用である．$\theta_\gamma=0$ の条件を(12.7)式，(12.8)式に適用すると，簡明な次式を得る．

$$\frac{\|\boldsymbol{i}_{hn}\|}{\|\boldsymbol{i}_{hp}\|}=\frac{L_q-KL_d}{L_q+KL_d}=\frac{(1+r_s)-K(1-r_s)}{(1+r_s)+K(1-r_s)}\qquad \theta_\gamma=0 \tag{12.12}$$

本条件下の楕円の短長軸比は，(12.12)式を**楕円鏡相定理 II**（定理 10.5）に適用することにより，次のように求められる．

$$\frac{\min\|\boldsymbol{i}_{1h}\|}{\max\|\boldsymbol{i}_{1h}\|}=\frac{\|\boldsymbol{i}_{hp}\|-\|\boldsymbol{i}_{hn}\|}{\|\boldsymbol{i}_{hp}\|+\|\boldsymbol{i}_{hn}\|}$$

$$=K\frac{L_d}{L_q}=K\frac{1-r_s}{1+r_s}\qquad \theta_\gamma=0 \tag{12.13}$$

図 12.1(a)に，$\theta_\gamma=0$ を条件とした(12.12)式に基づき，突極比 $r_s=0.1\sim0.5$ にわたり，楕円係数 K と正相逆相成分比との関係を例示した．同図より明白なように，楕円係数 K と正相逆相成分比とは，おおむね線形関係があり，楕円係

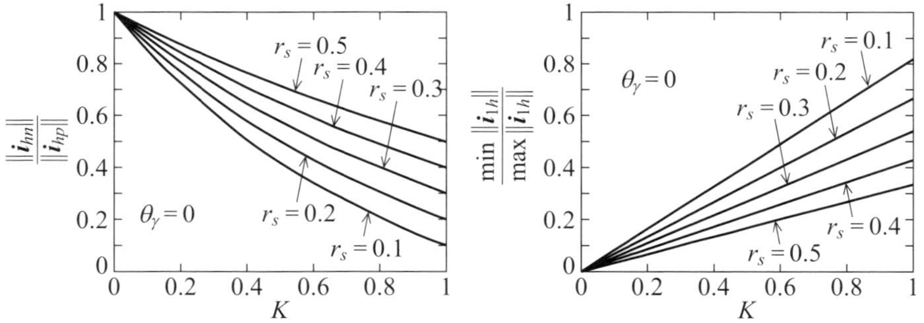

(a) 楕円係数と正相逆相成分比　(b) 楕円係数と短長軸比

図 12.1　楕円係数 K と正相逆相成分比，短長軸比の一関係例

数を用いて，正相逆相成分比を自在に指定できることがわかる．例えば，突極比 $r_s = 0.2$，$L_q/L_d = 1.5$ のモータに対し $K = 0.5$ を選定する場合には，正相逆相成分比として約 0.5 を得る．応速真円形高周波電圧印加法における正相逆相成分比 0.2 に比較すると，約 250％の改善である（(10.32)式参照）．

正相逆相成分比の変更は，高周波電流楕円軌跡の変更を意味する．具体的には，楕円係数 K の指定は，高周波電流楕円軌跡の短長軸比を変更することになる．図 12.1(b)は，$\theta_\gamma = 0$ を条件とした(12.13)式に基づきこの様子を示したものである．

一般化楕円形高周波電圧印加法のもう一つの特徴は，回転子位相 θ_γ と高周波電流楕円長軸位相 $\theta_{\gamma e}$ との正相関の改善にある．**一般化楕円電圧定理**（定理 12.1）の結論を**楕円鏡相定理Ⅲ**（定理 10.6）に適用すると，正相関領域を解明する次の**楕円長軸位相定理**を得ることができる．

3

【定理 12.2　楕円長軸位相定理】

回転子位相が θ_γ のとき，(12.3)式，(12.4)式の高周波電流が描く楕円の長軸位相 $\theta_{\gamma e}$ は，次式で与えられる．

$$\theta_{\gamma e} = \frac{1}{2}\tan^{-1}\left(\frac{(1-K^2)r_s^2 \sin 4\theta_\gamma + 2(1+K^2)r_s \sin 2\theta_\gamma}{(1-K^2)(1+r_s^2\cos 4\theta_\gamma) + 2(1+K^2)r_s \cos 2\theta_\gamma}\right) \tag{12.14}$$

〈証明〉

楕円鏡相定理Ⅲ（定理 10.6）の(10.20a)式に，正相成分，逆相成分として(12.4)式を適用すると次式を得る．

$$\begin{aligned}\begin{bmatrix} C_{2p} \\ S_{2p} \end{bmatrix} &= [\boldsymbol{i}_{hp} \quad \boldsymbol{J}\boldsymbol{i}_{hp}]\boldsymbol{i}_{hn} \\ &= \left(\frac{V_h}{2\omega_h L_d L_q}\right)^2 [(1+K)L_i\boldsymbol{I} - (1-K)L_m\boldsymbol{R}(2\theta_\gamma)] \\ &\quad \cdot [\boldsymbol{u}_p(\omega_h t) \quad \boldsymbol{J}\boldsymbol{u}_p(\omega_h t)]\,[(1-K)L_i\boldsymbol{I} - (1+K)L_m\boldsymbol{R}(2\theta_\gamma)]\boldsymbol{u}_n(\omega_h t)\end{aligned} \tag{12.15}$$

ここで，次の性質に注意すると，

$$[\boldsymbol{u}_p(\omega_h t) \quad \boldsymbol{J}\boldsymbol{u}_p(\omega_h t)] = \begin{bmatrix} \sin\omega_h t & \cos\omega_h t \\ -\cos\omega_h t & \sin\omega_h t \end{bmatrix} \tag{12.16}$$

$$[\boldsymbol{u}_p(\omega_h t) \quad \boldsymbol{J}\boldsymbol{u}_p(\omega_h t)]\boldsymbol{u}_n(\omega_h t) = \begin{bmatrix} 1 \\ 0 \end{bmatrix} \tag{12.17}$$

(12.15)式は，次式のように整理することができる．

$$\begin{bmatrix} C_{2p} \\ S_{2p} \end{bmatrix} = \left(\frac{V_h}{2\omega_h L_d L_q}\right)^2 [(1+K)L_i\boldsymbol{I}-(1-K)L_m\boldsymbol{R}(2\theta_\gamma)]$$

$$\cdot[(1-K)L_i\boldsymbol{I}-(1+K)L_m\boldsymbol{R}(2\theta_\gamma)]\begin{bmatrix} 1 \\ 0 \end{bmatrix}$$

$$= \left(\frac{V_h}{2\omega_h L_d L_q}\right)^2 \begin{bmatrix} (1-K^2)(1+r_s^2\cos 4\theta_\gamma)+2(1+K^2)r_s\cos 2\theta_\gamma \\ (1-K^2)r_s^2\sin 4\theta_\gamma+2(1+K^2)r_s\sin 2\theta_\gamma \end{bmatrix} \tag{12.18}$$

(12.18)式を楕円鏡相定理Ⅲ（定理 10.6）の(10.20b)式に適用すると，(12.14)式を得る．

■

なお，楕円長軸位相定理（定理 12.2）の(12.14)式は，$K=1$ と選定する場合には(10.37)式に，$K=0$ と選定する場合には(11.14)式に，帰着する．

回転子位相が十分に小さい場合には，回転子位相 θ_γ と楕円長軸位相 $\theta_{\gamma e}$ との関係は，次の線形関係として近似される．

$$\theta_{\gamma e} \approx K_\theta \theta_\gamma \tag{12.19a}$$

$$K_\theta = \frac{2r_s((1+r_s)+K^2(1-r_s))}{(1+r_s)^2-K^2(1-r_s)^2} \qquad 0 \le K \le 1 \tag{12.19b}$$

図 12.2 に，(12.14)式に基づき，$K=0.5$ の場合について，突極比 $r_s=0.1$～

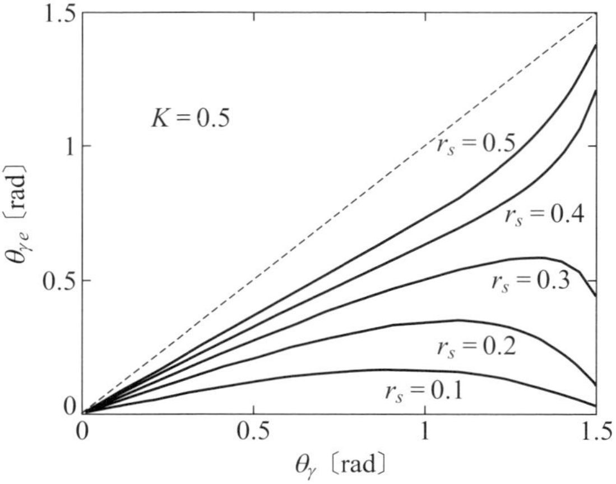

図 12.2　回転子位相と高周波電流楕円長軸位相の関係

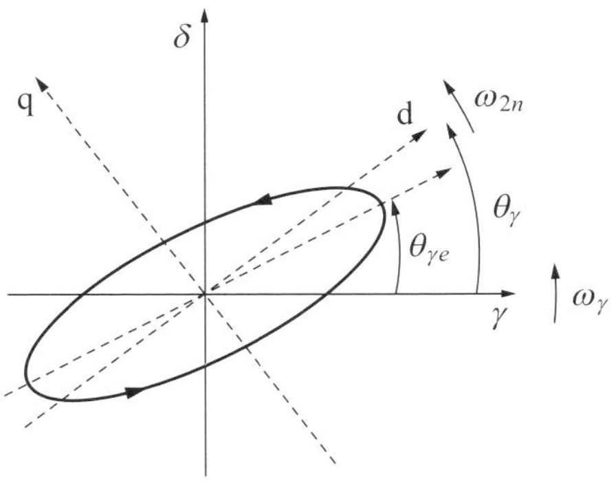

図 12.3 一般化楕円形高周波印加法における電流の挙動

0.5 にわたり，回転子位相 θ_γ と楕円長軸位相 $\theta_{\gamma e}$ との相関特性を例示した．なお，同図には，参考までに，(10.37)式の関係も破線で示している．

一般化楕円形高周波電圧印加法においては，楕円形高周波電圧印加法を基準とするならば，図 12.2 と図 11.1 との比較より明白なように，正相関領域は，大幅に拡張されている．突極比 r_s が 0.35 以上の場合には，全領域で正の相関が実質達成され，比確的小さい突極比 $r_s = 0.2$，$L_q/L_d = 1.5$ の場合でさえ，正相関領域は $|\theta_\gamma| \leq 1.2$ 程度まで拡張されている．

一般化楕円電圧定理（定理 12.1），楕円長軸位相定理（定理 12.2）による解析結果に基づき，一般化楕円形高周波電圧印加法における高周波電流挙動の概要を，**図 12.3** に例示した．本高周波電圧印加法における高周波電流の挙動は，応速真円形高周波電圧印加法と楕円形高周波電圧印加法との中間的な挙動を示す．すなわち，本高周波電圧印加法による高周波電流では，応速真円形高周波電圧印加法を基準とするならば，逆相成分が相対的に増加する．このため，高周波電流軌跡の楕円は，より扁平な形状を示す（図 10.4 参照）．一方，楕円長軸位相は，(10.37)式の理想的特性は示さなくなり，楕円形高周波電圧印加法の特徴である(11.14b)式の特性を示し始め，楕円長軸は γ 軸寄りとなる．しかし，楕円長軸の位相は(11.14a)式より良好な正相関を示すようになる．

12.2.3 高周波電流の挙動検証

本項では，前項で解析した高周波電流挙動の正等性を，数値実験を通じ定量的に検証する．回転子位相推定の観点から，特に重要な解析結果は，次の 3 点である．

（a）　回転子位相情報を含む高周波電流の速度独立性

（b）　回転子位相と高周波電流楕円長軸位相との正相関特性

（c）　高周波電流の構成成分と正相逆相成分比

検証のための供試モータの特性は，表 2.1 とした．本供試モータの突極比は，次のとおりである．

$$r_s = \frac{-L_m}{L_i} \approx 0.22 \tag{12.20}$$

表 2.1 の PMSM パラメータを用いて，姉妹本・文献 12.4）3 章の方法で，ベクトルシミュレータを構成し，高周波電圧を印加した．この際，高周波電圧の振幅，周波数は，第 10 章，第 11 章の実験で使用した値と同一とした．すなわち，

$$\left.\begin{aligned} V_h &= 23\,[\mathrm{V}] \\ \omega_h &= 800\cdot\pi\,[\mathrm{rad/s}] \end{aligned}\right\} \tag{12.21}$$

このときの回転子の位相，速度，座標系の速度は，検証が行いやすいように，以下のように常時一定に保った．

$$\left.\begin{aligned} \theta_\gamma &= \frac{\pi}{4}\,[\mathrm{rad}] \\ \omega_{2n} &= \omega_\gamma = \mathrm{const} \end{aligned}\right\} \tag{12.22}$$

高周波電流に含まれる正相成分，逆相成分の抽出には，図 10.5(b)の相成分抽出フィルタ（extracting filter）を用いた．

〔1〕速度独立性の検証

(12.1)式の一般化楕円形高周波電圧を，楕円係数 K を $K = 0.5$ と選定して，印加した．このときの回転子速度，座標系の速度は，ゼロ速度 $\omega_{2n} = \omega_\gamma = 0$〔rad/s〕と定格速度 $\omega_{2n} = \omega_\gamma = 540$〔rad/s〕とした．**図 12.4** にゼロ速度の応答を，**図 12.5** に定格速度の応答を示す．各図の(a),(b),(c)は，おのおの，高周波電流，正相成分，逆相成分を示している．なお，図には，参考までに，回転子位相 $\theta_\gamma = \pi/4$〔rad〕を破線で示した．

図 12.4，図 12.5 の比較より明白なように，両図の電流に有意の違いはない．これら応答は，一般化楕円形高周波電圧印加法における高周波電流は**速度独立性**を有すること，ひいては解析結果の正等性を裏付けるものである．

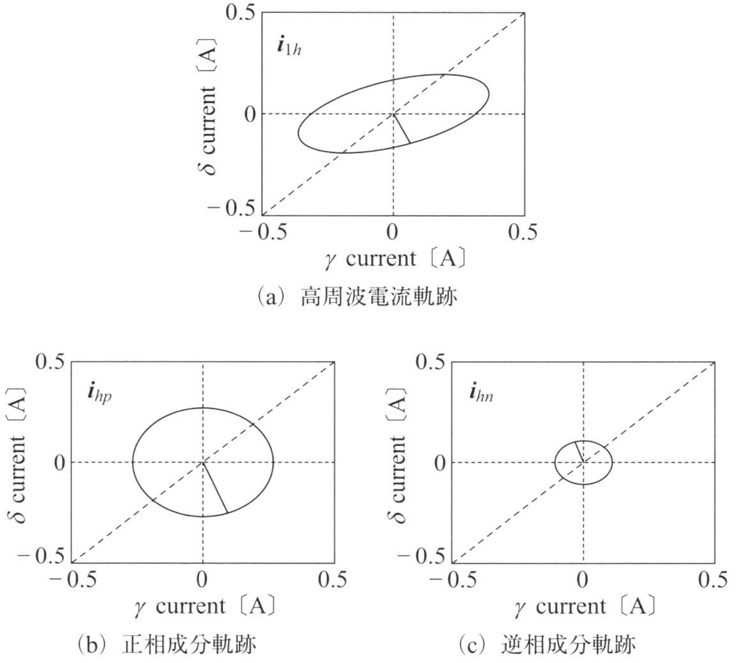

図 12.4　$K = 0.5$，ゼロ速度での高周波電流と同正相，逆相成分

〔2〕位相の正相関と正相逆相成分比の検証

(12.1)式の一般化楕円形高周波電圧を，楕円係数を $K = 1$ と選定して，印加した．本選定は，(10.29)式の応速真円形高周波電圧を採用したことを意味する．印加時の回転子速度，座標系の速度は，図 12.5 と同一の定格速度とした．**図 12.6** に応答を示す．同図の意味は，図 12.4，図 12.5 と同一である．高周波電流の楕円長軸位相と回転子位相とが同一である点，および正相成分と逆相成分の振幅が大きく異なっている点に注意されたい．

(12.1)式の一般化楕円形高周波電圧を，楕円係数を $K = 0$ と選定して，印加した．本選定は，(11.11)式の楕円形高周波電圧を採用したことを意味する．印加時のモータ速度，座標系の速度は，図 12.5，図 12.6 と同一の定格速度とした．**図 12.7** に応答を示す．同図の意味は，図 12.4〜図 12.6 と同一である．高周波電流の直線軌跡の位相が，回転子位相と大きく乖離している点，これに対して同一振幅の正相成分と逆相成分が抽出されている点に注意されたい．

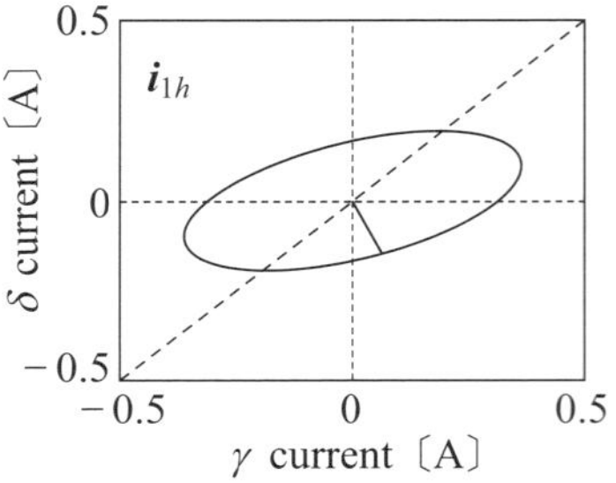

（a）高周波電流軌跡

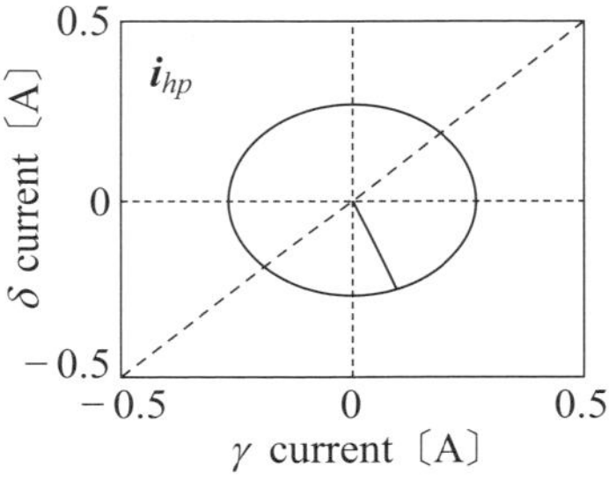

（b）正相成分軌跡

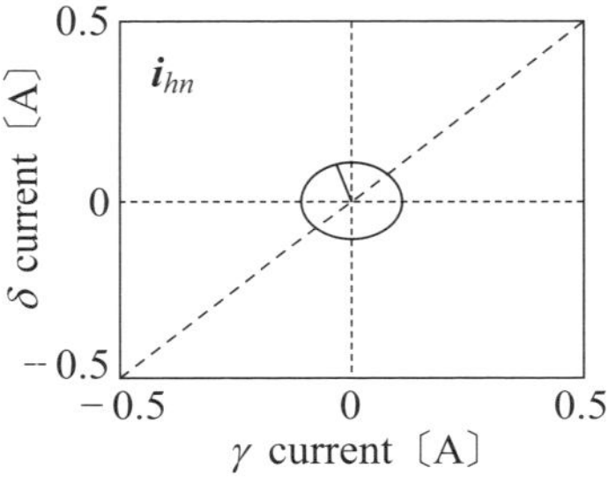

（c）逆相成分軌跡

図 12.5　$K=0.5$，定格速度での高周波電流と正相，逆相成分

楕円係数 $K=0.5$ の図 12.5，$K=1$ の図 12.6，$K=0$ の図 12.7 とによる 3 図の応答比較により，楕円係数 K を用いて，回転子位相と高周波電流楕円長軸位相との正相関の度合い，正相逆相成分比の調整が可能であるとした前項の解析結果の正当性が，確認される．なお，図 12.4〜図 12.7 のすべての高周波電流においては，正相成分と逆相成分を除く，他の成分は一切存在しないことも確認している．これも，前項の解析結果と一致する．

12.3　鏡相推定法による復調とセンサレスベクトル制御系の構成

12.3.1　鏡相推定法による復調

変調法として一般化楕円形高周波電圧印加法を用いた場合，このための復調法（すなわち位相推定法）は，すべての楕円係数 K に対して適用可能な汎用性に富

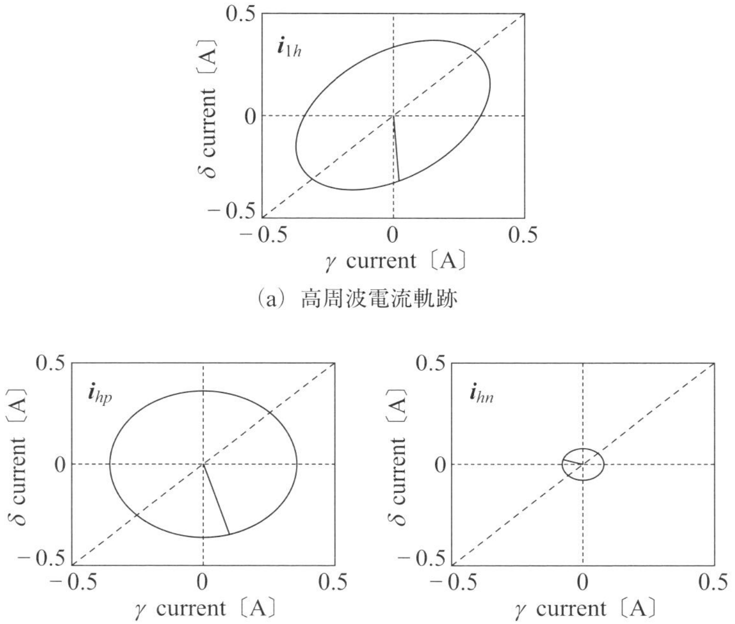

(a) 高周波電流軌跡

(b) 正相成分軌跡　(c) 逆相成分軌跡

図 12.6 $K = 1$，定格速度での高周波電流と正相，逆相成分

むものでなくてはならない．本汎用性を備えた復調法としては，鏡相推定法がある．鏡相推定法は，高周波電流が描く楕円軌跡の長軸位相を推定するものであり，楕円係数 $K = 1$ とする応速真円形高周波電圧印加法のための復調法としても，また，楕円係数 $K = 0$ とする楕円形高周波電圧印加法のための復調法としても，利用できた．一般化楕円形高周波電圧印加法は，上記 2 つの高周波電圧印加法の楕円係数 K を用いた合成であり，前節で解析・検証したようにこの高周波電流は同じく楕円軌跡を描く．鏡相推定法により，任意の楕円係数 K に対応した楕円長軸位相の推定は可能であり，鏡相推定法は一般化楕円形高周波電圧印加法のための復調法（位相推定法）として利用できる．

一般化楕円形高周波電圧印加法のための復調法として，鏡相推定法を利用する場合には，**一般化積分形 PLL 法**を併用することになる（図 10.8 参照）．一般化積分形 PLL 法によれば，鏡相推定法で得た長軸位相推定値 $\hat{\theta}_{\gamma e}$ に対し，$\hat{\theta}_{\gamma e} \to 0$ となるように $\gamma\delta$ 準同期座標系の位相 $\hat{\theta}_\alpha$ を調整することができる．**正相関特性**

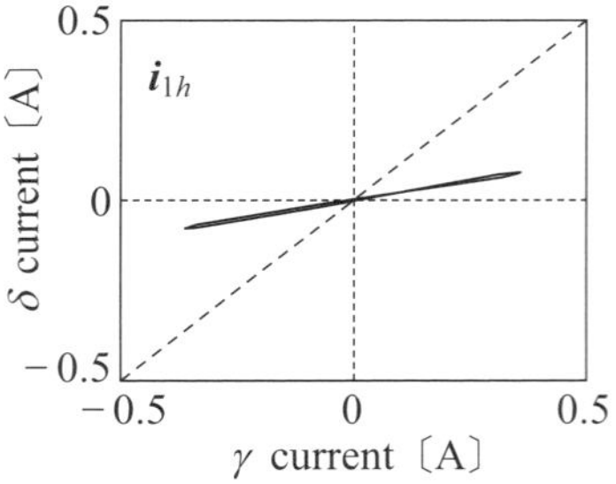

（a）高周波電流軌跡

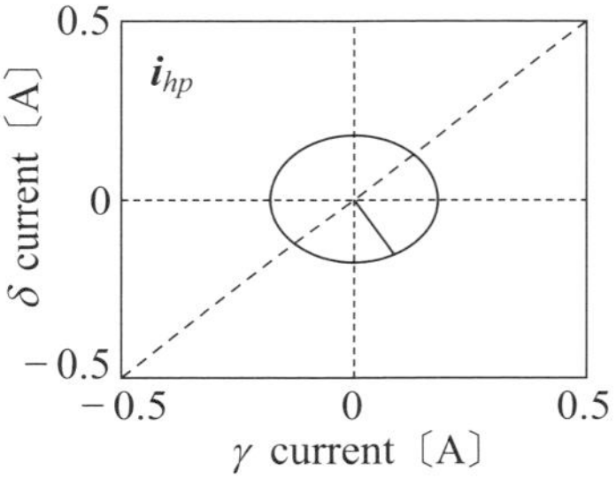

（b）正相成分軌跡

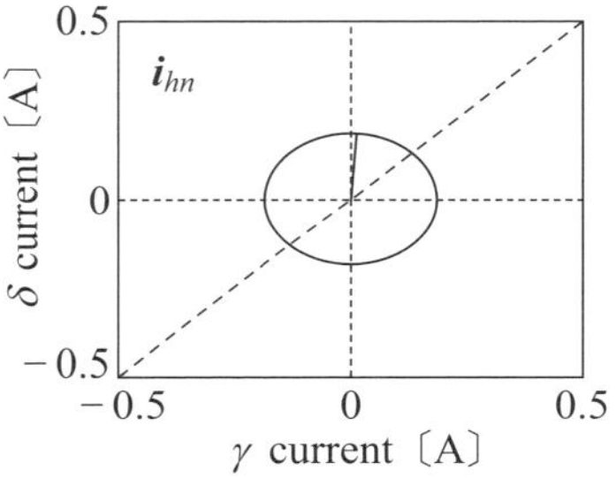

（c）逆相成分軌跡

図 12.7　$K=0$，定格速度での高周波電流と正相，逆相成分

が維持される**正相関領域**で $\hat{\theta}_{\gamma e}\to 0$ の達成は，$\hat{\theta}_{\gamma}\to 0$ を意味し，このとき $\gamma\delta$ 準同期座標系の位相 $\hat{\theta}_{\alpha}$ は，回転子位相推定値となる．すなわち，所期の復調（位相推定）が達成される．正相関領域における上記の動作原理は，11.3.1 項で示した，変調法を楕円形高周波電圧印加法とし復調法を鏡相推定法とする場合の動作原理と同様であるので，これ以上の説明は省略する．

12.3.2　センサレスベクトル制御系の構成

変調法として一般化楕円形高周波電圧を採用し，復調法として鏡相推定法を採用した，**センサレスベクトル制御系**の全般的構成は，第 10 章で提示した図 10.7 と同一である．第 10 章と第 11 章とのベクトル制御系の相違は，回転子の位相・速度の推定を担う**位相速度推定器**（図 10.8 参照）に若干あるに過ぎない．以下に，位相速度推定器のこの違いについて説明する．

（a）　応速高周波電圧指令値 $\boldsymbol{v}_{1h}^{*}$ を生成する**高周波電圧指令器**（**HFVC**）は，当然のことながら，応速真円形高周波電圧指令用の(10.43)式に代わって，次の**一般化楕円形高周波電圧指令値**を生成すべく構成することになる（(12.1)式参照）.

$$\boldsymbol{v}_{1h}^{*} = V_h \begin{bmatrix} \left(1 + K\dfrac{\widehat{\omega}_{2n}}{\omega_h}\right)\cos\omega_h t \\ \left(K + \dfrac{\widehat{\omega}_{2n}}{\omega_h}\right)\sin\omega_h t \end{bmatrix} \qquad \begin{aligned} V_h &= \text{const} \\ \omega_h &= \text{const} \end{aligned} \tag{12.23}$$

(b)　位相同期器の構成要素である**位相制御器** $C(s)$ の構成・設計は，応速真円形高周波電圧印加法の場合（さらには，駆動用電圧・電流を用いた位相推定の場合）と同様である．ただし，位相制御器 $C(s)$ の分子多項式の全係数は，(12.19b)式で定義した**正相関ゲイン** K_θ で除して利用する必要がある．このときの正相関ゲイン K_θ は，高い精度は必要としない.

(c)　(10.45)式，(10.46)式に従って**位相補正**を行う場合には，このための正相関ゲイン K_θ は，(12.19b)式で定義した値を利用する必要がある.

一般化楕円形高周波電圧印加法のための復調法（位相推定法）として鏡相推定法を利用する場合に，駆動に際して注意すべきは，「回転位相 θ_γ が正相関領域に存在する」ことの確認である．正相関が維持できない領域で位相推定を開始する場合には，所期の位相推定値を得ることができない．また，「正相関領域は一様ではなく，突極比に依存して変化する」ことへの注意も必要である（図 12.2 参照）.

第13章 直線形高周波電圧印加法

13.1 目的

変調法としての**一般化楕円形高周波電圧印加法**の特長の1つは，回転子位相情報を有する高周波電流が**速度独立性**を有する点にある．当然のことながら，本印加法の特別の場合として含まれる**応速真円形高周波電圧印加法**，**楕円形高周波電圧印加法**も速度独立性を有している．幸いにも，**一定真円形高周波電圧印加法**においても，楕円長軸位相と回転子位相との**正相関特性**に関しては，速度独立性が得られた．しかしながら，すべての高周波電圧印加法が速度独立性を有しているわけではない．

従前の代表的変調法として，**直線形高周波電圧印加法**がある．本印加法は，印加座標系上で空間回転速度ゼロの一定振幅正弦形状の高周波電圧（**直線形高周波電圧**）を印加する方法であり[13.1)～13.19)]，直線形高周波電圧は，印加座標系上では単純な直線軌跡を描く．反面，対応の高周波電流は速度独立性を有せず，その挙動は複雑である．このためか，藍原による1994年の本印加法の提案以来[13.3)]，高周波電流の処理を通じた**復調法（回転子位相推定法）**が，種々報告されてきた．具体的には，藍原等の提案による**FFT法**[13.5)]，Ha，井手等の提案による**45度インピーダンス法**[13.6)～13.8)]，山本，Linke等の提案による**高周波座標変換形周波数倍シフト法**[13.9)～13.11)]，Jang等の提案による**スカラヘテロダイン法**[13.12)～13.14)]，新中，Holtzの提案による**高周波電流要素乗法**（第11章参照）[13.15)～13.17)]が報告されている．

これら復調法（位相推定法）の構築には，当然のことながら，回転子位相情報を有する高周波電流の挙動解析が必要であり，これがなされてきた．しかしながら，本挙動解析は，例外なく，「回転子速度はゼロ速度近似可能」との条件下でなされたものであり，その適用領域特に高トルク発生を期待する適用領域は，ゼロ速度近傍の微速域に限定されている．スカラヘテロダイン法，高周波電流要素乗法に限っては，速応性（速い応答性）を犠牲にした移動平均等の追加的処理を施すことにより，定格トルク以下を条件に比較的高い速度領域までの適用可能性を示唆する実験的報告がなされている[13.16), 13.18)]．また，45 度インピーダンス法に関しては，大き目な速度変動を伴いながらも，高速域でも利用可能であることが実験的に示されている[13.19)]．しかし，これら適用可能性を合理的に説明できる中高速域における高周波電流の挙動解析が十分になされているわけではない[13.6)～13.17)]．

以上のような状況を踏まえ，本章では，直線形高周波電圧印加法における高周波電流に対し，解析解を求める．復調の目的は，応答高周波電流が含有する回転子位相情報を抽出し，回転子位相推定値を得ることにある．本目的を達成し得る復調法の合理的な構築には，任意速度における応答高周波電流の解析解が必須である．本解析解が対象とする任意速度の領域は，ゼロ速度から定格速度を含む全領域とする．解析手法は，一般化楕円形高周波電圧印加法における高周波電流の挙動解析のために開発されたものを援用する（第 12 章参照）．

次に，本解析解に基づき，直線形高周波電圧印加法のための復調法として，特に，低速域から高速域にわたり原理的に無理なく適用可能で，速応性を犠牲にする移動平均等の追加的処理を必要としない復調法として，**鏡相推定法**が利用できることを説明する．

本章は，以下のように構成されている．次の 13.2 節では，まず，高周波電流を**直線軌跡成分**と他の成分とに分離した場合の特性，高周波電流を**正相成分**と**逆相成分**とに分離した場合の特性，高周波電流が描く楕円軌跡の長軸位相と回転子位相との正相関特性等を，解析する．次に，理論解析の結果として得られた諸特性を，数値実験を通じて定量的に検証・確認する．13.3 節では，直線形高周波電圧印加法のための復調法として鏡相推定法が利用できることを示し，同法を用いた**センサレスベクトル制御系**を，位相・速度の推定を担う**位相速度推定器**を中心に説明する．なお，本章の内容は，著者の原著論文と特許 13.1)，13.2)を再構成したものである点を断っておく．

13.2 変調のための直線形高周波電圧印加法

13.2.1 直線形高周波電圧印加法の定義

任意の座標系速度 ω_γ をもつ $\gamma\delta$ **一般座標系**上で印加すべき変調用高周波電圧

として，同座標系上で直線軌跡をもつ一定振幅高周波電圧を考える[13.3)～13.5), 13.8)～13.19)]．すなわち，

【直線形高周波電圧】

$$\boldsymbol{v}_{1h} = V_h \begin{bmatrix} \cos \omega_h t \\ 0 \end{bmatrix} \qquad \begin{aligned} V_h &= \text{const} \\ \omega_h &= \text{const} \end{aligned} \tag{13.1}$$

■

本章では，印加座標系上で直線軌跡をもつ二相信号成分を，前章同様，**中相成分**（neutral phase component）と呼称する．さらには，二相信号の**正相成分**，**逆相成分**，中相成分を，おのおの脚符 n, p, z を用いて表現する．また，以下の議論では，一般性を失うことなく，モータはゼロ速度を含め正方向へ回転するものとする．すなわち，特に断らない限り，$\omega_{2n} \geq 0$，$\omega_\gamma \geq 0$ とし，高周波電圧の一定高周波数 ω_h は正とする．本前提は，印加高周波電圧に起因する高周波磁束，高周波電流の正相，逆相成分を区別するためのものである．回転子の回転方向，一定高周波数の極性が反転すると，正逆相反転が起きることがある．本前提は，正逆相反転に起因する記述上の混乱を避けるためのものである．単位正相信号，単位逆相信号 $\boldsymbol{u}_p(\omega_h t), \boldsymbol{u}_n(\omega_h t)$ の定義は，(10.15)式に従うものとする．

13.2.2　高周波電流の挙動解析

本項では，一般化楕円形高周波電圧印加法における高周波電流の挙動解析のために開発された手法を援用し（第 12 章参照），直線形高周波電圧印加法における高周波電流の挙動を解析する．

(13.1)式の直線形高周波電圧の印加に関しては，まず，次の**直線電圧定理 I** が成立する．

【定理 13.1　直線電圧定理 I】

(13.1)式に示した一定振幅の直線形高周波電圧を $\gamma\delta$ 一般座標系上で印加した場合には，次の**高周波磁束**が発生する．

$$\begin{aligned} \boldsymbol{\phi}_{1h} &= \frac{\omega_h V_h}{\omega_h^2 - \omega_\gamma^2} \begin{bmatrix} \sin \omega_h t \\ K_\omega \cos \omega_h t \end{bmatrix} \\ &= \boldsymbol{\phi}'_{hz} + \boldsymbol{\phi}'_{hn} \end{aligned} \tag{13.2}$$

ただし，

$$K_\omega \equiv \frac{\omega_\gamma}{\omega_h} \tag{13.3a}$$

$$\boldsymbol{\phi}'_{hz} \equiv \frac{V_h}{\omega_h + \omega_\gamma}\begin{bmatrix}\sin\omega_h t \\ 0\end{bmatrix} \tag{13.3b}$$

$$\boldsymbol{\phi}'_{hn} \equiv \frac{\omega_\gamma V_h}{\omega_h^2 - \omega_\gamma^2}\boldsymbol{u}_n(\omega_h t) \tag{13.3c}$$

また，次の**高周波電流**が発生する．

$$\boldsymbol{i}_{1h} = \boldsymbol{i}'_{hz} + \boldsymbol{i}'_{hn} + \boldsymbol{i}'_{hp} \tag{13.4}$$

ただし，

$$\boldsymbol{i}'_{hz} \equiv \frac{V_h}{(\omega_h + \omega_\gamma)L_d L_q}\begin{bmatrix}L_i - L_m\cos 2\theta_\gamma \\ -L_m \sin 2\theta_\gamma\end{bmatrix}\sin\omega_h t \tag{13.5a}$$

$$\boldsymbol{i}'_{hn} \equiv \frac{\omega_\gamma L_i V_h}{(\omega_h^2 - \omega_\gamma^2)L_d L_q}\boldsymbol{u}_n(\omega_h t) \tag{13.5b}$$

$$\boldsymbol{i}'_{hp} \equiv \frac{-\omega_\gamma L_m V_h}{(\omega_h^2 - \omega_\gamma^2)L_d L_q}\boldsymbol{R}(2\theta_\gamma)\boldsymbol{u}_p(\omega_h t) \tag{13.5c}$$

〈証明〉

(13.1)式を(10.27)式に用いると，次の高周波磁束を得る．

$$\boldsymbol{\phi}_{1h} = \frac{V_h}{\omega_h^2 - \omega_\gamma^2}\begin{bmatrix}\omega_h \sin\omega_h t \\ \omega_\gamma \cos\omega_h t\end{bmatrix} \tag{13.6}$$

(13.6)式は，(13.3a)式に注意すると，(13.2)式第 1 式のように書き換えられる．また，(13.6)式は，以下のように書き改めることもできる．

$$\boldsymbol{\phi}_{1h} = \frac{V_h}{\omega_h^2 - \omega_\gamma^2}\left[(\omega_h - \omega_\gamma)\begin{bmatrix}\sin\omega_h t \\ 0\end{bmatrix} + \omega_\gamma\begin{bmatrix}\sin\omega_h t \\ \cos\omega_h t\end{bmatrix}\right] \tag{13.7}$$

(13.7)式に(13.3b)式，(13.3c)式を適用すると，(13.2)式第 2 式を得る．

(13.2)式，(13.3)式の高周波磁束 $\boldsymbol{\phi}_{1h}$ を(10.28)式に用い，次の(13.8)式のように各成分を構成すると，(13.4)式，(13.5)式を得る．

$$\boldsymbol{i}'_{hz} = \frac{1}{L_d L_q}[L_i \boldsymbol{I} - L_m \boldsymbol{Q}(\theta_\gamma)]\boldsymbol{\phi}'_{hz} \tag{13.8a}$$

$$\boldsymbol{i}'_{hn} = \frac{L_i}{L_d L_q}\boldsymbol{\phi}'_{hn} \tag{13.8b}$$

$$\boldsymbol{i}'_{hp} = \frac{-L_m}{L_d L_q}\boldsymbol{Q}(\theta_\gamma)\boldsymbol{\phi}'_{hn} \tag{13.8c}$$

■

「**直線電圧定理Ⅰ**（定理 13.1）の内容は，任意の座標系速度 ω_γ において成立する」，また「同定理における高周波磁束，高周波電流は，座標系速度 ω_γ に応じて変化する」ことには，特に注意されたい．なお，以降では，(13.3a)式に定義した K_ω を**周波数比**と呼称する．

直線電圧定理Ⅰ（定理 13.1）は，以下に列挙する，高周波電流に関する重要な特性を示している．

(a)「高周波電流は，空間的**非回転成分**である中相成分（第 1 成分）$\boldsymbol{i}'_{hz}$ と空間的**回転成分**から構成されている」と捉えることができる．「回転成分は，**逆相成分**（第 2 成分）$\boldsymbol{i}'_{hn}$ と**正相成分**（第 3 成分）$\boldsymbol{i}'_{hp}$ から構成されている」と捉えることができる．これらは，すべて座標系速度 ω_γ に応じ変化する．

(b) 低速域では，回転成分 $\boldsymbol{i}'_{hn}, \boldsymbol{i}'_{hp}$ の各振幅は，ともに座標系速度 ω_γ におおむね比例して増加する．

(c) **楕円鏡相定理Ⅱ**（定理 10.5）によれば，高周波電流の総合回転成分 $\boldsymbol{i}'_{hn}+\boldsymbol{i}'_{hp}$ は，回転子位相を長軸位相とする楕円軌跡を描く．

(d) 回転子位相情報は，中相成分（第 1 成分）$\boldsymbol{i}'_{hz}$ と正相成分（第 3 成分）$\boldsymbol{i}'_{hp}$ との両者に含まれる．中相成分のみから回転子位相情報を抽出しようとする場合には，他の成分は推定上の外乱として作用する．

総合回転成分 $\boldsymbol{i}'_{hn}+\boldsymbol{i}'_{hp}$ は，上記(c)項で述べたように，長軸を d 軸方向，短軸を q 軸方向とする**楕円軌跡**を描く．楕円の長軸，短軸，およびこの比である**短長軸比**は，(13.5b)式，(13.5c)式を楕円鏡相定理Ⅱ（定理 10.5）に適用することにより，以下のように求められる．

$$\max\|\boldsymbol{i}'_{hn}+\boldsymbol{i}'_{hp}\| = \frac{\omega_\gamma V_h}{(\omega_h^2-\omega_\gamma^2)L_d} \tag{13.9a}$$

$$\min\|\boldsymbol{i}'_{hn}+\boldsymbol{i}'_{hp}\| = \frac{\omega_\gamma V_h}{(\omega_h^2-\omega_\gamma^2)L_q} \tag{13.9b}$$

$$\frac{\min\|\boldsymbol{i}'_{hn}+\boldsymbol{i}'_{hp}\|}{\max\|\boldsymbol{i}'_{hn}+\boldsymbol{i}'_{hp}\|} = \frac{L_d}{L_q} \tag{13.9c}$$

総合回転成分 $\boldsymbol{i}'_{hn}+\boldsymbol{i}'_{hp}$ による回転方向は，振幅の大きい成分である $\boldsymbol{i}'_{hn}$ が支配することになる．

$\omega_\gamma \approx 0$ が成立するゼロ速度近傍では，(13.4)式右辺における総合回転成分 $\boldsymbol{i}'_{hn}+\boldsymbol{i}'_{hp}$ は消滅する（(13.5b)式，(13.5c)式参照）．この場合には，(13.4)式に示した高周波電流の関係式は，文献 13.5)，13.10)，13.11)，13.17)等により示され

た関係式に帰着させることができる．換言するならば，「この関係式に基づく復調法（位相推定法）は，総合回転成分 $\boldsymbol{i}'_{hn}+\boldsymbol{i}'_{hp}$ が形成する楕円軌跡の影響を無視したもの」と捉えることもできる．

直線電圧定理 I（定理 13.1）に示した高周波磁束，高周波電流は，後述の復調法（位相推定法）構築に好都合な次の**直線電圧定理 II** に変更することができる．

【定理 13.2　直線電圧定理 II】

周波数比 K_ω の定義は，(13.3a)式とする．(13.1)式の**直線形高周波電圧**を **$\gamma\delta$ 一般座標系**上で印加した場合には，逆相，正相成分からなる次の**高周波磁束**が発生する．

$$\boldsymbol{\phi}_{1h}=\frac{\omega_h V_h}{\omega_h^2-\omega_\gamma^2}\begin{bmatrix}\sin\omega_h t\\ K_\omega\cos\omega_h t\end{bmatrix}=\boldsymbol{\phi}_{hn}+\boldsymbol{\phi}_{hp} \tag{13.10}$$

ただし，

$$\boldsymbol{\phi}_{hn}\equiv\frac{V_h}{2(\omega_h-\omega_\gamma)}\boldsymbol{u}_n(\omega_h t) \tag{13.11a}$$

$$\boldsymbol{\phi}_{hp}\equiv\frac{V_h}{2(\omega_h+\omega_\gamma)}\boldsymbol{u}_p(\omega_h t) \tag{13.11b}$$

また，逆相，正相成分からなる次の**高周波電流**が発生する．

$$\boldsymbol{i}_{1h}=\boldsymbol{i}_{hn}+\boldsymbol{i}_{hp} \tag{13.12}$$

$$\begin{aligned}\boldsymbol{i}_{hn}&=\frac{\omega_h V_h}{2(\omega_h^2-\omega_\gamma^2)L_dL_q}[(1+K_\omega)L_i\boldsymbol{I}-(1-K_\omega)L_m\boldsymbol{R}(2\theta_\gamma)]\boldsymbol{u}_n(\omega_h t)\\&=[g_{ni}\boldsymbol{I}+g_{nm}\boldsymbol{R}(2\theta_\gamma)]\boldsymbol{u}_n(\omega_h t)\\&=[c_n\boldsymbol{I}+s_n\boldsymbol{J}]\boldsymbol{u}_n(\omega_h t)\end{aligned} \tag{13.13a}$$

$$\begin{aligned}\boldsymbol{i}_{hp}&=\frac{\omega_h V_h}{2(\omega_h^2-\omega_\gamma^2)L_dL_q}[(1-K_\omega)L_i\boldsymbol{I}-(1+K_\omega)L_m\boldsymbol{R}(2\theta_\gamma)]\boldsymbol{u}_p(\omega_h t)\\&=[g_{pi}\boldsymbol{I}+g_{pm}\boldsymbol{R}(2\theta_\gamma)]\boldsymbol{u}_p(\omega_h t)\\&=[c_p\boldsymbol{I}+s_p\boldsymbol{J}]\boldsymbol{u}_p(\omega_h t)\end{aligned} \tag{13.13b}$$

ただし，

$$\left.\begin{aligned} g_{pi} &= \frac{\omega_h V_h}{2(\omega_h^2-\omega_\gamma^2)L_d L_q}(1-K_\omega)L_i \\ g_{pm} &= \frac{\omega_h V_h}{2(\omega_h^2-\omega_\gamma^2)L_d L_q}(-(1+K_\omega)L_m) \\ g_{ni} &= \frac{\omega_h V_h}{2(\omega_h^2-\omega_\gamma^2)L_d L_q}(1+K_\omega)L_i \\ g_{nm} &= \frac{\omega_h V_h}{2(\omega_h^2-\omega_\gamma^2)L_d L_q}(-(1-K_\omega)L_m) \end{aligned}\right\} \tag{13.14}$$

$$\begin{bmatrix} c_p \\ s_p \end{bmatrix} = \begin{bmatrix} g_{pi}+g_{pm}\cos 2\theta_\gamma \\ g_{pm}\sin 2\theta_\gamma \end{bmatrix} \tag{13.15a}$$

$$\begin{bmatrix} c_n \\ s_n \end{bmatrix} = \begin{bmatrix} g_{ni}+g_{nm}\cos 2\theta_\gamma \\ g_{nm}\sin 2\theta_\gamma \end{bmatrix} \tag{13.15b}$$

このとき，**正相逆相成分比**に関し，次の関係が成立する．

$$\frac{\|\boldsymbol{i}_{hp}\|}{\|\boldsymbol{i}_{hn}\|} = \frac{\|(1-K_\omega)L_i\boldsymbol{I}-(1+K_\omega)L_m\boldsymbol{R}(2\theta_\gamma)\|}{\|(1+K_\omega)L_i\boldsymbol{I}-(1-K_\omega)L_m\boldsymbol{R}(2\theta_\gamma)\|} \tag{13.16}$$

ただし，

$$\begin{aligned} &\|(1+K_\omega)L_i\boldsymbol{I}-(1-K_\omega)L_m\boldsymbol{R}(2\theta_\gamma)\|^2 \\ &\quad = (L_i^2+L_m^2-2L_iL_m\cos 2\theta_\gamma)+2K_\omega(L_i^2-L_m^2) \\ &\qquad +K_\omega^2(L_i^2+L_m^2+2L_iL_m\cos 2\theta_\gamma) \end{aligned} \tag{13.17a}$$

$$\begin{aligned} &\|(1-K_\omega)L_i\boldsymbol{I}-(1+K_\omega)L_m\boldsymbol{R}(2\theta_\gamma)\|^2 \\ &\quad = (L_i^2+L_m^2-2L_iL_m\cos 2\theta_\gamma)-2K_\omega(L_i^2-L_m^2) \\ &\qquad +K_\omega^2(L_i^2+L_m^2+2L_iL_m\cos 2\theta_\gamma) \end{aligned} \tag{13.17b}$$

〈証明〉

直線電圧定理 I（定理 13.1）の証明で利用した(13.6)式は，以下のように書き改めることができる．

$$\boldsymbol{\phi}_{1h} = \frac{V_h}{\omega_h^2-\omega_\gamma^2}\left[\frac{(\omega_h+\omega_\gamma)}{2}\boldsymbol{u}_n(\omega_h t)+\frac{(\omega_h-\omega_\gamma)}{2}\boldsymbol{u}_p(\omega_h t)\right] \tag{13.18}$$

(13.18)式より，直ちに(13.10)式，(13.11)式を得る．

(13.10)式を(10.28)式に用いると，次の(13.19)式を条件に，(13.12)式を得る．

$$\boldsymbol{i}_{hn} = \frac{1}{L_dL_q}[L_i\boldsymbol{\phi}_{hn}-L_m\boldsymbol{Q}(\theta_\gamma)\boldsymbol{\phi}_{hp}] \tag{13.19a}$$

$$\boldsymbol{i}_{hp} = \frac{1}{L_dL_q}[L_i\boldsymbol{\phi}_{hp}-L_m\boldsymbol{Q}(\theta_\gamma)\boldsymbol{\phi}_{hn}] \tag{13.19b}$$

(13.19)式に(13.11)式を用い，(10.16)式を考慮すると，次の(13.20)式が得られる．

$$\boldsymbol{i}_{hn}=\frac{V_h}{2L_dL_q}\left[\frac{L_i}{\omega_h-\omega_\gamma}\boldsymbol{I}-\frac{L_m}{\omega_h+\omega_\gamma}\boldsymbol{R}(2\theta_\gamma)\right]\boldsymbol{u}_n(\omega_h t) \tag{13.20a}$$

$$\boldsymbol{i}_{hp}=\frac{V_h}{2L_dL_q}\left[\frac{L_i}{\omega_h+\omega_\gamma}\boldsymbol{I}-\frac{L_m}{\omega_h-\omega_\gamma}\boldsymbol{R}(2\theta_\gamma)\right]\boldsymbol{u}_p(\omega_h t) \tag{13.20b}$$

(13.20)式は，(13.13)式のように書き改められる．

(13.13)式においては，その右辺の2×2行列の各行および各列が互いに直交するベクトル回転器と同様の構造をしている．したがって，本2×2行列を単位正相信号，単位逆相信号 $\boldsymbol{u}_p(\omega_h t), \boldsymbol{u}_n(\omega_h t)$ に作用させても，作用前後で信号の正相性，逆相性は不変である．よって，$\boldsymbol{i}_{hp}, \boldsymbol{i}_{hn}$ はおのおの正相成分，逆相成分となる．

(13.13)式右辺の2×2行列の上記**直交性**より，同行列の列ベクトルノルムあるいは行ベクトルノルムが，同行列のノルムと同一となる．また，同行列が作用する2個の単位信号 $\boldsymbol{u}_p(\omega_h t), \boldsymbol{u}_n(\omega_h t)$ はともにノルム1の2×1単位ベクトルである．本事実を(13.13)式に適用しノルム評価を行うと，(13.16)式，(13.17)式を得る．

■

(13.12)～(13.15)式は，直線形高周波電圧に対する応答高周波電流を**正相逆相表現**したものである．同高周波電流の**軸要素表現**も可能である．これは，次式で与えられる．

【直線形高周波電圧に対する応答高周波電流（軸要素表現）】

$$\begin{aligned}\boldsymbol{i}_{1h}&=\frac{\omega_h V_h}{(\omega_h^2-\omega_\gamma^2)L_dL_q}\begin{bmatrix}L_i-L_m\cos 2\theta_\gamma & -K_\omega L_m\sin 2\theta_\gamma\\ -L_m\sin 2\theta_\gamma & K_\omega(L_i+L_m\cos 2\theta_\gamma)\end{bmatrix}\begin{bmatrix}\sin\omega_h t\\ \cos\omega_h t\end{bmatrix}\\&=\begin{bmatrix}c_\gamma & s_\gamma\\ s_\delta & c_\delta\end{bmatrix}\boldsymbol{u}_n(\omega_h t)\end{aligned} \tag{13.21}$$

$$
\left.
\begin{aligned}
c_\gamma &= \frac{\omega_h V_h}{(\omega_h^2-\omega_\gamma^2)L_d L_q}(L_i - L_m\cos 2\theta_\gamma) \\
s_\gamma &= \frac{\omega_h V_h}{(\omega_h^2-\omega_\gamma^2)L_d L_q}(-K_\omega L_m\sin 2\theta_\gamma) \\
s_\delta &= \frac{\omega_h V_h}{(\omega_h^2-\omega_\gamma^2)L_d L_q}(-L_m\sin 2\theta_\gamma) \\
c_\delta &= \frac{\omega_h V_h}{(\omega_h^2-\omega_\gamma^2)L_d L_q}K_\omega(L_i + L_m\cos 2\theta_\gamma)
\end{aligned}
\right\}
\tag{13.22}
$$

■

直線電圧定理Ⅱは，直線形高周波電圧印加法による高周波電流は，正相と逆相との成分のみから構成されることを示すものである．このときの**正相逆相成分比**は，(13.16)式，(13.17)式より明らかなように，厳密には回転子位相 θ_γ の関数となる．しかし，(13.17)式の2式の比較より明白なように，相対比である正相逆相成分比を支配するのは同式右辺第2項であり，本項は回転子位相と無関係である．

この点を考慮するならば，$\theta_\gamma=0$ における代表的な正相逆相成分比の把握が有用である．$\theta_\gamma=0$ の条件を(13.16)，(13.17)式に適用すると，正相逆相成分比として，突極比 r_s を用いた簡明な次式を得る．

$$
\frac{\|\boldsymbol{i}_{hp}\|}{\|\boldsymbol{i}_{hn}\|} = \frac{L_q - K_\omega L_d}{L_q + K_\omega L_d} = \frac{(1+r_s)-K_\omega(1-r_s)}{(1+r_s)+K_\omega(1-r_s)} \qquad \theta_\gamma = 0 \tag{13.23}
$$

この場合の楕円の短長軸比は，**楕円鏡相定理Ⅱ**（定理10.5）に(13.23)式を適用し，(13.9c)式を考慮すると，次のように求められる．

$$
\begin{aligned}
\frac{\min\|\boldsymbol{i}_{1h}\|}{\max\|\boldsymbol{i}_{1h}\|} &= \left|\frac{\|\boldsymbol{i}_{hn}\|-\|\boldsymbol{i}_{hp}\|}{\|\boldsymbol{i}_{hn}\|+\|\boldsymbol{i}_{hp}\|}\right| \\
&= |K_\omega|\frac{L_d}{L_q} = |K_\omega|\frac{1-r_s}{1+r_s} \qquad \theta_\gamma = 0
\end{aligned}
\tag{13.24a}
$$

上式右辺は，さらに次のように書き改められる．

$$
\frac{\min\|\boldsymbol{i}_{1h}\|}{\max\|\boldsymbol{i}_{1h}\|} = |K_\omega|\frac{\min\|\boldsymbol{i}'_{hn}+\boldsymbol{i}'_{hp}\|}{\max\|\boldsymbol{i}'_{hn}+\boldsymbol{i}'_{hp}\|} \qquad \theta_\gamma = 0 \tag{13.24b}
$$

(13.24b)式は，「高周波電流全体としての楕円軌跡の特性は，この成分である総合回転成分 $\boldsymbol{i}'_{hn}+\boldsymbol{i}'_{hp}$ の楕円軌跡の特性を，**絶対周波数比** $|K_\omega|$ に比例して引き継いでいる」ことをしている（(13.4)式参照）．

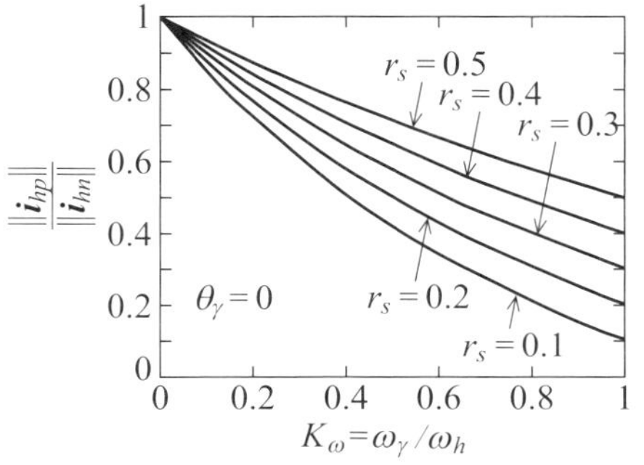

(a) 周波数比と正相逆相成分比

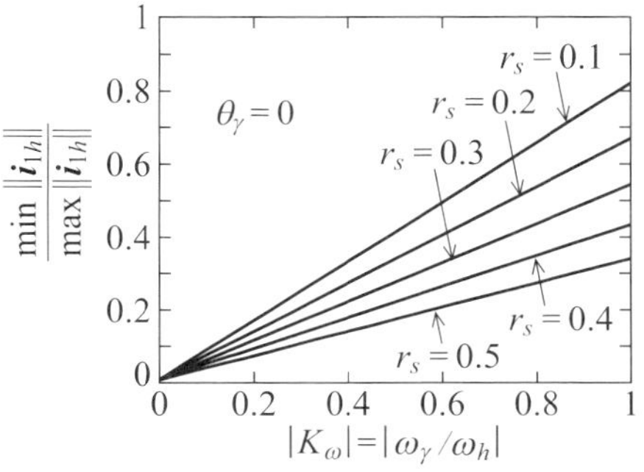

(b) 周波数比と短長軸比

図 13.1　周波数比 K_ω に対する正相逆相成分比と短長軸比の一関係例

図 13.1(a)に，$\theta_\gamma = 0$ を条件とした(13.23)式に基づき，突極比 $r_s = 0.1$〜0.5 にわたり，**周波数比** $K_\omega = \omega_\gamma/\omega_h \geq 0$（(13.2a)式参照）と**正相逆相成分比** $\|\boldsymbol{i}_{hp}\|/\|\boldsymbol{i}_{hn}\|$ との関係を例示した．同図より明白なように，正相逆相成分比は，周波数比の向上におおむね比例して（すなわち回転速度におおむね比例して）小さくなることがわかる．正相逆相成分比の 1 からの減少は，「高周波電流軌跡が直線軌跡から楕円軌跡へ移行すること」を意味する．換言するならば，楕円軌跡の短長軸比は，周波数比の向上におおむね比例して（すなわち回転速度におおむね比例して）大きくなり，楕円軌跡は真円軌跡へと漸近する．図 13.1(b)は，$\theta_\gamma = 0$ を条件とした(13.24a)式に基づきこの様子を示したものである．

なお，(13.23)式から理解されるように，周波数比 $K_\omega = \omega_\gamma/\omega_h \leq 0$ の場合にも図 13.1(a)と同様な正相逆相成分比の曲線が得られる．ただし，この場合には，図 13.1(a)の縦軸は $\|\boldsymbol{i}_{hn}\|/\|\boldsymbol{i}_{hp}\|$ と捉える必要がある．

直線形高周波電圧印加法における高周波電流のもう一つの特徴は，高周波電流の楕円**長軸位相** $\theta_{\gamma e}$ の速度に応じた変位と，変位した長軸位相 $\theta_{\gamma e}$ と**回転子位相** θ_γ との**正相関特性**にある．**直線電圧定理 II**（定理 13.2）の結論を**楕円鏡相定理 III**（定理 10.6）に適用すると，正相関特性を解明する次の**楕円長軸位相定理**を得ることができる．

【定理 13.3　楕円長軸位相定理】

回転子位相が θ_γ のとき，(13.12)式，(13.13)式の高周波電流が描く楕円の長軸位相 $\theta_{\gamma e}$ は，次式で与えられる．

$$\theta_{\gamma e} = \frac{1}{2}\tan^{-1}\left(\frac{(1-K_\omega^2)r_s^2\sin 4\theta_\gamma + 2(1+K_\omega^2)r_s\sin 2\theta_\gamma}{(1-K_\omega^2)(1+r_s^2\cos 4\theta_\gamma)+2(1+K_\omega^2)r_s\cos 2\theta_\gamma}\right) \tag{13.25}$$

〈証明〉

楕円鏡相定理Ⅲ（定理10.6）の(10.20a)式第2式に，正相信号，逆相信号として(13.13)式を適用すると次式を得る．

$$\begin{aligned}\begin{bmatrix} C_{2p} \\ S_{2p} \end{bmatrix} &= [\boldsymbol{i}_{hn} \quad \boldsymbol{J}\boldsymbol{i}_{hn}]\boldsymbol{i}_{hp} \\ &= \left(\frac{\omega_h V_h}{2(\omega_h^2-\omega_\gamma^2)L_d L_q}\right)^2 [(1+K_\omega)L_i\boldsymbol{I}-(1-K_\omega)L_m\boldsymbol{R}(2\theta_\gamma)] \\ &\quad \cdot [\boldsymbol{u}_n(\omega_h t) \quad \boldsymbol{J}\boldsymbol{u}_n(\omega_h t)][(1-K_\omega)L_i\boldsymbol{I}-(1+K_\omega)L_m\boldsymbol{R}(2\theta_\gamma)]\boldsymbol{u}_p(\omega_h t)\end{aligned} \tag{13.26}$$

ここで，次の性質に注意すると，

$$[\boldsymbol{u}_n(\omega_h t) \quad \boldsymbol{J}\boldsymbol{u}_n(\omega_h t)] = \begin{bmatrix} \sin\omega_h t & -\cos\omega_h t \\ \cos\omega_h t & \sin\omega_h t \end{bmatrix} \tag{13.27}$$

$$[\boldsymbol{u}_n(\omega_h t) \quad \boldsymbol{J}\boldsymbol{u}_n(\omega_h t)]\boldsymbol{u}_p(\omega_h t) = \begin{bmatrix} 1 \\ 0 \end{bmatrix} \tag{13.28}$$

(13.26)式は，次式のように整理することができる．

$$\begin{aligned}\begin{bmatrix} C_{2p} \\ S_{2p} \end{bmatrix} &= \left(\frac{\omega_h V_h}{2(\omega_h^2-\omega_\gamma^2)L_d L_q}\right)^2 [(1+K_\omega)L_i\boldsymbol{I}-(1-K_\omega)L_m\boldsymbol{R}(2\theta_\gamma)] \\ &\quad \cdot [(1-K_\omega)L_i\boldsymbol{I}-(1+K_\omega)L_m\boldsymbol{R}(2\theta_\gamma)]\begin{bmatrix} 1 \\ 0 \end{bmatrix} \\ &= \left(\frac{\omega_h V_h}{2(\omega_h^2-\omega_\gamma^2)L_d L_q}\right)^2 \begin{bmatrix} (1-K_\omega^2)(1+r_s^2\cos 4\theta_\gamma)+2(1+K_\omega^2)r_s\cos 2\theta_\gamma \\ (1-K_\omega^2)r_s^2\sin 4\theta_\gamma + 2(1+K_\omega^2)r_s\sin 2\theta_\gamma \end{bmatrix}\end{aligned} \tag{13.29}$$

(13.29)式を楕円鏡相定理Ⅲ（定理10.6）の(10.20b)式に適用すると，(13.25)式を得る．

■

回転子位相が十分に小さい場合には，回転子位相 θ_γ と楕円長軸位相 $\theta_{\gamma e}$ との**正相関特性**は，次の線形関係として近似される．

$$\theta_{\gamma e} \approx K_\theta \theta_\gamma \tag{13.30a}$$

上式における**正相関ゲイン** K_θ は，以下のように評価される．

$$
\begin{aligned}
K_\theta &= \frac{2r_s((1+r_s)+K_\omega^2(1-r_s))}{(1+r_s)^2-K_\omega^2(1-r_s)^2} \\
&\approx \frac{2r_s}{1+r_s} = \frac{L_q-L_d}{L_q} \qquad |K_\omega| \le 0.2
\end{aligned}
\tag{13.30b}
$$

図 13.2 に，(13.25)式に基づき，**絶対周波数比** $|K_\omega| = |\omega_\gamma/\omega_h| = 0, 0.2, 0.5$ の場合について，突極比 $r_s = 0.1 \sim 0.5$ にわたり，回転子位相 θ_γ と楕円長軸位相 $\theta_{\gamma e}$ との正相関特性を例示した．なお，同図には，参考までに，楕円長軸位相が回転子位相と同一となる(10.37)式の関係も破線で示している．

(13.25)式および図 13.2 より，次の重要な特性が確認される．

(a)　突極比が向上するにつれ，回転子位相に対する楕円長軸位相の正相関領

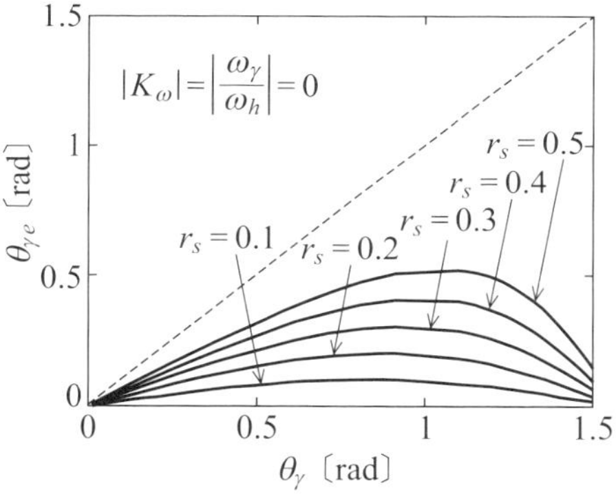

(a)　$|K_\omega| = 0$

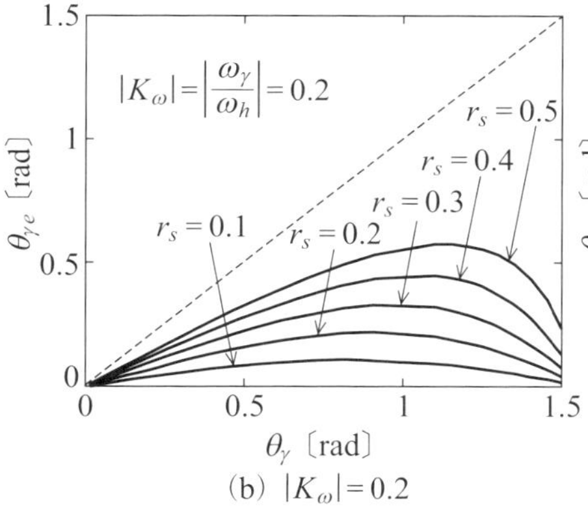

(b)　$|K_\omega| = 0.2$

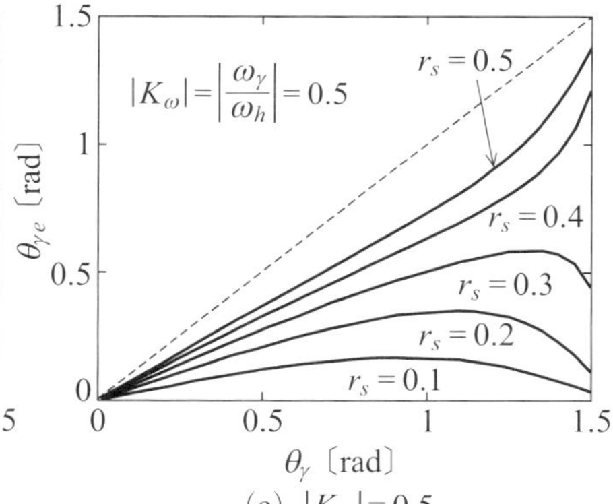

(c)　$|K_\omega| = 0.5$

図 13.2　回転子位相と高周波電流楕円長軸位相の関係

域が拡大する．

(b)　回転子位相に対する楕円長軸位相の正相関領域は，周波数比の極性には依存せず，この絶対値に影響される．

(c)　絶対周波数比が向上するにつれ，回転子位相に対する楕円長軸位相の正相関領域が拡大する．本拡大特性は，突極比が大きいほど強くなる．しかし，直線形高周波電圧印加法の利用が予測される絶対周波数比の範囲（例えば，$|K_\omega| = |\omega_\gamma/\omega_h| \leq 0.2$）では，絶対周波数比の向上に伴う正相関領域の拡大は微小である．

(c)項の特性は位相推定上重要であり，特に注意を払う必要がある．絶対周波数比の向上に伴う正相関領域の拡大は微小にもかかわらず，(13.24)式および図13.1に示したように，楕円軌跡の短長軸比は絶対周波数比におおむね比例して増加する．これら特性は，回転子位相推定の観点からメリット・デメリットを総括するならば，デメリットが大きい特性といえる．

なお，絶対周波数比の2つの極限状態では，(13.25)式は次式となる．

$$\theta_{\gamma e} = \tan^{-1}\left(\frac{r_s \sin 2\theta_\gamma}{1 + r_s \cos 2\theta_\gamma}\right) \qquad |K_\omega| = 0 \tag{13.31a}$$

$$\theta_{\gamma e} = \theta_\gamma \qquad |K_\omega| = 1 \tag{13.31b}$$

(13.31a)式は，(13.5a)式の中相成分（非回転成分）のみによる正相関特性と同一である．また，(13.31b)式は，(13.5)式の総合回転成分 $\boldsymbol{i}'_{hn} + \boldsymbol{i}'_{hp}$ のみによる正相関特性と同一である．実際の楕円長軸位相は，図13.2に例示したように，絶対周波数比と突極比に応じて，(13.31)式が規定する両極限値に挟まれた値をとる．

直線電圧定理Ⅰ（定理13.1），**直線電圧定理Ⅱ**（定理13.2），**楕円長軸位相定理**（定理13.3）を通じた解析結果に基づき，回転子の正回転を条件に，高周波電流の軌跡を概略的に**図13.3**に示した．同図では，中相成分 $\boldsymbol{i}'_{hz}$，総合回転成分 $\boldsymbol{i}'_{hn} + \boldsymbol{i}'_{hp}$ を破線で描画し，これらの合成である高周波電流を実線で描画した．高周波電流 $\boldsymbol{i}_{1h}$ は，総合回転成分と同方向に回転する楕円軌跡を描く．本楕円の長軸は，中相成分の位相に比較するならば，回転子位相との正相関が微小ながら強くなり，絶対周波数比の向上に応じて微小ながら回転子位相に接近する（図13.2参照）．これに対して，楕円の短長軸比は，絶対周波数比におおむね比例して着実に増加する（図13.1参照）．

なお，回転子が逆回転する場合には，総合回転成分 $\boldsymbol{i}'_{hn} + \boldsymbol{i}'_{hp}$，高周波電流 $\boldsymbol{i}_{1h}$ はともに正回転することになる．この関係は，一定高周波数 ω_h の極性には依存しない．

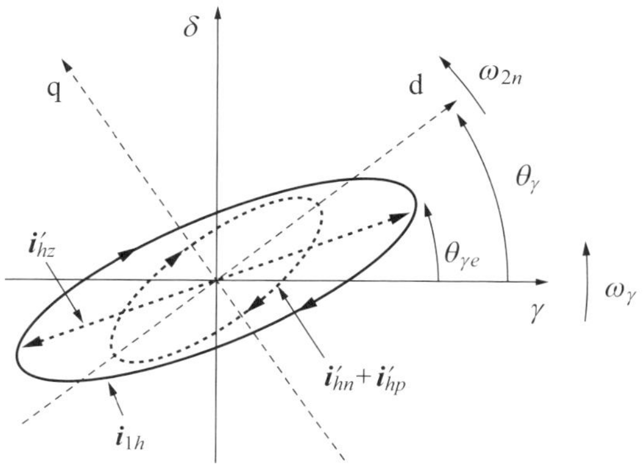

図 13.3 直線形高周波電圧印加法における高周波電流の挙動

13.2.3 高周波電流の挙動検証

本項では，13.2.2 項の解析解の正等性を，数値実験を通じ定量的に検証する．回転子位相推定の観点から，特に重要な解析結果は，次の 2 点である．

(a) 回転子位相と高周波電流楕円長軸位相との正相関に関する周波数比依存特性と突極比依存特性．

(b) 高周波電流楕円の短長軸比および正相逆相成分比に関する周波数比依存特性と突極比依存特性．

検証のための供試 PMSM のパラメータは，第 10〜12 章と同一の表 2.1 とした．同パラメータを用いて姉妹本・文献 13.20) 3 章の方法で**ベクトルシミュレータ**を構成し，直線形高周波電圧を印加した．この際，直線形高周波電圧の振幅，周波数は，以下のように第 10〜12 章と同一とした．

$$\left.\begin{aligned} V_h &= 23\,[\mathrm{V}] \\ \omega_h &= 800\cdot\pi\,[\mathrm{rad/s}] \end{aligned}\right\} \qquad (13.32)$$

このときの回転子の位相，速度，座標系の速度は，検証が行いやすいように，以下のように常時一定に保った（12.2.3 項における条件と同一）．

$$\left.\begin{aligned} \theta_\gamma &= \frac{\pi}{4}\,[\mathrm{rad}] \\ \omega_{2n} &= \omega_\gamma = \mathrm{const} \end{aligned}\right\} \qquad (13.33)$$

高周波電流に含まれる正相成分，逆相成分の抽出には，図 10.5(b)の**相成分抽出フィルタ**を用いた．

〔1〕低突極比の場合

表 2.1 に示した供試 PMSM の**突極比**は，次の低い値をとる．

$$\left.\begin{aligned} r_s &= \frac{-L_m}{L_i} \approx 0.22 \\ \frac{L_q}{L_d} &= \frac{1+r_s}{1-r_s} \approx 1.56 \end{aligned}\right\} \tag{13.34}$$

本供試 PMSM を，周波数比 $K_\omega = 0, 0.2, 0.5$ に相当する速度に維持した上で，(13.32) 式の条件で (13.1) 式の直線形高周波電圧を印加した．各周波数比における高周波電流の定常応答をそれぞれ**図 13.4～図 13.6** に示した．これらより，低突極比の場合に関し，以下が確認される．

(a)　高周波電流楕円長軸位相は回転子位相の方向へシフトしているが（すなわち，正相関特性を一応有するが），大きく乖離している．

(b)　速度向上にかかわらず，楕円長軸の乖離状態はほとんど改善しない．すなわち，周波数比が向上しても，楕円長軸位相の正相関特性の改善はほとん

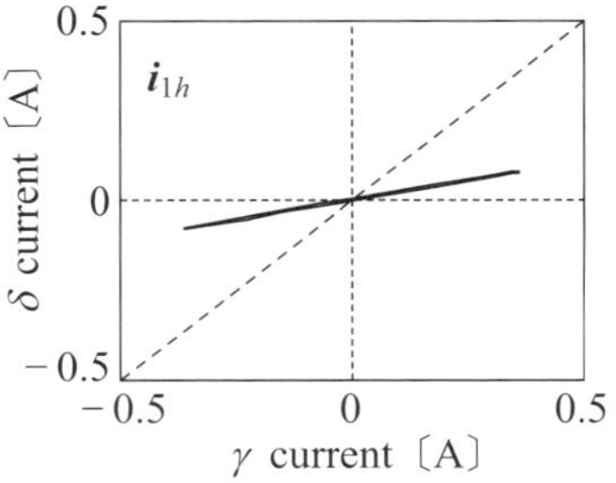

（a）高周波電流軌跡

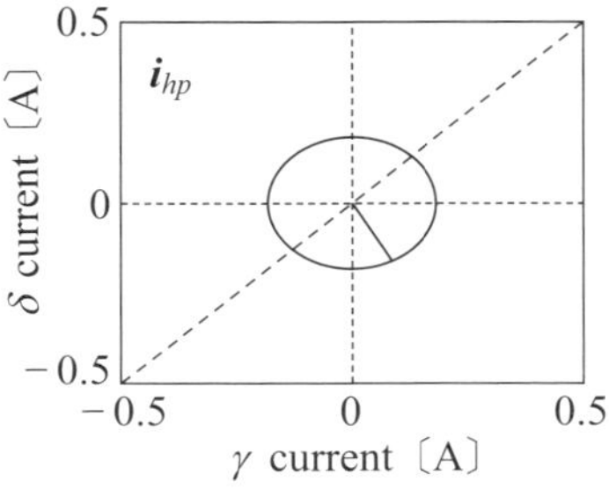

（b）正相成分軌跡

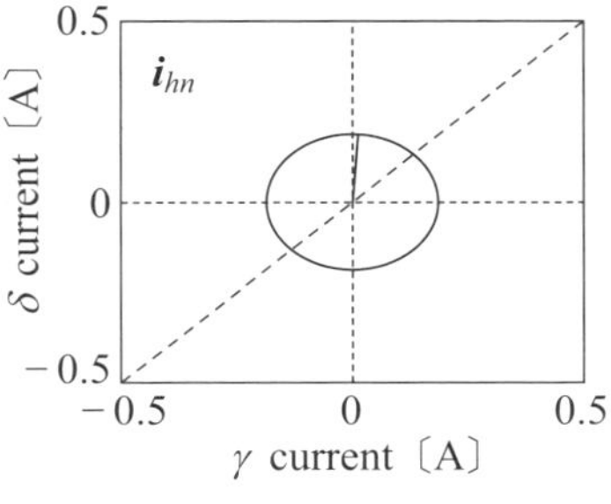

（c）逆相成分軌跡

図 13.4　$r_s = 0.22$，$K_\omega = 0$ での高周波電流と正相，逆相成分

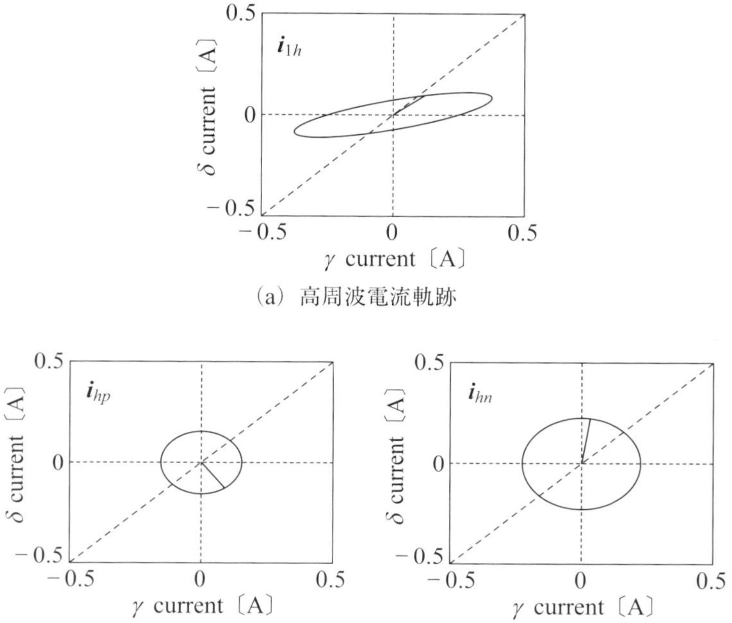

（a）高周波電流軌跡

（b）正相成分軌跡　（c）逆相成分軌跡

図 13.5　$r_s = 0.22$，$K_\omega = 0.2$ での高周波電流と正相，逆相成分

ど得られない．

（c）　これに対して，高周波電流楕円の短長軸比は，速度向上におおむね比例して向上する．これに応じて，正相逆相成分比は低下する．成分比のみならず，正相成分自体も，速度向上に応じ低減する．

〔2〕高い突極比の場合

表 2.1 において，鏡相インダクタンスのみを $L_m = -0.0133$ と変更し，他のパラメータは無変更とした．この場合の**突極比**は，次の高い値をとる．

$$\left.\begin{aligned} r_s &= \frac{-L_m}{L_i} = 0.5 \\ \frac{L_q}{L_d} &= \frac{1+r_s}{1-r_s} = 3 \end{aligned}\right\} \tag{13.35}$$

本パラメータの供試 PMSM を周波数比 $K_\omega = 0, 0.2, 0.5$ に相当する速度に維持

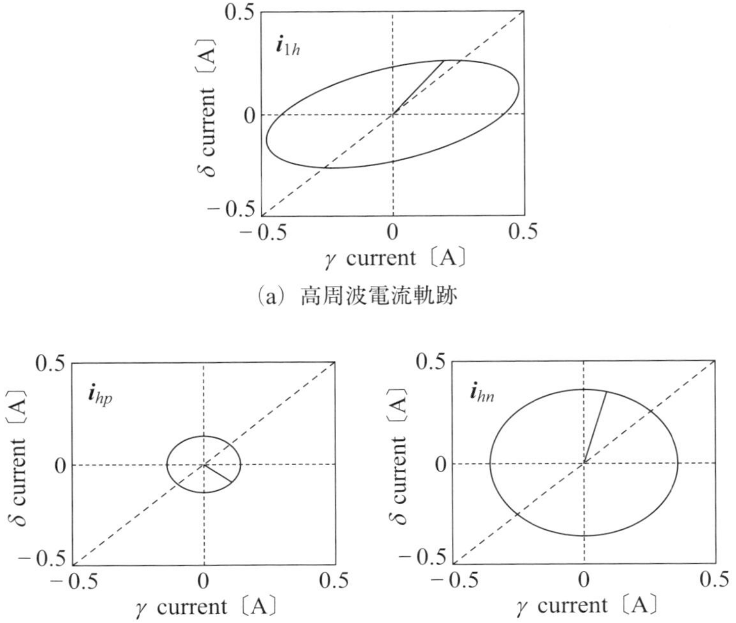

（a）高周波電流軌跡

（b）正相成分軌跡　　（c）逆相成分軌跡

図 13.6　$r_s = 0.22$，$K_\omega = 0.5$ での高周波電流と正相，逆相成分

した上で，(13.32)式の条件で(13.1)式の直線形高周波電圧を印加した．各周波数比における高周波電流の定常応答をそれぞれ**図 13.7**～**図 13.9** に示した．各図の意味は，図 13.4～図 13.6 の場合と同一である．ただし，図 13.9(a)（高周波電流）に関しては，スケーリングを変更しているので，注意されたい．これらの図より，高突極比の場合に関し，以下が確認される．

（d）　高周波電流楕円長軸位相は回転子位相の方向へシフトしている（すなわち，正相関特性を有する）．乖離の状態は，低突極比の場合に比較し，小さくなっており，正相関特性が強くなっている．

（e）　周波数比 $K_\omega = 0.5$ 相当の速度においては，低突極比の場合と異なり，楕円長軸の乖離状態の改善，正相関特性の改善が見られる．これを裏づけるように，正相成分も若干ではあるが拡大している．

（f）　高周波電流楕円の短長軸比は，速度向上におおむね比例的に向上する．これに応じて，正相逆相成分の比は低下する．ただし，低突極比の場合と比

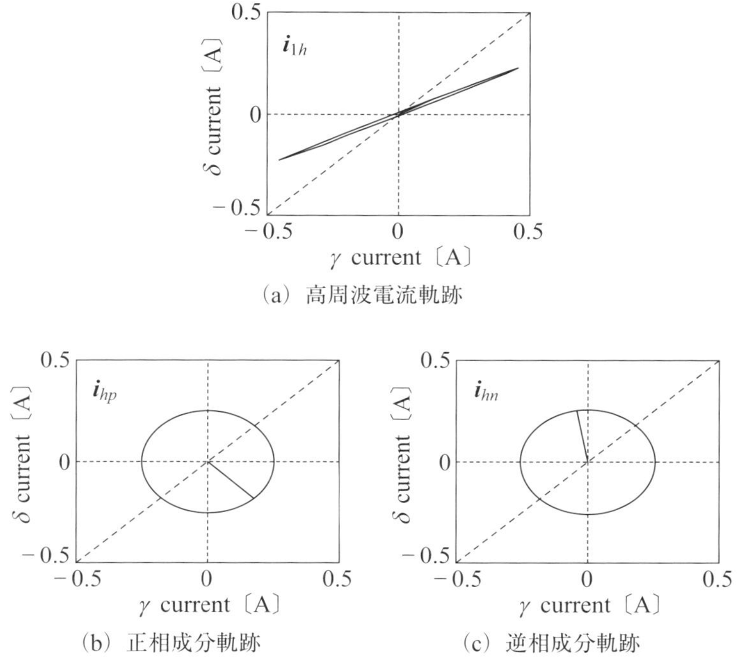

図 13.7 $r_s = 0.5$, $K_\omega = 0$ での高周波電流と正相，逆相成分

較し，速度向上に応じた短長軸比の増加率は小さい．

なお，図 13.4〜図 13.9 のすべての高周波電流においては，正相成分と逆相成分を除く，他の成分は一切存在しないことを確認している．図 13.4〜図 13.9 に示された応答およびこれらから観察された上記(a)〜(f)は，13.2.2 項の解析解の正当性を裏づけるものである．

13.3 鏡相推定法による復調とセンサレスベクトル制御系の構成

13.3.1 鏡相推定法による復調

直線形高周波電圧印加法における高周波電流の軌跡は，前節で理論解析し定量検証したように，ゼロ速度を含む微速域を除き直線として捉えることは困難であり，非ゼロの短長軸比をもつ楕円と捉える必要がある．また，楕円長軸位相と回

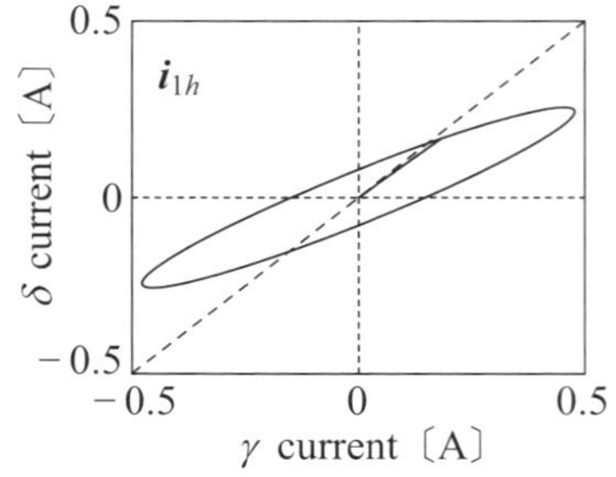

(a) 高周波電流軌跡

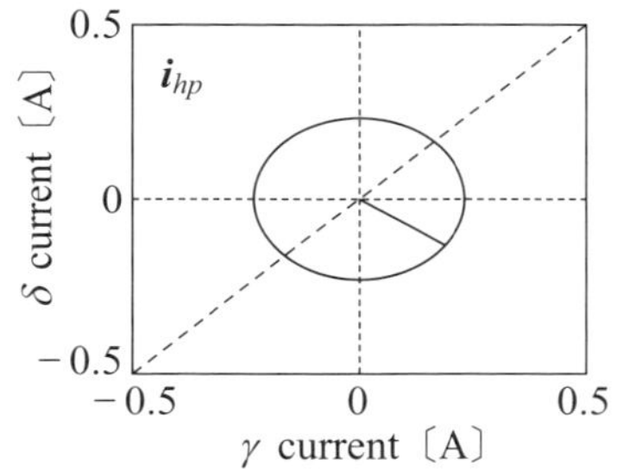

(b) 正相成分軌跡

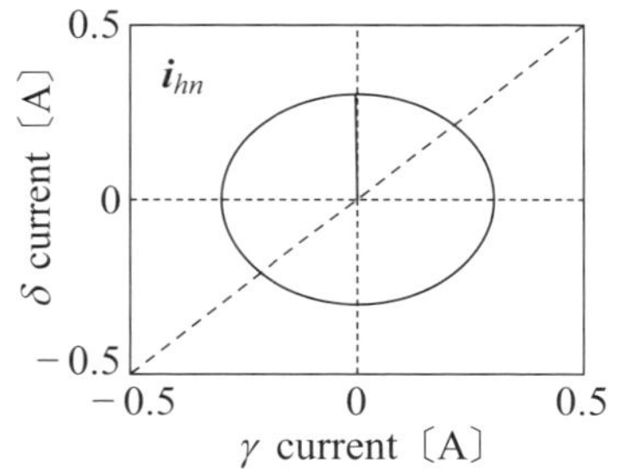

(c) 逆相成分軌跡

図 13.8　$r_s = 0.5$，$K_\omega = 0.2$ での高周波電流と正相，逆相成分

転子位相とは，回転子位相がある値以下であれば正相関を有するが，正相関特性は速度等に依存し一様ではない．したがって，直線形高周波電圧印加法において中～高速域まで安定的な回転子位相推定可能とする推定法の構築を考える場合，このための推定原理としては少なくとも次の 2 要件を満たすものでなくてはならない．

(a)　高周波電流の楕円長軸位相が，回転子位相に対し**正相関特性**を有すれば適用可能（図 13.2 参照）．

(b)　高周波電流の楕円軌跡の**短長軸比**がゼロのみならず，非ゼロの場合にも適用可能（図 13.1 参照）．

上記 2 要件を満たす復調法（位相推定法）としては，**鏡相推定法**がある．鏡相推定法は，高周波電流が描く楕円軌跡の長軸位相を推定するものであり，原理的に，1 未満の短長軸比をもつすべての楕円に適用可能である．もちろん，周波数比 K_ω のいかんを問わない．また，鏡相推定法に**一般化積分形 PLL 法**を併用

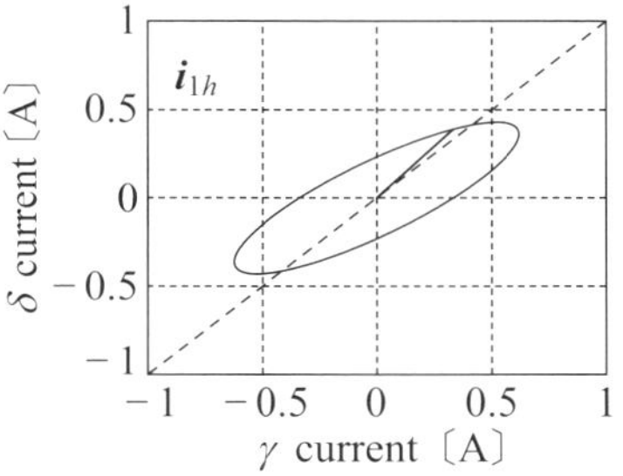

（a）高周波電流軌跡

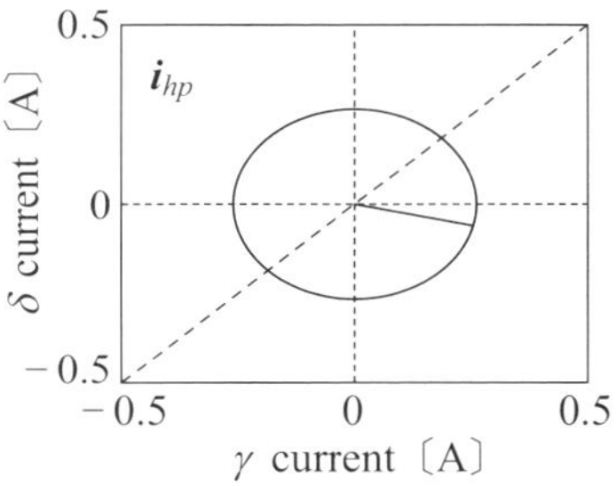

（b）正相成分軌跡

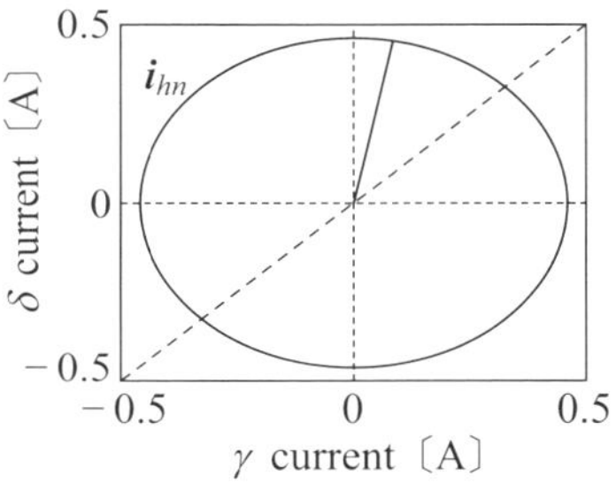

（c）逆相成分軌跡

図 13.9　$r_s = 0.5$，$K_\omega = 0.5$ での高周波電流と正相，逆相成分

すれば，長軸位相推定値 $\hat{\theta}_{\gamma e}$ に対し，$\hat{\theta}_{\gamma e} \to 0$ となるように $\gamma\delta$ 準同期座標系の位相 $\hat{\theta}_\alpha$ を調整することができる．**正相関領域**で $\hat{\theta}_{\gamma e} \to 0$ の達成は，$\hat{\theta}_\gamma \to 0$ を意味し，このとき **$\gamma\delta$ 準同期座標系**の位相 $\hat{\theta}_\alpha$ は，回転子位相推定値となる．すなわち，所期の位相推定が達成される．

13.3.2　センサレスベクトル制御系の構成

変調法として直線形高周波電圧印加法を採用し，高周波電流を処理して回転子位相推定値を得る復調法として鏡相推定法を採用した，**センサレスベクトル制御系**の全般的構成は，第 10 章で提示した図 10.7 と同一である．第 10 章と本章とのベクトル制御系の相違は，回転子の位相・速度の推定を担う**位相速度推定器**（図 10.8 参照）に，若干あるに過ぎない．以下に，位相速度推定器における若干の相違について説明する．

（a）　高周波電圧指令値 $\boldsymbol{v}_{1h}^*$ を生成する高周波電圧指令器（HFVC）は，当然のことながら，真円形高周波電圧指令用の(10.43)式あるいは(10.44)式に代わって，直線形高周波電圧指令用の次式に従い構成することになる（(13.1)式参照）.

$$\boldsymbol{v}_{1h}^* = V_h \begin{bmatrix} \cos \omega_h t \\ 0 \end{bmatrix} \qquad \begin{matrix} V_h = \text{const} \\ \omega_h = \text{const} \end{matrix} \tag{13.36}$$

印加すべき高周波電圧の振幅は一定であるので，高周波電圧指令器に前置した**ローパスフィルタ**は必要ない.

(b)　**位相同期器**の構成要素である**位相制御器** $C(s)$ の構成・設計は，真円形高周波電圧印加法の場合（さらには，**駆動用電圧電流利用法**の場合）と同様である．ただし，**位相制御器** $C(s)$ の分子多項式の全係数は，(13.30b)式で定義した**正相関ゲイン** K_θ で除して利用する必要がある．このときの正相関ゲイン K_θ は，(13.30b)式によれば，厳密には応速的に（すなわち，速度に応じて）変化することになるが，実際的には近似値である一定値を利用すればよい.

(c)　(10.45)式に従って位相補正を行う場合，正相関ゲイン K_θ としては，(13.30b)式に定めた値を利用する必要がある．このときの正相関ゲイン K_θ も，近似値である一定値を利用すればよい.

直線形高周波電圧印加法のための復調法（位相推定法）として鏡相推定法を利用する場合，駆動に際して注意すべきは「回転子位相 θ_γ が正相関領域に存在する」ことの確認である．正相関が維持できない領域で位相推定を開始する場合には，所期に位相推定値を得ることができない．また，「正相関領域は一様ではなく，突極比 r_s，周波数比 K_ω に依存して変化する」ことへの注意も必要である（図 13.2 参照）.

第 14 章 高周波積分形 PLL 法を随伴した汎用化高周波電流要素乗法

14.1 目的

高周波電圧印加法は，変調法と復調法から構成される．一般性に富む変調法として，第 12 章で，一般化楕円形高周波電圧印加法を提案し，同電圧の印加により発生した応答高周波電流を解析的に明らかにした．一般化楕円形高周波電圧は，応速真円形高周波電圧と楕円形高周波電圧との，**楕円係数**を用いた荷重合成和として構築した．対応の応答高周波電流は，速度いかんにかかわらず特性不変という**速度独立性**を備えていた．

復調の目的は，応答高周波電流が含有する回転子位相情報を抽出し，回転子位相推定値を得ることにある．本目的を達成し得る復調法の合理的な構築には，任意速度における応答高周波電流の解析解が必須である．

一般化楕円形高周波電圧印加法は，楕円係数を介した汎用性と速度独立性を備えた応答高周波電流の解析解とを備えており，高い有用性を期待させる．本期待を具現化する復調法として，本書では，任意速度における応答高周波電流の解析解に基づき，**鏡相推定法**を提案した．鏡相推定法は，任意の楕円係数を使用した一般化楕円形高周波電圧に適用可能であり，一般化楕円形高周波電圧印加法の一般性，汎用性を高めるものであった．

本書では，伝統的かつ簡単な高周波電圧として，一定真円形高周波電圧と直線形高周波電圧を検討し，任意速度におけるこれらの応答高周波電流の解析解を個別に導出した．電流解析解に基づき，鏡相推定法がこれら応答高周波電流のための復調法として利用できることも明らかにした．

鏡相推定法は汎用性に富む復調法である．しかし，この**演算負荷**は，すなわち応答高周波電流から回転子位相推定値を得るまでの演算負荷は，軽くはない．

本書は，演算負荷の大変軽い復調法として，第 11 章で，**高周波電流要素乗法**を提案した．本法は，**楕円形高周波電圧**の応答高周波電流を想定し開発された．**直線形高周波電圧**の応答高周波電流の復調法としての利用も期待されてはいるが，汎用性に問題を抱えている．

本章の目的は，演算負荷の大変軽い復調法である高周波電流要素乗法を，楕円形高周波電圧のみならず，種々の高周波電圧の応答高周波電流の処理に適用できるよう再構築することにある．換言するならば，汎用復調法として再構築することである．

本章は，以下のように構成されている．次の 14.2 節では，高周波電流要素乗法に必須と考えられる**高周波積分形 PLL 法**を，高周波電流要素乗法の汎用化に応えるべく，一般性のある形で再解析・再構築する．14.3 節では，一定真円形高周波電圧と直線形高周波電圧との荷重合成和を通じ，新たに**一定楕円形高周波電圧**を構築する．合成和のための荷重としては，**楕円係数**を使用する．また，この応答高周波電流の解析解を新規導出する．

14.4 節では，適用すべき高周波電圧として，一般化楕円形高周波電圧と一定高周波電圧の両者を想定して，**汎用化高周波電流要素乗法**を構築する．14.5 節では，汎用化高周波電流要素乗法が生成する**高周波電流要素積信号**の評価し，14.6 節では，高周波電流要素積信号の**正相関特性**を解明する．

14.7 節では，汎用化高周波電流要素乗法の位相推定特性に関する前節までの解析結果を，数値実験を通じ，検証する．14.8 節では，実機実験を通じ，解析結果を検証する．14.9 節では，汎用化高周波電流要素乗法を用いたセンサレスベクトル制御系を構築し，実機実験を通じ，その性能と汎用性を検証する．

14.2　高周波積分形 PLL 法

14.2.1　PLL の基本構成

PLL を構成する主要機器は，位相同期器である．位相同期器への入力信号 u_{PLL} は，理想的には低周波の正相関信号 p_c である．本節では，位相同期器への入力信号 u_{PLL} が，元来の低周波成分に加えて，$2\omega_h$ の高周波成分を有する場合を考える．このような入力信号 u_{PLL} に対する位相同期器の設計原理を与えるものが次の**高周波積分形 PLL 法**である[14.1)〜14.5)]．

【高周波積分形 PLL 法】[14.1)〜14.5)]

$$\omega_\gamma = C(s)\, u_{PLL} \tag{14.1a}$$

$$\hat{\theta}_\alpha = \frac{1}{s}\omega_\gamma \tag{14.1b}$$

$$C(s) = \frac{C_N(s)}{C_D(s)} = \frac{c_{nm}s^m + c_{nm-1}s^{m-1} + \cdots + c_{n0}}{s(s^{m-1} + c_{dm-1}s^{m-2} + \cdots + c_{d1})} \tag{14.1c}$$

■

高周波積分 PLL 法において，回転子速度推定値 $\widehat{\omega}_{2n}$ が必要な場合には，**$\gamma\delta$ 準同期座標系速度**（frame speed）ω_γ を本推定値として利用すればよい．この際，必要に応じローパスフィルタ $F_l(s)$ を用い，座標系速度に含まれる高周波成分を除去することになる．すなわち，

$$\widehat{\omega}_{2n} = F_l(s)\omega_\gamma \tag{14.2}$$

高周波積分形 PLL 法の形式的な特徴は，位相制御器 $C(s)$ の分母多項式が「s」を独立因子として常に有する点にある．高周波積分形 PLL 法に利用される位相制御器は，特に**高周波位相制御器**と呼称される．高周波位相制御器は，図 1.8 等において，入力信号に高周波成分が存在しないと仮定した通常の位相制御器 $C(s)$ と高周波成分除去用ローパスフィルタ $F(s)$ との一体化（$C(s)F(s)$）に該当する．

高周波位相制御器への入力信号 u_{PLL} は，**高周波正相関信号** s_h，**高周波残留外乱** n_h の 2 成分から構成されているものとする．

$$u_{PLL} = s_h + n_h \tag{14.3}$$

このとき，高周波正相関信号 s_h は位相 θ_γ を含有する次式で表現できるものとする．

$$s_h = K_\theta K_h \theta_\gamma \qquad K_\theta = \text{const} \tag{14.4a}$$

$$K_h = 1 - K_{hc}\cos(2\omega_h t + \varphi_s) \qquad 0 \le K_{hc} \le 1 \tag{14.4b}$$

信号係数 K_θ に付随した等価係数 K_h は，回転子位相 θ_γ と独立しており，かつ次の非負関係を満足している．

$$0 \le K_h \le 2 \tag{14.5}$$

等価係数 K_h はゼロとなり得るが，ゼロを取るのは瞬時であり，等価係数の平均値は 1 である．

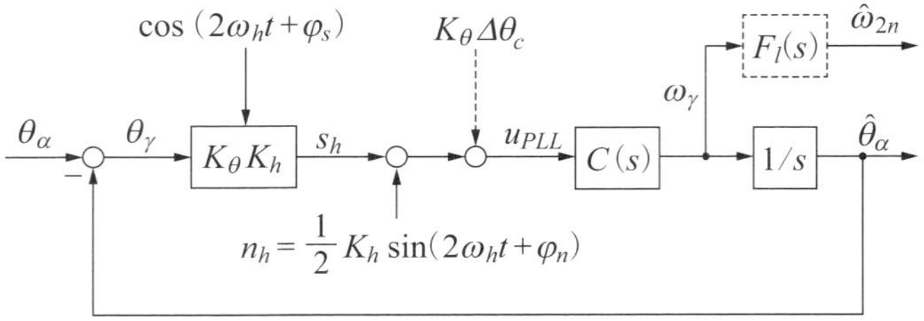

図 14.1　高周波積分形 PLL 法のシステム原理

高周波残留外乱 n_h は，基本的に位相情報を有せず，PLL 状態 $\theta_\gamma = 0$ が達成された場合においても残留し得る外乱であり，次式で表現されるものとする．

$$n_h = \frac{1}{2} K_n \sin(2\omega_h t + \varphi_n) \tag{14.6}$$

(14.1)～(14.6)式に基づき，PLL が構成するフィードバックループを**図 14.1** に示した．同図では，参考までに，**位相補正値** $K_\theta \Delta\theta_c$ の入力の様子も示した．

14.2.2　高周波位相制御器の設計原理

〔1〕設計の必要性

高周波位相制御器 $C(s)$ への入力信号 u_{PLL} は，一般に，高周波残留外乱 n_h を含む．高周波残留外乱は，回転子位相推定値が同真値へ収束した後にもゼロにはならず，常時残留する．この結果，高周波残留外乱の影響が位相推定値，速度推定値に常時出現することになる．

ここでは，高周波積分形 PLL の副次的効果により，高周波残留外乱の位相推定値，速度推定値への影響を抑圧することを考える．より具体的には，図 14.1 に示した高周波位相制御器 $C(s)$ と**位相積分器** $1/s$ とを通じ，高周波残留外乱の位相推定値，速度推定値への影響を抑圧することを考える．

〔2〕PLL 安定化のための条件

図 14.1 の高周波積分形 PLL 法のシステム原理を考える．回転子位相真値 θ_α から同推定値 $\hat{\theta}_\alpha$ に至る伝達特性 $F_C(s)$ は，以下のように近似表現することができる．

$$F_C(s) = \frac{F_N(s)}{F_D(s)}$$

$$= \frac{K_\theta K_h C_N(s)}{sC_D(s) + K_\theta K_h C_N(s)} \tag{14.7}$$

「等価係数 K_h は，周波数 $2\omega_h$ で変化する高周波信号が回転子位相と独立して振動する」ことを考慮し，上式では，これを係数として組み込んでいる．

高周波残留外乱 n_h が存在しない場合には，高周波位相制御器 $C(s)$ を次の (14.8)式で定義した $F_D(s)$ が任意の $0 < K_h \leq 2$ に対して**フルビッツ多項式**となるよう設計するならば，回転子位相推定値は同真値に安定収束し，所期の目的が達成される[14.1)～14.5)].

$$F_D(s) = sC_D(s) + K_\theta K_h C_N(s) \qquad 0 < K_h \leq 2 \tag{14.8}$$

任意の $0 < K_h \leq 2$ に対して $F_D(s)$ をフルビッツ多項式とするための原理は，次の**高周波位相制御器定理**として整理される．

【定理 14.1　高周波位相制御器定理】

(a)　$C_D(s)$ が単独形式で s 因子をもつ高周波位相制御器 $C(s)$ として，(14.9)式の 1 次制御器（PI 制御器）を設計する場合には，$F_D(s)$ は，任意の $0 < K_h \leq 2$ に対して，フルビッツ多項式となる．

$$C(s) = \frac{c_{n1}s + c_{n0}}{s} \tag{14.9a}$$

$$c_{n0} > 0, \quad c_{n1} > 0 \tag{14.9b}$$

(b)　$C_D(s)$ が単独形式で s 因子をもつ高周波位相制御器 $C(s)$ として，(14.10)式の 2 次制御器を設計する場合には，$F_D(s)$ は，任意の $0 < K_h \leq 2$ に対して，フルビッツ多項式となる．

$$C(s) = \frac{c_{n1}s + c_{n0}}{s(s + c_{d1})}$$

$$= \frac{\left(\dfrac{c_{n1}}{c_{d1}}\right)s + \left(\dfrac{c_{n0}}{c_{d1}}\right)}{s} \cdot \frac{c_{d1}}{s + c_{d1}} \tag{14.10a}$$

$$c_{n0} > 0, \quad c_{n1} > 0, \quad c_{d1} > \frac{c_{n0}}{c_{n1}} > 0 \tag{14.10b}$$

(c)　$C_D(s)$ が単独形式で s 因子をもつ高周波位相制御器 $C(s)$ として，(14.11)式の 3 次制御器を構成する．$F_D(s)$ が $K_h = 2$ に対してフルビッツ多項式となるとき，$F_D(s)$ は任意の $0 < K_h \leq 2$ に対してフルビッツ多項式

となる．

$$C(s) = \frac{c_{n1}s + c_{n0}}{s(s^2 + c_{d2}s + c_{d1})} = \frac{\left(\frac{c_{n1}}{c_{d1}}\right)s + \left(\frac{c_{n0}}{c_{d1}}\right)}{s} \cdot \frac{c_{d1}}{s^2 + c_{d2}s + c_{d1}} \tag{14.11a}$$

$$c_{ni} > 0, \quad c_{di} > 0 \tag{14.11b}$$

(d)　$C_D(s)$ が単独形式で s 因子をもつ高周波位相制御器 $C(s)$ として，(14.12) 式を構成する．$F_D(s)$ が $K_h = 2$ に対してフルビッツ多項式となるとき，$F_D(s)$ は任意の $0 < K_h \leq 2$ に対してフルビッツ多項式となる．

$$C(s) = \frac{(s^2 + 4\omega_h^2)(c_{n3}s + c_{n2})}{s(s^2 + c_{d2}s + c_{d1})} = \frac{\left(\frac{4\omega_h^2 c_{n3}}{c_{d1}}\right)s + \left(\frac{4\omega_h^2 c_{n2}}{c_{d1}}\right)}{s} \cdot \frac{\left(\frac{c_{d1}}{4\omega_h^2}\right)(s^2 + 4\omega_h^2)}{s^2 + c_{d2}s + c_{d1}} \tag{14.12a}$$

$$c_{ni} > 0, \quad c_{di} > 0 \tag{14.12b}$$

〈証明〉

(a)　次の 2 次多項式 $H(s)$ を考える．

$$H(s) = s^2 + h_1 s + h_0 \tag{14.13}$$

多項式 $H(s)$ がフルビッツ多項式となるための必要十分条件は，すべての係数 h_i が正であることである．

$C_D(s)$ が単独形式で s 因子をもつには，(14.9a) 式より，$c_{n0} \neq 0$ の条件が必要である．この場合，(14.9a) 式に対する $F_D(s)$ は，(14.8) 式より，次式となる．

$$F_D(s) = s^2 + K_\theta K_h(c_{n1}s + c_{n0}) \tag{14.14}$$

したがって，$F_D(s)$ が $0 < K_h \leq 2$ の値に関係せずフルビッツ多項式となる条件は (14.9b) 式となる．

(b)　次の 3 次多項式 $H(s)$ を考える．

$$H(s) = s^3 + h_2 s^2 + h_1 s + h_0 \tag{14.15a}$$

多項式 $H(s)$ がフルビッツ多項式となるための必要十分条件は，すべての係数 h_i が正であり，かつ次式を満足することである．

$$h_0 < h_1 h_2 \tag{14.15b}$$

$C_D(s)$ が単独形式で s 因子をもつには，(14.10a)式より，$c_{n0} \neq 0$ の条件が必要である．この場合，(14.10a)式に対する $F_D(s)$ は，(14.8)式より，次式となる．

$$F_D(s) = s^3 + c_{d1}s^2 + K_\theta K_h (c_{n1}s + c_{n0}) \tag{14.16}$$

したがって，$F_D(s)$ が $0 < K_h \leq 2$ の値に関係せずフルビッツ多項式となる条件は，(14.10b)式となる．

(c) 次の 4 次多項式 $H(s)$ を考える．

$$H(s) = s^4 + h_3 s^3 + h_2 s^2 + h_1 s + h_0 \tag{14.17a}$$

多項式 $H(s)$ がフルビッツ多項式となるための必要十分条件は，すべての係数 h_i が正であり，かつ次式を満足することである．

$$h_3 h_2 h_1 - h_3^2 h_0 - h_1^2 > 0 \tag{14.17b}$$

$C_D(s)$ が単独形式で s 因子をもつには，(14.11a)式より，$c_{n0} \neq 0$ の条件が必要である．この場合，(14.11a)式に対する $F_D(s)$ は，(14.8)式より，次式となる．

$$F_D(s) = s^4 + c_{d2}s^3 + c_{d1}s^2 + K_\theta K_h (c_{n1}s + c_{n0}) \tag{14.18}$$

(14.18)式の係数に(14.17b)式の関係を適用すると，次式を得る．

$$c_{d2}c_{d1}K_\theta K_h c_{n1} - c_{d2}^2 K_\theta K_h c_{n0} - K_\theta^2 K_h^2 c_{n1}^2 > 0 \tag{14.19a}$$

(14.19a)式を $K_h K_\theta c_{n1} > 0$ で除すると，$F_D(s)$ がフルビッツ多項式となる必要十分条件として，次式を得る．

$$c_{d2}c_{d1} - c_{d2}^2 \frac{c_{n0}}{c_{n1}} - K_\theta K_h c_{n1} > 0 \tag{14.19b}$$

$K_h = 2$ で(14.19b)式の不等関係が成立するならば，任意の $0 < K_h \leq 2$ で(14.19b)式の不等関係が成立する．これは，定理を意味する．

(d) $C_D(s)$ が単独形式で s 因子をもつには，(14.12a)式より，$c_{n2} \neq 0$ の条件が必要である．この場合，(14.12a)式に対する $F_D(s)$ は，(14.8)式より，次式となる．

$$\begin{aligned} F_D(s) = {} & s^4 + (c_{d2} + K_\theta K_h c_{n3}) s^3 + (c_{d1} + K_\theta K_h c_{n2}) s^2 \\ & + 4\omega_h^2 K_\theta K_h c_{n3} s + 4\omega_h^2 K_\theta K_h c_{n2} \end{aligned} \tag{14.20}$$

(14.20)式の係数に(14.17b)式の関係を適用すると，次式を得る．

$$\begin{aligned} & (c_{d2} + K_\theta K_h c_{n3})(c_{d1} + K_\theta K_h c_{n2})(4\omega_h^2 K_\theta K_h c_{n3}) \\ & \quad - (c_{d2} + K_\theta K_h c_{n3})^2 (4\omega_h^2 K_\theta K_h c_{n2}) - (4\omega_h^2 K_\theta K_h c_{n3})^2 > 0 \end{aligned} \tag{14.21a}$$

(14.21a)式を $4\omega_h^2 K_\theta K_h (c_{d2} + K_\theta K_h c_{n3}) > 0$ で除すると，$F_D(s)$ がフルビッツ

多項式となる必要十分条件として，次式を得る．

$$c_{d1}c_{n3}-c_{d2}c_{n2}-\frac{4\omega_h^2 K_\theta c_{n3}^2}{\dfrac{c_{d2}}{K_h}+K_\theta c_{n3}}>0 \tag{14.21b}$$

$K_h=2$ で(14.21b)式の不等関係が成立するならば，任意の $0<K_h\leq 2$ で(14.21b)式の不等関係が成立する．これは定理を意味する．

■

等価係数 K_h は，(14.4b)式が示しているように，瞬時的にはゼロ $K_h=0$ となる．$K_h=0$ の瞬時発生は，図14.1より明らかなように，高周波位相制御器への主要成分である高周波正相関信号 s_h がゼロとなることを意味する．高周波位相制御器は積分要素をもつので，高周波正相関信号ゼロの瞬時発生に対しては，高周波位相制御器のこれに対応した内部信号と出力信号は瞬時ゼロ発生の直前値を維持する．一方，高周波位相制御器の高周波残留外乱 n_h に対応した内部信号と出力信号は，次項で説明するように，等価係数 K_h の変動に関係なく所期の減衰を受ける．この結果，高周波正相関信号ゼロの瞬時発生に対して，高周波位相制御器は，最も好ましい応答を示しPLLを不安定化することはない．

(14.10)式の**2次制御器**は1次**全極形ローパスフィルタ**とPI制御器との積として（(14.11)式参照），(14.11)式の**1/3形3次制御器**は2次全極形ローパスフィルタとPI制御器との積として（(14.11)式参照），また，(14.12)式の**3/3形3次制御器**は**ノッチ同伴2次フィルタ**とPI制御器との積として（(14.12)式参照），おのおの捉えることができる．高周波位相制御器定理が示す係数条件から理解されるように，PLLを構成するローパスフィルタは，位相制御器と**一体設計**しなければならない．

〔3〕高周波残留外乱の抑圧

高周波位相制御器の設計の目的は，PLLの**安定性**の確保と同時に，回転子の位相推定値，速度推定値における高周波残留外乱の抑圧にある．高周波残留外乱の抑圧を検討すべく，図14.1のPLLの伝達特性を考える．PLLの帯域幅 ω_{PLLc} に比較して，高周波残留外乱の周波数 $2\omega_h$ が十分に高い場合には，高周波残留外乱は，高周波残留外乱にとって開ループ伝達関数で表現された動的処理を受けて外部へ出現する．すなわち，高周波残留外乱は，座標系速度（frame speed）ω_γ には $C(s)$ の抑圧（あるいは増幅）を受けて，回転子位相推定値 $\hat{\theta}_\alpha$ には

$C(s)/s$ の抑圧を受けて，出現する．以下に，周波数 $2\omega_h$ の高周波残留外乱の定常**抑圧性**を，個々の高周波位相制御器 $C(s)$ について示す．

(a) (14.9)式に示した 1 次の高周波位相制御器 $C(s)$ を利用する場合には，概略次の定常関係が成立する．

$$|C(j2\omega_h)| \approx c_{n1}, \quad \frac{|C(j2\omega_h)|}{2\omega_h} \approx \frac{c_{n1}}{2\omega_h} \tag{14.22}$$

(b) (14.10)式に示した 2 次の高周波位相制御器 $C(s)$ を利用する場合には，概略次の定常関係が成立する．

$$|C(j2\omega_h)| \approx \frac{c_{n1}}{2\omega_h}, \quad \frac{|C(j2\omega_h)|}{2\omega_h} \approx \frac{c_{n1}}{4\omega_h^2} \tag{14.23}$$

(c) (14.11)式に示した 3 次の高周波位相制御器（1/3 形）$C(s)$ を利用する場合には，概略次の関係が成立する．

$$|C(j2\omega_h)| \approx \frac{c_{n1}}{4\omega_h^2}, \quad \frac{|C(j2\omega_h)|}{2\omega_h} \approx \frac{c_{n1}}{8\omega_h^3} \tag{14.24}$$

(d) (14.12)式に示した 3 次の高周波位相制御器（3/3 形）$C(s)$ を利用する場合には，次の定常関係が成立する．

$$|C(j2\omega_h)| = 0, \quad \frac{|C(j2\omega_h)|}{2\omega_h} = 0 \tag{14.25}$$

(14.22)式が示しているように，1 次の高周波位相制御器による場合には，定常的な高周波残留外乱は，座標系速度（frame speed）には制御器係数 c_{n1} に比例増幅した形で出現する．また，回転子位相推定値にも相当程度出現することが推測される．

(14.23)～(14.25)式より，**高周波残留外乱抑圧**の観点からは，2 次または 3 次の高周波位相制御器の利用が実際的であることがわかる．特に，(14.12)式の 3/3 形 3 次高周波位相制御器を利用する場合には，(14.25)式に明示したように，**ノッチ効果**により，高周波残留外乱の定常的影響は完全に除去できる．

14.2.3 高周波位相制御器の設計例

設計例を通じて，高周波位相制御器の設計法を示す．設計法は，PLL の帯域幅指定を通じ高周波位相制御器を設計するものである．

高周波位相制御器 $C(s)$ の設計は，以下の 2 点を設定し，行う．

(a) 等価係数 K_h は，原則として，その平均値である $K_h = 1$ と考える．

(b)　高周波残留外乱はPLLの**安定性**に影響を及ぼさないので，高周波位相制御器の安定性に基づく設計には，この存在を無視する．

具体的設計例のための数値としては，以下を使用する．

$$\omega_h = 800\cdot\pi, \quad K_\theta = 0.0577, \quad \frac{1}{2}K_n = -0.0621, \quad \omega_{PLLc} = 150 \tag{14.26}$$

〔1〕1次制御器

(14.9)式を(14.7)式に用いてPLLの伝達関数$F_C(s)$を算定し，この上で，伝達関数分母多項式$F_D(s)$がフルビッツ多項式$H(s)$と等しくなるように高周波位相制御器を設計することを考える．この場合，次式を得る．

$$\begin{aligned} F_C(s) &= \frac{F_N(s)}{F_D(s)} = \frac{K_\theta K_h(c_{n1}s + c_{n0})}{s^2 + K_\theta K_h(c_{n1}s + c_{n0})} \\ &= \frac{F_N(s)}{H(s)} = \frac{K_\theta K_h(c_{n1}s + c_{n0})}{s^2 + h_1 s + h_0} \end{aligned} \tag{14.27}$$

ただし，

$$\left.\begin{aligned} c_{n1} &= \frac{h_1}{K_\theta K_h} = \frac{h_1}{K_\theta} \\ c_{n0} &= \frac{h_0}{K_\theta K_h} = \frac{h_0}{K_\theta} \end{aligned}\right\} \tag{14.28}$$

フルビッツ多項式$H(s)$の係数が選定できれば，(14.28)式より，制御器係数はただちに設計できる．本書では，フルビッツ多項式の係数をPLLの帯域幅の観点より定める．(14.27)式の形式の伝達関数に関しては，フルビッツ多項式の係数と帯域幅ω_{PLLc}との間には，次式が成立する[14.7]．

$$\omega_{PLLc} \approx h_1 \tag{14.29}$$

フルビッツ多項式$H(s)$に安定な2重根をもたせるものとする．本条件と(14.29)式を(14.28)式に用いると，次の制御器係数を得る．

$$\left.\begin{aligned} c_{n1} &= \frac{h_1}{K_\theta} \approx \frac{\omega_{PLLc}}{K_\theta} \approx 2.600\cdot 10^3 \\ c_{n0} &= \frac{0.25h_1^2}{K_\theta} \approx \frac{0.25\,\omega_{PLLc}^2}{K_\theta} \approx 9.748\cdot 10^4 \end{aligned}\right\} \tag{14.30}$$

上の値は，(14.9b)式の条件を満足している．

(14.22)式に示した高周波残留外乱の定常**抑圧性**に関し，以下を得る．

$$c_{n1} \approx 2.600 \cdot 10^3, \quad \frac{c_{n1}}{2\omega_h} \approx 0.517\,1 \tag{14.31}$$

上式より，高周波残留外乱は，座標系速度（frame speed）には約2 600倍増幅されて出現することが，回転子位相推定値には約0.5倍に低減されて出現することがわかる．(14.26)式の外乱係数に関しては，約2 600倍増幅は許容できない大きな値である．

一般に，高周波位相制御器への入力信号が高周波残留外乱を有しない場合にのみ，すなわち実質的に外乱係数がゼロ$K_n = 0$の場合にのみ，1次制御器は利用可能である．

〔2〕2次制御器

(14.10)式を(14.7)式に用いてPLLの伝達関数$F_C(s)$を算定し，この上で，伝達関数分母多項式$F_D(s)$がフルビッツ多項式$H(s)$と等しくなるように高周波位相制御器を設計することを考える．この場合，次式を得る．

$$\begin{aligned} F_C(s) &= \frac{F_N(s)}{F_D(s)} = \frac{K_\theta K_h(c_{n1}s + c_{n0})}{s^3 + c_{d1}s^2 + K_\theta K_h(c_{n1}s + c_{n0})} \\ &= \frac{F_N(s)}{H(s)} = \frac{K_\theta K_h(c_{n1}s + c_{n0})}{s^3 + h_2 s^2 + h_1 s + h_0} \end{aligned} \tag{14.32}$$

ただし，

$$\left. \begin{aligned} c_{d1} &= h_2 \\ c_{n1} &= \frac{h_1}{K_\theta K_h} = \frac{h_1}{K_\theta} \\ c_{n0} &= \frac{h_0}{K_\theta K_h} = \frac{h_0}{K_\theta} \end{aligned} \right\} \tag{14.33}$$

フルビッツ多項式$H(s)$の係数が選定できれば，(14.33)式より，制御器係数はただちに設計できる．本書では，フルビッツ多項式の係数をPLLの帯域幅の観点より定める．これに関しては，次の**2次制御器定理**が成立する．

【定理14.2　2次制御器定理】

次の伝達関数$F(s)$を考える．

$$F(s) = \frac{f_1 s + f_0}{s^3 + f_2 s^2 + f_1 s + f_0} \tag{14.34}$$

伝達関数の分母多項式が 3 重実根をもつとき，伝達関数の帯域幅 ω_c と 0 次係数 f_0 とは次の関係を有する．

$$\left.\begin{aligned} f_0^{1/3} &\approx 0.746\,\omega_c \\ \omega_c &\approx 1.34\,f_0^{1/3} \end{aligned}\right\} \tag{14.35}$$

〈証明〉

(14.34)式の伝達関数の相対次数は 2 であり，帯域幅近傍およびこれ以遠の周波数領域では，本伝達関数は相対次数 2 の 2 次遅れ系として次のように近似される．

$$\begin{aligned} F(s) &\approx \frac{f_1}{s^2+f_2 s+f_1} \\ &= \frac{\omega_n^2}{s^2+2\zeta\omega_n s+\omega_n^2} \end{aligned} \tag{14.36}$$

2 次遅れ系の帯域幅 ω_c と係数との間には，次の関係が成立している[14.7]．

$$\frac{\omega_c}{\omega_n} \approx \begin{cases} 1.55\,(1-0.707\zeta^2) & \zeta \le 0.7 \\ \dfrac{0.5}{\sqrt{\zeta^2-0.5\zeta+0.1}} & \zeta \ge 0.7 \end{cases} \tag{14.37}$$

さてここで，(14.34)式の分母多項式に 3 重実根をもたせることを考える．このとき，次式が成立する．

$$f_2 = 3f_0^{1/3}, \quad f_1 = 3f_0^{2/3} \tag{14.38}$$

(14.36)式は，(14.38)式を用いると，以下のように書き改められる．

$$F(s) \approx \frac{(\sqrt{3}f_0^{1/3})^2}{s^2+2\zeta(\sqrt{3}f_0^{1/3})s+(\sqrt{3}f_0^{1/3})^2} \qquad \zeta = \frac{\sqrt{3}}{2} \tag{14.39}$$

(14.39)式の $F(s)$ における係数と帯域幅との関係は，$\zeta=\sqrt{3}/2$ の条件を(14.37)式に用いると，所期の次式となる．

$$\begin{aligned} f_0^{1/3} &= \frac{\omega_n}{\sqrt{3}} \approx \frac{\sqrt{\zeta^2-0.5\zeta+0.1}}{0.5\sqrt{3}}\,\omega_c \\ &\approx 0.746\,\omega_c \end{aligned} \tag{14.40}$$

■

2 次制御器定理の(14.35)式の妥当性を確認するために，(14.38)式を条件に(14.34)式の周波数応答を調べた．**図 14.2** にこれを示した．同図では，周波数軸を正規化周波数 $\bar{\omega} = \omega/f_0^{1/3}$ で表示している．正規化周波数 $\bar{\omega} = 1.34$〔rad/s〕の近傍において約 -3〔dB〕の減衰と約 $-\pi/2$〔rad〕の位相遅れが得られており，

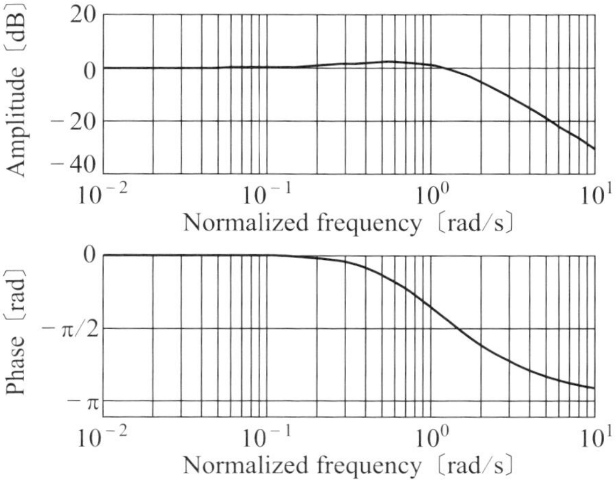

図 14.2 (14.38)式を条件とした(14.34)式の周波数応答

(14.35)式の妥当性が確認される.

高周波位相制御器係数は,フルビッツ多項式 $H(s)$ が安定な 3 重根をもつように定めることにする.$f_i = h_i$,$\omega_c = \omega_{PLLc}$ として(14.35)式,(14.38)式を(14.33)式に適用すると,次の制御器係数を得る.

$$\left.\begin{aligned} c_{d1} &= 3h_0^{1/3} \approx 2.24\omega_{PLLc} \approx 336 \\ c_{n1} &= \frac{3h_0^{2/3}}{K_\theta} \approx \frac{1.67\omega_{PLLc}^2}{K_\theta} \approx 6.51\cdot 10^5 \\ c_{n0} &= \frac{h_0}{K_\theta} \approx \frac{0.415\omega_{PLLc}^3}{K_\theta} \approx 2.43\cdot 10^7 \end{aligned}\right\} \tag{14.41}$$

上の値は,(14.10b)式の条件を満足している.

2 次制御器は,(14.10a)式が示すように,係数 c_{d1} をもつ 1 次全極形ローパスフィルタと PI 制御器との直列結合として捉えることもできる.(14.10a)式に基づく等価的な PI 係数に関しては,次の関係が成立している.

$$\left.\begin{aligned} \frac{c_{n1}K_\theta}{c_{d1}} &= \frac{h_1}{h_2} = h_0^{1/3} \approx 0.746\omega_{PLLc} \\ \frac{c_{n0}K_\theta}{c_{d1}} &= \frac{h_0}{h_2} = \frac{h_0^{2/3}}{3} \approx 0.186\omega_{PLLc}^2 \end{aligned}\right\} \tag{14.42}$$

2 次制御器のこの捉え方においては,1 次ローパスフィルタの帯域幅と PI 制御器のみよる PLL の帯域幅とに関し，次の「**帯域幅の 3 倍ルール**」が成立している．

$$\frac{c_{d1}^2}{c_{n1}K_\theta} = \frac{h_2^2}{h_1} = 3 \tag{14.43}$$

また，高周波残留外乱の定常**抑圧性**に関しては，(14.23)式より次式を得る．

$$\frac{c_{n1}}{2\omega_h} \approx 130, \quad \frac{c_{n1}}{4\omega_h^2} \approx 0.0258 \tag{14.44}$$

高周波残留外乱の振幅である外乱係数を考慮するならば（図 14.1，(14.26)式参照），回転子位相推定値に対する**外乱抑圧性**は，十分な余裕をもって許容範囲に入っていることがわかる．しかしながら，座標系速度（frame speed）ω_γ には，高周波残留外乱が約 130 倍増幅して出現しており，座標系速度を回転子速度推定値 $\hat{\omega}_{2n}$ に利用するには，簡単なローパスフィルタ $F_l(s)$ による追加処理が必要であることもわかる（図 14.1 参照）．

〔3〕1/3 形 3 次制御器

(14.11)式を(14.7)式に用いて PLL の伝達関数 $F_C(s)$ を算定し，この上で，伝達関数分母多項式 $F_D(s)$ がフルビッツ多項式 $H(s)$ と等しくなるように高周波位相制御器を設計することを考える．この場合，次式を得る．

$$\begin{aligned} F_C(s) &= \frac{F_N(s)}{F_D(s)} = \frac{K_\theta K_h(c_{n1}s + c_{n0})}{s^4 + c_{d2}s^3 + c_{d1}s^2 + K_\theta K_h(c_{n1}s + c_{n0})} \\ &= \frac{F_N(s)}{H(s)} = \frac{K_\theta K_h(c_{n1}s + c_{n0})}{s^4 + h_3s^3 + h_2s^2 + h_1s + h_0} \end{aligned} \tag{14.45}$$

ただし，

$$\left.\begin{aligned} c_{d2} &= h_3 \\ c_{d1} &= h_2 \\ c_{n1} &= \frac{h_1}{K_\theta K_h} = \frac{h_1}{K_\theta} \\ c_{n0} &= \frac{h_0}{K_\theta K_h} = \frac{h_0}{K_\theta} \end{aligned}\right\} \tag{14.46}$$

制御器係数は，(14.45)式の多項式 $H(s)$ が安定な 4 重根をもつように定める．この場合，PLL の帯域幅と制御器係数に関し，実験的にはおおむね $h_0^{1/4} = 0.77\omega_{PLLc}$ の関係をもつ．本関係を(14.46)式に適用すると，次の制御器係数を得る．

$$\left.\begin{aligned} c_{d2} &= h_3 = 4h_0^{1/4} \approx 3.08\omega_{PLLc} \approx 462 \\ c_{d1} &= h_2 = 6h_0^{1/2} \approx 3.56\omega_{PLLc}^2 \approx 8.00\cdot 10^4 \\ c_{n1} &= \frac{h_1}{K_\theta} = \frac{4h_0^{3/4}}{K_\theta} \approx \frac{1.83\omega_{PLLc}^3}{K_\theta} \approx 1.07\cdot 10^8 \\ c_{n0} &= \frac{h_0}{K_\theta} \approx \frac{0.352\omega_{PLLc}^4}{K_\theta} \approx 3.08\cdot 10^9 \end{aligned}\right\} \tag{14.47}$$

1/3 形 3 次制御器は，(14.11a)式が示すように，係数 c_{d2}, c_{d1} をもつ 2 次全極形ローパスフィルタと PI 制御器との直列結合として捉えることもできる．(14.11a)式に基づく等価的な PI 係数に関しては，次の関係が成立している．

$$\left.\begin{aligned} \frac{c_{n1}K_\theta}{c_{d1}} &= \frac{h_1}{h_2} = \frac{2}{3}h_0^{1/4} \approx 0.513\omega_{PLLc} \\ \frac{c_{n0}K_\theta}{c_{d1}} &= \frac{h_0}{h_2} = \frac{h_0^{1/2}}{6} \approx 0.098\,8\omega_{PLLc}^2 \end{aligned}\right\} \tag{14.48}$$

係数 c_{d2}, c_{d1} をもつ 2 次ローパスフィルタは，**固有周波数** $\omega_n = \sqrt{6}\,h_0^{1/4}$，**減衰係数** $\zeta = \sqrt{2/3}$ とをもつ 2 次遅れ系として捉えることができる．この認識より，本 2 次ローパスフィルタの帯域幅 ω_c は，(14.37)式より，以下のように算定される．

$$\omega_c \approx \frac{0.5\sqrt{6}}{\sqrt{\zeta^2 - 0.5\zeta + 0.1}}\,h_0^{1/4} \approx 2.05h_0^{1/4} \tag{14.49}$$

1/3 形 3 次制御器に関するこの捉え方においては，2 次ローパスフィルタの帯域幅と PI 制御器のみによる PLL の帯域幅とに関し，次の「**帯域幅の 3 倍ルール**」が成立している．

$$\frac{\omega_c c_{d1}}{c_{n1}K_\theta} \approx 3 \tag{14.50}$$

(14.24)式に示した高周波残留外乱の定常**抑圧性**に関し，以下を得る．

$$\frac{c_{n1}}{4\omega_h^2} \approx 4.21, \quad \frac{c_{n1}}{8\omega_h^3} \approx 8.38\cdot 10^{-4} \tag{14.51}$$

上の値は，高周波残留外乱は十分な抑圧を受けることを示している．3 次の高周波位相制御器を使用する場合には，座標系速度（frame speed）ω_γ を回転子速度推定値 $\widehat{\omega}_{2n}$ として，追加処理を行うことなく直接利用してよいことがわかる．

〔4〕 3/3 形 3 次制御器

(14.12)式を(14.7)式に用いて PLL の伝達関数 $F_C(s)$ を算定し，この上で，伝

達関数分母多項式 $F_D(s)$ がフルビッツ多項式 $H(s)$ と等しくなるように高周波位相制御器を設計することを考える．この場合，次式を得る．

$$\begin{aligned} F_C(s) &= \frac{F_N(s)}{F_D(s)} = \frac{K_\theta K_h(c_{n3}s+c_{n2})(s^2+4\omega_h^2)}{s^4+(c_{d2}+K_\theta K_h c_{n3})s^3+(c_{d1}+K_\theta K_h c_{n2})s^2 +4\omega_h^2 K_\theta K_h c_{n3}s+4\omega_h^2 K_\theta K_h c_{n2}} \\ &= \frac{F_N(s)}{H(s)} = \frac{K_\theta K_h(c_{n3}s+c_{n2})(s^2+4\omega_h^2)}{s^4+h_3s^3+h_2s^2+h_1s+h_0} \end{aligned} \tag{14.52}$$

ただし，

$$\left.\begin{aligned} c_{d2} &= h_3-\frac{h_1}{4\omega_h^2} \\ c_{d1} &= h_2-\frac{h_0}{4\omega_h^2} \\ c_{n3} &= \frac{h_1}{4\omega_h^2 K_\theta K_h} = \frac{h_1}{4\omega_h^2 K_\theta} \\ c_{n2} &= \frac{h_0}{4\omega_h^2 K_\theta K_h} = \frac{h_0}{4\omega_h^2 K_\theta} \end{aligned}\right\} \tag{14.53}$$

制御器係数は，(14.52)式の多項式 $H(s)$ が安定な 4 重根をもつように定める．この場合，PLL の帯域幅と制御器係数に関し，実験的にはおおむね $h_0^{1/4}=0.667\omega_{PLLc}$ の関係をもつ．本関係を(14.52)式に適用すると，次の制御器係数を得る．

$$\left.\begin{aligned} c_{d2} &= h_3-\frac{h_1}{4\omega_h^2} \approx h_3 = 4h_0^{1/4} \approx 2.667\omega_{PLLc} \approx 400 \\ c_{d1} &= h_2-\frac{h_0}{4\omega_h^2} \approx h_2 = 6h_0^{1/2} \approx 2.67\omega_{PLLc}^2 \approx 6.00\cdot 10^4 \\ c_{n3} &= \frac{h_1}{4\omega_h^2 K_\theta} = \frac{h_0^{3/4}}{\omega_h^2 K_\theta} = \frac{0.297\omega_{PLLc}^3}{\omega_h^2 K_\theta} \approx 2.74 \\ c_{n2} &= \frac{h_0}{4\omega_h^2 K_\theta} = \frac{0.0494\omega_{PLLc}^4}{\omega_h^2 K_\theta} \approx 68.6 \end{aligned}\right\} \tag{14.54}$$

上式の近似では，十分な大小関係 $h_0^{1/4}=0.667\omega_{PLLc} \ll 2\omega_h$ を考慮した．

3/3 形 3 次制御器は，(14.12a)式が示すように，係数 c_{d2}, c_{d1} をもつ**ノッチ同伴 2 次フィルタ**と PI 制御器との直列結合として捉えることもできる．(14.12a)式に基づく等価的な PI 係数に関しては，次の関係が成立している．

$$
\left.
\begin{aligned}
\frac{4\omega_h^2 c_{n3} K_\theta}{c_{d1}} &= \frac{h_1}{h_2 - \dfrac{h_0}{4\omega_h^2}} \approx \frac{h_1}{h_2} = \frac{2}{3} h_0^{1/4} \approx 0.444\omega_{PLLc} \\
\frac{4\omega_h^2 c_{n2} K_\theta}{c_{d1}} &= \frac{h_0}{h_2 - \dfrac{h_0}{4\omega_h^2}} \approx \frac{h_0}{h_2} = \frac{h_0^{1/2}}{6} \approx 0.0741\omega_{PLLc}^2
\end{aligned}
\right\}
\tag{14.55}
$$

係数 c_{d2}, c_{d1} をもつノッチ同伴2次フィルタの**ノッチ周波数** $2\omega_h$ に関しては，$h_0^{1/4} = 0.667\omega_{PLLc} \ll 2\omega_h$ が成立しているので，ノッチ周波数 $2\omega_h$ の $1/10$ 以下の低い周波数におけるノッチ同伴2次フィルタの周波数特性は，固有周波数 $\omega_n = \sqrt{6}\,h_0^{1/4}$，減衰係数 $\zeta = \sqrt{2/3}$ をもつ2次遅れ系と同等な特性を示す．この認識より，本ノッチ同伴2次フィルタの低域側の帯域幅 ω_c に関しては，(14.49)式が成立する．3/3形3次制御器に関するこの捉え方においては，ノッチ同伴2次フィルタの低域側の帯域幅とPI制御器のみによるPLLの帯域幅とに関し，次の「**帯域幅の3倍ルール**」が成立している．

$$
\frac{\omega_c c_{d1}}{4\omega_h^2 c_{n3} K_\theta} \approx 3 \tag{14.56}
$$

なお，高周波残留外乱の定常**抑圧性**に関しては，**ノッチ効果**により(14.25)式に示した**完全減衰**が成立している．

14.3　変調のための一定楕円形高周波電圧印加法

14.3.1　一定楕円形高周波電圧と応答高周波電流

$\gamma\delta$ 一般座標系上で印加すべき高周波電圧として，(12.1)式の**一般化楕円形高周波電圧**を簡略化した(14.57)式の**一定楕円形高周波電圧** $\boldsymbol{v}_{1h}$ を考える．一般化楕円形高周波電圧と比較するならば，本高周波電圧の特徴は速度いかんにかかわらず楕円形状を一定に保つ点にある．

【一定楕円形高周波電圧】

$$
\boldsymbol{v}_{1h} = V_h \begin{bmatrix} \cos\omega_h t \\ K\sin\omega_h t \end{bmatrix} \qquad \begin{aligned} V_h &= \text{const} \\ \omega_h &= \text{const} \end{aligned} \tag{14.57a}
$$

$$
0 \le K \le 1 \tag{14.57b}
$$

■

一定楕円形高周波電圧の印加により発生する応答高周波電流の解析解に関しては，次の**一定楕円電圧定理**が成立する．

【定理 14.3　一定楕円電圧定理】

(14.57)式の一定楕円形高周波電圧の応答である高周波電流 $\boldsymbol{i}_{1h}$ の解析解は，**周波数比** K_ω を用いた次式で与えられる．

$$\boldsymbol{i}_{1h} = \boldsymbol{i}_{hp} + \boldsymbol{i}_{hn} \tag{14.58a}$$

$$\begin{aligned}\boldsymbol{i}_{hp} &= \frac{\omega_h V_h}{2(\omega_h^2-\omega_\gamma^2)L_dL_q}[(1-K_\omega)(1+K)L_i\boldsymbol{I} \\ &\quad -(1+K_\omega)(1-K)L_m\boldsymbol{R}(2\theta_\gamma)]\boldsymbol{u}_p(\omega_h t) \\ &= [g_{pi}\boldsymbol{I}+g_{pm}\boldsymbol{R}(2\theta_\gamma)]\boldsymbol{u}_p(\omega_h t) \\ &= [c_p\boldsymbol{I}+s_p\boldsymbol{J}]\boldsymbol{u}_p(\omega_h t)\end{aligned} \tag{14.58b}$$

$$\begin{aligned}\boldsymbol{i}_{hn} &= \frac{\omega_h V_h}{2(\omega_h^2-\omega_\gamma^2)L_dL_q}[(1+K_\omega)(1-K)L_i\boldsymbol{I} \\ &\quad -(1-K_\omega)(1+K)L_m\boldsymbol{R}(2\theta_\gamma)]\boldsymbol{u}_n(\omega_h t) \\ &= [g_{ni}\boldsymbol{I}+g_{nm}\boldsymbol{R}(2\theta_\gamma)]\boldsymbol{u}_n(\omega_h t) \\ &= [c_n\boldsymbol{I}+s_n\boldsymbol{J}]\boldsymbol{u}_n(\omega_h t)\end{aligned} \tag{14.58c}$$

ただし，

$$\left.\begin{aligned}g_{pi} &= \frac{\omega_h V_h}{2(\omega_h^2-\omega_\gamma^2)L_dL_q}(1-K_\omega)(1+K)L_i \\ g_{pm} &= \frac{\omega_h V_h}{2(\omega_h^2-\omega_\gamma^2)L_dL_q}(-(1+K_\omega)(1-K)L_m) \\ g_{ni} &= \frac{\omega_h V_h}{2(\omega_h^2-\omega_\gamma^2)L_dL_q}(1+K_\omega)(1-K)L_i \\ g_{nm} &= \frac{\omega_h V_h}{2(\omega_h^2-\omega_\gamma^2)L_dL_q}(-(1-K_\omega)(1+K)L_m)\end{aligned}\right\} \tag{14.59}$$

$$\begin{bmatrix}c_p \\ s_p\end{bmatrix} = \begin{bmatrix}g_{pi}+g_{pm}\cos 2\theta_\gamma \\ g_{pm}\sin 2\theta_\gamma\end{bmatrix} \tag{14.60a}$$

$$\begin{bmatrix}c_n \\ s_n\end{bmatrix} = \begin{bmatrix}g_{ni}+g_{nm}\cos 2\theta_\gamma \\ g_{nm}\sin 2\theta_\gamma\end{bmatrix} \tag{14.60b}$$

■

〈証明〉

(14.57)式の一定楕円形高周波電圧は，以下のように書き改められる．

$$\boldsymbol{v}_{1h} = KV_h\begin{bmatrix}\cos\omega_h t\\ \sin\omega_h t\end{bmatrix} + (1-K)V_h\begin{bmatrix}\cos\omega_h t\\ 0\end{bmatrix} \tag{14.61}$$

(14.61)式は，(10.39)式の**一定真円形高周波電圧**，(13.1)式の**直線形高周波電圧**に，おのおの重みK，$(1-K)$をつけて加法合成したものと同一である．(14.57)式の一定楕円形高周波電圧に対応した高周波電流は，(10.39)式の一定真円形高周波電圧，(13.1)式の直線形高周波電圧に対応した高周波電流（**一定真円電圧定理**（定理 10.8），**直線電圧定理Ⅱ**（定理 13.2）参照）に同一の重みK，$(1-K)$をつけ加法合成したものと同一となる．本認識および一定真円電圧定理と直線電圧定理Ⅱとにより，直ちに，(14.58)～(14.60)式が得られる．

■

3

すでに明らかなように，一定楕円形高周波電圧において，楕円係数Kを$K=1$と選定する場合には本高周波電圧は一定真円形高周波電圧となり，楕円係数Kを$K=0$と選定する場合には本高周波電圧は直線形高周波電圧となる．

(14.58)～(14.60)式は，一定楕円形高周波電圧に対する応答高周波電流を**正相逆相表現**したものである．同高周波電流の**軸要素表現**も可能である．これは，次式で与えられる．

【一定楕円形高周波電圧に対する応答高周波電流（軸要素表現）】

$$\begin{aligned}\boldsymbol{i}_{1h} &= \begin{bmatrix}c_\gamma & s_\gamma\\ s_\delta & c_\delta\end{bmatrix}\boldsymbol{u}_n(\omega_h t)\\ &= \begin{bmatrix}c_\gamma & s_\gamma\\ s_\delta & c_\delta\end{bmatrix}\begin{bmatrix}\sin\omega_h t\\ \cos\omega_h t\end{bmatrix}\end{aligned} \tag{14.62}$$

$$\left.\begin{aligned}c_\gamma &= \frac{\omega_h V_h}{(\omega_h^2-\omega_\gamma^2)L_dL_q}(1-K_\omega K)(L_i-L_m\cos 2\theta_\gamma)\\ s_\gamma &= \frac{\omega_h V_h}{(\omega_h^2-\omega_\gamma^2)L_dL_q}(K_\omega-K)(-L_m\sin 2\theta_\gamma)\\ s_\delta &= \frac{\omega_h V_h}{(\omega_h^2-\omega_\gamma^2)L_dL_q}(1-K_\omega K)(-L_m\sin 2\theta_\gamma)\\ c_\delta &= \frac{\omega_h V_h}{(\omega_h^2-\omega_\gamma^2)L_dL_q}(K_\omega-K)(L_i+L_m\cos 2\theta_\gamma)\end{aligned}\right\} \tag{14.63}$$

■

14.3.2　高周波電流の特徴

(14.58)～(14.60)式と(12.4)～(12.6)式の比較より明白なように，(14.58)～(14.60)式の正相逆相表現においては，一定楕円形高周波電圧に対応した高周波電流は，一般化楕円形高周波電圧に対応した高周波電流の振幅に対し，以下の形式的置換を実施したものと等価となる．

$$\left.\begin{array}{l}\dfrac{1}{\omega_h} \rightarrow \dfrac{\omega_h}{(\omega_h^2-\omega_\gamma^2)} \\ (1+K) \rightarrow (1-K_\omega)(1+K) \\ (1-K) \rightarrow (1+K_\omega)(1-K)\end{array}\right\} \tag{14.64}$$

(14.62)式，(14.63)式と(12.10)式，(12.11)式の比較より明白なように，(14.62)式，(14.63)式軸要素表現においては，一定楕円形高周波電圧に対応した高周波電流は，一般化楕円形高周波電圧に対応した高周波電流の振幅に対し，以下の形式的置換を実施したものと等価となる．

$$\left.\begin{array}{l}\dfrac{1}{\omega_h} \rightarrow \dfrac{\omega_h}{(\omega_h^2-\omega_\gamma^2)} \\ 1 \rightarrow (1-K_\omega K) \\ K \rightarrow (K-K_\omega)\end{array}\right\} \tag{14.65}$$

軸要素表現において，一般化楕円形高周波電圧，一定真円形高周波電圧，直線形高周波電圧に対応した高周波電流の c_γ, s_δ 要素に限っては，因子 K_ω, K は出現しない．これに対して，一定楕円形高周波電圧に対応した高周波電流の c_γ, s_δ 要素には因子 $K_\omega K$ が出現するようになる．ただし，その影響は小さい．

一定楕円形高周波電圧に対応した高周波電流が描く空間軌跡は複雑である．$K \gg |K_\omega|$ の場合の高周波電流軌跡は，一般化楕円形高周波電圧に対応した高周波電流軌跡に類似したものとなる．一方，$K \ll |K_\omega|$ の場合の高周波電流軌跡は，直線形高周波電圧に対応した高周波電流軌跡に類似したものとなる．

4 振幅 c_p, s_p, c_n, s_n と $c_\gamma, s_\gamma, c_\delta, s_\delta$ との間には，Q/A12.2 の回答に示した関係が成立している．

14.4　復調法のための汎用化高周波電流要素乗法

第 11 章では，変調に**楕円形高周波電圧**を利用し，復調に**高周波電流要素乗法**を利用して，回転子位相を推定する高周波電圧印加法を提案・説明した[14.1)～14.3)]．

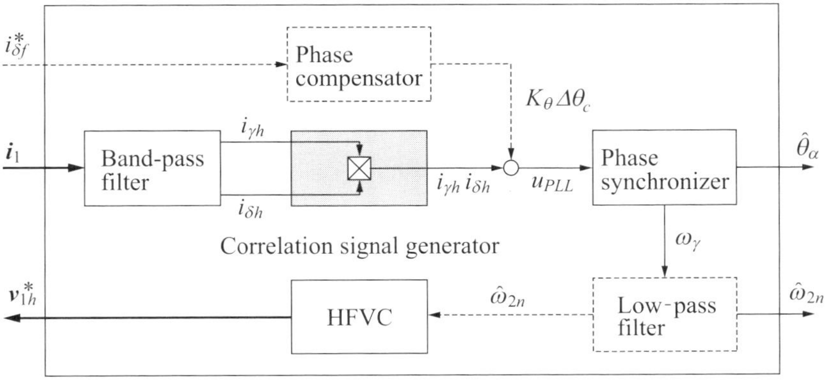

図 14.3 汎用化高周波電流要素乗法に基づく位相速度推定器の構造

本章では，復調法としての高周波電流要素乗法を，**一般化楕円形高周波電圧**，**一定楕円形高周波電圧**の印加によって発生した高周波電流に適用し，回転子位相を推定することを考える．適用に際し，必要であれば，高周波電流要素乗法の改良を行う．汎用化を図った高周波電流要素乗法を，以降では，「**汎用化高周波電流要素乗法**」と呼称する[14.1)~14.4)]．

汎用化高周波電流要素乗法に基づく位相速度推定器の構成を**図 14.3** に示した．楕円形高周波電圧印加法のための図 11.8 に対する図 14.5 の形式的な相違は，次の 2 点である．

(a) 印加高周波電圧として一定楕円形高周波電圧を用いる場合には，**高周波電圧指令器**（**HFVC**）は速度情報を必要としない．この点を考慮し，同器へ入力される速度推定値の信号線は，破線表示としている．

(b) 高周波電圧指令器が速度情報を必要としない場合には，速度推定値生成ためのローパスフィルタは，必ずしも必要ではない．この点を考慮し，ローパスフィルタブロックは破線表示としている．

高周波電流の γ 軸要素と δ 軸要素による**高周波電流要素積信号**（high-frequency current element product signal），同略称の**要素積信号**（element product signal）$i_{\gamma h}\, i_{\delta h}$ は，一般に，直流成分に加えて高周波成分を含む．このため，後続の位相同期器は，処理対象信号が高周波成分を含むことを前提とした**高周波積分形 PLL 法**に立脚し，設計・構築されなくてはならない（11.4 節参照）．

要素積信号 $i_{\gamma h} i_{\delta h}$ を高周波積分形 PLL 法に用い位相推定する汎用化高周波電

流要素乗法の原形は，2006年に著者が提案した高周波電流要素乗法である（第11章参照）．以下に，汎用化高周波電流要素乗法の詳細を説明する．

14.5　高周波電流要素積信号の評価

(12.10)式，(12.11)式，および(14.62)式，(14.63)式が明示しているように，一般化楕円形高周波電圧，一定楕円形高周波電圧に対応する高周波電流 $\boldsymbol{i}_{1h}$ は，一般に，以下のように表現される．

【高周波電流の統一的な軸要素表現】

$$\boldsymbol{i}_{1h}=\begin{bmatrix} i_{\gamma h} \\ i_{\delta h} \end{bmatrix}=\begin{bmatrix} c_\gamma & s_\gamma \\ s_\delta & c_\delta \end{bmatrix}\boldsymbol{u}_n(\omega_h t)$$
$$=\begin{bmatrix} c_\gamma & s_\gamma \\ s_\delta & c_\delta \end{bmatrix}\begin{bmatrix} \sin\omega_h t \\ \cos\omega_h t \end{bmatrix} \tag{14.66}$$

■

(14.66)式における軸要素振幅 $c_\gamma, s_\gamma, c_\delta, s_\delta$ の定義は，一般化楕円形高周波電圧に関しては(12.11)式に，一定楕円形高周波電圧に関しては(14.63)式に与えたとおりである．

(12.11)式，(14.63)式で表現された高周波電流の γ 軸，δ 軸要素による要素積信号に関しては，次の**要素積信号定理**が成立する[14.1), 14.4)]．

《定理 14.4　要素積信号定理》[14.1), 14.4)]

(a)　(12.11)式，(14.63)式で定められた振幅 s_γ, s_δ を以下のように，簡略表現する．

$$\left.\begin{aligned} s_\gamma &= A_\gamma \sin 2\theta_\gamma \\ s_\delta &= A_\delta \sin 2\theta_\gamma \end{aligned}\right\} \tag{14.67}$$

このとき，(14.66)式由来の要素積信号 $i_{\gamma h}i_{\delta h}$ は，次式で与えられる．

$$i_{\gamma h}\, i_{\delta h} = s_h + n_h \tag{14.68a}$$

ただし，

$$s_h = \frac{1}{2}K_s \sin 2\theta_\gamma \tag{14.68b}$$

$$n_h = \frac{1}{2} K_n \sin 2\omega_h t \tag{14.68c}$$

$$\begin{aligned} K_s &= (c_\gamma A_\delta + c_\delta A_\gamma) - (c_\gamma A_\delta - c_\delta A_\gamma)\cos 2\omega_h t \\ &= (c_\gamma A_\delta + c_\delta A_\gamma)\left(1 - \frac{c_\gamma A_\delta - c_\delta A_\gamma}{c_\gamma A_\delta + c_\delta A_\gamma}\cos 2\omega_h t\right) \end{aligned} \tag{14.68d}$$

$$K_n = s_\gamma s_\delta + c_\gamma c_\delta \tag{14.68e}$$

(b)　印加高周波電圧を**一般化楕円形高周波電圧**とする場合には，(14.68d)式の K_s，(14.68e)式の K_n は，おのおの以下のように評価される．

$$\begin{aligned} K_s = &\frac{-V_h^2 L_i L_m}{\omega_h^2 L_d^2 L_q^2}((1 + r_s \cos 2\theta_\gamma) + K^2(1 - r_s \cos 2\theta_\gamma)) \\ &\cdot \left(1 - \frac{1 - K^2 \dfrac{1 - r_s \cos 2\theta_\gamma}{1 + r_s \cos 2\theta_\gamma}}{1 + K^2 \dfrac{1 - r_s \cos 2\theta_\gamma}{1 + r_s \cos 2\theta_\gamma}} \cos 2\omega_h t\right) \end{aligned} \tag{14.69a}$$

$$K_n = \frac{-V_h^2 L_i^2}{\omega_h^2 L_d^2 L_q^2} K(1 - r_s^2 \cos 4\theta_\gamma) \tag{14.69b}$$

(c)　印加高周波電圧を**一定楕円形高周波電圧**とする場合には，(14.68d)式の K_s，(14.68e)式の K_n は，おのおの以下のように評価される．

$$\begin{aligned} K_s = &\frac{-\omega_h^2 V_h^2 L_i L_m}{(\omega_h^2 - \omega_\gamma^2)^2 L_d^2 L_q^2} \\ &((1 - K_\omega K)^2(1 + r_s \cos 2\theta_\gamma) + (K_\omega - K)^2(1 - r_s \cos 2\theta_\gamma)) \\ &\cdot \left(1 - \frac{1 - \left(\dfrac{K_\omega - K}{1 - K_\omega K}\right)^2 \left(\dfrac{1 - r_s \cos 2\theta_\gamma}{1 + r_s \cos 2\theta_\gamma}\right)}{1 + \left(\dfrac{K_\omega - K}{1 - K_\omega K}\right)^2 \left(\dfrac{1 - r_s \cos 2\theta_\gamma}{1 + r_s \cos 2\theta_\gamma}\right)} \cos 2\omega_h t\right) \end{aligned} \tag{14.70a}$$

$$K_n = \frac{\omega_h^2 V_h^2 L_i^2}{(\omega_h^2 - \omega_\gamma^2)^2 L_d^2 L_q^2}(K_\omega - K)(1 - K_\omega K)(1 - r_s^2 \cos 4\theta_\gamma) \tag{14.70b}$$

〈証明〉

(a)　(14.66)式より，要素積信号 $i_{\gamma h}\, i_{\delta h}$ として次式を得る．

$$\begin{aligned} i_{\gamma h} i_{\delta h} &= c_\gamma s_\delta \sin^2 \omega_h t + c_\delta s_\gamma \cos^2 \omega_h t + (c_\gamma c_\delta + s_\gamma s_\delta)\sin \omega_h t \cos \omega_h t \\ &= \frac{1}{2}(c_\gamma(1 - \cos 2\omega_h t)s_\delta + c_\delta(1 + \cos 2\omega_h t)s_\gamma) \\ &\quad + \frac{1}{2}(c_\gamma c_\delta + s_\gamma s_\delta)\sin 2\omega_h t \end{aligned} \tag{14.71}$$

(14.71)式に(14.67)式を用いると，定理(a)を得る．

(b)　(12.11)式，(14.67)式を(14.68d)式に用い整理すると(14.69a)式を，また(14.68e)式に用い整理すると，(14.69b)式を得る．

(c)　(14.63)式，(14.67)式を(14.68d)式に用い整理すると(14.70a)式を，また(14.68e)式に用い整理すると，(14.70b)式を得る．

■

(14.68)式に用いた s_h, n_h は，**高周波正相関信号**，**高周波残留外乱**と呼称される．また，K_s が**相関係数**と呼称されるのに対し，K_n は**外乱係数**と呼称される．

(14.68a)式の要素積信号を構成する高周波正相関信号 s_h は，$-\pi/4 < \theta_\gamma < \pi/4$ の範囲で回転子位相 θ_γ と正相関を有する位相正弦値 $\sin 2\theta_\gamma$ を独立的に保持する．この意味において，高周波正相関信号 s_h は回転子位相推定上最も重要な信号といえる．当然のことながら，回転子位相ゼロ $\theta_\gamma = 0$ の収束状態では，本信号はゼロとなり消滅する．

一方，(14.68a)式の要素積信号を構成する高周波残留外乱 n_h は，一般に，周波数 $2\omega_h$ の高周波信号であり，回転子位相 θ_γ のいかんにかかわらず，残留する．

一般化楕円形高周波電圧を印加する場合には，(14.69b)式が明示しているように，高周波残留外乱は**楕円係数** K に比例した振幅をもつ．すなわち，高周波残留外乱は，$K = 0$ の場合を除き，$\theta_\gamma = 0$ の場合にも要素積信号に残留し，回転子位相推定上の外乱として作用する．なお，$\theta_\gamma = 0$ の収束状態では，外乱係数 K_n は次式となる．

$$K_n = \frac{-V_h^2 K}{\omega_h^2 L_d L_q} \tag{14.72}$$

上式から理解されるように，高周波残留外乱の観点からは，**楕円係数** K は小さく選定することが好ましい．なお，汎用化高周波電流要素乗法の原形は，第 11 章で詳しく説明したように，楕円係数を $K = 0$，外乱係数を $K_n = 0$ とするものである[14.1)-14.3)]．

一定楕円形高周波電圧を印加する場合には，(14.70b)式が明示しているように，高周波残留外乱は $(K_\omega - K)(1 - K_\omega K)$ に比例した振幅をもつ．すなわち，高周波残留外乱は，$K = K_\omega$ の場合を除き，$\theta_\gamma = 0$ の場合にも要素積信号に残留し，回転子位相推定上の外乱として作用する．なお，$\theta_\gamma = 0$ の収束状態では，外乱係数 K_n は次式となる．

$$K_n = \frac{\omega_h^2 V_h^2}{(\omega_h^2 - \omega_\gamma^2)^2 L_d L_q}(K_\omega - K)(1 - K_\omega K) \tag{14.73}$$

上式から理解されるように，高周波残留外乱の観点からは，一定楕円形高周波電圧の楕円係数 K は $K = K_\omega$ が維持されるように応速的に変更することが好ましい．なお，一定楕円形高周波電圧における楕円係数 K の $K = K_\omega$ の選定による高周波電圧は，一般化楕円形高周波電圧における楕円係数 K の $K = 0$ の選定による高周波電圧と同一となる（(14.57)式と(12.1)式を参照）．

3

14.6　高周波電流要素積信号の正相関特性

位相正弦値 $\sin 2\theta_\gamma$ は，$-\pi/4 < \theta_\gamma < \pi/4$ の範囲では，回転子位相 θ_γ と正相関を有する．また，高周波正相関信号 s_h は，位相正弦値 $\sin 2\theta_\gamma$ と相関係数 K_s との積である．本事実は，「位相正弦値が回転子位相と正相関を有するといえども，相関係数いかんによっては，高周波正相関信号は回転子位相との正相関を失う」ことを意味する．$\alpha\beta$ 固定座標系の α 軸から見た回転子位相推定値の生成に直接的に利用可能な信号は，高周波正相関信号（より厳密には，高周波正相関信号を含む要素積信号）である．換言するならば，回転子位相推定上は，回転子位相 θ_γ と高周波正相関信号 s_h との正相関の維持が重要である．この正相関の維持には，相関係数 K_s が正あるいは非負であればよい．相関係数に関しては，次の**相関係数定理**が成立する[14.4]．

《定理 14.5　相関係数定理》[14.4]

(a)　**一般化楕円形高周波電圧**に対応した(14.69a)式の相関係数 K_s を次式のように信号係数 K_θ，等価係数 K_h を用い分離表現する．

$$\begin{aligned} K_s &= K_\theta K_h \\ &= K_\theta(1 - K_{hc}\cos 2\omega_h t) \end{aligned} \tag{14.74a}$$

ただし，

$$K_\theta = \frac{-V_h^2 L_i L_m}{\omega_h^2 L_d^2 L_q^2}((1 + r_s \cos 2\theta_\gamma) + K^2(1 - r_s \cos 2\theta_\gamma)) \tag{14.74b}$$

$$K_h = 1 - K_{hc}\cos 2\omega_h t \tag{14.74c}$$

$$K_{hc} = \frac{1-K^2\dfrac{1-r_s\cos 2\theta_\gamma}{1+r_s\cos 2\theta_\gamma}}{1+K^2\dfrac{1-r_s\cos 2\theta_\gamma}{1+r_s\cos 2\theta_\gamma}} \tag{14.74d}$$

このとき，次の関係が成立する．

$$K_\theta > 0 \tag{14.75a}$$

$$0 \le K_h \le 2 \tag{14.75b}$$

(b)　**一定楕円形高周波電圧**に対応した(14.70a)式の相関係数を次式のように信号係数 K_θ，等価係数 K_h を用い分離表現する．

$$\begin{aligned} K_s &= K_\theta K_h \\ &= K_\theta(1-K_{hc}\cos 2\omega_h t) \end{aligned} \tag{14.76a}$$

ただし，

$$\begin{aligned} K_\theta = \frac{-\omega_h^2 V_h^2 L_i L_m}{(\omega_h^2-\omega_\gamma^2)^2 L_d^2 L_q^2}&((1-K_\omega K)^2(1+r_s\cos 2\theta_\gamma) \\ &+(K_\omega-K)^2(1-r_s\cos 2\theta_\gamma)) \end{aligned} \tag{14.76b}$$

$$K_h = 1-K_{hc}\cos 2\omega_h t \tag{14.76c}$$

$$K_{hc} = \frac{1-\left(\dfrac{K_\omega-K}{1-K_\omega K}\right)^2\left(\dfrac{1-r_s\cos 2\theta_\gamma}{1+r_s\cos 2\theta_\gamma}\right)}{1+\left(\dfrac{K_\omega-K}{1-K_\omega K}\right)^2\left(\dfrac{1-r_s\cos 2\theta_\gamma}{1+r_s\cos 2\theta_\gamma}\right)} \tag{14.76d}$$

このとき，次の関係が成立する．

$$K_\theta > 0 \tag{14.77a}$$

$$0 \le K_h \le 2 \tag{14.77b}$$

〈証明〉

(a)　突極 PMSM においては，突極比 r_s に関して，次の関係が成立する．

$$0 < r_s < 1 \tag{14.78}$$

(14.78)式と楕円係数の選択範囲 $0 \le K \le 1$ を考慮すると，(14.74b)式第 2 式に関し次の不等式が成立する．

$$\begin{aligned} &(1+r_s\cos 2\theta_\gamma)+K^2(1-r_s\cos 2\theta_\gamma) \\ &\quad = (1+K^2)+r_s(1-K^2)\cos 2\theta_\gamma > 0 \qquad 0 \le K \le 1 \end{aligned} \tag{14.79}$$

(14.79)式を(14.74b)式に用いると，(14.75a)式を得る．

(14.78)式より，次の不等式が成立する．

$$0 < \frac{1 - r_s \cos 2\theta_\gamma}{1 + r_s \cos 2\theta_\gamma} \leq 1 \tag{14.80}$$

(14.80)式と楕円係数の選択範囲 $0 \leq K \leq 1$ を考慮すると，次の関係が得られる．

$$0 < \frac{1 - K^2 \dfrac{1 - r_s \cos 2\theta_\gamma}{1 + r_s \cos 2\theta_\gamma}}{1 + K^2 \dfrac{1 - r_s \cos 2\theta_\gamma}{1 + r_s \cos 2\theta_\gamma}} \leq 1 \qquad 0 \leq K \leq 1 \tag{14.81}$$

(14.81)式と(14.74c)式，(14.74d)式より，(14.75b)式を得る．

(b)　(14.78)式と楕円係数の選択範囲 $0 \leq K \leq 1$ と周波数比の特性 $|K_\omega| < 1$ とを考慮すると，(14.76b)式第 2 式に関し次の不等式が成立する．

$$\begin{aligned}&(1 - K_\omega K)^2 (1 + r_s \cos 2\theta_\gamma) + (K_\omega - K)^2 (1 - r_s \cos 2\theta_\gamma) \\ &\quad = ((1 - K_\omega K)^2 + (K_\omega - K)^2) + r_s ((1 - K_\omega K)^2 - (K_\omega - K)^2) \cos 2\theta_\gamma \\ &\quad = ((1 - K_\omega K)^2 + (K_\omega - K)^2) + r_s (1 - K^2)(1 - K_\omega^2) \cos 2\theta_\gamma > 0\end{aligned} \tag{14.82}$$

(14.82)式を(14.76b)式に用いると，(14.77a)式を得る．

楕円係数の選択範囲 $0 \leq K \leq 1$ と周波数比の特性 $|K_\omega| < 1$ を考慮すると次の不等式が成立する．

$$0 \leq \left(\frac{K_\omega - K}{1 - K_\omega K} \right)^2 = 1 - \frac{(1 - K^2)(1 - K_\omega^2)}{(1 - K_\omega K)^2} \leq 1 \tag{14.83}$$

(14.78)式と(14.83)式を考慮すると，次の関係が得られる．

$$0 < \frac{1 - \left(\dfrac{K_\omega - K}{1 - K_\omega K} \right)^2 \left(\dfrac{1 - r_s \cos 2\theta_\gamma}{1 + r_s \cos 2\theta_\gamma} \right)}{1 + \left(\dfrac{K_\omega - K}{1 - K_\omega K} \right)^2 \left(\dfrac{1 - r_s \cos 2\theta_\gamma}{1 + r_s \cos 2\theta_\gamma} \right)} \leq 1 \tag{14.84}$$

(14.84)式と（14.76c）式，(14.76d)式より，(14.77b)式を得る．

■

一般化楕円形高周波電圧に対応した相関係数 K_s を構成する信号係数 K_θ と等価係数 K_h は，$\theta_\gamma \approx 0$ の場合には，以下のように近似される（(14.74)式参照）．

$$K_\theta \approx \frac{-V_h^2 L_m (L_q + K^2 L_d)}{\omega_h^2 L_d^2 L_q^2} \tag{14.85a}$$

$$K_h = 1 - K_{hc} \cos 2\omega_h t$$

$$\approx 1-\frac{1-K^2\dfrac{L_d}{L_q}}{1+K^2\dfrac{L_d}{L_q}}\cos 2\omega_h t \tag{14.85b}$$

(14.85)式より理解されるように，楕円係数を大きく選定することにより，信号係数K_θをより大きく，また等価係数K_hの最小値をより大きくできる．この結果，変動する相関係数K_sの最小値を大きくすることができ，ひいては高周波正相関信号の正相関特性を振幅的に強めることができる（(14.68b)式参照）．正相関特性の観点からは，楕円係数Kは大きく選定することが好ましい．

一定楕円形高周波電圧に対応した相関係数K_sを構成する信号係数K_θと等価係数K_hは，$\theta_\gamma\approx 0$の場合には，以下のように近似される（(14.76)式参照）．

$$K_\theta\approx\frac{-\omega_h^2V_h^2L_m((1-K_\omega K)^2L_q+(K_\omega-K)^2L_d)}{(\omega_h^2-\omega_\gamma^2)^2L_d^2L_q^2} \tag{14.86a}$$

$$K_h=1-K_{hc}\cos 2\omega_h t$$

$$\approx 1-\frac{1-\left(\dfrac{K_\omega-K}{1-K_\omega K}\right)^2\dfrac{L_d}{L_q}}{1+\left(\dfrac{K_\omega-K}{1-K_\omega K}\right)^2\dfrac{L_d}{L_q}}\cos 2\omega_h t \tag{14.86b}$$

14.7　位相推定特性の数値検証

汎用化高周波電流要素乗法においては，位相同期器への入力信号u_{PLL}は，基本的には，高周波電流のγ軸要素とδ軸要素との単純積による要素積信号$i_{\gamma h}\,i_{\delta h}$である．要素積信号は，位相情報を有する高周波正相関信号s_hとこれを有しない高周波残留外乱n_hとからなる．PLLの中心的機器である位相同期器は，入力信号に含まれる高周波残留外乱n_hを考慮したものでなくてはならず，高周波積分形PLL法に立脚して設計・構築されねばならない（14.2節参照）．本節では，要素積信号$i_{\gamma h}\,i_{\delta h}$を位相同期器への入力とする汎用化高周波電流要素乗法に関し，その**位相推定特性**を定量的に検証する[14.1),14.4)]．

14.7.1　数値検証システム

〔1〕システムの概要

汎用化高周波電流要素乗法に基づくPLLの原理的構成を**図14.4**に示す．同図

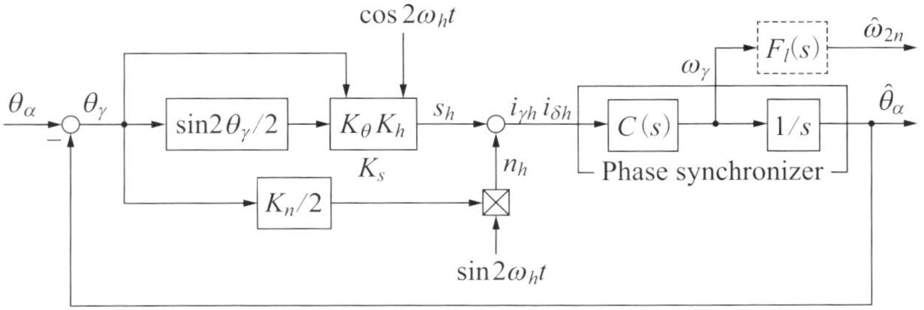

図 14.4　汎用化高周波電流要素乗法に基づく PLL の原理的構成

では，位相同期器への入力信号 u_{PLL} である要素積信号 $i_{\gamma h}i_{\delta h}$ は，**要素積信号定理**（定理 14.4）に従い生成されるものとしている．要素積信号の主要成分である高周波正相関信号 s_h の生成に必要な相関係数 K_s は，**相関係数定理**（定理 14.5）の表現にならい，信号係数 K_θ，等価係数 K_h の積として表現している．高周波残留外乱 n_h は，高周波正相関信号 s_h と同様，要素積信号定理（定理 14.4）に従い生成している．なお，図 14.3 において破線で示した補正信号 $K_\theta \Delta\theta_c$ は使用しないものとしている．

図 14.4 の PLL 構成は，基本的に，図 14.1 の PLL 構成と同様である．ひいては，図 14.1 の PLL の位相同期器設計に利用した**高周波積分形 PLL 法**（14.2 節参照）が，原則無修正で，図 14.4 の PLL の位相同期器設計に利用できる．

〔2〕設計条件

供試 PMSM は，表 2.1 の特性をもつものとする．印加高周波電圧は，**一般化楕円形高周波電圧**とし，この基本振幅 V_h，周波数 ω_h は次式とする．

$$V_h = 23〔\mathrm{V}〕,\quad \omega_h = 800\cdot\pi〔\mathrm{rad/s}〕 \tag{14.87}$$

楕円係数 K は，検証の観点から，最も高周波残留外乱が大きくなる $K=1$ を採用する（本採用は，**応速真円形高周波電圧**の印加を意味する）．この場合，(14.69b) 式で定義した**外乱係数** K_n は，$\theta_\gamma = 0$ の下では，(14.72) 式より次の値をとる．

$$\frac{1}{2}K_n = \frac{1}{2}\cdot\frac{-V_h^2 K}{\omega_h^2 L_d L_q} \approx -0.0621 \tag{14.88}$$

また，(14.85a) 式で定義した $\theta_\gamma = 0$ の下での**信号係数** K_θ は，次の値をとる．

$$K_\theta = \frac{-V_h^2 L_m (L_q + K^2 L_d)}{\omega_h^2 L_d^2 L_q^2} = \frac{-2V_h^2 L_i L_m}{\omega_h^2 L_d^2 L_q^2} \approx 0.0577 \tag{14.89}$$

高周波位相制御器 $C(s)$ は，基本として，PLL の帯域幅 ω_{PLLc} がおおむね $\omega_{PLLc} = 150$〔rad/s〕となるように設計するものとする．以上の設計条件は，14.2 節で使用した(14.26)式と同一であり，ひいては，同節における設計例を参考にすることができる．

位相推定特性（**安定性**と**外乱抑圧性**）の検証は，次のように実施した．まず，供試 PMSM は電気速度 $\omega_{2n} = 30$〔rad/s〕で一定速回転中とした．この上で，PLL には，回転子位相 $\theta_\alpha = \pi/6$〔rad〕のときに位相推定値の初期値を $\hat{\theta}_\alpha = 0$〔rad〕をもたせ（換言するならば，初期位相偏差が正相関領域に存在することを条件に），位相ロック動作を開始させた．

以下に，高周波積分形 PLL 法に基づく位相同期器の設計例を示しつつ，汎用化高周波電流要素乗法に基づく PLL の位相推定特性（位相推定おける安定性と高周波外乱抑圧性）の検証結果を示す．なお，高周波位相制御器 $C(s)$ として(14.9)式の 1 次制御器を利用する場合，高周波残留外乱は，(14.31)式に解明されているように，座標系速度（frame speed）には約 2 600 倍増幅され出現する．このため，(14.88)式のような外乱係数をもつ高周波残留外乱を含有する要素積信号には，1 次制御器を利用することはできない．この解析結果の妥当性は確認しているが，約 2 600 倍増幅の波形表示が困難であるので，この結果の紹介は割愛する．楕円係数 $K = 0$，外乱係数 $K_n = 0$ における 1 次制御器の有用性は文献 14.1)〜14.3)に示されている（第 11 章参照）．

14.7.2　2 次制御器

高周波位相制御器 $C(s)$ として，(14.10)式の 2 次制御器を利用した．すなわち，

$$C(s) = \frac{c_{n1}s + c_{n0}}{s(s + c_{d1})} \tag{14.90}$$

制御器係数は，基本的には，(14.41)式に従って定めた．より具体的には，対応の 3 次フルビッツ多項式 $H(s)$ の 0 次係数 h_0 が $h_0^{1/3} \approx 88$ となるように，等価係数 $K_h = 1$ を条件に制御器係数を定めた[14.4)]．具体的な値は，以下のとおりである．

$$\left.\begin{aligned} c_{d1} &= 3h_0^{1/3} \approx 265 \\ c_{n1} &= \frac{3h_0^{2/3}}{K_\theta} \approx 4.05\cdot 10^5 \\ c_{n0} &= \frac{h_0}{K_\theta} \approx 1.20\cdot 10^7 \end{aligned}\right\} \tag{14.91}$$

また，(14.91)式の制御器係数に対応した高周波残留外乱抑圧性は，(11.84)式より，以下となる．

$$\frac{c_{n1}}{2\omega_h} \approx 80.52, \quad \frac{c_{n1}}{4\omega_h^2} \approx 0.0160 \tag{14.92}$$

制御器係数 c_{n1} を(11.112)式の値の 60% 程度に選定したことにより，高周波残留外乱の理論上の残留度も(11.115)式の 60% 程度に向上している．

数値検証結果を**図 14.5** に示す．図 14.5(a)は，位相ロックの様子を示したも

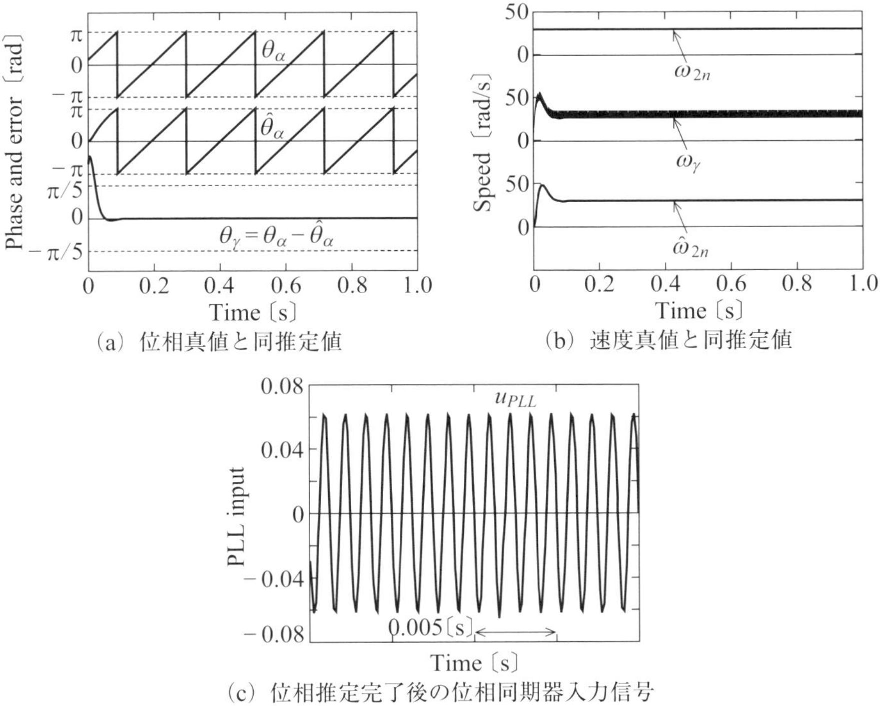

(a) 位相真値と同推定値　(b) 速度真値と同推定値

(c) 位相推定完了後の位相同期器入力信号

図 14.5　2 次高周波位相制御器による応答例

のであり，上から，回転子位相真値 θ_α，同推定値 $\hat{\theta}_\alpha$，位相偏差 $\theta_\gamma=\theta_\alpha-\hat{\theta}_\alpha$ を示している．位相偏差の軸スケールは，位相真値，同推定値と比較し，5 倍大きくしている．図 14.5(b)は，これに対応した速度を示したものであり，上から，回転子の電気速度真値 ω_{2n}，座標系速度（frame speed）ω_γ，帯域幅 150〔rad/s〕の 1 次ローパスフィルタで座標系速度を処理して得た速度推定値 $\hat{\omega}_{2n}$ である．同図（c）は，時刻 1〔s〕近傍の定常状態における PLL への入力信号 u_{PLL}，すなわち要素積信号 $i_{\gamma h}i_{\delta h}$ である．

図 14.5(a)より，回転子位相は約 0.1〔s〕後には正しく推定されていることが確認される．一方，座標系速度には高い振幅（約 5〔rad/s〕）の高周波成分が出現しており，速度推定値として利用するには，追加的なフィルタが不可欠であることが確認される．図 14.5(c)より，要素積信号 $i_{\gamma h}i_{\delta h}$ は回転子位相推定値が同真値へ実質的に収束した後も高周波残留外乱を有していることも確認される．なお，図 14.5(c)の高周波残留外乱の振幅（(14.88)式参照）と座標系速度 ω_γ に出現した高周波残留外乱の振幅（約 5〔rad/s〕）の関係は，(14.92)式と整合していることを確認している．

14.7.3　1/3 形 3 次制御器

高周波位相制御器 $C(s)$ として，(14.11)式の 1/3 形 3 次制御器を利用した．すなわち，

$$C(s)=\frac{c_{n1}s+c_{n0}}{s(s^2+c_{d2}s+c_{d1})} \tag{14.93}$$

制御器係数は，基本的には，(14.47)式に従って定めた．より具体的には，対応の 4 次フルビッツ多項式 $H(s)$ の 0 次係数 h_0 が $h_0^{1/4}\approx 115$ となるように，等価係数を最大値 $K_h=2$(余裕を見込んだ控え目な値，**高周波位相制御器定理**を参照)として制御器係数を定めた[14.4)]．具体的な値は，以下のとおりである．

$$\left.\begin{aligned} c_{d2}&=h_3=4h_0^{1/4}\approx 462\\ c_{d1}&=h_2=6h_0^{1/2}\approx 8.00\cdot 10^4\\ c_{n1}&=\frac{h_1}{K_\theta}=\frac{4h_0^{3/4}}{K_\theta}\approx 5.32\cdot 10^7\\ c_{n0}&=\frac{h_0}{K_\theta}\approx 1.54\cdot 10^9 \end{aligned}\right\} \tag{14.94}$$

また，上の制御器係数に対応した高周波残留外乱抑圧性は，(14.24)式より，以

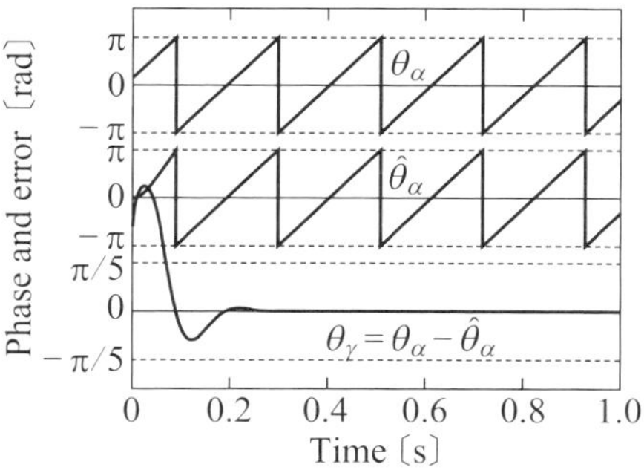

(a) 位相真値と同推定値

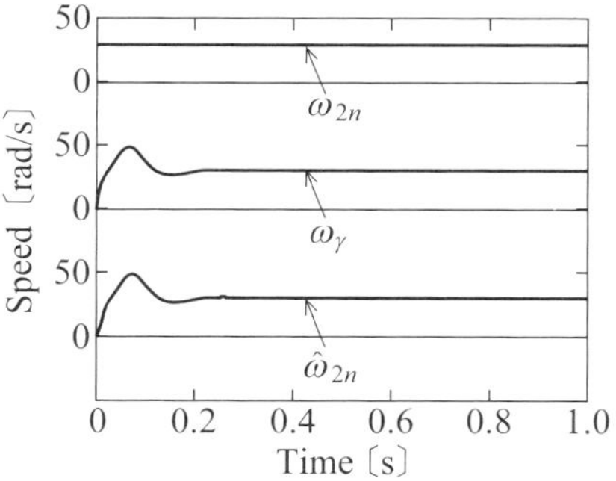

(b) 速度真値と同推定値

図 14.6　1/3 形 3 次高周波位相制御器による応答例

下となる．

$$\frac{c_{n1}}{4\omega_h^2} \approx 2.107, \quad \frac{c_{n1}}{8\omega_h^3} \approx 4.192\cdot 10^{-4} \tag{14.95}$$

(14.94)式の制御器係数 c_{n1} は，等価係数を $K_h = 1$ とした(14.47)式の制御器係数 c_{n1} と比較し，$K_h = 2$ を用いてこの半値に設計している．この結果，(14.95)式の高周波残留外乱抑圧性は，(14.51)式のものの半値になっている．すなわち，抑圧性が向上している．

数値検証結果を**図 14.6** に示す．図 14.6 の波形の意味は，図 14.5 と同様である．図 14.6(a)の位相偏差 $\theta_\gamma = \theta_\alpha - \hat{\theta}_\alpha$ から，約 0.3〔s〕後には回転子位相は適切に推定されていることが確認される．また，座標系速度（frame speed）ω_γ には，若干の高周波残留外乱が出現しているが（本図では，必ずしも明瞭でない），その振幅は実用上の許容範囲内に収まっている．座標系速度 ω_γ とこのフィルタ処理後の信号である $\hat{\omega}_{2n}$ との間には，大きな違いはない．座標系速度 ω_γ に出現した高周波残留外乱の振幅は，(14.95)式と整合した約 0.1〔rad/s〕であることを確認している．なお，本数値検証における，定常状態での入力信号 u_{PLL} は図 14.5(c)と同様である．

14.7.4　3/3 形 3 次制御器

高周波位相制御器 $C(s)$ として，(14.12)式の 3/3 形 3 次制御器を利用した．すなわち，

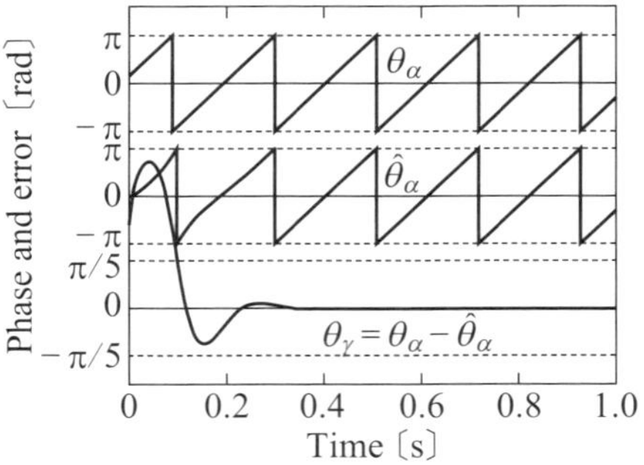

(a) 位相真値と同推定値

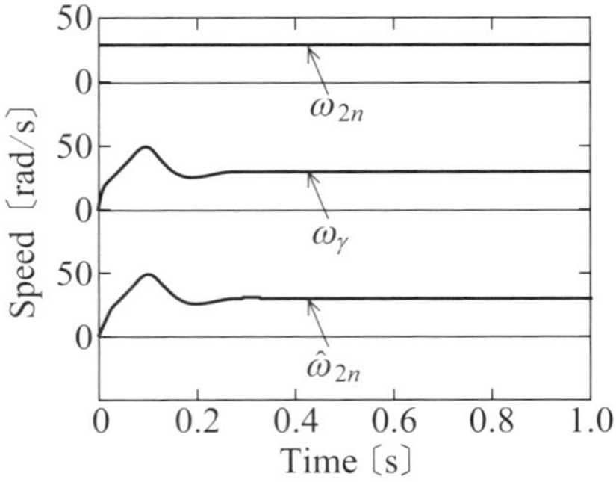

(b) 速度真値と同推定値

図 14.7　3/3 形 3 次高周波位相制御による応答例

$$C(s) = \frac{(s^2+4\omega_h^2)(c_{n3}s+c_{n2})}{s(s^2+c_{d2}s+c_{d1})} \tag{14.96}$$

制御器係数は，基本的には，(14.54)式に従って定めた．より具体的には，対応の 4 次フルビッツ多項式 $H(s)$ の 0 次係数 h_0 が $h_0^{1/4} \approx 100$ となるように，等価係数を最大値 $K_h = 2$(余裕を見込んだ控え目な値，**高周波位相制御器定理**を参照)として制御器係数を定めた[14.4)]．具体的な値は，以下のとおりである．

$$\left.\begin{aligned} c_{d2} &= h_3 - \frac{h_1}{4\omega_h^2} \approx h_3 = 4h_0^{1/4} \approx 400 \\ c_{d1} &= h_2 - \frac{h_0}{4\omega_h^2} \approx h_2 = 6h_0^{1/2} \approx 6.00 \cdot 10^4 \\ c_{n3} &= \frac{h_1}{4\omega_h^2 K_\theta} = \frac{h_0^{3/4}}{\omega_h^2 K_\theta} \approx 1.37 \\ c_{n2} &= \frac{h_0}{4\omega_h^2 K_\theta} \approx 34.3 \end{aligned}\right\} \tag{14.97}$$

等価係数を最大値 $K_h = 2$ に選定した関係上，制御器係数 c_{n3}, c_{n2} が，等価係数を $K_h = 1$ に選定した(14.54)式の半値となっている．

数値検証結果を**図 14.7** に示す．図 14.7 の波形の意味は，図 14.5 と同様である．図(a)の位相偏差 $\theta_\gamma = \theta_\alpha - \hat{\theta}_\alpha$ から，約 0.3〔s〕後には回転子位相は適切に推定されていることが確認される．また，座標系速度 ω_γ には，高周波残留外乱が実質的に出現していないことも確認される．すなわち，(14.25)式の性質が確認される．高周波残留外乱の回転子速度推定値への出現を除けば，3/3 形高周波位相制御器による応答は，図 14.6 に示した 1/3 形高周波位相制御器による応答と，過渡応答においても，おおむね同様である．

以上の図 14.5〜図 14.7 の応答は，高周波積分形 PLL 法により設計された位相同期器を同伴した汎用化高周波電流要素乗法の設計の妥当性，解析の妥当性を裏付けるものでもある．

14.8　位相推定特性の実機検証

前節では，要素積信号 $i_{\gamma h}i_{\delta h}$ を位相同期器への入力とする汎用化高周波電流要素乗法の**位相推定特性**を数値実験（シミュレーション）により検証した．このときの数値実験は，汎用化高周波電流要素乗法に基づく PLL の原理的構成に基づくものであった．本節では，モータ実機を用いて汎用化高周波電流要素乗法に立脚したセンサレスベクトル制御系を構成し，汎用化高周波電流要素乗法の位相推定特性の検証を行う．なお，実機検証データは，著者指導の修士論文・文献 14.6) によった．

14.8.1　実機検証システム

〔1〕システムの概要

図 10.7 のセンサレスベクトル制御系を構成した．同制御系における位相速度推定器は，要素積信号を用いた図 14.3 のものとした．

図 14.8 に実機検証システムの概要を示す．供試モータは，㈱安川電機製 400〔W〕PMSM（SST4-20P4AEA-L）である（図 14.8 左端）．その仕様概要は，表 2.1 のとおりである．本モータには，実効 4 096〔p/r〕のエンコーダが装着されて

図 14.8　実機検証システム

いるが，これは回転子の位相・速度を計測するためのものであり，制御には利用されていない．負荷装置（図14.8右端）は三菱電機㈱製の2.0〔kW〕永久磁石同期モータ（HC－RP203K）であり，その慣性モーメントは$J_m = 2.3\times10^{-4}$〔kgm²〕，定格速度は314〔rad/s〕，定格トルクは6.37〔Nm〕である．トルクセンサ系（図14.8中間）は㈱共和電業製（TP-2KMCB，DPM-911A）である．

〔2〕**設計条件**

設計条件は，数値検証の場合とおおむね同じであるが，実験遂行上の都合上，若干の相違がある．このため，設計条件を改めて示す．

印加高周波電圧は，**一定楕円形高周波電圧**とし，この振幅V_h，周波数ω_hは次式とした．

$$V_h = 28〔\mathrm{V}〕,\quad \omega_h = 800\pi〔\mathrm{rad/s}〕 \tag{14.98}$$

楕円係数Kは，検証の観点から，**高周波残留外乱**が最も大きくなる$K = 1$を採用した．すなわち，**一定真円形高周波電圧**を印加するものとした．この場合，ゼロ速度かつ$\theta_\gamma = 0$の下での外乱係数K_n，信号係数K_θは，数値検証の場合と同じ値，すなわち，おのおの(14.88)式，(14.89)式となる．

高周波電流抽出用バンドパスフィルタは，中心周波数$\omega_h = 800\pi$〔rad/s〕，帯域幅800〔rad/s〕が得られるように設計した（1.8節参照）．高周波位相制御器$C(s)$の設計は，数値検証と同様に，PLLの帯域幅ω_{PLLc}がおおむね$\omega_{PLLc} = 150$〔rad/s〕となるように設計した．なお，図14.3の位相速度推定器においては，位相補正値$K_\theta \varDelta\theta_c$の高周波位相制御器$C(s)$へ入力を破線で示しているが，位相補正は実施していない．

電流制御系は，制御周期100〔μs〕と高周波電圧周波数$\omega_h = 800\pi$を考慮の上，帯域幅2 000〔rad/s〕が得られるよう設計した．トルク指令値τ^*の電流指令値$\boldsymbol{i}_{1f}^*$の変換は，回転子位相推定値の検証が行いやすいように，次式によった．

$$\boldsymbol{i}_{1f}^* = \begin{bmatrix} 0 \\ \dfrac{1}{N_p \varPhi}\tau^* \end{bmatrix} \tag{14.99}$$

図10.7において$F_{bs}(s)$として示されたバンドストップフィルタを挿入した（1.8節参照）．除去中心周波数は，高周波電圧周波数$\omega_h = 800\pi$〔rad/s〕である．

図10.7に示したセンサレスベクトル制御系において，3/2相変換器$\boldsymbol{S}^T$から2/3相変換器$\boldsymbol{S}$に至るすべての機能は，単一のDSP（TMS320C6713-225）で

実現した．

位相推定特性（**安定性**と**外乱抑圧性**）の検証は，次のように実施した．供試PMSMの速度は負荷装置で，電気速度 $\omega_{2n}=90$〔rad/s〕に制御した．この上で，供試モータに一定電流指令値を印加した．

14.8.2　1次制御器

高周波位相制御器 $C(s)$ として，(14.9)式の1次制御器を利用した．すなわち，

$$C(s)=\frac{c_{n1}s+c_{n0}}{s} \tag{14.100}$$

制御器係数は，基本的には，(14.30)式に従って定めた．より具体的には，対応の2次フルビッツ多項式 $H(s)$ が重根をもち，かつ0次係数 h_0 が $h_0^{1/2}\approx 75$ となるように，**等価係数** $K_h=1$ を条件に制御器係数を定めた（$\omega_{PLLc}=150$〔rad/s〕に相当）．具体的な値は，以下のとおりである（(14.30)式参照）．

$$\left.\begin{aligned} c_{n1}&=\frac{h_1}{K_\theta}\approx\frac{\omega_{PLLc}}{K_\theta}\approx 2.600\cdot 10^3 \\ c_{n0}&=\frac{0.25h_1^2}{K_\theta}\approx\frac{0.25\,\omega_{PLLc}^2}{K_\theta}\approx 9.748\cdot 10^4 \end{aligned}\right\} \tag{14.101}$$

約50％トルク指令値（約50％定格電流指令値）を付与した場合の実験結果を**図14.9**に示す．図14.9(a)は，上から，$\gamma\delta$ 準同期座標系速度 ω_γ，回転子速度真値 ω_{2n}，回転子位相真値 θ_α と同推定値 $\hat{\theta}_\alpha$，位相偏差 $(-\theta_\gamma)=\hat{\theta}_\alpha-\theta_\alpha$，u相電流 i_u，要素積信号 $i_{\gamma h}i_{\delta h}$ である．u相電流 i_u には周波数 ω_h の高周波成分が重畳されている様子が確認される．

要素積信号は，(14.68)式に示しているように，**高周波正相関信号** s_h と**高周波残留外乱** n_h から構成される．位相推定完了後は，高周波正相関信号は実質ゼロとなるので，要素積信号成分は高周波残留外乱となる．同図の下部における要素積信号は，周波数 $2\omega_h$ の高周波残留外乱そのものと捉えてよい．$\gamma\delta$ 準同期座標系速度（frame speed）ω_γ には，この高周波残留外乱が増幅出現している．(14.31)式が示しているように，このときの増幅率は優に1 000倍を超える．図中の $\gamma\delta$ 準同期座標系速度は，この理論解析の妥当性を裏付けるものである．位相推定値，u相電流は，良好な値を示している．

図14.9(b)は，$\gamma\delta$ 準同期座標系速度 ω_γ に代わって，同信号をローパスフィルタ $F_l(s)$ で処理して得た回転子電気速度推定値 $\hat{\omega}_{2n}$ を示したものである．他の信

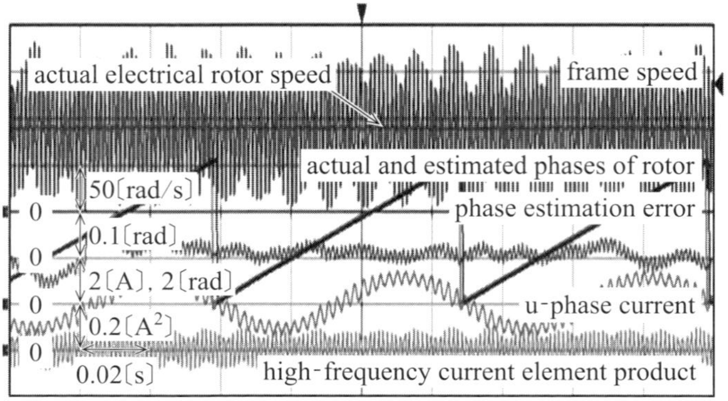

(a) 座標系速度と関連信号

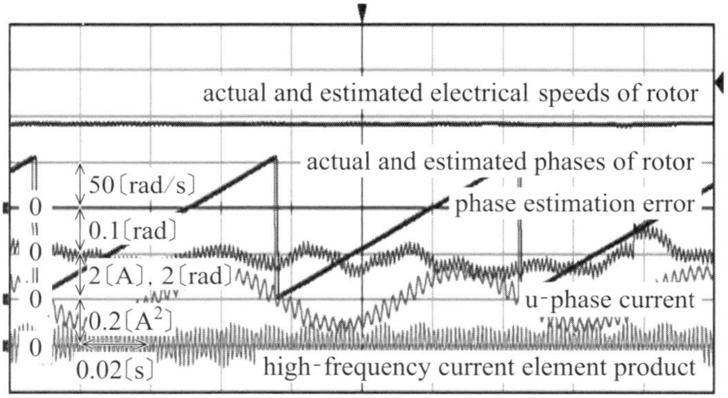

(b) 速度推定値と関連信号

図 14.9　1次高周波位相制御器による応答例

号に関しては，図14.9(a)と同一である．図より確認されるように，速度推定値に含まれる高周波残留外乱は，ローパスフィルタで効果的に除去される．しかし，このような後処理的方法では位相推定値に含まれる高周波残留外乱の影響は排除できないので，注意を要する．位相偏差 $(-\theta_\gamma) = \hat{\theta}_\alpha - \theta_\alpha$ に含まれる脈動は，高周波残留外乱の影響が出現したものであるが((14.31)式参照)，図14.9(a)と図14.9(b)の比較より明白なように，両図における位相偏差における脈動に関しては，違いはない．

高周波残留外乱の振幅は，**楕円係数** K に正確に比例して増大する．大きな楕円係数をもつ高周波電圧に対して，1次高周波位相制御器を利用する場合には，速度推定値の生成にローパスフィルタ $F_l(s)$ を欠くことはできない．

14.8.3 2次制御器

高周波位相制御器 $C(s)$ として，(14.10)式，(14.90)式の2次制御器を利用した場合の実験結果を**図 14.10** に示す．図中の信号の意味は，図 14.9 と同一である．

図 14.10(a)が示すように，$\gamma\delta$ 準同期座標系速度（frame speed）ω_γ に出現している高周波残留外乱は，1次制御器を用いた図 14.9 と比較し，格段に小さくなっている．同様に，位相推定値に出現した高周波残留外乱も格段に小さくなっている．この様子は，位相偏差から容易に確認される（図 14.5 および関連説明参照）．

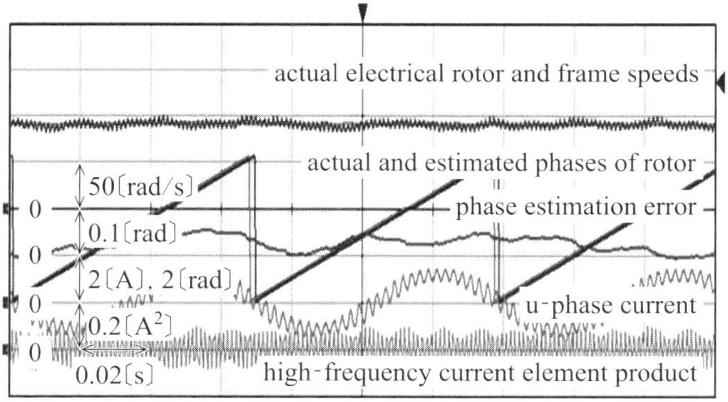

（a）座標系速度と関連信号

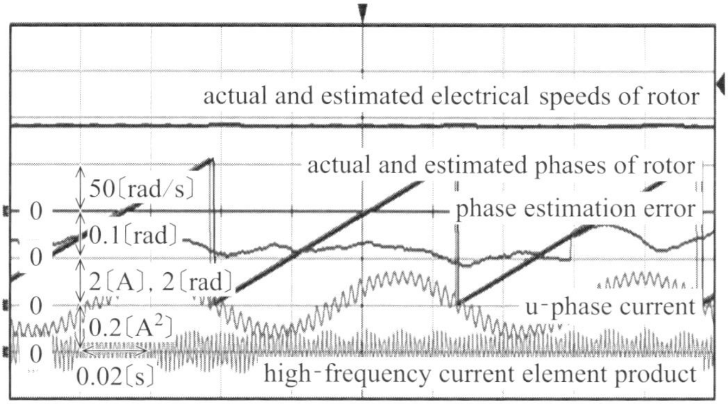

（b）速度推定値と関連信号

図 14.10 2次高周波位相制御器による応答例

図14.10(b)は，$\gamma\delta$ 準同期座標系速度 ω_γ に代わって，同信号をローパスフィルタ $F_l(s)$ で処理して得た回転子電気速度推定値 $\hat{\omega}_{2n}$ を示したものである．他の信号に関しては，図(a)と同一である．図より確認されるように，位相推定値，速度推定値とも良好である．

2次制御器を利用する場合には，速度推定値生成に追加的にローパスフィルタ $F_l(s)$ を使用するようにすれば，センサレス駆動に有用な位相推定値，速度推定値が得られる．

14.8.4　1/3形3次制御器

高周波位相制御器 $C(s)$ として，(11.72)式，(14.93)式の1/3形3次制御器を利用した場合の実験結果を**図14.11**に示す．図中の信号の意味は，図14.9(a)，図14.10(a)と同一である．

同図が示すように，高周波残留外乱の $\gamma\delta$ 準同期座標系速度（frame speed）ω_γ への影響は，無視できる程度に小さい．ひいては，回転子速度推定値生成のためのローパスフィルタ $F_l(s)$ は不要であり，$\gamma\delta$ 準同期座標系速度 ω_γ をそのまま回転子速度推定値として利用可能である．位相偏差の増加が観察されるが，位相推定値の脈動も微小である．

1/3形3次制御器を利用する場合には，速度推定値生成に追加的にローパスフィルタ $F_l(s)$ を使用することなく，センサレス駆動に有用な位相推定値，速度推定値が得られる．

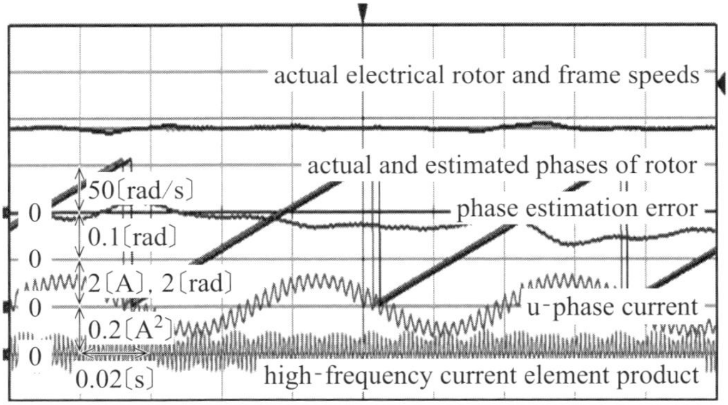

図14.11　1/3形3次高周波位相制御器による応答例

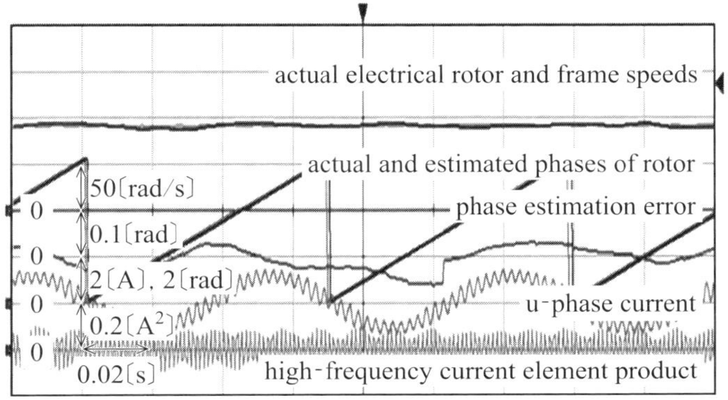

図 14.12 3/3 形 3 次高周波位相制御器による応答例

14.8.5 3/3 形 3 次制御器

高周波位相制御器 $C(s)$ として，(14.12)式，(14.96)式の 3/3 形 3 次制御器を利用した場合の実験結果を**図 14.12** に示す．図中の信号の意味は，図 14.9(a)，図 14.10(a)と同一である．

同図が示すように，高周波残留外乱の $\gamma\delta$ 準同期座標系速度（frame speed）ω_γ への影響，位相推定値へ影響は，消滅している．また，位相偏差の平均値はおおむねゼロであり，良好な位相推定値が確認される．定常応答としては，3/3 形 3 次制御器は，最もよい位相推定値，速度推定値を生成している．

14.9 実験結果

14.9.1 実験システムの構成と設計パラメータの概要

汎用化高周波電流要素乗法による位相推定機能をもつセンサレスベクトル制御系を構成し，本法の適用可能性と基本性能とを把握すべく，実機実験を行った．

高周波積分形 PLL 法を併用した汎用化高周波電流要素乗法は，元来は，一般化楕円形高周波電圧において特に楕円係数 K をゼロ，すなわち $K = 0$ と選定する場合の位相推定法として開発されたものである（第 11 章参照）[14.1)〜14.3)]．本条件下では，**要素積信号定理**（定理 14.4）の(14.69)式が示すように外乱係数 K_n はゼロとなり，この結果，高周波残留外乱 n_h は消滅し，安定した位相推定が達成された（第 11 章参照）[14.1)〜14.3)]．本章は，汎用化高周波電流要素乗法をゼロ以外の楕円係数をもつ**一般化楕円形高周波電圧**への適用汎用化，さらには，**一定楕円形高**

周波電圧への適用汎用化を目指すものである．この観点からの実験結果，特に一定楕円形高周波電圧を対象とした場合の速度制御実験の結果を以下に示す．なお，本節で紹介する実験データは，著者指導の修士論文・文献 14.6)から引用した．

実験システムの構成，設計パラメータの選定は，14.8 節の**位相推定特性**の実機検証の場合と同一である．なお，位相同期器内の高周波電流制御器 $C(s)$ には，(14.90)式の 2 次制御器を用いるものとし，速度推定値生成にはローパスフィルタ $F_l(s)$ を併用した（図 14.3〜14.5，図 14.10 参照）．

14.9.2　楕円係数が 0 の場合

〔1〕定格負荷での微速度駆動定常応答

一定楕円形高周波電圧に対し，**楕円係数** $K = 0$ の条件付与は，**直線形高周波電圧**の選定を意味する．直線形高周波電圧は，低速においては，一般化楕円形高周波電圧に対し楕円係数 $K = 0$ の条件付与した電圧と実質的に同等な電圧形状を示す．一般化楕円形高周波電圧に対し楕円係数 $K = 0$ の条件付与した場合の詳細な実験データは，文献 14.2), 14.3)および第 11 章で明らかにされている．これらとの比較・参照の基準として，力行定格負荷の下で，定格速度比で約 1/100 に相当する約 1.8〔rad/s〕の微速度指令値を与えた場合の速度制御応答を示す．

図 14.13 がこれに当たる．同図における波形は，上から回転子機械速度真値と同推定値，回転子機械位相真値と同推定値，u 相電流，機械位相偏差（機械位相真値を基準とした推定誤差），要素積信号である．時間軸は 0.2〔s/div〕である．

速度推定値は同真値に対して，若干の位相遅れをもちながらも良好な追従を示

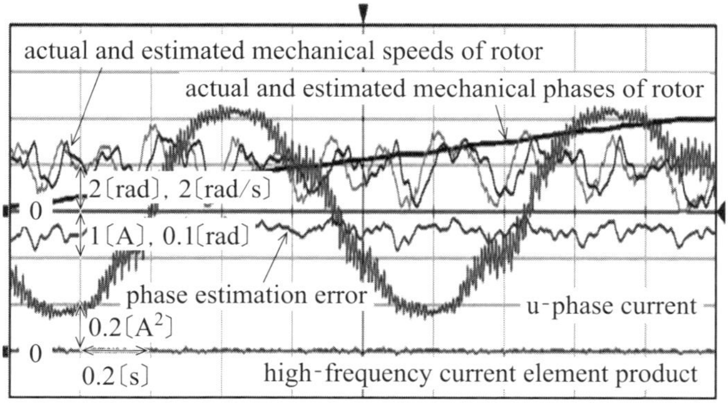

図 14.13　約 1.8〔rad/s〕速度指令値に対する力行定格負荷下での応答

している様子が確認される．供試モータは，平均的には 1.8〔rad/s〕で回転している．回転子位相の変位の様子よりこれが確認される．位相推定誤差は，機械位相偏差評価で 0.04〔rad〕相当の微少である．

(14.68)式が示すように，位相推定完了後の要素積信号 $i_{\gamma h} i_{\delta h}$ は高周波残留外乱 n_h に等しい．微速度においては，(14.70)式，(14.73)式が示すように外乱係数 K_n は実質ゼロとなり，高周波残留外乱 n_h は実質存在しない．したがって，位相推定完了後の要素積信号は，実質ゼロとなる．図 14.13 においても，この様子が確認される．

〔2〕 定格負荷での高速度駆動定常応答

要素積信号 $i_{\gamma h} i_{\delta h}$ において，回転子位相情報を有するのは高周波正相間信号 s_h のみである．高周波正相間信号は，(14.68b)式が示すように $\sin 2\theta_\gamma$ の比例値であり，この結果，高周波正相間信号が有する有効な正相関領域は ±0.5〔rad〕程度である．高速駆動時には，正相関領域の大小が問題となることが多い．これを確認すべく，力行定格負荷の下で定格速度指令値 180〔rad/s〕を与えた実験を行った．

図 14.14 に実験結果を示す．図中の波形の意味は，図 14.13 と同様である．時間軸は 0.02〔s/div〕である．微速度駆動に比較し，位相偏差が約 2 倍程度増加しているが，位相推定，速度推定とも良好である．

一定楕円形高周波電圧では楕円係数 $K = 0$ を選定する場合にも，高速駆動時には，(14.70)式，(14.73)式が示すように外乱係数 K_n はしかるべき値をもつ．この結果，高周波残留外乱 n_h が常時存在し，位相推定完了後にも要素積信号はゼ

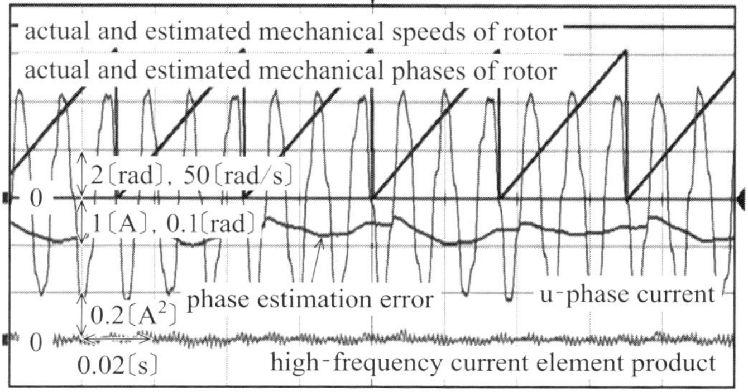

図 14.14　定格速度指令値に対する力行定格負荷下での応答

ロとはならない．図14.14の最下段には，このような要素積信号が観察される．

〔3〕 **ゼロ速度でのインパクト負荷特性**

ゼロ速度で安定に制御がなされているか否かの最良の確認方法の1つは，定格負荷の瞬時印加および除去に対する安定制御の可否である．**図14.15**は，この観点から，ゼロ速度制御の上，あらかじめ印加された定格負荷を瞬時除去したときの応答を調べたものである．図中の信号は，上部から，δ軸電流（q軸電流），γ軸電流（d軸電流），機械位相真値と同推定値，機械位相偏差，機械速度真値と同推定値，要素積信号である．時間軸は，0.2〔s/div〕である．図より，定格負荷の瞬時除去に対しても安定したゼロ速度制御を維持し，かつこの影響を排除していることが確認される．

高周波電流は，γ軸電流（d軸電流）には出現しているが，δ軸電流（q軸電流）には実質出現していない．(14.63)式が示すように，楕円係数を$K=0$かつ微速度領域では，高周波電流のδ軸要素の1成分を示す振幅c_δはゼロとなる．また，δ軸要素の他成分を示す振幅s_δも，位相推定完了後には，ゼロとなる．この結果，位相推定完了後には，δ軸電流から高周波電流は消滅する．これに対し，高周波電流のγ軸電流（d軸電流）には，位相推定完了後にも，非ゼロの振幅c_γが残る．この結果，γ軸電流（d軸電流）には高周波電流が常時残ることになる．図14.15のγ軸電流，δ軸電流はこの様子を明瞭に示している．

なお，γ軸電流に含まれる高周波電流は，γ軸電流がゼロ低減直後から小さくなっている．これは，γ軸電流のゼロ低減にともない，電力変換器（インバータ）

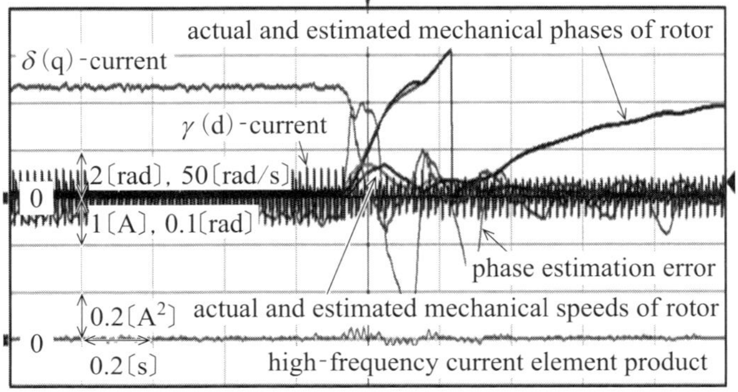

図14.15　ゼロ速度での定格負荷による瞬時除去特性

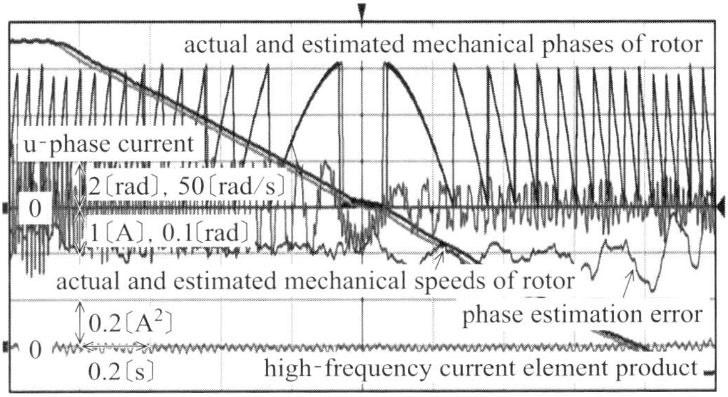

図 14.16 定格負荷下での加減速駆動

のデッドタイムの影響が増大し，印加された高周波電圧の実効的振幅が低下したことによる．

〔4〕50%定格負荷での加減速駆動応答

一般に，高周波電圧印加法に基づく位相推定は，急激な加減速駆動には適さないと考えられている．加減速駆動への適用性を確認すべく実験を行った．実験は，次のように実施した．

まず，供試モータを正回転定格速度に維持し，この上で，負荷装置を用いて 50%力行定格負荷を印加した．次に，角加速度 200～250〔rad/s^2〕で変化する速度指令値を与え，逆回転定格速度へ向け減速・加速を行った．実験結果は，**図 14.16** のとおりである．図中の波形の意味は，機械速度真値と同推定値，機械位相真値と同推定値，機械位相偏差，u 相電流，要素積信号である．時間軸は 0.2〔s/div〕である．50%力行定格負荷の下で，角加速度 200～250〔rad/s^2〕程度の速度指令値に追従できることが確認される．

なお，逆回転における加速で u 相電流の振幅が小さくなっているが，これは逆回転と同時に 50%定格負荷が回生負荷に変化したことによる．

14.9.3 楕円係数が 1 の場合

〔1〕定格負荷での微速度駆動定常応答

一定楕円形高周波電圧に対し，**楕円係数** $K=1$ の条件付与は，**一定真円形高周波電圧**の選定を意味する．力行定格負荷の下で，定格速度比で約 1/100 に相

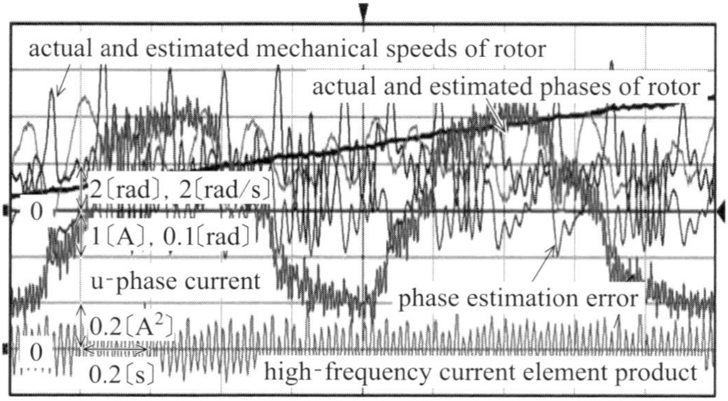

図 14.17　約 1.8〔rad/s〕速度指令値に対する力行定格負荷下での応答

当する約 1.8〔rad/s〕の微速度指令値を与えた場合の速度制御応答を**図 14.17** に示す．同図における波形の意味は，図 14.13 と同一である．時間軸は 0.2〔s/div〕である．

図より確認されるように，機械位相推定値は脈動をもちながらも同真値に追従している．このときの機械位相偏差はピーク値で約 0.1〔rad〕であり，平均的にはおおむねゼロである．この結果，速度推定値も同様に脈動が強いが平均的には同真値に追従している．一定真円形高周波電圧印加における脈動レベルは，直線形高周波電圧印加の場合と比較し，約 2 倍高い値を示している．

(14.68)式が示すように，位相推定完了後の要素積信号 $i_{\gamma h}\, i_{\delta h}$ は高周波残留外乱 n_h に等しい．微速度においては，(14.70)式，(14.73)式が示すように外乱係数 K_n は次式となる．

$$K_n = \frac{-V_h^2}{(\omega_h + \omega_\gamma)^2 L_d L_q} \approx \frac{-V_h^2}{\omega_h^2 L_d L_q} \tag{14.102}$$

図 14.17 下方には，しかるべき振幅の要素積信号（高周波残留外乱と実質同一）の様子が確認される．

〔2〕 定格負荷での高速度駆動定常応答

力行定格負荷の下で定格速度指令値 180〔rad/s〕を与えた実験を行った．**図 14.18** に実験結果を示す．図中の波形の意味は，図 14.13 と同様である．時間軸は 0.02〔s/div〕である．機械位相偏差によれば，機械位相推定，機械速度推定の様子は，直線形高周波電圧印加の場合と同様である．微速度駆動に比較し，機械

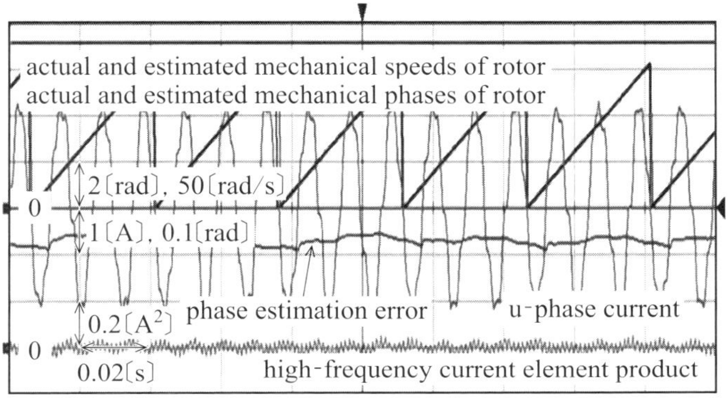

図 14.18 定格速度指令値に対する力行定格負荷下での応答

位相偏差が約 2 倍程度増加しているが，機械位相推定，機械速度推定とも良好である．

本例では，印加高周波電圧の周波数極性（$\omega_h > 0$）と座標系速度極性（$\omega_\gamma > 0$）とは，同一である．この結果，(14.102)式が示すように，速度上昇とともに外乱係数 K_n は小さくなる．図 14.18 下方の要素積信号（高周波残留外乱と実質同一）の振幅が，図 14.17 のものよりも小さくなっているのは，これによる．なお，印加高周波電圧の周波数極性と座標系速度極性とが同一の場合には，(14.70a)式に定義した相関係数 K_s も外乱係数 K_n と同様に低下する．相関係数 K_s と外乱係数 K_n との相対比は，回転子速度・座標系速度（frame speed）の影響を受けない．

〔3〕ゼロ速度でのインパクト負荷特性

ゼロ速度制御の上，あらかじめ印加された定格負荷を瞬時除去したときの応答を**図 14.19** に示した．図中の波形の意味は，図 14.15 と同一である．時間軸は，0.2〔s/div〕である．図より，定格負荷の瞬時除去に対しても安定したゼロ速度制御を維持し，かつこの影響を排除していることが確認される．位相推定の様子は，直線形高周波電圧印加の場合と同様である．しかし，高周波電流は，直線形高周波電圧印加の場合と異なり，γ 軸電流（d 軸電流）のみならず δ 軸電流（q 軸電流）にも出現している．

なお，γ 軸電流，δ 軸電流に含まれる高周波電流は，γ 軸電流の駆動周波数成分が低減直後から小さくなっている．これは，本成分の低減にともない，電力変換器のデッドタイムの影響が増大し，印加された高周波電圧の実効的振幅が低下

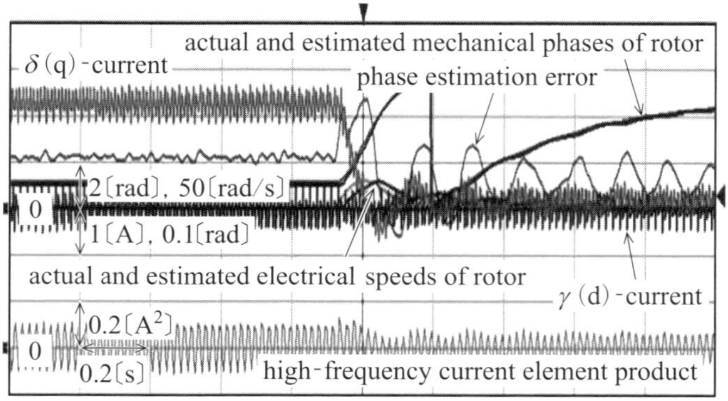

図 14.19　ゼロ速度での定格負荷による瞬時除去特性

したことによる．要素積信号（高周波残留外乱と実質同一）の振幅低減も同様の原因による．

〔4〕50%定格負荷での加減速駆動応答

まず，供試モータを正回転定格速度に維持し，この上で，負荷装置を用いて50%力行定格負荷を印加し，次に，角加速度 200〜250〔rad/s²〕で変化する速度指令値を与え，逆回転定格速度へ向け減速・加速を行った．実験結果を**図 14.20**に示す．図中の波形の意味は，図 14.16 と同一である．時間軸は 0.2〔s/div〕である．50%力行定格負荷の下で，角加速度 200〜250〔rad/s²〕程度の速度指令値

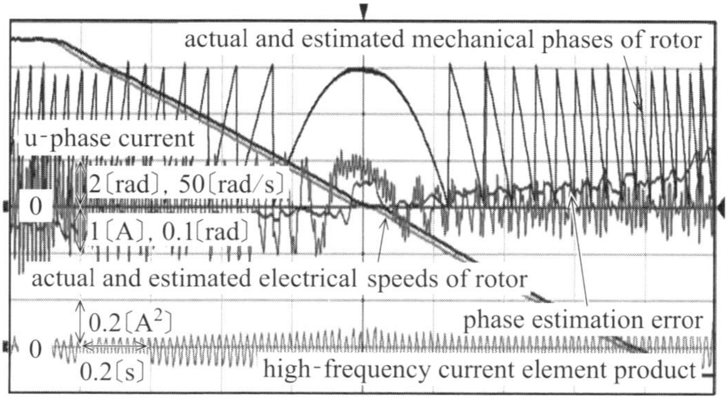

図 14.20　定格負荷下での加減速駆動

に追従できることが確認される．総合的性能は，一定直線形高周波電圧印加の場合と同程度である．

なお，要素積信号（高周波残留外乱と実質同一）の振幅が，正回転定格速度の場合に最小となり，逆回転定格速度の場合に最大となっている．この原因は，(14.102)式を用い繰返し説明しているように，高周波数の極性と座標系速度の極性（回転子速度の極性）との相互関係による．

第 15 章 静止位相推定法

15.1　目的

高周波電圧印加法の利用に際しては，駆動開始前の**回転子位相**（**N 極位相**）は正相関領域に存在させる必要があった．例えば**真円形高周波電圧印加法**においては，その**正相関領域**は位相真値を基準に $\pm\pi/2$〔rad〕に及び（(10.37)式参照），駆動開始直後の位相推定値が同真値に対して $\pm\pi/2$〔rad〕以内に存在すれば，位相推定値を同真値に収束させることができた．しかし，駆動開始前の**推定位相初期値**が正相関領域内に存在するか否か不明の状態で，高周波電圧印加法により位相推定を行う場合，位相推定値は回転子位相（N 極位相）に正しく収束するとは限らない．仮に位相推定値が収束したとしても，N 極位相に収束しているとは限らず，**S 極位相**に収束することもある．

高周波電圧印加法は，**鏡行列** $\boldsymbol{Q}(\cdot)$ で数学的に表現された**突極特性**を利用した回転子位相推定法である．本突極特性は電気角 π〔rad〕の周期性をもち，π〔rad〕の位相差をもつ N 極と S 極とにおける突極特性は同一である．真円形高周波電圧印加法による位相推定値が N 極位相，S 極位相のいずれに収束したかは，突極特性以外の特性で判定せざるを得ない．**NS 極判定**の有効な方法が，**磁気飽和特性**（magnetic saturation characteristic）に基づくものである．

磁気飽和特性に基づく NS 極判定の有効性に関する指摘と利用は，1987 年の渡辺等の報告に遡るようである[15.6)〜15.8)]．**渡辺法**の提案から十数年を経た 2000 年に，駆動開始前の静止位相を，磁気飽和特性を利用して直接的に推定する試みがいくつか示されている[15.9)〜15.11)]．例えば，三木等は，表面着磁 PMSM を対象に，パルス状電圧の印加とこの電流応答値の検出に基づく「判定と場合分け」を繰り返し，最終的に静止位相推定値を得る**三木法**を提案している[15.9), 15.10)]．これに対し，2002 年に，著者等は，固定子抵抗の影響が実質的に無視できる高い周波数をもち，一定振幅で空間的に回転する高周波電圧を印加し，この応答である高周波電流を処理して静止回転子の位相を推定する**新中法**を提案している[15.2]．高周波電流は，回転子位相に依存した磁気飽和の影響を受け，ひいては高周波電流は回転子位相情報を含有することになる．新中法は，回転子位相情報が高周波電流ノルムに如実に出現する点に着目した方法であり，「判定と場合分け」の繰返し処理を要せず，すこぶる簡単である．磁気飽和特性を利用した関係上，モータパラメータの変動に不感という特性をも有している．しかしながら，これによれば，駆動開始に十分な精度の静止位相推定値を得ることができる．

本章では，**静止位相推定法**に関し，新中法を中心に，渡辺法を補足的に説明する．本章は，以下のように構成されている．次の 15.2 節では，まず，磁気飽和に基づく**インダクタンス飽和特性**について説明する．磁気飽和を考慮する場合には，数学モデル上のインダクタンスは**静的インダクタンス**と**動的インダクタンス**の 2 種類を用意する必要があり，両インダクタンスの定義と関係を明らかにする．次に，磁束の d 軸要素への飽和を考慮した動的**数学モデル**を構築する．15.3 節では，磁気飽和を考慮した数学モデルに立脚して，**$\gamma\delta$ 一般座標系**上の**ベクトルブロック線図**を作成する．本ベクトルブロック線図は，シミュレーション用ソフトウェアを用いて $\alpha\beta$ 固定座標系上で構成する場合には，直ちに，磁気飽和を考慮した動的ベクトルシミュレータ（本書では，**磁気飽和考慮ベクトルシミュレータ**と呼称）となる．15.4 節では，磁気飽和考慮ベクトルシミュレータを用いて，一定振幅で空間的に回転する高周波電圧を印加した場合の高周波電流の挙動を示し，**高周波電流ノルム**に着目することにより，簡単で有用な静止位相推定法が構築されることを示す．また，供試 PMSM を用いて，実験的に新中法の妥当性を検証・確認する．あわせて，構築した動的数学モデル，磁気飽和考慮ベクトルシミュレータの妥当性も検証・確認する．15.5 節では，高周波電流ノルムから静止位相推定値を**自動検出**する方法を説明する．15.4 節，15.5 節で説明した提案の静止位相推定法すなわち新中法は，高周波電圧印加法のみならず，他の位相推定法にも利用でき，汎用性に富む方法である．15.6 節では，高周波電圧印加法への利用を前提とした，しかし簡単な静止位相推定法を紹介する．本方法は，原理的には，先駆的な渡辺法と同一である．なお，本章の内容は，著者の原著論文と特許 15.1)～15.5)を中心に再構成したものであることを断っておく．

15.2　磁気飽和を考慮した動的数学モデル

15.2.1　インダクタンスの飽和特性

$\gamma\delta$ 一般座標系上における**固定子磁束**（**固定子鎖交磁束**）$\boldsymbol{\phi}_1$ は，**固定子反作用磁束**（**電機子反作用磁束**）$\boldsymbol{\phi}_i$ と**回転子磁束** $\boldsymbol{\phi}_m$ との和として表現される．すなわち，

$$\boldsymbol{\phi}_1 = \boldsymbol{\phi}_i + \boldsymbol{\phi}_m \tag{15.1}$$

dq 同期座標系上における信号の d，q 軸要素を，おのおの脚符 d, q を付して表現するならば，dq 同期座標系上においては，(15.1)式の関係は次式のように表現される．

$$\begin{bmatrix} \phi_{1d} \\ \phi_{1q} \end{bmatrix} = \begin{bmatrix} \phi_{id} \\ \phi_{iq} \end{bmatrix} + \begin{bmatrix} \Phi \\ 0 \end{bmatrix} \qquad \Phi = \text{const} \tag{15.2}$$

q 軸電流をゼロとする．この上で，d 軸電流の変化に対する固定子磁束 d 軸要素 ϕ_{1d} の変化の一例を**図 15.1** に示した．同図は，固定子磁束は d 軸電流に対して線形的には変化せず，あるレベル以上の d 軸電流に対しては飽和を起こすことを示している．

固定子磁束および固定反作用磁束の飽和特性を表現すべく，d 軸インダクタンスの**静的インダクタンス**（static inductance）L_{ds} および**動的インダクタンス**（dynamic inductance）L_{dd} を次のように定義する．

$$L_{ds} = \frac{\phi_{id}}{i_d} = \frac{\phi_{1d} - \Phi}{i_d} \tag{15.3a}$$

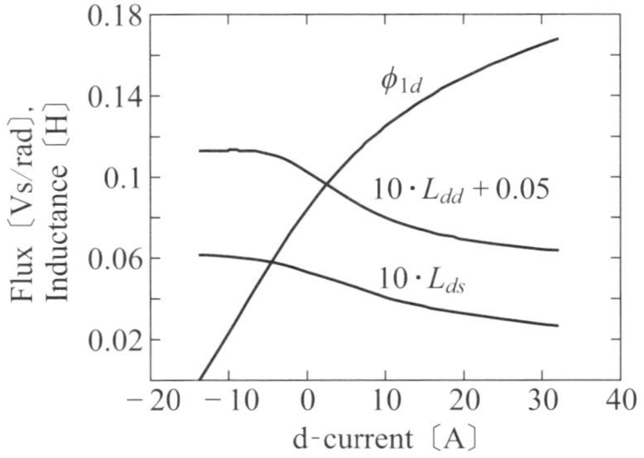

図 15.1　磁気飽和特性の一例

$$L_{dd} = \frac{\partial \phi_{id}}{\partial i_d} = \frac{\partial(\phi_{1d} - \Phi)}{\partial i_d} = \frac{\partial \phi_{1d}}{\partial i_d} \tag{15.3b}$$

静的，動的の両インダクタンスの間には，次の関係が成立しており，飽和のない場合には，両インダクタンスは同一となる．

$$L_{dd} = \frac{\partial L_{ds}}{\partial i_d} i_d + L_{ds} \tag{15.3c}$$

図 15.1 には，飽和特性をもつ固定子磁束 ϕ_{1d} に対応した形で，静的，動的インダクタンス L_{ds}, L_{dd} も描画した．ただし，同図では，表示上の明瞭性を確保すべく，静的インダクタンスに関しては $10L_{ds}$，動的インダクタンスに関しては $10L_{dd}+0.05$ なるスケーリング，バイアスを施している．

3

15.2.2　数学モデルの構築

磁気飽和を考慮した数学モデルの構築を考える．ただし，回転子の静止位相推定への利用を考え，次の仮定を設ける．

(a)　磁気飽和は，固定子電流の d 軸要素のみに依存して，d 軸要素のみに発生する．磁束のヒステリシス特性は無視できる．

(b)　上の(a)項以外は，姉妹本・文献 15.12) 2.4 節で設けた仮定が成立する．

上記仮定の下では，(15.1)式に用いた固定子反作用磁束 ϕ_i は，$\gamma\delta$ 一般座標系上において，以下のようにモデル化することができる．

【d 軸磁気飽和を考慮した固定子反作用磁束モデル】

$$\boldsymbol{\phi}_i = \boldsymbol{R}(\theta_\gamma)\begin{bmatrix} L_{ds} & 0 \\ 0 & L_q \end{bmatrix}\boldsymbol{R}^T(\theta_\gamma)\boldsymbol{i}_1 = [L_{is}\boldsymbol{I} + L_{ms}\boldsymbol{Q}(\theta_\gamma)]\boldsymbol{i}_1 \tag{15.4}$$

上式における L_{is}, L_{ms} は，次式で定義された静的な**同相インダクタンス**，**鏡相インダクタンス**である．

$$\begin{bmatrix} L_{is} \\ L_{ms} \end{bmatrix} = \frac{1}{2}\begin{bmatrix} 1 & 1 \\ 1 & -1 \end{bmatrix}\begin{bmatrix} L_{ds} \\ L_q \end{bmatrix} \tag{15.5}$$

(15.5)式に対応して，動的な同相インダクタンス L_{id}，鏡相インダクタンス L_{md} を次のように定める．

$$\begin{bmatrix} L_{id} \\ L_{md} \end{bmatrix} = \frac{1}{2}\begin{bmatrix} 1 & 1 \\ 1 & -1 \end{bmatrix}\begin{bmatrix} L_{dd} \\ L_q \end{bmatrix} \tag{15.6}$$

■

磁気飽和を無視したこれまでの動的数学モデル（姉妹本・文献 15.12），(2.127)～(2.132)式，(2.134)式，(2.140)式参照）における固定子反作用磁束を，(15.4)式の固定子反作用磁束 $\boldsymbol{\phi}_i$ で置換することにより，**d 軸磁気飽和を考慮した動的数学モデル**を以下のように得ることができる．

【$\gamma\delta$ 一般座標系上の d 軸磁気飽和を考慮した動的数学モデル】

・回路方程式（第 1 基本式）

$$\begin{aligned}\boldsymbol{v}_1 &= R_1\boldsymbol{i}_1 + \boldsymbol{D}(s,\omega_\gamma)\boldsymbol{\phi}_1 \\ &= R_1\boldsymbol{i}_1 + \boldsymbol{D}(s,\omega_\gamma)\boldsymbol{\phi}_i + \omega_{2n}\boldsymbol{J}\boldsymbol{\phi}_m \end{aligned} \tag{15.7}$$

$$\boldsymbol{\phi}_1 = \boldsymbol{\phi}_i + \boldsymbol{\phi}_m \tag{15.8}$$

$$\boldsymbol{\phi}_i = [L_{is}\boldsymbol{I} + L_{ms}\boldsymbol{Q}(\theta_\gamma)]\boldsymbol{i}_1 \tag{15.9}$$

$$\boldsymbol{\phi}_m = \Phi\boldsymbol{u}(\theta_\gamma) \qquad \Phi = \text{const} \tag{15.10}$$

・トルク発生式（第 2 基本式）

$$\begin{aligned}\tau &= N_p\boldsymbol{i}_1^T\boldsymbol{J}\boldsymbol{\phi}_1 \\ &= N_p\boldsymbol{i}_1^T\boldsymbol{J}[L_{ms}\boldsymbol{Q}(\theta_\gamma)\boldsymbol{i}_1 + \boldsymbol{\phi}_m]\end{aligned} \tag{15.11}$$

・エネルギー伝達式（第 3 基本式）

$$p_{ef} = \boldsymbol{i}_1^T\boldsymbol{v}_1 = R_1\|\boldsymbol{i}_1\|^2 + \frac{1}{2}(L_{id}s\|\boldsymbol{i}_1\|^2 + L_{md}s(\boldsymbol{i}_1^T\boldsymbol{Q}(\theta_\gamma)\boldsymbol{i}_1)) + \omega_{2m}\tau \tag{15.12}$$

■

回路方程式（第 1 基本式），**トルク発生式（第 2 基本式）**においては静的インダクタンスが利用されている反面，**エネルギー伝達式（第 3 基本式）**においては動的インダクタンスが利用されている点には，注意されたい．本伝達式は，dq 同期座標系上では，以下のように展開される．

【dq 同期座標系上でのエネルギー伝達式（第 3 基本式）】

$$\begin{aligned}p_{ef} = \boldsymbol{i}_1^T\boldsymbol{v}_1 &= R_1\|\boldsymbol{i}_1\|^2 + \frac{1}{2}(L_{dd}(si_d^2) + L_q(si_q^2)) + \omega_{2m}\tau \\ &= R_1\|\boldsymbol{i}_1\|^2 + \frac{1}{2}\left(\frac{1}{L_{ds}}s\phi_{id}^2 + \frac{1}{L_q}s\phi_{iq}^2\right) + \omega_{2m}\tau \\ &= R_1\|\boldsymbol{i}_1\|^2 + i_d(s\phi_{id}) + i_q(s\phi_{iq}) + \omega_{2m}\tau\end{aligned} \tag{15.13}$$

■

(15.13)式第 1 式には動的インダクタンスが，第 2 式には静的インダクタンスが利用され，2 種のインダクタンスが使い分けられている点には，注意されたい．この間の変換には，(15.3c)式の関係が利用されている．

15.3 磁気飽和を考慮したベクトルシミュレータ

15.3.1 ベクトルブロック線図とベクトルシミュレータ

〔1〕A 形・B 形ベクトルブロック線図

磁気飽和を無視した動的数学モデルと d 軸磁気飽和を考慮した動的数学モデルとの唯一の違いは，固定子反作用磁束 $\boldsymbol{\phi}_i$ にある．磁気飽和を無視した $\gamma\delta$ 一般座標系上の**ベクトルブロック線図**（姉妹本・文献 15.12）3 章，図 3.3，図 3.4 参照）に，(15.4)式に示した d 軸磁気飽和特性をもつ反作用磁束 $\boldsymbol{\phi}_i$ を考慮すると，**図 15.2** 提示の A 形，**図 15.3** 提示の B 形ベクトルブロック線図を直ちに構築することができる．A 形は(15.7)式の第 1 式を利用し，B 形は第 2 式を利用して

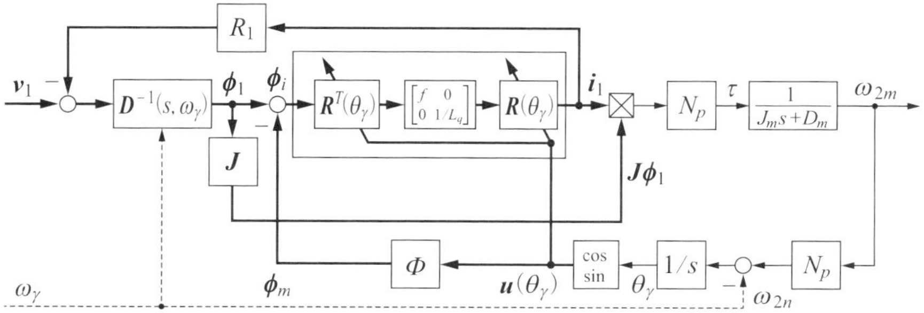

図 15.2 $\gamma\delta$ 一般座標系上の磁気飽和を考慮した A 形ベクトルブロック線図

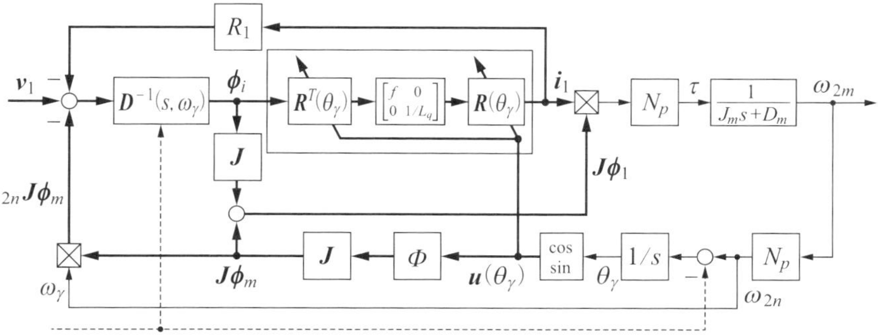

図 15.3 $\gamma\delta$ 一般座標系上の磁気飽和を考慮した B 形ベクトルブロック線図

いる．

同図では，回転子に付随した機械系の特性は**慣性モーメント**J_m，**粘性摩擦係数**D_mで表現できるものとしている．図中における太い信号線は2×1のベクトル信号を，細線はスカラ信号を意味している．また，⊠記号は信号と信号とを乗算するための**乗算器**を示している．本乗算器は，入力信号が2個のベクトル信号の場合には**内積器**を，入力信号がスカラ信号とベクトル信号の場合にはスカラ信号によるベクトルの各要素との乗算を実行する**ベクトル乗算器**を意味している．

ベクトルブロック線図の実現には，磁束と電流の**逆飽和特性**が必要である．ここではこれを次のように関数表現している．

$$i_d = f(\phi_{id}) \tag{15.14}$$

関数による逆飽和特性の表現は**多項式近似**を用いればよい．多くの場合，5係数を用いた次の5次多項式で良好な近似が得られる．

$$i_d = f(\phi_{id}) \approx a_1\phi_{id} + a_2\phi_{id}^2 + a_3\phi_{id}^3 + a_4\phi_{id}^4 + a_5\phi_{id}^5 \tag{15.15}$$

〔2〕C形ベクトルブロック線図

固定子磁束に関する(15.2)式の関係に注意すると，図15.2のA形ベクトルブロック線図より，**図15.4**のC形ベクトルブロック線図を得ることができる．ただし，

$$i_d = g(\phi_{1d}) = f(\phi_{1d} - \Phi) \tag{15.16}$$

C形ベクトルブロック線図は，A形，B形ベクトルブロック線図に比較し，わずかながら簡単になっている．また，逆飽和特性も，より少ない係数による多項式近似が可能である．多くの場合，4係数を用いた次の5次多項式で良好な近似が得られる．

$$i_{1d} = g(\phi_{1d}) \approx b_0 + b_1\phi_{1d} + b_3\phi_{1d}^3 + b_5\phi_{1d}^5 \tag{15.17}$$

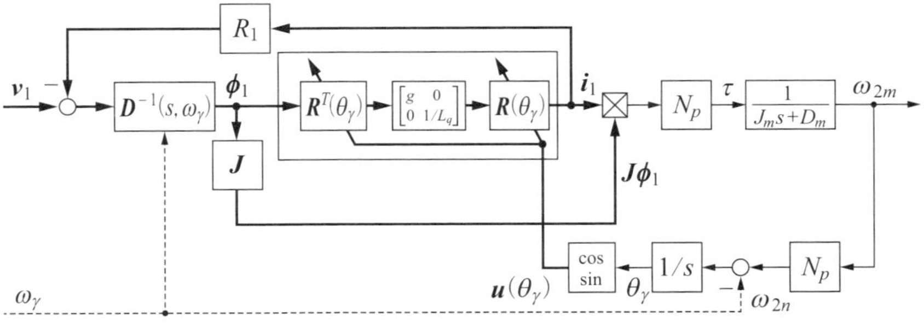

図15.4　$\gamma\delta$一般座標系上の磁気飽和を考慮したC形ベクトルブロック線図

最近のシミュレーションソフトウェアの多くは，ブロック線図描画によるプログラミングを採用している．提案のベクトルブロック線図をこの種のソフトウェア上で描画することにより，磁気飽和特性を有するPMSMのための**ベクトルシミュレータ**（**磁気飽和考慮ベクトルシミュレータ**）を直ちに構築することができる．

15.3.2　飽和係数の決定

磁気飽和考慮ベクトルシミュレータの構築に際しては，逆飽和特性を近似表現した多項式 $f(\cdot)$ の**飽和係数** a_i，または多項式 $g(\cdot)$ の飽和係数 b_i を定めなくてはならない．飽和係数は，静的インダクタンス，動的インダクタンスを利用した形で簡単に決定することができる．以下に，飽和係数決定法の一例を示す．

例えばC形ベクトルブロック線図を利用する場合には，(15.17)式より直ちに次の関係が得られる．

$$\begin{aligned}\frac{\partial i_d}{\partial \phi_{1d}} &= b_1+3b_3\phi_{1d}^2+5b_5\phi_{1d}^4\\ &= \frac{\partial i_d}{\partial \phi_{id}} = \frac{1}{L_{dd}}\end{aligned} \tag{15.18}$$

ここで，**図15.5**のような逆飽和特性においてm，p，nの3点を考えるならば，例えば，以下の方程式を得ることができる．

$$\begin{bmatrix}1 & \Phi & \Phi^3 & \Phi^5\\ 0 & 1 & 3\Phi^2 & 5\Phi^4\\ 1 & \phi_{1d,p} & \phi_{1d,p}^3 & \phi_{1d,p}^5\\ 1 & \phi_{1d,n} & \phi_{1d,n}^3 & \phi_{1d,n}^5\end{bmatrix}\begin{bmatrix}b_0\\ b_1\\ b_3\\ b_5\end{bmatrix}=\begin{bmatrix}0\\ 1/L_{dd,m}\\ i_{d,p}\\ i_{d,n}\end{bmatrix} \tag{15.19a}$$

または

$$\begin{bmatrix}1 & \Phi & \Phi^3 & \Phi^5\\ 0 & 1 & 3\Phi^2 & 5\Phi^4\\ 0 & 1 & 3\phi_{1d,p}^2 & 5\phi_{1d,p}^4\\ 0 & 1 & 3\phi_{1d,n}^2 & 5\phi_{1d,n}^4\end{bmatrix}\begin{bmatrix}b_0\\ b_1\\ b_3\\ b_5\end{bmatrix}=\begin{bmatrix}0\\ 1/L_{dd,m}\\ 1/L_{dd,p}\\ 1/L_{dd,n}\end{bmatrix} \tag{15.19b}$$

(15.19)式における脚符 m, p, n は3点との関係を示す．

(15.19a)式に関しては，第1, 3, 4行は，固定子磁束の静的な関係を，また，第2行は動的な関係を利用したものとなっている．(15.19)式のいずれかを求解することにより，直ちにC形ベクトルブロック線図のための飽和係数 b_i を決定

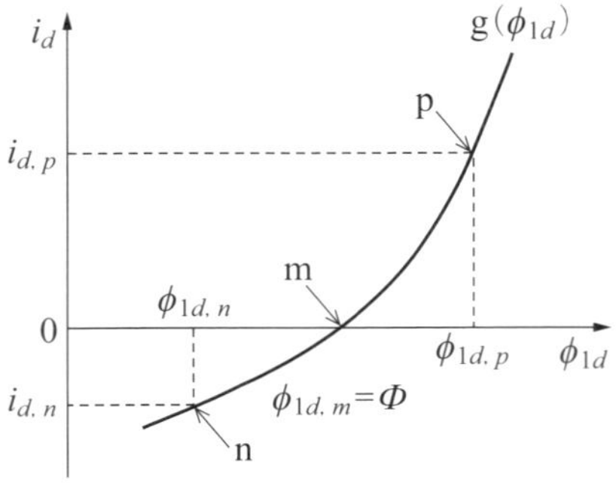

図 15.5　逆飽和特性の一例

することができる．A 形，B 形ベクトルブロック線図における飽和係数 a_i も同様に決定することができる．

15.4　静止位相推定法

15.4.1　磁気飽和考慮ベクトルシミュレータによる検討

〔1〕飽和係数の決定

図 15.4 に示した C 形ベクトルブロック線図に基づき，$\omega_\gamma = 0$ とする $\alpha\beta$ 固定座標系上で，磁気飽和特性を有する PMSM の**磁気飽和考慮ベクトルシミュレータ**を構成した．PMSM のパラメータとしては，**表 15.1** に示した多摩川精機㈱製 600〔W〕PMSM（TS4126 N1002 E200）の公称値を基本的に利用した．本公称値は磁気飽和特性を表現していない．このため，以下のように，磁気飽和考慮べ

表 15.1　PMSM の特性

R_1	2.56〔Ω〕	rated torque	2.84〔Nm〕
L_d	0.005 2〔H〕	rated speed	210〔rad/s〕
L_q	0.005 2〔H〕	rated current	4.4〔A, rms〕
Φ	0.182 5〔Vs/rad〕	reted voltage	180〔V, rms〕
N_p	4	moment of inertia J_m	0.000 314〔kgm^2〕
rated power	600〔W〕	resolution of encoder	4×2 000〔p/r〕

クトルシミュレータ用の磁気飽和特性を作成した．

非突極 PMSM における電流の定格値は，元来，回転子位相（N 極位相，d 軸位相）と電気的に直交状態にある q 軸へ印加されるべき電流値を定めたものである．これに対し，磁気飽和を期待する固定子反作用磁束の要素は，d 軸要素である．この点を考慮すると，d 軸磁気飽和のための電流値は最大でも定格値で十分と考えられ，図 15.5 における p, n 点を特定するための d 軸電流値は，バランスをも考慮し，ゼロ電流を中心に q 軸電流用定格値の ±50% を一応の目安とした．表 15.1 の定格電流（三相実効値）を基にすると，これは d 軸電流換算で約 ±4〔A〕となる．

p, n 点での磁束は，供試 PMSM を対象にした予備実験で得た概略の飽和特性を参考に試行的に定めた．これらを(15.17)式，(15.19)式に用いて得た磁気飽和考慮ベクトルシミュレータ用の近似的磁気飽和特性を**図 15.6** に示す．同図より，飽和特性は微小かつその変化は緩慢で，ひいては飽和特性の特定に試行を要した点が理解されよう．なお，磁気飽和特性用近似多項式の**飽和係数** b_i は，以下となった．

$$\begin{bmatrix} b_0 \\ b_1 \\ b_3 \\ b_5 \end{bmatrix} = \begin{bmatrix} -22.1 \\ 75.1 \\ 1691.5 \\ -9348.7 \end{bmatrix} \tag{15.20}$$

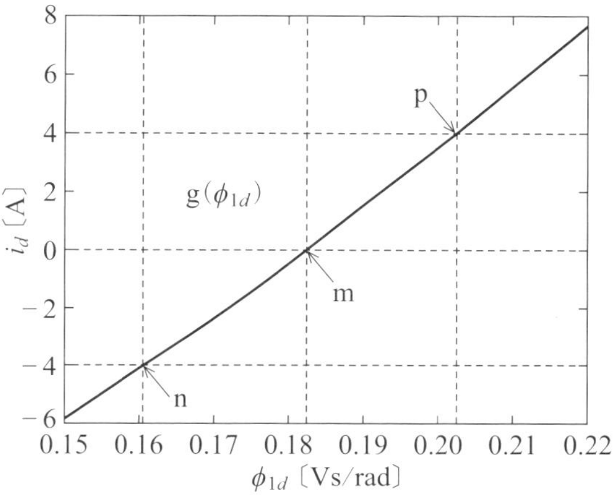

図 15.6 磁気飽和考慮ベクトルシミュレータに使用した磁気飽和特性

〔2〕シミュレータ実験 1

動的シミュレーションのための PMSM への印加電圧 $\boldsymbol{v}_1$ として，次の(15.21)式に示した空間的に回転する真円形高周波電圧を考える．

$$\boldsymbol{v}_1 = V_h \begin{bmatrix} \cos \omega_h t \\ \sin \omega_h t \end{bmatrix} \qquad \begin{matrix} V_h = \text{const} \\ \omega_h = \text{cosnt} \end{matrix} \tag{15.21}$$

ただし，一定振幅 V_h としては非線形な磁気飽和を起こすに足りる十分に大きい値とし，また，一定周波数 ω_h としては固定子抵抗の影響が実質的に無視できる十分に高い値とする．図 15.6 の飽和特性をもつ磁気飽和考慮ベクトルシミュレータのための，本 2 条件を満足する回転高周波電圧として，端数のない次のものを採用した．

$$\left. \begin{aligned} V_h &= 50〔\text{V}〕 \\ \omega_h &= 2\pi \cdot 400〔\text{rad/s}〕 \end{aligned} \right\} \tag{15.22}$$

上記高周波電圧を磁気飽和考慮ベクトルシミュレータへ入力したときの電流応答を**図 15.7** に示す．ただし，$\alpha\beta$ 固定座標系上における回転子位相 θ_α は $\theta_\alpha = 0$〔rad〕で静止しているものとしている．図 15.7 は，上から固定子電流ノルム，$\alpha\beta$ 固定座標系上で評価した固定子電流の α, β 軸の各要素，これを uvw 座標系上で評価した各要素（すなわち，u, v, w 相電流）を示している．時間軸は 1

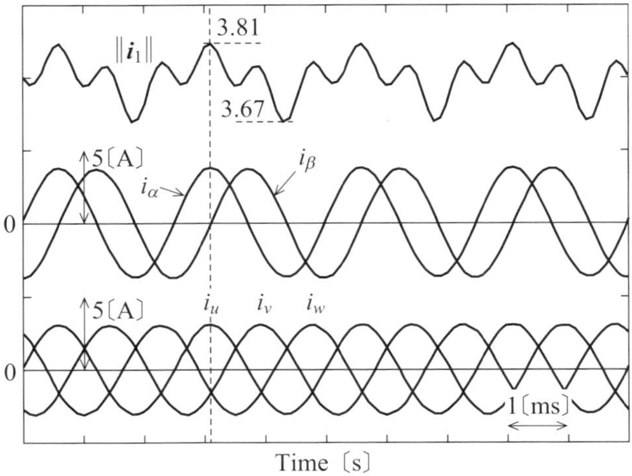

図 15.7　回転子位置 $\theta = 0$〔rad〕における磁気飽和考慮ベクトルシミュレータ応答例

〔ms/div〕である．電流ノルム値が約 4[A] となっている点に加えて，α 軸電流およびu 相電流の最大値が $\theta_\alpha = 0$〔rad〕の位相を，最小値が $\theta_\alpha = \pi$〔rad〕の位相をおおむね示している点に注意されたい．

磁気飽和考慮ベクトルシミュレータによる本応答より，次の興味深い 2 点が観察される．

(a) 固定子電流ノルムは局所的最大値，局所的最小値をもち，その変化は単調ではない．

(b) しかし，ノルム最大値と回転子位相（N 極位相）$\theta_\alpha = 0$〔rad〕とが整合している．

〔3〕シミュレータ実験 2

磁気飽和考慮ベクトルシミュレータでは，回転子位相 θ_α に関し特別の制約を課していない．したがって，「図 15.7 で観察された電流ノルムの最大値と回転子位相との整合関係は，$\theta_\alpha = 0$〔rad〕に限られたものではく，任意の回転子位相 θ_α で普遍的に成立する」と推察される．

本推察を確認すべく，磁気飽和考慮ベクトルシミュレータを用いた同様な実験を種々の位相で行った．**図 15.8** は，この一例である．図中の信号の意味は，図

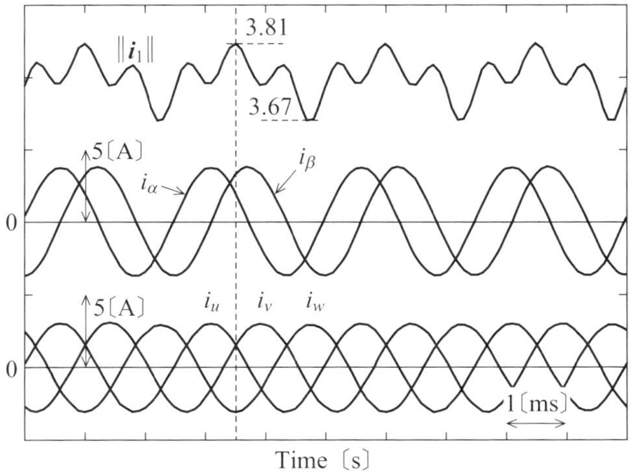

図 15.8 回転子位置 $\theta = \pi/3$〔rad〕における磁気飽和考慮ベクトルシミュレータ応答例

15.7 と同一である．同図では，回転子位相 θ_α を $\theta_\alpha = \pi/3$〔rad〕に設定している．$\theta_\alpha = \pi/3$〔rad〕の点は w 相電流の最小点とおおむね一致する．したがって，w 相電流の最小点から回転子位相 θ_α を確認できる．本例も，最大ノルムを与える電流位相と回転子位相とは整合性を有することを示している．他の位相に関しても同様な観察結果が得られた．

〔4〕 静止位相推定法の構築

上の 2 シミュレーション実験を通じた観察より，「PMSM に対し，空間的に回転する一定振幅の高周波電圧を印加する場合には，最大ノルムを与える電流位相と回転子位相とがおおむね整合する」という動特性が存在することが結論づけられる．本動特性を活用することにより，次の**静止位相推定法 I** を構築できる．

【静止位相推定法 I】

静止状態にある PMSM に対し，(15.21) 式の一定振幅の真円形高周波電圧を印加し，対応の高周波電流が磁気飽和を起こすことができる場合には，高周波電流のノルム値に着目した次の関係に従い，回転子位相（N 極位相）の推定値 $\hat{\theta}_\alpha$ を得ることができる．

$$\hat{\theta}_\alpha = \angle \boldsymbol{i}_1 \qquad \text{at} \ \max \| \boldsymbol{i}_1 \| \tag{15.23}$$

ここに，記号 $\angle$ は，2×1 ベクトル量が定義された座標系の基軸からみたベクトル量の位相を意味する．

■

印加高周波電圧に関し，「電圧振幅 V_h として非線形な磁気飽和を起こす十分に大きい値」，また「一定高周波数 ω_h として固定子抵抗の影響が実質的に無視できる十分に高い周波数」という 2 条件を満足させることができる場合には，静止位相推定法 I により，所期の位相推定値を得ることができる．

しかし，電力変換器の電圧制限により，印加高周波電圧に関する 2 条件を同時に満足させることができないこともある．このような場合には，電力変換器の電圧制限内で，非線形な磁気飽和を起こす十分なレベルの高周波電流が得られるように，一定高周波数 ω_h を下げることになる．一定高周波数を下げるにつれ，抵抗とインダクタンスからなる固定子巻線において，抵抗の影響が相対的に大きくなり，ひいては，最大ノルムを与える**電流位相**と**回転子位相**とは乖離するようになる．$\omega_h > 0$ とする正相高周波電圧を印加する場合には，ノルム最大値の高周波電流位相は回転子位相に対して空間的に遅れ，逆に，$\omega_h < 0$ とする逆相高周波電圧を印加する場合には，ノルム最大値の高周波電流位相は回転子位相に対して空間的に進む．このときの空間的位相乖離の絶対値は，正負高周波数の絶対値が同一であれば，原理的には同一である．これより，次の**静止位相推定法Ⅱ**を得る．

【静止位相推定法Ⅱ】

静止状態にある PMSM に対し，(15.21)式の一定振幅 V_h の真円形高周波電圧を印加し，対応の高周波電流が磁気飽和を起こすことができる場合には，高周波電流のノルム値に着目した次の関係に従い，回転子位相（N 極位相）の推定値 $\hat{\theta}_\alpha$ を得ることができる．

$$\begin{aligned}\hat{\theta}_\alpha &= \angle\left[\frac{\boldsymbol{i}_{1p}}{\|\boldsymbol{i}_{1p}\|} + \frac{\boldsymbol{i}_{1n}}{\|\boldsymbol{i}_{1n}\|}\right] \\ &\approx \angle\left[\boldsymbol{i}_{1p} + \boldsymbol{i}_{1n}\right] \qquad \text{at } \max\|\boldsymbol{i}_{1p}\|,\ \max\|\boldsymbol{i}_{1n}\|\end{aligned} \tag{15.24}$$

ここに，$\boldsymbol{i}_{1p}$ は $\omega_h > 0$ とする正相一定振幅高周波電圧による高周波電流を，$\boldsymbol{i}_{1n}$ は $\omega_h < 0$ とする逆相一定振幅高周波電圧による高周波電流を意味する．

■

静止位相推定法Ⅰ, Ⅱの遂行に際しては，固定子電流ノルムの大小比較を遂行することになる．大小比較の遂行は，電流ノルムに代って，電流ノルムの 2 乗値を利用して行えばよい．2 乗ノルムを利用する場合には，平方根演算が省略でき，計算負荷を低減できる（後掲の(15.28)式参照）．

Q15.1 **(15.21)式の高周波電圧は，一定真円形高周波電圧印加法で使用された(10.39)式の高周波電圧と，形式的に同一です．(15.21)式の高周波電圧の印加を通じた静止位相推定法は，一定真円形高周波電圧印加法と同一の原理で位相を推定していると理解してよいでしょうか．**

Ans. 結論を先にいいますと，両位相推定法における推定原理は異なります．第 10 章～13 章で説明した高周波電圧印加法は，高周波電流に対する PMSM の突極特性（すなわち鏡行列で表現される突極特性）を利用して，位相推定を行っています．PMSM の磁気飽和特性は，一切利用していません．このため，印加高周波電圧の振幅は，駆動用電圧の振幅に比較し，微小です．同様に，高周波電流も駆動用電流に比較し微小です．鏡行列で表現される突極特性に基づく位相推定においては，原理的に，N 極位相と S 極位相の区別はできません．

一方，本章で説明している静止位相推定法は，PMSM の磁気飽和特性を利用して位相推定を行っています．上記の意味での突極特性は，一切利用していません．突極特性を利用していませんので，突極特性を有しない（鏡相インダクタンスがゼロ）非突極 PMSM にも適用可能です．磁気飽和特性を利用している関係上，高周波電流は磁気飽和を起こす程度の振幅が必要です．換言するならば，高周波電圧の振幅は十分に大きいものでなくてはなりません．なお，磁気飽和特性を**飽和突極**（saturation saliency）と呼ぶ研究者もいますので，鏡行列で表現される**突極特性**（鏡相インダクタンスが非ゼロ）と取り違えないように，注意してください．

Q15.2　**本書の前身すなわち初版では，2×1 ベクトル量の位相を，記号 arg を用い表現していました．代わって，本書では記号 ∠ を利用しています．変更の理由を教えてください．**

Ans.　記号 arg は，argument の略で，一般には複素数の位相を意味します．改訂前書では，この表記を流用しました．2×1 ベクトル量としての高周波電流を第 1 要素と第 2 要素を用いて表記し，2 要素を変数とする逆正接関数を用いて電流位相を表記することも検討しましたが，表記が汚くなりました．検討の末，高周波電流が実数のベクトル量である点を再考し，さらには簡明性を重視し，角度記号 ∠ を使用することにしました．

15.4.2　実験結果

磁気飽和特性を考慮した動的数学モデル，本数学モデルに基づき構築した磁気飽和考慮ベクトルシミュレータ，さらには，磁気飽和考慮ベクトルシミュレータに基づき構築した静止位相推定法，これらの妥当性を検証すべく，供試 PMSM・実機を用いた実験を行った．供試 PMSM は磁気飽和考慮ベクトルシミュレータで利用した多摩川精機㈱製 600〔W〕PMSM である．**図 15.9** に供試 PMSM の概観を示す．なお，本 PMSM の公称値に関しては，表 15.1 を参照されたい．

図 15.9 供試 PMSM の概観

〔1〕 実機実験 1

実験条件は，磁気飽和考慮ベクトルシミュレータによる検討の場合と同様である．ただし，(15.21)式，(15.22)式に示した高周波電圧は，これを電圧指令値として扱い，2/3 相変換器を通じて三相電圧指令値に変換し，さらには PWM 処理し，電力変換器（インバータ）に入力した．すなわち，(15.21)式，(15.22)式に等価な高周波電圧は電力変換器を介して供試 PMSM に印加した．なお，このときの PWM キャリア周波数は 10〔kHz〕である．

$\alpha\beta$ 固定座標系上における回転子位相 θ_α を $\theta_\alpha = 0$〔rad〕とした場合の実験結果を**図 15.10** に示す．同図の波形は，上から，固定子電流のノルム，d 軸電流，α, β 軸電流である．時間軸は 1〔ms/div〕である．d 軸電流の最大値が実質的に回転子位相（N 極位相）を示すという特性を考慮し，位相指標としてこれを表示した．

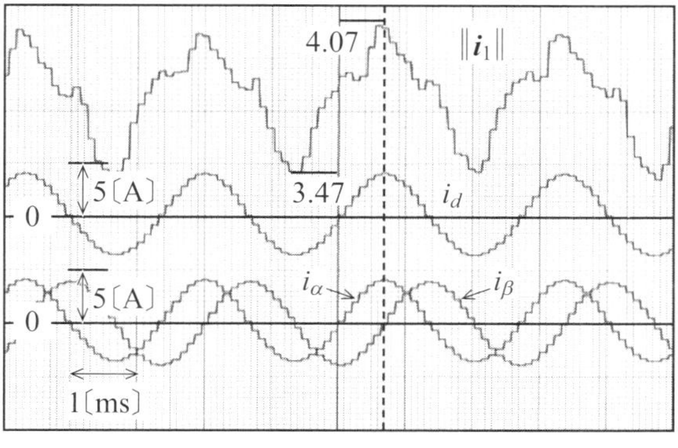

図 15.10 回転子位置 $\theta = 0$〔rad〕における実機応答例

d 軸電流は，PMSM に装着されている実効 8 000〔p/r〕のエンコーダを利用し得た．$\theta_\alpha = 0$〔rad〕とする本例では，d 軸電流は α 軸電流と同一となる．

本図より以下の点が明らかである．

（a）磁気飽和考慮ベクトルシミュレータで観察したように，電流ノルムの変化は単調ではない．しかし，局所的に最大，最小を取るノルム特性は，磁気飽和考慮ベクトルシミュレータによる場合と同様である．

（b）磁気飽和考慮ベクトルシミュレータによる場合と同様に，最大ノルムを与える電流位相が回転子位相（N 極位相）に対応している．

静止位相推定法 I の(15.23)式に基づき過去 1 周期におけるノルムの最大値から得た位相推定値 $\hat{\theta}_\alpha$ の推定精度は，電気角で約 ±0.14〔rad〕，約 ±8〔degree〕，機械角で約 ±0.035〔rad〕，約 ±2〔degree〕であった．

図 15.10 では，電流ノルムの応答を電気角で約 4 周期分を示した．本応答は，図 15.7 の磁気飽和考慮ベクトルシミュレータの結果と異なり，各周期での応答は同一ではない．これは，本供試 PMSM が 4 極対数（$N_p = 4$）であり，さらには，極対数ごとに磁気飽和特性等がわずかながら異なることに起因している．図 15.10 の供試 PMSM による電流ノルムの応答は，図 15.7 の磁気飽和考慮ベクトルシミュレータによる応答のように滑らかではない．このような細部の応答相違は，磁気飽和考慮ベクトルシミュレータの基礎となった動的数学モデル構築の際に採用した種々の仮定（高調波成分の無視等）に起因している．すなわち，供試 PMSM に対する数学モデルのモデリング誤差に起因している．(15.7)～(15.12)式に提示した動的数学モデルは，d 軸磁気飽和への考慮を除く他の仮定に関しては，通常の数学モデルと同一の理想的仮定を設けている．

〔2〕実機実験 2

$\alpha\beta$ 固定座標系上における回転子位相 θ_α を $\theta_\alpha = \pi/3$〔rad〕とした場合の実験結果を**図 15.11** に示す．同図における波形の意味は，図 15.10 の場合と同一である．この場合も，実質的に d 軸電流の最大値が回転子位相（N 極位相）を示す．図より明らかなように，本条件でも，図 15.10 と同一の特性，換言するならば，シミュレータ実験 2（図 15.8）と基本的に同一の特性が確認される．

静止位相推定法 I の(15.23)式に基づき過去 1 周期におけるノルムの最大値から得た位相推定値 $\hat{\theta}_\alpha$ の推定精度は，実機実験 1 の場合と同様であった．他の回転子位相に関しても同様な実験結果が得られており，これらより，提示の静止位

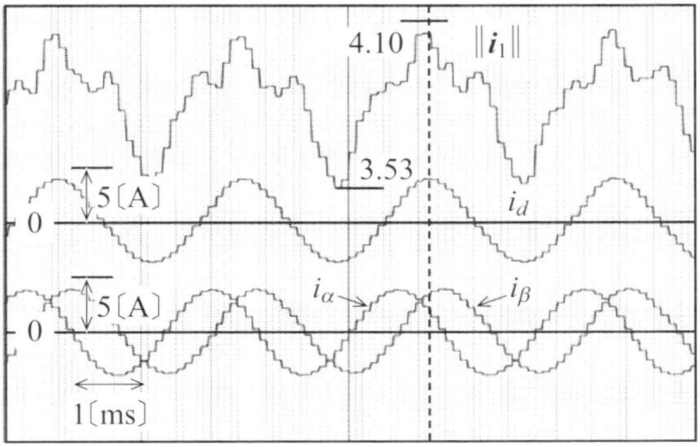

図 15.11 回転子位置 $\theta = \pi/3$〔rad〕における実機応答例

相推定法は以下の特徴を有することが確認された．

(a) 本推定法によれば，4 極対数の PMSM の場合には，電気角で約 ±0.14〔rad〕，約 ±8〔degree〕，機械角で約 ±0.035〔rad〕，約 ±2〔degree〕の推定精度で，静止位相の推定が可能である．

(b) 本精度は通常の位置センサの回転子装着精度（機械角で ±0.035〔rad〕）に匹敵しており，本推定法は十分な実用的精度を有する．

(c) 原理より容易に理解されるように，本推定法は簡単であり，回転子位相を直接推定できる．しかもモータパラメータに不感である．

(d) 本推定法は，総合的に高い有用性を有する．

磁気飽和考慮ベクトルシミュレータによる結果と実機実験による結果との整合性より，15.2 節で提示した動的数学モデルおよび磁気飽和考慮ベクトルシミュレータの妥当性も確認される．

Q15.3 **シミュレータ実験および実機実験に使用された PMSM は，非突極 PMSM です．突極特性をもつ PMSM に対しても，提示の静止位相推定法は，利用可能でしょうか．**

Ans. Q/A15.1 における回答でも述べましたが，提示の静止位相推定法は PMSM の突極，非突極のいかんにかかわらず，利用可能です．ただし，対象とする PMSM に関し，数学モデルの構築に際して採用した仮定が大きく損なわれる場合には，本静止位相推定法が必ずしも適切な値を示さない可能性があります．

15.5　静止位相推定値の自動検出

15.5.1　自動検出の原理とシステム

〔1〕自動検出の原理

静止位相推定法 I，**静止位相推定法 II** による静止位相推定においては，過去 1 周期にわたって固定子電流ノルムの大小比較を行う必要がある．このときの大小比較は，高周波電圧印加直後の過渡応答の影響を排除したものでなくてはならない．本節では，このようなノルム大小比較を行うことなく，固定子電流ノルムから回転子静止位相推定値を**自動検出**する方法を説明する．

以降の説明では，簡単のため，一定高周波数 ω_h は正とする．(15.21) 式の正相高周波電圧を PMSM へ印加した場合，同一周波数の高周波電流の正相成分 $\boldsymbol{i}_{1p}$ は，次式で表現することができる．

$$\boldsymbol{i}_{1p} \propto \begin{bmatrix} \cos(\omega_h t + \varphi_i) \\ \sin(\omega_h t + \varphi_i) \end{bmatrix} \tag{15.25}$$

一定高周波数 ω_h が固定子巻線のインピーダンスにおいて抵抗の影響を無視できる程度に十分に高い場合には，位相 φ_i に関しては，おおむね次式が成立する．

$$\varphi_i \approx -\frac{\pi}{2} \tag{15.26}$$

また，高周波電流ノルムに関しては，シミュレーション実験，実機実験を通じ観察したように，これはおおむね次のように表現される．

$$\|\boldsymbol{i}_1\| \approx a_0 + a_1 \cos(\omega_h t + \varphi_i - \theta_\alpha) + \Delta a \tag{15.27}$$

(15.27) 式の右辺第 1 項は直流成分を，第 2 項は一定高周波数の基本波成分を，第 3 項は高調波成分を意味する．第 2 項の基本波成分は位相情報 θ_α を有している．高調波成分が直流成分，基本波成分に比較し十分に小さい場合には，次の関係も成立する．

$$\begin{aligned}\|\boldsymbol{i}_1\|^2 &\approx (a_0 + a_1 \cos(\omega_h t + \varphi_i - \theta_\alpha) + \Delta a)^2 \\ &\approx \left(a_0^2 + \frac{a_1^2}{2}\right) + 2a_0 a_1 \cos(\omega_h t + \varphi_i - \theta_\alpha) \\ &\quad + \frac{a_1^2}{2}\cos 2(\omega_h t + \varphi_i - \theta_\alpha) + \Delta a'\end{aligned} \tag{15.28}$$

「固定子電流の 2 乗ノルムの第 2 項基本波成分は，(15.27) 式同様，位相情報 θ_α を有している」点には注意されたい．

固定子電流のノルムまたは2乗ノルムを処理し，以下のような2×1ベクトル信号$\boldsymbol{x}$が生成できたと仮定する．

$$\boldsymbol{x}=\begin{bmatrix} x_\alpha \\ x_\beta \end{bmatrix} \propto \begin{bmatrix} -\sin(\omega_h t+\varphi_i-\theta_\alpha) \\ \cos(\omega_h t+\varphi_i-\theta_\alpha) \end{bmatrix} \tag{15.29}$$

(15.29)式のベクトル信号$\boldsymbol{x}$は直流成分，高調波，ノイズを含まない純正弦信号である．ひいては，同式は，「ベクトル信号$\boldsymbol{x}$によれば精度よく位相情報θ_αを抽出できる」ことを示唆する．

高調波成分Δaの影響が無視できる場合の$\max\|\boldsymbol{i}_1\|$，$\max x_\beta$，$\angle\boldsymbol{x}=\pi/2$の3者が同一タイミングで発生することを考慮すると，(15.23)式より，ベクトル信号$\boldsymbol{x}$を用いた次の関係を得ることができる．

$$\hat{\theta}_\alpha=\angle\boldsymbol{i}_1 \qquad \text{at } \max x_\beta \tag{15.30}$$

または，

$$\hat{\theta}_\alpha=\angle\boldsymbol{i}_1 \qquad \text{at } \angle\boldsymbol{x}=\frac{\pi}{2} \tag{15.31}$$

回転子位相情報は，ベクトル信号$\boldsymbol{x}$に対し以下の処理を施すことにより，陽に抽出することもできる．

$$\begin{aligned}\begin{bmatrix} \cos(-\theta_\alpha) \\ \sin(-\theta_\alpha) \end{bmatrix} &\propto \boldsymbol{R}^T\boldsymbol{J}^T\boldsymbol{x}=\boldsymbol{J}^T\boldsymbol{R}^T\boldsymbol{x} \\ &=\begin{bmatrix} -\sin(\omega_h t+\varphi_i) & \cos(\omega_h t+\varphi_i) \\ -\cos(\omega_h t+\varphi_i) & -\sin(\omega_h t+\varphi_i) \end{bmatrix}\boldsymbol{x}\end{aligned} \tag{15.32}$$

ただし，

$$\boldsymbol{R}\equiv\begin{bmatrix} \cos(\omega_h t+\varphi_i) & -\sin(\omega_h t+\varphi_i) \\ \sin(\omega_h t+\varphi_i) & \cos(\omega_h t+\varphi_i) \end{bmatrix} \tag{15.33}$$

また，$\boldsymbol{J}$は(1.37)式で定義された2×2交代行列である．

(15.25)式と(15.33)式との関係を考慮するならば，(15.32)式よりベクトル信号$\boldsymbol{x}$を用いた次の近似式を得ることもできる．

$$\begin{bmatrix} \cos(-\theta_\alpha) \\ \sin(-\theta_\alpha) \end{bmatrix} \propto \begin{bmatrix} \boldsymbol{i}_{1p}^T\boldsymbol{J}^T \\ -\boldsymbol{i}_{1p}^T \end{bmatrix}\boldsymbol{x} \tag{15.34}$$

また，(15.26)式が成立する場合には，(15.32)式より，ベクトル信号$\boldsymbol{x}$を用いた次の近似式を得ることもできる．

$$\begin{bmatrix} \cos(-\theta_\alpha) \\ \sin(-\theta_\alpha) \end{bmatrix} \propto \begin{bmatrix} \cos(\omega_h t) & \sin(\omega_h t) \\ -\sin(\omega_h t) & \cos(\omega_h t) \end{bmatrix}\boldsymbol{x}$$

3

$$\propto \begin{bmatrix} \boldsymbol{v}_1^T \\ \boldsymbol{v}_1^T \boldsymbol{J}^T \end{bmatrix} \boldsymbol{x} \tag{15.35}$$

静止位相推定値 $\hat{\theta}_\alpha$ は，ベクトル信号 $\boldsymbol{x}$ を用いた(15.32)式，(15.34)式，(15.34)式のいずれかの右辺のベクトル 2 要素に対する逆正接処理によっても，得ることができる．

(15.29)～(15.35)式の関係を利用して回転子位相推定値を検出するには，2×1 ベクトル信号 $\boldsymbol{x}$ を生成しなければならない．(15.27)式，(15.28)式の基本波成分とベクトル信号 $\boldsymbol{x}$ の要素との比較より理解されるように，ベクトル信号 $\boldsymbol{x}$ は，固定子電流のノルムまたは 2 乗ノルムを，単相信号の瞬時位相推定のために開発された**二相信号生成器**（two-phase signal generator）に入力することにより，生成できる[15.1),15.3)～15.5)]．二相信号生成器は，単相信号の基本波成分の抽出機能と，抽出した基本波成分に対して $\pm\pi/2$〔rad〕位相進みをもつ信号の生成機能とを有している．代表的な二相信号生成器として，連続時間設計によるものと離散時間設計によるものとがある．前者の代表例は，以下のように与えられる[15.1),15.3),15.5)]．

【連続時間設計による二相信号生成器】

$$G_\alpha(s) = \frac{-\Delta\omega_c \omega_h}{s^2 + \Delta\omega_c s + \omega_h^2} \tag{15.36a}$$

$$G_\beta(s) = \frac{\Delta\omega_c s}{s^2 + \Delta\omega_c s + \omega_h^2} \tag{15.36b}$$

■

(15.36b)式は，1.8.2 項で説明したバンドパスフィルタに他ならない．静止位相推定を目的として本二相信号生成器を利用する場合には，直流成分，高調波成分を適切に排除できるように，バンドパス帯域幅 $\Delta\omega_c$ は十分に小さく設計する必要がある．**図 15.12** に(15.36)式の二相信号生成器の一実現例を示した[15.1),15.3),15.5)]．

離散時間設計による二相信号生成器の代表は，著者提案の**新中写像フィルタ**（shinnaka mapping filter）であり，これは以下のように与えられる（1.9 節参照）[15.1),15.4)]．

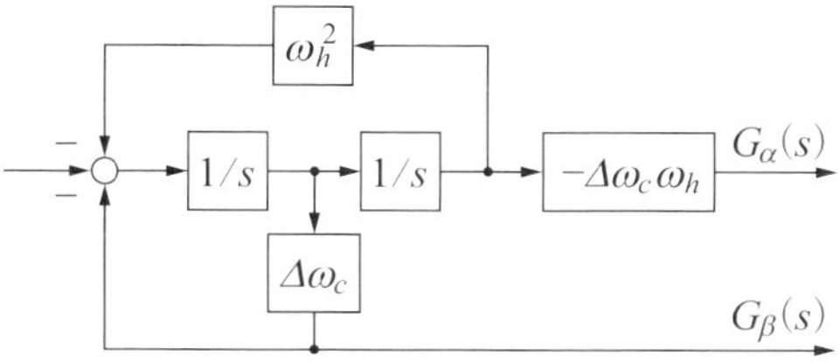

図 15.12 二相信号生成器の実現例

【新中写像フィルタ】

$$M_\alpha(z^{-1}) = \frac{2}{n}\cdot\frac{-r\sin\overline{\omega}_h z^{-1}(1-(-1)^k r^n z^{-n})}{1-2r\cos\overline{\omega}_h z^{-1}+r^2z^{-2}} \tag{15.37a}$$

$$M_\beta(z^{-1}) = \frac{2}{n}\cdot\frac{(1-r\cos\overline{\omega}_h z^{-1})\ (1-(-1)^k r^n z^{-n})}{1-2r\cos\overline{\omega}_h z^{-1}+r^2z^{-2}} \tag{15.37b}$$

■

(15.37)式における $\overline{\omega}_h$ は，次式のように，制御周期（サンプリング周期と同一）T_s を用いて正規化された正規化周波数である．

$$\overline{\omega}_h \equiv \omega_h T_s \tag{15.38a}$$

また，n は，任意の正の整数 k に対して，次式を満足する整数である．

$$n = \frac{k\pi}{\overline{\omega}_h} = \frac{k}{2f_hT_s} \qquad f_h \equiv \frac{\omega_h}{2\pi} \tag{15.38b}$$

(15.38b)式の条件は，制御周波数 $1/T_s$ を f_h の整数倍に選定することにより，難なく達成できる．パラメータ r は，原理的には 1 である．しかし，(15.37)式に従った**再帰実現**には，r として，離散値で達成可能な 1 より小さい最大値を使用する．**図 15.13** に写像フィルタの再帰実現の一例を示した（1.9 節参照）[15.1), 15.4)]．

〔2〕自動検出システム

(15.37)式の提案写像フィルタを用いてベクトル信号 $\boldsymbol{x}$ を生成し，これを(15.34)式または(15.35)式に用いた**静止位相自動検出システム**を，**図 15.14** に示した．図 15.14(a), (b)は，おのおの(15.34)式，(15.35)式に従っている．写像フィルタへの入力信号は，固定子電流のノルム，2 乗ノルムのいずれでもよい．この点を考慮し，同図では，平方根処理ブロックは破線で示した．これまでの説明より明白なように，同図の写像フィルタは，(15.36)式の連続時間設計による

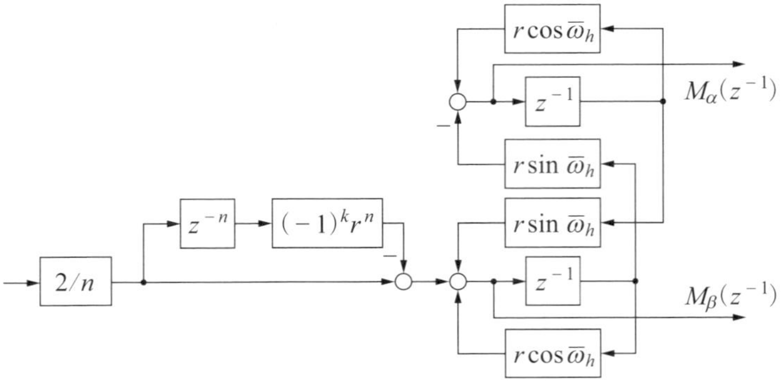

図 15.13　新中写像フィルタの実現例

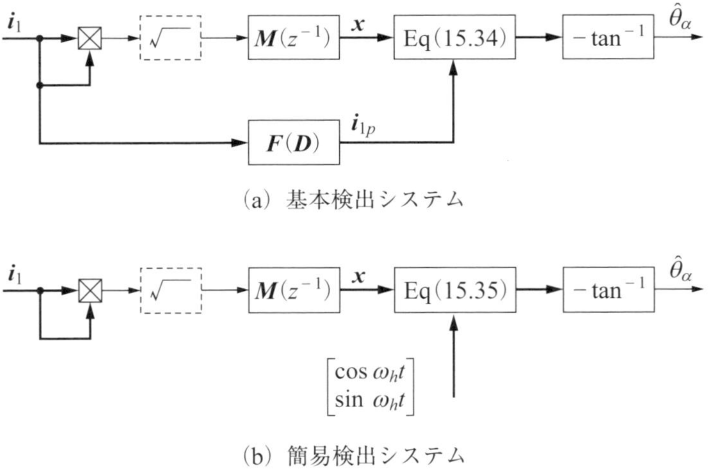

図 15.14　静止位相自動検出システム

二相信号生成器に置換してよい．

図(a)の検出システムにおいては，固定子電流の正相成分 $\boldsymbol{i}_{1p}$ を生成しなければならないが，これはD因子フィルタ $\boldsymbol{F}(\boldsymbol{D})$ で容易に抽出できる（D因子フィルタに関しては，姉妹本・文献15.12）9章参照）．このときのD因子フィルタとしては1次フィルタリングのもので十分である．同図(b)の検出システムは，固定子電流正相成分 $\boldsymbol{i}_{1p}$ の分離抽出が不要で，簡易である．しかし，(15.26)式が成立しない場合には，簡易性確保の代償として，検出した位相推定値のオフセット量が大きくなる．

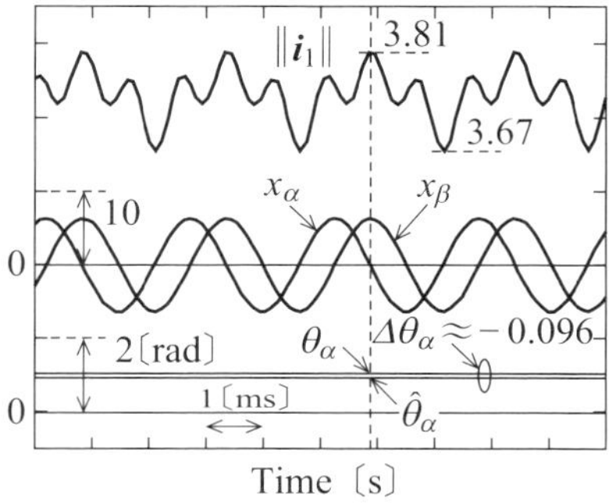

（a）基本検出システム

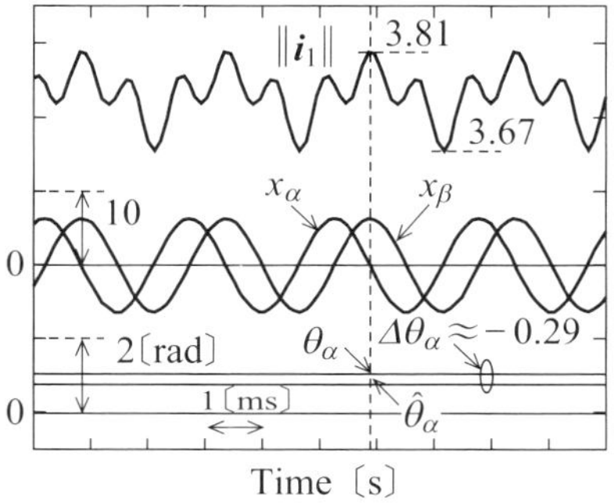

（b）簡易検出システム

図 15.15　静止位相自動検出システムによる検出例

15.5.2　検出例

図 15.14(a)の検出システムを用い，自動検出の基本性能を確認した．供試 PMSM および印加高周波電圧の条件は，15.4.1 項のシミュレータ実験の場合と同一とした（図 15.7，図 15.8 参照）．提案写像フィルタは以下の条件で設計した．

$$\left.\begin{aligned} T_s &= 0.000\,1 \\ k &= 2 \\ n &= 25 \end{aligned}\right\} \tag{15.39}$$

また，提案写像フィルタへの入力信号は，簡単のため，固定子電流の 2 乗ノルム $\|\boldsymbol{i}_1\|^2$ とした．すなわち，図 15.14 における平方根処理は省略した．

回転子位相 θ_α を $\theta_\alpha = \pi/3$〔rad〕とした場合のシミュレーション結果を**図 15.15** に示す．図 15.15(a)は，図 15.14(a)の検出システムによる結果である．同図(a)における波形は，上から，固定子電流のノルム $\|\boldsymbol{i}_1\|$，同 2 乗ノルム $\|\boldsymbol{i}_1\|^2$ を入力信号とする写像フィルタの出力信号（すなわち，ベクトル信号 $\boldsymbol{x}$ の α 要素 x_α，β 要素 x_β)，位相真値 θ_α，同推定値（検出値）$\hat{\theta}_\alpha$ を意味している．

図より，提案写像フィルタにより，固定子電流ノルムの基本成分と同相の信号である x_β と，x_β に対して $\pi/2$〔rad〕位相進みの信号である x_α とが，適切に生成されていることが確認される．また，$\max\|\boldsymbol{i}_1\|$，$\max x_\beta$，$\angle\boldsymbol{x} = \pi/2$ の同一タイミングでの発生，ひいては，(15.30)式，(15.31)式の正等性も確認される．位相推定誤差 $\hat{\theta}_\alpha - \theta_\alpha$ は全範囲 $-\pi \le \theta_\alpha \le \pi$ にわたって，$\hat{\theta}_\alpha - \theta_\alpha \approx -0.096$〔rad〕$= -5.5$〔degree〕であった．本精度は，固定子電流のノルム大小比較より決定し

た位相推定値による場合と実質同一であり，静止位相推定値としては十分な精度である．

図15.15(b)は，図15.14(b)の検出システムによる結果である．波形の意味は，図15.15(a)と同一である．位相真値と位相推定値の誤差 $\hat{\theta}_\alpha - \theta_\alpha$ は $\hat{\theta}_\alpha - \theta_\alpha \approx -0.29$〔rad〕$= -17$〔degree〕であり，図15.15(a)に比較し，約3倍の位相推定誤差が発生している．誤差発生の主原因は，(15.26)式の不成立にある．

本誤差は，基本的に，回転子位相の全範囲 $-\pi \le \theta_\alpha \le \pi$ にわたって一定であるので，一定誤差を補正量として用い位相推定値を補正するならば，静止位相推定値として十分な精度を確保することができる．また，補正の実施を前提とするならば，本検出システムの簡易性を活用できる．

なお，図15.14の検出システムにおいて，提案写像フィルタへの入力信号を固定子電流の2乗ノルムからノルムと変化させてみたところ，出力信号は，振幅の変化を除き，有意な差は出現しなかった．これらの特性は，(15.27)式，(15.28)式を用いた検討の妥当性を裏づけるものでもある．

15.6　高周波電圧印加法のための簡易静止位相推定法

高周波電圧印加法の利用に際しては，駆動開始前の回転子位相は正相関領域に存在させる必要があった．真円形高周波電圧印加法の正相関領域は，位相真値を基準に $\pm\pi/2$〔rad〕に及んだ（(10.37)式参照）．他の高周波電圧印加法の正相関領域に関しては，PMSMの**突極比**に依存するが，位相真値を基準に $\pm\pi/6$〔rad〕程度の領域は存在するものと考えてよい．高周波電圧印加法の正相関領域を考えるならば，このための静止位相推定法としては，$\pm\pi/6$〔rad〕以下の位相推定誤差を有するものでよい．換言するならば，高い推定精度をもつ**静止位相推定法**は必要としない．本節では，高周波電圧印加法のための静止位相推定法として，推定精度は粗いが，簡単で有用性の高い方法を紹介する．

(15.7)～(15.10)式の回路方程式に対して，次の条件を付加する．

$$\left.\begin{aligned} \omega_{2n} &= 0 \\ \omega_\gamma &= 0 \\ \theta_\gamma &= \text{const} \end{aligned}\right\} \qquad (15.40)$$

上記条件の下では，回路方程式は次式のように記述される．

$$
\begin{aligned}
\boldsymbol{v}_1 &= R_1\boldsymbol{i}_1 + s[L_{is}\boldsymbol{I} + L_{ms}\boldsymbol{Q}(\theta_\gamma)]\boldsymbol{i}_1 \\
&= \begin{bmatrix} R_1 + s(L_{is} + L_{ms}\cos 2\theta_\gamma) & sL_{ms}\sin 2\theta_\gamma \\ sL_{ms}\sin 2\theta_\gamma & R_1 + s(L_{is} - L_{ms}\cos 2\theta_\gamma) \end{bmatrix}\boldsymbol{i}_1
\end{aligned}
\tag{15.41}
$$

固定子電圧 $\boldsymbol{v}_1$ の δ 軸要素を常時ゼロに設定する場合には，(15.41)式より，次の関係が成立する．

$$
\begin{aligned}
v_\gamma &= (R_1 + s(L_{is} + L_{ms}))i_\gamma \\
&= (R_1 + sL_{ds})i_\gamma \qquad \theta_\gamma = 0,\ \pm\pi
\end{aligned}
\tag{15.42a}
$$

$$
\begin{aligned}
v_\gamma &= (R_1 + s(L_{is} - L_{ms}))i_\gamma \\
&= (R_1 + sL_q)i_\gamma \qquad \theta_\gamma = \pm\frac{\pi}{2}
\end{aligned}
\tag{15.42b}
$$

固定子電圧の γ 軸要素を正とし，δ 軸要素をゼロとする場合には，PMSM の磁気飽和特性の影響により，(15.41)式，(15.42)式から理解されるように，$\theta_\gamma = 0$ のときにインダクタンスが最小となり，動特性の等価時定数は最小となる．仮に，γ 軸電圧を正のパルス状電圧とするならば，$\theta_\gamma = 0$ のときに，最小時定数により，γ 軸電流のピーク値は最大を示すことになる．

図 15.16 は，図 15.7，図 15.8，図 15.15 で使用した PMSM に対して，振幅 180〔V〕，時間幅 $\Delta t = 0.5$〔ms〕のパルス電圧を γ 軸に印加し，γ 軸電流を観察したものである．同図における波形は，上から，印加した γ 軸電圧，$\theta_\gamma = 0$ での γ 軸電流，$\theta_\gamma = \pm\pi$ での γ 軸電流である．時間軸は 0.01〔s/div〕である．両 γ 軸電流を比較した場合，$\theta_\gamma = 0$ の場合が，時定数の小さい応答を示している．換言するならば，高いピーク値をもち，さらには減衰の速い応答を示している．

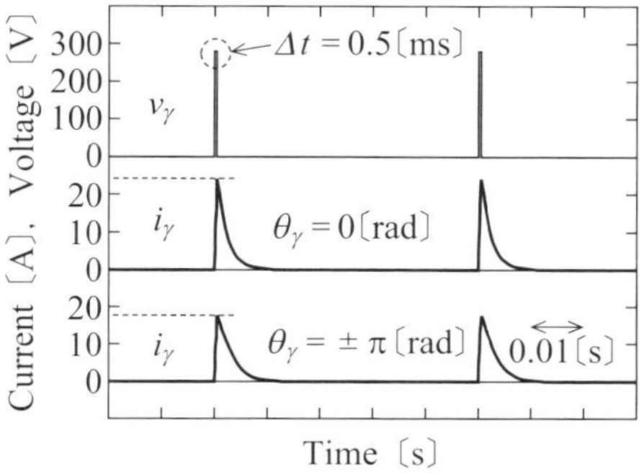

図 15.16　パルス状の γ 軸電圧に対する γ 軸電流の応答例

図 15.16 は，$\theta_\gamma = 0$，$\theta_\gamma = \pm\pi$ の 2 例のみを示したが，「一般に，γ 軸電圧を正のパルス状電圧とするならば，γ 軸電流のピーク値は $\theta_\gamma = 0$ のときに最大を示す」と考えてよい[15.6)~15.10)]．

γ 軸電圧を正のパルス状電圧とした場合の上記の応答特性を利用すれば，次の**簡易静止位相推定法**を得る．

【簡易静止位相推定法】

$\alpha\beta$ 固定座標系の α 軸を基準にした γ 軸の位相を $\theta_{\alpha\gamma}$ とする．$\pi/3$〔rad〕程度での単位で順次変化する位相 $\theta_{\alpha\gamma}$ において，パルス状の γ 軸電圧を印加し，このときの γ 軸電流のピーク値を検出する．最大のピーク値を示したときの γ 軸位相 $\theta_{\alpha\gamma}$ が，概略ながら，回転子位相（N 極位相）の推定値を与える．

■

高周波電圧印加法の利用に際しては，駆動に先立って，次のいずれかの方法で，高周波電圧印加法のための**推定位相初期値**を得ることができる．

(a)　まず，15.4 節，1.5 節で説明した静止位相推定法（**新中法**）で，静止位相推定値を得る．次に，高周波電圧印加法のための推定位相初期値として，既得の静止位相推定値を利用し，センサレス駆動を開始する．

(b)　まず，上記の簡易静止位相推定法で，誤差 $\pm\pi/6$〔rad〕をもち得る静止位相推定値を得る．次に，高周波電圧印加法のための推定位相初期値として，既得の静止位相推定値を利用し，センサレス駆動を開始する．

(c)　まず，高周波電圧印加法を利用して回転子位相推定値を得る．このときの位相推定値は，N 極または S 極の位相推定値であり，$\pm\pi$〔rad〕の曖昧さを含む．次に，簡易静止位相推定法で **NS 極判定**をし，曖昧さを除去する．しかる後に，高周波電圧印加法のための推定位相初期値として曖昧さを除去した位相推定値を用い，高周波電圧印加法を再起動する．

Q15.4　**簡易静止位相推定法では，γ 軸位相 $\theta_{\alpha\gamma}$ としては，$\pi/3$〔rad〕程度の単位で順次変化させるとしていますが，推奨すべき値はあるのでしょうか．**

Ans.　γ 軸位相 $\theta_{\alpha\gamma}$ の変化単位は，高周波電圧印加法が許容する正相関領域の広さにも依存しますが，同時に，電力変換器を介したパルス電圧印加の精度を考慮する必要があります．簡易静止位相推定法では，すべての γ

軸位相に対して，同一振幅，同一時間幅のパルス状電圧をγ軸上で印加することを前提として，γ軸電流のピーク値を評価するものです．印加電圧の振幅，時間幅が異なるような状態では，本評価は意味をもちません．電力変換器による電圧印加の基本パタンは，ゼロ電圧を除くならば6種です．しかもこれら6パタンの電圧の位相差は，正確に$\pi/3$〔rad〕です（姉妹本・文献15.12）第11章参照）．同一の振幅と時間幅をもつパルス印加という観点では，γ軸位相$\theta_{\alpha\gamma}$の変化単位は$\pi/3$〔rad〕が好都合です．変化単位を$\pi/3$〔rad〕以下に設定する必要がある場合には，6基本パタンの組合せと各パタンの時間幅とに注意する必要があります．

3

Q15.5 **パルス状の電圧印加を行う簡易静止位相推定法は，渡辺法と同一と捉えてよいでしょうか．**

Ans. 文献15.6)～15.8)によれば，**渡辺法**はNS極判定に注力しています．簡易静止位相推定法には，**三木法**の考えも取り込まれていると理解できます[15.9), 15.10)]．ただし，**簡易静止位相推定法**には，三木法の「判定と場合分け」の繰返し処理はありません．

第 4 部
センサレス駆動制御の応用

4 部では，2 部で解説した駆動用電圧電流利用法，3 部で解説した高周波電圧印加法を利用した応用例を紹介する．具体的には，「センサレス・トランスミッションレス電気自動車」，「電動車両に搭載可能な二酸化炭素冷媒圧縮機」，「位置決め機能を有するセンサレススピンドル」である．

「センサレス・トランスミッションレス電気自動車」は，PMSM の広範囲駆動性能を活用して変速機を要しない電気自動車を，位置・速度センサを要しないセンサレスベクトル制御技術を用い開発したものである．高速域用の位相推定には，駆動用電圧電流利用法の中から，最小次元 D 因子磁束状態オブザーバを選択した．低速域での回転子位相推定には，変調法として一定真円形高周波電圧印加法を利用し，復調法として鏡相推定法を利用した．両回転子位相推定値は，周波数ハイブリッド法を用いて結合した．

圧縮機の駆動には，機構上の制約によりセンサレス駆動が必須である．これに加え，「電動車両に搭載可能な二酸化炭素冷媒圧縮機」では，電動車両への搭載，電力変換器の母線電圧の急激大変動，基本駆動速度域は数百〔rad/s〕，高圧縮に要求される高トルク発生等の仕様特性を考慮して，回転子位相の推定は駆動用電圧電流利用法の利用を基本とした．具体的には最小次元 D 因子磁束状態オブザーバを選択利用した．起動および停止には，ミール方策に基づく電流比形ベクトル制御法を利用した．両回転子位相推定値は，周波数ハイブリッド法を用いて結合した．

「位置決め機能を有するセンサレススピンドル」では，通常駆動である高速域でのセンサレス駆動には，駆動用電圧電流利用法の利用を想定した．低速域～中速域でのセンサレス駆動には，ミール方策に基づく電流比形ベクトル制御法を利用した．ゼロ速を含む微速域での起動・停止位置決めには，ミール方策と相性のよい PMSM の固有特性を利用して，センサレスで指定位置に停止できるようにした．速度制御モードと位置決め制御モードとの制御モード切換えは，回転子の速度と位相の推定値を利用し，実施した．

第 16 章 センサレス・トランスミッションレス電気自動車

16.1 目的

位置・速度センサを用いたベクトル制御法により PMSM を駆動制御する場合，利用される主たる位置・速度センサは，**エンコーダ**または**レゾルバ**である．エンコーダは，その信号処理は容易で共通性の高い処理回路が利用できるが，概して脆弱である．一方，レゾルバは信号処理には専用回路が必要であるが，概して頑健である．主駆動モータとして PMSM を採用した電動車両（電気自動車，ハイブリッド車，電車等）において，**センサレスベクトル制御法**により PMSM を駆動制御する挑戦がなされている[16.1)～16.16)]．電動車両の駆動制御におけるセンサレス化の主たる狙い・効果は，次のように整理される．

(a)　機構的制約で位置・速度センサの実装が困難，あるいは不可能である．

(b)　位置・速度センサ（エンコーダ）は，熱的，機械的，あるいは電気的に脆弱であり，駆動制御系の総合的信頼性を低下させるおそれがある．

(c)　総合的な小型化，低コスト化が期待される．

電動車両では，低速域での大トルク発生，ゼロ速から高速に及ぶ広範囲領域での駆動といった性能が必要とされ，これに応える最高度のセンサレスベクトル制御技術が要求される．**電気自動車**（electric vehicle, **EV**）のセンサレス駆動制御への先駆的挑戦は，2001 年の正木等，Patel 等の報告，2003 年の著者等の報告に見ることができる[16.1)～16.9)]．特に，著者等は，2004 年に，センサレス化に加えて，**変速機**（transmission）をも有しない**センサレス・トランスミッションレス電気自動車**（sensorless and transmissionless EV, **ST-EV**）の先駆的開発に成功し，公道走行を開始している[16.1)～16.4)]．

ハイブリッド車のセンサレス駆動制御に関しては，2006 年暮れには，実用段階に到達したハイブリッドトラックの販売が開始されている[16.10), 16.11)]．また，後続企業により同様な開発が行われている[16.12), 16.13)]．

電車のセンサレス駆動制御に関しては，2005 年には安井等により，2006 年には近藤等により，開発挑戦が開始されている[16.14)～16.16)]．

電動車両への，センサレスベクトル制御法の応用には，低速域用の位相推定法としては**高周波電圧印加法**が，高速域用の位相推定法としては**駆動用電圧電流利用法**が利用されている．また，両位相推定法で得られた位相推定値を周波数的に加重平均して，センサレスベクトル制御に利用する位相推定値とする**周波数ハイブリッド法**が，活用されている．これまでの報告によれば，例外なく，上記手法が採られている．

本章では，上記手法による具体的一例として，ST-EV の駆動制御系を紹介する．本章は以下のように構成されている．次の 16.2 節では，PMSM を利用した ST-EV のための駆動制御系に関し，まず全系の構成を説明し，次に主要構成要素の説明を行う．具体的には，回転子の位相・速度推定の役割を担う**位相速度推定器**，高効率かつトランスミッションレス駆動の役割を担う**指令生成器・指令変換器**，および車載用**電力変換器（インバータ）**について説明する．なお，位相速度推定器に関しては，周波数ハイブリッド法に基づく実際構成の一例を紹介する．性能確認のための試験に関しては，16.3 節でテストベッド上での試験結果を，16.4 節で実車走行時の試験結果を説明する．なお，本章の内容は，著者の原著論文 16.1)～16.4)を再構成したものである点を断っておく．

16.2　駆動制御系の構成

16.2.1　全系の構成

ST-EV 駆動制御系における直接的制御対象たる**主駆動 PMSM** の概観を**図 16.1** に，その特性（代表値）を**表 16.1** に示す．本 PMSM は，低電圧大電流特性をもち，軸出力は **1 時間定格** 16〔kW〕，**極短時間定格**はこの 250% 相当の約 40〔kW〕である．ゼロ速を含む低速でのトルク発生は，1 時間定格 40〔Nm〕に対し，最大値はこの 250% 相当の約 100〔Nm〕である．駆動速度は，**定格機械速度** 400〔rad/s〕に対し，最高値はこの約 250% 相当の機械速度 1 000〔rad/s〕である．なお，本 PMSM の**極対数** N_p は 4 である．

上記主駆動 PMSM のための駆動制御系を**図 16.2** に概略的に示した．主駆動

図 16.1 ST-EV 用 PMSM の概観

表 16.1 ST-EV 用 PMSM の特性

R_1	0.0178〔Ω〕	rated torque maximum torque	40〔Nm〕 100〔Nm〕
L_i	0.159〔mH〕	rated speed maximum speed	40〔rad/s〕 1000〔rad/s〕
L_m	−0.069〔mH〕	rated current maximum current	135〔A, rms〕 310〔A, rms〕
Φ	0.033 5〔Vs/rad〕	rated voltage maximum voltage	90〔V, rms〕 120〔V, rms〕
N_p	4	moment of inertia	0.012 75〔kgm^2〕
rated power maximum power	16〔kW〕 40〔kW〕	effective resolution of position sensor	4×4 096〔p/r〕

PMSM と後輪（rear wheel）とは，デフ等により減速されてはいるが，変速されることなく直結されている．すなわち，ST-EV の加速・減速，前進・後進は PMSM の加速・減速，前進・後進と 1 対 1 で対応している．モータ駆動制御系の中で，破線で囲った部分が ST-EV を特色づける部分，換言するならば独自の駆動制御技術を含む部分である．本部分は，**dnr ハンドレバー**（dnr hand lever）と**アクセルフットペダル**（acceleration foot pedal）からの指示により所要の電力を発生し，主駆動 PMSM を駆動している．**速度計**（speed meter）のための速度情報としては，モータ駆動制御系が生成した PMSM の回転子電気速度推定値 $\hat{\omega}_{2n}$ を利用している．

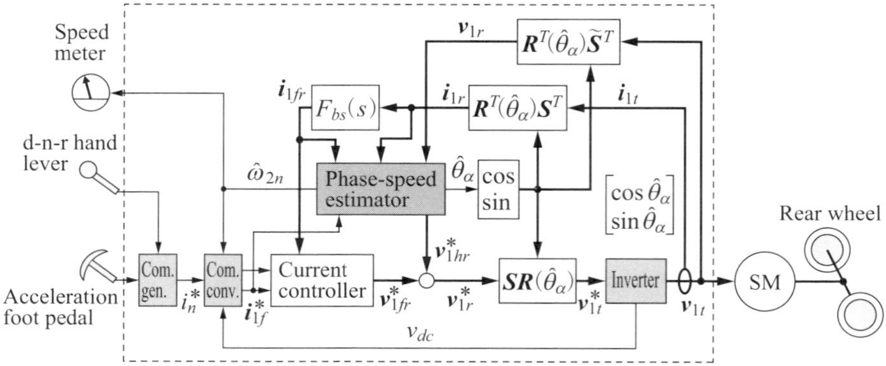

図 16.2　ST-EV のための駆動制御系の基本構造

ST-EV のための提案モータ駆動制御系と既存 EV 用モータ駆動制御系との主要な違いは，センサレス駆動制御のための**位相速度推定器**（phase-speed estimator），高効率・広範囲駆動のための**指令生成器**（command generator, com. gen.），**指令変換器**（command converter, com. conv.）とにある．以下では，ST-EV のための駆動制御系を，これら機器を中心に説明する．図 16.2 では，説明予定の特徴的機器に陰影を付け明示した．なお，主要な検出信号は，u 相電流，w 相電流，uv 線間電圧，uw 線間電圧，母線電圧（バス電圧，リンク電圧）の 5 種である．

16.2.2　位相速度推定器

〔1〕周波数ハイブリッド法

位相速度推定器は，**位置・速度センサ**に代わって，回転子の位相・速度を推定するというセンサレスベクトル制御法の最重要機能を担っている．ゼロ速から 250% 定格速度の高速域に及ぶ広範な駆動領域において，単一原理での適切な位相推定は大変困難であり，提案駆動制御系における回転子位相推定には，**周波数ハイブリッド法**，すなわち，「低速域用（低周波領域用）の位相推定法と高速域用（高周波領域用）の位相推定法との 2 種の位相推定法を用い，おのおの位相推定値を生成し，低速域用の位相推定法で生成された位相推定値と高速域用の位相推定法で生成された位相推定値とを周波数的に加重平均して，PMSM のセンサレスベクトル制御に利用する位相推定値とする方法」を採用している．

周波数ハイブリッド法に利用する高速域用位相推定法としては，**最小次元 D**

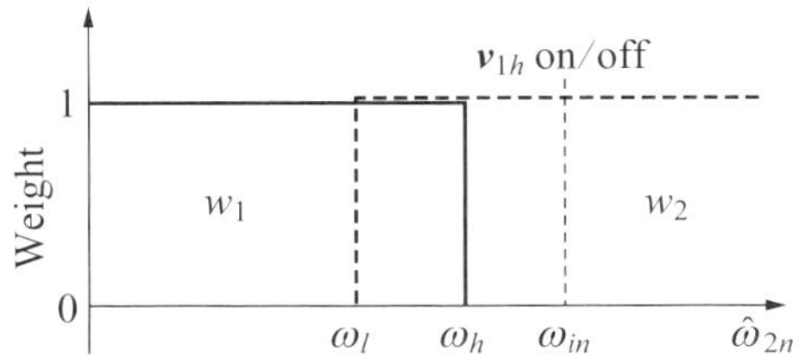

図 16.3 周波数ハイブリッド法における周波数重みの例

因子磁束状態オブザーバを，また，低速域用位相推定法としては，**変調法**に**一定真円形高周波電圧印加法**を，**復調法**に，代表的な**高周波電流相関法**である**鏡相推定法**を利用している．これら2種の位相推定法のための**周波数ハイブリッド法**としては，静的な **1-0 形周波数重み**を用いた方法を採用した．**図 16.3** は，1-0形周波数重みを例示した図 1.12(a)を書き改めたものである．1-0 形周波数重みのヒステリシス特性をもたせた用法の詳細に関しては，1.6.1 項を参照されたい．図 16.3 の速度軸には，新たに ω_{in} を与えている．これは速度推定値 $\widehat{\omega}_{2n}$ が本値 ω_{in} を通過する際に，高周波電圧印加法における高周波電圧印加の停止と再開とを示すものである．

例えば，低速から加速して速度推定値 $\widehat{\omega}_{2n}$ が ω_h を超えた時点で，静的周波数重みは $w_1(\widehat{\omega}_{2n}) = 0$，$w_2(\widehat{\omega}_{2n}) = 1$ と切り換えられる．しかし，この時点では高周波電圧は印加され続け，さらに速度向上が続き，速度推定値 $\widehat{\omega}_{2n}$ が ω_{in} を超えた時点で，高周波電圧印加は停止される．一方，高速から減速する場合には，速度推定値 $\widehat{\omega}_{2n}$ が ω_{in} を超えて減速した時点で高周波電圧印加が再開され，速度推定値 $\widehat{\omega}_{2n}$ が ω_l を超えて減速した時点で，静的周波数重みは $w_1(\widehat{\omega}_{2n}) = 1$，$w_2(\widehat{\omega}_{2n}) = 0$ と切り換えられる．上の説明より明らかなように，周波数重みが切り換えられる時点では常に，高周波電圧は印加状態にある．これは，周波数重み切り換え時点で，位相情報を含む高周波電流が定常状態にあることを，ひいては，高周波電圧印加法における安定した位相推定を期したものである．なお，表 16.1 の主駆動 PMSM に関しては，切換え周波数は以下のように設計している．

$$\left.\begin{array}{l} \omega_l = 550 \\ \omega_h = 600 \\ \omega_{in} = 700 \end{array}\right\} \qquad (16.1)$$

上記のように周波数重みの切換え速度は，電気速度で約 600〔rad/s〕，機械速度

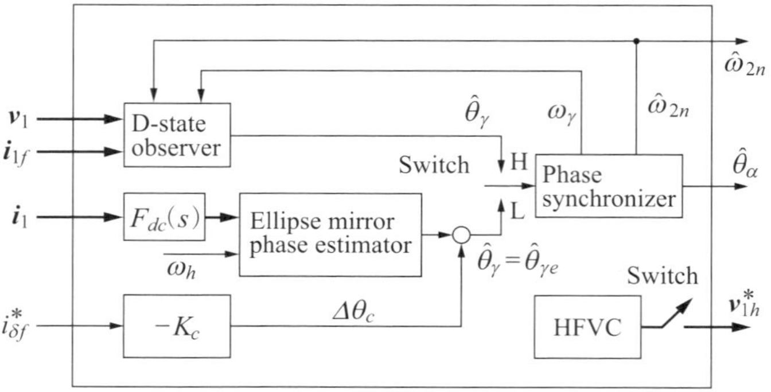

図 16.4　位相速度推定器の基本構造

で 150〔rad/s〕である．一般産業用モータにおける定格速度近傍まで，高周波電圧印加法で位相推定を行っている点には，注意されたい．電気速度 600〔rad/s〕は，図 16.2 の駆動制御系においては，車速換算で約 13〔km/h〕に相当する．

図 16.4 は，位相速度推定器の内部構造を示したものである．位相速度推定器は，**$\gamma\delta$ 準同期座標系**上の固定子電圧・電流を入力信号として得，回転子の位相と速度の推定値を出力している．図中の Switch が，電気速度約 600〔rad/s〕で H ⇔ L と切換わり，$\gamma\delta$ 準同期座標系から見た回転子位相推定値（γ 軸と d 軸との位相偏差推定値）$\hat{\theta}_\gamma$ に関し，2 つの位相推定法による推定値 $\hat{\theta}_\gamma$ のいずれか 1 つを選択するようにしている．$\alpha\beta$ 固定座標系の α 軸から見た位相推定値 $\hat{\theta}_\alpha$，速度推定値 $\hat{\omega}_{2n}$，および座標系速度 ω_γ の生成を担う**位相同期器**（phase synchronizer）は共有している．

〔2〕高速域用の位相推定法

表 16.1 の PMSM を対象とする提案駆動制御系は，電気速度で約 600～4 000〔rad/s〕にわたる高速域では，**駆動用電圧電流利用法**を用い，すなわち PMSM のトルク発生に直接的に寄与する駆動用電圧・電流を用いて位相推定を行うようにしている．本推定期間中は，図 16.4 に示した**高周波電圧指令器・HFVC** による高周波電圧は，原則的には印加されないようにしている．

高速域用の位相推定法としては，第 2 章で説明した**最小次元 D 因子磁束状態オブザーバ**（図 16.4 では D-state observer と記載）を採用している．このときの最小次元 D 因子磁束状態オブザーバは，もちろん，$\gamma\delta$ 準同期座標系上で構成されている．基本構造は，次の固定ゲイン方式のオブザーバゲイン $\boldsymbol{G}$ を用いた図 2.24 と同一である．

$$\boldsymbol{G} = g_1\boldsymbol{I} - sgn(\widehat{\omega}_{2n})\, g_2\boldsymbol{J} \qquad 0 \le g_1 \le 1,\ g_2 > 0 \tag{16.2}$$

図 16.4 で使用した最小次元 D 因子磁束状態オブザーバと図 2.24 の最小次元 D 因子磁束状態オブザーバとの違いは，入力信号である駆動用の固定子電圧情報と固定子電流情報にある．

駆動用の固定子電圧情報は，u 相を基準とした線間電圧 v_{uv}, v_{wu} を広帯域ローパスフィルタ（ハードウェア実現）を介して検出の上，A/D 変換器を用いてシステムに取り込み，次式に従い，$\gamma\delta$ 準同期座標系上の電圧に変換している．

$$\boldsymbol{v}_1 = \boldsymbol{R}^T(\hat{\theta}_\alpha)\tilde{\boldsymbol{S}}^T\begin{bmatrix} v_{uv} \\ v_{wu} \end{bmatrix} \tag{16.3a}$$

ただし，

$$\tilde{\boldsymbol{S}}^T = \frac{1}{\sqrt{6}}\begin{bmatrix} 1 & -1 \\ -\sqrt{3} & -\sqrt{3} \end{bmatrix} \tag{16.3b}$$

(16.3)式の変換に関しては，姉妹本・文献 16.19) 11.3.2 項を参照されたい．

固定子電流は，速度推定値 $\widehat{\omega}_{2n}$ が $\omega_l \le \widehat{\omega}_{2n} \le \omega_{in}$ の間では，高周波電流を含む．この点を考慮し，駆動用固定子電流情報としては，固定子電流を高周波成分除去用**バンドストップフィルタ** $F_{bs}(s)$ で処理した上で利用している（図 16.2 参照）．バンドストップフィルタとしては，(1.58)式の 2 次**新中ノッチフィルタ**を利用した．固定子電流から高周波成分を除去した信号は，電流制御器にも使用されている．以上のように，最小次元 D 因子磁束状態オブザーバに利用する駆動用電圧と電流に関しては，同オブザーバの原理に忠実に従い生成している．

〔3〕低速域用の位相推定法

表 16.1 の PMSM を対象とする提案駆動制御系は，電気速度で 0～約 600〔rad/s〕にわたる低速域では，高周波電圧印加法を利用して位相推定を行っている．具体的には，変調法に一定真円形高周波電圧印加法を採用し，復調法に鏡相推定法を採用し，回転子位相推定値を得ている．このための基本構成は，図 10.8(a)と同様である．

特に注意すべき相違は，図 10.8(a)では破線ブロックで示した補助的機器を，図 16.4 はすべて実装している点にある．図 16.4 の高周波電圧指令器 HFVC においては，(10.44)式と同一の次式に従い高周波電圧指令値を生成している．

$$\boldsymbol{v}_{1h}^{*} = V_h \begin{bmatrix} \cos \omega_h t \\ \sin \omega_h t \end{bmatrix} \qquad \begin{matrix} V_h = \text{const} \\ \omega_h = \text{const} \end{matrix} \tag{16.4}$$

印加高周波電圧指令値は一定振幅であるので，本生成には回転子速度推定値 $\widehat{\omega}_{2n}$ は利用していない．ただし，本生成は，高速駆動時には停止するようにしている．生成の停止・再開は速度推定値 $\widehat{\omega}_{2n}$ を利用して行っている（図16.3参照）．回転子位相情報を有する固定子電流は，**直流成分除去フィルタ** $F_{dc}(s)$ により直流成分除去処理を受け，この後に，**楕円鏡相推定器**（ellipse mirror-phase estimator）へ入力されている．楕円鏡相推定器は，鏡相推定法に基づき，楕円長軸位相を推定している．本推定値は γ 軸から見た回転子位相の推定値でもある．本推定値に対して，δ 軸電流の駆動用成分を利用した**位相補正処理**を行い，処理済み信号を**位相同期器**（phase synchronizer）へ向け出力している．以上の説明より明らかなように，低速域の位相推定法に関しても原理に努めて忠実に従い実装し，高精度の位相推定値を安定的に得るようにしている．

〔4〕位相同期器

位相同期器は，高速域用と低速域用との位相推定法において，共有されている．本機器は，**一般化積分形 PLL 法**に基づき構成されており，具体的構成は図1.8と同一である．

Q16.1　周波数ハイブリッド法の利用に際して，高速域用位相推定法として「最小次元D因子磁束状態オブザーバ」，低速域用位相推定法として「変調法に一定真円形高周波電圧印加法，復調法に鏡相推定法」を利用した理由を教えてください．

Ans.　位相推定法選択の基本指針は，「ST-EVの開発成功に導き得る最高水準の位相推定法を採用する」ことでした．開発に着手した2001年の時点では，上記の選定が最良と判断しました．現時点では，高速域用位相推定法として「最小次元D因子磁束状態オブザーバ」を，低速域用位相推定法として「変調法に一般化楕円形高周波電圧印加法，復調法に鏡相推定法」を選定すると思います．これらが最高水準の性能をだすと考えています．

Q16.2 周波数ハイブリッド法の利用に際して，静的周波数重みの切換え周波数（電気速度）を 600〔rad/s〕としています．本値は，一般産業用 PMSM の観点からは，定格速度近傍の値に相当しており，随分高いような印象を受けます．どのようにして本値を定めたのですか．

Ans. 周波数ハイブリッド法における切換え周波数（電気速度約 600〔rad/s〕）は，(a) ST-EV 用 PMSM に対する鏡相推定法の正常動作範囲（0〜1 600〔rad/s〕）と最小次元 D 因子磁束状態オブザーバの正常動作範囲（120〔rad/s〕〜），(b) 最小次元 D 因子磁束状態オブザーバが担う高速域での推定性能の向上，(c) 高周波電流による銅損の早期の消滅，などを考慮して定めました．周波数重みの切換えは，表 16.1 の PMSM を用いた事前試験では，電気速度 200〜1 200〔rad/s〕の広い範囲で可能でした．電気速度約 600〔rad/s〕は，本 ST-EV では，車速換算で約 13〔km/h〕に相当します．設計上の最高速度約 100〔km/h〕を考慮すると，13〔km/h〕すなわち 600〔rad/s〕は決して高速ではありません．なお，著者は，実車開発の経験から，「EV あるいはハイブリッド車のための高周波電圧印加法は 0〔km/h〕から 10〜20〔km/h〕相当の車速範囲で利用できるものでなくてはならない」と考えています．

16.2.3 指令生成器と指令変換器

以上，図 16.4 を用いて，ST-EV のための駆動制御系における，周波数ハイブリッド法採用の位相速度推定器について説明した．位置・速度センサに代わる働きをする位相速度推定器により，ST-EV のセンサレス駆動が可能となる．しかし，位相速度推定器は，ゼロ速から最高速度までのトランスミッションレス駆動に寄与するものではない．ST-EV のトランスミッションレスかつ高効率・広範囲駆動には，駆動制御系における指令生成器，指令変換器が大きく寄与している．次にこれらを説明する．

〔1〕指令生成器

ST-EV のための駆動制御系では，**dnr ハンドレバー**（dnr hand lever）による前進（d），中立（n），後進（r）の **dnr 指令**と，**アクセルフットペダル**による加速指令とにより，まず，駆動制御系への基本指令である**極性付き電流ノルム指令値** i_n^*（スカラ量）を生成している．図 16.2 における**指令生成器**（command generator, com. gen.）がこの働きを担っている．アクセルフットペダルによる加速指令に

4

応じて電流ノルム指令値の絶対値$|i_n^*|$が生成され，dnrハンドレバーによるdnr指令に応じて，以下のように極性が付与されている．

$$i_n^* = \begin{cases} +|i_n^*| & \text{drive} \\ 0 & \text{neutral} \\ -|i_n^*| & \text{reverse} \end{cases} \tag{16.5}$$

中立（n）指令に対しては，アクセルフットペダルによる加速指令は無視され，ゼロすなわち「0」が強制セットされるようになっている．

〔2〕指令変換器

図16.2における**指令変換器**（command converter, com. conv.）の働きは，極性付き電流ノルム指令値i_n^*より，d軸，q軸電流指令値（$\gamma\delta$準同期座標系上のγ軸，δ軸電流指令値と等価）i_d^*, i_q^*を実時間で生成することにある．d軸，q軸電流指令値は，次の(16.6)式の関係を満足しつつ，効率駆動あるいは広範囲駆動を可能とする「**電流ノルム指令に基づく電流指令法**」に従い決定している．

$$\left.\begin{aligned} i_n^{*2} &= i_d^{*2} + i_q^{*2} \\ \mathrm{sgn}(i_n^*) &= \mathrm{sgn}(i_q^*) \end{aligned}\right\} \tag{16.6}$$

「電流ノルム指令に基づく電流指令法」に関しては，すでに姉妹本・文献16.19) 5.4節で詳しく説明しているので，こちらを参照されたい．本電流指令法の活用には，回転子速度と電力変換器（インバータ）の母線電圧（バス電圧，リンク電圧）との情報が必要である．図16.2に明示しているように，速度情報としては速度推定値$\widehat{\omega}_{2n}$を利用している．また，母線電圧v_{dc}の情報としては，これを直接検出するようにしている．姉妹本で使用したモータパラメータ（姉妹本・表5.2参照）は，本書表16.1と同一であり，姉妹本での各種数値例は本ST-EVに直ちに適用される．本指令変換器は，姉妹本の「電流ノルム指令に基づく電流指令法」において速度真値ω_{2n}に代わって同推定値$\widehat{\omega}_{2n}$を利用した上で，これに忠実に従って構成されている．

16.2.4　電力変換器

次に，図16.2に示した駆動制御系における**電力変換器**（インバータ）について説明する．市販のEVでは，電力変換器自体の制御アルゴリズムとベクトル制御アルゴリズムとは一体的に構成されることが多く，電力変換器の分離流用は困難である．また，EV用の電力変換器は，一般産業用のものと異なり，水冷かつ

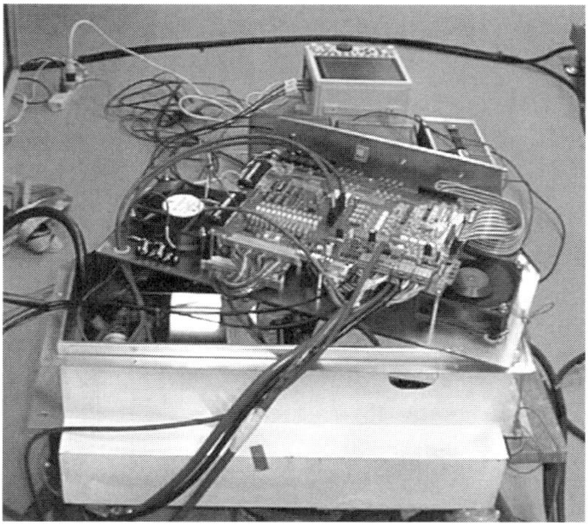

図 16.5　ST-EV 用試作電力変換部

車載可能な形態でなくてはならず，EV あるいは ST-EV に直ちに適合可能な市販の電力変換器は，少なくとも開発着手の 2001 年時点の国内では存在しない．これらの点を考慮し，ST-EV のための駆動制御系の検証および ST-EV 自体の開発に不可欠な電力変換器を試作した．電力変換器は，主駆動 PMSM の 150% 定格駆動を 2 分間維持できる容量をもたせるようにした．また，**制御周期** 100〔μs〕と電力変換器の**デッドタイム** 7.5〔μs〕を考慮の上，**デッドタイム補償**用の機器も付加した．なお，モータ駆動制御系においてソフトウェア実現可能な部分は，単一の DSP（TI 社，TMS320VC33-150 MHz，75 MIPS）で実現し，これを含む基板一式を電力変換器と同一のシャーシに内蔵した．**図 16.5** に，性能評価中の試作電力変換器の様子を示した．

16.3　テストベッド上での試験

16.3.1　負荷試験装置の構築

図 16.2 に示した駆動制御系の開発と性能評価を目的に，このための**負荷試験装置**をまず製作した．本負荷試験装置は，エンジンの開発・性能評価のための**エンジンダイナモメータ**に相当するものである．負荷試験装置のシステム構成を**図 16.6** に示す．

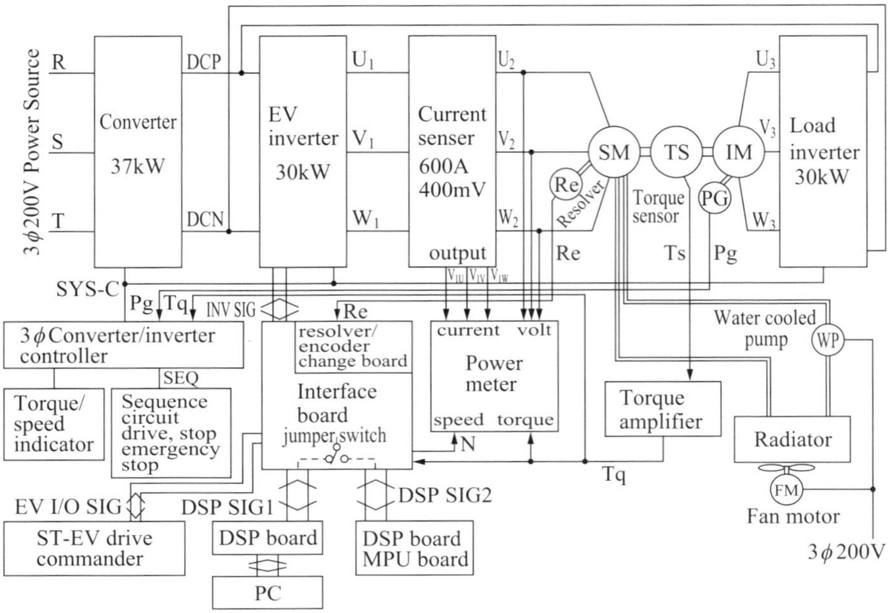

図 16.6　負荷試験装置の基本構造

同図の上部左端より右端に向けて，三相交流電源を直流電源に変換する**コンバータ**，ST-EV 用 PMSM に駆動用電力を印加するための **ST-EV 用電力変換器**（インバータ），ST-EV 用 PMSM への大電流を検出するための**電流センサ**（**分流器**），**ST-EV 用 PMSM**，ST-EV 用 PMSM が発生するトルクを検出するための**トルクセンサ**，ST-EV 用 PMSM に負荷を印加するための**負荷モータ**（**誘導モータ**），同負荷モータへ電力を印加するための**負荷モータ用電力変換器**（インバータ）である．図より明らかなように，2 個の電力変換器（インバータ）の直流電源は共通化されている．ST-EV 用 PMSM の**位置・速度センサ**として**レゾルバ**が，負荷モータの**速度センサ**として**エンコーダ**が，各モータに装着されている．トルクセンサには同センサ用アンプが接続されている．なお，ST-EV 用 PMSM のレゾルバは，位相推定値，速度推定値を評価するためのものであり，センサレス駆動には利用されていない．

図 16.6 の下部左端は，コンバータと 2 個の電力変換器（インバータ）とを制御するための**システム制御器**であり，これには負荷モータのモード切換え用の**シーケンス回路**と**トルク・速度表示器**が装着されている．システム制御器の右端

が，**ST-EV 用電力変換器**（インバータ）と DSP などとの信号接続をするための**インターフェースボード**である．その右が ST-EV 用 PMSM への印加電力と軸出力を検出するための**ディジタルパワーメータ**である．図 16.6 の下部右端は，ST-EV 用 PMSM を強制冷却するための**水冷装置**である．

負荷試験装置の主要システム構成要素である，**コンバータ**，**負荷モータ用電力変換器**（インバータ），**システムコントローラ**等は，**図 16.7** に示した制御盤の中に収容している．**図 16.8** は**プログラム開発用パソコン**（programming and monitoring PC）の実写である．本パソコンの周辺には，**ST-EV 駆動指令器**（ST-

図 16.7　制御盤の全景

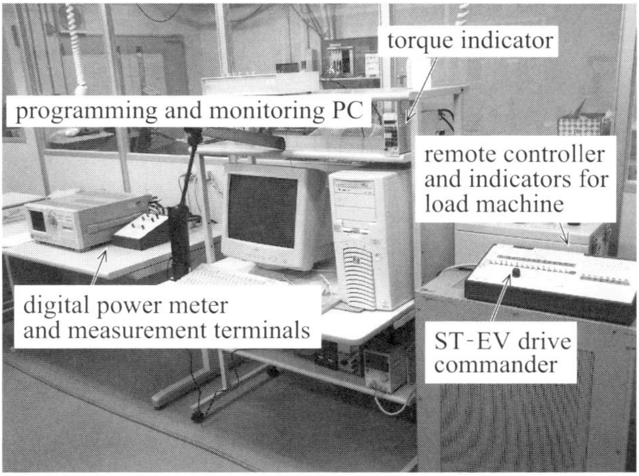

図 16.8　プログラム開発用パソコンと試験用周辺機器

4

図 16.9　定盤上のモータ部

EV drive commander)，**負荷装置用遠隔制御器**（remote controller and indicators for load machine)，**ディジタルパワーメータ**（digital power meter)，**トルク表示器**（torque indicator）等を配している．ST-EV 駆動指令器の役割は，**dnr ハンドレバー**からの前進・中立・後進指令，**アクセルフットペダル**からの加速指令，キー操作時の**コンタクター**のオン・オフ指令，**空冷ファン**のオン・オフ指令，**異常信号の強制入力と解除**など，実車駆動時の諸条件の設定と看視である．ST-EV 用 PMSM 駆動開始後の本制御は，ST-EV 駆動指令器のみで実施できるようになっている．**図 16.9** は，**ST-EV 用 PMSM**（ST-EV motor)，ST-EV 用 PMSM が発生するトルクを検出するための**トルクセンサ**（torque sensor)，ST-EV 用 PMSM に負荷を印加するための**負荷モータ**（load machine）からなる**負荷試験装置モータ部**（2 トン定盤上に設置）の実写であり，**図 16.10** は，定盤上 ST-EV 用 PMSM のための**水冷装置**の実写である．

16.3.2　試験結果

前項で説明した負荷試験装置を利用して，ST-EV のための駆動制御系の試験を行った．周波数ハイブリッド法による位相推定値の切換えは，前述のように，電気速度約 600〔rad/s〕（機械速度約 150〔rad/s〕相当）である（図 16.3 参照)．(16.4)式に定義した高周波電圧は，$V_h = 2$〔V〕，$\omega_h = 800\pi$〔rad/s〕とした．

図 16.11 に，定格機械速度 400〔rad/s〕で，極性付き電流指令値として，定格

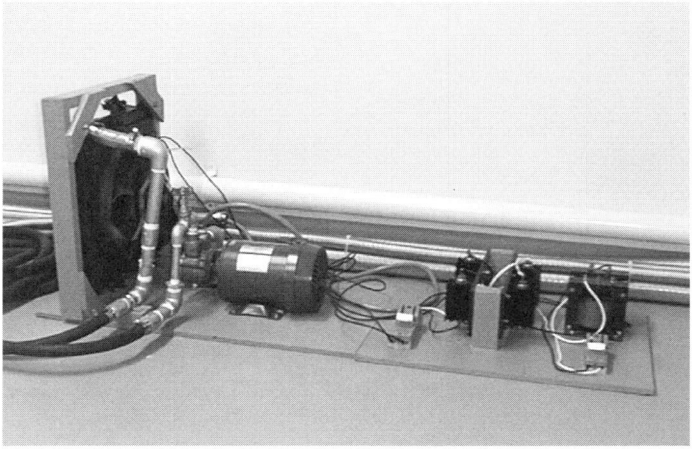

図 16.10 定盤上 ST-EV モータのための水冷装置

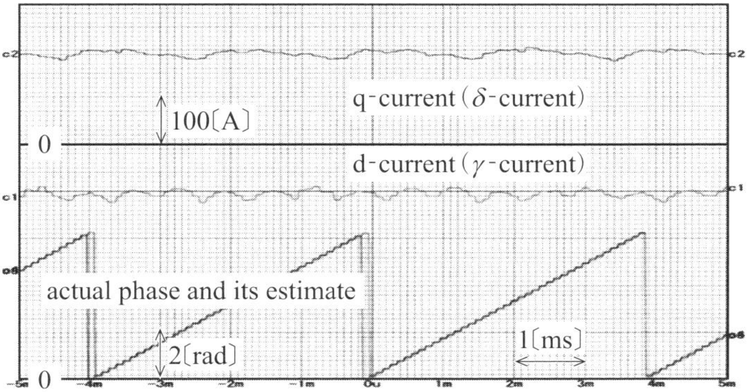

図 16.11 定格速度 400〔rad/s〕での定格トルク 40〔Nm〕発生の様子

トルク 40〔Nm〕の発生をもたらす定格 $i_n^* = 233$〔A〕を与えたときの定常応答を示した．本状態では，指令変換器による d 軸電流指令値，q 軸電流指令値は，おのおの約 −110〔A〕，約 200〔A〕となる（姉妹本・文献 16.19）図 5.21 参照）．本速度では，高周波電圧指令器 HFVC は切られ，高周波電圧の重畳印加は止められている．さらには，図 16.4 に示した位相速度推定器の Switch は H 側に入り，位相推定は最小次元 D 因子磁束状態オブザーバにより行われている．

図 16.11 は，上から，固定子の q 軸電流（δ 軸電流），d 軸電流（γ 軸電流），回転子位相真値と同推定値を示している．本応答例では，固定子の q 軸電流，d

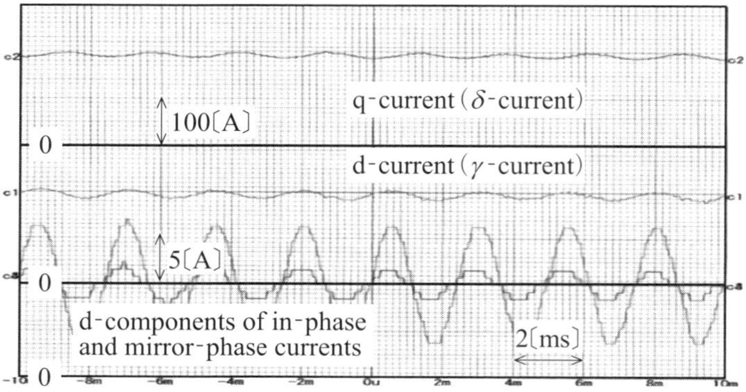

図 16.12　ゼロ速度での定格トルク 40〔Nm〕発生の様子

軸電流は，平均的にはおのおの 200〔A〕弱，−110〔A〕となっており，指令変換器により生成された指令値どおりの応答が得られていることがわかる（姉妹本・文献 16.19）図 5.21 参照）．d 軸，q 軸電流とも若干の高調波成分が残っているが，高調波成分の影響を排除した形で回転子位相が推定されている．なお，関連試験によれば，位相推定誤差は，定格負荷時で約 ±0.1〔rad〕程度であった．

図 16.12 に，ゼロ速度で，極性付き電流指令値として，定格トルク 40〔Nm〕の発生をもたらす定格 $i_n^* = 233$〔A〕を与えたときの定常応答を示す．指令変換器による d 軸電流指令値，q 軸電流指令値は，図 16.11 の場合と同一である．ただし，図 16.4 の高周波電圧指令器 HFVC が接続され，高周波電圧が駆動用電圧指令値に重畳印加されている．また，図 16.4 の位相速度推定器の Switch は L 側に入り，位相推定は鏡相推定法により行われている．

同図は，上から，固定子の q 軸電流（δ 軸電流），d 軸電流（γ 軸電流），高周波同相電流（正相成分）$\boldsymbol{i}_{hp}$ と高周波鏡相電流（逆相成分）$\boldsymbol{i}_{hn}$ の各 d 軸要素を示している．本応答例では，d 軸，q 軸電流とも高周波脈動が見られるが，これは高周波電圧の印加により発生した高周波成分である．固定子電流より検出された同相電流 $\boldsymbol{i}_{hp}$ と鏡相電流 $\boldsymbol{i}_{hn}$ の各 d 軸要素の同相性より，回転子位相が正しく推定されていることがわかる．なお，このときの推定位相誤差は，瞬時最大値で電気角約± 0.2〔rad〕であり，平均値は実質的にゼロであった．

16.4　実車走行試験

図 16.2 の駆動制御系における破線で囲った部分を図 16.5 の駆動制御装置としてまとめ，本駆動制御装置を ST-EV 実車（母体 EV は，富士重工業㈱製サンバ EV を選定[16.17]）に搭載し，図 16.2 の駆動制御系全体を構築した．**図 16.13** は，駆動制御装置搭載の様子を，ST-EV 後部から見たものである．

駆動制御装置搭載後の ST-EV 実車を利用して，走行試験を行った．データ取得のための走行は，データ実時間取得の関係で，**シャーシダイナモメータ**上で行った．**図 16.14** は，シャーシダイナモメータ上の ST-EV の様子である．本シャーシダイナモメータは，速度に応じた走行抵抗を ST-EV に与えることができ

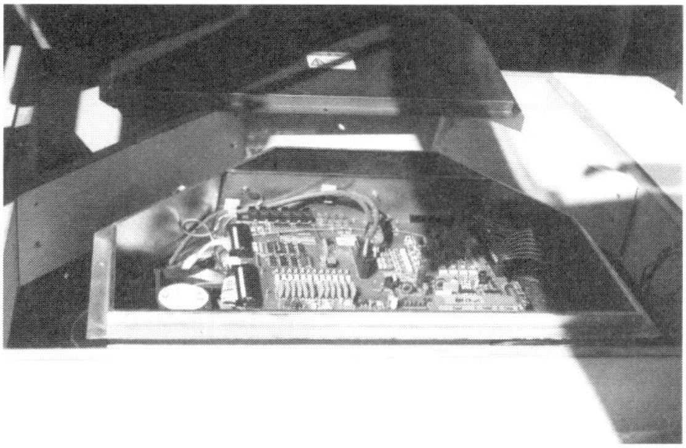

図 16.13　ST-EV 用試作電力変換部（駆動制御装置を含む）搭載の様子

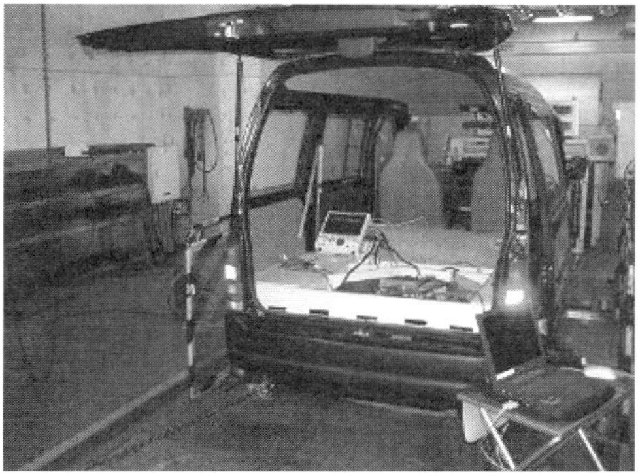

図 16.14　シャーシダイナモメータ上の ST-EV

る．測定対象は，駆動制御装置外部から測定可能なu相電流，母線電圧とし，これらデータを日置電機㈱製のレコーダ（8855 Memory Hicorder）を利用し取得した．

図16.15 は，約50〔km/h〕（モータ軸換算で機械速度約600〔rad/s〕）で走行時の応答例である．同図は，上から母線電圧，u相電流を示している．良好な電流制御が確認される．図より明らかなように，本速度領域では，高周波電圧指令器HFVCは切られ，高周波電圧の重畳印加は止められている．すなわち，図16.4に示した周波数ハイブリッド形位相速度推定器のSwitchはH側に入り，位相推定は最小次元D因子磁束状態オブザーバにより行われている．

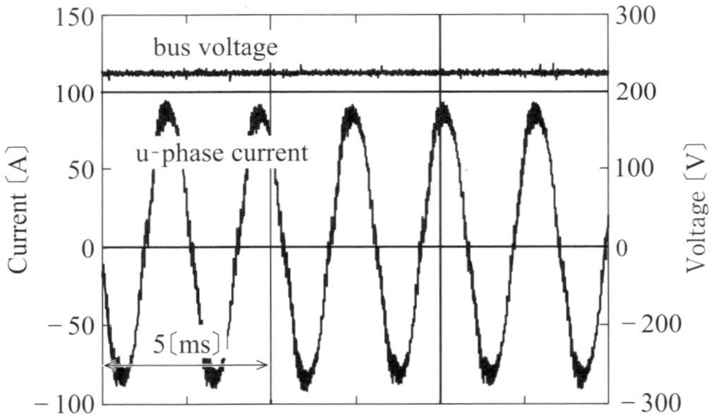

図16.15　約50〔km/h〕走行時の一応答例

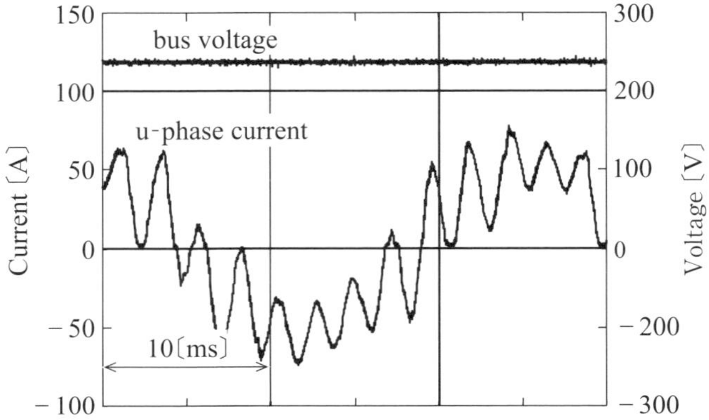

図16.16　約5〔km/h〕走行時の一応答例

図 16.16 は，約 5〔km/h〕（モータ軸換算で機械速度約 60〔rad/s〕）で走行時の応答例である．図の意味は，図 16.15 と同一である．電流制御が行われている基本波成分に，$\omega_h = 800\pi$〔rad/s〕の高周波成分が重畳されている様子が確認される．本速度領域では，図 16.4 に示した位相速度推定器の Switch は L 側に入り，位相推定は鏡相推定法により行われている．なお，不整路面からくる外乱の影響に対する位相推定のロバスト性を向上すべく，回転子位相情報をもつ高周波電流の信号レベルを上げているので注意されたい．具体的には，高周波電圧の波高値は，高周波印加が ST-EV 搭乗者に実効的に感知されないことを確認の上，$V_h = 10$〔V〕を実験的に選定した．

所要の試験走行を行った後に，公道走行を開始した．**図 16.17** は横浜・みなとみらい地区を快走中の ST-EV（2004 年 3 月 25 日）の様子である．公道走行開始を機会に本 ST-EV を「ST-EV 新Ⅱ（Shin-Ⅱ）」と命名した．**図 16.18** は，the 22nd International Battery, Hybrid and Fuel Cell Electric Vehicle Symposium and Exposition（EVS22，2006 年 10 月 23 日～28 日，パシフィコ横浜）における ST-EV 新Ⅱの展示の様子である（左端の車両）．

図 16.17 横浜みなとみらい地区快走中の ST-EV 新Ⅱ（2004.3.25）

図 16.18　EVS22 における ST-EV 新Ⅱの展示
（2006.10.23～28，パシフィコ横浜）

Q16.3　**「ST-EV 新Ⅱ」との命名から判断すると，ST-EV1 号機が他に存在するのでしょうか．**

Ans.　実は，著者等は，「ST-EV 新Ⅱ」と同一コンセプトの ST-EV の開発に 2001 年 3 月に成功し，これを「ST-EV 新」と命名しています．ただし，「ST-EV 新」は，主駆動用モータとして誘導モータを利用しています．図 16.18 における右端の車両が「ST-EV 新」です．本車両の詳細は文献 16.18)を参照してください．主駆動用モータに PMSM を利用した ST-EV は，「ST-EV 新Ⅱ」が最初ですが，ST-EV としては第 2 車両となります．これが命名の由来です．なお，PMSM を利用した ST-EV の開発成功は，国内では「ST-EV 新Ⅱ」が最初です．世界的にも最初のようです．ST-EV の開発可能性を最初に示し得た点は，誇りに値すると考えています．

第 17 章 電動車両に搭載可能な二酸化炭素冷媒圧縮機

17.1 目的

空気調節機（**空調機**，air conditioner），**冷凍・冷蔵システム**，**給湯機**には熱（冷熱）を搬送するために**冷媒**が必要であり，冷媒による熱搬送にはこの圧縮が必要であり，冷媒圧縮には**圧縮機**が必要である．従前は，冷媒としては**フロン系**のハイドロクロロフルオロカーボン（HCFC）が使用されていたが，これらは**オゾン層破壊物質**であり，モントリオール議定書（Montreal protocol）により 2020 年までには全廃が決定されている[17.2)～17.4)]．その後は，オゾン層を破壊しない**代替フロン**としてのハイドロフルオロカーボン（HFC）が利用されている．しかし，HFC はオゾン層破壊分子である塩素を含まないといえども，その**地球温暖化係数**は非常に大きく，京都議定書（Kyoto protocol）では削減対象となっている[17.2)～17.4)]．

これら冷媒の代替として注目されているのが，**自然冷媒**（二酸化炭素，アンモニア，プロパンやイソプロパンなどの炭化水素，空気，水）である[17.2)～17.4)]．自然冷媒は，フロン系冷媒に比較し，熱力学特性（飽和蒸気密度，蒸発潜熱，臨界温度など）が大きく異なることもある．大きな相違は，冷媒による効率的な熱搬送の観点から，圧縮機駆動制御の変更を求めることがある．例えば，一般のフロン系冷媒を利用した空気調節機の圧力は，低圧側で 0.3〔MPa〕，高圧側で 1.2〔MPa〕程度である．これに対して，**二酸化炭素冷媒**（**CO_2 冷媒**）を利用した空気調節機は，低圧側で 3〔MPa〕，高圧側で 9〔MPa〕という非常に高い圧力での駆動を必要とする[17.4)]．従前と大きく異なる高圧下での高効率圧縮機の開発には，これに相応しい**圧縮機駆動制御技術**が必要とされる[17.4)]．

ハイブリッド車，電気自動車等の電動車両に搭載可能な圧縮機の駆動制御においては，**電力変換器（インバータ）**の**母線電圧（バス電圧，リンク電圧）**の変動に対する対処が不可欠である．電動車両においては，急発進時，急停止時には，電力変換器の母線電圧が急変する．これまでは，圧縮機の駆動制御には，**120度通電法（矩形波駆動）**をベースとした，あるいは初歩的なセンサレス駆動制御法である**V/F一定制御法（180度通電，正弦波駆動）**をベースとした，フィードバック電流制御機能を有しないフィードフォワード的な駆動制御法が採用されてきた[17.5)～17.13)]．この種のフィードフォワード制御においては，母線電圧の変動に対し，母線電圧を検出し，必要であれば**母線電流（バス電流）**を検出し，PWMのスイッチング信号のオンタイムを調整するという対処が行われている[17.5)～17.13)]．これにより，定常状態では，一応満足できる性能を確保したようであるが，過渡状態では，圧縮機の異常駆動，駆動の停止・不能，あるいは圧縮機の損傷などを起こすこともあったようである[17.1), 17.5)～17.13)]．

本章では，電動車両に搭載可能な**空気調節機用圧縮機**に対して，特に，CO_2冷媒を利用した圧縮機（以下，**CO_2冷媒圧縮機**）に対して，静止から754〔rad/s〕（7 200〔r/m〕相当）に至る広範囲な駆動領域にわたり，**母線電圧急変**に頑健なセンサレス駆動制御を行った例を紹介する．

本章は，以下のように構成されている．次の17.2節では，テストベンチシステムを用いた基本技術開発の観点から，**CO_2冷媒圧縮機用PMSM**の要点とCO_2冷媒圧縮機のための駆動制御系の要点とを説明する．本駆動制御系は，2種類の位相推定値を利用する**周波数ハイブリッド法**により構成されている．周波数ハイブリッド法の活用に際しては，低速域では，約70%定格負荷下で定格電流での起動が可能な**ミール制御器**を，高速域では，最も優れた位相速度推定性能を有すると思われる**最小次元D因子磁束状態オブザーバ**を，おのおの利用している．ここでは，これらによる周波数ハイブリッド法の具体的実現例を説明する．17.3節では，まず，空調システムを用いた実用技術開発の観点から，実験システムの概要を説明し，この上で実験結果を説明する．実験結果は，**定常応答**と**過渡応答**とを示す．過渡応答としては，電動車両には避けて通れない母線電圧急変に対する駆動制御系の過渡応答を示す．なお，本章の内容は，著者による特許17.1）と未公開の開発技術の一部を整理したものである．

17.2　テストベンチシステムを用いた基本技術の開発

17.2.1　実験システムの構成と供試 PMSM の特性

空調機を用いた技術開発に先だち，CO_2 冷媒圧縮機の直接的な駆動制御対象となる PMSM を用いて，CO_2 冷媒圧縮機駆動制御のための基礎技術を確立した．このための実験システムの概観を**図 17.1** に示した．同図は，左より，CO_2 冷媒圧縮機用 PMSM，トルクセンサ，負荷装置である．本 PMSM は，元来は圧縮機内部に密閉状態で取付けられているが，駆動制御装置のための基本技術確立のために，内装用と同一のものを別途製作した．

表 17.1 に本 PMSM の特性（代表値）を示した．CO_2 冷媒圧縮機駆動用 PMSM は 2 極対数（4 極），回転子磁石は埋め込み形，また固定子は集中巻きで

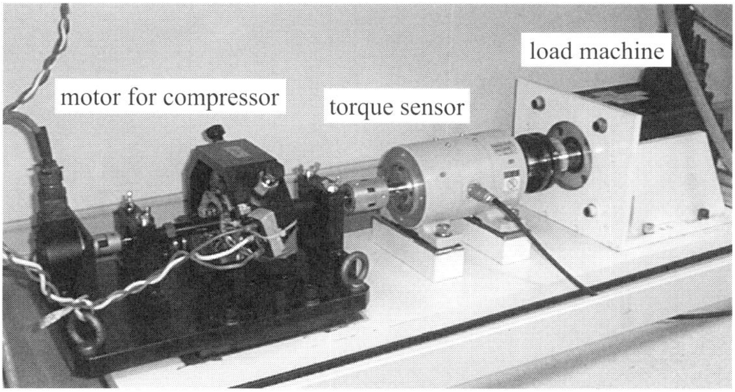

図 17.1　CO_2 冷媒圧縮機用 PMSM の概観

表 17.1　CO_2 冷媒圧縮機用 PMSM の特性（代表値）

R_1	0.18〔Ω〕	rated power maximum power	2.6〔kW〕 3.7〔kW〕
L_i	5.67〔mH〕	rated speed maximum torque	3.5〔Nm〕 5.0〔Nm〕
L_m	−0.675〔mH〕	rated speed	754〔rad/s〕
Φ	0.1〔Vs/rad〕	rated current maximum current	10〔A, rms〕 15〔A, rms〕
N_p	2	moment of inertia	0.000 4〔kgm^2〕

ある．定格出力は約 2.6〔kW〕，定格トルクは約 3.5〔Nm〕，定格速度は約 754〔rad/s〕，定格電流は約 10〔A, rms〕である．埋め込み磁石の関係で本 PMSM は突極性を有するが，同時に磁気飽和特性も強い．このため，定格 q 軸電流を通電した状態では，q 軸インダクタンスは d 軸インダクタンスとおおむね等しくなり，本 PMSM は非突極特性を示す（2.5.5 項の図 Q/A2.14 参照）．本 PMSM は正弦的な逆起電力を得るべく設計されたが，実験的には，少なからぬ高調波成分が確認されている（2.6 節参照）．

17.2.2　駆動制御系の構成

上記 PMSM のための駆動制御系の一構成例を**図 17.2** に示した．本駆動制御系は，負荷下での起動を含むセンサレス駆動制御を考慮し，**ミール制御器**（MIR controller）と**位相速度推定器**（phase-speed estimator）とを有し，かつこれらをスイッチにより切換え利用するようにしている．系の構成は，1.6 節で説明した**周波数ハイブリッド法**に立脚している．図 17.2 の駆動制御系における主要な検出信号は，u 相電流，w 相電流，母線電圧の 3 種である．以下，これらを詳しく説明する．

なお，図 17.2 では，**ベクトル回転器**を用いフィードバック電流制御系を構成した例を示したが，これを撤去して **D 因子制御器**を利用して電流制御系を構成してもよい[17.1)]．D 因子制御器を利用するならば，電流制御系から相変換器の撤去も可能である．D 因子制御器の詳細は，姉妹本・文献 17.14）4.4 節を参照されたい．

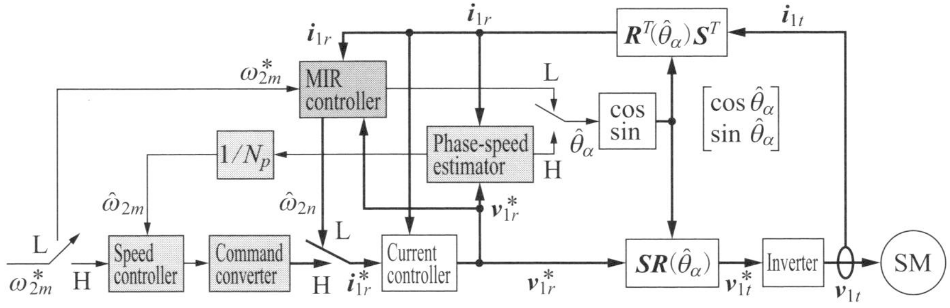

図 17.2　CO_2 冷媒圧縮機のための駆動制御系

17.2.3　周波数ハイブリッド法に立脚した位相推定系

周波数ハイブリッド法に立脚し，図 17.2 の駆動制御系のベクトル回転器に利用する回転子位相推定値を決定している．CO_2 冷媒圧縮機駆動制御における所期の速度領域は，定格速度の 1/10〜1/1 程度である．換言するならば，ゼロ速度〜1/10 定格速度は，単に起動すればよい速度領域である．起動には，多少の逆回転も許容される．これら CO_2 冷媒圧縮機の特徴を考慮し，低速域用位相推定には**ミール制御器**を，所期の速度領域（すなわち，高速域）での位相推定には**位相速度推定器**を活用している．

周波数ハイブリッド法としては，具体的には，図 1.12(a)の「静的な **1-0 形周波数重み**」を利用したものを採用した．CO_2 冷媒圧縮機の駆動制御では，図 1.12(a)における ω_h は，定格速度を参考にこの約 1/10 が，一応の設計目安となる．また，ω_l は，ω_h を参考に $0.8\omega_h$〜$0.9\omega_h$ 程度が，一応の設計目安となる．

起動時には，図 17.2 における 3 個のスイッチはすべて L 側に接続されている．スイッチの L 側状態は，図 1.12(a)において，静的周波数重み $w_1(\widehat{\omega}_{2n}) = 1$, $w_2(\widehat{\omega}_{2n}) = 0$ を選定したことを意味する．本期間中の駆動制御系は，ミール制御器を用いた図 9.2 の駆動制御系と同一となる．ミール制御器は，第 9 章で説明した**電流比形ベクトル制御法**に基づき構成されている．なお，起動期間中には，原則として，H 側の機器である**位相速度推定器**，**係数器** $1/N_p$，**速度制御器**（speed controller），**指令変換器**（command converter）の機能は停止している．図 17.2 では，これらの機器を，同一陰影を付けて明示した．

ミール制御器により PMSM が，図 1.12(a)における ω_h を超えて所定の高速域に突入すると，図 17.2 における 3 個のスイッチはすべて L ⇒ H と切り換えられる．本切換えは，図 1.12(a)において，静的周波数重みを $w_1(\widehat{\omega}_{2n}) = 0$, $w_2(\widehat{\omega}_{2n}) = 1$ と変更したことを意味する．切換え後の駆動制御系は，図 2.22 の駆動制御系と同一となり，位相速度推定器が，回転子の位相・速度推定値を生成することになる．本位相速度推定器は，具体的には，第 2 章で説明した**最小次元 D 因子磁束状態オブザーバ**に従い構成されている．すなわち，位相速度推定器の詳細構造は，図 2.23，図 2.24 と同一である．CO_2 冷媒圧縮機の本来の速度領域である高速域に突入後は，原則として，ミール制御器は機能を停止している．

図 17.2 の駆動制御系においては，減速する場合にも，周波数ハイブリッド法に従い，ミール制御器を活用している．すなわち，図 1.12(a)において，回転子速度推定値 $\widehat{\omega}_{2n}$ が ω_l を超えて減速した時点で，すべてのスイッチは H ⇒ L と切

り換えられる．これ以降は，ミール制御器によりベクトル回転器の位相を決定し，減速を続ける．スイッチの H ⇒ L への切換えは，図 1.12(a) において，静的周波数重みを $w_1(\widehat{\omega}_{2n}) = 1$，$w_2(\widehat{\omega}_{2n}) = 0$ と変更したことを意味する．

加速・減速の切換えは，周波数重み $w_1(\widehat{\omega}_{2n})$，$w_2(\widehat{\omega}_{2n})$ の切換え領域 $\omega_l \leq \widehat{\omega}_{2n} \leq \omega_h$ を含む全速度領域で可能である．すなわち，ゼロ速度からの起動途中で再度ゼロ速度へ向け減速することも，あるいは，周波数重み $w_1(\widehat{\omega}_{2n})$，$w_2(\widehat{\omega}_{2n})$ の切換え領域 $\omega_l \leq \widehat{\omega}_{2n} \leq \omega_h$ で加速・減速を変更することも可能である．

17.2.4　基本技術の開発

基本技術の開発に先だち，CO_2 冷媒圧縮機用 PMSM のパラメータを同定を実施した．パラメータ同定には，姉妹本・文献 17.14) 10 章を利用した．表 17.1 に示したモータパラメータは，同定を介して得た基本値である．

この上で，図 17.2 の「CO_2 冷媒圧縮機のための駆動制御系」を構成し，テストベンチ等からなる実験システムで，所期の性能を発揮する基本技術を確立した．

Q17.1　停止から高速域下限までの起動時の位相推定を担当するミール制御器と，高速域駆動時の位相推定を担当する位相速度推定器（最小次元 D 因子磁束状態オブザーバ）とにおいて，加速時に，滑らかな周波数ハイブリッド結合が可能であることは，第 9 章の説明で理解できます．高速域から低速域への減速時にも，滑らかな周波数ハイブリッド結合が可能でしょうか．

Ans.　可能です．著者は，複数業界にわたる企業の要請で，一般産業用途，車載用途を含む複数の PMSM で，ミール制御器と位相速度推定器（最小次元 D 因子磁束状態オブザーバ）とによる周波数ハイブリッド法を実現してきました．少なくとも体験した PMSM に関しては，加減速とも，滑らかな周波数ハイブリッド結合は可能でした．周波数重み $w_1(\widehat{\omega}_{2n})$，$w_2(\widehat{\omega}_{2n})$ の切換え領域 $\omega_l \leq \widehat{\omega}_{2n} \leq \omega_h$ で，加速・減速を変更することも可能でした．ただし，これには，いくつかの独自ノウハウを利用しています．残念ですが，本ノウハウに関しては，複数業界にわたる技術供与先との守秘契約上，現時点では公開できません．

17.3　空調システムを用いた実用技術の開発

17.3.1　実験用空調システムの概要

CO_2 冷媒圧縮機を用いた空気調節器に連接された実験システムを，**図 17.3** に示した．同図左端は，電動車両搭載用空気調節機である．同図右端は，上から，DSP・インターフェースボード（DSP & interface boards）を収納したボックス，DSP 制御用コントローラ（DSP controller），プログラムおよびモニタのためのパソコン（PC），電力変換器（inverter）である．

図中の空気調節機は，屋内用の外見を呈しているが，CO_2 冷媒圧縮機を備えた電動車両搭載用である．空気調節機は，図 17.2 の駆動制御系においては，PMSM とこれに接続された負荷の役割を果たしている．図 17.3 右端の諸機器は，図 17.2 の駆動制御系においては，PMSM を除くすべての機器の役割を担っている．

4

17.3.2　定常応答と急変母線電圧に対する過渡応答

〔1〕50%定格速度

CO_2 冷媒圧縮機は，回転数の向上に応じて負荷が増加する特性を有している．

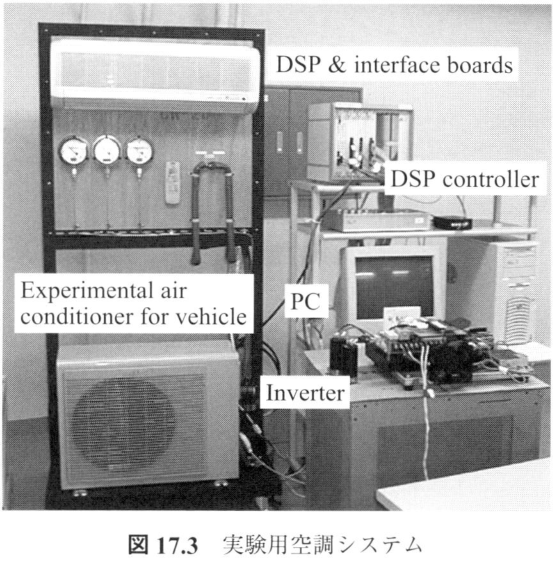

図 17.3　実験用空調システム

本特性を考慮し，図 17.3 の実験システムを用い，まず，定格速度の 50%に当たる機械速度 377〔rad/s〕（3 600〔r/m〕相当）における定常応答と，母線電圧急変に対する過渡応答を調べた．当然のことながら，本速度領域では，センサレス駆動制御のための位相・速度推定値は，位相速度推定器（最小次元 D 因子磁束状態オブザーバ）により得られている．

応答の一例を**図 17.4** に示す．図 17.4(a)における波形の意味は，上から，速度推定値，電力変換器の母線電圧，q 軸電流（δ 軸電流），u 相電流である．各信号のスケールは，200〔(rad/s)/div〕，200〔V/div〕，10〔A/div〕，10〔A/div〕であり，時間スケールは 10〔ms/div〕である．

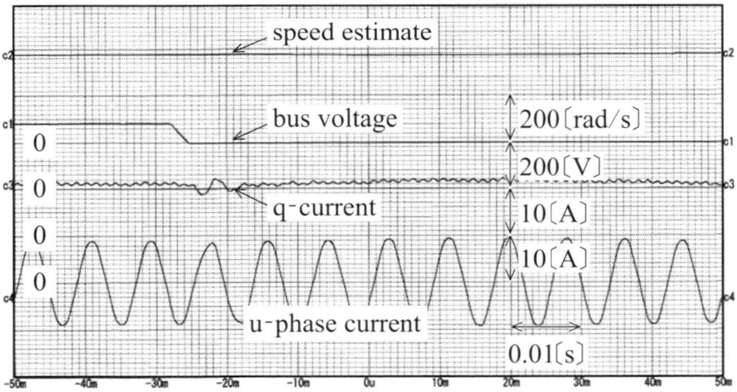

(a) 母線電圧の急低下

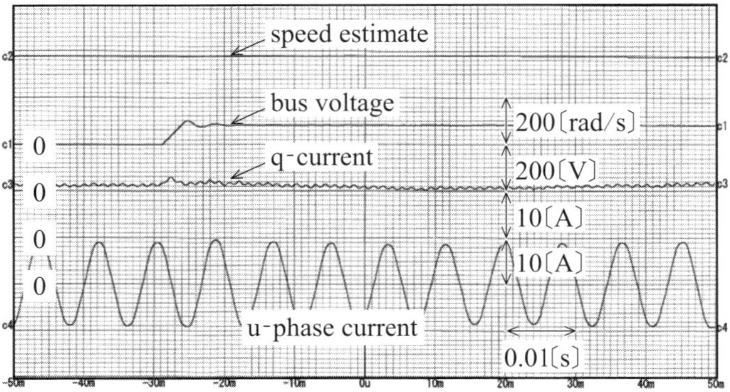

(b) 母線電圧の急上昇

図 17.4　50%定格速度における母線電圧急変に対する応答例

図より明らかなように，母線電圧が基準電圧280〔V〕から180〔V〕へ2.5〔ms〕で急低下している．このときの**母線電圧変化率**は40 000〔V/s〕である．本急低下は，母線電圧変動に対するセンサレス駆動制御性能を確認するために，意図的に起こしたものである．ハイブリッド車，電気自動車等の電動車両においては，主駆動モータの駆動直後には激しい電圧低下がしばしば発生する．このような状況を想定して，母線電圧の急低下を意図的に起こした．

母線電圧の急低下にもかかわらず，q軸電流（δ軸電流），u相電流は良好に制御されており，回転子速度は全く影響を受けていない．q軸電流には，回転に応じた高調波的脈動が見られるが，これは，負荷外乱の脈動を相殺するトルク発生を行い，速度指令値に応じた一定速度を維持するためのものであり，良好な制御応答である．

CO_2冷媒圧縮機に内装されたPMSMには位置・速度センサは装着できないので，速度情報としては速度推定値を利用している．すなわち，同図における速度は，速度推定値である点には注意されたい．本速度推定値は，u相電流の周期から判定されるように，合理的な値を示している．q軸電流は約11〔A〕を定常的に示しており，約63％定格トルクに相当する約2.2〔Nm〕の負荷がかかっていることもわかる．

図17.4(b)は，母線電圧変動を急上昇させた場合の応答を調べたものである．すなわち，母線電圧を低下状態の180〔V〕から基準電圧280〔V〕へ意図的に急上昇させたときの応答である．ハイブリッド車，電気自動車等の電動車両においては，主駆動モータの急減速時には，激しい電圧上昇が発生する．このような状況を想定して，急激な母線電圧変動を意図的に起こした．

母線電圧変化率は，極性の反転を除けば，同図(a)と同一である．また，波形の意味，波形のスケールも同図(a)と同一である．同図(a)と同様，q軸電流，u相電流，回転子速度は，母線電圧変動の影響を実質受けておらず，極めて良好に制御されている．

〔2〕100%定格速度

図17.4と同様な実験を，定格機械速度754〔rad/s〕（7200〔r/m〕相当）で行った．実験結果を**図17.5**に示す．図(a)は，母線電圧の急低下を伴った場合の応答である．波形の意味は，図17.4(a)と同一である．また，各信号のスケールも同一の200〔(rad/s)/div〕，200〔V/div〕，10〔A/div〕，10〔A/div〕であり，時間ス

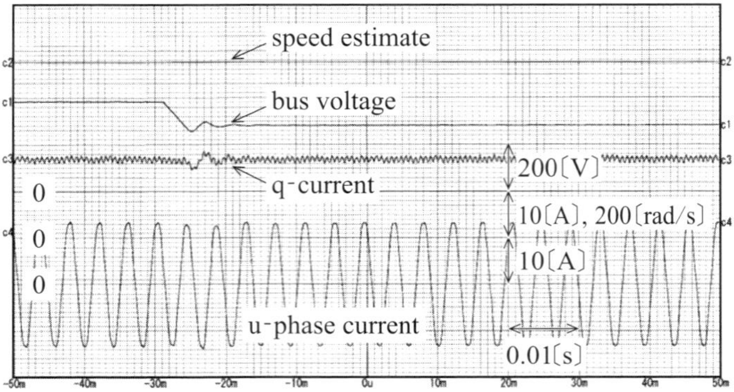

(a) 母線電圧の急低下

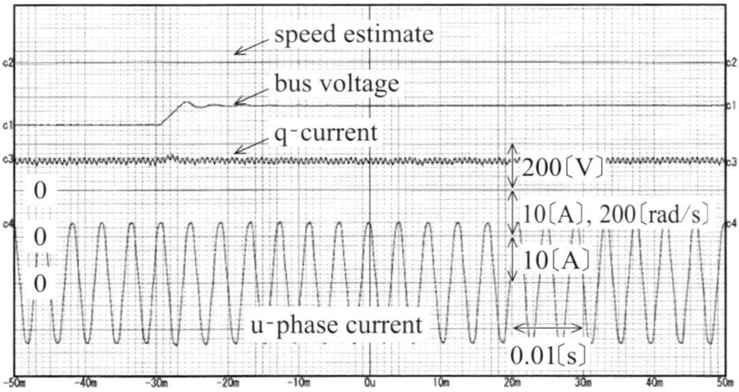

(b) 母線電圧の急上昇

図 17.5　100％定格速度における母線電圧急変に対する応答例

ケールも同一の 10〔m/s〕である．ただし，母線電圧は 380〔V〕から基準電圧 280〔V〕へ急低下させている．**母線電圧変化率**は図 17.4(a)と同一の 40 000〔V/s〕である．q 軸電流は約 17〔A〕を定常的に示しており，約 100％定格トルクに相当する約 3.5〔Nm〕の負荷がかかっていることもわかる．

図(b)は，母線電圧を基準電圧 280〔V〕から 360〔V〕へ急上昇させた場合の応答である．**母線電圧変化率**は図 17.4(b)と同一である．また，波形の意味，信号のスケールも図 17.4(b)と同一である．定格負荷・定格速度の駆動制御においても，母線電圧の急激な低下・上昇にもかかわらず，q 軸電流，u 相電流，回転子速度は，この影響を実質受けておらず，極めて良好な制御が維持されている．

Q17.2　**図 17.5 の定格機械速度 754〔rad/s〕（7 200〔r/m〕相当）での実験では，母線電圧は低くとも 280〔V〕は維持されています．例えば，本速度で，母線電圧を 280〔V〕から 180〔V〕へ急低下させた場合には，どのような現象が起きるのでしょうか．**

Ans.　本 PMSM による定格機械速度 754〔rad/s〕（7 200〔r/m〕相当）の駆動には，母線電圧 180〔V〕は低過ぎます．換言するならば，母線電圧制限にかかり，本速度を維持することができません（姉妹本・文献 17.14）5 章参照）．しかし，定格速度指令値が与えられている状態では，駆動制御系は，母線電圧下で可能な最大速度で駆動を維持します．電流制御系，速度制御系が不安定化することも，位相・速度推定器が不安定化し脱調することもありません．母線電圧が向上すれば，駆動制御系は，自動的に，速度指令値に従った速度制御に復帰します．本制御性能は，実験的に確認しています．

第18章
位置決め機能を有するセンサレススピンドル

18.1　目的

制御モードの異なった速度制御，位置制御等を，動作領域に応じて切換え利用する**モード切換形制御**は，広範な動作領域で制御性能を追求するメカトロ機器において，広く採用されている．停止位置の制御が必要な高速スピンドルの駆動制御もこの1つである．

スピンドルの先端に装着する工具の自動着脱が不可欠な自動工作機械は本例に該当し，スピンドルの駆動制御においては，**速度制御**を主眼としながらも，停止を含む低速域では**位置制御**への切換え制御が行われている（以下では，スピンドルの位置制御を**位置決め**と呼ぶ）．この場合の位置決めには，スピンドル位置を検出する**位置・速度センサ**が基本的に必要であり，一般に，高速の速度制御にも利用し得る粗い分解能の位置・速度センサ（光学式**エンコーダ**）が利用されている．しかし，一層の高速化が求められている位置決め機能付き**スピンドル系**においては，位置・速度センサの機械的信頼性が特に問題となっている．高速化に応じ，より頑健な粗い分解能のセンサを採用してはいるが，センサ系の総合的信頼性確保のため，高速化を制限せざるを得ないのが実状のようである．

上記の位置・速度センサに起因したスピンドル系の問題は，駆動制御のセンサレス化により，すなわち**センサレス駆動制御**により解決することができる．センサレス駆動制御は，元来，トルク制御，速度制御を想定したものであり，位置決めを想定したものではない．このため，位置決めが必要なスピンドル系へのセンサレス化は実際的ではないとの印象を与える．しかし幸いながら，スピンドルのセンサレス駆動制御に限っては，位置決めが可能である．

本章では，高速化の傾向にあるスピンドルを対象に，位置・速度センサを必要としない**センサレス位置決め法**を紹介する．紹介のセンサレス位置決め法は，実験結果によれば，実効分解能 1 000〔p/r〕をもつエンコーダに匹敵する 0.006〔rad〕= 0.4〔degree〕繰返し**精密度**を達成している．また，所要の**剛性**が得られることも確認されている．**位置決めモード**（以下，**P モード**）でセンサレス位置決め法を使用し，**速度制御モード**（以下，**S モード**）で既完のセンサレス速度制御法を活用することにより，スピンドルの全モードにおけるセンサレス駆動制御が可能となる．

本章は以下のように構成されている．次の 18.2 節では，位置・速度センサを用いた従前のスピンドル駆動制御法を概観する．18.3 節では，スピンドルのための**センサレス位置決め法**の原理を説明する．18.4 節では，センサレス位置決め法の一般的な構成を示すとともに，**ミール方策**に立脚した**ミール制御器**との連接に好適な構成を説明する．センサレス駆動制御法は，全体的には，P モードと S モードとを切り換える**モード切換形制御**となるが，本節では，この切換法も説明する．18.5 節では，位置決め機能をもつセンサレス駆動制御法を定常特性と過渡特性の両面から実験的に評価し，その有効性・有用性を検証・確認する．なお，本章の内容は，著者の原著論文および特許 18.1)，18.2) を再構成したものである点を断っておく．

18.2　位置・速度センサを用いた従前の駆動制御法

スピンドルの駆動制御に関し，エンコーダを用いた従前法の把握，さらには従前法と提案センサレス位置決め法との相違の認識に有益と思われるので，従前の駆動制御法を概観しておく．**図 18.1** に，スピンドル駆動用モータとして PMSM を使用した従前駆動制御法による代表的構成例を示す．同図は，インナーループとして，相変換器 $\boldsymbol{S}^T$, $\boldsymbol{S}$，ベクトル回転器 $\boldsymbol{R}^T(\theta_a)$, $\boldsymbol{R}(\theta_a)$，電流制御器等を用いて**ベクトル制御系**を構成し，その外側に**速度制御系**を構成し，さらにその外側に**位置決め系**を構成する例を示している．なお，同図では，相変換器とベクトル回転器は単一ブロックで表示している．このときの速度制御と位置決めとは，モード切換形制御となっている．

本制御系は，制御モード切換えを目的とした 2 入力 1 出力（以下，2×1）スイッチ SW1 を備えている．本スイッチは，入力側を S 側（速度制御側）オン，P 側（位置決め側）オフとすることにより，S モードに入る．S モード時には，

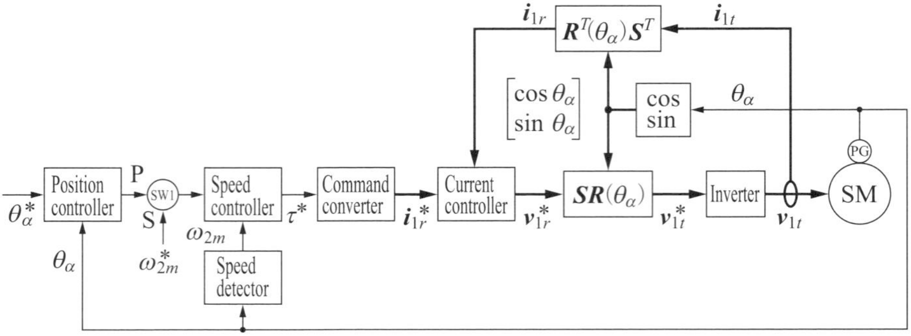

図 18.1　従前のスピンドル駆動制御系の一構成例

速度指令値が速度制御系に直接印加され，制御系は**位置制御器**（position controller）の影響を一切受けない．**速度制御器**は，速度指令値と同応答値の偏差に従い速度を制御する．このときの回転子速度情報としては，通常，エンコーダによる位相信号を**近似微分**処理したものが使用される．図 18.1 では，本近似微分処理を担う機器を**速度検出器**（speed detector）としている．なお，以降では，前章と同様に，位相と位置とは同義で使用する．

位置決めを行う場合には，ゼロ速近傍で**モード切換えスイッチ** SW1 の入力側を P 側オン，S 側オフにし，P モードに入る．位置制御器は，回転子位相指令値 θ_α^* と同応答値 θ_α との偏差 $\varDelta\theta_\alpha = \theta_\alpha^* - \theta_\alpha$ に従い，位相 θ_α を制御する．位置決め系が安定な場合には，センサによる位相検出精度，系のサーボ剛性等に応じ，位相偏差 $\varDelta\theta_\alpha$ を小さく保持できる．

従前の駆動制御法においては，S モード，P モードのいずれにおいても，d 軸電流を非正に制御すべく，同指令値 i_d^* をゼロまたは負すなわち $i_d^* \leq 0$ に設定している（姉妹本・文献 18.4）5 章参照）．この点も従前法の大きな特色の 1 つである．

以上説明した従前法の有効動作には，「エンコーダが PMSM 回転子に装着され，所要の位相情報が得られる」ことが必須である．なお，高速回転時の性能を重視するスピンドル系では，一般に，PMSM としては 1 極対数（2 極）のものが，エンコーダとしては数百～千〔p/r〕程度の粗い分解能のものが採用されている．以降では，PMSM の**極対数** N_p は $N_p = 1$ として議論を進める．

18.3　センサレス位置決め法の原理

回転子を静止させたい位相（位相指令値）を θ_α^* とする．提案のセンサレス位置決め法は，数学モデルを用いて明示されている PMSM 自体の特性を活用したものであり，P モードにおいて，$\alpha\beta$ 固定座標系上の固定子電圧を，位相指令値 θ_α^* を用い以下のように制御することを特徴とする．

$$\boldsymbol{v}_1 = \|\boldsymbol{v}_1\| \boldsymbol{u}(\theta_\alpha^*) \tag{18.1}$$

ここに，$\boldsymbol{u}(\theta_\alpha^*)$ は，(1.35b)式に定義した 2×1 単位ベクトルである．以下に，(18.1)式の作用を説明する．

回転子が停止あるいはこれに準ずる低速で回転している状態では，下の(18.2)式の関係が成立するので，$\alpha\beta$ 固定座標系上の PMSM 数学モデルの**回路方程式**（**第 1 基本式**）より(18.3)式が成立する．

$$s\boldsymbol{\phi}_1 \approx \boldsymbol{0} \tag{18.2}$$

$$\boldsymbol{v}_1 \approx R_1 \boldsymbol{i}_1 \tag{18.3}$$

(18.1)式，(18.3)式は，$\alpha\beta$ 固定座標系上の固定子電流に関し，実質的に次式を意味する．

$$\begin{aligned}\boldsymbol{i}_1 &= \frac{\|\boldsymbol{v}_1\|}{R_1}\boldsymbol{u}(\theta_\alpha^*) \\ &= \|\boldsymbol{i}_1\|\boldsymbol{u}(\theta_\alpha^*)\end{aligned} \tag{18.4}$$

固定子電流が(18.4)式の状態にある場合には，極対数が $N_p = 1$ であることを考慮すると，数学モデルの**トルク発生式**（**第 2 基本式**）より次の関係が成立する（(9.5)式参照）．

$$\tau = \Phi \|\boldsymbol{i}_1\| \left(\sin \Delta\theta_\alpha + \frac{L_m \|\boldsymbol{i}_1\|}{\Phi} \sin 2\Delta\theta_\alpha \right) \qquad -\pi \le \Delta\theta_\alpha \le \pi$$

$$\Delta\theta_\alpha \equiv \theta_\alpha^* - \theta_\alpha \qquad -\pi \le \Delta\theta_\alpha \le \pi \tag{18.5b}$$

(18.5)式により表現されたトルク発生特性を，参考までに，以下の条件で**図 18.2** に示した．

$$R_\phi \equiv \frac{L_m \|\boldsymbol{i}_1\|}{\Phi} = 0,\ -0.05,\ -0.1,\ -0.13 \tag{18.6}$$

(18.5a)式および図 18.2 より理解されるように，位相偏差 $\Delta\theta_\alpha$ と発生トルク τ の間には，一般に以下の関係が成立する．

$$\mathrm{sgn}(\tau) = \mathrm{sgn}(\Delta\theta_\alpha) \qquad -\pi \le \Delta\theta_\alpha \le \pi \tag{18.7}$$

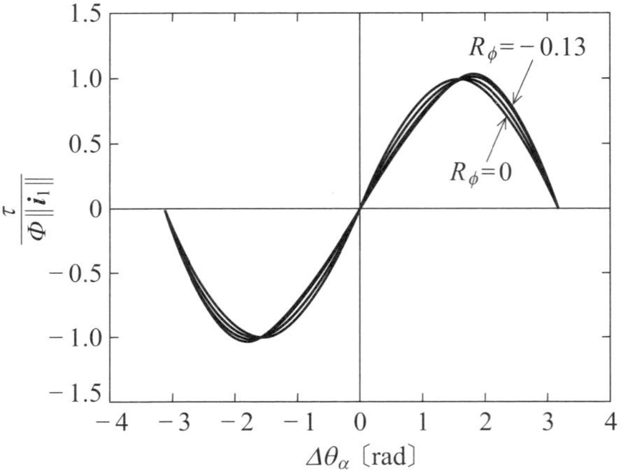

図 18.2　スピンドル用 PMSM のトルク発生特性

(18.7)式の関係は，従前のエンコーダ等を用いた位置決め系の関係と基本的に同一であり（図 18.1 参照），位相 θ_α にある回転子を位相指令値 θ_α^* へ向かわせるようにトルク τ が発生することを意味している．

この回転子を位相指令値の近傍に保持できるか否かは，**剛性**（stiffness）に大きく依存する．提案のセンサレス位置決め系は，次の剛性 K_s を有する．

$$K_s = \frac{\tau}{\Delta\theta_\alpha} = \Phi \| \boldsymbol{i}_1 \| \left(\frac{\sin \Delta\theta_\alpha}{\Delta\theta_\alpha} + \frac{L_m \| \boldsymbol{i}_1 \|}{\Phi} \cdot \frac{\sin 2\Delta\theta_\alpha}{\Delta\theta_\alpha} \right) \tag{18.8}$$

(18.8)式により表現された剛性特性を，(18.6)式の条件で，**図 18.3** に示した．同図は，上より順次 $R_\phi = 0, -0.05, -0.1, -0.13$ の場合の特性を示している．これより次式の範囲においては，位相偏差ゼロ $\Delta\theta_\alpha = 0$ 点で単峰をもつ**単峰剛性**が得られることがわかる．

$$\Phi \geq \frac{L_m \| \boldsymbol{i}_1 \|}{-0.13} = -7.7 L_m \| \boldsymbol{i}_1 \| \tag{18.9}$$

単峰剛性は，「提案のセンサレス位置決め法によれば，回転子を位相指令値近傍に保持でき，ひいては所期の位置決めが可能である」ことを意味する．

応用に即した所望の剛性を確保するには，(18.8)式が示すように電流レベルを，ひいては(18.3)式，(18.4)式が示すように電圧レベルを調整すればよい．この際，(18.9)式の条件を満足させることが肝要である．突極性（$L_m < 0$）の強い PMSM においては，単峰の剛性特性を実現するための(18.9)式が満足されな

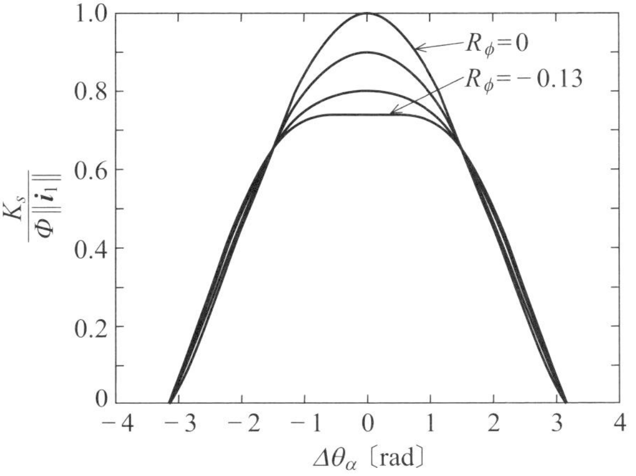

図 18.3 スピンドル用 PMSM 自体による剛性

いことが，すなわち $\Delta\theta_\alpha=0$ 近傍で所要の剛性を発生する電流解ひいては電圧解が存在しないことがあるので注意を要する．また，動的数学モデルの**第 3 基本式（エネルギー伝達式）**が示すように，固定子電流の増大は，この 2 乗に比例した銅損および発熱の発生を意味するので，この点も剛性の合理的選定に際し注意を払わなければならない．

以上の説明よりすでに明白なように，提案のセンサレス位置決め法によれば，位相指令値に基づく(18.1)式に従って固定子電圧，あるいは(18.4)式に従って固定子電流を制御するだけで，PMSM 元来の電磁的特性により，回転子の位相情報を用いることなく回転子の位置決めを行うことができる．

Q18.1 **フィードバック位置決め系におけるサーボ剛性と，(18.8)式で定義された剛性とは，どのような相違があるのでしょうか．**

Ans. 図 18.1 のようなフィードバック位置決め系を構成する場合には，**サーボ剛性**は，安定にフィードバックループが構成されているという前提の下では，速度制御器，位置制御器により支配されます．これら制御器は，安定性を確保すべく，フィードバックループを構成する機械的要素（負荷要素）のパラメータを考慮して設計されます．要約するならば，この種の系のサーボ剛性は，機械的要素のパラメータ変動の影響を受けることになります（姉妹本・文献 18.4）7.3.2 項参照）．

一方，PMSM 元来の電磁的特性を利用した方法での単峰剛性は，(18.8)式によって支配されます．すなわち，PMSM の電気的パラメータ変動の影響は受けますが，機械的パラメータ（負荷）変動の影響は受けません．負荷に抗する剛性は電流レベルの向上によって得られますが，この向上は安定性には何ら影響を与えません（後掲の図 18.7 参照）．

18.4　センサレス位置決め系の構成とモード切換え

18.4.1　基本構成

P モード時の位相指令値 θ_α^* に応じた固定子電圧の発生は，(18.1)式に対応した次の電圧指令値 $\boldsymbol{v}_1^*$ を 2/3 相変換器を前置した電力変換器へフィードフォワード的に印加することにより行う．

$$\boldsymbol{v}_1^* = \|\boldsymbol{v}_1^*\|\,\boldsymbol{u}(\theta_a^*) \tag{18.10}$$

電力変換器が指令値どおりの電圧を発生する場合には，上記により P モード所要の電圧発生が問題なく実現できる．

電力変換器が必ずしも指令値どおりの電圧を発生し得ない状況においては，フィードバック電流制御系を構成することが望ましい．この場合，固定子電流指令値 は，(18. 4)式に従い，以下のように生成すればよい．

$$\boldsymbol{i}_1^* = \|\boldsymbol{i}_1^*\|\,\boldsymbol{u}(\theta_\alpha^*) \tag{18.11}$$

電流制御系が正常に動作するならば，$\boldsymbol{i}_1 \to \boldsymbol{i}_1^*$ が成立し，ひいては，P モードのための(18.4)式の電流関係，(18.1)式の電圧関係が確保される．

P モードのための上記電流制御系の構成に際し，位置決め系の構成自由度を確保すべく，位相指令値 θ_α^* を次のように 2 種の位相指令値 θ_R^*, θ_C^* に分離することを考える．

$$\theta_\alpha^* = \theta_R^* + \theta_C^* \tag{18.12}$$

(18.12)式を(18.11)式に用いると，次の関係を得ることができる．

$$\boldsymbol{i}_1^* = \boldsymbol{R}(\theta_R^*)[\|\boldsymbol{i}_1^*\|\,\boldsymbol{u}(\theta_C^*)] = \boldsymbol{R}(\theta_R^*)\boldsymbol{i}_{1r}^* \tag{18.13a}$$

$$\boldsymbol{i}_{1r}^* = \|\boldsymbol{i}_1^*\|\,\boldsymbol{u}(\theta_\alpha^*) \tag{18.13b}$$

ここに，$\boldsymbol{R}(\cdot)$ はベクトル回転器である．

P モードの電流制御系は，電流指令値 $\boldsymbol{i}_1^*$ を直接的に電流フィードバックループに印加するような構成も可能であるが，(18.12)式，(18.13)式に従い，電流指令値 $\boldsymbol{i}_{1r}^*$ を電流フィードバックループに印加するような構成のほうが，モード切

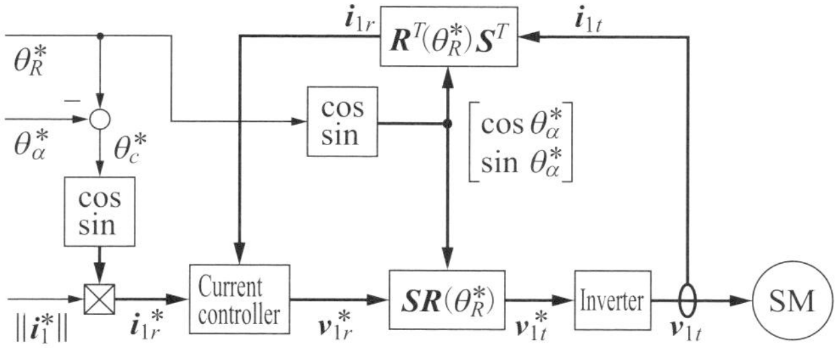

図 18.4　電流制御器を有する位置決め系の基本構造

換え時の S モードとの整合性がよい場合が多い．なお，(18.12)式，(18.13)式において，次の(18.14a)式を選択する場合には(18.14b)式が成立し，これは直接的なフィードバック制御を行うことを意味する．

$$\theta_R^* = 0 \tag{18.14a}$$

$$\boldsymbol{i}_{1r}^* = \boldsymbol{i}_1^* \tag{18.14b}$$

(18.12)式，(18.13)式に従った電流制御系を有する位置決め系の構成例（P モード時の構成例）を**図 18.4** に示した．

18.4.2　ミール方策利用の S モードを想定した構成

低速域のセンサレス速度制御等においては，安定したトルク発生に**ミール方策**（MIR strategy）が有効である（9.3 節参照）．ミール方策は，回転子位相を推定するセンサレスベクトル制御法において，正の d 軸電流指令値 $i_d^* > 0$ を与える方策である．

P モードにおける提案のセンサレス位置決め法においては，初期の位相偏差 $\Delta\theta_\alpha$ の範囲としては $-\pi \leq \Delta\theta_\alpha \leq \pi$ を一応許容する．しかし，初期位相偏差が小さいことに超したことはない．ミール方策を利用した S モードとの切換えにおいては，P モードへの切換え直後の初期位相偏差を $-\pi/2 \leq \Delta\theta_\alpha \leq \pi/2$ 以内に収めることが可能である．S モードにおけるミール方策が要求する図 9.1(b)の**単調増加領域**（**MIR**）は，P モード時の位相偏差に対する発生トルク特性においては線形性の高い領域に，また P モード時の剛性特性においては $K_s \geq 0.64\Phi\|i_1\|$ 以上の高剛性領域に対応する（図 18.2，図 18.3 参照）．

ミール方策利用の S モードが正の d 軸電流指令値 $i_d^* > 0$ を印加することを考えるならば，これとのモード切換えを行う位置決め法は，$\theta_C^* = 0$，$\theta_R^* = \theta_\alpha^*$ の条件で構成したほうが好都合である．すなわち，P モード時の位置決めにおいては，次の関係に従い，固定子電流指令値を与えたほうが都合がよい．

$$\boldsymbol{i}_1^* = \boldsymbol{R}(\theta_\alpha^*)[\|\boldsymbol{i}_1^*\|\boldsymbol{u}(0)] = \boldsymbol{R}(\theta_\alpha^*)\boldsymbol{i}_{1r}^* \tag{18.15a}$$

ただし

$$\boldsymbol{i}_{1r}^* = \begin{bmatrix} i_d^* \\ i_q^* \end{bmatrix} = \|\boldsymbol{i}_1^*\| \begin{bmatrix} 1 \\ 0 \end{bmatrix} \tag{18.15b}$$

P モードの本選択は，(18.15b)式が示すように，位相指令値のいかんにかかわらず，正の d 軸電流指令値 $i_d^* > 0$ の印加を意味する．反面，q 軸電流指令値はゼロ設定 $i_q^* = 0$ を意味する．P モード時の正の d 軸電流指令値印加は，S モード時のミール方策の要請と同一であり，両モードの接合は自然である．

図 18.5 に，低速域の S モードではミール方策利用のセンサレス速度制御法を，P モードでは提案のセンサレス位置決め法を利用することを前提とした，センサレススピンドル駆動制御系の一構成例を示した．同図では，3 個の切換えスイッチ，すなわち，3×1 スイッチ SW1，3×1 スイッチ SW2，1×2 スイッチ SW3 が用いられている．これらスイッチにおいては，「P」は P モード選択を，「$\mathrm{S_l}$」は低速域における S モード選択を，「$\mathrm{S_h}$」は高速域における S モード選択を，意味する．P モードと低速域の S モードとの切換えに必要なスイッチは，SW1 および SW2 である．高速域の S モードは本章の主眼ではなく，さらには図の簡明性を考慮し，本モードに関連したブロックは破線で示している．

低速域の S モードでは，切換えスイッチ SW1，2 はともに「$\mathrm{S_l}$」が選択され

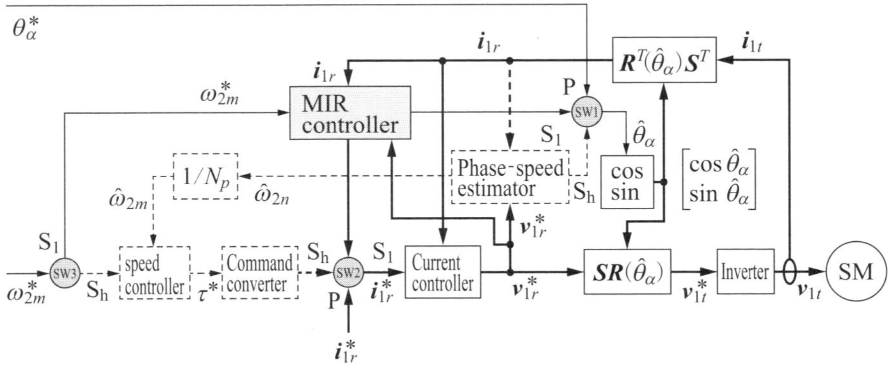

図 18.5　センサレススピンドル駆動制御系の一構成例

ており，P モードの影響を受けないようになっている．一方，P モードでは SW1，2 はともに「P」が選択されており，低速域および高速域の S モードの影響を受けないようになっている．なお，低速域の S モードでは，ミール方策に基づき，正の d 軸電流指令値 $i_d^* > 0$ が与えられている．「この d 軸電流指令値の極性は，図 18.1 に示した従前法と真反対である」点には注意されたい．

以降のセンサレス駆動制御の説明においては，記述の簡明性を図るべく，特に断らない限り「S モード」で「低速域の S モード」を意味するものとする．

18.4.3 モード切換法

〔1〕S モードから P モードへの切換え

減速時の S モードから P モードへの切換えタイミングを指定するルールとしては，種々の方法が考えられるが，ここでは，次のルールを用いる．

$$|\omega_{2m}^*| \le \omega_{SP}, \quad |\Delta\hat{\theta}_\alpha| \le \Delta\theta_{SP} \tag{18.16a}$$

上の $\Delta\hat{\theta}_\alpha$ は次式で定義された位相偏差の推定値である．

$$\hat{\theta}_\alpha = \theta_\alpha^* - \hat{\theta}_\alpha \tag{18.16b}$$

このときの回転子位相推定値 $\hat{\theta}_\alpha$ は，図 18.5 に示すように，S モードでは利用可能である．また，ω_{SP}，$\Delta\theta_{SP}$ は設計者に選定が委ねられた設計パラメータである．

(18.16)式は，2 条件が満足された時点での S モードから P モードへの切換えタイミングを示しているが，特に，設計パメータ $\Delta\theta_{SP}$ を $\pi/2$ 以下に選定する場合には，図 18.2 に示した位置決めトルク発生の線形性の高い領域を，また，図 18.3 に示した剛性の高い領域を，P モード切換え直後から利用することになり，振動の少ない整定特性が期待できる．

〔2〕P モードから S モードへの切換え

静止状態の P モードから S モードへの切換えタイミングのルールとしては，簡単な次のものを使用する．

$$|\omega_{2m}^*| > 0 \tag{18.17}$$

静止状態の P モードから S モードへの切換え時は，S モード用の回転子位相推定値 $\hat{\theta}_\alpha$ を生成する積分器の内部保持値を，P モード時の指令値 θ_α^* に設定するとよい．本設定は，P モードから S モードへのスムーズな切換えに有効である．

18.5　実験結果

上述のセンサレス位置決め法の有効性・有用性を検証・確認すべく遂行した実験の一例を示す．供試PMSMは，高速回転用の多摩川精機㈱製310〔W〕，1極対数，非突極PMSM（TS4201）である．本PMSMの特性概要を**表18.1**に示す．本PMSMには分解能256〔p/r〕のエンコーダが装着されているが，制御にはもちろん使用していない．エンコーダのパルス信号は，システム側で4逓倍後，回転子位相検出に利用した．実効検出精度は，$2\pi/1\,024 = 0.006\,13$〔rad/p〕，0.352〔degree/p〕である．

図18.6に供試PMSMの概観を示す．供試PMSM回転子には被回転物慣性モ

表18.1　供試PMSM（TS4201）の特性

R_1	0.55〔Ω〕	rated speed	1 047〔rad/s〕
L_i	0.001〔H〕	maximun speed	2 618〔rad/s〕
L_m	0〔H〕	rated current	4.1〔A, rms〕
Φ	0.041 4〔Vs/rad〕	rated voltage	51〔V, rms〕
N_p	1	moment of inertia	0.000 011〔kgm^2〕
rated power	about 310〔W〕	coulomb friction viscous friction	0.005 9〔Nm〕 0.000 003〔Nms/rad〕
rated torque	about 0.29〔Nm〕	effective resolution of encoder	4×256〔p/r〕

図18.6　供試PMSM（TS4201）の概観

ーメントの代用として，また概略ながら簡単に回転子位相を視認できるよう円盤を装着した．

18.5.1　定常特性

〔1〕剛性と繰返し精密度

18.3 節で解析した PMSM 自体による剛性特性を実験的に評価すべく，図 18.5 の制御系を構成した上で P モードを指定し，位相指令値 θ_α^* を $\theta_\alpha^* = 0$ に設定した後，d 軸電流指令値 $i_d^* = \|\boldsymbol{i}_1^*\| > 0$ を 0.5〔A〕単位で定格まで変化させ，応答の繰返し**精密度**（precision）を調べた．鏡相インダクタンスが実質ゼロの本供試 PMSM においては，剛性は(18.8)式が示すように固定子電流に比例する．電流制御系を有する図 18.5 の構成においては，これは，(18.15b)式が示すように，d 軸電流指令値 $i_d^* = \|\boldsymbol{i}_1^*\|$ に比例する．繰返し精密度は位相偏差 $\Delta\theta_\alpha$ の**分散** σ で評価した．

図 18.7 に実験結果を示す．図より明白なように，$i_d^* = \|\boldsymbol{i}_1^*\| = 2.5$〔A〕（定格 35%）近傍より，**位相偏差分散**は検出精度内（1 パルス相当の変動）にほぼ収束していることが確認される．これは，同一位相に整定する繰返し精密度は測定可能な 0.006〔rad〕＝ 0.4〔degree〕＝ 1 パルス以内に実質的に収まっていることを，ひいては所要の剛性が得られていることを意味している．なお，表 18.1 に示したように，本 PMSM の定格電流は 4.1〔A, rms〕である．これは，3/2 相変換後

4

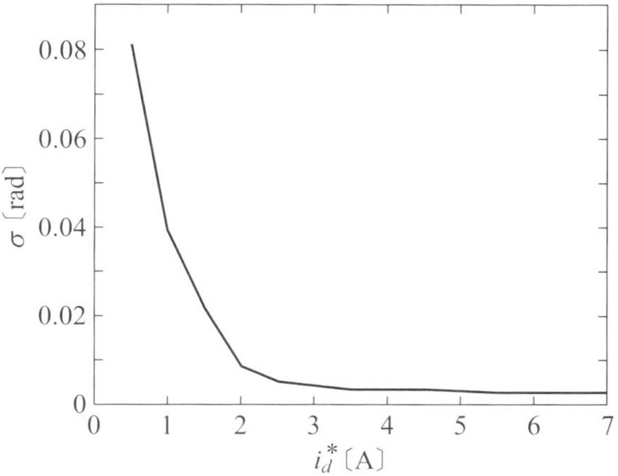

図 18.7　電流指令値に対する位相偏差の分散

の等価電流では，7.1〔A〕に相当する．

〔2〕 機器依存性と正確度

PMSM 自体の機械的不均一性，三相電力発生を担う電力変換器の特性不均一性など，PMSM の数学モデル上で考慮されていない諸要素の位置決めへの影響，特に**正確度**（accuracy）への影響を検討すべく，図 18.5 の制御系を構成した上で P モードを指定し，d 軸電流指令値 $i_d^* = 2.5$〔A〕一定に設定した後，回転子位相指令値 θ_α^* を $-1.2 \sim +1.2$〔rad〕$= -70 \sim +70$〔degree〕の間で変化させ，位相応答値 θ_α を調べた．正確度は，位相指令値 θ_α^* に対する位相偏差 $\Delta\theta_\alpha$ の**平均** $\Delta\bar{\theta}_\alpha$ で評価した．**図 18.8** はこの結果である．

u 相巻線（＋）中心（0〔rad〕＝ 0〔degree〕）および v 相巻線（－）中心（－1.05〔rad〕＝ －60〔degree〕）では，平均位相偏差はほぼゼロであったが，w 相巻線（－）中心近傍（1.05〔rad〕＝ 60〔degree〕）では，最大約－0.024〔rad〕＝（－1.4〔degree〕）の平均位相偏差を確認した．本平均位相偏差は，PMSM 巻線位置の正確度に主に起因した PMSM 固有のものと思われる．この空間領域（停止すべき位相領域）では図 18.7 に示した繰返し精密度を確保できるので，必要ならば，補正特性を事前に用意することにより補正を行うことができる．

平均位相偏差特性で特色的な点は，$\theta_\alpha^* = \pm 0.52$〔rad〕（±30〔degree〕）前後での極性反転である．この空間領域は，巻線位置に基づく v 軸，w 軸に直交す

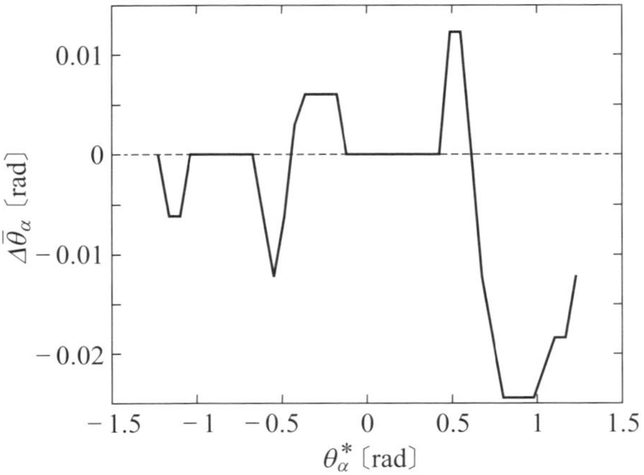

図 18.8　位相指令値に対する位相偏差の平均

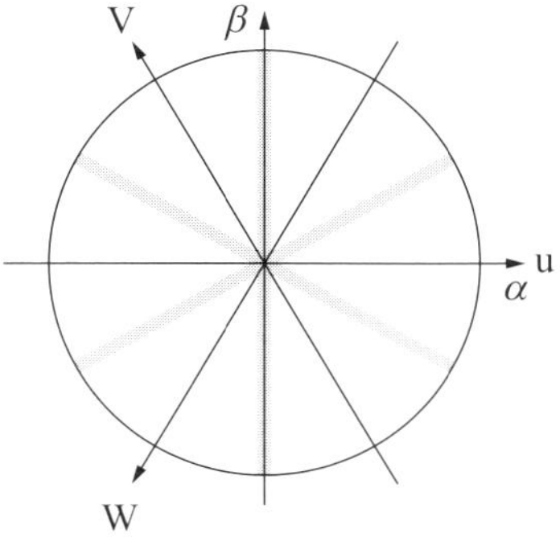

図 18.9 位相指令値の回避が望まれる特異領域（アミかけ部）

る領域に当たる（後掲の図 18.9 参照）．換言するならば，巻線が u 相中心から w 相中心または v 相中心へ切換わる領域である．本領域は，三相電圧発生のための電力変換器のスイッチングが，u 相中心から w 相中心または v 相中心へ切り換わる領域でもある．

図 18.8 では全空間領域の約 1/3 を表示したが，他の空間領域でも同様な特性が確認された．すなわち，モータ巻線および電力変換器の影響を受けやすい**特異領域**は，実験的には，次の位相 ±0.52, ±1.57, ±2.62〔rad〕（±30, ±90, ±150〔degree〕）前後の概ね ±0.05〔rad〕= 3〔degree〕であった．**図 18.9** にこの特異領域を示した．全空間領域の約 10％に当たる本領域は，モータ巻線・電力変換器特性の影響を受けやすく，必ずしも所期の繰返し精密度が得られないので，位置決め位相としては利用しないほうがよいと思われる．

Q18.2 **図 18.9 に示された特異領域の存在は，センサレス位置決めにおける固有の問題と捉えてよいのでしょうか．**

Ans. 必ずしもそうとはいい切れません．モータ巻線・電力変換器特性の位置決め精度への影響は，エンコーダを利用する位置決めにおいても同様に存在します．すなわち，これは，センサレス位置決めに固有の問題ではないです．ただし，センサ利用の場合には，センサの分解能にもよりますが，影響は相対的に小さいと思います．

18.5.2　過渡特性

提案センサレス位置決め法の過渡特性および提案モード切換法の特性を検討すべく，図 18.5 の制御系を構成し，速度指令値，位相指令値としておのおの以下を用意した．ただし，ミール方策に立脚したミール制御器としては，第 9 章のものに代わって，文献 18.3)の初期のものを利用した．

$$\left.\begin{array}{l}\omega_{2m}^* = 0\sim250〔\mathrm{rad/s}〕\\ \theta_\alpha^* = 0〔\mathrm{rad}〕\end{array}\right\} \tag{18.18}$$

この際，S モードから P モード切換えのための設計パラメータは，次のように選定し，

$$\left.\begin{array}{l}\omega_{SP} = 50〔\mathrm{rad/s}〕\\ \Delta\theta_{SP} = \dfrac{\pi}{2}〔\mathrm{rad}〕\end{array}\right\} \tag{18.19}$$

また，P モード時の d 軸電流指令値は，ミール方策利用の S モード低速度時と同一に選定した．すなわち，定格電流の約 25％に相当する次式とした[18.3)]．

$$i_d^* = 1.8〔\mathrm{A}〕 \tag{18.20}$$

図 18.10 に応答の一例を示す．同図の上部は，速度指令値と同応答値（位相が進んでいるほうが指令値）を，下部は速度応答値に対応した位相応答値を示している．時間軸は，0.2〔s/div〕である．高速回転時の位相応答値は，一見 $\pm\pi$〔rad〕に到達しないで折り返しているように見えるが，これは単なる表示上の問題に過ぎない．すなわち，画像のサンプリング周波数が低く，サンプリング周波数以上の急激な位相変位による画像エイリアシングによるものである．同一方向への位

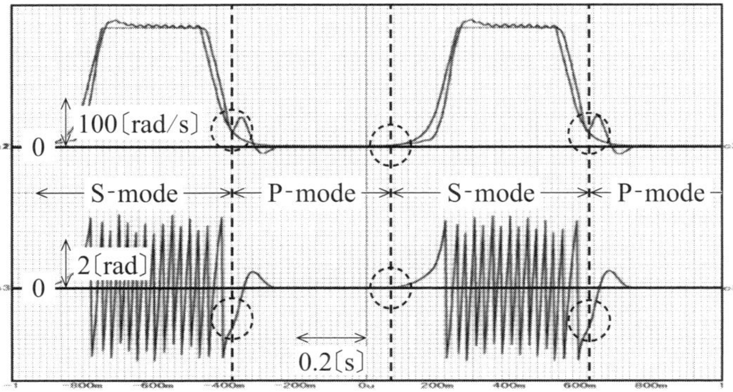

図 18.10　P モードと S モードの切換え時における過渡応答例

図 18.11 Techno-Frontier 2002・第 20 回モータ技術展における実演の様子（2002 年 4 月 17 日～19 日，幕張メッセ）

相変位は，対応の速度応答値より明らかである．

同図では，P モードと S モードの切換えタイミングも破線で明示した．図より明らかなように，P モード突入直後には回転子は位相指令値 $\theta_\alpha^* = 0$ へ向けて加速され，位相指令値を通過後すなわちオーバーシュートを起した後，振動を起こすことなく位相指令値へ一気に整定している．P モード突入直後の加速は，P モードに入り電流制御系が減速の速度指令値と何らの関係ない電流指令値を受けたことによる（18.4.2 項の図 18.5 および同関連説明参照）．一方，S モード突入後では，逆転現象を起こすことなくスムーズに指定方向へ回転を開始している．本応答は繰返し安定的に達成されており，エンコーダを利用した応答に匹敵する良好なものである．これら応答は，センサレス位置決め法およびモード切換法の有効性・有用性を示すものである．

図 18.11 は，Techno-Frontier 2002・第 20 回モータ技術展（2002 年 4 月 17 日～19 日，幕張メッセ）における実演の様子である．同図は，左から，試作した駆動制御装置（電力変換器を内蔵），未接続のエンコーダ端子，供試 PMSM である．なお，3 日間にわたる連続実演の内容は，図 18.10 と同様な加減速と位置決めである．この間も図 18.10 と同様な良好動作を確認した．

Q18.3　**図18.10に示された過渡応答に関しては，ミール方策に基づくミール制御器として初期のものを利用したとのことですが，なぜですか．**

Ans.　これは，単に技術開発史上の理由に過ぎません．図18.10の実験を遂行した時点では，著者は，ミール方策に基づくミール制御器の一応の開発をすでに終了し，これを文献18.3)等を通じ公開していました．しかし，第9章で紹介したミール制御器は，完成していませんでした．現時点で同様の実験をするのであれば，第9章のミール制御器を利用すると思います．なお，文献18.3)には，低速域のSモードと高速域のSモードの周波数ハイブリッド法に関し，動的周波数重みを利用した構成例も示しています．

参考文献

第 1 章

1.1） 新中新二：「永久磁石同期モータの最小次元 D 因子状態オブザーバとこれを用いたセンサレスベクトル制御法の提案」，電気学会論文誌 D，Vol. 123，No. 12，pp. 1446-1460（2003-12）

1.2） 新中新二：「同期電動機のベクトル制御方法」，日本国特許第 4670405 号（2005-2-9）

1.3） S. Shinnaka: “New Sensorless Vector Control Using Minimum-Order State-Observer in Stationary Reference Frame for Permanent-Magnet Synchronous Motors”, IEEE Trans. Industrial Electronics, Vol. 53, No. 2, pp. 388-898（2006-4）

1.4） S. Shinnaka: “New Mirror-Phase Vector Control for Sensorless Drive of Permanent-Magnet Synchronous Motor with Pole Saliency”, IEEE Trans. Industry Applications, Vol. 40, No. 2, pp. 599-606（2004-3/4）

1.5） 新中新二：「同期電動機駆動制御のための回転子位相推定方法」，日本国特許第 4587110 号（2007-6-1）

1.6） 新中新二：「永久磁石同期モータセンサレス駆動に使用される高周波電圧印加法のための位相誤差補償法」，電気学会論文誌 D，Vol. 128，No. 3，pp. 351-352（2008-3）

1.7） 新中新二：「同期電動機のベクトル制御方法」，日本国特許第 3612636 号（1996-9-18）

1.8） 小黒龍一・藤井秋一・穂積祐敦：「永久磁石型同期電動機のセンサレス制御方法及び装置」，日本国特許第 2858692 号（1996-12-5）

1.9） ハジュンイク・井出耕三：「交流電動機のセンサレス制御装置および制御方法」，日本国特許第 4370754 号（2002-4-2）

1.10） 大森洋一・萩原茂教：「位置センサレス永久磁石形同期電動機の制御装置”，日本国特許第 3509016 号（2000-7-27，2001-5-7）

1.11） 飯島友邦・楢崎和成・田澤徹・大山一郎・伊藤義照：「同期モータの位置センサレス制御方法および位置センサレス制御装置」，日本国公開特許公報，特開 2002-51580（2000-8-3）

1.12） 小原三四郎・宮崎泰三・金子悟・正木良三：「永久磁石型同期機の制御装置及びその制御方法」，日本国公開特許公報，特開 2000-156993（1998-11-18）

1.13） 岩路善尚・遠藤常博・坂本潔・大久保智文：「同期電動機の駆動制御装置」，日本国特許第 3783159 号（2002-7-10）

1.14） 大沢博・野村尚史・山嵜高裕・糸魚川信夫：「同期機の制御装置」，日本国特許第 3786018 号（2003-7-31）

1.15） S. Shinnaka: “Frequency-Hybrid Vector Control with Monotonously- Increasing-Region Strategy for Sensorless Synchronous Motor Drive”，IEEJ Trans. IA, Vol. 120, No. 11, pp. 1369-1375（2000-11）

1.16） 新中新二：「永久磁石同期モータのベクトル制御」，オーム社（2022）

1.17） 新中新二：「逆 D 因子の離散時間実現」，電気学会論文誌 D，Vol. 144，No. 4，pp. 311-312（2024-4）

1.18） 新中新二：「逆 D 因子のベクトル回転器を用いた離散時間実現」，電気学会論文誌 D，Vol. 144，No. 6，pp. 509-510（2024-6）

1.19） 新中新二：「デジタルノッチフィルタ」，日本国特許第 6098992 号（2013-1-3）

1.20） 関野真吾・新中新二：「PMSM のための簡易高品質トルク制御，誘起電圧歪みに起因したトルクリプルの補償」，電気学会論文誌 D，Vol. 136，No. 10，pp. 819-828（2016-10）

1.21） 新中新二：「単相交流信号の位相検出方法と同方法を用いた電力変換装置」，日本国特許

第 5217075 号（2004-10-30）
1.22）新中新二：「写像法による単相信号の瞬時位相推定，DFT 法の一般化と実現」，電気学会論文誌 B，Vol.125，No.1，pp.29-38（2005-1）
1.23）A. G. Phadke, J. S. Thorp, and M. G. Admiak: "A New Measurement Technique for Tracking Voltage Phasors, Local System Frequency and Rate of Change of Frequency", IEEE Trans. Power Apparatus and Systems, Vol.102, No.5, pp.1025-1033（1983-5）
1.24）新中新二：「(N-1)点周波数サンプリング法による直線位相 N 次フィルタの再帰形実現」，電子通信学会論文誌 A，Vol.63，No.8，pp.491-497（1980-8）

第 2 章

2.1）新中新二：「同期電動機のベクトル制御方法及び同装置」，日本国特許第 3653670 号（2002-8-31）
2.2）新中新二：「永久磁石同期モータの最小次元 D 因子状態オブザーバとこれを用いたセンサレスベクトル制御法の提案」，電気学会論文誌 D，Vol.123，No.12，pp.1446-1460（2003-12）
2.3）S. Shinnaka: "New D-State-Observer-Based Vector Control for Sensorless Drive of Permanent-Magnet Synchronous Motors", IEEE Trans. Industry Applications, Vol.41, No.3, pp.825-833（2005-5/6）
2.4）S. Shinnaka: "New Sensorless Vector Control Using Minimum-Order State-Observer in Stationary Reference Frame for Permanent-Magnet Synchronous Motors", IEEE Trans. Industrial Electronics, Vol.53, No.2, pp.388-898（2006-4）
2.5）新中新二：「永久磁石同期モータセンサレス駆動のための D 因子状態オブザーバの推定速度に対する収束特性」，電気学会論文誌 D，Vol.128，No.1，pp.8-17（2008-1）
2.6）新中新二・佐野公亮：「PMSM センサレス駆動のためのモデルマッチング形位相推定法のパラメータ誤差起因・位相推定誤差に関する統一的解析と軌道指向形ベクトル制御法，—回転子磁束推定・誘起電圧推定の場合—」，電気学会論文誌 D，Vol.127，No.9，pp.950-961（2007-9）
2.7）新中新二：「永久磁石同期モータセンサレス駆動のための一般化 D 因子状態オブザーバの構築，—回転子磁束高調波成分の同基本波成分推定値への影響—」，電気学会論文誌 D，Vol.127，No.7，pp.767-776（2007-7）
2.8）A. Toba, K. Fujita, T. Maeda, and T. Kato: "Generating Apparatus for Gas Heat Pump System Using Sensorless-Controlled Permanent-Magnet Synchronous Generator", IEEJ Trans. IA, Vol.126, No.5, pp.541-546（2006-5）
2.9）鳥羽章夫・佐藤道彦・稲玉茂樹・藤田光悦：「相電流および直流母線電流検出方式に適用可能なセンサレス PM モータ駆動システムのフリーラン起動法」，電気学会論文誌 D，Vol.126，No.3，pp.315-321（2006-3）
2.10）竹下隆晴・臼井明・渡辺淳一・松井信行：「再給電時のセンサレス永久磁石同期電動機の制御」，電気学会論文誌 D，Vol.118，No.12，pp . 1443-1449（1998-12）
2.11）竹下隆晴・市川誠・李宙柘・松井信行：「速度起電力に基づくセンサレス突極形ブラシレス DC モータ制御」，電気学会論文誌 D，Vol.117，No.1，pp.98-104（1997-1）
2.12）Y. Nakao, H. Sugiyama, Y. Ymamoto and T. Ashikaga: "Sensor-less Vector Control System Using Concentrated Winding Permanent Magnet Motor", Proc. of the 22nd International Battery, Hybrid and Fuel Cell Electric Vehicles Symposium & Exposition (EVS22), pp.677-686（2006-10）
2.13）楊耕・富岡理知子・中野求・金東海：「適応オブザーバによるブラシレス DC モータの位置センサレス制御」，電気学会論文誌 D，Vol.113，No.5，pp.579-586（1993-5）

2.14）藍原隆司：「電動機の磁極位置検出装置」，日本国特許第3312472号（1994-3-1）
2.15）J.H. Jang, S.K. Sul, J.I. Ha, K. Ide and M. Sawamura: “Sensorless Drive of SMPM Motor by High Frequency Signal Injection”, Proc. of IEEE Applied Power Electronics and Exposition（APEC 2002）, Vol. 1, pp. 279-285（2002-3）
2.16）山本康弘：「PMモータの制御装置」，日本国特許第4178834号（2002-5-24）
2.17）新中新二：「同期電動機のベクトル制御方法」，日本国特許第3612636号（1996-9-18）
2.18）K. Yasui, Y. Yamazaki and I. Yasuoka: “Development of Rotor Position Sensorless Control for PRM Applied to Railway Traction Drive”, Proc. of 2005 International Power Electronics Conference（IPEC-Niigata）, pp. 1671-1675（2005-4）
2.19）T. Aihara, A. Toba, T. Yanase, A. Mashimo and K. Endo: “Sensorless Torque Control of Salient-Pole Synchronous Motor at Zero-Speed Operation”, IEEE Trans. on Power Electronics, Vol. 14, No. 1, pp. 202-208（1999-1）
2.20）新中新二：「永久磁石同期モータのベクトル制御」，オーム社（2022）
2.21）新中新二：「永久磁石同期モータの制御，センサレスベクトル制御技術」，東京電機大学出版局（2013）
2.22）新中新二：「誘導モータのベクトル制御技術」，東京電機大学出版局（2015）
2.23）I. Aoshima, M. Yoshikawa, N. Ohuma and S. Shinnaka: “Development of Electric Scooter Driven by Sensorless Motor Using D-State-Observer”, CD Proceedings of the 24th International Battery, Hybrid and Fuel Cell Electric Vehicle Symposium and Exhibition（EVS 24）, pp. 1-7（2009-5）

第3章

3.1）新中新二：「同期電動機のベクトル制御方法」，日本国特許第4670405号（2005-2-9）
3.2）新中新二・佐野公亮：「積分フィードバック形速度推定法併用の固定座標4次同一次元状態オブザーバによるPMSMの新センサレスベクトル制御法」，電気学会論文誌D，Vol. 125，No. 8，pp. 830-831（2005-8）
3.3）新中新二・井大輔：「4次同一次元状態オブザーバを利用したPMSMセンサレスベクトル制御への一般化積分形PLL法の適用可能性」，電気学会論文誌D，Vol. 124，No. 11，pp. 1164-1165（2004-11）
3.4）新中新二：「同期電動機のための回転子位相推定装置」，日本国特許第5272482号（2008-3-7）
3.5）新中新二：「PMSMセンサレス駆動のための同一次元D因子状態オブザーバ，―オブザーバゲインの新設計法―」，平成20年電気学会全国大会講演論文集，4，pp. 146-147（2008-3）
3.6）楊耕・富岡真知子・中野求・金東海：「適応オブザーバによるブラシレスDCモータの位置センサレス制御」，電気学会論文誌D，Vol. 113，No. 5，pp. 579-586（1993-5）
3.7）山本康弘：「同期電動機の制御装置」，日本国特許第4032845号（2002-6-26）
3.8）金原義彦・貝谷敏之：「同期電動機の制御装置」，日本国特許第4672236号（2001-4-24）
3.9）金原義彦：「回転座標上の適応オブザーバを用いたPM電動機の位置センサレス制御」，電気学会論文誌D，Vol. 123，No. 5，pp. 600-609（2003-5）
3.10）小郷寛・美多勉：「システム制御理論入門」，pp. 173-178，実教出版（1979）
3.11）Y. Nakao, H. Sugiyama, Y. Ymamoto and T. Ashikaga: “Sensor-less Vector Control System Using Concentrated Winding Permanent Magnet Motor”, Proc. of the 22nd International Battery, Hybrid and Fuel Cell Electric Vehicles Symposium & Exposition（EVS22）, pp. 677-686（2006-10）
3.12）新中新二：「永久磁石同期モータのベクトル制御」，オーム社（2022）

第4章

4.1）新中新二：「永久磁石同期モータの制御幡（センサレスベクトル制御技術）」，東京電機大学出版局（2013-9）
4.2）新中新二：「永久磁石同期モータのベクトル制御」，オーム社（2022）
4.3）新中新二：「交流電動機のための位相推定法」，日本国特許第5169014号（2007-4-9）
4.4）新中新二：「永久磁石同期モータセンサレス駆動のための高次速応帯域フィルタ形位相推定法，―定格負荷下でのゼロ速起動と極低速安定駆動をもたらす位相推定法―」，電気学会論文誌D，Vol.128，No.10，pp.1163-1174（2008-10）
4.5）鈴木尚礼・能登原保夫・坂本潔・遠藤常博：「パルス幅測定機能つきマイコンによるデッドタイム補償法」，平成19年電気学会産業応用部門大会講演論文集，1，pp.547-548（2007-8）

第5章

5.1）新中新二：「同期電動機のベクトル制御方法及び同装置」，日本国特許第3653670号（2002-8-31）
5.2）新中新二・齋藤洋治：「永久磁石同期モータセンサレスベクトル制御のための加速度を考慮した最小次元誘起電圧状態オブザーバの可能性」，電気学会論文誌D，Vol.126，No.11，pp.1467-1478（2006-11）
5.3）新中新二：「同期電動機のベクトル制御方法」，日本国特許第4670405号（2005-2-9）
5.4）新中新二：「同期モータセンサレス駆動のためのD因子外乱オブザーバの存在，―ゼロ位相遅れの新位相推定法―」，電気学会論文誌D，Vol.126，No.9，pp.1220-1226（2006-9）
5.5）新中新二・佐野公亮：「PMSMセンサレス駆動のためのモデルマッチング形位相推定法のパラメータ誤差起因・位相推定誤差に関する統一的解析と軌道指向形ベクトル制御法，―回転子磁束推定・誘起電圧推定の場合―」，電気学会論文誌D，Vol.127，No.9，pp.950-961（2007-9）
5.6）花本剛士・原英博・田中良明・辻輝生：「拡張誘起電圧オブザーバを用いたBLDCMのセンサレス制御」，電気学会論文誌D，Vol.118，No.9，pp.1089-19090（1998-9）
5.7）平野孝一・原英博・辻輝生・小黒龍一：「IPMモータのセンサレス速度制御」，電気学会論文誌D，Vol.120，No.5，pp.666-672（2000-5）
5.8）陳志謙・冨田睦雄・千住智信・道木慎二・大熊繁：「外乱オブザーバと速度適応同定による円筒型ブラシレスDCモータの位置・速度センサレス制御」，電気学会論文誌D，Vol.118，No.7/8，pp.828-835（1998-7/8）
5.9）新中新二：「同期モータのベクトル制御技術」，東京電機大学出版局（2019）
5.10）新中新二：「永久磁石同期モータのベクトル制御」，オーム社（2022）

第6章

6.1）新中新二：「同期電動機のベクトル制御方法」，日本国特許第4670405号（2005-2-9）
6.2）新中新二：「同期リラクタンスモータの動的数学モデルに関する一考察，モデル特性の簡易統一的解析」，電気学会論文誌D，Vol.124，No.11，pp.1149-1154（2004-11）
6.3）新中新二：「同期モータセンサレス駆動のためのD因子外乱オブザーバの存在，―ゼロ位相遅れの新位相推定法―」，電気学会論文誌D，Vol.126，No.9，pp.1220-1226（2006-9）
6.4）新中新二：「PMSMセンサレス駆動のためのモデルマッチング形位相推定法のパラメータ誤差起因・位相推定誤差に関する統一的解析と軌道指向形ベクトル制御法，―拡張誘起電圧推定の場合―」，電気学会論文誌D，Vol.127，No.9，pp.962-972（2007-9）

6.5） 渡辺博巳・藤井知生：「永久磁石界磁同期電動機の回転子位置検出法」，昭和 62 年電気学会産業応用部門大会講演論文集，pp. 301-304（1987-8）

6.6） H. Watanabe, T. Isii and T.Fujii: 「DC-Brushless Servo System without rotor position and speed sensor", Proc. IEEE IECON '87 pp. 228-234（1987）

6.7） 渡辺博巳・宮崎聖・藤井知生：「永久磁石界磁同期電動機の回転子位置と速度のセンサレス検出の一方法」，電気学会論文誌 D，Vol. 110，No. 11，pp. 1193-2000（1990-11）

6.8） 陳志謙・冨田睦雄・道木慎二・大熊繁：「突極形ブラシレス DC モータのセンサレス制御のための拡張誘起電圧オブザーバ」，平成 11 年電気学会全国大会講演論文集，4，pp. 480-481（1999-3）

6.9） 陳志謙・冨田睦雄・道木慎二・大熊繁：「外乱オブザーバによる突極型ブラシレス DC モータのセンサレス位置・速度推定の実現」，平成 11 年電気学会産業応用部門大会講演論文集，3，pp. 45-46（1999-8）

6.10） Z. Chen, M. Tomita, S. Doki and S. Okuma: “An Extended Electromotive Force Model for Sensorless Control of Interior Permanent-Magnet Synchronous Motors”, IEEE Trans. Industrial Electronics, Vol. 50, No. 2, pp. 288-295（2003-3/4）

6.11） H. Kim, M.C. Harke and R.D. Lorenz: “Sensorless Control of Interior Permanent-Magnet Machine Drives with Zero-Phase Lag Position Estimation”, IEEE Trans. Industrial Applications, Vol. 39, No. 6, pp. 1726-1732（2003-11/12）

6.12） T. Aihara, A. Toba, T. Yanase, A. Mashimo and K. Endo: “Sensorless Torque Control of Salient-Pole Synchronous Motor at Zero-Speed Operation”，12-th IEEE Applied Power Electronics Conference and Exposition（APEC 97）, Vol. 2, pp. 715-720（1997-2）

6.13） T. Aihara, A. Toba, T. Yanase, A. Mashimo and K.Endo: “Sensorless Torque Control of Salient-Pole Synchronous Motor at Zero-Speed Operation”, IEEE Trans. on Power Electronics, Vol. 14, No. 1, pp. 202-208（1999-1）

6.14） 市川真士・陳志謙・冨田睦雄・道木慎二・大熊繁：「回転座標系での拡張誘起電圧推定による IPMSM のセンサレス制御」，平成 13 年電気学会全国大会講演論文集，4，pp. 1401-1402（2001-3）

6.15） S. Ichikawa, Z. Chen, M. Tomita, S. Doki and S.Okuma: “Sensorless Control of an Interior Permanent Magnet Synchronous Motor on Rotating Coordinate Using an Extended Electromotive Force”, Proceedings of the 27th Annual Conference of the IEEE Industrial Society（IECON01）, pp. 1667-1672（2001-12）

6.16） 市川真士・陳志謙・冨田睦雄・道木慎二・大熊繁：「拡張誘起電圧モデルに基づく突極型永久磁石同期モータのセンサレス制御」，電気学会論文誌 D，Vol. 122，No. 12，pp. 1088-1096（2002-12）

6.17） 河本啓助・森本茂雄・武田洋次：「拡張誘起電圧の基づく IPMSM のセンサレス制御」，電気学会研究会資料，SPC-01-3，pp. 13-18（2001）

6.18） 森本茂雄・河本啓助・武田洋次：「推定位置誤差情報を利用した IPMSM の位置センサレス制御」，電気学会論文誌 D，Vol. 122，No. 7，pp. 722-729（2002-7）

6.19） S. Morimoto, K. Kawamoto, M. Sanada and Y.Takeda: “Sensorless Control Strategy for Salient-Pole PMSM Based on Extended EMF in Rotating Reference Frame”, IEEE Trans. IA, Vol. 38, No. 4, pp. 1054-1061（2002-7/8）

6.20） A. Toba, K. Fujita, T. Maeda and T. Kato: 「Generating Apparatus for Gas Heat Pump System Using Sensorless-Controlled Permanent-Magnet Synchronous Generator”, IEEJ Trans. IA, Vol. 126, No. 5, pp. 541-546（2006-5）

6.21） 新中新二：「永久磁石同期モータのベクトル制御」，オーム社（2022）

第 7 章

7.1）新中新二：「永久磁石同期電動機の駆動制御方法」，日本国特許第 4899788 号（2006-9-30）
7.2）新中新二・佐野公亮：「PMSM センサレス駆動のためのモデルマッチング形位相推定法のパラメータ誤差起因・位相推定誤差に関する統一的解析と軌道指向形ベクトル制御法，—回転子磁束推定・誘起電圧推定の場合—」，電気学会論文誌 D，Vol. 127，No. 9，pp. 950-961（2007-9）
7.3）新中新二：「PMSM センサレス駆動のためのモデルマッチング形位相推定法のパラメータ誤差起因・位相推定誤差に関する統一的解析と軌道指向形ベクトル制御法，—拡張誘起電圧推定の場合—」，電気学会論文誌 D，Vol. 127，No. 9，pp. 962-972（2007-9）
7.4）新中新二・天野佑樹：「PMSM の軌跡指向形ベクトル制御における最小銅損軌跡収斂条件の統一的解析」，電気学会論文誌 D，Vol. 132，No. 4，pp. 518-519（2012-4）
7.5）新中新二：「永久磁石同期モータの制御（センサレスベクトル制御技術）」，東京電機大学出版局（2013）
7.6）新中新二：「永久磁石同期モータのベクトル制御」，オーム社（2022）

第 8 章

8.1）新中新二：「永久磁石同期電動機の駆動制御装置」，日本国特許第 4924115 号（2007-2-10）
8.2）新中新二：「PMSM センサレス駆動のための力率位相形ベクトル制御法，—モータパラメータ変動に低感度な準最適センサレス駆動制御—」，電気学会論文誌 D，Vol. 127，No. 10，pp. 1070-1080（2007-10）
8.3）新中新二：「永久磁石同期電動機の駆動制御装置」，日本国特許第 5464329 号（2009-7-3）
8.4）新中新二：「センサレス PMSM の簡易効率駆動のための力率位相形ベクトル制御法，—簡略化と電圧座標系への転換—」，電気学会論文誌 D，Vol. 130，No. 2，pp. 215-227（2010-2）
8.5）Y. Nakamura, T. Kudo, F. Ishibashi and S. Hibino: “High-Efficiency Drive Due to Power Factor Control of a Permanent Magnet Synchronous Motor”, IEEE Trans. Power Electronics, Vol. 10, No. 2, pp. 247-253（1995-3）
8.6）中谷政次・大塚英史：「PM モータにおける位置センサレス正弦波駆動，起動方法および入力変動対策」，平成 12 年電気学会全国大会講演論文集，4，p. 1568（2000-3）
8.7）大塚英史・中谷政次：「家電におけるセンサレス制御の現実と将来」，2001 モータ技術シンポジウム（日本能率協会主催）資料，A5-1，pp. 1-14（2001-4）
8.8）中谷政次・大塚英史：「PM モータにおける位置センサレス正弦波駆動」，電気学会研究会資料，RM-01-57，pp. 47-52（2001-6）
8.9）松下元士・亀山浩幸・池坊泰裕：「インバータ母線電流検出による PM モータの電圧/電流位相差正弦波駆動」，平成 19 年電気学会全国大会講演論文集，4，pp. 200-201（2007-3）
8.10）山中建二・大西徳生・北條昌秀：「永久磁石同期電動機の位置センサレス電流ベクトル制御法」，電気学会研究会資料，SPC-05-103，IEA-05-55（2005-11）
8.11）山中建二・大西徳生・北條昌秀：「センサレス制御永久磁石同期電動機の実験特性」，平成 18 年電気学会産業応用部門大会講演論文集，Ⅰ，pp. 407-410（2006-8）
8.12）大西徳生・山中健二・合田英治：「電力変換制御装置，電力変換制御方法，および電力変換制御用プログラム」，日本国特許第 4022630 号（2006-6-27）
8.13）山中建二・大西徳生：「永久磁石同期電動機の位相追従同期形センサレス制御システム」，電気学会論文誌 D，Vol. 129，No. 4，pp. 432-437（2009-4）

8.14) 大西徳生：「インバータのセンサレス制御法」，電気学会研究会資料，SPC-05-95，IEA-05-47，pp.17-22（2005-11）
8.15) 新中新二：「永久磁石同期モータのベクトル制御」，オーム社（2022）
8.16) 新中新二：「同期モータのベクトル制御技術」，東京電機大学出版局（2019）

第 9 章

9.1) 新中新二：「永久磁石同期電動機のベクトル制御方法」，日本国特許第 3735836 号（2000-1-2）
9.2) 新中新二：「同期電動機のベクトル制御方法」，日本国特許第 3814826 号，2004-12-10）
9.3) S.Shinnaka:"Frequency-Hybrid Vector Control with Monotonously- Increasing-Region Strategy for Sensorless Synchronous Motor Drive", IEEJ Trans. IA, Vol.120, No.11, pp. 1369-1375（2000-11）
9.4) 新中新二：「永久磁石同期モータ用センサレス起動・駆動のための電流比形ベクトル制御法，—ミール法に立脚した有効無効電流のフィードバック制御—」，電気学会論文誌 D，Vol.126，No.3，pp.225-236（2006-3）
9.5) 新中新二：「永久磁石同期モータのベクトル制御」，オーム社（2022）

第 10 章

10.1) 新中新二：「同期リラクタンス電動機のベクトル制御方法」，日本国特許第 3328636 号（2000-3-17）
10.2) 新中新二：「同期電動機のベクトル制御方法」，日本国特許第 4560698 号（2000-8-3）
10.3) 新中新二：「交流電動機のベクトル制御方法及び同装置」，日本国特許第 3968688 号（2000-11-28）
10.4) 新中新二：「交流電動機のベクトル制御方法及び同装置」，日本国特許第 4120775 号（2002-3-18）
10.5) 新中新二：「交流電動機の回転子位相推定装置」，日本国特許第 4899509 号（2006-1-7）
10.6) 新中新二：「交流電動機の回転子位相速度推定装置」，日本国特許第 5176406 号（2007-5-24）
10.7) 新中新二：「同期リラクタンスモータの鏡相特性とこれに基づくセンサレスベクトル制御のための突極オリエンテーション法」，電気学会論文誌 D，Vol.121，No.2，pp.210-218（2001-2）
10.8) S. Shinnaka: "New Mirror-Phase Vector Control for Sensorless Drive of Permanent-Magnet Synchronous Motor with Pole Saliency", IEEE Trans. Industry Applications Vol. 40, No.2, pp.599-606（2004-3/4）
10.9) 新中新二：「突極形永久磁石同期モータのセンサレス駆動のための鏡相形ベクトル制御」，計測自動制御学会論文集, Vol.40, No.5, pp.536-545（2004-5）
10.10) 新中新二：「突極形永久磁石同期モータセンサレス駆動のための一般化速応楕円形高周波電圧印加法と鏡相推定法，—高周波電流楕円長軸追随を目指した汎用位相推定法—」，電気学会論文誌 D，Vol.127，No.9，pp.973-986（2007-9）
10.11) L. Wang and R.D. Lorenz: "Rotor position estimation for permanent magnet synchronous motor using saliency-tracking self-sensing method," Conference Record of the 2000 IEEE Industrial Application Conference（IAS 2000）, pp.445-450（2000-10）
10.12) N. Patel, T. O'Meara, J. Nagashima and R. Lorenz: "Encoderless IPM drive system for EV/HEV propulsion applications", CD-Proceedings of 9th European Conference on Power Electronics and Application（EPE 2001）（2001-9）
10.13) N. Patel, T. O'Meara, J. Nagashima and R. Lorenz: "Encoderless IPM traction drive for

EV/HEV", CD-Conference Record of the 2001 IEEE Industry Application Conference (IAS 2001), (2001-10)
10.14) 中沢洋介：「永久磁石リラクタンスモータの回転センサレス制御」, 電気学会自動車研究会資料, VT-02-12, pp. 67-72 (2002)
10.15) K. Yasui, Y. Nakazawa, O. Yamazaki and I. Yasuoka: "Development of Rotor Position Sensorless Control for PRM Applied to Railway Traction Drive", Proc. of the 2005 International Power Electronics Conference (IPEC-Niigata), pp. 1671-1675 (2005-4)
10.16) 萩原敬三：「パラレル HEV 用新開発 HEV ドライブシステム」, Techno-Frontier 2007 シンポジウム (モータ技術シンポジウム, カーエレクトロニクス技術シンポジウム), C2, pp. (C2-3-1)-(C2-3-14) (2007-4)
10.17) 近藤圭一郎・米山崇・谷口峻・望月伸亮・若尾真治：「鉄道駆動用永久磁石同期電動機の回転角速度センサレス制御に関する考察, シンプルかつ高性能な制御システム」, 電気学会研究会資料, SPC-06-185, LD-06-87, pp. 37-42 (2006)
10.18) J. H. Jang, S. K. Sul, J. I. Ha, K. Ide and M.Sawamura: "Sensorless Drive of Surface-Mounted Permanent-Magnet Motor by High-Frequency Signal Injection Based on Magnet Saliency", IEEE Trans. on Industry Applications, Vol. 39, No. 4, pp. 1031-1039 (2003-7/8)
10.19) N. Bianchi and S. Bolognani: "Influence of Rotor Geometry of an IPM Motor on Sensorless Control Feasibility", IEEE Trans. on Industry Applications, Vol. 43, No. 1, pp. 87-96 (2007-1/2)
10.20) 新中新二：「同期モータのベクトル制御技術」, 東京電機大学出版局 (2019)
10.21) 新中新二：「永久磁石同期モータの制御 (センサレスベクトル制御技術)」, 東京電機大学出版局 (2013)
10.22) 新中新二：「永久磁石同期モータのベクトル制御」, オーム社 (2022)

第 11 章

11.1) 新中新二：「交流電動機の回転子位相推定装置」, 日本国特許第 4899509 号 (2006-1-7)
11.2) 新中新二：「交流電動機の回転子位相速度推定装置」, 日本国特許第 5176406 号 (2007-5-24)
11.3) 新中新二：「突極形永久磁石同期モータセンサレス駆動のための速応楕円形高周波電圧印加法の提案, ―高周波電流相関信号を入力とする一般化積分形 PLL 法による位相推定―」, 電気学会論文誌 D, Vol. 126, No. 11, pp. 1572-1584 (2006-11)
11.4) S. Shinnaka: "A New Speed-Varying Ellipse Voltage Injection Method for Sensorless Drive of Permanent-Magnet Synchronous Motors with Pole Saliency, New PLL Method Using High Frequency Current Component Multiplied Signal", IEEE Trans. Industry Applications Vol. 44, No. 3, pp. 777-788 (2008-5/6)
11.5) 新中新二：「突極形永久磁石同期モータセンサレス駆動のための一般化速応楕円形高周波電圧印加法と鏡相推定法, ―高周波電流楕円長軸追随を目指した汎用位相推定法―」, 電気学会論文誌 D, Vol. 127, No. 9, pp. 973-986 (2007-9)
11.6) C. H. Choi and J. K. Seok: "Pulsating Signal Injection-Based Axis Switching Sensorless Control of PMSM for Minimal Zero Current Clamping Effects", Proc. of IEEE International Electric Machines and Drives Conference (IEMDC '07), pp. 220-224 (2007-5)

第 12 章

12.1) 新中新二：「交流電動機の回転子位相推定装置」, 日本国特許第 4899509 号 (2006-1-7)

12.2) 新中新二：「交流電動機の回転子位相速度推定装置」，日本国特許第 5176406 号（2007-5-24）
12.3) 新中新二：「突極形永久磁石同期モータセンサレス駆動のための一般化速応楕円形高周波電圧印加法と鏡相推定法，―高周波電流楕円長軸追随を目指した汎用位相推定法―」，電気学会論文誌 D，Vol. 127，No. 9，pp. 973-986（2007-9）
12.4) 新中新二：「永久磁石同期モータのベクトル制御」，オーム社（2022）

第 13 章

13.1) 新中新二：「交流電動機の回転子位相速度推定装置」，日本国特許第 5176406 号（2007-5-24）
13.2) 新中新二：「突極形永久磁石同期モータセンサレス駆動のための一定直線形高周波電圧印加法の電流特性と鏡相推定法"，電気学会論文誌 D，Vol. 128，No. 5，pp. 588-600（2008-5）
13.3) 藍原隆司：「電動機の磁極位置検出装置」，日本国特許第 3312472 号（1994-3-1）
13.4) 藍原隆司・鳥羽章夫・柳瀬孝雄：「センサレス方式による突極形同期モータのゼロ速トルク制御」，平成 8 年電気学会産業応用部門大会講演論文集，3，pp. 1-2（1996-8）
13.5) T. Aihara, A. Toba, T. Yanase, A. Mashimo and K. Endo: "Sensorless Torque Control of Salient-Pole Synchronous Motor at Zero-Speed Operation", IEEE Trans. on Power Electronics, Vol. 14, No. 1, pp. 202-208（1999-1）
13.6) セウン．キ．スル・ジョン．イク．ハ：「交流電動機の磁束基準制御方法及び制御システム」，日本国公開特許公報，特開 2002-58294（2000-7-14）
13.7) J. I. Ha, K. Ide, T. Sawa and S. K. Sul: "Sensorless Rotor Position Estimation of an Interior Permanent-Magnet Motor from Initial States", IEEE Trans. on Industry Applications, Vol. 39, No. 3, pp. 761-767（2003-5/6）
13.8) 井手耕三：「同期電動機の磁極位置推定方法および制御装置」，日本国特許第 4687846 号（2001-3-26）
13.9) 山本康弘：「PM モータの制御方法，および制御装置」，日本国特許第 3687590 号（2001-11-14）
13.10) M. Linke, R. Kennel and J. Holtz: "Sensorless Position Control of Permanent Magnet Synchronous Machines without Limitation at Zero Speed", Proc. of 28th Annual Conference of IEEE Industrial Electronics Society（IECON 2002）, Vol. 1, pp. 674-679（2002-11）
13.11) M. Linke, R. Kennel and J. Holtz: "Sensorless Speed and Position Control of Permanent Magnet Synchronous Machines Using Alternating Carrier Injection", Proc. of IEEE International Electric Machines and Drive Conference（IEMDC 2003）, pp. 1211-1217（2003-6）
13.12) J. H. Jang, S. K. Sul, J. I. Ha, K. Ide and M.Sawamura: "Sensorless Drive of SMPM Motor by High-Frequency Signal Injection Based on Magnet Saliency", Proc. of 17th IEEE Applied Power Electronics Conference and Exposition（APEC 2002）, Vol. 1, pp. 279-285（2002-3）
13.13) J. H. Jang, S. K. Sul, J. I. Ha, K. Ide and M. Sawamura: "Sensorless Drive of Surface-Mounted Permanent-Magnet Motor by High-Frequency Signal Injection Based on Magnet Saliency", IEEE Trans. on Industry Applications, Vol. 39, No. 4, pp. 1031-1039（2003-7/8）
13.14) 山本康弘：「PM モータの制御装置」，日本国特許第 4178834 号（2002-5-24）
13.15) 新中新二：「交流電動機の回転子位相推定装置」，日本国特許第 4899509 号（2006-1-7）

13.16）鷲尾宏・富樫仁夫・岸本圭司：「高周波電流相関信号を利用した突極形永久磁石同期モータの軸誤差推定法」，平成 19 年電気学会全国大会講演論文集，4，pp. 195-196（2007-3）
13.17）J. Holtz: "Initial Rotor Polarity Detection and Sensorless Control of PM Synchronous Machines", CD-Conference-Record of 2006 IEEE Industry Applications Conference（IAS 2006），（2006-10）
13.18）Y. Nakano, H. Sugiyama, Y. Yamamoto and T. Ashikaga: "Sensor-less Vector Control System Using Concentrated Winding Permanent Magnet Motor", Proc. of 22nd International Battery, Hybrid and Fuel Cell Electric Vehicle Symposium & Exposition（EVS22），pp. 677-686（2006-10）
13.19）K. Ide, M. Takaki, S. Morimoto, Y. Kawazoe, A. Maemura and M. Ohto: "Saliency-based Sensorless Drive of Adequate Designed IPM Motor for Robot Vehicle Application", Proc. of Power Conversion Conference-Nagoya（PCC-Nagoya 2007），pp. 1126-1133（2007-4）
13.20）新中新二：「永久磁石同期モータのベクトル制御」，オーム社（2022）

第 14 章

14.1） 新中新二：「永久磁石同期モータの制御，センサレスベクトル制御技術」，東京電機大学出版局（2013）
14.2） 新中新二：「突極形永久磁石同期モータセンサレス駆動のための速応楕円形高周波電圧印加法の提案，―高周波電流相関信号を入力とする一般化積分形 PLL 法による位相推定―」，電気学会論文誌 D，Vol. 126，No. 11，pp. 1572-1584（2006-11）
14.3） S. Shinnaka: "A New Speed-Varying Ellipse Voltage Injection Method for Sensorless Drive of Permanent-Magnet Synchronous Motors with Pole Saliency, New PLL Method Using High Frequency Current Component Multiplied Signal", IEEE Trans. Industry Applications Vol. 44, No. 3, pp. 777-788（2008-5/6）
14.4） 新中新二：「永久磁石同期モータセンサレス駆動のための高周波積分形 PLL を同伴した高周波電流相関法の汎用化」，電気学会論文誌 D，Vol. 130，No. 7，pp. 868-880（2010-7）
14.5） 新中新二：「永久磁石同期モータセンサレス駆動のための高周波積分形 PLL を同伴した一般化ヘテロダイン法の提案」，電気学会論文誌 D，Vol. 130，No. 8，pp. 973-986（2010-8）
14.6） 岸田英生：「汎用化高周波電流相関法による永久磁石同期モータのセンサレスベクトル制御」，神奈川大学大学院・工学研究科・電気電子情報工学専攻・修士論文（2012-2）
14.7） 新中新二：「永久磁石同期モータのベクトル制御」，オーム社（2022）

第 15 章

15.1） 新中新二：「単相交流信号の位相検出方法と同方法を用いた電力変換装置」，日本国特許第 5217075 号（2004-10-30）
15.2） 新中新二・熊倉毅：「回転高周波電圧印加による SPM 同期モータの新初期位置推定法，―磁束飽和現象を考慮した動的シミュレータによるアプローチ―」，電気学会論文誌 D，Vol. 124，No. 11，pp. 1094-1103（2004-11）
15.3） 新中新二：「単相電力における周期的時間平均量の簡易瞬時推定法と単相電力系統連系への応用」，電気学会論文誌 B，Vol. 124，No. 11，pp. 1327-1335（2004-11）
15.4） 新中新二：「写像法による単相信号の瞬時位相推定，DFT 法の一般化と実現」，電気学会論文誌 B，Vol. 125，No. 1，pp. 29-38（2005-1）
15.5） S. Shinnaka: "A Robust Single Phase PLL System with Stable and Fast Tracking", IEEE Trans. on Industry Applications, Vol. 44, No. 2, pp. 624-633（2008-3/4）
15.6） 渡辺博巳・藤井知生：「永久磁石界磁同期電動機の回転子位置検出法」，昭和 62 年電気

学会産業応用部門大会講演論文集，pp. 301-304（1987-8）
15.7）H. Watanabe, T. Isii and T. Fujii: “DC-Brushless Servo System without rotor position and speed sensor”，Proc. IEEE IECON ’87 pp. 228-234（1987）
15.8）渡辺博巳・宮崎聖・藤井知生：「永久磁石界磁同期電動機の回転子位置と速度のセンサレス検出の一方法」，電気学会論文誌 D，Vol. 110，No. 11，pp. 1193-2000（1990-11）
15.9）S. Nakashima, T. Yuzawa and I. Miki：“Initial Rotor Position Estimation Method of SPM Motor Using Magnetic Saturation”, Proc. of International Power Electronics Conference 2000（IPEC-Tokyo 2000）, pp. 2098-2103（2000-4）
15.10）湯澤貴博・三木一郎：「円筒形 PM モータの初期磁極位置推定用電圧ベクトル決定法」，平成 12 年電気学会産業応用部門大会講演論文集，pp. 547-550（2000-8）
15.11）A. Consoli, G. Scarcella, G. Tutino and A. Testa: “Zero Frequency Rotor Position Detection for Synchronous PM Motors”, Proc. of Power Electronics Specialist Conference（PESC 2000）, pp. 879-884（2000-6）
15.12）新中新二：「永久磁石同期モータのベクトル制御」，オーム社（2022）

第 16 章

16.1）新中新二：「永久磁石同期モータを利用したセンサレスベクトル制御駆動・トランスミッションレス電気自動車の開発可能性」，平成 15 年電気学会産業応用部門大会講演論文集，2，pp. 223-228（2003-8）
16.2）新中新二・竹内茂：「永久磁石同期モータを利用したセンサレスベクトル制御駆動・トランスミッションレス電気自動車の開発」，平成 16 年電気学会産業応用部門大会講演論文集，2，pp. 411-414（2004-8）
16.3）新中新二・竹内茂：「永久磁石同期モータを利用したセンサレスベクトル制御駆動・トランスミッションレス電気自動車の開発」，電気学会論文誌 D，Vol. 125，No. 12，pp. 1129-1139（2005-12）
16.4）S. Shinnaka and S. Takeuchi: “A New Sensorless Drive System for Transmissionless EVs Using a Permanent-Magnet Synchronous Motor”, The World Electric Vehicle Association Journal（WEVA Journal）, Vol. 1, pp. 1-9（2007-5）
16.5）正木良三：「センサレス制御技術の自動車への応用展開」，2001 モータ技術シンポジウム（日本能率協会主催），pp.（A5-3-1）-（A5-3-10）（2001-4）
16.6）金子悟・正木良三・澤田建文・吉原重之：「永久磁石同期モータ駆動電気自動車用位置センサレス制御の開発」，平成 13 年電気学会産業応用部門大会講演論文集，pp. 797-798（2001-8）
16.7）R. Masaki, S. Kaneko, M. Hombu, T. Sawada and S. Yoshihara: “Development of a Position Sensorless Control System on an Electric Vehicle Driven by a Permanent Magnet Synchronous Motor”, Proc. of Power Conversion Conference-Osaka（PCC-Osaka 2002）, pp. 571-576,（2002-4）
16.8）N. Patel, T. O’Meara, J. Nagashima and R. Lorenz: “Encoderless IPM Drive System for EV/HEV Propulsion Applications”, CD-Proc. of 9-th European Conference on Power Electronics and Application（EPE 2001）（2001-8）
16.9）N. Patel, T. O’Meara, J. Nagashima and R. Lorenz: “Encoderless IPM Drive System for EV/HEVs”, CD-Conference Record of the 2001 IEEE Industrial Applications Conference（36th IAS Annual Meeting）（2001-10）
16.10）中沢洋介：「永久磁石リラクタンスモータの回転センサレス制御」，電気学会自動車研究会資料，VT-02-12, pp. 67-72（2002）
16.11）萩原敬三：「パラレル HEV 用新開発 HEV ドライブシステム」，Techno-Frontier 2007

シンポジウム（モータ技術シンポジウム，カーエレクトロニクス技術シンポジウム，日本能率協会主催），C2, pp.（C2-3-1）-（C2-3-14）（2007-4）
16.12) Y. Nakano, H. Sugiyama, Y. Yamamoto and T. Ashikaga: "Sensor-less Vector Control System Using Concentrated Winding Permanent Magnet Motor", Proc. of 22nd International Battery, Hybrid and Fuel Cell Electric Vehicle Symposium & Exposition（EVS22）, pp. 677-686（2006-10）
16.13) N. Imai, S. Morimoto, M. Sanada and Y. Takeda: "3-Phase High Frequency Voltage Input Sensorless Control for Hybrid Electric Vehicle Applications", The World Electric Vehicle Association Journal（WEVA Journal）, Vol. 1, pp. 279-285（2007-5）
16.14) K. Yasui, Y. Nakazawa, O. Yamazaki and I. Yasuoka: "Development of Rotor Position Sensorless Control for PRM Applied to Railway Traction Drive", Proc. of the 2005 International Power Electronics Conference（IPEC-Niigata）, pp. 1671-1675（2005-4）
16.15) 近藤圭一郎・米山崇・谷口峻・望月伸亮・若尾真治：「鉄道駆動用永久磁石同期電動機の回転角速度センサレス制御に関する考察，シンプルかつ高性能な制御システム」，電気学会研究会資料，SPC-06-185，LD-06-87，pp. 37-42（2006）
16.16) 山川隼史・若尾真治・近藤圭一郎・米山崇・谷口峻・望月伸亮：「鉄道車両駆動 PMSM における回転角センサレス制御時のだ行再起動」，電気学会論文誌 D，Vol. 127，No. 7，pp. 700-706（2007-7）
16.17) 富士重工業：「サンバー EV，新型車解説書・整備解説書，GD-TV1（改）」（2001）
16.18) 新中新二・竹内茂：「センサレスベクトル制御駆動による無変速機電気自動車の開発」，計測自動制御学会論文集，Vol. 38，No. 5，pp. 501-510（2002-5）
16.19) 新中新二：「永久磁石同期モータのベクトル制御」，オーム社（2022）

第 17 章

17.1) 新中新二：「自動車搭載用電動圧縮機の制御方法及び同装置」，日本国公開特許公報，特開 2004-190650（2002-12-10）
17.2) 飛原英治：「自然作動冷媒新技術の動向」，日本機械学会，CD-Proc. of TED-Conf.（2001）
17.3) 飛原英治（監修）：「ノンフロン技術，自然冷媒の新潮流」，オーム社（2004-2）
17.4) 福岡大学工学部機械工学科・熱工学実験室，http://www.tm.fukuoka-u.ac.jp/WWW/TEL/co2/newpage1.htm（2008-2）
17.5) 吉田誠・西宮理文：「自動車用電動コンプレッサーの制御駆動装置」，日本国特許第 3084886 号（1992-2-26）
17.6) 南部靖生・吉田誠：「自動車用電動コンプレッサーの制御駆動装置」，日本国特許第 3084941 号（1992-7-20）
17.7) 南部靖生・吉田誠：「自動車用電動コンプレッサーの制御駆動装置」，日本国特許第 3084949 号（1992-8-31）
17.9) 吉田誠・西宮理文：「自動車空調用電動コンプレッサーの制御駆動装置」，日本国特許第 3084994 号（1993-1-26）
17.10) 吉田誠：「自動車用電動圧縮機の制御駆動装置」，日本国特許第 3304542 号（1993-9-22）
17.11) 吉田誠・西宮理文：「自動車用制御駆動装置」，日本国公開特許公報，特開平 7-336801（1994-6-9）
17.12) 吉田誠・後藤尚美：「空調用インバータ装置」，日本国特許第 3254922 号（1994-9-16）
17.13) 後藤尚美・吉田誠：「自動車用電動コンプレッサー駆動装置」，日本国公開特許公報，特開 2002-165466（2000-11-24）
17.14) 新中新二：「永久磁石同期モータのベクトル制御」，ISBN 978-4-274-22950-3 C3054，オーム社（2022-10）

第 18 章

18.1） 新中新二：「永久磁石同期電動機の位置決め方法」，特許第 4894125 号（2001-9-11）
18.2） 新中新二：「高速スピンドル系のための位置センサレス位置決め法」，電気学会論文誌 D, Vol. 121，No. 10，pp. 1032-1040（2001-10）
18.3） S. Shinnaka: "Frequency-Hybrid Vector Control with Monotonously- Increasing-Region Strategy for Sensorless Synchronous Motor Drive", IEEJ Trans. IA, Vol. 120, No. 11, pp. 1369-1375（2000-11）
18.4） 新中新二：「永久磁石同期モータのベクトル制御」，ISBN 978-4-274-22950-3 C3054, オーム社（2022-10）

索　引

■ア　行

■カ　行

■サ　行

■タ　行

■ナ　行

■ハ　行

■ワ　行

■欧　字

■数 字

■記 号

〈著者略歴〉

新 中 新 二（しんなか　しんじ）

1973 年　防衛大学校卒業
　　　　陸上自衛隊入隊
1979 年　University of California, Irvine 大学院博士課程修了
　　　　Doctor of Philosophy（University of California, Irvine）
　　　　防衛庁（現防衛省）第一研究所研究員
1981 年　防衛大学校電気工学教室助手
1986 年　陸上自衛隊除隊（三佐）
　　　　キヤノン株式会社研究室長
1990 年　工学博士（東京工業大学）
1991 年　株式会社日機電装システム研究所創設（代表取締役）
1996 年　神奈川大学工学部教授
2021 年　神奈川大学名誉教授および客員教授
　　　　C&S 国際研究所副代表

［主要著書］
「適応アルゴリズム：離散と連続，真髄へのアプローチ」産業図書(1990)
「永久磁石同期モータのベクトル制御技術 上巻(原理から最先端まで)」電波新聞社(2008)
「永久磁石同期モータのベクトル制御技術 下巻(センサレス駆動制御の真髄)」電波新聞社(2008)
「永久磁石同期モータの制御：センサレスベクトル制御技術」東京電機大学出版局(2013)
「誘導モータのベクトル制御技術」東京電機大学出版局（2015）
「詳解 同期モータのベクトル制御技術」東京電機大学出版局（2019）
「永久磁石同期モータのベクトル制御」オーム社（2022）
その他，多数

永久磁石同期モータのセンサレスベクトル制御

2024 年 10 月 1 日　　第 1 版第 1 刷発行

著　者　新 中 新 二
発行者　村 上 和 夫
発行所　株式会社 オーム社
　　　　郵便番号　101-8460
　　　　東京都千代田区神田錦町 3-1
　　　　電話　03(3233)0641(代表)
　　　　URL　https://www.ohmsha.co.jp/

印刷　中央印刷　　製本　牧製本印刷
ISBN978-4-274-23255-8　Printed in Japan